桩基工程技术进展 2021

Technical Development of Pile Foundation Engineering

主　编　高文生

副主编　王　涛　王奎华　丁元新

中国建筑工业出版社

图书在版编目（CIP）数据

桩基工程技术进展＝Technical Development of
Pile Foundation Engineering. 2021/高文生主编；
王涛，王奎华，丁元新副主编. —北京：中国建筑工业
出版社，2021.11
　　ISBN 978-7-112-26735-4

　　Ⅰ.①桩…　Ⅱ.①高…②王…③王…④丁…　Ⅲ.
①桩基础-文集　Ⅳ.①TU473.1-53

中国版本图书馆 CIP 数据核字（2021）第 208040 号

责任编辑：杨　允
责任校对：赵　菲

桩基工程技术进展 2021
Technical Development of Pile Foundation Engineering
主　编　高文生
副主编　王　涛　王奎华　丁元新
*
中国建筑工业出版社出版、发行（北京海淀三里河路 9 号）
各地新华书店、建筑书店经销
霸州市顺浩图文科技发展有限公司制版
北京市密东印刷有限公司印刷
*
开本：880 毫米×1230 毫米　1/16　印张：35¼　字数：1581 千字
2021 年 10 月第一版　　2021 年 10 月第一次印刷
定价：**149.00** 元
ISBN 978-7-112-26735-4
（38140）

第十五届全国桩基工程学术会议

顾问委员会

主　席：刘金砺

副主席：顾晓鲁　黄绍铭

委　员：（按姓氏笔画排名）

丁玉琴	王利华	丘湘泉	刘道方	孙万禾	李　瑜	李大展	沈保汉	张永钧
陈　健	陈希泉	陈强华	林立岩	周志道	赵善锐	柳　春	费鸿庆	桂业昆
顾宝和	钱力航	黄绍铿	龚晓南					

学术委员会

主　席：高文生

副主席：侯伟生　黄雪峰　康景文　唐孟雄　王卫东　杨　斌　杨　敏　张　雁

秘书长：刘金波　王　涛

委　员：（按姓氏笔画排名）

丁　冰	丁选明	马　骥	王　伟	王　旭	王　园	王公山	王文亮	王吉良
王成华	王奎华	王敏泽	毛由田	毛进云	方祥位	方鹏飞	尹祚武	尹新生
孔纲强	孔继东	邓友生	古伟斌	卢萌盟	叶国良	叶俊能	田国平	史春乐
生　炀	丘建金	冯守中	毕建东	朱　磊	朱春明	朱鸿鹄	任连伟	刘　彬
刘小敏	刘永超	刘争宏	刘克文	刘国华	刘忠昌	刘金砺	刘朋辉	刘陕南
刘思国	闫彝瑞	汤小军	汤劲松	汤湘军	孙军杰	孙宏伟	孙曦源	严　平
苏　栋	李　伟	李　博	李子新	李光范	李兴林	李志高	李丽华	李连祥
李雨润	李明东	李忠诚	李金山	李建民	李爱国	李翔宇	李镜培	李耀刚
李耀良	杨　军	杨　桦	杨生贵	杨仲轩	杨志银	杨迎晓	肖衡林	吴开成
吴永红	吴旭君	吴江斌	吴春林	邱明兵	余　巍	余国良	邹新军	沙　安
沈　滨	沈国勤	宋泽华	宋照煌	迟铃泉	张　武	张　炜	张　峰	张日红
张东刚	张季超	张振拴	张海东	张鸿儒	张豫川	陈　凡	陈　伟	陈久照
陈云敏	陈龙珠	陈志波	陈胜立	陈晓平	陈锦剑	陈耀光	邵忠心	武亚军
林　坚	林　奇	林本海	杭旭亚	季　鹏	周　峰	周广泉	周同和	周国然
周洪波	周家伟	周德泉	郑　刚	郑永强	郑伟锋	郑建国	郑俊杰	赵春风
赵维炳	胡立强	胡在良	胡贺松	查甫生	柳建国	钟冬波	钟肇鸿	秋仁东
段尔焕	俞　峰	饶锡保	施　峰	洪　鑫	宫喜庆	姚建明	姚智全	贺怀建
袁贵兴	袁炳祥	徐天平	徐梅坤	高广运	高永强	郭　杨	郭院成	席宁中
唐建中	唐建华	黄志广	黄茂松	黄惠明	梅国雄	曹荣夏	龚维明	崔江余
崔宏志	章定文	梁　曦	梁发云	梁志荣	蒋　刚	蒋　进	韩　民	韩建强
储诚富	舒昭然	鲁　迟	鲁海涛	童立元	楼晓明	裴　捷	谭永坚	熊树声
滕文川	薛　炜	戴国亮	魏建华	魏章和				

组织委员会

主　　任：王奎华

副 主 任：杨学林　杨　桦　张日红　干　钢　陈文华　赵竹占　周兆弟　丁士龙
　　　　　杨仲轩　孙金山

委　　员：周　建　胡安峰　曹志刚　国　振　洪　义　郭　宁　周佳锦　吴君涛
　　　　　崔奎斌　徐铨彪　陈　刚　夏　超　钟聪达　刘　强　陈克伟　黄志文
　　　　　朱建新　林雨富　景亚芹　宋心朋　李　军　徐晓林　李学文

秘 书 长：丁元新　杨仲轩（兼）沙　安

副秘书长：董　梅　习跃来　曾　凯　周平槐　屈　雷　胡世清　姚文宏　楼国长
　　　　　王　菲

秘　　书：王笑笑　宋秀英　宋靖航

编辑委员会

主　　编：高文生

副 主 编：王　涛　王奎华　丁元新

委　　员：干　钢　杨学林　杨　桦　赵竹占　陈文华　张日红　周兆弟　丁士龙

前　言

2021年是中国共产党成立100周年和"十四五"规划开局之年，也是开启全面建设社会主义现代化国家新征程的关键之年。在这一特殊之年，由中国土木工程学会土力学及岩土工程分会与中国工程建设标准化协会地基基础专业委员会主办的第十五届全国桩基工程学术会议定于2021年11月在杭州召开，承载了更多的意义与期待！

为筹备本次学术会议，特此成立了学术委员会、组织委员会和论文编辑委员会，负责论文集的审阅和出版工作。按照惯例，会前组织了面向业界的公开征文活动，各地反响热烈，来稿踊跃，共收到投稿120余篇。在论文评审阶段，大会特邀浙江大学王奎华教授、浙江大学建筑设计研究院有限公司总工干钢研究员、浙江省建筑设计研究院总工杨学林教授级高工、浙江省建筑科学设计研究院有限公司杨桦教授级高工、杭州西南检测技术股份有限公司赵竹占教授级高工、中国电建集团华东勘测设计研究院有限公司陈文华教授级高工、宁波中淳高科股份有限公司张日红教授级高工、浙江兆弟控股有限公司周兆弟教授级高工、浙江省建投交通基础建设集团有限公司丁士龙教授级高工等9位专家担任评审工作，严格按照"公平、公正、重质、择优"的原则，经过初审和终审，共选出99篇论文结集出版。这些论文大致包括了桩基基本理论与试验研究，桩基工程设计与实践，桩基工程施工新方法及装备，桩基动力响应与防震、减振技术，桩基工程新材料与制作新工艺，桩基工程检测与监测，桩基工程典型案例与事故处理，海洋工程中的桩基技术，桩基工程技术标准有关问题以及其他与桩基有关的工程技术问题，既反映了两年来桩基工程技术新的发展和变化，也反映了我国土木工程科技工作者近年来在桩基工程理论方面研究成果的新进展，相信通过本届学术会议的交流，将进一步活跃学术气氛，促进桩基工程理论与技术的提高和发展。

本届学术会议论文集能在会前正式出版，首先要感谢广大作者的踊跃投稿和评审专家的辛勤工作，同时也要感谢中国建筑工业出版社同仁给予的大力支持。限于我们的经验和水平，论文集中的缺点和错误之处在所难免，恳请作者和读者批评指正。

第十五届全国桩基工程学术会议论文编辑委员会

2021年11月

目　　录

地震作用下桩基础及埋入式 LNG 储罐承载性状振动台试验研究

高文生[*1,2,3]，赵晓光[1,2,3]，倪克闯[1,2,3]，邱明兵[1,2,3]，杜　斌[1,2,3]，秋仁东[1,2,3]

(1. 建筑安全与环境国家重点实验室，北京 100013；2. 中国建筑科学研究院有限公司地基基础研究所，北京 100013；3. 北京市地基基础与地下空间开发利用工程技术研究中心，北京 100013)

摘　要：随着我国经济的发展，对各类建（构）筑物的抗震性能要求不断提高。建研院地基所桩基础抗震研究课题组近 10 年来开展了成层土中桩基与刚性桩复合地基、嵌岩桩、高（低）承台桩基础、埋入式 LNG 储罐及桩-土惯性与运动耦合作用等振动台试验研究。本文主要介绍通过这些试验研究所取得的一些相关初步成果，包括在地震作用下成层土中桩基与刚性桩复合地基、嵌岩桩的承载特性规律，残积土（强风化岩）中埋入式 LNG 储罐的受力特性，以及提出的地震作用下高桩承台桩顶弯矩与桩身内力的简化计算方法与计算桩-土相互作用的双弹簧反应位移法。

关键词：桩基础；地震响应；振动台试验；剪切试验箱；高桩承台；嵌岩桩；LNG 罐；动土压力；运动相互作用；惯性相互作用

作者简介：高文生（1967—　），男，研究员，博士，主要从事桩基设计与计算、灌注桩及其后注浆技术、地基基础与上部结构共同作用、地下空间开发利用技术等方面的研究工作。E-mail: gwscabr@163.com.

Shaking table tests on bearing behavior of pile foundation and in-ground LNG tanks under seismic response

GAO Wen-sheng[*1,2,3], ZHAO Xiao-guang[1,2,3], NI Ke-chuang,[1,2,3] QIU Ming-bing[1,2,3], DU Bin[1,2,3], QIU Ren-dong[1,2,3]

(1. State Key Laboratory of Building Safety and Built Environment，Beijing 100013，China；2. Institute of Foundation Engineering China Academy of Building Research，Beijing 100013，China；3. Beijing Environment Technology Research Center of Foundation and City Underground Space Development and Utilization，Beijing 100013，China)

Abstract：With China's economic development，the seismic performance of various types of buildings and structures is further required. In recent 10 years，large-scale shaking table tests on pile-rigid pile composite foundations in layered soils，piles embedded in rock，pile foundations with high/low cap，in-ground LNG tanks，inertial and kinematic pile-soil interaction et al.，have been carried out by the workshop on seismic design of pile foundations，Institute of Foundation Engineering - China Academy of Building Research. Preliminary achievements based on these tests are presented，including seismic behavior of pile-rigid pile composite foundations in layered soils and piles embedded in rock，in-ground LNG tanks on residual soil (highly-weathered rock). A simplified method for seismic design of the bending moment of pile head and internal force of pile shaft with high/low cap，and seismic response displacement method with dual-springs for evaluating pile-soil interaction are proposed.

Key words：pile foundation；seismic response；shaking table test；shear test box；high pile cap；pile embedded in rock；LNG tank；dynamic earth pressure；motion interaction；inertia interaction

0　概述

随着我国城市化进程和国民经济的快速发展，采用桩基础的各类土建工程和地下空间结构量大面广，工程的使用功能越来越复杂，抗震设计标准要求越来越高。地震作用下，地基（场地）土与桩及地下结构之间的动力相互作用机理是近年来岩土工程研究的热点课题之一。

建研院地基所桩基础抗震研究课题组近 10 年来，开展了成层土中桩基与刚性桩复合地基、嵌岩桩、高（低）承台桩基础、埋入式 LNG 储罐及桩-土惯性与运动耦合作用等振动台试验研究。本文主要介绍通过这些试验研究所取得的一些相关初步成果，包括在地震作用下成层土中桩基与刚性桩复合地基、嵌岩桩的承载特性规律，残积土（强风化岩）中埋入式 LNG 储罐的受力特性，以及提出的地震作用下高桩承台桩顶弯矩与桩身内力的简化计算方法与计算桩-土相互作用的双弹簧反应位移法。

1　振动台与模型箱

上述几组试验分别利用中国建筑科学研究院抗震实验室振动台和地基基础研究所实验室振动台进行，试验用模型分为无边界层状剪切模型箱和黏弹性边界剪切模型箱。

1.1　振动台设备

（1）6m×6m 振动台试验设备

中国建筑科学研究院建筑安全与环境国家重点实验室的地震模拟振动台式目前国内尺寸较大、承载能力较高的三向六自由度模拟振动台，其工作荷载可以达到60t，该振动台主要性能指标见表1。

振动台主要技术指标　　　　表 1

Main technical indexes of shaking table

Table 1

标准负荷：60t		最大负荷：80t		
最大倾覆力矩：180t・m		最大偏心力矩：60t・m		
方向		X	Y	Z
最大加速度 (g)	最大负荷	±1.5	±1.0	±0.8
	标准负荷	±1.2	±0.8	±0.6
最大速度 (cm/s)	连续振动	±70	±90	±70
	持续 10s 振动	±100	±125	±80
最大位移(cm)		±15	±25	±10

（2）3m×3m 振动台试验设备

中国建筑科学研究院地基基础研究所实验室的地震模拟振动台为双向四自由度，该振动台主要性能指标见表2。

振动台主要性能指标　　　　表 2

Main performance indexes of shaking table

Table 2

标准负荷：60t		最大负荷：80t		
最大倾覆力矩：180t・m		最大偏心力矩：60t・m		
方向		X	Y	Z
最大加速度 (g)	最大负荷	±1.5	±1.0	±0.8
	标准负荷	±1.2	±0.8	±0.6
最大速度 (cm/s)	连续振动	±70	±90	±70
	持续 10s 振动	±100	±125	±80
最大位移(cm)		±15	±25	±10

1.2　模型试验箱

（1）无边界层状剪切模型箱

课题组通过文献检索和调研振动台模拟试验用各类模型试验箱的基础上，研制了一套叠层剪切试验土箱，如图1所示。剪切试验土箱净尺寸为 3.2m（纵）×2.4m（横）×3.0m（竖），由 23 层相互独立的层状矩形钢管框

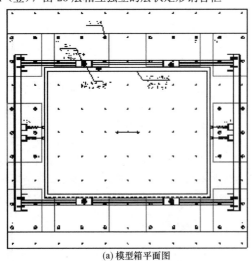

(a) 模型箱平面图

架叠合拼装而成。试验箱沿振动方向可以自由滑动，在垂直于自由水平变形方向设置限位框架，以限制垂直于振动方向的水平位移与扭转变形，保证剪切土箱仅发生顺振动向的单向水平位移。

图 1　叠层剪切试验土箱

Fig. 1　Laminated shear test Soil box

（2）黏弹性边界层状剪切模型箱

盛满土体的叠层剪切箱可看作是从半无限空间抽取出来的局部土体，其振动特性呈现质点体系振动特征。自由场呈现波动场特征，无边界剪切模型箱相当于一个无边界约束的自由质量体，二者之间的振动特征理论上存在较大差异，有必要对剪切箱边界进行改进。改进目标是使得盛满土体的剪切箱和自由场的周期、阻尼比等特性指标参数等效，为此，通过在剪切模型箱的边界外设置弹簧和阻尼器来模拟实现。假设箱体振动周期与土体振动周期相等时，箱体对土体不增加附加荷载，仅起到体积约束作用，弹簧刚度可用单质点体系方法换算得到；阻尼器用来弥补远场的"耗能"，使得近场流向交界面（叠层剪切箱四周）的能量"有去无回"，按照波场理论，可通过将有限土柱换算为质点体系对应的阻尼常数得到阻尼器的有关参数。

为充分利用振动负荷能力，尽量减轻模型箱的自重，箱体材料选用铝材，剪切箱内部净尺寸为 2.0m×1.5m×1.7m（高），层框架为 76mm×44mm×4mm 矩形铝管，共 20 层，总质量 584kg。课题组自主研制的黏弹性边界层状剪切模型箱如图2所示。

(b) 模型箱

图 2　黏弹性边界层状剪切模型箱

Fig. 2　Viscoelastic boundary shear model box

2 桩基与刚性桩复合地基模型试验

本次试验目的为研究成层土中桩基和复合地基的抗震性能，包括地震作用下基础的水平位移和竖向位移，桩身内力，桩身结构破坏特征，地基土抗力和变形反应，上部结构反应，软硬层交互土层中桩身的位移以及内力分布的特点和规律。

2.1 试验方案

本试验在中国建筑科学研究院 6m×6m 地震模拟振动台上进行，该振动台具有三向六自由度，与振动台配套的控制及采集设备包括 469D 控制系统、STEMⅢ 数据采集系统、Setra141A 型加速度传感器、TemposonicsⅢ 型位移计及阵列式位移计（Shape-Acceleration Array，以下简称 SAA）等。

（1）模型设计

试验模型与原型的比例为 1∶8。模型地基土分 3 层，顶层和底层为砂土，中间层为淤泥质软土，从上到下各土层的厚度分别为 1.4m、0.8m、0.8m，其中淤泥质软土取自天津塘沽，砂土取自北京某工地，土体物理参数见表 3。模型桩采用微粒混凝土浇筑，用镀锌钢丝模拟钢筋，模型浇筑后在室温条件下养护 28d。

模型土物理性质指标 表 3
Parameters of soils Table 3

土层名称	密度（g/cm³）	含水率（%）	干密度（g/cm³）	孔隙比
砂土	1.678	6.5	1.575	0.52
淤泥质软土	1.743	59.0	1.096	1.31

为了模拟地基土在地震作用下的水平剪切运动模式，采用了课题组自行研发的层状剪切土箱，剪切箱几何尺寸为 3.2m×2.4m×3.2m。

图 3　试验模型全貌
Fig. 3　Overall perspective of test model

在试验中，沿模型地基地表振动方向分别布置了加速度计 A1、A2、A3、A4 及 SAA 以测试土箱内部地表加速度反应及其与模型箱侧壁的差异，测试结果发现，同一工况、相同深度条件下，各测点的加速度反应有以下特点：①加速度时程波形几乎相同；②加速度持时基本相同；③加速度频谱成分基本一致。

上述结果表明，试验剪切箱的边界效应较小，能较好地消除边界上地震波的反射或散射效应。

桩、垫层与承台（700mm 高的承台包括模拟两层地下室结构）的几何尺寸如表 4 所示。承台材料性质与桩体相同。

基础部分几何尺寸表 表 4
Parameters of foundation Table 4

桩（mm）		承台（mm）			垫层（mm）		
长	宽	长	宽	高	长	宽	高
2100	60	560	380	700	560	380	30

采用单柱双质量块钢结构模拟上部结构，综合考虑楼层质量、高度以及相似比关系，确定每层质量块为 465kg，层高为 1.5m。

测试仪器布置见图 4～图 6。两根 SAA（2m×3.2m）分别与桩基及复合地基中的桩体固定在一起，另两根 SAA（2m×3.2m）分别埋设在对应的地基土中。

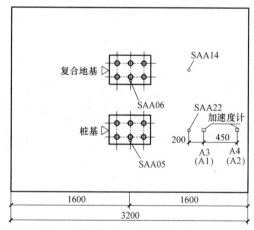

图 4　模型场地地表传感器布置图
Fig. 4　Distribution map of sensors embedded in soil layers

（2）地震波输入及加载制度

根据地基土以及结构的情况，按模型设计相似率要求，地震波时间需进行时间压缩，加速度时程的峰值根据加速度相似系数调整后按逐级递增（增值 0.1g）的方式输入。本试验采用 Taft 波，处理后的地震波时程曲线及傅立叶谱见图 7、图 8。试验加载顺序如表 5 所示。

2.2 试验结果与分析

（1）加速度动力系数

土体中及桩身的加速度动力系数定义为测点加速度峰值与箱内土体底部测点地震动峰值的比值。在 Taft 波作用下，根据 SAA 测试数据绘制的箱内土体以及桩身的加速度动力系数沿深度分布，详见图 9～图 11。

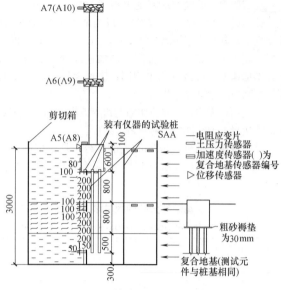

图 5　传感器布置剖面图

Fig. 5　Distribution map of sensors in section of test model

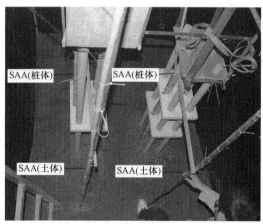

图 6　振动台试验 SAA 布置图

Fig. 6　Distribution map of SAA in shaking table test

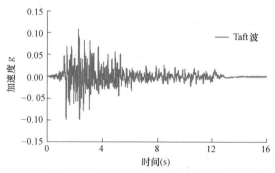

图 7　Taft 地震波加速度时程曲线

Fig. 7　Ground motion acceleration time-history of shaking table surface input

由测试结果表明：

1）随着输入加速度峰值的增大，底部往上，各测点的加速度动力系数变化趋势基本一致。随着输入地震动峰值的增大，箱内土体中各测点的加速度动力系数均有

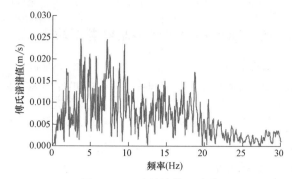

图 8　Taft 地震波傅立叶谱

Fig. 8　Fourier spectra of shaking table surface input

降低，即土体的加速度动力系数随着输入峰值的增大而减小。地震波从箱底向上传递过程中的变化规律：在下部砂层中逐渐放大，在软土层中逐渐减少，在上部砂层中再逐渐放大。

地震波加载顺序　　　　　　表 5

Loading sequence of shaking table surface input

Table 5

工况序号	输入地震动	幅值加速度（g）	持续时间（s）
1	白噪声	0.05	121.80
2	Taft	0.10	15.97
3	白噪声	0.05	121.80
4	Taft	0.20	15.97
5	白噪声	0.05	121.80
6	Taft	0.30	15.97
7	白噪声	0.05	121.80
8	Taft	0.40	15.97
9	白噪声	0.05	121.80
10	Taft	0.50	15.97
11	白噪声	0.05	121.80
12	Taft	0.60	15.97
13	白噪声	0.05	121.80
14	Taft	0.70	15.97
15	白噪声	0.05	121.80
16	Taft	0.80	15.97
17	白噪声	0.05	121.80
18	Taft	1.00	15.97

2）桩基桩身和复合地基桩身加速度动力系数变化趋势基本一致，均为从箱底向上传递过程中，在底部砂土层逐渐放大，进入淤泥层时则减小，进入上部砂土层时又逐渐放大，地震波在土体与桩身结构上传递的变化趋势基本一致。

（2）桩基和复合地基的应变反应

在桩基和复合地基相对应的各一根边桩和角桩共 4 根桩设置了 54 个应变片，应变片贴在桩身内部钢丝笼纵筋上面，应变片布置详见图 12。

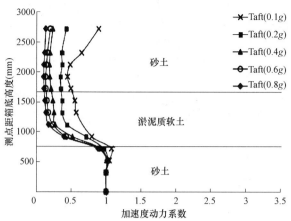

图 9　土体加速度动力系数与测点深度的关系

Fig. 9　Relationship between soil acceleration dynamic coefficient and measuring point depth

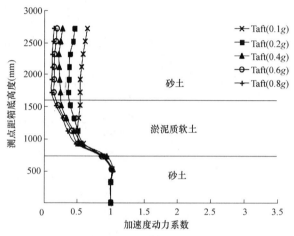

图 10　桩基加速度动力系数与测点深度的关系

Fig. 10　Relationship between pile acceleration dynamic coefficient and measuring point depth

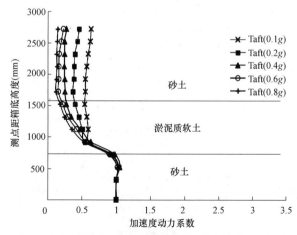

图 11　复合地基加速度动力系数与测点深度的关系

Fig. 11　Relationship between acceleration dynamic coefficient of composite foundation and measuring point depth

不同 Taft 地震波加速度峰值下桩身应变幅值与深度的关系如图 13～图 16 所示。从图中可看出，桩基和复合地基的桩身应变幅值均出现在软硬土层交互处。日本阪

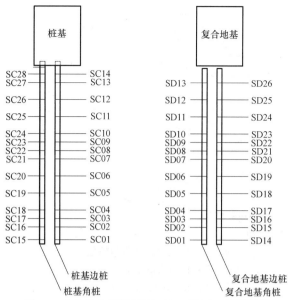

图 12　应变片布置详见图（注：除了 5 个损坏的应变片，其余均能正常工作）

Fig. 12　Detail diagram of strain gauge layout（note：Except for the five damaged strain gauges, the rest can work normally）

神地震中，非液化土层中软硬土层分层是桩基破坏的主要原因之一，其桩身破坏形式为界面处桩身出现沿水平面的环向裂缝，表明桩破坏的主要原因是因为桩身弯曲应力过大，与本次试验中桩身的现象一致。分析其原因，软硬土体的剪切模量不同，模量差异越大，土层的剪应变差别就越大，在此截面上下的土体刚体位移差就越大，由此导致桩身在软硬层交互处必然产生较大的弯曲变形。

从图 13～图 16 可看出在相同条件下，桩顶处，桩基应变幅值远大于复合地基应变幅值，桩顶以下，桩基于复合地基的差异不大。其原因在于桩基的桩头与承台嵌固，由于上部惯性力的作用，其桩顶应变幅值大于复合地基中的桩顶处的应变幅值。

从图 13～图 16 还可看出，工况 Taft0.4g 之后，软

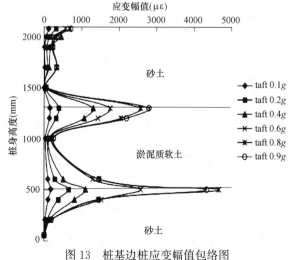

图 13　桩基边桩应变幅值包络图

Fig. 13　Envelope diagram of strain amplitude of side pile in pile foundation

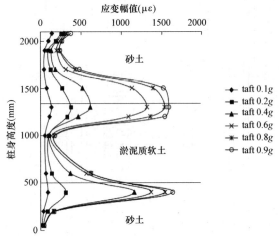

图 14 桩基角桩应变幅值包络图

Fig. 14 Envelope diagram of strain amplitude
of angular pile in pile foundation

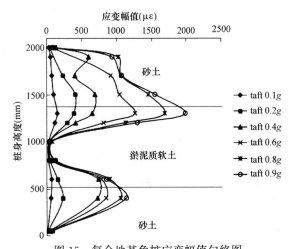

图 15 复合地基角桩应变幅值包络图

Fig. 15 Envelope diagram of strain amplitude
of angular pile in composite foundation

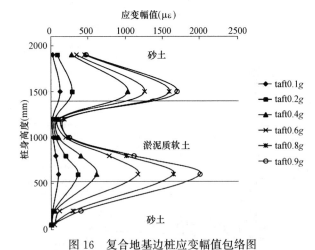

图 16 复合地基边桩应变幅值包络图

Fig. 16 Envelope diagram of strain amplitude
of side pile in composite foundation

硬层交互处的应变幅值较大，考虑桩身微粒混凝土与镀
锌钢丝的协调作用，此时应变幅值已超过混凝土材料的

应变允许值，可判断此时钢丝与混凝土的变形不一致，材
料已经进入塑性工作状态。

（3）桩基和复合地基的桩身弯矩反应

桩身弯矩大小是地震响应规律的重要指标之一，也
是进行桩身抗震性能设计的重要依据之一。根据桩身应
变 ε（在加载前已经减去轴压产生的压应变，剩余应变完
全由弯矩产生）可换算成桩身弯矩 M，推导过程如下：

$$\sigma = E\varepsilon \tag{1}$$

$$\sigma \frac{My}{I_Z} \tag{2}$$

联合式（1）和式（2）得到

$$M = \frac{EI_Z}{y}\varepsilon \tag{3}$$

式中，E 为混凝土弹性模量；I_Z 为桩身截面惯性矩。

通过式（3），可以求得每一个桩身应变相对应的桩身
弯矩。

分析图 17～图 20 可以发现，桩基桩顶处桩身弯矩
大于复合地基桩顶处桩身弯矩，但两者的最大值弯矩均
出现在上下软硬上层交互面处。小震时，桩基桩身各截

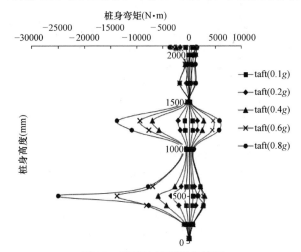

图 17 桩基边桩弯矩包络图

Fig. 17 Bending moment envelope diagram
of side pile in pile foundation

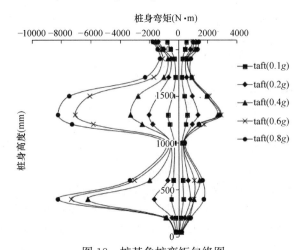

图 18 桩基角桩弯矩包络图

Fig. 18 Bending moment envelope diagram
of angular pile in pile foundation

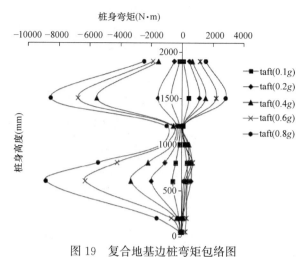

图 19　复合地基边桩弯矩包络图

Fig. 19　Bending moment envelope diagram
of side pile in composite foundation

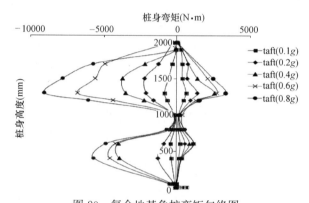

图 20　复合地基角桩弯矩包络图

Fig. 20　Bending moment envelope diagram
of angular pile in composite foundation

面弯矩相差不大，随着地震波输入加速度的增大，软硬
土层交互面处弯矩显著大于其他截面处弯矩。究其原
因，相对于复合地基来说，桩基础的桩身由于嵌固在承
台中，所受的上部结构惯性力的影响远大于跟复合地基
承台没有连接的桩身。所以桩基桩身顶部弯矩比复合地
基桩身顶部弯矩大。由于软硬夹层剪切模量的差异，桩
身在软硬夹层处位移差别较大，由位移协调性可知，桩
身在此处弯曲变形比较大，导致桩身在软硬夹层处产生
较大的弯矩。

（4）地基土与桩体侧向位移分析

不同加速度峰值 Taft 地震动作用下，测试发现 SAA
各个测点侧向位移达到最大值的时刻 $t_{\max}$ 基本一致。加
载工况 Taft0.1g、Taft0.2g、Taft0.8g 下，$t_{\max}$ 时刻
SAA 测得其长度范围内的侧向位移如图 21～图 23 所示。

测试结果表明：随着模型地基土高度的增加，侧向位
移逐渐递增；峰值加速度 Taft0.1g 地震动作用下位移与
高度关呈线性关系，峰值加速度 Taft0.2g 及 Taft0.8g 地
震动作用下，在底层砂土与中间淤泥质软土交互处位移
有突变；模型地基土侧向位移与土体水平侧向刚度有关。
低峰值加速度地震波作用下，土体处于弹性阶段，位移与
高度呈线性关系，地基土底部由于有效围压较大，侧向刚

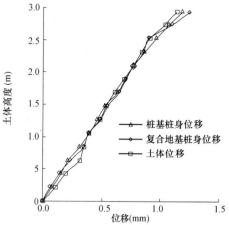

图 21　Taft0.1g 下 SAA 位移幅值

Fig. 21　Displacement amplitude of
SAA under 0.1g Taft ground motion

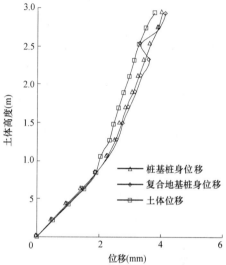

图 22　Taft0.2g 下 SAA 位移幅值

Fig. 22　Displacement amplitude of
SAA under 0.2g Taft ground motion

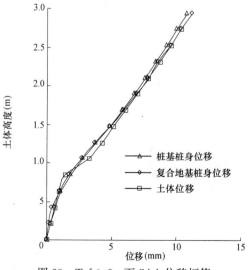

图 23　Taft0.8g 下 SAA 位移幅值

Fig. 23　Displacement amplitude of SAA
under 0.8g Taft ground motion

度较上部土体大。地基土底部侧向刚度大，位移较小；上部土体侧向刚度小，位移较大；高峰值加速度地震波作用下，土体处于非线性阶段，位移随高度变化趋势较为复杂，其中软土层的设置对位移影响较大。

峰值加速度 Taft0.1g 地震动作用下桩身与模型地基土变形基本协调；峰值加速度 Taft0.2g 及 Taft0.8g 地震动作用下，土体位移略小于桩身位移。分析可知，在小震初期，土体对桩身有嵌固作用，桩身的运动形式主要由土体变形控制，表现为随着土层的变形而产生整体位移。随着地震作用的加大，土体与桩体有脱开现象，侧向刚度越大，土体位移越大，上部结构产生的惯性力对桩身的影响使得桩身位移大于土体位移。

（5）各时刻土体侧向位移与高度的关系

不同加速度峰值 Taft 地震动作用下，SAA 各测点最大位移列于表 6，桩身与土体中 SAA 所测得的各时刻位移与高度的关系如图 24 所示，由表 6、图 24 可看出：在低峰值加速度（Taft0.1g）的地震动作用下，土体位移与桩身各时刻位移差别很小；高峰值加速度（Taft0.4g）的地震动作用下，土体与桩身位移在淤泥层有较大差别，这表明桩-土在动力荷载作用下，位移并不同步。测试结果表明，高峰值加速度地震动作用下，地基土体刚度的差异对土体位移的连续性影响较大；桩身刚度大于土体刚度且均匀连续，在地震动作用下，对连贯的桩身位移影响较小，桩身位移曲线较光滑。

位移最大时刻 SAA 各测点位移（mm）　　　　　表 6

Displacement of measuring point in the time of the maximum displacement （mm）　　Table 6

测点	测点距台面高度	Taft0.1g			Taft0.4g		
		桩基	复合地基	土体	桩基	复合地基	土体
测点 0	0	0.000	0.000	0.000	0.000	0.000	0.000
测点 1	210	0.075	0.063	0.104	0.058	0.033	0.025
测点 2	420	0.156	0.143	0.191	0.011	0.002	0.036
测点 3	630	0.211	0.233	0.310	0.110	0.151	0.042
测点 4	840	0.314	0.346	0.347	0.460	0.504	0.065
测点 5	1050	0.394	0.392	0.387	1.028	1.084	0.484
测点 6	1260	0.457	0.491	0.478	1.715	1.809	1.936
测点 7	1470	0.526	0.543	0.528	2.493	2.635	2.631
测点 8	1680	0.633	0.641	0.599	3.230	3.428	3.306
测点 9	1890	0.696	0.701	0.678	3.980	4.242	4.006
测点 10	2100	0.767	0.765	0.763	4.713	4.995	4.700
测点 11	2310	0.864	0.853	0.832	5.457	5.823	5.424
测点 12	2520	0.960	0.900	0.903	6.214	6.519	6.133
测点 13	2730	1.071	1.100	1.030	7.012	7.430	6.888
测点 14	2940	1.180	1.245	1.130	7.836	8.289	6.904

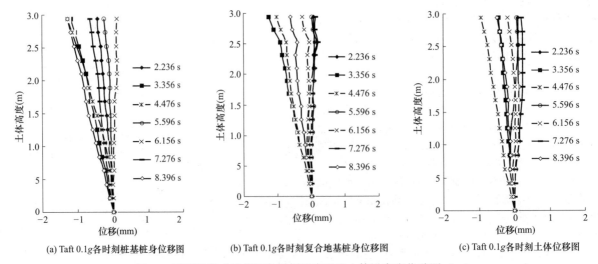

(a) Taft 0.1g各时刻桩基桩身位移图　　　(b) Taft 0.1g各时刻复合地基桩身位移图　　　(c) Taft 0.1g各时刻土体位移图

图 24　不同地震动峰值下各时刻桩身以及土体沿高度位移图（一）

Fig. 24　Displacement of the pile and the soil along the height under different ground motions （一）

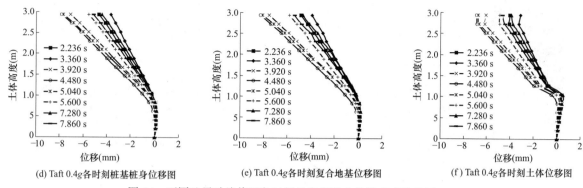

(d) Taft 0.4g各时刻桩基桩身位移图　(e) Taft 0.4g各时刻复合地基位移图　(f) Taft 0.4g各时刻土体位移图

图 24　不同地震动峰值下各时刻桩身以及土体沿高度位移图（二）

Fig. 24　Displacement of the pile and the soil along the height under different ground motions （二）

2.3　小结

本节对成层土中桩基与复合地基振动台试验结果进行了整理和分析，得到以下规律：

（1）加速度动力系数在砂层中放大，软土中减小。中间淤泥质软土对土体的加速度峰值以及动力系数影响显著。

（2）在相同工况下，土体的各测点加速度峰值略大于桩身相对应各测点的加速度峰值；复合地基桩身各测点加速度峰值略大于桩基桩身相对应的各测点的加速度峰值。

（3）桩基和复合地基的桩身弯矩最大幅值都是出现在软硬土层交界面处，桩顶处，桩基桩顶的弯矩要远大于复合地基中桩顶的弯矩。

（4）地震作用下，模型地基土水平位移与土体水平侧向刚度有关，小震作用下，地基土与桩身位移基本协调，随着地震作用加大，地基土与桩身位移差异增大。

3　嵌岩桩模型试验

3.1　试验方案

本次试验研究的主要有：（1）地震作用下嵌岩群桩基础基桩桩身内力测试研究；（2）地震作用下非嵌岩群桩基础基桩桩身内力测试研究；（3）地震作用下嵌岩单桩桩身内力测试研究；（4）地震作用下非嵌岩单桩桩身内力测试研究。

单桩原型直径 $d_p = 480$mm，长 $l_p = 16.8$m，根据几何相似比 $\lambda_1 = 1/8$；则试验模型桩直径定为 $d_m = 60$mm，长度 $l_m = 2100$mm，桩距 180mm。嵌岩桩基础和非嵌岩桩基础各布置 6 根基桩，嵌岩和非嵌岩单桩各 1 根。

模型承台尺寸为长×宽×高＝0.56m×0.38m×0.70m，模拟一层地下室，也采用微粒混凝土配以镀锌钢丝预制。

上部结构采用单柱双质量块模型模拟双质点系模型，综合考虑楼层高度，高层建筑的自振周期（1～3s 左右）使之满足相似关系，确定层高 3m，柱选用 H 型钢（150mm×150mm）。

桩与承台混凝土强度和弹性模量试验如表 7 所示。

桩和承台模型微粒混凝土的强度和弹性模量

表 7

Strength and elastic modulus of particulate
concrete for pile and cap model　Table 7

试块	配合比	强度（MPa）	弹性模量（MPa）
1	水∶水泥∶ 石灰∶粗砂 ＝0.5∶1∶0.58∶5	15.1（异常）	17403
2		19.3	16942
3		20.9	17527
平均		22.1	17291

试验模型桩见图 25、承台见图 26、上部结构布置见图 27。

承台与上部结构螺栓连接布置如图 28 所示，模型桩和承台的设计配筋图如图 29 所示。

图 25　试验模型桩

Fig. 25　Test model pile

（1）模型土制备和装填

试验模拟的地基为水平成层地基，本次试验忽略地基土的重力相似。模型地基土为单一的粉土地层，粉土取自北京某工地。填筑后土体具体的物性参数见表 8。

填土前，先将模型桩固定在模型箱的预定位置，然后按照预定的相对密度，分层装填碾压并夯实到预期效果。

（2）传感器的选用与布置

本试验中需要测量的信号有：桩身的应力，基桩、承台以及上部结构的加速度反应，地基土的加速度反应，桩身与土体的位移，需要用到各种类型的传感器。本次试验为了测试土体和桩身的整体位移变形和加速度（Shape-

图 26 模拟桩端嵌固效应预制带孔混凝土承台

Fig. 26 Simulation of pile end embedment effect of precast concrete cap with holes

图 27 上部结构布置图

Fig. 27 The layout of the upper structure

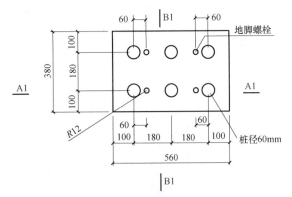

图 28 承台与上部结构螺栓连接布置图

Fig. 28 Bolt connection layout of cap and superstructure

Acceleration Array），从国外引入阵列式位移计（以下简称 SAA），该仪器装置不仅满足静态下岩土工程的测试要求，也适用于动态下的加速度、位移、温度的测试，2004 年已经在日本国立防灾科学技术研究所（NIED）台面尺寸 15m×20m 的振动台上运用，并取得良好的加速度、位移测试。

1）应变片

布置于桩上的应变片在模型桩浇筑之前完成，贴在桩身镀锌钢丝笼纵筋上，引线也按照应变片测点的顺序与钢丝之间牢固粘贴且加胶带捆绑，由于模型桩身钢丝太细，无法采用普通混凝土应变片，因此本试验中采用栅长为 5mm×2mm，电阻值为 120±0.2Ω 的电阻应变传感器，如图 30 所示。

2）加速度传感器

试验测试加速度信号有两种传感器，一是普通加速度计，主要用于承台及地基土中；二是阵列式线性串联加速度传感器，主要用于土层不同深度部位的加速度测量。加速度计预埋时，注意保证加速度计主轴方向与振动台振动方向一致，以利于准确观测整个试验过程中各土层的动力反应时程。同时为避免加速度计在土填充夯实过程中倾斜或移位，加速度计采用挖埋而不是填埋即土填实并高于埋设深度 15cm 后，挖 矩形坑，把加速度计放到合适位置，分层填土并夯实。

3）动土压力盒

本次土压力测试选用的为高灵敏土压力传感器，分别采用了 CYY9 型 0～50kPa 量程和 0～100kPa 量程土压力传感器各 5 个。该高灵敏土压力传感器适用于土石坝、土堤坝、边坡、路基等土-结构相互作用的土压力测试。为了能够充分精确地测量桩-土压力，本次试验先在桩身预留压力盒插槽，而后根据预留插槽尺寸定制特殊型号的压力盒。具体如图 31 所示。

（3）地震波的选择与加载工况

1）地震波种类

已有地震记录观测表明，即便是相同场地条件下，地震记录也存在差异性，要保证合理性，合理选择输入地震波是重要环节之一。

试验中输入的几种地震波的特性和作用如下：

① 白噪声

白噪声是指功率谱密度在整个频域内均匀分布的噪

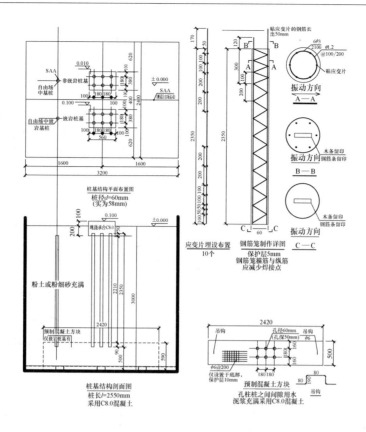

图 29　基桩、承台配筋及应变片布置图

Fig. 29　Layout of foundation pile，cap reinforcement and strain gauge

剪切模型箱中填筑土体振动前后物理力学参数表　　表 8

Physical and mechanical parameters of filled soil before and after vibration in shear model box　　Table 8

工况＼参数	密度（g/cm³）	干密度（g/cm³）	孔隙比	含水量（%）	液塑限	抗剪强度	压缩模量（MPa）
振前	1.48	1.30	1.08	13.80	9.1	$c=5.4,\varphi=26.83°$	2.57
振后	1.45	1.27	1.13	13.75	8.7	$c=4.5,\varphi=25.9°$	2.70

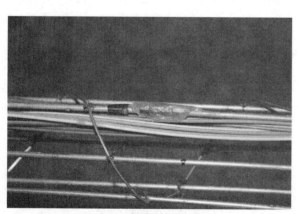

图 30　应变片安置图

Fig. 30　Strain gauge placement diagram

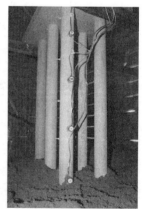

图 31　桩身预留土压力盒孔洞及压力盒安置图

Fig. 31　Hole and placement of earth pressure box reserved for pile body

声。由于白噪声在各个频带的能量分布均匀，易于从白噪声激励下体系共振反应峰值的大小显示出体系反应量的大小，以获取体系在每一工况开始和结束时的频率和阻尼比等动力特性。较小峰值白噪声易于激起系统共振反应。

② 地震波记录

根据地基土以及结构的情况，选相似的场地波，本研究针对嵌岩桩为研究对象，为此采用了汶川地震甘南地区基岩场地震波 2 条，东西、南北向各 1 条。为了充分研究不同地震工况条件下嵌岩与非嵌岩桩基的动力反应，另外选取了 EI 波和简谐波各 1 条。

③ 人工地震波

人工地震波是根据拟建场地具体情况，按概率方法人工产生的一种符合某些指定条件（如地面运动加速度峰值、频率特性、震动持续时间，地震能量等）的随机地震波。但鉴于目前在人工地震波的产生方面研究尚不充分，故工程中仅将其作为真实地震波的补充，在所选择的用于时程分析的 3～5 条地震波中加入 1 条人工地震波。

2）加载工况

表 9 列出了输入地震波的各工况，试验中采用纵向（X 向），即剪切模型箱长方向输入激振。

加载工况 表 9

Loading conditions Table 9

试验内容	工况号	输入波形	振动时间（s）	加速度峰值（g）
扫频试验	S1	白噪声	60	0.05
一级加载	S2	JYEW 地震波	125	0.10
	S3	JYSN 地震波	125	0.10
	S4	El-Centro 地震波（压缩 4 倍）	17	0.10
二级加载	S5	JYEW 地震波	125	0.20
	S6	JYSN 地震波	125	0.20
	S7	El-Centro 地震波（压缩 4 倍）	17	0.20
扫频试验	S8	白噪声	60	0.05
三级加载	S9	JYEW 地震波	125	0.50
	S10	JYSN 地震波	125	0.50
	S11	El-Centro 地震波（压缩 4 倍）	17	0.50
扫频试验	S12	白噪声	60	0.05
四级加载	S13	JYEW 地震波	125	0.80
	S14	JYSN 地震波	125	0.80
	S15	El-Centro 地震波（压缩 4 倍）	17	0.80
扫频试验	S16	白噪声	60	0.05
一级加载	S17	简谐波（10Hz）	17	0.20
扫频试验	S18	白噪声	60	0.05
二级加载	S19	简谐波（10Hz）	17	0.50
扫频试验	S20	白噪声	60	0.05
四级加载	S21	简谐波（10Hz）	17	0.80
扫频试验	S22	白噪声	60	0.05
一级加载	S23	简谐波（5Hz）	17	0.20
扫频试验	S24	白噪声	60	0.05
二级加载	S25	简谐波（5Hz）	17	0.50
扫频试验	S26	白噪声	60	0.05
三级加载	S27	简谐波（5Hz）	17	0.80
扫频试验	S28	白噪声	60	0.05

3.2 试验结果与分析

为研究桩端嵌岩与非嵌岩情况下，群桩基础与自由场中单桩在地震作用下桩身动力响应问题，本次试验测试的重点在群桩中角桩、边桩和自由场中单桩桩身内力的动力响应测试，试验中对 6 根试验桩沿桩身不同深度安置应变片，以测试桩身内力分布，布置见图 32。

本次试验布置应变片，均沿振动方向两侧各设置一列测点，每侧布置 13 个测点以安置应变片，每根测试桩桩身布置 26 个应变片，且两侧各对应测点均等高布置。应变片设置时均为贴置在桩身内部钢丝笼的纵筋上。在嵌岩群桩与非嵌岩群桩中各取一根边桩和角桩共 4 根桩设置 104 个应变片，两根自由场中单桩共设 52 个应变片。

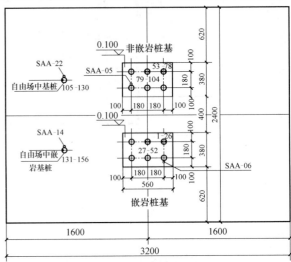

图 32 应变布置图

Fig. 32 Strain layout

（1）地震波的选择与加载工况

由于篇幅所限，下面给出了输入 EI-Centro 波条件下桩身内力测试的结果图片。在台面输入加速度峰值分别为 0.1g、0.2g、0.5g、0.8g 的 EI-Centro 波，考虑上部结构-承台群桩基础与自由场中单桩基础两种情况，测试得出了桩身应变的幅值沿深度分布的变化规律，除个别应变测点损坏，大部分测试数据较为完整。不同地震波输入加速度峰值下的群桩与单桩的桩身应变幅值测试结果见表 10。

（2）嵌岩桩基础

1）嵌岩桩基础

图 33、图 34 分别是基桩为嵌岩桩的群桩基础角桩和群桩基础边桩在不同地震工况下桩身应变幅值随深度的变化情况，从图中可以看出：

桩身应变幅值沿桩长基本呈"桩顶大、桩端大、桩身中部较小"的分布特点，造成这种内力分布特点的原因与其桩身的相关连接构造密切相关。

本试验中嵌岩群桩基础的基桩在桩顶与承台嵌固连接，在桩端与嵌岩承台连接，在这两个嵌固连接点形成较为明显的应力集中现象，在桩顶和桩端两个部位的桩身内力较大。因此，从试验结果看，桩端嵌固效应对桩身内力的影响与桩顶破坏效应的反应规律是一致的。

不同工况下桩身的应变幅值（με）　　　　　　　　　　　表 10

Strain amplitude of pile under different working conditions（με）　　　Table 10

试验工况	距桩顶深度 （mm）	嵌岩群桩		非嵌岩群桩		嵌岩单桩	非嵌岩单桩
		角桩	边桩	角桩	边桩		
EI-Centro(0.1g)	2250	68.9	57.6	6.4	0.5	66.7	20.0
	2200	70.0	60.0	9.1	10.2	73.8	18.0
	2150	40.0	37.0	0.7	12.1	35.3	25.0
	2050	32.1	22.0	13.4	0.6	30.2	35.8
	1950	35.5	11.0	16.0	9.5	47.0	50.0
	1750	25.0	12.0	18.0	10.3	31.9	52.0
	1550	30.0	8.0	17.5	17.4	29.8	39.2
	1100	30.0	10.0	19.5	12.8	18.4	5.2
	650	50.0	15.0	28.2	14.2	20.7	6.1
	450	55.0	21.7	39.0	0.3	15.6	8.6
	250	70.0	55.6	90.0	58.4	13.3	—
	150	100.0	90.1	95.0	95.0	8.7	5.7
	50	125.0	53.8	55.0	34.5	2.0	—
EI-Centro(0.2g)	2250	100.0	75.0	8.8	—	137.0	42.0
	2200	100.0	105.0	14.4	14.9	104.0	27.8
	2150	55.0	65.0	0.3	17.4	—	39.2
	2050	71.9	48.0	23.4	0.6	31.0	58.7
	1950	88.3	23.0	31.3	19.9	45.0	75.0
	1750	68.9	23.0	32.1	21.8	47.6	72.0
	1550	87.1	16.0	32.2	39.2	—	62.0
	1100	70.0	23.0	30.0	30.0	25.4	14.3
	650	111.4	25.0	48.2	23.8	39.0	18.6
	450	125.7	30.0	77.0	0.7	30.0	24.0
	250	167.3	119.6	180.0	130.0	23.9	—
	150	162.0	185.0	175.0	185.0	13.5	9.5
	50	250.0	103.1	105.0	68.0	4.4	—
EI-Centro(0.5g)	2250	472.6	244.5	22.6	—	439.0	152.0
	2200	477.2	300.0	39.6	39.0	519.0	56.2
	2150	395.3	269.1	0.3	63.4	—	80.0
	2050	339.7	204.5	67.9	0.3	153.0	164.0
	1950	422.6	131.0	102.1	60.0	94.0	128.0
	1750	376.1	300.0	111.7	70.0	159.0	237.0
	1550	363.4	63.0	105.1	110.0	—	127.0
	1100	267.3	85.0	103.6	140.0	83.0	55.0
	650	446.6	160.0	110.7	77.9	111.0	73.5
	450	588.7	193.2	291.9	215.0	73.0	134.8
	250	743.9	443.8	752.9	595.4	52.0	—
	150	882.9	638.0	485.4	805.8	29.2	28.9
	50	993.1	300.7	551.8	280.7	6.9	—

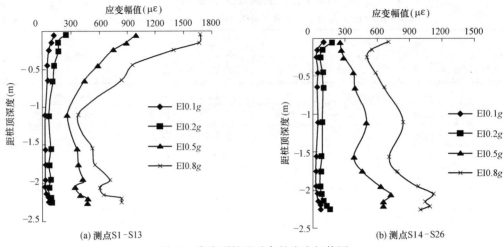

(a) 测点S1-S13　　　　　　　(b) 测点S14-S26

图 33　嵌岩群桩基础角桩应变幅值图

Fig. 33　Strain amplitude diagram of angular pile of embedded in rock pile group foundation

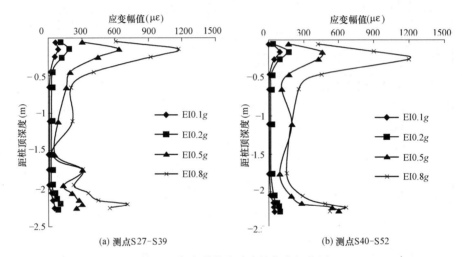

(a) 测点S27-S39　　　　　　　(b) 测点S40-S52

图 34　嵌岩群桩基础边桩应变幅值图

Fig. 34　Strain amplitude diagram of side pile of embedded in rock pile group foundation

2）嵌岩单桩基础

图 35 为自由场中嵌岩单桩在地震作用下桩身应变幅值随桩长的分布情况，从图中可以看出：

桩身应变幅值沿桩长基本呈"桩端大、桩身中部及桩顶较小"的三角形分布特点，这与桩端为嵌固连接，桩顶以上无承台及上部结构，桩顶处于自由状态密切相关。

3）嵌岩群桩基础与嵌岩单桩基础对比

沿桩身深度选取桩顶、桩身中部、桩端三个部位的应变测点，通过对嵌岩群桩基础的角桩与自由场中嵌岩单桩对应截面的桩身应变幅值进行对比分析后发现：

① 在桩顶处，带有上部结构与承台的嵌岩群桩，其基桩桩身的应变幅值远大于桩顶自由的嵌岩单桩，说明在考虑上部结构-承台-群桩基础时，由于上部结构惯性力的作用，其桩顶处桩身内力明显较大，而自由场中单桩的桩顶内力很小。

② 在桩端及桩身下部，嵌岩群桩角桩的应变幅值与自由场中嵌岩单桩的应变幅值基本相同，说明带有承台及上部结构的群桩与桩顶自由的单桩，其嵌岩效应使得两种情况下桩身下部嵌岩段桩身内力的变化规律一致。

③ 从桩端往上至桩顶，嵌岩群桩基础与单桩基础的桩身内力差距在不断增加，在桩顶处差距最大。

4）嵌岩桩基础与非嵌岩桩基础对比

① 嵌岩群桩与非嵌岩群桩

以 EI-Centro 波 0.2g、0.5g 工况为例，图36、图37为群桩基础角桩和边桩分别在嵌岩与非嵌岩条件下，应变幅值沿桩长分布的对比图。

通过比较嵌岩群桩基础与非嵌岩群桩基础基桩的桩身内力分布，在桩顶截面位置处，二者差异较小；在桩端截面位置处，嵌岩基桩的桩身内力显著大于非嵌岩基桩的桩身内力。

对比在同一地震荷载工况下，嵌岩桩的桩身内力动力反应比非嵌岩桩的大；而对比桩端嵌固效应对角桩和边桩桩身内力动力响应的影响，角桩的反应更加显著。

② 嵌岩单桩与非嵌岩单桩

以 EI-Centro 波 0.2g、0.5g 工况为例，图38为自由场中单桩基础分别在嵌岩与非嵌岩条件下，应变幅值沿桩长分布的对比图。从图中可以看出：

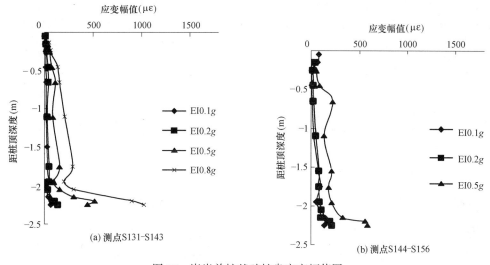

图 35　嵌岩单桩基础桩身应变幅值图

Fig. 35　Strain amplitude diagram of embedded in rock single pile foundation

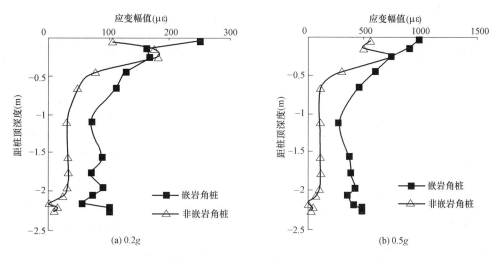

图 36　嵌岩群桩角桩与非嵌岩群桩角桩的桩身应变幅值图

Fig. 36　Pile body strain amplitude diagram of angular pile of embedded in rock
pile group foundation and non-angular pile of embedded in rock pile group foundation

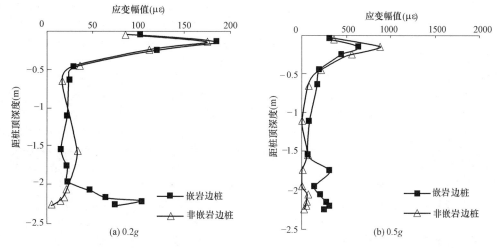

图 37　嵌岩群桩边桩与非嵌岩群桩边桩的桩身应变幅值图（EI-Centro 波）

Fig. 37　Pile body strain amplitude diagram of side pile of embedded in rock pile group
foundation and non-side pile of embedded in rock pile group foundation (EI-Centro wave)

a. 通过比较嵌岩单桩与非嵌岩单桩的桩身内力分布，在桩端截面位置处，嵌岩单桩的桩身内力显著大于非嵌岩单桩的桩身内力；

b. 比较嵌岩与非嵌岩单桩的桩身内力响应值，嵌岩单桩沿桩长深度的桩身内力均比非嵌岩单桩的动力响应显著；

c. 非嵌岩单桩的桩身内力较小，随着输入地震动强度的增加，其增幅也较小，说明在桩顶与桩端均没有约束的非嵌岩单桩基础，其桩身内力的动力响应很小。

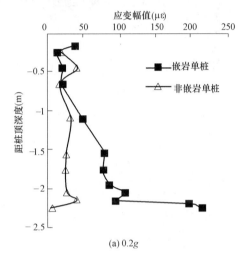

(a) 0.2g

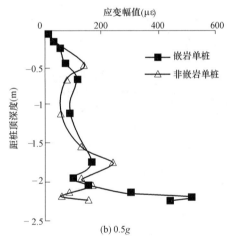

(b) 0.5g

图38　嵌岩单桩与非嵌岩单桩桩身应变
幅值图（EI-Centro波）

Fig. 38　Pile body strain amplitude diagram of embedded in rock single pile foundation and non-single foundation

3.3　小结

通过本节对地震作用下，嵌岩桩基础与非嵌岩桩基础桩身内力的动力响应对比分析，可以得到以下结论：

（1）非嵌岩群桩基础基桩的桩身内力的动力响应呈"桩顶大、桩身中部及桩端较小"的倒三角形分布特点，说明承台对桩头的约束作用和上部结构的惯性力作用致使桩顶内力较大。

（2）自由场中嵌岩单桩基础桩身内力的动力响应沿桩长基本呈"桩端大、桩身中部及桩顶较小"的三角形分布特点，说明桩端嵌固效应与约束作用使得桩端处内力较大。

（3）对于嵌岩的带承台群桩基础，在桩顶和桩端这两个嵌固端均会形成较为明显的应力集中现象，即在桩顶和桩端两个部位的桩身内力较大，呈"两头大，中间小"的分布规律。

（4）对于同一群桩基础承台下的基桩，角桩桩身的应变幅值均大于边桩的应变幅值。

（5）相比非嵌岩条件下的群桩基础基桩与自由场中单桩基础，嵌岩条件下基桩在嵌岩端附近位置处的对应桩身应变幅值较大。

（6）相比自由场中单桩基础，群桩基础基桩在桩顶嵌固附近位置处的对应桩身应变幅值较大。

（7）在同一地震作用工况下，相比其他基础形式，自由场中非嵌岩单桩的桩身内力较小，说明桩顶和桩端的约束作用对桩身的内力影响显著。

4　高（低）承台桩基模型试验

针对震害特征明显、承受水平荷载不利的高承台群桩基础，以埋入式低承台群桩基础作为比较对象，开展砂质粉土地基条件下高、低承台群桩基础模型体系的振动台试验，采用通用有限元计算程序对振动台试验模型开展地震作用下全时域动力分析计算，详细分析桩基体系的加速度响应、桩身内力、土-结接触土压力等响应特征。基于数值分析结果与试验实测数据，引入可以反映惯性相互作用与运动相互作用耦合方式的关联系数，拟合回归一个能够考虑桩土刚度比、结构惯性作用、桩身出露长度等因素影响的桩身地震内力经验公式，为桩基的抗震简化计算提供参考。

4.1　试验方案

试验方案根据基础形式的不同分为两组：高承台群桩基础与低承台群桩基础；两组群桩的基桩布置形式均为3（排）×2（行）（沿振动方向的桩数为3排）；桩径为60mm，桩间距 s_a 为180mm（距径比 s_a/d 为3），桩顶嵌入承台内的长度为50mm。

为实现相同条件下的对比分析，两组模型同时位于同一试验土箱内，两组试验的基桩、承台以及上部结构的模型基本尺寸与材料设计均相同。低承台模型埋入地基土中，其承台基底埋深为250mm（从地表起算）；高承台模型的承台露出地面，承台脱空高度为300mm（即从地表起算的桩身自由段长度5d）。试验方案分组与平面布置见表11、图39～图40。

试验模拟的地基土为单一均质砂质粉土地基，试验中忽略地基土的重力相似。模型地基土的制备采用北京通州地区附近的原状砂质粉土，地基土总厚度为2950mm。填土前先将模型桩固定在模型箱的预定位置，然后按照预设的相对密度，分层装填夯压。填筑后土体的物理力学指标见表12。

试验方案分组　　　　　　　　　　　　　　　　　表 11

Grouping of experimental schemes　　　　　　　Table 11

群桩试验分组	基桩设计			承台设计	
	桩径 d(mm)	桩长 l(mm)	桩身外露高度 l_0(mm)	$L_c×B_c×h$(长×宽×高)(mm)	承台埋深 d_e(mm)
高承台	60	3000	300	560×380×300	0
低承台	60	2450	0	560×380×300	250

注：地表面标高为±0.000m。

地基土物理力学参数　　　　　　　　　　　　　　表 12

Physical and mechanical parameters of foundation soil　　　Table 12

颗粒分析(%)			含水率 w(%)	相对密度 G_s	天然重度 r (kN/m³)	孔隙比 e	液限 w_L (%)	塑限 w_p (%)	塑性指数 I_p	压缩系数 a (MPa⁻¹)	压缩模量 E_s (MPa)	黏聚力 c (kPa)	内摩擦角 φ (°)
细砂粒 (mm)	粉粒 (mm)	黏粒 (mm)											
0.25～0.075	0.075～0.005	<0.005											
35.8	58.8	5.4	13.25	2.69	16.9	0.803	22.85	16.55	6.3	0.43	4.02	14.4	32.2

承台结构与桩身结构均采用微粒混凝土，钢筋采用镀锌钢丝，以模拟钢筋混凝土结构。微粒混凝土的施工方法、振捣方式、养护条件以及材料性能均参照混凝土施工方式，使得模型材料在动力特性上与原型混凝土具有良好的相似关系。上部结构简化为单柱双质量块模型，以模拟双质点系模型，柱材料选用 H 型钢（HW150×150×7×10），并采用高强地脚螺栓与承台连接。

(a) 整体模型　　　　(b) 承台结构

图 39　试验模型照片

Fig. 39　photographs of the test model

(a) 高承台群桩　　　　(b) 低承台群桩

图 40　桩基础模型

Fig. 40　Pile foundation model

试验测试传感器主要包含加速度计、应变片、动土压力盒。加速度计分别布置于地基土、承台、桩身以及上部结构质量块。为测试桩身内力，分别在高承台角桩、中桩与低承台角桩、中桩共 4 根基桩上贴置栅长×宽为 2mm×1mm 的电阻应变片，应变片贴置于桩身中的镀锌钢丝纵筋（沿桩长不同深度布置，同一截面对称贴置 2 片）。为测试桩-土、埋入承台-土的接触压力，在桩身结构以及低承台结构侧面不同深度处埋设高灵敏土壤压力传感器。试验中传感器的布置见图 41。

地震输入采用单向水平激振，地震动波形采用真实记录的典型地震波。振动台台面输入加速度峰值按小量级分级递增，按相似关系调整加速度峰值，各级输入的加速度峰值 PGA 分别为 0.1g，0.2g，0.4g，0.5g，0.6g，0.7g，0.8g。以下仅分析傅氏谱值主要在 3.0～30Hz 分布的 El Centro 波下试验模型的地震响应规律。El Centro 波的加速度时程及傅里叶谱曲线见图 42。

4.2　试验结果与分析

（1）地基土的加速度响应

选取在可以代表低强度地震（台面输入加速度峰值 PGA=0.1g）与高强度地震（PGA=0.5g）两个工况下，分析地基土中底面加速度计 A1 与地表加速度计 A5 的加速度响应规律，见图 43、图 44。为便于对比分析，加速度时程曲线主要截取含有最大峰值点在内的前 1.0～3.5s 实测数据。

从图 43 加速度时程曲线发现：当 PGA=0.1g 时，地表处加速度多个脉冲幅值均有明显的放大现象，这与地基土本身性质以及地震波频谱特性有关，说明模型试验采用的砂质粉土对地震波主要起放大作用。当 PGA=0.5g 时，地表加速度峰值放大程度不明显，由于在高强度地震动下，地基土性质发生软化，前序工况多次累加的地震作用也使其非线性表现进一步增强，土体传递地震波的能力降低。

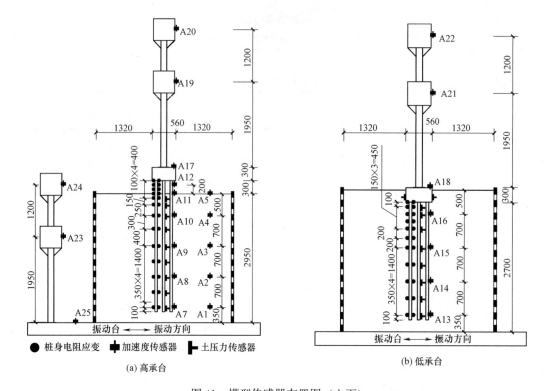

图 41　模型传感器布置图（立面）

Fig. 41　Model sensor layout（elevation）

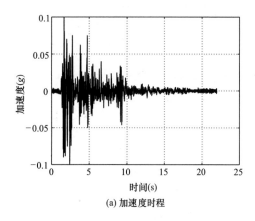

(a) 加速度时程

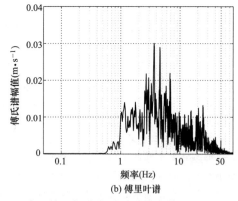

(b) 傅里叶谱

图 42　台面输入加速度时程及傅氏谱（El Centro 波）

Fig. 42　Input acceleration time history and Fourier
spectrum of table input（El Centro wave）

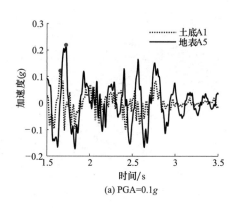

(a) PGA=0.1g

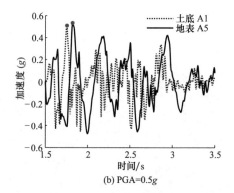

(b) PGA=0.5g

图 43　土底与地表的加速度时程曲线

Fig. 43　Acceleration time history
curve between soil bottom
and ground surface

从土底与地表的加速度傅氏谱看，地震动经土体传播至地表后，地基土对地震动中相对较低的频谱分量具有明显的放大作用，对较高的频谱分量有一定的抑制作用；其中对低频分量的放大作用尤为显著，使得最终传播至地表的频谱分量主要分布在 3～8Hz 之间，说明了地基土对地震动具有明显的滤波作用，见图 44。

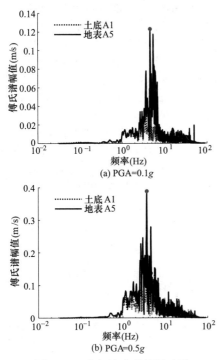

图 44　土底与地表的傅里叶谱

Fig. 44　Fourier spectrum of soil bottom and surface

地基土对地震动传播的影响也可从地基不同深度处的反应谱变化得到。图 45 为在输入地震动（台面测点 A25）向上传播的过程中，地基中部测点 A3 与地表测点 A5 的加速度动力系数 β 反应谱变化情况。相比底面输入的地震动，台面测点的 β 反应谱峰值对应的周期为 0.04s，而当其经过地基土的介质作用后，地表测点 β 反应谱峰值对应的周期延长至 0.17s，说明试验采用的地基土会延长场地反应谱的卓越周期。

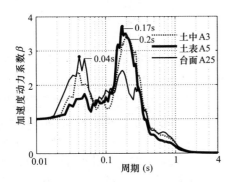

图 45　不同深度加速度动力系数 β 反应谱（PGA＝0.1g）

Fig. 45　β response spectrum of dynamic coefficients of acceleration at different depths (PGA＝0.1g)

图 46 为不同台面输入 PGA 下地表测点 A5 的动力系数反应谱 β。试验结果显示，随着输入地震动强度的增加，反应谱峰值对应的周期被不断延长，说明了强震作用下地基发生软化，土体发生的非线性反应，将会进一步延长场地对应的卓越周期。

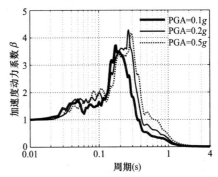

图 46　地表测点 A5 加速度动力系数 β 反应谱

Fig. 46　Response spectrum of acceleration dynamic coefficient β at surface measurement point A5

（2）承台结构与桩身加速度响应

图 47 为两组试验承台结构对应测点的加速度响应对比情况。从二者的加速度时程曲线看，高承台结构的加速度响应明显高于低承台结构；比较不同 PGA 下二者的加速度响应峰值发现，高承台结构的加速度峰值是低承台

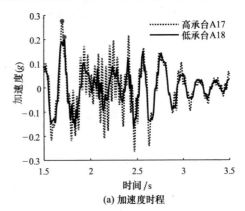

(a) 加速度时程

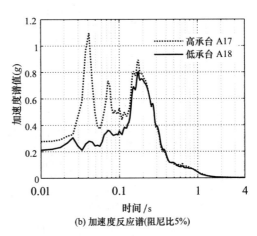

(b) 加速度反应谱（阻尼比5%）

图 47　低承台与高承台结构加速度响应（PGA＝0.1g）

Fig. 47　Structural acceleration response of low cap and high cap (PGA＝0.1g)

结构的 1.333～1.660 倍。这反映出由于露出地面桩身自由段的存在，导致高承台结构的动力响应显著放大，同时高承台处的反应谱也发生了明显变化，见图 47（b）。相比低承台，高承台除了在中长周期段（0.1～0.3s）的反应谱值较大以外，其在低周期段（0.03～0.05s）的谱值也得到了有效放大，说明高承台外露结构的基础形式对基底输入反应谱的影响也较为显著。

图 48 为 PGA＝0.1g 与 PGA＝0.5g 时，桩身结构与土体沿不同深度的加速度响应分布。图中反映出基桩与地基土的加速度响应沿深度的分布形态基本一致；但在邻近地表处，高承台基桩的加速度动力响应高于对应截面深度处的低桩与土体加速度动力响应。当台面输入 PGA＝0.1g 时，桩身与土体的加速度响应沿深度向上不断放大；当 PGA＝0.5g 时地震向上传播发现，加速度响应出现先衰减后放大的规律，反映在强震以及多次累加振动下，土体与基桩传递地震动的能力降低。

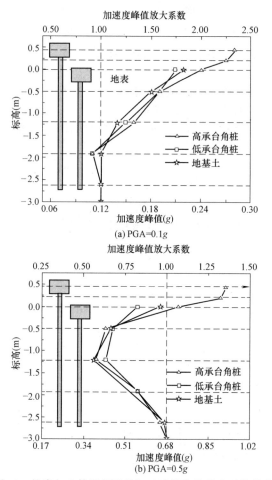

图 48　桩身与土体沿深度的加速度峰值及放大系数分布

Fig. 48　Distribution of peak acceleration and amplification coefficient of pile and soil along depth

（3）上部结构加速度响应

图 49 为 PGA＝0.1g 与 PGA＝0.5g 下，刚性地基上（柱直接固接于振动台面）单柱结构双质量块的加速度动力系数（结构测点与台面的加速度峰值之比），与考虑桩-土-结构相互作用的高承台与低承台群桩基础中单柱结构双质量块的加速度动力系数（结构测点与土表测点的加速度峰值之比）。图中，层号"0"代表基底承台测点（对于群桩基础指承台结构测点，对于刚性地基指台面测点），层号"1"代表上部单柱结构质量点 S1 对应的测点，层号"2"代表上部单柱结构质量点 S2 对应的测点。

三种地基条件下上部结构的加速度动力系数分布表明，刚性地基上结构测点的加速度动力系数大于处于桩-土-结构相互作用体系（包含高承台群桩与低承台群桩）中的动力响应，高承台群桩中结构测点的加速度动力系数大于低承台群桩中结构的对应测点。这是由于在考虑土-结相互作用的情况下，上部结构的振动能量通过基础结构介质向外传递，这种结构振动能量向远方传播的辐射阻尼效应，使得处于桩-土-结构相互作用体系中结构的振动能量耗散更为显著，因此处于模型土箱内上部结构的加速度动力响应较小。同理，相比承台外露的高承台桩土体系，低承台桩土体系由于承台结构埋入地基土，导致其受地基土的约束作用较强，其辐射阻尼效应更为明显，造成低承台上部结构的加速度响应较小。

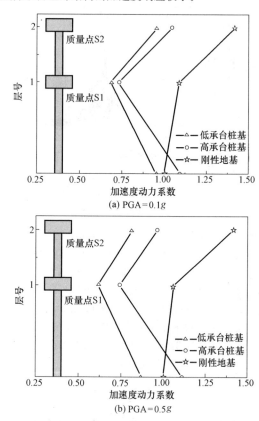

图 49　桩身与土体沿层号的加速度峰值及放大系数分布

Fig. 49　Distribution of peak acceleration and amplification coefficient of pile and soil along layer number

这种考虑土-结构动力相互作用下的辐射阻尼效应影响与地基土的刚度有关。从前述地基土的动力分析可知，随着输入地震动强度的增加，土体逐渐发生软化，其刚度降低。表 13 为台面输入不同 PGA 下，高承台与低承台两种桩基础形式的上部结构顶部测点的加速度响应峰值及其比值变化。由表中发现：在 PGA＝0.1g～0.5g 时，高桩承台的上部结构顶部测点的加速度峰值是低桩的 1.095～1.182 倍，也就是说在该条件下，高桩的上部结构加速度响应比低桩的大 9.5%～18.2%；当 PGA＝0.6g～0.8g，二者的差异不断减小，在 PGA＝0.8g 时，高桩的上部结构加速度响应仅比低桩的大 7.5%。这反映出强震作用下土体刚度的降低，将使得低承台结构受到地基土的约束作用减小，其辐射阻尼效应影响降低，导致其上部结构反应增大。

不同基础形式上部结构顶部加速度峰值比较

表 13

Comparison of peak acceleration at the top of Superstructure with different foundation forms

Table 13

输入峰值 PGA	低承台桩基 质点 S2 测点 A22/g	高承台桩基 质点 S2 测点 A20/g	A20/A22
0.1g	0.21	0.23	1.095
0.2g	0.3	0.31	1.033
0.4g	0.4	0.43	1.075
0.5g	0.44	0.52	1.182
0.6g	0.52	0.61	1.173
0.7g	0.58	0.67	1.155
0.8g	0.67	0.72	1.075

（4）桩身内力响应

图 50，图 51 为 PGA＝0.1g 时，桩顶与桩底两个截面上对称布置应变片记录的应变时程曲线，其中 g13a 与 g13b、g1a 与 g1b、d11a 与 d11b、d1a 与 d1b 分别为对应截面上两对称应变片编号。大多数情况下，相同截面处的桩身轴向应力普遍呈现一侧受拉、一侧受压的现象；在桩

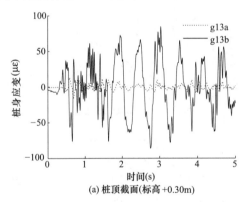

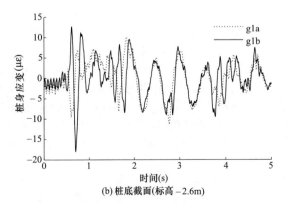

图 50　高承台角桩的应变时程（PGA＝0.1g）

Fig. 50　Strain time history of angular pile of high cap（PGA＝0.1g）

顶截面，对称测点的应变幅值差异较大，承受压弯或拉弯偏心作用，说明角桩桩顶的应力状态是上部结构引起的偏心竖向力与桩顶弯矩共同作用的结果；相比桩顶截面，桩底截面两侧受力的应变幅值差异较小，说明底部桩身受力主要以轴向受压或受拉为主。

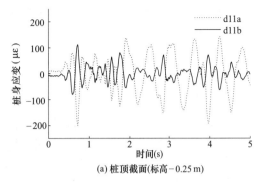

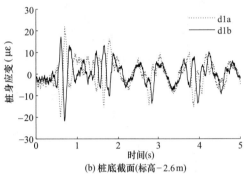

图 51　低承台角桩的应变时程（PGA＝0.1g）

Fig. 51　Strain time history of angular pile of low cap（PGA＝0.1g）

图 52 为台面输入 PGA＝0.1g 与 PGA＝0.4g 下，极值时刻高承台与低承台桩身弯矩分布形态对比图。图中显示桩身弯矩总体呈"上大下小"的分布形态，与低桩沿桩身的最大内力位于桩顶截面不同，高承台桩身的弯矩极值点（即桩身的主要弯曲危险点）有 2 个：一个位于桩顶与承台连接处，另一个点位于地表面附近（地表以下 0.1m，1.5d 处）。说明桩顶与承台联结的嵌固效应、承台与桩身自由段的外露影响（桩周侧向有无地基土约束），将会显著改变地震作用下桩身的内力分布。

由于桩顶负弯矩主要是由桩顶嵌入承台的约束效应造成，本文将桩顶至桩身第一反弯点的深度定义为"桩顶嵌固效应影响深度"，图 52 中高桩采用 l_{H-1} 表示，低桩采用 l_{L-1} 表示。当 PGA＝0.1g 时，高桩的桩顶嵌固效应影响深度 l_{H-1} 在桩顶以下 0.1m（1.5d）附近；当 PGA＝0.4g 时，高桩的桩顶嵌固效应影响深度 l_{H-1}＝0，且桩顶的负弯矩值降低至零。低桩的桩顶嵌固效应影响深度 l_{L-1} 随输入 PGA 的增加而加大（桩顶以下 0.55～0.95m），同时桩顶负弯矩增加。以上反映出在同一地震输入下，与埋入土中的低桩相比，高承台的桩顶嵌固效应影响范围更少，其桩顶的负弯矩也较小，说明当承台与桩身周围无地基土侧限约束时，高承台桩顶受到的嵌固约束作用将会大大降低，导致其桩顶处负弯矩减小、承台的动力响应加大。

分析桩身受弯剪作用的主要影响范围可知，即自桩顶至桩身第二反弯点的深度（图 52 中低桩用 l_{L-2} 表示，高桩用 l_{H-2} 表示），高桩受弯影响深度 l_{H-2} 是在桩顶以下 1.1m（18d），即地表以下 0.8m（13d），而低承台的受弯影响深度 l_{L-2} 是在桩顶以下 2.0m（33d），说明低承台基桩受弯的整体影响范围更深，高桩的受弯影响范围主要集中在地表附近。

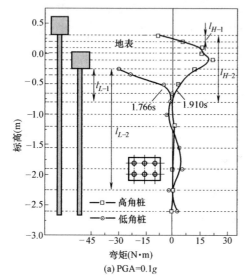

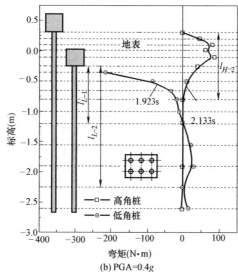

图 52　极值时刻桩身弯矩响应

Fig. 52　Bending moment response of the pile body at the time of extreme value

图 53 为群桩中角桩与中桩的桩身弯矩沿深度分布的包络线对比。限于篇幅，仅摘取 PGA=0.2g 时的基桩弯矩进行分析。无论是高承台群桩还是低承台群桩，角桩的桩身弯矩包络值均大于中桩的弯矩包络值，这一结果与水平静力循环加载下群桩中基桩的内力分布规律一致。这反映出群桩中桩与桩相互影响引起的土中应力重叠效应在动力作用下仍然存在，这种相互影响效应将导致各桩桩前土反力以及桩身内力的差异，受力前排的角桩桩身内力比内排桩（中桩）的桩身内力大。

为分析不同地震强度下，基桩内力分配不均匀性的

动力响应规律，针对桩身内力最大的截面，本文将同一工况下角桩的弯矩包络值与对应中桩的弯矩包络值之比称为"弯矩不均匀系数"，用以反映受力前排桩与后排桩的内力差异性，见图 54。从中可以发现，高承台群桩的不均匀系数始终大于低桩；随着 PGA 的增加，高桩中弯矩的不均匀程度不断增加，而低桩的弯矩不均匀系数变化较小；说明高承台群桩基础的内力分配不均匀程度更大，应引起重视。

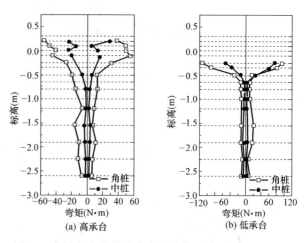

图 53　角桩与中桩的桩身弯矩包络对比（PGA=0.2g）

Fig. 53　Comparison of pile body bending moment envelope between angular pile and middle pile（PGA=0.2g）

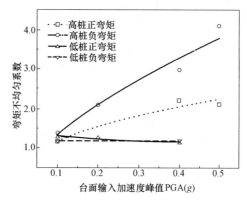

图 54　桩身弯矩不均匀系数随输入 PGA 的变化

Fig. 54　Variation of pile bending moment inhomogeneity coefficient with input PGA

（5）土-结接触压力

图 55、图 56 分别为桩体与地基土、承台结构与土体的水平接触压力时程曲线，其中 Y17、Y12、Y4、Y20 分别为对应截面的压力传感器编号。从图中可以看出，水平地震作用下结构与土体之间存在着接触动压力，且接触压力值在零值与非零值间反复变化，说明在土-结动力相互作用过程中，动土压力随结构与接触土体相对运动趋势而消长。

以 PGA=0.1g 时的土-结接触压力为例发现，桩身与地基土的接触压力时程曲线与输入时程曲线形状基本相同；而埋入式承台结构与土的接触压力时程曲线形状与输入曲线差异明显，大部分时段段内的接触压力值在单向压力与零值之间变化，说明承台结构与周围地基土发

生了较为明显的接触、分离、再接触过程，见图 56。同样，高承台基桩中靠近地表处的动土压力也表现出类似的变化规律，见图 55（a）。

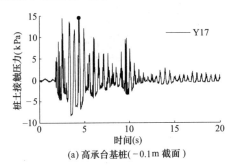

(a) 高承台基桩（−0.1m 截面）

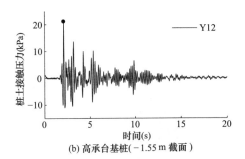

(b) 高承台基桩（−1.55m 截面）

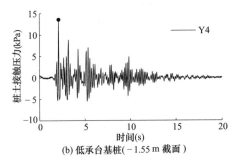

(b) 低承台基桩（−1.55m 截面）

图 55　桩-土接触压力时程曲线（PGA＝0.1g）

Fig. 55　Time-history curve of pile-soil contact pressure（PGA＝0.1g）

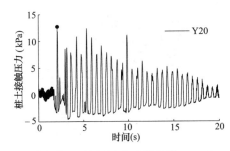

图 56　承台结构-土接触压力时程曲线（PGA＝0.1g）

Fig. 56　Time-history curve of cap structure-soil contact pressure（PGA＝0.1g）

4.3　桩身弯矩简化计算公式

依据弹性地基梁下桩身内力的弹性理论解，结合考虑地基运动相互作用影响下的弯曲应力计算研究成果，通过与试验实测对比得到一个适用于一般地基条件下桩身最大弯矩的经验估算公式。

（1）惯性与运动两种作用的耦合估算

图 57～图 60 分别为高桩桩身弯矩与相同深度处地基土加速度或承台结构加速度的试验实测相关联系。从露出地表的桩顶与埋入土中（埋深 0.5m）的桩身弯矩变化看（图 57、图 58），受惯性作用影响明显的桩顶弯矩与承台结构的加速度以及受地基运动作用影响显著的深埋截面桩身弯矩与相同标高处的地基土加速度，基本均呈线性相关性，反映出运动相互作用与惯性作用对桩身内力的直接影响程度。从地表处的桩身弯矩变化看（图 59、图 60），桩身弯矩与地表加速度或承台结构加速度的呈非线性关系，说明地表处的桩身内力是结构惯性作用与地基土运动作用共同影响的结果，两种作用之间存在一定的相位差。

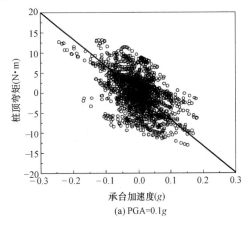

(a) PGA=0.1g

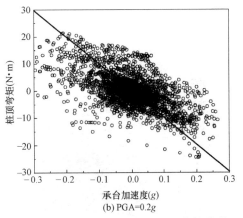

(b) PGA=0.2g

图 57　桩顶弯矩与承台结构加速度的关系

Fig. 57　Relationship between pile top bending moment and cap structure acceleration

为了获得两种相互作用下桩顶或地表处的桩身弯矩最大值，引入 Ψ_{ki} 系数来反映运动相互作用与惯性作用的相位耦合关系，则桩顶总弯矩为桩头水平荷载所产生的弯矩与地基变形所产生的弯矩之和，可用下式表示：

$$M_0＝M_{kin}＋\Psi_{ki}M_{in} \tag{4}$$

运动作用下的桩顶最大弯矩估算

$$M_{kin}＝E_pI_p\frac{a_s\rho}{G_s} \tag{5}$$

式中，E_pI_p 为桩身的抗弯刚度（N·m^2），a_s 为场地计算标高处的土层加速度峰值（m/s^2），G_s 为土体剪切模量。

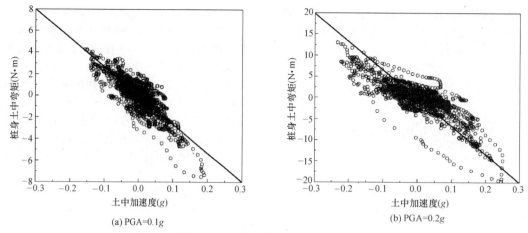

(a) PGA=0.1g

(b) PGA=0.2g

图 58　埋深 0.5m 处桩身弯矩与地基土加速度的关系

Fig. 58　Relationship between bending moment of pile body at depth of 0.5m and foundation soil acceleration

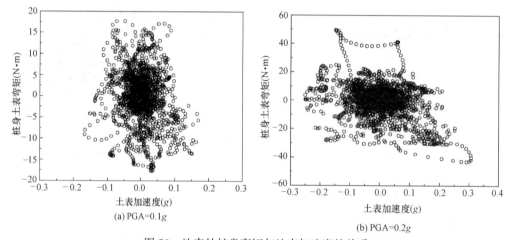

(a) PGA=0.1g

(b) PGA=0.2g

图 59　地表处桩身弯矩与地表加速度的关系

Fig. 59　Relationship between bending moment of pile body at surface and surface acceleration

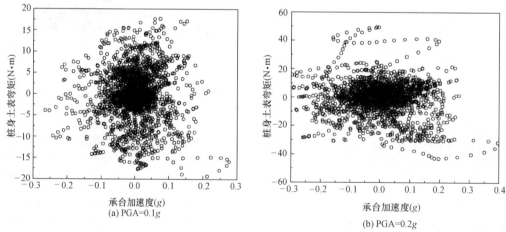

(a) PGA=0.1g

(b) PGA=0.2g

图 60　地表处桩身弯矩与承台结构加速度的关系

Fig. 60　Relationship between pile bending moment at ground surface and cap structure acceleration

惯性作用下的桩顶最大弯矩估算

$$M_{in}=\frac{1}{4n}\left(\frac{\pi}{\sqrt{2}(1+\nu)}\right)^{\frac{1}{4}}\left(\frac{a_s}{g}\right)\left(\frac{E_p}{G_s}\right)^{\frac{1}{4}}W_pD^{\frac{3}{4}}(1+\beta l_f)$$

(6)

式中，n 为群桩基础中的基桩数量，l_f 为桩身出露长度，ν 为土的泊松比。

将式（5）、式（6）代入式（4），构造为以下形式：

$$M_0=\frac{a_s}{g}\left[\frac{E_p}{G_s}I_p\gamma_s+\frac{1}{4n}\Psi_{ki}\left(\frac{\pi}{\sqrt{2}(1+\nu)}\right)^{\frac{1}{4}}\right.$$
$$\left.\left(\frac{E_p}{G_s}\right)^{\frac{1}{4}}W_pD^{\frac{3}{4}}(1+\beta l_f)\right]$$

(7)

式中，Ψ_{ki} 为两种作用下的桩顶最大弯矩耦合方式系数，γ_s 为土体的重度，其他参数含义同上。

（2）惯性作用与运动作用耦合系数的确定

根据式（4），两种作用的耦合系数 Ψ_{ki} 可以表达为：

$$\Psi_{ki}=\left(\frac{M_0 g}{a_s}-\frac{E_p}{G_s}I_p\gamma_s\right)\bigg/\left(\frac{1}{4n}\left(\frac{\pi}{\sqrt{2}(1+\nu)}\right)\right)^{\frac{1}{4}}$$
$$\left(\frac{E_p}{G_s}\right)^{\frac{1}{4}}W_p D^{\frac{3}{4}}(1+\beta l_f)\right) \tag{8}$$

由式（8）也反映出，影响两种作用耦合方式的因素较多，其综合反映了结构-承台-桩-土在地震作用下的动力相互作用问题。根据量纲分析原理，Ψ_{ki} 本身为无量纲物理量，这里选取几个主要影响因素，采用 4 个无量纲变量，将耦合系数 Ψ_{ki} 表达为：

$$\Psi_{ki}=f\left(\frac{E_p}{G_s},\frac{W_p}{\gamma_s D^3},\frac{a_s}{g},\frac{l_f}{D}\right) \tag{9}$$

按照无量纲分析的一般性原理，耦合系数 Ψ_{ki} 可由选取的 4 个无量纲表达式，采用如下方式表示：

$$\Psi_{ki}=A_0\left(\frac{E_p}{G_s}\right)^{A_1}\left(\frac{W_p}{n\gamma_s D^3}\right)^{A_2}\left(\frac{a_s}{g}\right)^{A_3}\left(A_5\frac{l_f}{D}+A_6\right)^{A_4}$$
$$\tag{10}$$

为拟合式（10）中的未知参数 A_0、A_1、A_2、A_3、A_4、A_5、A_6，采用数值分析的部分计算结果，结合试验实测数据，按照式（8）得到不同试验条件下的耦合系数 Ψ_{ki}，采用的主要回归试验样本见图 61。

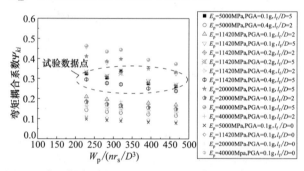

图 61　弯矩耦合系数与无量纲变量（质量惯性力）的关系

Fig. 61　Relationship between moment coupling coefficient and dimensionless variable (mass inertia force)

根据以上数据样本对式（10）进行多元线性回归，将以上参数代入式（10），得到两种作用的耦合系数 Ψ_{ki} 拟合公式如下：

$$\Psi_{ki}=\frac{1}{9}\left(\frac{a_s E_p}{gG_s}\right)^{\frac{1}{6}}\left(\frac{W_p}{n\gamma_s D^3}\right)^{\frac{1}{3}}\left(\frac{5}{6}\frac{l_f}{D}+1\right)^{\frac{2}{3}} \tag{11}$$

式（11）即为考虑了桩土刚度比、结构惯性作用、桩身出露长度等多因素影响下运动作用弯矩与惯性作用弯矩的耦合系数，该系数是在本文研究条件下综合反映两种作用的耦合方式以及桩-土动力相互作用。

（3）简化公式与试验及数值结果对比

按照前述提出的水平地震作用下均质地基中桩身最大弯矩的表达式（7）以及耦合系数经验式（11），针对桩身抗弯刚度、土体剪切模量、结构竖向荷载、桩身出露长度等影响桩身最大弯矩值的主要因素，开展简化公式计算结果与试验及数值结果的比较工作，见图 62。计算结

果显示，简化公式计算的结果与数值及试验实测反映的基本规律较为一致。

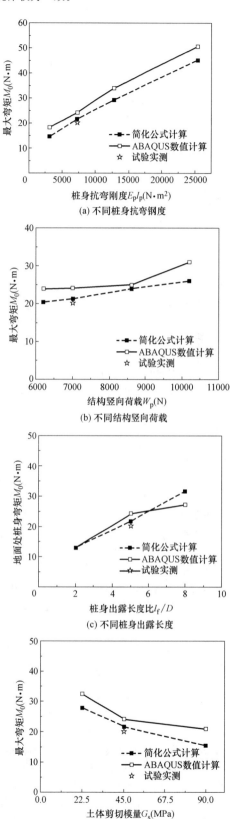

（a）不同桩身抗弯钢度

（b）不同结构竖向荷载

（c）不同桩身出露长度

（d）不同土体剪切模量

图 62　桩身最大弯矩简化公式验证

Fig. 62　Simplified formula verification of pile maximum bending moment

4.4 小结

（1）从上部结构的动力响应规律出发，在考虑桩基与地基相互作用时，上部结构振动能量会通过基础和地基土发生逸散向外传递（辐射阻尼效应），基础承台埋设条件会直接影响上部结构的振动特性与动力反应。由于承台与桩身外露地表，辐射阻尼作用相对较小的高承台群桩，其上部结构动力响应更大，同时基底输入地震动频谱特性的不同也会造成上部结构响应的差异。

（2）从桩基结构的动力响应规律出发，相同桩顶嵌固条件下高桩承台结构的加速度峰值是低桩承台结构的1.35～1.65倍，外露段桩身的加速度峰值放大系数为2.0～2.4。通过增加桩头与承台的嵌固程度，可以作为控制高桩承台结构动力响应的方式之一。

（3）从桩身内力的动力响应规律出发，桩头与承台联结的嵌固效应、承台与桩身自由段的外露影响，将会显著改变桩身的地震内力分布。地震作用下高承台桩基在桩顶与地表处出现两个刚度突变点，形成由出露地表桩身构成的薄弱层，抗震设计时可在地表处采用连系梁等基础结构将各桩连接，适当加强自由段桩身的侧向刚度，能够提高高承台桩基的抗震能力。

（4）从基桩受荷不均匀性的动力响应规律出发，水平地震作用下群桩基础中各基桩的荷载分配与桩身内力差异较大，角桩（外排桩）的桩身弯曲内力比边桩（内排桩）的内力大。高承台群桩的轴力不均匀系数在3.08～8.96，弯矩不均匀系数在1.16～4.11之间，剪力不均匀系数在1.41～3.45之间；低承台群桩的轴力不均匀系数在3.46～4.18之间，弯矩不均匀系数在1.14～2.21之间，剪力不均匀系数在1.34～2.10之间。对于高承台群桩基础，基桩内力的不均匀程度更大。地震强度的增加将进一步放大不均匀系数。因此，在桩基抗震设计中，应对群桩中的角桩或边桩加强配筋；对于高承台桩，外排桩的桩身设计受弯内力应较基桩平均设计内力增加约30%。

（5）从实用设计角度出发，在有关地基运动引起的桩身内力有关成果基础上，考虑桩土刚度比、结构惯性作用、桩身出露长度等多因素影响，引入可以反映惯性作用与运动作用耦合方式的关联系数，推导出一个适用于一般均匀地基中桩身最大弯矩的估算公式，为桩基抗震设计的简化计算提供参考。

5 埋入式LNG储罐模型试验

自2006年广东大鹏LNG接收站投入使用以来，我国LNG储罐的最长运营时间已接近20年。目前，我国大型LNG储罐的数量已超过40个，LNG的累积进口量已超过1.5亿t，其中：中国海油的进口量已经超过了1亿t。2017年我国天然气消费比重为6.6%，按照国家能源局的规划，在2020年这一比重将达到10%左右。在国家的调控下，近几年放缓的接收站建设，从2016年又逐渐加快了进度，多个LNG储罐新建及扩建项目陆续开工。与LNG储罐建设相对应的是储罐核心技术的发展，我国已完全具备LNG储罐的自主设计能力，近年来在储罐研究方面，也取得了长足的进展，又不断地推动了设计和施工的发展，形成了良性循环。国际承包商在我国的LNG储罐EPC市场份额，已基本被压缩殆尽。

然而，目前我国的LNG储罐全部为地上罐，半地下罐及地下罐尚无应用业绩。实际上，地下罐比地上储罐具有更好的抗震性和安全性，受到空中物体碰撞的可能性小，受风荷载的影响小，泄露的影响小。特别是在人口稠密的大都市圈建设储罐地下罐具有无以比拟的优势，因此其在国际上的应用非常广泛。

日本LNG接收站出于地震安全、节省用地和环保的考虑，尽可能采用地下式储罐，其从1969年开始建造，到2003年共投入运营基站个数达74个，最大罐容达25万m³，最长的运营年限已达10年以上。韩国在LNG储罐技术方面，不断革新，地下20万m³ LNG储罐运营经验相当成熟，Incheon LNG接收站投入使用的8座25万m³地下储罐目前运营良好。

受国家政策调控的影响，我国目前掀起了LNG储罐建设的热潮，在此背景下，新工艺、新技术必将随之发展，半地下罐及地下罐的研究及工程应用将成为必然。

图63 建设过程的LNG储罐（山东青岛）
Fig. 63 LNG storage tanks during construction (Qingdao, Shandong)

LNG储罐按结构类型划分主要分为单容罐、双容罐和全容罐三种型式，当前我国的LNG接收站普遍采用LNG全容储罐型式。按照埋置深度的不同，可分为地上储罐（Above-ground）、半地下储罐（Semi-underground）、地下储罐（In-ground和Underground）。

虽然地下结构在地震中的表现要好于地上结构，但历次地震中关于地下结构的震害记录表明，地下结构在强地震作用下也可能发生严重的破坏。

相较于我国地下空间建设的迅速发展，现行规范对半地下LNG储罐没有给出明确的设计方法，半地下LNG储罐地震反应简化分析方法的研究具有重要的意义。同时，对于工程应用，半地下LNG储罐地震响应的特征同样需要研究。

在考虑土与结构相互作用的地震响应研究中，最大的困难是地震发生时结构体系地震响应的实测数据的匮乏。因此，能够真实考虑土与结构相互作用的振动台模型试验是当前研究地下结构地震响应的常用试验方法。通过对模型动力相似关系和边界合理的模拟，可以深入考察土与结构相互作用体系的地震反应动力规律，获得结构的动力响应特性，分析土与结构相互作用的影响结果，

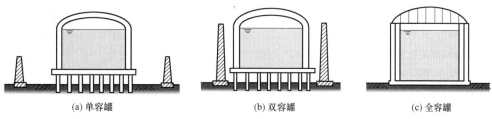

图 64　不同结构类型的 LNG 储罐

Fig. 64　LNG storage tanks of different structure types

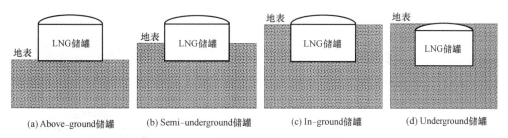

图 65　不同埋置深度的 LNG 储罐

Fig. 65　LNG storage tanks with different burial depths

为建立有效的数值分析技术提供验证数据，为工程项目实践提供有力的模拟试验支撑。

因此，对考虑埋深影响即考虑土与结构相互作用的半地下 LNG 储罐振动台模型试验研究十分必要。

以半地下 LNG 储罐为研究对象，对半地下 LNG 储罐的地震反应规律与特点进行研究。目前，我国尚无半地下 LNG 全容罐，对这种半地下 LNG 储罐结构形式的研究国内也缺少先例，研究成果对于该类储罐结构的抗震设计具有参考意义。

5.1　试验方案

以目前处于可行性研究阶段的我国某 30 万 m^3 全容式 LNG 储罐项目为依托，进行考虑土与结构相互作用的半地下 LNG 储罐振动台试验，研究考虑埋深影响的半地下 LNG 储罐地震响应规律。借鉴和参考其他半地下结构振动台试验的模型设计经验和研究成果，就半地下结构振动台试验面临的模型设计问题进行归纳。研究半地下 LNG 储罐振动台试验的模型设计中的关键技术问题，如：土与结构（混凝土外罐）两种材料的缩尺问题、模型的地震动缩尺问题、储液与结构（钢内罐）两种材料的缩尺问题，等。进行合理的缩尺，制作半地下 LNG 储罐的振动台模型。考虑埋深情况下，对不同液位情况、不同地震水准、不同的地震作用方向进行模型的振动加载，分析罐液及外部岩土介质共同作用条件下的结构及周边岩土介质响应问题，为结构设计优化及安全控制提供科学化建议。

（1）试验设备

本试验采用台面尺寸 6m×6m、标准负荷 60t 的振动台系统，采用内部净尺寸 3.2m（纵）×2.4m（横）×3.0m（竖）的层状剪切试验箱。

数据采集系统除与振动台配套的 STEM Ⅲ 数据采集系统外，额外采用了东华测试公司的 1 台 DH5922D 动态信号测试分析系统（52CH）及 1 台 DH5922D 动态信号测试分析系统（64CH），共计 116 通道。

层状剪切试验箱根据不同的填土厚度灵活配置不同数量的水平层状框架。在装填周围土体时，为防止土颗粒从水平层状框架的间隙中泄露，试验箱内壁贴置塑料薄膜内衬。塑料薄膜具有回复力小、对试验箱系统振动特性影响小的优点。本试验采用 0.2 mm 厚度的塑料薄膜作为内衬膜。

（2）模型试验相似关系设计

对于地基土与结构相互作用的动力分析问题，除地震作用下各结构部件的惯性力与弹性回复力作为主要作用力，需重点考虑相似条件外，由基岩传导的地震力以及结构周围地基土的水平变形产生的侧向土压力也是影响结构体系振动特性的重要作用力。

由于结构尺寸比例较小，满足重力相似较为困难。对于开展的振动台试验，其水平地震作用对模型系统的动力响应影响远比重力效应引起的影响大。模型相似设计除或对结构模型考虑一定附加质量以更合理的模拟结构的地震惯性力外，在设计时地基土和结构模型应尽量遵循相同的相似条件。因此，本文试验模型的相似比确定是在综合考虑振动台设备能力、模型材料制作水平、环境因素等影响下，主要保证弹性回复力与惯性力的弹性相似关系，以尽可能获得模型系统的地震动力响应。

根据上述弹性力相似的设计原则，在考虑振动台承载能力、台面尺寸等试验能力的基础上，另考虑结构缩尺模型的制作工艺和制作精度因素，确定本试验模型的整体几何比例因数 λ 为 1/60。

原型结构材料为钢和混凝土，模型结构内罐采用铁皮、外罐及穹顶采用微粒混凝土制作。参考微粒混凝土的相关试验结果，其与原型的模量相似比约为 $\lambda_E = 1/4$，其密度相似比 λ_ρ 约为 1。模量与密度相似比确定为 $\lambda_E = 1/4$，$\lambda_\rho = 1$。

根据弹性相似关系 $\lambda_E = \lambda \cdot \lambda_\rho \cdot \lambda_a$ 之要求，依据量纲

分析原理，试验的相似比设计是在几何相似比 λ、密度相似比 λ_ρ、模量相似比 λ_E 三个基本参量的基础上，推求其他物理量的相似比关系，见表 14。

试验相似关系及比例因数　表 14

Test similarity and scale factor　Table 14

物理量	因次	相似关系	比例因数
线性尺寸 L	L	λ	1/60
变形 u	L	$\lambda_u = \lambda$	1/60
应变 ε	—	$\lambda_\varepsilon = 1$	1
密度 ρ	M/L^3	λ_ρ	1
质量 M	M	$\lambda_M = \lambda_\rho \cdot \lambda^3$	1/216,000
模量 E	M/Lt^2	λ_E	1/4
时间 t	t	$\lambda_t = \lambda \sqrt{\lambda_\rho/\lambda_F}$	1/30
加速度 a	L/t^2	$\lambda_a = \lambda_F/(\lambda \cdot \lambda_\rho)$	15
力 F	ML/t^2	$\lambda_F = \lambda^2 \cdot \lambda_E$	1/14,400
应力 σ	M/Lt^2	$\lambda_\sigma = \lambda_E$	1/4
频率 ω	$1/t$	$\lambda_\omega = 1/\lambda_t$	30

值得注意的是：

1）λ 决定了模型的几何尺寸；

2）λ_ρ 决定了模型材料的密度；

3）λ_E 决定了模型材料的模量；

4）λ_t 决定了施加加速度时程的时间长度的比尺；

5）λ_a 决定了施加加速度时程的加速度幅值的比尺。

（3）储罐缩尺模型设计

振动台试验分组及缩尺模型的对应关系见表 15，共进行 2 组模型试验：共制作 1 个结构模型，振动台试验前需要装填土体、结构模型及相关传感器，振动台试验按周围土体的填埋高度调整层状剪切试验箱的层数。

储罐的埋置形式　表 15

Burial form of storage tank　Table 15

几何相似比	试验分组	储罐的埋置形式	罐体基础	地表（周围土体）
1：60	第1组	半地下	坐落于基岩	约侧壁高度的一半
	第2组	地下（In-ground）		约等于侧壁高度

结构模型依据相似比原则，设计并制作了混凝土外罐（含穹顶、侧壁、底板）、钢内罐。罐内储液用水模拟 LNG，按等质量替换原则设计。基岩及周边覆土采用与原型相近的材料模拟，基岩采用过 2 cm 人工筛的风化岩模拟，周边覆土以粉质黏土模拟。配筋采用等配筋率的原则，并按等强度换算，采用镀锌钢丝模拟，未考虑预应力钢筋。

（4）传感器的选用与布置

本试验的主要目的是测定 LNG 储罐结构的加速度、受力与变形响应，同时关注周围场地土体的加速度和作用于结构的侧向土压力。

因此，本试验所需的传感器有埋在土中用的加速度

(a) 穹顶

(b) 混凝土外罐的侧壁及底板

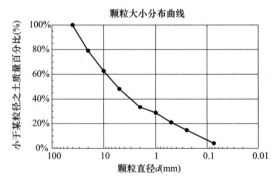

(c) 钢内罐

图 66　结构模型的三维视图（设计方案）

Fig. 66　Three-dimensional view of the structural model（design scheme）

传感器、结构表面的加速度传感器、结构表面的应变传感器、结构表面的土压力传感器、激光位移传感器、储液中的水压力传感器。由于结构模型较小，本试验拟采用电阻应变传感器；土压力盒拟采用专供测量模型结构动态接触压力的传感器；结构用加速度传感器拟采用内置 IC 压电式传感器，部分加速度传感器和应变传感器为振动台配套的设备。

模型结构上的加速度传感器及混凝土外罐上的应变片通过振动台自带的数据采集系统进行信号采集，其余传感器通过东华测试公司的采集仪进行数据采集。

颗粒大小分布曲线

图 67　颗粒分析曲线（风化岩）

Fig. 67　Grain analysis curve（weathered rock）

（5）地震波选取与加载工况

试验采用 2 种真实强震记录的地震波（El Centro 波、

Mendocino 波）以及 1 条人工波（安评波），采用的地震波输入激励方向为水平单向或水平单向＋竖向。

加载工况：半地下及地下 LNG 储罐结构在 2 种液位

（空罐、满罐）×3 个地震水准（0.25g、0.75g、1.25g）×2 个地震输入方向（水平单向、水平单向＋竖向，即：X 向、X 向＋Z 向）。

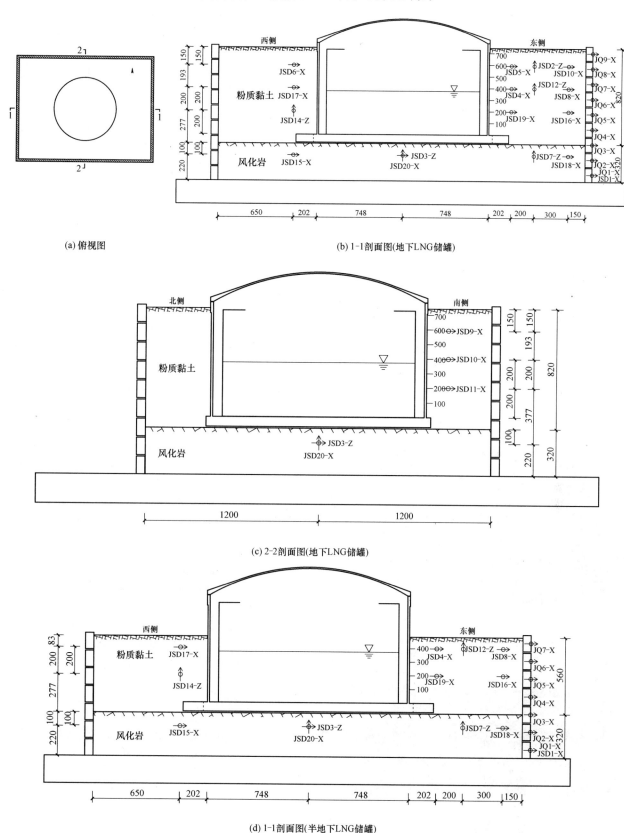

(a) 俯视图

(b) 1-1剖面图(地下LNG储罐)

(c) 2-2剖面图(地下LNG储罐)

(d) 1-1剖面图(半地下LNG储罐)

图 68　土中和模型箱上的加速度传感器（一）

Fig. 68　Acceleration sensor on soil neutralization model box（一）

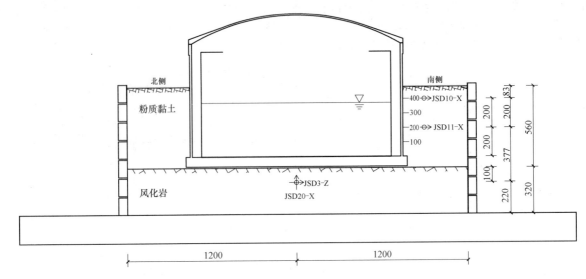

(e) 2-2剖面图(半地下LNG储罐)

图 68　土中和模型箱上的加速度传感器（二）

Fig. 68　Acceleration sensor on soil neutralization model box （二）

传感器数量统计　　　　　　　　　　　　表 16

Sensor quantity statistics　　　　　　　　Table 16

振动台分组	储罐的埋置形式	加速度传感器	土压力传感器	应变片	激光位移计	气压传感器	水压传感器
1	半地下	53	19	93	5	2	2
2	地下	60	21+10				

(a) 半地下LNG储罐

(b) 地下LNG储罐

图 69　振动台试验

Fig. 69　Shaking table test

振动台台面输入的地震波加载工况，先进行半地下

LNG 储罐结构的振动台系列试验，后继续分层填土，LNG 储罐结构由半地下罐的埋置形式转变为地下罐的埋置形式，随后进行地下 LNG 储罐结构的振动台系列试验。

对于按照 $0.25g$、$0.75g$、$1.25g$ 的顺序逐级加载，当遇到结构模型破坏或不宜继续试验时停止后续试验工况的加载。

5.2　试验结果与分析

（1）白噪声扫频分析

按照模态参数识别方法获得各工况下模型的一阶自振频率和阻尼比见表 17、表 18。该体系的自振频率最初在 24 Hz 左右，随着台面输入加速度峰值的增大，自振频率不断降低至 18 Hz 左右，阻尼比不断增大（由 5.8% 至 6.6%）。说明随着输入振动峰值的增大，同时在多工况的动力累积作用下，地基土塑性变形加大，呈现出越来越明显的非线性特征。

对于土体的剪切波速，测量结果见表 19。可见，说明随着输入振动峰值的增大，同时在多工况的动力累积作用下，土体剪切波速呈下降趋势。

参考均匀单层土进行场地分析，基本周期公式：

$$T=4\frac{H}{v_s} \qquad (12)$$

对于半地下 LNG 储罐模型，$H=0.88\mathrm{m}$，$v_s=62.97\sim75.35\mathrm{m/s}$ 有：

$$f=\frac{1}{T}=\frac{v_s}{4H}=17.9\sim21.4\mathrm{Hz}$$

一阶自振频率和阻尼比（半地下式）表 17

First-order natural frequency and damping ratio (semi-underground type) Table 17

工况号	X 向（T-X 加速度测点）	
	f_1 (Hz)	ξ (%)
第 1 次白噪声扫频	24.35	5.8
第 2 次白噪声扫频	24.35	6.0
第 3 次白噪声扫频	23.81	6.0
第 4 次白噪声扫频	23.81	6.0
第 5 次白噪声扫频	22.79	6.2
第 6 次白噪声扫频	20.06	6.2
第 7 次白噪声扫频	18.79	6.4
第 8 次白噪声扫频	18.18	6.6

一阶自振频率和阻尼比（地下式）表 18

First-order natural frequency and damping ratio (underground type) Table 18

工况号	X 向（T-X 加速度测点）	
	f_1 (Hz)	ξ (%)
第 1 次白噪声扫频	17.3	5.2
第 2 次白噪声扫频	17.3	5.2
第 3 次白噪声扫频	17.1	5.2
第 4 次白噪声扫频	16.4	5.4
第 5 次白噪声扫频	15.8	5.4
第 6 次白噪声扫频	15.1	5.4
第 7 次白噪声扫频	14.6	5.4
第 8 次白噪声扫频	14.1	5.4
第 9 次白噪声扫频	14.1	5.7
第 10 次白噪声扫频	13.7	6.2

土的剪切波速（m/s） 表 19

Shear wave velocity of soil (unit: m/s) Table 19

工况号	半地下 LNG 储罐（表层）	地下 LNG 储罐（0.45m 深度）	地下 LNG 储罐（表层）
波速测量（Ⅰ）	75.35	63.33	76.89
波速测量（Ⅱ）	69.51	63.81	72.12
波速测量（Ⅲ）	61.95	63.80	73.07
波速测量（Ⅳ）	62.54	62.04	72.93
波速测量（Ⅴ）	62.97	56.05	64.14

这与实测的半地下模型系统的 $18.18 \sim 24.35$Hz 相近。

对于地下式 LNG 储罐模型，$H = 1.14$m，$v_s = 56.05 \sim 76.89$m/s 有：

$$f = \frac{1}{T} = \frac{v_s}{4H} = 12.3 \sim 16.9 \text{Hz}$$

这与实测的地下模型系统的 $13.7 \sim 17.3$Hz 相近。

通过计算比较，进一步说明，模型系统的频率与场地分析结果基本一致，场地地层的地震响应特性对模型系统的频率发挥了明显作用。

（2）不同加速度情况下土体的放大效应

对于半地下式储罐，以空罐（El Centro 波）为例，研究不同加速度（$0.25g$、$0.75g$、$1.25g$）情况下土体的放大效应。可见，随着输入地震动的加大，地基土对地震动的放大效应逐渐降低。以致在 $1.25g$ 地震动输入的情况下，地基土中部的加速度峰值明显降低，在中部至地表的部位逐步增大，但地表附近的加速度峰值仍小于输入地震动峰值。这一规律反映出，随着地震动输入的增大，地基土表现出越来越强的非线性特征，地基土传递和放大地震动的能力大幅度降低。

地下式储罐地基土加速度峰值的放大效应 表 20

Amplification effect of soil peak acceleration of underground storage tank foundation Table 20

位置	0.25g（工况 1）	0.75g（工况 9）	1.25g（工况 12）	高程（cm）
剪切箱第 7 层（JQ7-X）	0.4852	1.1243	1.0931	84
剪切箱第 6 层（JQ6-X）	0.4159	1.0115	1.0500	71
剪切箱第 5 层（JQ5-X）	0.3544	0.8499	1.0521	58
剪切箱第 4 层（JQ4-X）	0.3057	0.7986	1.0467	45
剪切箱第 3 层（JQ3-X）	0.2677	0.7219	0.9899	32
剪切箱第 2 层（JQ2-X）	0.2547	0.7071	1.0189	19
剪切箱第 1 层（JQ1-X）	0.2889	0.8251	1.3592	6

通过对比上述全地下罐和半地下罐两种不同埋置方式下空罐（El Centro 波）的土体放大效应表明：①随着输入地震动的加大，地基土对地震动的放大效应逐渐降低。②在强地震动输入的情况下，地基土中部的加速度峰值明显降低，在中部至地表的部位逐步增大。③地基土厚度不同，其表现出的加速度峰值放大效应也不同。

（3）地基土的滤波效应

根据白噪声扫描结果知，对于半地下储罐，对于工况 1 情况下模型系统的自振频率约为 24.35Hz，在此频率附近的频段经过地基土后被放大。

根据白噪声扫描结果知，对于地下储罐，对于工况 1 情况下模型系统的自振频率约 17.3Hz，在此频率附近的频段经过地基土后被放大。

（4）结构与土体的动力响应

通过对比模型系统的自振频率和场地的加速度傅里叶谱幅值的变化可知，模型系统主要表现为场地的地震动特性。

为分析地基土不同深度测点处的地震响应分布特点，将试验中各测点的加速度峰值与振动台面（即：模型箱剪切环第 1 层）测点的加速度峰值（模拟基岩输入地震动）的比值定义为加速度峰值放大系数，并进行比较，半地下

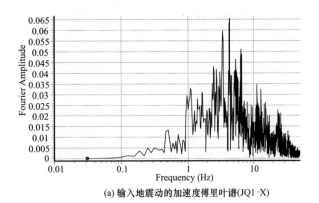

(a) 输入地震动的加速度傅里叶谱(JQ1-X)

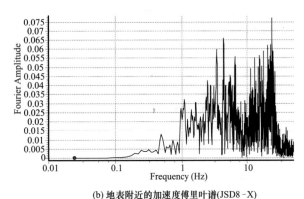

(b) 地表附近的加速度傅里叶谱(JSD8-X)

图 70　土体的滤波效应（半地下储罐）

Fig. 70　Filtering effect of soil (semi-underground storage tank)

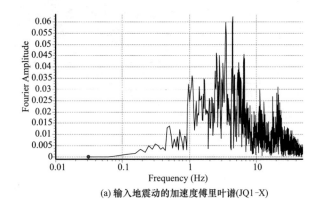

(a) 输入地震动的加速度傅里叶谱(JQ1-X)

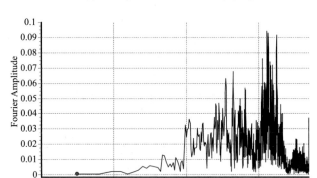

(b) 地表附近的加速度傅里叶谱(TU10-X)

图 71　土体的滤波效应（地下储罐）

Fig. 71　Filtering effect of soil (underground storage tank)

LNG 储罐试验中测试值见图 36。

　　对比地基土不同深度的加速度峰值可见，因场地效应，地表面加速度峰值（振幅，JSD 远场 JSD8-X，近场 JSD4-X）均大于振动台台面（基岩）加速度峰值（振幅，JQ1-X），说明本试验采用的模型地基土体对输入的地震动具有放大效应。

　　储罐侧壁上地表附近（E2-X、W2-X）的加速度振幅约接近于近场地表附近的加速度振幅，且振动时程相一致。由此可知，储罐与周围地基几乎同时运动。

　　储罐的加速度及近场土体的加速度振幅小于远场土体的加速度，其原因可推断为储罐的刚度抑制了地震的晃动。这一现象与《地下结构抗震分析与防灾减灾措施》（滨田政则，日本，2016 年）报道的关于山梨县的直径 24m、深 9m 的地下钢筋混凝土储存罐（无水）在 1976 年 6 月 16 日 5.7 级地震中的实测结果相一致。

　　（5）储液的影响

　　将工况 3（El Centro 波，0.25g，满罐）与工况 1（El Centro 波，0.25g，空罐）对比，以分析储液对 LNG 储罐在动力响应方面的影响。工况 3 与工况 1 相比，结构的加速度与土体的加速之比增大，这可能与附加的储液质量有关，导致罐体质量中心上移，而土体自身随着高度的增加有放大效应，进而导致了罐体加速的放大。

　　储液的波动通过动态土压力盒（即动态水压力盒）测定动态水压反映，对于半地下式的工况 13（El Centro 波，1.25g、满罐），可见在地震波输入时，动水压受地震动的影响较为明显，最大波动约为 ±1.3kPa，震后逐渐表

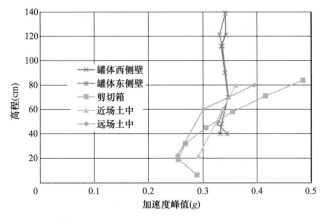

图 72　半地下式工况 1 地基土与结构的加速度峰值

Fig. 72　Peak acceleration of foundation soil and structure under semi-underground condition 1

现为周期性波动，频率约 0.7Hz。罐中储液的动水压的时程与频谱曲线见图 1.6.11。

　　（6）埋深的影响

　　以工况 1（El Centro 波，0.25g，空罐）为例，将半地下 LNG 储罐与地下 LNG 储罐进行对比，研究埋深对 LNG 储罐结构动力响应的影响。地下式与半地下式相比，埋入土体中结构部分的加速度振幅与土体基本保持一致，储罐与周围地基几乎同时运动。在越接近于地表处，土体加速度峰值与结构加速度峰值二者之差越大，土体表现出明显的随标高不同的放大效应，而结构自身由于自身

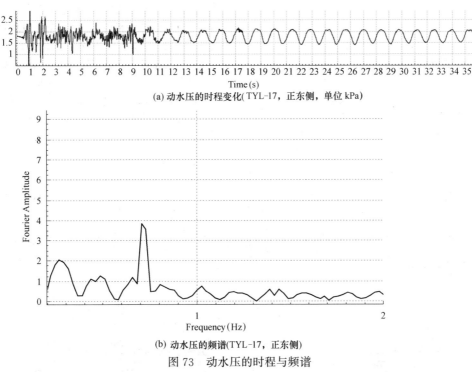

(a) 动水压的时程变化(TYL-17，正东侧，单位 kPa)

(b) 动水压的频谱(TYL-17，正东侧)

图 73　动水压的时程与频谱

Fig. 73　Time history and frequency spectrum of dynamic water pressure

刚度表现出了对土体地震动的抑制效应。根据距离结构不同距离的土体中的加速度传感器结果分析，距离结构越远，受结构自身的刚度的影响越小。其测试结果如图 74 所示。

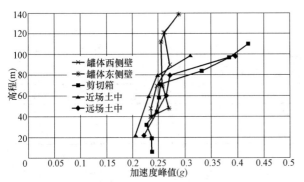

图 74　地下式工况 1 地基土与结构的加速度峰值

Fig. 74　Peak acceleration of foundation soil and structure under underground condition 1

从试验过程的宏观表现来看，无论是地下罐还是非地下罐，都表现出了这种埋置式储罐的抗震特性。地下罐相较于半地下罐，因为结构埋置更深，整个主体结构埋置于地面以下，储罐跟随地层同时震动，结构对地层土体的变形起到了一定的抑制作用，同时因为地层处于结构外部的握裹作用，储罐结构自身的结构振动特性难以发挥，储罐结构其实演变为一种具有环向约束的地下结构。

5.3　小结

通过对 2 种埋置形式（半地下式和地下式）的 LNG 储罐进行大型振动台系列试验，采用了 0.25g、0.75g 和 1.25g 三种幅值的输入地震波对试验的结构体系进行振动

激励，采用了宏观观察、传感器测量等量测手段，获取了 LNG 储罐模型结构及其周边土体的加速度等反应状态，反映出了不同埋深、不同地震动强度、不同液位情况下 LNG 储罐模型地震动的特性。主要结论如下：

（1）随着输入振动峰值的增大，同时在多工况的动力累积作用下，自振频率不断降低，阻尼比不断增大。

（2）模型系统的频率与场地分析结果基本一致，场地地层的地震响应特性对模型系统的频率发挥了明显作用。

（3）地基土厚度不同，其表现出的加速度峰值放大效应不同。

（4）地基土对输入地震动有明显的滤波效应，模型系统的自振频率附近的频段经过地基土后被明显放大。

（5）储罐侧壁上地表附近的加速度振幅约接近于近场地表附近的加速度振幅，且振动时程相一致。储罐与周围地基几乎同时运动。储罐的加速度及近场土体的加速度振幅小于远场土体的加速度，其原因可推断为储罐的刚度抑制了地震的晃动。

（6）地下罐相较于半地下罐，因为结构埋置更深，整个主体结构埋置于地面以下，储罐跟随地层同时震动，结构对地层土体的变形起到了一定的抑制作用，同时因为地层处于结构外部的握裹作用，储罐结构自身的结构振动特性难以发挥，储罐结构其实演变为一种具有环向约束的地下结构。

6　桩-土惯性与运动耦合作用模型试验

本次试验目的主要有：研究桩基础在地震作用下桩体侧动土压力及其与桩身位移、场地位移的关系，即"桩体"与"土体"在地震作用下的运动相互作用规律、结构对桩基的惯性相互作用、运动相互作用和惯性相互作用

的耦合机理。

6.1 试验方案

本试验在中国建筑科学研究院地基所新建室内实验室的地震模拟振动台上进行。该振动台电液伺服,数字控制,能加载周期波、随机波、地震波。试验箱采用叠层黏弹性边界剪切试验土箱,试验方案如图 75 所示。

模型设计按相似比 $\lambda=1$ 的小尺寸原型试验设计。分为黏弹性边界和无黏弹边界试验对比,以获得边界条件对桩基动力响应的影响;通过高低质量块对比试验,研究高频和低频结构的对桩基动力响应的影响;通过自由桩试验,研究桩基运动相互作用动力响应规律;通过叠加质量块试验,研究惯性相互作用。模型土为均匀中砂,砂土取自北京通州城市副中心某工地,颗粒筛分试验数据见表 21。填筑后物理参数见表 22。图 76～图 78,是砂土共振柱试验数据曲线图。

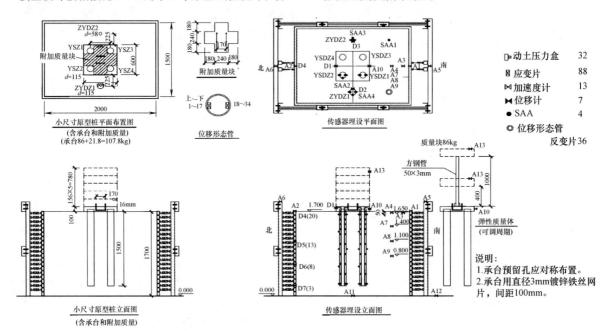

图 75　试验方案

Fig. 75　Test scheme

土颗粒筛分试验数据　表 21
Soil particle screening test data　Table 21

风干土质量		58mm	20mm	2mm	0.5mm	0.25mm	0.075mm	底盘总计
200g	留筛土质量(g)			11.77	28.32	82.99	74.72	2.2
	各占百分比			5.89%	14.2%	41.5%	37.4%	1%

剪切模型箱中填筑土体物理力学参数表
表 22
Physical and mechanical parameters
of filled soil in shear model box Table 22

埋深(m)	取土编号	密度(g/cm³)	平均密度(g/cm³)	含水量(%)
0.5	1	1.530	1.468	5.04
	2	1.345		
	3	1.529		
1.0	1	1.480	1.490	4.86
	2	1.500		
	3	1.510		
1.7	1	1.490	1.500	3.55(补水)
	2	1.510		
	3	1.500		

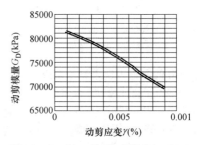

图 76　G_d 与 γ 关系(围压 100kPa)

Fig. 76　Relationship between G_d and γ (confining pressure 100kPa)

6.2　试验结果与分析

(1)试验结果

本文选取试验中的大震工况,无黏弹性边界,输入振

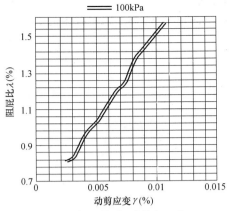

图 77 λ 与 γ 关系（围压 100kPa）

Fig. 77 Relationship between λ and γ

(confining pressure 100kPa)

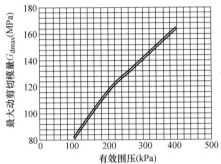

图 78 最大剪切模量 G_{dmax} 与有效围压的关系

Fig. 78 Relationship between maximum shear modulus G_{dmax} and effective confining pressure

动为谐波 7Hz，输入峰值加速度 $0.30g$，所取得的测试数据进行整理与分析，得到以下试验结果。

1）场地加速度特征

图 79 为振动台台面上的加速度 A11、土表面 A3 和 A4 共 3 个加速度时程对比。A11 代表输入加速度，A3 和 A4 代表地表响应。从图中可以看出：

① 周期：7Hz，与激励周期一致。

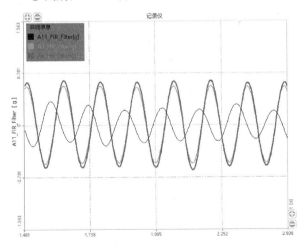

图 79 无边界大震加速度时程对比图

Fig. 79 Time-history comparison of acceleration of large unbounded earthquakes

② 峰值：土底加速度测量值为 $0.125g \sim 0.32g$；地表 A3 测量值为 $0.57g$，A4 为 $0.68g$。放大系数为 $2.0 \sim 5.0$。当土底加速度较小时，放大系数较大；土底加速度增加时，放大系数缩小至 2.0。

③ 地表加速度峰 A3、A4 几乎同步，与土底加速度峰值有相位差。

2）场地位移特征

图 80 为剪切箱侧壁 4 点位移时程对比图，从图中可以看出：

① 周期：7Hz，与激励周期一致。且 4 个点相位同步，说明测试方案合适。

② 峰值：以图中 3.656s 数值为例，测得的位移分别为 0.355mm、1.364mm、2.669mm、4.782mm。上大下小，符合土层剪切变形规律。

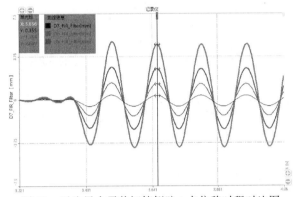

图 80 无边界大震剪切箱侧壁 4 点位移时程对比图

Fig. 80 Time-history comparison of 4-point displacement on the side wall of shear box in unbounded large earthquake

3）桩侧土压力增量

① 12 对土压力盒的时程，对比见表 23。

② 桩两侧土压力增量沿竖向分布规律比较。

4）桩身应变

图 81 为 ZYDZ1 应变沿竖向分布规律。从图中看出，桩顶应变接近 0，与其自由边界吻合；桩底变小但是不接近 0，可能与桩端土的约束有关，使其不能达到完全的自由边界条件。桩身中偏下部最大，与双弹簧反应位移法预测趋势较为一致。

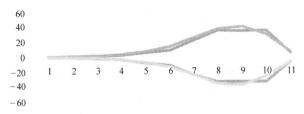

图 81 无边界大震 ZYDZ1 应变片极值沿竖向分布图

Fig. 81 Vertical distribution of extreme values of strain gauge ZYDZ1 for a large earthquake without boundaries

图 82 为 ZYDZ2 应变沿竖向分布规律。从图中看出，桩顶下部应变较大；桩底变小且接近 0，与其自由边界条件相吻合。桩身中部较大，与双弹簧反应位移法预测趋势一致。ZYDZ2 的直径是 ZYDZ1 的 50%，最大应变是其 10 倍。

无边界大震土压力增量成对时程对比 　　　　　　　　　　表 23

Comparison of paired time history of earth pressure increments without boundary for large earthquakes

Table 23

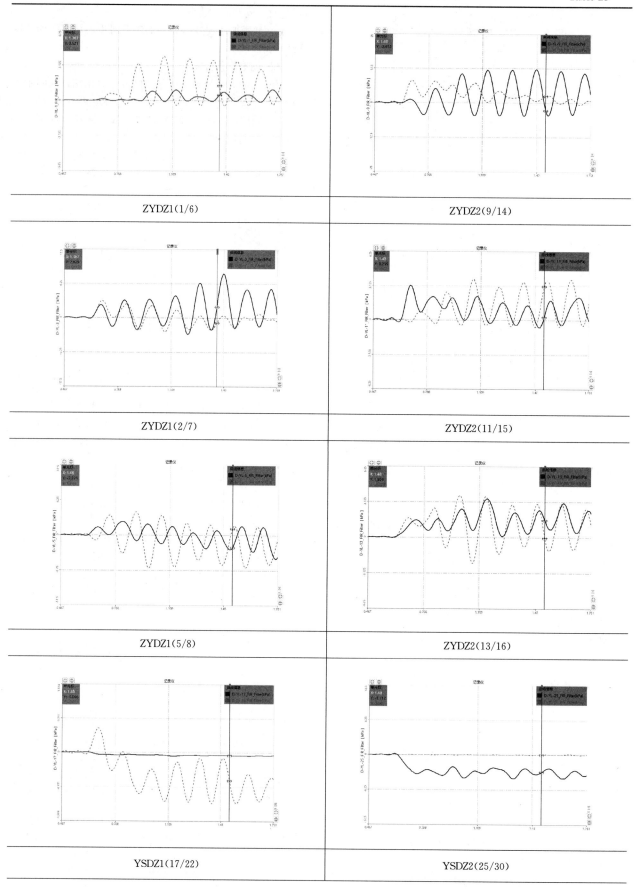

ZYDZ1(1/6)

ZYDZ2(9/14)

ZYDZ1(2/7)

ZYDZ2(11/15)

ZYDZ1(5/8)

ZYDZ2(13/16)

YSDZ1(17/22)

YSDZ2(25/30)

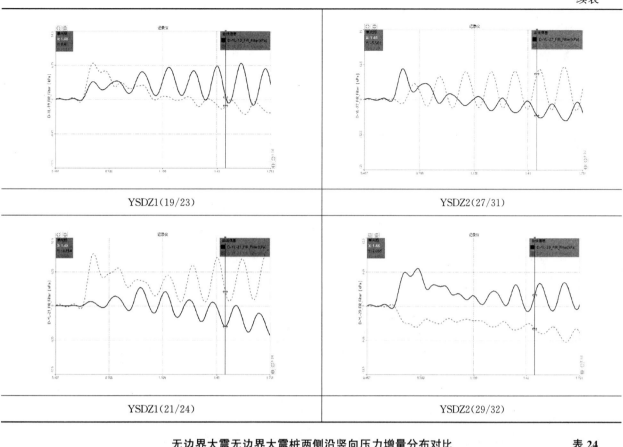

YSDZ1(19/23)	YSDZ2(27/31)
YSDZ1(21/24)	YSDZ2(29/32)

无边界大震无边界大震桩两侧沿竖向压力增量分布对比　　　　　　表 24
Comparison of vertical pressure increment distribution on both sides of piles without boundary　　Table 24

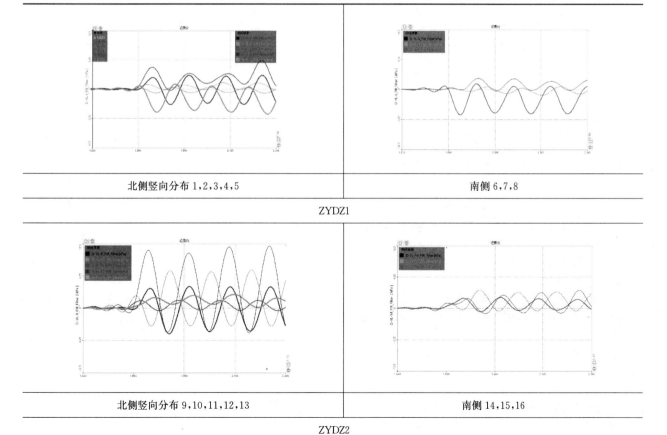

北侧竖向分布 1,2,3,4,5	南侧 6,7,8
ZYDZ1	
北侧竖向分布 9,10,11,12,13	南侧 14,15,16
ZYDZ2	

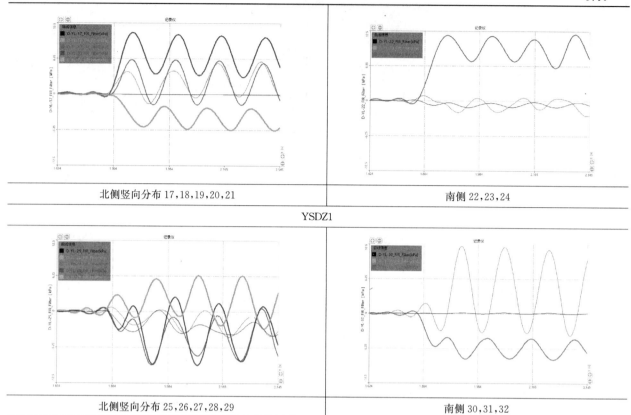

| 北侧竖向分布 17,18,19,20,21 | 南侧 22,23,24 |

YSDZ1

| 北侧竖向分布 25,26,27,28,29 | 南侧 30,31,32 |

YSDZ2

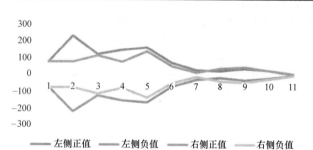

—— 左侧正值 —— 左侧负值 —— 右侧正值 —— 右侧负值

图 82 无边界大震 ZYDZ2 应变片极值沿竖向分布图

Fig. 82 Vertical distribution of extreme values of strain gauge ZYDZ2 for a large earthquake without boundaries

图 83 为 YSDZ1 应变沿竖向分布规律。测试数据 S59 异常，用 S58 数值代替。从图中看出，桩顶应变趋势减小，但是数值比较大，这是因为承台约束的缘故。桩底应变特别小，与桩端自由状态一致。本表数据竖向分布在数值和形态方面规律都很好。

图 84 为 YSDZ2 应变沿竖向分布规律。从图中看出，桩顶应变减小，接近 0，这与承台约束条件不吻合。桩底应变特别小，与同直径自由桩接近，与自由边界条件吻合。桩中部弯矩最大，与双弹簧反应位移法分析规律一致。本桩应变数值存疑。

（2）测试结果分析

针对本次试验研究的主要问题，建立如图 1.7.2-7 的双弹簧反应位移法模型，图 1.7.2-7（a）是未受作用状态，自由场厚度 H（m），桩长 L（m），桩径 d（m），桩

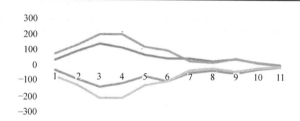

—— 左侧正值 —— 左侧负值 —— 右侧正值 —— 右侧负值

图 83 无边界大震 YSDZ1 应变片极值沿竖向分布图

Fig. 83 Vertical distribution of extreme values of YSDZ1 strain gauges for large earthquakes without boundaries

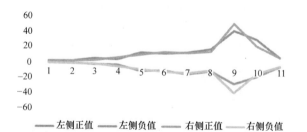

—— 左侧正值 —— 左侧负值 —— 右侧正值 —— 右侧负值

图 84 无边界大震 YSDZ2 应变片极值沿竖向分布图

Fig. 84 Vertical distribution of extreme values of YSDZ2 strain gauges for large earthquakes without boundaries

的左、右两侧受均匀弹簧约束，弹簧刚度 k_s（kN/m³）。按右手螺旋原则建立坐标系。

1）场地位移与桩身位移

以无边界大震（工况 8），直径 115mm 的 ZYDZ1 为例。

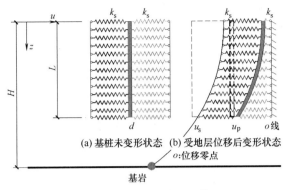

(a) 基桩未变形状态 (b) 受地层位移后变形状态
o:位移零点

图 85 双弹簧反应位移法模型

Fig. 85 Double spring reaction-displacement method model

① 场地位移曲线拟合

$x = [0, 0.5165, 1.513, 2.7855, 4.6645]$ mm；
$z = [1, 0.641, 0.385, 0.129, 0]$。

拟合 3 次曲线为：

$$x = -7.9921(z/H)^3 + 17.4269(z/H)^2 - 14.0083(z/H) + 4.5555$$

转化为计算的用 3 次多项式分布：

$$u_g = u_{max}(D_0 + A_0(z/H) + B_0(z/H)^2 + C_0(z/H)^3)/2;$$

$D_0 = 1.0$，$A_0 = -3.0757$，$B_0 = 3.8265$，$C_0 = -1.7545$；

$u_{max} = 9.111$mm，$H = 1.7$m，$L = 1.5$m，$d = 0.115$m。

② 桩身最大应变约 $40\mu\varepsilon$，见表 24，换算的桩身弯矩约为 208N·m，迭代计算以桩身弯矩为准。表中的实测应变是最大值，由于每个最大值相位不同，所以实际上对应的瞬时形态和最大值形态并不相同。而反应位移法求解的是瞬时形态，只有当桩身应变相位接近同步时，实测形态才会与计算形态相似。

图 86 为无边界大震工况下，应变片 S8 和 S19（位移桩中部最大弯矩处，对称布置）的时程。可见二者明显反向，符合动力响应规律。

ZYDZ1（直径 115）的桩身实测应变   表 24

Measured pile strain of ZYDZ1（diameter 115）   Table 24

左侧（北侧）				右侧（南侧）			
编号	最大值	最小值	相位	编号	最大值	最小值	相位
S01	0.373	−0.508	180	S12	0.523	−0.387	142
S02	0.727	−0.521	155	S13	0.592	−0.706	2
S03	1.384	−1.677	152	S14	1.651	−1.572	−33
S04	2.773	−3.172	167	S15	3.757	−3.523	−13
S05	6.424	−8.013	−176	S16	7.892	−7.225	5
S06	9.146	−10.895	−158	S17	14.102	−13.156	22
S07	22.590	−23.580	−139	S18	25.858	−23.774	40
S08	35.336	−33.418	−122	S19	38.098	−34.976	59
S09	35.205	−33.373	−114	S20	41.084	−37.155	67
S10	35.878	−33.310	−109	S21	30.523	−25.805	74
S11	5.545	−6.583	−66	S22	6.810	−6.376	113

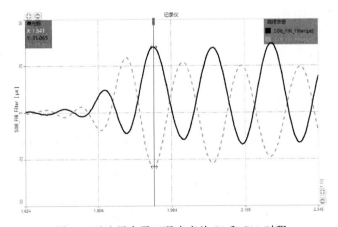

图 86 无边界大震工况应变片 S8 和 S19 时程

Fig. 86 Time-history of strain gauges S8 and S19 under large earthquakes without boundary

③ 桩身计算宽度按《建筑桩基技术规范》JGJ 94—2008 取值，$D = 0.605$m；

圆形桩：当直径 $d \leqslant 1$m 时，$b_0 = 0.9(1.5d + 0.5)$；
当直径 $d > 1$m 时，$b_0 = 0.9(d + 1)$；

方形桩：当直径 $d \leqslant 1$m 时，$b_0 = 0.9(1.5d + 0.5)$；
当直径 $d > 1$m 时，$b_0 = 0.9(d + 1)$；

④ 被动侧土弹簧刚度是主动侧的 2~6 倍，暂取 4。

⑤ 主动侧土弹簧刚度取负值。

采用双弹簧反应位移法，计算得到桩身位移、被动侧与主动侧土压力增量及压力增量差、桩身弯矩见表 25。

从表中可以看出，当弯矩吻合比较好（实测值和计算值约 210N·m）时：a. 土压力增量吻合比较好，以埋深 0.45m 为例，计算桩侧土压力增量约为 8~10kPa，实测土压力增量 5~10kPa；b. 位移吻合度比较差，计算桩顶位移为 1.585mm，实测为 0.286~0.403mm，差别较大。

如果将 D2、D3 作为不信赖数据剔除，将 D1 作为可信赖数据，承台惯性力产生的位移大致为 0.46mm，自由桩顶位移略小于 2.045～2.445mm，为 1.585～1.985mm，这与计算值非常接近。

侧土弹簧反演结果 表 25

Inversion results of lateral soil spring Table 25

序号	埋深 （m）	场地位移 （mm）	桩身计算位移 （mm）	桩身弯矩 （N·m）	桩身剪力 （N）	主动侧压力 （kN）	被动侧压力 （kN）	压力差 （kN）
0	0	4.555	1.585	0.000	0.000	−4.754	35.642	40.397
1	0.0625	4.063	1.529	6.667	−202.574	−4.587	30.409	34.996
2	0.125	3.616	1.473	24.055	−344.344	−4.419	25.714	30.134
3	0.1875	3.211	1.417	48.599	−432.790	−4.250	21.532	25.782
4	0.25	2.846	1.360	77.193	−475.101	−4.079	17.839	21.918
5	0.3125	2.519	1.301	107.170	−478.192	−3.904	14.610	18.514
6	0.375	2.227	1.242	136.289	−448.728	−3.725	11.823	15.548
7	0.4375	1.968	1.180	162.717	−393.119	−3.539	9.455	12.995
8	0.5	1.739	1.115	185.013	−317.514	−3.346	7.482	10.828
9	0.5625	1.538	1.048	202.112	−227.783	−3.145	5.879	9.024
10	0.625	1.363	0.978	213.307	−129.491	−2.934	4.621	7.555
11	0.6875	1.211	0.904	218.229	−27.871	−2.713	3.681	6.395
12	0.75	1.080	0.828	216.823	72.207	−2.483	3.032	5.515
13	0.8125	0.968	0.748	209.329	166.268	−2.243	2.644	4.887
14	0.875	0.872	0.664	196.250	250.268	−1.993	2.488	4.481
15	0.9375	0.789	0.578	178.330	320.618	−1.735	2.532	4.267
16	1	0.718	0.489	156.522	374.216	−1.468	2.746	4.214
17	1.0625	0.656	0.398	131.956	408.468	−1.195	3.096	4.290
18	1.125	0.601	0.305	105.910	421.302	−0.915	3.549	4.464
19	1.1875	0.549	0.210	79.772	411.186	−0.630	4.072	4.702
20	1.25	0.500	0.114	55.011	377.123	−0.342	4.632	4.974
21	1.3125	0.450	0.017	33.141	318.655	−0.051	5.195	5.247
22	1.375	0.397	−0.080	15.687	235.850	0.241	5.730	5.489
23	1.4375	0.339	−0.178	4.155	129.280	0.534	6.203	5.670
24	1.5	0.273	−0.276	0.000	0.000	0.827	6.586	5.759

承台自重 100kg，工况 8 实测加速度 0.70g，惯性力 $F=ma=700N$（m 是质量），单桩顶惯性力 175N。水平抗力系数的比例系数 m 取 $4MN/m^4$，用 m 值法计算桩顶位移仅为 0.46mm。图 87 为桩身位移、弯矩、土压力增量沿竖向分布图。

2）土的弹簧刚度

按照本次反演推算出：松散回填中砂，土弹簧刚度被动侧约为 12MPa/m。

此值在现行国家标准《城市轨道交通岩土工程勘察规范》GB 50307 规定的范围内（砂类土，松散，3～15MPa/m）。主动侧约为被动侧 1/4，约为 3MPa/m。

土弹簧刚度与土层剪应变有关。本次反演的工况振动台输入加速度 0.3g，地表加速度 0.6g～0.7g。由于设防加速度都是以地表加速度为基准，地表加速度 0.6g～0.7g 对应的设防地震为 0.39g～0.45g，大致相当于 9 度。0.6g～0.7g 相当于 9 度的 E3 地震作用，查表 25 场地位移是 0.41m。假设基岩上覆土层 50m，可以计算出场地设计地震峰值位移对应的剪应变为 $8.2×10^{-3}$。

本次反演工况的地表位移 4.6mm，场地厚 1.7m，土层剪应变 $2.7×10^{-3}$，与实际场地应变在同一数量级，达到实际场地应变的 33%，较为接近。因此，振动台试验反演的土弹簧刚度具有工程实际意义。

6.3 小结

本文采用分离模型，分别考虑桩的运动相互作用和惯性相互作用，用试验获得的相位差求二者矢量和。对运动相互作用，基于弹性地基梁模型研发双弹簧反应位移法，计算桩侧土压力增量和桩身位移、弯矩、剪力。对惯性相互作用，采用成熟的 m 值法。设置的黏弹性边界可较好消除模型箱的边界效应，更好地模拟自由场地的震动。设计和制作了高位和低位弹性质点体系，研究了不同频率结构的上部质点和场地位移的相位差规律。

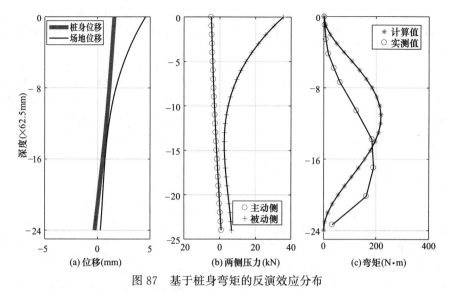

图 87　基于桩身弯矩的反演效应分布

Fig. 87　Inversion effect distribution based on pile bending moment

在振动台试验的基础上，拟合试验位移值，以实测桩身弯矩为基准，利用双弹簧反应位移法，反演获得土弹簧刚度值；并且进行了多工况验证，分析和试验数据的规律吻合度较高。得到以下主要结论：

（1）叠层剪切箱增加黏弹性边界后，可明显调整试验土层位移幅值和曲线形态，以及加速度幅值。

（2）桩两侧土压力增量时程呈现反相，一侧达到正向峰值时，另一侧达到负向峰值。正向峰值大于负向峰值。

（3）压力盒测量的压力值是增量值，是与位移相关的物理量。正动土压力值是由土颗粒压缩产生的接触力增量。负压力值是桩主动侧卸载所致，是压力负增量，具有明确物理含义。应用到双弹簧反应位移法中，主动侧弹簧表现为负刚度。

（4）通过双弹簧反应位移法反演的试验桩侧土弹簧刚度，被动侧为 12MPa/m，落在相关规范取值（3～15MPa/m）范围内。振动台试验土层平均剪应变 2.7×10^{-3}，与对应的实际场地平均应变 8.2×10^{-3} 在同一数量级，达到实际场地平均应变的 33%，较为接近。因此，振动台试验反演的土弹簧刚度具有工程实际意义。

（5）实测相位分析表明，长周期结构质点振动相位与场地土相位的差值均大于 90°；短周期结构质点振动相位与场地土相位的差值大部分小于 90°，小部分大于 90°。偏于保守的，长周期结构的两个相互作用矢量和可以用 SRSS 法代替，短周期结构矢量和用代数和代替。

（6）实测相位分析表明，桩身应变与场地位移保持同步。双弹簧反应位移法符合基桩动力响应机理，可用于地震作用下桩土运动相互作用的接触力和桩身效应增量计算分析。

7　结论

通过以上 4 组地震作用下桩基础及埋入式 LNG 储罐承载性状振动台试验研究，得到以下与其相关特性及规律：

（1）模型系统的频率与场地分析结果基本一致，场地地层的地震响应特性对模型系统的频率发挥了明显影响。随着输入振动峰值的增大，同时在多工况的动力累积作用下，自振频率不断降低，阻尼比不断增大。

（2）地基土对输入地震动有明显的滤波效应，模型系统的自振频率附近的频段经过地基土后被明显放大。地基土厚度不同，其表现出的加速度峰值放大效应不同。

（3）对于含有软弱夹层的成层土地基，地震加速度动力系数在砂层中放大，软土中减小。中间淤泥质软土对土体的加速度峰值以及动力系数影响显著。

（4）对于含有软弱夹层的成层土地基，桩基和复合地基的桩身弯矩最大幅值都是出现在软硬土层交界面处，桩顶处，桩基桩顶的弯矩要远大于复合地基中桩顶的弯矩。

（5）地震作用下，模型地基土水平位移与土体水平侧向刚度有关，小震作用下，地基土与桩身位移基本协调，随着地震作用加大，地基土与桩身位移差异增大。

（6）相同场地条件下，非嵌岩群桩基础基桩的桩身内力的动力响应呈"桩顶大、桩身中部及桩端较小"的倒三角形分布；嵌岩单桩基础桩身内力的动力响应沿桩长基本呈"桩端大、桩身中部及桩顶较小"的三角形分布。

（7）对于嵌岩的带承台群桩基础，在桩顶和桩端一这两个嵌固端均会形成较为明显的应力集中现象，即在桩顶和桩端两个部位的桩身内力较大，呈"两头大，中间小"的分布规律。

（8）桩基础承台埋设条件直接影响上部结构的振动特性与动力反应。由于承台与桩身外露地表，辐射阻尼作用相对较小的高承台群桩，其上部结构动力响应更大。

（9）相同桩顶嵌固条件下高桩承台结构的加速度峰值是低桩承台结构的 1.35～1.65 倍，外露段桩身的加速度峰值放大系数约为 2.0～2.4。桩头与承台的嵌固程度对高桩承台结构动力响应有明显影响。

（10）水平地震作用下群桩基础中各基桩的荷载分配与桩身内力差异较大，角桩（外排桩）的桩身弯曲内力比边桩（内排桩）的内力大。高承台群桩的轴力不均匀系数约为 3.08～8.96，弯矩不均匀系数约为 1.16～4.11，剪力不均匀系数约为 1.41～3.45；低承台群桩的轴力不均匀系数约为 3.46～4.18，弯矩不均匀系数约为 1.14～2.21，剪力不均匀系数约为 1.34～2.10。高承台群桩的基桩内力的不均匀程度大于低承台群桩。在桩基抗震设计中，应对群桩中的角桩或边桩加强配筋。

（11）叠层剪切箱增加黏弹性边界后，可有效调整试验土层位移幅值和曲线形态，以及加速度幅值。

（12）桩两侧土压力增量时程呈现反相，一侧达到正向峰值时，另一侧达到负向峰值。正向峰值大于负向峰值。

（13）通过双弹簧反应位移法反演的试验桩侧土弹簧刚度与对应的实际场地地基土的水平刚度在同一数量级，振动台试验反演的土弹簧刚度具有工程实际意义。

（14）长周期结构质点振动相位与场地土相位的差值均大于 90°，短周期结构质点振动相位与场地土相位的差值大部分小于 90°，长周期结构的两个相互作用矢量和可以用 SRSS 法代替，短周期结构矢量和用代数和代替。

（15）储罐侧壁上地表附近的加速度振幅约接近于近场地表附近的加速度振幅，且振动时程相一致。储罐的加速度及近场土体的加速度振幅小于远场土体的加速度。

（16）地下罐相较于半地下罐，其结构自身的结构振动特性难以发挥，储罐结构其实演变为一种具有环向约束的地下结构。

由于地震作用的复杂性，以及场地与岩土条件的多变性、桩基与地下结构类型的多样性，上述通过小比尺的振动台模型试验得到的特性和规律，以及在一些简化假定条件下分析得到的一些结论，其正确性和准确性都需要更多更深入地研究和检验。

参考文献：

[1] 倪克闯. 成层土中桩基与复合地基地震作用下工作性状振动台试验研究[D]. 北京：中国建筑科学研究院，2013.

[2] 高文生，刘金砺，秋仁东，邱明兵，赵晓光，倪克闯，郑文华，万征，薛丽影. 桩端嵌固效应对桩基础的抗震性能影响研究[D]. 北京：中国建筑科学研究院建研地基基础工程有限责任公司，2015.

[3] 赵晓光. 地震作用下建筑高低承台群桩基础响应规律试验研究[D]. 北京：中国建筑科学研究院，2020.

[4] 杜斌. LNG 储罐振动台试验研究报告[D]. 北京：中国建筑科学研究院，2020.

[5] 邱明兵. 水平地震作用下桩土相互作用试验研究[D]. 北京：中国建筑科学研究院，2021.

单桩水平承载性能试验研究

任鑫健[*]，高文生，秋仁东

（中国建筑科学研究院有限公司，北京 100013）

摘　要：本文通过桩基水平静载模型试验，对水平荷载作用下钢筋混凝土单桩与钢管混凝土单桩的承载特性进行研究，研究表明：（1）钢筋混凝土单桩与钢管混凝土单桩在水平荷载作用下，大致可分为三个工作阶段即弹性变形阶段、弹塑性变形阶段和破坏阶段，钢筋混凝土单桩的临界荷载是桩身开裂所对应的水平荷载，钢管混凝土单桩的临界荷载是桩周土体工作状态发生改变、由弹性进入塑性所对应的荷载。（2）与钢筋混凝土单桩相比，钢管混凝土单桩的水平承载力有显著提高。在相同位移条件下，后者的水平承载力可达到前者的 1.63～1.81 倍；在相同荷载条件下，钢管混凝土桩的水平位移明显小于钢筋混凝土桩。文中的相关试验成果可为桩基础水平承载机理的进一步研究提供依据。

关键词：水平承载性能；钢筋混凝土单桩；钢管混凝土单桩

作者简介：任鑫健（1995—　），男，硕士，主要从事桩基础技术研究。E-mail：1553765532@qq.com。

Experimental research on the horizontal bearing capacity of single pile

REN Xin-jian[*]，GAO Wen-sheng，QIU Ren-dong

（China Academy of Building Research，Beijing 100013，China）

Abstract：In this paper，through the horizontal static load model test of the pile foundation，the bearing characteristics of the reinforced concrete single pile and the steel tube concrete single pile under the horizontal load are studied. The research shows that：（1）The reinforced concrete single pile and the steel tube concrete single pile under the horizontal load，Can be roughly divided into three working stages：linear deformation stage，elastoplastic deformation stage and failure stage. The critical load of a single reinforced concrete pile is the horizontal load corresponding to the cracking of the pile body，and the critical load of a single steel tube concrete pile is the pile circumference The load corresponding to the change in the working state of the soil and the transition from elasticity to plasticity.（2）Compared with the reinforced concrete single pile，the horizontal bearing capacity of the steel tube concrete single pile has been significantly improved. Under the same displacement condition，the horizontal bearing capacity of the latter can reach 1.63～1.81 times that of the former；under the same load condition，the horizontal displacement of the concrete-filled steel tube pile is significantly smaller than that of the reinforced concrete pile. The relevant test results in this article can provide a basis for further research on the horizontal bearing mechanism of pile foundations.

Key words：horizontal bearing capacity；reinforced concrete single pile；steel tube concrete single pile

0　引言

　　桩基础问世较早，应用历史久远。随着我国城市化进程的快速发展，因其在有效控制建筑物沉降、提高地基承载力方面具有的独特优点[1-3]，桩基础在一般房屋基础、港航、桥梁等工程中得到了广泛应用的同时，在设计理论、桩型与施工技术等方面也不断得到提高和创新发展。

　　通常情况下，桩基础主要用来承受竖向荷载，因此对其竖向承载特性的研究成果也较为丰富和完善。随着桩基础应用范围的不断扩展，在港航、桥梁、高耸塔形建筑、近海钻采平台、支挡建筑以及抗震建筑等工程中，除上部结构带来的竖向荷载外，桩往往还需承受来自侧向的地震作用、风荷载、波浪荷载、土压力等水平荷载。与竖向承载特性相比，水平荷载作用下的桩基受荷特性更为复杂。建筑、交通等领域的国内外众多学者对水平荷载作用下桩基础受力特性的理论研究开始较早，也提出了众多桩基础水平承载作用机制及其受力特性分析方面的相关理论和方法，为桩基在建筑、港口码头、海堤等工程中的应用奠定了理论基础[4-6]。

　　本文通过桩基水平静载模型试验，对水平荷载作用下钢筋混凝土单桩与钢管混凝土单桩的承载特性进行研究。该成果可为桩基础水平承载特性的深入研究提供依据。

1　试验概况

1.1　试验场地

　　试验在中国建筑科学研究院地基基础研究所实验室的试验槽内进行，槽长 13.4m，宽 5.4m。试验槽内土体为人工换填的均匀粉土，按每层虚铺 30cm、夯实至 20cm 控制，分层回填夯实，换填深度 3.5m，其下为天然地基粉质黏土。对槽内粉土进行室内土工试验，土的物理力学性质如表 1 所示，土体的物理力学指标基本均匀。

1.2　试验桩设计

　　本次试验共分为 2 组：一组为钢筋混凝土单桩 3 根，另一组为钢管混凝土单桩 3 根。各组试桩编号及规格如表 2 所示。

土的物理力学指标　　　　表 1

Physical and mechanical indicators of soil

Table 1

深度 （m）	含水率 $w(\%)$	密度 ρ （g/cm³）	孔隙比 e_0	I_p	E_s （MPa）
0.0～0.5	11.0	1.93	0.556	8.9	7.78
0.5～1.0	10.4	1.95	0.529	8.9	8.49
1.0～1.5	11.1	1.93	0.554	8.6	9.06
1.5～2.0	10.6	1.92	0.535	8.8	8.90
2.0～2.5	11.3	1.95	0.540	8.9	9.12
2.5～3.0	10.9	1.96	0.555	8.9	9.21
3.0～3.5	11.2	1.94	0.542	8.7	9.36
3.5～4.0	15.4	2.05	0.550	9.3	12.24

1.3 试验加载及测试

试验的加载设备为液压千斤顶，反力由相邻群桩与反力梁共同提供。试验采取拟静力单向多循环加载法。当桩身折断或水平位移超过 40mm 时，终止加载。

水平荷载由安装在千斤顶出顶端的力传感器测量。水平位移由布设在加载点及其左右 10cm 处的 3 个机械式百分表测量，百分表的最大量程为 50mm，精度为 0.01mm。

试桩编号及规格　　　　表 2

Test pile number and specification　Table 2

桩型	编号	桩径（mm）	桩长（m）	配筋
钢筋混凝土单桩	Z-1	150	3.50	6ϕ6
	Z-2	150	3.50	6ϕ6
	Z-3	150	3.50	6ϕ6
钢管混凝土单桩	GZ-1	150	3.50	ϕ121×4
	GZ-2	150	3.50	ϕ121×4
	GZ-3	150	3.50	ϕ121×4

2 试验结果及分析

图 1～图 6 为根据单向多循环加载试验结果得到的单

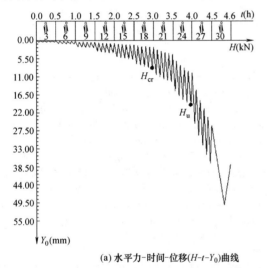

(a) 水平力-时间-位移(H-t-Y_0)曲线
(b) 水平力-位移梯度(H-$\Delta Y_0/\Delta H$)曲线

图 1　Z-1 桩水平静载试验

Fig. 1　Z-1 pile horizontal static load test

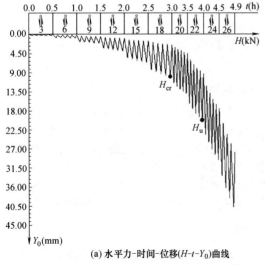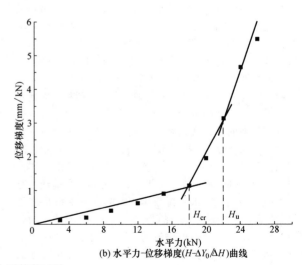

(a) 水平力-时间-位移(H-t-Y_0)曲线
(b) 水平力-位移梯度(H-$\Delta Y_0/\Delta H$)曲线

图 2　Z-2 桩水平静载试验

Fig. 2　Z-2 pile horizontal static load test

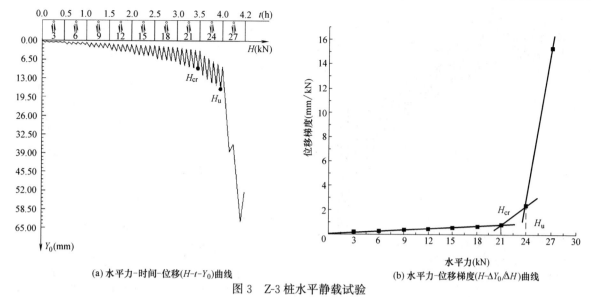

(a) 水平力-时间-位移(H-t-Y₀)曲线   (b) 水平力-位移梯度(H-ΔY₀/ΔH)曲线

图 3   Z-3 桩水平静载试验

Fig. 3   Z-3 pile horizontal static load test

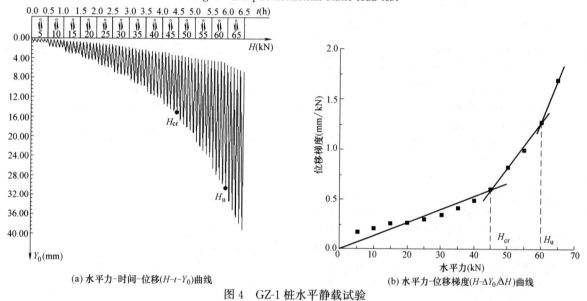

(a) 水平力-时间-位移(H-t-Y₀)曲线   (b) 水平力-位移梯度(H-ΔY₀/ΔH)曲线

图 4   GZ-1 桩水平静载试验

Fig. 4   GZ-1 pile horizontal static load test

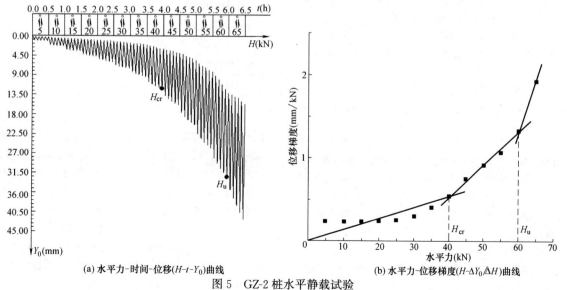

(a) 水平力-时间-位移(H-t-Y₀)曲线   (b) 水平力-位移梯度(H-ΔY₀/ΔH)曲线

图 5   GZ-2 桩水平静载试验

Fig. 5   GZ-2 pile horizontal static load test

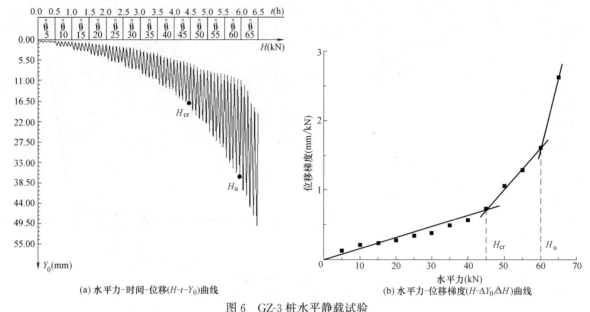

(a) 水平力-时间-位移(H-t-Y_0)曲线

(b) 水平力-位移梯度(H-$\Delta Y_0/\Delta H$)曲线

图 6　GZ-3 桩水平静载试验

Fig. 6　GZ-3 pile horizontal static load test

桩基础水平力-时间-位移关系曲线和水平力-位移梯度曲线。由图1~图3可以看出，钢筋混凝土单桩从承担水平荷载开始到破坏，大致可分为三个阶段：

（1）第一阶段为弹性变形阶段。桩在一定的水平荷载范围内，经受任一级水平荷载的反复作用时，桩身变位逐渐趋于某一稳定值；卸荷后，变形大部分可以恢复，桩土处于弹性状态，桩身工作状态良好。对应于该阶段终点的荷载为临界荷载 H_{cr}。

（2）第二阶段为弹塑性变形阶段。当水平荷载超过临界荷载 H_{cr} 后，在相同的增量荷载条件下，桩的水平位移增量比前一级明显增大；而且在同一级荷载下，桩的水平位移随着加荷循环次数的增加而逐渐增大，而每次循环引起的位移增量仍呈减小趋势。桩身处于弹塑性状态，桩土交界处出现微小裂隙，塑性不断发展。对应于该阶段终点的荷载为极限荷载 H_u。

（3）第三阶段为破坏阶段。当水平荷载大于极限荷载 H_u 后，桩的水平位移和位移曲线曲率突然增大，连续加荷情况或同一级荷载的每次循环都是位移增量加大。同时桩周土出现裂缝，明显破坏。这从水平力 H 与位移梯度曲线 $\Delta Y_0/\Delta H$ 中更易确定。

由图4~图6可以看出，钢管混凝土单桩在水平荷载作用下的工作状态与钢筋混凝土单桩类似，大致也可分为弹性变形阶段、弹塑性变形阶段和破坏阶段。二者的区别主要在于临界荷载出现特点的不同。钢筋混凝土单桩的临界荷载 H_{cr} 是桩身开裂退出工作的最大水平荷载，桩身混凝土开裂导致桩身抗弯刚度明显降低，桩基水平力-位移梯度曲线有明显突变。钢管混凝土单桩在加载至极限荷载之前桩身刚度的退化反映不明显，即钢管混凝土桩的临界荷载是桩周土体工作状态发生改变、由弹性进入塑性所对应的荷载。

根据《建筑基桩检测技术规范》JGJ 106—2014 中桩基水平承载力临界值与极限值的确定方法，结合各桩的现场测试情况，得到各桩的水平承载力，如表3所示。

试桩水平荷载（kN）及水平位移（mm）结果汇总

表 3

Summary of results of test pile horizontal load（kN）and horizontal displacement（mm）　Table 3

编号	Z-1	Z-2	Z-3	GZ-1	GZ-2	GZ-3
临界荷载	18	18	21	45	40	45
位移	8.39	10.05	9.52	15.11	12.13	17.12
极限荷载	24	22	24	60	60	60
位移	19.60	20.28	18.70	30.60	32.40	36.96
位移 6mm 对应荷载统计均值	15.3			25.1		
位移 6mm 对应荷载比值	1.0			1.63		
位移 10mm 对应荷载统计均值	19.5			35.3		
位移 10mm 对应荷载比值	1.0			1.81		
临界荷载统计均值	19.0			43.3		
临界荷载比值	1.0			2.28		

由表3可知，钢筋混凝土单桩的水平临界荷载为18~21kN，对应的位移值为8~10mm；水平极限荷载为22~24kN，对应的位移值为18~20mm；极限荷载 H_u 与临界荷载 H_{cr} 比值为1.14~1.30。钢管混凝土单桩的水平临界荷载为40~45kN，对应的位移值为12~17mm；水平极限荷载为60kN，对应的位移值为30~37mm；极限荷载 H_u 与临界荷载 H_{cr} 比值为1.33~1.50。

以位移为控制条件，两者位移均为6mm时，钢管混凝土单桩的水平荷载均值为钢筋混凝土单桩的1.63倍。随着位移的增加，该比值不断增大。当两者位移均为10mm时，钢管混凝土单桩的水平荷载均值可达到钢筋混凝土单桩的 1.81 倍。

以强度为控制条件，钢管混凝土单桩的临界荷载均值为钢筋混凝土单桩的 2.28 倍。

试验条件下，钢管混凝土桩与钢筋混凝土桩的造价接近，但与钢筋混凝土桩相比，钢管混凝土单桩的水平承载力有显著提高，在相同位移条件下，后者的水平承载力可达到前者的 1.63～1.81 倍。在相同荷载条件下，钢管混凝土单桩的水平位移明显小于钢筋混凝土单桩。

3　结论

本文通过桩基水平静载模型试验，对水平荷载作用下钢筋混凝土单桩与钢管混凝土单桩的承载特性进行研究，得到认识如下：

（1）在水平荷载作用下，钢管混凝土单桩与钢筋混凝土单桩的承载特性相似，可分为三个阶段即弹性变形阶段、弹塑性变形阶段和破坏阶段，三个阶段的分界点即为桩基础的水平临界荷载与极限荷载。钢筋混凝土单桩的临界荷载 H_{cr} 是桩身开裂所对应的水平荷载，桩身抗弯刚度的突变在水平力-位移梯度曲线中有明显反映。而钢管混凝土单桩在加载至极限荷载之前桩身刚度的退化点反映不明显，其临界荷载是桩周土体工作状态发生改变、由弹性进入塑性所对应的荷载。

（2）与钢筋混凝土单桩相比，钢管混凝土单桩的水平承载力有显著提高。在相同位移条件下，后者的水平承载力可达到前者的 1.63～1.81 倍；在相同荷载条件下，钢管混凝土桩的水平位移明显小于钢筋混凝土桩。

参考文献：

[1]　刘金砺. 桩基础设计与计算[M]. 北京：中国建筑工业出版社，1990.

[2]　刘金砺，高文生，邱明兵. 建筑桩基技术规范应用手册[M]. 北京：中国建筑工业出版社，2010.

[3]　中华人民共和国建设部. 建筑桩基技术规范：JGJ 94—2008[S]. 北京：中国建筑工业出版社，2008.

[4]　杨克己. 实用桩基工程[M]. 北京：人民交通出版社，2004.

[5]　黄委会山东河务局灌注桩试验研究组. 小钻孔灌注桩的试验研究[J]. 岩土工程学报，1983，5(1)：27-42.

[6]　刘金砺. 群桩横向承载力的分项综合效应系数计算法[J]. 岩土工程学报，1992，14(3)：9-19.

组合桩基础桩身预制桩-水泥土接触面摩擦特性试验研究

周佳锦[1]，张日红[2]，黄苏杭[1]，俞建霖[1]，龚晓南[1]，严天龙[2]

(1. 浙江大学 滨海与城市岩土工程研究中心，浙江 杭州 310058；2. 宁波中淳高科股份有限公司，浙江 宁波 315000)

摘　要：近年来国内外均出现了一些由预制桩和水泥土组成的组合桩，组合桩的桩侧承载性能受预制桩-水泥土接触面摩擦性质和桩周水泥土强度的影响。本文通过桩土接触面剪切试验对预制桩-水泥土接触面的摩擦性能进行了研究，并对水泥土的强度对接触面摩擦性能的影响进行了分析与研究。研究结果表明：预制管桩-水泥土接触面的极限侧摩阻力随着水泥土的强度的增加而增长，当水泥土强度从 65kPa 增加到 1500kPa 时，预制管桩-水泥土接触面的极限侧摩阻力从 7.58kPa 增加到 204kPa；基于试验结果提出了预制管桩-水泥土接触面的粘结系数，当水泥土强度在 65～1500kPa 范围内，粘结系数的数值在 0.116～0.141。

关键词：水泥土；管桩-水泥土接触面；剪切试验；粘结系数

作者简介：周佳锦（1989—　），男，浙江诸暨人，研究员，主要从事桩基工程，地基处理及基坑工程等方面的教学和科研工作。E-mail：zhoujiajin@zju.edu.cn。

Investigation on the frictional capacity of precast pile-cemented soil interface of composite pile

ZHOU Jia-jin[1]，ZHANG Ri-hong[2]，HUANG Su-hang[1]，YU Jian-lin[1]，GONG Xiao-nan[1]，YAN Tian-long[2]

(1. Research Center of Coastal and Urban Geotechnical Engineering，Zhejiang University，Hangzhou Zhejiang 310058，China；2. ZDOON High-tech Pile Industry Holdings Co.，Ltd.，Ningbo Zhejiang 315000，China)

Abstract：In recent years，several composite piles which consisted of precast pile and cemented soil occurred all around the world，and the shaft capacity of composite pile was controlled by the frictional capacity of precast pile-cemented soil interface and the strength of cemented soil. This paper investigated the frictional capacity of precast pile-cemented soil interface through interface shear tests，and the influence of cemented soil strength on the frictional capacity of precast pile-cemented soil interface was also studied. The test results showed that：the ultimate skin friction of precast pile-cemented soil interface increased with the increase of cemented soil strength，and the interface ultimate skin friction increased from 7.58 kPa to 204 kPa as the cemented soil strength increased from 65 kPa to 1500 kPa；a cohesion coefficient was proposed for the precast pipe pile-cemented soil interface，and the value of cohesion coefficient was in the range 0.116～0.141 when the cemented soil strength increased from 65 kPa to 1500 kPa.

Key words：cemented soil；pipe pile-cemented soil interface；shear test；cohesion coefficient

0 引言

国内外众多学者对桩基的承载性能进行过系统研究，桩侧承载力作为桩基承载力的重要组成部分，对桩基的承载性能起着重要作用[1]。目前桩侧摩阻力的计算方法主要可以分为以下四种[2-6]：

（1）α 法

桩侧极限摩阻力（τ_f）通过粘结系数 α 与桩周土体不排水抗剪强度（c_u）进行估算，即：

$$\tau_f = \alpha \cdot c_u \tag{1}$$

该方法常用来估算黏土中桩的桩侧摩阻力。API[7] 给出了粘结系数 α 的经验计算公式：

$$\alpha = 0.5 \cdot (c_u/\sigma'_{v0})^{-0.5}，\quad (c_u/\sigma'_{v0} \leqslant 1.0) \tag{2a}$$

$$\alpha = 0.5 \cdot (c_u/\sigma'_{v0})^{-0.25}，\quad (c_u/\sigma'_{v0} > 1.0) \tag{2b}$$

（2）β 法

桩侧极限摩阻力（τ_f）与土体竖向有效应力（σ'_{v0}）

相关，即：

$$\tau_f = K \cdot \sigma'_{v0} \cdot \tan\delta = \beta \cdot \sigma'_{v0} \tag{3}$$

式中的参数 K 和 δ 分别为侧向土压力系数和桩土接触面摩擦角。K 值通常与静止土压力系数 K_0 相关，桩土接触面摩擦角 δ 一般通过桩周土体内摩擦角进行折减。

（3）λ 法

λ 是与桩长有关的系数。在这种方法中，桩侧极限摩阻力与桩周土体原位不排水剪切强度和竖向有效应力有关：

$$\tau_f = \lambda \cdot (a \cdot \sigma'_{v0m} + b \cdot c_u) \tag{4}$$

其中，a 和 b 是常数。

（4）静力触探试验（CPT）法

在静力触探试验中，桩侧极限摩阻力与 CPT 试验侧阻（f_s）或锥尖阻力（q_c）直接相关：

$$\tau_f = k_s \cdot f_s \tag{5}$$

$$\tau_f = k_b \cdot q_c \tag{6}$$

其中，k_s 和 k_b 为经验系数。

静钻根植桩是国内应用比较广泛的一种组合桩，在我国东部沿海地区得到了一些成功应用，其桩身由预应力高强混凝土管桩（或竹节桩）和桩周水泥土组成。笔者课题组通过模型试验和现场试验对静钻根植桩的抗压、抗拔承载性能进行了研究，研究结果表明静钻根植桩的抗压、抗拔承载性能均优于钻孔灌注桩[8-10]。静钻根植桩的桩身由两个桩土接触面组成：预制桩-水泥土接触面和水泥土-土体接触面。预制桩-水泥土接触面摩擦特性对静钻根植桩的桩侧承载性能有着重要影响，然而目前对预制桩-水泥土接触面摩擦性能的研究较少。本文通过一系列剪切试验对预制管桩-水泥土接触面的摩擦特性进行了研究，并对水泥土强度对预制管桩-水泥土接触面摩擦特性的影响进行了分析和研究。

1 试验装置

预制管桩-水泥土接触面剪切试验装置如图1所示，由直径900mm的圆形试验箱、反力梁和伺服加载装置组成。剪切试验箱的直径为900mm，预制桩的直径为85mm，剪切试验装置的直径达到预制桩直径的10倍，可以消除边界效应的影响。在圆形试验箱中填筑300mm厚的砂层，以提供径向围压。砂的粒径分布曲线如图2所示，由图可知砂粒级配较好。砂的最大和最小重度分别为19.0kN/m³和14.2kN/m³，最小和最大孔隙率分别为0.396和0.866。

图1 剪切试验装置

Fig. 1 Photograph of shear test apparatus

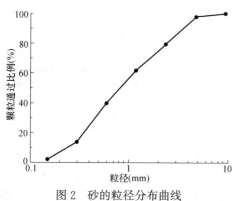

图2 砂的粒径分布曲线

Fig. 2 Grain size distribution curve of the sand

2 水泥土的无侧限抗压强度试验

在实际工程中，静钻根植桩桩周使用的水泥浆的水灰比为1.0，水泥浆与桩孔内泥浆的体积比为1:1。桩孔内泥浆的含水率约为50%。在本研究中，共制备了11种不同水泥浆和泥浆体积比的水泥土试样，以研究水泥土性质不同时预制桩-水泥土接触面的摩擦特性。

11种不同配比水泥土试样如表1所示。在水泥土的制备过程中，先将52.5硅酸盐水泥与粒径小于1mm的宁波黏土混合搅拌3min，以保证水泥与黏土颗粒搅拌均匀；然后将所需重量的水加入混合物中，继续搅拌5min，形成均匀的水泥浆试样；水泥土试样完全搅拌均匀后，试样均处于液状。将搅拌均匀的水泥土试样放入70.7mm×70.7mm×70.7mm的模具中制备试块。所有试块置于标准养护室中养护3d，温度控制在（20±2）℃。在试块养护到设计龄期后，将试块脱模，为试验做准备。无侧限抗压强度试验在万能试验机上进行，试验机最大载荷为100kN，加载速率为0.5mm/min。测得的试样无侧限抗压强度与水泥含量的关系如图3所示。从图3可以看出，水泥土的无侧限抗压强度随着水泥含量的增加而显著增大，且无侧限抗压强度的增幅随着水泥比的增大而增大。

不同配比水泥土汇总表　　　　表1

Soil profiles and properties of test site

Table 1

水灰比（水泥浆）	体积比（水泥浆：泥浆）	水泥土比例	水泥含量（%）	含水量（%）
		$m_{水泥}:m_{水}:m_{土}$		
1.0	0.05:1	1.0:17:32	2.04	51.5
	0.1:1	1.0:9.0:16	4.00	52.9
	0.2:1	1.0:5.0:8.0	7.69	55.6
	0.3:1	1.0:3.7:5.3	11.1	58.7
	0.4:1	1.0:3.0:4.0	14.3	60.0
	0.5:1	1.0:2.6:3.2	17.2	61.9
	0.6:1	1.0:2.3:2.7	20.0	63.5
	0.7:1	1.0:2.1:2.3	22.6	65.1
	0.8:1	1.0:2.0:2.0	25.0	66.7
	0.9:1	1.0:1.9:1.8	27.3	68.0
	1.0:1	1.0:1.8:1.6	29.4	69.2

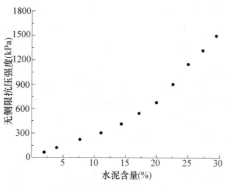

图3 无侧限抗压强度与水泥含量的关系

Fig. 3 Relationship between unconfined compressive strength and cement content

例如，当水泥含量从2.04%增加到20.0%时，无侧限抗压强度从65kPa增加到680kPa；当水泥含量达到29.4%时，无侧限抗压强度增加到1500kPa。由于水泥浆与桩孔内泥浆的体积比是控制水泥土性质的唯一参数，因此本研究不考虑含水率对水泥土强度的影响。

3 预制桩-水泥土界面剪切试验

在如图1所示的剪切试验装置上进行了预制管桩-水泥土界面剪切试验。剪切试验中使用的预制桩直径为85mm，桩长为320mm。预制桩采用C80混凝土制作，如图4所示，预制桩的混凝土配比和所采用的钢模与PHC原型桩相同。从图4中可以看出，预制桩表面光滑、不存在缺陷，可认为预制桩的表面粗糙度与原型PHC桩的表面粗糙度相同。

图4 预制桩照片

Fig. 4 Photograph of model precast piles

进行预制管桩-水泥土界面剪切试验时，将一根外径为160mm的PVC管放置在试验装置的中心，然后将桩周砂土层夯实到设计值。将水泥土灌入预制桩与砂土之间，同时将PVC管从剪切试验装置中拔出。预制管桩-水泥土界面的有效长度约为300mm。砂的重度为18kN/m³，相对密实度为0.84。在砂土中放置4个土压力传感器，两个传感器用于测量竖向土压力，另外两个传感器用于测量侧向土压力。测量竖向土压力的传感器放置在剪切箱底部，测量侧向土压力的两个传感器放置在砂层中部。

在水泥土养护3d后进行预制桩-水泥土界面剪切试验。采用位移控制方式进行加载，加载速率为0.5mm/min，剪切试验过程中荷载和位移数据由加载装置自动存储，试验得到的荷载-位移曲线如图5所示。由于试验过程中预制管桩桩身的变形非常小（小于0.03mm），且水泥土的位移受剪切试验装置的限制，将桩顶位移近似作为预制管桩-水泥土界面的相对位移。测得的极限摩阻力及相应的极限相对位移如表2所示。从图5可以看出，当预制桩与水泥土之间的相对位移较小时，预制桩-水泥土接触面的极限侧摩阻力随着相对位移的增加而增加，当接触面侧摩阻力达到极限值后，随着相对位移的增加，接触面的侧摩阻力会突然减小。结合图5和表2可以看出，水泥土强度对预制桩-水泥土界面的极限侧摩阻力有显著影响：随着水泥土强度的增加，预制桩-水泥土界面的极

限侧摩阻力显著增大。如图5（a）所示，随着水泥土强度由65kPa增大到306kPa，预制桩-水泥土界面的极限侧摩阻力由7.58kPa增大到36.1kPa；图5（b）显示，当水泥土强度由416kPa增加到904kPa，界面极限侧摩阻力由49.2kPa增大到124kPa；图5（c）显示，随着水泥土强度由1152kPa增大到1500kPa，界面极限摩阻力从150kPa增大到204kPa。

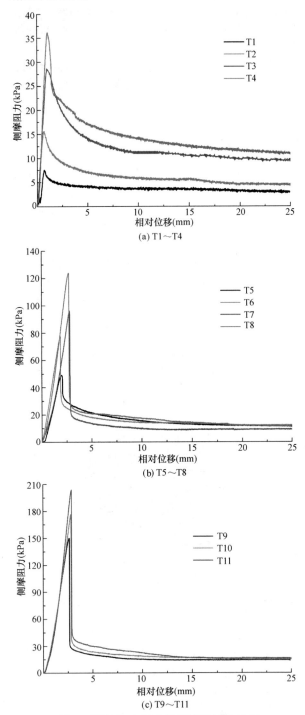

(a) T1～T4

(b) T5～T8

(c) T9～T11

图5 预制桩-水泥土界面剪切试验结果

Fig. 5 Precast pile-cemented soil interface shear test results

此外，从图5（a）中还可以看出，在试验T1中，预制桩-水泥土界面的摩阻力-相对位移曲线与常规桩-土界面相似。随着相对位移的增加，侧摩阻力逐渐发挥，当侧

预制桩-水泥土界面剪切试验结果　　表2

Precast pile-cemented soil interface shear test results

Table 2

试验编号	水泥土体积比 （水泥浆∶泥浆）	水泥土极限抗压强度（kPa）	峰值摩阻力（kPa）	极限相对位移（mm）
T1	0.05∶1	65	7.58	0.72
T2	0.1∶1	122	15.2	0.74
T3	0.2∶1	224	28.6	0.99
T4	0.3∶1	306	36.1	1.05
T5	0.4∶1	416	49.2	1.98
T6	0.5∶1	548	77.3	1.87
T7	0.6∶1	680	96.1	2.80
T8	0.7∶1	904	124	2.72
T9	0.8∶1	1152	150	2.64
T10	0.9∶1	1320	176	2.81
T11	1.0∶1	1500	204	2.88

摩阻力达到极限值后，随着相对位移的增加侧摩阻力逐渐减小。在试验T1中，当相对位移为0.72mm时，最大侧摩阻力为7.58kPa；当相对位移达到3mm时，最大侧摩阻力为4.47kPa；当相对位移达到25mm时，最大侧摩阻力为3.0kPa。这可能是因为在试验T1中水泥土的强度与黏性土的强度相近，水泥土的掺量只有2.04%。在试验T2和T3中，侧摩阻力在达到最大值后也逐渐减小，但减小幅度大于试验T1。在试验T2中，当相对位移达到3mm时，侧摩阻力由最大值15.2kPa减小到8.65kPa，当相对位移达到25mm时，侧摩阻力为4.3kPa。在试验T3中，当相对位移达到3mm时，侧摩阻力由最大值28.6kPa减小到17.92kPa，当相对位移达到25mm时，摩阻力减小到9.46kPa。在试验T4中，水泥土强度为306kPa，侧摩阻力在达到最大值后也有急剧减小的趋势，在试验T4中，当相对位移为1.05mm时，侧摩阻力达到最大值36.1kPa；当相对位移达到1.60mm时，侧摩阻力急剧减小至23.7kPa；当相对位移达到3mm时，侧摩阻力逐渐减小到20.72kPa；当相对位移达到25mm时，侧摩阻力减小到11kPa。在试验T5～T11中水泥土强度范围为416～1500kPa。从图7（b）和图7（c）可以看出，在试验T5～T11中，侧摩阻力在达到最大值后均急剧减小，表明预制桩-水泥土界面发生脆性破坏。在试验T5～T11中，试验界面的残余侧摩阻力在11～16kPa之间变化。对于强度大于548kPa的水泥土，发生破坏时可以听到接触面破坏声音。

剪切试验结束后，从剪切试验装置中挖出预制桩-水泥土界面试样，可以看到水泥土上存在竖向裂缝（沿着预制桩桩身）。剪切试验后预制桩-水泥土界面的破坏面情况如图6所示。从图6可以看出，破坏发生在预制桩与水泥土的接触面，而且破坏面是光滑的。在试验T1～T4中，预制桩-水泥土界面的摩阻力-相对位移曲线与常规桩-土界面相似。然而，试验T1～T4的失效模式与试验T5～T11相同。剪切试验后，水泥土出现了竖向裂缝，水泥土中未见明显剪切带，预制桩与水泥土的接触面发生破坏。

根据估算嵌岩桩侧摩阻力计算时的粘结系数计算公

图6　剪切试验后的破坏面

Fig. 6　Failure surface after shear test

式，对预制桩-水泥土界面的摩擦承载力进行分析。

$$\alpha_q = \frac{\tau_f}{q_{cu}} \qquad (7)$$

图7为由式（7）得到的粘结系数随试件水泥土强度的变化曲线。从图7可以明显看出，在本研究中所考虑的水泥土抗压强度范围内，粘结系数变化不大；随着水泥土强度由65kPa增大到1500kPa，粘结系数的数值为0.116～0.141。

考虑到荷载由预制桩向水泥土再向水泥土周围土体传递，设计预制桩-水泥土界面所需的最小侧摩阻力（τ_f）可以由下式给出：

$$\tau_f = \frac{D_c}{D_p} \cdot f_s \qquad (8)$$

其中，D_p和D_c分别为管桩直径和桩周水泥土区直径；f_s为水泥土周围土体的峰值摩阻力。

桩周水泥土的强度设计值可采用式（7）和式（8）进行估算。

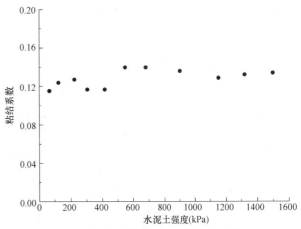

图7　粘结系数随水泥土强度的变化

Fig. 7　Variation of adhesion factor
with cemented soil strength

4　结论

本文介绍了一系列预制管桩-水泥土接触面剪切试验结果，考虑水泥土强度的影响，对预制管桩-水泥土界面的摩擦特性进行了研究。可以得出以下结论：

（1）预制桩-水泥土界面的极限侧摩阻力随水泥土强度的增大而近似线性增大；当水泥土强度由 65kPa 增大到 1500kPa 时，极限侧摩阻力由 7.58kPa 增大到 204kPa。

（2）基于试验结果提出了一个预制桩-水泥土界面的粘结系数，通过水泥土强度来估算预制桩-水泥土界面的极限侧摩阻力。水泥土强度为 65～1500kPa 时，粘结系数为 0.116～0.141，平均值为 0.129。在静钻根植桩设计中，粘结系数可以用来估算预制桩-水泥土界面的极限侧摩阻力。钻孔直径（水泥土的直径）可根据预制桩直径、预制桩-水泥土界面极限侧摩阻力和水泥土周围土体的侧摩阻力来确定。

（3）预制管桩-水泥土界面在达到最大摩阻力时发生脆性破坏，界面的残余摩阻力与水泥土强度无关。

参考文献：

[1] Fleming K，Weltman A，Randolph M，et al. Piling Engineering，3rd Ed.，Taylor & Francis，London，2009.

[2] Randolph M F，Wroth C P. Application of the failure state in undrained simple shear to the shaft capacity of driven piles [J]. Géotechnique，1981，31(1)：143-157.

[3] Kraft J L M，Ray R P，Kagawa T. Theoretical t-z curves [J]. Journal of the Geotechnical Engineering Division，1981，107(11)，1543-1561.

[4] Randolph M F，Murphy B S. Shaft Capacity of Driven Piles in Clay. Offshore Technology in Civil Engineering Offshore Technology Conference，1985，90-97.

[5] O'Neill M W. Side Resistance In Piles and Drilled Shafts. Journal of Geotechnical & Geoenvironmental Engineering，2001，127(1)：3-16.

[6] Randolph M F. Science and empiricism in pile foundation design. Géotechnique，2003，53(10)：847-875.

[7] API. Recommended practice for planning，designing and constructing fixed offshore platforms-working 448 stress design，API RP2A，20th Ed. American Petroleum Institute，Washington，2010.

[8] Zhou J J，Gong X N，Wang K H. et al. Testing and modeling the behavior of pre-bored grouting planted piles under compression and tension. Acta Geotechnica，2017，(9)：1-15.

[9] Zhou Jiajin，Gong Xiaonan，Zhang Rihong. Model tests to compare the behavior of pre-bored grouted planted piles and wished-in-place concrete pile in dense sand. Soils and Foundations，2019，59(1)，84-96.

[10] Zhou jia-jin，Gong Xiao-nan，Zhang Ri-hong，et al. Field behavior of pre-bored grouted planted nodular pile embedded in deep clayey soil. Acta Geotechnica，2020（15）：1847-1857.

桩基纵向振动时桩侧土阻力特性研究

刘　鑫[1,2]，王奎华[1,2]，吴君涛[1,2]，梁一然[1,2]

（1. 浙江大学　滨海与城市岩土工程研究中心，浙江 杭州 310058；2. 浙江大学　软弱土与环境土工教育部重点实验室，浙江 杭州 310058）

摘　要：基于平面应变土体模型建立了桩土系统纵向耦合振动模型，采用积分变换法推导了桩身各点速度和位移的频域解析解；在此基础上，利用傅立叶逆变换求得了桩身各点速度时域响应半解析解，并通过数值模拟计算验证了理论解的正确性。而后将桩周土进行合理的层数和区域划分，利用控制变量法研究了桩侧阻力对桩身点运动状态的影响；相应地，通过分析入射速度波沿桩身的强度衰减规律探讨了低应变条件下桩侧土阻力的若干特征。

关键词：耦合振动；积分变换；理论解；桩侧土阻力

作者简介：刘鑫（1995—　），男，河南安阳人，博士研究生，从事桩动力学方面的工作，E-mail：ericoliu@126.com。

通讯作者：王奎华（1965—），男，江苏滨海人，教授，博导，从事桩基动力学及土工测试方法的研究，E-mail：zdwkh0618@zju.edu.cn。

Study on characteristics of the pile side soil resistance under the longitudinal vibration of the pile

LIU Xin[1, 2]，WANG Kui-hua[1, 2]，WU Jun-tao[1, 2]，LIANG Yi-ran[1, 2]

（1. Research Center of Coastal and Urban Geotechnical Engineering Zhejiang University，Hangzhou Zhejiang 310058，China；2. Key Laboratory of soft soils and Geoenvironmental Engineering of Ministry of Education，Zhejiang University，Hangzhou Zhejiang 310058，China）

Abstract：Based on the plane strain soil model，the longitudinal coupling vibration model of the pile-soil system is established. Velocity and displacement analytical solutions of each point along the pile shaft are deduced by the integral transform method in the frequency domain. And then semi-analytical solutions of the velocity of each point in the time domain are obtained according to the Inverse Fourier Transform. Numerical calculating results are used to verify these theoretical solutions deduced above. After that，the surrounding soil is reasonably divided into several layers and zones so that the influence of pile side soil resistance on the movement of each pile point can be studied by using the control variable method. Accordingly，some characteristics of the pile side soil resistance are discussed through the analysis of strength attenuation laws of the incident velocity wave during its propagation along the pile.

Key words：coupling vibration；integral transform；theoretical solutions；pile side soil resistance

0　引言

针对桩基纵向振动理论的研究方法众多，边界元法[1,2]、有限元法[3]和解析法[4]都被应用于该领域并产生了众多的研究成果。特别是解析法，对于深刻理解桩土系统的纵向振动机理意义重大，因此，解析法也得到了较快的发展，桩周土体模型由简化的 winkler 模型[5,6]、平面应变模型[7]逐渐发展至考虑双向波动和多相耦合的复杂三维介质土体模型[8,9]，研究对象从传统的等截面圆桩、单桩，进一步深入至变截面异形桩[10]、群桩[11]。然而此前各类解析方法中，关注对象皆为桩顶处的动力响应，如利用推导得到的桩顶阻抗来反映桩土系统的动刚度，并应用于桩基的动力设计计算中；利用推导得到的桩顶速度时域响应来判断桩长，并应用于桩基的完整性测试中[12]。

随着基础工程的发展，建筑物上部结构越来越庞大和复杂，需要的桩基承载力越来越大，工程用桩也越来越

长，仅研究竖向激振下桩顶处的响应显然已无法满足深长桩在理论机理和工程实用方面的要求；同时实际工程中，决定桩基动力受荷性能的关键是桩土界面的阻力作用，尤其是桩周土和桩之间的动力相互作用。但由于桩深埋于地下，桩基纵向振动过程中的桩侧土阻力很难直接测得，然其直接作用于桩身，毋庸置疑会影响桩身各点的运动状态，换言之，分析桩基纵向振动过程中桩身各点运动状态可以反映桩土动力系统中的桩侧土阻力特性。因此，研究桩基纵向振动时桩身各点的运动状态对于分析桩土界面动力相互作用具有十分重要的指导意义。

考虑到平面应变模型在桩土系统纵向振动理论中应用较为成熟且其工程实用性也得到广泛验证[13]，本文以平面应变土体模型为基础，建立桩土系统的纵向耦合振动模型，并利用积分变换的方法推导纵向振动时桩身各点的速度理论解，而后分析桩身点速度沿深度的变化规律从而反映桩侧土阻力沿桩身的分布特征，在此基础上对桩侧土阻力的其他特性展开深入探讨，以期推动桩基纵向振动机理和桩土动力相互作用研究的进一步深入。

基金项目：国家自然科学基金面上项目（No. 51779217）。

1 计算模型与基本假设

1.1 计算模型

本文所建的桩土系统纵向振动计算模型如图1所示，$Q(t)$ 为桩顶半正弦激励荷载，桩体总长为 L，桩周土看作半无限大空间，为考虑其非均质性，将桩土系统进行纵向分层，自下至上分别标号 $1\sim n$，且沿 z 方向第 i 层顶部的坐标为 h_i，厚度为 l_i；为方便下文对桩侧土阻力特性进行分析，将桩周土沿 z 方向分为三个区域，自上至下分别标号 Ⅰ～Ⅲ，区域数和层数之间的关系如下：

$$\begin{cases} \text{Ⅰ}=\{n, n-1 \cdots n_2+2, n_2+1\} \, h_{\text{Ⅰ}}=h_{n_2} \\ \text{Ⅱ}=\{n_2, n_2-1 \cdots n_1+2, n_1+1\} \, h_{\text{Ⅱ}}=h_{n_1} \quad (1) \\ \text{Ⅲ}=\{n_1, n_1-1 \cdots 2, 1\} \, h_{\text{Ⅲ}}=L \end{cases}$$

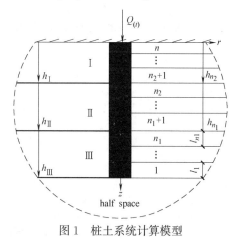

图1 桩土系统计算模型

Fig. 1 Calculating model of the pile-soil system

1.2 基本假设

（1）本文研究对象为摩擦型桩，桩底为自由边界条件；

（2）桩体假设为一维弹性杆件，第 i 段桩体的密度、弹性模量和半径分别为 ρ_{pi}、E_{pi} 和 r_{pi}，各桩段之间位移力值连续；

（3）桩周土尺寸相较于桩体尺寸可看作半无限大空间黏弹性体，其应力状态满足平面应变模型，第 i 层土体的密度和剪切模量分别为 ρ_{si} 和 G_{si}；

（4）桩土界面满足位移协调条件，桩土系统变形处于小应变范围；

（5）桩周土沿径向无穷远处位移为0，桩土系统上表面为自由边界。

1.3 控制方程及定解条件

由于所建模型考虑桩土系统沿纵向的非均质性，为方便针对特定层的桩土系统进行研究，特在每层桩土系统上建立局部坐标系。以每层的底部作为坐标起点，并规定第 i 层中顶部和底部坐标分别为0和 l_i。如无特殊说明，下文方程中所列 z 值均为各局部坐标系中的对应坐标，$z \in [0, l_i]$。因此第 i 层土体纵向振动控制方程表示为：

$$r^2 \frac{d^2 W_{si}(r)}{dr^2} + r \frac{dW_{si}(r)}{dr} - s_i^2 r^2 W_{si}^2(r) = 0 \quad (2)$$

式中，$W_{si}(r)$ 为第 i 层土体纵向振动幅值；$i = \sqrt{-1}$ 为虚数单位；$s_i = i\omega / V_{si} \sqrt{1+iD_{si}}$，$D_{si}$ 为第 i 层土体的材料阻尼；V_{si} 为第 i 层土体的剪切波速，$V_{si} = \sqrt{G_{si}/\rho_{si}}$。

将第 i 段桩体的纵向振动位移记为 $u_{pi}(z, t)$，第 i 层桩土系统的单位桩长桩侧土阻力记为 $f_{pi}(z, t)$。由式（1）并结合一维弹性杆件的纵向振动控制方程可得：

$$E_{pi} A_{pi} \frac{\partial^2 u_{pi}(z, t)}{\partial z^2} - f_{pi}(z, t) = m_{pi} \frac{\partial^2 u_{pi}(z, t)}{\partial t^2} \quad (3)$$

式中，A_{pi} 为第 i 段桩体的横截面积，$A_{pi} = \pi r_i^2$；m_{pi} 为第 i 段桩体的单位体积质量，$m_{pi} = A_{pi}\rho_{pi}$。

由式（1）和式（2）可得：

$$E_{pn} A_{pn} \frac{\partial u_{pn}}{\partial z} + Q(t) \Big|_{z=0} = 0 \quad (4a)$$

$$E_{p1} A_{p1} \frac{\partial u_{p1}}{\partial z} \Big|_{z=l_1} - 0 \quad (4b)$$

$$u_{p(i+1)} \big|_{z=l_{i+1}} = u_{pi} \big|_{z=0} \quad (5a)$$

$$E_{p(i+1)} A_{p(i+1)} \frac{\partial u_{p(i+1)}}{\partial z} \Big|_{z=l_{i+1}} = E_{pi} A_{pi} \frac{\partial u_{pi}}{\partial z} \Big|_{z=0} \quad (5b)$$

由式（3）和式（4）可得：

$$W_{si}(r) \big|_{r=r_{pi}} = U_{pi}(z) \quad (6a)$$

$$W_{si}(r) \big|_{r \to \infty} = 0 \quad (6b)$$

式中，$U_{pi}(z)$ 为 $u_{pi}(z, t)$ 的拉普拉斯变换式。

1.4 方程求解

上文所建模型中第 i 层土体中任意一点的剪切复刚度 KS_i 可写为：

$$KS_i = -\frac{\tau_{si}}{W_{si}} = s_i G_{si}^* \frac{K_1(s_i r)}{K_0(s_i r)} \quad (7)$$

式中，τ_{si} 为频域内第 i 层土体中任意一点的剪切应力，G_{si}^* 为对应点的剪切复刚度，$G_{si}^* = G_{si}(1+iD_{si})$；$K_1(s_i r)$ 和 $K_0(s_i r)$ 分别为第二类一阶和零阶贝塞尔函数。

利用式（7）和定解条件（6a），可推得频域内第 i 层桩土系统的接触面复刚度 KP_i，其包含了动力条件下桩土界面的接触特性，表达式为：

$$KP_i = -\frac{2\pi r \tau_{si} \big|_{r=r_{pi}}}{U_{pi}} = s_i C_{pi} G_{si}^* \frac{K_1(s_i r_{pi})}{K_0(s_i r_{pi})} \quad (8)$$

式中，C_{pi} 为第 i 段桩的横截面积，$C_{pi} = 2\pi r_{pi}$。

同时根据桩土界面复刚度可推得频域内第 i 层桩土系统的单位桩长桩侧土阻力 F_{pi} 为：

$$F_{pi} = U_{pi} KP_{pi} = s_i U_{pi} C_{pi} G_{si}^* \frac{K_1(s_i r_{pi})}{K_0(s_i r_{pi})} \quad (9)$$

式中，F_{pi} 为 $f_{pi}(z, t)$ 的拉普拉斯变换式。

类似地，将式（8）和式（9）代入式（3）中，可得频域内第 i 段桩体的纵向振动位移解为：

$$U_{pi} = M_{1i} \cos(\gamma_i z) + M_{2i} \sin(\gamma_i z) \quad (10)$$

式中，$\gamma_i = \sqrt{w^2 - KP_i / \rho_{pi} A_{pi}} / V_{pi}$，$V_{pi}$ 为第 i 段桩体的

纵向波速，$V_{pi} = \sqrt{E_{pi}/\rho_{pi}}$。

由定解条件式（5a）和式（5b）可得在 i 段桩体底部存在如下关系：

$$\left(Z_{p(i-1)}U_{pi} + E_{pi}A_{pi}\frac{\partial U_{pi}}{\partial z}\right)\bigg|_{z=l_i} = 0 \quad (11)$$

式中，$Z_{p(i-1)}$ 为 $i-1$ 段桩桩顶阻抗。

将式（11）代入式（10）中可得：

$$\frac{M_{2i}}{M_{1i}} = \frac{E_{pi}A_{pi}\gamma_i\sin(\gamma_i l_i) - Z_{i-1}\cos(\gamma_i l_i)}{E_{pi}A_{pi}\gamma_i\cos(\gamma_i l_i) + Z_{i-1}\sin(\gamma_i l_i)} \quad (12)$$

同时由式（10）可推得第 i 段桩顶部阻抗为：

$$Z_{pi} = \frac{E_{pi}A_{pi}\dfrac{\partial U_{pi}}{\partial z}}{U_{pi}}\bigg|_{z=0} = E_{pi}A_{pi}\gamma_i\frac{M_{2i}}{M_{1i}} \quad (13)$$

由式（1）可得，第 1 段桩桩底阻抗值 $Z_{p0} = 0$，并联立式（12）和式（13）可推得任意段桩桩顶阻抗值 Z_{pi}。

考虑到在第 i 段桩顶存在以下受力平衡关系：

$$E_{pi}A_{pi}\frac{\partial U_{pi}}{\partial z}\bigg|_{z=0} = \begin{cases} \overline{Q}(\omega) & i = n \\ E_{p(i+1)}A_{p(i+1)}\dfrac{\partial U_{p(i+1)}}{\partial z}\bigg|_{z=l_{i+1}} & 1 \leqslant i < n \end{cases} \quad (14)$$

式中，$\overline{Q}(\omega)$ 为桩顶激励荷载 $Q(t)$ 的拉普拉斯变换式。由式（14）可得：

$$M_{2i} = \begin{cases} -\dfrac{\overline{Q}(\omega)}{E_{pn}A_{pn}\gamma_n} & i = n \\ \dfrac{E_{p(i+1)}A_{p(i+1)}\gamma_{i+1}}{E_{pi}A_{pi}\gamma_i}\left[\begin{array}{l}M_{2(i+1)}\cos(\gamma_{i+1}l_{i+1}) \\ -M_{1(i+1)}\sin(\gamma_{i+1}l_{i+1})\end{array}\right] & 1 \leqslant i < n \end{cases} \quad (15)$$

而后联立式（11）~式（15）可递推求得任意桩段的纵向位移表达式中的特征参数 M_{1i} 和 M_{2i}，至此频域内桩身任意点的位移表达式可悉数求得。

在此基础上可求得频域内桩身任意点的速度 V_{pi} 为：

$$V_{pi} = i\omega U_{pi} = i\omega[M_{1i}\cos(\gamma_i z) + M_{2i}\sin(\gamma_i z)] \quad (16)$$

同时，对式（10）和式（16）做傅立叶逆变换，可得时域内桩身任意点的速度 $v_{pi}(z,t)$ 为：

$$v_{pi}(z,t) = IFT[V_{pi}] = \frac{1}{2\pi}\int_{-\infty}^{+\infty}V_{pi}e^{i\omega t}d\omega \quad (17)$$

2 理论解验证

为了验证上文所得桩身任意点速度理论解的正确性，特利用大型有限元软件 ABAQUS 进行建模计算，并提取桩身特定点的速度值，而后与理论解进行分析比较。

为便于分析，将上文理论推导得到的各物理量进行归一化处理，处理规则如下：

$$\begin{cases} \overline{v}_i = \dfrac{E_p\pi r_p^2}{2Q_{max}}\cdot\dfrac{v_{pi}}{V_p} \\ \overline{t} = tV_p/L \end{cases} \quad (18)$$

式中，$\overline{v}_i$ 和 $\overline{t}$ 分别为无量纲速度和时间。下文计算分析皆针对归一化处理之后的物理量参数。

首先，利用上文所建理论模型进行分析计算，取总长 $L = 10m$ 的等截面均匀材料桩体，桩顶半正弦激振力周期

为 1×10^{-3} s，桩土系统纵向分为 20 层，即 $n = 20$ 且 $l_i = 0.5m$，（$i \in [1,n]\cap Z^*$），桩土各项性质参数见表 1。如无另外说明，以下分析均按照表 1 所示进行参数赋值并计算各桩段上表面的速度响应。

其次，利用同样的桩土参数在 ABAQUS 中建立轴对称有限元模型，为消除边界反射效应的影响，取桩周土径向尺寸为 50 倍桩径，竖向尺寸为 3 倍桩长，采用 Rayleigh 模型模拟土体阻尼，采用动力学显式分析步，并在场输出设置中选择输出桩身各点的速度值。为简化分析，从计算结果中提取桩顶、距桩顶 4m 处和距桩顶 8m 处点的速度响应，并与上文所得桩身对应点的理论解进行对比，结果如图 2 所示。

桩土系统性质参数   表 1

Parameters of the pile-soil system Table 1

	E_p(GPa)	r_p(m)	V_p(m·s⁻¹)
桩体	40	0.2	4000
	G_s(MPa)	D_s	V_s(m·s⁻¹)
土体	26	0.01	120

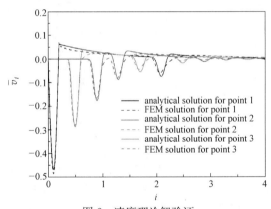

图 2 速度理论解验证

Fig. 2 Verification for theoretical velocity solutions

由图 2 可以看出，桩身各点的理论计算曲线和有限元模拟曲线吻合较好，可验证本文所得解的合理性和正确性，可用本文所建模型及其理论对桩侧土阻力展开进一步研究。

3 桩侧土阻力特性分析

3.1 桩侧土阻力分布特征

利用上文所建模型和表 1 中的桩土参数进行 matlab 编程计算，需另外说明的是，计算所得的物理量皆对应于各桩段的上表面（点），且为方便计算分析，仅输出偶数层桩段上表面，即沿桩身整数米处的速度响应。

取上文所建模型中 n_1 和 n_2 的值分别为 9 和 15，首先计算 II 区域内无土时桩身各位置点的速度时域响应曲线如图 3 所示，而后在桩周土均布的情况下计算桩身各位置点的速度时域响应曲线如图 3 所示。

由图 3 可以看出，I 区域内和 III 区域内各点的速度曲

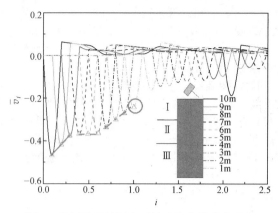

图 3   Ⅱ区域无桩周土时桩身各点的速度响应

Fig. 3   velocity response of each point along the pile with no soil in zone Ⅱ

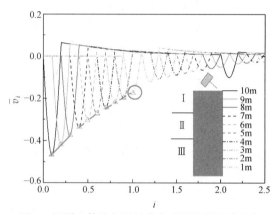

图 4   桩周土体均匀时桩身各点的速度时域响应

Fig. 4   velocity response of each point along the pile with homogeneous soil

线谷值随着深度增大而逐渐减小，当Ⅱ区域内无桩周土时，其桩身各点的速度曲线谷值基本相等，红色虚线为与 x 轴平行的水平线，这说明沿桩身纵向各点的速度曲线谷值差，即入射速度波强度沿桩身的衰减，是由于相应点间的桩侧土阻力作用导致的，因此桩身两点间入射速度波谷值差可反映两点间桩侧土阻力的均值大小。值得一提的是图 3 中圆圈所示，距离桩端 1m 处点的速度曲线的谷值相对偏大，与红色点划拟合线的偏差较大，这是由于来自桩顶的入射速度波与桩端反射速度波产生了较明显的叠加，导致该点速度曲线上的谷值无法反映真实的入射速度波强度，因此在利用桩身各点入射速度波的强度衰减情况来研究桩土界面阻力特性时应避免桩端反射波的叠加作用。

由图 4 可以看出，当桩周土体均匀时，沿桩身各点的速度曲线谷值随深度增加逐渐减小，桩顶处（10m 处）的谷值最大，越靠近桩端处的谷值越小，这说明入射速度波强度由于桩侧土阻力的存在沿深度持续衰减；同时可以看出，在桩周土性质均匀的情况下，红色实线、红色虚线和红色点划线斜率依次变小，入射速度波强度衰减的程度随深度逐渐减小，这反映了桩侧土阻力沿桩身纵向的分布特征为随深度增加桩侧土阻力作用逐渐减小，从图 3 中红色点划线的斜率小于红色实线的斜率也可以得出

该结论。

3.2   桩侧土阻力的能量耗散特性

为分析桩侧阻力的能量耗散特性，将式（7）所得的第 i 层频域内桩侧土阻力表达式的实部和虚部分开考虑如式（19）所示，其中实部 α_i 定义为刚度力，反映了桩顶激励下桩周土对桩纵向振动的抵抗作用；虚部 β_i 定义为阻尼力，反映了桩周土在桩土系统纵向振动过程中的能量消耗作用。

$$F_{pi} = \alpha_i + i\beta_i \tag{19}$$

为了分别研究桩侧土阻力的刚度力和阻尼力特性，利用表 1 中所示的各项桩土参数，并令Ⅱ区域内各层桩土系统的桩侧土阻力的实部和虚部分别为 0，其中实部为 0 代表忽略Ⅱ区域内桩侧土阻力的刚度作用，虚部为 0 代表忽略桩侧土阻力的阻尼作用，在此两种情况下分别计算桩身各设定点的速度时域响应，设定点与 3.1 节所研究点位一致，计算结果如图 5 所示。为使曲线更加清晰，图 5 中仅画出各设定点速度时域响应曲线的入射波。

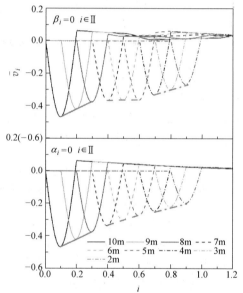

图 5   Ⅱ区域桩侧土阻力实部和虚部分别为 0 时的各点入射速度波

Fig. 5   Incident velocity wave of each point when the real part and image part of soil resistance in zone Ⅱ is zero respectively

由图 5 可以看出，当 β_i（$i \in$Ⅱ）=0 时，桩身各点的入射速度波波形与图 3 所示的当Ⅱ区域内无桩周土时桩身各点的速度时域响应曲线上的入射波波形基本一致，这说明，令Ⅱ区域内各层的桩侧阻力虚部为 0 等同于忽略Ⅱ区域内桩周土的桩侧土阻力作用；同时，当 α_i（$i \in$Ⅱ）=0 时，桩身各点的入射速度波波形与图 4 所示的当桩周土均布时桩身各点速度时域响应曲线上的入射速度波波形基本一致，这说明，令Ⅱ区域内各层的桩侧土阻力实部为 0 对桩身各点的入射速度波曲线几乎无影响。综上两点表明，在低应变条件下桩周土对桩身阻力的作用主要表现形式为阻尼作用，即对桩土系统纵向振动过程中的能量耗散；刚度力对桩纵向振动的影响很小，几乎可以忽略不计。

4 结论

本文通过建立合理的桩土纵向耦合振动模型，分析了桩侧土阻力对桩身点运动状态的影响，桩侧土阻力会导致入射速度波强度沿深度逐渐衰减，桩身两点间入射速度波强度衰减情况可用于反映对应点间的桩侧土阻力作用；桩侧土阻力作用自桩顶至桩端逐渐减弱，低应变条件下桩侧土阻力的主要表现形式为阻尼作用，即对桩纵向振动的能量耗散。

参考文献：

[1] Sen R, Davies T G, Banerjee P K. Dynamic analysis of piles and pile groups embedded in homogeneous soils[J]. Earthquake engineering & structural dynamics, 1985, 13(1): 53-65.

[2] Ai Z Y, Han J. Boundary element analysis of axially loaded piles embedded in a multi-layered soil[J]. Computers and Geotechnics, 2009, 36(3): 427-434.

[3] Kuhlemeyer R L. Vertical vibration of piles[J]. Journal of Geotechnical and Geoenvironmental Engineering, 1979, 105(ASCE 14393).

[4] Novak M, Aboul-Ella F, Nogami T. Dynamic soil reactions for plane strain case[J]. Journal of the Engineering Mechanics Division, 1978, 104(4): 953-959.

[5] 王奎华, 谢康和. 有限长桩受迫振动问题解析解及其应用[J]. 岩土工程学报, 1997, 19(6): 27-35.

[6] 冯世进, 柯瀚, 陈云敏, 等. 成层土中粘弹性变截面桩纵向振动分析及应用[J]. 岩石力学与工程学报, 2004(16): 2798-2803.

[7] EI Naggar M H. Vertical and torsional soil reactions for radially inhomogeneous soil layer[J]. Structural Engineering and Mechanics, 2000, 10(4): 299-312.

[8] Nogami T, Novak M. Soil-pile interaction in vertical vibration[J]. Earthquake Engineering & Structural Dynamics, 1976, 4(3): 277-293.

[9] 崔春义, 孟坤, 武亚军, 等. 轴对称径向非均质土中单桩纵向振动特性研究[J]. 岩土力学, 2019(2).

[10] Gao L, Wang K, Xiao S, et al. An analytical solution for excited pile vibrations with variable section impedance in the time domain and its engineering application[J]. Computers and Geotechnics, 2016, 73: 170-178.

[11] Luan L, Zheng C, Kouretzis G, et al. Development of a three-dimensional soil model for the dynamic analysis of end-bearing pile groups subjected to vertical loads[J]. International Journal for Numerical and Analytical Methods in Geomechanics, 2019.

[12] Zheng C, Liu H, Kouretzis G P, et al. Vertical response of a thin-walled pipe pile embedded in viscoelastic soil to a transient point load with application to low-strain integrity testing[J]. Computers and Geotechnics, 2015, 70: 50-59.

[13] 王奎华, 杨冬英, 张智卿. 两种径向多圈层土体平面应变模型的对比[J]. 浙江大学学报(工学版), 2009, 43(10): 1902-1908.

浙江省预制桩技术的发展和展望

干　钢[1,2]，曾　凯[1,2]，王奎华[3]

（1. 浙江大学建筑设计研究院有限公司，浙江 杭州 310028；2. 浙江大学平衡建筑研究中心，浙江 杭州 310028；3. 浙江大学滨海与城市岩土工程研究中心，浙江 杭州 310058）

摘　要：本文简要回顾了浙江省预制桩技术的发展历史，对浙江省在预制桩身外形结构的创新、桩身配筋及构造的创新、桩端连接技术的创新、施工工法的创新以及使用功能的创新等五个方面进行了总结，并分别介绍了相应的新型桩型。最后，对浙江省预制桩技术的发展进行了展望。

关键词：钢绞线桩；竹节桩；复合配筋桩；H 型护岸桩；静钻根植法

作者简介：干钢（1964—　），男，研究员，博士，主要从事建筑结构与岩土工程的设计与研究。E-mail：gang@zuadr.com。

Development and prospect of precast pile technology in Zhejiang province

GAN Gang[1,2]，ZENG Kai[1,2]，WANG Kui-hua[3]

（1. The Architectural Design & Research Institute of Zhejiang University Co.，Ltd.，Hangzhou Zhejiang 310028，China；2. Center for Balance Architecture，Zhejiang University，Hangzhou Zhejiang 310028，China；3. Research Center of Coastal and Urban Geotechnical Engineering，Zhejiang University，Hangzhou Zhejiang 310058，China）

Abstract：This article briefly reviewed the development history of prefabricated pile technology in Zhejiang Province，and made five contributions to the innovation of the shape of the pile，the innovation of the pile reinforcement and structure，the innovation of the pile end connection technology，the innovation of the construction method and the innovation of the use function. These aspects are summarized，and the corresponding new pile types are introduced respectively. Finally，the development of precast pile technology in Zhejiang Province is prospected.

Key words：steel stranded pile；bamboo pile；composite reinforced pile；H-shaped revetment pile；static drilling and rooting method

0　概述

桩基础是一种历史悠久的基础形式。我国最早的桩基可以追溯到距今约 7000 年位于浙江省余姚市河姆渡遗址出土的木桩。从桩基技术的发展来看，19 世纪以前，桩基技术处于初级阶段，该阶段的主要特征是采用天然材料如木桩制成桩身短、桩径小的桩基础，沉桩方式多采用简单的人工锤击法施工。到 19 世纪末，随着混凝土材料的出现，使得制桩材料发生了根本性的变化。1898 年，俄国工程师斯特拉乌斯率先提出了以混凝土或钢筋混凝土为材料的就地灌注混凝土桩；1901 年，美国工程师雷蒙德提出了沉管灌注桩的设计思想，由此钢筋混凝土桩取代了天然材料的木桩并得到大量应用。"二战"后至今，随着桩基理论的发展和施工技术的提高，现代桩基迎来了前所未有的发展，同时随着各种高、大、重、深建筑物的不断涌现，对地基基础提出了更高的要求，桩基技术呈现机械化、专门化、智能化、巨型化的特点。

目前工程中较常用的桩型有钻孔灌注桩、预制桩、搅拌桩等。为适应国家节约资源，节能减排，节材环保等政策要求，桩基逐步向高强度、工厂预制、低污染成桩的方向发展。相比于现场施工的灌注桩和搅拌桩，预制桩为工厂统一化生产，具有桩身质量易于保证、造价较低，同时其施工速度快、周期短，施工现场文明整洁且污染小等优点，符合现今建筑施工项目安全、快捷、环保、高效、经济的要求。因此，近三十年来预制桩尤其是先张法预应力混凝土管桩在工业与民用建筑、交通、水利、港口等领域工程建设中得到广泛应用。

浙江省在二十世纪六七十年代，工业与民用建筑中最常用的桩型是直径为 377mm、426mm 的沉管灌注桩，混凝土强度等级一般为 C20 或 C25，和预制钢筋混凝土实心方桩，混凝土强度等级一般为 C30，一般用于 10 层以下的房屋建筑。1990 年后，预应力混凝土管桩在浙江省工业与民用建筑中逐步得到推广应用，大量的设计人员把先张法预应力管桩作为桩基设计的第一选择，管桩用量逐年增多，管桩生产企业也随之增加。据不完全统计，到 2005 年底，浙江省管桩生产企业已有 85 家之多，除金华、衢州两市以外，其他 9 个市均有生产企业，管桩年生产能力约 9000 万 m。2019 年全国产量排名前十的预制桩企业，浙江省占了两家。到 2020 年底，浙江省年生产的各类管桩达到 1.1 亿 m 以上，年销售产值达到 450 亿以上。

先张法预应力混凝土管桩在工程中的大量应用也暴露出不少问题，如基坑开挖引起的桩基偏斜；管桩桩身质量问题（端板厚度、材质的问题，混凝土强度，箍筋间距等问题）。在作为抗拔桩使用时，由于设计不规范（如抗

基金项目：浙江大学平衡建筑研究中心自主立项科研项目（K 横 20203330C）。

浮水位取值问题、土性参数的取值问题)、施工问题(如桩端间未按规范要求施焊、混凝土填芯未按设计要求施工、地下室未及时覆土等)导致地下室上浮等。针对预应力混凝土管桩施工和使用过程中的种种问题,浙江省管桩行业的科技人员没有畏缩不前,而是与高等院校、科研院所联合攻关,研发了多种新型的预制桩产品,并提出了新的预制桩沉桩工法,从而极大地丰富了预制桩的品种,提升了预制桩的品质和工程质量,为浙江省乃至全国的工程建设与发展做出了贡献。

1 预制桩技术的创新与发展

浙江省预制桩技术的创新与发展主要体现在桩身外形创新、桩身配筋及构造创新、桩端连接技术创新、施工工法创新和使用功能创新等五个方面:在探索提升桩基承载能力方面提出了竹节桩型,如机械连接先张法预应力混凝土竹节桩、静钻根植先张法预应力混凝土竹节桩;在探索改善桩基力学性能和抗震性能方面提出了复合配筋先张法预应力混凝土管桩、先张法预应力离心混凝土钢绞线桩;在探索改善沉桩对桩基的损伤及绿色施工方面提出了静钻根植工法;在探索预制桩的多领域应用方面提出了先张法预应力混凝土 H 型护岸桩;在探索桩基快速有效连接方面提出了卡扣式和 U 形抱箍式机械连接方式。

下面分别介绍几款近些年由浙江省企业研发、具有鲜明特点和良好推广价值或已在工程实践中得到广泛应用的新型预应力混凝土桩。

1.1 先张法预应力离心混凝土钢绞线桩

先张法预应力离心混凝土钢绞线桩(简称 PSC、PSHC)是采用离心工艺生产、配置高强度、低松弛钢绞线作为纵向预应力主筋、呈环形截面的混凝土预制桩,如图 1 所示。按纵向钢筋有无配置热轧带肋钢筋,可分为先张法预应力离心混凝土纯钢绞线桩(简称纯钢绞线桩)和先张法预应力离心混凝土复合配筋钢绞线桩(简称复合配筋钢绞线桩),纯钢绞线桩按配筋率 ρ 不同分为 I 型($\rho \geqslant 0.5\%$)、II 型($\rho \geqslant 0.75\%$)、III 型($\rho \geqslant 1.0\%$)、IV 型($\rho \geqslant 1.25\%$)4 个型号,复合配筋钢绞线桩按钢绞线配筋率 ρ_1 和热轧带肋钢筋配筋率 ρ_2 不同分为 I$_a$ 型($\rho_1 \geqslant$

图 1 先张法预应力离心混凝土钢绞线桩
Fig. 1 Pre-tensioned centrifugal concrete pile

0.5%、$\rho_2 \geqslant 0.8\%$)、I$_b$ 型($\rho_1 \geqslant 0.5\%$、$\rho_2 \geqslant 1.5\%$)各两个型号和 II$_a$($\rho_1 \geqslant 0.75\%$、$\rho_2 \geqslant 0.8\%$)、II$_b$ 型($\rho_1 \geqslant 0.75\%$、$\rho_2 \geqslant 1.5\%$)各两个型号。螺旋箍筋不再同管桩一样采用冷拔低碳钢丝,而是采用力学性能、伸长率更好的 CRB600H 高强钢筋。桩身混凝土强度等级采用 C70、C90 两种规格。桩径有 400mm、500mm、600mm、700mm、800mm、1000mm、1200mm 七种规格。

为了预制桩段间的可靠连接,确保桩身荷载的传递,针对钢绞线桩端板的最小厚度达到 30mm 以上,且强度满足 Q355B 的特点,该桩型在端板周边设计成可用于桩段间机械连接的凹字形卡槽,并专门设计了一种与凹字形卡槽相匹配的抱箍式 U 形连接卡箍,U 形连接卡箍间采用焊接连接。从而使该抱箍式 U 形连接接头既能使桩段之间得到快速、可靠的连接,又能有效地传递桩身所受的荷载,形成了一种有效的抱箍加焊接组合式机械连接方式,如图 2 所示。

(a)端板示意图　　　　　(b)抱箍式U形连接卡箍

(c)机械连接接桩示意

图 2 抱箍加焊接组合式机械连接图
Fig. 2 U-shaped connecting clamp and welding combined mechanical connection diagram

文献[1-5]对该桩型的抗弯、抗剪、抗拉性能进行了深入的研究,结果表明:与相同规格的管桩相比,该桩型的平均极限弯矩提高约 10%,平均抗弯变形延性提升约 35%;平均开裂剪力分别提高 14%,平均极限剪力提高 21%,平均抗剪变形延性提升 42%,且裂缝开展更为密集、均匀;该桩型的抗弯试件均以受压区混凝土被压碎为破坏形态,不同于管桩均以预应力钢棒被拉断的破坏形式;该桩型的抗剪试件均以纯弯段受压区混凝土压碎为破坏形态,抗剪破坏滞后于抗弯破坏,不同于管桩以纯弯段受拉区钢棒拉断的破坏形式。抱箍式 U 形连接卡箍具有良好的抗拉承载力,抗拉试件的破坏模式基本上是裂缝宽度超过试验控制标准或端板处热轧带肋钢筋拉脱。

该桩型的特点：（1）桩身抗弯、抗剪、抗拉承载力和变形能力等力学性能指标较大提高；（2）可以根据工程需要设计出有效预压应力大于 10N/mm² 的桩型，从而可以满足工程中对抗拔桩桩身承载力和裂缝控制的要求；（3）桩身抗震性能得到较大提升；（4）预应力筋与端板采用预应力锚具一体化技术；（5）预制桩段间的连接采用 U 形卡箍机械连接接头技术，从而使桩段连接快捷、安全、可靠。

该桩型已编制了浙江省建筑标准设计图集《先张法预应力离心混凝土钢绞线桩》2020 浙 GT 47。该桩型已在水利、工业与民用建筑中得到应用。

1.2 静钻根植先张法预应力混凝土竹节桩

静钻根植先张法预应力混凝土竹节桩（简称 PHDC）是采用离心工艺生产、配置螺旋槽钢棒预应力筋、带有等间隔竹节状凸起的环形截面预应力高强混凝土预制桩，如图 3 所示。该桩型预应力筋采用螺旋槽钢棒，按有效预压应力分为 A 型、AB 型、B 型、C 型；按节外径及桩身外径 分 为 500-390、550-400、650-500、800-600、900-700、1000-800 六种规格；混凝土强度等级采用 C80 和 C100 两种规格。

(a) 静钻根植先张法预应力混凝土竹节桩

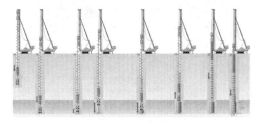

(b) 静钻根植工法施工过程示意图

图 3 静钻根植先张法预应力混凝土
竹节桩及施工过程示意图

Fig. 3 Static drill rooted pre-tensioned
pre-stressed concrete nodular pile and
construction process diagram

该桩型的特点：（1）从外观上有两种类型，一种是不扩头 PHDC，即桩节两端环向肋距桩端均为 500mm，然后沿桩身每隔 1000mm 设置有环向肋，肋高为 75～100mm；另一种是扩头 PHDC，即一端扩头直径与肋平，其余同不扩头 PHDC；（2）从沉桩方式上，由于其肋相对较高，适合采用静钻根植工法沉桩。

静钻根植工法作为一种新的预制桩沉桩施工技术，它的主要步骤可概括为钻孔、扩底、注浆、植桩 4 个部分，其施工工艺集成了预制桩、灌注桩、水泥土搅拌桩以及扩底桩的优点。采用这种工法沉桩后的桩基承载力是工程界关心的问题。文献[6-12]采用现场试验、模拟试验和有限元分析对其进行了系统的研究，结果表明：（1）桩侧水泥土起着传递荷载过渡层的作用，桩端水泥土需要承担一部分桩端荷载，且在靠近桩端水泥土处桩侧水泥土中应力较大。（2）静钻根植竹节桩竖向承载性能由侧摩阻力和扩大头阻力两部分构成，增加桩端水泥土扩大头直径可明显提高抗压桩的扩大头阻力和抗拔桩的桩端阻力。在软土中静钻根植桩侧摩阻力较灌注桩侧摩阻力提高 5%～10%。（3）静钻根植竹节桩桩身变形由预制桩所控制，竹节桩与桩外围水泥土近似变形协调；可以用传统桩基沉降计算公式计算静钻根植竹节桩的桩端沉降。

因此，静钻根植工法中水泥土的强度是影响桩基承载力发挥的重要因素，控制桩侧和桩端水泥浆水灰比和注入量及搅拌的均匀性是桩端阻力能够充分得到发挥，保证桩身和扩大部分共同工作，减小刺入变形发生的可能性和减小桩基沉降的重要保证。

该桩型已编制了浙江省建筑标准设计图集《静钻根植先张法预应力混凝土竹节桩》2012 浙 G37，并在 2018 年进行了修编。该桩型已在工业与民用建筑中得到广泛应用。

1.3 复合配筋先张法预应力混凝土管桩

复合配筋先张法预应力混凝土管桩（简称 PRHC）是采用离心工艺生产、配置螺旋槽钢棒预应力筋和热轧带肋钢筋的预应力高强混凝土预制桩。该桩型按桩径分有 400mm、500mm、600mm、700mm、800mm、1000mm 六种规格。桩身混凝土强度等级采用 C80、C100 两种规格。各种规格复合配筋先张法预应力混凝土管桩其预应力钢筋配筋与先张法预应力混凝土管桩相应规格的 AB 型桩相同，但配置的非预应力不同，按非预应力钢筋配筋率 ρ 的不同，该桩型分为 I 型（$\rho \geqslant 0.6\%$）、II 型（$\rho \geqslant 1.1\%$）、III 型（$\rho \geqslant 1.6\%$）、IV 型（$\rho \geqslant 2.0\%$）。

文献[13]对复合配筋先张法预应力混凝土管桩进行桩身抗弯试验和土中的桩基水平承载力试验，并与相同规格的先张法预应力混凝土管桩进行了比较。试验表明：（1）复合配筋先张法预应力混凝土管桩的开裂弯矩和极限弯矩都明显优于先张法预应力混凝土管桩；（2）采用复合配筋后，可有效地改善预应力混凝土管桩破坏时表现出来的脆性，提高了桩身的延性；（3）复合配筋先张法预应力混凝土管桩可适用于抗震设防烈度较高的地震区域。

该桩型宜与静钻根植先张法预应力混凝土竹节桩、先张法预应力混凝土管桩组合使用，尤其是在高烈度区、软土地区等桩顶可能承受较大水平荷载或桩身可能产生较大弯矩时，可以选用复合配筋先张法预应力混凝土管桩作为在基桩最上一节配桩，与承台相连，下面配置 PHC 或 PHDC 桩，根据桩长选用一节或多节，如图 4 所示，从而一方面可以优化桩基的受力性能，充分发挥各桩型的承载力特性，另一方面可以节约投资，降低工程造价。我们称这种配桩方式为荷载传递配桩法。

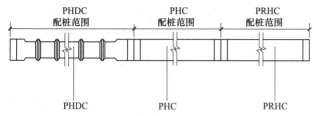

图 4　荷载传递配桩法示意图

Fig. 4　Schematic diagram of load transfer method

该桩型已编制了浙江省建筑标准设计图集《复合配筋先张法预应力混凝土管桩》2012 浙 G36，并在 2018 年进行了修编。该桩型已在工业与民用建筑中得到广泛应用。

1.4　机械连接先张法预应力混凝土竹节桩

机械连接先张法预应力混凝土竹节桩，曾用名增强型预应力混凝土离心桩，是采用离心工艺生产的、设置有环向或同时设置环向及纵向肋的、采用卡扣式机械连接的预应力混凝土预制桩，如图 5 所示。该桩型分为普通机械连接先张法预应力混凝土竹节桩（T-PC），其混凝土强度等级不低于 C65，和机械连接先张法预应力高强混凝土竹节桩（T-PHC），其混凝土强度等级不低于 C80。该桩型按"最大外径-最小外径"分为：400-370、450-410、500-460、550-510、600-560、650-600、700-650、800-700 等规格。按有效预压应力分为 A 型、AB 型、B 型和 C 型。

该桩型的特点：（1）从桩身外观来说，机械连接竹节桩桩身沿长度方向设置有环向肋，或同时沿圆周方向设置纵向肋，肋高一般为 15～50mm。（2）每节桩端不设置端板，下节桩之间的连接采用大、小螺母卡扣式机械连接，并在上、下节桩接触面采用主要由环氧树脂、固化剂组成的密封材料封闭，其作用主要是起到对机械连接件的防腐作用以及小应变桩基检测时的应变波有效传递。

(a) 机械连接先张法预应力混凝土竹节桩　　(b) 接桩示意图

图 5　机械连接先张法预应力混凝土
竹节桩及接桩示意图

Fig. 5　Pre-tensioned pre-stressed concrete
bamboo joint pile and connection diagram

与静钻根植先张法预应力混凝土竹节桩不同，该桩型的肋高较静钻根植先张法预应力混凝土竹节桩小，但肋宽和肋间距较静钻根植先张法预应力混凝土竹节桩大，所以该桩型可以采用静压或锤击法沉桩。由于在桩表面设置有环向肋，沉桩后的桩基承载力同样是工程界关心的问题。文献[14] 对该桩型与相同规格的管桩在相同地质

条件下的承载力进行了对比研究，结果表明：管桩的荷载-沉降曲线均出现明显拐点，而该桩型的荷载-沉降曲线属于缓变型。相比管桩，由于在桩表面设置有环向肋，增加了桩身与土体的咬合，使得其抗压和抗拔承载力提高 20% 以上。但是，其在受压和抗拔荷载作用下的荷载传递机理还需进一步研究，桩基实际承载力应通过现场试验确定。

该桩型已编制了浙江省建筑标准设计图集《增强型预应力混凝土离心桩》2008 浙 G32，并分别在 2013 年和 2016 年对其进行了修编，形成了《机械连接先张法预应力混凝土竹节桩》2013 浙 G32、2016 浙 G32。该桩型目前已在浙江、江苏、山东等省市的工业与民用建筑中得到广泛应用。

1.5　先张法预应力混凝土 H 型护岸桩

先张法预应力混凝土 H 型护岸桩（简称 HPC）是采用先张法工艺生产的、配置高强度低松弛钢绞线的 H 形截面混凝土预制桩，如图 6 所示。按桩身抗弯性能分为 Ⅰ型、Ⅱ型、Ⅲ型，按桩身截面高度分为 300mm、350mm、400mm、450mm、500mm、600mm、700mm、800mm 八种规格，其混凝土强度等级采用 C60。

(a) 先张法预应力混凝土 H 形护岸桩

(b) 施工示意图

图 6　先张法预应力混凝土 H 型
护岸桩及施工示意图

Fig. 6　Prestressed steel strand ultra-high strength
concrete H-type pile and construction diagram

文献[15]通过对2种规格的8根先张法预应力混凝土H形护岸桩试件进行足尺抗弯及抗剪性能试验，研究了该桩型的抗裂性能、抗弯、抗剪承载力、变形延性及破坏特征。结果表明：预应力钢绞线H型护岸桩抗弯破坏模式为受压区混凝土压溃，抗剪破坏模式为斜截面剪压破坏；抗弯试验桩身竖向裂缝较多且分布均匀，抗剪试验桩身裂缝较少且斜裂缝出现滞后于竖向裂缝；试件抗裂弯矩和开裂剪力试验值与规范公式计算值相近，极限抗弯承载力较计算值偏大约30%。对比高强混凝土管桩抗弯试验结果表明，H型护岸桩具有更好的变形延性和整体性。

该桩型的特点：（1）H形截面构件结构受力具有优良的抗弯、抗剪性能；（2）钢绞线的应用大大提高了桩身抗弯、抗拉承载力，同时也提高了桩身延性；（3）相比于钻孔灌注桩，H型护岸桩施工速度、成本低、成桩质量好的特点。

先张法H型预应力混凝土护岸桩是一种最新研发的专用于江河湖海岸堤防护的混凝土板桩构件，相比传统的围堰砌石、U形板桩、挡板式护岸等护岸工法，H型护岸桩在安全性、生态环保、美观、工期、成本等方面具有更大的优势，在内河航道护岸等领域具有良好的应用前景。

该桩型已编制了浙江省建筑标准设计图集《先张法预应力混凝土H型护岸桩》2018浙G46。该桩型已在水利、航道护岸、海塘防冲等工程中得到广泛应用。

2 预制桩技术的展望

预制桩技术的发展离不开生产、设计和施工等企业科技人员的共同努力。在预制桩生产端，已经有有识之士就生产装备的自动化、智能化，生产工艺的节能、高效、减排，双免技术的应用，材料的绿色低碳化等发展方向提出了有益的建议。总的来说，在工业与民用建筑的桩基础设计中，预制桩在相当长的时间内仍具有较强的竞争力和广阔的市场前景。下面仅从设计的角度谈一点对预制桩技术的发展展望。

（1）力学性能良好的预应力混凝土实心方桩将得到更多的工程应用。由于各地方政府建设管理部门对先张法预应力混凝土管桩的使用做出了比较严格的规定，尤其是对承受抗拔力的先张法预应力混凝土管桩，所以，浙江省已研发并推出了多种新型的预应力混凝土实心方桩及连接方式，这些新型的预应力混凝土实心方桩各有特点，必将进一步丰富预制桩市场，给广大设计人员和业主提供更多的选择。

（2）超高强混凝土预制桩将进一步受到关注。桩基竖向承载力与桩身混凝土强度及桩截面面积相关，所以提高桩身混凝土强度等级可以进一步发挥材料的强度特性，提高桩身承载力，同时提高其穿透硬夹层的能力。随着超高强性能混凝土配制技术研究的深入以及生产工艺的进一步优化，预应力混凝土桩的强度等级达到C105、C120甚至更高是可能的。

（3）桩基的抗震设计将进一步得到重视。桩基的抗震设计包括桩基的抗震计算分析和抗震构造，尤其是在高烈度区。根据桩基在地震作用下的受力特性，并考虑土层

的分布特点，采用荷载传递配桩法，合理选用不同性能的预制桩进行优化组合，使桩基既能满足在正常使用情况下的承载力、变形和耐久性的要求，并达到节约桩基材料减少工程投资的目标，又能满足在中震或大震作用下的桩基不先于上部结构产生损伤或破坏。

（4）静钻根植法等植桩施工工法将进一步受到青睐。由于静钻根植法、中掘法等植桩施工方法与常用的静压法和锤击法施工方法相比，具有无挤土效应、无污泥排放、适用范围广、施工效率高，且对预制桩身无损伤、基坑开挖后无需截桩等优点，必将得到越来越多设计人员、业主等的认可，并在工程中得到越来越广泛的推广应用。

（5）预制桩技术的基础研究将进一步得到加强。这些基础性的研究包括蒸压对预制桩桩身混凝土耐久性的影响、预应力筋预应力损失及其计算和检验方法、螺旋筋间距对预制桩抗剪承载能力的影响、有效预压应力与桩身竖向承载力的关系等。

参考文献：

[1] 干钢，曾凯，俞晓东，等. 先张法预应力离心混凝土钢绞线桩的构建及试验验证[J]. 混凝土与水泥制品，2019(3)：35-39.

[2] 干钢，曾凯，俞晓东，等. 先张法预应力离心混凝土钢绞线桩及其机械连接接头的抗拉性能试验研究[J]. 建筑结构，2021，51(3)：115-120.

[3] 陈刚，周清晖，徐铨彪，等. 预应力钢绞线超高强混凝土管桩受弯性能研究[J]. 建筑结构学报，2019，40(7)：173-182.

[4] 周清晖，陈刚，徐铨彪，等. 预应力钢绞线超高强混凝土管桩抗剪性能试验研究[J]. 长江科学院院报，2019，37(7)：137-142.

[5] 陈刚，周清晖，徐铨彪，等. 预应力钢绞线超高强混凝土管桩轴压性能研究[J]. 大连理工大学学报，2018，58(6)：624-632.

[6] 张日红，吴磊磊，孔清华. 静钻根植桩基础研究与实践[J]. 岩土工程学报，2013，35(S2)：1200-1203.

[7] 周佳锦，王奎华，龚晓南，等. 静钻根植竹节桩承载力及荷载传递机制研究[J]. 岩土力学，2014，35(5)：1367-1376.

[8] 周佳锦，龚晓南，王奎华，等. 静钻根植竹节桩荷载传递机理模型试验[J]. 浙江大学学报（工学版），2015，49(3)：531-537.

[9] 周佳锦，龚晓南，王奎华，等. 静钻根植竹节桩抗拔承载性能试验研究[J]. 岩土工程学报，2015，37(3)：570-576.

[10] 周佳锦，王奎华，龚晓南，等. 静钻根植抗拔承载性能数值模拟[J]. 浙江大学学报（工学版），2015，49(11)：2135-2141.

[11] 周佳锦，王奎华，龚晓南，等. 静钻根植竹节桩桩端承载性能试验研究[J]. 岩土力学，2016，37(9)：2603-2609.

[12] 周佳锦，龚晓南，王奎华，等. 层状地基中静钻根植竹节桩单桩沉降计算[J]. 岩土力学，2017，38(1)：109-116.

[13] 王树峰，张日红. 复合配筋预应力混凝土桩桩身性能的研究[J]. 混凝土与水泥制品，2013(8)：36-39.

[14] 齐金良，周平槐，杨学林等，机械连接竹节桩在沿海软土地基中的应用[J]. 建筑结构，2014，44(1)：73-76.

[15] 张正旋，陈刚，徐铨彪，等. 预应力钢绞线超高强混凝土H型桩弯剪性能试验研究[J]. 浙江大学学报（工学版），2019，53(1)：31-39.

基于 Mindlin 解的同一承台多桩相互影响分析研究

周平槐，杨学林

（浙江省建筑设计研究院，浙江 杭州 310006）

摘　要：假定地基为半无限空间弹性均质体，桩端集中力作用下的应力场与位移场的理论解可根据 Mindlin 解求得。针对工程常用的两桩—九桩承台，根据 Mindlin 应力解和位移解分析同一承台多桩之间的相互影响。集中力引起其他位置的竖向应力和竖向位移随着空间距离的增大而迅速衰减。分别由 Mindlin 竖向应力解和竖向位移解得到的两桩相互影响系数，与桩基规范查表得到的结果接近。根据桩基的位置进行归类，然后分别得到三桩—九桩承台中各桩考虑相互影响后的沉降增大系数。多桩结果表明，基于 Mindlin 应力解和 Mindlin 位移解得到的相互影响较为接近，同一个承台里的基桩，位置不同受到的影响程度不一样，影响系数略有差别，最大差别不超过 6%。分析得到的同一承台多桩之间的相互影响规律，可供实际工程参考。

关键词：集中力；Mindlin 位移解；Mindlin 应力解；承台；桩；相互影响

作者简介：周平槐（1978— ），男，正高级工程师，主要从事岩土工程计算分析。E-mail：anji18@126.com。

Analysis on the interaction of piles on the same cap based on Mindlin's solution

ZHOU Ping-huai，YANG Xue-lin

（Zhejiang Province Institute of Amhitectural Design and Research，Hangzhou Zhejiang 310000，China）

Abstract：It's usually assumed that the foundation is a semi-infinite elastic homogeneous space，and then we can obtain the theoretical solution of the stress and displacement field under the concentrated force at the end of the pile according to Mindlin's Solution. The interaction of piles on the same cap，such as the two-pile cap to the nine-pile cap，is analyzed through the vertical stress and displacement solution of Mindlin. The results show that the stress and displacement caused by the concentrated force decrease rapidly as the space distance increase. Otherwise the influence coefficient of two piles is very close to the result from Technical code for building pile foundations. After classifying the piles on the same cap according to their position，the settlement increase coefficient of each pile is calculated. The results from the Mindlin's stress solution and from the Mindlin's displacement are very close. In addition，these coefficients of piles in different position are slightly different，even the maximum difference does not exceed 6% on nine-pile cap.

Key words：concentrate force；Mindlin's stress solution；Mindlin's displacement solution；cap；pile；interaction

0 引言

桩基础承载力高、沉降小、适用条件广泛，在城市高层建筑基础中得到了广泛的应用。在上部荷载作用下桩基的沉降性状，会直接影响上部建筑的安全和稳定。同一承台或筏板中的桩基，其差异沉降也是决定基础底板厚度和弯矩、配筋的主要因素。单桩的工作机理已经取得了较多的研究成果，在某些合适的假定前提下，许多学者也提出了实用方法，比如荷载传递法、弹性理论法、剪切位移和有限元法等[1]。然而，实际工程中桩基础一般都是以群桩的形式出现，框架柱或单片墙下，布置多桩承台，核心筒下布置筏板桩基础，单纯的单桩应用较少。

桩基沉降受到土体性质、桩基形式、上部结构等较多因素的影响，受力变形机理较为复杂，如何较为准确地分析群桩的沉降机理，合理地确定群桩相互作用，并提出群桩沉降的计算方法，具有十分重要的工程实践意义。桩基规范[2]为群桩沉降计算提供了实体深基础（等代墩基）

法：假定群桩是一个整体，等效作用面位于桩端平面，等效作用面积为桩承台投影面积（可考虑土体应力扩散效应），作用在半无限地基中，等效附加压力近似取承台底平均附加压力，采用 Bousinessq 解按分层总和法计算桩基沉降。实际上，上部荷载通过承台或基础筏板传到桩基础，再由单根桩的桩侧摩阻力和桩端阻力传给地基。桩与桩之间必然存在相互影响，"加筋效应"和"遮帘效应"就充分体现了这种相互影响。

群桩沉降计算，除了规范提供的实体深基础法外，常用的主要还有 Poulos 基于弹性叠加原理，引入群桩相互作用系数以考虑群桩之间的影响[3]。陈云敏将群桩中的每根桩顶部沉降分为桩身压缩和桩端沉降，提出一种考虑土-桩-筏相互作用的桩筏基础简化分析法[4]。赵明华以荷载传递法推导出桩轴土的位移场，通过修正 Bousinessq 解得到桩端土刚度系数矩阵，从而提出一种计算群桩沉降的计算方法[5]。王卫东"三桩模型"为基础，引入加筋系数的概念，建立了简化考虑群桩加筋效应的桩基沉降计算方法[6]。宫全美基于 Geddes 推导应力解的思路，

基金项目：浙江省建设科研和推广项目（2014）。

利用 Mindlin 位移解，推导了不同桩侧摩阻力形式对应的位移计算公式，为群桩计算提供了新的计算方法[7]。

为了研究桩与桩之间的影响规律，本文建立工程常用的两桩—九桩等多桩承台计算模型，将桩身荷载简化为作用在桩端的集中力，通过 Mindlin 应力解和位移解，分别计算同一承台内各桩之间的相互作用系数，从而探索群桩与单桩之间不同的沉降机理，以及群桩之间的影响规律。

1 Mindlin 应力解和位移解

1936 年美国学者 Raymond. D. Mindlin 提出了在各向同性半无限空间弹性均质体表面下某一深度处的垂直和水平集中力影响下的应力场与位移场的理论解[8]。如图 1 所示，地面以下深度 c 处作用集中合作 P，则地表以下 z 深度处产生的竖向附加应力和竖向位移分别是：

$$\sigma_z = \frac{P}{8\pi(1-\mu)}\left[(1-2\mu)(z-c)\left(\frac{1}{R_2^3}-\frac{1}{R_1^3}\right)-\frac{3(z-c)^3}{R_1^5}-\frac{3(3-4\mu)z(z+c)^2-3c(z+c)(5z-c)}{R_2^5}-\frac{30cz(z+c)^3}{R_2^7}\right]$$

(1)

$$w = \frac{P}{16\pi G(1-\mu)}\left[(3-4\mu)\left(\frac{1}{R_1}-\frac{1}{R_2}\right)+\frac{8(1-\mu)^2}{R_2}+\frac{(z-c)^2}{R_1^3}+\frac{(3-4\mu)(z+c)^2-2cz}{R_2^3}+\frac{6cz(z+c)^2}{R_2^5}\right]$$

(2)

式中，$R_1^2 = r^2+(z-c)^2$，$R_2^2 = r^2+(z+c)^2$。

集中荷载作用点对应的地表处 O 点，$z=0$，$r=0$，因此 $R_1=R_2=c$，式（2）可以简化为：

$$w_o = \frac{(3-2\mu)}{4\pi}\cdot\frac{P}{cG}$$

(3)

在荷载作用点 A 处，$z=c$，$r=0$，因此 $R_1=0$，$R_2=2c$。在式（1）和式（2）中，因为 R_1 作为分母出现，所以会带来求解的奇异，工程应用中通常以相距 $0.002c$ 处的解代替。

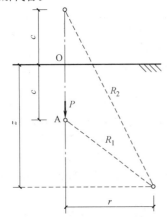

图 1 Mindlin 计算模型

Fig. 1 Force normal to the boundary in the interior of a semi-infinite solid

2 基于 Mindlin 解的两桩相互影响

对于多桩承台而言，更关心的是桩顶的沉降差异对承台和上部主体机构的不利影响。因此基于 Mindlin 位移解分析群桩之间的相互影响时，位移点主要比较桩身范围。通过 Mindlin 应力解进行分析时，分层总和法求解桩的沉降，忽略桩身压缩后，则应考虑桩端下部土层的累计，为简化，计算范围可取桩端以下桩长范围。假定土层为单一均质半无限空间，竖向变形的比值关系可等效成应力的比值。

实际工程中，基桩的中心距 S_a 与桩径 d 的倍数通常是 3.0、3.5 和 4.0。假定土体泊松比为 0.3，两桩承台计算模型见图 2，鉴于对称关系，可以假定左边的桩为计算桩，右边的桩为相邻桩，两桩承受相同的集中荷载 P，通过 Mindlin 解分别计算相邻桩的集中荷载在计算桩上引起的竖向应力和竖向位移，然后与计算桩自身集中荷载下的竖向应力和竖向位移相比，通过分析比值的变化规律来研究相邻桩的影响。

相邻桩对计算桩在竖向应力和竖向位移的影响，比值结果见图 3，其中桩径为 600mm，桩长 30m。竖向位移比值在靠桩顶的大部分范围内，均在 0.9 以内；靠近桩端范围逐渐减小，且越靠近桩端衰减越快。桩间距 3.5d 时 $0.9L_p$ 处比值为 0.6964，$0.99L_p$ 处比值为 0.0875。桩端处比值增大到 0.4668，是因为在桩端处计算式取在距离轴线 0.002c 处，避免应力集中引起求解奇异。同样的规律，出现在竖向应力比值结果中：靠近桩端的范围内，应力比值较小，除此之外，大部分范围内都是 0.9 以上；距离桩端 $0.1L_p$ 处比值为 0.4719，$0.2L_p$ 处比值为 0.8105，$03L_p$ 处比值为 0.9101。

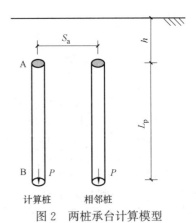

图 2 两桩承台计算模型

Fig. 2 Calculation model for two piles

《建筑桩基技术规范》JGJ 94—2008 附录 F 在计算考虑桩径影响的 Mindlin 解应力影响系数时，将桩的荷载分布模式分为桩端均布、桩侧均布和桩侧三角形分布三种情况。为比较上述结果，同样仅考虑桩端均布模式，计算点取在桩端以下 $0.5L_p$ 处。根据 $L_p/d=30$，$m=z/L_p=1.5$，$n=\rho/L_p=3.5d/50d=0.07$，查表桩基规范表格 F.0.2-1，得相邻桩桩端均布荷载对计算桩的应力影响系数 $I_{p1}=0.8375$。同样，根据 $n=0$ 查表得计算桩自己桩端均布荷载对应的应力影响系数 $I_{p0}=0.875$，因此比值为 $0.8375/0.875=0.957$。

将竖向位移比值取（$0\sim0.9$）L_p 范围内的长度加权平均，竖向应力比值取 $1.5L_p$ 处，同时与桩基规范值相比，见表 1。三者结果较为接近。

两桩影响系数结果比较　　　表 1

Comparison of influence coefficient from different method

Table 1

算法	桩基规范	Mindlin 应力解	Mindlin 位移解
影响系数	0.957	0.9676	0.9673

3 基于 Mindlin 解的多桩相互影响

从两桩承台分析结果可以看出，桩中心距 S_a 对影响系数的影响较小，因此多桩分析时取 S_a 为 $3.5d$。典型多桩承台布置形式如图 4 所示。

三桩承台中基桩关于承台中心点对称，两两之间间距均为 $3.5d$，因此另外 2 个桩的影响只需要将两桩结果叠加。

四桩承台需要补充斜对角桩的影响，相应桩间距 $S_a=3.5d\cdot\sqrt{2}=4.949d$。影响系数根据位移结果算得 0.9425，根据应力结果求得 0.9367。

五桩承台分为中间桩和周边桩两类。周边桩对中间桩的影响都相同，影响系数同两桩承台。周边桩收到的影响都是一样的，以编号为 2 的角桩为例。1 号桩的影响系数同两桩承台，3 号和 4 号桩的影响系数同四桩承台对角桩；5 号桩根据桩间距 $S_a=7.0d$ 计算，位移结果算得 0.9051，应力结果求得 0.8795。

六桩承台分为中间列和两边列 2 类。中间列以 2 号桩为例，1 号、3 号和 5 号的影响同两桩承台，4 号和 6 号角桩的影响同四桩承台对角桩。两边列以 1 号角桩为例，2 号和 4 号桩的影响同两桩承台，5 号桩的影响同四桩承台对角桩，3 号角桩的影响五桩承台对角桩。需要补充最远对角 6 号桩的影响。桩间距 $S_a=3.5d\cdot\sqrt{5}=7.8262d$，位移结果算得 0.8900，应力结果求得 0.8528。

七桩承台分为 3 类：中间 1 号桩收到周边 6 根桩的影响都一样，等同于两桩承台；周边 2 号、3 号、6 号和 7 号桩是一类，4 号和 5 号桩是另一类型，以 2 号和 4 号为例。2 号桩受到 1 号、3 号和 4 号桩的影响同两桩承台，受到 7 号桩的影响同五桩承台对角桩；补充 3 号和 6 号桩，桩间距 $S_a=3.5d\cdot\sqrt{3}=6.0622d$，影响系数由位移结果算得 0.9223，应力结果求得 0.9074。

八桩承台也分为 3 类：角部 1 号、3 号 6 号、和 8 号为一类，边线中间 2 号和 7 号桩为一类，中间 4 号和 5 号为一类，计算时分别以 1 号、2 号和 4 号这 3 根桩为例。1 号桩受到 2 号、4 号和 6 号的影响等同于两桩承台，受到 3 号和 7 号的影响等同于五桩承台对角桩，受到 5 号桩的影响等同于六桩承台中 6 号桩对 2 号桩的影响；补充计算 8 号桩的影响，桩间距 $S_a=3.5d\cdot\sqrt{7}=9.2601d$，影响系数由位移结果算得 0.8645，应力结果求得 0.8033。

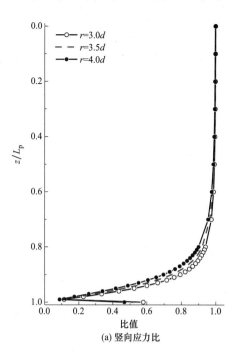

(a) 竖向应力比

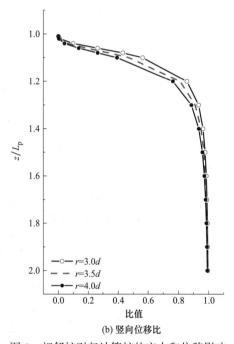

(b) 竖向位移比

图 3　相邻桩引起计算桩的应力和位移影响

Fig. 3　Ratio of vertical stress and displacement considering the interaction from adjacent pile

九桩承台同样分为 3 类：四角桩 1 号、3 号、7 号和 9 号一类，补充对角最远桩的影响；边线中点桩 2 号、4 号、6 号和 8 号一类，中点 5 号桩则为另一类，各桩影响系数均已获得。以 1 号桩为例，9 号桩的间距 $S_a=3.5d\cdot2\sqrt{2}=9.8995d$，影响系数由位移结果算得 0.8533，应力结果求得 0.7802。

典型根据不同桩间距，汇总上述考虑相互影响系数后的应力和位移计算系数，结果见表 2。简单将各承台内基桩的影响系数叠加，可以得到多桩承台内各桩考虑相互影响后的沉降与单桩沉降比值，结果如表 3 所示。可以看到，由 Mindlin 应力解得到的相互影响系数和由 Mindlin 位移解得到的相互影响较为接近；同一个承台里的基桩，位置不同，受到的影响程度不一样，影响系数略有差别。影响系数差异最大的出现在九桩承台，中心桩最大，角桩最小，二者比值为 6%（位移解）和 4%（应力解）。

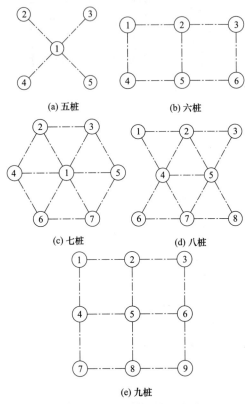

(a) 五桩 (b) 六桩

(c) 七桩 (d) 八桩

(e) 九桩

图 4 典型多桩承台布置方式

Fig. 4 Typical arrangement of piles on the same cap

不同桩间距对应的影响系数　　表 2

Influence coefficient of different piles' distance

Table 2

桩间距 $S_a/3.5d$		1	$\sqrt{2}$	$\sqrt{3}$	2
影响系数	位移解	0.9673	0.9425	0.9223	0.9051
	应力解	0.9676	0.9367	0.9074	0.8795
桩间距 $S_a/3.5d$		$\sqrt{5}$	$\sqrt{7}$	$2\sqrt{2}$	
影响系数	位移解	0.8900	0.8645	0.8533	
	应力解	0.8528	0.8033	0.7802	

4 结论

本文在 Mindlin 竖向应力解和竖向位移解的基础上，针对不同承台形式桩之间的相互影响进行了分析，并将结果与桩基规范结果相比，验证了该方法的有效性。分析中尚未考虑桩的加筋效应和遮拦效应，且仅根据桩端集中力进行分析，所得多桩之间的相互影响系数绝对值大小和实际情况肯定不一致，但是可以反映影响规律。主要得出以下结论：

（1）集中力作用点附近 Mindlin 应力解和位移解存在奇异，在作用点附近，集中力引起其他位置的竖向应力和

考虑相互影响后不同桩型对应的影响系数

表 3

Influence coefficient corresponding to different piles arrangement after considering the interaction

Table 3

桩型	位移解	应力解
两桩	1.967 — 1.967	1.968 — 1.968
三桩	2.935 / 2.935 / 2.935	2.935 / 2.935 / 2.935
四桩	3.877 3.877 / 3.877 3.877	3.872 3.872 / 3.872 3.872
五桩	4.757 4.757 / 4.869 / 4.757 4.757	4.721 4.721 / 4.870 / 4.721 4.721
六桩	5.672 5.787 / 5.672 5.787（对称）	5.604 5.776 / 5.604 5.776（对称）
七桩	6.652 / 6.652 6.804（对称）	6.597 / 6.597 6.806（对称）
八桩	7.454 7.602 / 7.68（对称）	7.312 7.537 / 7.653（对称）
九桩	8.321 8.472 / 8.472 8.639（对称）	8.117 8.361 / 8.361 8.617（对称）

竖向位移随着空间距离的增大而迅速衰减。

（2）通过对两桩进行分析，根据桩基规范查得相互影响系数为 0.957，基于 Mindlin 应力解求得影响系数为 0.9676，基于 Mindlin 位移解求得的影响系数为 0.9673，三者较为接近。

（3）由 Mindlin 应力解得到的相互影响系数和由 Mindlin 位移解得到的相互影响较为接近；同一个承台里的基桩，位置不同，受到的影响程度不一样，影响系数略有差别。

（4）影响系数差异最大的地方出现在九桩承台，中心桩最大，角桩最小，二者比值为 6%（位移解）和 4%（应力解）。

参考文献：

[1] 邱明兵，刘金砺，秋仁东，等. 基于 Mindlin 解的单桩竖向附加应力系数[J]. 土木工程学报，2014，47(3)：130-137.

[2] 中华人民共和国住房和城乡建设部. 建筑桩基技术规范：JGJ 94—2008 [S]. 北京：中国建筑工业出版社，2008.

[3] Poulos H G. Analysis of the settlement of pile groups[J]. Geotechnique，1968，18(1)：449-471.

[4] 陈云敏，陈仁朋. 考虑相互作用的桩筏基础简化分析方法[J]. 岩土工程学报，2001，23(6)：686-691.

[5] 赵明华，邹丹，邹新军，等. 群桩沉降计算的荷载传递法[J]. 工程力学，2006，23(7)：119-123.

[6] 王卫东，王阿丹，吴江斌，等. 考虑群桩加筋效应的桩基沉降计算方法研究[J]. 建筑结构学报，2016，37(6)：212-218.

[7] 宫全美. 基于 Mindlin 位移解的群桩沉降计算[J]. 地下空间，2001，21(3)：167-172，177.

[8] MINDLIN R D. Force at a point in the interior of a semi-infinite solid[J]. Physics，1936，7(5)：195-202.

大直径钢管桩 p-y 曲线线型探讨

陈文华[1]，王国斌[1, 2]，屈　雷[1, 2]，张永永[1, 2]

(1. 中国电建集团华东勘测设计研究院有限公司，浙江 杭州 311122；2. 浙江华东测绘与工程安全技术有限公司，浙江 杭州 310014)

摘　要：本文简单介绍了目前常用的几种 p-y 曲线，并利用 7 个海上风电工程的 8 根大直径钢管桩的现场水平静载荷试桩获得的 78 组土反力 p 与水平位移 y 数据，探讨了两种 p-y 曲线线型的符合性，可供设计及标准修订参考。

关键词：p-y 曲线；大直径钢管桩；静载荷试验

作者简介：陈文华（1963—　），男，正高级工程师，主要从事岩土工程及工程安全的检测监测和设计咨询等工作。E-mail：chen_wh@hdec.com。

Discussion on p-y curve lineshapes of large diameter steel pipe pile

CHEN Wen-hua[1]，WANG Guo-bin[1, 2]，QU Lei[1, 2]，ZHANG Yong-yong[1, 2]

(1. Huadong Engineering Corporation，Hangzhou Zhejiang 310014，China；2. Zhcjiang Huadong Mapping and Engineering Safety Technology Co.，Ltd.，Hangzhou Zhejiang，310014，China)

Abstract：In this paper，several commonly used p-y curves are briefly introduced，and 78 sets of soil reaction force and horizontal displacement data obtained from field horizontal static load test piles of 8 large diameter steel pipe piles of 7 off shore wind power projects are used to discuss the conformity of the two p-y curves，which can provide reference for design and standard revision.

Key words：p-y curve；large diameter steel pipe pile；static load test

0　引言

水平受荷桩在海上风电、海洋平台、港口码头、滑坡防治及桥梁等工程中有着广泛的应用，其计算方法一直是国内外普遍关注的重点之一。p-y 曲线法是指在水平荷载作用下，泥面下某一深度 x 处的土体水平反力 p 与该点桩的水平位移 y 之间的关系曲线，是一种可考虑土体非线性效应的复合地基反力法。它能较好地反映桩土共同作用的变形特性，在描述桩土相互作用的非线性方面比 k 法和 m 法更为合理，常用于大变形情况。

p-y 曲线法的概念最早是 1958 年由 McClelland 和 Focht 提出来的[1-3]，他们认为试桩的实测反力与变位的关系曲线与同时进行的土的固结不排水三轴试验应力应变曲线存在相关关系，于是提出了一种求解桩非线性横向阻力的方法。19 世纪 70 年代，Matlock 和 Reese 提出了水平荷载作用下软黏土、砂土和硬黏土的 p-y 曲线公式，并被美国石油学会 API 规范采用[4]。国内对 p-y 曲线法的研究较晚，20 世纪 80 年代，田平、王惠初等在上海黄浦江大桥试验的基础上，提出适合黏性土的 p-y 曲线新统一法[5,6]。章连洋等在分析镇江大港试验资料的基础上，提出了适合黏性土的 p-y 曲线确定方法[7]。韩理安根据众多的现场试桩资料提出了 p-y 曲线的土抗力分布形式，采用相似理论的计算提出了一种构造 p-y 曲线的简便方法[8]。基于国内外的研究成果，我国《港口工程桩基规范》JTJ 254—98[9] 和《海上风电场工程风电机组基础设计规范》NB/T 10105—2018[10] 先后将 p-y 曲线法列为分析水平荷载作用下桩性状的方法，为 p-y 曲线法的应用和发展创造了很好的条件。但现有规范推荐的 p-y 曲线都是取自直径相对较小的试验成果，例如 Matlock 和 Reese 的试桩直径为 150～610mm，Steven 的试桩直径为 280～1500mm，王惠初等的试桩直径为 80～500mm，章连洋等分析的桩直径为 1200mm。这些 p-y 曲线能否用在直径大于 1500mm 的大直径钢管桩上值得探讨。

目前，p-y 曲线的研究主要是基于现场试桩、室内模型桩试验及有限元数值模拟计算等方法，现场试验方法所得 p-y 曲线是最为可靠的，但由于其成本较高，相关标准[9-15] 对 p-y 曲线的试验成果如何整理也没有相应规定，因此类似试验成果就更少。本文利用 7 个海上风电工程的 8 根大直径钢管桩现场水平静载荷试桩成果，对单循环试验获得的 53 组和多循环试验获得的 25 组，共计 78 组土反力与水平位移数据绘制 p-y 曲线，并采用曲线拟合方法与常用的两种 p-y 曲线线型进行对比分析，评价其符合哪种线型。

1　常用的 p-y 曲线简介

1.1　标准推荐方法

目前，国内行业标准[9,10] 及美国 API 标准[4] 推荐使用的 p-y 曲线是基本一致的，最新的能源行业标准

基金项目：国家自然科学基金面上项目（No. 52178358）。

《海上风电场工程风电机组基础设计规范》NB/T 10105—2018[10] 对 p-y 曲线规定如下。

(1) 当地基土层为黏土时,土体极限水平抗力按下列公式计算:

$$p_u = \begin{cases} (3c_u + \gamma X)d + Jc_u X & (0 < X \leqslant X_r) \\ 9c_u d & (X > X_r) \end{cases} \tag{1}$$

$$X_r = \frac{6d}{\dfrac{\gamma d}{c_u} + J} \tag{2}$$

式中, p_u 为深度 X 处单位桩长的极限水平土抗力标准值; c_u 为未扰动黏土土样的不排水抗剪强度; d 为桩直径; γ 为土的有效重度; X 为泥面下计算点的深度; X_r 泥面以下到土抗力减少区域底部的深度; J 为无量纲经验常数,变化范围为 $0.25 \sim 0.50$,对正常固结软黏土可取 0.50。

(2) 在静荷载作用下,软黏土的 p-y 曲线按下列公式计算:

$$p = \begin{cases} \dfrac{p_u}{2}\left(\dfrac{y}{y_c}\right)^{1/3} & (y \leqslant 8y_c) \\ p_u & (y > 8y_c) \end{cases} \tag{3}$$

$$y_c = 2.5\varepsilon_c d \tag{4}$$

式中, p_u 为深度 X 处单位桩长的极限水平土抗力标准值; y_c 为在实验室对未扰动土试样做不排水压缩试验时,其应力达到最大应力的一半时的变形; ε_c 为三轴试验中最大主应力差一半时的应变值,对饱和度较大的软黏土,也可以取无侧限抗压强度 q_u 一半时的应变值。

(3) 砂土的极限水平抗力按下列公式计算:

$$p_{us} = (C_1 X + C_2 D)\gamma X \tag{5}$$

$$p_{ud} = C_3 D\gamma X \tag{6}$$

$$C_1 = \frac{(\tan\beta)^2 \tan\alpha}{\tan(\beta - \varphi')} + K_0\left[\frac{\tan\varphi' \sin\beta}{\cos\alpha \tan(\beta - \varphi')} + \tan(\beta)(\tan\varphi' \sin\beta - \tan\alpha)\right] \tag{7}$$

$$C_2 = \frac{\tan\beta}{\tan(\beta - \varphi')} + K_0 \tag{8}$$

$$C_3 = K_a\left[(\tan\beta)^8 - 1\right] + K_0 \tan\varphi'(\tan\beta)^4 \tag{9}$$

$$\alpha = \frac{\varphi'}{2} \tag{10}$$

$$\beta = 45° + \frac{\varphi'}{2} \tag{11}$$

$$K_0 = 0.4 \tag{12}$$

$$K_a = \frac{1 - \sin\varphi'}{1 + \sin\varphi'} \tag{13}$$

式中, p_{us} 为浅层土的单位桩长的极限水平土抗力标准值; p_{ud} 为深层土的单位桩长的极限水平土抗力标准值; φ' 为砂土的内摩擦角。

(4) 砂土的 p-y 曲线按下列公式计算:

$$p = Ap_{us} \tanh\left(\frac{KX}{Ap_{us}}y\right) \tag{14}$$

$$A = \left(3.0 - 0.8\frac{X}{d}\right) \geqslant 0.9 \tag{15}$$

$$A = 0.9 \tag{16}$$

式中, K 为地基反力初始模量; A 为计入静力荷载和循环荷载条件的参数,可分别按式(15)和式(16)计算得到。

1.2 河海大学新统一法

河海大学的一些研究人员从土的本构关系入手,研究了 Duncan Chang 模型与静载试桩 p-y 曲线之间关系,得到了他们相对应的割线模量之间的相关关系,并引入代表土质特性的特征参数,根据试桩资料提出了适合黏土的新统一法[9]。新统一法的 p-y 曲线表达式为:

$$p/p_u = \begin{cases} \left(\dfrac{y}{y_{50}}\right)\Big/\left[a + b\left(\dfrac{y}{y_{50}}\right)\right] & (y \leqslant \beta y_{50}) \\ 1 & (y > \beta y_{50}) \end{cases} \tag{17}$$

式中, $a = \dfrac{\beta}{\beta - 1}$, $b = \dfrac{\beta - 2}{\beta - 1}$, $\beta = \dfrac{\varepsilon_{100}}{\varepsilon_{50}}$, ε_{50} 和 ε_{100} 分别为三轴不排水剪切试验中最大主应力差一半和最大主应力差所对应的轴向应变。在无试验资料时,软黏土 $\beta = 9$;硬黏土 $\beta = 12$。

式(17)中的土体极限抗力 p_u 可按下列公式计算:

$$p_u = KA_2 c_u d \tag{18}$$

$$A_2 = \frac{0.05}{d} + 0.2 \tag{19}$$

$$K = \frac{100d}{3 + 8.3d} + \frac{4X/d}{1 + 0.4X/d} \tag{20}$$

y_{50} 与 ε_{50} 之间有下式相关关系:

$$y_{50} = A_2 \varepsilon_{50} d \tag{21}$$

在周期荷载 p-y 曲线统一法[10] 中,考虑了黏性土土抗力的强度退化和土的应变软化特征。退化的土抗力 p_{uc} 按下列公式计算:

$$p_{uc} = K_c p_u \tag{22}$$

$$K_c = 0.5e^{-0.6c_u} + 0.5 \tag{23}$$

应变软化引入 y_{100c} 来表示:

$$y_{100c} = (0.026\varepsilon_{50}^{-1} + 0.54)y_{50} \tag{24}$$

河海大学新统一法 p-y 曲线如图 1 所示。

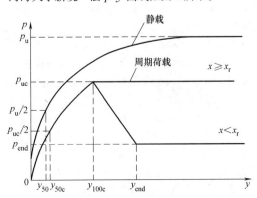

图 1 河海大学新统一法 p-y 曲线

Fig.1 p-y curve of HHU new unified method

2 试桩 p-y 曲线线型探讨

2.1 线型符合性判断

令 $a_1 = \dfrac{p_u}{2}\left(\dfrac{1}{y_c}\right)^{1/3}$，$Y = (y)^{1/3}$，则式（3）（简称"线型 I"）可改写为：

$$p = a_1 \cdot Y \tag{25}$$

令 $a_2 = \dfrac{a y_{50}}{p_u}$，$b_2 = \dfrac{b}{p_u}$，$Y = \dfrac{1}{y}$，$P = \dfrac{1}{p}$，则式（17）（简称"线型 II"）可改写为：

$$P = a_2 Y + b_2 \tag{26}$$

式（25）和式（26）为线性方程，实测获得的一组 (p_i, y_i) 试验数据是否符合线型 I 或线型 II，可利用式（25）或式（26）分别进行线性拟合获取的相关系数大小来进行符合性评价，本次评价认为相关系数不小于 0.95 的为符合，小于 0.95 的为不符合。

2.2 线型分析

表 1 和表 3 为对 7 个海上风电工程进行 8 根单桩单循环水平静载荷试验获得的 53 组 p-y 曲线和采用线型 I 与线型 II 拟合的成果，表 2 和表 4 为对 3 个海上风电工程进行 3 根单桩多循环水平静载荷试验获得 25 组 p-y 曲线和采用线型 I 与线型 II 拟合的成果。从中可知：试桩直径为 1800～3200mm，其中试桩直径 1800mm 的有 2 根、2000mm 的有 2 根、2400mm 的有 1 根、2800mm 的有 2 根和 3200mm 的有 1 根。地基土有黏性土和砂性土，最大水平位移在 0.18～122.4mm。

从表 3 统计分析可知：单循环水平静载荷试验 p-y 曲线符合线型 I 的有 8 组，占 15.1%；符合线型 II 的有 31 组，占 58.5%；线型 I 和线型 II 同时符合的有 5 组，占 9.4%；既不符合线型 I 也不符合线型 II 的有 19 组，占 35.8%。黏性土 p-y 曲线共 43 组，其中符合线型 I 的有 7 组，占 16.3%；符合线型 II 的有 22 组，占 51.2%。砂性土 p-y 曲线共 10 组，其中符合线型 I 的有 1 组，占 10%；符合线型 II 的有 9 组，占 90%。因此，黏性土 p-y 曲线有 50% 以上符合线型 II，砂性土 p-y 曲线有 90% 符合线型 II；p-y 曲线符合线型 I 的不到 20%。另外，符合线型 I 和符合线型 II 的 p-y 曲线线型与基桩直径和土层埋深没有直接关系。

从表 4 统计分析可知：多循环水平静载荷试验 p-y 曲线符合线型 I 的有 3 组，占 12.0%；符合线型 II 的有 18 组，占 72.0%；线型 I 和线型 II 同时符合的有 2 组，占 8.0%；既不符合线型 I 也不符合线型 II 的有 6 组，占 24.0%。黏性土 p-y 曲线共 20 组，其中符合线型 I 的有 3 组，占 15.0%；符合线型 II 的有 13 组，占 65.0%。砂性土 p-y 曲线共 5 组，全部符合线型 II。因此，黏性土 p-y 曲线有 65% 符合线型 II，砂性土 p-y 曲线有 100% 符合线型 II；p-y 曲线符合线型 I 的不到 15%。另外，符合线型 I 和符合线型 II 的 p-y 曲线线型与基桩直径和土层埋深没有直接关系。

单循环水平静载荷试验 p-y 曲线　　表 1
p-y curves of single cycle horizontal static load test
Table 1

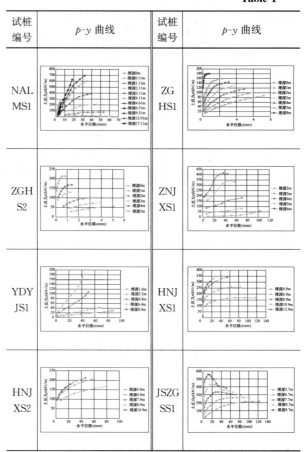

多循环水平静载荷试验 p-y 曲线　　表 2
p-y curves of multi-cycle horizontal static load test
Table 2

78 组数据绘制的 78 条 p-y 曲线中，线型符合线型 I 的有 11 条，占 14.1%；线型符合线型 II 的有 49 条，占 62.8%；既不符合线型 I 也不符合线型 II 的有 25 组，占 32.1%。因此，针对大直径钢管桩（试桩直径为 1800～3200mm），相关标准推荐的 p-y 曲线适用性不好，而河海大学新统一法的 p-y 曲线适用性较好。

单循环水平静载荷试验 *p-y* 曲线拟合成果

表 3

p-y curve fitting results of single cycle horizontal static load test　　Table 3

序号	试桩编号	试桩直径(mm)	土类型	埋深(m)	最大水平位移(mm)	线型Ⅰ拟合的相关系数	线型Ⅱ拟合的相关系数
1			黏性土	0.00	22.84	0.9631	0.9961
2			黏性土	0.11	22.53	0.9623	0.9976
3			黏性土	1.11	20.81	0.9282	0.9846
4			黏性土	2.11	45.55	0.8927	0.9832
5			砂性土	3.11	39.48	0.8717	0.9796
6			黏性土	4.11	34.91	0.8241	0.9780
7			黏性土	4.61	32.35	0.7944	0.9689
8	NALMS1	2400	砂性土	6.51	18.21	0.6509	0.8933
9			砂性土	9.51	4.98	0.8463	0.9659
10			黏性土	12.91	7.25	0.6104	0.9413
11			黏性土	17.11	4.99	0.5820	0.9762
12			黏性土	21.11	5.10	0.5990	0.9529
13			黏性土	27.11	5.25	0.7969	0.9970
14			黏性土	34.51	4.01	0.6766	0.9984
15			砂性土	45.01	1.53	0.7881	0.9952
16			黏性土	0.00	7.25	0.8395	0.9721
17			黏性土	1.00	6.04	0.8951	0.9499
18			黏性土	2.00	4.93	0.9448	0.9253
19	ZGHS1	2800	黏性土	3.00	3.95	0.9792	0.9052
20			黏性土	4.00	3.09	0.9810	0.8354
21			黏性土	5.00	2.34	0.9115	0.7562
22			黏性土	8.00	0.79	−1.187	0.9056
23			黏性土	0.00	5.09	0.8841	0.9981
24			黏性土	1.00	3.97	0.9264	0.9972
25			黏性土	2.00	2.98	0.9578	0.9962
26	ZGHS2	2800	黏性土	3.00	2.13	0.9586	0.9933
27			黏性土	4.00	1.41	0.8746	0.9884
28			黏性土	5.00	0.83	0.8246	0.9507
29			黏性土	8.00	0.18	0.7267	0.9716
30			黏性土	2.00	103.4	0.4390	0.7913
31			黏性土	3.00	71.00	0.9266	0.9520
32	ZNJXS1	1800	黏性土	4.00	71.00	0.9561	0.8276
33			黏性土	5.00	57.10	0.9203	0.8114
34			黏性土	6.00	44.80	0.9161	0.8125
35			黏性土	1.60	88.70	0.7791	0.9828
36	YDYJS1	3200	黏性土	3.20	67.94	0.8094	0.9987
37			黏性土	4.80	50.26	0.7705	0.9907
38			砂性土	6.40	42.60	0.7488	0.9753
39			黏性土	4.90	118.3	0.1683	0.9392
40			黏性土	6.90	83.10	0.4438	0.8854
41	HNJXS1	2000	黏性土	8.90	54.40	0.5396	0.7970
42			黏性土	10.90	32.22	0.4864	0.8738
43			黏性土	12.90	16.30	0.6306	0.7426
44			黏性土	4.90	79.70	0.9117	0.9482
45			黏性土	6.90	56.70	0.9125	0.9390
46	HNJXS2	2000	黏性土	7.90	46.50	0.9122	0.9318
47			黏性土	8.90	37.40	0.9165	0.9226
48			黏性土	10.90	22.50	0.8696	0.8649
49			砂性土	5.70	122.4	0.8366	0.9966
50			砂性土	6.70	101.3	0.9028	0.9988
51	JSZGSS1	1800	砂性土	7.70	82.30	0.9535	0.9987
52			砂性土	8.70	65.60	0.9305	0.9977
53			砂性土	9.70	51.10	0.8627	0.9995

多循环水平静载荷试验 *p-y* 曲线拟合成果

表 4

p-y curve fitting results of multi-cycle horizontal static load test　　Table 4

序号	试桩编号	试桩直径(mm)	土类型	埋深(m)	最大水平位移(mm)	线型Ⅰ拟合的相关系数	线型Ⅱ拟合的相关系数
1			黏性土	0.00	20.10	−2.681	0.0957
2			黏性土	0.11	19.73	−0.394	0.8214
3			黏性土	1.11	57.14	0.9844	0.9948
4			黏性土	2.11	49.29	0.9669	0.9873
5			砂性土	3.11	42.11	0.9397	0.9797
6			黏性土	4.11	35.01	0.8699	0.9764
7			黏性土	4.61	31.51	0.8336	0.9739
8	NALMS1	2400	砂性土	6.51	19.38	0.7505	0.9771
9			砂性土	9.51	6.39	0.8522	0.9711
10			黏性土	12.91	6.04	0.6600	0.8833
11			黏性土	17.11	8.46	0.6230	0.9985
12			黏性土	21.11	5.88	0.6055	0.9969
13			黏性土	27.11	9.43	0.6304	0.9863
14			黏性土	34.51	3.31	0.6747	0.9445
15			砂性土	45.01	0.30	0.5143	0.9879
16			黏性土	2.00	72.80	0.6128	0.9400
17			黏性土	3.00	60.20	0.7076	0.9841
18	ZNJXS1	1800	黏性土	4.00	48.70	0.6325	0.9821
19			黏性土	5.00	38.50	0.8725	0.9693
20			黏性土	6.00	29.50	0.9729	0.8899
21			黏性土	0.80	39.87	0.7265	0.8478
22			黏性土	1.60	33.28	0.6687	0.9887
23	YDYJS1	3200	黏性土	3.20	22.08	0.6945	0.9814
24			黏性土	4.80	13.49	0.8756	0.9834
25			砂性土	6.40	7.33	0.9284	0.9698

3　结语

（1）试桩获得的 *p-y* 曲线符合相关标准推荐的 *p-y* 曲线线型的较少，需谨慎使用相关标准推荐的 *p-y* 曲线，应加强对大直径钢管桩的现场试验研究。

（2）在无现场试验成果时，建议采用河海大学新统一法的 *p-y* 曲线，尤其是针对砂性土地基中的大直径钢管桩。

参考文献：

[1] 王成华，孙冬梅. 横向受荷桩的 *p-y* 曲线研究与应用述评[J]. 中国港湾建设，2005，135(2)：1-4.

[2] 胡伟，毛明浩，李光范. *p-y* 曲线法研究现状及存在的问题分析[J]. 路基工程，2012，161(2)：22-24.

[3] MCCLELLAND B, FOCHT J A. Soil modulus for laterally loaded piles [J]. Transactions, ASCE, 1958, 123: 1071-1074.

[4] American Petroleum Institute Code. Recommended practice forplanning, designing and constructing fixed offshore platforms-working stress design: API RP 2A: 2000 [S]. American: API Press, 2000.

[5] 王惠初, 武冬青, 田平. 黏土中横向静载桩的 p-y 曲线的一种新的统一法[J]. 河海大学学报, 1991, 19(1)：9-17.

[6] 田平, 王惠初. 黏土中横向周期性荷载桩的 p-y 曲线统一法[J]. 河海大学学报, 1993, 21(1)：9-14.

[7] 章连洋, 陈竹昌. 黏性土中 p-y 曲线的计算新方法[J]. 港口工程, 1991, (2)：29-35.

[8] 韩理安. 水平承载桩的计算[M]. 长沙：中南大学出版社, 2004.

[9] 中华人民共和国交通部. 港口工程桩基规范：JTJ 254-98 (桩的水平承载力设计)[S]. 北京：人民交通出版社, 2001.

[10] 国家能源局. 海上风电场工程风电机组基础设计规范：NBT 10105—2018[S]. 北京：中国水利水电出版社, 2019.

[11] 中华人民共和国住房和城乡建设部. 建筑基桩检测技术规范：JGJ 106—2014[S]. 北京：中国建筑工业出版社, 2014.

[12] 国家铁路局. 铁路工程基桩检测技术规程：TB 10218—2019[S]. 北京：中国铁道出版社, 2019.

[13] 中华人民共和国交通部. 水运工程地基基础试验检测技术规程：JTS 237—2017[S]. 北京：人民交通出版社, 2018.

[14] 中华人民共和国住房和城乡建设部. 建筑桩基技术规范：JGJ 94—2008[S]. 北京：中国建筑工业出版社, 2008.

[15] 中华人民共和国住房和城乡建设部. 公路桥涵地基与基础设计规范：JTG 3363—2019[S]. 北京：人民交通出版社, 2020.

基桩钢筋笼长度磁测井法检测中的影响因素分析

吴宝杰[1]，杨　桦[1]，黄林伟[2]，黄永丰[2]

(1. 浙江省建筑科学设计研究院有限公司，浙江 杭州 310012；2. 浙江省建设工程质量检验站有限公司，浙江 杭州 310012)

摘　要：随着这十几年的应用，磁测井法在基桩钢筋笼长度检测中越来越成熟，该方法能够较为准确地判别钢筋笼的底端埋深位置。但是在检测过程中会遇到一些影响磁测井法采集数据质量的因素，因此如何识别这些影响因素至关重要。文中通过多个工程实例，分析测试孔垂直度、测试孔周边磁场环境干扰、仪器设备故障等因素对磁测井法采集数据的影响情况，从而避免或排除这些干扰因素，提高磁测井法检测结果的准确性。

关键词：磁测井法；钢筋笼长度；检测；影响因素

作者简介：吴宝杰（1981—　　），男，高级工程师，主要从事工程物探在岩土领域的应用研究。E-mail：9109542@qq.com。

Analysis of the influence factors in the magnetic logging method detection of the reinforcement cage length of foundation pile

WU Bao-jie[1]，YANG Hua[1]，HUANG Lin-wei[2]，HUANG Yong-feng[2]

(1. Zhejiang Academy of Building Research & Design Co. ， Ltd. ， Hangzhou Zhejiang 310012，China；2. Zhejiang Construction Engineering Quality Inspection Station Co. ， Ltd. ， Hangzhou Zhejiang 310012，China)

Abstract：With the application of more than ten years，the magnetic logging method is more and more mature in the detection of the length of the reinforcement cage of foundation pile. This method can more accurately determine the buried depth of the bottom of the reinforcement cage. But in the process of detection，there are some factors that affect the quality of data collected by magnetic logging method，so how to identify these factors is very important. In this paper，through several engineering examples，the influence of the verticality of the test hole，the interference of the magnetic field environment around the test hole，and the failure of instruments and equipment on the data collected by the magnetic logging method is analyzed，so as to avoid or eliminate these interference factors and improve the accuracy of the detection results of the magnetic logging method.

Key words：magnetic logging method；reinforcement cage length；detection；interfering factor

0　引言

基桩属于地下隐蔽工程，如果灌注桩的钢筋笼长度和预制桩的桩长（预制桩的钢筋笼与桩长一样长）不能满足设计要求，将影响桩的承载力、稳定性和抗震性能，这将威胁建筑物的安全性能[1-2]。因此，有必要检测基桩的钢筋笼长度。磁测井法是利用基桩中钢筋笼和周围介质的磁性差异来检测其长度[3]。钢筋属于铁磁性物质，钢筋在地磁场中由于磁化作用而产生磁感应强度，使地下钢筋笼附近的磁场强度发生变化。由于背景场在一定空间、时间内几乎不变，因此地下钢筋笼附近磁场强度的变化特征反映了其磁化强度的变化特征，而这个特征与钢筋的分布密切相关。

在基桩钢筋笼长度磁测井法检测中，由于检测的不规范以及一些干扰因素的存在，给数据分析判别带来了困难，而且很容易造成钢筋笼长度的误判，因此有必要分析这些影响磁测井法采集数据质量的因素，提高检测结果的准确性。

1　磁测井法原理

地球上存在着地磁场，地球磁场近似于把一个磁铁棒放到地球中心，磁北极（N）极处于地理南极附近，磁南极（S）极处于地理北极附近。自然界中各种岩石、矿物之间具有不同的磁性，根据物质磁化率的不同特点可以将物质分成逆磁性物质、顺磁性物质和铁磁性物质。逆磁性物质和顺磁性物质的磁化率绝对值较小，磁性弱；铁磁性物质的磁化率较大，磁性很强，钢筋属于铁磁性物质。[4]

地面上任一点的磁场，可表示为正常磁场和因地质原因所引起的磁异常之和。正常磁场一般是指地磁图上所表示的磁场。在基桩钢筋笼长度磁测井法检测中，正常场为在钢筋设置前该处的地磁场，而异常场即是指由于钢筋的存在而产生的局部磁异常。地磁场是一矢量场，基桩钢筋笼长度磁测井法检测中，用的是垂直分量 Z。在北半球 Z 为正值，在南半球 Z 为负值。根据世界地磁 Z 等值线图，中国地磁场垂直分量（Z 分量）正常值从南向北由 $-10000nT$ 增至 $56000nT$，浙江地区 Z 分量值约为

33000nT（330mGs，1mGs＝100nT）。

基桩钢筋笼长度磁测井法检测，是在受检桩旁一定范围内预钻一平行于桩身的测试孔，测试时将探头沿测试孔自孔底垂直往上拉，仪器采集各个深度位置的磁场垂直分量，通过分析实测磁场垂直分量突变点及其梯度曲线的极值点位置来判别磁性介质的分界面（梯度曲线较为敏感，只作为辅助分析），而钢筋笼的顶、底端就是一个磁性介质的分界面，从而得出该桩的钢筋笼长度，检测方法见图1。由于浅部容易受到地表强磁场干扰，而且有效的钢筋笼长度是由钢筋笼的底端埋深决定的，因此钢筋笼长度磁测井法检测主要是判别钢筋笼底端的埋深位置。

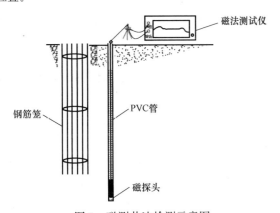

图 1　磁测井法检测示意图

Fig. 1　Magnetic logging method detection schematic

2　影响因素

2.1　测试孔垂直度影响

温州某项目 43 号桩，设计桩顶标高－6.30m，施工笼底标高－71.20m，施工有效笼长 64.90m。距离桩边 400mm 处钻孔埋管，记为 1 号孔。1 号孔的检测结果见图 2（a），初步认为钢筋笼底端埋深 48.40m，而深度 62.20m 处的磁异常特征不明显。杨桦等人于 2013 年通过非平行钻孔三节竖直钢筋斜交磁化磁场特征的数值正演分析，由于测试孔与桩身不平行，且随着深度的增大测试孔逐渐远离钢筋笼，钢筋底端面的磁异常特征不明显[5]。因此，钢筋笼底端埋深也有可能是 62.20m。为了保证采集数据的准确性，以免误判，在 1 号孔的对面距桩中心 400mm 处钻孔埋管，记为 2 号孔，在钻机钻进的过程中确保钻杆的垂直度，尽量使得钻孔与桩中心线平行。2 号孔的检测结果见图 2（b），图中可判别钢筋笼的底端埋深为 62.2m。测试时管口相对标高－5.72m（与 1 号孔齐平），从而钢筋笼底标高－67.92m，检测笼底偏差－3.28m（有效钢筋笼长度比施工记录短了 3.28m）。

嘉兴某项目 60 号桩，设计采用预应力混凝土管桩，桩型为桩型为 PHC-600-AB-110（C80）-13，15，15，15。该桩设计桩顶标高 0.00m，设计桩长 58.00m，设计桩底标高－58.00m。第一次在桩侧成孔（距桩边 300mm），检测结果见图 3（a），初步认为钢筋笼底端（桩底）埋深

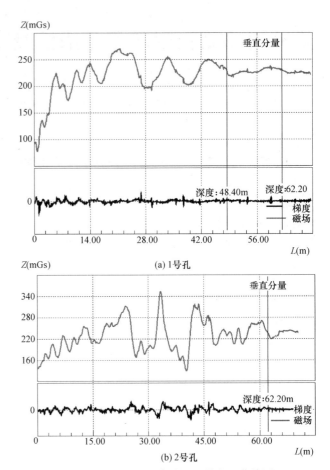

图 2　磁场强度垂直分量（梯度）曲线图

Fig. 2　The vertical component of magnetic field strength（gradient）curve

48.33m，而深度 55.83m 处的磁异常特征不明显。考虑到测试孔垂直度因素，因此在管桩桩中心重新钻孔埋管。第二次检测结果见图 3（b），图中可判别钢筋笼的底端（桩底）埋深为 55.75m。测试时管口相对标高－3.52m，从而钢筋笼底标高（桩底）－59.27m，检测笼长（桩长）59.27m，比设计桩长长了 1.27m。

2.2　测试孔周边磁场环境影响

宁波某项目 292 号桩，桩径 600mm，设计桩顶标高－6.45m，设计笼长 40m，设计桩长 60m。图 4（a）为 2020 年 10 月 6 日第一次检测结果，管口标高－1.12m，钢筋笼底深度 38.05m，检测有效笼长 32.72m，比设计笼长短了 7.28m。检测结果告知施工方后，施工方要求复测，图 4（b）为 2020 年 10 月 9 日第二次在原来的测试孔复测结果，检测结果发现底部曲线毛刺较多，推测测试孔底部管子周围被人为缠绕着铁丝（或钢绞线），因此维持第一次的检测结果。

嘉兴某项目 107 号桩，设计采用预应力混凝土方桩，桩型为 PHS-AB 500（310）－10，10，13。施工记录桩型为 PHS-AB 500（310）－13，7，13。该桩设计桩顶标高－5.52m，设计桩长 33.00m，设计桩底标高－38.52m。第一次在距桩边 300mm 的桩侧成孔（其他检测单位成孔），检测结果见图 5（a），发现底部曲线毛刺较多且每间隔大

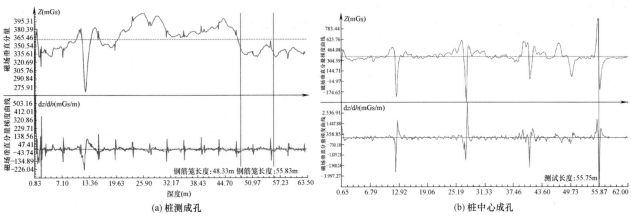

图 3　磁场强度垂直分量（梯度）曲线图

Fig. 3　The vertical component of magnetic field strength（gradient）curve

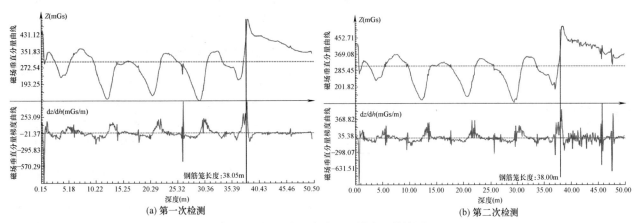

图 4　磁场强度垂直分量（梯度）曲线图

Fig. 4　The vertical component of magnetic field strength（gradient）curve

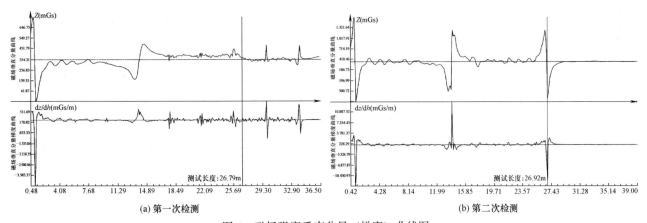

图 5　磁场强度垂直分量（梯度）曲线图

Fig. 5　The vertical component of magnetic field strength（gradient）curve

约 4m 出现规律性强磁场干扰，因此推测测试孔底部管子周围被人为缠绕着铁丝（或钢绞线）且管子接头有强磁性物质（埋设的测试管一节 4m），而且测试孔与桩身轴线不平行。所以在管桩桩中心重新钻孔埋管，一是为了保证测试孔离桩身近，二是为了压制干扰磁场。第二次检测结果见图 5（b），图中可判别钢筋笼的底端（桩底）埋深为 26.92m。测试时管口相对标高 −5.07m，从而钢筋底标高（桩底）−31.99m，检测笼长（桩长）26.47m，比

设计桩长短了 6.53m。

2.3　仪器设备故障影响

湖州某项目 4 号桩，设计采用预应力混凝土方桩，桩型为 PS-A400（220）−11，11，12。该桩设计桩顶标高 2.05m，设计桩长 34.00m，设计桩底标高 −31.95m。在距桩边 700mm 的桩侧成孔，第一次检测结果见图 6（a），图中深部磁异常特征不明显，且磁场强度曲线出现异常

波动和折线现象，很难判别钢筋笼底端埋深。初步认为仪器出现故障，因此换了另一台磁法测试仪在原测试孔进行第二次检测，结果见图6（b），图中可判别钢筋笼的底端（桩底）埋深为25.62m。测试时管口相对标高3.85m，从而钢筋笼底标高（桩底）－21.77m，检测笼长（桩长）23.82m，比设计桩长短了10.18m。

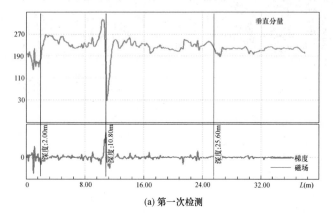

(a) 第一次检测

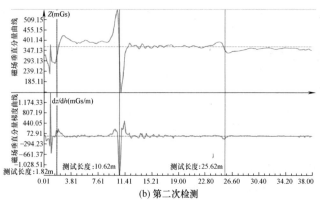

(b) 第二次检测

图6 磁场强度垂直分量（梯度）曲线图

Fig. 6 The vertical component of magnetic field strength (gradient) curve

3 结论

基桩钢筋笼长度磁测井法检测中，要达到对钢筋笼底端的准确判别，数据采集质量至关重要，如果无法识别数据质量的优劣，很容易造成误判。影响数据采集质量的因素主要有以下3方面：

（1）测试孔垂直度影响，钻机在钻进过程中控制好钻杆垂直度，尽量使测试孔轴线与桩身轴线平行，如果发现随着测试孔深度的增大磁异常特征越来越不明显，可初步认为测试孔与桩身不平行。

（2）测试孔周边磁场环境影响，如果发现底部曲线毛刺较多或局部尖锐强磁场干扰，可初步认为测试孔周边磁场环境受到人为干扰，存在作弊嫌疑。

（3）仪器设备故障影响，如果磁场强度曲线波动较为厉害且出现折线现象，可初步认为仪器出现故障。

在判别钢筋笼底端之前，要先分析采集数据的质量，只有采集到优质的数据，才能准确判别钢筋笼底端的位置。

参考文献：

[1] 吴宝杰，姬美秀，杨桦，等. 灌注桩钢筋笼长度及长桩桩长无损检测技术研究[J]. 工程地球物理学报，2012，9（3）：371-374.

[2] 董平，樊敬亮，王良书. 灌注桩钢筋笼内部的磁异常特征[J]. 物探与化探，2008，32（1）：101-108.

[3] 董平，樊敬亮，刘朝晖. 灌注桩钢筋笼外部的磁异常特征研究[J]. 地球物理学进展，2007，22（5）：1660-1665.

[4] 田钢，刘菁华，曾绍发. 环境地球物理教程[M]. 北京：地质出版社，2005.

[5] 杨桦，吴宝杰，姬美秀，等. 基桩钢筋笼长度磁测井法检测中数据采集质量研究[J]. 建筑科学，2013，29（7）：91-94.

螺锁式连接异型方桩与预制管桩工程造价分析比对

周兆弟，周开发，张　强，尹红乖，沈　忱

（浙江兆弟控股有限公司，浙江 杭州 310000）

摘　要：针对江苏某厂房项目，其主要功能为生产车间，基础采用预制桩基础，桩为受压桩，项目无地下室。在比对了预制管桩和螺锁式连接异型方桩两种方案桩型的承载力和桩基础的总造价之后，得出结论：在满足承载力的前提下，螺锁式连接的异型方桩提高了侧摩阻力，经济效益显著，另外还具有连接方便，耐打性强，防腐性高等优点。

关键词：预制管桩；螺锁式连接异型方桩；承载力；经济效益

作者简介：周兆弟（1962— ），男，正高级工程师，主要从事桩基及装配式建筑研究与开发。E-mail：zhouzhaodi88@163.com。

Analysis and comparison of engineering cost between screw - lock connected square pile and precast pipe pile

ZHOU Zhao-di, ZHOU Kai-fa , ZHANG Qiang，YIN Hong-guai，SHEN Chen

(Zhejiang Zhaodi Proprietary companies，Hangzhou Zhejiang 310000，China)

Abstract：For a workshop project in Jiangsu，its main function is production workshop. Prefabricated pile foundation is adopted for foundation，pile is compression pile，and the project has no basement. In comparing the prefabricated pipe pile and screw lock connection abnormity pile bearing capacity of pile type two kinds of scheme and the total cost of the pile foundation of the later，come to the conclusion：on the premise of meet the bearing capacity，screw lock connection of profiled pile side friction resistance was increased，the economic benefit is remarkable，and are convenient to connect，a resistance is strong，high anticorrosion，etc.

Key words：precast pipe pile；screw lock type connecting irregular square pile；the bearing capacity；the economic effect

0　引言

螺锁式连接异型方桩是一种机械连接的纵向变截面方桩，现已逐步应用在江浙沪一带的软土地区，由于其连接快速，安全可靠，并且可以提高侧摩阻力，因此与普通预制桩相比，具备施工和造价方面的优势。

1　工程概况

本项目位于江苏省宿迁市泗阳县经济开发区文城路南侧，洞庭湖西侧，交通便利，地理位置优越。项目主要包括6栋生产车间，地上5层，结构类型为框架结构，1栋门卫室，1栋食堂。本地区抗震设防烈度为7度，设计基本加速度值为0.1g，设计地震分组为第三组，场地类别为Ⅲ类。项目的勘察单位为宿迁市建筑设计研究院有限公司，勘察为详细勘察阶段，勘探深度范围内揭露的土层分布，按其成因、类型、物理力学性质指标的差异划分为5个工程地质层。①层杂填土，分布不均匀，主要成分为砂质粉土；②$_1$层砂质粉土，低等干强度，低等韧性；②$_2$层粉质黏土，中等干强度，中等韧性；③$_1$层黏土，高干强度，高韧性；③$_2$层含砂姜黏土，高干强度，高韧性。场地土层分布稳定，规律性强，横向土质比较均匀，纵向呈韵律沉积，属于同一地质单元。拟建建筑其抗震类别均为标准设防类，根据场地岩土工程条件及拟建建筑物的工程特性，结合当地工程经验，拟建建筑物采用桩基础，预制桩，以③$_2$层含砂姜黏土层作为持力层。桩基设计参数见表1。

桩基设计参数　　　　　　表1
design parameters of pile foundation　　Table 1

层号	土层名称	预制桩	
		极限侧阻力标准值 q_{sik}(kPa)	极限端阻力标准值 q_{pk}(kPa)
②$_1$	砂质粉土	50	
②$_2$	粉质黏土	40	
③$_1$	黏土	65	
③$_2$	含砂姜黏土	90	3800 (9<L<16)

2　管桩基础方案

项目原采用先张法预应力高强混凝土管桩（PHC桩）基础，桩型为PHC-500（110）AB-C80，持力层为③$_2$层含砂姜黏土层，桩端进入持力层约15.5m。桩顶进入承台深度50mm，管桩上端灌实C40混凝土，长度为2500mm。预应力混凝土管桩做法、桩顶与承台连接、接桩等参见图集《预应力混凝土管桩》苏G03—2012。管桩具体参数见表2。

预应力管桩参数一览表　　表2

Parameters of prestressed pipe piles　　Table 2

桩型	PHC-500(110)AB-C80
±0.000	1985国家高程
桩顶标高(相对于±0.000)	-1.850m
桩长	20m
承载力特征值	1750kN

管桩按桩心距不小于4d（2m）进行布桩，承台边线距桩中心距1d。本项目承台类型分为：二桩承台，三桩承台，四桩承台，五桩承台，六桩承台。承台典型平面见图1、图2。

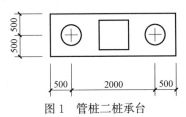

图1　管桩二桩承台

Fig. 1　Two-pile cap of pipe pile

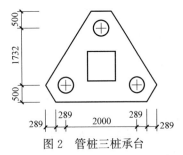

图2　管桩三桩承台

Fig. 2　Three-pile cap of pipe piles

对设计的管桩承台方案进行了统计，统计结果见表3。

管桩承台统计表　　表3

Statistics of pipe pile cap　　Table 3

类型	承台混凝土体积（m³）	承台个数	承台总体积（m³）
二桩承台	4.05	3	12.15
三桩承台	7.28	14	101.92
四桩承台	10.8	3	32.4
五桩承台	20	2	40
六桩承台	21	6	126

3　螺锁式连接异型方桩承载力计算

螺锁式连接异型方桩竖向承载力标准值可按《预应力混凝土异型预制桩技术规程》JGJ/T 405的相关标准执行。当根据土的物理指标与承载力参数之间的经验关系确定螺锁式连接异型方桩单桩竖向抗压极限承载力标准值时，可按下列公式估算：

$$Q_{uk}=\beta_c\mu_p\sum q_{sik}l_i+q_{pk}(A_j+\lambda_p A_{pl})$$
$$\overline{q}_{sk}=\frac{\sum q_{sik}l_i}{l}$$

式中：Q_{uk}——螺锁式连接异型方桩竖向抗压极限承载力标准值（kN）；

μ_p——桩身按最大外径或边长计算的周长（m）；

q_{sik}——桩侧第i层土的极限侧摩阻力标准值（kPa），无当地经验时，可按现行行业标准《建筑桩基技术规范》JGJ 94规定的混凝土预制桩极限侧阻力标准值取值；

l_i——桩身穿越第i层土（岩）的厚度（m）；

l——桩身总长度（m）；

q_{pk}——桩极限端阻力标准值（kPa），无当地经验时，可按现行行业标准《建筑桩基技术规范》JGJ 94规定的混凝土预制桩极限端阻力标准值取值；

A_j——桩端净面积（m²）；

λ_p——桩端土塞效应，对于闭口桩$\lambda_p=1$；

A_{pl}——桩端的空心部分面积（m²）；

β_c——竖向抗压侧阻力截面影响系数，宜按当地经验取值；无地区经验时，对于纵向不变截面异型桩$\beta_c=1.0$；对于纵向变截面异型桩，可按表4取值。

纵向变截面异型桩竖向抗压侧阻力截面影响系数　　表4

Influence coefficient of vertical compressive lateral resistance section of shaped piles with longitudinal variable section　　Table 4

土层加权平均极限侧阻力标准值	$\overline{q}_{sk}\leq14$	$14<\overline{q}_{sk}\leq54$	$\overline{q}_{sk}>54$
β_c	1.10	$\beta_c=0.005\overline{q}_{sk}+1.03$	1.30

本项目土层分布均匀，选取孔点ZK1进行异型方桩的承载力计算，异型方桩选自图集《螺锁式连接预应力混凝土实心异型方桩》Q/320582 ZD026—2019。异型方桩型号选取T-HFZ-B-350-300，C80，桩身抗压强度设计值为2585kN。异型方桩桩顶标高与管桩保持一致，桩长取20m，在孔点ZK1中各土层长度分别为：②₁层砂质粉土为1.73m，②₂层粉砂为1.0m，③₁层为1.4m，③₂层含砂姜黏土为15.82m。首先计算$\overline{q}_{sk}=(50\times1.73+40\times1.0+65\times1.4+90\times15.82)/19.5=84.17$，查表4，由于$\overline{q}_{sk}=84.17>54$，故$\beta_c=1.30$。桩身周长$\mu_p=1.40$m。

单桩竖向抗压极限承载力标准值：

$$Q_{uk}=\beta_c\mu_p\sum q_{sik}l_i+q_{pk}(A_j+\lambda_p A_{pl})$$
$$=1.30\times1.4(50\times1.73+40\times1.0+65\times1.4+90\times15.82)+5500\times0.123=3664kN$$

单桩承载力特征值$R_a=Q_{uk}/2=3664/2=1832$kN，取值$R_a=1800$kN，桩身强度设计值为2585kN，换算为特征值为2585/1.35=1914kN>1800kN，故型号为T-HFZ-B-350-300的20m长异型方桩单桩承载力特征值取值$R_a=1800$kN，满足设计承载力要求，边长350mm的异型方桩能够等量替换原设计500mm直径管桩。

4 管桩桩基础与异型方桩桩基础造价比对

经过计算，边长350mm的异型方桩能够等长替换直径500mm的管桩，现在用与管桩布桩相同的原则对异型方桩进行布桩及绘制承台，即桩心距按4d控制，桩边距按1d控制。异型方桩典型承台见图3、图4。

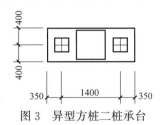

图3 异型方桩二桩承台

Fig. 3 Special-shaped square pile cap with two piles

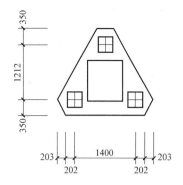

图4 异型方桩三桩承台

Fig. 4 Special-shaped square pile three-pile cap

对两种桩基础的基桩和承台分别进行造价统计分析对比，具体比对过程见表5，表6。

基桩造价对表　　表5

Comparison table of foundation pile construction cost　　Table 5

类型	桩型	桩长	抗压承载力特征值（kN）	根数	米数	材料单价（元/m）	灌芯单价（元/根）	施工单价（元/m）	总价（万元）
抗压桩	PHC-500(110)-AB-C80	20	1750	103	2060	280	300	46	70.25
抗压桩	T-HFZ-B-350-300	20	1800	103	2060	195	—	39	48.20

承台造价对比　　表6

Cost comparison of cap　　Table 6

类型	承台总体积（m³）	混凝土单价（元/m³）	砖胎膜（m²）	砖胎膜单价（元/m²）	垫层混凝土用量（m³）	挖方体积（m³）	挖土方单价（元/m³）	总价（万元）
管桩承台	312.47	1000	422.17	162	656	541.46	54	42.69
异型方桩承台	170.49	1000	296.48	162	656	316.83	54	22.78

综上所述，1栋厂房采用异型方桩之后桩基础造价相比管桩基础方案可节省造价22.05＋19.91＝41.96万元，造价节省约41.96/（70.25＋42.69）＝37%。该项目共有相同结构布置的6栋厂房，桩基础部分采用异型方桩可节省造价41.96×6＝251.76万元，经济效益十分显著！

通过对比可见，基桩部分采用异型方桩可省造价约22.05万元。

通过对比可见，异型方桩桩基承台可节省造价约19.91万元。

5 对比结果的原因分析及技术要点

从以上分析中可以看出，本项目采用异型方桩替换管桩，承载力能够满足设计要求，桩基础造价优势明显，主要原因及技术要点如下：

（1）异型方桩可以提高侧摩阻力

预应力混凝土异型方桩表面凹凸，增加了桩与土层之间的接触面积，考虑不同土层性质及厚度影响，提出了平均侧摩阻系数的概念。异型桩平均侧摩阻与总摩阻力提高系数之间呈比例关系，总侧摩阻力提高系数随平均侧摩阻力增大而增大。提高系数因土层性质和厚度的不同，侧摩阻力提高系数介于1.1~1.3。

（2）螺锁式连接异型方桩连接方式优越

螺锁式连接异型方桩为机械式连接桩，桩与桩及桩与承台之间的连接均为机械连接，而对于管桩，桩与桩之间通常采用现场焊接的方式，且桩与承台的连接多采用灌芯的方式，图集《预应力混凝土管桩》10G409中提及抗压管桩桩顶填芯混凝土的高度H不小于3d，且不小于1.5m，抗拔桩填芯不得小于3m。螺锁式连接的异型方桩可省去灌芯部分的成本。

（3）施工速度快

管桩两端采用端板和桩套箍，接桩采用电焊连接，焊接需要四周对称焊接，焊接之后需要冷却至少8min，雨天一般禁止作业。而螺锁式连接的异型桩现场装配即可，可以在下雨天进行施工作业。

（4）异型方桩的承台减小

由于异型方桩可以提高侧摩阻力，所以往往可以减小桩径，承台因而可以相应的减小。由此可以节省承台、土方开挖及运输、砖胎膜、承台垫层等相应的造价。

6 结语

在渤海湾、长三角、珠三角等深厚软土区，异型方桩可以充分地发挥桩身纵向变截面的优势，提高侧摩阻力，减少桩基础造价。与管桩比较：

（1）连接快速、可靠、性能优越；

（2）承载力性能优于传统空心桩，具备足够的穿层能力；

（3）属于装配式预制件，耐久性好，符合节能环保的发展方向；

（4）具有相当的造价优势，可为企业节省建设成本。

参考文献：

［1］ 中华人民共和国住房和城乡建设部. 建筑桩基技术规范：JGJ 94—2008［S］. 北京：中国建筑工业出版社，2008.

［2］ 中华人民共和国住房和城乡建设部. 预应力混凝土异型预制桩技术规程：JGJ/T 405—2017［S］. 北京：中国建筑工业出版社，2017.

高承台桩基水平激振引起的半无限空间场地动力响应解析研究

吴君涛[1,2]，王奎华[1,2]，刘　鑫[1,2]

（1. 浙江大学　滨海与城市岩土工程研究中心，浙江 杭州 310058；2. 浙江大学　软弱土与环境土工教育部重点实验室，浙江 杭州 310058）

摘　要：本文针对桥梁工程中得到广泛应用的高承台桩基础，基于既有桩基振动理论，反演得到了桩周半无限空间场地的振动响应解析解：即先求解得到动态 Winkler 模型下的高承台桩基水平振动完整解；再将既得桩基水平振动作为动力输入、桩-土界面位移连续条件作为半无限空间场地低应变振动响应问题的求解边界，从而求解得到高承台桩基水平激振引起的半无限空间场地动力响应解析结果。同时，通过有限元软件建立三维数值模型，对所提出求解思路及其解析结果的可靠性与合理性进行了验证。

关键词：高承台桩；半空间场地；动态 Winkler 模型；有限元

作者简介：吴君涛（1992—　），男，浙江宁波人，博士，从事桩基振动理论及测试技术研究方面的工作，E-mail：wujuntao31@126.com.

通讯作者：王奎华（1965—），男，江苏滨海人，教授，博导，从事桩基动力学及土工测试方法的研究，E-mail：zdwkh0618@zju.edu.cn.

Analytical study on dynamic reactions of half-space soil excited by laterally vibrating extended pile shaft

WU Jun-tao[1,2], WANG Kui-hua[1,2], LIU Xin[1,2]

（1. Research Center of Coastal and Urban Geotechnical Engineering, Zhejiang University, Hangzhou Zhejiang 310058, China；2. Key Laboratory of soft soils and Geoenvironmental Engineering of Ministry of Education, Zhejiang University, Hangzhou Zhejiang 310058, China）

Abstract：This paper focuses on the extended pile shaft that has been widely applied to the bridge engineering. The analytical solution to the dynamic reactions of the half-space around the laterally vibrating pile can be solved based on the known pile vibration theory：first, a rigorous analytical solution to the laterally vibrating extended pile shaft is solved by simulating the surrounding soil as the dynamic Winkler model；and the obtained analytical solution can be treated as the dynamic input, while the continuous condition at the pile-soil interface can be introduced as the boundary condition of the half-space model；the dynamic reactions of the half-space can then be solved in this regard. Besides, the reliability and reasonability of the solving scheme as well as the analytical solution are also verified by establishing three-dimensional numerical model in the finite element software.

Key words：extended pile shaft；half-space；dynamic Winkler model；finite element method

0　引言

随着桩基竖向振动理论[1-5]研究不断完善，由这类理论所指导的桩基低应变测试技术得到了越来越广泛的应用。但是，对于竖向激振难以施加，或者上部结构自身竖向振动特性复杂的特殊工况，低应变测试技术往往难以施展。近年来，另一种无损测试方法，旁孔透射波法[6,7]，得益于其更好的工程适用范围也受到了广泛的关注。

截至目前，旁孔透射波法的测试理论[8-12]以及桩周土波动规律研究[13,14]也得到了长足的发展，但是大部分理论仍基于桩基竖向振动测试。对上述既有上部结构桩或难以施加竖向激振的工况而言，施加水平激振荷载并由旁孔透射波法收集桩周土振动响应是具有实际可操作

性以及潜在工程价值的。然而，关于水平激振桩周围土响应规律的研究，特别是其时变分析尚不完善。

基于上述，本文拟针对桥梁工程中得到广泛应用的高承台桩基础，提出一种基于既有桩基振动理论的桩周土耦合振动反演模型：即先将动态 Winkler 模型下桩基水平振动响应予以求解；再由既得桩基水平响应作为动力输入，求解得到半无限空间模型下桩周土水平振动响应解。上述模型可以避免桩-土界面复杂的解耦过程，且有助于频域解析结果的时域转换，从而用以指导实际工程测试。

1　计算模型与基本假设

本文沿袭文献[15]的求解思路，提出了一类基于高承台桩基水平振动理论的桩周场地受迫振动反演模型，将

基金项目：国家自然科学基金面上项目（No. 51579217，No. 51779217）。

高承台桩-半无限空间场地耦合振动模型分解为（图1）：

（1）考虑材料阻尼的 Timoshenko 梁模型，并根据场地表面和桩顶附近（本文指高承台桩基出露地表部分）水平荷载作用高度将高承台桩基划分为 3 个桩段，并由桩底至桩顶分别记作第 1、2、3 桩段。其中，第 1 桩段完全埋置于场地中，桩周土的水平阻抗通过动力 Winkler 模型予以概化；第 3 桩段同时连接承台及其上部结构，此处概化为一个等效质点和轴向压力的组合。深度/高度 z 以地面为原点、向下为正方向，并记第 n 桩段底部的深度/高度为 h_n（$n=1，2，3$）。

（2）桩周土半无限空间连续体动力响应模型，其中考虑到桩身所在区域对桩周土动力响应的惯性力作用，引入该区域内的附加体力函数 $B(z)$ 及桩底位置附加均布面力函数 T。由于本文中高承台桩基的半径 r_0 远小于完整桩长，因此，可以认为半无限空间土模型中桩身区域所对应的附加函数均仅与深度 z 有关。

同时，为了建立桩、土模型间的耦合关系，需引入假设：桩、土模型均满足低应变测试条件，且在 x 轴处（即 $\theta=0$，与水平荷载作用方向相同）桩-土界面径向位移连续。

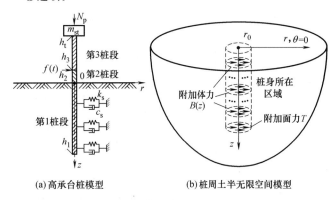

(a) 高承台桩模型 　　(b) 桩周土半无限空间模型

图 1　计算模型示意图

2　高承台桩基水平振动理论

2.1　控制方程与边界条件

采用考虑材料阻尼的 Timoshenko 梁模型，并将桩周土概化为动力 Winkler 模型，求解得到高承台桩基的水平振动响应解析解。其中，梁单元变形及受力示意如图 2 所示（$n=1，2，3$）。

其中，M_n 和 Q_n 分别表示第 n 桩段的截面弯矩和剪力；$\varphi_n(z，t)$ 和 $u_n(z，t)$ 分别表示第 n 桩段的截面转角和水平位移；q 表示沿桩身均布的水平作用力。

由此，第 n 桩段的控制方程可以表示为：

$$\frac{\partial}{\partial z}\left(E_p I_p \frac{\partial \varphi_n}{\partial z}\right)+\kappa G_p A_p\left(\frac{\partial u_n}{\partial z}-\varphi_n\right)-$$
$$\rho_p I_p\left(\beta_p^* \frac{\partial \varphi_n}{\partial t}+\frac{\partial^2 \varphi_n}{\partial t^2}\right)=0 \tag{1a}$$

$$-\frac{\partial}{\partial z}\left[\kappa G_p A_p\left(\frac{\partial u_n}{\partial z}-\varphi_n\right)\right]+N_p \frac{\partial^2 u_n}{\partial z^2}+$$

$$\rho_p A_p \frac{\partial^2 u_n}{\partial t^2}+\delta_{1n}\cdot\left(k_s u_n+c_s \frac{\partial u_n}{\partial t}\right)=0 \tag{1b}$$

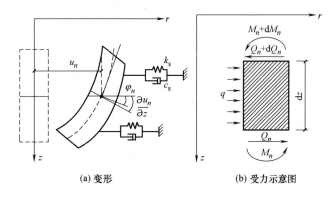

(a) 变形　　　　　(b) 受力示意图

图 2　单元桩段

其中，E_p，I_p，G_p，A_p，ρ_p 分别表示高承台桩的弹性模量、极惯性矩、剪切模量、截面积以及密度；κ 是与桩身截面形状相关的参数，此处令 $\kappa=9/10$；$\beta_p^*=\beta_p\cdot\sqrt{\dfrac{\kappa G_p A_p}{\rho_p I_p}}$，$\beta_p$ 表示转动阻尼系数；N_p 为轴向压力；δ_{1n} 表示克罗内克符号（Kronecker delta）；k_s 和 c_s 分别表示桩周土动力 Winkler 模型的弹性、黏性系数，其经验系数可以取为[16]：

$$k_s=1.2E_s \tag{2a}$$

$$c_s=12r_0\rho_s v_s\cdot\left(\frac{2\omega r_0}{v_s}\right)^{-1/4}+2\beta_s\cdot\frac{k_s}{\omega} \tag{2b}$$

其中，E_s，ρ_s，v_s，β_s 分别表示桩周土的弹性模量、密度、剪切波速和滞回阻尼系数；ω 表示振动圆频率。

相邻桩段在界面处应满足力、位移连续条件（$n=1，2$）；

$$u_n(z，t)=u_{n+1}(z，t)\big|_{z=h_{n+1}} \tag{3a}$$

$$\varphi_n(z，t)=\varphi_{n+1}(z，t)\big|_{z=h_{n+1}} \tag{3b}$$

$$\frac{\partial \varphi_n(z，t)}{\partial z}=\frac{\partial \varphi_{n+1}(z，t)}{\partial z}\bigg|_{z=h_{n+1}} \tag{4a}$$

$$\kappa G_p A_p\cdot\left[\frac{\partial u_n(z，t)}{\partial z}-\varphi_n(z，t)\right]+\delta_{2n}\cdot f(t)=$$
$$\kappa G_p A_p\cdot\left[\frac{\partial u_{n+1}(z，t)}{\partial z}-\varphi_{n+1}(z，t)\right]\bigg|_{z=h_{n+1}} \tag{4b}$$

其中，δ_{2n} 表示克罗内克符号；$f(t)$ 表示水平激振荷载。

考虑到摩擦型桩在东南沿海城市应用较多，且其完整性测试往往更为复杂，因此，本文仅针对摩擦型桩予以分析，则其桩顶、桩底边界条件应满足：

$$\frac{\partial \varphi_1(z，t)}{\partial z}\bigg|_{z=h_1}=0 \tag{5a}$$

$$\frac{\partial u_1(z，t)}{\partial z}-\varphi_1(z，t)\bigg|_{z=h_1}=0 \tag{5b}$$

$$\varphi_3(z，t)\big|_{z=h_t}=0 \tag{6a}$$

$$-\kappa G_p A_p\cdot\left[\frac{\partial u_3(z，t)}{\partial z}-\varphi_3(z，t)\right]=$$

$$m_{st} \cdot \left. \frac{\partial u_3^2(z,t)}{\partial t^2} \right|_{z=h_t} \quad (6b)$$

其中，h_t 表示桩顶对应高度；m_{st} 为桩顶承台及其上部结构的等效质量。

2.2 力导纳函数

第 n 桩段的位移、截面转角以及水平激振荷载可以改写为简谐振动形式（$n=1, 2, 3$）：

$$u_n(z,t)=U_n(z,\omega) \cdot e^{i\omega t} \quad (7a)$$

$$\varphi_n(z,t)=\psi_n(z,\omega) \cdot e^{i\omega t} \quad (7b)$$

$$f(t)=F(\omega) \cdot e^{i\omega t} \quad (7c)$$

其中，$U_n(z,\omega)$ 和 $\psi_n(z,\omega)$ 分别表示第 n 桩段的水平位移和转角频域幅值；$F(\omega)$ 表示水平荷载的频域幅值；$i=\sqrt{-1}$ 为虚数单位。

控制方程式（7a）、式（7b）的通解可以表示为[17,18]：

$$U_n(z,\omega)=e^{\gamma_n z} \cdot [A_n \cos(\lambda_n z)+B_n \sin(\lambda_n z)]+ \\ e^{-\gamma_n z} \cdot [C_n \cos(\lambda_n z)+D_n \sin(\lambda_n z)] \quad (8a)$$

$$\psi_n(z,\omega)=\alpha_{1n}(z)A_n+\alpha_{2n}(z)B_n+ \\ \alpha_{3n}(z)C_n+\alpha_{4n}(z)D_n \quad (8b)$$

其中，A_n，B_n，C_n，D_n 表示桩第 n 段的各待定系数；$W_p=E_p I_p$，$J_p=\kappa G_p A_p$，$T_p=\rho_p I_p(\omega^2-i\omega \cdot \beta_p^*)$，$K_{pn}=-\omega^2 \rho_p A_p+\delta_{1n} \cdot (k_s+i\omega \cdot c_s)$；$\eta_1=W_p(N_p-J_p)$，$\eta_{2n}=W_p \cdot K_{pn}+(T_p-J_p)(N_p-J_p)-J_p^2$，$\eta_{3n}=(T_p-J_p) \cdot K_{pn}$；

$$\gamma_n=\sqrt{-\frac{\eta_{2n}}{4\eta_1}+\sqrt{\frac{\eta_{3n}}{4\eta_1}}}, \quad \lambda_n=\sqrt{\frac{\eta_{2n}}{4\eta_1}+\sqrt{\frac{\eta_{3n}}{4\eta_1}}};$$

$$\chi_{1n}=\frac{1}{T_p-J_p} \cdot \left[\frac{\eta_1}{J_p} \cdot (\gamma_n^2-3\lambda_n^2)+\frac{W_p K_{pn}}{J_p}-J_p \right],$$

$$\chi_{2n}=\frac{1}{T_p-J_p} \cdot \left[\frac{\eta_1}{J_p} \cdot (3\gamma_n^2-\lambda_n^2)+\frac{W_p K_{pn}}{J_p}-J_p \right];$$

$$\alpha_{1n}(z)=e^{\gamma_n z} \cdot [\chi_{1n}\gamma_n \cos(\lambda_n z)-\chi_{2n}\lambda_n \sin(\lambda_n z)],$$

$$\alpha_{2n}(z)=e^{\gamma_n z} \cdot [\chi_{1n}\gamma_n \sin(\lambda_n z)+\chi_{2n}\lambda_n \cos(\lambda_n z)],$$

$$\alpha_{3n}(z)=-e^{-\gamma_n z} \cdot [\chi_{1n}\gamma_n \cos(\lambda_n z)+\chi_{2n}\lambda_n \sin(\lambda_n z)],$$

$$\alpha_{4n}(z)=e^{-\gamma_n z} \cdot [-\chi_{1n}\gamma_n \sin(\lambda_n z)+\chi_{2n}\lambda_n \cos(\lambda_n z)]。$$

为了求解各待定系数，将连续条件式（3）、式（4）和边界条件式（5）、式（6）表示为以下矩阵形式：

$$\Omega \times [X_1 \quad X_2 \quad X_3]^T=[0 \quad 0 \quad \Psi \quad 0]^T \quad (9a)$$

$$\Omega=\begin{bmatrix} B_1 & 0 & 0 \\ -A_1(h_2) & A_2(h_2) & 0 \\ 0 & -A_2(h_3) & A_3(h_3) \\ 0 & 0 & B_3 \end{bmatrix} \quad (9b)$$

$$\Omega=\begin{bmatrix} B_1 & 0 & 0 \\ -A_1(h_2) & A_2(h_2) & 0 \\ 0 & -A_2(h_3) & A_3(h_3) \\ 0 & 0 & B_3 \end{bmatrix} \quad (9c)$$

其中，$X_n=[A_n \quad B_n \quad C_n \quad D_n]^T$；

$$A_n= \\ \begin{bmatrix} e^{\gamma_n z}\cos(\lambda_n z) & e^{\gamma_n z}\sin(\lambda_n z) & e^{-\gamma_n z}\cos(\lambda_n z) & e^{-\gamma_n z}\sin(\lambda_n z) \\ \alpha_{1n}(z) & \alpha_{2n}(z) & \alpha_{3n}(z) & \alpha_{4n}(z) \\ \beta_{1n}(z) & \beta_{2n}(z) & \beta_{3n}(z) & \beta_{4n}(z) \\ \xi_{1n}(z) & \xi_{2n}(z) & \xi_{3n}(z) & \xi_{4n}(z) \end{bmatrix} \quad (10)$$

$$\beta_{1n}(z)= \\ \gamma_n e^{\gamma_n z} \cdot [\chi_{1n}\gamma_n \cos(\lambda_n z)-\chi_{2n}\lambda_n \sin(\lambda_n z)]- \\ \lambda_n e^{\gamma_n z} \cdot [\chi_{1n}\gamma_n \sin(\lambda_n z)+\chi_{2n}\lambda_n \cos(\lambda_n z)] \quad (11a)$$

$$\beta_{2n}(z)= \\ \gamma_n e^{\gamma_n z} \cdot [\chi_{1n}\gamma_n \sin(\lambda_n z)+\chi_{2n}\lambda_n \cos(\lambda_n z)]+ \\ \lambda_n e^{\gamma_n z} \cdot [\chi_{1n}\gamma_n \cos(\lambda_n z)-\chi_{2n}\lambda_n \sin(\lambda_n z)] \quad (11b)$$

$$\beta_{3n}(z)= \\ \gamma_n e^{-\gamma_n z} \cdot [\chi_{1n}\gamma_n \cos(\lambda_n z)+\chi_{2n}\lambda_n \sin(\lambda_n z)]- \\ \lambda_n e^{-\gamma_n z} \cdot [-\chi_{1n}\gamma_n \sin(\lambda_n z)+\chi_{2n}\lambda_n \cos(\lambda_n z)] \quad (11c)$$

$$\beta_{4n}(z)=-\gamma_n e^{-\gamma_n z} \cdot \\ [-\chi_{1n}\gamma_n \sin(\lambda_n z)+\chi_{2n}\lambda_n \cos(\lambda_n z)]- \\ \lambda_n e^{-\gamma_n z} \cdot [\chi_{1n}\gamma_n \cos(\lambda_n z)+\chi_{2n}\lambda_n \sin(\lambda_n z)] \quad (11d)$$

$$\xi_{1n}(z)=\gamma_n e^{\gamma_n z}\cos(\lambda_n z)-\lambda_n e^{\gamma_n z}\sin(\lambda_n z) \quad (12a)$$

$$\xi_{2n}(z)=\gamma_n e^{\gamma_n z}\sin(\lambda_n z)+\lambda_n e^{\gamma_n z}\cos(\lambda_n z) \quad (12b)$$

$$\xi_{3n}(z)=-\gamma_n e^{-\gamma_n z}\cos(\lambda_n z)-\lambda_n e^{-\gamma_n z}\sin(\lambda_n z) \quad (12c)$$

$$\xi_{4n}(z)=-\gamma_n e^{-\gamma_n z}\sin(\lambda_n z)+\lambda_n e^{-\gamma_n z}\cos(\lambda_n z) \quad (12d)$$

$$B_1=\begin{bmatrix} \beta_{11}(h_1) & \beta_{21}(h_1) & \beta_{31}(h_1) & \beta_{41}(h_1) \\ \xi_{11}(h_1)-\alpha_{11}(h_1) & \xi_{21}(h_1)-\alpha_{21}(h_1) & \xi_{31}(h_1)-\alpha_{31}(h_1) & \xi_{41}(h_1)-\alpha_{41}(h_1) \end{bmatrix} \quad (13)$$

$$B_3=[B_{31} \quad B_{32}] \quad (14)$$

$$B_{31}=\begin{bmatrix} \alpha_{13}(h_T) & \alpha_{23}(h_T) \\ \xi_{13}(h_T)-\frac{m_{st}\omega^2}{J_p}e^{\gamma_n h_T}\cos(\lambda_n h_T) & \xi_{23}(h_T)-\frac{m_{st}\omega^2}{J_p}e^{\gamma_n h_T}\sin(\lambda_n h_T) \end{bmatrix} \quad (15a)$$

$$B_{32}= \\ \begin{bmatrix} \alpha_{33}(h_T) & \alpha_{43}(h_T) \\ \xi_{33}(h_T)-\frac{m_{st}\omega^2}{J_p}e^{-\gamma_n h_T}\cos(\lambda_n h_T) & \xi_{43}(h_T)-\frac{m_{st}\omega^2}{J_p}e^{-\gamma_n h_T}\sin(\lambda_n h_T) \end{bmatrix} \quad (15b)$$

考虑到由于引入了桩身材料阻尼，复矩阵 $\boldsymbol{\Omega}$ 的行列式已经自动修正为非零值，因此可以通过克莱姆法则或矩阵计算器直接求解各待定系数。将求得系数代入式（8a），则可以得到第 n 桩段质点水平位移的力导纳函数 $G_n(z,\omega)$。

3 桩周半无限空间场地模型

3.1 半无限空间场地内圆形均布荷载激振响应问题

同样，为了对本文研究问题进行解析求解，首先需要对"半无限空间场地内圆形均布荷载激振响应"问题进行讨论[15]。考虑到桩-土模量比较大，可以认为桩身水平振动所引起的半无限空间场地附加荷载为 x 轴方向圆形均布荷载；同时，根据圆形均布荷载的作用深度 ε，将半无限空间场地划分为上下两个区域 1、0，如图 3 所示。

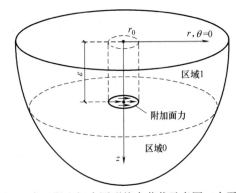

图 3　半无限空间内圆形均布荷载示意图（水平）

在极坐标系下，令桩周场地各土质点振动响应（径向、切向、竖向）为谐和振动形式，并对角度变量 θ 作 Fourier 级数展开（$j=0,1$）；同时，考虑到桩-土耦合振动满足 x 轴对称，因此仅考虑 Fourier 展开式中的轴对称项，有（为了表达简便，以下均隐去 $e^{i\omega t}$ 项）：

$$u_j(r,\theta,z,\omega)=\widetilde{u}_j(r,z)\cos\theta \quad (16a)$$

$$v_j(r,\theta,z,\omega)=\widetilde{v}_j(r,z)\sin\theta \quad (16b)$$

$$w_j(r,\theta,z,\omega)=\widetilde{w}_j(r,z)\cos\theta \quad (16c)$$

$$^j\tau_{zr}(r,\theta,z,\omega)={}^j\widetilde{\tau}_{zr}(r,z)\cos\theta \quad (16d)$$

$$^j\tau_{z\theta}(r,\theta,z,\omega)={}^j\widetilde{\tau}_{z\theta}(r,z)\sin\theta \quad (16e)$$

$$^j\sigma_z(r,\theta,z,\omega)={}^j\widetilde{\sigma}_z(r,z)\cos\theta \quad (16f)$$

通过引入解耦势函数及 Hankel 积分变换，可以得到任一土质点的位移通解表达：

$$\widetilde{u}_j(r,z)\pm\widetilde{v}_j(r,z)=$$
$$\int_0^\infty\left[\mp(A_je^{-\alpha z}+B_je^{\alpha z})\mp\beta(-C_je^{-\beta z}+D_je^{\beta z})\right.$$
$$\left.+(E_je^{-\beta z}+F_je^{\beta z})\right]\xi^2 J_{1\pm1}(\xi r)d\xi \quad (17a)$$

$$\widetilde{w}_j(r,z)=\int_0^\infty\left[\alpha(-A_je^{-\alpha z}+B_je^{\alpha z})\right.$$
$$\left.+\xi^2(C_je^{-\beta z}+D_je^{\beta z})\right]\xi J_1(\xi r)d\xi \quad (17b)$$

其中，A_j、B_j、C_j、D_j、E_j、F_j 为待定系数；$J_m(\cdot)$ 为 m 阶第一类 Bessel 函数；ξ 为复变量；同时，参数 α 和 β 满足关系式：

$$\alpha^2=\xi^2-\left(\frac{\omega}{v_1^*}\right)^2 \quad (18a)$$

$$\beta^2=\xi^2-\left(\frac{\omega}{v_s^*}\right)^2 \quad (18b)$$

此处，$v_1=\sqrt{(\lambda_s+2G_s)/\rho_s}$ 和 $v_1^*=v_1\sqrt{1+i\beta_s}$ 分别表示桩周土纵波波速和考虑材料阻尼的修正纵波波速；$v_s^*=v_s\sqrt{1+i\beta_s}$ 为考虑材料阻尼的桩周土修正剪切波波速；λ_s 和 G_s 为土体的拉梅常数。同时，可以得到土质点的应力通解表达：

$$^j\widetilde{\tau}_{zr}(r,z)\pm{}^j\widetilde{\tau}_{z\theta}(r,z)=$$
$$G_s^*\int_0^\infty\left[\mp2\alpha(-A_je^{-\alpha z}+B_je^{\alpha z})\right.$$
$$\mp(\xi^2+\beta^2)(C_je^{-\beta z}+D_je^{\beta z})$$
$$\left.+\beta(-E_je^{-\beta z}+F_je^{\beta z})\right]\xi^2 J_{1\pm1}(\xi r)d\xi \quad (19a)$$

$$^j\widetilde{\sigma}_z(r,z)=G_s^*\int_0^\infty\left[(\xi^2+\beta^2)(A_je^{-\alpha z}+B_je^{\alpha z})+\right.$$
$$\left.2\beta\xi^2(-C_je^{-\beta z}+D_je^{\beta z})\right]\xi J_1(\xi r)d\xi \quad (19b)$$

其中，$G_s^*=G_s\cdot(1+i\beta_s)$ 为考虑材料阻尼的桩周土修正剪切模量。

为了求解余下各待定系数，需要引入半无限空间场地上表面边界条件及两区域界面位置连续条件（取单位均布荷载）：

$$^1\widetilde{\sigma}_z(r,0)=0 \quad (20a)$$

$$^1\widetilde{\tau}_{zr}(r,0)=0 \quad (20b)$$

$$^1\widetilde{\tau}_{z\theta}(r,0)=0 \quad (20c)$$

$$\widetilde{u}_1(r,\varepsilon)=\widetilde{u}_0(r,\varepsilon) \quad (20d)$$

$$\widetilde{v}_1(r,\varepsilon)=\widetilde{v}_0(r,\varepsilon) \quad (20e)$$

$$\widetilde{w}_1(r,\varepsilon)=\widetilde{w}_0(r,\varepsilon) \quad (20f)$$

$$^1\widetilde{\sigma}_z(r,\varepsilon)={}^0\widetilde{\sigma}_z(r,\varepsilon) \quad (20g)$$

$$\left[{}^1\widetilde{\tau}_{z\theta}(r,\varepsilon)-{}^0\widetilde{\tau}_{z\theta}(r,\varepsilon)\right]+$$
$$\left[{}^1\widetilde{\tau}_{zr}(r,\varepsilon)-{}^0\widetilde{\tau}_{zr}(r,\varepsilon)\right]=0 \quad (20h)$$

$$\left[{}^1\widetilde{\tau}_{z\theta}(r,\varepsilon)-{}^0\widetilde{\tau}_{z\theta}(r,\varepsilon)\right]-$$
$$\left[{}^1\widetilde{\tau}_{zr}(r,\varepsilon)-{}^0\widetilde{\tau}_{zr}(r,\varepsilon)\right]=-2H(r_0-r) \quad (20i)$$

其中，$H(\cdot)$ 为 Heaviside 阶跃函数；在区域 0 内，位于无穷深处质点的动力响应结果应趋于有限值，即 $B_0=D_0=F_0\equiv0$。将通解式（17）和式（19）代入式（20），可以求解得到所有待定系数；将各系数代入式（16a）~式（16c），可以得到任一土质点的 r 向、θ 向、z 向力导纳函数，有：

$$H_u(r,\theta,z,\varepsilon)=\frac{r_0\cos\theta}{G_s^*}\left\{\int_0^\infty\frac{\beta J_1(\xi r_0)}{4\alpha(\xi^2-\beta^2)}\cdot\right.$$

$$\left\{\frac{1}{\beta}\left[-\frac{\chi_1}{\chi_2}e^{-\alpha(\varepsilon+z)}-e^{-\alpha|z-\varepsilon|}\right]+\frac{4\alpha}{\chi_2}\left[e^{-(\beta z+\alpha\varepsilon)}+e^{-(\alpha\varepsilon+\beta z)}\right]+\right.$$
$$\left.\frac{\alpha}{\xi^2}\left[-\frac{\chi_1}{\chi_2}e^{-\beta(\varepsilon+z)}+e^{-\beta|z-\varepsilon|}\right]\right\}\cdot\xi^2\left[J_2(\xi r)-J_0(\xi r)\right]d\xi+$$

$$\left.\int_0^\infty\frac{J_1(\xi r_0)}{4\beta}\left[e^{-\beta(\varepsilon+z)}+e^{-\beta|z-\varepsilon|}\right]\left[J_2(\xi r)+J_0(\xi r)\right]d\xi\right\}$$
$$(21a)$$

$$H_v(r,\theta,z,\varepsilon)=\frac{r_0\sin\theta}{G_s^*}\left\{\int_0^\infty\frac{\beta J_1(\xi r_0)}{4\alpha(\xi^2-\beta^2)}\cdot\right.$$

$$\left\{\frac{1}{\beta}\left[-\frac{\chi_1}{\chi_2}e^{-\alpha(\varepsilon+z)}-e^{-\alpha\mid z-\varepsilon\mid}\right]+\frac{4\alpha}{\chi_2}\left[e^{-(\beta z+\alpha z)}+e^{-(\alpha\varepsilon+\beta z)}\right]\right.$$

$$\left.+\frac{\alpha}{\xi^2}\left[-\frac{\chi_1}{\chi_2}e^{-\beta(\varepsilon+z)}+e^{-\beta\mid z-\varepsilon\mid}\right]\right\}\xi^2\left[J_2(\xi r)+J_0(\xi r)\right]d\xi+$$

$$\left.\int_0^\infty\frac{J_1(\xi r_0)}{4\beta}\left[e^{-\beta(\varepsilon+z)}+e^{-\beta\mid z-\varepsilon\mid}\right]\left[J_2(\xi r)-J_0(\xi r)\right]d\xi\right\}$$

$$(21b)$$

$$H_w(r,\theta,z,\varepsilon)=\frac{2r_0\cos\theta}{G_s^*}\cdot\int_0^\infty-\frac{1}{\xi^2-\beta^2}\cdot$$

$$\left\{\frac{1}{4}\cdot\left\{\frac{\chi_1}{\chi_2}\left[e^{-\alpha(z+\varepsilon)}+e^{-\beta(z+\varepsilon)}\right]+\delta^*\left[e^{-\alpha\mid z-\varepsilon\mid}-e^{-\beta\mid z-\varepsilon\mid}\right]\right\}\right.$$

$$\left.-\frac{1}{\chi_2}\cdot\left[\alpha\beta e^{-(\alpha z+\beta\varepsilon)}+\xi^2e^{-(\alpha\varepsilon+\beta z)}\right]\right\}\xi J_1(\xi r_0)J_1(\xi r)d\xi$$

$$(21c)$$

其中，$\chi_{1,2}=\frac{4\alpha\beta\xi^2\pm(\xi^2+\beta^2)^2}{\xi^2+\beta^2}$；$\delta^*=\begin{cases}\dfrac{\mid z-\varepsilon\mid}{z-\varepsilon},&z\neq\varepsilon\\0,&z=\varepsilon\end{cases}$ 为

符号函数。

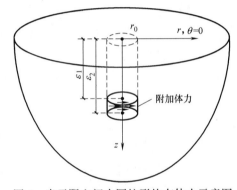

图 4　半无限空间内圆柱形均布体力示意图

此外，对单位体力作用下的桩周土力导纳函数，可以通过单位面力导纳函数对 ε 在深度方向积分得到，以 r 向位移为例：

$$H_u^B(r,\theta,z,\varepsilon_1,\varepsilon_2)=\int_{\varepsilon_1}^{\varepsilon_2}H_u(r,\theta,z,\varepsilon)d\varepsilon\quad(22)$$

其中，ε_1 和 ε_2 分别表示附加体力单位圆柱体的上、下表面深度。

3.2　半无限空间土受迫振动响应

至此，可以建立基于既有高承台桩基水平振动理论的桩周半无限空间场地响应反演机制，将场地中桩身所在区域按深度方向等间距离散为 m 个单元，如图 5 所示。

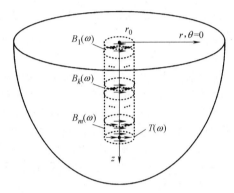

图 5　离散化半无限空间土模型

由桩-土界面位移连续条件，可以在 $n+1$ 个节点位置沿 x 轴方向建立方程：

$$\Theta\times\begin{bmatrix}B_1&B_2&\cdots&B_m&T\end{bmatrix}^T=$$

$$\begin{bmatrix}G_1(z_0)&G_1(z_1)&\cdots&G_1(z_{n-1})&G_1(z_n)\end{bmatrix}^T$$

$$(23a)$$

$$\Theta=\begin{bmatrix}H_u^{B1}(r_0,0,z_0)&\cdots&H_u^{Bk}(r_0,0,z_0)&\cdots&H_u^{Bm}(r_0,0,z_0)&H_u(r_0,0,z_0,h_1)\\\cdots&\cdots&\cdots&\cdots&\cdots&\cdots\\H_u^{B1}(r_0,0,z_k)&\cdots&H_u^{Bk}(r_0,0,z_k)&\cdots&H_u^{Bm}(r_0,0,z_k)&H_u(r_0,0,z_k,h_1)\\\cdots&\cdots&\cdots&\cdots&\cdots&\cdots\\H_u^{B1}(r_0,0,z_{m-1})&\cdots&H_u^{Bk}(r_0,0,z_{m-1})&\cdots&H_u^{Bm}(r_0,0,z_{m-1})&H_u(r_0,0,z_{m-1},h_1)\\H_u^{B1}(r_0,0,z_m)&\cdots&H_u^{Bk}(r_0,0,z_m)&\cdots&H_u^{Bm}(r_0,0,z_m)&H_u(r_0,0,z_m,h_1)\end{bmatrix}$$

$$(23b)$$

$$H_u^{Bk}(r,\theta,z)=H_u^B(r,\theta,z,z_{k-1},z_k)\quad(23c)$$

其中，$B_k(\omega)$ 为第 k 单元附加体力；$T(\omega)$ 为桩底附加面力；$z_k(k=1,2,\cdots,m)$ 表示第 k 单元的底部深度，即有 $z_0=0$、$z_m=h_1$；$G_1(z)$ 为第 1 桩段水平位移的力导纳函数，其已在第 3 节中求得。

通过式（23）可以求解得到各单元附加体力值及桩底附加面力值。至此，半无限空间场地模型内任一质点的位移响应即可以求解得到（以 r 向位移为例）：

$$u(r,\theta,z,\omega)=H_u(r,\theta,z,h_1)\cdot T+$$

$$\sum_{k=1}^m H_u^B(r,\theta,z,z_{k-1},z_k)\cdot B_k\quad(24)$$

水平瞬态激振可以通过半正弦激振的形式予以模拟：

$$f(t)=f_{\max}\cdot\sin\left(\vartheta t\cdot H\left(\frac{\pi}{\vartheta}-t\right)\right)\quad(25)$$

其中，$f_{\max}$ 和 ϑ 分别表示激励的幅值与振动圆频率；$H(\cdot)$ 表示 Heaviside 阶跃函数。

其所对应的时域内解析表达，则可以由 Fourier 逆变换得到，有：

$$u(r,\theta,z,t)=\text{IFT}\left[u(r,\theta,z,\omega)\cdot\frac{f_{\max}\vartheta}{\vartheta^2-\omega^2}(1+e^{-i\omega\frac{\pi}{\vartheta}})\right]$$

$$(26a)$$

$$v_u(r,\theta,z,t)=\text{IFT}[i\omega\cdot u(r,\theta,z,\omega)\cdot F(\omega)]\quad(26b)$$

其中，$v_u(r,\theta,z,t)$ 为桩周土质点时域内 r 向速度响应函数。

4 解的合理性验证

为了对本文提出模型及其理论解的合理性进行验证，通过有限元分析软件 ABAQUS 对高承台桩基桩顶附近水平激振引起的周围场地振动响应展开研究。其中，高承台桩、场地土的主要参数如表 1 所示。

桩-土模型参数 表 1

材料	密度	弹性模量	泊松比	阻尼
桩	$\rho_p = 2500\text{kg/m}^3$	$E_p = 40\text{GPa}$	$\upsilon_p = 0.15$	$\beta_p = 0.01$
土	$\rho_s = 1800\text{kg/m}^3$	$E_s = 48.60\text{MPa}$	$\upsilon_s = 0.35$	$\beta_s = 0.02$
$r_0 = 0.50\text{m}, h_1 = 10.00\text{m}, h_2 = 0.00\text{m}, h_3 = -0.50\text{m},$				
$h_t = -5.00\text{m}, \pi/\vartheta = 2\text{ms}, m_{st} = 10^5\text{kg}, N_p = 10^7\text{N}$				

如图 6 所示，分别建立高承台桩及其周围场地的有限元模型。其中，高承台桩与刚性承台相连，并耦合一等效质量以及附加轴力来模拟上部结构的影响。为了验证本文提出的半无限空间场地中桩身所在区域的附加荷载可视作均布荷载假设，高承台桩及其周围场地均采用连续介质单元（C3D8R）以考虑耦合振动过程中的三维效应。桩周场地范围径向取为 30 倍桩径、竖向取为 2 倍桩埋深，以减小边界影响；桩-土界面完全接触且无相对滑移，以模拟低应变测试条件。

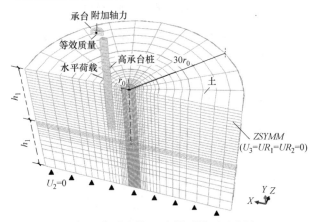

图 6 高承台桩-土有限元模型示意图

同时，为了便于不同结果之间的比较，引入无量纲化参数：

$$v_u(r,\theta,z) = v_u(r,\theta,z) / \frac{f_{\max} C_s}{J_p} \quad (27a)$$

$$C_s = \sqrt{\kappa G_p / \rho_p} \quad (27b)$$

其中，C_s 表示桩身材料的一维剪切波速。

根据本文理论解与有限元分析，图 7 比较了桩周场地表面、不同角度土质点的径向振动响应时变曲线。可以看到，理论解与有限元分析结果吻合较好，尤其是首至波及其后继波形的响应时间与幅值基本保持一致。可见，采用本文提出模型及计算假设是合理的，将桩身区域附加荷载视作均布荷载并不会影响桩周场地的波动规律研究。同时可以看到，随着土质点的方位沿桩周不断改变（径向距离保持一定），其振动响应曲线仅幅值发生变化，而波

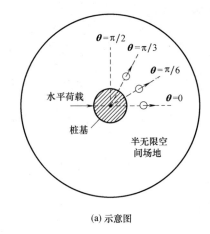

(a) 示意图

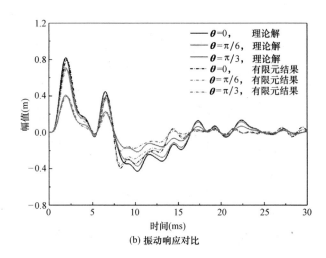

(b) 振动响应对比

图 7 不同径向角度桩周土质点
（$r = 0.60\text{m}, z = 0.00\text{m}$）

峰响应时间几乎不受影响。因此，为了简化研究，以下桩周土质点的方位均取为 x 轴方向（$\theta = 0$），即水平荷载作用方向。

此外，图 8 对比了不同深度土质点的径向振动响应时变曲线。结果表明，桩周及桩底以下土的解析计算结果与数值模拟结果均吻合较好。值得注意的是，相较于桩周土的振动响应幅值，桩底以下土质点的径向振动响应迅速衰减，其幅值并不显著。

5 小结

（1）本文提出了一种基于既有桩基水平振动理论反演的桩周半无限空间场地受迫振动模型，并通过积分变换方法求解得到了其复数域内解析解及时域半解析解。

（2）通过设置不同工况，将本文解析结果与有限元软件分析结果进行比对，证明了提出的理论模型及其解析解的合理性。

（3）基于本文理论解，可以对不同工况条件下的桩周场地波动规律展开研究，相关研究成果可以为工程检测提供理论依据。

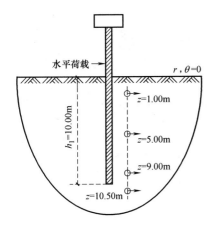

(a) 示意图

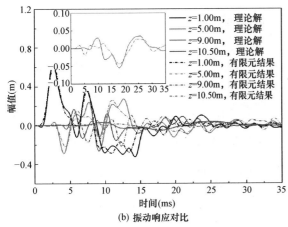

(b) 振动响应对比

图 8　不同深度桩周土质点 ($r=0.60\text{m}$，$\theta=0$)

参考文献：

［1］　陈凡. 基桩质量检测技术［M］. 北京：中国建筑工业出版社，2014：98-173.

［2］　王奎华，谢康和，曾国熙. 有限长桩受迫振动问题解析解及其应用［J］. 岩土工程学报，1997，19(6)：27-35.

［3］　王奎华，谢康和. 变截面阻抗桩受迫振动问题解析解及应用［J］. 土木工程学报，1998，31(6)：56-67.

［4］　吴君涛，王奎华，高柳，等. 考虑桩身材料阻尼的桩基纵向振动积分变换解及其应用［J］. 岩石力学与工程学报，2017，36(9)：2 305-2312.

［5］　Wu JT，Wang KH，Gao L，Xiao S. Study on longitudinal vibration of a pile with variable sectional acoustic impedance by integral transformation. Acta Geotechnica. 2018：1-4.

［6］　Davis AG. Nondestructive evaluation of existing deep foundations. J Perform Constr Facil 1995；1：57-74.

［7］　Sack D，Slaughter S，Olson L. Combined measurement of unknown foundation depths and soil properties with nondestructive evaluation methods. Transp ResRecord J Transport Res Board 2003；1868(1)：76-80.

［8］　Wu J.，Wang K.，Naggar M. E. Dynamic soil reactions around pile-fictitious soil pile coupled model and its application in parallel seismic method［J］. Computers and Geotechnics，2019，110(6)：44-56.

［9］　Wu J.，Wang K.，Naggar M. E. Dynamic response of a defect pile in layered soil subjected to longitudinal vibration in parallel seismic integrity testing［J］. Soil Dynamics and Earthquake Engineering，2019，121(6)：168-178.

［10］　陈龙珠，赵荣欣. 旁孔透射波法确定桩底深度计算方法评价［J］. 地下空间与工程学报，2010，6(1)：157-161.

［11］　黄大治，陈龙珠. 旁孔透射波法检测水泥搅拌桩的三维有限元分析［J］. 上海交通大学学报，2007，41(6)：960-964.

［12］　杜烨，陈龙珠，马晔，等. 旁孔透射波法确定桩底深度方法的有限元分析［J］. 防灾减灾工程学报，2012，(6)：731-736.

［13］　吴君涛，王奎华，肖偲，等. 弹性支承桩周围土振动响应解析解及其波动规律研究［J］. 岩石力学与工程学报，2018，37(10)：2 384-2 393.

［14］　吴君涛，王奎华，刘鑫，等. 缺陷桩周围成层土振动响应解析解及其在旁孔透射波法中的应用［J］. 岩石力学与工程学报，2019：7-7.

［15］　Wu J.，Wang K.，Naggar M. E. Half-space dynamic soil model excited by known longitudinal vibration of a defective pile［J］. Computers and Geotechnics，2019，112(8)：403-412.

［16］　Makris N.，Gazetas G. Displacement phase differences in a harmonically oscillating pile［J］. Geotechnique，1993，43(1)：135-150.

［17］　Wu J.，Naggar M.，Wang K.，et al. Lateral vibration characteristics of an extended pile shaft under low-strain integrity test［J］. Soil Dynamics and Earthquake Engineering，2019，126：105812.

［18］　Wu J.，Naggar M.，Wang K.，et al. Analytical Study of Employing Low-Strain Lateral Pile Integrity Test on a Defective Extended Pile Shaft［J］. Journal of Engineering Mechanics，2020，146(9)：04020103.

软土地区预应力竹节桩承载性能数值模拟研究

刘清瑶[1]，张日红[2]，周佳锦[1]，龚晓南[1]，黄　晟[1]，严天龙[2]

(1. 浙江大学滨海和城市岩土工程研究中心，浙江 杭州 310058；2. 中淳高科股份有限公司，浙江 宁波 315000)

摘　要：为了对预应力高强混凝土竹节桩在软土地基中的荷载传递特性进行研究，基于预应力竹节桩和管桩的一组现场静载试验，通过 ABAQUS 有限元软件建模对静载试验结果进行了模拟，在验证所建立模型可靠性后对预应力竹节桩的承载特性以及竹节在荷载传递过程中的受荷特性进行了分析与研究。研究结果表明：软土地基中预应力竹节桩的桩顶荷载主要由桩侧摩阻力承担；桩身竹节能够显著改善预应力竹节桩的桩侧摩擦性能，提高桩侧摩阻力，增大竹节尺寸可以显著地提高预应力竹节桩的极限承载力。
关键词：预应力高强混凝土竹节桩；现场试验；侧摩阻力；ABAQUS；竹节直径

作者简介：刘清瑶（1998—　），女，硕士研究生，主要从事桩基工程的科研工作。E-mail：qingyao_liu@163.com。

Numerical simulation on bearing capacity of PHC nodular pile in soft soil area

LIU Qing-yao[1]，ZHANG Ri-hong[2]，ZHOU Jia-jin[1]，GONG Xiao-nan[1]，HUANG Sheng[1]，YAN Tian-long[2]

(1. Research Center of Coastal and Urban Geotechnical Engineering，Zhejiang University，Hangzhou Zhejiang 310058，China；2. ZCONE High-tech Pile Industry Holdings Co.，Ltd.，Ningbo Zhejiang 315000，China)

Abstract：To investigatethe load transfer mechanism of PHC nodular pile in soft soil foundation，the ABAQUS finite element software was adopted to simulate the behavior of full scale PHC pile and PHDC pile in a practical project. The reliability of the built models was validated after comparing the simulation results with the field test results. The load transfer mechanism of PHC nodular pile and the bearing mechanism of nodules were then analyzed based on the simulation results. The test results showed that：the pile head load of PHC nodular pile was mainly supported by shaft resistance；the nodules of PHC nodular pile can significantly improve pile shaft capacity；the ultimate bearing capacity of PHC nodular pile can be significantly improved by increasing the diameter of nodules.
Key words：PHC nodular pile；fieldtest；skin friction；ABAQUS；nodular diameter

0　引言

随着现代化进程的推进，我国基础设施建设的能力也达到了较高水平。桩基础对于建筑工程的建设尤为重要，目前在我国应用较广的桩型主要有钻孔灌注桩和预应力管桩，两者的工艺都已较为成熟，预应力管桩由于造价经济、工程化生产、打桩速度快等优点被广泛应用于实际工程中[1]。国内外众多学者对 PHC 管桩的承载性能进行过研究[2-4]。

在我国长三角、珠三角等东部沿海地区存在大量的软土地基，采用桩身强度较大的 PHC 管桩时，桩基极限承载力由软土性质所控制，PHC 管桩桩身承载性能无法得到充分发挥。在 PHC 管桩的基础上，参考带翼板预应力管桩[5]，笔者研究团队研发了预应力高强混凝土竹节桩，如图 1 所示。

图 1　预应力高强混凝土竹节桩照片
Fig. 1　Photograph of PHC nodular pile

为了研究预应力竹节桩在软土地基中的荷载传递特性，本文基于预应力竹节桩和 PHC 管桩的现场静载试验结果，通过 ABAQUS 有限元软件建模对现场试验进行了模拟，在验证所建立模型可靠性后对预应力竹节桩的承载特性和桩身竹节的受荷机理进行了分析与研究。

1　预应力竹节桩与管桩现场静载试验

笔者课题组在东南沿海地区通过不同桩长的两组预应力竹节桩和 PHC 管桩的现场静载试验对两种桩型的承载特性进行了比较分析[6]。静载试验中 PHC 管桩直径 400mm，桩长分别为 28m 和 22m；预应力竹节桩桩长与 PHC 桩相同，桩身直径 350mm，竹节节点处直径 400mm，相邻竹节间距为 1000mm。预应力竹节桩和管桩桩身混凝土等级均为 C80。两组静载试验均的休止期均为 40d，试桩荷载-位移曲线如图 2 所示，图中 PHDC 桩表示预应力竹节桩。图 2（a）显示，PHC3 桩的荷载-位移曲线在桩顶荷载为 1000kN 时发生突变，桩端发生刺入破坏，PHC3 的极限承载力为 900kN，达到极限承载力时的极限桩顶位移为 3.46% 桩身直径。PHDC3 桩的荷载-位移曲线在桩顶荷载为 1000kN 时桩顶沉降值超过 40mm，因此其极限承载力也为 900kN，此时极限桩顶位移为 9.46% 桩身直径。图 2（b）显示，PHC4 的荷载-位移曲线在桩顶荷载达到 700kN 时发生刺入破坏，所以 PHC4 的极限承载力为 600kN，此时对应的桩顶位移为 4.20% 桩身直径。PHDC4 桩的荷载-位移曲线在桩顶荷载为 700kN 时桩顶沉降值超过 40mm，其极限承载力也为 600kN，此时的极限桩顶位移为 7.37% 桩身直径。两组试验中竹节桩桩身直径（350mm）均小于管桩直径（400mm），因此可以认为桩身竹节节点的增加了竹节桩的承载性能。

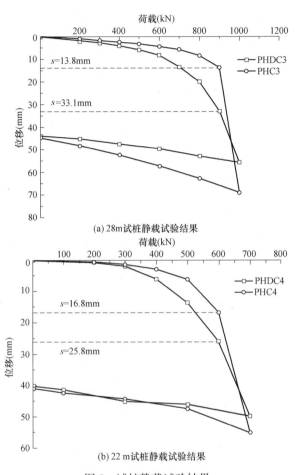

(a) 28m试桩静载试验结果

(b) 22 m试桩静载试验结果

图 2　试桩静载试验结果

Fig. 2　Static load test results

2　预应力竹节桩数值模拟

2.1　模型建立

由于现场试验的技术和成本限制，采用有限元软件对预应力竹节桩的荷载传递过程进行模拟计算。本文通过 ABAQUS 有限元分析软件对前述预应力竹节桩和管桩进行三维模拟计算，并将模拟计算结果与现场实测结果进行对比，在此基础上，对预应力竹节桩的受力机制和承载性能影响因素进行分析，为进一步研究提供依据。

以前述不同桩长预应力竹节桩和管桩现场静载试验中的试桩为参照，桩周土体与桩端土体定义为莫尔-库仑弹塑性模型，土体参数取自现场试验地勘数据，建立如图 3 的桩土 ABAQUS 有限元模型。

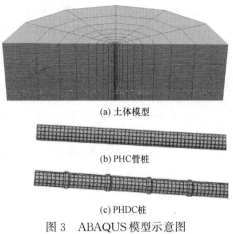

(a) 土体模型

(b) PHC管桩

(c) PHDC桩

图 3　ABAQUS 模型示意图

Fig. 3　ABAQUS model schematic diagram

2.2　模型有效性验证

如图 4 所示为现场试验与 ABAQUS 模拟的荷载位移

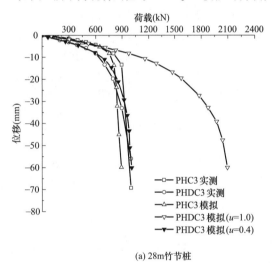

(a) 28m竹节桩

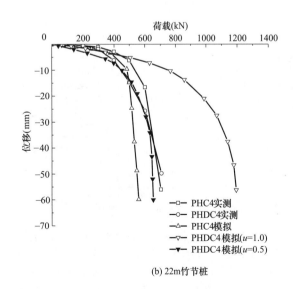

(b) 22m竹节桩

图 4　数值模拟与实测荷载-位移曲线对比

Fig. 4　Comparison between calculated and measured load-displacement curves

对比曲线。从图中不同桩长预应力竹节桩和管桩的荷载-位移对比曲线可以看出，两种管桩的模拟曲线和实测曲线在趋势上分别保持一致，且各特征点处数值相近。这表明了 ABAQUS 有限元软件的数值模拟有较好的可靠性，能够基本反映实际情况下的桩基承载性能。从图 4 中还可以看到，当预应力竹节桩桩周土体强度参数与 PHC 管桩相同时，计算所得的预应力竹节桩的极限承载力远高于实测值，说明此时预应力竹节桩桩周土体的强度还未完全恢复。通过将预应力竹节桩桩侧土体的强度进行折减，折减系数为 u。预应力竹节桩施工过程中竹节几乎不会对桩端土体产生影响，所以保持桩端以下土体参数不变，再利用 ABAQUS 进行模拟。结果显示当 $u=0.4$ 时的 PHDC3 模拟结果和 $u=0.5$ 时的 PHDC4 模拟结果最接近实测数据。

3 预应力竹节桩承载特性分析

3.1 预应力竹节桩桩身轴力分析

整理 $u=0.4$ 时的 PHDC3 和 $u=0.5$ 时的 PHDC4 在达到极限承载力时的桩身轴力数据，与 PHC 管桩对比，如图 5 所示。从图中可以看到，在桩顶荷载作用下，荷载通过桩身传递到桩端，桩身轴力逐渐减小，28m 桩长的 PHC 管桩和 PHDC 桩在到达 23m 左右时，轴力变化的斜率增加，这是因为根据地勘结果，该部分土体强度比上层土体更大，所以能提供较大的侧摩阻力。达到极限承载力时，PHC3 极限桩端阻力 220kN，极限桩侧摩阻力为 590kN，PHC4 极限桩端阻力为 75kN，极限桩侧摩阻力为 408kN。

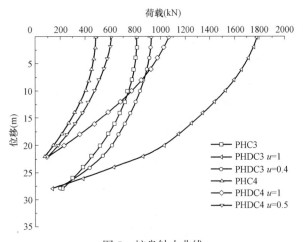

图 5 桩身轴力曲线

Fig. 5 Axial force curve of pile

通过对 u 取不同值时的 PHDC 桩的轴力曲线进行对比分析可发现，当桩侧土体强度完全恢复后，轴力曲线更为陡峭，PHDC3 极限侧摩阻力从 728kN 上升到 1643kN，增加了 915kN，PHDC4 极限侧摩阻力从 500kN 上升到 975kN，增加了 475kN，而两根桩的极限桩端阻力都几乎不变。这说明了随着桩侧土体强度的恢复，PHDC 桩侧摩阻力能够得到更完全得发展，理想状态下 PHDC 桩的

桩顶荷载主要由桩侧摩阻力承担。

3.2 预应力竹节桩桩周土体受力性状

PHDC 桩竹节的存在使得桩周土体的受力与 PHC 管桩相比更为复杂，如图 6 和图 7 为 PHC4 和 PHDC4 在其分别达到极限承载时的桩周土体应力分布云图。PHC 管桩的桩端土体出现应力集中，桩端斜下方的土体受到的挤压最为明显，径向应力 σ_r 最大值为 316kPa，竖向应力 σ_z 最大值为 463kPa，由于开口管桩会出现土塞效应，在桩端中心处的土体沿开口向上隆起，所以出现微小的负应力值。

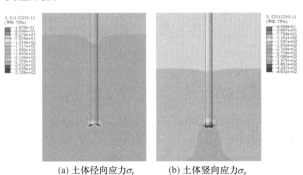

(a) 土体径向应力 σ_r (b) 土体竖向应力 σ_z

图 6 PHC 管桩桩周土体应力分布云图

Fig. 6 Cloud image of soil stress distribution around PHC pile

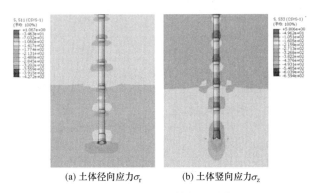

(a) 土体径向应力 σ_r (b) 土体竖向应力 σ_z

图 7 PHDC 桩桩周土体应力分布云图

Fig. 7 Cloud image of soil stress distribution around PHDC pile

PHDC 桩桩端土体应力分布与 PHC 管桩类似，出现应力泡，径向应力 σ_r 最大值为 427kPa，竖向应力 σ_z 最大值为 659kPa，大于 PHC 管桩。PHDC 桩桩周土体应力最为明显的特征是，在承受桩顶荷载的过程中，竹节周围的土体会呈现出上下两个椭球形的应力泡。竹节斜下部的土体由于受到竹节的挤压，土体径向应力和竖向应力增大了 30~120kPa，而竹节上部的土体应力则有所回落。

图 8 和图 9 分别为 PHC4 和 PHDC4 达到极限承载力时的桩周土体位移分布云图。位移云图和应力云图分布呈现高度的一致性，桩端下部的土体位移最大，有小部分土体进入桩端开口形成土塞。PHC 桩的桩侧土体径向位移 s_r 几乎为 0，小于 0.3mm，竖向位移 s_z 也较小，保持在 1.3~4.4mm 之间。PHDC 桩每个竹节下部的土体都受到竹节的挤压往斜下方移动，使得竖向位移和径向位

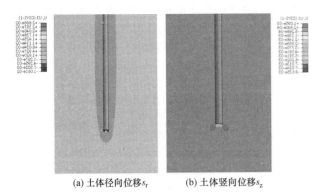

(a) 土体径向位移s_r　　(b) 土体竖向位移s_z

图 8　PHC 桩桩周土体位移分布云图

Fig. 8　Cloud map of soil displacement
distribution around PHC pile

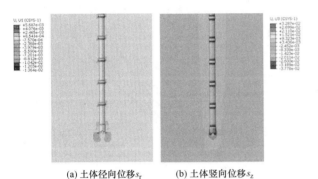

(a) 土体径向位移s_r　　(b) 土体竖向位移s_z

图 9　PHDC 桩桩周土体位移分布云图

Fig. 9　Cloud map of soil displacement
distribution around PHDC pile

移增加，而竹节上方由于桩基和土体之间的相对位移产生一定的孔隙，竹节斜上方的土体产生回缩，所以该范围土体的竖向位移继续增大，而径向位移产生回缩。

3.3　PHDC 桩荷载传递规律

PHDC 桩与传统 PHC 管桩相比，最大的特点在于突出的竹节，为了研究 PHDC 桩与 PHC 管桩的荷载传递规律的差异性，利用 ABAQUS 建模对两者桩端阻力与侧摩阻力的发展进行对比研究。

设置 PHDC 桩桩身内径 $d_0 = 380mm$，桩身直径 $d_1 = 600mm$，竹节直径 $d_2 = 700mm$，竹节凸起处角为 $45°$，桩长 $L = 15m$，竹节竖向间距 $H_1 = 1m$，该尺寸为实际工程较为常见的 PHDC 桩尺寸。同时设置 $d_0 = 380mm$，桩身直径 $d_1 = 600mm$ 和 $700mm$ 的两组相同长度的 PHC 管桩以进行对比。为简化计算，仅设置两层土体，桩侧土体采用黏土，桩端土体采用粉质黏土，土体参数如表 1 所示，建模过程与上文所述一致。

如图 10 所示为桩身内径 $d_0 = 380mm$，桩身直径 $d_1 = 600mm$ 的 PHC 管桩和 PHDC 桩在静载过程中总阻力、桩端阻力以及桩侧摩阻力的随位移发展的变化曲线。由图可知，PHC 管桩破坏形式为刺入型破坏，桩顶位移达到 22mm，600mm PHC 管桩极限承载力为 687kN，极限侧摩阻力为 245kN，极限桩端阻力为 442kN。PHC 管桩桩侧摩阻力在桩顶位移较小时就迅速发展，当位移为

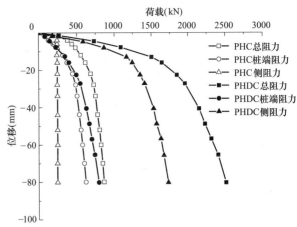

图 10　PHC 管桩和 PHDC 桩荷载变化曲线

Fig. 10　Load displacement curve of
PHC pile and PHDC pile

4mm 时桩侧摩阻力就已经达到 241kN，当位移继续增加时，桩侧摩阻力以非常小的速率进行增长，也就是说，当桩端位移从 4mm 开始继续增加时，PHC 桩受到的总阻力的增长几乎全部来自桩端阻力的增长。PHDC 桩极限承载力为 1848kN，极限侧摩阻力为 1351kN，极限桩端阻力为 497kN。PHDC 桩的桩端阻力发展与 PHC 管桩桩端阻力发展相似，且极限桩端阻力变化不大，但是 PHDC 桩的侧摩阻力大于 PHC 管桩，且随着位移的增大不断增加，当桩顶位移为 4mm 时，侧摩阻力为 505kN，远未达到极限侧摩阻力值。

| | 土体参数表 | | | | | 表 1 |
| | Soil parameter table | | | | | Table 1 |
名称	土层厚度（m）	弹性模量（MPa）	泊松比	内摩擦角（°）	黏聚力（kPa）	本构模型
桩侧土体	0～15	20	0.35	18	25	摩尔-库仑
桩端土体	15～30	45	0.3	25	50	摩尔-库仑

对比 PHC 桩的侧摩阻力显示 PHDC 桩侧摩阻力大于 PHC 管桩侧摩阻力，通过分析发现主要原因有以下两个方面，第一是由于竹节的存在增加了桩侧与土的接触面积，从而增加了法向压力与摩擦力；第二由于 PHDC 桩竹节处与非竹节处直径差的存在，可以将每一个竹节看成一个桩端扩大头，在位移开始发展时，其竹节扩大的部分会对下部土体有直接的挤压，非竹节处桩身周围的土体会对竹节有直接的阻力，且随着位移的增加接触阻力增大，造成桩侧摩阻力的增大。第二点也同时说明了 PHDC 桩侧摩阻力会随着位移的增长一直发展的原因，而不像 PHC 管桩的桩侧摩阻力很快到达极限值，随着位移的增加很难有变化。

3.4　PHDC 桩竹节尺寸对承载力的影响分析

现有实际工程中，PHDC 桩最常用的桩身尺寸为 $d_1 = 600mm$，改变竹节尺寸 d_2，设置 $d_2 = 650mm$、$700mm$、$750mm$、$800mm$ 四种，竹节凸起处角度不变，

桩长 $L=15m$，PHDC 桩模型如图 11 所示。

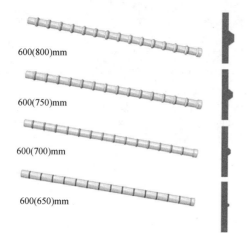

600(800)mm

600(750)mm

600(700)mm

600(650)mm

图 11　竹节尺寸不同的 PHDC 桩示意图

Fig. 11　Schematic diagram of PHDC
piles with different nodular size

如图 12 为竹节尺寸不同的 PHDC 桩荷载位移对比曲线，从图中可以看出，在桩身直径 $d_1=600mm$ 不变的情况下，PHDC 桩的极限承载力随着竹节直径的增加不断增长，当 $d_2=650mm$、700mm、750mm、800（mm）时，PHDC 桩的极限承载力分别为 1417kN、1842kN、2128kN、2325（kN）。d_2 每增加 50mm，极限承载力的增量分别为 425kN、286kN、187（kN），依次递减，这说明在一定范围增大竹节尺寸可以显著的提高 PHDC 桩的极限承载力，而继续增加竹节尺寸带来的极限承载力的提升并不大。图 13 为 4 根 PHDC 桩达到极限承载力时的桩身轴力曲线，桩身轴力随桩深度增加而减小，且曲线接近于直线，当 $L=15m$ 时，4 根不同 d_2 的 PHDC 桩桩身轴力几乎不变，也就是极限桩端承载力几乎不变，说明竹节尺寸只影响了桩侧摩阻力的发挥。

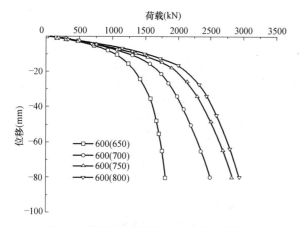

图 12　不同直径竹节尺寸对承载力的影响

Fig. 12　Influence of different nodular
size on bearing capacity

由于挤土效应对土体的扰动，桩侧土体在短时间内难以恢复到原有强度，根据 2.2 节部分的研究，将桩侧土体强度折减，取折减系数 $u=0.5$，得荷载位移曲线如图 14 所示，曲线形状和发展趋势与未折减时一致，由此可

知桩侧土体强度的变化并未对 PHDC 桩的桩端破坏形式产生影响。分析达到极限承载力时桩顶位移还可知，$u=0.5$ 时和 $u=1$ 时 PHDC 桩的桩顶位移都在 $20\sim27mm$，为 $3.8\%\sim4.5\%$ 桩身直径，且变化并不大，说明竹节尺寸和桩侧土体强度对于桩端土体发生破坏时的桩顶位移并无太大影响。$u=0.5$ 时 PHDC 桩的极限承载力由小到大依次为 903kN、1094kN、1226kN、1284kN，将未折减时的极限承载力与其对比，增量依次为 514kN、748kN、902kN、1041kN，依次递增，这说明竹节尺寸越大，桩侧土体强度恢复后，承载力能够增长得越多，但是大尺寸的竹节相应的在打桩过程中必然造成更大的土体扰动，需要更长的时间来进行恢复，且最终是否可以达到原有的土体强度还不得而知，需要更深入的研究。

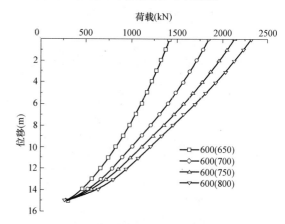

图 13　竹节尺寸不同的 PHDC 桩桩身轴力曲线

Fig. 13　Axial force curve of PHDC
pile with different nodular size

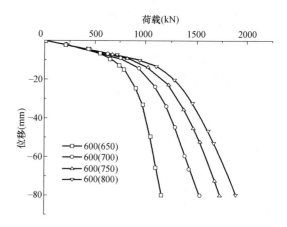

图 14　$u=0.5$ 竹节尺寸不同的 PHDC 桩荷载位移曲线

Fig. 14　Load displacement curve of PHDC
piles with different nodular size（$u=0.5$）

4　结语

为了研究预应力竹节桩的抗压承载性能，利用 ABAQUS 数值模拟软件对预应力竹节桩的荷载传递过程进行了建模计算。结合软土地区预应力竹节桩和管桩的现场试验，对两种桩型的荷载传递规律进行了对比分析；

分析了竹节尺寸因素对预应力竹节桩抗压承载性能的影响，可得出以下结论：

（1）随着桩侧土体强度的恢复，预应力竹节桩侧摩阻力能够得到更完全得发展，PHDC 桩的桩顶荷载主要由桩侧摩阻力承担。

（2）PHC 管桩侧摩阻力随着位移的增长很快达到极限值，随着位移增加 PHC 管桩受到的总阻力的增长几乎全部来自桩端阻力的增长。而预应力竹节桩侧摩阻力会随着位移的增长持续发展，大于 PHC 管桩侧摩阻力。即竹节的存在能显著改善桩侧摩擦性能，提高桩侧摩阻力。

（3）竹节尺寸只影响了桩侧摩阻力的发挥。一定范围内增大竹节尺寸可以显著地提高预应力竹节桩的极限承载力，而继续增加竹节尺寸带来的极限承载力的提升并不大。竹节尺寸越大，桩侧土体强度完全恢复后，承载力能够增长得越多，但其对土体强度的破坏有待进一步研究。

参考文献：

[1] 张忠苗. 桩基工程［M］. 北京：中国建筑工业出版社，2007.

[2] 朱合华，谢永健，王怀忠. 上海软土地基超长打入 PHC 桩工程性状研究［J］. 岩土工程学报，2004，26（6）：745-749.

[3] 邢皓枫，赵红崴，徐超，等. PHC 管桩锤击施工效应分析［J］. 岩土工程学报，2009，31(8)：1208-1212.

[4] Paik K，Salgado R. Determination of Bearing Capacity of Open-Ended Piles in Sand［J］. Journal of Geotechnical and Geoenvironmental Engineering，2003，129(1)：46-57.

[5] 黄敏，龚晓南. 一种带翼板预应力管桩及其性能初步研究［J］. 土木工程学报，2005，38(5)：59-62.

[6] 周佳锦，张日红，黄晟，等. 软土地区预应力竹节桩与管桩抗压承载性能研究［J］. 天津大学学报(自然科学与工程技术版)，2019，52(S1)：13-19.

"先桩后堰"法辅助大型双壁钢套箱下沉施工控制技术

王思仓[1]，**程建强**[1]

（1. 浙江省建投交通基础建设集团有限公司，浙江 杭州 310000）

摘　要：钢套箱下沉控制是钢围堰施工中的重要环节。本文结合中卫南站黄河大桥双壁钢套箱"先桩后堰"法下沉施工实例，简要介绍了钢套箱在桩基施工完成后，利用钢护筒形成支撑结构系统辅助钢套箱下沉的施工方法，重点阐述了这种情况下钢套箱拼装下沉的控制技术要点以及纠偏措施。

关键词：先桩后堰；双壁钢套箱；下沉；控制技术

作者简介：王思仓（1971—　　），男，高级工程师，主要负责企业工程生产技术管理工作。E-mail：457271607@qq.com。

Construction control technology of pile foundation before cofferdam assisted large double wall steel jacketed box sinking

WANG Si-cang, CHENG Jian-qiang

（1. Zhejiang Infrastructure Construction Group Co., Ltd., Hangzhou Zhejiang 310000, China）

Abstract：The sinking control of steel jacketed box is an important link in the construction of steel cofferdam. This paper combines the example of pile foundation before cofferdam assisted large double wall steel jacketed box sinking On the Yellow River Bridge project of Zhongwei South Railway Station. It briefly introduces the construction method of using steel casing to form support structure system to assist steel casing sinking after the completion of pile foundation construction，and focuses on the key points of control technology and deviation correction measures for the assembly sinking of steel jacketed box in this case.

0　引言

在桥梁建设中，随着建桥技术的不断创新，桥梁的跨度及基础的入水深度也不断加大，尤其是近些年来跨海、跨江河桥梁不断建设，深水基础的应用也越来越多。在桥梁深水基础的建设中，双壁钢套箱围堰因其刚度大、结构稳定且能承受较大的荷载等特点被广泛应用，施工时既可作为围护及止水结构，也可作为钻孔平台的支撑结构。然而在双壁钢套箱围堰下沉过程中，由于受到水流作用、内外侧水压差及围堰土部机械荷载等复合荷载作用，导致其结构受力相当复杂，并给施工带来了很大的风险。因此，如何全面结合实际施工情况，充分利用临时结构，保证钢套箱围堰下沉过程中的指标控制，对工程的顺利进行具有重要的意义。本文以中卫南站黄河大桥双壁钢套箱"先桩后堰"法下沉施工为研究对象，重点阐述了这种情况下钢套箱拼装下沉的控制技术要点以及纠偏措施，为后续同类工程的顺利实施提供实践依据。

1　工程概况

中卫南站黄河大桥全长 1.409km，主桥采用跨度为：（100＋130＋40m）的异形钢箱拱桥。主桥 17 号、18 号墩处于黄河河床主河道内。17 号墩基础采用 27 根 φ2.0m 钻孔桩，桩长 80m，承台为矩形承台，横桥向 43.2m，顺桥向 14.4m，高 4.8m；18 号墩基础采用 27 根 φ1.8m 钻孔桩，桩长 76m，承台为矩形承台，横桥向 39.2m，顺桥向 12.8m，高 4.5m。承台底标高位于水面以下 10m 处。17 号、18 号墩两个承台为主桥的关键性工程，拟采用超大超深双壁钢套箱围堰进行施工。其中，17 号墩双壁钢套箱围堰平面尺寸为 46.6m×18m，隔舱宽 1.5m，内壁板与承台间横桥向净距 0.2m，纵桥向净距 0.3m，总高度 18.7m。18 号墩双壁钢套箱围堰平面尺寸为 44.8m×16.6m，隔舱宽 1.5m，内壁板与承台间横桥向净距 0.2m，纵桥向净距 0.3m，总高度 18.7m。

2　总体施工方案

考虑现场起重机械最大吊重限制，钢套箱第一节高 7.6m，刃脚处填充混凝土后接第二节 7m，抽水下沉，接高第三节 4.1m，采用吸泥机作业的方法在套箱内吸泥的方法，使得钢套箱下沉达到设计标高。

钢套箱的拼装下沉采用"先桩后堰"法，首先，在主墩位置处搭设钻孔平台（用于主墩钻孔桩施工），同时在钻孔平台两侧及下游侧搭设机械设备作业走道，共同构成大型水上作业平台；考虑到钢护筒后期要作为钢套箱吊装承重结构，为保证其刚度和稳定性，钢护筒的壁厚设计为 14mm。主墩钻孔桩施工完毕后，拆除原钻孔平台的分配梁和贝雷梁组，拔除部分钢管桩，通过在四周钻孔桩的钢护筒上焊接型钢牛腿，构成钢套箱首节拼装平台；利用履带吊吊装拼装完成钢套箱首节后，先用吊放装置将钢套箱首节吊离拼装平台约 0.5m，拆除拼装平台，再次启动吊放装置下放首节入水实现自浮（局部已着床）；钢套箱浇筑部分隔舱混凝土辅助配重下沉，并保护刃脚部分，防止河床卵石破坏刃脚壁板；着床后利用吸泥机清基辅助钢套箱刃脚下沉（露出水面高度 1.5m 以上为宜）；然后以同样方法依次接高第二节、第三节钢套箱直到全部拼装焊接完成后，吸泥开挖至设计标高，最后二次浇筑隔舱混凝土和水下封底混凝土，待封底强度符合设计要求后抽出套箱内的水，形成干作业环境。

双壁钢围堰吸泥下沉具体施工方案如下：在围堰上布设 6 台吸泥机，采用对称布置、避开其他机械设备的原则，铺设吸泥管道，吸泥下沉到设计标高后，进行清基封底，完成围堰施工工作。

3 钢套箱拼装下沉控制技术要点

3.1 搭设底节钢套箱拼装平台（图1）

在主墩四周钻孔桩的钢护筒上焊接牛腿作为底节钢套箱的临时拼装施工平台，牛腿采用单肢 I40b（采用与栈桥桩顶垫梁同一型号即可），并设置上牛腿与钢护筒焊连，提高其稳定性，牛腿顶面标高应高出施工期间最高水位 0.8m。

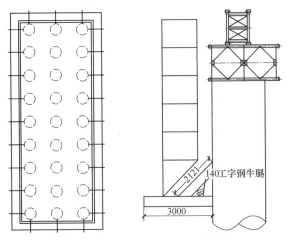

图 1 底节钢套箱拼装平台结构图

3.2 底节钢套箱拼装

在钢套箱底节拼装平台上利用全站仪放线，定出钢套箱刃角轮廓线，并在轮廓线上焊一圈角钢（采用钢套箱壁板竖向角钢）作为限位装置。第一块吊装就位后，在其内壁板与钢护筒间加焊临时构件限位其竖直向的移位。首块稳固后，在其壁板外侧焊接两块小钢板，拼装相邻块段时可做限位装置，相邻块段就位调整后满焊又可作为焊缝加劲板。拼装后续节块时，应检查垂直度和两块之间的距离，使两块之间的拼接处缝隙达到最佳状况，拼接缝隙及垂直度的微调采用导链葫芦调整，合格后立即进行点焊稳定。

3.3 安装吊挂系统（图2）

钢套箱底节采用 6 套油压千斤顶顶升后拆除拼装平台

并吊放入水，吊放系统由贝雷梁、吊装承重构件、吊装机具和钢套箱上的吊点四大部分组成。其中吊装承重构件主要由承重梁（2H700×200）、扁担梁（2I400 工字钢）、构成，吊装机具为 200t 油压千斤顶和 Φ32 精轧螺纹钢吊杆，单个吊点用 1 台千斤顶和 2 根吊杆。

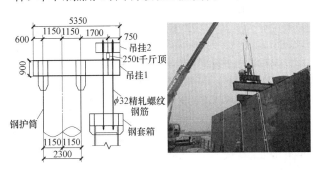

图 2 电装吊挂系统

建立 Midas civil 有限元模型，所加荷载为围堰自重，在围堰吊点处施加约束，得出各吊点反力如图3所示。吊挂承受最大正应力、剪应力分别为 60.5MPa、26MPa，均能满足施工规范要求。

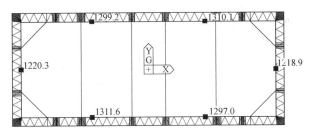

图 3 吊点反力图（kN）

3.4 钢套箱开挖下沉及控制

（1）底节钢套箱吊放下沉

为有效控制钢吊箱在下沉及拼装接高过程中的偏移量，钢套箱底节吊放入水前需设置导向。导向装置采用 I40a（与栈桥桩顶分配梁型号相同）焊接在钢护筒上，上下两层布置，尽量拉大间距，可根据实际情况调整，但要保证钢套箱下沉到位前不得露出钢套箱顶面；朝向壁板一侧焊接圆弧钢板或者包扎软皮，与壁板之间保留 5cm 的孔隙；设置数量：长边设置 4 个，短边设置 4 个。

吊放作业单循环操作步骤：将扁担梁上部螺母松开（承重梁上部螺栓为紧固状态）→启动千斤顶顶升至行程高度（送油）→将扁担梁上部螺母紧固→将承重梁顶部螺母松开→启动千斤顶回落（回油）→带动扁担梁下降。如此循环往复将钢套箱底节吊放入水并达到自浮状态。

吊放作业期间，应时刻观察吊箱各部位下沉量是否均匀一致，平面位置偏移量是否过大。如出现上述情况，多因各吊点千斤顶顶升或降落行程不一致造成，可适当调整各吊点千斤顶顶升或降落速度，逐步消除偏差。千斤顶升过程中，需及时在千斤顶两侧的扁担梁和承重梁间置入钢凳，以防千斤顶出现故障后，钢套箱突然掉落。

（2）钢套箱拼装接高

钢套箱底节开挖下沉到位后，为保护钢套箱刃脚部分不被基底孤石割破及配重辅助下沉，分隔舱均衡、对称地向钢套箱隔舱内浇筑填充混凝土。之后采用履带吊自下游中心向两侧对称进行第二节钢套箱节块的拼组接高，对拼合拢成型进行焊接，焊接完毕且水密性检测合格后，按照底节下沉的方法，开挖下沉第二、三节。

（3）开挖下沉

下沉是整个施工过程最困难的环节，因开挖深度范围内均为卵石层，且卵石粒径较小，故采用空压机反气吸泥法进行开挖。随着套箱逐块逐层接高，套箱刃脚开始着床，此时套箱开挖下沉需要结合实际地质情况分析套箱受力情形，采取相应的支撑体系保证套箱的安全下沉。

考虑到钢套箱受力最不利情况，即封底完成并抽水后，此时围堰主要承受围堰内、外水头差产生的水压力荷载和土压力荷载。

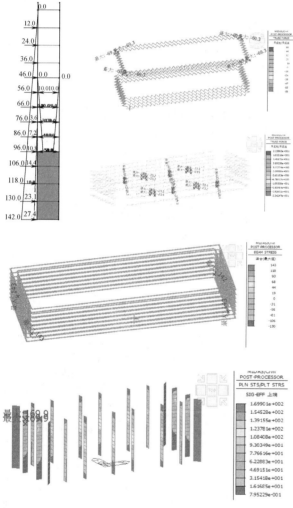

图 4　钢围堰受力分析

下沉过程中，对围堰内整个河床要均匀开挖，即保证各点均匀下降，避免局部超挖，保证钢围堰均匀下降，避免围堰偏斜。直至水面距围堰顶 1m 左右。因开挖深度范围内均为卵石层，存在少量粒径较大的卵石，采用长臂挖机、伸缩臂挖机、空压机反气吸泥法进行开挖为主，同时辅以机械手振打工字钢以保证开挖效率。使用长臂挖机对钢套箱内侧河床进行开挖，由于长臂挖机的作业范围受限，钢套箱内侧四周 3m 范围内采用伸缩臂挖机配合空

压机一起进行开挖。针对钢套箱与钢护筒之间的河床，采用机械手夹打工字钢对河床进行扰动，使河床砂砾塌落至两侧，然后再使用空压机进行吸渣。

吸泥下沉时应根据钢套箱位移和倾斜情况调整吸泥位置，当下沉效果不好时，可在离钢套箱内壁一定距离处对称吸泥，但应防止吸泥机直接伸到刃脚下吸泥或在刃脚附近局部吸泥过深，造成钢套箱下沉偏斜。

钢套箱开挖下沉时，一定要时刻观察测量围堰外侧河床标高，防止因开挖造成塌方而使支栈桥钢管桩埋深不够，致使支栈桥结构受损，必要时可向钢管桩周围回填，必须保证钢管桩的稳定性。

下沉过程中，每日施工完成后，对套箱竖向、平面偏位进行测量，根据测量数据签发指令，按网格区域对第二天的竖向、平面偏位以及倾斜情况进行调整，对每日的调整情况进行修正，保证下沉精度。

（4）清基封堵

钢套箱开挖下沉至设计标高并精确定位后，潜水员下水进行清基封堵，以确保水下封底质量，主要作业内容有：①探明基坑开挖状态，对局部不到位的，进行二次清理；②对基坑底部的孤石等严重影响封底质量的杂物进行清理；③对刃脚部分进行详细探摸，如有局部掏空现象，用砂袋进行封堵；④利用高压水枪对封底浇筑高度内的钢护筒外壁进行冲洗清理，确保封底混凝土与钢护筒牢固粘结。

（5）水下封底

封底是关键的一步，要保证封底厚度和封底质量。在本项目中，封底混凝土导管采用 $\phi 325$ 钢管，导管单根长 17m，在 2m 处截断，设置连接法兰，整根导管由 2m 和 15m 连接而成，在导管上部每隔 20cm 焊接一对挂耳。同样的导管，共需 2 根，分为 2 组浇筑混凝土。考虑到每组导管的影响半径为 3m，所以整个钢套箱共设 36 个浇筑点。浇筑时应遵循先四周后中间的原则，先将四周的点位全部浇筑完毕后，再向中心逐步推进。待封底混凝土强度达到设计要求后，即可将套箱内水抽出，抽水时不易过急，当水位降至内支撑下方 50～100cm 时，安装内支撑。套箱内水全部抽完后，观察 6h，如无其他情况发生，将封底混凝土超高的地方凿平，清理完毕后即可开始进行承台和墩柱施工。

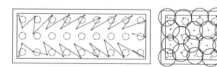

图 5　封底混凝土浇筑点布置导管浇筑顺序图

4　施工质量关键控制点

（1）钢套箱焊接要保证质量，焊缝高度应符合规范要求，角钢之间采用满焊，角钢与面板搭接每 150mm 焊缝长度不少于 50mm，角钢两侧交错焊接，面板与面板连接为连续满焊，焊缝高度均不少于 8mm。焊后应进行煤油渗透检查，有渗漏处应将焊缝铲除重焊。底节钢套箱吊点

要焊接牢固,焊接在面板表面上的吊点要在里侧对面板做加强处理。

(2)加强围堰下沉时的施工观测,可在围堰的纵横方向的轴线上设置四个控制点,在下沉过程中测量其平面坐标和高程,计算出围堰的下沉量、四角高差、平面扭角,用以指导围堰的吸泥下沉和纠偏工作。如表1所示。

围堰下沉观测允许值 表1

序号	检查项目	规定值或允许偏差	检查方法和频率
1	围堰倾斜度	1/50	
2	围堰顶、底面中心位置(mm)	$h/50+250$	检查测量
3	平面扭角(°)	2	

(3)套箱内吸泥应保持平稳均衡,防止围堰倾斜。若在吸泥下沉阶段发生倾斜,立即停止整体吸泥下沉,在围堰顶面高的一侧刃脚处进行偏吸泥、偏除土,刃脚低的一侧保持不动,尽可能地减少高的一侧的正面阻力,保留低侧围堰孔局部土体,增大围堰的纠偏力矩,随着高侧的下沉,倾斜即可纠正。

(4)下沉过程中,随时保证围堰内水头高于江面水位或平齐,严禁在围堰壁刃脚底直接吸泥,同时应保证围堰内土面低于刃脚不超过2m,避免吸泥下沉过程中形成刃脚下翻砂通道。

5 结语

钢套箱围堰下沉到位后经测量,倾斜度为1/833,中心位置偏差为+140mm(顶面)、+123mm(底面),平面扭角为0°41'15″,完全满足承台施工的精度要求。目前,中卫黄河南站大桥项目施工钢套箱围堰已顺利完成,这一技术的运用实现了钢套箱在下放过程中位置可控,偏差可调;确保了钢套箱下沉速度、精度、安全度;解决了在水文地质条件较差条件下大型钢套箱围堰下沉控制难题,对同类结构形式及水文地质条件的深基坑水中工程施工具有借鉴意义。

基于实测桩身应变确定大直径钢管桩 $p\text{-}y$ 曲线

陈文华[1]，王国斌[1, 2]，屈　雷[1, 2]，张永永[1, 2]

（1. 中国电建集团华东勘测设计研究院有限公司，浙江 杭州 311122；2. 浙江华东测绘与工程安全技术有限公司，浙江 杭州 310014）

摘　要：本文建立了水平荷载试验桩的力学模型和水平位移基本方程，详细介绍了三次样条函数拟合计算实测桩身应变随深度的关系曲线以及根据其关系曲线计算各深度土体的水平位移和水平抗力的方法。该方法成功应用于某工程水平静载荷试验试桩中，获得的 $p\text{-}y$ 曲线可为勘测设计提供依据。

关键词：$p\text{-}y$ 曲线；桩身应变；三次样条函数；大直径钢管桩；水平静载荷试验

作者简介：陈文华（1963—　），男，正高级工程师，主要从事岩土工程及工程安全的检测监测和设计咨询等工作。E-mail：chen _ wh@hdec. com。

Determination of $p\text{-}y$ curve of large diameter steel pipe pile based on measured pile strain

CHEN Wen-hua[1], WANG Guo-bin[1, 2], QU Lei[1, 2], ZHANG Yong-yong[1, 2]

（1. Huadong Engineering Corporation, Hangzhou Zhejiang, 310014, China；2. Zhejiang Huadong Mapping and Engineering Safety Technology Co. , Ltd. , Hangzhou Zhejiang, 310014, China）

Abstract：In this paper, the mechanical model and the basic equation of horizontal displacement of horizontal load test pile are established, and the method of calculating the relationship curve between measured strain of pile body and depth by cubic spline function fitting and calculating the horizontal displacement and horizontal resistance of soil at each depth according to the relationship curve is introduced in detail. This method has been successfully applied to the horizontal static load test of a project, and the obtained $p\text{-}y$ curve can provide a basis for survey and design.

Key words：$p\text{-}y$ curve; pile strain; cubic spline function; large diameter steel pipe pile; horizontal static load test

0　引言

在水平荷载作用下，桩的受力性状是一个典型的桩土相互作用的复杂过程。目前国内外现行标准[1-5] 规定对于承受水平荷载作用下的桩基采用 k 法、m 法或 $p\text{-}y$ 曲线法进行设计计算，其中《港口工程桩基规范》JTJ 254—98[3]、《海上风电场工程风电机组基础设计规范》NB/T 10105—2018[4] 及美国石油学会 API 规范[5] 先后将 $p\text{-}y$ 曲线法列为分析水平荷载作用下桩性状的方法，为 $p\text{-}y$ 曲线法的应用和发展创造了很好的条件。

$p\text{-}y$ 曲线的研究主要是基于现场试桩、室内模型桩试验及有限元数值模拟计算等方法，其中现场试验方法所得 $p\text{-}y$ 曲线是最为可靠的，但由于其成本较高，相关试验标准[6-8] 对 $p\text{-}y$ 曲线的试验成果如何整理也没有相应规定，因此类似试验成果就更少。本文利用某工程水平静载荷试桩获得的桩身应变实测值，计算分析获得各级水平荷载作用下土体水平抗力 p 和桩身挠度 y（即土体水平位移）随深度变化关系曲线及不同深度不同土层的 $p\text{-}y$ 曲线。

基金项目：国家自然科学基金面上项目（No. 52178358）。

1　基本理论与方法

1.1　力学模型与基本方程

在水平荷载作用下，桩土相互作用如图 1 所示，其中

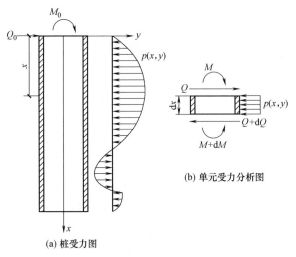

(a) 桩受力图

(b) 单元受力分析图

图 1　桩土相互作用示意图

Fig. 1　Schematic diagram of pile-soil interaction

Q_0 和 M_0 分别为作用在桩顶的水平力和力矩，$p(z，y)$ 为水平抗力分布曲线。

假定位移以向右为正，转角以向左倾斜为正，弯矩以桩身右侧受压为正，剪力以绕桩顺时针转为正，土水平抗力以向左为正。以地面处桩截面的形心为坐标原点，以水平力方向为 y 轴，垂直向下的桩轴线为 x 轴建立坐标系。在纵坐标为 x 处截出长度为 $\mathrm{d}x$ 的桩段进行受力分析，如图 1（b）所示，图中 Q 和 M 分别为桩的剪切力和弯矩，$p(z，y)$ 为单位桩长上的土水平抗力。由水平向力的平衡，得：

$$\frac{\mathrm{d}Q}{\mathrm{d}x}=-p(x,y) \tag{1}$$

$$\frac{\mathrm{d}M}{\mathrm{d}x}=Q \tag{2}$$

由欧拉-伯努利梁理论，得：

$$\varphi=\frac{\mathrm{d}y}{\mathrm{d}x} \tag{3}$$

$$M=EI\frac{\mathrm{d}^2 y}{\mathrm{d}^2 x} \tag{4}$$

式中，φ 为桩的转角，EI 为桩的抗弯刚度。由式（2）及式（4）得：

$$Q=EI\frac{\mathrm{d}^3 y}{\mathrm{d}^3 x} \tag{5}$$

由式（5）及式（1）得桩的水平位移基本方程：

$$EI\frac{\mathrm{d}^4 y}{\mathrm{d}^4 x}+p(x,y)=0 \tag{6}$$

1.2 三次样条函数拟合计算应变

在 $[a，b]$ 上的以 x_i（$i=1，2，\cdots，n$）为节点的三次插值样条函数定义如下：给定区间 $[a，b]$ 一个划分 Δ：$a=x_1<x_2<\cdots<x_n=b$ 和区间 $[a，b]$ 上的一个函数 $f(x)$，若应变函数 $S(x)$ 满足下列条件，则称 $S(x)$ 为函数 $f(x)$ 的三次插值样条函数。

（1）一致通过 n 个插值点 $(x_i，y_i)$，即 $S(x_i)=f(x_i)=y_i$（$i=1，2，\cdots，n$）；

（2）二阶连续，即 $S(x)\in C^2[a，b]$；

（3）三次分段，即在每一个小区间 $[x_i，x_{i+1}]$（$i=1，2，\cdots，n-1$）上均为三次多项式。

$S(x)$ 在 $[x_i，x_{i+1}]$ 上的三次多项式为：

$$S(x)=f(x_i)+S'(x_i)(x-x_i)+\frac{1}{2!}S''(x_i)$$
$$(x-x_i)^2+\frac{1}{3!}S'''(x_i)(x-x_i)^3 \tag{7}$$

令 $m_i=S''(x_i)$、$f[x_i，x_{i+1}]=\dfrac{y_{i+1}-y_i}{x_{i+1}-x_i}$，则式（7）改写为

$$S(x)=f(x_i)+\left[f[x_i,x_{i+1}]-\frac{(m_{i+1}+2m_i)(x_{i+1}-x_i)}{6}\right]$$
$$(x-x_i)+\frac{m_i}{2}(x-x_i)^2+\frac{m_{i+1}-m_i}{6(x_{i+1}-x_i)}(x-x_i)^3 \tag{8}$$

式（8）满足下列要求：

$$S(x_j)=y_j，j=1,3,\cdots,n \tag{9}$$

$$S(x_j-0)=S(x_j+0)，j=2,3,\cdots,n-1 \tag{10}$$

$$S'(x_j-0)=S'(x_j+0)，j=2,3,\cdots,n-1 \tag{11}$$

$$S''(x_j-0)=S''(x_j+0)，j=2,3,\cdots,n-1 \tag{12}$$

$$S''(x_1)=m_1=f''(x_1) \tag{13}$$

$$S''(x_n)=m_n=f''(x_n) \tag{14}$$

令 $\mu_i=\dfrac{x_i-x_{i-1}}{x_{i+1}-x_i}$、$\lambda_i=1-\mu_i$、$f[x_{i-1}，x_i，x_{i+1}]=f[x_i，x_{i+1}]-f[x_{i-1}，x_i]$，则根据式（9）~式（14）建立如下方程组：

$$\begin{cases} 2m_1=2f''(x_1) \\ \mu_i m_{i-1}+2m_i+\lambda_i m_{i+1}=6f[x_{i-1},x_i,x_{i+1}],i=2,3,\cdots,n-1 \\ 2m_n=2f''(x_n) \end{cases} \tag{15}$$

方程组（15）写成矩阵形式如下：

$$\begin{bmatrix} 2 & 0 & 0 & \cdots & 0 & 0 & 0 \\ \mu_2 & 2 & \lambda_2 & \cdots & 0 & 0 & 0 \\ 0 & \mu_3 & 2 & \cdots & 0 & 0 & 0 \\ \vdots & \vdots & \vdots & \cdots & \vdots & \vdots & \vdots \\ 0 & 0 & 0 & \mu_{n-2} & 2 & \lambda_{n-2} & 0 \\ 0 & 0 & 0 & & \mu_{n-1} & 2 & \lambda_{n-1} \\ 0 & 0 & 0 & \cdots & 0 & 0 & 2 \end{bmatrix}$$

$$\begin{bmatrix} m_1 \\ m_2 \\ m_3 \\ \vdots \\ m_{n-2} \\ m_{n-1} \\ m_n \end{bmatrix}=\begin{bmatrix} 2f''(x_1) \\ 6f[x_1,x_2,x_3] \\ 6f[x_2,x_3,x_4] \\ \vdots \\ 6f[x_{n-3},x_{n-2},x_{n-1}] \\ 6f[x_{n-2},x_{n-1},x_n] \\ 2f''(x_n) \end{bmatrix} \tag{16}$$

解方程组（16）得 m_1、m_2、$\cdots$、m_n，并代入式（8），则可计算深度 x 的桩身应变 $S(x)$。

1.3 土体水平位移及水平抗力计算

（1）土体水平位移计算

桩的转角 $\varphi(x)$ 在 $[x_i，x_{i+1}]$ 上的计算公式为：

$$\varphi(x)=\frac{1}{R}\int_{x_1}^{x_i}S(x)\mathrm{d}x+\frac{1}{R}\int_{x_i}^{x}S(x)\mathrm{d}x+cA \tag{17}$$

式中，R 为应变测点离桩中心点距离；$\dfrac{1}{R}\displaystyle\int_{x_1}^{x_i}S(x)\mathrm{d}x$ 为在 x_i 位置的初始转角；$\dfrac{1}{R}\displaystyle\int_{x_i}^{x}S(x)\mathrm{d}x$ 为在 $[x_i，x_{i+1}]$ 上 x 位置的转角增量；cA 为与边界条件相关的转角常量。

根据式（3），桩的水平位移（即土体水平位移）$y(x)$ 在 $[x_i，x_{i+1}]$ 上的计算公式为：

$$y(x)=\frac{1}{R}\int_{x_1}^{x}\left\{\int_{x_1}^{x_i}S(x)\mathrm{d}x+\int_{x_i}^{x}S(x)\mathrm{d}x\right\}$$
$$\mathrm{d}x+cA\cdot(x-x_i)+cD \tag{18}$$

式中，cD 为与边界条件相关的位移常量。

（2）土体水平抗力计算

根据式（6），土体水平抗力 $p(x，y)$ 按下式计算：

$$p(x, y) = -EI\left[m_i + \frac{m_{i+1} - m_i}{(x_{i+1} - x_i)}(x - x_i)\right] \quad (19)$$

2 试桩 p-y 曲线实例

2.1 试桩概况

某工程试桩为钢管桩，外直径 1400mm，内直径 1356mm，壁厚 22mm，入土深度 35.6m，有效桩长 40.0m，桩顶高程 2.91m，泥面高程 1.36m，水平力作用高程 1.71m。试桩位于海域潮间带，地层上部分布粉砂、粉土、层状淤泥质粉质黏土，下部分布粉质黏土、粉砂、粉细砂，典型地质剖面见图 2。

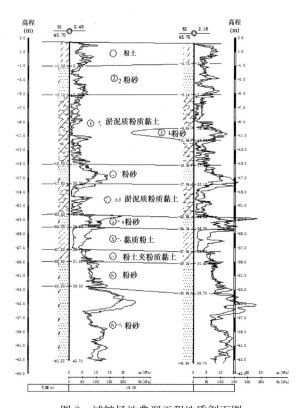

图 2 试桩场地典型工程地质剖面图
Fig. 2 Typical engineering geological profile of test pile site

2.2 试验成果

在各级水平荷载作用下，通过预埋的分布式光纤传感器测得的桩身轴向应变-深度分布曲线见图 3。通过对应变-深度分布曲线进行三次样条拟合后采用式（18）计算获得的水平位移沿高程分布见图 4，再按式（19）计算得到土水平抗力沿高程分布见图 5。提取不同深度的土水平抗力和水平位移，绘制得到不同埋深土层的土水平抗力～水平位移曲线见图 6。

2.3 p-y 曲线分析

图 7 为所有埋深土层的 p-y 散点分布，对所有散点进行线性拟合，其复相关系数 $R^2 = 0.9361$，其土水平抗

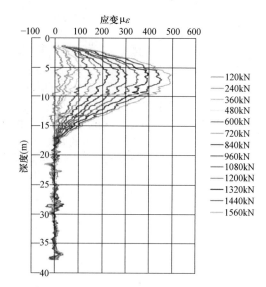

图 3 各级水平荷载作用下的桩身轴向应变-深度分布
Fig. 3 Distribution of axial strain-depth of pile under horizontal loads at all levels

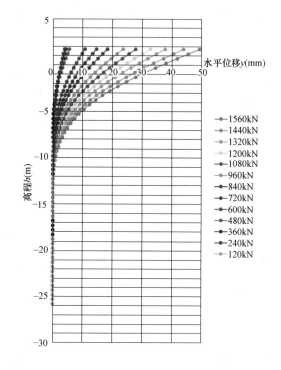

图 4 各级水平荷载作用下的水平位移沿高程分布
Fig. 4 Horizontal displacement distribution along elevation under horizontal loads at all levels

力 p 与水平位移 y 具有较好的线相关性。图 8 为埋深 1m、5m 和 7m 土层的 p-y 曲线，分别进行线性拟合，其复相关系数 R^2 分别为 0.9528、0.9732 和 0.9918，均有较好线相关性。埋深 1m 土层的最大水平位移大于 40mm，埋深 5m 土层的最大水平位移小于 20mm，埋深 7m 土层的最大水平位移约 10mm，随着各埋深土层的最大水平位移减小，复相关系数 R^2 逐渐提高，说明水平位移小时土水平抗力 p 与水平位移 y 的线相关性越好。

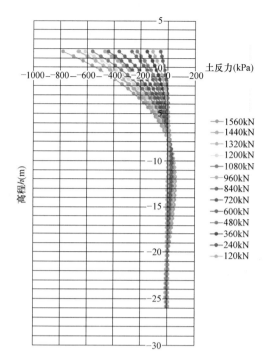

图 5　各级水平荷载作用下的土水平抗力沿高程分布

Fig. 5　Distribution of soil horizontal resistance along elevation under horizontal loads at all levels

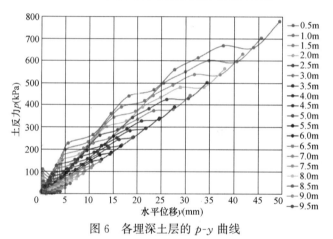

图 6　各埋深土层的 p-y 曲线

Fig. 6　p-y curve of each buried depth soil layer

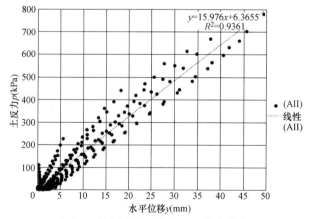

图 7　所有埋深土层的 p-y 散点分布

Fig. 7　Distribution of p-y scatter points in all buried soil layers

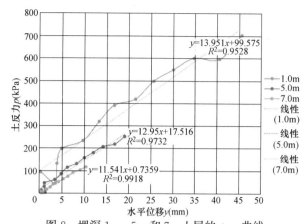

图 8　埋深 1m、5m 和 7m 土层的 p-y 曲线

Fig. 8　p-y curves of 1m，5m and 7m soil layers

3　结语

（1）水平静载荷试验成果分析时，利用实测桩身轴向拉压应变计算桩身水平位移和土体水平抗力，其方法符合力学及桩土共同作用的基本原理。

（2）通过预埋的分布式光纤传感器，可获得桩身轴向应变沿深度准连续分布曲线，对其进行三次样条函数拟合形成连续函数，再通过积分计算可获得桩身水平位移和桩周土水平抗力沿深度连续分布曲线。然后，根据土层分布提取不同埋深土的水平抗力及其对应的水平位移，获得 p-y 曲线。通过某工程实例应用，获得较好成果，此方法值得推广应用。

参考文献：

[1] 中华人民共和国住房和城乡建设部. 建筑桩基技术规范：JGJ 94—2008 [S]. 北京：中国建筑工业出版社，2008.

[2] 中华人民共和国交通运输部. 公路桥涵地基与基础设计规范：JTG 3363—2019 [S]. 北京：人民交通出版社，2020.

[3] 中华人民共和国交通部. 港口工程桩基规范（桩的水平承载力设计）：JTJ 254—98 [S]. 北京：人民交通出版社，2001.

[4] 国家能源局. 海上风电场工程风电机组基础设计规范：NB/T 10105—2018 [S]. 北京：中国水利水电出版社，2019.

[5] American Petroleum Institute Code. Recommended practice forplanning，designing and constructing fixed offshore platforms-working stress design：API RP 2A：2000 [S]. American：API Press，2000.

[6] 中华人民共和国住房和城乡建设部. 建筑基桩检测技术规范：JGJ 106—2014 [S]. 北京：中国建筑工业出版社，2014.

[7] 国家铁路局. 铁路工程基桩检测技术规程：TB 10218—2019 [S]. 北京：中国铁道出版社，2019.

[8] 中华人民共和国交通运输部. 水运工程地基基础试验检测技术规程：JTS 237—2017 [S]. 北京：人民交通出版社，2018.

[9] 陈文华，王群敏，张永永. 分布式光纤传感技术在桩基水平载荷试验中的应用[J]. 科技通报，2016，32(8)：73-76.

[10] 王烨晟，陈文华，吴勇等. 地铁深基坑围护结构变形-内力反分析研究[J]. 现代隧道技术，2016，53(5)：71-77.

PHC 管桩接头及承台连接抗拔性能研究

严天龙[1, 2]，高军峰[*1]，张日红[1, 2]，许国平[3]，徐宇国[3]

(1. 宁波中淳高科股份有限公司，浙江 宁波 315000；2. 建材行业混凝土预制桩工程技术中心，浙江 宁波 315000；3. 宁波市建筑设计研究院有限公司，浙江 宁波 315000)

摘 要：预应力高强度混凝土管桩（PHC管桩）由于单位承载力造价低、施工速度快等优点被广泛应用于各类建设工程中。但在地下水位较高时，地下室上浮，PHC管桩与承台、桩与桩连接节点的部位极易发生破坏，其抗拉承载力近年来得到了高度的关注。目前众多学者提出了多种加强PHC管桩与承台、桩与桩连接节点的构造形式，但是对不同节点形式受力特性的试验研究较少。为了研究不同PHC管桩与承台连接节点在抗拔作用力下的受力特性，将节点设计更好地应用于施工现场，本文通过4种形式的连接节点试验，结合工程应用，验证PHC管桩用作抗拔桩的可靠性，试验结果表明：桩与承台、桩与桩连接节点设计合理，严格按规范要求施工，完全能满足工程的需要。

关键词：PHC管桩；接头；承台；抗拉承载力

作者简介：高军峰（1979— ），男，高级工程师，主要从事预制桩的质量和运营管理。E-mail：5866007@qq.com。

Study on pull-out performance of PHC pipe pile joint and cap joint

YAN Tian-long[1, 2]，GAO Jun-feng[*1]，ZHANG Ri-hong[1, 2]，XU Guo-ping[3]，XU Yu-guo[3]

(1. Ningbo ZCONE High-tech Pile Industry Holdings Co. Ltd. ，Ningbo Zhejiang 315000，China；2. China Building Material Industry Precast Concrete Pile Engineering Technology Center，Ningbo Zhejiang 315000，China；3. Ningbo Architectural Design and Research Institute Co. ，Ltd. ，Ningbo Zhejiang 315000，China)

Abstract：Prestressed high strength concrete pipe pile (PHC pipe pile) has been widely used in various construction projects due to its low cost per unit bearing capacity and fast construction speed. However，when the underground water level is high and the basement rises, the joints between PHC pipe pile and cap，pile and pile are prone to damage, and their tensile bearing capacity has received great attention in recent years. Now，many scholars have proposed a variety of structural forms of PHC pipe pile-cap and pile-pile connection joints，but there are few experimental studies on the mechanical characteristics of different joint forms. In order to study the mechanical characteristics of joint joints of different PHC pipe piles and cap under the pull-out force and to better apply the joint design to the construction site，this paper verified the reliability of PHC pipe piles as pull-out piles through four forms of joint tests combined with engineering applications. The test results show that：The design of pile and pile cap，pile and pile joint is reasonable, and the construction is strictly in accordance with the requirements of the code，which can fully meet the needs of the project.

Key words：PHC pipe pile；joint connection；cushion cap；tension capacity

0 前言

预应力混凝土管桩自20世纪80年代从日本引进以来，由于其质量稳定、单桩承载力高、设计选用范围广、地质条件适应性强、单位承载力造价低、施工速度快等优点，在全国范围内得到了快速发展，2020年全国混凝土预制桩总产量已经突破4.5亿m。管桩相比于传统的钻孔灌注桩等现浇桩型，在提供更高承载力的同时，还可以节省大量钢筋、水泥等高耗能材料及砂、石等不可再生天然材料，给我国的经济发展做出了巨大的贡献。

由于管桩是带有预应力的混凝土制品，使用高强度的预应力钢筋，因此有优异的抗拉性能，近年来，使用管桩作为抗拔桩的工程项目越来越多。使用管桩作为抗拔桩，主要需注意根据设计抗拉承载力来正确选用管桩，并重点解决桩与桩的连接性能、桩身的抗拉强度、桩与端板的连接强度以及桩与承台的连接性能等几方面问题，这样就显示出其施工方便、工期短、造价便宜等诸多优点。

本文重点针对抗拔管桩桩与承台连接进行抗拉试验，结合业内对管桩抗拔性能的研究，进行一些探讨。

1 管桩接头抗拔试验

为验证机械接头的抗拔性能，中淳高科委托国家水泥混凝土制品质量监督检验中心，对PHC600B130型管桩进行了接头抗拔试验，该桩型抗拉承载力设计值为1700kN，极限值为2518kN，试验实测值大于2644kN，达到极限值的105%，接头未见破坏，试验报告数据见表1。

管桩连接接头抗拉检测结果 表 1
Test results of tensile strength of pipe pile joint
Table 1

序号	检测项目	检测内容	计量单位	技术要求	检测结果
1	管桩连接接头抗拉	接头抗拉	kN	≥2518	>2644（未破坏）

《预应力混凝土管桩结构抗拉强度的试验研究》中对预应力混凝土管桩的桩身抗拉强度、钢接头焊缝的抗拉强度以及填芯钢筋混凝土与管桩内壁的粘结强度做了试验研究，其中试桩5、试桩6的接头焊缝试验，破坏形式均是先桩身混凝土开裂，然后墩头破坏，焊缝完好。可见在接头焊缝质量有保证的前提下，管桩抗拉承载力设计值的计算公式 $N_k = \sigma_{ce} \cdot A_0$ 是足够安全的。

2 抗拔管桩桩与承台连接应变与位移试验

2.1 试验内容

（1）不截桩情况下，采用端板焊接钢板与承台锚固钢筋连接抗拉性能试验，验证抗拔桩与承台连接的可靠性。

（2）不截桩情况下，采用转换接头与承台锚固钢筋连接抗拉性能试验，验证抗拔桩与承台连接的可靠性。

（3）截桩情况下，保留预制桩主筋与承台锚固钢筋搭接连接抗拉性能试验，验证抗拔桩与承台连接的可靠性。

2.2 试验方案

（1）不截桩情况下，抗拔桩与承台连接抗拉试验

对于不截桩抗拔桩与承台连接抗拉试验，焊接钢板连接试件与转换接头连接形式的试件均采用相同的应变和位移测量方案。其中，应变测量采用 50mm×3mm 型电阻应变片，位移测量采用大量程百分表。应变片和百分表布置及编号如图1所示，其中应变片分布情况为管桩桩长的 1/4、1/2 和 3/4 截面，每一截面前后对称布置2个应变测点，共6片应变片；百分表分布情况为在桩身顶部及锚固板顶部，以试件轴线为中心两边对称布置2支百分表，共6支百分表。

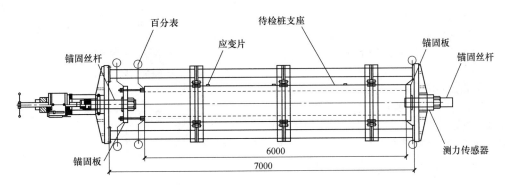

图1 不截桩抗拔桩与承台连接抗拉试验加载俯视图

Fig. 1 Top view of tensile test loading of connection between uplift pile and cap nucut pile

（2）截桩情况下，抗拔桩与承台连接抗拉试验

对于截桩抗拔桩与承台连接抗拉试验，应变测量采用 50mm×3mm 型电阻应变片，位移测量采用大量程百分表。应变片和百分表布置及编号如图2所示，其中应变片分布情况为管桩桩长的 1/4、1/2 和 3/4 截面、承台模型表面 1/2 边长的截面，每一截面前后对称布置2个应变测点，共8片应变片；百分表分布情况为在承台模型底部及锚固板顶部，以试件轴线为中心两边对称布置2支百分表，共6支百分表。

2.3 试验设备

（1）管桩抗拉试验装置

装置的荷载量程为 5000kN，试验力示值相对误差≤±1%。主要用于检测直径 φ1000mm 及以下的规格管桩的抗拉性能，包括管桩桩身、接头抗拉承载力等，如图3所示。

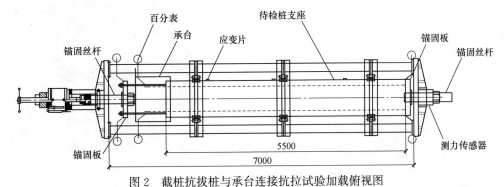

图2 截桩抗拔桩与承台连接抗拉试验加载俯视图

Fig. 2 Top view of the tensile test loading of the connection between cut-off pile and cap

（2）SAD世电自动张拉机

车间的管桩自动张拉机，配合管桩抗拉试验装置，对管桩施加轴向拉力。

（3）测力传感器（SYE微电脑力值测量系统）

用于测量加载过程中抗拔管桩所承受的轴向拉力值。

（4）DJCK-2裂缝测宽仪

用于测量管桩受拉及拉力释放时，管桩的裂缝宽度，精度 0.02mm。

图 3　管桩抗拉试验装置

Fig. 3　The tensile test device for pipe pil

（5）5m 钢卷尺

用于确定桩身应变片粘贴位置以及测量桩身裂缝间距等。

（6）0～30mm 大量程百分表

用于测量管桩受拉时的桩身位移以及桩与承台连接部位的位移，试验使用百分表量程为 30mm，精度 0.01mm。

（7）应变采集系统（KD6005 应变放大器）

用于采集桩身混凝土及承台混凝土应变值，如图 4 所示。采用 1/4 桥二线制单片工作模式，桥压 $E=2\text{V}$，应变片灵敏系数 $K_s=2.08$，放大增益系数 $G=500$，应变采集器读数 e_0（单位：mV），则应变值按下式计算：

$$\varepsilon_0 = \frac{4e_0 \times 10^{-3}}{GK_s E} \tag{1}$$

图 4　应变采集系统

Fig. 4　Strain acquisition system

2.4　试验依据

（1）《建筑结构检测技术标准》GB/T 50344—2019；

（2）《混凝土结构试验方法标准》GB/T 50152—2012；

（3）《混凝土结构设计规范（2015 年版）》GB 50010—2010；

（4）《预应力混凝土结构技术规程》DB 33/1067—2010；

（5）《混凝土物理力学性能试验方法标准》GB/T 50081—2019；

（6）《建筑结构荷载规范》GB 50009—2012。

2.5　抗拔桩与承台连接抗拉试验过程

根据《先张法预应力混凝土管桩》GB 13476—2009，

制作 1 根 6 m 长配置锚固钢筋的先张法预应力混凝土管桩，选取型号为 B-PHC 500（125）AB-6，单桩轴向抗拔承载力设计值取桩身抗拉承载力设计值 918kN。

（1）连接设计

1）不截桩桩顶与承台连接-焊接钢板连接

本方案采用锚固板模拟承台，抗拔管桩型号为 B-PHC500（125）AB-6，端板锚固钢筋为 5 根直径 12mm，长 400mm 钢筋，端板与锚固板的连接钢筋①为 6 根直径 25mm 的 HRB400 钢筋，沿抗拔管桩桩外边均匀布置，长 500mm，其中端部 200mm 范围带有 M20 的螺纹，锚固钢筋穿过锚固板后，通过钢制垫片和 2 个螺帽进行紧固。锚固钢筋通过连接钢板与端板相连，连接钢板采用 Q235B，尺寸为厚 15mm，宽 50mm，高 125mm。钢筋与连接钢板以及连接钢板与端板均采用 E43 型焊条焊接，钢筋与连接钢板焊缝高度为 12.5mm，连接钢板与端板焊缝高度为 10mm。不截桩抗拔桩与承台连接（焊接钢板连接）示意图及实物图分布如图 5 和图 6 所示。

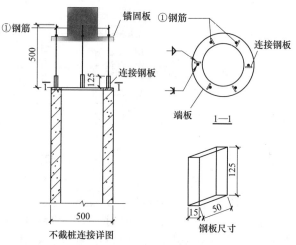

图 5　不截桩抗拔桩与承台连接（焊接钢板连接）示意图

Fig. 5　Schematic diagram of connection between uncut pile and cap（welded steel plate connection

图 6　不截桩抗拔桩与承台连接（焊接钢板连接）实物图

Fig. 6　Picture of the connection between the uncut pile and the cap（welded steel plate connection）

2）不截桩抗拔桩与承台连接——转换接头连接

本方案采用锚固板模拟承台，抗拔管桩型号为 B-PHC 500（125）AB-6，端板锚固钢筋为 5 根直径 12mm、长 400mm 的钢筋，端板与锚固板的连接钢筋①为 6 根直径 25mm HRB400 钢筋，沿抗拔管桩桩外边均匀布置，长 500mm，其中一端部 200mm 范围带有 M18 的螺纹，锚固钢筋穿过锚固板后，通过钢制垫片和 2 个螺帽进行紧固。锚固钢筋另一端 50mm 范围带有 M18 的螺纹，与转换接头连接，转换接头外部螺纹为 M27，内部螺纹为 M18。转换接头示意图、不截桩抗拔桩与承台连接（转换接头连接）示意图及实物图分布如图7~图9所示。

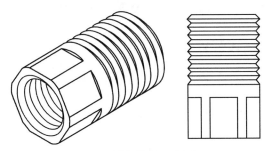

图 7　转换接头示意图

Fig. 7　Diagram of change-over connector

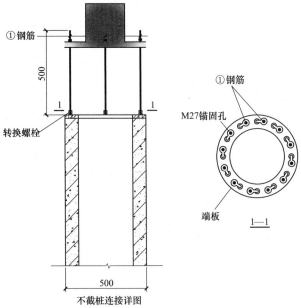

图 8　不截桩抗拔桩与承台连接（转换接头连接）示意图

Fig. 8　Schematic diagram of connection between uncut pile and cap（transfer joint connection）

3）截桩抗拔桩与承台连接抗拉试验

端板与锚固板的连接钢筋①为 12 根直径 22mm 的 HRB 400 钢筋，连接钢筋①加工图如图 10 所示，其布置位置与预应力钢筋一一对应，露出承台模型 500mm，锚入承台 1000mm，其中端部 200mm 范围内带有 M20 螺纹。

连接钢筋①的直径 22mm 的 HRB 400 钢筋面积为 380.1mm²，单根钢筋抗拉承载力设计值为 136kN，12 根抗拉承载力设计值为 1642kN，大于桩身抗拉承载力，满足试验要求。

连接钢筋①的直径 22mm 的 HRB 400 钢筋的 M20 螺栓面积为 245mm²，单根抗拉承载力设计值为 88.2kN，12 根抗拉承载力设计值为 1058kN，大于桩身抗拉承载

图 9　不截桩抗拔桩与承台连接（转换接头连接）实物图

Fig. 9　Picture of the connection between the uncut pile and the cap（transfer joint connection）

图 10　锚固钢筋①加工图

Fig. 10　Anchorage reinforcement ① processing drawing

力，满足试验要求。

连接钢筋①与承台的锚固长度 L_{ab} 理论计算长度为 850mm，本试验取 1000mm，有较大的富余。

承台内部②钢筋直径 10@160，③钢筋直径 12@200。管桩预应力钢筋与承台内钢筋绑扎连接。截桩抗拔桩与承台连接示意图及实物图分布如图 11 和图 12 所示。

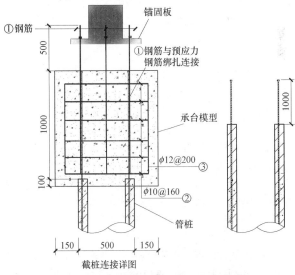

图 11　截桩抗拔桩与承台连接示意图

Fig. 11　Schematic diagram of connection between pulling out pile and cap

2.6　试验结果

通过对不截桩抗拔桩与承台连接（焊接钢板连接）抗拉性能、不截桩抗拔桩与承台连接（转换接头连接）抗拉性能、截桩抗拔桩与承台连接抗拉性能的足尺试验研究，

图 12　截桩抗拔桩与承台连接实物图

Fig. 12　Picture of connection between
cutting pile and pile cap

得到了相应的力学性能参数，汇总如下：

（1）不截桩抗拔桩与承台连接（焊接钢板连接）抗拉性能

1）不截桩抗拔桩与承台连接（焊接钢板连接）试件的轴向开裂拉力试验值为 953.0kN，试件的轴向极限拉力试验值为 1016.0kN，较桩身的轴向抗拉承载力设计值 918.0kN 偏大 10.7%。

2）不截桩抗拔桩与承台连接（焊接钢板连接）试件破坏时桩身裂缝主要分布在中间两侧－2500～2500mm 范围内，共有 16 条主要裂缝。不截桩抗拔桩与承台连接（焊接钢板连接）试件的破坏形式为连接钢筋①端部 200mm 范围内带有的 M20 螺纹处拉断，焊接钢板连接处焊缝均完好。

3）不截桩抗拔桩与承台连接（焊接钢板连接）试件在桩身裂缝出现前，各测点应变呈线性增长；测点应变与环向裂缝开展密切相关；部分应变片读数因两侧裂缝开展导致混凝土收缩而减小。

（2）不截桩抗拔桩与承台连接（转换接头连接）抗拉性能：

1）不截桩抗拔桩与承台连接（转换接头连接）试件的轴向开裂拉力试验值为 951.0kN，试件的轴向极限拉力试验值为 1100.0kN，较桩身的轴向抗拉承载力设计值 918.0kN 偏大 19.8%。

2）不截桩抗拔桩与承台连接（转换接头连接）试件破坏时桩身裂缝主要分布在中间两侧－2400～2500mm 范围内，共有 9 条主要裂缝。不截桩抗拔桩与承台连接（转换接头连接）试件试验力达到 1100.0kN 时，桩身混凝土裂缝持续开展，试验力不再提升，此时，转换接头连接处及连接钢筋①均完好，未发生破坏。

3）不截桩抗拔桩与承台连接（转换接头连接）试件在桩身裂缝出现前，各测点应变呈线性增长；测点应变与环向裂缝开展密切相关；部分应变片读数因两侧裂缝开展导致混凝土收缩而减小。

（3）截桩抗拔桩与承台连接抗拉性能

1）截桩抗拔桩与承台连接试件的轴向开裂拉力试验值为 1010.0kN，试件的轴向极限拉力试验值为 1380.0kN，较桩身的轴向抗拉承载力设计值 918.0kN 偏大 50.3%。

2）截桩抗拔桩与承台连接试件破坏时桩身裂缝主要

分布在中间两侧－1900～2800mm 范围内，共有 20 条主要裂缝；承台表面未出现裂缝。截桩抗拔桩与承台连接试件的破坏形式为桩身与承台连接部位的混凝土开裂，桩身从承台拔出，承台与锚固板间的连接完好。

3）截桩抗拔桩与承台连接试件在桩身裂缝出现前，各测点应变呈线性增长；测点应变与环向裂缝开展密切相关；部分应变片读数因两侧裂缝开展导致混凝土收缩而减小；承台混凝土应变值整体低于桩身混凝土应变值。

3　抗拔管桩项目使用情况

为验证抗拔管桩在实际工程中的应用情况，在宁波市东部新城核心区 A3-23/25-1 号地块项目中，宁波都市房产开发有限公司委托浙江土力工程勘测院，对工程中使用的 ϕ800mm 静钻根植桩进行了单桩竖向抗拔静荷载试验，其结果为"该工程的 10 根静钻根植桩，在加载至最大试验荷载 2900kN 过程中，各级上拔稳定、连续，无突变，累计上拔量相对较小，根据《建筑基桩检测技术规范》JGJ 106—2014 确定此 10 根试桩单桩抗拔极限承载力为 2900kN，此 10 根试桩均满足设计要求，检测报告静载曲线图见图 13。

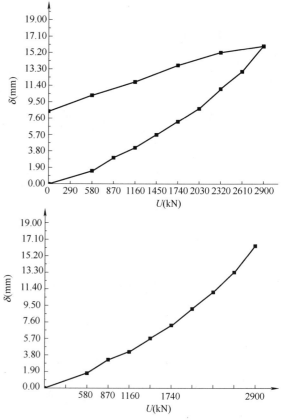

图 13　单桩竖向抗拔承载力试验检测报告

Fig. 13　Vertical pull-out bearing
capacity test report of single pile

4　结语

（1）本次管桩与承台连接的抗拉试验过程，由于设置了桩端锚固钢筋，三次试验中，桩身与端板之间均未发生破坏，由此可见，通过在桩端设置锚固钢筋的方式对桩头进行补强，可以确保桩身抗拉强度的最大发挥。

（2）截桩桩顶预应力钢筋与承台锚固钢筋绑扎连接后，再用混凝土浇筑成型，其轴向极限拉力值达到 1380kN，较桩身的轴向抗拉承载力设计值 918.0kN 偏大 50.3％，说明桩顶与承台的连接是安全可靠的。

（3）通过不同时期、不同单位进行的管桩接头抗拔试验可知，在接头焊缝质量保证或者机械连接按规范要求施工的前提下，接头性能完全可以满足设计使用要求。

（4）桩身抗拉强度计算公式 $N_k = \sigma_{ce} \cdot A_0$，因为是以管桩不出现拉应力为原则，因此在设计使用中是足够安全的。

（5）综上所述，严格按照规范要求进行设计、施工，管桩用于抗拔桩性能满足要求，是完全可行的。

参考文献：

［1］ 汪加蔚，裘涛，干钢，等. 预应力混凝土管桩结构抗拉强度的试验研究［J］. 混凝土与水泥制品，2004，3（6）：24-27.

［2］ 王离. 抗拔管桩的承载力及结构构造［J］. 混凝土与水泥制品，2008，000（4）：32-36.

基于修正 Masing 准则的砂土中大直径单桩水平循环响应

王馨怡[1, 2]，张陈蓉[*1, 2]

（1. 同济大学岩土及地下工程教育部重点实验室，上海 200092；2. 同济大学地下建筑与工程系，上海 200092）

摘　要：大直径单桩是近海海上风电基础的常用形式，海上风电在服役期间会受到长期水平循环荷载作用，单桩的长期循环响应是工程设计关注的内容。考虑砂土的非线性，基于 Ramberg-Osgood（R-O）模型，利用 Masing 准则并引入砂土轴向累积应变，构造了砂土加卸载非线性模型，在有限元软件 ABAQUS 的 UMAT 子程序中计算每个增量步的切线刚度，实现了本文循环加载砂土模型在桩土系统中的应用，对海上风电大直径单桩基础长期水平循环响应进行研究。通过将本文有限元计算结果与文献的离心模型试验结果进行对比分析，验证了其用于水平循环受荷单桩响应的合理性。进一步探讨了水平循环荷载幅值和桩身直径对桩顶累积转角的影响。研究表明，非线性循环加载土体模型描述了桩周土体循环加载过程中的应力应变关系，可以用于预测长期水平循环加载条件下桩顶位移和转角的发展情况。

关键词：大直径单桩；水平循环荷载；本构模型；非线性；有限元计算

作者简介：王馨怡（1997— ），女，硕士研究生，主要从事岩土工程方面的研究。E-mail：wangxinyi@tongji.email.cn

通讯作者：E-mail：zcrong33@tongji.edu.cn。

Response of monopile under horizontal cyclic loading based on modified masing rules

WANG Xin-yi[1, 2]，ZHANG Chen-rong[*1, 2]

（1. Key Laboratory of Geotechnical and Underground Engineering of Ministry of Education，Tongji University，Shanghai 200092，China；2. Department of Geotechnical Engineering，Tongji University，Shanghai 200092，China）

Abstract：Monopiles are a common form of offshore wind power foundations which will be subjected to long-term horizontal cyclic load during service. The long-term cyclic response of monopiles is the focus of engineering design. Considering the nonlinearity of the sand，based on the Ramberg-Osgood（RO）model and Masing criterion and introducing the axial cumulative strain model of the sand，a nonlinear model is constructed. The calculation of tangent stiffness is performed by using UMAT subroutine of the finite element software ABAQUS to realize its application in the pile-soil system. The long-term horizontal cyclic response of the large-diameter single pile foundation of offshore wind power is studied. By comparing the results of calculation with the results of the centrifuge model test in the literature，the rationality of the application to the response of a monopiles under horizontal cyclic loading is verified. The influence of the amplitude of the horizontal cyclic loading and the pile diameter on the cumulative rotation are further discussed. Research shows that the nonlinear cyclic loading soil model can describe the stress-strain relationship of sand during cyclic loading，and can be used to predict the development displacement and rotation of pile top under long-term horizontal cyclic loading.

Key words：monopile；horizontal cyclic loading；constitutive model；nonlinear；finite element calculation

0　引言

随着经济的快速发展和化石燃料的加速消耗，各国对清洁能源的需求量日益增长，风能则是其中的重要组成部分。我国拥有丰富的海上风力资源，发展海上风电具有较大潜能。海上风电的建造中，基础是较为关键的部分，有导管架基础、单桩基础、吸力桶基础等众多基础形式，大直径单桩由于其适用性强，在近海区域被广泛使用[1]。

海上风电在服役期间会受到长期水平循环荷载作用，单桩的长期循环响应是工程设计关注的内容。合理有效考虑循环荷载作用下桩周土体的应力-应变发展可以对大直径单桩的长期循环加载响应进行预测。Achmus 等[2]

在忽略弹性变形的前提下推导了割线刚度循环弱化模型，利用 ABAQUS 的二次开发平台 USDFLD 实现了弹性模量随循环次数的弱化。该模型的加载过程仅考虑了加载历史的起始点和峰值点，忽略了加载过程中的非线性过程和卸载过程中的塑性变形。张勋[3] 采用双曲线模型来描述砂土静载应力应变关系，假定同一循环内的加卸载曲线初始弹性模量相等，参考 Masing 二倍法构建加卸载曲线，从而推导出基于累计应变显示模型的加卸载刚度表达式，但该模型随着循环次数增加，割线刚度将非常大，导致桩土系统计算不合理。张陈蓉等[4] 以 R-O 模型作为骨干曲线，用修正 Masing 准则[5] 构建滞回圈，基于砂土轴向累积应变显式公式推导了砂土加卸载割线刚度演化模型，该方法在具体实现时同样未考虑土体的非线性，得到的加载位移曲线无法模拟出完整滞回圈。

———————————
基金项目：国家自然科学基金项目（51779175）。

本文基于 Ramberg-Osgood（R-O）模型[6]，利用修正 Masing 准则[5]并引入砂土轴向累积应变，构建了描述砂土加卸载过程应力应变滞回圈的循环土体模型，运用于砂土中水平循环受荷桩的有限元数值模拟。通过与离心模型试验的对比，验证该模型在水平循环受荷桩累积位移预测方面的合理性。开展参数分析探讨了不同荷载幅值和桩身直径对桩顶累积转角的影响。

1 考虑滞回特性的循环土体模型

为了合理描述循环加载下桩周土体循环加载特性对单桩循环响应的影响，建立了砂土循环加载简化模型，具体如下。

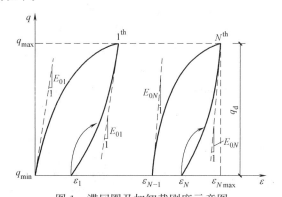

图 1 滞回圈及加卸载刚度示意图

Fig. 1 Diagram of hysteresis loop and stiffness of loading and unloading

图 1 为三轴试验条件下轴向荷载与轴向应变随循环加载次数的示意图，q_{max} 和 q_{min} 为循环加载的最大值和最小值，$\varepsilon_{N,max}$ 和 ε_N 为第 N 次循环加载所对应的最大累积应变和残余累积应变。随着循环荷载作用次数的增加，滞回圈面积逐渐减小，轴向应变逐渐累积。为构建循环加载下轴向应力应变的滞回圈表达式，采用 Ramberg-Osgood（R-O）模型[6]作为骨干曲线，如式（1）所示。

$$\varepsilon = \frac{q}{E_0}\left(1+\alpha\left(\frac{q}{q_{ult}}\right)^{R-1}\right) \tag{1}$$

式中，E_0 为加卸载初始切线模量，α、R 为 R-O 模型参数。进一步地，以修正 Masing 准则[5]构建滞回圈，如式（2）、式（3）所示。

$$\varepsilon-\varepsilon_{min}=\left(\frac{q-q_{min}}{E_{0N}}\right)\left(1+\alpha\left(\frac{q-q_{min}}{q_{ult}}\right)^{R-1}\right) \tag{2}$$

$$\varepsilon-\varepsilon_{max}=\left(\frac{q-q_{max}}{E_{0N}}\right)\left(1+\alpha\left(\frac{q-q_{max}}{\xi q_{ult}}\right)^{R-1}\right) \tag{3}$$

式中，q_{ult} 为土体峰值强度值，ξ 为与修正 Masing 准则相关的循环参数，定义为：

$$\xi=\left(1+\frac{\Delta\varepsilon_N}{\varepsilon_{st}^p}\right)^{1/(R-1)} \tag{4}$$

其中，$\Delta\varepsilon_N=\varepsilon_N-\varepsilon_{N-1}$ 为第 N 次轴向循环累积应变增量，ε_N 计算参考详见文献[7]；ε_{st}^p 为滞回圈稳定时的塑性应变，具体表达式详见文献[8]。

在有限元软件 ABAQUS 中利用 UMAT 子程序实现上述循环土体模型，利用时间增量判断加卸载，计算每个

增量步切线刚度，由于土体切线模量在计算中为非线性变化，为减小误差，计算应力增量过程中采用四阶龙格库塔算法。

Achmus[2] 假设卸载过程中没有弹性应变，以荷载位移曲线原点和加载峰值点的连线作为每次循环的土体刚度，提出了用于模拟循环加载的土体刚度衰减模型，如图 2 所示。

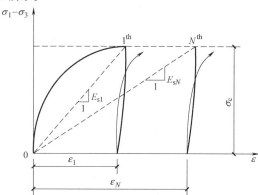

图 2 循环加载刚度衰减模型（Achmus[2]）

Fig. 2 Degradation of secant modulus model（Achmus[2]）

Achmus 等[2] 采用 Huurman[9] 建议的公式得到的刚度衰减表达式如下：

$$\frac{E_{sN}}{E_{s1}}=\frac{\varepsilon_{N=1}}{\varepsilon_N} \tag{5}$$

式中，E_{sN} 为第 N 次循环的割线模量，E_{s1} 为第 1 次循环的割线模量，$\varepsilon_{N=1}$ 为第 1 次轴向循环累积应变，ε_N 为第 N 次轴向循环累积应变。

2 与离心模型试验对比验证

Zhu 等[10] 采用福建标准砂进行了单桩水平循环加载离心试验。模型参数和土体参数如表 1、表 2 所示。

钢管装参数　　　　　　　　　　　　　表 1

Material properties of the monopile Table 1

桩长 （m）	桩径 （m）	壁厚 （m）	加载点高度（m）	材料密度 （kg/m³）	弹性模量 （GPa）	泊松比
56.75	2.5	0.045	6.75	2700	200	0.3

土体参数　　　　　　　　　　　　　　表 2

Material properties of the soil　Table 2

有效密度 （kg/m³）	残余摩擦角 （°）	泊松比	剪胀角 （°）
936	35	0.25	5

本文选取 S2-3 组试验进行有限元模拟，有限元模型依据原型桩建立，土体区域建模为 30 倍桩径，桩端至底部边界为 30 倍桩长，以忽略边界效应对分析结果的影响，土体单元为 6 面体 8 节点单元（C3D8），桩单元为 6 面体 8 节点线性减缩积分单元（C3D8R），如图 3 所示。

试验水平循环荷载为随时间正弦变化的单向循环荷载，荷载幅值为 1460kN。参考王磊等[7] 的福建标准砂

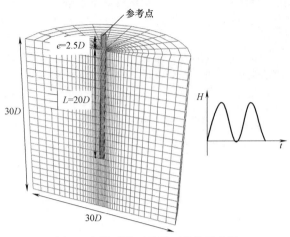

图 3　有限元模型及循环荷载示意图

Fig. 3　Diagram of finite element model and cyclic loading

三轴试验得到的累积应变拟合参数和张陈蓉[4] 稳定刚度参数给出下列模型参数取值。

模型参数　表 3

Parameters value of the model　Table 3

参数	福建砂参数取值
α	50
R	1.2
a	1.382
c	0.737
m	1.494
b	0.1
A_0	2000
c_0	-0.28
m_0	1.458

图 4 为由本文土体模型计算得到的荷载-位移曲线与试验结果前五次循环的对比。本文模型可以模拟得到完整的滞回圈，体现加卸载过程土体应力应变曲线非线性特点，与试验结果接近。

图 5 为本文土体模型和刚度衰减模型计算得到的峰值位移与试验结果对比。可以看出，桩顶水平位移和循环次

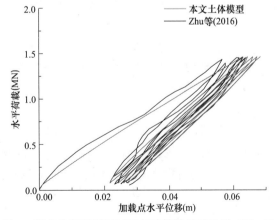

图 4　荷载位移滞回圈试验与计算结果对比图（$N=5$）

Fig. 4　Comparison of load-displacement hysteresis curves（$N=5$）

数的对数呈线性增长关系，刚度衰减模型计算得到的峰值位移明显小于试验值，本文模型则可以较好地模拟桩顶位移的发展。

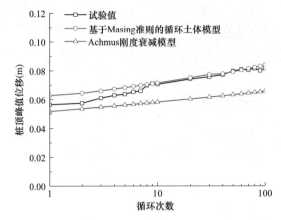

图 5　加载点处水平峰值位移试验值与计算值对比

Fig. 5　Comparison of measured and calculated values of peak displacement

3　参数分析与讨论

本节分别进行循环加载幅值和单桩直径变化的大直径单桩水平循环加载桩顶转角发展的参数分析。计算条件为循环加载 10000 次，单桩埋置深度 20m，加载高度为地表以上 4m，其余参数与上文有限元一致。

图 6 对应参数为单桩直径 6m，水平循环加载幅值分别为 2MN、4MN、6MN、8MN、10MN，得到达到 3 种桩顶转角所经历的循环次数和荷载幅值的关系。可以看出，随着荷载幅值的增加，能承受的循环次数明显减小，同一荷载幅值下，$0.1°$ 到 $0.15°$ 的循环次数远小于 $0.15°$ 到 $0.2°$ 的条件，表明后期循环累积变形增长极其有限。

图 7 对应参数为单桩直径分别为 3m、4m、5m、6m、7m、8m，施加幅值为 2MN 的水平荷载，得到对应 3 种桩顶转角经历的循环次数和桩体直径的关系。可以看出，直径在 6~8m 之间时，目标循环次数随直径增大明显增加，此时 3 条曲线近似平行，表明大直径条件下，直径增加的影响近似相等。

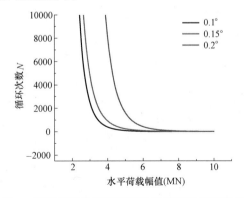

图 6　特定旋转角度下循环次数随荷载幅值变化

Fig. 6　Change of cyclic numbers with loading amplitude under fixed rotation

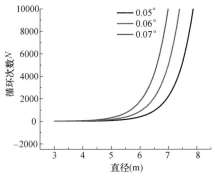

图 7　特定旋转角度下循环次数随桩体直径变化
Fig. 7　Change of cyclic numbers with diameter of piles under fixed rotation

4　结语

本文建立了砂土中循环加载的简化土体模型，在有限元中实现大直径桩的长期循环加载计算。通过与离心模型试验的对比，验证本文模型模拟长期水平循环受荷单桩的适用性。最后进行了不同循环荷载幅值和单桩直径的参数分析，发现同一荷载幅值下，后期循环累积变形增长极其有限。同时，大直径条件下，直径增加对桩顶转角的影响近似相等。本文模型的优势在于小数目循环加载下，可以反映桩顶荷载-位移曲线的非线性特点，长期加载应用中可以较好地模拟大直径单桩的桩顶水平位移与循环荷载次数的关系。

参考文献：

[1]　BARARI A，BAGHERI M，ROUAINIA M，et al. Deformation mechanisms for offshore monopile foundations accounting for cyclic mobility effects[J]. Soil Dynamics and Earthquake Engineering，2017，97(10)：439-453.

[2]　ACHMUS M，KUO Y S，Abdel-Rahman K. Behavior of monopile foundations under cyclic lateral load[J]. Computers and Geotechnics，2009，36(5)：725-735.

[3]　张勋. 砂土中沉井加桩复合基础水平静力及循环加载特性[D]. 上海：同济大学，2016.

[4]　张陈蓉，等. 砂土中大直径单桩的长期水平循环加载累积变形[J]. 岩土工程学报，2020，42(6)：1076-1084.

[5]　MASING G. Eigenspannungeu und verfertigung beim Messing[C]//Proceedings of the 2nd International Congress on Applied Mechanics，1926，Zurich.

[6]　RAMBERG W，OSGOOD W R. Description of stress-strain curves by three parameters[J]. National Advisory Committee for Aeronautics，1943：902.

[7]　王磊，朱斌，来向华. 砂土循环累积变形规律与显式计算模型研究[J]. 岩土工程学报，2015，37(11)：2024-2029.

[8]　朱治齐. 砂土中大直径单桩的长期水平循环累积变形研究[D]. 上海：同济大学，2018.

[9]　HUURMAN M. Development of traffic induced permanent strains in concrete block pavements[J]. Heron，1996，41(1)：29 - 52.

[10]　ZHU B，LI T，XIONG G，et al. Centrifuge model tests on laterally loaded piles in sand[J]. International Journal of Physical Modelling in Geotechnics，2016，16(4)：1-13.

小直径后注浆先张法预应力抗拔桩的受力性能分析

祝文畏，杨学林，戚庆阳，周豪毅，杜尚成

（浙江省建筑设计研究院，浙江 杭州 310006）

摘　要：钻孔灌注桩与预应力管桩当前广泛应用于各类地下室工程，本文提出了一种新的小直径后注浆先张法预应力抗拔桩。新桩型采用小直径先张法预应力桩芯提高桩身抗裂能力，通过后注浆提高桩土之间摩阻力，相比传统灌注桩可提高抗拔性能，节省材料用量。新桩型采用先钻孔后注浆工艺，相比预应力管桩可扩大适用范围。本文通过实例计算及有限元数值分析，分析了新桩型的预应力损失及桩芯粘结强度，证明了该桩型在技术上的可行性。

关键词：抗拔桩；桩芯；先张法预应力；有限元

作者简介：祝文畏（1980—　），男，教授级高级工程师，硕士，一级注册结构工程师。E-mail：63667030@qq.com。

Analysis of mechanical properties of post-grouting and pre-tensioning prestressed uplift pile of small diameter

ZHU Wen-wei，YANG Xue-lin，QI Qing-yang，ZHOU Hao-yi，DU Shang-cheng

（Zhejiang Province Institute of Architectural Design and Research，Hangzhou Zhejiang 310000，China）

Abstract：At present，bored pile and prestressed pipe pile are widely applied in foundations，a new post-grouting pre-tensioned mini-pile is proposed in this paper. The new pile type adopts pre-tensioned pile core and post-grouting to improve the crack resistance of the pile and the friction between the pile and soil，which means higher performance of uplift resistance and economization on material compared to traditional bored pile. In comparison to prestressed pipe pile，the pile can be more adaptable by applying predrilling and post-grouting technique. This paper analyzes the pre-stress loss and the bond strength of pile by theoretical calculation and finite element numerical analysis，and prove the technical feasibility of the new pile type.

Key words：uplift pile；pile core；pre-tensioned；finite element analysis

0　引言

随着城市建设的发展，地下工程越来越多，地下室抗浮问题日益突出。目前，抗拔桩被广泛应用于大型地下室。抗拔桩一般采用钻孔灌注桩和预应力管桩。钻孔灌注桩[1]桩身配筋需满足裂缝计算，经济性较差；而管桩[2]受限于成孔工艺，只适用于软土地基，且桩身连接接头可靠性存在隐患，近年来作为抗拔桩的应用越来越少。采用现场预应力技术可以使抗拔桩在满足截面抗拉强度的同时，有效控制混凝土裂缝。但由于地下工程预应力的施加难度大，现场施工周期长、质量难以保证。

目前，国内外对抗拔桩承载机理已有一定研究[3-6]，但是尚未形成完整的计算理论体系。本文提出了一种小直径后注浆先张法预应力抗拔桩并依托于实例进行了受力性能分析，然后通过有限元软件 ABAQUS 对其进行了数值模拟分析，为工程中采用该种抗拔桩提供参考意义。

1　小直径后注浆先张法预应力抗拔桩应用的可行性分析

小直径后注浆先张法预应力抗拔桩由预制预应力桩芯和现浇混凝土组成。桩芯侧壁每隔一定距离有一个预埋套管，用于二次注浆，提高桩芯与现浇混凝土桩身的粘结性能。

本桩型适用于直径 200～350mm 的钻孔灌注抗拔桩。施工工艺如下：（1）工厂中用先张法进行预应力混凝土桩芯预制；（2）施工现场钻机成孔；（3）清孔反渣，下放预制桩芯；（4）灌注锚固浆体；（5）进行二次注浆；（6）预留伸入底板或基础的锚头，完成抗拔桩施工。

因为预应力技术的应用及工业化预制的做法，本桩型相对于普通钢筋混凝土抗拔桩和现场施工的预应力抗拔桩均有较大的优势。

普通钢筋混凝土抗拔桩，其配筋往往由抗裂性能控制，相对于桩身抗拔承载力通常有很大富余。并且即使采用了加大配筋、牺牲经济性以控制裂缝的办法，依旧无法完全保证其耐久性。在地下水位起伏，干湿交替环境的长久作用下，细微的裂缝也可能不断扩大。本桩型采用先张法预应力工艺，对于桩身预加压力，有效控制了桩身裂缝的产生，提高了抗拔桩的耐久性。

现场施工的预应力抗拔桩，现场施工工艺较为繁琐，对施工质量要求较高，对工期影响很大。本桩型中，工业化先张法预制工艺，既能保证预应力桩芯质量，又能大大缩短现场施工的周期，降低整体成本。

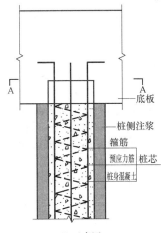

(a) 示意图

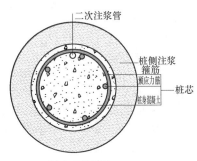

(b) A-A剖面图

图1 小直径后注浆先张法预应力抗拔桩示意图

2 小直径先张法预应力预制桩的受力分析

先张法预应力预制抗拔桩在使用中可能存在的一些问题：（1）小直径桩由于预制部分预压应力大，弹性变形损失偏大，可能因预压应力不足产生裂缝。（2）现浇混凝土桩体与预制桩芯，新旧混凝土间粘结强度不足，导致预制桩芯被拔出。

2.1 预应力损失的分析

引起应力损失的主要原因有：（1）张拉端锚具的变形；（2）混凝土养护时温差的影响；（3）预应力钢筋的应力松弛；（4）混凝土的收缩与徐变。

（1）张拉锚具端的变形引起的预应力损失 σ_{l1} 的计算公式如下：

$$\sigma_{l1}=\frac{a}{l}E_s \qquad (1)$$

式中：a——锚具变形值；

l——张拉端至锚固端之间的距离；

E_s——钢筋弹性模量。

（2）混凝土加热养护时，预应力筋与承受拉力的设备之间的温差引起的预应力损失 σ_{l3} 的计算公式如下：

$$\sigma_{l3}=2\Delta t \qquad (2)$$

式中：Δt——预应力筋与承受拉力的设备之间的温差。

（3）由于预应力筋的应力松弛引起的预应力损失 σ_{l4} 的计算公式如下：

$$\sigma_{l4}=0.03\sigma_{con} \qquad (3)$$

式中：σ_{con}——预应力筋的张拉控制应力。

（4）在混凝土达到足够强度后，放松预应力钢筋，张拉力 N_s（考虑相应的应力损失，但尚未产生弹性压缩应力损失）会变为预加压力作用在桩芯混凝土上。此时构件中的混凝土和预应力筋粘结成一体而共同工作，由此产生弹性压缩变形而引起预应力损失。

预应力钢筋张拉力 N_s 等于混凝土所受压力 N_c 与预应力钢筋损失的力 ΔN_s 之和，即

$$N_s=\Delta N_s+N_c \qquad (4)$$

由于预应力筋和混凝土的弹性压缩应变 ε 相同，则

$$\Delta N_s=A_s\varepsilon E_s=A_s\sigma_s \qquad (5)$$

$$N_c=A_c\varepsilon E_c=A_c\sigma_s\frac{E_c}{E_s} \qquad (6)$$

式中：A_s，A_c——分别为预应力筋和混凝土的面积；

σ_s——预应力筋的损失应力；

E_c——混凝土弹性模量。

将式（5）和式（6）代入式（4）可得，

$$\sigma_s=\frac{N_s}{A_s+A_c\dfrac{E_c}{E_s}} \qquad (7)$$

《混凝土结构设计规范》GB 50010 综合考虑了混凝土收缩应变和后期的徐变，其预应力损失计算公式如下：

$$\sigma_{l5}=\frac{60+340\dfrac{\sigma_{pc}}{f_{cu}}}{1+15\rho} \qquad (8)$$

式中：σ_{pc}——桩身混凝土的压应力；

f_{cu}——桩身混凝土的立方体抗压强度；

ρ——抗拔桩的配筋率。

2.2 计算实例

本节基于2.1节的计算公式，对某15m小直径后注浆先张法预应力抗拔桩进行了预应力损失计算。其材料参数如表1所示，计算结果如表2所示。

材料参数　　　　　　　　　　　　　表1

材料	参数	备注
混凝土	强度等级	C60
	尺寸(mm)	$D=200$
钢筋	代号	PCB-1420-35-L-HG
	直径(mm)	12.6
	数量（根）	5
	张拉控制应力(MPa)	994

预应力损失计算　　　　　　　　　表2

预应力损失类型	计算结果(N/mm²)	备注
σ_{l1}	40	取 $a=3$mm
σ_{l3}	40	取 $\Delta t=20$℃
σ_{l4}	29.82	—
σ_s	98.71	—
σ_{l5}	161.73	—

由表2可知：

（1）根据《混凝土结构设计规范》GB 50010 计算的预应力损失值比仅考虑弹性压缩的预应力损失值大 65%。在对该桩型进行预应力损失估算时，混凝土的徐变作用不可忽略。

（2）本实例中预应力损失共计 271.55N/mm²，占总控制张拉应力的 27.3%。确定张拉控制应力时应充分考虑预应力损失的影响，避免因张拉控制应力不足，导致桩身预加压力不足。

2.3 减小预应力损失的措施

2.2 节的计算结果显示，该种抗拔桩的预应力损失计算值为 27.3%，因此有必要采取措施减小预应力损失。

（1）减小锚具变形引起的预应力损失的措施

锚具变形对于预应力损失的影响，主要由锚具的变形程度和张拉端至锚固段之间的距离控制。先张法相对于现场施工的后张法，张拉端至锚固端距离更长，且更有条件对锚具变形进行监测，保证预应力损失在可控范围内。

（2）减小由于温差引起的预应力损失的措施

当张拉完毕的预应力钢筋因热胀冷缩的原理伸长时，张紧的预应力钢筋中的应力将降低，造成预应力损失。对于温度差造成的预应力损失，可采取以下措施：①避免混凝土养护造成的较大温度差；②避免在昼夜温差较大的条件下进行张拉作业。

（3）减小应力松弛引起的预应力损失的措施

张拉过程中，预应力钢筋总变形保持不变，徐蠕变使塑性变形不断增加，弹性变形相应减少，应力随时间缓慢降低。为弥补预应力筋应力松弛导致的应力损失，在工厂张拉施工中，必须按设计计算数据与现场验算数据进行应力控制，并采用超张拉的方式，一般超张拉系数取 1.03～1.05。

（4）减小混凝土收缩徐变引起的预应力损失的措施

为减少混凝土的收缩与徐变产生的预应力损失，可采取以下措施：①混凝土强度达到要求后再进行预应力筋放张作业；②采用高强度等级水泥，减少水泥用量，降低水灰比；③采用级配较好的骨料，加强混凝土的振捣，提高混凝土密实性，从而减少混凝土的收缩徐变。

2.4 新旧混凝土界面粘结性能分析

新旧混凝土粘结强度可根据劈裂抗拉强度试验计算。桩芯与现浇部分锚固浆体的粘结承载力 N_t 可由下式计算：

$$N_t = \frac{\xi f_{rbk} \pi D l}{K} \quad (9)$$

式中：f_{rbk}——新旧混凝土的粘结强度标准值，因在小直径、大长度的桩身构件中尚缺乏试验数据，在本例中，依据《预应力混凝土管桩技术标准》JGJ/T 406 的填芯混凝土与管桩内壁的粘结强度设计值取值，取 0.35N/mm²，转换为标准值约为 0.49N/mm²

D——桩芯直径；

l——桩芯长度；

K——安全系数，取 2.0；

ξ——经验系数，取 0.8。

计算可得，$N_t = 985.2$kN，远大于桩身抗拔承载力特征值。因此，在预制桩芯与现浇混凝土桩身正常有效粘结的情况下，几乎不会出现预制桩芯被拔出的现象。

保证预制桩芯与现浇混凝土桩身的有效粘结，也是抗拔桩正常发挥功能的重要因素。新旧混凝土界面粘结性能的主要因素有旧混凝土的表面粗糙度、旧混凝土的表面预先润湿情况和新混凝土的特性。

在施工中可采取以下措施，以保证新旧混凝土的有效粘结：（1）预制桩芯可设置环形凸起；（2）现浇桩身混凝土中添加膨胀剂。

由于预应力建立在预制桩芯中，外围包裹的现浇桩身内没有预应力，在抗拔桩工作时，现浇桩身中会产生一些裂缝。但因为桩芯为工厂预制，其整体性好、质量高、防水性能好。所以即使有部分地下水通过现浇部分桩身中的裂缝，到达预制桩芯外表，也不会对桩芯内的预应力钢筋产生腐蚀。现浇部分桩身主要作用为包裹桩芯后，使桩芯能充分利用土体摩阻力。所以只要现浇桩身与预制桩芯有效粘结，能够传递土体摩阻力至桩芯，即使现浇桩身部分产生部分裂缝，也不会影响整体抗拔桩的安全性和耐久性。

3 有限元分析

3.1 建立模型

采用 ABAQUS 建立小直径先张法预应力抗拔桩模型，材料参数如表 1 所示。混凝土采用 C3D8R 实体单元模拟，预应力筋采用 T3D2 桁架线单元模拟，建立的有限元模型如图 2 所示。

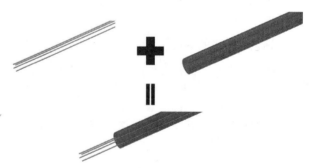

图 2 小直径先张法预应力抗拔桩有限元模型

3.2 计算结果及分析

（1）预应力筋应力分析

对小直径先张法预应力抗拔桩施加张拉控制应力，产生弹性收缩后预应力筋的应力如图 3 所示。

分析结果显示，钢筋的预应力损失值为 96.23N/mm²。模型分析结果与 2.2 节计算结果相比，误差为 3%，吻合良好。

（2）桩身混凝土应力分析

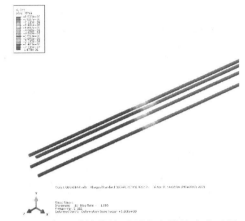

图3 产生弹性收缩后预应力筋的应力云图

桩身混凝土的应力如图4所示。

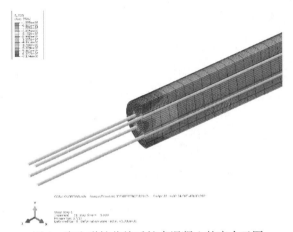

图4 产生弹性收缩后桩身混凝土的应力云图

分析结果显示，混凝土的应力为16.9N/mm²，与2.2节计算结果吻合良好。

为了研究桩身混凝土的预应力加载情况，绘制桩身混凝土沿桩身方向的应力分布图如图5所示。

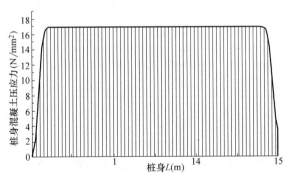

图5 桩身混凝土沿桩身方向应力分布图

由图5可知，距离桩端0.15m处，桩身混凝土的压应力才达到平均压应力。因此，在应用本桩型时，桩端0.15m范围内需锚入地下室底板中，方可更好保障其耐久性能。

4 结论

本文通过理论计算和数值模拟分析，对小直径后注浆先张法预应力抗拔桩的受力性能进行了分析，得出如下结论：

（1）本桩型为用先张法制造的预应力抗拔桩，其预应力桩芯在工厂预制，既能保证质量，又能缩短现场施工工期，且符合现在国家建筑工业化的倡导。

（2）预应力桩芯的预制在设计方面应注意预应力损失，指导工厂给出合适的张拉控制应力。

（3）现场施工中应着重控制新旧混凝土的粘结质量，以保证整体抗拔桩的安全性。

（4）应用本桩型时，桩端0.15m范围内需锚入地下室底板中。

（5）小直径预应力预制抗拔桩在技术上可行，并有优越的经济性，期望其将来能在实际工程中进行应用。

参考文献：

[1] 王伯惠，上官兴. 中国钻孔灌注桩新发展[M]. 北京：人民交通出版社，1999.

[2] 阮起楠. 预应力混凝土管桩[M]. 北京：中国建筑工业出版社，2000.

[3] 黄茂松，任青，王卫东，等. 深层开挖条件下抗拔桩极限承载力分析[J]. 岩土工程学报，2007(11)：1689-1695.

[4] 孙洋波，朱光裕，袁聚云. 扩底抗拔桩承载力试验与研究[J]. 岩土工程学报，2011，33(S2)：428-432.

[5] Alawneh A S，lvialkawi A I H，Al-Deeky H. Tension tests on smooth and rough model piles in drysand[J]. Canadian Oeotechnlcal Journal，1999，36(4)：746-753.

[6] Shanker K，Basudhar P K，Patra N R. Uplift capacity of single piles：predictions and performance[J]. Geotechnical and Geological Engineering，2007，25：151-161.

H 型护岸桩弯剪性能试验研究及工程应用

任军威[1]，龚顺风[*1]，俞晓东[2]，谢建富[2]，刘学兵[3]

（1. 浙江大学结构工程研究所，浙江 杭州 310058；2. 宁波一中管桩有限公司，浙江 宁波 315450；3. 余姚市交通运输综合行政执法队，浙江 宁波 315400）

摘 要：H 型护岸桩是一种新型的先张法预应力混凝土钢绞线桩，具有较高的承载能力和良好的变形性能，已广泛应用于河海护岸和湖泊整治工程。本文通过对不同规格 H 型护岸桩试件进行足尺抗弯及抗剪性能试验，研究其抗裂性能、抗弯（剪）承载力、变形能力及破坏特征，通过多个工程实例详细介绍了 H 型护岸桩的应用情况。试验研究结果表明：抗弯试验 H 型护岸桩试件破坏模式为受压区混凝土压溃，桩身竖向裂缝较多且分布均匀，抗裂弯矩试验值与理论计算值相近，极限抗弯承载力较计算值偏大约 30%，破坏时受拉区钢绞线未发生断裂，桩身延性较好；抗剪试验试件破坏模式为斜截面剪压破坏，桩身竖向裂缝较少，弯剪段斜裂缝开展显著，抗裂剪力试验值与理论值相近，破坏时桩身跨中挠度较小。实际工程应用表明：H 型护岸桩具有良好的支护性能，可以应用于各类支护工程。

关键词：H 型护岸桩；钢绞线；抗弯性能；抗剪性能；工程应用

作者简介：任军威（1996— ），男，博士研究生，主要从事钢筋混凝土结构研究。E-mail：junweikid@zju.edu.cn。

通讯作者：龚顺风（1975— ），男，工学博士，教授，主要从事钢筋混凝土结构研究。E-mail：sfgong@zju.edu.cn。

Experimental study on flexural and shear performance of H-shaped revetment piles and its engineering application

REN Jun-wei[1]，GONG Shun-feng[*1]，YU Xiao-dong[2]，XIE Jian-fu[2]，LIU Xue-bing[3]

（1. Institute of Structural Engineering，Zhejiang University，Hangzhou Zhejiang 310058，China；2. Ningbo Yizhong Concrete Pile Co.，Ltd.，Ningbo Zhejiang 315450，China；3. Yuyao Transportation Comprehensive Administrative Law Enforcement Team，Ningbo Zhejiang 315400，China）

Abstract：H-shaped revetment piles are a new type of pretensioned prestressed concrete piles with steel strands and have been widely used in river and sea revetment and lake regulation projects due to their high bearing capacity and good deformation performance. Through full-scale flexural and shear performance experiments of 4 H-shaped revetment pile test specimens of two kinds of specifications，the anti-cracking performance，flexural and shear load-carrying capacity，deformation capacity and failure characteristics of H-shaped revetment piles were studied in this paper. In addition，the applications of H-shaped revetment piles were introduced in detail through a number of specific engineering examples. Experimental results show that the failure mode of flexural test piles is the concrete crushing in the compression zone，with a large number of uniformly-distributed vertical cracks in the pile body. The experimental value of cracking bending moment is close to the theoretical calculated value and the ultimate bending bearing capacity is about 30% larger than the calculated value. The steel strands in the tensile area did not break after the failure，indicating the ductility of the pile is good. The failure mode of shear test piles is characterized by the shear-compression failure of the oblique section，with fewer vertical cracks，but significant oblique cracks at the bend-shear region. The test value of the cracking shear force is near the calculated value and the deflection of the pile span is small when the pile fails. Engineering applications show that H-shaped revetment piles have a good supporting performance and can be applied to various supporting projects.

Key words：H-shaped revetment pile；steel strand；flexural performance；shear performance；engineering application

0 引言

护岸工程是指在江河湖海堤岸采取的加固工程措施，用以防止岸坡遭受水流、波浪、海潮侵袭和冲刷，以及土压力和地下水渗透压力作用而发生坍塌。常用的护岸结构有混凝土挡墙、块石挡墙、混凝土搅拌桩、预制板桩等。护岸工程场地往往有着复杂多样的水文地质条件，同时也有着城市美化建设的要求和规划用地红线的限制，随着建筑工业化的发展和绿色建筑的推广，护岸结构不仅要具备挡土、止水、抗冲刷等功能和优良的抗弯、抗剪

等性能，还往往要求有土方开挖量小、材料用量少、占地面积小、施工便捷、绿色环保等优势。新型的护岸结构亟待研发，以满足城市建设和工程建设的需求。

钢绞线有着良好的力学性能，即较高的抗拉强度和良好的变形延性，且预应力钢绞线锚接技术成熟可靠。本课题组前期已通过一系列创新工艺[1-4]将钢绞线作为预应力管桩的主筋，研发出了先张法预应力混凝土钢绞线管桩，并对不同规格钢绞线管桩试件进行了抗弯性能、抗剪性能以及轴压性能试验[5-8]，结果表明：抗弯试验钢绞线管桩破坏模式为受压区混凝土压碎，钢绞线未发生断裂，钢绞线管桩具有较高的抗弯承载能力和较好的变形

基金项目：国家自然科学基金资助项目（52071290）。

延性；抗剪试验钢绞线管桩破坏模式为纯弯段受压区混凝土压碎，钢绞线未发生断裂，抗剪破坏滞后于抗弯破坏，桩身具有较高的抗剪承载能力；轴压试验钢绞线管桩破坏形式为全截面受压破坏，混凝土首先压碎，而后钢绞线向外压曲，箍筋断裂，呈现明显的脆性破坏特征，桩身抗压承载能力满足规范要求，并有一定的安全储备，能够满足工程应用。

基于钢绞线在管桩中的良好应用效果，本课题组研发了以钢绞线为主筋的H型护岸桩[9]，该H型护岸桩具有较高的承载能力和良好的变形性能，在太湖避风港岸堤、京杭大运河苏州段、杭甬运河余姚段护岸、绍兴浙东运河护岸、余姚一线海塘丁坝加固等工程中迅速得到了推广应用。目前，在水利、航道护岸、海塘防冲等工程中，已累计设计和使用H型护岸桩100余万米。本文通过对两种规格的4根H型护岸桩试件的足尺抗弯及抗剪性能试验，研究其抗裂性能、抗弯（剪）承载力、变形能力及破坏特征，并通过工程实例详细介绍H型护岸桩的应用情况。

1 H型护岸桩抗弯性能试验

1.1 试件规格

依据工程中常用的预应力混凝土桩尺寸，选取桩宽为500mm和600mm的两种规格H型护岸桩各2根，H型护岸桩试件的几何尺寸及配筋详见表1和图1，每种规格其中1根进行抗弯性能试验（编号为PH300-500-Ⅱ-KW、PH400-600-Ⅱ-KW），另1根进行抗剪性能试验（编号为PH300-500-Ⅱ-KJ、PH400-600-Ⅱ-KJ）。图1中，H和B分别表示桩高和桩宽。预应力钢绞线的张拉控制应力σ_{con}取钢绞线抗拉强度标准值$f_{ptk}=1860MPa$的0.70倍。

试件配筋规格   **表1**

Reinforcement specifications of test specimens

Table 1

试件规格	主筋配置	箍筋配置	配筋率(%)
PH300-500-Ⅱ	18ϕ^s11.1	ϕ^b5@100	1.16
PH400-600-Ⅱ	26ϕ^s11.1	ϕ^b5@100	1.21

1.2 抗弯试验装置及加载制度

根据相关国家标准[10,11]，试验装置按照2加载点加载方式进行布置，如图2所示，加载制度采用力-位移双控制加载法，首先进行力控制分级加载，以20%开裂荷载的极差加载到80%的开裂荷载值，当加载到开裂荷载理论值附近时，减小极差加密加载，以得到准确的开裂荷载试验值。而后以10%极限荷载的极差加载至极限荷载理论值，后改为位移控制加载，直至H型护岸桩受压区域发生混凝土压碎破坏，试件不能继续承载，停止加载。加载过程依据的开裂荷载理论值以及极限荷载理论值根据规范[12]公式计算得到。

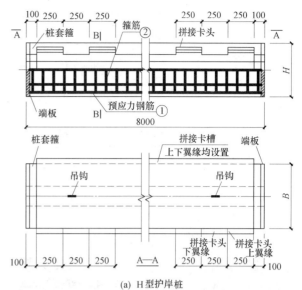

(a) H型护岸桩

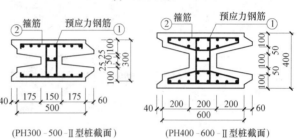

(PH300-500-Ⅱ型桩截面)   (PH400-600-Ⅱ型桩截面)

(b) H型护岸桩截面配筋

图1 H型护岸桩配筋示意图

Fig. 1 Reinforcement schematic diagram of H-shaped revetment piles

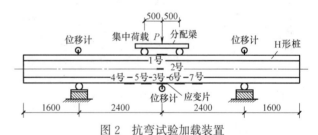

图2 抗弯试验加载装置

Fig. 2 Loading device of flexural tests

1.3 抗弯试验结果分析

H型护岸桩试件抗弯试验荷载-跨中挠度曲线如图3所示，裂缝分布如图4所示。分析可知型桩抗弯试验全加载过程可以分为以下3个阶段：（1）加载初期，试件处于弹性阶段，随荷载增加，跨中挠度基本呈线性变化；（2）当加载至跨中纯弯段出现竖向裂缝后，裂缝区域的混凝土退出工作，荷载-跨中挠度曲线开始呈现非线性变化，随着荷载的进一步增加，竖向裂缝数量不断增多且分布较为均匀，试件跨中挠度迅速增长且刚度明显退化；（3）进入位移控制加载阶段，试件上翼缘混凝土开始出现水平纵向裂缝，随着位移的增加，荷载稳定上升，直至受压区混凝土发生压溃破坏，此时试件上翼缘混凝土水平纵向裂缝开展明显。

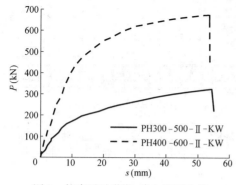

图 3　抗弯试验荷载-跨中挠度曲线

Fig. 3　Load-deflection curves at
mid-span for flexural tests

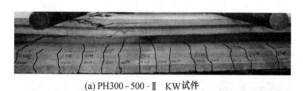

(a) PH300-500-Ⅱ KW 试件

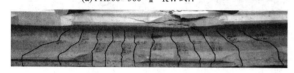

(b) PH400-600-Ⅱ-KW 试件

图 4　抗弯试验桩身裂缝分布

Fig. 4　Crack distribution of pile body for flexural tests

　　表 2 为各 H 型护岸桩试件抗弯试验结果与规范公式理论计算值对比。结果表明，PH300-500-Ⅱ-KW 和 PH400-600-Ⅱ-KW 试件的抗裂弯矩试验值 M_{cr}^{t} 与理论计算值 M_{cr} 基本吻合，极限弯矩试验值 M_{u}^{t} 较理论计算值 M_{u} 分别偏大 26% 和 36%，跨中最大挠度 f_{u}^{t} 均达到 50 mm 以上，破坏时受拉区钢绞线未发生断裂，表明桩身具有较好的延性。各试件抗裂荷载值均远小于极限荷载值，表明 H 型护岸桩具有较大的承载力安全储备。

2　H 型护岸桩抗剪性能试验

2.1　抗剪试验装置及加载制度

　　根据相关国家标准[10,11]，试验装置按照 2 加载点加载方式进行布置，如图 5 所示，PH300-500-Ⅱ-KJ 与 PH400-600-Ⅱ-KJ 两种规格桩试件的剪跨比分别为 1.13 和 1.25，加载制度采用力-位移双控制加载法，首先进行力控制分级加载，以 10% 开裂荷载的极差加载出现竖向裂缝，再继续以 10% 开裂荷载的极差加载至出现斜裂缝，以得到准确的开裂荷载试验值。接着持续加载至极限荷载理论值的 2 倍，后改为位移控制加载，直至 H 型护岸桩腹板处混凝土破坏、剪弯段箍筋断裂或者受拉区纵筋拉断等现象发生，试件丧失承载能力，停止加载。加载过程依据的开裂荷载理论值以及极限荷载理论值根据规范[12]公式计算得到。

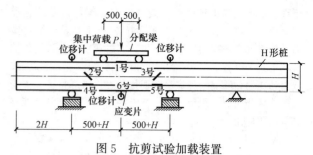

图 5　抗剪试验加载装置

Fig. 5　Loading device of shear tests

抗弯承载力试验结果与规范公式计算值对比

表 2

Comparison of flexural performance between experimental results and calculated values of code formulas

Table 2

试件编号	M_{cr}^{t} (kN・m)	M_{cr} (kN・m)	M_{cr}^{t} /M_{cr}	M_{u}^{t} (kN・m)	M_{u} (kN・m)	M_{u}^{t} /Mu	f_{u}^{t} (mm)
PH300-500-Ⅱ-KW	135.5	134.5	1.01	312.0	247.9	1.26	54.4
PH400-600-Ⅱ-KW	283.5	277.2	1.02	646.5	476.3	1.36	53.3

2.2　抗剪试验结果分析

　　H 型护岸桩试件抗剪试验荷载-跨中挠度曲线如图 6 所示，裂缝分布如图 7 所示。分析可知，H 型护岸桩抗剪试验全加载过程可以分为以下 3 个阶段：（1）加载初期，试件处于弹性阶段，随荷载增加，跨中挠度基本呈线性变化；（2）当加载至跨中纯弯段出现竖向裂缝后，荷载-跨中挠度曲线开始呈现非线性变化，随着荷载的进一步增加，竖向裂缝数量有一定增多且分布较为均匀，试件跨中挠度有一定增大且刚度明显退化；（3）试件弯剪段出现较为明显的斜裂缝，且斜裂缝开展迅速，从下翼缘斜向上穿过腹板延伸至上翼缘加载点处，最终主斜裂缝处上部受压区混凝土发生压剪破坏。

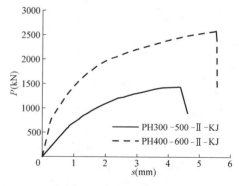

图 6　抗剪试验荷载-跨中挠度曲线

Fig. 6　Load-deflection curves at
mid-span for shear tests

　　表 3 为各 H 型护岸桩试件抗剪试验结果与规范公式理论计算值对比。结果表明，PH300-500-Ⅱ-KJ 和

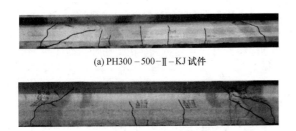

(a) PH300-500-Ⅱ-KJ 试件

(b) PH400-600-Ⅱ-KJ 试件

图 7　抗剪试验桩身裂缝分布

Fig. 7　Crack distribution of
pile body in shear tests

PH400-600-Ⅱ-KJ 试件的开裂剪力试验值 V_{cr}^t 均与理论计算值 V_{cr} 相近。各 H 型护岸桩试件的破坏模式均为剪切破坏，桩身跨中挠度较小，为 4~5mm，试件在破坏前具有一定的延性，而破坏时具有脆性破坏特征。试件破坏后，腹板混凝土斜裂缝开展明显，斜裂缝宽度显著大于纯弯段竖向裂缝。沿主斜裂缝凿开腹板混凝土，可观察到两种规格 H 型护岸桩试件的钢绞线未发生断裂，箍筋均发生断裂破坏，表明在抗剪试验中，腹板处混凝土以及箍筋承担主要剪力，且箍筋对核心混凝土起到一定的约束作用。

抗剪承载力试验结果与规范公式计算值对比

表 3

Comparison of shear performance between experimental
results and calculated values of code formulas

Table 3

试件编号	V_{cr}^t (kN)	V_{cr} (kN)	V_{cr}^t/V_{cr}	V_u^t (kN)	f_u^t (mm)
PH300-500-Ⅱ-KJ	362.5	345.7	1.05	720.5	4.4
PH400-600-Ⅱ-KJ	737.5	673.7	1.09	1214.0	5.0

3　工程应用实例

3.1　余姚市杭甬运河余姚段（美丽航道）护岸养护工程

杭甬运河余姚段（美丽航道）护岸养护工程场地位于浙江省余姚市兰江街道，姚江南侧。本场地属于软土地基，浅部土层以黏性土为主，承压水头高度低于地下水位线，对于钻孔灌注桩施工影响较小，而钻孔灌注桩成孔施工时受水压力可能会出现局部的漏水现象，对施工有不利影响，若采用钻孔灌注桩需注意控制泥浆护壁质量和水压平衡。本场地承压水对预应力管桩和预制空心方桩等预制桩基本无影响，预制桩更适用于此种施工环境。根据场地的工程地质条件，结合工程建筑规模和荷载性质，本工程采用 H 型护岸桩作为护岸桩。

本工程护岸养护长度约为 494m，护岸养护主要措施为对现状航道护岸进行改建、提升及维修等不同工程措施。本工程采用的 H 型护岸桩施工桩长为 10m，采用 PH400-600 型桩规格，如图 8（a）所示。板桩按照单根依次插入的方法进行施工，为保证板缝间扣合严密，施工过程中需采用紧固装置对板桩提供水平约束力，施工示意图如图 8（b）所示，为了使板桩形成一个整体，两根相邻板桩之间采用自身的翼缘凹凸槽进行扣接施工，板桩截面位于同一直线上或存在较小的转角；当遇到河岸线转折过大的情况，应根据实际地形在板桩之间使用预应力混凝土管桩起过渡作用，保证桩墙的连续完整性，如图 8（c）所示。打桩机械主要采用 DZY-250 型全液压水陆两用打桩机，现场施工完成图如图 8（d）所示，板桩施工完成后，在桩顶浇筑钢筋混凝土冠梁以美化桩头外立面和便于人员行走。

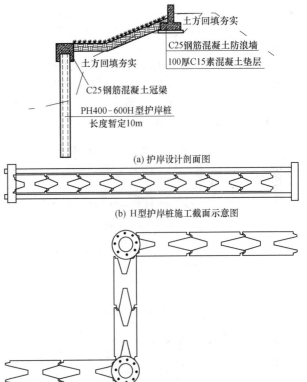

(a) 护岸设计剖面图

(b) H 型护岸桩施工截面示意图

(c) H 型护岸桩急转弯施工措施示意图

(d) H 型护岸桩施工现场图

图 8　杭甬运河余姚段护岸养护工程

Fig. 8　Revetment and maintenance project
for Yuyao section of Hangzhou-Ningbo Canal

3.2　苏州市太湖平台渔船避风港工程

太湖平台渔船避风港工程为苏州市吴中区渔港建设项目的一部分，该避风港长 120m，宽 120m，水域面积 1.440 万 m^2，设渔船停泊位 80 个。为满足渔民停泊需求，避风港设置应急平台。由于太湖平台渔船避风港位于太湖深水区，水深超过 4m，如采用干水施工，需修筑高度超过 7m 的围堰，修筑难度、成本均较高，且对施工期安全带来较大隐患。

经综合考虑，太湖平台渔船避风港停泊堤采用下部两排 H 型护岸桩，上部浇筑人行盖板的结构形式，H 型护岸桩规格为长 12m，宽 56cm，高 30cm，人行盖板顶高程 5m，宽 2m，顶部设置仿木栏杆。防浪堤外侧下部采用一排 H 型护岸桩，规格为 PH300-500，内侧下部采用一排间距为 2m 的桩径 500mm 管桩，上部浇筑人行盖板及防浪墙的结构形式，H 型护岸桩规格为长 12m，宽 56cm，高 30cm；管桩规格为长 12m，直径 50cm，壁厚 15cm；人行盖板顶高程 4.5m，挡浪墙顶高程 5.5m。H 型护岸桩桩位布置图如图 9（a）所示，H 型护岸桩的凹凸槽边缘设计，可以使得相邻桩相互卡合，每两根相邻的 H 型护岸桩之间采用 C20 混凝土填充，形成整体性更好、抗海浪冲击性能更强、水平承载能力更大的桩墙，同时配置预埋筋，用于后续上部平台施工，如图 9（b）所示。现场施工及完成图如图 9（c）所示。

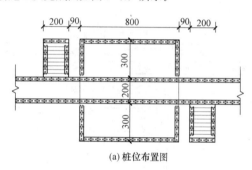

（a）桩位布置图

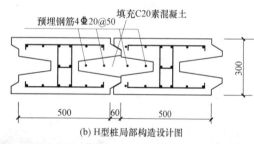

（b）H 型桩局部构造设计图

（c）施工现场图

图 9　太湖平台渔船避风港工程

Fig. 9　Fishing boat haven project in Taihu Lake

3.3　余姚市一线海塘西段堤脚防冲保滩工程

余姚市一线海塘除险治江围涂四期工程位于余姚岸段的中、西段，工程的主要任务是钱塘江河口治理、海塘除险、围涂造地增加土地面积以及为岸线的利用创造条

件，一线海塘西段堤脚防冲保滩工程为其子工程。目前余姚岸段临江一线北顺堤部分区域冲刷较为严重，包括横塘北顺堤和临海北顺堤范围，因此防冲应急工程布置在该区域。

本次保滩措施采用丁坝促淤为主，通过对四期工程滩地地形资料的分析，结合已有的抛石丁坝布置，本次应急措施提出对冲刷最为严重的范围布置 4 座丁坝，某一丁坝平面图如图 10（a）所示，坝体形式为低丁坝，坝体采

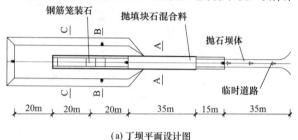

（a）丁坝平面设计图

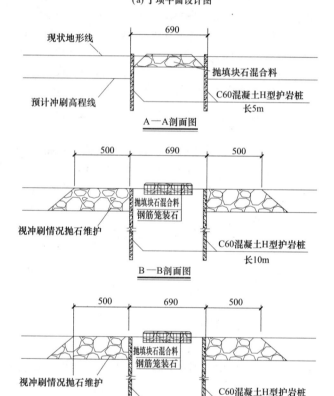

（b）坝身、坝头剖面设计图

（c）现场施工图

图 10　丁坝加固工程

Fig. 10　Spur dike strengthening project

用钢筋笼装石结构与散抛块石，坝身与坝头两侧防冲区域采用 C60 混凝土 H 型护岸桩，坝身部分桩长为 5m、10m，坝头部分桩长为 14m。坝身、坝头处剖面布置图如图 10（b）所示，现场施工图如图 10（c）所示。

4　结论

（1）在抗弯试验中，H 型护岸桩试件破坏模式为跨中纯弯段受压区混凝土压溃，桩身竖向裂缝较多且分布较为均匀。抗裂弯矩试验值与理论计算值相近，极限抗弯承载力较计算值偏大约 30%，破坏时受拉区钢绞线未发生断裂，桩身延性较好。

（2）在抗剪试验中，H 型护岸桩试件破坏模式为弯剪段斜截面剪压破坏，主要由腹板处混凝土及箍筋抵抗剪力作用。桩身竖向裂缝较少，弯剪段斜裂缝开展显著，抗裂剪力试验值与理论值相近，破坏时桩身跨中挠度较小，呈现脆性破坏特征。

（3）H 型护岸桩在河海护岸、水上平台搭建、湖泊整治和地基加固等工程中得到了广泛的推广应用，具有良好的支护性能，同时也具有受水文地质条件影响小、对环境污染小、可操作性强、施工便捷、绿色环保等优势。

参考文献：

[1]　俞向阳. 将钢绞线安装于端板上的安装套件及安装方法：201610021502. 1[P]. 2016-05-04.

[2]　俞向阳. 用于制造具有钢绞线的混凝土桩的张拉装置：201410503074. 7[P]. 2015-02-11.

[3]　俞晓东. 用于制造钢绞线钢筋笼的固定装置及制造设备和制造方法：201610020291. X[P]. 2016-04-06.

[4]　GAN G, YU X, ZENG K. Pre-tensioned centrifugal concrete pile provided with steel strands：US9783987(B2)[P]. 2017-10-10.

[5]　陈刚，周清晖，徐铨彪，等. 预应力钢绞线超高强混凝土管桩轴压性能研究[J]. 大连理工大学学报，2018，58(6)：624-633.

[6]　陈刚，周清晖，徐铨彪，等. 预应力钢绞线超高强混凝土管桩受弯性能研究[J]. 建筑结构学报，2019，40(7)：173-182.

[7]　周清晖，陈刚，徐铨彪，等. 预应力钢绞线超高强混凝土管桩抗剪性能试验研究[J]. 长江科学院院报，2019，36(7)：137-142.

[8]　干钢，曾凯，俞晓东，等. 先张法预应力离心混凝土钢绞线桩的构建及试验验证[J]. 混凝土与水泥制品，2019，3：35-39.

[9]　张正旋，陈刚，徐铨彪，等. 预应力钢绞线超高强混凝土 H 型桩弯剪性能试验研究[J]. 浙江大学学报（工学版），2019，53(01)：31-39.

[10]　中华人民共和国国家质量监督检验检疫总局. 先张法预应力混凝土管桩：GB 13476—2009[S]. 北京：中国标准出版社，2009.

[11]　中华人民共和国住房和城乡建设部. 混凝土结构试验方法标准：GB/T 50152—2012[S]. 北京：中国建筑工业出版社，2012.

[12]　中华人民共和国住房和城乡建设部. 混凝土结构设计规范（2015 年版）：GB 50010—2010[S]. 北京：中国建筑工业出版社，2011.

斜钢管桩原位打入预测模型及实测案例分析

包晨茜[1]，郭　伟[2]，李卫超[*1]，杨　敏[1]，庞玉麟[1]

（1. 同济大学 土木工程学院，上海 200092；2. 上海港湾工程质量检测有限公司，上海 201315）

摘　要：针对港口、海洋等工程中通常采用的大直径斜钢管桩，本文基于一维波动方程建立了锤击打入预测模型，编写了对应的 MAT-LAB 计算程序。其中，桩土作用力由标准贯入试验（SPT）结果得到，并考虑了打桩过程中桩土往复作用导致的界面强度折减。结合我国广东某海上风电场工程斜钢管桩施工实测数据，开展了案例分析，并验证了本文模型的合理性与可靠性。在此基础上，围绕该实际工程的斜桩打入开展了参数分析。计算结果表明，桩身倾角与桩垫刚度对基桩打入每米所需锤击数影响较小，而锤击能影响较大，即锤击能越高，打入每米所需锤击数越小；但增大锤击能，桩身应力也随之增加；桩垫刚度对桩身应力影响明显，即桩垫刚度越小，打桩产生的桩身应力也就越小。因此，在打桩前通过数值模拟和分析，可以得到优化的锤击输入能量和垫层刚度。

关键词：斜钢管桩；锤击打桩；一维波动方程；现场实测；案例分析

作者简介：包晨茜（1999—　），女，浙江衢州人，硕士研究生，主要从事岩土工程方向研究。E-mail：chenxi＿bao@tongji.edu.cn。
通讯作者：E-mail：WeichaoLi@tongji.edu.cn。

Modelling and analysis of an in-situ batter steel pile's driving with hammer

BAO Chen-xi[1]，GUO Wei[2]，LI Wei-chao[*1]，YANG Min[1]，PANG Yu-lin[1]

（1. College of Civil Engineering，Tongji University，Shanghai 200092，China；2. Shanghai Harbor Engineering Quality Control & Testing Co.，Ltd.，Shanghai 201315，China）

Abstract：Aimed at large-diameter batter steel pipe piles commonly used in harbor and offshore engineering，this paper presents a one-dimensional wave equation based numerical model for simulation of batter pile driving with hammer，which is implemented with the in-house compiled Matlab code. In this model，the soil resistance is determined with results of the in-situ standard penetration test（SPT），and the decrease of the shaft resistance at a given depth as the pile penetrates to deeper layers is also considered. In-situ test was conducted on an inclined steel pipe pile used by the offshore wind turbine in Guangdong. The validity and feasibility of this paper proposed model is proved by analysis and comparison of measured and calculated pile response. Parametric study is also performed to evaluate the effects of pile inclination，hammer energy and the cushion stiffness on the response of batter piles being drived with hammer. Calculation results show that：blow counts needed per meter's pile penetration increase slightly when the pile's inclination angle is increased or the cushion stiffness is decreased. While the hammer input energy has a quite significant effect，increasing hammer energy decreases the blow counts but increases the maximum stress developed in pile shaft. The stress is also heavily affected by cushion stiffness，since a higher input energy or stiffer cushion produce a higher stress in pile shaft. Therefore，an optimized hammer input energy and cushion stiffness can be obtained through a numerical modelling and analysis before pile driving.

Key words：batter steel pipe pile；impact pile driving；one-dimensional wave equation；in-situ measurements；case study

0　引言

钢管桩具有强度高、质量控制好、施工速度快等优点。随着海上油气开采平台、海上风电、桥梁、城市快速路改造等项目的建设，钢管桩作为主要的桩基形式在此类工程中得到了大量应用[1-3]。钢管桩根据其轴线斜率可分为竖直桩和斜桩两类[4]，如图 1 所示。由于水中基础的上部结构通常会受到波浪、水流、风、船体或漂浮物碰撞等作用而产生水平荷载，因此具有更好水平刚度和承载能力的斜钢管桩得到了较为广泛的应用[5]。

钢管桩施工一般采用锤击沉桩[6,7]或振动沉桩[8,9]工法。在打桩过程中，其可打入性、桩身应力

等的预测一直受到广泛关注。对打桩过程的模拟有助于施工前桩锤的选型，同时可以避免打桩困难[10,11]、溜桩[12]、桩身疲劳损伤[13]等问题。Smith[14]提出了打桩问题的一维波动方程模型及其程序实现方法，该方法能够较好的模拟打桩过程中桩身的位移、应力和所受桩土作用力等，能够取得较为满意的预测效果，目前已得到了较为广泛的应用[15,16]。当前其他打桩分析方法也是基于此方法改进得到[17-21]，该方法也已被成功应用于振动打桩过程预测中[22,23]。但目前提出的打桩预测方法多是针对竖直桩建立的，在斜桩打桩预测中鲜有报道。

根据 Smith 模型[14]进行计算分析时，基桩打入过程中桩身所受土阻力的确定非常关键。可依据土体物理性质指标根据经验估算桩身侧摩阻力值和桩端阻力值，但

基金项目：国家自然科学基金项目（41972275，41877236）。

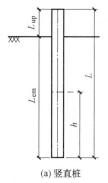 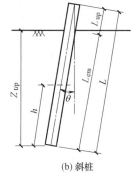

(a) 竖直桩　　　　(b) 斜桩

图 1　竖直桩与斜桩模型

Fig. 1　Schematic graph of vertical and batter piles

该方法受人为因素影响较大。而通过原位试验结果确定土阻力是一种较为切合实际且有效的方法，如应用非常广泛的标准贯入试验（SPT）与静力触探试验（CPT）[20]，因为在穿心锤的作用下贯入器被打入土体的过程与锤击打桩过程有非常好的相似性。因此当前研究针对竖直桩，见图 1（a），已建立了基桩打入过程中受到桩土作用力的确定方法。

针对斜桩，见图 1（b），在轴向拉压荷载的桩土作用下，Hanna 和 Afram[24] 通过分析模型试验数据，发现倾角从 0°增加到 30°时，基桩受拉承载力仅有较小减少。在此试验结果的基础上，Sabry[4] 发现桩身倾角对桩所受侧摩阻力的影响与场地条件有关；当土体内摩擦角大于30°时，侧摩阻力随倾角的增加而增加；土体内摩擦角小于 30°时，侧摩阻力随倾角的增大而减小。由于当前还未有针对斜桩打入过程中桩土作用力的计算模型，国内外较为广泛应用的 GRLWEAP 软件[25] 在斜桩预测中认为桩端深度相同的竖直桩与斜桩（即竖直桩的 L_{em} 等于斜桩的 Z_{tip}）的侧摩阻力相等。

在打桩过程中，由于桩身连续贯入，桩周土体受到扰动导致强度逐渐弱化[26]。因此在进行桩的可打入性分析时，应对桩侧土体强度进行必要的折减。一些学者对此进行了研究并建立了土体强度衰减的计算模型[23,27-29]，并在打桩分析[30,31] 以及承载力预测中应用。

本文首先针对斜桩建立了锤击打桩分析的一维波动方程，给出了基于标准贯入试验结果并考虑打桩时桩周土体强度折减的桩侧摩阻力计算模型。通过广东某海域某风电场倾斜钢管桩施工实测数据，验证本模型在斜桩打入预测中的可行性与有效性。在上述案例的基础上，通过参数分析，讨论了桩身倾角、锤击能和桩垫对基桩打入过程的影响。

1　模型建立

1.1　一维波动方程理论模型

一维波动方程分析中，桩锤和桩被离散为一系列由线性弹簧连接的单元，单元质量块的受力如图 2 所示。由于海洋工程中使用的大直径桩的重量大，对桩的可打入性有显著影响，因此，在进行桩身单元的受力分析时，考虑了桩体自重的影响，则长度为 dL 桩单元沿桩轴向的力平衡方程为式（1）。

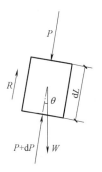

图 2　桩单元受力示意图

Fig. 2　Force diagram of pile element

$$P + W\cos\theta - (P + dP) - R = \frac{w}{g}\frac{\partial^2 u}{\partial t^2} \quad (1)$$

式中，P 为桩单元间的相互作用力；W 为桩单元的自重；θ 为桩身倾角；R 为作用于桩单元的侧摩阻力或端阻力；g 为重力加速度；t 为时间；u 为桩身相对于土体的位移（向下为正）。

根据材料力学的知识，截面上轴力可表示为：

$$P = -E_p A_p \frac{\partial u}{\partial z} \quad (2)$$

将式（2）代入式（1）得控制方程为：

$$\frac{\partial^2 u}{\partial z^2} = \frac{\rho_p}{E_p}\frac{\partial^2 u}{\partial t^2} + \frac{\rho_p g R}{E_p W} - \frac{\rho_p g}{E_p}\cos\theta \quad (3)$$

式中，z 为桩单元的深度；A_p 为桩身净截面积；E_p 为桩身材料弹性模量；ρ_p 为桩身材料密度。

为求解式（3），Smith[14] 将桩锤一击产生的弹性波沿桩长传播的物理过程划分成许多小的时段。假定在每个时段内，各单元作匀速直线运动，不同时段各单元速度发生变化。

计算从桩锤与锤垫接触的时刻开始，以撞击时的速度作为初始条件，根据式（4）计算第一个时段结束时各单元位移 u。利用式（5）计算各相邻两连接弹簧的压缩量 C；利用式（6）计算各弹簧力 F；并根据式（7）计算得到的各桩段合力 Z 计算他们的新速度 v，如式（8）所示。以上过程进行迭代计算，直到各单元向下的运动消失为止[15]。

$$u(i,t) = u(i,t-1) + v(i,t-1)\Delta t \quad (4)$$

$$C(i,t) = u(i,t) - u(i+1,t) \quad (5)$$

$$C(i,t) = u(i,t) - u(i+1,t) \quad (6)$$

$$Z(i,t) = W(i)\cdot\cos\theta + F(i-1,t) - F(i,t) - R(i,t) \quad (7)$$

$$v(i,t) = v(i,t-1) + Z(i,t)\frac{\Delta t \cdot g}{W(i)} \quad (8)$$

上述式中，i 为单元编号；Δt 为时间间隔；v 为速度；K_i 为弹簧刚度，计算式为 $K_i = E_p A_p / dL$。

1.2　土阻力计算模型

动力打桩过程中，假定桩土界面具有黏弹塑性[14] 特性，土阻力由静阻力和动阻力两部分组成。其中静阻力模型假定为理想弹塑性，桩土作用的静阻力随桩土相对位移的增加而线性增加，如图 3 所示，当达到土阻力极限值后，桩土相对位移增加而土阻力保持不变，则桩段 i 承受的静阻力 R_e 通过式（9）计算得到。

$$R_e(i,t)=\begin{cases}R_u(i)\cdot u(i,t)/Q & u<Q \\ R_u(i) & u\geq Q\end{cases} \quad (9)$$

式中，R_u 为土体极限静阻力；Q 为土体达到极限静阻力所需的位移量，可取为 2.5mm[14]。

桩土作用动阻力 R_d 与静阻力和速度有关，计算式为：

$$R_d(i,t)=R_e(i,t)\cdot v(i,t-1)\cdot J \quad (10)$$

式中，J 为阻尼系数，由文献［14］可知，侧摩阻尼系数 J_s 可取为 0.15s/m，桩端阻尼系数 J_b 可取为 0.5s/m。

则桩段 i 单元贯入过程中受到的瞬时土阻力通过式（11）可计算得到。

$$R(i,t)=R_e(i,t)+R_d(i,t) \quad (11)$$

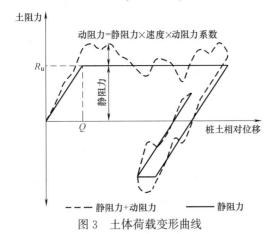

图 3　土体荷载变形曲线

Fig. 3　Soil load deformation curve

1.3　桩土作用静阻力

桩侧极限静摩阻力可根据土的物理力学性质、当地工程经验、静力触探试验（CPT）、标准贯入试验（SPT）等进行估算。鉴于 SPT 试验过程与桩基打入过程极为相似，且已有学者针对通过 SPT 试验结果估算桩土作用力开展了广泛的研究[32-34]，本文模型选取基于 SPT 试验结果估算桩土作用力的方法。Poulos[35] 通过经验系数 β 建立了某一深度处桩侧极限土阻力 τ_{max} 与标准贯入击数 N 的关系，见式（12）。其中，通过式（12）确定桩侧摩阻力时，经验系数 β 取 1.9；确定桩端阻力时，经验系数 β 取 190[34]。

$$\tau_{max}=\beta\times N(kPa) \quad (12)$$

式（12）是在 SPT 试验结果与基桩静载试验实测土阻力值的基础上建立的，未能考虑基桩打入过程中桩土间往复作用导致的桩土作用力折减[26]。本研究中参考 ICP-05 方法[27]，给出了打桩时不同深度处桩周土体强度的折减系数 λ，见式（13）。

$$\lambda=\left[\max\left(\frac{h}{R^*},8\right)\right]^{-0.38} \quad (13)$$

式中：h 为计算点到桩端距离，见图 1；R^* 为桩的半径

（对于管桩和非圆形桩取相等净截面积实心圆桩的半径）。由于打入时桩端深度不断增大，本研究中不考虑打桩时桩端阻力的折减，即取 $\lambda_b=1$。

综上可知，打桩模拟计算时，桩单元 i 所受极限静阻力 $R_u(i)$ 为

$$R_u(i)=\lambda(i)\cdot\tau_{max}(i)\cdot C_p\cdot dL \quad (14)$$

式中，C_p 为桩身周长，dL 为单元长度。

根据以上理论，本文编制了 MATLAB 程序，实现了桩基贯入过程的模拟，其中具体计算流程可参考文献［23］。针对本文提出的斜桩桩土作用极限静阻力计算过程如下：

（1）确定沿桩身各深度处现场 SPT 实测标准贯入锤击数 N，通过式（12）分别计算极限桩侧 τ_{max} 和桩端阻力 q_b；

（2）通过桩土接触面积计算得到桩侧土静阻力 $R_{e,s}$ 和桩端土动阻力 $R_{e,b}$；

（3）根据式（13）计算强度折减系数并通过式（14）对桩土侧摩阻力 $R_{e,s}$ 进行修正，以考虑桩基连续贯入过程中桩侧土体的强度折减，从而得到桩土作用极限静阻力。

2　案例验证

为验证本文模型的合理性和可靠性，本文选取广东某海上风电项目中采用的倾斜钢管桩锤击打入过程实测结果进行论证。该工程打桩过程中采用的桩锤型号为 IHC S-800，锤芯质量 40t，整锤质量为 83t，最大锤击能 800kJ。桩基打入土层深度 z_{tip} 为 44m（图 1），桩身材料弹性模量为 206GPa，密度为 7.8g/cm³。桩倾角约 9.46°（坡比 1∶6），总长为 88m，桩身共分为 4 节，每节具体壁厚及长度如表 1 所示，为方便计算，在实际建模时，根据桩身质量守恒简化为壁厚是 36mm 的均匀钢管桩。

	桩身参数 Parameters of pile		表 1 Table 1
编号	外径（m）	壁厚（mm）	长度（m）
第 1 节	2.5	40	27.5
第 2 节	2.5	36	36.0
第 3 节	2.5	32	22.5
第 4 节	2.5	40	2.0

场地水深为 30m，土体表面以下深度 45.6m 范围内由黏土和砂土构成，下方为岩层，土层剖面、各土层的土体天然重度和压缩模量如图 4 所示，其中还给出了场地 SPT 试验结果，以及通过式（12）计算得到的侧摩阻力和端阻力极限值。

基桩打入深度 z_{tip} 为 40m 时，打桩记录显示桩锤实际输出锤击能为 370kJ，运用本文 MATLAB 计算程序进行模拟，得到桩头以下 3.5m 处预测和实测锤击力时程曲线如图 5 所示。从图 5 可以看出，桩头锤击力计算值与实测值吻合较好，其中桩顶锤击力峰值均出现在 0.003s 前后。由于应力波的传播，桩端锤击力达到峰值时间比桩顶

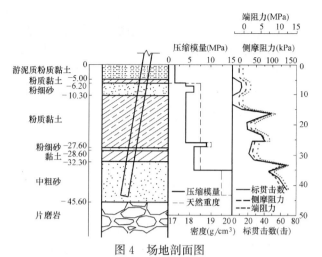

图 4　场地剖面图

Fig. 4　Soil profile of the site

延后大约 0.016s。根据应力波在桩身的传播速度为 5120m/s，桩长为 84.5m，计算得到传递时间为 0.0165s，与实测和模拟结果 0.016s 接近，说明本文模型可以较好预测倾斜钢管桩的受力特性。

图 6 和图 7 分别给出了一次锤击过程中桩顶与桩端实

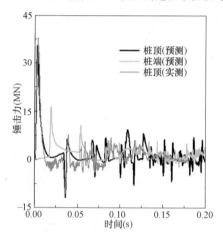

图 5　预测锤击力时程曲线与实测结果对比

Fig. 5　Comparison of predicted force and measurement results

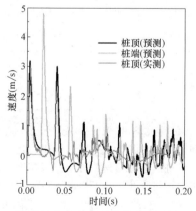

图 6　预测桩身速度时程曲线与实测结果对比

Fig. 6　Comparison of predicted velocity and measurement results

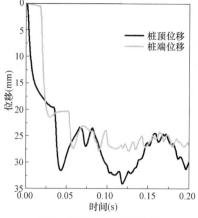

图 7　预测位移时程曲线

Fig. 7　Predicted displacement time history

测和预测得到的速度时程曲线和位移时程曲线。从图 6 可以看出，桩顶和桩端速度峰值均出现在 0.1s 之前，之后发生了明显的衰减。相似的，从图 7 可以看出，在锤击约 0.1s 后，桩顶和桩端的位移也已明显趋于稳定；而且由于桩端并未受到桩锤冲击力的直接作用，桩端的位移时程曲线也较桩顶更加平稳。

图 8 给出了桩身各位置预测最大拉应力和压应力的包络图，即一击之后，桩身各位置处发生的最大拉应力和压应力，可以看出桩头处预测最大拉压应力与实测值吻合较好。通过图 8 可以发现，无论是计算值还是实测值，锤击产生的压应力明显大于拉应力，前者约为后者的 2 倍；而拉应力除在桩顶附近有明显增大外，在土体表面以上基本保持不变，土体表面以下部分随着深度的增加，拉应力呈减小的趋势。因此，对于桩身材料强度的验算，可以以桩顶附近选择一断面进行计算分析。

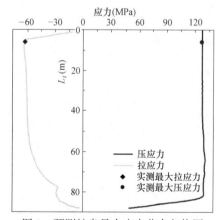

图 8　预测桩身最大应力分布包络图

Fig. 8　Predicted envelope diagram of the maximum stress of the pile

由以上计算结果与实测数据的对比分析可知，本文提出的土阻力模型能够较好的模拟斜桩打入过程。

3　参数分析

在上述案例的基础上，假定该基桩的持力层为均一中粗砂层，其标贯数 N 为 63，以进一步探讨桩身倾角、锤击能以及桩垫对打入每米所需锤击数和桩身应力的影响规律。

当打入桩长 L_{em} 为 40m 时（桩长 L_{em} 如图 1 所示），保持锤击能 400kJ 不变，打入桩长每增加 1m 所需锤击数 N_{1m} 与倾角的关系如图 9 所示，可以看出随着倾角的增加，打入每米所需锤击数略有增加。倾角从 0°变化到 30°时，N_{1m} 从 50.25 击增加到 53.29 击，仅变化 6%，表明倾角对 N_{1m} 影响较小。

锤击能从 200kJ 增加至 500kJ 对应的锤击数 N_{1m} 以及桩身最大应力变化如图 10 所示。可以看出，随着锤击能的增加，N_{1m} 逐步减少，桩身最大应力逐渐增加；当锤击能从 200kJ 增大到 500kJ 时，N_{1m} 从 96.91 击/m 减小到 41.77 击/m，桩身最大压应力从 96.26MPa 增大到 151.05MPa，桩身最大拉应力从 37.92MPa 增大到 72.84MPa。

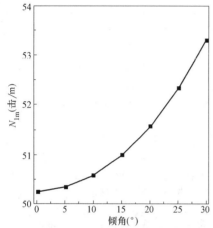

图 9　桩身倾角对打入每米所需锤击数的影响

Fig. 9　Effect of inclination angle on blow counts per meter's penetration

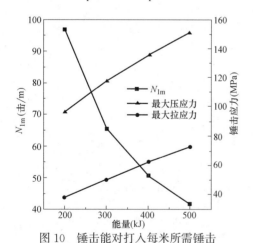

图 10　锤击能对打入每米所需锤击数和桩身最大应力的影响

Fig. 10　Effect of hammer energy on blow counts per meter's penetration and maximum stress developed during pile driving

为减小桩身以及桩锤所受的冲击应力，在工程中会在桩锤与桩头之间增加桩垫[36]。本文进一步分析了桩垫的力学参数对桩身应力以及打入每米所需锤击数的影响

情况。桩垫的力学模型与桩单元相似，由一集中质量点与一根弹簧表示。弹簧的荷载变形曲线如图 11 所示，可以模拟加载和卸载阶段的变形情况，图 11 中，AB 代表加载阶段，斜率为 K，BD 代表卸载阶段，斜率为 K/e^2（K 为桩垫材料刚度，e 为材料的恢复系数，C_{max} 为锤垫卸载前最大压缩变形[15]）。

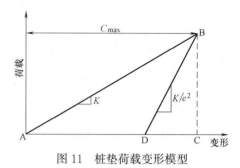

图 11　桩垫荷载变形模型

Fig. 11　Load-deformation model of cushion

当打入桩长 L_{em} 为 40m，倾角 θ 为 9.46°，锤击能为 400kJ，恢复系数 e 为 0.6 时，打入每米所需锤击数以及最大应力与桩垫刚度的关系如图 12 所示。可以看出，桩垫刚度 K 对 N_{1m} 影响较小，对桩身最大拉压应力影响较大，即当 K 从 30MN/mm 减小到 1MN/mm 时，桩身最大压应力从 128.19MPa 减小到 74.24MPa，最大拉应力从 57.45MPa 减小到 29.82MPa。因此，实际工程中宜选用 K 较小的桩垫材料以减小桩身最大应力。

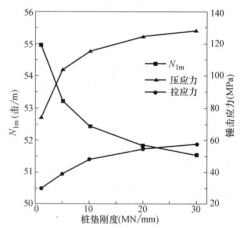

图 12　桩垫刚度对每米贯入击数与最大应力的影响

Fig. 12　Effect of cushion stiffness on penetration rate and maximum stress

4　结论

针对斜钢管桩基础的锤击打桩过程，本文基于一维波动方程和原位标准贯入试验 SPT 结果，建立了考虑桩基连续贯入对桩周土体损伤的桩土作用模型，编制了对应的计算程序，并通过实际工程案例验证了本文模型的合理性和有效性。在此基础上，分析了桩身倾角、锤击能以及桩垫刚度对打入每米所需锤击数和桩身最大应力的影响，得到的主要结论如下：

（1）桩身倾角对打入每米所需锤击数的影响较小，即桩身倾角从0°增加到30°，打入桩长每增加1m所需锤击数 N_{1m} 仅增加了6%。可以认为，斜桩锤击数 N_{1m} 不受桩身倾角的影响，或影响可忽略不计。

（2）锤击能越高，打入每米所需锤击数 N_{1m} 越小，而桩身应力也越大；当锤击能从200kJ增大到500kJ时，N_{1m} 减小了56.90%，桩身最大压应力增大了56.92%，桩身最大拉应力增大了47.94%。可以认为在实际工程中应基于锤击数和桩身最大拉压应力确定实际施工中的锤击能，以确保在顺利沉桩的前提下，尽可能减少总锤击数和桩身应力，从而降低沉桩过程中的桩身疲劳损伤。

（3）桩垫刚度对打入每米所需锤击数无明显影响，但桩垫刚度越小，桩身应力越小，即当刚度从30MN/mm减小到1MN/mm时，桩身最大压应力减小了42.09%，最大拉应力减小了48.09%；因此，实际工程中宜选用刚度小的桩垫，在确保顺利沉桩的前提下，最大程度地降低打桩对桩身产生的疲劳损伤。

参考文献：

[1] BRZEZINSKI L S, BABA H U. Offshore Open End Steel Tubular Piles-A Case History[M]. Full-Scale Testing and Foundation Design: Honoring Bengt H Fellenius. 2012: 568-89.

[2] AGHAYARZADEH M, KHABBAZ H, FATAHI B, et al. Interpretation of Dynamic Pile Load Testing for Open-Ended Tubular Piles Using Finite-Element Method[J]. International Journal of Geomechanics, 2020, 20(2).

[3] 陈晖. 近海风电场大直径钢管桩基础设计及应用实例分析[J]. 水利科技, 2018(03): 37-41.

[4] SABRY M. Shaft resistance of a single vertical or batter pile in sand subjected to axial compression or uplift loading[D]. Concordia University, 2001.

[5] DUBEY R N, M B. Dynamic response of batter piles[M]. 16th World Conference on Earthquake, 2017.

[6] MOHAN S, KHOTAN V, STEVENS R, et al. Design and Construction of Large Diameter Impact Driven Pipe Pile Foundations New East Span San Francisco-Oakland Bay Bridge; proceedings of the Fifth International Conference on Case Histories in Geotechnical Engineering, New York, F, 2004[C].

[7] YAZDANI E, WANG J, EVANS T M. Case study of a driven pile foundation in diatomaceous soil. II: Pile installation, dynamic analysis, and pore pressure generation[J]. Journal of Rock Mechanics and Geotechnical Engineering, 2021, 13(2): 446-56.

[8] BOSSCHER P J, MENCLOVA E, RUSSEL J S, et al. Estimating bearing capacity of piles installed with vibratory drivers[R]. ARMY ENGINEER WATERWAYS EXPERIMENT STATION VICKSBURG MS GEOTECHNICAL LAB, 1998.

[9] THANDAVAMOORTHY T S. Piling in fine and medium sand—a case study of ground and pile vibration[J]. Soil Dynamics and Earthquake Engineering, 2004, 24（4）: 295-304.

[10] 李飒, 黄建川, 周扬锐, 等. 大直径钢管桩非连续打桩过程中拒锤原因的分析研究[J]. 岩石力学与工程学报,

2011, 30(S2): 3648-56.

[11] 闫澍旺, 李嘉, 贾沼霖, 等. 海洋石油平台超长桩拒锤分析及工程实例[J]. 岩土力学, 2015, 36: 559-64.

[12] 贾沼霖, 闫澍旺, 杨爱武, 等. 静力触探在大直径超长桩溜桩分析中的应用[J]. 岩石力学与工程学报, 2016(35): 3274-3282.

[13] 李俊尧. 关于施打钢筋混凝土方桩桩头破损问题[J]. 港口工程, 1986(Z1): 7-9.

[14] SMITH E. Pile driving analysis by the wave equation.[J]. Journal of the soil mechanics and foundations division, 1960, 86(4).

[15] 胡成, 索富珍, 俞振全, 等. 波动方程打桩分析[J]. 冶金建筑, 1980(06): 43-48.

[16] DE KUITER J, BERINGEN F L. Pile foundations for large North Sea structures[J]. Marine Geotechnology, 2008, 3(3): 267-314.

[17] LOWERY L L, HIRSCH T J, SAMSON C H. Pile Driving Analysis: Simulation of Hammers, Cushions Piles and Soils[M]. Texas Transportation Institute, Texas A & M University, 1967.

[18] 陶桂兰, 崔江浩. 考虑土塞效应的改进波动方程法及其应用[J]. 水电能源科学, 2013, 31: 96-9+138.

[19] SALGADO R, LOUKIDIS D, ABOU-JAOUDE G, et al. The role of soil stiffness non-linearity in 1D pile driving simulations[J]. 2015, 65(3): 169-87.

[20] 严凯, 庞玉麟, 李卫超, 等. 基于CPT的锤击桩贯入分析理论模型[J]. 建筑科学, 2020, 36(S1): 68-76.

[21] 刘润, 禚瑞花, 闫澍旺, 等. 动力打桩一维波动方程的改进及其工程应用[J]. 岩土力学, 2004(S2): 383-387.

[22] GARDNER S. Analysis of vibratory driven pile[R]. 1987.

[23] 李卫超, 庞玉麟, 金易, 等. 基于CPT的振动沉桩贯入分析理论模型[J]. 湖南大学学报（自然科学版）, 2021. （录用待刊）

[24] HANNA A, AFRAM A. Pull-out capacity of single batter piles in sand[J]. Canadian Geotechnical Journal, 1986, 23（3）: 387-392.

[25] PILE DYNAMICS I. GRLWEAP 2010 Background Report[R]. 2010.

[26] HEEREMA E. Predicting pile driveability: Heather as an illustration of the "friction fatigue" theory[M]. SPE European Petroleum Conference. 1978.

[27] JARDINE R, CHOW F, OVERY R. ICP design methods for driven piles in sands and clays[J]. London: Thomas Telford, 2005.

[28] LEHANE B, SCHNEIDER J, XU X. The UWA-05 method for prediction of axial capacity of driven piles in sand[J]. Frontiers in offshore geotechnics: ISFOG, 2005, 683-9.

[29] ALM T, HAMRE L. Soil model for pile driveability predictions based on CPT interpretations; proceedings of the Proceedings of The International Conference on Soil Mechanics and Geotechnical Engineering, F, 2002[C]. AA BALKEMA PUBLISHERS.

[30] GAVIN K G, O'KELLY B C. Effect of Friction Fatigue on Pile Capacity in Dense Sand[J]. Journal of Geotechnical and Geoenvironmental Engineering, 2007, 133(1).

[31] SENDERS M, RANDOLPH M F. CPT-Based Method for the Installation of Suction Caissons in Sand[J]. Journal of

Geotechnical and Geoenvironmental Engineering，2009，135(1).

[32] MEYERHOF G. Penetration tests and bearing capacity of cohesionless soils[J]. Journal of the Soil Mechanics and Foundations Division，1956，82(1)：866.

[33] MARTIN R E，SELI J J，POWELL G W，et al. Concrete pile design in Tidewater Virginia[J]. Journal of geotechnical engineering，1987，113(6)：568-585.

[34] ROBERT Y. A few comments on pile design[J]. Canadian Geotechnical Journal，1997，34(4)：560-567.

[35] POULOS H G. Pile behaviour—theory and application[J]. Géotechnique，1989，39(3)：365-415.

[36] HIRSCH T J，LOWERY L L，COYLE H M，et al. Pile-Driving Analysis by One-Dimensional Wave Theory：State of the Art[J]. Highway Research Record，1970，333：33-54.

密实砂土中静钻根植桩与混凝土桩承载性能模型试验研究

周佳锦[1]，张日红[2]，任建飞[1]，龚晓南[1]，严天龙[2]

(1. 浙江大学 滨海和城市岩土工程研究中心，浙江 杭州 310058；2. 中淳高科股份有限公司，浙江 宁波 315000)

摘 要：本文通过一组模型试验对密实砂土中静钻根植桩和混凝土桩的承载性能进行了研究。试验中共设置 3 根模型桩，分别为静钻根植竹节桩、静钻根植管桩和混凝土桩，通过静载试验对 3 根模型桩的抗压承载性能进行了分析与研究。静载试验结果表明：混凝土桩的极限承载力为 55kN，静钻根植管桩和静钻根植竹节桩的极限承载力分别为 70kN 和 75kN；由于施工过程中少量水泥土渗透到桩周土体中，静钻根植竹节桩和静钻根植管桩的极限侧摩阻力分别是钻孔灌注桩的 1.23～1.36 倍和 1.34～1.46 倍。

关键词：静钻根植桩；竹节桩；模型试验；桩侧摩阻力

作者简介：周佳锦（1989— ），男，浙江诸暨人，研究员，主要从事桩基工程、地基处理及基坑工程等方面的教学和科研工作。E-mail：zhoujiajin@zju.edu.cn。

Model tests comparing the behavior of pre-bored grouted planted piles and concrete pile in dense sand

ZHOU Jia-jin[1]，ZHANG Ri-hong[2]，REN Jian-fei[1]，GONG Xiao-nan[1]，YAN Tian-long[2]

(1. Research Center of Coastal and Urban Geotechnical Engineering，Zhejiang University，Hangzhou Zhejiang 310058，China；2. ZCONE High-tech Pile Industry Holdings Co. Ltd，Ningbo Zhejiang 315000，China)

Abstract：In this paper，a model test program was conducted to study the bearing capacity of concrete pile and pre-bored grouted planted (PGP) piles in dense sand. A total of 3 model piles were set up in the test，namely the pre-bored grouted planted nodular pile，the pre-bored grouted planted pipe pile and the concrete pile. The model test results showed that：the ultimate bearing capacity of concrete pile was 55kN，and the bearing capacity of pre-bored grouted planted pipe pile and pre-bored grouted planted nodular pile were 70kN and 75kN，respectively；the pre-bored grouted planted pipe pile and the pre-bored grouted planted nodular pile had ultimate skin friction 1.23～1.36 times and 1.34～1.46 times greater than the ultimate skin friction of the concrete pile，respectively，owing to the permeation of liquid cemented soil into the soil around the pre-bored grouted planted pile.

Key words：pre-bored grouted planted pile；nodular pile；model test；skin friction

0 引言

桩基础被广泛应用于基础工程中提供抗压、抗拔承载力，目前实际工程中应用比较广泛的主要有钻孔灌注桩和预应力管桩。预应力管桩的优点是成桩速度快，造价相对较低；然而预应力管桩打桩过程中会产生的噪声和振动污染。钻孔灌注桩具有承载力大，桩长、桩径可调等优点，近年来得到了广泛的应用；然而钻孔灌注桩施工会产生大量的泥浆，泥浆污染问题已经引起了社会的广泛关注。

静钻根植桩是近年来我国研发的一种新型桩基础。静钻根植桩施工过程可以概括为以下 4 个步骤[1]：(1) 钻孔：采用特殊钻机进行钻孔，钻孔直径由设计值决定；(2) 扩孔注浆：静钻根植桩桩端存在水泥土扩大头来提高桩端承力，扩大头直径一般为钻孔直径的 1.5 倍；当钻机达到设计桩端深度时，钻机的螺旋钻头将扩大到扩大头设计直径，随后将水灰比为 0.6 的水泥浆注入到桩端位置形成桩端水泥土扩大头；(3) 桩周注浆：将水灰比为 1.0 的水泥浆注入到桩孔内，同时进行搅拌形成桩周水泥土；(4) 植桩：将预制桩插入到充满水泥土的钻孔中，待水泥土硬化形成完整的静钻根植桩。

笔者课题组通过现场试验和模型试验对静钻根植桩的承载性能进行了研究，研究结果表明静钻根植桩抗压承载性能优于钻孔灌注桩[2,3]。然而，目前还没有关于静钻根植桩和钻孔灌注桩承载性能的直接对比研究，也没有关于竹节桩桩身竹节在静钻根植竹节桩荷载传递过程中所起作用的研究。本文通过一组模型试验对静钻根植竹节桩、静钻根植管桩和混凝土桩的抗压承载性能进行了系统的研究，并对三根模型桩的抗压承载性能进行了比较分析。

1 试验准备

1.1 试验准备

模型试验中共设置 3 根模型桩，钻孔灌注桩由混凝土桩模拟，如图 1 所示。混凝土模型桩表面埋设应变片测量静载试验中的桩身轴力，应变片采用全桥电路形式布置。粘贴应变片前，应将模型桩表面用砂纸打磨光滑，随后将应变片粘贴在设计位置，并使用环氧树脂进行保护。

采用钢管作为模型预制桩。其中，采用直径为 60mm

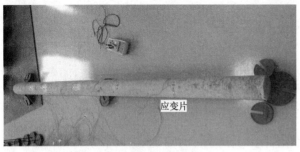

图 1　模型混凝土桩

Fig. 1　Photograph of model concrete pile

的钢管作为 60mm 的管桩。钢管壁厚为 4.5mm。90（60）mm 的竹节桩（桩身直径 60mm，桩身竹节直径 90mm）由沿桩身每隔 200mm 焊接一个 60~90mm 圆环制成。模型管桩和竹节桩桩身均埋设应变片以测量桩身轴力。模型管桩和竹节桩如图 2 所示，图中 7 根模型竹节桩完全相同，其余 6 根模型竹节桩在另一组试验中使用。

模型桩在埋入地基土前均需进行标定，得到各模型桩的标定曲线。在反力加载装置中对模型桩进行标定，并记录标定荷载与沿桩身安装的应变片测得的应变之间的关系，最大标定荷载 100kN 应大于静载试验中施加的最大桩顶荷载。

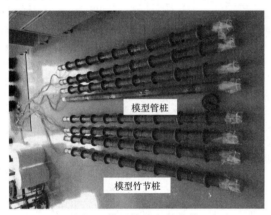

图 2　模型管桩和竹节桩

Fig. 2　Photograph of model pipe pile and nodular pile

1.2　地基土的制备

模型试验在 4m×4m×4m 的试验箱中进行，如图 3 所示。采用标准混凝土砂（用于生产预应力高强混凝土桩的混凝土所用的砂），平均粒径 d_{50} 为 0.788mm，不均匀系数 C_u 为 4.20，曲率系数 C_c 为 0.952。最大孔隙比为 0.866，最小孔隙比为 0.396。

在砂土制备过程中，通过砂土干密度和总体积来控制每层砂土填筑量。本试验中砂土整体厚度为 3.5m。为使砂层性质均匀进行逐层填充，压实后每层厚度为 0.3m。压实前应将砂粒均匀铺开，采用平板振动机压实砂层。每层压实至设定深度后，每隔 0.3m 检查地基砂的均匀性。采用环刀法测得的砂样重度约为 21kN/m³，相对密实度达到 0.92。

砂土填筑完成后，将无气水通过预先布置在试验箱内的 4 根钢管从下向上渗透到地基砂土中。当水位高于地

图 3　试验箱照片

Fig. 3　Photograph of test chamber

表时，可以认为地基砂土达到饱和状态。然后将水位保持在比地基砂土表面高 50mm 的位置，以保证其完全饱和，本试验的整个饱和阶段持续 15d。在地基砂土完全饱和后，打开模型箱底部的阀门将砂土表面的水从阀门中排出。最后，采用静力触探试验测试砂土层性质。

在砂土填筑过程中，在桩端土体填筑完成后将混凝土桩放置于设计位置，在静钻根植管桩和静钻根植竹节桩位置处分别放置一根 120mm 钢管。砂土填筑完成后拔出钢管，同时将搅拌均匀水泥土注入桩孔中。水泥土由 42.5 硅酸盐水泥与宁波黏土配制而成。宁波黏土重度为 18.5kN/m³，含水量为 44%，液限和塑限分别为 42% 和 23%，黏聚力和内摩擦角分别为 8kPa 和 10°。模型试验中静钻根植桩的施工过程与实际工程中静钻根植桩的安装过程有所不同，试验中未模拟钻孔注浆过程；而在水泥土混合料制造过程中，为了保证混合料的均匀性，先将强度等级 42.5 硅酸盐水泥与粒径小于 1mm 的宁波黏土混合搅拌 3min，然后加入计算所需水继续搅拌 5min，以形成均匀的水泥土。在搅拌结束时，水泥土样品均处于液态。模型管桩和竹节桩被均质水泥土包围。可以认为模型桩与实际工程中的静钻根植桩基本相同。

图 4 为静力触探试验结果，其中 f_s 为侧摩阻力，q_c 为锥尖阻力，D 为土层深度。从图 4 中可以看出，不同位置的静力触探试验结果比较相似，曲线变化趋势也比较相似，说明土层均匀性较好。当土层深度从 0m 增加到 2m 时，侧阻力从 0kPa 增加到 60kPa，端部阻力从 0MPa 增加到 9MPa。当土层深度从 0.3m 增加到 3.5m 时，摩阻比（侧阻/端阻比值）在（4~8）×10⁻³ 之间。

1.3　水泥土单元体试验

预制桩周围水泥土在静钻根植桩荷载传递过程中起着重要作用。采用强度等级 42.5 硅酸盐水泥配置水灰比为 1.0 的水泥浆体。水泥浆与泥浆的体积比为 1.0。根据现场泥浆试样，采用的宁波典型黏土产生的泥浆含水量设为 50%。通过无侧限抗压强度试验和直剪试验，研究了水泥土的抗压和抗剪强度。用于无侧限抗压强度试验

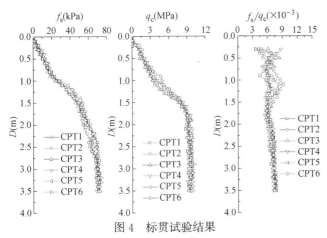

图 4　标贯试验结果

Fig. 4　Cone penetration test results

的水泥土单元体在 70.7mm×70.7mm×70.7mm 的模具中制作，直剪试验试样高 20mm，直径 61.8mm。水泥土块均在标准养护室内养护 28d。无侧限抗压强度试验在 100kN 范围的万能试验机上进行，直剪试验在常规直剪仪上进行。水泥土无侧限抗压强度为 2.42MPa，水泥土的内摩擦角和黏聚力分别为 46.5° 和 365kPa。

2　静载试验

模型桩养护 28d 后进行静载试验，模型桩平面位置分布如图 5 所示。模型箱边长为 4m，相邻模型桩间距以及模型桩距离模型箱边缘最短距离都为 1m，模型桩直径分别为 110mm 和 120mm，因此，相邻模型桩间距以及模型桩距离模型箱边缘最短距离都达到 8 倍桩径，可以认为模型试验结果不受边界效应的影响。

图 5　模型桩分布图

Fig. 5　Layout of model piles

模型试验中静载试验过程如图 6 所示，静载荷试验采用 300kN 液压千斤顶加载，加载过程中的桩顶载荷由荷载传感器进行测量，使用位移传感器测量桩顶位移，利用静态应变仪通过预埋在桩身处的应变片测量桩身变形，并根据应变值计算出桩身轴力；利用埋设在桩端的土压

力传感器测量模型桩的桩端阻力。静载试验参照《建筑基桩检测技术规范》JGJ 106[4] 进行。试验采用慢速维持荷载法。加载分级进行，且采用逐级等量加载；分级荷载为预估极限承载力的 1/12～1/8，其中，第一级加载量为两倍的分级加载量。每级荷载施加后每隔 15min 测读一次桩顶沉降量。本次试验中混凝土桩和静钻根植桩的直径分别为 110mm 和 120mm，三个模型桩的长度均为 2m。当所测得的桩顶位移大于 40mm 时停止加载，静载试验结束。

图 6　静载试验示意图

Fig. 6　Schematic of static load test

3　试验结果分析

3.1　桩顶荷载位移曲线

3 种模型桩的荷载-位移曲线如图 7 所示。从图中可以看出，3 根模型桩桩顶位移均随荷载的增大而增大，两根静钻根植桩的承载力明显高于钻孔灌注桩。根据《建筑基桩检测技术规范》JGJ 106，某一级荷载作用下桩顶位移大于 40mm 时，取前一级荷载值为模型桩的极限承载力。因此，钻孔灌注桩的极限承载力为 55kN，静钻根植管桩和静钻根植竹节桩的极限承载力分别为 70kN 和 75kN。从图 7 中还可以看出，静钻根植竹节桩的极限承载力比静钻根植管桩大 5kN，这可能是由于竹节增加了静

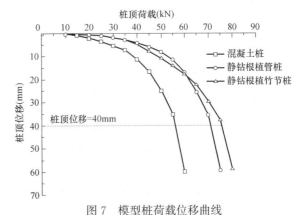

图 7　模型桩荷载位移曲线

Fig. 7　Load-displacement curves of test piles

钻根植竹节桩的承载力。为了对 3 根模型桩的承载性能进行进一步分析与研究，通过试验过程中所测得的桩身轴力对模型桩的侧阻和端阻进行研究。

3.2 桩侧摩阻力

为了对模型桩的侧摩阻力进行分析与研究，将 3 根模型桩的桩侧摩阻力与桩土相对位移关系曲线进行整理，如图 8 所示。

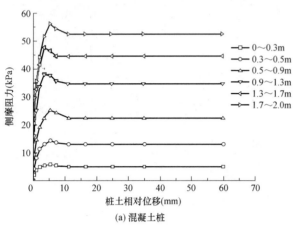

(a) 混凝土桩

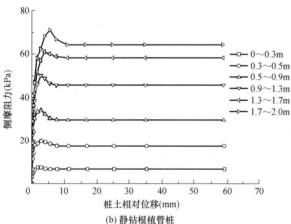

(b) 静钻根植管桩

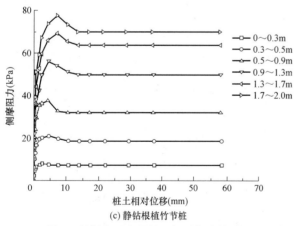

(c) 静钻根植竹节桩

图 8　桩侧摩阻力和桩土相对位移的关系
Fig. 8　Relationship between skin friction and pile-soil relative displacement

模型桩在个各土层中所受侧摩阻力可以通过所测得的桩身轴力进行计算。由于试验过程中未测量桩周土体的位移，将模型桩分为 m 段，桩土相对位移可由下式

估算：

$$s_u = s - \sum_{n=1}^{m} \frac{L_n}{2}(\varepsilon_n + \varepsilon_{n+1}) \tag{1}$$

式中，s 为桩顶位移；L_n 为第 n 段桩身长度；ε_n 和 ε_{n+1} 分别为第 n 和 $n+1$ 段的桩身应变。

从图 8 可以看出，当桩土相对位移较小时，各土层的侧摩阻力均随着桩土相对位移的增加而增加，并在桩土相对位移增加到某一极限值时，侧摩阻力达到最大值，此后随着桩土相对位移的增加，侧摩阻力会有所减小，这通常被称为软化现象。超压密软黏土的应变软化和密砂发生剪胀时都可能导致侧阻软化现象的发生，而本模型试验中的软化现象可能是由密砂的剪胀引起的。

表 1 给出了三种模型桩的极限侧摩阻力和所对应的相对位移，其中 s_u 为充分发挥侧摩阻力所需的相对位移，d 为桩径。由表 1 可知，静钻根植竹节桩和静钻根植管桩在各土层中的极限侧摩阻力明显大于混凝土桩的极限侧摩阻力。其中，静钻根植管桩和静钻根植竹节桩的侧摩阻力分别是钻孔灌注桩的 1.23～1.36 倍和 1.34～1.46 倍。这可能是由于少量的水泥土渗透到桩身周围土体中，增加了静钻根植桩的桩身阻力。

从表 1 中还可以看到，对于混凝土桩，充分发挥侧摩阻力所需的相对位移为（3.1～4.9）%d。而对于静钻根植管桩，需要的相对位移为（1.5～4.5）%d，静钻根植竹节桩发挥最大侧摩阻力所需要的相对位移为（2.2～6.0）%d，均小于混凝土桩。因此，静钻根植桩中水泥土不仅能增大桩的极限侧摩阻力，而且能减小充分发挥侧摩阻力所需的相对位移。

3.2 桩端阻力

静载试验过程中模型桩桩端阻力由预埋在桩端位置处的土压力传感器测得，3 根模型桩的桩端荷载位移曲线如图 9 所示。从图中可以看出，3 根模型桩的桩端承载性能比较接近，这是由于模型桩桩端均放置了土压力传感器，在静钻根植桩施工过程中，水泥土无法渗透到桩端土体中，桩端土体性质与混凝土桩处的桩端土体性质接近。从图中可以看到，3 根模型桩的桩端阻力均随着桩端位移的增加而增加，由于静载试验在模型桩桩顶位移达到 40mm 停止加载，模型桩的桩端承载力未完全发挥。根据 Fleming[5] 所提出的桩端阻力计算公式，并引入端阻折减系数，可以对桩端承载力进行估算：

$$q_b / q_c = \frac{R \cdot s_b / d}{s_b / d + 0.5 q_c / E_b} \tag{2}$$

式中，q_b 和 q_c 分别为平均桩端阻力和静载试验测得的锥尖阻力；s_b 为桩端位移；d 为桩端直径；E_b 为桩端土体的弹性模量；R 为折减系数。

通过与实测桩端荷载位移数据进行比较，当折减系数 R 取 0.8 时，公式（2）与实测数据比较吻合，如图 10 所示。从图中可以看到，模型试验中混凝土桩和静钻根植桩的桩端荷载位移数据比较接近，本次试验中测得的最大 q_b / q_c 比值为 0.45，此时桩端阻力为完全发挥，随着桩端位移的增加，桩端阻力仍然会有所增长；当桩端位移达到 1 倍桩端直径时，q_b / q_c 比值达到 0.6。

土层深度（m）	极限侧摩阻力（kPa）			充分发挥侧摩阻力所需要的相对位移（s_u/d）（%）		
	钻孔灌注桩	静钻根植管桩	静钻根植竹节桩	钻孔灌注桩	静钻根植管桩	静钻根植竹节桩
0～0.3	5.0	6.8	7.3	4.9	1.5	2.2
0.3～0.5	13.1	17.5	18.7	4.9	2.4	3.8
0.5～0.9	22.4	29.6	32.1	4.8	2.3	3.7
0.9～1.3	34.7	45.6	49.8	3.2	2.3	3.7
1.3～1.7	44.6	58.3	63.7	3.1	3.2	6.0
1.7～2.0	52.4	64.2	70.1	4.8	4.5	6.0

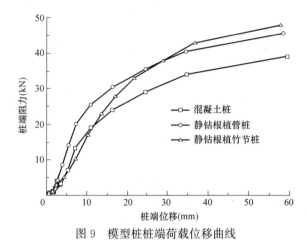

图 9　模型桩桩端荷载位移曲线

Fig. 9　Base load-displacement curves of test piles

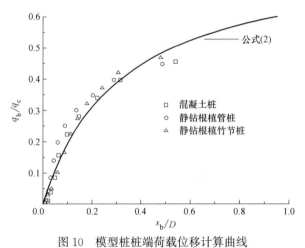

图 10　模型桩桩端荷载位移计算曲线

Fig. 10　Calculated base load-displacement
curves of test piles

4　结论

本文通过一组模型试验对混凝土桩和静钻根植桩的

承载性能进行了研究，并分析了竹节桩在静钻根植桩荷载传递过程中的作用。根据试验结果，可以得出以下结论：

（1）本次试验中混凝土桩的极限承载力为 55kN，静钻根植管桩和静钻根植竹节桩的极限承载力分别为 70kN 和 75kN，静钻根植桩的抗压承载性能优于混凝土桩。

（2）静钻根植管桩和静钻根植竹节桩在各土层中的极限侧摩阻力分别是混凝土桩的 1.23～1.36 倍和 1.34～1.46 倍。与混凝土桩相比，静钻根植桩侧摩阻力增大的原因可能是水泥土渗透到周围砂土中，增大了桩土界面摩擦角。

（3）本次试验中静钻根植桩的桩端承载性能与混凝土桩的桩端承载性能相近。归一化桩端阻力（q_b/q_c）和桩端位移（s_b/d）的双曲线模型能较好地表征混凝土桩和静钻根植桩的桩端荷载位移曲线。

参考文献：

[1] 周佳锦，王奎华，龚晓南，等. 静钻根植竹节桩承载力及荷载传递机制研究 [J]. 岩土力学，2014，35（5）：1367-1376.

[2] Zhou, J. J., Gong, X. N., Wang, K. H., et al., 2016. A model test on the behavior of a static drill rooted nodular pile under compression. Marine Georesources and Geotechnology, 34：293-301.

[3] Zhou, J. J., Gong, X. N., Wang, K. H., et al., 2017. Testing and modeling the behavior of pre-bored grouting planted piles under compression and tension. Acta Geotechnica 12(5)：1061-1075.

[4] 中华人民共和国住房和城乡建设部. 建筑基桩检测技术规范：JGJ 106—2014 [S]. 北京：中国建筑工业出版社，2014.

[5] Fleming, W. G. K., A new method for single pile settlement prediction and analysis[J]. Geotechnique, 1992, 42 (3)：411-425.

软土地基中桩基地震动力响应的有限元分析

许浩南[1,2]，曾　凯[1,2]，于　钢[1, 2]

（1. 浙江大学平衡建筑研究中心，浙江 杭州 310028；2. 浙江大学建筑设计研究院有限公司，浙江 杭州 310028）

摘　要：本文以杭州某典型砂性土、淤泥质土地区工程案例为背景，采用无限边界有限元法，探究地震动荷载影响下混凝土灌注桩的可靠度以及损伤鉴定，并开展工程桩地震动力响应的模拟研究。针对工程实际荷载作用下的混凝土钻孔灌注桩，分析了特定地区地震响应等级内的罕遇地震作用下的桩土接触、桩体损伤以及桩端弯矩变化等动力响应特征，并比较了最佳有限元模拟方法。分析了实测地震波作用下混凝土工程桩的损伤与破坏程度，为今后开展多层土体下的单桩、多桩数值模拟、各类型桩体抗震性能测试、桩基抗震设计提供了新思路。

关键词：无限边界有限元法；地震波；混凝土损伤鉴定；地震动力响应；桩基抗震设计

作者简介：许浩南（1994—　），男，硕士，主要从事建筑结构与岩土的工程及科研。E-mail：xuhaonan0326@163.com。

Finite element analysis of seismic dynamic response of pile foundation in soft soil foundation

XU Hao-nan[2]，ZENG Kai[2]，GAN Gang[1, 2]

（1. Research Center for Balanced Architecture，Zhejiang University，Hangzhou Zhejiang 310028，China；2. Architectural Design & Research Institute Co.，Ltd.，Zhejiang University，Hangzhou Zhejiang 310028，China）

Abstract：Based on finite element numerical simulation method with infinite element boundary，this article explored the damage identification of concrete reinforcement drilled pile under the effect of earthquake force，which is related to a realistic construction case in HangZhou. In order to investigate the seismic dynamic responses of concrete drilled pile in relistc construction environment，this article analysed the pile-soil contact，pile damages and bending moments responses during a rare occurrence earthquake in soft soil foundation. In addition，this article analysed the best numerical method to simulate the damage of concrete and rebar as result of earthquake，which gives a new solution for seismic performance simulation or test of various types of piles，expically for seismic design of pile foundation.

Key words：infinite boundary finite element method；measured seismic waves；concrete damage identification；Seismic dynamic response；seismic design of pile foundation

0　引言

现代桩基设计主要依据承载力需求与桩端承载力试验提供的数据，极少考虑地震损伤对桩的设计要求。为了验证实际工程实践中的桩基设计是否满足抗震要求，本文将从地震损伤对桩基础设计的影响角度出发，根据实际工程中的桩基设计案例，结合《建筑抗震设计规范》GB 50011[1]，模拟其在抗震设防烈度内的地震动力响应特征，以验证其抗震性能，探索桩基础抗震设计的新思路。

项目位于杭州市萧山区某科创中心一期工程，项目占地面积 272000m²，总建筑面积 510000m²，拟建 27 桩办公楼、实验室等建筑，主要采用钻孔灌注桩基础。根据地勘单位提供的勘察报告，拟建场地典型地质剖面图如图 1 所示。

根据地质剖面图可知该地区持力层以上土层厚度平均约 30m，由上至下依次为砂质粉土层、淤泥质软土层和粉砂层，持力层为圆砾层。其中淤泥质土平均厚度 9m 且

图 1　典型地质剖面图

Fig. 1　Typical geological profile

埋深较深，在震害条件下易蠕变，对桩基安全影响极大。设计人员采用长度 30m、直径 800mm 混凝土钻孔灌注桩作为主要承压桩基。本文结合此工程实际，采用 ABAQUS 有限元软件，基于工程中涉及的土层按照实际比例建立有限元模型，进行对该工程中用到的钻孔灌注桩的地震动力响应分析，以探究实际工程中所设计的桩基抗震性能。

基金项目：浙江大学平衡建筑研究中心自主立项科研项目（K 横 20203330C）。

1 数值分析方法及模型参数

本文采用ABAQUS有限元数值模拟软件，结合摩尔-库仑土体本构模型、混凝土损伤模型以及无限单元对三维混凝土灌注桩模型进行了地震动载荷模拟。

1.1 摩尔-库仑本构模型

岩土的本构模型一直是岩土理论研究的重要课题之一，对此，众多研究学者[2,3]曾指出，求解岩土工程的关键问题是工程实用本构方程的建立。而经典摩尔-库仑本构模型作为最初提出的在偏平面上为六角形屈服面的模型一直是众多数值模拟软件的基本本构模型，它具有能反映沿途类材料的抗压和抗拉强度不对称性的优点，且模型参数少，其屈服函数表达式的摩尔形式为：

$$\tau - \sigma\tan\varphi - c = 0$$

其屈服函数表达式的库仑形式为：

$$(\sigma_1 - \sigma_2) - (\sigma_1 + \sigma_2)\sin\varphi - 2c \times \cos\varphi = 0$$

式中，σ为剪切面上的正应力；τ为剪切面上的剪应力；c为土体黏聚力；φ为土体摩擦角。

本文采用摩尔-库仑模型，其土性参数取自相应场地的勘察报告，详见表1～表3。

模拟土层各项物理参数 表1

simulated physical parameters of soil layers

Table 1

土层	重度 γ	孔隙比 e	密度 G_s	黏聚力 c	内摩擦角 φ	压缩模量 E
	kN/m³		kN/m³	Pa	°	MPa
砂质粉土	19.1	0.756	2.69	6500	31.5	6.0
淤泥质土	17.7	1.133	2.72	12900	15.5	3.0
圆砾层	2500	—		1000	33	27.0

1.2 混凝土损伤模型

ABAQUS因其在混凝土损伤塑性模型及混凝土结构破坏模拟方面有较高的准确性，在结构抗震性能分析领域应用广泛。ABAQUS提供的混凝土损伤塑性模型（CDP模型）是依据Lee和Fenves[4]提出的损伤塑性模

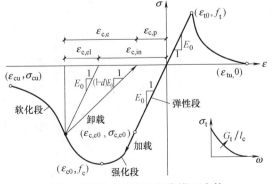

图2 混凝土弹塑性损伤模型本构

Fig. 2 Constitutive model of concrete elastoplastic damage

型确定的，其目的是为了给分析动态荷载下的混凝土结构力学响应提供普适的材料模型。

CDP模型假定混凝土材料主要因拉伸开裂和压缩破碎而破坏，其应力-应变关系选用《混凝土结构设计规范》GB 50011—2010附录C中的混凝土本构关系。弹性阶段的应力-应变关系定义是通过混凝土的杨氏模量E和极限弹性应力σ_0来实现。

本文所采用的钻孔灌注桩其混凝土强度等级为C35，配置12根直径16mm的HRB400热轧钢筋。其材料各项参数如表2所示。

C35混凝土计算参数 表2

Calculation parameters of C35 concrete

Table 2

密度 ρ	杨氏模量 E	泊松比 v	剪胀角 ρ	偏心率 e	双轴/单轴 f_{b0}/f_{c0}	黏聚系数 c
kg/m³	MPa		°			
2500	31350	0.2	38	0.1	1.16	0.00001

而根据规范附录C计算所得的混凝土应力-应变关系如表3所示。

C35混凝土本构模型参数 表3

Parameters of C35 concrete constitutive model

Table 3

抗压强度 (MPa)	非弹性应变 (×10⁻³)	损伤因子 d_c	抗拉强度 (MPa)	非弹性应变	损伤因子 d_t
18.63	0.00	0.00	2.63	0.00	0.00
26.64	0.74	0.27	2.50	0.03	0.13
24.77	1.26	0.38	1.79	0.10	0.40
21.36	1.83	0.48	1.27	0.17	0.56
18.13	2.39	0.56	0.80	0.29	0.72
15.46	2.94	0.62	0.49	0.52	0.83
13.35	3.47	0.67	0.30	0.95	0.90
11.68	3.98	0.71	0.18	1.81	0.94
10.34	4.48	0.74	0.11	3.51	0.97
8.79	5.22	0.77	0.07	6.91	0.98
7.14	6.31	0.81	0.04	13.66	0.99
5.55	7.91	0.85	0.03	27.04	0.99
4.14	10.27	0.89	0.01	95.31	1.00
2.77	14.80	0.92			

1.3 无限单元

在探究工程桩在地震波的往复荷载作用下的动力响应时，不可避免地会遇到土体边界设置问题。对于此类半无限土体的数值模拟，即使使用大尺寸的固定边界也难以消除地震波反射带来的计算误差，而且此类方法节点数目多，计算效率差。因此等效人工边界的设置极为重要。目前有效的人工边界设置包括透射边界、傍轴边界、一致边界、比例边界和黏性边界等。但上述人工边界都存在一个共同的缺点，低频稳定性差，原因是他们均是在平面入射波假定的前提下推导出的。

无限元法兴起于 20 世纪 70 年代[4-6]，其本身具有建模精确、计算量小的优点，在半无限域的模拟方面易于与有限元耦合。因此本文采用的人工边界即是无限单元边界。无限单元包括 Bettess 映射无限元[7] 和 Asley 映射共轭无限元[8]，又各自分为一维、二维和三维无限元。20世纪 80 年代，赵崇斌等[9] 提出了衰减无限元方法，该方法适用于多层介质中的无边界行为，可以用于模拟半无限空间中的三种波的波动特性。ABAQUS 提供了 17 种无限单元，非声学问题中常用的无限单元有：CINAX4（四节点矩形线性轴对称单向无限单元）、CIN3D8（八节点三维线性单项无限单元）、CINPE4（四节点矩形线性平面应变单项无限单元）和 CINPS4（四节点矩形线性平面应力单项无限单元）。本文采用 CIN3D8 类型的节点单元。

1.4 地震波选取

地震响应问题会随着输入地震波的不同而产生非常大的差异，进而直接决定模拟计算结果的准确性和真实性。国内外学者[10-18] 对地震波的选取进行了大量的研究，国内很多规范[14] 对地震波的选取也有详细的规定，但这些研究和规定仅适用于线弹性阶段的地震分析，对于弹塑性阶段没有明确的地震波选取规定。但如果使用偏离规范谱的地震波进行地震动力分析时，以往的研究经验[17-18] 显示结构的反应离散性大，分析结果难以用于抗震性能分析。因此弹塑性阶段时程分析中的地震波选取尤为重要。

韩小雷等[19-20] 结合规范[1] 和实际工程需要，对收集到的六千多条强震记录进行分析，根据设防烈度和场地周期将其分为 15 种类别，并对每一条原始地震波进行加速度时程调幅。其提出并定义了长周期反应谱拟合系数，并利用该系数建立了阻尼比为 0.05 的多种设防烈度下的地震波库。本文借鉴此种方法，利用美国环太平洋地震工程研究中心（PEER）的地震波数据库，筛选出了 5 条符和本工程地区（抗震设防烈度为 7 度，地震分组为 1 组，场地类别为 3 类）的实测地震波作为本次模拟地震动荷载的地震波形。图 3 显示了筛选出的 5 种地震波加速度随时程变化的波形图。

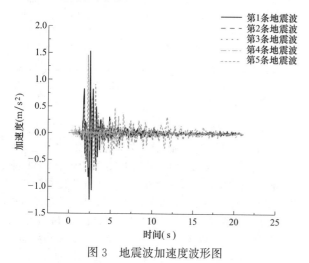

图 3 地震波加速度波形图

Fig. 3 Seismic wave acceleration waveform

2 模型建立

本三维有限元数值分析模型由三部分组成，第一部分为 10m×10m×35m 长方体土层模型，在竖直（Y 轴）方向将土体按实际划分为 4 个土层，分别为上部 16.5m 砂土土层，中部 9m 软弱淤泥质土层，下部 4.5m 粉砂层和基底 5m 岩石层。第二部分为环绕土体模型的 5 块无限单元模型，厚度为 2m，材料与土体模型一致。第三部分为主体研究对象，直径为 800mm，长度为 30m 的钢筋混凝土钻孔灌注桩。桩体由钢筋笼与混凝土桩两部分组成，混凝土采用混凝土损伤模型，钢筋采用桁架（truss）单元，共采用 12 根直径 16mm、长 30m 的钢筋。钢筋材料本构采用弹塑性模型，其特性如图 4 所示，钢筋与混凝土桩的接触定义为嵌入（embed），且均匀布置于钻孔桩内距桩边缘 50mm 处。

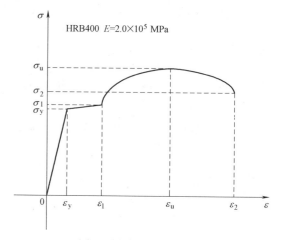

图 4 钢筋材料本构模型

Fig. 4 Constitutive model of reinforcement material

模型分析由三个分析步组成，第一步为初始状态设定，在这一步中向整个模型施加重力，使土体在加载前达到密实状态（图 5）。第二步施加上部荷载，将 80% 桩基

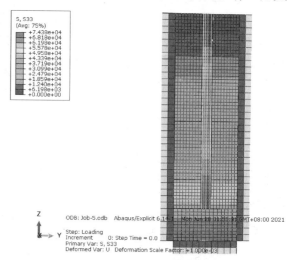

图 5 模型达到地应力平衡态剖面云图

Fig. 5 The model reaches the in-situ stress equilibrium state profile cloud image

抗压承载力特征值（2400kN）的力施加在桩顶端，以模拟其正常工作状态。第三步为地震作用施加分析，将图7中所示的地震作用以横向加速度边界的方式施加在基岩底面，方向为 X 轴方向。

3 结果与讨论

经过计算，成功模拟了单根混凝土钻孔灌注桩在软土地层内的地震动力响应问题。通过 ABAQUS 软件动态播放功能，将地震作用过程当中的应力传递以动画的形式播放，发现地震作用在无限单元边界处成功传递出模型，且没有反射力，证明了无限单元在模拟半无限空间动力响应问题上的可行性和可靠性。利用此方法可大大减少有限元数值模拟的单元数量和计算难度。

通过在钻孔灌注桩模型上建立由单元节点组成的"path"得到了地震作用下桩身混凝土受压破坏和受拉损伤程度数值。图6、图7为5条地震波作用下的桩身受压和受拉破坏曲线，横坐标为钻孔灌注桩埋深，纵坐标为混凝土损伤程度。从图中可以看出桩体混凝土在5条地震波的不同地震作用下由桩顶自上而下约10m处均发生了破坏。这说明桩身在受到上部荷载和下部水平向地震作用的同时上部所受弯矩超过了其极限抗弯设计值。而拉伸

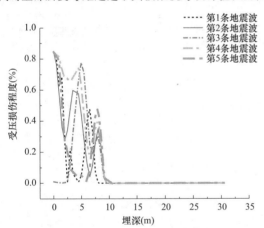

图6 桩身混凝土受压破坏位置曲线

Fig. 6 Compression failure position curve of pile concrete

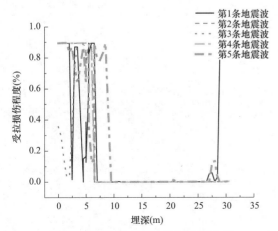

图7 桩身混凝土受拉破坏位置曲线

Fig. 7 Tensile failure position curve of pile concrete

破坏中第1、第3和第5条地震波均在距桩底4～6m处造成损坏，是由淤泥质土层与砂性土层交界处在地震作用下产生的位移畸变造成的。

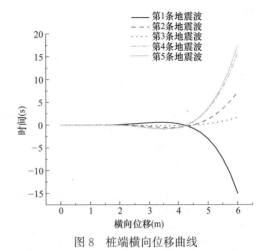

图8 桩端横向位移曲线

Fig. 8 Lateral displacement curve of pile tip

图8为钻孔灌注桩桩顶位移曲线，方向为 X 轴方向，与地震作用力方向相同。在5条地震波的模拟计算中，第1、第4和第5条地震波在地震加速度累计施加4s钟后钻孔灌注桩桩身开始发生塑性破坏，并在6s左右趋于屈服。相比之下第2条和第3条地震波对桩端的影响比较滞后，而从这两条地震波造成的损伤和其他地震波对比来看差别不大，说明混凝土的地震损伤具有累积性，与地震波的峰值大小并非正相关。此外，从桩端屈服位移的方向看，地震作用下的钻孔灌注桩屈服方向具有随机性。

通过分析上述5条地震波对工程桩地震作用下的有限元模拟可知，该土层内的工程桩均发生了桩端屈服、混凝土开裂损伤和位移过大的情况。由此可见，在设计抗震设防烈度内的地震作用下，此项目所用的钢筋混凝土钻孔灌注桩将产生屈服损伤，无法保证上部结构的安全，更无法满足地震后的可修复或可使用要求。

针对此工程目前的桩基动力响应模拟结果推测，该地区一旦发生罕遇地震，桩极大概率会发生屈服、失效的情况，相关结论有待于进一步的试验验证。由模型计算的结果推测可得，工程实际中由于成本等原因致使对桩基抗震设计的必要性不够重视，极有可能导致实际设计使用的桩基抗震性能不能满足要求。地震的发生是无法预测的，而地震所带来的损失也是我们无法承受的，因此加强对建筑基础抗震设计的重视刻不容缓。

4 结论

本文在现有的工程案例基础上，针对存在下卧软土层的桩基进行了地震动力响应有限元数值模拟，通过无限单元边界、混凝土损伤模型等方法，验证了用有限元模型完成桩体抗震性能测试的可行性。主要得出以下结论：

（1）证明了无限单元在模拟空间动力响应问题上具有节点数目少、计算效率高的优点，规避了边界效应对数值模拟结果真实性的影响。

（2）证明混凝土的地震损伤具有累积性，混凝土损伤

与地震波峰值非正相关，这提醒我们余震对混凝土建筑的影响不可忽视。

（3）基于此模型的多种配筋、多种桩型、多种数目的桩基数值模拟结合试验可以服务于桩基抗震设计、新型桩基检测等多种工程实践活动。

参考文献：

[1] 中华人民共和国住房和城乡建设部. 建筑抗震设计规范：GB 50011—2010[S]. 北京：中国建筑工业出版社，2010.

[2] 龚晓南，G. Gudehus. 反分析法确定固结过程中土的力学参数[J]. 浙江大学学报(自然科学版)，1989(6)：841-849

[3] 龚晓南. 广义复合地基理论及工程应用[J]. 岩土工程学报，2007，29(1)：1-13

[4] J. Lee and G. L. Fenves. Plastic-Damage Model for Cyclic Loading of Concrete Structures. [S]Journal of En-gineering Mechanics，ASCE，1998(124)：892-900.

[5] Peter. Bettess. Infinite Elements[J]. International Journal For Numerical Methods In Engineering，1977(11)：53-64.

[6] G. Beer and J. L. Meek. Infinite Domain Elements[J]. International Journal For Numerical Methods In Engineering，1984(19;)393-404.

[7] O. C. Zienkiewicz and P. Bettess. A noval Boundary infinit elements [J]. International Journal For Numerical Methods In Engineering. 1984(19)：394-404.

[8] Astley R J. Wave envelope and infinite elements for acoustical radiation[J]. International Journal for Numerical Methods in Fluids，2005，3(5)：507-526.

[9] 赵崇斌，张楚汉，张光斗. 用无穷元模拟半无限平面弹性地基[J]. 清华大学学报(自然科学版)，1986(3)：51-64.

[10] 蒋鸿林. 无限元方法及其应用[D]. 西安：西安电子科技大学，2005.

[11] 陆新征，叶列平，廖志伟. 建筑抗震弹塑性分析[M]. 北京：中国建筑工业出版社，2010.

[12] 赵伯明，王挺. 高层建筑结构时程分析的地震波输入[J]. 沈阳建筑大学学报：自然科学版，2010，26(6)：1111-1118.

[13] 曹资，薛素铎，王雪生，等. 空间结构抗震分析中的地震波选取与阻尼比取值[J]. 空间结构，2008(9)：3-8.

[14] 中国工程建设标准化协会. 建筑工程抗震性态设计通则：CECS 160：2004[S]. 北京：中国计划出版社，2004.

[15] 安东亚，汪大绥，周德源，等. 高层建筑结构刚度退化与地震作用响应关系的理论分析[J]. 建筑结构学报，2014，35(4)：155-161

[16] 杨溥，李英民，赖明. 结构时程分析法输入地震波的选择控制指标[J]. 土木工程学报，2000，33(6)：33-37.

[17] 赵作周，胡妤，钱稼茹. 中美规范关于地震波的选择与框架-核心筒结构弹塑性时程分析[J]. 建筑结构学报，2015，36(2)：10-18.

[18] 伍云天，姜凯旋，杨永斌，等. 中美超限高层建筑性能化抗震设计方法对比分析[J]. 建筑结构学报，2015，36(2)：19-26.

[19] 韩小雷，郑宜，季静，等. 美国基于性能的高层建筑结构抗震设计规范[J]. 地震工程与工程振动，2008，28(1)：64-70.

[20] 韩小雷，谢灿东，季静，等. 长周期结构弹塑性时程分析的地震波选取[J]. 土木工程学报，2016，49(6)：46-50.

免共振沉桩过程对土体内部振动影响的数值分析研究

魏家斌[*1]，吴江斌[2]，王卫东[1, 2]

（1. 同济大学地下建筑与工程系，上海 200092；2. 华东建筑设计研究院有限公司上海地下空间与工程设计研究院，上海 200011）

摘　要：免共振沉桩是一种逐渐用于紧邻建筑物、地铁和地下管线等城市复杂敏感环境的新型工艺。现有的免共振沉桩研究多关注其对地表的振动影响，较少关注土体内部振动影响。本文采用 FLAC3D 软件模拟了均质饱和黏土地基中钢管桩的免共振沉桩过程，桩径 D 为 700mm，壁厚 14mm，沉桩深度为 $7D$。通过在距桩轴线（1.5～25）D 且深度（0～21）D 的土体中布置一系列测点，分析了沉桩过程中不同测点的振动影响变化规律。数值结果表明：深度（0～5）D 范围内任意一点土体的振动影响随沉桩深度先增后减；在距桩轴线和深度均小于 $5D$ 的土体中，任意一点达到最大振动影响所对应的沉桩深度略大于该点埋深，即该点最大振动影响的出现在时间上具有滞后性；对于任意一点的土体最大振动影响沿深度方向的分布特征，距桩轴线 $5D$ 范围内显示内部大于地表，在 $5D$ 外则地表更大。当免共振沉桩紧邻建（构）筑物时，建议对地表和土体内部均进行振动监测。

关键词：免共振沉桩；土体内部振动；数值模拟；滞后性

作者简介：魏家斌（1992—　），男，博士研究生，主要从事免共振沉桩的贯入机理、环境影响和承载特性研究。E-mail：jiabin_wei@foxmail.com。

Numerical investigation of ground vibration at different depths during pile driving using resonance-free vibratory hammer

WEI Jia-bin[* 1]，WU Jiang-bin[2]，WANG Wei-dong[1, 2]

（1. Department of Geotechnical Engineering，Tongji University，Shanghai 200092，China；2. Shanghai Underground Space Engineering Design and Research Institute，East China Architecture Design and Research Institute Co.，Ltd.，Shanghai 200011，China）

Abstract：The resonance-free vibratory pile driving as one novel technique is gradually used in the complicated and sensitive urban environment，such as being adjacent to the existing building，metro and pipeline underground. Ground vibrations caused by this technique are currently measured only at the ground surface rather than under the ground. In this paper，the process of open-ended steel pile installation using the resonance-free vibratory technique was simulated in the finite difference software FLAC3D. The model pile has 700 mm diameter（D），14 mm wall thickness，and $7D$ penetration depth. By a series of vibration test points between（1.5～25）D from the pile axis and（0～21）D from the ground surface，the variations of the ground vibration effect were analyzed. The simulation results show that the ground vibration effect of one point at a depth of（0～5）D firstly increases and then decreases during pile driving. And the penetration depth corresponding to the maximum ground vibration effect of one specific point is slightly larger than this point's buried depth as the point is between（1.5～5）D from the pile axis and（0～5）D from the ground surface. Namely，the lag effect of the maximum vibration occurrence exists. For the vertical distribution of the maximum vibration effect，the inside value is larger than that at the ground surface as the horizontal distance is（1.5～5）D from the pile axis. Still，the value of the ground surface is larger at other horizontal distances. Both surface and inside vibration measurements are suggested as the resonance-free vibratory pile driving is in close proximity to buildings and structures.

Key words：resonance-free vibratory pile driving；ground vibrations；numerical simulation；lag effect

0　引言

近年来，一种被认为"高工效、低影响"的免共振沉桩工艺已在上海主城区得到应用。与普通振动沉桩工艺相比，该工艺也是在桩顶施加连续振动荷载进行沉桩，所用加载设备为免共振锤，能够采用高工作频率且在启动和停机阶段无振动输出来避免共振现象[1,2]，从而对周围土体的振动影响大为降低[2-4]。当前，免共振沉桩过程的振动影响研究大多关注地表振动影响，较少考虑土体内部振动影响。随着免共振沉桩工艺在紧邻建筑物、地铁和地下管线甚至室内沉桩等更复杂的情况进一步应用[2-6]，其对周围土体的振动影响尚需进一步研究，特别是土体内部的振动影响。

基于此，本文采用笔者曾在 FLAC3D 软件中建立的连续振动沉桩模型[7]，对均质饱和黏土地基中的免共振沉桩过程进行模拟。通过在土体中布置一系列距桩轴线（1.5～25）D 且深度（0～21）D 的测点，研究沉桩过

基金项目：国家自然科学基金项目（51978399）；上海市科委重点研发项目（18DZ1205300）；上海市青年科技启明星计划项目（18QB1400300）；上海市优秀学术/技术带头人计划项目（18XD1422600）。

中各测点振动影响随沉桩深度的变化规律，随后分析各测点的最大振动影响在空间上的分布特征。

1 沉桩数值模型

1.1 几何模型

由于数值模拟中可直接在桩身施加一定频率的动荷载，无需经历启停阶段，因此免共振沉桩与常规振动沉桩的数值模拟并没有区别。Henke 等[8] 和肖勇杰等[9] 曾采用所谓的 zipper-type 建模技术实现了开口管桩的连续振动沉桩模拟。笔者也曾基于该建模技术，在有限差分软件 FLAC3D 中实现了开口管桩连续振动沉桩模拟[7]。本文同样采用该技术建立相应的数值模型，即在土体中预置 1mm 厚的辅助管（图1）。沉桩时辅助管固定不动，管桩桩壁沿着辅助管贯入土体，同时生成相应的桩土接触。

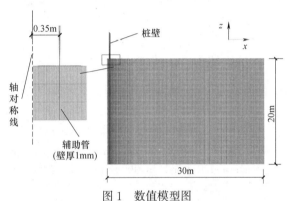

图 1　数值模型图

Fig. 1　Schematic diagram of the numerical model configuration

本文建立轴对称模型，远场采用截断边界条件，即固定边界。为减弱动力分析中模型边界处反射波的影响，本文增大模型尺寸，即几何尺寸长×高为 30m×20m。参照文献［2］中的薄壁开口钢管桩，模型桩直径 $D=700mm$，壁厚 14mm。目前振动沉桩数值模拟中的沉桩深度与工程中的沉桩深度大多相差较大，如文献［8］、［9］和［13］中的沉桩深度为（7～10）D。由于动力计算十分耗时，本文模型桩长度取 5.0m（约 7D），沉桩深度为 7D。

1.2 模型参数

在振动沉桩的数值模拟中，考虑动孔压积累和消散还比较困难，学者们通常采用不排水分析法[8,9]。根据文献［2］中现场测试所在场地的土层特性，本文也采用不排水分析法建立均质饱和黏土地基模型，本构模型采用 Mohr-Coulomb 弹塑性模型（参数见表1）。模型桩和辅助管采用实体单元，使用线弹性模型（参数见表1）。关于接触面参数选取，法向和切向刚度通过参数试算获得。桩土接触的摩擦角 δ 选取较小值 10°，辅助管与土的接触摩擦角则根据 zipper-type 建模技术取 0°（参数见表2）。

荷载参数根据文献［2］中免共振锤 ICE-70RF 选取，沉桩过程中作用在桩身上荷载 F_p 为：

$$F_p = F_{vm}\sin(2\pi f t) + F_0 + F_{soil} \tag{1}$$

式中，F_{vm} 为激振力幅值；f 为免共振锤的工作频率，取 33.3Hz；t 为沉桩时间；F_0 为静荷载；F_{soil} 为沉桩过程中土体阻力，根据桩土接触力实时更新。

模型实体单元参数　　　　表 1
Solid element parameters of model Table 1

材料	本构模型	密度 ρ(kg/m³)	弹性模量 E(GPa)	泊松比	黏聚力 c(kPa)	内摩擦角 φ(°)
土体	Mohr-Coulomb	1800	0.015	0.49	21	0
钢管桩	线弹性	7850	206	0.26	—	—
辅助管	线弹性	7850	206	0.26	—	—

模型接触单元参数　　　　表 2
Interface element parameters of model Table 2

接触类型	法向刚度 k_n(GPa·m)	切向刚度 k_s(GPa·m)	摩擦角 δ(°)
模型桩与土	4	0.04	10
辅助管与土	8	8	0

免共振沉桩能力较强，现场沉桩的初期为了控制桩的垂直度，一般会采用较小的激振力幅值和静载。基于此，本文 F_{vm} 取 300kN，F_0 取模型桩自重 7.5kN。为避免模型桩和辅助管的弹性模量对动力计算效率的影响，本文依然采用笔者曾提出的密度放大法[7]。即将模型桩和辅助管的密度放大 n 倍（本文倍数取 10^6），作用桩身荷载也乘以相同的倍数 n，最终确保密度放大法不改变模型桩和辅助管的加速度 a，如公式（2）所示。其中，辅助管在沉桩过程中被固定，其加速度无需处理。基于此，动荷载采用加速度形式施加，即模型桩的所有节点施加相同的加速度 a。

$$a = \frac{ngF_p}{nG_p} \tag{2}$$

式中，n 为放大倍数；F_p 为放大密度前的桩身荷载；G_p 为密度放大前的模型桩自重；g 为重力加速度，取 10m/s²。

为合理反映桩周土体变形，对近场土体的网格进行相应加密，本文设置的土体最小尺寸约为 0.03 m。对于远场土体，基于 Kuhlemyer 等[10] 人的研究，远场土体最大网格尺寸需进行相应的控制，本文取 0.16m。最终，整个数值模型共有 27410 个单元，55864 个节点，数值模型网格划分如图1所示。阻尼采用局部阻尼形式，考虑到免共振锤 ICE-70RF 工作频率高达 33.3Hz，土体临界阻尼取 10%。

2 沉桩过程中土体振动影响

为了记录沉桩过程中的土体振动影响，在土体中布置一些系列测点。这些测点空间分布为：水平方向距沉桩中心（1.5～25）D，竖直方向（0～21）D。

2.1 地表土体振动速度时程曲线

图 2 给出了距沉桩中心水平距离 $R=1.5D$ 的地表振动速度时域曲线，以及对时域曲线进行快速傅里叶变换后得到频域曲线（图 3）。

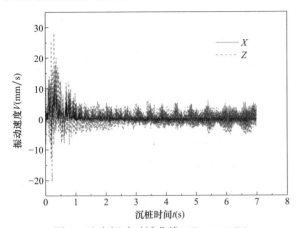

图 2　地表振动时域曲线（$R=1.5D$）

Fig. 2　Time history curve of ground surface vibrations（$R=1.5D$）

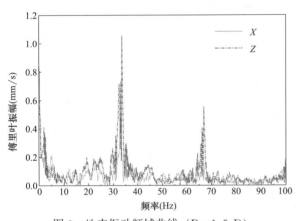

图 3　地表振动频域曲线（$R=1.5D$）

Fig. 3　Spectrum curve of ground surface vibrations（$R=1.5D$）

如图 2 所示，$R=1.5D$ 处的地表振动速度在沉桩初期出现峰值，后续阶段的速度明显小于峰值；同时竖直方向（Z 向）的峰值大于水平方向（X 向）的峰值。峰值质点速度（PPV）常用于反映施工过程中所产生最大振动影响[11]，本文依据《建筑工程容许振动标准》GB 50868—2013[12] 取沉桩过程中不同方向的速度最大值作为 PPV 进行分析。根据该取值标准，$R=1.5D$ 处的 PPV 为 28.6mm/s。图 3 为对 $R=1.5D$ 处的地表振动速度时域曲线进行快速傅里叶变换后得到频域曲线，可以看出竖直和水平方向的主频均接近本文数值模拟中的动荷载频率 33.3Hz。其他测点的变化规律与地表 $R=1.5D$ 的测点类似，这里不再赘述。

2.2 地表测点的振动影响变化规律

为反映地表振动影响随沉桩深度的变化规律，图 4 给

出了 $R=1.5D$、$5D$、$10D$ 和 $20D$ 处的振动影响数据。各测点的振动影响大小以 V_L 来量化，V_L 定义为沉桩深度为 L 时竖直方向和水平方向的振动速度最大值，取值时间区间为 $(t_L-2T)\sim t_L$，t_L 表示达到 L 时的时间，$T=1/f$。可以发现，不同测点的 V_L 均先随 L 增大而增大，达到峰值后快速衰减，在后续阶段维持较小值。各测点的峰值大小在水平方向上呈衰减规律；同时，后续阶段的 V_L 也随着 R 增大而减小。

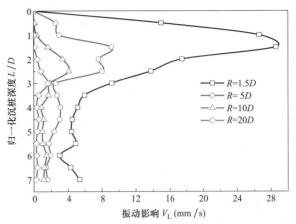

图 4　沉桩至不同深度时的地表振动影响 V_L 曲线

Fig. 4　Vibration effect V_L at the ground surface with different penetrating depths

根据 2.1 节中峰值质点速度（PPV）的定义，图 4 中这些地表 V_L 的峰值实际等于沉桩结束后各测点的 PPV 值。基于此，在图 4 中可发现地表 PPV 所对应的沉桩深度 L_{PPV} 在水平方向上不相等，即各测点达到最大振动影响时所对应的沉桩深度不同，图 4 初步显示为地表 L_{PPV} 随 R 增大而增大。Ekanayake 等[13] 的闭口管桩和肖勇杰等[9] 的开口管桩振动沉桩数值模拟也表明了地表 L_{PPV} 的存在。同时在王卫东等[2] 的现场测试结果中，地表 PPV 出现在底桩沉桩阶段，而不是后续的中桩和顶桩，这也说明了地表 L_{PPV} 的存在。

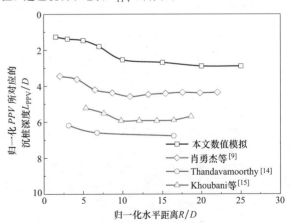

图 5　地表峰值质点速度所对应的沉桩深度曲线

Fig. 5　Penetration depths corresponding to the peak particle velocity at the ground surface

图 5 进一步给出了地表 L_{PPV} 随水平距离的变化曲线。可以看出，本文数值模拟的 L_{PPV} 在 $R=10D$ 范围内均大

于 1D，随 R 增大的趋势较明显，在（10～25）D 范围内变化很小。肖勇杰等[9] 的数值模拟结果也同样反映了地表 L_{PPV} 在 R＝10D 范围内随 R 增大而明显增大的趋势，在远场 L_{PPV} 也基本保持不变。因为工况不同，本文和肖勇杰等[9] 结果中的 L_{PPV} 数值大小没有可比性。如图 5 所示，锤击沉桩的现场实测[14] 和数值模拟[15] 结果也基本为地表 L_{PPV} 在距沉桩中心较近处随 R 明显增大，在较远处变化不明显。

2.3 土体内部测点的振动影响变化规律

图 6 给出了 R＝1.5D 处不同埋深测点的振动影响 V_L 随沉桩深度 L 的变化曲线，其中 V_L 的定义与 2.2 节相同。

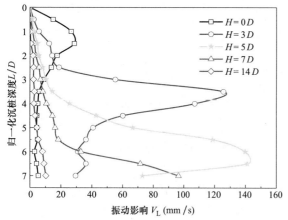

图 6 不同埋深的振动影响 V_L 随
沉桩深度的变化（R＝1.5D）

Fig. 6 Vibration effect V_L at different buried depth
with various penetrating depth (R＝1.5D)

可以发现，埋深 H＝3D 和 5D 处 V_L 的变化规律与地表相同。即先随着 L 增大而增大，达到峰值后逐渐减小。同时，埋深 H＝3D 和 5D 处测点的峰值显著大于地表，并与埋深呈正相关。对于 H＝7 和 14D 的测点，其 V_L 一直随着 L 增大而增大，没有出现峰值点，这种规律与桩端平面以上的测点不同。除此之外，如 3.1 节所述，H＝0D、3D 和 5D 处测点峰值实际上等于各测点的 PPV 值，可发现其相应的 L_{PPV} 随埋深增大而增大。至于 H＝7 和 14D 的测点，其 PPV 值大小等于 V_L 最大值，两者相应的 L_{PPV} 均为 7D。

图 7 同样给出了不同埋深土体的 L_{PPV} 在水平方向上的变化规律。可看出，土体内部的 L_{PPV} 变化规律与地表存在显著差异。对于 H＝3D 的土体而言，L_{PPV} 先在水平距离约 5D 范围内逐渐增大，随后减小至稳定值。对于埋深 H＝5D 的土体，L_{PPV} 先在水平距离小于 10D 范围内逐渐减小，随后达到稳定值。至于埋深 H＝7D 和 14D 的土体，L_{PPV} 在水平距离 15D 范围内基本等于 7D，随后逐渐减小。另外，在水平距离约 5D 范围内，桩端平面以上各测点的 L_{PPV} 均大于其埋深。表明当沉桩深度略大于这些测点埋深时，各测点的振动影响才达到最大值，体现出一定的滞后性。在水平距离约（10～25）D 范围内，桩端平面以上各测点的 L_{PPV} 均接近 3D。除此之外，结

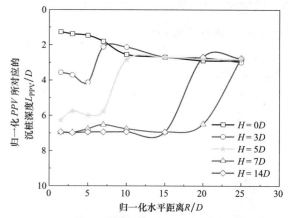

图 7 不同埋深峰值质点速度所对应的沉桩深度曲线

Fig. 7 Penetration depths corresponding to the peak
particle velocity at various depths

合图 6 可知，本文埋深（0～5）D 测点的振动影响均随着沉桩深度先增大后减小。

3 土体最大振动影响的空间分布

为进一步分析免共振沉桩对土体的内部振动影响，图 8 给出了沉桩深度为 7D 时各测点的最大振动影响在水平方向的变化规律，其中最大振动影响的量化指标为 PPV 值。可发现，不同埋深测点的 PPV 曲线在水平方向上均呈现快速衰减的特征，在水平距离 15D 外衰减至很小。在水平距离 15D 范围内，不同埋深测点的 PPV 存在差异，特别是水平距离 5D 范围内差异显著，且明显大于地表测点的 PPV 值。如在 R＝1.5D 处，埋深为 3D、5D 和 7D 的测点 PPV 远大于地表，埋深 14D 的测点 PPV 则小于地表。

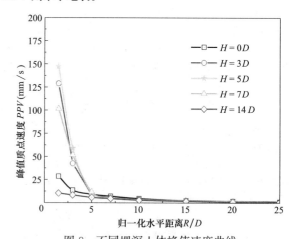

图 8 不同埋深土体峰值速度曲线

Fig. 8 Peak velocity curve of different buried depth

为更清晰地呈现土体最大振动影响的空间分布，图 9 给出了相应的 PPV 等值线云图。可以看到，距离沉桩中心越近，PPV 值越大，但随着空间距离的增大快速衰减。此外，地表水平距离 5D 范围内，PPV 等值线为闭合曲线，意味着从地表到土体深处，PPV 值先增后减。而在地表水平距离约 5D 范围外，PPV 等值线呈现为敞开曲

线，即从地表到土体深处，PPV 值一直减小。

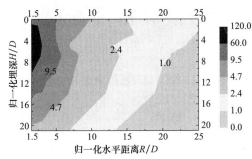

图 9　土体峰值速度的等值线云图

Fig. 9　Contour of peak velocity

打桩对建筑结构影响在时域范围内的容许振动值[12]

表 3

Allowable peak velocity in time domain on the
pile driving impact to building structures [12]

Table 3

建筑物类型	基础处容许振动速度峰值(mm/s)		
	1～10Hz	50Hz	33.3Hz
工业建筑和公共建筑	6.0	12.0	9.5
居住建筑	3.0	6.0	4.7
对振动敏感、具有保护价值和不能划归上述两类的建筑	1.5	3.0	2.4

注：33.3Hz 所对应的容许振动值由频率线性插值确定。

依据《建筑工程容许振动标准》GB 50868—2013[12]，当沉桩主频为 33.3Hz 时，由频率线性插值计算得到不同建筑物类型的基础处容许振动速度峰值。如表 3 所示，对于工业建筑和公共建筑，容许振动值为 9.5mm/s；对于居住建筑，容许振动值为 4.7mm/s；对于振动敏感、具有保护价值、不能划归上述两类的建筑，容许振动值为 2.4mm/s。将计算得到的容许振动值与 PPV 等值线云图（图 9）相结合，可用于评价免共振沉桩对周围土体的最大振动影响是否超过容许值，从而选择合理的施工距离。可以发现，9.5mm/s 的等值线属于闭合曲线，对于同一水平距离处，土体内部 PPV 值最大。这将导致免共振沉桩对工业建筑和公共建筑的内部水平影响距离大于地表。4.7mm/s 和 2.4mm/s 的等值线属于敞开曲线，对于同一水平距离处，基本可认为地表 PPV 值最大，即地表水平影响距离最大。据此可知，当免共振沉桩紧邻建（构）筑物，根据土体内部振动数据预测水平影响距离才更合理。

4　结论

本文采用 FLAC3D 软件模拟了均质饱和黏土地基中钢管桩的免共振沉桩过程，分析了土体中各测点的振动影响随沉桩深度的变化规律以及其最大振动影响的空间分布特征。主要得出以下结论：

（1）沉桩过程中，距沉桩中心（1.5～25）D 和深度（0～5）D 范围内任意一点土体的振动影响 V_L 均先随沉桩深度增大而增大，达到峰值后开始减小。

（2）在距沉桩中心和深度均小于 5D 的土体中，任意一点达到最大振动影响的沉桩深度 L_{PPV} 稍大于其埋深，即该点最大振动影响的出现滞后于沉桩深度到达该点埋深的时间。在距沉桩中心 5D 范围外，桩端平面以上各测点的 L_{PPV} 总体上较快趋近于 3D。

（3）PPV 等值线云图能较好用于评价各点最大振动影响的空间分布特征。在距桩轴线相同水平位置处，在 5D 范围内表现为内部大于地表，在 5D 范围外则地表更大。

若免共振沉桩紧邻建（构）筑物，建议对地表和土体内部均进行振动监测。土体中各点最大振动影响的空间分布特征也可能与施工参数和土体分层等有关，尚需进一步研究。

参考文献：

[1]　王进怀. 2. 7高频液压振动沉拔桩锤[C]// 中国土木工程学会土力学及基础工程学术委员会第四届联合年会. 张家界，1998：166-172.

[2]　王卫东，魏家斌，吴江斌，等. 高频免共振法沉桩对周围土体影响的现场测试与分析[J]. 建筑结构学报，2021，42（4）：131-138.

[3]　杨春柳. 钢管桩免共振施工对邻近地铁的振动影响试验研究[J]. 建筑施工，2018，40(9)：1655-1657.

[4]　李操，张孟喜，周蓉峰，等. 免共振沉桩原位试验研究[J]. 长江科学院院报，2020，37(9)：122-127.

[5]　王春晖. 免共振钢管桩施工对紧邻建筑物的影响[J]. 建筑科技，2020，4(2)：15-17.

[6]　宋健. 已建地铁盾构断面附近桩基础施工技术研究[J]. 公路，2020，65(10)：191-194.

[7]　魏家斌，王卫东，吴江斌. 免共振沉桩过程对地表振动影响的FLAC3D数值模拟[J]. 吉林大学学报(地球科学版)，2021，51(5)：1514-1522.

[8]　HENKE S, GRABE J. Numerical investigation of soil plugging inside open-ended piles with respect to the installation method[J]. Acta Geotechnica, 2008, 3：215-223.

[9]　肖勇杰，陈福全，林良庆. 灌注桩套管振动贯入引起的地面振动及隔振研究[J]. 岩土力学，2017，38(3)：705-713.

[10]　KUHLEMEYER R L, LYSMER J. Finite element method accuracy for wave propagation problems[J]. Journal of the Soil Mechanics and Foundations Division, 1973, 99 (5)：421-427.

[11]　ATHANASOPOLOUS G A, PELEKIS P C. Ground vibrations from sheetpile driving urban environment：measurements, analysis and effects on buildings and occupants [J]. Soil Dynamic and Earthquake Engineering, 2000, 19 (5)：371-387.

[12]　中华人民共和国住房和城乡建设部. 建筑工程容许振动标准：GB 50868—2013[S]. 北京：中国计划出版社，2013.

[13]　EKANAYAKE S D, LIYANAPATHIRANA D S, LEO C J. Influence zone around a closed-ended pile during vibratory driving[J]. Soil Dynamics and Earthquake Engineering, 2013, 53：26-36.

[14]　THANDAVAMOORTHY T. Piling in fine and medium sand—a case study of ground and pile vibration[J] Soil Dynamics and Earthquake Engineering, 2004, 24(4)：295-304.

[15]　KHOUBANI A, AHMADI M M. Numerical study of ground vibration due to impact pile driving[J]. Geotechnical Engineering, 2012, 167(1)：28-39.

新型组合式机械连接接头轴拉承载性能数值分析（Ⅰ）

陈可鹏[1, 2]，徐铨彪[1, 2]，干　钢[1, 2]

（1. 浙江大学平衡建筑研究中心，浙江 杭州 310000；2. 浙江大学建筑设计研究院有限公司，浙江 杭州 310000）

摘　要：基于 ABAQUS 有限元软件，模拟分析了新型卡箍加焊接组合式机械连接接头的轴拉承载性能。结果表明：组合式机械连接接头可满足钢绞线桩桩身轴拉荷载设计值的承载要求。卡箍在轴拉荷载作用下呈现内侧受拉、外侧受压，且受拉应力大于受压应力。卡箍沿径向的应力分布形状与理论公式一致，卡箍内侧应力理论计算值小于有限元值，卡箍外侧则相反。分析了卡箍截面尺寸、桩径对组合式机械连接接头的轴拉极限承载力影响，不同类型卡箍轴拉极限承载力为钢绞线桩桩身轴设计值的（2.2～3.2）倍，Ⅲ型卡箍较Ⅰ型卡箍轴拉承载性能提高约 16%。

关键词：预应力离心混凝土钢绞线桩；卡箍加焊接组合式机械连接；轴拉承载性能；数值分析

作者简介：陈可鹏（1989—　），男，博士生，主要从事建筑结构与岩土的工程及科研。Email：ckp@zuadr.com。

通讯作者：干钢（1964—），男，研究员，博士，主要从事建筑结构与岩土的工程及科研。E-mail：gang@zuadr.com

Numerical analysis on axial tension bearing capacity of a new type of combined mcchanical joint（Ⅰ）

CHEN Ke-peng[1, 2]，XU Quan-biao[1, 2]，GAN Gang[1, 2]

（1. The Architectural Design &. Research Institute of Zhejiang University Co.，Ltd.，Hangzhou Zhejiang 310028，China；
2. Center for Balance Architecture，Zhejiang University，Hangzhou Zhejiang 310028，China）

Abstract：Based on ABAQUS finite element software，the axial-tensile bearing performance of a new type of mechanical joint with hoop and welding is simulated and analyzed. The results show that the combined mechanical connection can meet the requirements of the design value of axial tension of steel strand pile. The hoop is under axial tension load，which is internal tension and external compression，and the tensile stress is greater than the compression stress. The stress distribution along the radial direction of the hoop is consistent with the theoretical formula，the stress formula value inside the hoop is less than the finite element value，while the outside of the hoop is opposite. The influence of the cross-section size and pile diameter of the clamp on the ultimate bearing capacity of the combined mechanical connection is analyzed. The ultimate bearing capacity of different types of clamps is 2. 2～3. 2 times of the design value of the steel strand pile. The type Ⅲ hoop is about 16% higher than the I-type hoop.

Key words：prestressed centrifugal concrete steel strand pile；combined mechanical connection of clamp and welding；axial tensile bearing capacity；numerical analysis

0　引言

预应力高强混凝土管桩是目前预制桩中最常用的类型，具有竖向承载力高、成桩质量可控、施工便捷、经济性好、环境污染小、抗裂耐腐蚀性能好等优点，是符合当前绿色建筑技术、建筑工业化要求的产品，在建筑领域得到广泛的应用。近年来，随着管桩的大量工程应用，暴露出其抗弯、抗剪性能较差，延性不足等缺点。许多国内外学者致力于改善管桩的力学性能，提出了一批新桩型、新工艺，从桩身构造、连接方式、施工工艺等各方面进行了大胆且合理的创新。干钢等[1] 构建了一种先张法预应力离心混凝土钢绞线桩（简称钢绞线桩），采用离心工艺生产，配置高强度、低松弛钢绞线作为主要受力筋或同时配置热轧带肋钢筋，在变形延性方面较先张法预应力混凝土管桩有明显提升。

预制桩段的连接接头是预制桩使用的一个较薄弱的环节，也是制约其大规模应用于抗浮工程的主要原因。传统管桩采用端板焊接的连接方式，由于现场焊接质量受气候因素、施工人员因素影响较大，且很多时候接桩的静停时间不足，导致接桩质量较差。

对于管桩而言，接头质量是影响其抗拔承载力发挥的最主要因素。目前，工程上使用的加强方式主要有两种：（1）采用加强的焊接接头[2]。即增加钢板条或在角部（方桩）预埋角钢、加厚套箍钢板，增加多条竖向焊缝来对焊接节点加强；（2）采用机械连接的方式[3]。常见的抱箍式机械连接通过三片约 120°的 U 形抱箍卡组成，机械连接卡上设置一定数量的高强六角螺钉用于连接。

针对机械连接接头的抗拔承载性能，国内学者也开展了一系列的研究。郭杨等[3] 通过理论分析和实例计算，表明抱箍式机械连接的抗拔性能优良。李海燕[4] 通过足尺试验，研究了端板材质和焊接质量对桩身抗拔承

基金项目：浙江大学平衡建筑研究中心自主立项科研项目（K 横 20203330C）。

载力的影响。张存丰[5]通过现场抗拔静载试验，验证了机械连接卡和焊缝组合连接节点在复杂地质情况下的有效性。安增军等[6]通过数值模拟，发现管桩抱箍式连接在轴拉荷载作用下六角螺钉会过早地进入屈服，导致部分失效。

本文作者依据钢绞线桩的构建特点，提出了一种卡箍加焊接组合式机械连接方式[7]。依据工程中常用的钢绞线桩尺寸，在前期进行的钢绞线桩（桩径500mm，采用Ⅲ型接头端板）足尺受拉性能试验的基础上，建立与GJX500-Ⅲ钢绞线桩配套的组合式机械连接接头的数值分析模型，考察接头各部位的应力分布状况与应力发展规律。

1 组合式机械连接方式及受拉内力分析

卡箍加焊接组合式机械连接接头由端板的凹字形卡槽和采用焊接的U形连接卡箍组成。U形卡箍由两片半圆形的特制卡箍构成，卡箍两端设有坡口。现场连接时，先将上下两节预制桩的端板垂直对齐，然后将两片半圆形的卡箍卡入端板的凹形卡槽内，如图1所示。卡箍安装完成后，两片卡箍之间采用全熔透对接焊缝进行现场焊接。组合式机械连接接头体现了机械连接和焊接连接各自的优点，机械连接传力简单，安装便捷，焊接连接时间较短，现场可调节能力强。

当桩身承受压力时，上、下桩的两块端板通过紧密的接触直接传递压力，卡箍基本不承受荷载；当桩身承受拉力时，卡箍开始发挥作用，通过与端板的正截面接触传递拉力。如图2所示，桩身受拉时卡箍主要存在两个关键的截面，即在1-1截面主要承受剪力和弯矩，2-2截面主要承受拉力和弯矩。在进行卡箍具体尺寸设计时，亦通过这两个关键截面的设计来保证卡箍的安全性。

(a) 桩身连接接头示意　　(b) 卡箍接头实物

图 1　组合式机械连接接头

Fig. 1　Schematic graph of combined mechanical joint

对于1-1截面的剪应力为：

$$\tau_1 = \frac{N}{\pi D_5 t_1} \leqslant f_v \tag{1}$$

其中，τ_1 为1-1断面的剪应力；N 为轴向拉力；D_5 为U形连接卡箍卡槽直径；t_1 为U形连接卡箍嵌入端板的厚度；f_v 为U形连接卡箍材料抗剪强度设计值。

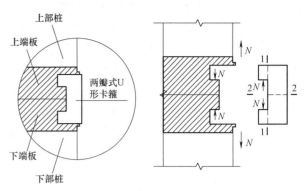

图 2　卡箍节点受力分析

Fig. 2　Force analysis of hoop joint

对于1-1截面的正应力为：

$$\sigma_1 = \frac{M_1}{W_1} = \frac{\frac{1}{2} q_1 t_3^2}{\frac{1}{6} t_1^2} = \frac{12 N t_3^2}{\pi (D_5^2 - D_4^2) t_3^2} \leqslant f_y \tag{2}$$

其中，σ_1 为1-1断面的正应力；M_1 为1-1断面的弯矩；W_1 为U形连接卡箍1-1截面的抗弯截面模量；t_3 为U形连接卡箍嵌入端板的长度；D_4 为U形连接卡箍内径；f_y 为U形连接卡箍材料抗拉强度设计值。

对于2-2截面的正应力：

$$\sigma_2 = \sigma_t \pm \sigma_m = \frac{4N}{\pi (D_6^2 - D_5^2)} \pm \frac{12 N t_2 t_3}{\pi (D_5^2 - D_4^2)(t_2 - t_3)^2} \leqslant f_y \tag{3}$$

其中，σ_2 为2-2断面的正应力截面的正应力；σ_t 为轴向拉力产生的正应力；σ_m 为2-2截面弯矩产生的正应力；t_2 为U形连接卡箍宽度；D_6 为U形连接卡箍外径。2-2截面承受拉力和弯矩荷载，卡箍外截面为正应力异号，内截面为正应力同号。各参数与卡箍对应关系如图3所示。

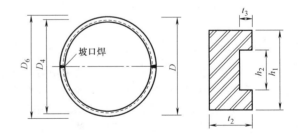

图 3　卡箍各部位参数

Fig. 3　Parameters of various parts of hoop joint

2 数值模拟

2.1 参数化建模方式

在U形卡箍机械式连接建模中，忽略了混凝土桩身的建模，主要对端板和卡箍进行分离式建模。建模装配时对卡箍、端板部件通过旋转、平移、阵列等方式进行组装。根据浙江省标图集《先张法预应力离心混凝土钢绞线桩》2020 浙 GT47 可知，试验卡箍尺寸受几何参数控制，为了提高不同尺寸卡箍的建模速度，采用了基于 Python 的参数化建模方式。Python 是 ABAQUS 二次开发的工具语言，可以代替 ABAQUS/CAE 实现前后处理操作。与其他参数化建模方式不同的是，基于 Python 的参数化建模不仅可以建立几何模型，还可以同时实现材料参数、构件相互作用、边界条件、荷载取值甚至网格划分的参数化。基于 Python 的参数化脚本如图 4 所示，数值模拟的几何尺寸与试验卡箍完全相同，如表 1 所示。

卡箍几何尺寸　　　　　表 1

Detailed dimension of hoop joint　Table 1

卡箍型号	D_4	D_5	D_6	t_1	t_2	t_3	h_1	h_2
PSC500-Ⅲ	444	464	504	17	30	10	68	34

图 4　基于 Python 的参数化脚本文件

Fig. 4　Parameterized script file based on Python

2.2　有限元模型及参数

组合式机械连接的上、下端板和卡箍均采用实体单元建模，采用 C3D8R 单元，材料为 Q345B 钢材，弹性模型 210GPa，泊松比 0.3，屈服强度为 345MPa。钢材本构模型为理想弹塑性本构模型，受拉极限承载力分析时不考虑钢材屈服后的强化。考虑全熔透坡口焊为等强连接节点，分析时将两片 180°的半圆形卡箍和焊缝合并，按照完整的 360°环形卡箍进行建模。上部桩端板与 U 形卡箍、下部桩端板与 U 形卡箍之间设置表面与表面接触，用于模拟卡箍与端板的受力传递，各接触对中均设置切向摩擦行为和法向硬接触行为。

卡箍和端板均采用六面体单元进行网格划分，在上端板上表面和下端板下表面圆心处设置参考点，建立参考点与表面的耦合关系，便于均匀地施加荷载。通过网格的敏感度分析，将卡箍网格尺寸设置为 2mm，端板网格设置为 5mm。完整的有限元模型如图 5 所示。

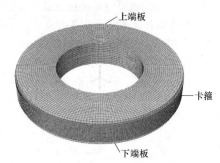

图 5　组合式机械节点有限元模型

Fig. 5　Finite element model of combined mechanical joint

3　数值模拟结果

3.1　组合式机械连接接头应力分析

根据试验结果[7]，组合式机械连接节点的试验极限抗拉荷载为大于 2500kN，与节点配套的预制桩桩身开裂拉力为 1507kN，桩身轴向受拉承载力设计值为 1829kN。在有限元模型中，选取以上三个轴拉荷载工况，绘制节点的卡箍和端板的应力云图，见图 6。图 6 仅取对称的一半结构显示，便于观察断面位置的应力。

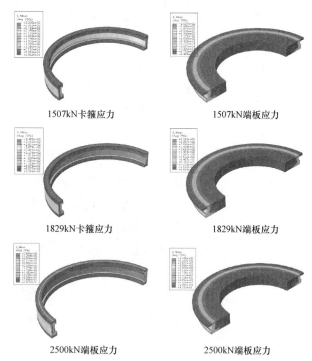

1507kN卡箍应力　　　　　1507kN端板应力

1829kN卡箍应力　　　　　1829kN端板应力

2500kN端板应力　　　　　2500kN端板应力

图 6　组合式机械连接节点有限元应力云图（MPa）

Fig. 6　Stress nephogram of finite element model of combined joint（MPa）

由图 6 可知，当荷载从 0 增加至 1507kN（桩身开裂拉力）时，卡箍和端板均保持在弹性阶段，且应力分布沿着柱坐标系对称。卡箍内折角和端板的端部由于应力集中造成应力值较其他部位更大。荷载继续增大至 1829kN 时，卡箍内折角应力达到屈服应力，卡箍的内侧边缘接近屈服状态，端板仍保持弹性状态。荷载达到试验的破坏荷载 2500kN 时，卡箍内边缘屈服范围进一步向外侧扩展，全截面约 1/5 进入塑性，端板角部也出现局部单元的屈服，此时组合式机械连接节点仍能继续承受轴向荷载。可见，目前卡箍设计能满足在设计工况下卡箍基本处于弹性阶段，并在桩身破坏时节点仍然具备继续承载的能力，能实现"等强连接"的要求。

3.2　U 形卡箍关键部位应力演化

为了更加细致地观察应力的发展规律，在模拟过程中，对组合式机械连接节点施加轴向拉力 2500kN，并提取卡箍关键节点部位的应力-荷载曲线。关键节点部位分布及在轴拉荷载 2500kN 作用下的截面应力图如图 7 所示。各关键节点随轴拉荷载增加的应力增长与演化过程如图 8 所示。

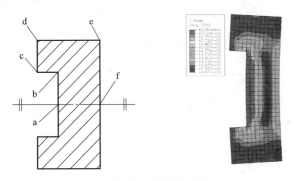

图 7　卡箍关键部位及其应力

Fig. 7　Critical parts and stress of hoop

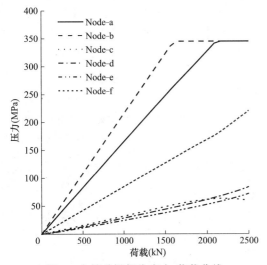

图 8　卡箍关键部位应力-荷载曲线

Fig. 8　Stress load curve of critical parts of hoop

从图 7 和图 8 可以看出，卡箍的应力分布呈现高度的对称性。随着轴拉荷载的逐渐增加，节点 b 位置的应力增长最快，该位置处于剪弯和拉弯荷载的交接位置且截面尺寸存在突变，应力集中效应明显，在轴向拉力约 1600kN 时最先达到屈服强度；卡箍对称轴的内侧节点 a 位置应力增长速度次之，在轴拉力约 2100kN 时达到钢材屈服强度；卡箍对称轴的外侧节点 f 位置应力增长速度慢于内侧节点 a 和 b，且在轴拉力达到峰值时仍处于弹性状态，应力值约 220MPa。其余节点位置的应力水平均较

低，峰值应力均小于 100MPa。

3.3　U 形卡箍应力径向分布

根据图 2 和公式（3）可知，卡箍受拉时 2-2 截面承受拉力和弯矩的共同作用。在有限元模型中，沿卡箍径向选取 2-2 截面路径上的单元并输出轴向应力 S22，将轴拉荷载 2500kN 下各单元应力值与无量纲化的节点位置共同绘制曲线如图 9 所示。由于积分点应力外推及方向应力与等效应力的转换，受拉方向的应力 S22 将出现略超过米塞思应力 345MPa 的情况。从图 9 可知，在受拉荷载作用下，卡箍应力呈现内侧受拉，外侧受压，且拉应力绝对值大于压应力绝对值，符合拉弯构件的应力分布情况。图 9 中，公式计算值为根据式（3）计算得到，与有限元计算值趋势一致，在卡箍内侧理论计算值小于有限元值，在外侧则相反。理论公式值与有限元数值偏差的原因是理论公式将三维受力简化为二维受力，并且没有考虑圣维南原理对端部应力的影响。

卡箍内侧局部区域应力在轴拉应力增大的情况下逐渐达到屈服强度，出现屈服平台段。考虑钢材为理想弹塑性材料，随着截面塑性程度的不断发展，轴拉荷载不再增大，中性轴不断靠卡箍外侧移动。在极限拉应力作用下，卡箍径向大部分区域仍处于弹性阶段，仅内侧约 1/8 长度进入受拉屈服。

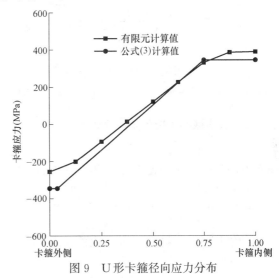

图 9　U 形卡箍径向应力分布

Fig. 9　Radial stress distribution of U-hoop

3.4　端板关键部位应力演化

为了更加细致地观察端板应力的发展规律，选取端板的 5 处关键节点部位，对组合式机械连接节点施加轴向拉力 2500kN，并提取端板关键节点部位的应力-荷载曲线。关键节点部位分布及在轴拉荷载 2500 kN 作用下的截面应力图如图 10 所示。各关键节点随轴拉荷载增加的应力增长与演化过程如图 11 所示。

从图 11 可以看出，上下端板的应力分布呈现明显的对称性。端板节点 b 位置处于截面尖端部位且承受轴向拉力时首先与卡箍发生相互作用，应力发展速度最快，在 2500kN 轴向荷载作用时正好达到材料屈服强度。端板节

点 b~d 位置应力水平均较低，节点 e 位置应力最小。

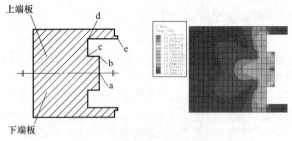

图 10　端板关键部位及应力

Fig. 10　Critical parts and stress of end plate

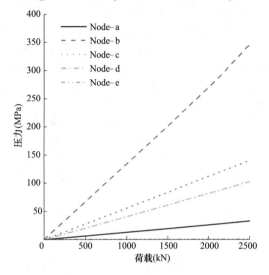

图 11　端板关键部位应力-荷载曲线

Fig. 11　Stress load curve of critical parts of end plate

3.5　组合式机械连接接头受拉承载力

对组合式机械连接接头进行位移加载，利用基于 Python 的参数化建模方式快速建立不同类型的卡箍分析模型，以研究不同尺寸、不同类型的组合式机械连接接头的轴拉承载力。不同尺寸和类型的组合式卡箍连接接头轴拉承载力如图 12 所示。随着桩基直径从 400mm 到 600mm 的增大，组合式机械连接节点的轴拉承载力从

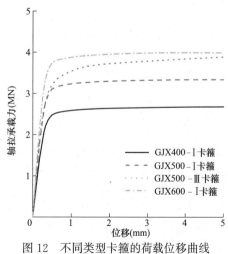

图 12　不同类型卡箍的荷载位移曲线

Fig. 12　Finite element model of hoop type mechanical joint

2.5MN 提高到 4MN，同时卡箍的刚度也随着直径增大而增大。相同直径不同卡箍类型，由于采用了加厚的端板尺寸 GJX500-Ⅲ型卡箍较 GJX500-Ⅰ型卡箍受轴承载力提高约 16%。将荷载位移曲线与试验的破坏轴向拉力[7] 进行对比可知，不同直径Ⅰ型卡箍的轴拉承载力为试验破坏拉力的 2.2~3.3 倍，Ⅲ型卡箍的极限轴拉承载力为试验破坏拉力的 1.5 倍，试验桩身破坏时，卡箍仍局部继续承载的能力。

4　结论

（1）根据有限元轴拉计算结果可知，卡箍加焊接的组合式机械连接节点可满足钢绞线桩桩身轴拉荷载设计值的承载要求。

（2）组合式机械连接接头主要通过端板与卡箍的接触传递轴拉力，卡箍承受拉力（或剪力）和弯矩的组合作用，应力呈现内侧受拉，外侧受压，且受拉应力大于受压应力。

（3）卡箍内折角位置 b、端板的外凸角位置 b 存在应力集中，在受轴向荷载时首先屈服。卡箍与端板应力分布呈现对称性，承受临界荷载时大部分位置处于弹性阶段。

（4）卡箍有限元应力沿径向分布形状与理论公式一致，但在卡箍内侧公式值小于有限元值，在外侧则相反。

（5）相同的断面形状，组合式机械连接节点随桩基直径从 400mm 到 600mm 的增大，极限受拉承载力从 2.5MN 提高到 4MN。Ⅰ型卡箍的轴拉承载力为试验破坏拉力的 2.2~3.3 倍，Ⅲ型卡箍的极限轴拉承载力为试验破坏拉力的 1.5 倍。同一桩基的配套卡箍，Ⅲ型卡箍较Ⅰ型卡箍轴拉承载力提高约 16%。

参考文献：

[1] 干钢，曾凯，俞晓东，等. 先张法预应力离心混凝土钢绞线桩的构建及试验验证[J]. 混凝土与水泥制品，2019(3)：35-39.

[2] 李伟兴，万月荣，刘庆斌. 世博会主题馆抗拔 PHC 管桩新型连接的计算分析及试验研究[J]. 建筑结构学报，2010，31(5)：86-94.

[3] 郭杨，崔伟，陈芳斌，等. 一种抱箍式连接 PHC 抗拔管桩的计算分析和试验研究[J]. 岩土工程学报，2013，35(S2)：1007-1010.

[4] 李海燕. PHC 桩接头试验研究[C]//土木工程新材料、新技术及其工程应用交流会论文集（下册）. 中冶建筑研究总院有限公司，2019.

[5] 张存丰. 机械连接卡和焊接组合连接法在抗拔管桩工程中的应用[J]. 住宅与房地产，2019(15)：219-220.

[6] 安增军，贺武斌，刘佳龙，等. PHC 管桩抱箍式机械连接轴拉承载性能数值分析[J]. 混凝土与水泥制品，2021(2)：44-48.

[7] 干钢，曾凯，俞晓东，等. 先张法预应力离心混凝土钢绞线桩及其机械连接接头的抗拉性能试验研究[J]. 建筑结构，2021，51(3)：115-120+114.

考虑桩-土-结构共同作用的离心机基础振动分析与验证

邵剑文[*]，张　凯，陈　赟，肖志斌

（浙江大学建筑设计研究院有限公司，浙江 杭州 310028）

摘　要：在动态土工离心机分析中，对离心机基础的振动控制对模型试验的准确性有重要影响。本文中进行了一系列的分析，研究了某离心机基础的振动特性。首先，针对某土工离心机桩基及结构，通过 ABAQUS 有限元分析软件，采用无限元边界耦合有限元方法建立了能够考虑结构-桩-土共同作用的三维有限元模型，在该模型中通过时程分析，得到了基础在不同激励频率下水平向稳态加速度及位移响应。之后根据动态离心机模型测试试验结果，处理后得到不同输入简谐激励作用下离心机基础的频率幅值响应。将计算结果与试验结果进行对比分析后，结果表明，文中采用的整体计算方法，能够保证简谐激励系统基础频谱分析计算达到令人满意的精度，验证了该方法的合理性与正确性。

关键词：桩基；动力特性；数值模拟

作者简介：邵剑文（1978—　），男，正高级工程师，工学博士，主要从事建筑结构设计与研究。E-mail：shaojw@ gmail.com。

Vibration analysis and validation on the centrifuge foundation considering pile-soil-structure interaction

SHAO Jian-wen，ZHANG Kai，CHEN Yun，XIAO Zhi-bin

（Architectural Design and Research Institute of Zhejiang University，Hangzhou Zhejiang 310028，China）

Abstract：In the dynamic geotechnical centrifugal machine analysis，the vibration control of the centrifugal foundation has an important influence on the accuracy of the model test. In this paper，a series of analysis was performed and the vibration characteristics of a certain centrifuge foundation are studied. Firstly，for the pile foundation and structure of the geo-centrifuge，through the ABAQUS finite-element analysis software，a three-dimensional finite element model is established using the infinite element boundary coupling finite element method that can consider the pile-soil-structure interaction. With time-history analysis in this model，the steady acceleration and displacement response of the foundation at different excitation frequencies are obtained. According to the test results of the dynamic centrifuge model，the frequency amplitude response of the centrifuge foundation under different input harmonic excitation was obtained. After comparing the calculation results with the test results，the calculation method adopted can ensure the satisfactory accuracy of the simple harmonic excitation system and verify the rationality and correctness of the method.

Key words：pile foundation；dynamic characteristics；numerical simulation

0　引言

结构、基础和地基土之间的动力相互作用称为土-结构相互作用（Soil Structure Interaction，SSI）[1]。大量的理论分析和模拟试验表明[2-7]，考虑土-结构动力相互作用后，一般情况下体系的基本周期延长，阻尼增加。土-结构动力相互作用研究方法可分为两类：一是计算分析方法，二是试验模拟方法。而计算分析方法可归纳为三类：集总参数法、子结构法和整体分析方法。常用的整体分析方法有：有限元法、边界元法和混合元法。桩基是应用广泛的一种深基础形式，在动力机器基础工程中起到重要作用。桩-土动力相互作用理论分析模型可以分为简化模型和有限元模型两类[8-10]。简化模型是主要采用质量-阻尼-弹簧体系表示桩、土体以及上部结构，难以处理形式复杂的桩-土结构体系。而整体分析模型是将上部结构，桩和土体作为一个整体进行分析，一次得到地基、基础和结构的动力反应在桩-土-结构相互作用分析中应用广泛。采用有限元进行整体分析时为了模拟无限域土体，需要设置合适的人工边界。

Genes 和 Kocak[11] 运用有限元、边界元和比例边界有限元三种混合方法，研究层状地基上结构的稳态振动。刘晶波等[12] 提出波动问题的时域三维黏弹性人工边界可以较好地模拟半无限地基的辐射阻尼，也能模拟远场介质的弹性恢复性能，并在大型动力机器基础的动力计算中进行了应用研究。蒋东旗和谢定义[13] 通过研究表明，动力机器基础的数值方法在合理的参数和边界条件下，正确设定材料阻尼后，能够得到合理、可信的结果。

本文采用无限元边界耦合有限元方法建立三维有限元模型，针对杭州城西某软土地基上的大型土工离心机机室结构与桩基进行动力分析，获得了该离心机结构在简谐激励作用下的动力特性，对比现场试验结果，对计算结果进行了验证。

1　某离心机基础实例分析

1.1　工程概况

某大型离心机实验室由浙江大学建筑设计研究院有限公司设计于 2008 年。离心机机室平面尺寸为长 15.70m

（X 向），宽 11.90m（Y 向），机室埋深 9.300m，底板厚 1200mm，局部安放大型驱动电动机处下凹 1500mm，离心机圆形机室墙厚 1000mm，普通地下室墙厚 500mm。机室分为两层，高 9.300m，上层为试验舱室，下层为机械舱室，试验舱室顶板（一层板）厚 400mm，机械舱室顶板（负一层）厚 600mm，其中离心机机器质量为 50t。基础采用钻孔灌注桩，桩径分别为 600mm 和 1000mm。离心试验机机室剖面如图 1 所示。该项目建于杭州城西某软土场地之上，场地土层主要分为淤泥土、粉质黏土、黏土、圆砾四个层，各个土层厚度及计算参数见表 1。对于桩基，600mm 直径桩持力层为黏土，1000mm 直径桩持力层为圆砾。

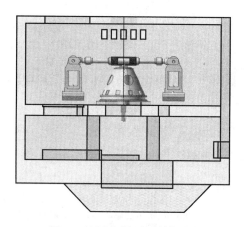

图 1 离心试验机机室剖面图

Fig. 1 Schematic diagram of the structure for the centrifuge

某离心试验机机室地基土参数表 表 1

Soil parameter of the centrifuge structurefor the centrifuge Table 1

土层	名称	厚度 (m)	顶埋深 (m)	泊松比	密度 (g/cm³)	剪切波速 (m/s)
1	淤泥土	18.0	0.0	0.48	1.75	103
2	粉质黏土	16.3	18.0	0.35	1.95	210
3	黏土	9.0	34.3	0.4	1.9	200
4	圆砾	6.7	43.3	0.25	1.98	311

1.2 参数设置

一般地，离心机正常工作所要求的条件较高，在不平衡力作用下地基土的应变幅值多数小于 10^{-4} 量级，这一应力水平保证了土处于弹性工作，可以在离心机基础振动分析中将地基土视为处于小变形状态下的完全弹性体[14,15]。对于处于小应变条件下的土体，根据弹性力学公式可得各个土层材料的动剪切模量 G 与动弹性模量 E，可由下式计算得到：

$$G = \rho V_s^2 \tag{1}$$

$$E = 2(1+\nu)G \tag{2}$$

其中，ρ 为土体密度；V_s 为土体剪切波速；ν 为土体材料的泊松比。

将表 1 中的各土层动力参数带入式（1）和式（2），可以得到各个土层的动模量。

对于离心机机室结构和桩基中的混凝土材料按照线弹性模型计算，动弹性模量为 30GPa，泊松比 0.2，密度为 2.5g/cm³。

计算模型中除了各材料的质量与动模量外，材料的阻尼系数在动力分析中也起到关键作用，本文中土体采用瑞利阻尼进行计算和分析。

根据 Hudson 等[16] 提出的瑞利阻尼系数计算方法：

$$\alpha = 2\zeta \frac{\omega_1 \omega_2}{\omega_1 + \omega_2} \tag{3}$$

$$\beta = 2\zeta \frac{1}{\omega_1 + \omega_2} \tag{4}$$

式中，ω_1 表示模型的基频（rad/s）；ω_2 为土体第 3 阶频率[17,18]（rad/s）；ζ 为土体的阻尼比取为 0.05；

按式（3）和式（4）计算，采用数值方法计算地基土体与结构各自的自振频率后可得到各层土体及结构中的混凝土材料的瑞利阻尼比系数列于表 2 中。

各材料阻尼系数 表 2

Damping coefficient of each material

Table 2

土层	名称	$\alpha(s)$	$\beta(s)$
s1	淤泥土	0.279	0.0089
s2	粉质黏土	0.279	0.0089
s3	黏土	0.279	0.0089
s4	圆砾	0.279	0.0089
—	混凝土	3.541	0.00065

1.3 模型建立

某离心试验机设备基础（机室）-地基整体有限元模型中，采用 C3D8R 八节点实体单元（局部 C3D10 实体单元）来模拟机室墙体和楼板；分层土均采用 C3D8R 八节点实体单元模拟，各土层的弹性模量、阻尼等参数依照上一节参数设置；分层土与主机室四周墙体连接采用直接耦合；分层土四周采用 CIN3D8 八节点实体无限单元作为边界，模拟振动波在边界上至无限元的响应，避免动力计算时边界反射；主机室底板下采用 B31 梁单元同时考虑梁剪切变形来模拟桩基，桩基四周土体按实际情况建模，土体与桩基之间采用直接耦合，以模拟桩土的相互作用。在小应变情况下模型中不考虑结构与土体以及桩基与土体的脱离、滑移[19]。无限元方法是无限剖分的思想与有限元方法的结合，该方法可以克服有限元法在计算开域问题必须强加截断边界条件的困难[20]，模拟无限地基影响，完成桩-土-结构共同动力作用的分析。整体模型、机室及桩基模型见图 2。有限元模型中采用单元、边界条件和耦合条件见表 3。

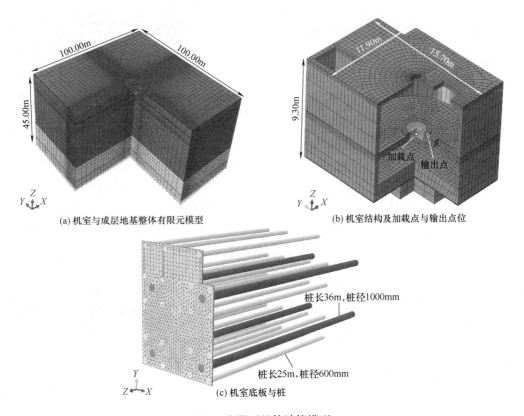

图 2　有限元整体计算模型

Fig. 2　The FE-IFE model

计算模型采用的单元、边界条件
及耦合条件　　　　　表 3

Elements, boundary conditions
and coupling　　Table 3

conditions used in the FE-IFE analysis

项目	条件	备注
模型总尺寸	长×宽×深= 100m×100m×50m	不含无限单元
主机室混凝土墙	C3D8R(C3D10)实体单元	
成层地基	C3D8R(C3D10)实体单元	
成层地基水平边界	CIN3D8 无限实体单元	
成层地基与机室墙体连接	结点耦合	不考虑两者接触问题
桩	B31 梁单元	考虑横向剪切变形
成层地基底部边界	固定	
桩与成层地基	* Embedded	不考虑桩-土接触问题
离心机质量	惯性质量单元	
总单元数	约 32 万	
总自由度数	约 227 万	

1.4　时程计算分析

为充分考虑离心机在各工作频率下机室结构的动力响应，本节对整体模型进行时域振动的计算分析，通过模拟离心机在不同离心加速度下匀速旋转的振动作用，考察整体模型中主机室结构两个水平方向的加速度与位移时程响应。

时程分析中激振力采用在离心机电机固定位置图 2（b）施加简谐激励荷载，将试验离心机的离心力作为该激励力的幅值，方向为两个水平向（X、Y 向）同时加载，激励荷载设置为：

$$F_x = F_0 \cdot \sin(\omega t) \qquad (5)$$
$$F_y = F_0 \cdot \cos(\omega t) \qquad (6)$$

式中，F_x 和 F_y 分别为 X 向和 Y 向激励力函数（kN）；F_0 为试验离心力（kN）；ω 为离心试验机转速角速度（rad/s）。

动力时程分析时考虑在简谐激励作用下，机室结构与基础 4s 内的加速度及位移响应，在频率区段 1～10Hz 内，设置 20 组数值试验（包含离心机测试试验中的 6 组），时程波时间间隔 0.02s，总加载时间 4.0s。取离心力幅值 F_0 为 1kN，进行 20 组计算后，根据机室结构的响应数据，可以得到离心机基础及结构两个水平向的位移频谱曲线如图 3 所示。从图 3（a）中可以得到，在保持激励荷载幅值一定的条件下，X 方向上离心机基础的位移幅值响在低频段（1～2Hz 内）较大，整个频率段内先上升，在频率 1.420Hz 附近位移响应幅值达到最大，随后逐渐减小，工作频率超过 3Hz 之后，离心机基础位移幅值较最大幅值减低 50% 以上。在 Y 方向上，图 3（b）显示：离心机基础两个方向的位移幅值频谱曲线的变化趋势一致，同样可以确定该方向最大位移响应幅值位于 1.420Hz 附近，且该值略大于 X 向最大值。

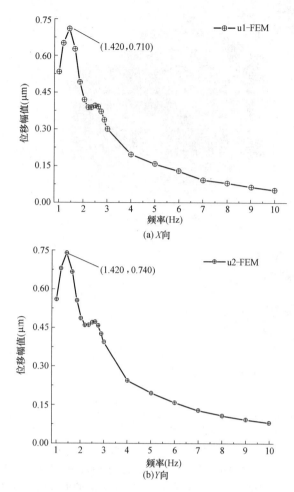

(a) X 向

(b) Y 向

图 3 整体模型输出点的位移时程响应

Fig. 3 Displacement time-history response of the output point in the FE-IFE model

2 测试试验结果

2.1 试验设置

对某离心试验机机室进行不平衡质量作用下的现场测试，选取不同的离心加速度，对应不同的运转频率，同时放置不同的不平衡质量块，分为 20kg、40kg 和 60kg 三组试验，每组采用 IEPE 加速度传感器对测点在 25g、50g、75g、100g、125g、150g 六个离心加速度工况下的离心机基础加速度响应。

由于离心加速度与转速的物理关系如下式：

$$\alpha = \omega^2 R \tag{7}$$

式中，α 为离心加速度（g）；ω 为离心试验机转速角速度（rad/s）；R 为转轴半径（m），本项目为 4.5m。

2.2 数据处理

以不平衡质量 20kg，离心加速度 150g 工况为例，其实测加速度时程如图 5（a）所示，对该时程进行快速傅里叶（FFT）转换，将时域信号转化为频域信号，得到加速度频谱响应见图 5（b）。可见其响应信号主要集中在激励

图 4 离心机试验装置与测量点位

Fig. 4 Centrifuge test device and measuring point

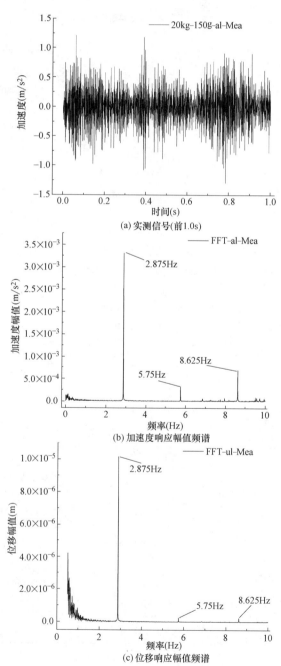

(a) 实测信号（前 1.0s）

(b) 加速度响应幅值频谱

(c) 位移响应幅值频谱

图 5 不平衡质量 20kg，离心加速度 150g 下加速度实测时程及响应

Fig. 5 Measured time-history response at a centrifugal acceleration of 150g and unbalanced quality of 20kg

力频率附近，为 2.875Hz，其余的主要响应频率集中在激励力的倍频上，这是符合波的传播理论和信号处理理论的。由于计算中并不能考虑倍频的作用，转化后的激励力频率对应的响应最大幅值即是该频率激励力的稳态响应幅值。

由于正弦周期信号的稳态位移幅值与加速度幅值之间的关系满足下式：

$$U = A/\omega^2 \tag{8}$$

其中，U 为位移响应幅值；A 为加速度响应幅值；ω 为离心试验机转速角速度。

按式（8）对相应的加速度谱进行转换，得到不平衡质量 20kg，离心加速度 150g 时的位移幅值见图 5（c）。按不同的离心加速度分别统计其转速得到理论工作频率，汇总试验测试点的试验工作频率如表 4 所示。由图 5 中各条曲线结合表 4 的汇总数据，可以得到：（1）在现场试验中，离心机基础加速度与位移的峰值响应频率与输入离心机工作频率极为接近，误差最大 3.1%，可以将响应峰值频率作为实际激励荷载的工作频率；（2）离心机基础的倍频响应幅值均较小。

离心机工作频率表　　　表 4

The centrifugal acceleration

corresponds to the frequency　Table 4

离心加速度 $a(g)$	理论转速 n（r/min）	理论工作频率（Hz）	试验峰值响应频率（Hz）	误差（%）
25	71	1.186	1.175	−1.1
50	101	1.678	1.658	−2
75	123	2.055	2.033	−2.2
100	142	2.373	2.35	−2.3
125	159	2.653	2.625	−2.8
150	174	2.906	2.875	−3.1

3　计算结果与试验结果的对比

（1）加速度幅值

对各个不同的测试组加速度信号按上一节的方式进行处理，可以得到各个运行加速度和不平衡质量下的加速度响应幅值，各组不平衡质量下的 X、Y 向加速度响应幅值以及整体模型中的计算响应幅值统计如图 6 所示。

由实测的加速度幅值和计算加速度幅值比较可知，各个不平衡质量下的实测加速度幅值与计算加速度幅值趋势吻合，均随着离心加速度（工作频率）增加而上升，两者加速度幅值差值较小，除个别点外计算值均大于相应的实测值，结算结果偏于安全。

（2）位移幅值

同样地，对各个不同的测试组加速度信号按上述方式进行处理，可以得到各个运行加速度和不平衡质量下的位移响应幅值，各组不平衡质量下的 X、Y 向位移响应

幅值以及整体有限元模型中的计算响应幅值统计如图 7 所示。

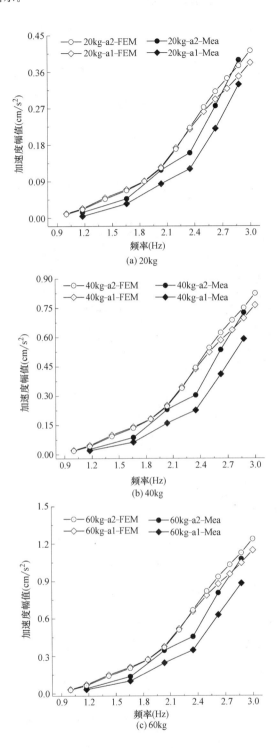

图 6　各组不平衡质量下加速度幅值的频谱响应

Fig. 6　Spectrum response to the acceleration amplitude for each group of unbalanced quality

由实测的位移幅值和计算位移幅值比较可知，各个不平衡质量下的实测位移幅值与计算位移幅值趋势吻合，差值较小，除个别点外，计算值均大于相应的实测值，结算结果偏于安全。

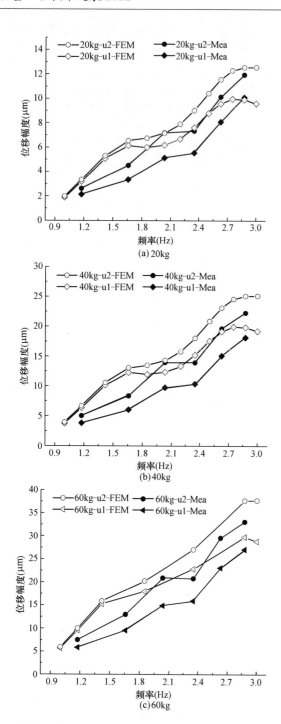

图 7 各组不平衡质量下位移幅值的频谱响应

Fig. 7 Spectrum response to the displacement amplitude for each group of unbalanced quality

4 结论

本文采用无限元边界耦合有限元的方法建立桩-土-机室结构三维模型，通过数值模拟分析对照试验测试结果分析了某离心机基础的简谐激励体系下的振动特性。主要得出以下结论：

（1）本文采用的整体有限元分析法计算结果经现场实验验证，正确、合理，精度能够满足工程需求。

（2）对于研究的离心机基础，由于周边均为软弱土，考虑桩-土-结构共同作用后离心机基础水平向自振频率较低（1.42Hz），处在离心试验机的工作频率范围内，无法避开工作频率，但其振动响应在试验装置允许的振动幅值范围内。

（3）试验离心机工作时，在工作频率区段（1～3Hz），相同不平衡质量下，离心机基础响应幅值（加速度和位移）随离心加速度增加而增加。

（4）由于试验条件所限，相对数值模型，时程测试分组较少，超出测试频率区段，响应曲线走势不明，需增加测试分组；但由于该试验机的工作频率在 0～2.906Hz，故超出测试频率段的响应对离心机试验影响较小。

（5）另外对于离心机基础竖向振动的振动响应需进一步研究。

参考文献：

[1] 瓦尔夫. 土-结构动力相互作用［M］. 北京：地震出版社. 1989.

[2] 李永梅，孙国富，王松涛，等. 桩-土-杆系结构的动力相互作用［J］. 建筑结构学报，2002(1)：75-8.

[3] 王凤霞，何政，欧进萍. 桩-土-结构动力相互作用的线弹性地震反应分析［J］. 世界地震工程，2003(2)：58-66.

[4] 陈波，吕西林，李培振，等. 均匀土-桩基-结构相互作用体系的计算分析［J］. 地震工程与工程振动，2002(3)：92-100.

[5] 薛素铎，刘毅，李雄彦. 土-结构动力相互作用研究若干问题综述［J］. 世界地震工程，2013，29(2)：1-9.

[6] 陶磊，张俊发，陈厚群. 考虑土-结构动力相互作用的冷却塔地震响应分析［J］. 振动与冲击，2016，35(23)：80-89.

[7] HU Qi，ZHANG Kai，SHAO Jian-wen，et al. Dynamic characteristics of a large horizontal rotating machine foundation considering soil structure interaction［J］. Scientific Bulletin：Series D，2020，82(3)：153-166.

[8] 肖晓春，迟世春，林皋，等. 地震荷载下桩土相互作用简化计算方法及参数分析［J］. 大连理工大学学报，2002(6)：719-723.

[9] 肖晓春，迟世春，林皋. 水平地震下土-桩-结构相互作用简化分析方法［J］. 哈尔滨工业大学学报，2003(5)：561-564.

[10] 刘立平. 水平地震作用下桩-土-上部结构弹塑性动力相互作用分析［D］. 重庆：重庆大学，2004.

[11] GENES M. C.，KOCAK S. Dynamic soil-structure interaction analysis of layered unbounded media via a coupled finite element/boundary element/scaled boundary finite element model［J］. International Journal for Numerical Method in Engineering，2005，62(06)：798-823.

[12] 刘晶波，王振宇，杜修力 等. 波动问题中的三维时域粘弹性人工边界［J］. 工程力学，2005，22(6)：46-51.

[13] 蒋东旗，谢定义. 动力机器基础设计的数值方法研究［J］. 土木工程学报，2002，35(1)：74-78.

[14] 张迪民，王杰贤，王慧贤. 论机器基础的地基刚度及自振频率［J］. 固体力学学报，1983(2)：299-308.

[15] 王幼青，张克绪，朱腾明. 动力机器基础与地基体系分析［J］. 哈尔滨建筑大学学报，1999，32(3)：43-47.

[16] HUDSON M.，IDRISS I.，BEIKAE M. User's Manual for QUAD4M：a computer program to evaluate the seismic

response of soil structures using finite element procedures and incorporating a compliant base[R]. University of California, Davis, US, 1994.

[17] KWOK A. O. L., STEWART J. P., HASHASH Y. M. A. et al. Use of Exact Solutions of Wave Propagation Problems to Guide Implementation of Nonlinear Seismic Ground Response Analysis Procedures [J]. Journal of Geotechnical and Geoenvironmental Engineering, 2007, 133(11): 1385-1398.

[18] 孙强强, 薄景山, 彭达, 蒋晓涵. 瑞利阻尼矩阵对深厚场地地震反应的影响分析[J]. 地震工程学报, 2017, 39 (4): 713-718.

[19] WU W. B., WANG K. H., ZHANG Z. Q., et al. Soil-pile interaction in the pile vertical vibration considering true three-dimensional wave effect of soil[J]. International Journal for Numerical and Analytical Methods in Geomechanics, 2013, 37(17): 2860-2876.

[20] 蒋鸿林. 无限元方法及其应用[D]. 西安: 西安电子科技大学, 2005.

人工填海场地复杂地层成桩技术案例分析

秋仁东，高文生，迟铃泉，冯　彬，朱春明，任鑫健，孟佳晖

（中国建筑科学研究院地基基础研究所，北京 100013）

摘　要：随着城市化建设的快速发展，沿海城市的土地资源日益匮乏，许多沿海城市地区逐渐开始通过围海造地来增加土地资源，填海材料多采用周围开山的碎石以及城市开发产生的建筑垃圾，大块石填海工程场地越来越多，该类型场地成桩工艺复杂多样，桩基质量事故频发。本文通过 4 个工程案例，分别介绍了不同的成桩技术在人工填海场地复杂地层中的应用情况。通过工程实践，证明了这几种工艺的可行性及实用性，对今后类似工程具有较好的借鉴作用。

关键词：填海场地；复杂地层；成桩技术

作者简介：秋仁东（1981—　），男，正高级工程师，博士，主要从事地基基础领域的科研、设计、咨询与施工管理方面的工作。E-mail：qiurend@163.com。

Case analysis on piling technology in complex stratum of artificial reclamation site

QIU Ren-dong，GAO Wen-sheng，CHI Ling quan，FENG Bin，ZHU Chun-ming，REN Xin-jian，MENG Jia-hui

（Institute of Foundation Engineering，China Academy of Building Research，Beijing 100013，China）

Abstract：With the rapid development of urbanization，land resources in coastal cities are becoming increasingly scarce. Many coastal cities gradually begin to expand land resources by reclaiming land from the sea. The materials in reclamation are mostly gravels from surrounding mountains and construction wastes from urban development. There are more and more sites of block stone reclamation projects，this type of sites is complex and diverse in piling technology and accidents in pile foundation quality occur frequently. This paper introduces the applications of different piling technologies in the complex stratum of artificial reclamation sites through four engineering examples. The feasibility and practicability of these techniques are proved through engineering practice，which can prove a good reference for similar projects in the future.

Key words：reclamation site；complex stratum；piling technology

0　引言

随着我国的经济建设飞跃式的发展，土地资源也变得越来越紧缺，尤其是像沿海城市，土地资源已成为阻碍城市发展的一个重要因素。因此，许多沿海城市地区逐渐开始通过围海造地来增加土地资源，但由于地基条件复杂，人工填海场地复杂地层场地，多数建筑选择桩基础，对桩基础施工技术提出了越来越高的要求，桩基础施工技术直接关系到工程的质量，如果桩基施工技术不合理，会对人民的财产、生命安全造成巨大威胁。因此，对于人工填海复杂地层条件下的成桩技术选择十分重要，选择适宜的桩基施工技术具有极其重要的现实意义[1-4]。本文结合人工填海复杂地层场地上的 4 个桩基工程，对相关桩基工程施工技术进行了梳理研究，仅供参考。

1　人工填海复杂地层成桩技术难点

（1）块石回填地质条件差，沉降期短，结构松散，土层渗透系数大，无法进行有效泥浆护壁，且土层稳定性差，孔壁稳定性难以保证，清孔困难，需选用合理的护壁措施。

（2）土层块石含量大，且回填段存在大粒径石块，灌注桩施工时易引起钻进不进尺、孔倾斜偏移、发生卡钻等问题。

（3）块石回填地质条件下，旋挖过程中钻头的磨损率较高，钻齿更换的频率对施工效率影响大。

（4）桩身垂直度控制要求高，成孔过程中，采取有效的垂直度控制措施，确保钢筋笼的顺利吊装和邻桩的正常施工，是保证桩身垂直度的关键。

（5）与海水临近连通，对混凝土灌注工艺要求高，受潮汐的影响极易出现桩孔漏浆、塌孔和扩径现象且不易处理。

（6）预制桩采用重锤夯击强行穿越含块石填方，不仅桩的破损率高，而且桩穿越概率极低。

2　工程案例

2.1　潜孔锤微型钢管桩（案例1）

（1）工程概况

某建筑物基础室内加固工程，建设场地为新近围堤填海场地，围堤填海自 2011 年开始，约在 2013 年完成。填海主要采用抛填方式，以细粒土及石块为主。通过对建筑物变形监测及场地土体深层水平及竖向位移进行监测，结果表明现阶段建筑地基固结尚未完成，需要在室内对

建筑物进行基础加固。

（2）地层条件

建设场地原地貌单元属近岸海域水下岸坡，经人工填海整平后形成人工海岸带。根据补勘钻探揭露，场地地层分布自上而下为：

①层人工填土：黄褐色—杂色，稍湿—很湿，松散—稍密，局部中密，主要由黏性土、块石、少量建筑垃圾等人工填海材料组成。块石最大粒径超过1m，回填距勘察时间约5年。本层在场地内分布广泛分布，每个钻孔均揭露本层，本层一般厚度在20～25m，有的钻孔揭露本层最大厚度在27.0m左右。

②层淤泥：灰褐色，很湿，流塑，含水量较大，包含物有海底贝类、植物根等，局部掺杂砂性填土。据勘探揭露的情况分析，本层在场地内分布均匀，每个钻孔均有揭露，一般淤泥层揭露厚度在0.6～1.9m，20个钻孔中仅有3个钻孔揭露淤泥层较厚，分别为11.3m、6.2m、3.5m，主要是前期填海挤淤形成。本层土为高压缩性土。

③层淤泥质黏土：灰褐—黄褐色，很湿，流塑—可塑，有机质含量在5%～10%，孔隙比e在0.83～1.61，平均值1.325，个别土样孔隙比大于1.5，含粉质黏土③₁透镜体、粉质黏土混碎石③₂透镜体和细砂③₃透镜体。本层在场地内广泛分布，本次钻探钻孔均揭露本层，揭露本层厚度在0.5～13.6m。勘探在本层完成标准贯入试验19次，最大值12，最小值3，平均值4.9。本层土为高压缩性土。

③₁层粉质黏土：黄褐色，很湿，可塑，无摇振反应，干强度、韧性中等。本层在场地内均匀分布。

③₂层粉质黏土混碎石：黄褐色，很湿，中密，碎石含量约15%。

③₃层细砂：黄褐色，很湿，中密，主要矿物成分为石英、长石和云母。

④层全风化板岩：黄褐—杂色，结构基本破坏，岩芯十分破碎，可见原岩层状结构，手可掰断，多呈土状和碎屑状。勘探揭露厚度在0.6～3.4m。

⑤层强风化板岩：黄褐色—浅灰色，岩芯较破碎，呈碎块状，节理裂隙十分发育。局部夹强风化辉绿岩⑤₁透镜体。勘探揭露厚度在0.3～9.0m。

⑥层中风化板岩：浅灰色，变余泥质结构，板状构造，岩芯多成柱状或块状，节理裂隙较发育。局部夹中风化辉绿岩⑥₁透镜体（灰绿色，辉绿结构，块状构造）。勘探未钻穿本层，最大揭露厚度在1.7m。

勘探期间，观测到地下水水位深度在3.0～4.2m，地下水水位标高在−0.40～1.30m之间；赋存于基岩裂隙中的基岩裂隙水，属弱富水，补给来源为大气降水。场地地下水与海水联系密切，地下水受海水潮汐影响较大。

（3）施工工艺

微型钢管桩采用直径ϕ180mm钢管，桩端深入中风化基岩（板岩或辉绿岩层）1m，试验桩位置剖面图如图1所示。

成桩设备采用潜孔钻机，如图2所示，高度小于2.5m，尺寸不大于1.5m×2.0m，配备23m³/h的空压机，压力2.0MPa，可在室内进行操作。潜孔钻机钻头采

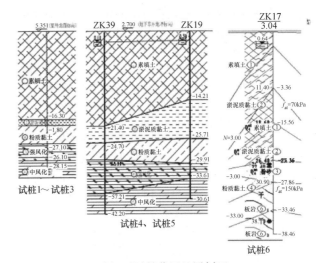

图1　试桩位置地层剖面

Fig. 1　Geological profile of test pile

图2　潜孔钻机设备

Fig. 2　Down the hole drill

用偏心钻具，钻杆直径ϕ89mm，单根长度1.07m。

钢管采用外径ϕ180mm，壁厚10mm无缝钢管，每根加工长度1.07m，两端分别车内外（公母）丝。采用锥形丝，丝段长度70mm，丝高3mm，间距4mm。钢管外表面除锈后，涂刷环氧煤沥青两道。如图3所示。

图3　涂环氧煤沥青后钢管

Fig. 3　Steel pipe coated epoxy coal asphalt

施工工艺控制要点：

1）钻机就位：根据设计要求测放桩位，桩位中心设置明显标志。室内桩位首先采用ϕ200mm开孔水钻，将

钢筋混凝土底板钻透。钻机就位时将钻具中心与桩位中心标志或预钻孔中心对齐，对中误差小于10mm。

2）钻机调平固定：钻机对中后，调整好钻机机架，保持横平竖直，以避免钻机钻进过程中发生晃动，影响桩身垂直度。室外施工时，预先在钻机机架两侧打设地锚，用钢丝绳将钻机与地锚连接牢固。室内施工时，预先在混凝土底板上设置锚栓，将机架底部托板与锚栓连接。

3）钻进：启动钻机和空压机，使钻具保持匀速钻进至孔口位置时，停止钻进，卸开钻杆接头，加装钢管和钻杆后，继续钻进。钻进过程中，依据收集的钢管内出渣情况，并参照邻近地勘剖面判断土层性质变化，并注意检查钻机垂直度，垂直度偏差不大于0.5%。

4）终孔：钻进至中风化层1m后，停止钻进，保持风压不变，持续清孔5～10min，直至钢管内基本无破碎颗粒返出，然后将钻具、钻杆逐节拆卸。

5）钢管内注浆：注浆分为两次，清孔完毕后，向钢管放入两根注浆管，直至孔底部。一次注浆管底端开口，采用水下灌注方式并将存水和杂质全部顶出钢管桩，一般应在1h内多次补注，直至灌注面不再明显下降才能撤除。二次注浆管底端为单向阀，待第一次注浆完成2～3d后，向桩端压注水泥浆液，以提高桩端承载力。一次注浆采用水泥砂浆或纯水泥浆（P·O42.5水泥，水灰比0.5），初凝前补浆采用纯水泥浆；二次注浆采用P·O42.5纯水泥浆液。二次注浆量每根不低于200kg（本次仅室内微型钢管桩采用二次注浆）。

（4）工艺效果总结

1）采用潜孔钻机施工 ϕ180mm 微型钢管桩，形成完整试验桩共6根，施工记录见表1，成孔时主要存在的问题是冲击器在淤泥层或粉质黏土层中憋气或启动不畅问题，可在拆卸钻杆前向钻杆内泵水解决。

试验桩施工记录表　　表1

Construction record of test pile　Table 1

试桩编号	施工日期	有效桩长（m）	有效施工时间（h）	出现问题
试桩1	2017.9.22	33.5	11.25	淤泥层内冲击器启动不顺畅、强风化层进尺较慢
试桩2	2017.10.13	33.5	10.5	正常
试桩3	2017.9.25	33.5	13	淤泥层内冲击器被堵塞
试桩4	2017.10.2	39.5	11.75	正常
试桩5	2017.10.3	35.75	10	粉黏土层冲击器启动不顺畅
试桩6	2017.10.17	45	11.37	正常

2）强风化⑥₁层岩体较为破碎，并夹杂有小颗粒卵石，易卡钻，该层钻进时宜放慢速度，使颗粒能被钻头充分破碎。

3）钢管连接宜采用丝扣连接。如采用焊接，应充分考虑潜孔钻机高频振动造成焊接部位产生疲劳破坏，以及焊接增加的施工时间。现场试验时，曾对钢管连接分别采用了全断面焊接、丝扣连接＋帮焊，均发生焊接接口被打断的现象。

试桩成桩6根，进行加载试验的为4根。根据试验数据，得出荷载（Q）-桩顶沉降（s）曲线，如图4所示。试桩1、2、3、6的最大加载量分别为1200kN、1500kN、1400kN、1200，桩顶累计位移量分别为36.82mm、35.46mm、34.62mm、43.40mm。

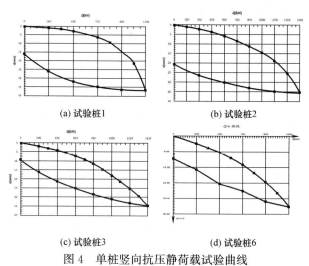

(a) 试验桩1　　　　(b) 试验桩2

(c) 试验桩3　　　　(d) 试验桩6

图4　单桩竖向抗压静荷载试验曲线

Fig. 4　Vertical compressive static load test curve of single pile

钢管桩施工工艺试验表明，潜孔钻机跟管钻进成孔工艺在该地层中可行，可作为室内地基加固的选择方案。

2.2　全套管旋挖机械成孔（案例2）

（1）工程概况

某填海项目桩基础采用 ϕ1000 钻孔灌注桩，桩持力层为中风化板岩，桩长20～64m，全断面进入持力层2倍桩径。

（2）地层条件

钻探揭露深度范围内，区内地层自上而下为：

①层素填土：黄褐色，灰褐色，主要由石英岩碎块石、粉土、淤泥混少量建筑垃圾回填而成，回填时间小于5年，硬质物含量约占50%，粒径20～200mm，大者可达500mm。松散、局部稍密，稍湿—湿。

②层淤泥质黏土：灰黑色，灰色，湿，局部夹薄层粉砂，混少量贝壳。软塑，湿。

③层粉砂：灰色，灰黄色，粒径大于0.5mm占3.36%，粒径大于0.25mm占8.20%，粒径大于0.075mm占47.96%，底部混约20%的石英岩卵砾石，场地局部钻孔有揭露。中密，饱和。

④层粉质黏土：黄褐色，层状结构，稍有光泽反应，无摇振反应，干强度中等，韧性中等。场地大部分钻孔有揭露。可塑，湿。

粉质黏土混碎石⑤层：黄褐色，层状结构，稍有光泽反应，无摇振反应，干强度中等，韧性中等，底部混约

20%的石英岩碎石。场地局部钻孔有揭露。可塑，湿。

⑥层强风化砂岩：灰黄色、黄色。块状构造，节理裂隙较发育，组织结构已大部破坏，原岩结构可辨，岩芯多呈碎块状，碎块锤击声哑，无回弹，易击碎，属于软岩。密实，干。

⑥₁层强风化板岩：黄褐色，结构构造已分辨不清，风化裂隙很发育，主要矿物成分为泥质、绢云母、绿泥石等，岩芯破碎，多呈土状、碎片状，属软岩，破碎，岩体基本质量等级为Ⅴ级，局部地区风化不均匀，为强风化、中风化互层。

⑥₂层中风化板岩：灰褐色，变余泥质结构，板状构造，主要矿物成分为泥质、绢云母、绿泥石等，岩芯呈碎块状、短柱状，属软岩，较完整，岩石质量指标（RQD＝75～90）为较好的，岩体基本质量等级为Ⅳ级。

⑦₁层强风化辉绿岩：灰绿色，辉绿结构，块状构造，主要矿物成分为基性斜长石和单斜辉石，岩芯呈碎块状，属极软岩，较破碎，岩体基本质量等级为Ⅴ级。

⑦₂层中风化辉绿岩：灰绿色，辉绿结构，块状构造，主要矿物成分为基性斜长石和单斜辉石，岩芯呈块状、短柱状，属较软岩，较完整，岩石质量指标（RQD＝75～90）为较好的，岩体基本质量等级为Ⅳ级，场地分布局限。

钻探期间，在钻探揭露深度范围内，各钻孔均见有地下水，勘察期间观测到的地下水位标高为1.10～5.20m，水位变幅±0.7m。地下水与海水相连，水位受海水潮汐影响较大。

地层分布起伏大，极不均匀，典型地层剖面如图5所示。

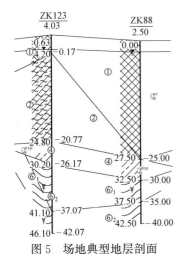

图5 场地典型地层剖面

Fig.5 Typical site geological profile

（3）施工工艺

工艺流程如图6所示。

1）测量定位。

采用全站仪和水准仪对工程桩桩位放样定位测定标高，具体如下：

① 控制点测设：根据业主提供的控制网点，将建筑物的主要轴线测设于地面，并避开桩位、道路、料场等位置，并做好保护措施。由监理工程师复核认可，桩位测设

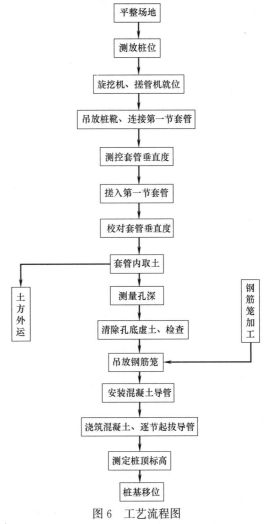

图6 工艺流程图

Fig.6 Process flow chart

以此为准。

② 桩位测设：采用极坐标法及直角坐标法测设桩位中心，钉入钢筋。

2）旋挖机就位。

钻机就位质量好坏关系到桩位和钻孔垂直度的准确与否。钻机全部为仪表数字显示，能确保钻杆垂直及钻机发动时主机的稳固可靠。钻机必须精确就位，并报经监理验收合格后方可开孔，将孔口夯实或孔口垫50mm厚钢板。

3）将搓管机抱紧油缸松至最大，然后吊至孔位。

4）旋挖机就位以后先预钻一个深3m左右的导孔，导孔的直径只要能顺利放入套管即可。

5）将带套管靴的套管套入搓管机中间，旋入孔内，直到地面露出套管2m，然后与花管驱动器分离。校对套管的垂直度。

6）依次下入套管，遇到淤泥等特别松软地层时，若套管由于自重自行下沉时，在旋挖机加套管间隙，需要搓管机将套管抱住，以防沉入发生事故（注意：旋挖机驱动套管钻进时搓管机不得将套管抱住）。

7）搓管机驱动套管钻进与旋挖内孔陶土，一般情况是交替进行。交替原则：每次确保孔口露出的套管长度尽

可能不超过 2m，根据套管长度合理选择内孔掏土每轮次所钻进的深度。

8）钻进终了后，进行下笼灌注。首根桩灌注拔管为防止出现事故，旋挖机不应撤离孔位，应与搓管机配合，以防发生灌注浮笼或拔管困难等事故。若发生浮笼时，需要旋挖机使用钻杆和钻头将钢筋笼压住，然后起拔套管。切记不可将套管起拔过高，这样易使旋挖钻杆和钻头提不出管外。

9）钻进终了后，旋挖钻机可以撤离孔口，由 50t 履带机与搓管机配合将套管拔出孔外。

10）拔管初始时间选择：一般灌注混凝土要求连续性，以防出现断桩，全套管施工需要混凝土泵车灌注或采用大方量混凝土灌注斗用吊车进行灌注，拔管初始时间与混凝土初凝时间密切相关，一定要在初凝前开始起拔，套管机具有微动防事故功能、有配套泵站，在开始灌注后，就可开启微动开关，套管提升速度 1cm/min 左右，这样可以避免人为延时造成的事故。

11）灌注完成需快速拔管时将微动开关关掉，开启大泵开关，与吊机配合依次快速将套管拔出。

12）下夹紧液压卡盘（或机械卡盘）的使用：如果上拔拆卸套管时，应使用下夹液压卡盘，使其将套管抱住，拆管完后，将抱管缸（上夹紧）抱住套管后将下夹紧松开，然后起拔，注意不可在下夹紧抱紧的情况下起拔套管。

现场全套管旋挖机械成孔如图 7 所示。

图 7　全套管旋挖机械成孔
Fig. 7　Full casing auger drill Pore-forming

（4）工艺效果总结

钻芯法检测结果：

取芯导管公称直径 100mm，壁厚 4mm，沿钢筋笼设置 2 根，放置在加劲箍内侧，下端至钢筋笼底以上 2000mm，下端采用等厚度钢板焊接密封。

1）混凝土芯样连续、完整、表面光滑、胶结好。骨料分布均匀，呈长柱状。断口吻合，芯样侧面仅见少量

气孔。

2）桩端持力层为⑥₂ 层中风化板岩和⑦₂ 层中风化辉绿岩，且桩端以下 5m 内无不良地质情况。

3）钻芯法检测基桩共计 52 根，50 根桩端无沉渣，两根有少许沉渣，一根桩沉渣为 20mm，一根桩桩沉渣为 10mm，均小于 50mm。满足设计要求。

4）根据试验数据，⑥₂ 层中风化板岩饱和单轴抗压强度标准值为 58.86MPa，⑦₂ 层中风化辉绿岩饱和单轴抗压强度标准值为 36.52MPa，且桩端持力层岩石单轴饱和抗压强度最小值为 26.8MPa，均大于 26MPa，满足设计要求。

2.3　DJP 复合管桩（案例 3）

（1）工程概况

本工程项目是采用 DJP 复合管桩技术将 PHC 管桩应用于人工填海复杂地层一典型成功案例，PHC 管桩外径 500mm，桩长约 40m。介绍了 DJP（Down the hole jet grouting pile，DJP）潜孔冲击高压旋喷复合管桩技术原理，并通过单桩静载试验证明了该技术对填海抛石地层有很强的适用性，说明了 DJP 复合管桩的特点与优势。

（2）地层条件

该场区上覆 6m 左右的抛石层，其下为深度为 30m 左右的淤泥层，最下面为凝灰岩。

①₁ 层冲填土：层厚不均匀，0.1～7.0m。

①₄ 层人工填土：主要为开山碎石、块石，一般粒径 200～600mm，最大粒径约 2000mm，层厚 1.40～14.50m。

②₂ 层淤泥质粉质黏土：流塑，欠固结，层厚 0.60～34.00m；③₂ 粉质黏土，可塑，层厚 0.50～23.60m。

③₃ 层含砾粉质黏土：硬可塑—硬塑，中等压缩性，一般粒径 2～30mm，局部粒径大于 110mm，层厚 0.50～14.00m。

④₁ 层粉质黏土：局部含灰白色团块，硬塑，局部含铁锰质结核，层厚 1.00～38.80m。

④₂ 层含砾粉质黏土：硬塑，局部含铁锰质氧化物，中等压缩性，含 25％砾石，砾石一般粒径 2～30mm，最大粒径大于 110mm，层厚 1.20～18.70m。

⑤₂ 层强风化凝灰岩：主要矿物成分为石英、长石等，节理裂隙发育，岩芯成碎块状及少量短柱状，层厚 0.30～7.40m。

⑤₃ 层中等风化溶结凝灰岩：主要矿物成分长石、石英等，节理裂隙较发育，岩呈柱状及少量碎块状，锤击声脆，不易碎，属较硬岩。

各层地基土的物理力学性质指标见表 2，场地典型地层剖面如图 8 所示。

（3）施工工艺

潜孔冲击高压旋喷桩的原理为：利用钻杆下方的潜孔冲击器进行钻进，同时冲击器上部高压水射流切割土体；在高压水，高压气，潜孔锤高频振动的联动作用下，钻杆周围土体迅速崩解，处于流塑或悬浮状态；此时喷嘴喷射高压水泥浆对钻杆四周的土体进行二次切割和搅拌，加上垂直高压气流的微气爆所产生的翻搅和挤压作用，使已成悬浮状态的土体颗粒与高压水泥浆充分混合，形

成直径较大、混合均匀、强度较高的水泥土桩，然后通过振动、锤击或静压等多种方法均可将预制管桩植入已形成的水泥土桩，形成DJP复合管桩。因外围水泥土对预制管桩的阻力小，植入管桩所需外力较小，施工效率高，且不会破坏桩身完整性。

各层地基土的物理力学性质
指标建议值及承载力特征[4]　　表 2

Suggested value of physical-mechanical properties of foundation soil and characteristic value of bearing capacity　　Table 2

层号	地层名称	f_{ak}(kPa)	E_s(MPa)
②₂	淤泥质粉质黏土	55	2.69
②₃	粉砂	120	8.0(E_0)
②₇	碎石	280	20.0(E_0)
③₁	粉质黏土	120	4.31
③₂	粉质黏土	200	5.63
③₃	含砾粉质黏土	240	5.93
③₇	碎石	350	28.0(E_0)
④₁	粉质黏土	260	6.73
④₂	含砾粉质黏土	280	8.17
⑤₁	全风化凝灰岩	300	25.0(E_0)
⑤₂	强风化凝灰岩	600	40.0(E_0)
⑤₃	中等风化凝灰岩	3600	不可压缩

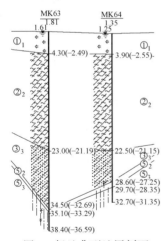

图 8　场地典型地层剖面

Fig. 8　Typical site geological profile

DJP复合管桩的技术特点与优势：

1）潜孔冲击钻可在填海场地局部较厚抛填层成孔；

2）潜孔冲击钻可在填海场地局部基岩起伏较大区域配合管桩嵌岩；

3）水泥土外桩对管桩的包裹增加了基桩抗水平承载力，同时解决了管桩腐蚀问题；

4）水泥土初凝前植入管桩，施工过程对桩身不会造成破坏；

5）复合桩较普通桩基础（灌注桩、管桩）单桩承载力大，可大幅缩短有效桩长，节约造价；

6）比传统灌注桩具有较佳的经济优势；

7）流水作业，成桩效率高，工期短，相比较于钻孔灌注桩，功效高；

8）DJP工法特有的微气爆及双高压旋喷作用使得DJP旋喷桩土交界面的粗糙度较其他工艺施工的水泥土复合桩大，提高了外桩侧摩阻力增强系数；

9）潜孔锤高频振动及芯桩挤密的联合作用可提高桩间土密实度和强度，可提高桩基的抗震性能。由于水泥土与芯桩共同作用，水泥土外桩提供更大的侧向刚度，抵抗水平力的能力显著提升。

（4）工艺效果总结

该工程完工后，开挖后的DJP复合管桩桩径可达到1.2m，大于桩径设计值（1m），满足设计要求；对桩基进行载荷试验，载荷试验曲线如图9所示，由于该工程桩属于嵌岩桩，单桩静载荷试验过程中加载到5400kN时单桩的位移量只有5.4mm，并且其 Q-s 曲线未出现明显转折点，推断单桩竖向抗压承载力极限值大于5400kN，特征值达到设计要求的2700kN。

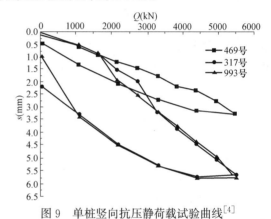

图 9　单桩竖向抗压静荷载试验曲线[4]

Fig. 9　Vertical compressive static load test curve of single pile

潜孔冲击钻进解决了PHC管桩应用于填海抛石地层难以穿越及局部基岩起伏较大区域管桩嵌岩的问题。水泥土外桩对管桩的包裹作用增加了基桩抗水平承载力，同时解决了管桩腐蚀问题。

2.4　PHC管桩引孔植桩工艺（案例4）

（1）工程概况

某厂房工程，采用直径为800mm的PHC管桩。根据地层情况，采用重锤夯击强行穿越填方，不仅桩的破损率高，而且桩穿越概率极低，本案例介绍一种PHC管桩引孔植桩工艺。

（2）地层条件

厂房地面标高±0.00相当于绝对标高3.65m，填方后场地地面高度要求达3.00m。原海域自然土层标高为−3.68m，按标高计算填方厚度仅6.68m，实际填方厚度超过20m，局部达22m。2007年1月，抛石施工开始，至2007年6月施工基本结束。施工现场淤泥与淤泥质粉质黏土原厚度局部达25m左右，施工时将爆破劈山的石方倾倒在淤泥土上，倒顺序为坡向海洋，在填方自重作用下，淤泥与淤泥质粉质黏土一部分被挤向海里、一部分受到填方自重作用体积收缩。随着填方加厚、自重压力增大，淤泥与淤泥质粉质黏土挤出量也随之增大，直至填方厚度 20～22m 达到平衡，填方后淤泥质粉土的厚度大大减少，其中 ZK118 处淤泥质粉土的厚度由 25m 减少至 10m 左右。填方施工时起初是大石料，最大粒径可达 1m，填方时考虑到今后方便沉桩，上面 10m 左右均以小石料为主。填方地基仅有短暂的极限平衡，极不稳定。2008 年 1 月施工单位进场施工桩基。图 10 给出了 ZK118 在填方前后的地层柱状图，图 10（a）为填方前，图 10（b）为填方后。

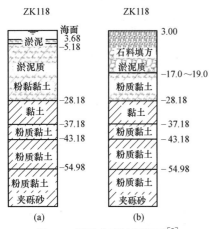

图 10　场地典型地层剖面[5]

Fig. 10　Typical site geological profile

（3）施工工艺

图 11（a）所示的引孔杆主要由厚壁钢管、实心钢锥形体组成。其尖部为合金钢材料，具有破碎大块石料的能力。钢管与实心钢锥体连接处沿圆周焊有三角形钢肋板，钢肋板圆径比管桩直径小 100mm。图 11（b）所示管桩由 φ800mm 高强 PHC 预应力管桩及底部的钢肋形锥形桩靴封底焊接而成。引孔植桩施工步骤：

1）起吊图 11（a）引孔杆，在设计桩位校正垂直，将引孔杆锤击沉入并穿越填方厚度，沉入引孔杆过程中因填方底仍有厚淤泥质土，容易将填方块石挤向圆周。

2）将图 11 引孔杆结合振动上拔，当拔力过大时由液压顶升配合将引孔杆拔出，引成桩孔。

3）将图 11（b）焊接锥形钢桩靴封管底的管桩吊入引桩孔，校正垂直，锤击沉入并穿越填方直至桩端持力层，完成沉桩施工。引孔杆的杆端为长尖锥形，可刺入填方空隙，将填方石料向圆周排挤，最终形成植桩孔，所以引孔植桩施工能够将桩穿透高填方而进入桩端持力层。

（4）工艺效果总结

引孔杆形成桩孔的直径比工程桩的桩径小 100mm，对侧阻力值影响较小，工程桩承载力值检测结果均满足设计要求。

3　结语

通过几个人工填海场地复杂地层成桩工艺的案例介绍，梳理出了适宜在该类型场地中的几种成桩工艺，解决了大块石填海场地上微型桩、灌注桩和 PHC 预应力管桩在该类型场地中的施工难题。也望本文为以后类似的桩基工程施工提供参考。

参考文献：

[1] 胡刚，李欢，等. 超深块石回填地质条件下超长桩施工技术[J]. 施工技术，2016，45(13)：28-30.

[2] 曹巍，白永明，等. 潜喷注浆桩在复杂地层截水帷幕中的设计与应用[J]. 地基处理，2021，3(2)：156-164.

[3] 毛宗原，张亮，刘宏运. 人工填海复杂地层止水帷幕新工艺研究[J]. 地下空间与工程学报，2015，11（S1）：223-226.

[4] 陈伟，刘宏运，樊继良，等. DJP 复合管桩在填海抛石地层中的工程应用[C]//陈湘生，张建民，黄强. 全国岩土工程师论坛文集. 北京：中国建筑工业出版社，2018：592-599.

[5] 马宝顺，吴晓玮，等. 劈山填海造地超高填方地基桩基施工技术[J]. 岩土工程学报，2010，32(S2)：395-397.

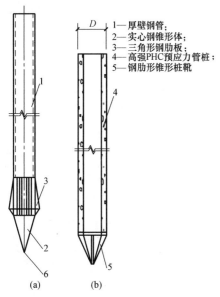

1—厚壁钢管；
2—实心钢锥形体；
3—三角形钢肋板；
4—高强 PHC 预应力管桩；
5—钢肋形锥形桩靴

图 11　引孔杆、管桩的构造[5]

Fig. 11　Structure of guide rod and pipe pile

真空预排水管桩模型试验研究

唐晓武[1, 2]， 林维康[1, 2]， 邹　渊[1, 2]， 王天琦[1, 2]， 赵文芳[1, 2]

（1. 浙江大学 滨海和城市岩土工程研究中心，浙江 杭州 310058；2. 浙江省城市地下空间开发工程技术研究中心，浙江 杭州 310058）

摘　要："碳达峰，碳中和"已成为我国国策，绿色发展理念亦是岩土工程发展的机遇所在。我国的铁路、公路、港口和机场等重要基础设施，80%以上分布在软弱土地区，随着"一带一路"倡议、海洋资源开发战略的实施，重大基础设施建设中会面临越来越多的软弱土复杂技术难题。本文首次提出了一种真空预排水管桩，旨在同时实现地基处理与桩基础的作用。真空预排水管桩打桩能耗小，碳排放更少，且不使用塑料排水板，进一步减少了塑料降解产生的二氧化碳。本文首先介绍其结构与工作原理，后通室内试验分析其排水固结特性与承载力特性。结果表明：真空预排水管桩的单桩抗压承载力是普通管桩的 3 倍以上，单桩抗拔承载力为普通管桩的 6 倍，反滤膜和真空固结是提升排水管桩承载力的重要条件；当真空时间为 300h 时，真空预排水管桩距桩侧 $3d$ 范围内的桩周土固结度可达到 77.2%，基本达到了初步固结；真空预排水管桩使桩周土更为紧密，起到扩展桩径的效果，提高了真空预排水管桩的承载性能。

关键词：低碳；地基处理；桩基工程；承载力特性；固结排水

作者简介：唐晓武（1966— ），男，教授，博士后，主要从事土工合成材料，软土地基处理以及土遗址保护领域的研究。E-mail：tangxiaowu@zju.edu.cn。

Experimental Study on engineering characteristics of low carbon drainage pipe pile

TANG Xiao-wu [1,2]， LIN Wei-kang [1,2]， ZOU Yuan [1,2]， WANG Tian-qi[1,2]， ZHAO Wen-fang[1,2]

（1. Research Center of Coastal and Urban Geotechnical Engineering，Zhejiang University，Hangzhou Zhejiang 310058，China.；2. Zhejiang Urban Underground space Development Engineering Technology Research Center，Zhejiang University，Hangzhou Zhejiang 310058，China）

Abstract："Carbon peak，carbon neutral" has become China's national policy，green development concept is also the opportunity for the development of geotechnical engineering. More than 80% of the important infrastructure in China，such as railway，highway，port and airport，is distributed in soft soil area. In this paper，a kind of vacuum pre drainage pipe pile is proposed for the first time in order to realize the function of foundation treatment and pile foundation at the same time. The results show that：the compressive bearing capacity of single pile of vacuum pre drainage pipe pile is more than 3 times of that of ordinary pipe pile，and the uplift bearing capacity of single pile is 6 times of that of ordinary pipe pile；When the vacuum time is 300 h，the consolidation degree of the soil around the vacuum pre drainage pipe pile can reach 77.2% within 3 days from the pile side；The vacuum pre drainage pipe pile can make the soil around the pile more compact，expand the pile diameter，and improve the bearing capacity of the vacuum pre drainage pipe pile.

Key words：low carbon；foundation treatment；pile foundation engineering；bearing capacity characteristics；consolidation drainage

0　引言

　　绿色发展以人与自然和谐为价值取向，以绿色低碳循环为主要原则，已成为我国新时代重要发展理念。2020 年 9 月 22 日，中国政府在第七十五届联合国大会上承诺："中国将提高国家自主贡献力度，采取更加有力的政策和措施，二氧化碳排放力争于 2030 年前达到峰值，努力争取 2060 年前实现碳中和。"[1]

　　积极践行绿色发展理念是各行各业发展的机遇所在。我国大规模的铁路、公路、港口和机场等重要基础设施，80%以上分布在软弱土地区，软土地基处理面广量大。尤其是随着"一带一路"倡议、海洋资源开发战略的实施，重大基础设施建设中会面临越来越多的软弱土复杂技术难题。目前，传统的软土地基处理技术目前常用的处理方式为：塑料排水板＋桩基础联合法[2-6]，这类方法存在如下缺点：（1）排水过程中，无法打桩，无法进一步对上部建筑物施工，延长了施工周期。（2）塑料排水板永久留存在土地中，环境友好度低。（3）地基硬化后打设工程桩，能耗高，挤土效应明显。且有研究表明[7-9]地基硬化后打设工程桩，挤土效应明显，会极大地减慢开发速度，提高工程造价。因此针对滨海工程中的软黏土地基处理与桩基工程一体化亟待研究。

　　为缩短工期，提高效率，目前国内外众多岩土科技工作者在探索地基处理与桩基工程相互利用的方法，按照排水通道与桩体结合程度大致可分为以下三类：

　　（1）分离型：排水通道与桩体分离。主要利用桩体打设的能量、真空或堆载预压使水分通过排水体排出，而后孔压消散使土体固结[16,17]。

　　（2）组合型：桩体外表或周围存在排水通道。

基金项目：浙江省水利科技计划重点项目（RB2027）；国家自然科学基金（No. 51779218）。

（3）一体型[18]：桩体自身存在排水通道，依靠自身透水能力排水。

综上所述，针对地基处理与桩基工程相互利用的研究已取得了一定的进展，排水通道与桩体结合程度逐步加强，但各类方法均存在一定的不足，主要集中在以下几点。分离型：仅通过桩体挤压排水，排水效率低；挤土效应明显；排水体与桩体分部施工，施工工期长。组合型：施工工艺复杂；桩体摩擦面积小，桩侧摩阻力低。一体型：无法直接作为工程桩；存在小孔淤堵问题。因此地基处理与桩基工程一体化仍有较大研究空间。

为进一步推动地基处理绿色、高效、可持续发展，促进地基处理与工程桩一体化，本文提出了一种真空预排水管桩。介绍了该管桩的结构、施工过程，室内模型试验探究其排水固结特性与承载能力特性。该管桩具有快速的排水固结和高承载能力，可以在不同的工程条件下以不同的设计使用。管桩上的小孔为真空提供了排水通道，以加速固结并降低挤压效果。包裹的土工布减少了打桩过程中的摩擦，并具有防滤作用，以确保排水通道的长期稳定性。固结后，对排水管桩进行灌浆，形成高承载力的复合地基，具有良好的时间，经济效益和环境效益。

1 真空预排水管桩结构与工作原理

真空预排水管桩的结构如图1所示。桩体上有均匀分布的小孔，为真空和灌浆提供了通道。包裹的土工布减少了打桩过程中的摩擦，并具有防滤作用，以确保排水通道的长期稳定性[19]。真空预排水管桩在土体较软时打入，利用打桩扰动与自身排水通道减少挤土效应，外接真空泵加速排水固结，在土变硬后直接作为工程桩使用，形成桩体复合地基共同承接上部荷载。由于其"软打硬用"的特点，较普通桩打桩能耗更小，碳排放更少。同时在排水的过程中，该技术不使用塑料排水板，降低了成本，也进一步减少了塑料在土中降解产生的二氧化碳。该技术兼改良土质、增设竖向增强体并最后形成复合地基，桩基工程与地基处理一体化高，提高整体承载力的同时大大缩减了工期，经济效益高。

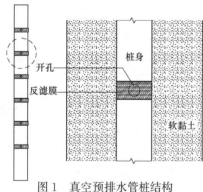

图 1 真空预排水管桩结构

Fig. 1 Structural design of low carbon drainage pipe pile

2 真空预排水管桩模型试验

2.1 试验准备

试验用土取自浙江某地码头施工现场，位于地下深度 10m 处，原状土含水率为 55.7%。先将土样中少许砾石去除，然后加适量清水充分搅拌，制成含水率为 80% 的均质重塑土样，基本物理参数如表1所示。

试验土样的基本物理参数　　　　表 1

Basic physical parameters of soil sample

Table 1

含水量（%）	土粒相对密度	重度（kN/m）	饱和度（%）	液限（%）	塑限（%）
80.21	2.70	13.77	89.5	55.4	25.1

为研究排水管桩的工程特性，进行室内缩尺试验，桩身采用 PVC 材料，长度 60cm，直径 3cm。试验分为 5 组，分别为普通管桩、开孔管桩（静置）、开孔管桩（真空）、真空预排水管桩（静置）、真空预排水管桩（真空）。模型桩尺寸如图 2 所示。

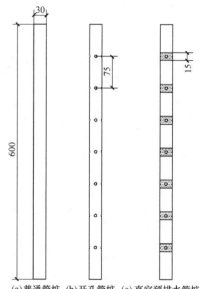

(a)普通管桩　(b)开孔管桩　(c)真空预排水管桩

图 2 模型桩示意图

Fig. 2 Model piles in the test

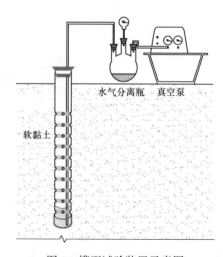

图 3 模型试验装置示意图

Fig. 3 Schematic diagram of model test device

试验装置由模型桶、水气分离装置、真空泵组成，见图3，塑料软管（外径4mm，壁厚1mm）自管桩底部连接到水气分离瓶左瓶口，中瓶口连接真空压力表，右瓶口和由塑料软管连接真空泵，各接口用橡皮塞和胶水密封。为防止土塞效应，桩底使用桩帽封底。为防止桩身开孔处淤堵，使用无纺土工布圈套在开孔处。真空泵型号为SHZ-D（Ⅲ）循环水式多用真空泵，功率180W，最大真空度98kPa。模型桶采用不锈钢圆桶，内径60cm，高度120cm，壁厚3mm，不锈钢桶内径为模型桩直径的20倍，深度为模型桩的2倍，因此可以忽略边界效应。

2.2 真空预排水管桩排水与固结特性试验

装样完成后，将模型桩竖直压入模型桶中心位置，覆盖密封膜，连通试验装置后，试验系统的真空度快速上升并稳定在95kPa左右。记时，每隔12h测量水气分离瓶中孔隙水体积。直至水气分离瓶中的水不再增加。通过固结压缩试验得到土样的e-p曲线，结合土粒相对密度可计算对应的固结度。

2.3 真空预排水管桩承载力特性

在抗压试验中，模型桩竖向承载力的静载试验采用慢速维持荷载法进行，对于开孔桩和真空预排水桩，采用25N的重量逐级加载，对于普通桩，采用12.5N的砝码分步加载。桩顶位移采用电子位移计测量，精度0.001mm。采用B120-10aa型应变计测量桩身轴向力，应变计表面涂RTV以防水。应变计沿桩身垂直方向粘贴8层，采用精度误差小于0.5%的应变放大器进行数据采集，如图4所示。

图4 抗压承载力设备

Fig. 4 Compression capacity equipment

抗拔试验中，先将不锈钢桶放入抗拔仪器中，仪器顶部设置有可拆卸的分离式反力架，通过螺栓与模型箱连接。桩顶加卸载由液压千斤顶控制，通过设置在桩顶的高精度压力传感器和激光位移计量测桩顶荷载和位移，桩身应变采用东华静态应变测试系统采集。如图5所示。

当桩顶位移值和压力值长期显示趋于恒定不变时模型桩可视为已沉降完成，开始下一级加载。每级加载时间不小于20min，当出现下述情况之一时模型桩可视为达到极限状态，终止试验：（1）在某级荷载下的沉降量为上一级荷载下沉降量的5倍；（2）加载量已满足试验研究所需

最大荷载；（3）某级荷载作用下桩顶沉降-荷载曲线出现明显拐点；（4）某级荷载作用下桩顶急剧下沉，以至无法读取位移数据；（5）桩顶总沉降量大于5mm，且无陡降趋势。

图5 抗拔承载力设备

Fig. 5 Uplift capacity equipment

3 试验结果与分析

3.1 真空预排水管桩排水与固结特性

抽水量结果如图6所示，真空预排水管桩（真空）大约在500h后几乎不再增加，抽水总量为2563mL，分别是开孔管桩（静置）和真空预排水管桩（静置）的抽水总量的2.9倍与3.9倍。开孔管桩在前100h的抽水速度快于真空预排水管桩（静置），但真空预排水管桩（静置）抽水持续时间更长，抽水总量更大。因此真空固结能大幅提升真空预排水管桩的排水性能。合适的土工织物可以保证开孔桩排水通道长期有效工作。特别地，开孔管桩（真空）的小孔发生了淤堵，仅在最初的1h有少量抽水，说明真空固结对不作防淤堵措施的开孔管桩并不适用。

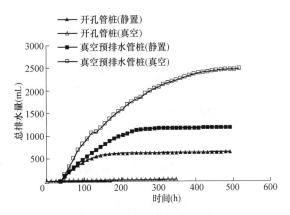

图6 不同类型管桩排水量

Fig. 6 Drainage volume of different types of pipe piles

真空预排水管桩需要超过 500h 后的真空预压才能使得桩周土的孔隙水不再增加,而 Ni[20] 的试验表明,开孔桩静置 65h 后桩周土的超静孔压已基本消散,因此可以通过计算桩周土的固结度,在保障桩周土固结度超过 75% 的前提下,缩短真空时间。根据真空预压的试验数据(排水量,桩周土密度和含水率),再结合土样的 e-p 曲线和土粒相对密度,可以计算桩周土的固结度,通过固结压缩试验得到土样的 e-p 曲线,如图 7 所示。计算得到,当真空时间为 300h 时,距桩侧 3d 范围内的桩周土固结度可达到 77.2%。因此可根据实际工程适当调节真空时间,达到减少工期的目的。

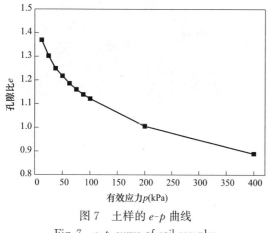

图 7 土样的 e-p 曲线

Fig. 7 e-p curve of soil samples

3.2 真空预排水管桩承载力特性

图 8 为 4 种不同类型排水管桩抗压承载力对比,结果表明,真空预排水管桩(真空)抗压承载力为 177.1N,相比于普通管桩极限抗压承载力 54.9N,提升幅度在 3 倍以上,同时桩顶位移仅为普通管桩的一半,因此真空预排水管桩(真空)在承载能力与抗变形能力的提升十分显著。真空预排水管桩(静置)极限抗压承载力为 127.6N 是开孔管桩(静置)的 1.5 倍。结合上一节数据,说明土工织物自身一定程度上增加了桩侧摩阻力,同时由于土工织物的存在,使得桩周土排水性能提升,提高了桩周土体的抗剪强度。

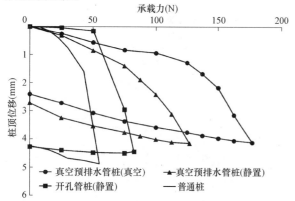

图 8 不同类型管桩抗压承载力对比

Fig. 8 Comparison of compressive bearing capacity of different types of drainage pipe piles

图 9 为不同类型排水管桩抗拔承载力对比,结果表明,真空预排水管桩(真空)桩顶位移 10.2mm 时发生滑移现象,而普通桩在 1.6mm 时就产生滑移。发生滑移时,真空预排水管桩(真空)极限抗拔承载力为 184.5N,普通桩极限抗拔承载力为 28.5N,抗拔承载力提升约 6 倍。带膜不真空,无膜抽真空的排水管桩比普通管桩的抗拔承载力提升不明显。因此真空固结作用与防淤堵措施能有效提升管桩的抗压极限承载力,对于抗拔极限承载力的提升,防淤堵提升效果一般,真空固结作用发挥主导作用。

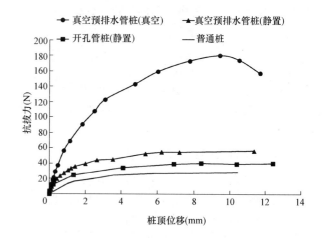

图 9 不同类型管桩抗拔承载力对比

Fig. 9 Comparison of uplift bearing capacity of different types of drainage pipe piles

桩的轴向力可以通过粘贴在桩上的应变计来获得。静载试验中,各种荷载作用下桩身轴力沿深度的分布规律如图 10 所示,从图中可以看出,轴力随荷载的增加而稳定增大,沿深度方向逐渐减小,呈"倒三角形",与常见普通管桩的轴力分布特征相同。不同工况、不同桩型引起的轴力衰减速度存在一定差异。一般来说,轴力曲线的陡度可以间接反映侧摩阻力的变化,即轴力曲线越慢,侧摩阻力的变化越大,反之亦然。

普通管桩的轴向力分布曲线比其他桩型的曲线陡。桩端阻力在初始荷载阶段开始发挥作用,其侧摩阻力始终承受较小的上荷载,其承载力很快达到极限状态。当桩顶荷载较小时,开孔管桩(静置)和真空预排水管桩(静置)的轴向力分布趋势相似,轴向力衰减速度无突然变化,说明桩侧摩阻力沿深度方向更均匀。然而,随着桩顶荷载的增加,开孔管桩(静置)的轴向力在桩上部衰减较快。真空预排水管桩(静置)轴向力衰减率仍相对较缓,表明当荷载接近极限时,开孔管桩(静置)桩顶荷载主要由侧摩阻力承担,桩端阻力迅速减小,发生刺入破坏。

真空预排水管桩(真空)在桩的中下部轴力衰减相对较快,此区域的侧摩阻力承担了较多上部荷载,且随着桩顶荷载逐渐增大,轴力衰减程度愈发明显,说明真空固结导致桩周土更为紧密,起到扩展桩径的效果,提高了真空预排水管桩的承载性能。

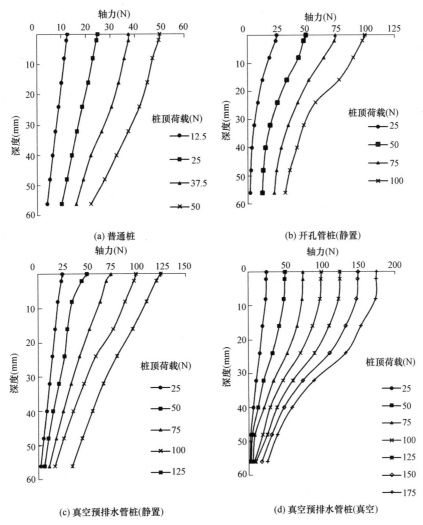

图 10　不同类型管桩轴力对比

Fig. 10　Comparison of axial force of different types of pipe piles

4　结论

本文提出了一种真空预排水管桩，该桩在管桩上有侧孔，土工布包裹在外面。当土壤较软时，打桩，然后将桩周围的土壤在真空负压下排干并固结。缩短了固结时间，提高了地基的承载力，将桩基和复合地基的优点结合在一起。通过室内试验主要得出以下结论：

（1）真空预排水管桩的单桩抗压承载力是普通管桩的3倍以上，其位移为普通管桩的一半；单桩抗拔承载力为普通管桩的6倍；反滤膜和真空固结是提升排水管桩承载力的重要条件，其中真空固结起主导作用。

（2）当真空时间为300h时，真空预排水管桩距桩侧3d范围内的桩周土固结度可达到77.2%，基本达到了初步固结，此时超静孔隙水压力已消散，可根据实际工程适当调节真空时间，达到减少工期的目的。

（3）真空预排水管桩轴力衰减变化与普通桩不同，中下部轴力衰减相对较快，此区域的侧摩阻力承担了较多上部荷载，能使桩周土更为紧密，起到扩展桩径的效果，提高了真空预排水管桩的承载性能。

参考文献：

[1] 刘汉龙. 绿色地基处理技术探讨[J]. 土木工程学报，2018，(7)：121-128.

[2] ROWE R K. Pile foundation analysis and design：Book review[J]. John Wiley，1981，18(3)：472-473.

[3] WROTH C P，RANDOLPH M F，CARTER J P. Driven piles in clay-the effects of installation and subsequent consolidation[J]. Géotechnique，1979，29(4)：361-393.

[4] PESTANA J M，HUNT C E，BRAY J D. Soil Deformation and Excess Pore Pressure Field around a Closed-Ended Pile[J]. Journal of Geotechnical and Geoenvironmental Engineering，2002，128(1)：1-12.

[5] 李青松. 加强型袋装砂井综合治理可液化砂土—淤泥质软黏土互层地基机理研究[D]. 长沙：中南大学，2010.

[6] BROWN R E. Vibroflotation compaction of cohesionless soils[J]. ASCE J Geotech Eng Div，1977，103(12)：1437-1451.

[7] ZHANG C L，JIANG G L，LIU X F，WANG Z M. Lateral displacement of silty clay under cement-fly ash-gravel pile-supported embankments：Analytical consideration and field evidence[J]. Journal of Central South University，2015，

22(4)：1477-1489.

[8] 杨建国，彭文轩，刘东燕. 强夯法加固的主要设计参数研究[J]. 岩土力学，2004，25(8)：1335-1339.

[9] 郑刚，龚晓南，谢永利，李广信. 地基处理技术发展综述[J]. 土木工程学报，2012，45(2)：127-146.

[10] 焦丹，龚晓南，李瑛. 电渗法加固软土地基试验研究[J]. 岩石力学与工程学报，2011，30(S1)：3208-3216.

[11] RAONGJANT W，JING M. Field testing of stiffened deep cement mixing piles under lateral cyclic loading[J]. Earthquake Engineering and Engineering Vibration，2013，12(2)：261-265.

[12] HARADA K，OHBAYASHI J. Development and improvement effectiveness of sand compaction pile method as a countermeasure against liquefaction[J]. Soils and Foundations，2017，57(6)：980-987.

[13] BERGADO D T，BALASUBRAMANIAM A S，et al. Prefabricated vertical drains(PVDs)in soft Bangkok clay：a case study of the new Bangkok International Airport project[J]. Canadian Geotechnical Journal，2002，39（2）：304-315.

[14] HUNT C E，PESTANA J M，BRAY J D，et al. Effect of Pile Driving on Static and Dynamic Properties of Soft Clay[J]. Journal of Geotechnical and Geoenvironmental Engineering，2002，128(1)：13-24.

[15] INDDRTNA B，SATHANANTHAN I，RUJIKIATKAMJORN C，et al. Analytical and Numerical Modeling of Soft Soil Stabilized by Prefabricated Vertical Drains Incorporating Vacuum Preloading[J]. International Journal of Geomechanics. 2005(5)：114-124.

[16] 秦康，卢萌盟，蒋斌松. 砂井联合水泥土搅拌桩复合地基固结解析解[J]. 岩土力学，2014，35(S2)：223-231.

[17] HAN W J，LIU S Y，ZHANG D W，et al. Field behavior of jet grouting pile under vacuum preloading of soft soils with deep sand layer[M]. GeoCongress：State of the Art and Practice in Geotechnical Engineering，2012：70-77.

[18] 王翔鹰，刘汉龙，江强，陈育民. 抗液化排水刚性桩沉桩过程中的孔压响应[J]. 岩土工程学报，2017，39（4）：645-651.

[19] 唐晓武，俞悦，周力沛，李姣阳，王恒宇. 一种能排水并增大摩阻力的预制管桩及其施工方法：CN201510150002.3[P]. 2015-08-19.

[20] Pengpeng Ni，Sujith Mangalathu，Guoxiong Mei，et al. Laboratory investigation of pore pressure dissipation in clay around permeable piles[J]. NRC Research Press，2017，55(9)：157-168.

螺锁式预应力混凝土板桩在基坑围护中的应用

周兆弟，周开发，周继发，张国发

（浙江兆弟控股有限公司，浙江 杭州 310022）

摘 要：本文结合实际工程，介绍了一种内部留置孔洞的矩形截面预应力混凝土板桩，板桩为工厂化生产的预制构件，通过螺锁式机械接头连接。将混凝土板桩植入等厚度水泥土搅拌墙中，形成集挡土与止水功能于一体的钢筋混凝土地下连续墙，较现有支撑形式在施工质量、施工工期、施工成本上均有较大优势。优化的新型混凝土板桩，提高了板桩自身的止水效果，使得混凝土板桩可作为基坑围护挡土墙和地下室永久外墙使用，具有较强的工程应用价值。

关键词：基坑围护；混凝土板桩；水泥土搅拌墙

作者简介：周兆弟（1962— ），男，正高级工程师，主要从事桩基及装配式建筑研究与开发。E-mail：zhouzhaodi88@163.com。

Application of screw lock prestressed concrete sheet pile in foundation pit support

ZHOU Zhao-di，ZHOU Kai-fa，ZHOU Ji-fa，ZHANG Guo-fa

（Zhejiang Zhaodi Holding Co.，Ltd.，Hangzhou Zhejang 310022，China）

Abstract：Combined with practical engineering，this paper introduces a kind of rectangular section prestressed concrete sheet pile with internal hole. Sheet pile is a prefabricated component produced in factory and connected by screw lock mechanical joint. The concrete sheet pile is embedded in the cement soil mixing wall with the same thickness to form a reinforced concrete diaphragm wall with the functions of retaining soil and sealing water. Compared with the existing support form，it has greater advantages in construction quality，construction period and construction cost. The optimized new type of concrete sheet pile improves the water sealing effect of sheet pile，and makes the concrete sheet pile can be used as retaining wall of foundation pit and permanent exterior wall of basement，which has strong engineering application value.

Key words：foundation pit support；concrete sheet pile；cement soil mixing wall

0 引言

随着我国经济的快速发展，城市化进程不断加快，城市建设规模不断扩张，由于土地的稀缺性，土地集约化利用是城市发展的必然产物。在一些大型城市，随着城市的楼房越盖越高，向地下要空间、合理利用好地下空间是城市发展的必然趋势，于是出现了 2 层、3 层的地下室建筑，甚至是 5 层、6 层的地下室建筑，地下轨道交通等也越来越发达。随着地下空间的需求越来越大，地下室层数越来越多，基坑开挖深度越来越大，基坑施工安全和变形控制变得越来越重要。常见的基坑围护主要有两种形式：（1）三轴搅拌桩＋钻孔灌注桩；（2）地下连续墙。形式（1）中，三轴搅拌桩止水效果不是太理想，钻孔灌注桩需要现场钻孔、制作放置钢筋笼和浇筑混凝土，会产生大量的泥浆外运，且施工工期长，钻孔桩的成桩质量难保证。形式（2）需要机械成槽、制作放置钢筋笼和浇筑混凝土，施工工期长，且地下连续墙接头处漏水问题显著，综合造价过高。

基于以上两种基坑围护形式在工程应用中出现的问题，文献［1］、［2］均探索了新的基坑围护形式。近两年出现了一种新的结构形式，即渠式切割装配式地下连续墙，通过链状刀具的转动和横向移动，对地基土体进行切割与搅拌，并与注入的固化液混合，构筑等厚度水泥土墙，再在水泥土墙中植入预应力混凝土预制板桩，形成集挡土与止水功能于一体的钢筋混凝土地下连续墙。与"篱笆式"的三轴搅拌桩相比，渠式切割形成的连续的等厚度水泥土墙止水效果则要更好。而用于受力的预应力混凝土板桩为工厂化生产的预制构件，比工地现场制作钢筋笼、水下浇筑混凝土的钻孔桩或地下连续墙具有更好的质量保证；混凝土板桩植入水泥土墙中后无需养护，与现浇混凝土需要较长的养护时间相比，极大地节省了工期。本文介绍一种新型的预应力混凝土板桩在实际工程中的应用。

1 工程概况

1.1 项目介绍

某项目位于杭州市富阳区，用地面积 11542.0m²，总建筑面积 43279.0m²（其中地上建筑面积 34743.0m²，地下建筑面积 8726.0m²）。拟建工程主要由 1 幢 26 层主楼、2 层裙房及南侧 3 层教学用房组成，设 1 层地下室。项目设±0.000 标高为 8.750m（黄海高程），1 层地下室底板设计相对标高−5.000m，相当于黄海标高 3.750m。基坑开挖深度为 6.05m。

1.2 工程地质及水文条件

根据地勘提供的资料，场地土层划分为 6 个工程地质层：①₁ 层素填土，层厚 0.70～3.40m，灰或灰黄色，松散一稍密，稍湿，主要由碎块石、角砾和粉质黏土等组成。①₂ 层耕植土，层厚 0.20～0.90m，灰色，松软，饱和，粉质黏土成分为主。②₁ 层粉质黏土，层厚 0.60～3.30m，灰黄色、表部部分灰色，可塑，饱和，干强度中等，中等压缩性，中等韧性。②₂ 层黏质粉土，层厚 0.40～11.60m，灰色，稍密，湿，干强度低，中等压缩性，低韧性。③ 层淤泥质粉质黏土，层厚 3.70～16.60m，灰色，流塑，饱和，干强度中等，高压缩性，中等韧性。④₁ 层粉质黏土，层厚 0.40～2.10m，灰绿或灰黄色，可塑，饱和，干强度中等，中等压缩性，中等韧性。⑤₁ 层

圆砾，层厚 1.40～6.40m，灰或灰黄色，稍密—中密，饱和，卵砾石圆或亚圆状为主，粒径一般 1～3cm，成分以砂岩和凝灰岩为主，质坚硬。

本场地勘探深度范围内地下水类型主要为第四系孔隙潜水、承压水和基岩裂隙水。地下水位受季节影响有一定变化，根据本区多年勘察资料，一般年变幅≤2.0m。勘察期间实测场地混合地下水位埋深在 0.80～2.30m 之间（相当于黄海标高 5.850～7.280m），高于地下室底板设计标高。

土层设计参数建议值 表 1

Recommended values of soil layer design parameters   Table 1

层号	岩土名称	天然重度 (kN/m³)	渗透系数		抗剪强度（固快峰值）	
			垂直 k_v(cm/s)	水平 k_h(cm/s)	c_{cq}(kPa)	φ_{cq}(°)
①₁	素填土	22.5	—	—	0.0	12.5
①₂	耕植土	18.2	—	—	12.0	9.0
②₁	粉质黏土	18.8	3.70×10^{-6}	4.40×10^{-6}	34.4	14.7
②₂	黏质粉土	18.6	3.40×10^{-4}	4.10×10^{-4}	8.3	25.4
③	淤泥质粉质黏土	17.3	3.60×10^{-7}	4.40×10^{-7}	9.9	8.4

1.3 周边环境

基坑周边环境较复杂，北侧为市政道路，基坑距离道路边线为 14.00～18.00m；西侧为市政道路，基坑距路边线 16.50～18.50m，西侧道路下有处于运营阶段的地铁线路，基坑距地铁盾构隧道 26m，对基坑开挖的土体变形要求极为严格；东侧、南侧为已有建筑，基坑距已有建筑为 10m 左右；基坑周围空间比较狭窄。

2 基坑围护做法

（1）沿所有基坑周边上部放坡约 1m，根据场地许可设置 1～2m 宽的平台，起到卸土作用的同时方便现场施工。坡面喷射混凝土面层强度等级为 C25，锚喷面层厚度为 100mm。坡面处配 φ6.5@200 双向钢筋网，钢筋网与坡面间必要时可采用短钢筋进行固定。

（2）采用渠式切割法施工连续的等厚度水泥土搅拌墙，厚度 700mm。水泥掺量不小于 22%，水灰比 1.5，挖掘液采用钠基膨润土拌制，每立方被搅土体掺入约 100kg/m³ 的膨润土。等厚度水泥土搅拌墙 28d 无侧限抗压强度标准值不小于 0.8MPa。

（3）在水泥土搅拌墙中植入预应力混凝土板桩，形成复合墙结构，其中连续水泥墙体用于止水，混凝土板桩用于受力。基坑围护做法如图 1 所示。

（4）混凝土板桩的构造形式如图 2 所示，板桩宽度 988mm，厚度 400mm，内部设置两个 370mm×240mm 的孔洞，两根相邻板桩在连接处分别设置凹凸槽，方便连接。板桩混凝土强度等级为 C60，板桩根据受力需求采用不对称配筋，纵向受力筋采用抗拉强度不小于 1420MPa、35 级延性低松弛预应力螺旋槽钢棒，坑内侧配筋为 11φ12.6，迎土侧配筋为 11φ9.0，螺旋箍筋采用一级普通钢筋 φ6@100/200。板桩总长为 20m，配桩桩长分别 13m 和 7m（含桩尖），

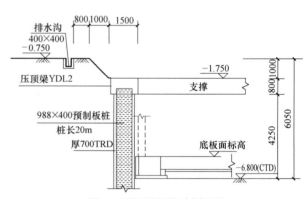

图 1 基坑围护设计剖面图

Fig. 1 Design section of foundation pit support

接桩采用螺锁式机械接头，为满足设计要求，长短桩交替作为第一节桩，保证桩接头不在同一标高处。

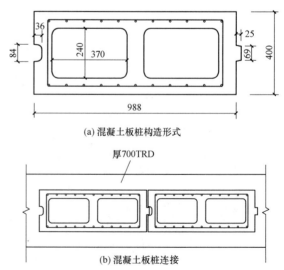

(a) 混凝土板桩构造形式

(b) 混凝土板桩连接

图 2 混凝土板桩构造形式及连接

Fig. 2 Structural form and connection of concrete sheet pile

（5）本项目设置一道混凝土水平支撑，板桩顶部与压顶梁通过灌芯做法连接。

3 基坑围护施工要点

（1）等厚度水泥土搅拌墙正式施工之前，应进行现场等厚度水泥土搅拌墙试成墙试验，以检验等厚度水泥土搅拌墙施工工艺的可行性以及成墙质量，确定实际采用的挖掘液膨润土掺量、固化液水泥掺量、水泥浆液水灰比、施工工艺、挖掘成墙推进速度等施工参数和施工步骤等。

（2）等厚度水泥土搅拌墙的垂直度偏差不大于1/250，墙位偏差不大于50mm，墙深偏差不得大于50mm，成墙厚度偏差不得大于20mm。

（3）渠式切割水泥土连续墙宜连续施工，如遇停机后再次接续施工，需回行切割已施工墙体500mm以上。

（4）渠式切割水泥土连续墙施工遇到坚硬土层时，可采取旋挖取土或其他钻掘设备预取土的辅助措施。

（5）预制板材的垂直度偏差均不应大于1/200。混凝土预制板材平面允许偏差不应大于50mm，顶标高偏差不应大于50mm。

（6）混凝土预制板材起吊应满足构件抗裂要求。

4 混凝土板桩形式优化

为了更好地控制混凝土板桩施工质量以及提高混凝土板桩自身的防水效果，对图2的构造形式进行优化，如图3所示。将图2中的凹凸槽连接优化为燕尾槽连接，板桩施工定位更精确；相邻板桩间留置注浆孔，清孔后可进行二次注浆，注浆孔中可插入橡胶止水片，该做法大大提高了板桩自身的止水效果，使得混凝土板桩不仅可作为基坑围护挡土墙使用，还有作为地下室永久外墙使用的可能性。

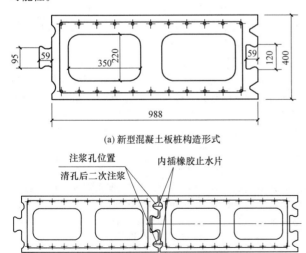

(a) 新型混凝土板桩构造形式

(b) 新型混凝土板桩连接

图3 新型混凝土板桩构造形式及连接

Fig. 3 Structural form and connection of
new concrete sheet pile

5 结论

（1）在等厚度水泥土搅拌墙中植入混凝土板桩，形成集挡土与止水功能于一体的钢筋混凝土地下连续墙，较现有支撑形式在施工质量、施工工期、施工成本上均有较大优势；

（2）螺锁式连接的预应力混凝土板桩，为工厂化生产的预制构件，施工质量有保证，现场通过螺锁式机械接头连接，接桩快速、质量可靠；

（3）内部留置孔洞的矩形截面混凝土板桩，在能提供较大弯矩的同时还能节约混凝土用量，构造形式合理；

（4）优化的新型混凝土板桩，燕尾槽连接使得板桩施工定位更精确，相邻板桩间留置注浆孔可进行二次注浆，并可插入橡胶止水片。该做法提高了板桩自身的止水效果，使得混凝土板桩有作为地下室永久外墙使用的可能性。

参考文献：

[1] 刘晓煜，严平. 双排预制工字形桩在软土深基坑中的应用[J]. 低温建筑技术，2010，32(5)：93-95.

[2] 周玉石. 基坑围护中的预制拼装钢筋混凝土构件选型及应用技术研究[J]. 建筑施工，2018，40(6)：904-909.

竹节桩加固挤密螺纹桩复合地基数值分析

丁继辉[*1]，于增辉[1]，王雪梅[2]，王浩晨[1]，严盛康[1]

(1. 河北大学 建筑工程学院，河北 保定　071002；2. 中国二十二冶集团有限公司，河北 唐山　064099)

摘　要： 沿海软土地区料棚变截面挤密螺纹桩复合地基的地基承载力有所提高，但不能满足一次性堆载要求，采用竹节桩＋筏板的形式对挤密螺纹桩复合地基进行加固。分别对变截面挤密螺纹桩复合地基和竹节桩加固挤密螺纹桩复合地基进行数值模拟。数值模拟结果表明，变截面挤密螺纹桩复合地基的沉降与料库运行时的最大沉降量接近；竹节桩加固挤密螺纹桩复合地基后的沉降量从 1362mm 降低到 171mm，满足沉降量小于 500mm 的要求；桩的水平位移从 98mm 减少到 10.4mm；安全系数从 1.02 增加到 1.27。加固后的竹节桩＋筏板基础满足堆载和料棚的使用要求。

关键词： 变挤密螺纹桩；竹节桩；复合地基加固；数值分析

作者简介： 丁继辉（1962—　），女，博士，教授，主要从事岩土工程与地基处理等方面的教学和科研。E-mail：dingjihui@126.com；djh@hbu.edu.cn。

Numerical analysis of nodular piles for strengthening compacted screw pile composite foundation

DING Ji-hui[*1]，YU Zeng-hui[1]，WANG Xue-mei[2]，WANG Hao-chen[1]，YAN Seng-kang[1]

(1. College of Civil Engineering and Architeture，Hebei University，Baoding Hebei 071002，China 2. China No. 22 MCC Group Corporation，Tangshan Hebei 064099，China)

Abstract： In coastal soft soil areas，the bearing capacity of the composite foundation of variable cross-section compacted screw piles in the shed has been improved，but it cannot meet the requirements of one-time stacking. The composite foundation of compacted screw piles is reinforced by the form of nodular piles and rafts. Numerical simulations are carried out on the composite foundation of variable cross-section screw compaction pile and the composite foundation of nodular pile reinforced compact screw pile. Numerical simulation results show that the settlement of the composite foundation of variable cross-section compacted screw piles is close to the maximum settlement during the operation of the silos；The settlement of the composite foundation of the compacted threaded pile reinforced by the nodular pile is reduced from 1362mm to 171mm；The horizontal displacement of the pile is reduced from 98mm to 10.4mm；The safety factor was increased from 1.02 to 1.27. The reinforced bamboo pile ＋ raft foundation meets the requirements of stacking and shed.

Key words： variable density screw pile；nodular pile；composite foundation reinforcement；numerical analysis

0　引言

挤密螺纹桩复合地基可增加桩身的粗糙度，加大桩身的侧摩阻力，减少桩体和复合地基沉降。孙文怀，张元冬等[1]分析了螺纹桩的受力机理，探讨了螺纹桩单桩承载力的确定方法。窦德功，冷伍明等[2,3]分析了螺纹桩竖向承载机理，给出螺纹桩竖向极限承载力理论计算公式。Ho Hung Manh，Muhammad Azhar SALEEM 等[4,5]采用室内模型试验研究螺纹桩的传递机理等。周杨，肖世国等[6]通过室内模型试验和数值模拟，研究了变截面螺纹桩的竖向承载特性，结果表明变截面螺纹桩的螺纹结构及圆台形桩身能大幅度提高侧摩阻力。钱建固，周敏明等[7,8]对新型注浆成型螺纹桩抗拔桩-土界面开展试验研究和数值模拟，研究表明螺纹加固效应主要是增大桩土间的黏聚力。挤密螺纹桩复合地基的设计和施工还处于探索阶段，缺乏深入的理论研究。

竹节桩是一种新型的预应力管桩，其通过在桩体外侧加设环状凸肋和纵状凸肋来增加桩-土接触面积以提高

单桩承载力。静钻根植竹节桩主要通过桩周水泥土改善桩-土接触面摩擦性质以及桩端水泥土扩大头改善桩端承载性能。何福渤[9]通过长螺旋钻孔植桩和锤击法施工的竹节桩单桩抗压承载力试验，表明锤击法施工的竹节桩的承载力大于锤击法施工的 PHC 管桩，长螺旋钻孔植桩工法竹节桩的承载力比锤击法施工 PHC 管桩承载力提升明显。周佳锦，王奎华，龚晓南等[10-12]采用理论分析、数值模拟、现场试验和模型试验，研究静钻根植竹节桩的承载特性和变形特性。

沿海软土区料棚采用挤密螺纹桩复合地基，地基承载力有所提高，但不能满足一次性堆载要求。在堆载作用下发生过大的竖向沉降和水平变形，导致料棚边柱桩基水平变形过大等问题，使料棚处于超危状态。因此，采用竹节桩＋筏板的形式加固挤密螺纹桩复合地基。分别对挤密螺纹桩复合地基和竹节桩加固复合地基进行数值模拟，对比两者的地表沉降、土体水平位移、复合桩水平位移和安全系数，来说明竹节桩加固复合地基的可行性。

1 桩基础的本构模型

复合地基在竖向荷载作用下，荷载较小时，桩及桩周土在弹性范围内工作；随着荷载的增大，桩及桩周土可能进入塑性状态。在弹塑性问题中，考虑各向同性材料，塑性本构关系采用相关联的塑性流动法则。应力屈服函数采用等向硬化-软化的 Drucker-Prager 函数：

$$F(I_1, J_2) = \alpha I_1 + J_2^{1/2} - H = 0 \qquad (1)$$

$$\alpha = \frac{2\sin\varphi}{\sqrt{3}(3+\sin\varphi)}, \quad H = \frac{6c\cos\varphi}{\sqrt{3}(3+\sin\varphi)} \qquad (2)$$

式中，I_1 为第一应力状态不变量；J_2 为第二应力状态不变量；α、H 为材料参数；c、φ 分别为土体的黏聚力、内摩擦角。

2 桩基础有限元计算模型

2.1 模型基本假定

（1）桩体和桩周围土体为均质各向同性体。

（2）桩体和桩周围土体均为弹塑性体，屈服准则符合 Drucker-Prager 准则。

（3）在竖向荷载作用下，桩体与周围土体之间的相互作用通过特殊界面单元来模拟，界面的行为用弹-塑性模型来描述。界面的弹性行为用于考虑挤密螺纹桩与周围土体在平面外方向上平均位移之差，这和挤密螺纹桩的间距与其直径之间的相对大小有关。对于界面的塑性行为，用桩侧摩阻力和端阻力来定义。

2.2 边界条件

考虑竖向荷载下桩身与土体的可能变形，在计算模型中，土体的下边界设为垂直、水平两个方向约束。土体的左右边界水平向约束，垂直方向自由，土体的上边界自由。

3 工程实例

3.1 工程概况

场地内主要土层从上至下：①层人工填土、②层软土、③层粉质黏土、④层粉土、⑤层粉质黏土、⑥层粉土、⑦层粉砂夹粉土、⑧层粉质黏土、⑨层粉砂、⑩层粉质黏土等。特殊土为人工填土和软土。稳定水位标高 1.25～2.75m。人工填土成分复杂，密实度不均匀，工程性能差。场地内分布的软土为流塑状态的淤泥质粉质黏土层，具有强度低、压缩性高、渗透性弱、灵敏度高、工程性能差的特点，揭露最大达 13.50m。当其成为原料堆场的下卧层时，易发生较大变形。主要物理力学性质指标如表 1 所示。

如图 1 所示，原料库采用变截面挤密螺纹桩复合地基进行处理，桩间距为 1.8m×1.8m，桩身采用 C20 混凝土浇筑，桩身上部 2/3 长度直径 400mm，下部 1/3 长度桩径 300mm，桩长 15m；第⑤层土层作为桩端持力层，局

部采用第⑥层作为桩端持力层，且桩端进入持力层均不小于 1.0m。料库棚架基础采用劲性复合桩基，5 桩 1 承台，承台埋深 1.6m。外围为直径 700mm 的水泥搅拌桩，长 22m，内芯为 PHC-500AB-125 预应力管桩，长 20m。在料库堆料至 5～6m 高度时，地面发生沉陷，最大沉陷量约 1.30m，料库边柱发生了不同程度的轴线偏移现象，出现了较大的变形，最大水平位移达 680mm，发生较大险情。原料库拟采用桩筏基础进行加固，来满足生产的需要。筏板厚度为 0.4m，采用 C30 混凝土浇筑。桩体采用 T-PHC400-B-95 竹节桩，桩长 30m。要求桩筏基础加固后，复合地基承载力达到 175kPa（加载至 7m），工后沉降小于 500mm，且安全系数大于 1.2。

各土层的物理力学参数 表 1

Physical and mechanical parameters of each soil layer Table 1

土层名称	厚度 (m)	密度 (g/cm³)	弹性模量 (kPa)	泊松比	黏聚力 (kPa)	内摩擦角 (°)
杂填土	3	1.60	3000	0.33	5	20.0
淤泥质粉质黏土	7	1.73	3100	0.35	12.5	8.2
粉质黏土	4	1.79	3580	0.35	16.0	9.8
粉土	5	1.80	5040	0.30	12.8	17.7
粉细砂	3	1.86	5650	0.28	12.9	18.9
粉质黏土	18	1.85	8300	0.30	26.4	14.1

如图 1 所示，取左半部建立数值模拟，模型取料库的一个立柱间距的标准段厚度为 9m，宽度为 100m，高度 40m。堆料重度为 23kN/m³，模拟挤密螺纹桩复合地基堆料逐步堆载至 6m，竹节桩复合地基堆料逐步堆载至 7m，堆料区的荷载为梯形荷载。计算模型的计算参数如表 2 所示。

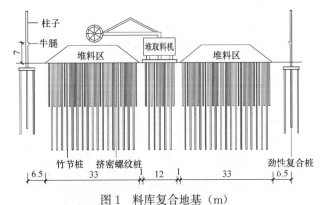

图 1 料库复合地基（m）

Fig. 1 Composite foundation for silos（m）

3.2 结果分析

（1）地表沉降

不同堆载高度的地表沉降如图 2 所示。由图可知，随着堆料的增加，挤密螺纹桩复合地基和竹节桩加固复合

地基的沉降都逐渐增大,且最大沉降都发生在堆料区中心处。但竹节桩加固复合地基的沉降比螺纹桩复合地基较协调,说明筏板基础起了很大的作用。在同一堆载高度时,竹节桩加固复合地基的沉降比螺纹桩复合地基的沉降要小,且随着堆载的增加,这种现象越来越明显。当堆载至最终高度时,挤密螺纹桩复合地基的最大沉降为1362mm(堆载至6m),与现场监测沉降量基本一致;竹节桩加固复合地基的最大沉降为171mm(堆载至7m),满足沉降小于500mm且加固后地基承载力达到175kPa的要求。

计算模型的计算参数 表 2

Calculation parameters of the calculation model

Table 2

材料	弹性模量 (MPa)	重度 (kN/m³)	直径 (m)	壁厚 (mm)
挤密螺纹桩	28990	25	0.4/0.3	—
水泥搅拌桩	4470	19	0.7	—
内芯桩	41240	25	0.5	125
柱子	33400	25	0.7	—
筏板	30000	25		400
竹节桩 T-PHC400-B-95	33400	25	0.4	95

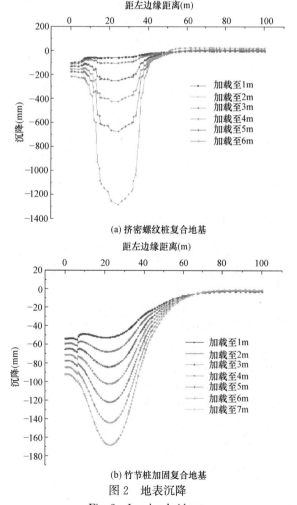

图 2 地表沉降

Fig. 2 Land subsidence

(2)土体水平位移

不同堆载高度的土体最大水平位移如图3所示。由图可知,随着堆载的增加,挤密螺纹桩复合地基和竹节桩加固复合地基的土体最大水平位移增加。在同一堆载高度时,竹节桩加固复合地基的土体最大水平位移比挤密螺纹桩复合地基的要小,且随着堆载的增加,这种现象越明显。当堆载至最终高度时,挤密螺纹桩复合地基的土体最大水平位移和竹节桩加固复合地基的土体最大水平位移分别为138mm(堆载至6m)和25.7mm(堆载至7m),竹节桩加固复合地基的土体最大水平位移为挤密螺纹桩复合地基的18.6%。说明竹节桩加固复合地基效果明显。

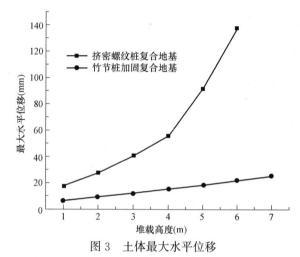

图 3 土体最大水平位移

Fig. 3 Maximum horizontal displacement of soil

(3)劲性复合桩水平位移

不同堆载高度下劲性复合桩的水平位移如图4、图5所示。由图4可知,随着堆载高度的增加,挤密螺纹桩复合地基和竹节桩加固复合地基的内芯桩水平位移不断增加。随着深度的增加,挤密螺纹桩的内芯桩水平位移先增加后减小,在桩身12m处达到最大值。竹节桩加固复合地基的内芯桩水平位移在桩顶处达到负向最大值,是因为筏板基础在堆载下产生沉降,使两侧桩体的桩顶随着筏板的沉降迅速向中间靠拢,从而产生负向位移。随着深度的增加,负向位移呈减小的趋势,在深度0~3m范围内,负向位移减小的速率较大,在桩身3~9m范围内,负向位移减小的速率较小,基本为0,位移基本不变,在9~20m的范围内,负向位移继续减小,直至为0,然后继续反向增大。由图5可知,随着堆载的增加,挤密螺纹桩复合地基和竹节桩加固复合地基的劲性复合桩最大水平位移逐渐增加,在同一堆载高度时,竹节桩加固复合地基的劲性复合桩最大水平位移比挤密螺纹桩复合地基的要小得多,且随着堆载的增加,这种现象越明显。当堆载至最终高度时,竹节桩加固复合地基的左侧水泥搅拌桩最大位移、内芯桩最大位移、右侧水泥搅拌桩最大位移为挤密螺纹桩复合地基的13.9%、10.6%、15.9%,说明竹节桩加固复合地基效果明显。

(4)安全系数

不同堆载高度下的安全系数如图6所示。由图可知,随着堆载高度的增加,挤密螺纹桩复合地基的安全系数和竹节桩加固复合地基的安全系数都逐渐减小。在同一堆载高度时，竹节桩加固复合地基的安全系数比挤密螺纹桩的要大，说明竹节桩加固复合地基更安全。当堆载至最终高度时，挤密螺纹桩复合地基和竹节桩加固复合地基的安全系数分别为 1.02（加载至 6m）和 1.27（加载至 7m），满足安全系数大于 1.2 的要求。

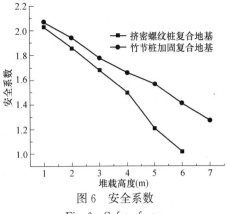

图 6 安全系数
Fig. 6 Safety factor

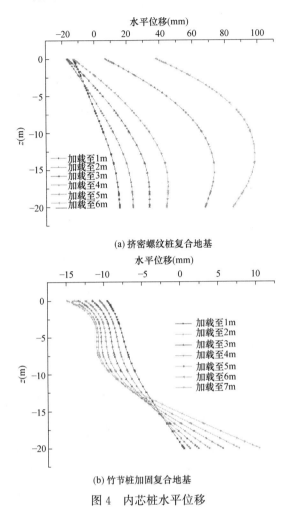

(a) 挤密螺纹桩复合地基

(b) 竹节桩加固复合地基

图 4 内芯桩水平位移
Fig. 4 Horizontal displacement of inner core pile

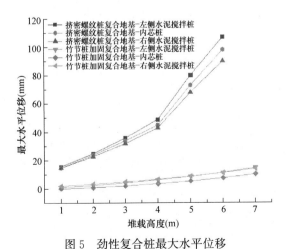

图 5 劲性复合桩最大水平位移
Fig. 5 Maximum horizontal displacement of rigid composite pile

4 结论

沿海软土地区料棚变截面挤密螺纹桩复合地基不能满足一次性堆载的要求，现场采用了桩＋筏板的形式对挤密螺纹桩进行加固，对两种复合地基分别进行数值模拟，得到结论如下：

（1）挤密螺纹桩复合地基的沉降与现场监测沉降量基本一致。竹节桩加固挤密螺纹桩复合地基后的沉降量从 1362mm 降低到 171mm，满足沉降小于 500mm 的要求。

（2）竹节桩加固挤密螺纹桩复合地基后，土体的最大水平位移为原来的 18.6％，劲性复合桩中左侧水泥搅拌桩、内芯桩、右侧水泥搅拌桩分别为原来的 13.9％、10.6％、15.9％。竹节桩加固效果明显。

（3）竹节桩加固挤密螺纹桩复合地基后，安全系数从 1.02 增加到 1.27，满足安全系数大于 1.2 的要求。

参考文献：

[1] 孙文怀, 张元冬. 螺纹桩在软弱地层中的应用[J] 华北水利水电学院学报, 2009, 3(6): 74-76.

[2] 窦德功, 高倩. 螺纹桩竖向承载力及其影响因素研究[J]. 港口技术. 2019, (6): 55-59.

[3] 冷伍明, 魏广帅. 螺纹桩竖向承载特性及承载机理研究[J]. 铁道工程学报. 2020, 260(5): 1-6.

[4] Ho Hung Manh, Malik Adnan Anwar et al. Influence of helix bending deflection on the load transfer mechanism of screw piles in sand: Experimental and numerical investigations[J]. Soils and Foundations. 2021.

[5] Muhammad Azhar SALEEM et al. Model study of screw pile installation impact on ground disturbance and vertical bearing behaviour in dense sand[J]. 2021 IOP Conf. Ser.: Earth Environ. Sci. 710 012056.

[6] 周杨, 肖世国. 变截面螺纹桩竖向承载特性试验研究[J]. 岩土力学, 2017, 38(3): 747-756.

[7] 钱建固, 陈宏伟. 注浆成型螺纹桩接触面特性试验研究[J]. 岩石力学与工程学报, 2013, 32(9): 1744-1750.

[8] 周敏明, 钱建固. 注浆成型螺纹桩桩土接触面机制的离散元模拟[J]. 岩土力学. 2016, 37(1): 591-597.

[9] 何福渤. 长螺旋钻孔植桩工法竹节桩承载力试验研究[J]. 建筑科学. 2021, 37(1): 50-56.

[10] 周佳锦, 王奎华. 静钻根植竹节桩桩端承载性能试验研究[J]. 岩土力学. 2016, 37(9): 2603-2610.

[11] 周佳锦, 龚晓南. 软土地区填砂竹节桩抗压承载性能研究[J]. 岩土力学. 2018, 39(9): 3425-3433.

[12] 凌造, 吴江斌. 软土地层静钻根植桩承载性状数值模拟分析[J]. 建筑科学. 2020, 36(S1): 94-103.

嵌岩基桩反应位移法解及试验验证研究

邱明兵，高文生，秋仁东，赵晓光

（中国建筑科学研究院，北京 100013）

摘　要：国内外学者从地下结构动力监测数据中总结出：地下结构运动相互作用主要受地层位移影响，从而提出反应位移法。当前该法主要应用于分析地下车站横断面结构和隧道纵向结构抗震，在基桩中应用较少。文中梳理了反应位移法应用于单桩的数学模型要点，并建立均匀场中双弹簧反应位移法的控制微分方程，推导出通解和特解。在桩周设置双弹簧能获得"主动侧"和"被动侧"土压力。进一步引入桩顶滑动、桩端嵌固的边界条件，结合嵌岩大型振动台试验参数，得到桩身位移、弯矩和剪力。将反应位移法分析的弯矩结果与振动台试验结果的规律进行比较，二者的弯矩极值和最大值分布规律较为一致。这表明：如果地层位移和地基弹簧系数较为准确，反应位移法应用于嵌岩桩分析桩身弯矩就比较可靠。将此结论应用于工程中，就是高烈度区嵌岩桩，纵筋宜全部拉通，不宜在桩身中部截断部分纵筋。

关键词：反应位移法；嵌岩桩；地基弹簧系数；双弹簧反应位移法；振动台试验；主动侧；被动侧

作者简介：邱明兵（1975—　），男，高级工程师，主要从事桩基础科研和工程。E-mail：qiumb@sina.com。

Comparison between the solution of reaction displacement method and the test law of rock socketed pile

QIU Ming-bing, GAO Wen-sheng, QIU Ren-dong, ZHAO Xiao-guang

（China Academy of Building Research，Beijing 100013，China）

Abstract：From the dynamic monitoring data of underground structures，scholars at home and abroad have concluded that the interaction of underground structures is mainly affected by the ground displacement，so the response displacement method is proposed. At present，this method is mainly used to analyze the cross-section structure of underground station and the longitudinal structure of tunnel，but less used in foundation pile. In this paper，the main points of the mathematical model of the application of the response displacement method to the single pile are summarized，and the control differential equation of the double spring response displacement method is established，and the general and special solutions are derived. The "active side" and "passive side" earth pressures can be obtained by setting double springs around the pile. Furthermore，the boundary conditions of pile top sliding and pile end embedding are introduced，and the pile displacement，bending moment and shear force are obtained by combining with the large-scale shaking table test parameters of rock socketed pile. Comparing the bending moment results of the response displacement method with the shaking table test results，the maximum and maximum bending moment distribution of the two methods are consistent. This shows that if the ground displacement and the spring coefficient of foundation are accurate，the application of the reaction displacement method to the analysis of pile bending moment of rock socketed pile is more reliable. The application of this conclusion to engineering is that the longitudinal reinforcement of rock socketed pile in high intensity area should be pulled through completely，and it is not suitable to cut off some longitudinal reinforcement in the middle of pile body.

Key words：reaction displacement method；rock socketed pile；foundation spring coefficient；double spring reaction displacement method；shaking table test；active side；passive side

0　引言

　　嵌岩桩从竖向力受荷性状的角度分析，荷载有相当一部分会从桩顶传递到桩端，桩身全长度范围均有较大受压应力，因此现行国家标准[1]和行业标准[2]中规定要通长配筋，行业标准[2]则指出可分段通长配筋，这也有节约建材、经济环保的含义。但在地震作用下嵌岩桩纵筋是否可截断，理论和试验研究尚需进一步验证。

　　地下结构在地震作用下，承受两个作用：上部结构的惯性相互作用和自由场的运动相互作用[3]。岩土抗震科研人员通过地下结构的动力响应监测数据总结出：地下结构变形主要受到地层位移强迫作用，其振动周期与地层一致[4]。反应位移法能比较准确反映运动相互作用机理，被规范[5-15]广泛应用在地下结构抗震简化分析中。国内学者也进行了深入研究[16-25]。

　　本文用双弹簧反应位移法求解嵌岩桩运动相互作用效应，并与试验规律比较。

1　反应位移法应用于基桩的数理模型要点

　　根据国家标准[5,6]总结出利用反应位移法计算桩基础运动相互作用的数理模型要点如下：

　　（1）基桩受到的地震作用是土层地震动相对位移。

　　（2）这种抗震计算方法是拟静力法；桩基用梁单元建

基金项目：中国建筑科学研究院基础研究项目《土-结动力相互作用下土压力试验研究》20171602330710007。

模；弹簧作用于梁单元的左右两侧。

（3）地层相对位移是一种强迫位移，施加在单侧弹簧非结构端即支座端。

（4）根据国家标准《地下结构抗震设计标准》GB/T 51336—2018[5] 中第6.2.3条条文说明可以看出在桩身范围内假定刚度 k 为常数；因此本模型采用的刚度为常数 k。

（5）基桩还受到桩底剪力，但是在国家标准《城市轨道交通结构抗震设计规范》GB 50909—2014[6] 中，忽略不计。本模型选择忽略不计。

（6）桩顶受到上部结构的惯性力，桩身的惯性力极小。本文仅研究运动相互作用，不含上部结构惯性力，忽略桩身惯性力。

2 桩基的反应位移法数学模型及解

2.1 桩身位移控制方程和解

目前应用于桩基础的反应位移法源于日本文献[8]，该文献提出的反应位移法采用单弹簧模型。国家标准[6] 提出的桩基础集中参数模型中，基桩两侧均设置弹簧，但是该模型两侧弹簧支座均固定，会同时出现一侧受压另一侧受拉的情况，当出现拉力时应释放弹簧刚度。

国家标准[4] 基于张建民团队[26-29] 研究成果提出浅埋刚性挡墙的动土压力计算式，其研究表明土中结构物在地震时承受双侧土压力，没有拉力出现。文献[30]通过振动台试验测到承台两侧同时出现动土压力，同一时刻并非一侧受压另一侧受拉。因此，在地震工况下，土中桩体应受到双向受压，不会同时出现一侧受拉一侧受压的情况。

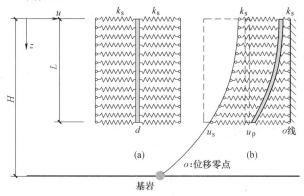

图1 双弹簧反应位移法模型
（a）土层静止状态；（b）受土层位移作用变形状态

对于均匀场地，建立如图1的双弹簧反应位移法模型。图1（a）是土层静止状态，自由场厚度 H（m），桩

长 L（m），桩径 d（m），桩的左右两侧受均匀弹簧约束，弹簧刚度 k_s（kN/m³），混凝土弹性模量 E（kN/m²）。按右手螺旋原则建立坐标系。需要指出的是，弹簧支座的 O 线跟位于基岩的"O：位移零点"具有同样物理意义。

如图1（b）所示，在桩左侧弹簧支座施加强迫位移 u_s，该强迫位移是场地自由振动产生，根据《地下结构抗震设计标准》GB/T 51336—2018[5] 中第6.2.4条，有下式：

$$u(z)=\frac{1}{2}u_{max}\cos\frac{\pi z}{2H}$$

式中，地表最大位移 u_{max} 按《城市轨道交通结构抗震设计规范》GB 50909—2014[6] 第5.2.2条取值。

以桩身为研究对象，土层向右给弹簧一个强迫位移 u_s，如果桩身不动，那么左侧土体给桩身的压力 $F_{L0}=k_s\cdot u_s$；实际上桩身向有产生位移 u_p，这样桩身左侧受到的压力，即主动侧压力是 $F_L=k_s\cdot(u_p-u_s)$；桩身右侧受到的压力，即被动侧压力是 $F_R=k_s\cdot u_p$。

桩受横向荷载控制方程为：即

$$EI\frac{d^4u_p}{dz^4}=k_sd(u_s-u_p)-k_sdu_p \quad (1)$$

整理为：

$$\frac{d^4u_p}{dz^4}+\frac{2k_sd}{EI}u_p=\frac{k_sd}{EI}u_s \quad (2)$$

桩身位移解为：

$$u_p=[\beta_z][C]^T+U\cos\lambda z \quad (3)$$

式（3）中，

$[\beta_z]=[e^{-\beta z}\cos\beta z \quad e^{-\beta z}\sin\beta z \quad e^{\beta z}\cos\beta z \quad e^{\beta z}\sin\beta z]$

$[C]=[C_1 \quad C_2 \quad C_3 \quad C_4]$

C_1,C_2,C_3,C_4 是待定常数，由边界条件确定。

$U=\sqrt[4]{\frac{1}{2}}\frac{u_{max}}{2\times(1+(\lambda/\alpha)^4)},\beta=\frac{\sqrt{2}}{2}\alpha,\alpha=\sqrt[4]{\frac{2k_sd}{EI}},\lambda=\frac{\pi}{2H}$。

2.2 嵌岩桩的解

本文聚焦研究运动相互作用，无上部结构，桩顶为自由边界模型，桩端为嵌固边界。

边界条件的方程见式（4）。

代入式（3），得到下式：

$$u_p=[\beta_z][\beta_0]^{-1}[u_0]^T+U\cos\lambda z \quad (5)$$

3 桩顶自由桩端嵌岩的算例

某工程位于8度设防区，基本加速度为 $0.2g$，Ⅳ类场地，查《城市轨道交通结构抗震设计规范》GB 50909—

$$[\beta_0][C]^T=[u_0]^T \quad (4)$$

$$[u_0]^T=[0 \quad 0 \quad -U\cos\lambda L \quad \lambda U\sin\lambda L]^T$$

$$[\beta_0]=\begin{bmatrix} -\beta & \beta & \beta & \beta \\ 2\beta^3 & 2\beta^3 & -2\beta^3 & 2\beta^3 \\ e^{-\beta z}\cos\beta z & e^{-\beta z}\sin\beta z & e^{\beta z}\cos\beta z & e^{\beta z}\sin\beta z \\ -\beta e^{-\beta L}(\cos\beta L+e^{-\beta L}\sin\beta L) & -\beta e^{-\beta L}(\sin\beta L-\cos\beta L) & \beta e^{\beta L}(\cos\beta L-\sin\beta L) & \beta e^{\beta L}(\sin\beta L+\cos\beta L) \end{bmatrix}$$

嵌岩桩桩身效应计算结果 表1

距离地表深度	自由场位移	桩身位移	桩身弯矩	桩身剪力	被动侧压力	主动侧压力	压力差	桩土位移比
z(m)	u_s(mm)	u_p(mm)	(kN·m)	(kN)	$F_r = k_s \cdot u_p$ (向左)	$F_L = k_s(u_s - u_p)$ (向右)	(kN/m²)	u_p/u_s
0	110.50	94.48	0.00	0.00	944.78	160.22	−784.56	0.86
1	110.26	93.35	7.29	12.72	933.47	169.16	−764.31	0.85
2	109.55	92.18	22.47	16.47	921.75	173.79	−747.96	0.84
3	108.38	90.89	38.53	15.06	908.85	174.91	−733.94	0.84
4	106.73	89.39	51.81	11.27	893.95	173.40	−720.55	0.84
5	104.64	87.63	60.90	6.92	876.34	170.01	−706.33	0.84
6	102.09	85.56	65.81	3.03	855.57	165.32	−690.25	0.84
7	99.10	83.14	67.28	0.08	831.36	159.68	−671.68	0.84
8	95.70	80.36	66.35	−1.76	803.64	153.32	−650.32	0.84
9	91.88	77.24	64.14	−2.48	772.44	146.33	−626.11	0.84
10	87.67	73.79	61.74	−2.14	737.89	138.77	−599.12	0.84
11	83.08	70.01	60.19	−0.81	700.10	130.69	−569.41	0.84
12	78.14	65.91	60.41	1.37	659.14	122.21	−536.93	0.84
13	72.86	61.50	63.12	4.10	615.01	113.57	−501.44	0.84
14	67.27	56.76	68.58	6.74	567.56	105.12	−462.44	0.84
15	61.39	51.65	76.21	8.19	516.51	97.40	−419.11	0.84
16	55.25	46.15	83.99	6.69	461.46	91.04	−370.42	0.84
17	48.87	40.20	87.76	−0.29	402.03	86.70	−315.32	0.82
18	42.29	33.80	80.53	−15.89	338.04	84.82	−253.22	0.80
19	35.52	26.99	51.99	−43.42	269.93	85.26	−184.68	0.76
20	28.60	19.93	−11.15	−85.38	199.33	86.74	−112.51	0.70
21	21.56	12.94	−123.59	−141.65	129.37	86.21	−43.16	0.60
22	14.42	6.62	−297.54	−206.92	66.23	78.00	11.77	0.46
23	7.23	1.90	−535.90	−267.19	18.97	53.30	34.33	0.26
24	0.00	0.00	−821.55	−295.81	0.00	0.00	0.00	0.07

2014[6] 得到地面峰值位移 $u_{max} = 0.13 \times 1.7 = 0.221$m。桩长 $L = 24$m，直径 $d = 0.6$m，$E = 3 \times 10^7$ kN/m²。

基岩上覆土层 24m，为均匀软土场地，查《城市轨道交通岩土工程勘察规范》GB 50307—2012[31] 得到地基弹簧刚度 $k_s = 10$MPa/m，计算单桩位移 u_p，弯矩 M_p，桩身主动侧压力 F_L 和被动侧压力 F_r 等。

按照上述解的过程，编制程序，计算结果见表1。

从图 2（a）可以看出：

（1）桩身位移跟自由场位移同一方向，说明桩随着土体移动。有观点认为，桩身位移 u_p 等于土层位移 u_s，从这次分析来看，两者明显不等。远离桩端约束的桩身与自由场位移比，稳定在 0.84。

（2）桩身位移均小于土层位移。这表明桩身刚度发挥作用，减小了桩身位移。

（3）由于桩端约束，桩身位移曲率与土层位移曲率完全不同，甚至会有反向的情况。

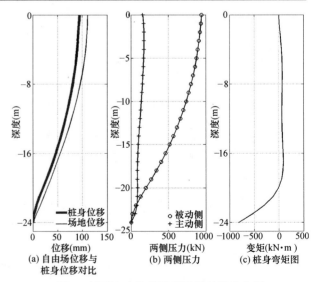

图 2 桩顶自由桩端嵌岩计算结果分布图

从图2（b）主动侧压力和被动侧压力分布图可以看出：

（1）在桩身范围内，主动侧压力和被动侧压力均为正值，表明土体"握着"基桩在振动，基桩四周的土体均处于受压状态。一般的直觉是，桩基一侧的土体受压，可能另一侧土体就会受拉。这种直觉源于基桩受水平推力的经验。当基桩顶部受水平静推力时，桩位移的前端土体受压，后部土体受拉，甚至出现脱离。而在运用相互作用中，基桩被四周土体紧紧"握住"，不会脱离。

这里明确指出："两侧压力"分别对应"主动侧压力"和"被动侧压力"[5]，而不是"主动压力"和"被动压力"。

（2）由于桩顶自由、桩端嵌固的边界条件影响，桩身上部的被动侧压力大于主动侧压力，下部被动侧压力小于主动侧压力。

从图2（c）嵌岩桩桩身弯矩分布图可以看出：

（1）地震对基桩产生的运动相互作用，桩身弯矩在桩端最大，桩顶为零。可见桩身弯矩受边界条件影响较大。从数量级上看，桩端弯矩最大可达821kN·m。实践中即使考虑嵌固效应非完全刚性对弯矩折减，其数值足以使桩径600mm的桩身破坏。

（2）桩身弯矩有正有负，这主要是有嵌岩边界条件引起。在桩身中部，弯矩有极值，从量值上看，仅为桩端的18%。实践中考虑嵌固效应非完全刚性，在桩端释放的弯矩转移到桩身，那么桩中部和桩端的弯矩会接近，这表明高烈度区，嵌岩桩的纵筋从桩端到桩顶，不宜截断，通长为宜。

4　与振动台试验结果的规律进行对比

为了研究地震作用下嵌岩桩的响应，中国建筑科学研究高文生研究员等进行了振动台试验研究，并形成研究报告《桩端嵌固效应对桩基础的抗震性能影响研究》（2015年12月）。

试验桩直径60mm，桩长2350mm。图3为桩顶自由桩端嵌固的实测纵筋应变幅值和拟合线。因相似比不同，进行数值比较意义不大，因此本文仅进行规律对比。

试验后数据处理中取的应变值都是绝对值，所以均

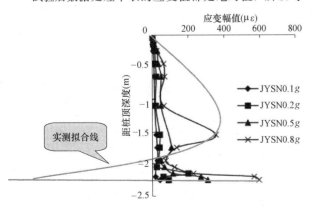

图3　桩顶自由桩端嵌岩实测钢筋应变分布规律

为正值。拟合曲线时，将正负值加以区分，得到新的拟合曲线。

由于试验和计算参数在相似比上难以统一，这里仅与反应位移法计算的结果进行规律性对比，观察图2（c）和图3中的实测拟合线，有以下几点规律符合性较强：

（1）反应位移法计算桩顶弯矩为0，与实测相符。

（2）沿着桩身的弯矩，在上部有1个极值，这与实测相符。

（3）反应位移法计算的桩端弯矩远大于桩身极值弯矩，这一点与试验符合度较高。桩端最大弯矩与桩身极值弯矩之比，实测值小于反应位移法计算值，这可以理解为实际桩端嵌固效应比理想固接要弱，发生弯矩转移，使得实测桩身弯矩加大，桩端弯矩减小。这也表明，如果用反应位移法计算嵌固桩弯矩，可以引入弯矩调整系数，以反映实际情况。

（4）试验中未发现桩身与土层脱离的情况。

从以上规律性对比来看，对于弯矩分布图的曲线形状和极值、最大值，计算规律和实测规律都较为吻合，可见用反应位移法计算基桩的运动相互作用是可行的。

5　总结

本文从基于反应位移法的数学模型入手，建立基桩桩身位移控制方程，假定桩前后侧地基弹簧刚度为常数，以及自由场位移呈余弦分布规律，得到桩身位移解；并根据嵌岩桩的边界条件得到初等解，通过一个桩顶自由的嵌岩桩算例和振动台试验数据的规律性对比，得到以下结论：

（1）双弹簧反应位移法计算嵌岩桩的响应规律与振动台试验符合度较高，说明用反应位移法计算基桩的响应是可行的。

（2）双弹簧反应位移法能获得"主动侧"和"被动侧"压力，反映出桩周在运动相互作用下处于受压，不会同时出现一侧受压、一侧受拉状态，跟现行国家标准[5]揭露的规律一致。

（3）利用双弹簧反应位移法计算基桩运动相互作用，与既有规范[5,6,31]的结合度很高，在均匀场地可以直接利用《城市轨道交通结构抗震设计规范》GB 50909—2014规定表峰值位移成果，便于推广。

（4）桩顶自由的嵌岩桩，计算和试验都表明其弯矩分布为：桩顶为零，桩中部有极值，桩下部有零点，桩端为最大值。理论上，桩端最大弯矩比桩身极值弯矩大4倍多，实测桩端最大弯矩比桩身极值弯矩大2倍多，这表明桩端嵌固效应比理论解弱化，应该调整弯矩。

（5）反应位移法简化度较高，仅仅需要使用地基弹簧刚度k_s这一个参数。由于桩身上下刚度EI一致，采用本文的双弹簧反应位移法解，很容易得到桩身位移、内力、主动侧压力、被动侧压力等。

（6）高烈度区，嵌岩桩的纵筋从桩顶到桩顶，不宜截断，宜全截面等钢筋通长。

参考文献：

[1] 中华人民共和国住房和城乡建设部. 建筑地基基础设计规范：GB 50007—2011［S］. 北京：中国建筑工业出版社，2012.

[2] 中华人民共和国住房和城乡建设部. 建筑桩基技术规范 JGJ 94—2008［S］. 北京：中国建筑工业出版社，2008.

[3] Bases for design of structures -Seismic actions for designing geotechnical works. ISO 23469：2005.

[4] 滨田政则［日］. 地下结构抗震分析及防灾减灾措施［M］. 陈剑，加瑞，译. 北京：中国建筑工业出版社，2016.

[5] 中华人民共和国住房和城乡建设部. 地下结构抗震设计标准：GB/T 51336—2018［S］. 北京：中国建筑工业出版社，2018.

[6] 中华人民共和国住房和城乡建设部. 城市轨道交通结构抗震设计规范：GB 50909—2014［S］. 北京：中国建筑工业出版社，2014.

[7] 上海市城乡建设和交通委员会. 地下铁道建筑结构抗震设计规范：DG/TJ08—2064—2009［S］. 上海，2009.

[8] 日本建筑学会. Recommendations for Design of Building Foundations. 2017.

[9] 日本铁道技术综合研究所. 铁道综合技术研究所. 铁道构造物等设计标准. 同解说. 耐震设计［R］. 东京：日本铁道技术综合研究所，1999.

[10] 日本道路协会. 道路桥示方书. 同解说. Ⅴ耐震设计篇［M］. 东京：日本水道协会，1996.

[11] 日本水道协会. 水道设施的耐震工法指针. 解说［M］. 东京：日本水道协会，1979.

[12] 日本土木学会. 隧道标准规范(盾构篇)及解说［M］. 朱伟，译. 北京：中国建筑工业出版社，2011.

[13] 日本土木学会. 给水设施抗震设计指南与解说［M］. 2005.

[14] 日本土木学会. 隧道标准规范(明挖篇)及条文说明［M］. 黄俊，李大鹏，钱滨，等译. 北京：中国建筑工业出版社，2017.

[15] 土木学会. 日本隧道标准规范(山岭篇)及解释［M］. 关宝树，译. 峨眉：西南交通大学出版社，1988.

[16] 刘晶波，王文晖，张小波，等. 地下结构横断面地震反应分析的反应位移法研究［J］. 岩石力学与工程学报，2013，32(1)：161-167.

[17] 刘晶波，王文晖，赵冬冬，等. 地下结构抗震分析的整体式反应位移法［J］. 岩石力学与工程学报，2013，32(8)：1618-1624

[18] 李亮，杨晓慧，杜修力. 地下结构地震反应计算的改进的反应位移法［J］. 岩土工程学报，2014，36(7)，1360-1360.

[19] 刘晶波，王东洋，赵冬冬. 复杂断面地下结构地震反应分析的整体式反应位移法［J］. 土木工程学报，2014，47(1)：134-142.

[20] 陈韧韧，张建民. 地铁地下结构横断面简化抗震设计方法对比［J］. 岩土工程学报，2015，37(1)：134-141.

[21] 刘晶波，谭辉，张小波，王东洋，等. 不同规范中地下结构地震反应分析的反应位移法对比研究［J］. 土木工程学报，2017，50(2)：1-8.

[22] 刘晶波，王东洋，谭辉，等. 整体式反应位移法的理论推导及一致性证明［J］. 土木工程学报，2019，52(8)：18-23.

[23] 耿萍，何川，晏启祥. 水下盾构隧道抗震设计分析方法的适应性研究. 岩石力学与工程学报［J］. 2007，32(S2)：3623-3625.

[24] 耿萍，张景，何川，等. 隧道横断面反应位移法基本原理及其应用. 岩石力学与工程学报［J］. 2013，32(S2)：3478-3485.

[25] 庄海洋，陈国兴. 地铁地下结构抗震［M］. 北京：科学出版社，2017.

[26] Zhang J M, Shamoto Y, Tokimatsu K. Seismic earth pressure theory for retaining wall under and lateral displacement［J］. Soils and Foundations, 1998, 38(2)：143-163.

[27] 张嘎，张建民. 水平地基中结构物动力响应的一维解析方法［J］. 清华大学学报(自然科学版). 2001，41(11)：106-109

[28] 张嘎，张建民. 成层地基与浅埋结构物动力相互作用的简化分析［J］. 工程力学，2002，19(6)：93-97，104.

[29] 张嘎，张建民. 地震作用下成层地基中结构物的动力响应［J］. 清华大学学报，2004，44(12)：1642-1645.

[30] 赵晓光. 地震作用下建筑高低承台群桩基础响应规律试验研究［D］. 北京：中国建筑科学研究院，2020.

[31] 中华人民共和国住房和城乡建设部. 城市轨道交通岩土工程勘察规范：GB 50307—2012［S］. 北京：中国建筑工业出版社，2012.

矩形桩基础水平承载特性研究进展

郑伟锋[1]，董宏源[2]，倪芃芃[3, 4, 5, 6]，高文生[1]

(1. 中国建筑科学研究院地基基础研究所，北京 100013；2. 广西路桥工程集团有限公司，广西　南宁 530000；3. 中山大学 土木工程学院，广东　广州 510275；4. 南方海洋科学与工程广东省实验室（珠海），广东　珠海 519082；5. 广东省地下空间开发工程技术研究中心，广东　广州 510275；6. 广东省海洋土木工程重点实验室，广东　广州 510275)

摘　要：矩形桩具有刚度大、抗变形能力强和节省建筑材料的特点，相对于等横截面面积的圆桩，具有更大的桩侧表面积和截面惯性矩，能够提供更大的抵抗水平荷载的能力，随着施工工艺和设备的发展，在近期工程实践中得到了一定的应用。本文通过总结矩形桩的应用实例，结合国内外对矩形桩的理论分析研究、模型试验及原位试验结果，发现已有的研究侧重于竖向承载特性研究，且现有研究以理论分析、数值模拟为主，而矩形桩基础在侧向荷载作用下的受力机理、承载特性、破坏过程、设计计算模式等研究较少。最后，针对实际应用中矩形桩的受力机理不清的问题，提出了矩形桩基础水平承载特性研究思路，为后续矩形桩基础的理论研究及工程应用提供指导，并在此基础上，阐述了此问题未来研究的方向和内容。

关键词：矩形桩；水平承载力；理论研究；现场试验

作者简介：郑伟锋（1983— ），男，高级工程师，博士研究生，主要从事桩基础技术、深基坑支护等方面的研究和工程实践。E-mail：13510089583@163.com。

通讯作者：倪芃芃，E-mail：nipengpeng@mail.sysu.edu.cn。

Research progress on lateral bearing capacity characteristics of barrette pile foundation

ZHENG Wei-feng[1]，DONG Hong-yuan[2]，NI Peng-peng[3, 4, 5, 6]，GAO Wen-sheng[1]

(1. Institute of Foundation Engineering，China Academy of Building Research，Beijing 100013，China；2. Guangxi Road and Bridge Engineering Group Co.，Ltd.，Nanning Guangxi 530000，China；3. School of Civil Engineering，Sun Yat-Sen University，Guangzhou Guangdong 510275，China；4. Southern Marine Science and Engineering Guangdong Laboratory（Zhuhai），Zhuhai Guangdong 519082，China；5. Guangdong Research Center for Underground Space Exploitation Technology，Guangzhou Guangdong 510275，China；6. Guangdong Key Laboratory of Oceanic Civil Engineering，Guangzhou Guangdong 510275，China)

Abstract：Barrette pile is characterized by its high stiffness，large deformation resistance，and great cost efficiency of saving construction materials. Compared with conventional round pile with an equal cross-sectional area，barrette pile has a larger side surface area and a higher moment of inertia，such that it can provide a greater resistance to lateral loading. With the development of construction technology and equipment，barrette pile has been applied in some recent projects. The application examples of barrette pile are extensively reviewed in this investigation，in which different techniques of theoretical analysis，model-scale laboratory test and in-situ test were employed. It is found that most existing studies were focused on the evaluation of axial bearing capacity characteristics using either theoretical analysis or numerical simulation approach. However，limited investigations were carried out to understand the loading mechanism，bearing capacity characteristics，failure evolution，and design and calculation modes for barrette pile foundation subjected to lateral loading. Finally，in view of limited understanding for the mechanism of barrette pile in practice，research stream on lateral bearing capacity characteristics of barrette pile foundation is proposed，which provides guidance for subsequent theoretical research and engineering application. The direction of further research in the future is also described.

Key words：barrette pile；lateral bearing capacity；theoretical research；field test

0 引言

桩基础由于其承载力高、沉降小、沉降速率慢、便于机械化施工等一系列优点，逐渐成为高层、超高层建筑、高速铁路和公路桥梁等基础设施普遍采用的一种基础形式。在工程应用中，桩基能有效地将上部结构的荷载传递

到周围土体[1-3]。桩基础除了承受轴向荷载外，由于风引起的横向荷载、地震时的地面振动和横向传播以及倾斜的斜坡地形，桩还会在水平面上经历相对的桩土运动[4]。目前由于施工技术的限制，桩基础的应用与研究主要侧重于圆形截面的桩基础，但在桩材、桩截面积和桩长相同的摩擦桩中，圆桩的比表面积、最大惯性矩和抗弯刚度与其他可施工的截面形状相比是最小的，其竖直向和水平

基金项目：国家自然科学基金面上项目（52078506）。

向承载性能的发挥最差。在同样用料的情况下，异形截面桩及矩形桩比传统圆形截面桩不仅因较大的桩周面积而具有更大的侧摩阻力，且因较大的截面惯性矩具有更好的抵抗水平荷载的能力。异性截面桩可根据不同的荷载形式灵活布置，实现材料性能的最大利用，但限于施工技术的发展，异型桩的工程应用受到一定限制，相应的研究也比较少。矩形桩，又称为壁板桩（Barrette pile），作为一种形状较为规则的典型横截面非圆形的桩，矩形桩相对于具有等横截面面积的圆桩，具有更优的抵抗水平荷载能力，受力变形如图 1 所示。同矩形桩具有更大的桩侧表面积，能够提供更大的竖向承载能力，同时具有更好的抗弯性能[5-7]。与其他深基础形式相比，矩形桩具有侧摩阻力大、刚度大、组合断面形式多样等优点，尤其可针对有方向性的水平荷载，自由配置长边方向，因此具有很好的应用前景。Thorley 等[8-10]对两根矩形桩和一根圆形桩进行了对比载荷试验，指出矩形桩作为桩基础是可行的，且从经济和承载效率的角度考虑，矩形桩具有明显的优势。同时由于近年来矩形桩施工工艺和设备有了较大的发展，在近期的工程实践中得到了一定的应用。

矩形桩兼顾了刚度大、抗变形能力强和节省建筑材料的特点，在节约造价和确保工期上具有优越性[11]。如马来西亚吉隆坡双子塔（基础布置见图 2）、台湾高雄汉来大厦及台北国泰人寿大楼等著名建筑均采用了壁桩基础形式。然而国际上，尤其是国内，对矩形桩做受力分析

时通常采用等效圆形桩的近似方法来进行，未能从理论上准确考虑桩-土相互作用[12]。而对于矩形桩基础在横向荷载作用下的受力机理、承载特性、破坏过程、设计计算模式等研究较少，且已有的研究侧重于竖向承载特性研究，并以理论分析、数值模拟为主，而对于矩形桩的水平承载特性研究和模型试验，尚存在研究空白，还有不少问题尚未解决。因此有必要对水平荷载作用下的矩形桩基础的承载特性进行研究。

1 矩形桩应用实例

Barrette pile 是 1963 年法国 Soletache 公司根据当时的地下连续墙技术拓展构思和首创，因而壁桩在形式上与单片地下连续墙（连续壁）槽段相同。因其是作为桩基（即将上部建筑物的荷载传递到地基土中）而不是作为支护开挖的挡土结构，将壁桩归入桩基础家族，即矩形桩。矩形桩与地下连续墙槽段的施工流程、工艺设备相同，即先开挖成槽，使用膨润土泥浆或聚合物泥浆护壁，然后放置钢筋笼，最后通过多导管同时灌注混凝土，如图 3 所示。

图 3 矩形桩施工步骤（引自 Franki Foundation 公司）

矩形桩有优异的工作性能，具有侧摩阻力大、刚度大、断面形式多样、施工安全便利、社会经济效益好等优点，在越来越多的工程中进行了矩形桩的应用[13]，但因荷载传递机理和承载性状的复杂性及当前计算方法的不成熟，成为制约矩形桩基础形式的技术发展和工程应用的主要因素之一。目前的规范或规程中几乎没有专门针对矩形桩提出设计方法。在缺乏原型载荷试验设计参数的情况下，在美国或欧洲，矩形桩承载力计算通常是套用圆截面灌注桩的设计方法来进行设计。

通过收集梳理目前不同国家、不同地区已有的工程实践案例[14-17]，如巴黎蒙帕纳斯大楼（Montparnasse Tower）[18]，又称蒙巴纳斯高楼，建于 1972 年，共 60 层，高 210m，重量达 115000t，其矩形桩截面尺寸最大 5m×1.5m，其他尺寸包括 2.2m×1.2m、2.2m×1.5m、5m×1.2m，如图 4 所示。通过中国建筑科学研究院泰国项目并结合文献[19]中所列举的工程资料形成表 1，分析矩形桩的工程应用特点、承载性状与测试方法，以期为工程师更多地了解矩形桩基础形式有所帮助，为超高层建筑基础的设计提供借鉴。

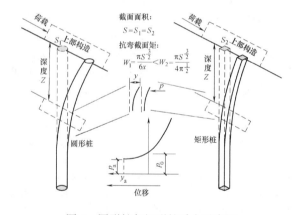

图 1 圆形桩与矩形桩受力示意图

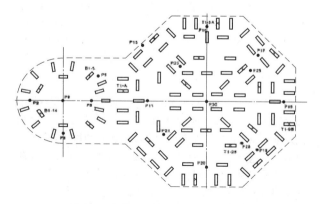

图 2 吉隆坡双子塔矩形壁桩基础

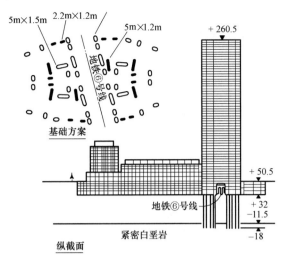

图4 巴黎蒙帕纳斯大楼（Maine-Montparnasse Tower，Paris）矩形桩基础

矩形桩的工程应用实录 表1

区域	国家和地区	截面尺寸(m)	桩深(m)	地层	试验结果,用途,备注
亚洲	中国	(*)2.5×0.6	21	砂质粉土	试验 $P_{max}>4500kN, f_s>20kPa$
		(*)2.5×0.8	26.5、25.2、26.3、25.1	砂土、卵石	立交桥试验桩 $P_{max}>1500t$
		(*)2.5×0.8	28~29	砂砾	高架桥 $P_{max}>6500kN$
		(*)3.0×0.6	1号:14.2 2号:12.0	卵石	地铁车站十字桩试验 1号:$P_{max}>15000kN$ 2号:$P_{max}>11000kN$
		(*)2.8×1.8	48	粉质黏土	天津某交通枢纽工程试验桩 $P_{max}=50574kN$
		2.8×0.8	40	全风化花岗岩	科研 $P_{max}>7500kN$
		15根矩形桩	36~63	全风化花岗岩	基础设施及高层建筑
	中国台湾	6.6×1.2[b]	78	砂砾层	用于地铁车站及其上部建筑
		7.4×1.2	23.5	—	用于高楼
		3.0×1.2	33.0	—	用于高楼
	菲律宾	2.85×0.85	28.2	砂岩	28层住宅 $P_{max}>11000kN$
	新加坡	2.8×1.5	44.5	花岗岩	$P_{max}=33000kN$
		2.8×0.6 2.8×0.8	47.4 50.4	密实到致密砂	摩擦桩,用于一个15层塔楼 $P_{max}=30932kN>1N$
		2.8×0.8[e]	17.2	中密到密实砂	用于一个行政大楼,$P_{max}=21059kN>1N$
		2.8×0.8 4.5×1.0 2.8×0.8	37.6~48.2 37.6~48.2 40.6	风化花岗岩 风化花岗岩 嵌花岗岩1.5m	用于一个12层的塔楼,5层的裙楼 和一个3层的地下室 $P_{max}=25000kN$(上部14m空悬)
	韩国	3.05×0.8	—	未风化的基岩	用于一个35层的双塔办公楼
	马来西亚	2.8×1.2[a]	40~105	黏土	摩擦桩,吉隆坡双子塔

续表

区域	国家和地区	截面尺寸(m)	桩深(m)	地层	试验结果，用途，备注
亚洲	泰国	1.00×3.00	50～60	黏土	用于高速公路
		1.00×3.80e	50～60	黏土	用于高速公路
		0.80×2.00	50～60	黏土	用于高速公路
		2.7×0.8b	61.8	进入密砂 5m	P_{max}＝35000kN
		2.7×0.8	44	进入密砂 0.5m	P_{max}＝24000kN
		2.7×0.8	55	进入密砂 5m	P_{max}＝30140kN
		2.7×0.8	50	进入密砂 5m	P_{max}＝27500kN
		3.0×1.2	44.5～55.0	硬黏土 (N＝11～61)	用于一个地铁车站
		2.7×1.0d	16.0～22.0	全风化花岗岩	用于 230kV 的输电线塔
欧洲	英国	1.2×0.5	14.4	伦敦硬黏土	P_{max}＝4000kN，f_s＝75kPa
		1.2×0.5	13.3	伦敦黏土	＝3400kN
	奥地利	1.5×0.5	13.0	粉质黏土	P_{max}＞5000kN，f_s＞80kPa
		1.5×0.5	24.0	粉质黏土	P_{max}＞10000kN，f_s＞80kPa
	捷克	7.0×0.6	—	—	用于火电厂房
		3.0×0.6	33.0	石灰质黏土	用于桥梁
	斯洛伐克	2.2×0.4	4.75(8h)e	中密到密实的 砂砾层	P_{max}＝7060kN，f_s＝160kPa
		2.2×0.4	4.75(97h)e		P_{max}＝3940kN，f_s＝90kPa
	法国	3.0×1.0b	＞22	粗粒石灰石	用于一个地铁站上部的三栋楼房
		5.0×1.5	＞62	致密的白垩层	用于一个 210m 高的 60 层楼房
	匈牙利	2.6×0.6	15.0	软黏土	摩擦桩，P_{max}＝3500kN
		1.7×0.6	14.0	软黏土	摩擦桩，P_{max}＝2500kN
		1.6×0.7	10.0	软粉质黏土	摩擦桩，P_{max}＝1900kN
		1.4×0.5	8.0	粉质砂土	摩擦桩，P_{max}＝2500kN
	意大利	1.8×0.5	20.0	—	用于火电厂房
		1.8×0.5d	14.0	粗砂	用于 220kV 的输电线塔
		4.5×1.0	40	中细砂	最大水平荷载＝4000kN
	荷兰	3.26×2.2	22	砂土	用于高架桥
	挪威	2.8×1.2	12-30	页岩和石灰岩	用于一个 33 层的塔楼
	罗马尼亚	2.3×0.8	15.8	黏土和砂	P_{max}＝12000kN
		2.0×0.8	13.0	坚硬黏土	P_{max}＝4200kN，灌混凝土前，桩槽已露置几周
美洲	巴西	1.65×0.4	7.0	非饱和砂质粉土	P_{max}＞5000kN，f_s≈100kPa
	美国	3.05×0.9d	16.5～21.0	极硬的冰渍土	用于一个 23 层的办公楼
		6.5×0.9	16.5～21.0	极硬的冰渍土	容许摩阻力为 170kPa
非洲	埃及	2.8×1.0a,b	39.5	石灰质砂土	P_{max}＝30000kN，f_s＝80～120kPa

注：1. P_{max} 为试验最大加载；f_s 为单位桩身摩阻力（kPa）；$\bar{N}$ 为标贯击数 N 的平均值；—表示未知数据；a 桩身灌浆；b 桩端灌浆；c 桩槽露置时间；d 十字形；e 聚合物泥浆护壁。

2. 表中标记(*) 的案例为笔者在原文献基础上进行添加或修改的内容。

2 理论分析研究

矩形桩通常采用等效圆形桩的近似方法进行分析，忽略了矩形桩不具有圆形桩的轴对称性，未重视矩形截面与具有轴对称性质的圆形截面在几何方面的差异，而尺寸效应可能影响在成桩过程中的应力变化以及承载性能变化，造成分析结果与实际不符[20]。曹耿等[21] 基于改进的 Vlasov 地基模型提出了矩形板桩动力响应半解析计算方法，通过迭代算法计算动力响应，发现截面面积相

同的矩形板桩能显著提高桩顶静刚度和动刚度。牟玉玮等[22] 采用有限单元法对比分析了具有同样宽度的圆形桩和方桩桩周土体水平面上的应力和位移分布，认为桩体横截面形状对其响应分布的影响约在 2 倍的桩宽范围内，方桩的桩前土阻抗力和桩侧水平摩阻力沿桩周并非均匀分布。表明了矩形桩不适合运用等效圆形桩的近似方法进行分析。

在桩基础水平承载力的理论方法上，目前主要运用极限地基反力法、弹性理论法和复合地基反力法进行分析[23]。其中极限地基反力法按照土的极限平衡推求桩的

水平承载力，不考虑土的变形，虽然其计算方法简单，但只适合于刚性短桩的计算，不适合目前深长桩基础的分析；弹性理论法分为线弹性地基反力法和非线弹性地基反力法，把地基视为非连续介质，假定水平地基反力系数在整个位移过程中均为常数，与实际情况不相符合；复合地基反力法适用于桩侧土体上部为塑性区、下不为弹性区的情况，在塑性区采用极限地基反力法，在弹性区采用弹性地基反力法，并根据弹性区和塑性区边界上的连续条件求桩的水平抗力。目前流行的 p-y 曲线法就是复合地基反力法的一种，可以用于大位移水平承载桩的非线性分析，目前研究较为活跃[24-28]。张惠[26] 基于 p-y 曲线法分别从弯矩、侧移、应力场、位移场等角度分析了横向荷载作用下的单桩与土的相互作用和横向荷载作用下的群桩与土的相互作用；傅德明等[29-30] 的极限分析表明，沿对角方向水平受荷方桩的极限承载力，稍小于其外接圆桩的极限承载力。门玉明[31] 根据极限分析原理，提出了矩形桩在黏性土地基中水平极限承载力的上下限解答。李桂花、詹美礼、Poulos 等[32-37] 研究了地下连续墙矩形桩的竖向承载能力、桩-墙-土共同作用以及沉降计算，但前提都是基于假定矩形板桩的侧壁摩阻力在横截面上的分布是均匀的，难以透彻分析矩形板桩的承载特性。

从目前已有研究分析可知，对于矩形桩基础在横向荷载作用下的理论分析方法研究较少，矩形桩基础水平承载特性机理缺乏，相关研究工作有待进一步开展。

3　模型试验与原位试验研究

目前有关矩形桩水平承载特性模型试验或现场原位测试的研究较少。Plumbridge 等[38] 在中国香港地区进行了一些矩形桩与圆形桩的现场水平承载试验，并对矩形桩与圆形桩的水平承载特性进行了对比研究，其中矩形桩的横截面为 2.8m×2.8m，深为 51m，加载方向沿着其横截面的长边方向施加，试验中发现与图 1 阐述的结果，即同圆形截面桩相比，由于矩形桩在沿长边方向具有较大的抗水平惯性截距，其水平承载能力比圆形桩要大。Mazzucato 等[39] 对两根矩形桩水平荷载下的承载特性进行了研究，得出在相同桩顶应力下，长边方向施加水平荷载的水平位移要小于短边方向施加水平荷载桩的水平位移，说明了对于矩形桩的水平承载特性与施加荷载的方向有关。Zhang 等[40,41] 在香港九龙湾做了两根矩形桩的现场试验，并结合数值方法分析桩体的非线性以及矩形桩桩身横截面的非轴对称性对矩形桩水平承载特性的影响，研究发现由于矩形桩横截面的非轴对称性导致在各方向上的抗弯刚度不同，矩形桩在受水平荷载作用下，桩体开裂的方向以及水平荷载作用的方向对矩形桩水平承载特性都将产生较大影响。雷国辉、詹金林、洪鑫等[42-47] 在香港全风化花岗岩地基中做了矩形板桩的竖向载荷试验，结果发现当矩形板桩发生显著滑移使桩顶产生很大位移时，侧向总土压力显著降低。Ng 等人[48-54] 对地下连续墙的施工方法、承载力、墙体的性状等进行了调查，研究了施工方法对地下连续墙竖向承载力的影响，

指出施工方法对地下连续墙底端承载力无影响，但对周边摩阻力影响很大。孙学先[55] 等在黄土地区通过对地下连续墙进行水平承载模型试验，发现桩侧水平摩阻力在较小的位移条件下就可以使土阻抗力得到超前发挥。

目前的研究侧重于竖向承载特性研究，对于矩形桩的水平承载特性研究和现场原位试验尚存在研究空白，且并未分析不同长宽比的矩形桩的水平承载能差异，以及承台对矩形桩的约束效应和空间刚度研究较少，还有不少问题尚未解决。

4　展望

在没有现场静载试验资料的情况下，许多国家和地区（比如美国和欧洲）都是根据圆形截面桩的应用和研究中所获得的经验和成果对矩形桩进行分析和设计，这种以常规圆形钻孔灌注桩为参考的矩形桩设计方法，本质上忽视了矩形桩与圆形桩在几何方面的差异，往往使得设计偏于保守或不安全，因此在实际工程实践中广大设计工作者仍然很少或者根本不考虑采用矩形桩基础，设计规范中有明显缺失。针对实际应用中矩形桩的受力机理不清的问题，为后续矩形桩基础的设计、施工提供依据，亟需进行下列几方面研究：

（1）对矩形桩水平承载特性进行理论分析、静（动）力试验模型试验和现场原位测试，研究分析矩形桩在水平荷载下的荷载传递机理和承载性状；

（2）分析桩前水平土阻抗力和桩侧水平摩阻力沿桩周分布特性，研究矩形桩的桩-土界面受力特性，阐明矩形桩在工程应用中的作用；

（3）探究不同因素以及不同施工环境对矩形桩基础水平承载力的影响程度，研究矩形桩在水平受荷条件下的空间承载性能及承台的影响，提高矩形桩在工程的应用。

5　结论

本文总结了矩形桩的应用实例，阐述了目前矩形桩应用的基本情况，分析国内外关于矩形桩的理论分析研究、模型试验及原位试验成果，指出已有研究侧重于竖向承载特性研究，且现有研究以理论分析、数值模拟为主，而矩形桩基础在侧向荷载作用下的受力机理、承载特性、破坏过程、设计计算模式等研究较少。提出后续矩形桩基础水平承载特性的研究思路，为后续矩形桩基础的理论研究及工程应用提供了指导。

（1）目前国内外对矩形桩的水平承载特性尚未开展系统研究，工程实践中目前的规范或规程几乎没有专门针对矩形桩提出的设计方法，在缺乏原型荷载试验设计参数的情况下，欧美及东南亚工程实践中通常是套用圆截面灌注桩的设计方法来进行分析和设计。亟需从理论分析、模型试验、数值模拟和现场原位测试相结合、相互验证的角度出发，深入理解和推导矩形桩的水平承载力计算模型和设计计算方法，形成适用于矩形桩的受力机理理论。

（2）针对不同长宽比矩形桩的水平承载特性差异，以

实际工程为原型，通过室内模型试验，研究不同长宽比的矩形桩桩身内力分布、桩周摩阻力分布、桩周土压力分布等水平承载特性方面的差异，分析和阐明不同长宽比矩形桩的水平承载特性。

参考文献：

[1] Ni P，Mangalathu S，Mei G，Zhao Y. Permeable piles：an alternative to improve the performance of driven piles. Comput. Geotech. 84：78-87.

[2] Ni P，Mei G，Zhao Y. Displacement-dependent earth pressures on rigid retaining walls with compressible geofoam inclu-sions：physical modeling and analytical solutions. Int. J. Geomech. 17(6)，04016132.

[3] Ni P，Mei G，Zhao Y. Numerical investigation of the uplift performance of prestressed fiber-reinforced polymer floating piles. Geotechnol. 35(6)，829-839.

[4] Ni P，Song L，Mei G. On predicting displacement-dependent earth pressure for laterally loaded piles. Soils and Foundations. 58(2018)，85-96.

[5] Lei G，Hong X，Shi J. Approximate Three-dimensional Analysis of Rectangular Barrette-soil-cap Interaction [J]. Canadian Geotechnical Journal，2007，44(7)：781-796.

[6] Lin S，Lu F，Kuo C. Axial Capacity of Barrette Piles Embedded in Gravel Layer(J. Journal of Geo Engineering，2014，9(3)：5.

[7] Poulos H，Chow H，Smallj C. The Use of Equivalent Circular Piles to Model the Behaviour of Rectangular Barrette Foundations[J]. Geotechnical Engineering，2019，50(3)：106-109.

[8] Charles W，Lei G. Performance of Long Rectangular Barrettes in Granitic Saprolites[J]. Journal of Geotechnical and Geoenvironmental Engineering，2003，129(8).

[9] Thorley C，Forth R. Settlement due to Diaphragm Wall Construction in Reclaimed Land in Hong Kong[J]. Journal of Geotechnical and Geoenvironmental Engineering，2002，128(6).

[10] Shen W，The C. Analysis of laterally loaded pile groups using a variational approach[J]. Geotechnique，2002，52(3).

[11] 赵升峰，陈祉阳，赵千云，等. 预制矩形桩在复杂环境软土基坑工程中的应用[J]. 建筑结构，2019，49(S1)：775-778.

[12] 周航，李籵橙，刘汉龙，等. 矩形桩竖向受荷三维弹性变分解[J/OL]. 中国公路学报：1-18[2021-07-02]. http：//kns.cnki. net/kcms/detail/61. 1313. U. 20210507. 1436. 004. html.

[13] 蒋建平，高广运. 地下连续墙竖向承载性能和承载力预测[J]. 北京工业大学学报，2011，37(11)：1699-1705.

[14] 沈保汉. 桩基础施工新技术专题讲座(二十四)壁板灌注桩(上)[J]. 工程机械与维修，2012，9：170-179.

[15] 史佩栋. 实用桩基工程手册[M]. 北京：中国建筑工业出版社，2000.

[16] 郭强，赵天庆. 双井立交矩形试验桩施工与监测[J]，市政技术，1994，(1)：40-47.

[17] 丛蔼森. 地下连续墙的设计施工与应用[M]. 北京：中国水利水电出版社，2001：380-418.

[18] Salem D，Ramaswamy E，Pertusier M. Construction of Barrettes for High - Rise Foundations[J]. Journal of Construction Engineering and Management，1986，112(4)：455-462.

[19] 雷国辉，洪鑫，施建勇. 壁桩的研究现状回顾[J]. 土木工程学报，2005，38(4)：103-110.

[20] 周航，袁井荣，刘汉龙，楚剑. 矩形桩沉桩挤土效应透明土模型试验研究[J]. 岩土力学，2019，40(11)：4429-4438.

[21] 曹耿，龚维明，竺明星，等. 均质土中端承壁板桩竖向振动特性[J]. 东南大学学报(自然科学版)，2020，50(5)：844-852.

[22] 牟玉玮，王日中，牟彦艳. 用改变桩形的方法提高灌注桩承载力[J]. 岩土工程学报，1998(3)：118-121.

[23] 卢萍珍，孙宏伟，孙冶默，等. 壁桩基础工程实践案例分析[C]. //第七届深基础发展论坛论文集，2017.

[24] Kubo K. Experimental Study of the Behaviour of Laterally Loaded Piles，Proc. 6th Intl. Conf. Soil Mech. Fdn. Eng.，Montreal，V01. 2，1965，275-279.

[25] Audibert J，Stevens J. Re-examination of p-y Curve for Mutations，1979，34(2)：261-269.

[26] 张惠. 基于单桩 p-y 曲线的侧向受荷群桩性状预测与研究[D]. 上海：同济大学，2007.

[27] 姚怡文. 土层成性对桩水平响应影响的有限元分析[J]. 结构工程师，2006，22(2)：45-48.

[28] 毛亚明，叶银灿. 横向荷载作用下桩侧极限土抗力的上、下限分析[J]. 海洋学研究，2010，28(3)：90-96.

[29] 傅德明，王庆国，夏明耀. 地下连续墙垂直承载力现场试验研究[J]. 地下工程与隧道，1997(2)：24-31.

[30] 韦晓. 桩-土-桥梁结构相互作用振动台试验与理论分析[D]. 上海：同济大学，1999.

[31] 门玉明. 矩形截面桩在横向荷载作用下的极限承载力研究[J]. 西安工程学院学报，1997(S1)：61-67.

[32] 李桂花，周生华，周纪煜，等. 地下连续墙垂直承载力试验研究[J]. 同济大学学报(自然科学版)，1993(4)：575-580.

[33] 詹美礼，钱家欢，陈绪禄. 软土流变特性试验及流变模型[J]. 岩土工程学报，1993(3)：54-62.

[34] Poulos H. Stresses and displacements for shallow foundations[J]. NRC Research Press Ottawa，Canada，1993，30(6).

[35] Poh T. Effects of Construction of Diaphragm Wall Panels on Adjacent Ground：Field Trial[J]. Journal of Geotechnical and Geoenvironmental Engineering，1998，124(8).

[36] Charles W. Stress Transfer and Deformation Mechanisms around a Diaphragm Wall Panel[J]. Journal of Geotechnical and Geoenvironmental Engineering，1998，124(7).

[37] 沈保汉. 桩基础施工新技术专题讲座(二十四)壁板灌注桩(上)[J]. 工程机械与维修，2012，9：170-179.

[38] Plumbridge G，Sze J，Tham T. Full scale lateral load tests on bored piles and a barrette[A]. Proc. Foundations，19th Geotechnical Division Annual Seminar，Hong Kong Institution of Engineers，2000，211-220.

[39] Mazzucato A，Natali A. Analysis of non-linear behavior of reinforced concrete diaphragm walls under horizontal load[A]，Proc. 1stInt. Geotech. Seminar on Deep Found. on Bored and Auger piles[C]. 1998，239-244.

[40] Zhang L. Behavior of latrrally loaded large-section barrettes[J]. Journal of Geotechnical and Geoenvironmental Engineering，2003，129(7)：639-648

[41] Zhang L. Behavior of Laterally Loaded Large-Section Bar-

rettes[J]. Journal of Geotechnical and Geoenvironmental Engineering, 2003, 129(7).

[42] 雷国辉, 洪鑫, 施建勇. 壁板桩承载特性的近似三维分析[J]. 岩土力学, 2004(4): 590-594+600.

[43] 雷国辉, 洪鑫, 施建勇. 矩形壁板桩群桩竖直承载特性的理论分析[J]. 岩土力学, 2005(4): 525-530.

[44] 雷国辉, 洪鑫, 施建勇. 壁板桩的研究现状回顾[J]. 土木工程学报, 2005(4): 103-110.

[45] 詹金林. 水平或竖直受荷壁板桩群桩的变分法分析[D]. 南京: 河海大学, 2006.

[46] 洪鑫. 壁板桩承载特性的理论分析与模型试验研究[D]. 南京: 河海大学, 2004.

[47] Ng C, Lei G. An explicit analytical solution for calculating horizontal stress changes and displacements around an excavated diaphragm wall panel[J]. NRC Research Press Ottawa, Canada, 2003, 40(4): 780-792.

[48] Li K., Lam J, Charles W, Douglas B, et al. Field Studies of Well-Instrumented Barrette in Hong Kong[J]. Journal of Geotechnical and Geoenvironmental Engineering, 2001, 127(5).

[49] Ng C, Yan R. Three-dimensional modelling of a diaphragm wall construction sequence[J]. Geotechnique, 1999, 49(6).

[50] Gourvenec S, Powrie W. Three-dimensional finite-element analysis of diaphragm wall installation[J]. Géotechnique, 1999, 49(6).

[51] 陈拓. 木樨地立交桥工程施工混凝土矩形桩水下灌注方法探讨[J]. 市政技术, 1999(4): 52-53+51.

[52] Ng C, Rigby D, Lei G, et al. Observed performance of a short diaphragm wall panel[J]. Géotechnique, 1999, 49(5).

[53] Maycon A, Miriam G, Sidnei H, et al. Horizontal Bearing Capacity of Piles in a Lateritic Soil [J]. Journal of Geotechnical and Geoenvironmental Engineering, 2011, 137(1): 59-69.

[54] 韩理安. 水平承载桩的计算[M]. 长沙: 中南大学出版社, 2005.

[55] 孙学先. 黄土地基矩形挖井侧面水平摩阻力试验分析[J]. 兰州铁道学院学报, 1997(1): 1-5.

新型组合式机械连接接头轴拉承载性能数值分析（Ⅱ）

陈可鹏[1,2]，王鸿禹[1]，干　钢[1,2]

（1 浙江大学平衡建筑研究中心，浙江 杭州 310000；2. 浙江大学建筑设计研究院有限公司，浙江 杭州 310000）

摘　要：基于 ABAQUS 有限元软件，模拟分析了新型卡箍加焊接组合式机械连接在复杂工程条件下的轴拉承载性能。考虑机械连接接头加工过程中卡箍、端板接触面的表面处理方式，结果表明粗糙度较大有利于轴拉荷载的传递，但接触面处理方式总体对轴拉性能影响较小。考虑机械接头施工过程中常见的焊接缺陷形式，模拟分析了带不同焊接缺陷的接头构件，结果表明组合式接头对焊接缺陷不敏感，不同类型的焊接缺陷对连接接头轴拉承载力影响均较小。考虑机械接头使用年限内的均匀性腐蚀问题，结果表明机械接头考虑 100 年腐蚀后卡箍仅局部区域进入塑性，连接节点仍保持轴向承载能力。利用生死单元模拟不同腐蚀阶段的卡箍焊缝失效，结果表明卡箍对接焊缝的腐蚀失效会造成接头位移增大，但组合式接头仍能有效地传递轴拉荷载。

关键字：组合式机械连接；轴拉承载性能；焊接缺陷；均匀腐蚀；焊缝腐蚀

作者简介：陈可鹏（1989—　），男，博士生，主要从事建筑结构与岩土的工程及科研。Email：ckp@zuadr.com。

通讯作者：干钢（1964—　），男，研究员，博士，主要从事建筑结构与岩土的工程及科研。E-mail：gang@zuadr.com。

Numerical analysis on axial tension bearing capacity of a new type of combined mechanical joint（Ⅱ）

CHEN Ke-peng[1,2]，WANG Hong-yu[1]，GAN Gang[1,2]

（1 The Architectural Design &. Research Institute of Zhejiang University Co.，Ltd.，Hangzhou Zhejiang 310028，China；2 Center for Balance Architecture，Zhejiang University，Hangzhou Zhejiang 310028，China；）

Abstract：Based on ABAQUS finite element software，the axial tension bearing capacity of a new type of hoop and welding combined mechanical connection under complex engineering conditions is simulated and analyzed. Considering the surface treatment method of the contact surface between the hoop and the end plate，the results show that the different roughness caused by the contact surface treatment method has little effect on the axial tensile performance，and the roughness is larger，which is conducive to the axial tensile load transmission. Considering common forms of welding defects in the joint construction process，the joint components with different welding defects are simulated and analyzed. The results show that the combined joint is not sensitive to welding defects，and different types of welding defects have little influence on the axial tensile bearing capacity of the joint. Considering the uniform corrosion of the composite joint in service，under 100 years of corrosion，the axial bearing capacity of the joint is still maintained. The results show that the corrosion failure of the butt weld will increase the joint displacement，but the combined joint can still effectively transfer the axial tensile load.

Key words：combined mechanical connection；axial tensile bearing capacity；welding defects；corrosion failure；welding corrosion

0　引言

预制桩抗拔连接接头的合理设计与构造是当前桩基领域学者研究的重点之一。除了常规的端板焊接法外，许多学者提出了各式各样的改进方法，如抱箍式[1]、弹卡式[2]、焊接加强式[3]、焊接与卡箍组合式[4] 等。这些接头形式通过大量的试验和理论[1-4] 验证了其承受轴向拉力作用的有效性和安全性。然而，无论是端板焊接法、机械连接法还是其他连接方法，不可避免地还是将钢制接头或焊缝直接暴露于土体中，容易受到侵蚀性环境的长期影响最终导致工作性能失效。此外，随着预制桩在全国范围内的大力推广和应用，良莠不齐的施工管理水平造成管桩接头、桩尖焊接不牢固、接驳错位、连接强度低、抗拔失效等事故时有发生[5]。如何保证抗拔接头在复杂条

件下的可靠性和耐久性是衡量一种接头能否广泛应用的前提。

钢结构的缺陷和腐蚀是影响钢制接头或焊缝连接可靠性和耐久性的重要部分。通常，钢结构的缺陷可分为材料缺陷和焊接缺陷，后者表现在气孔、裂纹、烧穿、未熔合、焊缝形成不良等多个方面。王登峰等[6] 考虑焊缝焊后降温收缩，采用焊缝冷却过程中完全转动刚性的焊缝几何缺陷的形式，研究了带缺陷钢制圆柱壳的承载力。目前，对预制桩接头的焊接缺陷研究工作较少。

钻孔灌注桩受拉时桩身混凝土会出现受拉裂缝，为了保证桩基的耐久性，通常需要通过增加较多的钢筋以保证受拉裂缝宽度不会过大导致桩身钢筋出现腐蚀。预制桩由于预压应力的存在和工厂化成桩条件，大大延缓了受拉裂缝的出现，桩身具有很好的耐久性。钢制连接接头是预制桩耐久性的一个薄弱环节。钢结构腐蚀分为均

基金项目：浙江大学平衡建筑研究中心自主立项科研项目（K 横 20203330C）。

匀腐蚀、不均匀腐蚀、点坑腐蚀和晶间腐蚀四种类型[7]。均匀腐蚀是常见的一种腐蚀，均匀腐蚀又叫全面腐蚀，是指在整个金属表面上的腐蚀，将导致金属材料的全面减薄。钢构件在大气、海水中的腐蚀一般属于均匀腐蚀。焊接部位应力集中通常会带来不均匀腐蚀的问题，而高拉应力状态下还需要考虑晶间腐蚀（应力腐蚀），端板焊接节点不可忽略。而对于卡箍式机械连接，由于外侧接触面为一直处于受压应力状态，应力腐蚀发生的概率较小，这也是卡箍式连接较之于端板焊接节点的一个优点。岑文杰等[8]针对沿海地区 PHC 管桩的耐久性问题，介绍了多种适合于管桩各个部位的防腐蚀措施，包括桩身、焊接接头和机械连接接头防腐蚀措施。刘伟扬[2]针对弹卡式极限连接开展了方桩接头的耐久性试验研究。

本文作者在前期进行的钢绞线桩足尺受拉性能试验和组合式接头有限元分析的基础上，进一步研究加工阶段的接触面抛光程度、施工阶段的焊缝缺陷以及使用阶段的均匀腐蚀、不均匀腐蚀对组合式机械连接接头抗拔承载力的影响。

1 有限元模型

U 形卡箍和焊缝组合式机械连接节点各部件均使用 ABAQUS 建模，上、下端板和卡箍采用实体单元建模，采用 C3D8R 单元，材料为 Q345B 钢材，弹性模型 210GPa，泊松比 0.3，屈服强度为 355MPa。材料本构模型为各向同性等向强化塑性模型本构，为了加快结构收敛，设置钢材极限强度为 500MPa，屈服后刚度为弹性模量的 10%。上部钢绞线桩端板与 U 型卡箍、下部钢绞线桩端板与 U 型卡箍之间设置表面与表面接触，各接触对中设置切向摩擦行为和法向硬接触行为，未注明条件下，摩擦因子均为 0.1。

卡箍和端板的参考点做法及网格尺寸均同《新型组合式机械连接接头轴拉承载性能数值分析（Ⅰ）》。完整的有限元模型如图 1 所示。

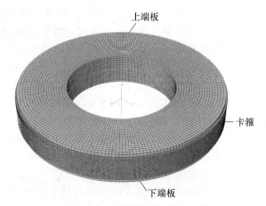

图 1 组合式机械节点有限元模型

Fig. 1 Finite element model of combined mechanical joint

2 加工阶段接触面粗糙度影响

组合式机械接头的传力主要通过卡箍与端板的接触，

在加工过程中钢结构接触面通常有不同的表面处理方式，如喷砂、抛光等。不同的表面处理措施影响着接触面的粗糙程度，进而影响了接触面的摩擦力。分析不同表面粗糙度对组合式机械接头受拉承载力的影响，设计了 6 种摩擦因子的接触面属性，分别是 0.0、0.1、0.2、0.5、0.7 和 1.0，涵盖了接触面可能的所有粗糙度类型。通过位移加载的方式获得不同摩擦因子对应的接头受拉极限承载力，如图 2 所示。

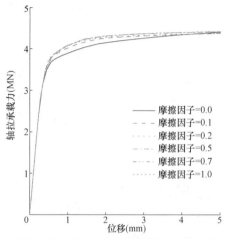

图 2 不同摩擦因子下组合式机械接头的荷载位移曲线

Fig. 2 Load displacement curve of combined mechanical joint under different friction factors

由图 2 可知，摩擦因子从光滑无摩擦（摩擦因子＝0）到粗糙（摩擦因子＝1.0）的变化，组合式机械连接接头 5mm 轴向变形对应的轴拉拉承载力也相应提高，但是提高幅度不足 1%。摩擦因子越大，接触面的摩擦力越大，卡箍径向滑移和变形受到越明显的约束，将一定程度上提高节点的轴拉承载力。由于卡箍径向变形即使不设置摩擦因子也已受到自身的约束，故摩擦因子对轴拉承载力提高幅度较小。荷载位移曲线在约 0.5mm 的轴向位移时出现拐点，表明接头在此位移时进入明显塑性阶段，后屈服阶段的刚度与摩擦因子有关。摩擦因子越大，后屈服阶段的刚度也越大。

3 施工阶段焊接缺陷影响

组合式机械连接在现场需要进行短时的全熔透焊接工作，现场焊接难免带来各种问题，如气孔、夹渣、裂纹、未焊透、未熔合等缺陷，这些缺陷大量存在时将严重影响连接焊缝的强度。组合式接头的焊缝方向与端板焊接不同，焊缝方向平行于受拉方向，且焊缝不直接参与轴拉荷载的传递。为了模拟施工阶段焊接缺陷对接头受拉承载力的影响，将焊缝缺陷位置简化为局部几何模型的删除。采用数值模拟了四种卡箍的状态，分别为理想状态卡箍，仅腹板坡口熔透焊的实际状态卡箍（类型一），一侧焊缝未焊的缺陷卡箍（类型二）和两侧焊缝均未焊的缺陷卡箍（类型三），四种有限元模型如图 3 所示。对四种不同卡箍状态的组合式机械接头进行有限元模型分析，得到卡箍的应力和位移，如图 4 所示。

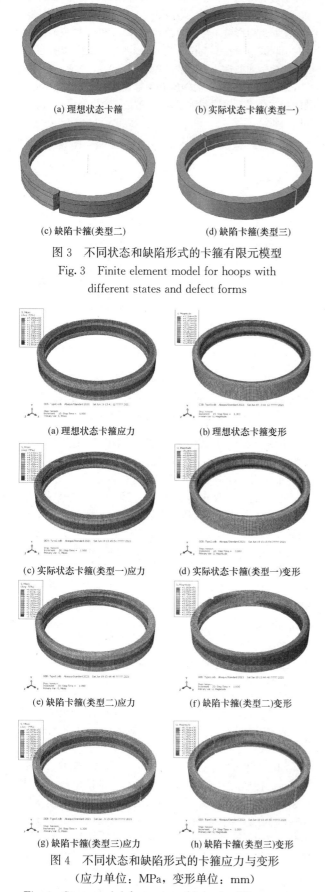

图3 不同状态和缺陷形式的卡箍有限元模型

Fig. 3 Finite element model for hoops with different states and defect forms

(a) 理想状态卡箍应力
(b) 理想状态卡箍变形
(c) 实际状态卡箍(类型一)应力
(d) 实际状态卡箍(类型一)变形
(e) 缺陷卡箍(类型二)应力
(f) 缺陷卡箍(类型二)变形
(g) 缺陷卡箍(类型三)应力
(h) 缺陷卡箍(类型三)变形

图4 不同状态和缺陷形式的卡箍应力与变形
（应力单位：MPa，变形单位：mm）

Fig. 4 Stress and deformation of hoop in different states and defect forms (Stress unit：MPa, Deformation unit：mm)

从图4可以看出，理想状态下的卡箍承受轴向荷载时，应力分布和变形呈现明显的对称性。类型一由于焊缝连接位置翼缘部分未焊接，局部应力释放和重新分布，开口位置的变形较理想状态的变形增加约2%。从图5可知，类型一与理想状态下的节点轴拉承载力几乎一致，表明用理想状态近似代替类型一进行简化分析具有一定的合理性。类型二和类型三由于未连接部位较多，极限受拉承载力与理想状态下略有下降，类型三对受力影响最大，缺陷二影响次之。与类型一相似地，未焊接部位处于自由状态，局部应力释放并在卡箍内部重新分布。类型二由于缺陷的不对称性，开口位置的局部变形较类型三更大。类型二、类型三的轴拉承载力分别为理想状态节点轴拉承载力的95%和91.6%，总体而言，施工阶段卡箍的焊接缺陷对组合式机械连接节点的承载力影响较小。

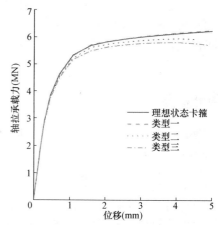

图5 不同缺陷形式的节点荷载位移曲线

Fig. 5 Load displacement curves of joints with different defects

4 使用阶段均匀腐蚀影响

由于机械连接接头的引入，钢制接头的腐蚀问题是设计过程中不容忽视的问题。均匀腐蚀也称为一般腐蚀，通常采用年平均腐蚀厚度表达。建筑钢结构根据腐蚀环境类型[9]，将大气环境对建筑钢结构的腐蚀性分为无腐蚀、弱腐蚀、轻腐蚀、中腐蚀、较强腐蚀和强腐蚀六个等级。在建筑桩基工程中，单节预制桩设计桩长为10～15m，第一个接头往往位于水下被水土包围而非与大气直接接触，其腐蚀速度与在大气中腐蚀速度不同。岑文杰等[8]提出在腐蚀环境中，碳钢可参考海港工程钢结构防腐设计，考虑泥下区的腐蚀速度约为0.05mm/a[10]。海港工程中泥下腐蚀区表示位于海泥以下不受水位变化的区域，与滨海建筑桩基接头所处腐蚀环境较为相似，取该值作为钢制接头年平均腐蚀厚度，分别考虑10年，20年，30年，50年，70年和100年的腐蚀情况，研究在不同使用年限下的腐蚀对组合式连接接头的影响。对机械接头进行有限元模拟时保持施加1829kN的轴拉荷载，该荷载即为预制桩身抗拔设计值。不同腐蚀年限的模型通过扣除卡箍外侧单面腐蚀厚度后进行分析，应力结果如图6所示。

从图 6 可以看出，随着腐蚀年限增加，卡箍有效厚度逐年减少，但截面应力分布状况与未腐蚀时基本一致，卡箍外侧受压，内侧受拉。到 50 年时，卡箍内侧一层单元应力达到钢材屈服强度，并进入强化阶段。至 100 年时，卡箍断面约 1/6 区域进入塑性阶段，最大应力小于钢材极限强度，可以进一步承受轴拉荷载。

到钢材屈服强度，进入强化阶段。但随着腐蚀逐年发展，b 位置应力发展缓慢，至 100 年时应力为 370MPa，小于钢材的极限抗拉强度 500MPa。卡箍外侧 c 位置一直处于受压状态，腐蚀发生后应力增长相对较缓慢，100 年时应力值约为 167MPa。由此可见，组合式机械连接接头在考虑 100 年腐蚀量的情况下仍能保持有效的轴拉承载能力，可作为特别重要的建筑桩基选型方案之一。

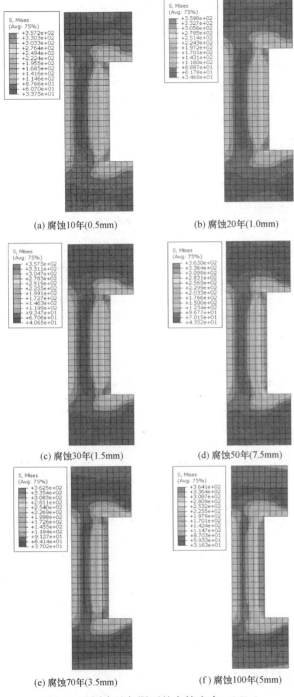

（a）腐蚀10年(0.5mm)　（b）腐蚀20年(1.0mm)

（c）腐蚀30年(1.5mm)　（d）腐蚀50年(7.5mm)

（e）腐蚀70年(3.5mm)　（f）腐蚀100年(5mm)

图 6　不同腐蚀年限下的卡箍应力（MPa）

Fig. 6　Hoop stress at different corrosion years（MPa）

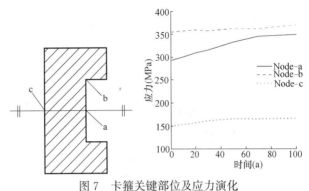

图 7　卡箍关键部位及应力演化

Fig. 7　Critical parts of hoop and stress evolution

5　使用阶段焊缝腐蚀影响

与其他机械连接接头不同，组合式连接在机械连接的基础上增加了一道熔透焊。除了需考虑钢制接头的均匀腐蚀情况外，焊缝区域由于金属成分和冶金结构的改变、残余应力及焊接缺陷，往往是腐蚀最先发生的部位。焊缝腐蚀为不均匀腐蚀，其腐蚀速度往往可以达到均匀腐蚀的若干倍，一般较难以年均腐蚀量进行定量衡量。为了研究焊缝腐蚀对卡箍加焊接组合式机械连接接头的影响，在 ABAQUS 中采用 model change 的方法，即我们通常俗称的"生死单元法"来模拟卡箍熔透焊缝的逐级失效过程。对不均匀焊缝腐蚀进行一定简化，假定焊缝失效自起灭弧边缘开始，并沿着焊缝长度方向逐渐扩展。有限元模拟分为以下几个加载步：

（1）初始加载步，施加边界条件；

（2）施加轴拉荷载，模拟卡箍接头的正常使用状态；

（3）焊缝失效加载步 1，对焊缝的 1/3 长度进行钝化失效，对应腐蚀深度 22.5mm；

（4）焊缝失效加载步 2，对焊缝的 2/3 长度进行钝化失效，对应腐蚀深度，对应腐蚀深度 45mm；

（5）焊缝失效加载步 3，对焊缝全长进行钝化失效，模拟整条焊缝的失效。

主要荷载步的卡箍应力结果如图 8 所示，各荷载步对应的轴向变形如图 9 所示。从图 8 和图 9 可以看出，随着焊缝腐蚀范围的扩大，连接节点的位移也相应增加；随着各阶段腐蚀的稳定，节点的位移也稳定不变。从腐蚀开始发展到腐蚀完成，节点的位移增加不足 1%，可以忽略不计。节点应力方面，由于焊缝腐蚀范围的增大，节点最大应力基本呈现增加的趋势，焊缝腐蚀长度为 2/3 时节点应力集中最为明显，较未腐蚀状态应力增加约 12%。焊缝整体腐蚀失效后，应力通过重分布有所回落，较未腐蚀状态应力增加约 9%，各部位均未达到钢材的屈服强度。

提取卡箍关键部位的应力演化历程如图 7 所示。卡箍内侧 a 位置应力在未发生腐蚀前处于弹性阶段，随腐蚀的发展应力逐渐提高，在 70 年时达到钢材的屈服应力。卡箍内折角 b 位置由于应力集中，在未发生腐蚀时应力已达

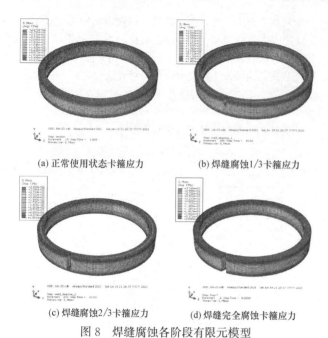

(a) 正常使用状态卡箍应力　　(b) 焊缝腐蚀1/3卡箍应力

(c) 焊缝腐蚀2/3卡箍应力　　(d) 焊缝完全腐蚀卡箍应力

图8　焊缝腐蚀各阶段有限元模型

Fig. 8　Finite element model of each stage of weld corrosion

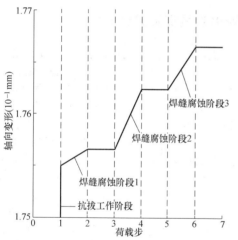

图9　焊缝腐蚀各荷载阶段的变形

Fig. 9　Deformation of weld corrosion at different load steps

6　结论

通过对组合式机械连接接头在加工、施工及使用阶段的有限元模拟，验证了该节点在复杂工程条件下的可靠性和耐久性。

（1）在加工阶段，卡箍与端板接触面的粗糙度对组合式机械连接的轴拉承载力影响较小，随着粗糙度的增加，轴拉承载力略有增加。

（2）施工阶段，不同焊接缺陷对组合式机械连接的轴拉承载力影响较小。实际焊接状态的卡箍与理想状态卡箍轴拉承载性能基本一致。单侧焊缝未焊的缺陷卡箍（类型二）轴拉性能优于双侧焊缝未焊的缺陷卡箍（类型三），但类型二较类型三存在更大的局部变形。

（3）使用阶段考虑钢制接头的均匀腐蚀，组合式机械连接接头在承受100年腐蚀量的情况下仍能保持有效的抗拉承载能力，可应用于特别重要的结构。

（4）使用阶段，焊缝腐蚀对组合式机械连接接头的轴拉承载力影响较小，随着焊缝腐蚀从出现至贯穿整个卡箍，节点的变形增加不足1%，应力增加约12%。

参考文献：

[1] 郭杨，崔伟，陈芳斌，等．一种抱箍式连接PHC抗拔管桩的计算分析和试验研究[J]．岩土工程学报，2013，35（S2）：1007-1010．

[2] 刘伟扬．弹卡式连接预应力混凝土方桩接头耐久性能研究[D]．杭州：浙江大学，2021．

[3] 李伟兴，万月荣，刘庆斌．世博会主题馆抗拔PHC管桩新型连接的计算分析及试验研究[J]．建筑结构学报，2010，31（5）：86-94．

[4] 干钢，曾凯，俞晓东，等．先张法预应力离心混凝土钢绞线桩及其机械连接接头的抗拉性能试验研究[J]．建筑结构，2021，51（03）：115-120＋114．

[5] 高文生，刘金砺，赵晓光，等．关于预应力混凝土管桩工程应用中的几点认识[J]．岩土力学，2015，36（S2）：610-616．

[6] 王登峰，曹平周．考虑焊缝几何缺陷影响时整体与局部轴向压力共同作用下薄壁圆柱壳稳定性分析[J]．工程力学，2009，26（8）：65-73．

[7] 但泽义．钢结构设计手册：第4版[M]．北京：中国建筑工业出版社，2019．

[8] 岑文杰，董桂洪，熊建波，等．近海环境中PHC管桩防腐蚀对策[J]．水运工程，2011（12）：131-134．

[9] 建筑钢结构防腐蚀技术规程：JGJ/T 251—2011[M]．北京：中国建筑工业出版社，2012

[10] 中华人民共和国交通部．海港工程混凝土结构防腐蚀技术规范：JTJ 275—2000[M]．北京：人民交通出版社，2001．

大吨位堆载法基桩静载试验的要点控制及案例分析

盛志强[*1, 2, 3, 4]，刘民易[1, 2, 3, 4]，李翔宇[1, 2, 3, 4]，刘金波[1, 2, 3, 4]，赵岚涛[1, 2, 3, 4]，李　华[1, 2, 3, 4]，祝经成[1, 2, 3, 4]

(1. 建筑安全与环境国家重点实验室，北京 100013；2. 国家建筑工程技术研究中心，北京 100013；3. 中国建筑科学研究院有限公司地基基础研究所，北京 100013；4. 建研地基基础工程有限责任公司，北京 100013)

摘　要：日益增多的高层和超高层等大型建筑形式对基桩静载试验能力提出了更高的要求。本文结合 51000kN 静载试验的成功案例，分析了大吨位堆载对桩周地基土变形及侧阻力发挥的影响，阐述了大吨位堆载法基桩静载试验的注意事项及控制要点，为大吨位基桩承载力检测提供一些建议和数据支持。

关键词：大吨位；堆载法；静载试验；地基变形；桩侧阻力

作者简介：盛志强（1987—　），男，高级工程师，博士，主要从事地基基础工程技术方面的研究。E-mail：sheng123zq@163.com。

Control Point and Case Analysis of Static Load Test of Foundation Pile Using Large Tonnage Accumulation Load Method

SHENG Zhi-qiang[*1, 2, 3, 4]，LIU Min-yi[1, 2, 3, 4]，LI Xiang-yu[1, 2, 3, 4]，LIU Jin-bo[1, 2, 3, 4]，ZHAO Lan-tao[1, 2, 3, 4]，LI Hua[1, 2, 3, 4]，ZHU Jing-cheng[1, 2, 3, 4]

(1. State Key Laboratory of Building Safety and Built Environment，Beijing 100013，China；2. National Engineering Research Center of Building Technology，Beijing 100013，China；3. Institute of Foundation Engineering，China Academy of Building Research，Beijing 100013，China；4. CABR Foundation Engineering Co.，Ltd.，Beijing 100013，China)

Abstract：The increasing number of large-scale buildings such as high-rise buildings and super high-rise buildings put forward higher requirements for the static load test capacity of foundation piles. Based on the successful case of 51000 kN static load test，it analyzes the influence of surcharge on the deformation of foundation soil around pile and the exertion of side friction resistance，and expounds the precautions and control points of pile static load test with large tonnage accumulation load method，so as to provide some suggestions and data support for the large tonnage bearing capacity test of pile.

Key words：large tonnage；accumulation load method；static load test；foundation deformation；pile shaft resistance

0　引言

基桩静载试验是获得单桩承载力的最基本和最可靠的检测方法[1,2]。随着经济建设的发展，高层和超高层等大型建筑日益增多，其对基桩承载力的要求越来越高，致使静载试验荷载越来越大，大吨位静载试验屡见不鲜。

常规的大吨位静载试验根据反力装置不同分为堆载法、锚桩法以及锚桩-堆载法，以上三种方法分别采用压重平台反力装置、锚桩反力装置、锚桩压重联合反力装置。相对来讲，锚桩反力装置一般不会受到现场条件以及加载总重量的约束，当试验条件允许的情况下，将工程桩作为锚桩最为经济。但对于单桩承载力要求高、不具备锚桩施工条件或无法利用现有工程桩作为锚桩（基桩抗拔承载力低或桩位不合适等）的情况，则常采用压重平台反力装置，即堆载法基桩静载试验。

本文结合 51000kN 堆载法基桩静载试验在工程应用中的成功案例，阐述大吨位堆载法静载试验的注意事项及过程控制，以提高试验结果的可靠性。该案例情况如下：试验桩为嵌岩桩，桩径 1200mm，有效桩长 20m，该项目含 5 层地下室，基坑开挖深度约 27m，在地面进行静

载试验，试验桩总桩长约 47m，桩身混凝土强度等级为 C55，桩端持力层为中风化凝灰岩，试验要求单桩竖向抗压极限承载力为 42000kN，并确定持力层承载性状，桩身沿不同深度埋置钢筋计，用于计算侧阻力及桩端阻力。配重采用预制混凝土块、钢梁，反力系统采用南京特有的提篮装置，可有效减小堆载高度，该系统总重 51000kN，不小于试验最大加载量的 1.2 倍，堆载高度约 18m。

1　大吨位堆载引起的地基变形

对于堆载法，试验开始加载之前，由试验桩周边地基土承受配重块的重量，随着对试验桩的加载，地基土卸荷。试验吨位越大，对地基土的承载力和变形要求越高，因此，在一些试验场地，地基处理的费用甚至高于试验费用。

地基处理欠佳时，可能会出现图 1（a）所示情况，中间地基土受挤压隆起；还有可能出现图 1（b）所示情况，由于吨位、堆载面积较大，地基土整体下沉。因此，搭设试验平台时，千斤顶与反力系统之间应预留一定的空间，防止地基变形造成反力平台下沉而与千斤顶提前接触，且应接通千斤顶油路，将千斤顶活塞顶升出 1～

2cm，以防预留空间不足导致试验开始前桩顶已承受荷载而不知数值，并应架设位移表测读桩顶沉降。如有必要，可试验前施打反力桩，以承受配重及减小地基变形。

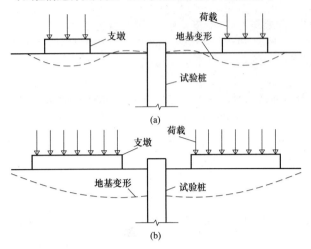

图 1　堆载引起的地基变形

Fig. 1　The foundation deformation caused by surcharge load

地基变形会引起基准桩产生位移，进而影响桩顶沉降的测读。当堆载吨位较大时，试验现场也很难满足《建筑基桩检测技术规范》JGJ 106—2014 中第 4.2.6 条关于试桩、锚桩（或压重平台支墩边）和基准桩之间中心距离的要求；对于一些大吨位堆载法静载试验，即便是满足规范要求，其基准桩、试验桩也难免会受堆载影响。图 2 为加/卸载过程中基准桩和桩顶的竖向位移变化情况，可见，以开始加载时的桩顶标高为起算点，加载至 20000kN 时，基准桩开始隆升，最大隆升 15mm。

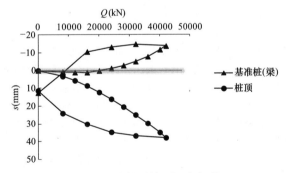

图 2　基准桩及桩顶沉降变形

Fig. 2　The settlement of reference stake and pile top

堆载引起的地基变形可对试验桩产生负摩阻，也会影响侧阻力的发挥，对于大吨位堆载法静载试验，应分析堆载引起的地基变形及其范围，分析其对基桩承载力的影响。对于基桩静载试验，通常可按无相邻荷载影响考虑，以《建筑地基基础设计规范》GB 50007—2011 中第 5.3.8 条计算堆载引起的变形影响深度，计算公式如下：

$$z_n = b(2.5 - 0.4 \ln b) \tag{1}$$

式中，b 为堆载范围的宽度。

案例中，b 取 16m，计算得到 z_n 约 22m，小于基坑开挖深度。可以认为，试验桩有效桩长范围内，因堆载产生的桩周地基土变形较小。

2　大吨位堆载对基桩承载力的影响

极限侧摩阻力可以简单通过如下公式理解：

$$q_{sik} = \tau_{ik} = \sigma_{ik} \tan\varphi_{ik} + c_{ik} \tag{2}$$

式中，q_{sik} 为第 i 层土的极限侧摩阻力；σ_{ik} 为第 i 层土作用在桩侧面的土压力（桩侧土压力）；φ_{ik} 为桩侧面与侧壁第 i 层土的摩擦角；c_{ik} 为桩侧面与侧壁第 i 层土的黏聚力。

当桩周存在堆载时，使得 σ_{ik} 增加，当认为 φ_{ik}、c_{ik} 不变时，增大了极限侧阻力；而且，σ_{ik} 增加，增加了对桩的约束，也会增加桩身承载力。

对于大吨位堆载法静载试验，从开始堆载到试验结束，耗时较长，堆载对浅部地基土力学性质影响较大，对于有地下水的场地，可能还会引起超静孔隙水压力。

假定桩侧摩阻力与桩土相对位移的关系符合图 3 所示模型，即对于某一土层指定位置，桩土无相对位移时，桩侧摩阻力为 0；桩土相对位移增加时，桩侧摩阻力随其线性增加，但增加至 q_{sik} 后，相对位移即便增加，桩侧摩阻力不再变化。

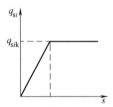

图 3　桩侧摩阻力与桩土相对位移的关系

Fig. 3　The relationship between pile side friction and pile-soil relative displacement

对于堆载法静载试验，当桩周土加载—卸载—加载过程使其发生下沉、回弹变形时，桩土相对位移也会发生较复杂的变化，可能产生负摩阻，而且相对位移量的变化也会影响侧阻力的发挥。

前面计算得到案例中堆载引起的桩周地基土变形主要在地面以下 22m 范围内，堆载引起的附加应力及地基变形在有效桩长范围内数值较小，而且案例中试验桩为嵌岩桩，且试验目的为确定桩端持力层承载性状，可以认为堆载对其试验结果影响较小。

3　地基处理、数据测试与分析

3.1　地基处理

《建筑基桩检测技术规范》JGJ 106—2014[3] 规定：压重施加于地基的压应力不宜大于地基承载力特征值的 1.5 倍。压重平台支座底面积应尽量大，如果场地地基承载力不满足试验要求，则需进行加固处理（比如换填夯实处理），或施打反力桩，并对处理后地基或反力桩进行承载力检测，以确保满足试验要求。堆载开始至拆卸配重结束，全程测量地面变形，方便评价堆载系统的稳定性。

本文介绍一种"提篮法"堆载系统，该系统在南京较为普遍。如图4所示，加载时先是配重①区提供反力，待加载量大于配重①区的重量时，配重②区开始提供反力。"提篮法"堆载系统合理利用了面梁以下的空间及支座的重量，减小了堆载高度，且增大了支座的底面积，降低了地基承载力的要求，从而减轻了地基处理的难度及成本，并增加了堆载系统的稳定性。实例中，支座底面尺寸为16m×16m，极大地增加了地基土的受力面积，降低了地基承载力的要求；考虑到现场实际情况，对以试验桩为中心的周边20m×20m范围内（以试桩为中心3m×3m范围内，深500mm不换填）地基土采用渣土进行换填，并分层碾压，换填深度1.5m。换填之后，进行载荷试验，换填地基承载力满足试验要求。然后，在换填地基上做钢筋混凝土现浇板，板厚400mm，双层双向配筋。

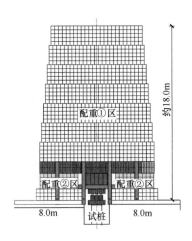

图4　51000kN静载试验示意图

Fig. 4　Schematic diagram of 51000kN static load test

3.2　有效桩顶荷载及沉降测试

随着"高深大"建筑形式的发展，深基坑工程越来越多，基础埋深越来越大，桩基的设计有效桩顶深埋于地基土中，距原始地面可达20m以上。而对于大吨位工程桩，尤其是一柱一桩形式，限于工程场地条件及工期、成本，绝大多数情况下无法在坑底进行静载试验，因此，通常会选择将工程桩（或试验桩）接长至地面，在地面进行基桩静载试验。在地面进行静载试验，则需考虑有效桩顶至地面这一段的侧阻力消除及有效桩顶与实际桩顶的沉降差异问题。

（1）有效桩顶荷载测试

静载试验过程中，应扣除或消除有效桩顶以上至试验桩顶这一段的侧摩阻力，确定作用于有效桩顶的竖向荷载。目前，常用的方法主要有：1）设置可分离式双套筒，将工程桩有效桩顶上部桩身与土体进行隔离，消除该段侧摩阻力，将作用于试验桩顶的竖向荷载无损耗地传至有效桩顶；2）在有效桩顶处布置内力测试元件（比如钢筋计，一般对称布置，不少于2个测点），测读该处的桩身轴力，确定有效桩顶处的竖向荷载。实际工程中，也可同时采用上述两种方法，案例中采用埋置钢筋计的方法确定有效桩顶处的竖向荷载。

（2）有效桩顶沉降测试

在地面做静载试验时，有效桩顶沉降应扣除其上部桩身材料压缩。目前，常用的方法有两种：1）在有效桩顶处埋置沉降标，并延伸出来，在地面进行测量，延伸杆应采用钢管使其与桩身隔离，试验中直接测读有效桩顶处的沉降量；2）在有效桩顶处布置内力测试元件（比如钢筋计，一般对称布置，不少于2个测点），测读该处的桩身轴力，并假定桩身轴力沿深度方向线性递减，按《建筑桩基技术规范》JGJ 94—2008[4]计算有效桩顶上部桩身材料压缩 s_e。如果有效桩顶以上存在差异较大的地层，则应考虑其对桩身轴力的影响，如有必要，应在该地层顶面、底面分别布置内力测试元件。案例中采用埋置钢筋计的方法计算桩身弹性压缩。

3.3　桩顶沉降修正

在堆载过程中，随着堆载数量的增加，地基土中附加应力逐渐增加，桩周土的沉降也随之增大；在加载过程中，地基土中的附加应力又逐渐减小，桩周土卸荷，并随着卸荷量的增加产生回弹；在卸荷过程中，地基土中的附加应力又逐渐增加，桩周土再次被压缩。从整个试验过程来看，地基土经历了压缩—回弹—压缩的过程，基准桩难免产生下沉和上升。另外，大吨位静载试验的基准梁一般较大较长，其受温度影响也较大。这些影响都会叠加到桩顶沉降 s 中，从而影响 Q-s 曲线结果。本文建议采用高精度水准仪测量桩顶、基准桩和基准梁的变形情况，对桩顶沉降 s 进行修正，观测方法及步骤如下：

（1）堆载前，确定测量基准点，并在桩顶布置监测点，测量桩顶标高；

（2）架设基准桩和基准梁时，在其上布置监测点；

（3）加载过程中，分别在每级荷载施加结束并维持半小时后，测量基准桩和基准梁的变形，并随桩顶沉降测读时间进行测量，计算桩顶实际沉降量，直至本级荷载作用下沉降稳定；

（4）卸载过程中，在每级荷载作用结束后（1h），测量基准桩和基准梁的变形，计算桩顶实际回弹量；

（5）试验结束，拆卸配重、反力梁及千斤顶后，露出桩顶，再次对桩顶原监测点进行测量，确定桩顶标高，用于修正桩顶沉降。

4　结论

结合工程案例，本文针对大吨位堆载法静载试验的关键环节，给出了合理建议。应重视地基土的压缩—回弹—压缩对基准桩（梁）的影响，并应注意对 Q-s 曲线的修正，提高大吨位静载试验结果的可靠性。

（1）试验前，应分析堆载对桩周地基变形及侧阻力发挥的影响，合理选择试验方案。可视情况在试验前施打反力桩，以承受配重和减小地基变形。

（2）大吨位堆载法静载试验，应对基准桩竖向位移进行全程监测，以校准桩顶沉降；搭设试验平台时，千斤顶与反力系统之间应预留一定的空间，防止地基变形造成反力平台下沉而与千斤顶提前接触，且应接通千斤顶油路，将千斤顶活塞顶升出 1～2cm，以防预留空间不足导致试验开始前桩顶已承受荷载而不知数值，并应架设位移表测读桩顶沉降。

参考文献：

[1] 程惠阳. 大吨位桩基静载试验的应用研究[J]. 福建建设科技，2010(1)：4-7.

[2] 郑贺，张忠泽，秦志君. 软土地区超大吨位基桩堆载试验地基沉降特性研究[J]. 土工基础，2016，30(5)：611-614.

[3] 中华人民共和国住房和城乡建设部. 建筑基桩检测技术规范：JGJ 106—2014 [S]. 北京：中国建筑工业出版社，2014.

[4] 中华人民共和国住房和城乡建设部. 建筑桩基技术规范：JGJ 94—2008 [S]. 北京：中国建筑工业出版社，2008.

灌注桩与螺锁式连接实心异型方桩桩基造价分析比对

周兆弟，周继发，叶　灿，尹红乖，沈　忱

（浙江兆弟控股有限公司，浙江 杭州 310000）

摘　要：针对某超高层三层地下室项目，在比对了灌注桩和螺锁式连接实心异型方桩两种桩型的承载力和桩基础的总造价方案之后，得出结论：在满足承载力的前提下，螺锁式连接实心异型方桩提高了侧摩阻力，有极大造价优势，另外还具备绿色环保，施工速度快，连接方便，耐打性强，防腐性高等优点。

关键词：灌注桩；螺锁式连接异型方桩；造价对比；经济效益

作者简介：周兆弟（1962—　），男，正高级工程师，主要从事桩基及装配式建筑研究与开发。E-mail：zhouzhaodi88@163.com。

通讯作者：叶灿（1993—　），男，硕士。E-mail：canysxu@163.com，联系电话：19941063562。

Cost analysis and comparison of cast-in-place pile and screw-locked connection special-shaped square pile foundation

ZHOU Zhao-di，ZHOU Ji-fa，YE Can，YI Hong-guai，SHEN Chen

（Zhejiang Zhaodi Proprietary companies，Hangzhou Zhejiang 310000，China）

Abstract：Aiming at a super high-rise three story basement project，after comparing the bearing capacity of cast-in-place pile and screw lock connection solid special-shaped square pile and the total cost of pile foundation，it is concluded that on the premise of meeting the bearing capacity，screw lock connection solid special-shaped square pile improves the side friction，has great cost advantages，and also has green environmental protection，fast construction speed，It has the advantages of convenient connection，strong beating resistance and high corrosion resistance.

Key words：cast in place pile；special shaped square pile with screw lock connection；cost comparison；economic performance

0　工程概况

拟建工程位于海宁市长安高新区，新潮路南侧，总用地面积20639万 m^2，拟建项目由1幢46层的超高层商业楼及裙房，2幢20/21层的高层商业楼、2幢3层的多层商业楼及一3层大地库组成。总建筑面积156056m^2，由1幢46层（局部38层）的办公楼（1号塔楼）及3层商业用房、1幢20层的办公楼（2号塔楼）及2~3层的商业用房、1幢21层（局部18层）的办公楼（3号塔楼）及1~3层的商业用房和1幢组成，框架核心筒、框架结构，预估最大单柱荷载约54000kN，基础拟采用桩基础。地下室为3层停车库、设备用房的整体地下室，地下室结构为框架结构，基坑预计最大开挖深度约15.0m，柱网尺寸多为8.4m×8.4m。

本工程建筑抗震设防类别为乙类，设防烈度为7度，设计地震加速度为0.10g，设计地震分组为第一组。场地广泛分布②$_2$、②$_4$层可液化土，判定场地处于抗震不利地段。本工程±0.000相当于黄海高程6.4m，桩顶相对标高13.2m。根据地勘本工程抗浮设防水位按室外设计地面考虑，经勘察，拟建场地70.0m范围内均为第四系松散沉积物，主要由饱和黏

性土、粉性土及砂土组成，本场地属于"滨海平原"地貌类型，勘探深度范围内揭露的土层分布，按其成因、类型、物理力学性质指标的差异划分为10个工程地质层。①$_1$层：杂填土，主要为建筑垃圾、碎石和粉土；①$_2$层：素填土，主要成分为粉土；①$_3$层：淤填土，主要成分为粉土；②$_{1-4}$层：砂质粉土，低等干强度，低等韧性；②$_5$层：粉砂，低等干强度，低等韧性；④层：粉质黏土中等干强度，中等韧性；⑤层：粉质黏土，中等干强度，中等韧性；⑥$_1$层：粉质黏土，中等干强度，中等韧性；⑥$_2$层：含砂粉质黏土，中等干强度，中等韧性；⑧层含砾细沙：粉质黏土，中等干强度，中等韧性；⑨层：含砾粉质黏土，中等干强度，中等韧性；⑩$_1$层为全风化玄武岩；⑩$_2$层为强风化玄武岩；⑩$_3$层为中风化玄武岩。

桩基设计参数如表1所示。场地土层分布稳定，规律性强，横向土质比较均匀，纵向呈韵律沉积，属于同一地质单元。拟建建筑其抗震类别均为标准设防类，根据场地岩土工程条件及拟建建筑物的工程特性，结合当地工程经验，拟建建筑物采用桩基础。3层地下室单柱最大柱底抗压轴力为7745kN，单柱最大柱底抗拔轴力为4361kN。

桩基设计参数 表 1

Design parameters of pile foundation Table 1

层号	土层名称	灌注桩		预制桩	
		侧阻力特征值 q_{sia}(kPa)	端阻力特征值 q_{pk}(kPa)	侧阻力特征值 f_s(kPa)	端阻力特征值 q_{pk}(kPa)
②₁	砂质粉土	11		13	
②₂	砂质粉土	18		22	
②₃	砂质粉土	20		24	
②₄	砂质粉土	12		14	
②₅	粉砂	20		24	
③	淤泥质粉质黏土	9		10.0	
④₁	粉质黏土	20		25.0	
④₂	粉质黏土	25		30.0	
⑤	粉质黏土	18		20.0	
⑥₁	粉质黏土	24		28.0	
⑥₂	含砂粉质黏土	28		35.0	
⑧	含砾细砂	32	1400	38.0	2000
⑨	含砾粉质黏土	32	1000	40.0	5500
⑩₁	全风化玄武岩	32	1100	40.0	7500
⑩₂	强风化玄武岩	45	2000		
⑩₃	中风化玄武岩	75	3200		

1 灌注桩基础方案

灌注桩基础桩型为 BZ800-60-40/G，C-C35。桩顶进入承台深度 50mm，灌注桩混凝土强度等级为 C35，桩长 60m，以⑩₃ 中风化玄武岩为持力层，灌注桩施工、桩顶与承台连接、接桩参照《钢筋混凝土灌注桩图集》10SG813，灌注桩具体参数见表 2。

灌注桩参数一览表 表 2

List of parameters of cast-in-place pile

Table 2

桩型	BZ800-60-40/G, C-C35
±0.000	1985 国家高程
桩顶标高（相对于正负 0.000）	−6.8m
桩长	60m
单桩竖向抗压/抗拔承载力特征值	4350/2193kN

根据图集，BZ800-60-40/G，C-C35 轴心受拉承载力设计值为 2413kN，考虑桩的重要性系数 1.1，单桩抗拔力为 2413/1.1＝2193kN，单柱下布置 2 根抗拔桩，两根桩抗拔承载力特征值为 2193×2＝4386kN＞4361kN；受压承载力设计值为 5876kN，考虑桩的重要性系数 1.35，单桩抗压承载力特征值 5876/1.35＝4350kN，两桩抗压力为 4350×2＝8700kN＞7745kN，满足计算要求。故单柱下布置 2 根桩可满足设计要求。灌注桩布置桩心距按 3d 控制，桩边距按 1d 控制，二桩承台如图 1 所示。

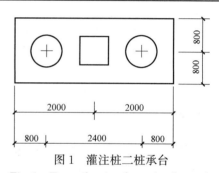

图 1 灌注桩二桩承台

Fig. 1 Two pile cap of cast-in-place pile

2 螺锁式连接实心异型方桩基础方案

螺锁式连接异型方桩竖向承载力标准值可按《预应力混凝土异型预制桩技术规程》JGJ/T 405 的相关标准执行。当根据土的物理指标与承载力参数之间的经验关系确定螺锁式连接异型方桩单桩竖向抗压极限承载力标准值时，可按下列公式估算：

$$Q_{uk} = \beta_c \mu_p \sum q_{sik} l_i + q_{pk}(A_j + \lambda_p A_{pl}) \quad (1)$$

$$\overline{q}_{sk} = \frac{\sum q_{sik} l_i}{l} \quad (2)$$

式中，Q_{uk} 为螺锁式连接异型方桩竖向抗压极限承载力标准值（kN）；u_p 为桩身按最大外径或边长计算的周长（m）；q_{sik} 为桩侧第 i 层土的极限侧摩阻力标准值（kPa），无当地经验时，可按现行行业标准《建筑桩基技术规范》JGJ 94 规定的混凝土预制桩极限侧阻力标准值取值；l_i 为桩身穿越第 i 层土（岩）的厚度（m）；l 为桩身总长度（m）；q_{pk} 为桩极限端阻力标准值（kPa），无当地经验时，可按现行行业标准《建筑桩基技术规范》JGJ 94 规定的混凝土预制桩极限端阻力标准值取值；A_j 为桩端净面积（m²）；λ_p 为桩端土塞效应，对于闭口桩 $\lambda_p=1$；A_{pl} 为桩端的空心部分面积（m²）；β_c 为竖向抗压侧阻力截面影响系数，宜按当地经验取值；无地区经验时，对于纵向不变截面异型桩 $\beta_c=1.0$；对于纵向变截面异型桩，可按表3取值。

纵向变截面异型桩竖向抗压侧阻力截面影响系数
表3

The influence coefficient of the vertical compressive lateral resistance section of the longitudinally variable section special-shaped pile Table 3

土层加权平均极限侧阻力标准值	$\overline{q}_{sk}\leqslant14$	$14<\overline{q}_{sk}\leqslant54$	$\overline{q}_{sk}>54$
β_c	1.10	$\beta_c=0.005\overline{q}_{sk}+1.03$	1.30

本项目土层分布均匀，选取孔点 ZJ5 进行异型方桩的承载力计算，异型方桩选自图集《螺锁式连接预应力混凝土实心异型方桩》Q/320582 ZD026—2019。异型方桩型号选取 T-FZ-B-500-450（C60）螺锁式异型方桩，桩长 34m，以第⑤层粉质黏土层为持力层，得到单桩抗压承载力特征值为 1960kN；抗拔承载力特征值为 1180kN，3层地下室单柱最大柱底抗压轴力为 7745kN，单柱最大柱底抗拔轴力为 4361kN，单柱下布置 4 根桩，抗拔力为 1180×4=4720kN＞4361kN，抗压力为 1960×4=7840kN

＞7745kN，故采用单柱下 4 桩可满足设计要求。实心异型方桩布置桩心距按 3.5d 控制，桩边距按 1d 控制，四桩承台如图2所示。

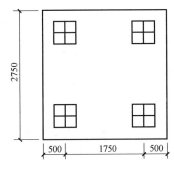

图2 实心异型方桩四桩承台
Fig.2 Four pile cap of solid anisotropic square pile

3 桩基方案造价对比

经过计算，4 根边长为 500mm 的实心异型方桩和 2 根直径为 800mm 灌注桩都能满足单桩下抗压和抗拔设计要求。分别对以上灌注桩与实心异型方桩方案的基桩和承台进行造价统计分析对比。灌注桩桩身造价对比、实心异型方桩造价对比、承台造价对比表分别如表4~表6所示。

通过两种桩基方案对比可见：单柱下桩基础，螺锁式实心异型方桩方案较灌注桩方案可节省造价 32851.8 元，具有极大的成本优势，经济效益十分显著！

灌注桩桩身方案造价 表4
Project cost of cast-in-place pile Table 4

类型	桩型	桩长(m)	抗压承载力/(抗拔承载力)特征值(kN)	根数	米数(m)	综合单价(元/m)	桩基总造价(万元)
抗压兼抗拔桩	BZ800-60-40/G,C-C35	60	4350/2193	2	120	750	9

螺锁式连接实心异型方桩桩身方案造价 表5
The project cost of the screw-locked connection solid special-shaped square pile Table 5

类型	桩型	桩长(m)	抗压承载力/(抗拔承载力)特征值(kN)	根数	米数(m)	材料单价(元/m)	材料合价(元)	施工综合费用(元/m)	施工总造价	桩基总造价(万元)
抗压兼抗拔桩	T-FZ-B-500-450	34	1960/1180	4	136	360	48960	50	6800	5.576

承台造价对比 表6
Comparison of platform cost Table 6

桩类型	承台类型	单个承台体积(m³)	混凝土单价(元/m³)	砖胎膜体积(m³)	砖胎膜单价(元/m³)	垫层单价(元/m³)	挖方体积(m³)	挖土方单价(元/m³)	总价(元)
灌注桩	2桩承台	6.4	1100	1.344	601.69	562.85	12.672	50	8907.79
实心异型方桩	4桩承台	7.56	1100	1.32	601.69	562.85	13.86	50	10295.94

4 结论

从以上分析中可以看出，本项目采用异型方桩替换管桩，承载力能够满足设计要求，桩基础造价优势明显，主要原因及技术要点如下：

（1）异型方桩可以提高侧摩阻力

预应力混凝土异型方桩表面凹凸，增加了桩与土层之间的接触面积，考虑不同土层性质及厚度影响，提出了平均侧摩阻系数的概念。异型桩平均侧摩阻与总摩阻力提高系数之间呈比例关系，总侧摩阻力提高系数随平均侧摩阻力增大而增大。提高系数因土层性质和厚度的不同，侧摩阻力提高系数介于 1.1~1.3。

（2）螺锁式连接异型方桩连接方式优越

螺锁式连接异型方桩为机械式连接桩，桩与桩及桩与承台之间的连接均为机械连接，连接快速、可靠。

（3）施工速度快

与灌注桩相比，螺锁式连接的异型桩为工厂预制，桩身质量有保证，现场压桩速度快，施工工期大幅缩短。

（4）绿色环保

螺锁式连接的异型桩为现场装配，相较于灌注桩存在泥浆排放污染等问题，实心异型方桩施工更为绿色环保。

参考文献：

[1] 中华人民共和国住房和城乡建设部. 建筑桩基技术规范：JGJ 94—2008[S]. 北京：中国建筑工业出版社，2008.

[2] 中华人民共和国住房和城乡建设部. 预应力混凝土异型预制桩技术规程：JGJ/T 405—2017. [S]. 中国建筑工业出版社，2017.

BFRP筋支护桩设计计算方法与应用研究

刘　康[1]，唐海峰[2]，梁　树[2]，黄　梦[2]，黄　双[2]，康景文[2]

（1. 上海交通大学船舶海洋与建筑工程学院，上海 200240；2. 中国建筑西南勘察设计研究院有限公司，四川 成都 610052）

摘　要：玄武岩纤维复合筋（Basalt Fiber Reinforced Plastics，BFRP筋）具有较普通钢筋独特的工程性能优势和良好的推广应用前景。本文基于不同配筋率 BFRP 筋圆截面混凝土试件受弯过程的应力和变形测试，分析其破坏及承载特征，结果表明：BFRP 筋混凝土构件正截面应力符合平截面假定；BFRP 筋应力随荷载的增加而增大，受拉区 BFRP 筋无应力突变，受压区有突变；构件开裂阶段较短，使用阶段开裂荷载为极限荷载的 51%～67%；当配筋率高于 1.6% 时，提高配筋率对构件承载力的贡献不显著；依据试验成果提出了 BFRP 筋支护桩承载力计算公式，并经实际工程监测结果验证了其适用性和可靠性。

关键词：BFRP筋；试验；应力；承载力；挠度；监测

作者简介：刘康（1985—　），男，博士研究生。E-mail：362150758@qq.com。

Experimental investigation of flexural behavior of cylindrical member of BFRP reinforced concrete

LIU Kang[1]，TANG Hai-feng[2]，LIANG Shu[2]，HUANG Meng[2]，HUANG Shuang[2]，KANG Jing-wen[2]

（1. School of Naval Architecture，Ocean & Civil Engineering，Shanghai Jiaotong University，Shanghai 200240，China；
2. China Southwest Geotechnical Investigation & Design institute Co. Ltd.，，Chengdu Sichuan 610052，China）

Abstract：Basalt fiber reinforced plastics（BFRP）bars have unique engineering performance advantages and good application prospects compared with ordinary steel bars. Based on the stress and deformation tests of BFRP circular section specimens with different reinforcement ratios，the failure and bearing characteristics are analyzed. The results show that the normal section stress of concrete members reinforced with BFRP conforms to the plane section assumption；The results show that the stress of BFRP reinforcement increases with the increase of load. There is no stress mutation in the tension zone，but there is a mutation in the compression zone；The cracking stage is short，and the cracking load in service stage is 51%-67% of the ultimate load；When the reinforcement ratio is higher than 1.6%，the contribution of increasing the reinforcement ratio to the bearing capacity is not significant；Based on the test results，the bearing capacity calculation formula of BFRP reinforcement retaining pile is put forward，and its applicability and reliability are verified by practical engineering.

Key words：BFRP reinforcement；experiment；stress；bearing capacity；deflection；monitor

0　引言

BFRP 筋是以玄武岩纤维为增强材料，以掺入适量辅助剂的合成树脂为基料，经拉挤和特殊的表面处理工艺形成的一种新型复合材料[1-3]，具有耐腐蚀、轻质高强、与混凝土相近的热膨胀系数等特性，玄武岩资源丰富，BFRP 筋生产符合绿色建造[4-5] 和环保要求，具有逐步替代钢筋的潜力。目前，国内外应用 BFRP 筋替代钢筋主要参照玻璃纤维复合筋（GFRP）的设计计算方法，由于 BFRP 筋力学性质与钢筋、GFRP 筋存在一定的差异，特别是其相对较低的弹性模量[6-8] 使得构件更易产生脆性破坏，虽已有学者进行了相关研究，但多集中在方形截面构件[9-12]，而较少针对圆形截面构件，如何用于岩土工程尤其基坑支护桩值得探讨。

本文利用不同配筋率的 BFRP 筋实心圆截面混凝土构件受弯过程中 BFRP 筋应变和构件变形试验测试，分析其破坏及承载特征，并提出 BFRP 筋混凝土支护桩设计计算方法及通过实际工程监测验证其适用性和安全性，以促进 BFRP 筋在岩土工程中的运用。

1　模型试验分析

试件长 1.5m，截面直径 200mm，C30 混凝土，保护层厚度 20mm；因 BFRP 筋不易弯折，试件箍筋按等强度原则替换为 ϕ2@100 的铁丝；BFRP 筋沿试件截面均匀分布，在圆柱形模具中浇筑成形，养护 28d。试件配筋见表 1。

试件水平放置，两端采用可调锁定装置固定，千斤顶跨中分级加载，每级 2.5kN 直至试件破坏。

试验过程中分别观测裂缝，量测荷载大小、BFRP 筋应力、试件挠度。荷载通过标定的液压表读取；BFRP 筋应变通过粘贴于顶部及底部 BFRP 筋且间隔 200mm 的应变片及 TST 静态应变测试仪测量；挠度利用位于跨中顶部、底部和两侧 1/3 处的 4 个百分表测量（图 1）。

基金项目：中建股份科技研发课题项目（CSCEC-2013-Z-25）。

圆截面 BFRP 筋受弯构件配筋方案　表 1

Reinforcement scheme of circular section BFRP

reinforcement flexural members　Table 1

构件编号	截面尺寸（mm）	配置数量	配筋率（%）	筋材净间距（mm）
1	φ200	6φ8	0.96	48.0
2	φ200	6φ10	1.50	45.0
3	φ200	10φ8	1.60	26.6
4	φ200	14φ8	2.24	16.9

1.1　裂缝特征

试件观测表明，试件变形形态与钢筋混凝土圆截面构件相似[9-12]，其过程可分为 4 个阶段：

（1）无裂缝阶段。裂缝出现前，横截面的应力和应变均比较小，见图 2（a）。

（2）竖向裂缝阶段。试件截面出现非贯通裂缝，斜向裂纹出现之前，见图 2（b）。初始裂缝深度较浅，随荷载增加逐步扩张贯通整个截面；斜向裂缝轻微，跨中出现轻度挠曲。

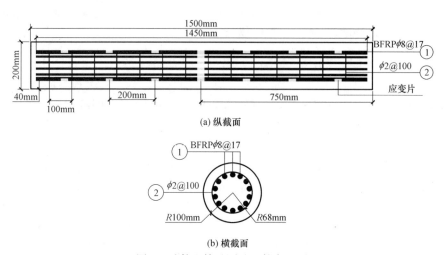

图 1　试件配筋及测试元件布置图

Fig. 1　Layout of reinforcement and test elements

（3）斜向裂缝阶段。斜向裂缝出现后，试件破坏前，见图 2（c）。随荷载增加斜向裂缝逐渐从试件底中部向两端延展，宽度、长度不断加大，并伴有混凝土粒块掉落及连续轻微爆裂声。

（4）破坏阶段。裂缝全截面贯通，见图 2（d）。试件上部混凝土不断翘起，下部混凝土逐步脱落露筋，油压表读数突降，并伴随明显爆裂声。

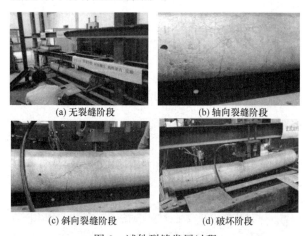

(a) 无裂缝阶段　　　(b) 轴向裂缝阶段

(c) 斜向裂缝阶段　　　(d) 破坏阶段

图 2　试件裂缝发展过程

Fig. 2　Crack development process of test piece

1.2　BFRP 筋应力特征

试件跨中下部 BFRP 筋应力变化曲线见图 3。其中，

1~3 号试件存在明显的无裂缝阶段；4 号试件因配筋率最高，混凝土面积相对最少，最早进入竖向裂缝阶段。竖向裂缝出现前，纵筋应力随荷载增长的速度较慢，1~3 号试件跨中纵筋在 5.04 kN 荷载下应力仅为 1.0~2.0MPa，与混凝土抗拉强度相当，说明此阶段 BFRP 筋与混凝土同步承担荷载；试件底部开裂后，纵筋应力快速增大，荷载 10kN 时纵筋应力达到 140~190MPa；纵筋应力随荷载的继续增加而增大直至试件破坏，未出现明显应力突变及钢筋类似的屈服阶段。

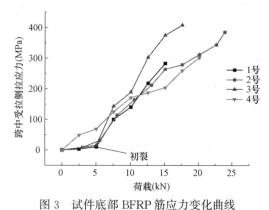

图 3　试件底部 BFRP 筋应力变化曲线

Fig. 3　Stress variation curve of BFRP reinforcement at the bottom of specimen

试件跨中上部纵筋应力曲线见图 4（正为压，负为拉），纵筋应力中间大且对称向两侧逐渐减小，其变化规

律与受拉侧有所区别：（1）承担压应力纵筋主要位于跨中部，400mm 范围以外压应力很小；（2）跨中部纵筋压应力随荷载增大而增大且均出现突变，1～4 号试件突变荷载分别为 12.6kN、22.68kN、12.6kN、17.6kN。压应力突变缘于混凝土已被压碎。

1.3 正截面应力分布特征

钢筋混凝土受弯构件正截面设计基于平截面假定，即钢筋与混凝土同步变形。试件正截面应力-应变曲线见图 5。由图 5 可见，正截面应力具有较好的线性分布特征，表明 BFRP 筋混凝土构件正截面符合平截面假定。其

中，1 号试件最下侧异常，由于试件混凝土浇筑过程中筋笼向截面底部偏离、导致保护层厚度变薄。

1.4 挠度特征

试件挠度-荷载曲线见图 6（最大挠度为试件破坏前挠度）。截面开裂前试件截面刚度较大，挠度较小，此时 BFRP 筋圆形截面试件挠度与相同应力水平下钢筋混凝土方形梁基本相同[8-12]；截面开裂后，试件截面刚度突然降低，挠度加速增大，因 BFRP 筋弹性模量小于钢筋，BFRP 筋混凝土构件的圆截面刚度下降幅度比钢筋混凝土大。

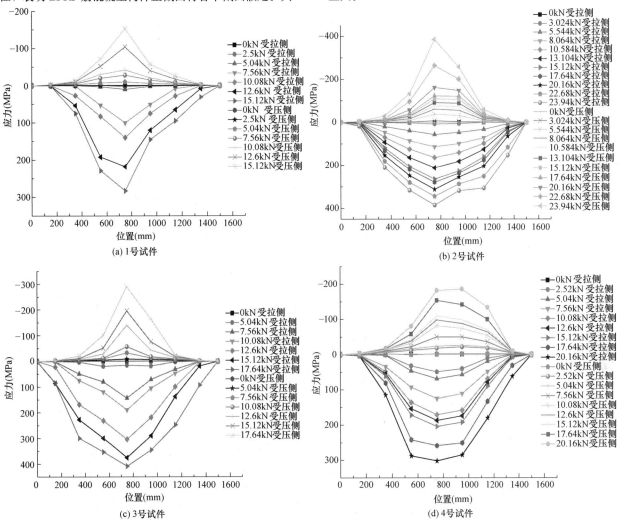

(a) 1 号试件

(b) 2 号试件

(c) 3 号试件

(d) 4 号试件

图 4　试件顶部 BFRP 筋应力变化曲线

Fig. 4　Stress curve of BFRP bar at the top of specimen

1.5 承载特性

工程构件正常使用状态需要满足强度和变形要求，依据强度和变形的限值可计算出正常使用状态构件的极限承载力。试验测试表明，受压侧 BFRP 筋应力出现突变，标志着开始进入破坏状态，可视为承载力极限状态；按《混凝土结构设计规范》GB 50010[13]，取挠度限值为 $L/250$（L 为构件跨度）作为 BFRP 筋构件变形限值。计算试件初裂状态、正常使用状态和极限状态的承载力见表 2。对比试件初裂状态与正常使用状态的承载力和变形

可知，1～3 号试件的初裂承载力分别为正常使用极限状态承载力的 67%、56%、51%，远高于钢筋混凝土构件的相应比值（缘于 BFRP 筋弹性模量和变形量均较小）；当配筋率从 0.96% 增大到 1.60% 时，承载力从 7.5 kN 增大到 9.8 kN，承载力增量与配筋率增量的比值为 359；当配筋率从 1.60% 增大到 2.24% 时，承载力仅从 9.8 kN 增大到 10.3 kN，承载力增量与配筋率增量的比值为 78，说明在一定配筋率范围内，虽然配筋率增加 BFRP 筋构件承载力有所提高，但承载力增量并不明显，表明 BFRP 筋的利用存在一定的最优配筋率界限值。

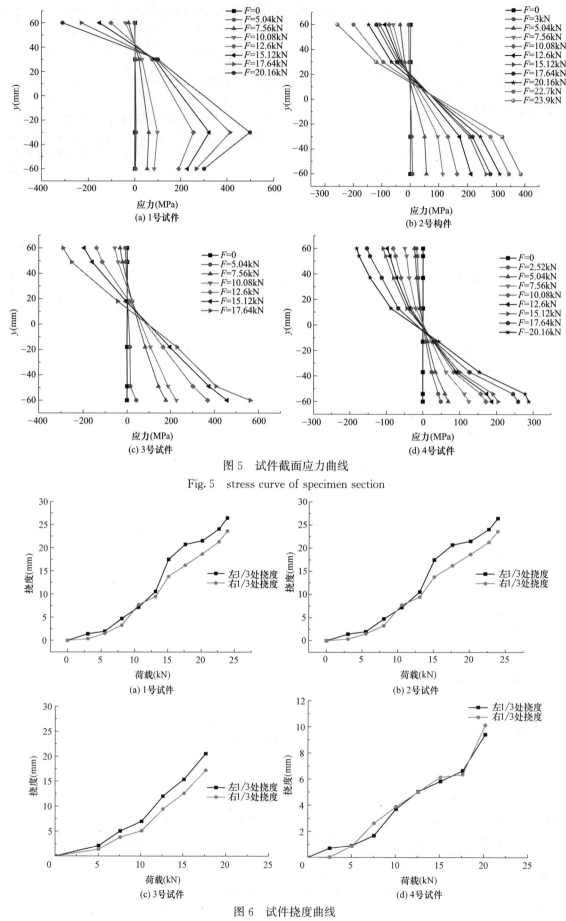

图 5　试件截面应力曲线

Fig. 5　stress curve of specimen section

图 6　试件挠度曲线

Fig. 6　deflection curve of specimen

试件承载力计算结果   表 2

Calculation results of bearing capacity of specimens   Table 2

编号	配筋量	配筋率（%）	初裂状态		正常使用状态		破坏状态		
			弯矩(kN·m)	挠度(mm)	弯矩(kN·m)	挠度(mm)	弯矩(kN·m)	挠度(mm)	破坏模式
1 号	6φ8	0.96	5.04	1.9	7.5	6	12.6	11.2	超筋
2 号	6φ10	1.50	5.04	2.0	9.0	6	22.7	21.2	超筋
3 号	10φ8	1.60	5.04	1.9	9.8	6	12.6	10.1	超筋
4 号	14φ8	2.24	2.50	1.0	10.3	6	17.6	8.7	超筋

2 BFRP 筋支护桩设计方法

2.1 基本假定

混凝土应力-应变关系按文献[13]确定，不考虑混凝土抗拉强度和纵向 BFRP 筋抗压强度；截面正应力符合平截面假定，BFRP 筋受拉应力与应变符合线性关系，并符合 $0 \leqslant E_f \varepsilon_f \leqslant f_{fd}$，其中，$E_f$ 为 BFRP 筋弹性模量（MPa）；ε_f 为 BFRP 筋应变；f_{fd} 为 BFRP 筋抗拉强度设计值（MPa）。

因 BFRP 筋其到达强度极限时发生脆性破坏，参照《盾构可切削混凝土配筋技术规程》CJJ/T 192[14]，有：

$$f_{fd} = f_{fu}/1.4 = f_{fu,ave} - 1.645\sigma \qquad (1)$$

其中，f_{fu} 为 BFRP 筋极限抗拉强度（MPa）；$f_{fu,ave}$ 为 BFRP 筋平均拉伸强度（MPa）；σ 为拉伸强度均方差。

2.2 承载力设计计算

虽 BFRP 筋与 GFRP 筋均属纤维复合材料，但密度、抗拉强度、弹性模量等有一定差异。依据文献[14]，对 GFRP 筋构件承载力计算公式进行修正，并增设弯矩调整系数 β，得到 BFRP 筋构件承载力计算公式为：

$$\alpha \alpha_1 f_c A \left(1 - \frac{\sin 2\pi\alpha}{2\pi\alpha}\right) = \alpha_t f_{fd} A_s \qquad (2)$$

$$\beta M \leqslant \frac{2}{3} \alpha_1 f_c A r \frac{\sin^3 \pi\alpha}{\pi\alpha} + \alpha_t f_{fd} A_s r_s \frac{\sin \pi\alpha_t}{\pi} \qquad (3)$$

$$\alpha_t = 1.25 - 2\alpha \qquad (4)$$

其中，α 为对应于受压区混凝土截面面积圆心角与 2π 的比值（%）；α_1 为系数，取 0.92；α_t 为纵向受拉 BFRP 筋与纵向筋总截面面积的比值，当 $\alpha > 0.625$ 时，取 $\alpha_t = 0$；β 为弯矩调整系数；f_c 为混凝土强度设计值（MPa）；A 为截面面积（mm^2）；A_s 为纵向 BFRP 筋总截面面积（mm^2）；r 为截面半径（mm）；r_s 为纵向 BFRP 筋重心圆周半径（mm）。

2.3 弯矩调整系数确定

利用公式（3）右侧获得试件弯矩计算值与试验弯矩测定值对比确定弯矩调整系数 β，见表 3。出于安全和经济角度考虑，建议 BFRP 筋实心混凝土桩的 β 取 4.6。

计算弯矩和测定弯矩   表 3

Calculation and measurement of bending moment

Table 3

桩号	计算值(kN·m)	试验值(kN·m)	比值
1 号	9.66	3.75	2.58
2 号	11.48	4.50	2.55
3 号	12.04	4.86	2.47
4 号	13.58	5.63	2.41

3 工程应用

选择某地势平坦基坑普通钢筋混凝土支护桩与 BFRP 筋混凝土支护桩进行监测对比，见图 7。

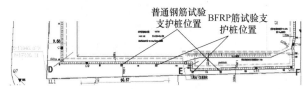

图 7 钢筋与 BFRP 筋支护桩对比监测基坑示意图

场地勘察深度揭露地层特征由上至下为：

① 人工填土层（Q_4^{ml}）：杂填土，松散，含较多建筑垃圾，普遍分布，层厚 1.8~4.6m。

② 冲洪积层（Q_3^{al+pl}）：硬塑黏土，裂隙发育，普遍分布，厚 3.9~7.3m；中密粉土，大部分地段分布，厚 0.5~2.7m；松散细砂，分布于卵石层顶部，厚 0.5~1.6m；密实中砂，以透镜体赋存于卵石层中，厚 0.5~1.7m；松散—密实卵石，粒径 2~15cm，含量 20%~50%中砂、砾石及少量黏性土充填。

③ 白垩系上统灌口组泥岩（K_2g）：岩质较软，裂隙较发育，裂隙面充填灰绿色黏土矿物，中等风化泥岩顶部夹少量强风化泥岩。

各地层土的物理力学指标见表 4。

土的物理力学指标统计表   表 4

Statistics of physical and mechanical indexes of soil

Table 4

岩土名称	重度 γ(kN/m³)	压缩(变形)模量 E_s(E_0)(MPa)	黏聚力 c(kPa)	内摩擦角 φ(°)
杂填土	17.5	—	—	—
黏土	20.0	10.0	55	17
粉土	19.5	6.0	18	15
细砂	18.5	6.0	—	20
中砂	19.0	7.0	—	22
松散卵石	20.0	18.0	—	28
稍密卵石	20.5	26.0	—	35
中密卵石	21.0	35.0	—	40
密实卵石	22.0	45.0	—	45
中风化岩	23.5	不可压缩	240	35

地下水为砂卵石层中孔隙潜水，水位埋藏较深，大气降水及地下径流补给，渗透系数约为 18m/d。

3.1 钢筋混凝土支护桩设计

按《建筑基坑支护技术规程》JGJ 120[15] 设计计算，钢筋混凝土支护桩长 20m，桩径 1.2m，间距 2.2m，嵌固段长 5.95m，C30 混凝土；主筋为 HRB400 钢筋 18ϕ20，沿截面均匀配置，箍筋为 HPB235 钢筋 10ϕ@150，设置 3 排预应力为 250kN 锚索。

3.2 BFRP 筋支护桩设计

采用强度替换原则，BFRP 筋混凝土支护桩承载力不小于钢筋混凝土支护桩承载力。弯矩按文献［15］计算；受弯承载力按文献［13］计算，均匀配筋；配筋率不小于 0.2% 且取 0.45 f_t/f_{fu} 较大值。设计计算结果见表 5、表 6。

截面弯矩设计值及 α 值设计值 表 5
Design value and calculation method of section bending moment α Design value
Table 5

桩长 (m)	f_y (N/mm^2)	A_s (m^2)	r_s (m)	A (m^2)	r (m)	α	M (kN/m^2)
20	360	0.00565	0.55	1.13	0.6	0.23	1048.7
15m	360	0.00362	0.55	1.13	0.6	0.2	655.49

BFRP 筋设计计算及用量 表 6
Design calculation and dosage of BFRP reinforcement
Table 6

桩长 (m)	f_{fu} (N/mm^2)	r_s (m)	A (m^2)	r (m)	计算 A_s (m^2)	实际 A_s (m^2)	根数	实配率 (%)
20	910	0.55	1.13	0.6	2.76×10^{-3}	2.8×10^{-3}	18	0.248
15	910	0.55	1.13	0.6	2.45×10^{-3}	2.5×10^{-3}	16	0.217

3.3 监测分析

按《建筑基坑工程监测技术标准》GB 50497[16] 规定测试钢筋应力和桩身倾斜。钢筋应力计在桩身内外对称布置，钢筋混凝土桩 4m 间隔，总计布置 5 个；BFRP 筋桩 2m 间隔布置，总计布置 9 个。

（1）应力特征

图 8 为钢筋混凝土支护桩应力随深度分布。基坑外侧为中部受压两头受拉，基坑内侧则全部受压，且中部压力明显小于两端。

图 9 为 BFRP 筋混凝土桩的应力随深度分布。整体而言基坑外侧上部受压下部受拉，基坑内侧全部受压，且上部压力明显小于下部压力。

（2）位移特征

图 10 为钢筋混凝土支护桩位移随深度变化曲线。最大位移 14.57mm 发生在桩顶位置，朝向基坑外侧，深度 14m 以下位移变化幅度不大。

图 11 为 BFRP 筋混凝土支护桩位移虽深度变化曲线。最大位移 29.13mm 发生在桩顶，朝向基坑外侧，深度 14m 以下位移变化幅度不大。

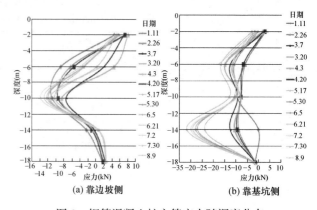

(a) 靠边坡侧　　　(b) 靠基坑侧

图 8 钢筋混凝土桩主筋应力随深度分布
Fig. 8 stress distribution of main reinforcement of reinforced concrete pile with depth

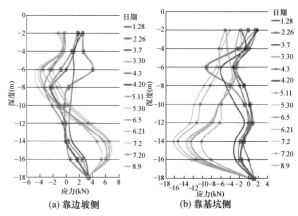

(a) 靠边坡侧　　　(b) 靠基坑侧

图 9 BFRP 筋混凝土桩主筋应力随深度分布
Fig. 9 stress distribution of main reinforcement of BFRP reinforced concrete pile with depth

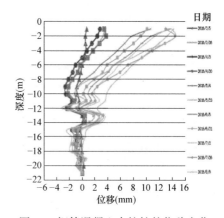

图 10 钢筋混凝土支护桩的位移变化
Fig. 10 displacement change of reinforced concrete supporting pile

由图 8～图 11 可见，BFRP 筋混凝土支护桩无论是筋材应力还是支护桩位移与钢筋混凝土支护桩总体趋势基本相同，表明基坑支护结构中采用 BFRP 筋代替钢筋支护桩具有可行性和安全性。

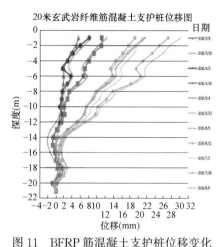

图 11 BFRP筋混凝土支护桩位移变化

F g. 11 displacement change of BFRP reinforced
concrete retaining pile

4 结论

通过模型试验和工程实测，可以得到如下结论：

（1）BFRP筋混凝土试件开裂阶段较短，开裂荷载为极限荷载的51%～67%。

（2）BFRP筋混凝土试件主筋应力均随荷载的增加而增大，受拉区应力无突变，受压区应力有突变。

（3）BFRP筋混凝土试件的正截面应力满足平截面假定；配筋率越高承载力越高，当配筋率大于1.6%时，提高配筋率对承载力提供不显著。

（4）BFRP筋混凝土支护桩可用于实际工程，虽位移略大于钢筋混凝土桩，总体效果良好，但宜超筋配置或者施加预应力以控制变形量。

（5）基坑工程应用BFRP筋，相对于钢筋而言其优势在于造价低、无焊接、抗腐蚀和高抗拉强度，劣势在于变形偏大可能导致结构开裂。

受条件限制，所得结论对于BFRP筋结构的长期使用效果及适用条件有待研究。

参考文献：

［1］ 李炳宏，江世永，飞渭，等. 玄武岩纤维增强塑料筋混凝土梁受弯性能研究［J］. 中国塑料，2009(7)：69-72.

［2］ 谢建和，黄昆泓，李自坚，等. BFRP和CFRP加固受弯混凝土界面疲劳性能试验［J］. 建筑科学与工程学报，2015，32(4)：53-59.

［3］ 赵文，杨国梁，赵明. BFRP筋材与水泥基材料粘结性能及极限拉拔力试验研究［J］. 四川建筑科学研究，2017，43(1)：113-117.

［4］ 吴刚，董志强，徐博，等. 海洋环境下BFRP筋与混凝土黏结性能及基本锚固长度计算方法研究［J］. 土木工程学报，2016，49(7)：89-99.

［5］ 周俊龙，李炳宏，江世永，等. 玄武岩纤维增强塑料筋混凝土黏结性能的梁式试验研究［J］. 中国塑料，2011，25(4)：83-88.

［6］ 曹晓峰，赵文，谢强，等. BFRP筋材基本力学性能试验研究［J］. 公路工程，2016，41(5)：215-217.

［7］ 顾兴宇，沈新，陆家颖. 玄武岩纤维筋拉伸力学性能试验研究［J］. 西南交通大学学报，2010，45(6)：914-919.

［8］ 田盼盼，沙吾列提·拜开依，潘梅，等. BFRP筋混凝土梁受弯性能的试验研究［J］. 新疆大学学报（自然科学版），2015(1)：94-99.

［9］ 张志强，师晓权，李志业. GFRP筋混凝土梁正截面受弯性能试验研究［J］. 西南交通大学学报，2011，46(5)：745-751.

［10］ 孙朋永，江世永，飞渭，等. 新型BFRP筋增强混凝土受弯构件挠度控制［J］. 后勤工程学院学报，2009，25(2)：18-22.

［11］ 朱虹，董志强，吴刚，等. FRP筋混凝土梁的刚度试验研究和理论计算［J］. 土木工程学报，2015，48(11)：44-53.

［12］ 祁皑，翁春光. FRP筋混凝土连续梁力学性能试验研究［J］. 土木工程学报，2008，41(5)：1-7.

［13］ 中华人民共和国住房和城乡建设部. 混凝土结构设计规范：GB 50010—2010［S］. 北京：中国建筑工业出版社，2011.

［14］ 中华人民共和国住房和城乡建设部. 盾构可切削混凝土配筋技术规程：CJJ/T 192—2012［S］. 北京：中国建筑工业出版社，2013.

［15］ 中华人民共和国住房和城乡建设部. 建筑基坑支护技术规程：JGJ 120—2012［S］. 北京：中国建筑行业出版社，2012.

［16］ 中华人民共和国住房和城乡建设部. 建筑基坑工程监测技术标准：GB 50497—2019［S］. 北京：中国计划出版社，2020.

超声三维 CT 解释技术在钻孔灌注桩完整性检测中应用

陈文华[1]，张永永[1, 2]，刘 强[1, 2]

（1. 中国电建集团华东勘测设计研究院有限公司，浙江 杭州 311122；2. 浙江华东测绘与工程安全技术有限公司，浙江 杭州 310014）

摘 要：本文详细介绍了三维层析成像的基本原理与方法，包括初始波速计算方法、克里金插值计算方法、最短走时路径搜索方法及阻尼最小二乘法波速反演方法等。同时也简单介绍三维 CT 解释软件的解释流程及其功能，且应用该软件对某工程实例进行计算与分析，取得符合实际的成果。

关键词：三维；层析成像；解释技术；声波透射法；完整性检测；钻孔灌注桩

作者简介：陈文华（1963— ），男，正高级工程师，主要从事岩土工程及工程安全的检测监测和设计咨询等工作。E-mail：chen_wh@hdec.com。

The use of ultrasonic 3D-CT interpretation technology in integrity test of bored pile

CHEN Wen-hua[1]，ZHANG Yong-yong[2]，LIU Qiang[2]

（1. Huadong Engineering Corporation，Hangzhou Zhejiang，310014 China；2. Zhejiang Huadong Mapping and Engineering Safety Technology Co.，Ltd.，Hangzhou Zhejiang，310014，China）

Abstract：In this paper，the basic principles and methods of three dimensions computerizedtomography are introduced in detail，including initial wave velocity calculation method，Kriging interpolation calculation method，Dijkstra search method and damped least square wave velocity inversion method. At the same time，it briefly introduces the interpretation flow and functions of 3D CT interpretation software，and uses this software to calculate and analyze an engineering example，and obtains practical results.

Key words：three dimensions（3D）；computerized tomography（CT）；interpretation technology；cross-hole sonic logging；integrity test；bored cast-in-place，pile

0 引言

基桩声波透射法是在桩身中预埋若干根声测管，管内充满清水作为声耦合剂，将超声脉冲发射换能器和接收换能器分别置于声测管中同一水平高度，两个换能器保持同步移动，发射换能器发射超声脉冲通过桩身混凝土到达接收换能器接收，记录声波在混凝土介质中传播的声时、频率和波幅衰减等声学参数的相对变化，对桩身完整性进行检测的方法。此方法与钻芯法、高低应变法等完整性检测方法相比，具有检测细致全面、信息量丰富、现场操作简便、无损、易于复检等多种优点，它是混凝土灌注桩，尤其是大直径长桩完整性检测的主要方法[1]。目前，我国现行的有关基桩质量检测的行业标准、地方标准中规定，通过分析接收波的首波初至、幅值、频率和波形特征，可以判定缺陷位置和缺陷程度，判定缺陷主要采用数学统计法和 PSD 斜率法[2]。但这些标准存在以下诸多问题：声速异常判断临界值的确定方法不严谨，没有将混凝土的缺陷程度与声参数偏离正常取值的量值建立联系；没有针对桩这一柱形构件受力的特点，以桩身横截面为基本单元综合各个检测剖面的完整性状况进行判定[3]。正是由于以上不足，导致目前声波透射法在检测桩身完整性时，与其他检测方法相比有较大的主观性、随意性，

可操作性不强或漏测等现象[3~5]。相关标准中也有规定，在桩身质量可疑的声测线附近，应采用增加声测线或采用扇形扫测、交叉斜测、CT 影像技术等方式，进行复测和加密测试，确定缺陷的位置和空间分布范围。因而许多学者对 CT 技术应用于超声透射法检测基桩完整性中进行了研究，其方法均是剖面（平面）反演波速后进行二维或三维成像解译[6~10]。而实际上，声波在基桩中传播路径是三维的，声波发射点到声波接收点的传播路径是曲线的。因此，本文提出在三维坐标系下，利用各声测剖面所有数据，采用空间最短走时路径搜索法寻找到各射线的传播路径，并建立射线方程采用阻尼最小二乘法反演计算各单元的波速，再进行三维成像分析基桩桩身完整性。

1 基本原理与方法

1.1 惠更斯原理及斯奈尔定律

惠更斯原理（Huygens 原理）是指球形波面上的每一点（面源）都是一个次级球面波的子波源，子波的波速与频率等于初级波的波速和频率，此后每一时刻的子波波面的包络就是该时刻总的波动的波面，如图 1 所示。其核心思想是：介质中任一处的波动状态是由各处的波动决定的。

基金项目：浙江省自然科学基金青年基金项目（Z21E080020）。

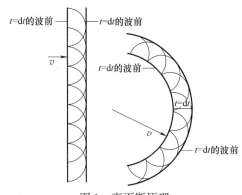

图 1 惠更斯原理

Fig. 1 Huygens principle

当弹性波穿过波阻抗不同的介质的分界面时，波的传播方向改变，产生反射和透射。斯奈尔定律（Snell 定律）指出，入射波的入射角 α_1（射线和界面法线之间的夹角）、透射角 α_2 和反射角 α_3 及介质波速 V_1、V_2 之间的关系如下：

$$\frac{\sin\alpha_1}{V_1}=\frac{\sin\alpha_2}{V_2}=\frac{\sin\alpha_3}{V_3}=p \tag{1}$$

式中，p 为射线参数。

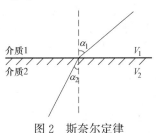

图 2 斯奈尔定律

Fig. 2 Snell's law

斯奈尔定律可用来描述波前面在介质中的传播方向，表示波前面通过界面时仍然保持连续。它也可用各向同性介质中波的射线来表示，射线即惠更斯子波和波前面或包络面上相切点的路径，为波前面上一个特殊点传播的实际路线。

1.2 费马原理

费马原理又称为"最短时间原理"，与其他路径相比，弹性波沿实际路径传播的走时最小，亦是波沿走时最小的路径传播。

1.3 射线方程

设超声波射线的走时是波速和几何路径的函数，对于第 i 条射线，若射线的走时为 t_i，则有下积分式：

$$t_i = \int_{R_i} \frac{1}{v(x,y,z)}\mathrm{d}s = \int_{R_i} M(x,y,z)\mathrm{d}s \tag{2}$$

式中，$v(x,y,z)$ 为波速分布函数；R_i 为第 i 条射线路径；$M(x,y,z)=1/v(x,y,z)$ 为慢度分布函数。

波速重建最终归结为求解下式的大型线性方程组：

$$AX=b \quad X>0 \tag{3}$$

式中，X 为 n 维模型参量（单元慢度）矢量；b 为 m 维观测数据（走时）矢量；A 为射线路径矩阵，其元素为射线穿越各成像单元的长度。

将成像区域离散成若干个规则的网格单元，则式（3）可化成离散的线性方程组：

$$t_i = \sum_{i=1}^{n}(d_{ij}X_j) \tag{4}$$

式中，t_i 为第 i 条射线的走时，$i=1,2,\cdots,m$；d_{ij} 为第 i 条射线穿过第 j 单元的射线长度，$j=1,2,\cdots\cdots n$；X_j 为第 j 单元的慢度；m 为射线数；n 为单元数。

将式（4）写成矩阵形式为：

$$[T]=[D][X] \tag{5}$$

式中，$[T]$ 为 m 维走时列向量；$[D]$ 为 $m\times n$ 阶单元射线长度矩阵；$[X]$ 为 n 维未知单元慢度列向量。

1.4 三维初始波速场建立

假设空间分布的超声波射线为直线，利用反投影技术计算射线经过单元的单元波速，再采用简单克里金插值法计算无射线经过的单元波速，以此建立三维初始波速场。

（1）反投影技术

反投影技术（Back Projection Technique，BPT 法）是非迭代反演算法，即将走时沿射线分配给每一个单元，分配时以单元 j 内的第 i 条射线长度 a_{ij} 与射线总长度之比为权，然后把通过 j 单元在加权后的走时对所有射线总加，并除以总射线长度求得慢度：

$$X_j = \frac{\displaystyle\sum_{i=1}^{m}\left[\frac{a_{ij}t_i}{\displaystyle\sum_{j=1}^{n}a_{ij}}\right]}{\displaystyle\sum_{i=1}^{m}a_{ij}} \tag{6}$$

（2）简单克里金插值计算

假设 u 是研究区域内任一点，$V(u)$ 是该点的波速已知值，研究区域内共有 n 个波速已知点，即 V_1、V、$\cdots$、V_k、$\cdots$、V_n，对于任意点的波速值 $V_v(u)$，其插值 $V_v^*(u)$ 是通过插值点影响范围内的 n 个有效已知值 $V(u_k)$（$k=1,2,\cdots,n$）的线性组合表示，即

$$V_v^*(u) = \sum_{k=1}^{n}[\lambda_k(u)V(u_k)] \tag{7}$$

式中，$\lambda_k(u)$ 为权重因数，是各已知波速 $V(u_k)$ 在插值 $V_v^*(u)$ 时影响大小的系数。

在求取权重因数时必须满足：①使 $V_v^*(u)$ 的插值无偏，即偏差的数学期望为 0；②使 $V_v^*(u)$ 的插值最优，即 $V_v^*(u)$ 和 $V_v(u)$ 之差的平方和最小，可表示为：

$$\begin{cases} E[V_v^*(u)-V_v(u)]=0 \\ E[V_v^*(u)-V_v(u)]^2\to\min \end{cases} \tag{8}$$

由式（8）和相关假设可以推导简单克里金法权重因数 $\lambda_k(u)$ 为

$$\sum_{k=1}^{n}\lambda_1(u)C(u_k,u_m)=C(u_0,u_m), m=1,2,\cdots,n \tag{9}$$

其矩阵形式为

$$\begin{bmatrix} c_{11} & c_{12} & \cdots & c_{1n} \\ c_{21} & c_{22} & \cdots & c_{2n} \\ \vdots & \vdots & \ddots & \vdots \\ c_{1n} & c_{2n} & \cdots & c_{nm} \end{bmatrix} \begin{Bmatrix} \lambda_1 \\ \lambda_2 \\ \vdots \\ \lambda_n \end{Bmatrix} \tag{10}$$

式中，c_{ij} 为节点 i 与节点 j 的协方差函数，u_0 节点为未知节点，协方差函数与变差函数之间的关系为 $C(h)=C(0)-\eta(h)$。欲求 c_{ij} 首先计算变差函数，再拟合出一个理论变差函数的球状模型，其球状模型为：

$$\gamma(h)=c \cdot Sph\left(\frac{h}{a}\right)=\begin{cases} 0, h=0 \\ c \cdot \left[\frac{3}{2}\frac{h}{a}-\frac{1}{2}\left(\frac{h}{a}\right)^3\right], h \leqslant a \\ c, h \geqslant a \end{cases}$$

（11）

式中，h 为滞后距（两节点之间的空间距离）；c 为基台值（块金值 c_0 和拱高 c_c 之和）；a 为变程。

克里金插值计算步骤为：①初始化节点与搜索半径；②以插值节点为中心，搜索参加插值的节点；③计算插值节点与参加插值各节点的变差函数值并建立方程组；④使用高斯列主元消去法求解方程组；⑤将计算的加权系数代入公式（7）计算插值 $V_v^*(u)$。

1.5 最短走时路径搜索法

（1）单元划分与源点设定

将所要研究的介质分割成大小相等的长方体单元，假设每个单元内的介质波速相同，各单元角点设为源点，然后在每个单元边界等间距设置若干个源点。同时，若激发点或接收点不在单元角点和单元边界设置的源点上，则将这些激发点和接收点也设置为源点。如图 3。

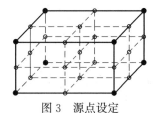

图 3　源点设定

Fig. 3　Source point setting

（2）相邻源点间走时计算

第 k 单元内第 i 源点与第 j 源点间的走时 $t_{k,ij}$ 按式（12）计算，非单元内各相邻源点走时为无穷大。若相邻源点在相邻单元的同一边界上，则取其相邻源点间走时 $t_{k,ij}$ 的小值。

$$t_{k,ij}=\frac{D_{k,ij}}{V_k}$$

（12）

式中，$D_{k,ij}$ 为第 k 单元内第 i 源点与第 j 源点间的距离，V_k 为第 k 单元的波速。

（3）最短走时路径搜索方法

采用 Dijkstra（迪杰斯特拉）算法来计算一个节点到其他所有节点的最短路径。具体描述为：把所有源点集合 N 分成五个子集：P 为已经获得最小走时的源点，即已作过子波源的源点集合；Q_1 为 P 中源点所在单元内的其他源点；Q_2 为已计算出从 P 中至少一个源点波传来的走时，但还没有作子振源且不在 Q_1 内的源点集合；R 为在 N 中除去 P、Q_1、Q_2 后剩余源点的集合；$F(i)$ 为与振源或子振源直接相连的源点集合，每一步仅计算这些源点的走时。具体过程为：①初始化，$P:=\Phi$，$Q_1:=\Phi$，$t(s)=0$，s 为振源，Φ 表示空集；$Q_2:=N$，$t(i)=\infty$，

$i \in N$；②选择在 Q_2 中选择走时最小的源点 i，$i \in Q_2$；③更替，计算从 i 点传到 j 点的走时，若该值比原值小，则用该值取代原值，否则保持原值不变。即，对 $j \in F(i) \cap Q_2$，$t(i,j)=\min[t(j),t(i)+d_{ij}]$；对 $j \in F(i) \cap R$，$t(j)=t(i)+d_{ij}$。将源点 i 从 Q_2 转至 P，源点 i 所在单元中的其他源点从 Q_2 转至 Q_1；④迭代判断，如果 $P=N$ 或 $Q=\Phi$ 停止迭代，否则转向步骤②。步骤②中，通过搜索得到 Q_2 中选择走时最小的源点 i，源点 i 的走时已经最小，不需再更新，可将其移至 P 中；在步骤③中，若源点 i 和源点 j 在单元的不同边界上或单元中间，根据费马原理，该单元内的其他源点就不可能是走时最小源点，则源点 i 所在单元中的其他源点从 Q_2 转至 Q_1，然后比较 i 点传到 Q_2 中其他源点的走时，并进行必要的走时更新。

最短走时路径搜索时，记录每条射线经过的单元号、源点号及其距离，形成式（4）和式（5），然后解方程组获得所经过单元的波速。

1.6 阻尼最小二乘法

阻尼最小二乘法（Damped Least Squares QR－factorization，DLSQR 法）是利用 Lanczos 方法求解阻尼最小二乘问题的一种投影法，由于在求解过程中用到 QR 因子分解法，故这种方法称为 DLSQR 方法。式（3）的基本特点是：系数矩阵大型、稀疏；方程不相容，即 $\tau \in R(A)$，$R(A)$ 为 A 的列空间；条件数高，则因数据 τ 的误差会引起解的严重变异，故式（3）无精确解。为求满意解，要采用某种最优化准则，通常按 l_2 范数处理为二次优化问题，并以如下两项准则导出目标函数：

（1）最小距离准则：寻求解向量 X，使模 $|\tau-AX|$ 极小。

（2）模型约束准则：对解向量附加某种先验约束，以消除满足准则（1）的解的不唯一性。

按准则（1）的解不唯一是作为反问题的 $\min[b-AX]$ 解的固有特性，唯一的例外是 A 满秩。事实上，式（3）解为 $X+N(A)$，其中 $N(A)=\{X \mid AX=0\}$，当且仅当 $N(A)=0$ 时，其解唯一。

按上述两准则形成如下二次优化增广目标函数：

$$F(X)=(b-AX)^{\mathrm{T}}W_1(b-AX)+\mu(X-X_0)^{\mathrm{T}}W_2(X-X_0)$$

（13）

式中，W_1 为数据加权矩阵；W_2 为模型加权矩阵；X_0 为先验模型慢度向量；μ 为阻尼因子，确定右端两项的相对重要性。

$\min F(X)$ 的一阶必要条件为：

$$(A^{\mathrm{T}}W_1A+\mu W_2)\Delta X=A^{\mathrm{T}}W_1(b-AX_0)$$

（14）

此即目标函数 $F(X)$ 的正态方程，其中 $\Delta X=X-X_0$。

式（14）的解为：

$$X=X_0+(A^{\mathrm{T}}W_1A+\mu W_2)^{-1}A^{\mathrm{T}}W_1(b-AX_0)$$

（15）

式中，W_1、W_2 按下列公式计算：

$$W_1=T^{-1}$$

（16）

$$W_2=D$$

（17）

式（16）和式（17）中，矩阵 T 的元素为当前模型的各射线的走时；D 的元素为射线穿越任一单元的长度

和与相应单元波速乘积，其量纲为 m^2/s，称其为射线分布矩阵。两者均为对角矩阵，对称正定。

式（14）的基本解法是迭代法。针对超声波CT的特点，发展了加权最小二乘解的共轭梯度算法，它具有良好的二次收敛性能。其基本迭代公式为：

$$X_{k+1} = X_k + \alpha_k P_k \qquad (18)$$

式中，X_k 为第 k 次迭代解向量；α_k 为迭代步长；P_k 为搜索方向向量。

共轭梯度法用于式（14）求解时，存在如下两个正交条件：

$$r_{k+1}^T P_k = 0 \qquad (19)$$

$$P_k^T (A^T W_1 A + \mu W_2) P_k = 0 \qquad (20)$$

r_{k+1} 为目标函数 $F(X)$ 的梯度矢量，P_k 与 r_{k+1} 正交；P_k 与 $(A^T W_1 A + \mu W_2)$ 共轭，称为共轭向量，有：

$$P_{k+1} = r_{k+1} + \beta_k P_k \qquad (21)$$

式（18）和式（21）是共轭梯度的基本迭代格式，α_k、β_k 可利用正交条件确定，有：

$$\alpha_k = (r_k \cdot r_k)/(q_k^T W_1 q_k + \mu P_k^T W_2 P_k) \qquad (22)$$

$$\beta_k = (r_{k+1} \cdot r_{k+1})/(r_k \cdot r_k) \qquad (23)$$

$$q_k = AP_k \qquad (24)$$

综上，阻尼加权最小二乘问题共轭梯度算法为：给出初始解向量 X_0（多设先验模型为常慢度），置 $r_0 = P_0 = A^T W_1 (b - AX_0)$ 及 $\Delta X_0 = 0$，当 $k=0$，1，2，…，重复步骤（1）～（5）。

（1）按式（22）算 α_k；

（2）按式（18）算 ΔX_{k+1}；

（3）按 $X_{k-1} = X_k - \alpha_k (A^T W_1 q_k + \mu W_2 P_k)$ 计算 X_{k-1}；

（4）按式（23）算 β_{k-1}；

（5）按式（21）算 P_{k+1}。

2 三维CT解释软件简介

2.1 解释与展示流程

总体流程及相关子流程见图4。具体包括：

（1）总体流程：原始数据输入→数据预处理→正反演计算→成果展示。

（2）几何模型建立流程：几何参数→单元信息→单元模型展示。

（3）射线模型建立流程：射线信息→射线分布模型。

（4）单元初置波速设置流程：单元波速约束值→射线平均波速→单元最初波速→单元波速合成。

（5）BPT法波速解释流程：单元波速约束值→单元最初波速→BPT法波速→单元波速合成→BPT法波速分布三维展示。

（6）DLSQR法波速解释流程：单元波速合成→最短走时路径搜索→阻尼最小二乘法→单元波速二次合成→DLSQR法波速分布三维展示。

2.2 软件主界面与主要功能

软件主界面见图5，软件主要功能包括几何信息、射

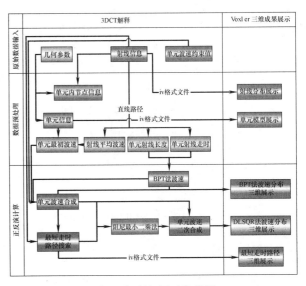

图4　解释与展示流程图

Fig. 4　Flowchart of interpretation and show

线参数和单元波速约束值等原始数据输入，几何信息和波速信息等数据预处理，最短走时路径搜索，正反演计算及 Voxler 软件能打开的相关文件的生成等。

图5　3D-CT 软件主界面

Fig. 5　Main window of 3D-CT

3 工程实例分析

3.1 工程概况

某大桥位于钱塘江之上，桥址所处的钱塘江河口段，河床宽而浅、潮强流急、涌潮汹涌。该桥主墩及过渡墩采用独柱型墩身，墩身与桩基础之间为单桩独柱形式。桩基采用C30水下混凝土浇筑，桩身直径为3.8m的大直径钻孔灌注桩，按摩擦桩设计。在用声波透射法检测时，发现13Z号桩在50.0～55.0m（高程－40.0～－45.0m）位置存在缺陷，为进一步查清缺陷范围，了解该段混凝土质量，利用桩身中4根声测管，对该桩段开展了声波扫测，并应用CT解释技术，分析该桩段的缺陷分布。4根声测管布置见图6。各剖面混凝土声波临界值的最小值、最大值和平均值分别为2984m/s、4524m/s和4025m/s。

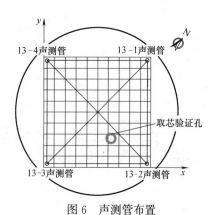

图 6　声测管布置

Fig. 6　Acoustic steel pipe layout

3.2　现场检测

在 13Z 号桩深度 50.0～55.0m 段，利用预埋的 4 根声测管进行声波穿透检测。每两根声测管组成一个声波 CT 检测断面，其中一根声测管放置声波发射换能器，另一根声测管放置接收换能器，以扇形观测方式自下而上进行观测，发射和接收换能器的移动点距为 20cm。水平声波穿透检测点距为 10cm。各声波 CT 剖面观测系统参数见表 1。

各声波 CT 剖面观测系统参数　表 1

Parameters of each acoustic CT profile observation system　Table 1

剖面编号	孔号	测孔间距(m)	射线数量
CT12	13-1 13-2	2.35	511
CT13	13-1 13-2	3.35	501
CT14	13-1 13-4	2.35	511
CT23	13-2 13-3	2.35	378
CT24	13-2 13-4	3.35	523
CT34	13-3 13-4	2.35	378

3.3　三维 CT 解释与分析

（1）几何参数与射线信息

如图 6 建立 xy 平面坐标，13Z 号桩中 13-1 声测管、13-2 声测管、13-3 声测管、13-4 声测管及取芯验证孔的 xy 坐标分别为（2.425，2.425）、（2.425，0.075）、（0.075，0.075）、（0.075，2.425）及（1.564，0.657）。z 轴向上为正方向，z 轴零点设在深度 55.0m（−45.0m 高程）处。由各剖面构成的桩身体为 2.5m×2.5m×5.0m 的长方体，并将该长方体离散为 2500 个 0.25m×

0.25m×0.20m 的小长方体单元。离散后有 3146 个节点，各声波 CT 剖面的有效射线共 2802 条，BPT 法计算单元波速时的射线（直线、黄线）和 DLSQR 法计算时的各射线最短走时路径（折线、红线）分布见图 7。

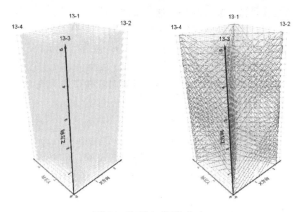

图 7　单元与射线分布

Fig. 7　Unit and ray distribution

（2）三维色谱图与等值线图

13Z 号桩深度 50.0～55.0m（高程 −40.0～−45.0m）段的声波 CT 探测数据经真三维反演计算获得的三维波速色谱图见图 8（a）；波速低于 4000m/s 的区域分布见图 8（b），其区域范围为 x[0.80，2.20]，y[0.00，1.45]，z[1.70，2.50]；射线平均波速最大值、最小值和平均值分别为 4970m/s、3418m/s 和 4451m/s，三维正反演计算的小长方体波速最大值、最小值和平均值分别为 5521m/s、2882m/s 和 4562m/s，后者的最大值大于前者、后者的最小值小于前者和两者的平均值较接近。与取芯验证孔附近的声波波速比较，实测值大于三维反演计算波速，但随深度变化曲线的分布形态一致，低速区的深度范围也一致。

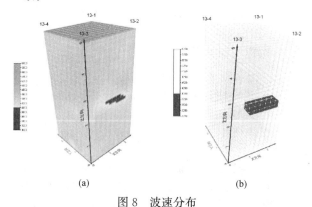

(a)　　　　　　　(b)

图 8　波速分布

Fig. 8　Wave velocity distribution

4　结语

声波透射法在灌注桩桩身完整性检测中是行之有效的方法之一。但工程实际中影响因素众多，使用理想的数学统计法或 PSD 斜率法判别桩身缺陷存在较大的局限性，只能判断缺陷的粗略位置和范围，不能给定缺陷的形状及其大小。应用层析成像技术对有限实测断面数据进行数学计算，建立二维和三维的波速分布图像，信息更丰富、完整，缺陷评估更直观、准确，由此可精细化、定量化分析与评价缺陷的位置、范围及其性状。本文提出的超声三维 CT 解释技术，真正实现了三维建模、空间最短走时路径搜索、阻尼最小二次法空间波速分布的反演计算及其三维波速成像，更加符合声波传播特性，通过工程实例对比分析，取得满意成果。建议在用传统的检测方法检查发现桩身有缺陷后，对其采用超声三维 CT 检测，开展完整性定量分析判断，得到更为准确的结果，从而能够确定其对基桩承载能力的影响程度，以便对桩作出整体评价，采取合理的补救措施。

参考文献：
[1] 陈凡，徐天平，陈久照，等. 基桩质量检测技术（第二版）[M]. 北京：中国建筑工业出版社，2014.

[2] 中华人民共和国住房和城乡建设部. 建筑基桩检测技术规范：JGJ 106—2014[S]. 北京：中国建筑工业出版社，2014.

[3] DENVERH. Test with all instrumented model pile[J]. Application of Stress-Wave Theory on Piles, 1984, 22(9): 21-27.

[4] 李廷，徐振华，罗俊. 基桩声波透射法检测数据评判体系研究[J]. 岩土力学，2010，31(10): 3165-3172.

[5] 韩亮，王向平，付永刚，等. 桥梁基桩声波透射法检测盲区危害性分析[J]. 西部探矿工程，2020，(12): 29-32.

[6] R. Fischer, J. M. Lees. Shortest path ray tracing with sparse graphs [J]. Geophysics, 1993, 58(7): 987-996

[7] 张杰，沈霄云，刘明贵. 智能化桩基超声波 CT 检测系统研究[J]. 岩土力学，2009，30(4): 1197-1200.

[8] 王辉，常旭. 基于图形结构的三维射线追踪方法[J]. 地球物理学报，2000，43(4): 534-541.

[9] 王五平，宋人心，傅翔，等. 用超声波 CT 探测混凝土内部缺陷[J]. 水利水运工程学报，2003，(3): 56-60.

[10] 张建龙，薛忠军，陈卫红，等. 三维 CT 成像技术在超声透射法检测基桩完整性中的应用研究[J]. 桥隧工程，2018，163(7): 226-230.

海上风电试桩静载试验研究

张永永[1]，王合玲[2]，屈雷[1]

（1. 浙江华东测绘与工程安全技术有限公司，浙江 杭州 310014；2. 浙江省地矿勘察院有限公司，浙江 杭州 310063）

摘要：海上风电因为其特有的清洁能源优势快速发展，为了解决其在发展过程中遇到的桩基承载力越来越高的要求，需要一套完整的试桩试验技术来提供参数资料，为优化设计和施工提供支撑。本文对目前的海上试桩静载试验技术进行了说明，主要包含现场试验方案和内力测试技术，较好地解决了海上试桩静载试验中的难题。此项技术在实际工程中也得到了良好的应用，得到的成果为项目的顺利开展提供了保障。

关键词：试桩；海上风电；静载试验；光纤；内力测试

作者简介：张永永（1982— ），男，高级工程师，硕士，主要从事岩土工程检测与监测方面的工作。E-mail：zhang_yy2@hdec. com。

Research on static load test of offshore wind power test pile

ZHANG Yong-yong[1]，WANG He-ling[2]，QU Lei[1]

（1. Zhejiang East China Surveying and mapping and Engineering Safety Technology Co.，Ltd.，Hangzhou Zhejiang 310014，China；2. Zhejiang geological and Mineral Exploration Institute Co.，Ltd.，Hangzhou Zhejiang 310014，China）

Abstract：Offshore wind power develops rapidly because of its unique advantages of clean energy，In order to solve the higher and higher requirements of pile foundation bearing capacity in the development process，A complete set of pile testing technology is needed to provide parameter data，Provide support for optimal design and construction. In order to provide support for optimal design and construction，this paper describes the current static load test technology of offshore pile testing，It mainly includes field test scheme and internal force test technology，which solves the problem of static load test of offshore pile. This technology has also been well applied in the actual project，and the results provide a guarantee for the smooth development of the project.

Key words：pile test；offshore wind power；static load test；optical fiber；internal force test

0 引言

随着经济的快速发展，面对全球资源消耗日益增多、储存量日渐枯竭、环境污染愈加严重的问题，寻求新的可再生清洁能源成为 21 世纪最重要的课题。风能作为一种可再生的清洁能源，尤其是海上风能，其资源丰富、风速高，且开发不受土地的限制，可大规模开发利用。随着国内海上风电产业的不断发展与成熟，呈现出以下特点：一是海上风机装机容量不断增大。装机容量的不断增大将导致风机载荷阶梯式增长，从而导致海上风电的桩基设计长度不断增加，要求的桩基承载力不断加大[1,2]。二是为了提高施工效率，在施工能力越来越强的情况下，越来越多地采用单桩基础，相比多桩承台基础，桩基承载力的要求有了明显的提升。

在海上风电工程中，当海上风电项目区域地质情况复杂且缺乏可利用试桩资料情况下，需要进行海上试桩试验。通过海上试桩试验，不仅可以研究钢管桩施工工艺，明确钢管桩的关键施工设备、关键材料组织和关键参数，为大范围沉桩作业提供施工参数资料，更能对桩基设计进行复核，进而优化桩基设计。

本文通过完整的试桩现场安装方案和内力测试技术方案，介绍目前海上风电试桩现场试验技术，并结合具体的工程实例说明具体的试验应用情况。

1 现场试验方案

由于受制于海上自然条件恶劣，现场试验均采用快速维持荷载法进行试验，试验采用锚桩反力梁装置[3]。根据千斤顶率定曲线，用千斤顶施加荷载。荷载值用千斤顶的标准压力表控制；位移观测采用精度 0.01mm 的高精度位移传感器，借助基准桩和基准梁组成的基准系统进行量测，采用分布式光纤对桩身应力状况进行观测。具体的试验安装方案为：

1.1 竖向抗压静载试验

试桩轴向抗压静载试验采用锚桩反力架法。利用 4 根工程桩作为锚桩，为试验提供所需要的反力。3 根承载力为 1500t 的钢梁作为主钢梁和 4 根承载力为 1200t 副钢梁组成反力系统，可提供最高 4500t 的反力。

以 4 根工程桩为锚桩组成反力架，需要将 3 根主钢梁并排放置在试桩桩顶，主梁与桩顶之间并置 8 只同一型号的千斤顶，然后在每侧锚桩桩顶各放置 2 根副梁，副梁的中心分别对称放置在主梁的上方，两根副梁的两端和中间通过螺杆与锚桩的钢管连接，由此构成试桩反力架。另外，在试桩两侧以不作为锚桩的两根工程桩作为基准桩。

在基准桩上架设 4 根基准梁分别作为试桩桩顶 4 只位移传感器测量沉降的基准和观测 4 根锚桩上拔量的基准。具体装置布置图见图 1 和图 2。

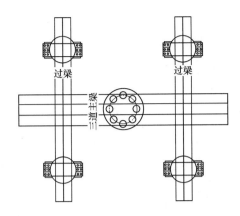

图 1 竖向抗压静载试验布置平面示意图
Fig. 1 Layout plan of vertical compression static load test

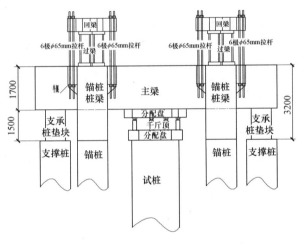

图 2 竖向抗压静载试验布置立面示意图
Fig. 2 Vertical compressive static load test layout elevation diagram

1.2 抗拔静载试验

试桩轴向抗拔静载试验采用锚桩反力架法，千斤顶放置在主梁上，千斤顶上端压板通过拉杆连在钢管桩上，合力中心与试桩轴心重合；千斤顶上下均安装钢板，由高精度的压力传感器控制出力。

试桩轴向抗拔静载试验采用锚桩反力架法。利用 4 根工程桩作为锚桩，试桩利用工程桩作锚桩，由 2 根承载力为 1500t 的钢梁和 2 根承载力为 1200t 的钢梁，分别作为主钢梁和副钢梁组成反力系统，可提供最高 3000t 的反力。

以 4 根工程桩为锚桩组成反力架，需要分别在锚桩桩顶放置 2 根承载力为 1200t 钢梁作为副梁，再在副梁上并排架设 2 根承载力为 1500t 钢梁作为主梁，主梁的几何中心点位于试桩的正上方，由此形成抗拔试验的反力架。在

主梁中心的上方铺设厚度不小于 30mm 的钢板，上方放置 4 只同型号的千斤顶，再在千斤顶的上方安装压板，压板通过螺杆与试桩（连接有带牛腿的桩帽）连接。

此外，在试桩两侧的工程桩作为基准桩。在基准桩上架设 4 根基准梁分别作为试桩桩顶 4 只位移传感器测量上拔量的基准。另外还需再加装 4 只百分表用于监测 4 根锚桩在倾斜方向下的位移。试桩试验装置图见图 3，立面图见图 4。

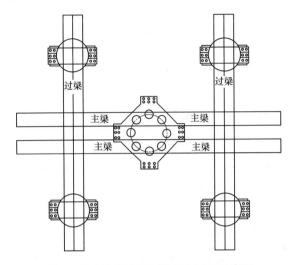

图 3 竖向抗拔静载试验布置平面示意图
Fig. 3 Layout plan of vertical uplift static load test

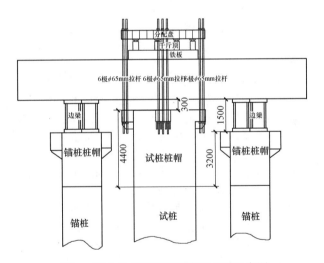

图 4 竖向抗拔静载试验布置立面示意图
Fig. 4 Vertical uplift static load test layout elevation diagram

1.3 水平静载试验

根据试桩布置，利用两根工程桩作为反力进行水平静载试验，水平对推反力架至少应具备 250t 的承载能力。根据试桩直径、间距、位置及千斤顶尺寸提前设计制作水平传力柱和球铰座，保证千斤顶的轴线与试桩中心连线重合。为避免试桩在水平荷载作用下发生局部屈服变形，桩顶部位应作加固处理。位移传感器采用量程在 1000mm 以上的高精度位移传感器，千斤顶采用活塞长度在 800mm 以上的卧式千斤顶。具体安装示意图见图 5。

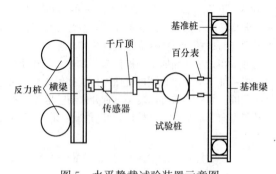

图 5　水平静载试验装置示意图

Fig. 5　Schematic diagram of horizontal static load test device

2　内力测试技术

静载试验内力测试采用分布式光纤测试，采用了创新的埋设技术，大大提高了光纤埋设的成活率。并通过光纤测试数据计算分析出桩身的摩阻力、弯矩和挠度等数据。

2.1　光纤埋设技术

本次试验采用的是区别于以往的光纤埋设方式，试验人员采用的是后埋式光纤埋设方法，这种方法可以运用到灌注桩或钢管桩中，其具体操作方法为：

第一步钢管的埋设，钢管的埋设与声波测试管的埋设方法相同，均是采用通长到桩底的钢管预先埋设到基桩中，此时需要注意的问题主要是钢管的弯曲变形和堵塞。

第二步将光纤放置到钢管中，经过多次试验，试验人员最后选定采用合适重物做坠牵引光纤自由下落的方式将光纤放置到钢管中，采用这种方式可以最大限度保证光纤的垂直度，重物的选择也必须要有合适的重量，太轻会在灌浆时导致光纤上浮，太重则会导致光纤的弯折和断裂。由于本次试验所用的光纤要形成回路而为了保护光纤不被弯折还需在桩底位置对光纤采取 U 形保护，与此同时将铝塑管（根据预埋钢管直径选择铝塑管，铝塑管管径一般不大于钢管管径的 1/3）也放置到钢管的底部。

第三步灌浆，灌浆前先对放置好的光纤进行检测，光纤检测结果良好即开始灌浆，灌浆采用泥浆泵将水泥浆通过铝塑管打入到钢管底部，到水泥浆涌到钢管顶部后停止注浆，过 1~2h 后补浆，水泥砂浆采用高标号的早强水泥砂浆（海上工程可不采用早强剂）。

第四步光纤的保护，采用密封的方式将尾纤和光纤头保护好，防止水和其他杂物进入后污染和损害光纤[4]。

采用此种光纤埋设方法基本上解决了预埋光纤造成的一系列问题，成活率高，为 BOTDA 技术在基桩中的成功应用奠定了基础。具体的埋设示意图见图 6。

2.2　桩身变形、轴力及桩周土阻力计算

（1）桩身变形计算

应变的积分是位移，由于采用分布式光纤传感技术

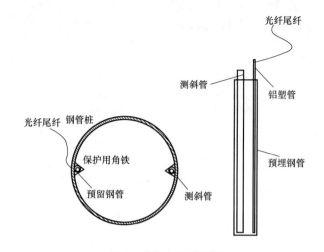

图 6　光纤布设示意图

Fig. 6　Optical fiber layout diagram

可获得分布式的应变，因此，可按式（1）计算桩身变形。

$$S_{\mathrm{p}} = \sum_{i=1}^{n} \Delta\varepsilon_i l_i \tag{1}$$

（2）桩身轴力计算

在桩水平横断面中，假设钢材与混凝土的应变是相等的，则该断面轴力按式（2）计算。

$$Q_i = \Delta\varepsilon_i \cdot (E_{si} \cdot A_{si} + E_{ci} \cdot A_{ci}) \tag{2}$$

式中，Q_i 为桩身第 i 断面轴力（kN）；$\Delta\varepsilon_i$ 为第 i 断面处应变值，按式（2）计算；E_{si} 为第 i 断面处桩身钢材弹性模量（kPa）；A_{si} 为第 i 断面处钢材截面总面积（m^2）；E_{ci} 为第 i 断面处桩身混凝土弹性模量（kPa）；A_{ci} 为第 i 断面处混凝土截面总面积（m^2）。

（3）桩周摩阻力计算

在桩某水平横断面中，假设钢材与混凝土的应变是相等的，则该断面轴力按式（3）计算。

$$q_{si} = \frac{Q_i - Q_{i+1}}{\mu \cdot l_i} \tag{3}$$

式中，q_{si} 为桩第 i 断面与第 $i+1$ 断面间侧摩阻力（kPa）；Q_i 和 Q_{i+1} 分别为桩身第 i 断面和第 $i+1$ 断面轴力（kN）；μ 为桩身周长（m）；l_i 为第 i 断面与 $i+1$ 断面之间间距（m）。

（4）桩端阻力计算

$$q_{\mathrm{p}} = \frac{Q_n}{A_0} \tag{4}$$

式中，q_{p} 为桩的端阻力（kPa）；Q_n 为桩端轴力（kN），按式（4）计算；A_0 为桩端截面面积（m^2），$A_0 = A_{sn} + A_{cn}$，A_{sn} 和 A_{cn} 分别为桩端截面钢材截面积和混凝土截面积。

2.3　水平荷载作用下桩身弯矩、挠度计算

（1）桩身弯矩计算[5]

若不计剪力对基桩挠度的影响，则由材料力学理论可得：

$$\theta = \frac{\mathrm{d}f}{\mathrm{d}x} \approx \frac{\Delta f}{\Delta x} \quad (5)$$

$$M = -EI\frac{\mathrm{d}\theta}{\mathrm{d}x} \approx -EI\frac{\Delta\theta}{\Delta x} \quad (6)$$

式（5）、式（6）中，f 为挠度；θ 为转角；E 为弹性模量；I 为截面惯性矩；M 为弯矩。

基桩某截面转角 θ_i 与该截面上对称两点的应变差 $\Delta\varepsilon_{Di}$ 的关系为：

$$\theta_i = \frac{\Delta x_i}{R}\Delta\varepsilon_{Di} \quad (7)$$

式（7）中，为沿基桩长度上下两测量截面的间距；R 为某截面上对称两应变测点距离的一半。

结合式（6）和式（7），则基桩某截面弯矩为：

$$\begin{aligned}
M_i &= \sum_{i=2}^{N}\left(-E_i I_i \frac{\Delta\theta_i}{\Delta x_i}\right) \\
&= \sum_{i=2}^{N}\left\{-\frac{1}{R}\left[\frac{E_i I_i}{\Delta x_i}(\Delta x_i \Delta\varepsilon_{BDi} - \Delta x_{i-1}\Delta\varepsilon_{BDi-1})\right]\right\}
\end{aligned} \quad (8)$$

当测点等距分布，桩身材料一致，桩径相等时，此时基桩某截面弯矩 M_i 为：

$$M_i = -\frac{1}{R}EI\Delta\varepsilon_{Di} \quad (9)$$

（2）桩身挠度计算

假设基假设基桩底部的挠度为零，结合式（5）和式（6），则基桩某截面挠度 f_i 为：

$$\begin{aligned}
f_i &= \sum_{j=1}^{i}\sum_{k=j}^{i}(\Delta x_j \Delta x_k \Delta\varepsilon_{BDj}) \\
&(i \geqslant j+1, \text{当 } i=1 \text{ 时}, f_i=0)
\end{aligned} \quad (10)$$

根据仪器测试光纤应变分布结果，根据式（8）~式（10）就可计算出基桩各截面的弯矩和挠度及其分布。

3 具体工程应用

3.1 工程概况

某海上风电场试桩方案具体布置为：设置 1 根试验桩、4 根锚桩和 4 根基准桩，采用锚桩法对试验桩（编号 S1）进行静载荷试验。

（1）S1 桩：试验桩，桩径 1800mm 钢管桩，桩长 51m，壁厚 25mm，桩底高程－41m，用于轴向抗压、轴向抗拔及水平静载荷试验。

（2）M1～M4 桩：锚桩，桩径 1800mm 钢管桩，为进行试验专门设置，桩长 46m。

（3）J1、J2 桩：基准桩，桩径 1500mm 钢管桩。

（4）J3、J4 桩：基准桩，桩径 600mm 钢管桩。

具体桩位图见图 7。

3.2 静载试验成果

利用既有的试验方案，根据设计要求的最大试验荷

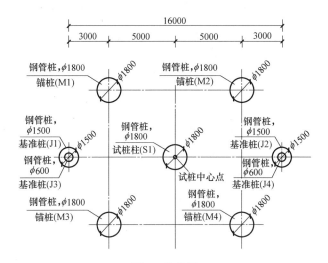

图 7　桩位图

Fig. 7　Pile location

载进行试桩试验。抗压试验时试桩最大试验荷载 10875kN，在最大试验荷载 10875kN 作用下，$Q\text{-}s$、$s\text{-}\lg Q$ 关系曲线出现陡降段，$s\text{-}\lg t$ 关系曲线出现向下折，判定其单桩竖向抗压极限承载力为破坏荷载的前一级 10150kN。抗拔试验时试桩（ϕ1800mm）在最大试验荷载 7200kN 作用下，$U\text{-}\delta$、$\delta\text{-}\lg U$ 关系曲线出现陡升段，$\delta\text{-}\lg t$ 关系曲线出现向上折，判定其单桩竖向抗拔极限承载力为破坏荷载前一级 6800kN。水平试桩（ϕ1800mm）最大试验荷载 1050kN，在最大试验荷载 1050kN 作用下，$H\text{-}Y$ 关系曲线未出现明显拐点，判定其单桩水平极限承载力不小于 1050kN。

结合试桩试验过程中的内力测试成果进行计算分析得到了本试桩试验的侧摩阻力、弯矩和挠度等成果具体如图 8~图 10 所示。

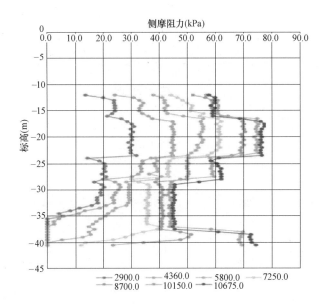

图 8　桩身侧摩阻力图

Fig. 8　Pile side friction diagram

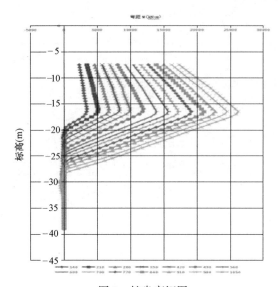

图 9　桩身弯矩图

Fig. 9　Pile bending moment diagram

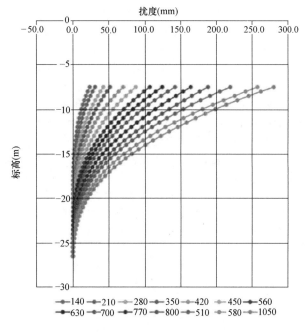

图 10　桩身挠度图

Fig. 10　Pile deflection diagram

4　结论

本文主要介绍了海上风电试桩静载试验研究，主要包含了试桩现场试验方案、内力测试技术和实际应用状况等内容。通过海上试桩静载试验研究，形成了完备的海上试桩静载试验方案，为海上风电设计和施工优化提供更为全面有效的支撑。

参考文献：

[1] 刘博，任灏，冯奕敏等. 海上风电超长钢管桩试桩关键技术浅析[J]. 南方能源建设，2018，05(2)：86-92.

[2] 陈建东，王晶. 国外海上风电的发展现状、趋势与展望[J]. 世界科技研究与发展，2014，36(4)：458—464.

[3] 罗永传，邹晓丹，胡振伟等. 大直径超长钢管桩锚桩反力架法试验技术研究[J]. 公路，2014(7)：235-238.

[4] 陈文华，张永永. 竖向静荷载作用下桩身应变与变形测试新方法及其应用[J]. 科技通报，2016，32(8)：86-90.

[5] 陈文华，王群敏，张永永. 分布式光纤传感技术在桩基水平载荷试验中的应用[J]. 科技通报，32(7)：73-76.

[6] 江宏. PPP_BOTDA分布式光纤传感技术及其在试桩中应用[J]. 岩土力学，2011，32(10)：3190-3195.

[7] 宋建学，白翔宇，任慧志. 分布式光纤在基桩静载荷试验中的应用[J]. 河南大学学报(自然科学版)，2011，41(4)：429-432.

[8] 陈祥，孙进忠，蔡新滨. 基桩水平静载试验及内力和变形分析[J]，岩土力学，2010，31(3)：753-759.

黏土中海上风电带翼大直径单桩水平受荷 p-y 曲线

王震坤[1, 2]，俞　剑[*1, 2]，王　滨[3]

（1. 同济大学地下建筑与工程系，上海 200092；2. 同济大学岩土及地下工程教育部重点实验室，上海 200092；3. 中国电建集团华东勘测设计研究院有限公司，浙江 杭州 310058）

摘　要：带翼桩是一种新型的海上风电桩基结构形式。本文采用桩土切片有限元模型来探讨带翼桩的荷载-位移曲线。通过计算不同深度下的桩身侧向响应，探究了桩土界面粗糙程度对桩侧极限承载力剖面的影响。基于有限元计算结果以及前人的研究，进一步构建带翼桩的等效扩径模型并构建相应 p-y 曲线。最后，通过与三维有限元对比，验证该模型的可行性。研究结果显示该方法可解决实际工程中地表土体软弱导致桩身侧向承载力不足的问题。

关键词：有限元；带翼桩；p-y 曲线；桩切片模型

作者简介：王震坤（1995—　），男，硕士研究生，主要从事岩土工程方面的研究。E-mail：1932296@tongji. edu. cn。

通讯作者：E-mail：002yujian@tongji. edu. cn。

p-y curve for laterally loaded offshore wind power monopile with wings in clay

WANG Zhen-kun[1, 2]，YU Jian[*1, 2]，WANG Bin[3]

（1. Department of Geotechnical Engineering，Tongji University，Shanghai 200092，China；2. Key laboratory of Geotechnical and Underground Engineering of Ministry of Education，Tongji University，Shanghai 200092，China；3. Powerchina Huadong Engineering Corporation Limited，Hangzhou Zhejiang 310058，China）

Abstract：The monopile with wings is a new type of offshore wind power foundation. This paper introduces the pile slice finite element（FE）model to discuss the load-displacement curve of the pile with wings. By calculating the lateral response of the pile at different depths，the effect of soil-pile interface roughness on the profile of ultimate bearing capacity is first discussed. Based on the finite element results and previous studies，the equivalent diameter model of the pile with wings is further proposed and the corresponding p-y curve is then constructed. The rationality of the proposed p-y curve is verified by compared with the three-dimensional FE results. The further study reveals that the wings can be used to improve the bearing capacity of the pile in the weak soft clay.

Key words：finite element analysis；pile with wings；p-y curves；pile slice models

0　引言

随着科技的不断进步，人类对于新型能源的开发利用日益增长，海洋风能作为一种稳定清洁、储量巨大、使用安全的可再生能源备受青睐，而大直径钢管桩则是海上风电基础的最普遍形式。

在我国东南沿海广泛分布深厚软黏土层，由于海上风电对水平变形控制要求极严格，导致大直径单桩基础变形要求无法满足，单纯从加大桩径、壁厚等方面来增加抗侧性能，会致使成本过量增加，且增加沉桩施工难度。在此背景下，带翼桩应运而生，但是目前缺乏对于带翼桩的研究。Bienen[1] 等通过在砂土中的离心模型试验指出：通过靠近桩头的"翼"增加有效桩截面，可显著提高桩头挠度，同时带翼桩的初始刚度更大，在循环荷载下桩头累积变形较小。李炜等[2] 借助有限元计算结果，分别采用指数和四阶多项式拟合法对水平荷载与带翼桩水平位移关系进行拟合，进而求解单桩水平极限承载力。王曦鹏等[3] 则基于有限元模拟了翼板面积和长宽比对基桩水平

承载能力的影响。

由于 p-y 曲线方法良好的工程适用性，API 规范推荐使用该方法分析桩土的非线性响应。但是目前仍缺乏对黏土中大直径带翼桩的翼板处桩土相互作用关系的研究。因此，本文首先利用有限元"桩土切片模型"探讨了翼板对于桩身 p-y 曲线的影响，并进一步提出了翼板处的 p-y 曲线。最后，通过和三维整体有限元对比验证其合理性。

1　带翼桩 p-y 曲线的建立

1.1　桩土切片模型在 p-y 曲线方法中的应用

在工程实践中，若借助有限元软件获取特定深度下的 p-y 曲线，需要将土体反力沿如图 1 所示虚线的圆周进行积分，从而得到沿桩单位长度的土体总反力 p。对于带翼桩，由于其不规则的界面形状，很难确定较为准确的积分范围，因而此处引入了"桩土切片模型"[4-6] 以确定带翼桩任意深度下的土体荷载位移关系。

基金项目：国家自然科学基金项目（51908420，51579177）。

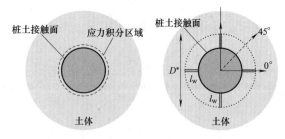

图 1 不同桩截面示意图

Fig. 1 Cross-section of different pile sections

"桩土切片模型"首先由 Murff 等[4] 提出，通过上限分析建立桩周土的三维破坏机构，分析了不排水条件下侧向受荷桩桩顶极限承载力，并指出可以通过增加桩长，计算不同桩长之间侧向反力的差值来得到桩身的极限承载力剖面。该分析基于可塑性理论的上限方法，将近表面的土楔形体机构与深度处的平面绕流变形结合在一起。Yu 等[5] 提出了一种新的三维上限组合破坏机构，利用桩切片模型，改进了 Murff 等[4] 的承载力剖面公式，分析不同埋深下的刚性桩的侧向极限承载力。Zhang 等[6] 则采用有限元构建了一系列厚度不等的桩土切片有限元模型，验证了 Yu 等[5] 提出的 N_p 曲线的合理性。

本文在此研究的基础上，利用 ABAQUS 有限元软件创建了不同厚度的桩土切片模型，如图 2 所示。在每个模型当中，都分别计算了桩切片的侧向载荷位移响应（图 3（a））。将两个相邻模型之间的桩长差异所提供的侧向阻力之差（图 3（b））视为由两个相邻模型计算得出的载荷-位移曲线之差。

Klar[7] 建议采用 Tresca 屈服准则结合双曲线硬化规律模拟黏土中水平受荷桩的非线性响应。现实中海床浅层软黏土强度较低，根据 USACE[8] 的规范取软黏土不排水抗剪强度 s_u 平均值为 10kPa，Poulos 和 Davis 认为土体刚度因子 E_s/s_u 在 200～900 之间，E_s 为土体的弹性模量，近似取 $E_s/s_u=450$，为模拟不排水状态，泊松比取 0.495，土体有效重度取 8kN/m³，桩土单元类型为 C3D8R，有限元模型见图 2。本文所有模型均为全模型，此处为方便展示截取其对称剖面。

1.2 带翼桩桩侧极限承载力分析

对于不同厚度的无翼桩以及带翼桩的桩切片，通过 ABAQUS 计算其极限承载力并归一化处理后可得到如图 4 和图 5 所示的结果，二者分别代表桩土光滑（$\alpha=0$）以及粗糙（$\alpha=1$）接触。α 代表桩土摩擦因子，取值范围为 0～1，其中，$\alpha=0$ 时表示桩土光滑接触，$\alpha=1$ 时表示桩土间的抗剪强度等于土体的不排水抗剪强度。显然，对于带翼桩，按翼板最外缘 D^*（如图 1 右图点线所示）进行归一化的效果符合无翼桩的极限承载力剖面，因此可将带翼桩按照外翼缘的尺寸进行归一化分析。在带翼桩桩土光滑接触的情况下，虚拟桩土接触面上仍为土-土接触（如图 1 右图点线），故计算结果更接近于 $\alpha=1$ 的情况。因此，对于带翼桩，按照翼板最外缘尺寸归一化后，在考虑桩土接触问题时，均应按照 $\alpha=1$ 取值。

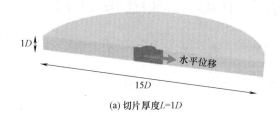

(a) 切片厚度 L=1D

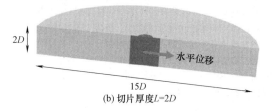

(b) 切片厚度 L=2D

图 2 带翼桩桩土切片有限元模型示意图

Fig. 2 Illustration of an example pile slice finite element model

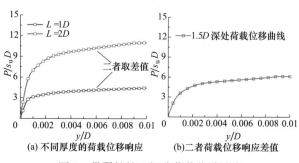

(a) 不同厚度的荷载位移响应 (b) 二者荷载位移响应差值

图 3 带翼桩桩土切片荷载位移响应

Fig. 3 Illustration of an example pile slice finite element model

需要指出的是，经过试算发现按照理想弹塑性和双曲线硬化只对荷载-位移曲线有影响而对极限承载力没有影响。同时，有限元计算结果显示，沿 45°方向加载的极限承载力略小于沿 0°方向加载（如图 1 右图所示），如无特殊说明，本文所有计算均为沿 0°方向加载的结果。

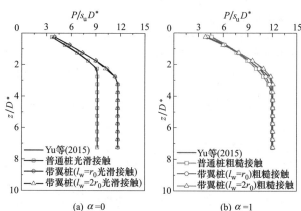

(a) $\alpha=0$ (b) $\alpha=1$

注：D^* 表示桩外边缘两点最远距离，普通桩为 D，带翼桩为 $D+2l_w$。

图 4 桩土承载力剖面

Fig. 4 Limiting soil resistance per unit pile length

图 4 还显示了 Yu 等[5] 提出的桩侧极限承载力剖面，和 Zhang 等[6] 的有限元结果类似，该公式可以很好地预测无翼桩侧承载力，该剖面的表达式如下，对于水平受荷桩的承载力系数 N_p：

$$N_p = N_{p0} + \gamma' z / s_u \leqslant N_{flow} \tag{1}$$

$$N_{p0} = N_1 - (1-\alpha) - (N_1 - N_2)\left[1 - \left(\frac{z}{14.5D}\right)^{0.6}\right]^{1.35} \tag{2}$$

其中，$N_1 = 11.94$，$N_2 = 3.22$，N_{flow} 代表二维极限承载力系数：

$$N_{flow} = 9.2 + \alpha \times (11.94 - 9.2) \tag{3}$$

当 z 达到某一临界深度时，N_p 趋于定值。临界深度 z_r 可以通过求解以下方程获得：

$$z_r = s_u(N_{flow} - N_{p0})/\gamma \tag{4}$$

对于不同深度下的带翼桩，按照 D^* 归一化处理后，能够较好的符合 Yu 等[5] 提出的桩侧极限承载力剖面公式。据此，可按照 D^* 来计算带翼大直径单元的侧向极限承载力。

1.3 带翼桩 p-y 曲线

图 5 和图 6 为不同深度下的桩切片模型计算结果，分别代表桩身与土光滑接触以及粗糙接触。在图 5 和图 6 中，虽然在有限元计算时设置了桩土光滑接触，但是在计算 p-y 曲线时，N_p 仍按照 $a=1$ 计算。

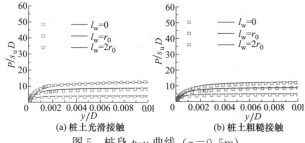

图 5　桩身 p-y 曲线（$z=0.5$m）

Fig. 5　p-y curve of pile（$z=0.5$m）

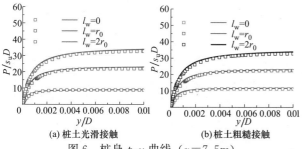

图 6　桩身 p-y 曲线（$z=7.5$m）

Fig. 6　p-y curve of pile（$z=7.5$m）

图 5 和图 6 中还显示了黄茂松等[9] 以及 Yu 等[10] 提出土体应力-应变关系的 p-y 曲线，其具体表达式为：

$$\begin{aligned}
p = {} & r_0 N_p s_u + \frac{1.5}{M_c} a r_0 s_u + 0.5 a E_s y \\
& - \sqrt{\left(r_0 N s_u + \frac{1.5}{M_c} a r_0 s_u + 0.5 a E_s y\right)^2 - 2 a E_s N_p r_0 s_u y}
\end{aligned} \tag{5}$$

式中，r_0 为桩半径；M_c 为剪应变系数；a 为与初始刚度相关的无量纲系数 $a = \dfrac{k_i M_o M_p}{M_r M_p E_s - 1.5 k_i}$，其中 k_i 为桩土

初始刚度。

对比四组不同工况下的有限元模型发现，利用修正后的 p-y 曲线能够较好地复现有限元的计算结果。据此，可利用该 p-y 曲线来计算带翼大直径单元的侧向荷载位移响应。

2　大直径带翼桩三维数值模拟

从上一节的计算结果可知，带翼桩在承受水平荷载时，翼板部分荷载-位移响应接近于一个等效扩径桩的荷载-位移响应，其中桩径扩大部分的直径 $D^* = D + 2l_w$，其中 l_w 为翼板长度。

图 7　带翼桩与普通桩模型

Fig. 7　Wing pile and ordinary pile model model

在此基础上，本文参考丹麦 Horns Rev 风电场项目，利用式（5）进行计算并与有限元计算结果进行对比，如图 7 所示，有限元模型参数见表 1 和表 2。

从图 8 的计算结果可知，同等桩径的情况下，通过加翼能够显著增大桩身的侧向刚度，从而减小桩顶位移。此外，在相同水平荷载的作用下，带翼桩桩顶位移和转角均小于无翼桩。

桩体模型参数					表 1
Pile model parameters					Table 1
加载高度(m)	桩长(m)	桩径(m)	翼板长度(m)	翼板/壁厚(m)	弹性模量(MPa)
10	50	5	5	0.05	206e3

土体参数				表 2
Soil parameters				Table 2
有效重度(kN/m³)	摩擦角(°)	不排水抗剪强度(kPa)	弹性模量(MPa)	泊松比
8	23	30	13.5	0.495

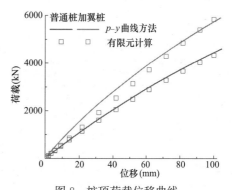

图 8　桩顶荷载位移曲线

Fig. 8　Load displacement curve at pile top

同时，该等效模型可以较好地模拟带翼桩在水平荷载作用下的荷载位移响应，可为实际工程实践提供一定的理论参考。在规范容许的桩顶转角范围内（0.25°），加装翼板能够提升约 24% 的侧向抗力，具有较好的应用前景。

3　结论

本文基于有限元针对不同厚度的桩土切片模型，对比探讨了带翼桩与无翼桩的水平承载力特性，主要得出以下结论：

（1）通过计算对比不同深度下的桩身极限承载力，以及桩身 p-y 曲线，确定了在分析带翼桩桩土接触时均应按照粗糙处理而与桩土间截面粗糙度无关。

（2）提出了海上风机带翼桩水平受荷的等效扩径模型，基于该模型，结合考虑土体应力-应变关系的 p-y 曲线，建立了水平荷载作用下带翼桩的荷载位移计算方法。

（3）加翼桩能够显著减小桩顶位移，提高桩体极限承载力。在规范要求的泥面处转角范围内，加翼板对比无翼桩提升了约 24% 的侧向抗力，能够解决实际工程中地表土体软弱、侧向承载力不足等问题。

参考文献：

[1] BIENEN B, DUEHRKOP J, GRABE J, et al. Response of piles with wings to monotonic and cyclic lateral loading in sand[J]. Journal of Geotechnical and Geoenvironmental Engineering, 2012, 138(3): 364-375.

[2] 李炜，郑永明，孙杏建，等. 加装稳定翼的海上风电大直 A 单桩基础数值仿真[J]. 水利水运工程学报，2012(3): 56-63.

[3] 王曦鹏，陈灿明，苏晓栋，等. 水平静荷载作用下翼板对基桩工作性状影响的有限元研究[J]. 水道港口，2016(6): 609 614.

[4] MURFF, J D, HAMILTON J M. P-ultimate for undrained analysis of laterally loaded piles[J]. Journal of Geotechnical Engineering, 1993, 119(1): 99-107.

[5] YU J, HUANG M S, ZHANG C R. Three-dimensional upper-bound analysis for ultimate bearing capacity of laterally loaded rigid pile in undrained clay[J]. Canadian Geotechnical Journal. 2015, 52(11): 1775-1790.

[6] ZHANG Y H, ANDERSEN K H. Soil reaction curves for monopiles in clay [J]. Marine Structures. 2019, 65: 94-113.

[7] KLAR A. Upper bound for cylinder movement using "Elastic" fields and its possible application to pile deformation analysis[J]. International Journal of Geomechanics, 2008, 8(2): 162-167.

[8] USACE. Settlement Analysis, Engineer Manual EM 1110-1-1904. U. S. Army Corps of Engineers: Washington, D. C., 1990.

[9] 黄茂松，俞剑，张陈蓉. 基于应变路径法的黏土中水平受荷桩 p-y 曲线[J]. 岩土工程学报，2015, 37 (3): 400-409.

[10] YU J, HUANG M S, LI S, LEUNG C F. Load-displacement and upper-bound solutions of a loaded laterally pile in clay based on a total-displacement-loading EMSD method [J]. Computers and Geotechnics, 2017, 83: 64-76.

黄土塬区隧道软塑基底浆固碎石桩加固特性研究

虞　杨[1]，孔纲强[*1]，刘大鹏[1]，刘俊平[2]，刘汉龙[3]

（1. 河海大学，岩土力学与堤坝工程教育部重点实验室，江苏 南京 210024；2. 银西铁路有限公司，宁夏 吴忠 751100；3. 重庆大学土木工程学院，重庆 400044）

摘　要： 浆固碎石桩广泛应用于沿海、沿江等软土地基加固工程中，是否适用于软塑黄土地基，尤其是黄土塬区隧道软塑基底地基尚不明确。基于数值模拟方法，建立黄土塬区隧道软塑基底浆固碎石桩加固前/后数值模型，对加固前/后地基极限承载力、仰拱沉降位移以及动荷载下土体振动速度进行分析，着重探讨静、动荷载作用下浆固碎石桩对黄土塬区隧道软塑基底的加固效果。研究结果表明：浆固碎石桩在处理黄土塬区隧道软塑基底中加固效果显著，高铁隧道仰拱中心点在加固后沉降值由 100mm 降至 0.12mm；加固前/后地基基底极限承载力分别为 105kPa 和 280kPa，基底极限承载力提高了约 167%。列车荷载作用下，浆固碎石桩加固后基底震动速度远小于未加固基底振动速度，可明显减弱列车荷载对土体振动速度的影响；浆固碎石桩加固前/后对基底产生的土压力场影响不明显。

关键词： 黄土塬区；隧道工程；浆固碎石桩；承载特性；数值模拟

Reinforcement characteristics of soft-plastic base slurry-solid gravel piles in tunnels in loess plateau area

YU Yang[1]，KONG Gang-qiang[*1]，LIU Da-peng[1]，LIU Jun-ping[2]，LIU Han-long[3]

（1. Key Laboratory of Ministry of Education for Geomechanics and Embankment Engineering，Hohai University，Nanjing Jiangsu 210024，China；2. Yinchuan-Xi'an Railway Co.，Ltd.，Wuzhong Ningxia 751100，China；3. College of Civil Engineering，Chongqing University，Chongqing 400044，China）

Abstract： Slurry-solid gravel piles are widely used in coastal and riverine soft soil foundation reinforcement projects. It is not clear whether they are suitable for soft-plastic loess foundations，especially for soft-plastic tunnel foundations in loess plateau tunnels. Based on the numerical simulation method a numerical model was established for the pre-and post-reinforcement of soft-plastic tunnel foundations in loess plateau area，and the ultimate bearing capacity of the foundations，the displacement of the upward arch settlement and the vibration velocity of the soil under dynamic load were analyzed，especially discuss the effects of slurry-solid gravel piles on the reinforcement of soft-plastic tunnel foundations in loess plateau under static and dynamic loads. The results of the study show that slurry-solid gravel piles can strengthen the soft-plastic base of the tunnel in loess plateau，and the center of the back arch of the high-speed railway tunnel was reduced from 100mm to 0.12mm after strengthening. The ultimate load bearing capacity of the foundation before and after reinforcement is 105kPa and 280kPa respectively，which increases the ultimate load bearing capacity of the foundation by approximately 167%. Under the action of train load，the vibration speed of the foundation after pile strengthening is much smaller than the vibration speed of unreinforced foundation，which can obviously reduce the influence of train load on the vibration speed of soil body. The effect of the earth pressure field generated on the subgrade before/after reinforcement of the slurry-solid gravel piles was not significant.

Key words： loess plateau；tunnel engineering；slurry-solid gravel piles；load-bearing characteristics；numerical simulation

0　引言

我国黄土覆盖面积广泛，总体面积约为 64 万 km²；拥有世界上规模最大的黄土高原和黄土平原。黄土因其含水率的不同、力学性质的特殊等典型工程特性，倍受工程界的关注。浆固碎石桩对软土地层进行加固，形成复合地基，可有效提高地基承载力，减小变形沉降，故其广泛应用于工业及民用建筑、市政、道路及港口、地下挡土结构等工程的软土地基处理，并在高速公路路基工程中应用尤为广泛，特别适用于场地空间狭小、交通运输较为困难的路段[1-3]。因此，国内外许多学者对碎石桩复合地基承载力与变形理论进行了较为深入的研究[4-11]。

围绕浆固碎石桩复合地基承载力与变形理论问题，相关学者展开了系统研究；在数值模拟方面，张妮等基于快速拉格朗日有限微分数值模型，深入研究了碎石桩加固软土地基的荷载-沉降和固结特性，且分析了阻塞和侧向变形因素的影响[12]。刘汉龙等在模型试验的基础上，利用 Flac3D 三维有限差分软件对模型试验进行计算分析，进一步研究浆固碎石柱的承载性状，揭示了模型桩受荷后的荷载传递规律[13]。雏佑学等采用砂土液化大变形模型模拟饱和砂土及等效非线性增量模型模拟碎石桩，对碎石桩加固饱和砂土场地的动力离心模型试验进行数值模拟；并对不同震动强度下碎石桩的排水与加密效应对加固可液化场地的超静孔压累积与消散、土体液化变形的发展以及加固区内部与外部响应差异等动力响应影响进行了模拟研究[14]。谭鑫等将碎石桩视为凸多边形离散块体集合，桩周软土视为理想弹塑性材料，采用二维离散单元与有限差分耦合数值法，建立了软土地基中碎石桩单桩竖向受荷模型，对碎石桩单桩受荷变形破坏及桩-土相互作用全过程进行了模拟，通过荷载-沉降曲线、桩体及土体变形场应力场讨论了碎石桩单桩承载破坏机制[15]。

综上可知，既有研究主要集中于软土地基处理，在此过程中，浆固碎石桩将注浆技术引入碎石桩工艺，从而形成如同素混凝土桩的刚性桩，并具有相似的强度。其加固机理一般为可概括为桩体的置换作用、浆液的胶结充填作用以及浆液的扩散作用：碎石置换了原桩体所在位置的软弱土，浆液作用于桩体与桩周土之间，通过胶结作用使桩周泥皮形成硬壳层，同时，浆液可对桩周土体进行渗透，进一步提高桩周土强度，增加桩身侧摩阻力。

但对浆固碎石桩在黄土塬地区高铁隧道的软塑基底加固中是否适用尚不清楚。基于此，本文借助PLAXIS 2D软件对采用浆固碎石桩处理后的黄土塬区隧道软塑基底加固效果进行研究，分析浆固碎石桩加固对加固前/后仰拱沉降位移、加固后基底极限承载力以及动荷载下土体振动速度的影响规律。

1 数值模型的建立与验证

由于本文主要考虑浆固碎石桩对高铁隧道基底软塑黄土的加固效果；因此，隧道开挖以及衬砌将不做重点考虑，只针对隧道基底软塑土加固效果进行静、动荷载的分析，考虑静荷载下对隧道仰拱沉降变形和动荷载下对土体振动速度的影响。建模过程中，将浆固碎石桩桩体视为各向同性均质弹性体，假设浆固碎石桩扩散半径为0，注浆过程中浆液对土体几乎不存在渗透作用。由于隧道的建立属于平面应变问题，可选取隧道纵向上任一剖面进行研究分析。

1.1 模型参数选取

现场土层设置为三层，上下两层设为黄土（硬土），中间层设为软塑黄土，位于隧道仰拱处下，深度为5m，如图1所示。土体模型采用摩尔-库仑模型（不包括碎石桩桩顶垫层），土体参数如表1所示，静力边界条件设为固定，动力边界条件设为吸收，且设置土体阻尼系数。

1.2 几何尺寸与网格划分

隧道最大洞径为13m。隧道衬砌采用板单元，材料属性见表2；浆固碎石桩采用embedded beam row材料数据组。模型的边界条件为两侧施加水平方向的约束，下部施加竖直方向的约束，能够很好地模拟浆固碎石桩排桩，桩长为4.0～4.3m、桩间距为1.8m、桩径为0.5m，隧道仰供底部弧度大，桩长差异相对不大，因此每根桩的轴向刚度、抗弯刚度取值一致。浆固碎石桩加固隧道基底软塑黄土数值模型图如图1所示。

1.3 数值模型的验证

针对付家窑黄土隧道工程[8]进行分析验证。付家窑黄土隧道是甘肃省第一条三车道黄土特大断面隧道，隧道选址内有较厚湿陷性黄土（0～20m）。为处理隧道基底

黄土的湿陷性，控制隧道的沉降，隧道基底采用旋喷桩加固处理软基。基于付家窑隧道的工程实例进行数值建模，验证模型参数参见文献[8]。将浆固碎石桩模型替换为旋喷桩（桩身直径为0.6m、桩间距为1.2m）。图2为付家窑隧道采用旋喷桩模型进行处理加固并在正常条件固结后，其路面中线沉降实测值与模型值的对比（图2），两者沉降速度均先快后慢，并逐渐趋缓，具有较好的吻合性，从而验证了本文所建数值模型的合理性。

隧道板单元材料属性   表 1

Material properties of tunnel slab element

Table 1

参数	名称	衬砌	单位
结构类型	类型	弹性各向同性	—
轴向刚度	EA	6E6	kN/m
抗弯刚度	EI	2E4	kN·m
重度	γ	5.0	kN/m³
泊松比	ν	0.15	—

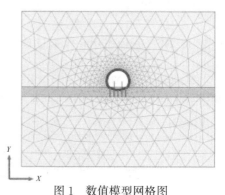

图 1　数值模型网格图

Fig. 1　The grid diagram of the numerical model

2 数值模拟工况与步骤

2.1 数值模拟工况设计

本文借助数值模拟方法，针对浆固碎石桩对黄土隧道软塑基底的加固效果进行分析，通过对仰拱施加静动荷载，研究复合地基在不同静荷载下的仰拱沉降及土体位移变化，得出复合地基的Q-s曲线及极限承载力；在动荷载下研究不同的加载幅度（列车重量）、加载频率（列车速度）、加载时间（列车运行时间）对土体振动速度的影响及变化关系。具体模拟工况如表2所示；动荷载简谐波形图如图3所示。

2.2 数值模拟过程与步骤

数值模拟的步骤过程为：根据上文所述参数，建立模型；运用PLAXIS 2D软件中特有的地应力平衡阶段（K_0）建立地应力平衡；冻结隧道内土体同时设置条件为干，且激活隧道衬砌进行隧道开挖；激活碎石桩或袖阀管注浆进行隧道基底加固；基于不同的工况，激活对应的静荷载；基于不同的工况，激活对应的动荷载。

隧道仰拱面下土体物理力学性质　　　　　　　　　　表2

Physical and mechanical properties of soil under tunnel invert　　Table 2

土层	w	γ	γ_d	e	S_r	w_L	w_P	a_v	E_{oed}	φ	c	δ_s	δ_{zs}
	%	g/cm³	g/cm³	%	%	%	%	MPa⁻¹	MPa	°	kPa	—	—
软塑黄土	25.28	1.91	1.48	0.73	78.81	31.48	19.42	0.19	6.85	20	37.28		
硬塑黄土	21.09	1.91	1.58	0.74	79.17	31.45	19.46	0.18	6.79	21	39.08		

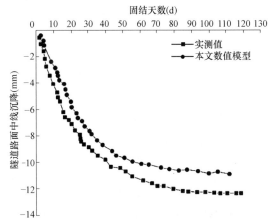

图2　付家窑隧道路面中线沉降对比图

Fig. 2　Settlement change of the middle line of the road surface in Fujiayao tunnel

浆固碎石桩荷载工况表　　　表3

Load conditions of grouted gravel pile

Table 3

标号	加载幅度(kN)	加载频率(Hz)	运行时间(s)
A1～A13	20/25/30/35/70/105/140 175/210/245/ 280/315/350	0	—
B1～B4	20/25/30/35	15	0.062
C1～C4	30	5/10/15/20	0.062
D1～D4	30	15	0.013/0.042/ 0.062

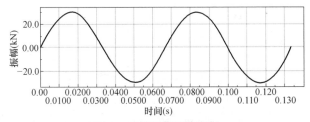

图3　动荷载简谐波形图

Fig. 3　Simple harmonic waveform of dynamic load

3　静荷载下地基加固效果对比分析

3.1　静荷载下地基加固前/后沉降分析

隧道的开挖和衬砌同时进行，在开挖过程中冻结隧

道内的土体，同时设置隧道内水力条件为干，用于模拟隧道内开挖情况。随后激活隧道衬砌板单元，完成隧道开挖和衬砌施工。其次激活浆固碎石桩，模拟隧道软塑基底的加固。

浆固碎石桩技术加固隧道软塑基底前后位移等值线如图4所示。由图4可知，隧道开挖衬砌后隧道仰拱下土体竖向变形呈椭圆形分布，其中沉降数值随深度的减小而降低，在隧道基底处沉降达到最大值，约为100mm。采用浆固碎石桩技术加固黄土塬区隧道基底软塑黄土后，隧道仰拱下的土体沉降量减小，仅在隧道仰拱最低点下发生较小的沉降，其余地方沉降约为0，在仰拱下的沉降最大值约为0.12mm。浆固碎石桩加固黄土塬区高铁隧道软弱基底后的沉降值与加固前的值相比几乎可忽略，加固效果明显。

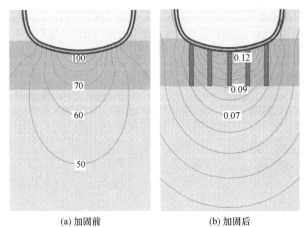

(a) 加固前　　　　　　　(b) 加固后

图4　加固隧道软塑基底前后位移等值线图（mm）

Fig. 4　Displacement contour map of the soft plastic basement of the tunnel strengthened

3.2　静荷载下地基极限承载力

加固后基底静载试验模拟以中心位置为中心点，施加长度为2m的线荷载，线荷载的施加工况见表3。当对加固后基底逐级施加线荷载后，记录仰拱中心点的沉降位移，当沉降值稳定后提取每级加载后的沉降量，绘制复合地基荷载-沉降曲线（Q-s曲线），如图5所示。由图5可知，加固前黄土塬区高铁隧道软塑基底在静荷载达到105kPa时出现明显拐点，故可认为加固前地基土的极限承载力为105kPa。采用浆固碎石桩加固黄土塬区高铁隧道软塑基底后的荷载-沉降曲线在280kPa处出现明显拐点，此时，基底的极限承载力为280kPa，基底极限承载力提高了约167%。由此可知，浆固碎石桩对黄土塬区高铁隧道软塑基底的加固效果显著，能够显著提高地基承

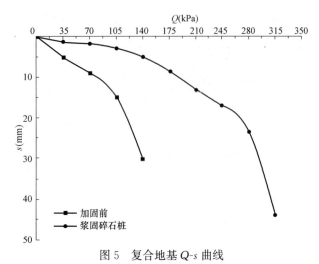

图5　复合地基 Q-s 曲线

Fig. 5　Q-s curve of composite foundation

载力。

3.3　静荷载下地基静荷载下位移场分析

不同静荷载下浆固碎石桩加固隧道基底软塑土位移等值线图如图6所示。当采用浆固碎石桩技术加固隧道基底软塑黄土后，对隧道仰拱施加不同的静荷载，提取隧道基底软塑黄土的沉降位移值，并绘制相应的等值线图。由图6可知，沉降位移等值线沿深度方向围绕隧道基底呈椭

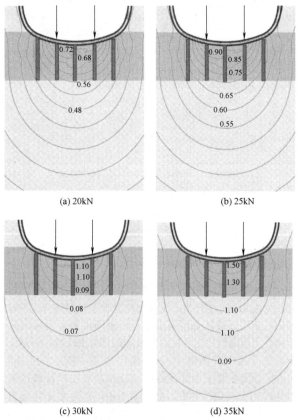

(a) 20kN

(b) 25kN

(c) 30kN

(d) 35kN

图6　不同静荷载下浆固碎石桩基底位移等值线图

Fig. 6　Displacement isoline diagram of composite foundation of slurry-consolidated gravel pile under different static loads

圆形并不断减小，在隧道基底处仰拱中心点 H 下方土体沉降量最大，分别为在 20kN 荷载作用下最大沉降值为 0.72mm，在 25kN 荷载作用下最大沉降值为 0.90mm，在 30kN 荷载作用下最大沉降值为 1.10mm，在 35kN 荷载作用下最大沉降值为 1.50mm。隧道基底复合地基沉降值随隧道仰拱上所施荷载的增大而增大。但是在浆固碎石桩加固隧道基底软塑黄土后，沉降量约为未加固前的十分之一，在设计范围以内。由此表明，采用浆固碎石桩技术处理加固高铁隧道基底软塑黄土具有较好的加固效果。

4　动荷载下基底加固效果分析

4.1　动荷载下土体速度分析

（1）振动速度随加载幅度的变化

图7表示隧道振动速度第一次达到最大时，振动速度随加载幅值（列车车重）的变化。本次数值模拟时控制加载频率为15Hz，分别对无加固基底以及浆固碎石桩加固后基底施加 20kN、25kN、30kN 和 35kN 的加载幅值，以获得不同的振动速度。由图8可知，当施加的加载幅值为 20kN 时，无加固基底和浆固碎石桩加固后基底的最大振动速度分别为 5.5mm/s 和 1.4mm/s；当施加的加载幅值为 25kN 时，无加固基底和浆固碎石桩加固后基底的最大振动速度分别为 6.9mm/s 和 2.0mm/s；当施加的加载幅值为 30kN 时，无加固基底和浆固碎石桩加固后基底的最大振动速度分别为 8.3mm/s 和 2.2mm/s；当施加的加载幅值为 35kN 时，无加固基底和浆固碎石桩加固后基底的最大振动速度分别为 9.8mm/s 和 2.4mm/s。隧道软塑黄土地基在受到列车荷载时，土体最大振动速度与加载幅值呈线性关系。在相同条件下，浆固碎石桩加固后基底土体振动速度明显小于未加固的土体，且随着加载幅值的增大振动速度增长速率变缓。

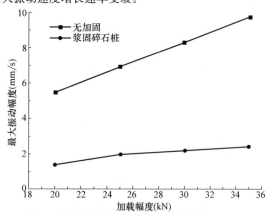

图7　振动速度随加载幅度变化图（15Hz）

Fig. 7　Diagram of vibration velocity field changing with loading amplitude（15Hz）

（2）振动速度随加载频率的变化

图8表示隧道振动速度第一次达到最大时，振动速度随加载频率（列车车速）的变化。

本次数值模拟时控制加载幅值为 30kN，分别对无加

固基底和浆固碎石桩加固后基底施加 5Hz、10Hz、15Hz 和 20Hz 的加载频率，以获得不同复合地基最大振动速度。由图 9 可知，当加载频率为 5Hz 时，无加固基底和浆固碎石桩加固后基底的最大振动速度分别为 4.3mm/s 和 1.5mm/s；当加载频率为 10Hz 时，无加固基底和浆固碎石桩加固后基底的最大振动速度分别为 5.6mm/s 和 1.8mm/s；当加载频率为 15Hz 时，无加固基底和浆固碎石桩加固后基底的最大振动速度分别为 8.3mm/s 和 2.0mm/s；当加载频率为 20Hz 时，无加固基底和浆固碎石桩加固后基底的最大振动速度分别为 10.5mm/s 和 2.4mm/s。隧道软塑基底在受到列车荷载时，土体最大振动速度与加载频率呈线性关系。相同条件下，浆固碎石桩加固后基底在土体振动速度明显小于未加固的土体，且随着加载频率的增大振动速度增长而速率变缓。

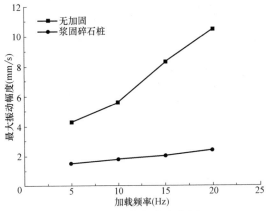

图 8 振动速度随加载频率变化图（30kN）

Fig. 8 Diagram of vibration velocity field with loading frequency（30kN）

（3）振动速度随加载时间的变化

图 9 表示不同时刻振动速度随加载时间（列车运行时间）的变化。本次数值模拟控制加载幅值为 30kN，加载频率为 15Hz，分别对无加固基底和浆固碎石桩加固后基底施加 $t = 0.013s$、$t = 0.042s$、$t = 0.062s$ 的加载时间，以获得不同加载时间下无加固基底和浆固碎石桩加固后基底最大振动速度。

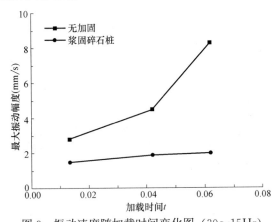

图 9 振动速度随加载时间变化图（30～15Hz）

Fig. 9 Variation diagram of vibration velocity field with loading time（30～15Hz）

由图 10 可知，当施加的加载时间为 $t = 0.013s$ 时，无加固基底和浆固碎石桩加固后基底的最大振动速度分别为 2.8mm/s 和 1.5mm/s；当施加的加载时间为 $t = 0.042s$ 时，无加固基底和浆固碎石桩加固后基底的最大振动速度分别为 4.5mm/s 和 1.9mm/s；当施加的加载时间为 $t = 0.062s$ 时，无加固基底和浆固碎石桩加固后基底的最大振动速度分别为 8.3mm/s 和 2.0mm/s。隧道软塑黄土地基在受到列车荷载时，土体最大振动速度与加载时间呈线性关系。相同条件下，浆固碎石桩加固后基底的土体振动速度明显小于未加固土体，且随着加载时间的增大振动速度增长速率变缓。

由此可知，浆固碎石桩加固后基底能够明显减弱列车荷载对土体振动速度的影响。

4.2 列车荷载下土压力场分析

图 10 为相同加载条件下（加载幅值为 30kN，加载频率为 15Hz），无加固地基和浆固碎石桩加固后基底的土压力等值线。由图 11 可知，在受到列车荷载时，隧道产生振动，对隧道周围的土体产生土压力，土压力在隧道仰拱拱脚处出现极大值，并沿着深度方向不断减小。未加固基底与浆固碎石桩复合基底产生的土压力形状相似，几乎不产生变化，仅在桩体处产生一部分的折减。

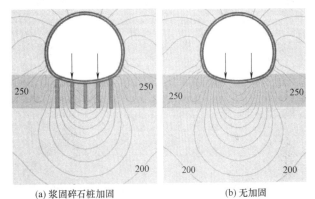

| (a) 浆固碎石桩加固 | (b) 无加固 |

图 10 各工况下土压力场等值线图（kPa）

Fig. 10 Contour map of earth pressure field under various working conditions（kPa）

5 结论

本文针对浆固碎石桩加固黄土塬区隧道软塑基底开展加固效果开展了数值模拟分析，可以得到以下几点结论：

（1）浆固碎石桩在处理黄土塬区隧道软塑基底中加固效果显著，高铁隧道仰拱中心点在加固前/后沉降值分别为 100mm 和 0.12mm，极大程度上控制了高铁隧道仰拱沉降。

（2）采用浆固碎石桩加固黄土塬区高铁隧道软塑基底，能够显著提高基底的极限承载力。黄土塬区高铁隧道软塑基底加固前/后地基的极限承载力分别为 105kPa 和 280kPa，基底极限承载力提高了约 167%。

（3）列车荷载作用下，浆固碎石桩加固后基底振动速度远小于未加固基底振动速度，可明显减弱列车荷载对土体振动速度的影响；浆固碎石桩加固前/后对基底产生的土压力场影响不明显。

参考文献：

[1] 谭鑫，胡政博，冯龙健，等. 软土中碎石桩模型试验的三维离散-连续介质耦合数值模拟[J]. 岩土工程学报，2021：43(2)：1-9.

[2] 郭尤林，赵明华，彭文哲. 基于改进应变楔模型的固体-散体串联组合桩鼓胀变形及沉降分析[J]. 岩土工程学报，2019，41(11)：2149-2155.

[3] 陈建峰，韩杰. 夯扩碎石桩群桩承载性状研究[J]. 中国公路学报，2010，23(1)：26-31.

[4] PARSA-PAJOUH A，FATAHI B，KHABBAZ H. Experimental and numerical investigation to evaluate two-dimensional modeling of vertical drain assisted preloading[J]. International journal of geomechanics，2016，10. 1061/(ASCE)GM. 1943-5622.

[5] 赵明华，顾美湘，张玲，等. 竖向土工加筋体对碎石桩承载变形影响的模型试验研究[J]. 岩土工程学报，2014，36(9)：1587-1593.

[6] 陈金强，姚亚军，邱超雄. 振冲碎石桩在复合地基中的应用与承载力检测[J]. 水利水电技术，2012，43(5)：88-90.

[7] LU M，JING H，ZHOU Y，et al. General analytical model for consolidation of stone column-reinforced ground and combined composite ground[J]. International Journal of Geomechanics，2016，10. 10611/(ASCE)GM. 1943-5622.

[8] 温世清，刘汉龙，陈育民. 浆固碎石桩单桩荷载传递特性研究[J]. 岩土力学，2011，32(12)：3637-3641.

[9] 闻世强，陈育民，丁选明，等. 路堤下浆固碎石桩复合地基现场试验研究[J]. 岩土力学，2010，31(5)：1559-1563.

[10] 左威龙，刘汉龙. 浆固碎石桩单桩轴向荷载传递分析[J]. 防灾减灾工程学报，2009，29(1)：22-26.

[11] 温世清，刘汉龙，闫春雷，等. 浆固碎石桩复合地基沉降分析[J]. 解放军理工大学学报(自然科学版)，2012，13(1)：92-96.

[12] 张妮，肖桃李. 碎石桩加强软土地基的数值模拟研究[J]. 水电能源科学，2020，38(10)：111-115.

[13] 刘汉龙，左威龙，陈永辉，等. 浆固碎石桩荷载传递特性试验与数值分析[J]. 防灾减灾工程学报，2008(4)：524-528.

[14] 邹佑学，王睿，张建民. 碎石桩加固可液化场地数值模拟与分析[J]. 工程力学，2019，36(10)：152-163.

[15] 谭鑫，赵明华，金宇轩，等. 碎石桩单桩受荷模型试验的离散单元法数值模拟[J]. 湖南大学学报(自然科学版)，2019，46(3)：106-113.

单桩竖向冲击特性——理论与模型试验研究

胡　玲[1]，李　强[1]，李鑫燚[1]，黄柳青[1]，闫成彧[2]

（1. 浙江海洋大学土木系，浙江 舟山 3160222；2. 浙江宏宇工程勘察设计有限公司，浙江 舟山 3160222）

摘　要：桩基础作为高速公路、铁路桥梁的一种深基础形式，桩土常受到一些较强的交通荷载振动，接触面会出现滑移或脱离的情况。本文通过桩基模型试验的方法研究了单桩在不同锤重与落距的冲击荷载作用下的桩身轴力、桩侧摩阻力和贯入度特性，应用 Biot 建立的饱和两相介质理论与弹性动力学方法，建立了单桩-承台-土层在竖向冲击荷载作用下的动力模型，考虑桩土间滑移作用，获得了桩身轴力竖向振动的频域解析解。计算结果表明理论解和模型试验的结果能够较好地吻合，完全粘结模型高估了桩土间的摩阻力，桩土滑移模型能更好地模拟单桩的竖向冲击作用。

关键词：单桩；模型试验；饱和土；桩土滑移；冲击荷载；轴力

作者简介：胡玲（1995— ），女，硕士研究生，主要从事桩基工程等方面的科研工作。E-mail：linghu821@163.com。

Vertical impact characteristics of a single pile -theoretical and model experimental study

HU Ling[1]，LI Qiang[1]，LI Xin-yi[1]，HUANG Liu-qing[1]，YAN Cheng-yu[2]

（1. Department of Civil Engineering，Zhejiang Ocean University，Zhoushan Zhejiang 316022，China；2. Zhejiang Hongyu Engineering Survey and Design Co.，Ltd.，Zhoushan Zhejiang 316022，China）

Abstract：Pile foundation as a form of deep foundation for highway and railroad bridges，the pile soil is often subjected to some strong traffic load vibration，and the contact surface will appear the slip or detachment. In this paper，we study the pile axial force，pile lateral frictional resistance and penetration characteristics of monopile under the action of impact load with different hammer weight and drop distance by means of pile foundation model test，and apply the saturated two-phase medium theory and elastic dynamics method established by Biot to establish the dynamic model of monopile-bearing platform-soil layer under the action of vertical impact load. The frequency domain analytical solution of the pile axial force vertical vibration is obtained by considering the slip effect between pile and soil. The calculation results show that the theoretical solution and the results of the model test can be in good agreement，the fully cohesive model overestimates the frictional resistance between pile and soil，and the pile-soil slip model can better simulate the vertical impact action of monopile.

Key words：single pile；model test；saturated soil；pile-soil slippage；impact loads；axial forces

0　引言

研究基桩在冲击荷载作用下的动力特性是桩基抗震、防震设计以及桩基高应变检测等技术的重要支撑，目前有关这方面的研究主要从两方面开展：一是通过建立理论模型，采用解析或数值分析方法进行基桩冲击荷载的动力响应分析；二是通过现场试验或模型试验方法研究冲击荷载作用下基桩的响应特性。Smith[1] 首先通过波动方程分析打桩系统，后来，LL Lowery[2] 采用 Smith 提出的桩身动力特性波动方程分析方法，预测桩的承载能力并分析了砂土中桩的土阻力沿桩分布。Randolph 等[3] 利用了拉普拉斯变换，提出了夯锤质量冲击桩的解析解。Goble G G 等[4] 通过在不同土壤条件以及锤击类型下的静载与动态试验预测静态承载力，提出了一种从冲击驱动的动态测量中预测静态承载力的方法。D. C. Warrington 等[5] 对海上打桩安装中的桩载荷、应力、动阻力等参数进行估计，给出了一个简单桩锤系统的

解析解。Deeks 和 Randolph[6] 建立了打桩的重锤冲击的解析模型，分析得到桩土界面的动力接触条件是影响冲击荷载下基桩特性的重要因素。Wood 等[7] 通过数值模拟与物理模拟相结合的方法，分析了不同桩径、桩长、桩距下的碎石群桩复合地基的荷载传递及变形规律。Wei Ding 和 Qing Liu 等[8] 采用高应变动力测试的曲线拟合方法来确定桩的承载力和桩身阻力。Qiang Li[9] 建立了桩与土之间的接触面为不完全接触的分析成层饱和土中海工桩竖向动力响应的计算模型，表明存在相对滑动的桩的动力响应随着桩土接触刚度的增加而减小。Lu Cao 等[10] 基于饱和多孔介质理论，计算了冻土中冲击载荷作用下端承桩竖向振动的解析解。

由于桩基竖向动力变形具有一定的复杂性，上述理论分析方法均需要有模型试验或现场试验验证其可靠性。于是，Kim M K 等[11] 通过模拟了强迫振动试验，计算了成层半平面内承台与桩系统在竖向简谐荷载作用下的响应。JC Ashlock 等[12] 通过随机振动和冲击载荷方法对模型桩进行了小应变强迫振动的离心机试验。Bin Zhu

基金项目：浙江省自然科学基金（LY15E090008）。

等[13]等通过$1g$大比例模型试验研究了水平静力和撞击荷载作用下高桩基础的动力响应研究。Wenxuan Zhu等[14]也通过$1g$模型试验，得到不同频率正弦振动荷载下的预应力钢筋混凝土框架动力响应。由于现场测试价格昂贵、测试困难，很少人进行现场试验，对于室内的桩体冲击模型试验研究的更少。

理论分析方法具有物理意义明确，便于理解和分析的优点，但桩土参数取值困难、不适用于复杂的工况等问题。模型试验方法具有条件可控，易重复等优点，也存在相似条件难以严格满足，土的非线性特性难模拟等复杂问题，但并不影响采用模型试验定性地研究原型产生的物理现象与相互作用机理的可能性。本文采用模型试验和理论分析相结合的方法，首先进行静载模型试验，其结果为冲击试验模型提供必要的参数数据；再通过冲击模型试验研究冲击荷载与基桩贯入度、桩身轴力和桩侧摩阻力的关系；最后，基于文献［9］的单桩竖向振动的理论思想，针对竖向冲击作用下桩的动力反应，建立基桩、承台、土体和落锤的冲击模型，根据模型拟定其中的桩土间的滑移、桩底支撑系数等重要参数，验证饱和砂土地基中滑移桩动力理论解的可靠性。通过理论与试验相结合的研究方法有助于发挥两种方法的优势，规避其不利影响，从而可以加深对桩土动力相互作用的理解。

1 模型试验方法

根据相似理论的研究方法，试验模型的几何尺寸、材料属性、力学特性、边界条件、初始条件、加载条件等方面都遵循相应的规律，即可以通过模型试验将原型试验整个过程的物理现象反映出来。本次试验主要是通过模拟PVC管材的模型桩在竖向静荷载作用与不同等级的冲击荷载作用下的模型桩动力特性。

1.1 试验仪器设备和材料准备

（1）试验装置

本试验采用的加载装置是钢板焊接模型箱，长、宽、高分别是2m，1.5m和3m，在模型箱底设置了排水装置，保证土体中过多的自由水的排出从而控制土体的一定饱和度，试验模型箱如图1所示。

图 1　模型箱示意图

Fig. 1　Model box diagram

试验的主要观测仪器有：油压千斤顶、电阻应变仪、电阻应变片、加速度传感器和量程为$0\sim200$kg型号为

JHBM-M的微型压力传感、位移传感器。图2所示为冲击试验仪器安装示意图。冲击体系由两部分组成，一是重锤冲击系统，二是冲击荷载作用下桩体的动力响应系统。试验分别通过1.25kg、2.5kg、3.75kg三种锤重在落距为10cm、30cm、50cm的高度下落对桩体激发的冲击能量进行测试。

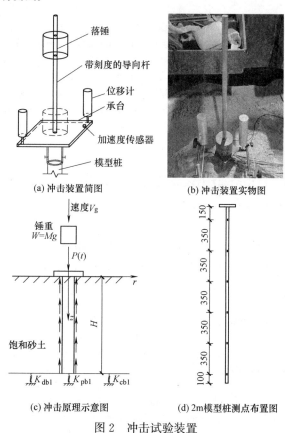

(a) 冲击装置简图　　(b) 冲击装置实物图

(c) 冲击原理示意图　　(d) 2m模型桩测点布置图

图 2　冲击试验装置

Fig. 2　Impact test sketch, physical diagram and schematic diagram

（2）试验材料

模型试验的地基土所用砂取自舟山市周边海域的海砂，模型箱内填土大致分成三部分，从模型箱底部往上依次铺设地基土为15cm厚、直径$2\sim3$cm的碎石作为垫层，垫层上铺设15cm厚、$0.5\sim1$cm的碎石作为反滤层，为防止细砂堵塞排水通道，在反滤层上铺置土工布，然后将细砂分层填筑，每填筑厚度0.25m，对土层进行夯实一次，为保证平整度，用水平尺对每层土表面进行检测。

模型桩采用几何相似比为30的PVC模型管桩，桩长为2m，外径和内径分别为32mm和28mm，通过电子万能试验机测得其弹性模$E=3.75$GPa，泊松比$\nu=0.39$。应变片采用型号为BX120-5AA尺寸为5mm×3mm的免焊应变片，电阻为120Ω，采用对称的方式粘贴应变片，粘贴位置及间距如图2（d）所示。为防止桩土接触条件受到导线埋置影响，通过钻孔将导线穿入PVC管中，用型号为706的半透明硅橡胶进行密封，再用绝缘防水胶布粘贴一圈进行防渗保护。用水泥砂浆在管桩底部进行灌浆封闭，并对中粘贴微型压力传感器。管桩顶部与带套筒的承台相接，并用螺栓将其拧紧。

1.2 试验方法

静荷载模型试验加载系统主要由液压千斤顶与反力架组成，通过在桩顶进行慢速分级施加恒荷载，达到极限承载力后再进行卸载，整个过程分为5步：分级加载、观测沉降、停止加载、分级卸载、观测沉降。通过静载试验在恒定荷载作用下所测得极限承载力与所对应的轴力和摩阻力，为下一步的冲击试验提供必要的参数界限值。

冲击模型试验是通过使具有一定能量的重锤下落对桩顶施加冲击作用，通过控制锤重以及下落高度所激发的不同冲击能量，使桩体产生不同的贯入度，冲击脉冲沿着桩身向下传播的同时激发桩身应变，从而桩侧摩阻力与桩端阻力被自下而上的依次激发。通过不同桩长的冲击试验，分析上部冲击体系与冲击荷载作用下的动力响应体系之间的关系，得到锤重和落距与桩身轴力、桩侧摩阻力以及贯入度之间的关系。最后，通过试验结果探究饱和砂土地基中桩在竖向冲击作用下的轴力理论解的合理性，根据锤击能量的大小拟定合理的桩侧摩阻力系数、桩底的支撑系数等参数取值。

2 试验结果与分析

2.1 静载试验结果

（1）沉降量与荷载的关系

通过液压千斤顶顶慢速维持荷载的方法对2m的模型桩进行加载与卸载，总共分为10级加载，每级荷重为250N。不同荷载作用所对应的沉降量变化，如图3的 Q-s 曲线。可以看出，2m模型桩的承载力为1750N。达到极限承载力时的沉降量达到为45mm。卸载后，桩体有一定的回弹，回弹量在15mm左右。

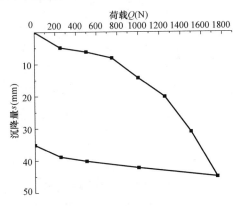

图 3　荷载沉降曲线

Fig. 3　Load settlement curve

（2）桩身轴力与桩侧摩阻力测试结果

图4所示为2m桩在每级为250N的荷载下所对应的轴力与摩阻力的沿桩长分布图。可以看出轴力与摩阻力都沿桩身向下依次递减。在加载初期，桩身最上部的变化最明显，对应的桩侧摩阻力充分发挥。随着每级荷载的增加，桩身各测点的轴力也同步增加，桩顶轴力最大，由于

桩体与土体发生了相对的位移，荷载沿桩身向下传递需要克服一定的摩阻力，桩身轴力随着桩长的增加而减小。

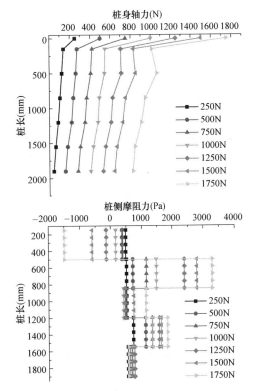

图 4　桩身轴力与桩侧摩阻力随静载等级大小的变化

Fig. 4　Variation of pile axial force and lateral frictional resistance with the magnitude of static load level

2.2 冲击试验结果

图5～图7给出了桩长2m桩顶在竖向锤重为1.25kg、2.5kg和3.75kg时分别在10cm、30cm、50cm三种落距下所激发的桩体沉降量、桩身轴力、桩侧摩阻力的结果对比。

（1）贯入度与锤重和落距的关系

图5可以看出随着冲击能量的增大，桩体的贯入度也随之增加，当落距大于40cm时，在2.5kg和3.75kg锤重作用下的桩体贯入度有明显的增加。由于锤重3.75kg，落距50cm所达到的贯入度与静载试验能级在1250N所对

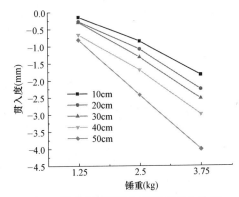

图 5　贯入度随锤重与落距的变化关系

Fig. 5　Variation of penetration degree with hammer weight and hammer weight drop distance

应的沉降量大致相同，可见冲击力所激发的能量已经很大。

（2）轴力与锤重和落距的关系

在冲击过程中，通过取时程响应的峰值作为桩身轴力值，图6分别给出了在三种落距与锤重下的桩身轴力沿桩身的变化曲线，可以看出，落距越大，对桩体激发的轴力也越大，三种落距下的轴力沿桩身的变化基本类似，沿桩深轴力逐渐减小，且随落距的增大而增大。在恒荷载作用下的极限承载力达到 1750N 时，轴力从桩底到桩顶在 800～1200N 范围，而冲击荷载在锤重为 3.75kg，落距为 50cm 时，轴力已经达到将近 700N，与恒载作用下在 1250N 时的轴力大致相同。

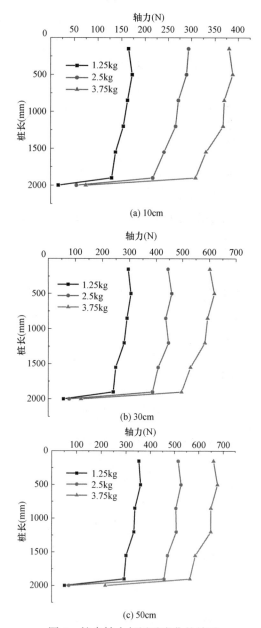

(a) 10cm

(b) 30cm

(c) 50cm

图 6　桩身轴力与锤重变化的关系

Fig. 6　Relationship between pile shaft force and hammer weight variation

（3）桩侧摩阻力与锤重和落距的关系

桩侧摩阻力由桩身轴力得出，通过取上下两测点中点的平均摩阻力算出。图7的曲线分别给出了在三种锤重作用下的桩侧摩阻力沿桩身的变化，由图可看出，锤重越重，所激发的桩侧摩阻力也越大，在锤重相同时，落距越大，桩侧摩阻力越大。桩侧的平均摩阻力在不同冲击能量下沿桩身的变化规律有所不同，但均在桩的下段 1.4m 左右产生极值。

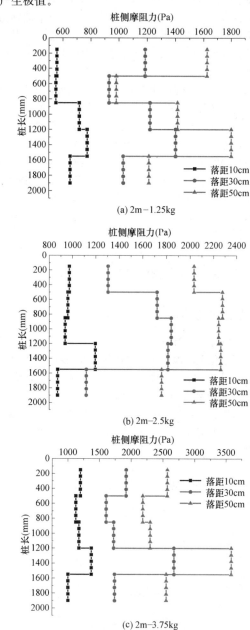

(a) 2m-1.25kg

(b) 2m-2.5kg

(c) 2m-3.75kg

图 7　桩侧摩阻力与锤重变化的关系

Fig. 7　Relationship between pile lateral frictional resistance and hammer weight variation

3　理论计算与分析

将单桩在竖向冲击荷载作用下的问题进行简化，作出下列基本假设。

桩侧土为单层均质且各向同性的饱和多孔介质，基于 Biot 建立的饱和两相介质理论，介质由土颗粒、水两相组成；桩底与土层底部简化成 Winkler 地基，K_{pb} 和

K_{sb} 分代表桩底的支承反力和土层底部系数。土层上表面为自由边界；桩视为弹性、圆形的均质杆，按照一维杆件处理；桩土接触面视为厚度为零的薄层，采用阻尼器和弹簧模拟桩土接触面的阻尼和动刚度。

根据上述基本假设，建立单层饱和土中桩竖向振动的简化模型。研究埋置于饱和多孔介质中的非端承桩带承台顶部受冲击力作用时，桩与土层介质竖向耦合振动的空间轴对称问题。

基于 Biot 饱和多孔介质理论，以位移矢量形式描述多孔介质理论的统一向量表达式，控制方程为：

$$\vec{R}\nabla\nabla\cdot\vec{u}-\mu\nabla\times\nabla\times\vec{u}=\bar{\rho}\frac{\partial^2\vec{u}}{\partial t^2}+\bar{A}\frac{\partial\vec{u}}{\partial t} \quad (1)$$

式中，$\vec{u}=\langle\vec{u}^{(s)},\vec{u}^{(f)}\rangle^T$ 表示饱和多孔介质位移场向量，$\vec{u}^{(s)}$ 和 $\vec{u}^{(f)}$ 分别表示固相位移和液相位移；μ 为剪切模量；$\bar{R}$，$\bar{\mu}$，$\bar{\rho}$，$\bar{A}$ 为系数矩阵，其表示如下：

$$\bar{R}=\begin{bmatrix}\lambda_c+2\mu & \alpha M\\\alpha M & M\end{bmatrix},\bar{\mu}=\begin{bmatrix}\mu & 0\\0 & 0\end{bmatrix}$$

$$\bar{\rho}=\begin{bmatrix}\rho & \rho_f\\\rho_f & m\end{bmatrix},\bar{A}=\begin{bmatrix}0 & 0\\0 & b\end{bmatrix} \quad (2)$$

其中，ρ，ρ_s，和 ρ_f 分别表示土体的总密度，流体的密度和土颗粒的密度；M，b 表示土骨架与孔隙流体的黏性耦合系数；α、M 表示土颗粒及流体压缩性的常数，定义为：

$$\alpha=1-K_b/K_s,M=K_s^2/(K_d-K_b)$$
$$K_d=K_s[1+n(K_s/K_f-1)] \quad (3)$$

式中 K_d，K_s 和 K_f 分别代表土骨架、土颗粒和流体的体积压缩模量，n 为饱和土孔隙率。

将桩简化为一维杆件，其振动控制方程：

$$E_b\pi a^2\frac{d^2w_b}{dz^2}-f(z)=\rho_b\pi a^2\frac{d^2w_b}{dt^2} \quad (4)$$

承台振动控制方程：

$$M\frac{\partial^2w(z,t)}{\partial t^2}+c_{ms}\frac{\partial w(z,t)}{\partial t}+k_{ms}w(z,t)+p(t)\pi a^2=F(t) \quad (5)$$

式中，w 为承台振动位移；M 为承台质量；c_{ms} 和 k_{ms} 分别表示承台支承刚度和阻尼；$F(t)$ 是承台顶部激振力；$p(t)$ 为桩顶的反力。

桩土接触面为无厚度薄层，设动刚度与频率无关，阻尼比在一定的范围内与频率成正比，于是桩土接触条件可表示为：

$$\tau_{zr}(a,z)=-f(z)/2\pi a,f=k_f[1+ic_f(\omega)]\Delta w \quad (6)$$

其中，$\tau_{zr}^{(s)}$ 表示固相在桩侧剪应力；$\Delta w=w_b-u_z$ 表示桩土相对滑移；k_f、c_f 分别表示桩土接触面的动刚度和阻尼系数，阻尼系数与频率成正比，$i=\sqrt{-1}$。土层上部为自由边界，正应力为零：

$$\sigma_z^{(s)}\big|_{z=0}=0,u_{r1}^{(f)}(a,z)=0 \quad (7)$$

桩侧土无侧向位移且不透水条件：

$$\bar{u}_r^{(s)}\big|_{r=0}=0,\bar{u}_r^{(f)}\big|_{r=0}=0 \quad (8)$$

土层底部为弹性支承：

$$E_s^{(av)}\frac{\partial\bar{u}_z^{(s)}}{\partial z}(\bar{r},\theta_1)+k_{sb}\bar{u}_z^{(s)}(\bar{r},\theta)=0 \quad (9)$$

桩满足的边界条件：

$$\frac{\partial w_b}{\partial z}\bigg|_{z=0}=\frac{P(t)}{E_b\pi a^2}$$

$$\left(E_b\pi a^2\frac{\partial w_b}{\partial z}+k_{pb}w_b\right)\bigg|_{z=H}=0 \quad (10)$$

式中，$P(t)$ 为桩顶任意激振力；k_{pb} 为桩底的弹性支承系数。

初始时刻桩-承台-土层体系静止，则有：

$$\vec{u}\big|_{t=0}=0,\frac{\partial\vec{u}}{\partial t}\bigg|_{t=0}=0;w_b\big|_{t=0}=0$$

$$\frac{\partial w_b}{\partial t}\bigg|_{t=0}=0;w\big|_{t=0}=0,\frac{\partial w}{\partial t}\bigg|_{t=0}=0 \quad (11)$$

式中各参数的意义和表达式参照文献 [9]。

承台振动方程经拉氏变换和无量纲化可得到承台的竖向位移：

$$\bar{w}(z,s)=\frac{\bar{F}(s)}{(\rho_m^*\delta^2+c_{ms}^*\delta+k_{ms}^*)+Z_u(0)A^*} \quad (12)$$

式中：$\rho_m^*=\frac{\rho_m}{\rho}$，$c_{ms}^*=\frac{c_{ms}}{\sqrt{\rho\mu}A_m}$，$k_{ms}^*=\frac{k_{ms}a}{\mu A_m}$，$A^*=\frac{\pi a^2}{A_m}$，$\bar{F}(s)=\frac{\bar{f}(s)}{\mu A_m}$，其中 A_m 为承台的面积，a 为桩的半径。

当桩顶作用半正弦瞬态力时，采用 Fourier 逆变换可得到桩身任一点的时域响应：

$$P_z(t)=IFT\left[\bar{P}(i\omega)\cdot P_{max}\omega\frac{1+e^{-\pi s/\omega}}{\omega^2+s^2}\right] \quad (13)$$

式中，P_{max} 为半正弦冲击荷载的峰值，在试验中可根据实测的脉冲宽度而确定。

根据以上理论计算公式，采用 MATLAB 编写数值计算的程序，获得落距为 10cm 时，三种不同锤重下桩身轴力试验值与理论值对比。计算参数为：桩径比为 125，土层弹性支承系数 $k_{sb}=1.0$，桩侧阻尼系数 $D_f=0.02$，桩侧摩阻力系数在落距为 10cm 时取 $k_f=0.001$，桩底的弹性支承系数 k_{pb} 取值为 10，计算结果如图 8 所示，可见，三种不同锤重下桩身轴力能够基本吻合，说明本文采用的非完全粘结滑移桩的竖向冲击模型是合理的。

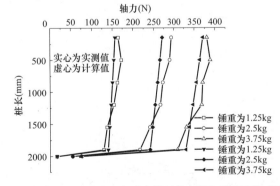

图 8　非端承桩滑移桩竖向冲击模型的实测与理论计算对比图

Fig. 8　Comparison of measured and theoretical calculation of vertical impact model of floating pile using slippage model

4　结论

本文利用桩土冲击模型试验装置进行了饱和砂土地

基中单桩的冲击试验研究，获得了不同锤重与不同落距下单桩贯入度、桩身轴力与桩侧摩阻力的变化规律，再通过建立考虑桩土间存在滑移条件的竖向冲击荷载作用下的桩土动力相互作用模型，最后获得了桩身轴力与位移的解析解，数值计算的结果表明滑移模型能够较好地与模型试验吻合。

参考文献：

［1］ E. A. L. Smith，Pile driving analysis by the wave equation［J］. Soil Mech. Found. ASCE，1960，86：35-61.

［2］ Lowery L L，Edwards T C，Hirsch T J. Use of the wave equation to predict soil resistance on a pile during driving. 1968.

［3］ Randolph. Analysis of the dynamic pile driving［J］. Developments in Soil Mechanics-IV：Advanced Geotechnical Advances，1991.

［4］ Goble G G，Rausche F. Pile load test by impact driving［J］. Highway Research Record，1970.

［5］ Warrington D C. A Proposal for a Simplified Model for the Determination of Dynamic Loads and Stresses During Pile Driving［J］. 1987，5395：329-38.

［6］ Deeks AJ，Randolph MF. Analytical modelling of hammer impact for pile driving［J］International Journal for Numerical and Analytical Methods in Geomechanics 1993，17：279-302.

［7］ D. MUIR WOOD，W. H U，D. F. T. NASH. Group effects in stone column foundations：model tests［J］. Geotechnique，2000，50(6)：649-650.

［8］ Ding W，Liu Q，Wang B Y，et al. Determining the Pile Bearing Capacity by the Curve Match Method of High Strain Dynamic Testing［J］. Applied Mechanics & Materials，2012，438-439：1414-1418.

［9］ Qiang L，Yu C，Tingkai G，et al. Vertical vibrations of marine pile in layered saturated soil based on slippage between pile and soil［J］. Electronic Journal of Geotechnical Engineering，2015，20(18)：10947-10960.

［10］ Cao L，Zhou B，Li Q，et al. Vertically dynamic response of an end-bearing pile embedded in a frozen saturated porous medium under impact loading［J］. Shock and Vibration，2019，2019：1-18.

［11］ Kim M K，Lee J S，Kim M K. Vertical vibration analysis of soil-pile interaction systems considering the soil-pile interface behavior［J］. KSCE Journal of Civil Engineering，2004，8(2)：221-226.

［12］ Ashlock J C，Pak R Y. Experimental response of piles in sand under compound motion［J］. Journal of Geotechnical & Geoenvironmental Engineering，2009，135(6)：799-808.

［13］ 朱斌，孔令刚，郭杰锋，等. 高桩基础水平静载和撞击模型试验研究［J］. 岩土工程学报，2011，33（10）：1537-1546.

［14］ Wenxuan Zhu，et al. 1g model tests of piled-raft foundation subjected to high-frequency vertical vibration loads - ScienceDirect［J］. Soil Dynamics and Earthquake Engineering 2020.

［15］ 李强，王奎华，谢康和. 饱和土中端承桩纵向振动特性研究［J］. 力学学报，2004，36(4)：435-442.

［16］ D. MUIR WOOD，W. H U，D. F. T. NASH. Group effects in stone column foundations：model tests［J］. Geotechnique，2000，50(6)：649-650.

沉井加桩基础频域非线性地震响应分析

刘逸贤[1,2]，涂文博[3]，黄茂松[*1,2]

（1. 同济大学地下建筑与工程系，上海 200092；2. 同济大学岩土及地下工程教育部重点实验室，上海 200092；3. 华东交通大学土木建筑学院，江西 南昌 330000）

摘　要：基于动力 Winkler 模型研究了沉井加桩基础结构体系频域非线性地震响应。通过对桩周土体的应变进行修正迭代，并使等效动剪切模量和等效动阻尼比收敛，从而计算考虑土体非线性情况下地基-沉井加桩复合基础-上部结构非线性地震响应。通过算例分析，研究了土体非线性、桩数和土体软硬程度对沉井加桩基础地震响应的影响，计算结果表明这些因素对沉井加桩基础非线性地震响应有较为明显的影响。

关键词：沉井加桩基础；频域分析方法；土体非线性；地震响应

作者简介：刘逸贤（1996—　），男，硕士研究生，主要从事土动力学与基础抗震方面的研究。E-mail：1810731@tongji.edu.cn。

通讯作者：E-mail：mshuang@tongji.edu.cn。

Nonlinear seismic response analysis of composite caisson-piles foundation in frequency domain

LIU Yi-xian[1,2]，TU Wen-bo[3]，HUANG Mao-song[*1,2]

（1. Department of Geotechnical Engineering，Tongji University，Shanghai 200092，China；2. Key laboratory of Geotechnical and Underground Engineering of Ministry of Education，Tongji University，Shanghai 200092，China；3. School of Civil Engineering and Architecture，East China Jiaotong University，Nanchang Jiangxi 330000，China）

Abstract：Based on the dynamic Winkler model，the nonlinear seismic response of the composite caisson-piles foundation -superstructure system is studied in frequency domain. The nonlinear seismic response of foundation-superstructure considering soil nonlinearity is calculated by iterative correction of strain and convergence of equivalent dynamic shear modulus and equivalent dynamic damping ratio. Responses of the superstructure are analyzed through examples for variations in the number of piles，the length of piles and the modulus of soil. It is found that they have relatively significant influence on the nonlinear seismic response of the composite caisson-piles foundation.

Key words：composite caisson-piles foundation；frequency-domain analysis method；soil nonlinearity；seismic response

0　引言

作为跨海桥梁的一种新型深水基础形式，沉井加桩基础曾在琼州海峡跨海通道工程前期研究报告中建议过[1]，这种新型基础形式通过在沉井底部增加群桩，除能提高竖向承载能力外，还被认为可以改善基础抗侧向环境荷载及地震荷载的能力。在 1995 年日本阪神地震中，大量沉井或沉箱支撑的结构物受到了损毁，表明沉井或沉箱基础在抗震方面还存在一定缺陷。因此，深入研究沉井加桩复合基础的抗震性能是十分必要的。

目前，分析上部结构-沉井加桩基础-地基土体系地震响应的简化分析通常采用子结构方法，整个体系地震响应可通过运动响应和惯性响应的叠加而得到，这里面最重要的是基础动力阻抗的确定。有关沉井基础振动的分析方法大多是在埋置基础振动分析[2-4]研究基础上发展而来的，Gerolymos 和 Gazetas[5]以及 Varun 等[6]用埋置基础振动特性的分析方法研究了沉井基础动力反应，建立水平和摇摆平衡方程分析了沉箱的水平-摇摆振动问

题和地震响应问题；另外还有不少学者采用动力 Winkler 地基模型分析了群桩基础的轴向、侧向振动及地震响应问题[7-9]。在此基础上，Zhong 和 Huang[10] 提出了沉井加桩基础的水平-摇摆振动分析模型和动力 Winkler 地基参数的确定方法。对于地震响应分析，Zhong 和 Huang[1] 提出了一种基于动力 Winkler 方法的简化方法，研究了上部结构-沉井加桩基础体系在线性土中的地震反应。

在基础的动力反应分析中，考虑与不考虑土体非线性可能会对动力分析的结果产生一定影响，有必要进一步探讨土体非线性对地震响应的影响。本文采用土体非线性 Hardin-Drnevich 模型[11]，结合 Kagawa 和 Kraft[12]推荐的计算基础侧边平均剪应变大小的公式，对桩周土体的应变进行修正迭代，来计算考虑土体非线性情况下上部结构-沉井加桩基础体系的非线性地震响应。根据地震时基础顶部和上部结构的加速度时程曲线，对考虑土体非线性与否、不同桩数以及软硬土层的影响进行了参数分析，得出了一些结论。

基金项目：国家重点基础研究发展计划（2013CB036304）；国家自然科学基金项目（91315301）。

1 频域非线性地震响应分析方法

1.1 土体非线性

沉井加桩基础周围土体在受强地震荷载作用下，通常表现出较强的非线性特性，土体剪切模量将随着土体应变的增大而减小。为考虑基础周围土体非线性特征，对沉井加桩基础线性频域分析模型进行修正，引入土体非线性 Hardin-Drnevich 模型[11] 考虑土体动剪切模量及阻尼比随应变变化对基础动力特性的影响，其中土体动剪切模量及动阻尼比分别表示为：

$$\frac{G}{G_0}=\frac{1}{1+\gamma/\gamma_r} \tag{1}$$

$$D_s=D_{smax}(1-G/G_0) \tag{2}$$

$$\gamma_r=\tau_f/G_0 \tag{3}$$

式中，γ 为土体剪切变，G 为当前应变对应的土体剪切模量，D_s 为当前土体应变对应的土体阻尼比，D_{smax} 为最大阻尼比。γ_r 为土体参考剪应变，τ_f 为破坏应力，表示为：

$$\tau_f=\frac{1}{2}\sigma_v'\left[\tan^2\left(45°+\frac{\varphi'}{2}\right)-1\right]\cos\varphi' \tag{4}$$

式中，σ_v' 为土体竖向有效应力，φ' 为有效内摩擦角。

基础侧边土体剪应变幅度大小与土体侧向位移密切相关，Kagawa 和 Kraft[12] 推荐以下近似公式计算基础侧边平均剪应变大小：

$$\gamma=\frac{1+\nu}{2.5B}y \tag{5}$$

式中，y 为基础水平位移幅值，B 为基础直径。采用土体等效剪应变进行迭代，等效剪应变是土体最大剪应变幅值 γ_{max} 的 0.65 倍。

1.2 沉井加桩基础频域地震响应分析模型

土-基础上部结构系统在不考虑土体非线性特性时，其地震响应可通过运动响应和惯性响应的叠加而得到（图1）。首先采用动力 Winkler 地基模型，考虑沉井加桩复合基础的动力平衡以及沉井与群桩的刚性连接，分析了沉井加桩复合基础在简谐 S 波作用下的运动响应。其运动响应方程可以表示为：

$$\begin{bmatrix} A_{11} & A_{12} & A_{13} & A_{14} \\ A_{21} & A_{22} & A_{23} & O \\ A_{31} & A_{32} & A_{33} & O \\ A_{14} & O & O & A_{44} \end{bmatrix} \begin{Bmatrix} u^{KI} \\ H \\ M \\ V \end{Bmatrix} = \begin{Bmatrix} H_{eff} \\ \overline{F}_H^{KI} \\ \overline{F}_M^{KI} \\ \overline{F}_V^{KI} \end{Bmatrix} \tag{6}$$

式中，H、M 和 V 分别为各桩桩顶水平力、力矩和竖向力向量，等号左边的刚度矩阵表达式详见文献［1］；等号右边荷载向量中的 $\overline{F}_H^{KI}$、$\overline{F}_M^{KI}$、$\overline{F}_V^{KI}$ 分别为荷载向量 F_H^{KI}、F_M^{KI}、F_V^{KI} 去掉首元素后形成的，等号右边荷载向量与自由场表面位移 u_{ff0} 直接相关，有关表达式详见文献［3］；u^{KI} 为无质量复合基础运动响应，$u^{KI}=\{u^{KI} \quad \theta^{KI}\}^T$。

建立基础-连接柱-质点体系的地震响应频域简化分析模型，通过快速 Fourier 变换及逆变换进行频域与时域的

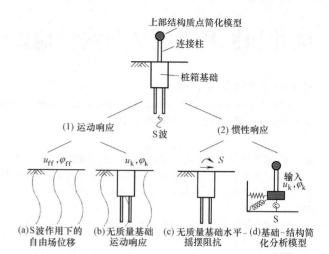

图 1 土-基础-上部结构系统地震响应分析方法[1]

Fig. 1 Analytical method for seismic response of soil-foundation-superstructure system[1]

转换，实现地基土-沉井加桩复合基础-上部结构系统地震响应的求解。图1显示了基础-结构相互作用的简单模型，其中上部结构被简化成一个具有集中质量和转动惯量的点，通过一根弹性柱连接在基础上；基础惯性简化为质量矩阵，沉井加桩基础的水平平-摇摆阻抗矩阵 R_{HV} 可以通过对文献［7］中的 K_{cp} 进行坐标变换得到，K_{cp} 为沉井加桩基础关于沉井部分底面中心的水平-摇摆复刚度矩阵。这里 R_{HV} 和 K_{cp} 有两个不同，一是它不考虑基础的质量，二是它是相对于沉井顶部中心，而不是像 K_{cp} 相对于沉井底部中心。

在运动响应 u^{KI}、θ^{KI} 的激振下，沉井加桩基础-结构会发生横向的振动。定义 u_s 和 θ_s、u_b 和 θ_b 分别为上部结构和基础的水平位移和转角，根据平衡条件可以写出等式

$$\begin{Bmatrix} u_s \\ \theta_s \\ u_b \\ \theta_b \end{Bmatrix} = (K-\omega^2 m)^{-1} \begin{Bmatrix} 0 \\ 0 \\ R_{HV} \begin{Bmatrix} u_k \\ \theta_k \end{Bmatrix} \end{Bmatrix} \tag{7}$$

上式中 K 和 m 矩阵的定义可以在文献［3］中找到。

对于地震响应问题，Fourier 谱 a_{ff0} （ω）-ω 关系可以通过对输入地震的时程曲线进行 Fourier 变换得到，这里 a_{ff0} 是复数，那么可以通过下式求得位移谱：

$$u_{ff0}(\omega)=-\frac{a_{ff0}(\omega)}{\omega^2} \tag{8}$$

故每个复数 u_{ff0} 可以通过每一个频率步算出。在计算出所有的频率步后，可以通过对频域解进行 Fourier 逆变换来得到地震响应的时程曲线。

2 参数分析与对比

本节主要研究土体非线性、桩数和土体软硬程度对沉井加桩基础-上部结构体系加速度响应的影响。所采用的模型如图 2 所示，上部质量块为边长 2m、密度 2500kg/m³ 的立方体。连接上部质量块与沉井加桩基础

的连接柱长度为6m，杨氏模量为22.45GPa，柱截面为边长1m的正方形。沉井加桩基础中，圆柱形沉井的直径、高度和壁厚分别为4.5m、6m和0.5m，密度为2500 kg/m³。沉井下群桩的材质为圆形钢管，直径、壁厚和长度分别为0.8m、2mm和6m，杨氏模量和密度分别为206GPa和7850kg/m³。群桩有两种布置：2×2的桩间距为2.2m，3×3的桩间距为1.3m。

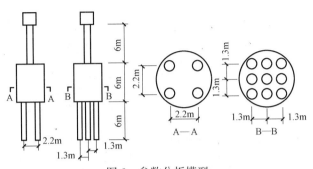

图 2　参数分析模型

Fig. 2　Model of parametric analysis

对于硬土，土的杨氏模量、泊松比和密度分别设置为90MPa、0.3和1500kg/m³。而对于软土，土的杨氏模量降低为10MPa。土体线性计算时，取土体阻尼比为定值0.02，当非线性计算时土体最大阻尼比 D_{smax} 取为0.3采用式（2）进行计算。

2.1　考虑与不考虑非线性对比

Zhong 和 Huang[1] 分析了4桩沉井加桩基础在相对较软的土中的基础-结构地震反应，采用与文献［1］相同的沉井加桩基础模型和土的参数以及地表输入地震波，可以计算出上部结构的加速度时程曲线和加速度反应谱如图3所示。考虑土体非线性会降低上部结构的加速度反应，并且卓越频率从高频率漂移到低频率。

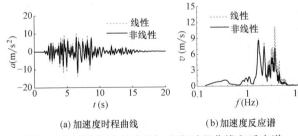

(a) 加速度时程曲线　　(b) 加速度反应谱

图 3　上部结构地震响应加速度时程曲线和反应谱

Fig. 3　Acceleration time histories and spectrums at the superstructure

下面的分析采用本文模型，地表输入地震波如图4（a）所示，图4（b）为计算得到的软土中4桩沉井加桩基础上部结构加速度时程曲线，表明考虑土体非线性会大幅降低上部结构加速度反应峰值。

2.2　不同桩数对比

图 5（a）为考虑非线性时软土中4桩和9桩沉井加桩基础上部结构的加速度反应时程，可以看到两条时程曲线几乎重合，即调整桩的数量对上部结构加速度的改变

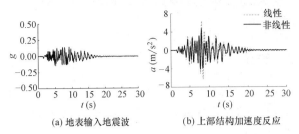

(a) 地表输入地震波　　(b) 上部结构加速度反应

图 4　软土中4桩沉井加桩基础输入地震波和上部结构加速度时程曲线

Fig. 4　Acceleration time histories at the ground surface and superstructure on four-pile caisson foundation in soft soil

不明显。这可能是因为本文中沉井的刚度被设定为无限大，而群桩的刚度为有限，且其质量远远大于群桩的质量。因此重新设定一组桩径，在其他参数不变的情况下，将群桩的内径由原来的796mm调整为600mm，得到图 5（b）所示的上部结构加速度响应时程曲线。从图 5（b）可以看到，桩数对上部结构的加速度时程影响变得更为明显，4桩的沉井加桩基础上部结构加速度响应峰值略高于9桩的，表明在沉井加桩基础中增加桩数，能够减小上部结构加速度反应峰值。

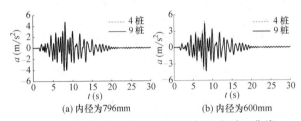

(a) 内径为796mm　　(b) 内径为600mm

图 5　不同桩基内径的上部结构加速度时程曲线

Fig. 5　Acceleration time histories at the superstructure for different inner diametesr of the pile

3.3　软土和硬土对比

图 6（a）为考虑线性和非线性情况下硬土中4桩沉井加桩基础上部结构的加速度响应时程曲线对比，图 6（b）为考虑非线性情况下软土和硬土中4桩沉井加桩基础上部结构的加速度响应时程曲线对比。可以看到，硬土中的上部结构加速度反应峰值明显小于软土中的，表明地基土越硬，上部结构加速度反应峰值越小。对比图 6（a）和图 6（b），可知考虑与不考虑非线性和土的软硬程度对

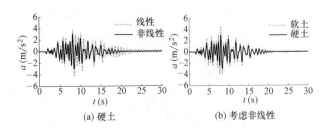

(a) 硬土　　(b) 考虑非线性

图 6　4桩沉井加桩基础上部结构加速度反应

Fig. 6　Acceleration time histories at the superstructure on four-pile caisson foundation

上部结构响应峰值的影响可能在同一数量级，在工程中应该谨慎对待。

3 结论

本文主要研究了土体非线性、桩数和土体软硬程度对沉井加桩基础地震响应的影响。主要结论可以概括如下：

（1）考虑土体非线性会降低沉井加桩基础上部结构的加速度反应峰值；

（2）使地基土变硬和增加桩数，都能减小上部结构加速度反应峰值；

（3）考虑与不考虑土体非线性，以及软土与硬土，对上部结构响应峰值的影响可能处于同一数量级，在工程设计中土体非线性效应应该被重视。

参考文献：

[1] ZHONG R, HUANG M. Winkler model for dynamic response of composite caisson-piles foundations：seismic response[J]. Soil Dynamics and Earthquake Engineering，2014，66：241-251.

[2] HATZIKONSTANTINOU E, TASSOULAS J L, GAZETAS G, et al. Rocking stiffness of arbitrarily shaped embedded foundations[J]. Journal of Geotechnical Engineering，1989，115(4)：457-472.

[3] FOTOPOULOU M, KOTSANOPOULOS P, GAZETAS G, et al. Rocking damping of arbitrarily-shaped embedded foundations[J]. Journal of Geotechnical Engineering,

ASCE，1989，115(4)：473-489.

[4] GAZETAS G. Formulas and charts for impedances of surface and embedded foundations. Journal of Geotechnical Engineering，ASCE，1991，117(9)：1363-81.

[5] GEROLYMOS N, GAZETAS G. Winkler model for lateral response of rigid caisson foundations in linear soil[J]. Soil Dynamics and Earthquake Engineering，2006，26：347-361.

[6] VARUN, ASSIMAKI D, GAZETAS G. A simplified model for lateral response of large diameter caisson foundations-Linear elastic formulation[J]. Soil Dynamics and Earthquake Engineering，2009，29(2)：268-291.

[7] GAZETAS G, MAKRIS N. Dynamic pile-soil-pile interaction. Part I：Analysis of axial vibration[J]. Earthquake Engineering and Structural Dynamics，1991，20：115-132.

[8] MAKRIS N, GAZETAS G. Dynamic pile-soil-pile interaction. Part II：Lateral and seismic response[J]. Earthquake Engineering and Structural Dynamics，1992，21：145-162.

[9] 黄茂松，吴志明，任青. 层状地基中群桩的水平振动特性[J]. 岩土工程学报，2007，29(1)：32-38.

[10] ZHONG R, HUANG M. Winkler model for dynamic response of composite caisson-piles foundations：Lateral response[J]. Soil Dynamics and Earthquake Engineering，2013，55：182-194.

[11] Hardin B O, Drnevich V P. Shear Modulus and Damping in Soils：Design Equations and Curves[J]. Geotechnical Special Publication，1972，98(118).

[12] KAGAWA T, KRAFT L M. Lateral load-deflection relationships of piles subjected to dynamic loadings[J]. Soils and Foundations，1980，20(4)：19-36.

循环温度荷载作用下相变能源桩的传热性能研究

汤　炀，刘干斌*，周　晔，郑明飞，司壹恒，郑晨晨

（宁波大学岩土工程研究所，浙江 宁波 315211）

摘　要：本文提出将"相变储能材料"引入到能源桩工程中，通过在桩基混凝土中掺入相变陶粒制备相变混凝土能源桩。开展不同循环温度荷载作用下的相变桩模型试验，测得模型桩的桩身与桩周土温度变化、桩体进出水口温度等数据，分析多工况下相变桩与普通桩的传热效果与变化规律。结果表明：主要影响相变桩热交换效果的是径向热交换，桩端温度的变化可以忽略；在相同加热/制冷时间内，相变桩能够延缓桩体和桩周土体的温度变化速率，降低桩土结构的温度变化幅度，具有缓解桩土结构温度堆积的效果；随着热源与桩土结构的初始温度差减小，相变桩的热交换效果受到明显削弱，但保温效果仍优于普通桩；相变桩桩体换热效率高于普通桩，随着运行时间的增加，呈现出逐渐减小并稳定的趋势，两者换热效率最终趋同；在相变桩的运行过程中，桩土温度梯度的增大有利于相变桩发挥相变潜热，从而提高换热效率。

关键词：循环温度；相变材料；相变混凝土；能源桩；传热性能；模型试验

作者简介：汤炀（1994—　），男，硕士，主要从事桩基工程、能源地下结构方面的研究工作。E-mail：79967135@qq.com。

Investigation on thermal characteristics of phase change pile under cyclic temperature loads

TANG Yang，LIU Gan-bin*，ZHOU Ye，ZENG Ming-fei，SI Yi-heng，ZHENG Chen-chen

（Institute of Geotechnical Engineering，Ningbo University，Ningbo Zhejiang 315211）

Abstract：In this paper，phase change material is introduced into the energy pile project. The phase change pile is prepared by phase change ceramsite and ordinary concrete pile. By carrying out the model tests of phase change pile under different cyclic temperature loads，the temperature changes of pile-soil around the pile and the temperature of heat exchange tubes were measured. The thermal characteristics of phase change pile and ordinary pile under cyclic temperature loads were analyzed. The results show that the radial heat exchange is the main factor affecting the heat exchange effect of phase change pile，and the change of pile tip temperature can be ignored. In the same operation time，the phase change pile can delay the temperature change rate of the pile-soil around the pile and alleviate the temperature accumulation of the pile-soil structure. With the decrease of the initial temperature difference between the heat source and the pile-soil structure，the heat exchange effect of the phase change pile is obviously weakened but still better than that of the ordinary pile. The heat transfer efficiency of the phase change pile is almost higher than that of the ordinary pile. With the operation time increasing，the heat transfer efficiency of the phase change pile gradually decreases and becomes stable. In the operation process of phase change pile，the increase of pile-soil temperature gradient is conducive for the phase change latent heat to improve the heat transfer efficiency.

Key words：cyclic temperature；phase change material；phase change concrete；energy pile；thermal characteristics；model test

0　引言

近年来，在传统地源热泵技术的基础上，国内外学者和工程师发展了与桩基工程结构协同施工的新建筑节能技术——能源桩技术，也称"能源桩""能量桩"，该技术主要是在桩基础内植入地下热交换管路系统，将地埋管地源热泵与建筑桩基础结合起来，即形成能源桩系统。该技术解决了地源热泵技术推广占地和成本高的两个主要障碍，同时有助于减少热泵压缩机在加热和冷却建筑物时的热活跃度，其经济、环境和社会效益巨大，在我国有着较好的发展潜力和广泛的应用前景。针对能源桩应用的国内外研究也日益增多，主要集中在换热器传热计算理论、计算模型以及埋管优化等传热方面[1]。

计算理论与模型方面，Morino 等[2] 基于有限差分法对钢管桩内两个竖直 U 形埋管换热器的传热特性进行了数值分析。石磊、武丹等[3,4] 分析总结了线热源传热模型和圆柱面热源模型的适应条件，并提出了实心圆柱热源模型。李新、刘俊红等[5,6] 在螺旋埋管能源桩的研究基础上，提出了线圈热源模型。这些传热模型适用性良好，能有效分析各自对应的能源桩结构传热特性。Franco 等[7] 通过数值模拟验证能源桩原位测试（TRT）的热响应过程，并与传统线热源传热模型的计算结果相对比，结果证明线热源模型在 TRT 测试中适用性有限，需要小心使用。Loveridge[8] 采用数值方法研究了桩土的传热特性，认为桩土的传热效果主要取决于传热管的数量和混凝土保护层厚度。Yasuhiro 等[9]、Sekine 等[10] 对摩擦型桩地能转换效率及其建筑物的冷热负荷进行长期观测试验，结果表明桩埋管换热器的效率较高的结论。Pahud

基金项目：浙江省公益技术应用研究资助项目（LGF20E080012）。

等[11,12] 采用有限差分法分析 U 形埋管的传热变化，并采用有限元软件对德国慕尼黑机场大楼的 500 多根能源桩基换热效果进行分析计算。埋管优化方面，Zarrella[13] 采用数值方法对能源桩中螺旋管、W 形和 U 形管的传热效果进行了比较。Loria 等[14] 研究了不同换热管形式、基础长宽比、管内流体速率、换热液组成对能源桩换热性能的影响，结果表明换热管形式、基础长宽比、管内流体速率和换热液组成对桩体换热性能的影响程度依次降低，其中换热管形式影响效果非常强，而换热液对换热性能无明显影响。刘俊等[15] 根据传热性能测试法，搭建试验台测试了 4 种桩基埋管在额定进口水温下的传热性能，并考查了不同进口水温对 W 形埋管传热性能的影响。

由此可见，当前对能源桩理论计算模型的研究较为成熟，主要研究集中在如何提高能源桩的传热性能，具体是通过优化换热管形式、改变管内流体等方法实现，但其改善效果十分有限。相变储能材料是指在温度不变的情况下而改变自身状态并能储存或释放热量的物质[16]。本文创新性地将"相变储能技术"引入能源桩工程中，利用相变混凝土具有蓄热能力强、温度应力小、经济耐久的特点，通过在桩基混凝土中掺入相变陶粒制备相变混凝土能源桩。同时，开展不同循环温度荷载作用下的相变桩模型试验，测得模型桩的桩身与桩周土温度变化、桩体进出水口温度等数据，系统分析了多工况下相变桩的传热效果与热传递规律，并与普通桩进行了对比分析。

1 模型试验

1.1 模型试验装置

本套模型试验装置由能源桩模型、量测系统和温控系统组成，其中能源桩模型包括模型槽、模型桩和地基土。模型槽采用 5mm 钢板电焊拼接，大小为长 2500mm×宽 1200mm×高 1200mm，底板与侧板均采用角钢连接，在模型槽内部底面设置防水层，在内壁四周均匀涂抹防水涂料，在模型槽外部设置厚度为 50mm 的隔热泡沫板，如图 1 所示。模型桩桩长 L 为 800mm，直径 D 为 100mm，桩内部布置 U 形 PVC 钢丝软管，桩身剖面图如图 2 所示。相变混凝土能源桩是在普通混凝土能源桩的基础上，采用相变陶粒替代部分碎石粗骨料，并掺入适量石墨以增强导热性能。普通桩和相变桩配合比设计参考《普通混凝土配合比设计规程》JGJ 55[17]，分别为水：水泥：砂：碎石＝0.44：1：1.31：2.67 和水：水泥：砂：碎石：相变陶粒：石墨＝0.44：1：1.31：2.13：0.53：0.03。试验采用宁波地区砂质粉土，量测系统和温控系统主要包括 UT7160 型温度数据采集仪、AWM-10 型温度循环控制仪、保温储水箱、水泵等。

相变陶粒通过球形粉煤灰多孔陶粒分别真空吸附夏季和冬季复合相变材料制得，夏季相变陶粒吸附质量比为 5：5 的癸酸-月桂酸组合，冬季相变陶粒吸附质量比为 3：7 的十五烷-十六烷组合，两者的相变温度分别为 24.52℃ 和 14.57℃，相变潜热分别为 150.5J/g 和 158.8J/g，两种相变陶粒在相变桩中的比例相同。

图 1 模型槽示意图
Fig. 1 Model box diagram

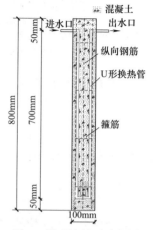

图 2 模型桩剖面示意图
Fig. 2 Model pile diagram

1.2 地基土制备

本次试验采用宁波地区砂质粉土，天然质量密度为 1.89g/cm³，天然含水率为 16.7%，其粒径级配曲线如图 3 所示。地基土的不均匀系数 C_u＝5.73，曲率系数 C_c＝1.48。模型槽填土深度 Z 为 1000mm，共分 10 层填筑，每层虚高 200mm，人工夯实后为 100mm，采用水平尺控制每层土的平面高度。完成第二层填筑后，通过吊机将模型桩预埋入模型槽内，模型桩预埋深度为 700mm，模型桩的垂直度通过重锤悬挂法控制。填筑过程中，埋入试验所需的各类传感器，待填筑完成后，向地基土中人工灌水至土体饱和，期间土体孔隙水压力变化如图 4 所示。

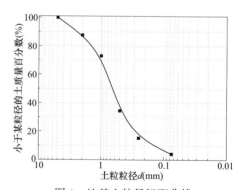

图 3 地基土粒径级配曲线
Fig. 3 Gradation curve of sand

1.3 试验方案

温度测点布置如图 5 所示，在热交换管进出水口处、

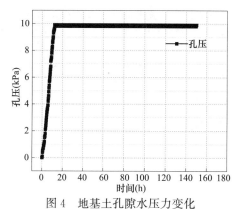

图 4　地基土孔隙水压力变化

Fig. 4　Pore pressure change process

桩身表面和桩周土不同位置埋设 WZPM-201 型温度传感器，其测量范围为 $-150 \sim 200$℃，测量精度为 0.1℃，测

量误差为 ±0.50℃。试验开始前，通过 ABAQUS 数值模拟确定普通桩、相变桩极限承载力分别为 1.4kN、1.2kN。考虑安全系数为 2，因此 2 根模型桩的工作荷载确定为 0.6kN，并在模型桩顶分级施加以模拟上部建筑结构。

施加温度循环荷载时，分别采用 40℃、25℃和 5℃模拟能源桩在夏季和冬季的工作环境，工况设计见表 1。夏季工况一土体初始温度为 10℃，向模型桩中导入 40℃循环水 12h，随后关闭仪器，使桩体自动冷却 12h，完成一次温度循环，每组工况进行 3 次温度循环。夏季工况二的循环水温度为 25℃；冬季工况三土体初始温度为 16℃，循环水温度为 5℃，其余试验条件与夏季工况一相同，以此研究不同循环温度荷载作用对相变桩-土传热性能的影响规律。

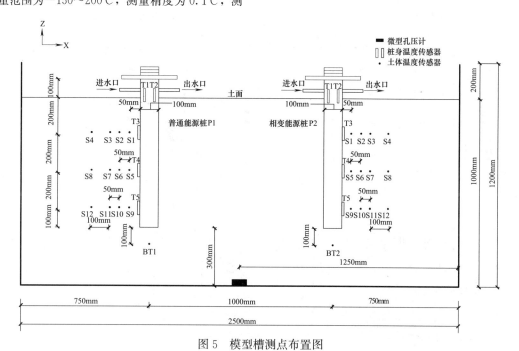

图 5　模型槽测点布置图

Fig. 5　The temperature measurement points in model box

模型桩工况设计　　　　　表 1

Model test plan　　　　　Table 1

编号	桩顶荷载(kN)	循环水温度(℃)	环境温度(℃)	循环次数(次)	测试内容
一	0.6	40.0	10.0	3	进出水口
二	0.6	25.0	10.0	3	温度、桩
三	0.6	5.0	16.0	3	土温度

2　试验结果分析

2.1　桩土轴向温度分布规律

图 6 表示不同循环温度荷载作用下普通桩与相变桩的桩土轴向温度变化情况，Z 代表桩体埋深，D 代表桩体直径。模型桩经过 12h 循环水持续热交换后，各测点温度

均发生明显变化。可以看出，相变桩在 0～6h 内温度上升较快，6～12h 内的温度变化速率明显减小，温度变化量均在 2℃以内。随着距离桩体中轴线距离的增大，桩周土体温度变化的幅度显著减小。在加热期间，桩侧的温度始终大于桩端，且桩侧的温度变化幅度远远大于桩端，桩端温度变化仅在 1℃以内。说明轴向热交换不是相变桩的主要热交换方向，主要影响相变桩热交换效果的是径向热交换，这与 Ingersoll 等人提出的线热源理论[18] 相符合。

观察图 6（a）～图 6（d），在距桩体中轴线 0.5D 位置，相变桩的最终温度变化量比普通桩减少了 1.0～3.0℃；在距桩体中轴线 1.0D 位置，相变桩则减少了 0.3～0.4℃。说明在相同加热时间内，相变桩能够延缓桩体和桩周土体的升温速率，降低桩土结构的温度变化幅度，进而对多次温度循环下桩土结构的温度堆积产生影响。这是因为相变材料的加入，提高了桩身混凝土的比热容，同时降低了桩身混凝土的导热系数，使得在加热时间与桩体质量相同的条件下，相变桩与普通桩吸收的热量基本一致，而相变桩升温速度更慢，保温效果更好。同时，由于相变材料的夏季相变温度是 24.52℃，冬季相变温度是 14.57℃，相变桩的热交换功率将受加热温度影响，加热温度增大有利于提高相变材料的蓄热效率。观察图 6

(e)、(f)，相变桩与普通桩最大温度变化量的差距仅在 0.1℃左右，说明随着热源与桩土结构的初始温度差减小，相变桩的热交换效果受到明显削弱，但其桩身温度变化幅度始终小于普通桩，使得相变桩身及桩周土体的温度变化幅度更小。

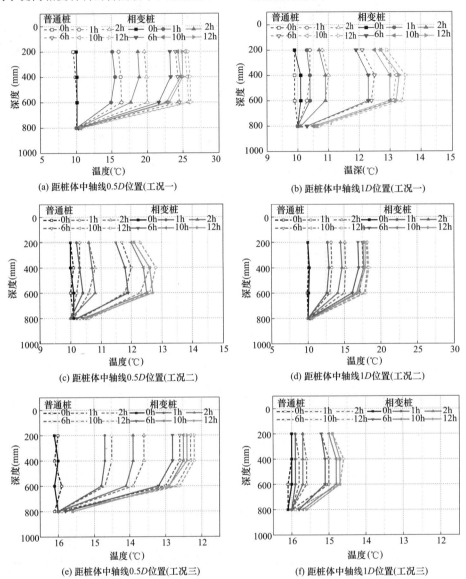

图 6　普通桩与相变桩轴向温度变化曲线

Fig. 6　The comparison of axial temperature between OCEP and PCEP

2.2　桩土径向温度分布规律

图 7 表示在不同热源温度下，普通桩和相变桩在埋深 $Z=400\text{mm}$ 处不同位置（距桩体中轴线距离为 0.5D、1.0D、1.5D、2.0D 和 3.0D）的径向温度随时间变化曲线。从各工况的径向温度变化曲线可以看出，在单次循环中，桩体首先制热/制冷 12h，再降温 12h，历经 3 次循环，共计 72h。无论是在夏季或冬季工况中，0～6h 属于温度快速变化阶段，相变桩体和桩周土体持续发生热交换，桩土温度均不断升高，而桩体温度变化速率显著大于桩周土体。桩周土体的温度变化随着与桩体的距离增大而快速减小，距离桩体中轴线 0.5D 位置温度变化明显，

1.0D 位置温度变化次之，1.5D 和 2.0D 位置温度变化大幅降低，3.0D 位置温度变化仅在 0.5℃ 以内，说明相变桩的桩土热交换影响区域在 2.0D 范围以内。首次制热/制冷循环过程中，0.5D 和 1.0D 位置在 12h 时达到温度极值，由于桩土热交换需要时间，导致热量从相变桩体到桩周土体中的传递存在滞后现象，使得 1.5D 和 2.0D 位置分别在 13h 和 14h 才达到温度极值。当首次制热/制冷循环结束时，0.5D、1.0D、1.5D 和 2.0D 位置的温度增量有逐渐减小的趋势，说明桩周土体温度变化量随着与相变桩体的距离减小而增大。

分析图 7 (a)～图 7 (d) 可知，夏季工况一中相变桩对桩土结构温度上升的延缓效果明显优于夏季工况二。

一方面，说明相变材料的加入，增强了桩体的保温效果，有利于缓解桩土结构的热堆积效应；另一方面，由于相变桩内分布有相变温度分别为 24.52℃ 和 14.57℃ 的相变材料，夏季循环水与桩土结构的温差增大，相变桩土结构温度场的波动相比普通桩有明显缓和的趋势。分析图 7（e）、（f）可知，在冬季工况三中，第三次制冷（60h）后

相变桩在不同位置的温度变化量比普通桩低 0.1～0.3℃。此时，相变桩仍然对桩土结构的温度变化起到削弱作用，但效果不及夏季工况一和工况二明显。这主要是由于相变材料的掺量有限，使得相变桩的对桩土结构温度变化的削弱效果有限，其次是循环水与桩土初始温度场的温差有限，导致相变桩与普通桩在作用效果上的差异缩小。

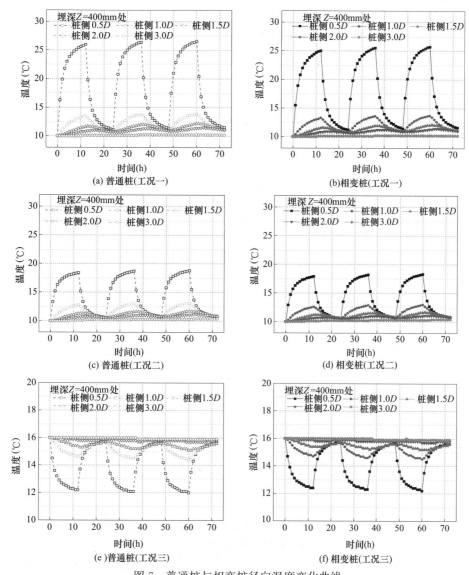

图 7　普通桩与相变桩径向温度变化曲线

Fig. 7　The comparison of radial temperature between OCEP and PCEP

2.3　桩体换热效率对比

各工况下模型桩进/出口水温变化如图 8 所示。可以看出，在单次温度循环过程中，随着进水口温度与桩体温度的差值逐渐缩小，进出口水温差值也逐渐减小。在夏季工况一中，普通桩进出水口温差最大值为 0.4℃，相变桩为 0.5℃；在夏季工况二和冬季工况三中，相变桩温差最大值仅为 0.2℃，普通桩则更小。

模型桩的进出口水温温差有限，一方面，是由于温度传感器的精度不足；另一方面，循环介质与桩体的热交换效率受介质流速、桩体体积和桩体导热性能影响。在多次温度循环后，进出口水温差值有逐渐降低的趋势，这是由

于桩土温度场存在温度累积，初始温度场发生变化，造成桩土温度梯度减小，导致桩土换热量减少，使得进出口水温差呈现减小趋势。

模型桩运行期间，在进口水温和流量长期保持稳定的条件下，通过记录进出口水温随时间的变化关系，计算模型桩的换热功率 Q，其表达式如下：

$$Q = \Delta T \rho_{w} \nu_{w} c_{w} \qquad (1)$$

式中，Q 为模型桩的换热功率（W）；ΔT 为模型桩进出口的水温温差（℃）；ρ_{w} 为循环水的密度，取 $1.0 \times 10^{3}\,kg/m^{3}$；$\nu_{w}$ 为循环水的流速，取 $0.5\,m^{3}/h$；c_{w} 为循环水的比热容，取 $4.2 \times 10^{3}\,J/kg$。

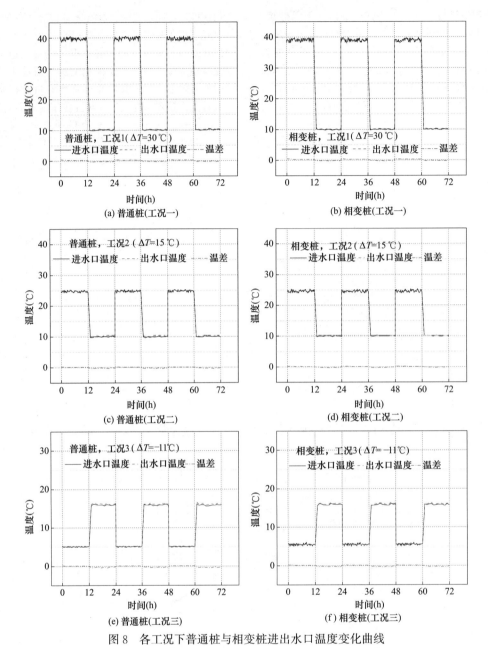

图 8 各工况下普通桩与相变桩进出水口温度变化曲线

Fig. 8 The variation of inlet and outlet temperature between OCEP and PCEP

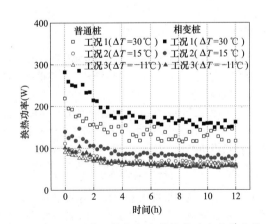

图 9 各工况下普通桩与相变桩换热功率变化曲线

Fig. 9 The time history of heat exchange power

选取第一次制热/制冷过程（0~12h）的温差变化值，按式（1）计算并绘制各工况下普通桩与相变桩换热功率随时间变化曲线，如图 9 所示。在温度变化初期（0~6h），随着桩土温度快速上升/下降，桩土温度梯度逐渐减小，导致桩体换热功率逐渐减小，而相变桩的下降趋势更大，这是因为相变材料具有更强的储、放热效果。随着制热/制冷时间的延长，桩土间换热量趋于稳定，桩体换热功率也逐渐平稳。可以看出，当循环水温度与桩土初始温度场的差值越大时，桩体的换热效率越大。取 11~12h 的桩体换热功率平均值为各工况下模型桩的换热功率，在夏季工况一（$\Delta T=30℃$）运行条件下，普通桩换热功率为 128.6W，相变桩为 155.5W，相变桩换热功率增长了 20.9%；在夏季工况二（$\Delta T=15℃$）运行条件下，普通桩换热功率为 64.5W，相变桩为 19.5W，相变桩换热功率增长了 19.5%；冬季工况三（$\Delta T=-11℃$）运行条件下，普通桩与相变桩的换热功率分别为 58.0W 和 57.8W，两者功率基本一致。结果表明，在相变桩的运行过程中，桩土温度梯度的增大有利于相变桩发挥相变潜热，从而提高换热效率，且明显优于普通桩。因此在设计相变桩基时要考虑桩体相变温度对桩土换热量的影响。

3 结论

本文通过不同循环温度荷载作用下的相变桩模型试验，获得模型桩的桩身与桩周土温度变化、桩体进出口水温度等数据，对比多工况下相变桩与普通桩的传热性能。主要得出以下结论：

（1）轴向热交换不是相变桩的主要热交换方向，主要影响相变桩热交换效果的是径向热交换，热交换过程中可忽略桩端温度的变化。

（2）在相同加热/制冷时间内，相变桩能够延缓桩体和桩周土体的温度变化速率，降低桩土结构的温度变化幅度，进而缓解多次温度循环下桩土结构的温度堆积。

（3）随着热源与桩土结构的初始温度差减小，相变桩的热交换效果受到明显削弱，但其桩身温度变化幅度始终小于普通桩，具有更好的保温效果。

（4）桩周土体温度变化量随着与相变桩体的距离减小而增大，且受热源温度影响显著。故在进行相变桩基设计时，不仅要考虑各桩体的间距，还要因地制宜考虑相变材料的相变温度，缓解长期运行下桩土结构温度场的剧烈波动，以提高相变桩基的换热效率。

（5）随着运行时间的增加，相变桩桩体换热效率呈现逐渐减小并稳定的趋势，且与普通桩的换热效率趋同。

（6）在相变桩的运行过程中，桩土温度梯度的增大有利于相变桩发挥相变潜热，从而提高换热效率，且明显优于普通桩。因此在设计相变桩基时要考虑桩体相变温度对桩土换热量的影响。

不同循环温度荷载作用对相变桩和普通桩的热力学特性影响规律与差异，还有待于进一步研究。

参考文献：

[1] 刘汉龙，孔纲强，吴宏伟. 能量桩工程应用研究进展及 PCC 能量桩技术开发[J]. 岩土工程学报，2014，36（1）：176 -181.

[2] Morino K, Oka T. Study on heat exchanged in soil by circulating water in a steel pile[J]. Energy and Buildings, 1994, 21(1): 65-78.

[3] 石磊，张方方，林芸，等. 桩基螺旋埋管换热器的二维温度场分析[J]. 山东建筑大学学报，2010，25（2）：177-183.

[4] 武丹，方肇洪，张文克，等. 无限长实心圆柱面热源传热模型的研究[J]. 制冷与空调（四川），2009，23（4）：101-104.

[5] 李新，方亮，赵强，等. 螺旋埋管地热换热器的线圈热源模型及其解析解[J]. 热能动力工程，2011，26（4）：475-479+499.

[6] 刘俊红，张文克，方肇洪. 桩埋螺旋管式地热换热器的传热模型[J]. 山东建筑大学学报，2010，25（2）：95-100.）

[7] Franco A, Moffat R, Toledo M, et al. Numerical sensitivity analysis of thermal response tests(TRT) in energy piles [J]. Renewable Energy, 2016, 86(FEB.): 985-992.

[8] Loveridge F, Powrie W. 2D thermal resistance of pile heat exchangers[J]. Geothermics, 2014, 50(Apr.): 122-135.

[9] Hamada Y, Saitoh H, Nakamura M, et al. Field performance of an energy pile system for space heating[J]. Energy & Buildings, 2007, 39(5): 517-524.

[10] Sekine K, Ooka R, Yokoi M, et al. Development of a ground-source heat pump system with ground heat exchanger utilizing the cast-in-place concrete pile foundations of buildings[J]. Ashrae Transactions, 2007, 113(Pt1): p. 558-566.

[11] Pahud D. Central solar heating plants with seasonal duct storage and short-term water storage：design guidelines obtained by dynamic system simulations[J]. Solar Energy, 2000, 69(6): 495-509.

[12] Pahud D, Belliardi M, Caputo P. Geocooling potential of borehole heat exchangers' systems applied to low energy office buildings [J]. Renewable Energy, 2012, 45 (C): 197-204.

[13] Zarrella A, Carli M D, Galgaro A. Thermal performance of two types of energy foundation pile：Helical pipe and triple U-tube[J]. Applied Thermal Engineering, 2013, 61 (2): 301-310.

[14] Loria, Alessandro, F., et al. Energy and geotechnical behaviour of energy piles for different design solutions[J]. Applied thermal engineering：Design, processes, equipment, economics, 2015, 86: 199-213.

[15] 刘俊，张旭，高军，等. 地源热泵桩基埋管传热性能测试与数值模拟研究[J]. 太阳能学报，2009，30（6）：727-731.

[16] Xu G, Leng G, Yang C, et al. Sodium nitrate -Diatomite composite materials for thermal energy storage[J]. Solar Energy, 2017, 146(APR.): 494-502.

[17] 中华人民共和国住房和城乡建设部. 普通混凝土配合比设计规程：JGJ 55—2011[S]. 北京：中国建筑工业出版社，2011.

[18] Ingersoll L R, Adler F T, Plass H J, et al. Theory of Earth Heat Exchangers for the Heat Pump[J]. Heating, Piping and Air Conditioning, 1950, 22: 113-122.

饱和砂土中单桩竖向振动的模型试验和理论分析

李鑫燚*，李　强，胡　玲，黄柳青，曹　露

（浙江海洋大学 土木系，浙江 舟山 316022）

摘　要：桩基础的振动动力响应研究对地震结构设计有着至关重要的应用。本文首先通过基桩模型试验方法研究了不同长径比的单桩在不同振动频率荷载下的振动特性。此外，利用傅立叶变换绘制了单桩振动的幅频曲线。然后利用饱和多孔介质理论建立了正弦周期性振动荷载下桩-土-承台体系的理论模型，并得到了幅频曲线。计算结果表明，理论解与模型试验结果能较好地吻合，验证了理论模型的有效性。同时还反映了在桩径相同情况下，共振频率与桩的长径比呈负相关。

关键词：桩-土-承台体系；共振频率；傅立叶变换；模型试验；饱和多孔介质

作者简介：李鑫燚（1995—　），男，硕士研究生，主要从事桩基工程等方面的科研工作。E-mail：lixinyi9510@163.com。

通讯作者：E-mail：lixinyi9510@163.com。

Model tests and theoretical analysis of the vertical vibration of a single pile in saturated sandy soil

LI Xin-yi*，LI Qiang，HU Ling，HUANG Liu-qing，CAO Lu

(Department of Civil Engineering，Zhejiang Ocean University，Zhoushan Zhejiang 316022，China)

Abstract：The study of vibration dynamic response of pile foundation has critical applications for seismic structure design. In this paper，firstly，the vibration characteristics of single pile with different length to diameter ratios under different vibration frequency loads were studied by the foundation pile model test method. Moreover，the amplitude-frequency curves of single pile vibration are plotted by using Fourier transform. Then the theoretical model of the pile-soil-cap system under sinusoidal periodic vibration load is established by using saturated porous medium theory，and the amplitude and frequency curves are obtained. Numerical results show that the theoretical solution can be in good agreement with the experimental results，which verifies the validation of the theoretical model. Furthermore，the resonant frequency is proven to be negatively related to the length to diameter ratio of the pile under the same pile diameter.

Key words：pile-soil-cap system；resonant frequency；fourier transform；model test；saturated porous medium

0　引言

桩土动力相互作用的理论研究历史悠久，它在高速公路、跨海大桥、建筑工程等领域应用十分广泛，桩土动力相互作用是一个非常复杂的问题，一直是人们关注的热点。目前对单桩和群桩受力变形特性的认识和设计往往依靠工程类比和工程经验。桩土动力相互作用研究的主要手段有利用桩土相互作用模型来进行的理论研究、现场观测、静载试验、模型试验和数值分析。原型观测和静态负载测试对于确定桩的承载力和承载变形特性比较直接可靠，但测试周期长且成本高昂。桩基础的数值分析是较为方便、成本较低的一种方法，如弹性理论方法、有限元法和边界元等方法，但其精度主要取决于桩土相互作用的准确性和合理性。模型试验可以设置和控制边界条件，根据需要选取合适的相似材料模拟桩和土体，研究桩-土的相互作用，它具有很强的针对性和目的性，能够更有效地获取信息数据用于验证模型试验的数值模拟分析[1]。

近些年，已有不少学者开展过桩基试验，并取得大量

的研究成果。Novak 和 Grigg[2] 在现场进行了小型单桩和群桩的动力试验。Burr[3] 等也对类似的小型桩进行了现场动力试验。Ashlock 和 Fotouhi[4] 对两根安装在 20ft 深度的钢桩进行了竖向和水平耦合振动模式的单独试验以及混合多模式试验。Jebur 和 Ahmed[5] 进行了砂土中动荷载作用下扩孔桩的试验研究，通过分析得到了动态时程曲线，结果表明，与均布桩相比，采用桩顶距 $L/2$ 的单桩沉降减少量约为 223%。Shuai Wang 和 Xuewen Lei[6] 进行了钙质砂中单桩竖向循环荷载模型试验，分析了动荷载和循环次数对桩身累积沉降和承载力的影响。Biswas 和 Manna[7] 通过试验研究，确定单桩和群桩在旋转机械耦合振动（水平振动和摇摆振动）下的桩土分离长度和频率幅值响应。He 和 Zhu[8] 对干砂单桩进行了 1g 模型试验，研究了不同荷载条件下单桩的频率响应。Manna 和 Baidya[9] 进行了全尺寸单桩竖向振动试验与分析，结果表明，简单的二维模型能较好地预测系统的固有频率和峰值位移幅值。利用有限元模型计算了共振时竖向振动幅值沿桩长的变化规律。

关于单桩承台基础的竖向振动，通常是在承台顶部通过激振器的不平衡转子产生的一个与激振频率有关的

基金项目：浙江省高校基础研究基金（2019J00019）；浙江省自然科学基金（LY15E090008）。

激振力,利用安装在承台顶部的拾振器,可以获得基础的竖向振动信号,通常转化为幅频振动曲线进行分析。本文根据π定理拟定相似常数,通过模型试验研究饱和砂土中单桩竖向振动特性,并结合理论分析进行验证,为竖向动力荷载下的单桩特性分析提供必要的依据。

1 单桩动力模型试验

1.1 模型材料

本次模型试验采用舟山周边海域的海砂,模型箱(长×宽×高=2000mm×1500mm×3000mm)采用钢材建造,试验装置示意如图1(a)所示。试验系统由振动加载部分和信号采集部分组成,振动加载部分由电动式激振器、DF1405数字合成函数信号发生器和HEAS-50功率放大器组成。信号采集部分主要由加速度传感器、动态信号测试分析器和服务器组成。动态信号测试分析器主要用于加速度传感器在高频振动过程中桩的加速度的变化信号。

(a)   (b)   (c)

图1 模型试验研究的试验系统示意图

Fig. 1 Schematic diagram of the experimental system for the model experimental study

模型桩采用PVC管材,桩底灌入2cm高度的水泥砂浆并盖上底盖,防止砂和水的进入,如图2(b)所示。PVC管桩的弹性模量为3000MPa,密度为1400kg/m³,纵波传播波速约为1464m/s。在模型设计中,PVC管桩直径为32mm,桩长分别为1m、1.25m、1.75m和2m。

1.2 试验步骤

(1)在试验箱底部铺设厚度20cm、直径2~3cm砾石作为反滤层,并在砾石表面及试验箱四周铺设土工布,可缩短渗流路径,加快排水速度,加速土层固结。

(2)将贴好应变片的PVC管桩竖直埋入模型箱体中,埋入过程中用水平尺和吊锤进行辅助,保证管桩的竖直水平,将制备好的砂土加入模型箱中,并分层夯实,加水润湿砂土直至模型箱底部排水管均匀排水,即认为砂土饱和。

(3)如图1(c)所示,将电动式激振器竖直固定至反力架上,对中置于单桩的承台板上保持静止接触,并在承台板上加装加速度传感器,应变片、桩底的压力传感器和承台板上的加速度传感器正确有效接入动静态电阻应变仪,然后将各项设备接入电源(HEAS-50功率放大器开机前,一定要将功率调至最低,否则容易使设备过流过

温导致仪器设备损坏)。

(4)对4组不同长度(模拟20m、30m、50m、60m桩)的PVC管桩的桩顶施加激振力,以扫频的形式(50~400Hz)对带承台的单桩进行试验,研究PVC管桩在砂土中振动时的动力响应规律,经过数据处理并得到各组别的共振频率。

(5)在相同相对密实度与相同电压峰值,或相同饱和度与相同电压峰值情况下,监测特定的激振频率并记录数据,得到PVC管桩在砂土中振动时的点频曲线。

1.3 模型试验的相似比

在动载荷作用下承台-桩-土结构发生弹性振动时,各物理参数之间关系的一般形式为:

$$f(\rho_s, L, D, E_p, \rho_p, m, g, a, F, \omega_F) = 0 \quad (1)$$

式中,土体结构的物理参数有土体的密度ρ_s;桩体结构的物理参数有桩长L,桩径D,桩的弹性模量E_p,桩的密度ρ_p,承台质量m;桩土结构的动力响应及激振器输入的物理参数有:重力加速度g,动力响应加速度a,激振力的大小F,激振载荷的频率ω_F。

采用质量系统作为基本量纲,即以长度$[L]$、质量$[M]$、时间$[T]$作为基本量纲,根据Bockingham π定理,得到π项量纲为

$$[\pi] = [\rho_s]^{\alpha_1}[L]^{\alpha_2}[D]^{\alpha_3}[E_p]^{\alpha_4}[\rho_p]^{\alpha_5}$$
$$[m]^{\alpha_6}[g]^{\alpha_7}[a]^{\alpha_8}[F]^{\alpha_9}[\omega_F]^{\alpha_{10}} \quad (2)$$

在制作模型时,按照原型结构的材料性质控制$C_{\rho_p} = 3/5$,$C_{E_p} = 1/20$,$C_L = 1/30$,因此可以进一步求得主要物理量之间的相似常数关系见表1。

模型试验相似常数关系   表1

Similar constant relationship for model tests

Table 1

π项量纲	理论相似关系	实际相似关系	
π1	$\dfrac{C_{\rho_s}}{C_{\rho_p}} = 1$	0.96	基本符合
π2	$\dfrac{C_D}{C_L} = 1$	1	符合
π3	$\dfrac{C_m}{C_L^3 C_{\rho_p}} = 1$	27	不符合
π4	$\dfrac{C_L C_g C_{\rho_p}}{C_{E_p}} = 1$	0.4	不符合
π5	$\dfrac{C_a C_L C_{\rho_p}}{C_{E_p}}$	1.2	基本符合
π6	$\dfrac{C_F}{C_L^2 C_{E_p}} = 1$	3	不符合
π7	$C_{\omega_F} C_L \sqrt{\dfrac{C_{\rho_p}}{C_{E_p}}} = 1$	0.95	基本符合

在1g重力条件下，模型试验相似关系实际上是难以满足的。一个可行的方法是满足涉及主要物理参数的部分相似关系即可。

2 试验结果和讨论

本节讨论分析带承台单桩基础在高频竖向振动荷载作用下的振动特性，分析不同长径比下共振频率规律性的变化。

2.1 带承台单桩基础竖向振动扫频和点频结果分析

图2（a）～图2（d）上半部分表示 2m、1.75m、1.25m和1m的扫频曲线，横坐标表示时间，纵坐标表示加速度。各组别在50～400Hz的频率之间以线性形式由小至大进行扫频，可以发现加速度大小的绝对值由小变大，在达到共振峰值后又逐渐变小，基本呈现"纺锤"形。在试验中发现，改变激振力的大小会引起共振振幅和频率的变化，激振力的增大，不足以改变桩土界面滑移接触性质时，只会引起共振振幅的变化。对于共振频率的变化，我们认为主要是由于激振力增大后，改变了桩土接触面参数所引起的。对于扫频曲线上局部出现变化不规律的现象，我们分析认为可能是受到环境的噪声，以及稳态激振过程中桩土界面不稳定的影响。

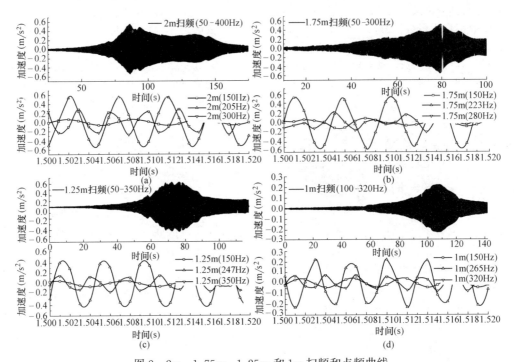

图2　2m，1.75m，1.25m和1m扫频和点频曲线

Fig.2　2m，1.75m，1.25m and 1m sweep and spot frequency curves

为了更细致地了解各频率下的振动情况，我们选取了不同频率下各组别的点频曲线进行放大对比，不同振动荷载频率下的放大图，如图2（a）～图2（d）下半部分显示，在较低频率至共振频率的区间，准确地表现出谐波荷载曲线，且加速度大小振幅相同；在共振频率至较高频率振动区间，点频曲线便表现出不太稳定的情况，尤其是加速度大小振幅上的变化，在高频激振情况下，容易改变桩土界面的性质。图像显示在大部分情况下表现出了谐波荷载曲线，表明振动荷载被准确地施加到带承台单桩基础上。

同时，我们能更直观地看到在共振频率下加速度大小的振幅为最大值，在远离共振频率下的点频曲线所呈现的加速度大小振幅明显减小。

3 理论与试验结果对比分析

本节根据试验结果，进行时频转换和滤波，得到幅频曲线，建立了饱和土中带承台单桩振动的理论模型。通过理论分析和试验分析的对比，讨论了不同桩长下带承台单桩的振动特性。

3.1 理论模型

以位移矢量形式描述的多孔介质理论的统一向量表达式，其对于 Biot 饱和多孔介质，控制方程为：

$$\overline{R}\,\nabla\nabla\cdot\vec{u}-\overline{\mu}\,\nabla\times\nabla\times\vec{u}=-\overline{\rho}\frac{\partial^2\vec{u}}{\partial t^2}+\overline{A}\frac{\partial\vec{u}}{\partial t} \tag{3}$$

式中，$\vec{u}=\{\vec{u}^{(s)},\vec{u}^{(f)}\}^{\mathrm{T}}$ 代表位移场向量，$\vec{u}^{(s)}$、$\vec{u}^{(f)}$ 分别表示固相位移、液相位移；$\overline{R}$，$\overline{\mu}$，$\overline{\rho}$，$\overline{A}$ 为系数矩阵，具体表达如下。

$$\overline{R}=\begin{bmatrix}\lambda_c+2\mu & \alpha M\\\alpha M & M\end{bmatrix}\overline{\mu}=\begin{bmatrix}\mu & 0\\0 & 0\end{bmatrix}$$

$$\overline{\rho}=\begin{bmatrix}\rho & \rho_f\\\rho_f & m\end{bmatrix}\overline{A}=\begin{bmatrix}0 & 0\\0 & b\end{bmatrix} \tag{4}$$

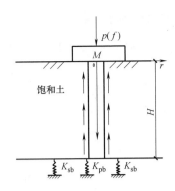

图 3 非端承桩与饱和土竖向耦合振动模型简图

Fig. 3　Sketch of vertical coupled vibration model of non-end-bearing pile and saturated soil

其中，μ 为剪切模量。ρ 为土体总密度，ρ_f 为流体密度；$\rho=(1-n)\rho_s+n\rho_f$，ρ_s 为土颗粒密度，n 为饱和土孔隙率。$m=\rho_f/n$，$b=g\rho_f/K_b$ 为土骨架与孔隙流体的黏性耦合系数，K_B 为渗透系数，g 为重力加速度；$\lambda_c=\lambda+\alpha^2M$，$\lambda$、$\mu$ 为土骨架的 Lame 常数，α、M 表示土颗粒及流体压缩性的常数，定义为：

$$\alpha=1-\frac{K_b}{K_s},M=\frac{K_s}{K_d-K_b},$$
$$K_d=K_s\left[1+n\left(\frac{K_s}{K_f}-1\right)\right] \tag{5}$$

式（5）中 K_s，K_f 和 K_d 分别代表土颗粒、流体和土骨架的体积压缩模量。

桩简化为一维杆件，其振动控制方程：

$$E_b\pi a^2\frac{\mathrm{d}^2 w_b}{\mathrm{d}z^2}-f(z)=\rho_b\pi a^2\frac{\mathrm{d}^2 w_b}{\mathrm{d}t^2} \tag{6}$$

式中，$f(z)=-2\pi a\bar{\tau}_{zr}^{(s)}(1,z)$ 为桩周摩阻力，其中 $\tau_{zr}^{(s)}$ 表示固相在桩侧剪应力。

承台振动控制方程：

$$M\frac{\partial^2 w(z,t)}{\partial t^2}+c_{ms}\frac{\partial w(z,t)}{\partial t}+k_{ms}w(z,t)+p(t)\pi a^2=F(t) \tag{7}$$

式中，w 为承台振动位移，M 为承台质量，c_{ms} 和 k_{ms} 分别为承台阻尼和支承刚度，$p(t)$ 为桩顶的反力，$F(t)$ 是承台顶部任意激振力。

土层边界条件

$$\bar{\sigma}_z^{(s)}\mid_{\bar{z}=0}=0 \tag{8}$$

$$E_s^{(av)}\frac{\partial\bar{u}_z^{(s)}}{\partial\bar{z}}(\bar{r},\theta)+K_{sb}\bar{u}_z^{(s)}(\bar{r},\theta)=0 \tag{9}$$

式中，$E_s^{(av)}$ 表示土层弹模，K_{sb} 为土层底部弹性支承系数。

桩土界面边界条件：

$$\bar{u}_r^{(s)}\mid_{\bar{r}=1}=0,\bar{u}_r^{(f)}\mid_{\bar{r}=1}=0 \tag{10}$$

$$f(\bar{z})=-2\pi a\bar{\tau}_{zr}^{(s)}(1,\bar{z}),\bar{u}_z^{(s)}(1,\bar{z})=\overline{w}_b(\bar{z}) \tag{11}$$

桩的边界条件：

$$\frac{\partial\overline{w}_b}{\partial z}\bigg|_{z=0}=\frac{F(t)}{E_b\pi a^2},(E_b\pi a^2\frac{\partial\overline{w}_b}{\partial z}+K_b\overline{w}_b)\bigg|_{z=H}=0 \tag{12}$$

式中，$F(t)$ 为桩顶任意激振力，K_b 为桩底的弹性支承系数。

初始时刻桩—承台—土层体系静止，则有：

$$\vec{u}\mid_{t=0}=0,\frac{\partial\vec{u}}{\partial t}\bigg|_{t=0}=0;\overline{w}_b\mid_{t=0}=0,\frac{\partial\overline{w}_b}{\partial t}\bigg|_{t=0}=0;$$
$$\overline{w}\mid_{t=0}=0, \tag{13}$$

通过文献[10] 方法，引入矢量 Helmholtz 分解，将土层控制方程化为波动方程，通过分离变量法获得饱和多孔介质振动的轴对称基本解，再代入边界条件得到桩身位移。通过桩顶复阻抗传递，获得承台振动解：

$$\widetilde{w}(z,s)=\frac{\widetilde{F}(s)}{(\rho_m^*\delta^2+c_{ms}^*\delta+k_{ms}^*)+Z_u(0)A^*} \tag{14}$$

式中，$\rho_m^*=\dfrac{\rho_m}{\rho}$，$c_{ms}^*=\dfrac{c_{ms}}{\sqrt{\rho\mu}A_m}$，$k_{ms}^*=\dfrac{k_{ms}a}{\mu A_m}$，$A^*=\dfrac{\pi a^2}{A_m}$，$\widetilde{F}(s)=\dfrac{\widetilde{f}(s)}{\mu A_m}$。

$Z_u(s)$ 的定义：

$$\widetilde{w}_b(z)=A_1\left[\mathrm{e}^{\kappa\bar{z}}+\sum_{n=1}^{\infty}\frac{-2\eta_1nE_n\cosh(\mathrm{e}^{h_n\bar{z}})}{E_b^*(h_n^2-\kappa^2)}\right]$$
$$+B_1\left[\mathrm{e}^{-\kappa\bar{z}}+\sum_{n=1}^{\infty}\frac{-2\eta_1nF_n\cosh(\mathrm{e}^{h_n\bar{z}})}{E_b^*(h_n^2-\kappa^2)}\right] \tag{15}$$

式中：

$$\begin{cases}A_1=\dfrac{\dfrac{\overline{P}^*}{E_b^*\kappa}\left[(k_b^*-\kappa)\mathrm{e}^{-\kappa\theta}+\sum_{n=1}^{\infty}\dfrac{-2\eta_{1n}F_nG_n}{E_b^*(h_n^2-\kappa^2)}\right]}{(K_b^*+\kappa)\mathrm{e}^{\kappa\theta}+(K_b^*-\kappa)\mathrm{e}^{-\kappa\theta}+\sum_{n=1}^{\infty}\dfrac{-2\eta_{1n}(E_n+F_n)G_{n2}}{E_b^*(h_n^2-\kappa^2)}}\\[20pt]B_1=-\dfrac{\dfrac{\overline{P}^*}{E_b^*\kappa}\left[(K_b^*+\kappa)\mathrm{e}^{\kappa\theta}+\sum_{n=1}^{\infty}\dfrac{-2\eta_{1n}E_nG_n}{E_b^*(h_n^2-\kappa^2)}\right]}{(K_b^*+\kappa)\mathrm{e}^{\kappa\theta}+(K_b^*-\kappa)\mathrm{e}^{-\kappa\theta}+\sum_{n=1}^{\infty}\dfrac{-2\eta_{1n}(E_n+F_n)G_n}{E_b^*(h_n^2-\kappa^2)}}\end{cases}$$

$$E_n=\frac{\{(h_n-\kappa)[\mathrm{e}^{(\kappa+h_n)\theta}-1]-(h_{n2}+\kappa)[\mathrm{e}^{(\kappa-h_n)\theta}-1]\}}{[\eta_2n(h_n^2-\kappa^2)+\dfrac{2\eta_{1n}}{E_b^*}][\theta+\dfrac{\sinh(2h_n\theta)}{2h_{n2}}]}$$

$$F_n=\frac{\{(h_n+\kappa)[\mathrm{e}^{-(\kappa-h_n)\theta}-1]-(h_{n2}-\kappa)[\mathrm{e}^{-(\kappa+h_{n2})\theta}-1]\}}{[\eta_2n(h_n^2-\kappa^2)+\dfrac{2\eta_{1n}}{E_b^*}][\theta+\dfrac{\sinh(2h_n\theta)}{2h_n}]}$$

$$G_n=h_n\sinh(h_n\theta)+K_b^*\cosh(h_n\theta),K_b^*=\frac{K_b}{E_b\pi a}.$$

$$\kappa = \sqrt{\frac{\rho_b^*}{E_b^*}}\delta, \rho_b^* = \frac{\rho_b}{\rho}, E_b^* = \frac{E_b}{\mu}.$$

$$\eta_{1n} = \left(1 + \frac{h_{1n}^2}{h_n^2}\right)\frac{\lambda_1 - \lambda_2}{\lambda_2 - \lambda_5}g_1 n h_n K_1(g_1 n),$$

$$\eta_{2n} = h_n K_0(g_{1n}) - \frac{(\lambda_1 - \lambda_5)g_{1n}h_n K_1(g_{1n})K_0(g_{2n})}{(\lambda_2 - \lambda_5)g_{2n}K_1(g_{2n})} - $$
$$\frac{(\lambda_1 - \lambda_2)g_{1n}h_{1n}K_1(g_{1n})K_0(h_{1n})}{(\lambda_2 - \lambda_5)h_n K_1(h_{1n})}$$

3.2 带承台单桩的振动分析

当承台顶部施加周期性正弦荷载时，可以根据理论计算用 MATLAB 编制数值计算程序得到幅频曲线。将理论与试验的幅频曲线进行对比，计算参数为：承台质量 $M = 0.258\text{kg}$；桩长分别取 1m，1.25m，1.75m，2m；如图 4 所示。

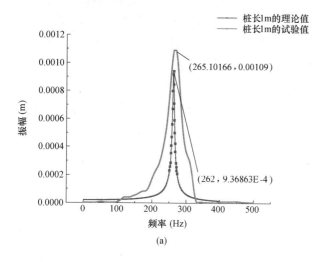

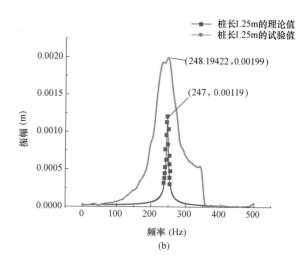

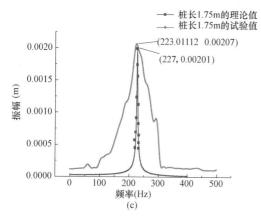

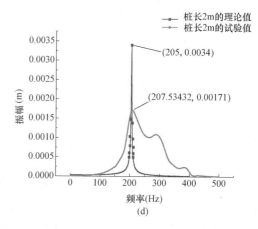

图 4 非端承桩振动模型的理论计算与实测幅频曲线对比图

Fig. 4 Comparison of theoretical calculation and measured amplitude and frequency curves of floating pile vibration model

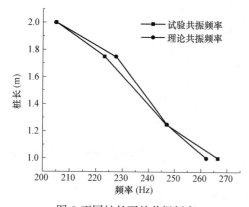

图 5 不同桩长下的共振频率

Fig. 5 Resonant frequencies at different pile lengths

从图 4 可知，4 种不同的桩长在非端承桩振动模型计算下，共振频率的大小与试验数据基本吻合，说明采用本文提出的非端承桩振动模型是合理的。

从图 5 中对比结果可知，桩径相同情况下，共振频率基本上与桩长负相关；也就是说随着桩长的增大，桩的共振频率基本上呈减少趋势。在试验中发现共振频率并不会像理论中那样准确，但基本吻合，试验结果受到激振器垂直度、激振器与承台之间组装的平衡位置以及装置的紧固程度等因素影响。

4 结论

通过系统的模型试验，研究了不同频率振动荷载对带承台单桩基础结构的影响，并结合理论模型进行对比验证，得出以下结论。

（1）通过建立相似比的单桩振动模型试验具有一定的可行性。

（2）对承台带单桩基础结构进行扫频，能较好反映出单桩振动规律，在共振频率下加速度大小的振幅为最大值，在远离共振频率下的点频曲线所呈现的加速度大小振幅明显减小。

（3）在桩径相同情况下，共振频率基本上与桩长负相关。

（4）通过与桩基础振动试验的对比表明，采用本文的非端承桩理论模型可以较好地与试验结果吻合，说明了模型的合理性。

参考文献：

[1] WANG X Q, ZHANG S M, LIAO J, et al. Research Progress and Overview of Pile Foundation Model Test[J]. Applied Mechanics & Materials, 2014, 578-579: 1285-1289.

[2] NOVAK M, GRIGG R F. Dynamic experiments with small pile foundations[J]. Canadian Geotechnical Journal, 1976, 13(4): 372-385.

[3] BURR J P, PENDER M J, LARKIN T J. Dynamic Response of Laterally Excited Pile Groups[J]. Journal of Geotechnical & Geoenvironmental Engineering, 1997, 123(1): 1-8.

[4] ASHLOCK J C, FOTOUHI M K. Characterization of Dynamic Soil-Pile Interaction by Random Vibration Methods: Experimental Design and Preliminary Results. 2011.

[5] JEBUR M M, MD AHMED. Experimental Investigation of Under Reamed Pile Subjected to Dynamic Loading in Sandy Soil[J]. IOP Conference Series: Materials Science and Engineering, 2020, 901(1): 012003 (9pp).

[6] WANG Shuai, LEIXue-wen. Model tests of single pile vertical cyclic loading in calcareous sand [J]. Marine Georesources & Geotechnology, 2020. DOI: 10. 1080/1064119X. 2020. 1744048.

[7] BISWAS, SANJIT, MANNA, et al. Experimental and Theoretical Studies on the Nonlinear Characteristics of Soil-Pile Systems under Coupled Vibrations [J]. Journal of Geotechnical & Geoenvironmental Engineering, 2018.

[8] He, ZHU. Model Tests on the Frequency Responses of Offshore Monopiles[J]. Journal of Marine Science and Engineering, 2019, 7(12): 430.

[9] MANNA B, BAIDYA D K. Vertical Vibration of Full-Scale Single Pile-Testing and Analysis[J]. 2008.

[10] 王桂敏，李强，王奎华. 单层饱和土中桩竖向振动简化模型及其解析解[J]. 岩石力学与工程学报，2006(S2): 4233-4240.

海工环境下 PHC 预制桩基础防腐误区的探讨

姜正平[1, 2]

（1. 苏州科技大学，江苏 苏州 215011；2. 广东宏基管桩有限公司，广东 中山 528427）

摘 要： 本文主要针对当前海工环境下 PHC 预制桩基础防腐误区进行探讨，并根据 PHC 管桩应用环境和施工特征，提出海工环境下预制桩基础防腐蚀的综合措施建议，为进一步研究解决耐久性问题奠定了基础。

关键词： 海工环境；PHC 管桩；腐蚀

作者简介： 姜正平（1963— ），男，高级工程师/国家注册监理工程师，主要从事高强混凝土管桩、海工混凝土结构耐久性能等方面的生产、教学和科研。E-mail：jzpsz@163.com。

Discussion on misconception of anti-corrosion of PHC precast pile foundation in marine environment

JANG Zheng-ping[1, 2]

（1. Suzhou Technology University，Suzhou Jiangsu 215011，China；2. Guangdong Acer Pipe Pile Co.，Ltd.，Zhongshan Guangdong 528427，China）

Abstract： This paper mainly discusses the misconceptions of anti-corrosion of PHC precast pile foundation in marine environment. And the comprehensive measures of anti-corrosion of precast pile foundation are proposed，according to the application environment and construction characteristics of PHC pipe pile，which lays a foundation for further study and solution of durability problems.

Key words： marine environment；PHC precast pile；anti-corrosion

0 引言

预制桩基础是一种综合造价低、管控可靠、施工快速、围挡要求低的施工方式，自 20 世纪 80 年代 PHC 管桩引入国内以来，已被广泛用于各类建设工程中。由于 PHC 管桩在我国应用历史较短，且大部分 PHC 管桩埋于土壤里难于检测，加之其服役环境并不恶劣，即使存在耐久性问题也隐蔽性极强[1,2]。现有工程认识水平多认为 PHC 管桩的使用寿命应该能达到 50～100 年，这基本是在 PHC 管桩混凝土保护层厚度的基础上进行的推测，而现有调查结果表明，一些海港工程中 PHC 管桩基础，尤其是高承台基础结构，存在严重的耐久性问题[3]，但其耐久性问题对其设计使用寿命的影响仍缺乏相关研究。对于已经大量使用的土壤环境中 PHC 管桩，有关实际耐久性状态和安全性能也缺少足够的调查和研究。因此，长期以来 PHC 管桩基础的抗侵蚀能力仍未明确，其耐久性问题未得到足够的重视，人们对其认识也不够深入明确。随着我国海洋战略和沿海滩涂开发的推进，建立在海水腐蚀环境下的实体工程越来越多，如跨海大桥、海港码头、海上石油平台等。这些工程的基础都位于有海水腐蚀的环境中，海洋环境下 PHC 管桩耐久性问题亟需得到正视。本文主要针对当前海工环境下 PHC 预制桩基础防腐误区进行探讨，提出个人见解，以期提高同行对相关问题的重视。

1 海工环境预制桩基防腐误区分析

PHC 管桩使用预应力钢棒，桩身混凝土长期处于高应力状态，与普通非预应力钢筋相比，预应力钢棒一旦发生腐蚀将会引起更严重的安全问题，因此防止钢筋锈蚀是确保 PHC 管桩耐久性的关键。《混凝土结构设计规范》GB 50010 中[4]，钢筋的保护主要取决于混凝土保护层厚度。目前 PHC 管桩耐久设计一直沿用普通混凝土结构的相关规定，其混凝土保护层最小厚度为 40mm，而日本相关标准规定对 PHC 管桩的混凝土保护层最小厚度远低于我国标准要求，其规定如下：PHC 管桩必须要符合《预制预应力混凝土制品》JIS A5373 的规定；PHC 桩的钢筋外侧保护层最小厚度按 15mm 考虑，满足此规定时可以认为耐久性能够满足要求[5,6]。造成这种情况的原因之一，主要是由于人们对 PHC 管桩混凝土的有效性认识不够到位，对其防腐能力存在一定误区。具体探讨如下。

（1）误区一：常规方法（锤击/静压）施工的厚混凝土保护层的 PHC 管桩能够防腐。

目前我国 PHC 管桩的施工主要采用锤击法（液压锤/柴油锤）和静压法，这些施工方法有效率高、综合成本低的优点，但却很难保证钢筋混凝土保护层的完整性，尤其最后一节桩，其承受的锤击数最多或压力最大，必然存在保护层开裂的隐患。尽管构件受力是可以带裂缝服役，但材料防腐要求是不允许带裂缝，这就导致设计人员通过提高混凝土保护层厚度的措施，以期确保 PHC 管桩的耐久性，但锤击/静压施工时 PHC 管桩的混凝土厚保护层真的能防腐吗？这一问题仍有待商榷。

为此，我们在研究过程中将管桩切割成不同长径比的试件，通过万能试验机对其进行轴心加载，图 1 为轴向加载试验过程中 PHC 管桩试件破坏状态。从图 1 中可看出，与其他柱状构件一样，PHC 管桩受压破坏形式表现为侧向膨胀剥落或失稳断裂（图 2），同时从图 1 (b) 可知钢筋约束范围外的混凝土已剥落，而钢筋约束范围内的混凝土基本完好。这意味着钢筋混凝土柱状构件的有效承载面积是（箍筋）约束范围以内的混凝土截面积，同样截面积的 PHC 管桩，其保护层越厚，箍筋约束范围以内的混凝土截面积就越小，其承载（抗压或者抗锤击）能力就越小，在同样的施工静压力（锤击力）作用下，其保护层（不受钢筋约束）的开裂就越严重。因此，在锤击/静压施工条件下，PHC 管桩混凝土保护层越厚，越容易开裂，一旦开裂，保护层基本上是"名存实亡"。我国所谓的"50～60mm 厚保护层防腐管桩"经静压或锤击施工后，其防腐能力未必比日本标准的 15mm 厚保护层的薄壁管桩更有效。

(a) 试验前　　　　(b) 试验后

图 1　轴向加载试验过程中 PHC 管桩试件破坏状态

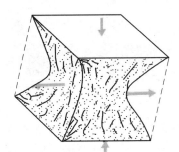

图 2　构件受压破坏形式

电通量是混凝土耐久性能常用的表征手段之一，也从侧面反映出混凝土密实度情况。为表征 PHC 管桩锤击后桩身混凝土密实度劣化情况，在研究过程中我们先进行了 C20～C90 九个强度等级的混凝土电通量与其吸水率的对应关系（表 1），再通过测量经锤击后 PHC 管桩芯样的吸水率，简单估算其电通量，其结果见表 2。其中 C20～C60 是从商品混凝土搅拌楼取的一般商品混凝土，C70、C80、C90 是生产 PHC 管桩的混凝土（经过压蒸工艺）。电通量试验采用 100mm×100mm×50mm 和（直径）100mm×（厚度）50mm 两种试件。其中表 2 的未锤击（0 次）100mm×50mm 试件是从抽筋离心管桩上取芯，PC 棒间隔抽走，取芯的 1.5m 范围内无环筋。

C20～C90 强度等级混凝土的显空隙率和电通量

表 1

混强度等级	养护方式	标养 28d 或压蒸后 1d 实测强度（MPa）	48h 吸水率（显空隙率）（%）	100mm×100mm×50mm 试件的电通量(C)	φ100mm×50mm（抽筋离心管桩取芯）试件的电通量(C)
C20	标护	24.8	6.33	4412	—
C30	标护	34.7	5.80	3315	—
C40	标护	44.7	4.67	3152	—
C50	标护	53.2	3.79	2871	—
C60	标护	64.4	3.11	1598	—
C70	压蒸	75.4	2.91	1177	929.8
C80	压蒸	86.7	2.33	894.8	699.1
C90	压蒸	95.3	1.97	787.5	621.3

从表 2 可以看出，管桩出厂时的密实度（电通量）是符合海工要求的（1000C 以下），锤击 620 次后就基本不符合要求了，锤击 920 次、1220 次后电通量快速增长，锤击后桩身混凝土劣化情况是不可忽视的。当然本次试验严谨不够，但目前锤击/静压施工完成后 PHC 管桩桩身混凝土保护层有效性的研究仍处于空白，需要引起重视，要定量表征锤击后混凝土劣化情况还需进一步系统深入研究。

PHC 管桩经不同锤击数锤击后的混凝土吸水率及推测电通量

表 2

锤击数（次）	48h 吸水率（显空隙率）（%）	推测电通量(C)（立方体试件/圆柱形试件）
0	2.33	实测：894.8 / 699.1
620	2.87	推测：1135 / 895.3
960	3.95	推测：2812 / 2218
1220	5.51	推测：3403 / 2685

注：管桩实体取出的芯样含钢筋无法测电通量，因此我们只能根据吸水法测出的显空隙率，用插值法推测电通量。

（2）误区二：现浇混凝土构件与预制混凝土构件混凝土保护层有效性的混淆。

目前设计界、工程界对现浇混凝土、预制混凝土桩的钢筋保护层同样存在着严重的认识误区，把现浇混凝土与预制混凝土的设计、施工情况混淆，PHC 管桩的耐久性设计基本沿用了普通混凝土结构的相关规定，也未完全考虑 PHC 管桩属于预制构件的情况。而日本标准是根据现浇和预制两个工艺分别对混凝土保护层提出要求。表 3、表 4 分别为日本相关标准中提出的现浇混凝土构件和预制混凝土构件的保护层厚度。

从日本标准可以看出：现浇混凝土钢筋的实际保护层由"保护层厚度 35～55mm"和"施工误差 5～15mm"两部分组成，实际厚度达 40～70mm。工厂预制的混凝土钢筋的保护层只要求 8～20mm，客观反映了现浇工况与工厂工况的不同，一般工厂预制混凝土的等级（强度/密实度）也高于现浇的，其抵抗腐蚀介质的渗入能力和可靠性都高于现浇方式。按混凝土现浇方式采用增加保护层厚度的思路设计出的厚保护层 PHC 管桩反而会适得其反，在锤击/静压施工条件下，保护层越厚，箍筋以内受约束的有效承载面积越小，在同样的锤击/静压桩力度和强度施工后，保护层开裂越严重。对 100mm 壁厚的 PHC 管桩采用 40～60mm 混凝土保护层，锤击/静压施工后，最后一节（收锤）桩的保护层的护筋作用"名存实亡"，开裂的保护层使腐蚀介质与钢筋零距离接触。

日本土木学会混凝土示方书保护层要求参考值[6]

表 3

分类	最小值 c (mm)	施工误差 Δc (mm)	保护层要求 c＋Δc (mm)
柱	45	15	60
梁	40	10	50
板	35	5	40
桥脚	55	15	70

工厂混凝土制品保护层最小值[6] 表 4

分类		大气中、与水或土直接接触，需要考虑耐久性	与大气隔绝，埋设在其他混凝土之中，不需要考虑耐久性
区分	成型方法		
可更换	振动成型	20mm	10mm
	离心成型	15mm	10mm
不可更换	振动成型	12mm	8mm
	离心成型	9mm	8mm

（3）误区三：外掺阻锈剂可以提高 PHC 管桩的防腐性能。

外掺阻锈剂是混凝土结构中常用的防腐措施之一，但在采用蒸压养护的 PHC 管桩中使用阻锈剂是否仍然有效，还需进一步研究验证。近十年来，苏州科技大学和广东宏基集团公司通过产学研合作，围绕 PHC 管桩的耐腐蚀性能进行了大量研究，主要研究内容如下：

① 研究了无机类、有机类阻锈剂对管桩混凝土的阻锈作用；

② 研究了不同混凝土保护层厚度（25mm 和 45.5mm）对 PHC 管桩中钢筋锈蚀性能的影响；

③ 研究了不同碱度（通过调整水泥用量、掺合料、外加碱和管桩压蒸工艺改变碱度）情况下，混凝土试钢筋锈蚀性能；

④ 研究了硫酸盐侵蚀环境下，普通混凝土与 C80PHC 混凝土中钢筋锈蚀性能。

图 3～图 5 是我们十多年来研究工作的部分图片与结果，图 3 为研究过程中，钢筋在混凝土中埋置示意图与实物，图 4 为部分试验过程图，图 5 为不同混凝土保护层厚度、不同碱度对 PHC 管桩中钢筋锈蚀性能的影响结果。

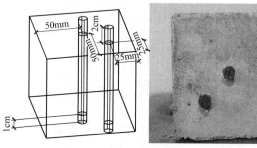

图 3　研究中钢筋混凝土试件示意图与实物

图 4　试验过程图

经对钢筋锈蚀、碳化、阻锈剂、硫酸盐腐蚀等问题进行研究后，有下列几点体会：

① 对于钢筋混凝土结构，最好的阻锈剂便是保持混凝土自身碱度。对常规混凝土，亚硝酸与碱度一样，阻锈效果良好，但亚硝酸钠毒性很大；而对于 PHC 管桩，经蒸压养护后，PHC 管桩中的阻锈剂近乎失效。

② 碳化、硫酸盐腐蚀，并不是对所有混凝土都有害无益。对强度等级低于 C35 的混凝土，混凝土密实度较低，碳化、硫酸盐腐蚀确定是有害无益；对 C60～C90 强度等级的高密实度混凝土，碳化、硫酸盐反应可以通过堵塞微细孔而进一步提高混凝土表层区域的密实度且保持

其完整性"不胀裂崩溃"，增大有害介质进入钢筋界面及混凝土内部的难度；而对 C35～C60 强度等级的中等密实度混凝土，害益并存难定其主流作用。

③ 碱度对混凝土的阻锈性能和抗硫酸盐腐蚀性能的影响是相互矛盾的。混凝土内部（钢筋周边）的 pH 值控制在 11.5～12.4 之间，能够比较好地满足海工混凝土钢筋阻锈和抗硫酸盐腐蚀的要求。

总之，海工环境下 PHC 管桩防腐的关键在于确保沉桩结束后混凝土保护层的完整性，而不是一味地提高混凝土保护层厚度，日本对其使用了 50～65 年的离心成型的薄壁管桩（保护层厚度 15.4～26.3mm）开挖后破开混

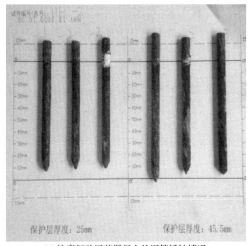

(a) 掺磨细砂压蒸混凝土的钢筋锈蚀情况

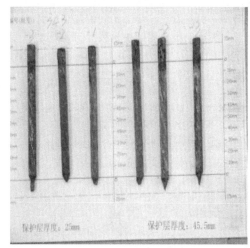

(b) 纯水泥压蒸混凝土的钢筋锈蚀情况

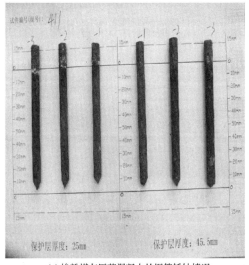

(c) 掺粉煤灰压蒸混凝土的钢筋锈蚀情况

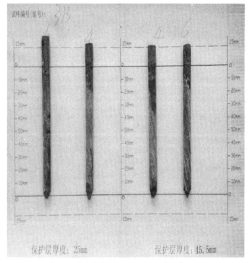

(d) 掺磨细矿渣粉压蒸混凝土的钢筋锈蚀情况

图 5　不同混凝土保护层厚度、不同碱度对 PHC 管桩中钢筋锈蚀性能的影响

凝土保护层，其钢筋保护良好，并未锈蚀[5]。这在一定程度上说明 PHC 管桩只要能保证桩身混凝土保护层完好，即使只有 10～20mm 的厚度，也可以保障裸身桩能够长久抵抗滨海城市一般腐蚀介质的侵蚀。现下锤击/静压施工方法对厚度 40～60mm 的 PHC 管桩桩身混凝土保护层的摧毁是必然的。

2　海工环境下预制桩基础防腐蚀的综合措施建议

海工环境下的预制桩基础，主要应该做好管桩端板接头处的防腐保护问题，要保证桩身保护层的完整性而不必纠集保护层多厚。

若采用锤击/静压施工的，尽量避免使用保护层厚度超过 40mm 的所谓"耐腐蚀桩"。若采用引孔植桩法施工，其保护层厚薄不限，只要承载力符合要求即可。也可从以下两个角度综合考虑：

（1）对于滨海城市建筑物、道桥的基础，地下水有一定的腐蚀性，但不是海水，此时可采用引孔植桩法施工的

普通 PHC 桩，能够保证桩身混凝土保护层完好性，同时还需注意处理好端头板连接处金属件的后浇混凝土的防腐保护。如果基础承载力不大，施工锤击数较少或静压力较小，也可以用锤击/静压法施工，但端板接头处需要用乙烯基鳞片涂料做防腐处理。

（2）对于直接接触海水的构筑物基础，可采用扩孔植桩法施工，既要保障桩的保护层完好，又要将桩整体埋入混凝土中，桩外侧混凝土厚度不小于 100mm，并做填芯处理，填芯混凝土强度等级为 C40，并需加入无机阻锈剂（如硝酸钙）。若水泥石灰土代替填充混凝土，则桩侧水泥石灰土的厚度应该在 500mm 以上，当然桩身外侧的包裹材料也需根据各工程的实际情况进行针对性设计。

3　结论

随着我国海洋战略和沿海滩涂开发的推进，建立在海水腐蚀环境下的实体工程越来越多，PHC 管桩耐久性问题也日益突出，现有的 PHC 管桩耐久性研究较少，人们对其也存在一定误解。本文主要针对当前海工环境下

PHC预制桩基础防腐误区进行探讨,并根据PHC管桩应用环境和施工特征,提出海工环境下预制桩基础防腐蚀的综合措施建议,为进一步研究解决耐久性问题奠定了基础。

参考文献:

[1] 张季超,唐孟雄,等. 预应力混凝土管桩耐久性问题探讨[J]. 岩土工程学报,2011,33(S2):490-493.

[2] 马旭. 预应力高强混凝土管桩基础耐久性研究[D]. 广州:广州大学,2013.

[3] 金舜,匡红杰,周杰. 我国预应力混凝土管桩的发展现状和发展方向[J]. 混凝土与水泥制品,2004,(1):27-29.

[4] 中华人民共和国住房和城乡建设部. 混凝土结构设计规范:GB 50010—2010[S]. 北京:中国建筑工业出版社,2015.

[5] 张日红. 日本离心成型混凝土管桩耐久性能相关研究调查简介[C]. 中国硅酸盐学会钢筋混凝土制品专业委员会、中国混凝土与水泥制品协会预制混凝土桩分会2017—2018年度年会暨学术交流会,2018:12-22.

[6] 日本道路协会. 道路橋示方書 同解説 Ⅳ下部構造編. 东京:九善出版,2012.

考虑施工扰动效应的大直径管桩纵向振动特性

李振亚，潘云超

（河海大学 岩土力学与堤坝工程教育部重点实验室，江苏 南京 210098）

摘 要：本文同时考虑桩周土及桩芯土的成层性和径向非均质性，建立大直径管桩纵向振动解析解。首先，通过土体性质沿径向的逐渐变化模拟施工扰动效应导致的土体径向非均质性；然后，通过分离变量和阻抗函数递推等方法求解桩土体系纵向振动控制方程，得到桩顶频域响应解析解；在此基础上，通过与已有解答的对比验证本文解的合理性，并通过一系列参数分析研究大直径管桩的纵向振动特性。

关键词：大直径管桩；纵向振动；施工扰动；复阻抗

作者简介：李振亚（1989— ），男，副教授，博士，主要从事桩土相互作用方面的教学和科研。E-mail：jllizhenya@163.com。

Vertical vibration of a large-diameter pipe pile considering the construction disturbance effect

LI Zhen-ya，PAN Yun-chao

（Key Laboratory of Ministry of Education for Geomechanics and Embankment Engineering，Hohai University，Nanjing Jiangsu 210098）

Abstract：An analytical solution for the vertical vibration of a large-diameter pipe pile is established considering the vertical and radial inhomogeneity of both the outer and inner soil. The radial inhomogeneity of the soil is simulated by gradually variation of soil parameters in the radial direction. The complex impedance at the pile head is obtained by introducing the variable separation method and impedance function transfer method. On this basis，the proposed solution is compared with existing solutions to verify its rationality，and parametric studies are conducted to investigate the vertical vibration characteristics of the pipe pile.

Key words：large-diameter pipe pile；vertical vibration；construction disturbance effect；complex impedance

0 引言

桩的振动理论研究能够为桩的动力设计及无损检测提供指导，得到了众多学者的关注。近几十年来，一系列桩-土相互作用模型如 Winkler 模型[1,2]、平面应变模型[3]、三维轴对称模型[4] 及同时考虑土体竖向和径向位移的连续介质模型[5-7] 等的提出极大地促进了这一领域的发展。

上述研究主要针对实心桩开展，而事实上，大直径管桩在工程中同样应用广泛。与实心桩不同，大直径管桩在成桩过程中会使得部分土体进入管桩内部而形成土塞（即桩芯土）。为更全面地揭示大直径管桩的动力特性，桩芯土与管桩之间的相互作用也应同时考虑。目前，主要有两种方法来考虑桩芯土与管桩之间的动力相互作用。一种是采用弹簧-阻尼模型模拟桩芯土[8-10]，另一种是对桩芯土建立类似于桩周土的振动控制方程，并通过求解方程得到桩芯土与管桩之间的动力相互作用。由于第一种方法中相关模型参数的取值尚缺少依据，相关研究主要集中在第二种方法上。郑长杰等[11] 建立了同时考虑桩周土及桩芯土竖向波动效应的管桩振动解析解，并在此基础上建立了同时考虑土体竖向及径向波动的更为严格的解答[12]。但相关解答均假设土体为均质各向同性介质，并未全面反映工程实际状况。

一般情况下，土体不仅在竖向上成层分布，而且会因为成桩过程中的扰动而表现出径向的非均质性。已有研究表明，土体径向非均质性对桩的振动特性影响很大[13]，成为不可忽视的一大因素。鉴于此，本文建立了同时考虑桩周土及桩芯土成层性和径向非均质性的管桩纵向振动理论解答，并通过参数分析的方法研究施工扰动效应对大直径管桩振动特性的影响规律。

1 数学模型与控制方程

桩土相互作用模型如图 1 所示。桩的长度、外半径、内半径及壁厚分别为 l_p、r_w、r_c 和 r_b。根据土体在竖向上的成层性，将桩土体系划分为 n 段，其中第 i 层土的厚度为 l_i，其顶部与桩顶的距离为 h_i。桩周土及桩芯土均沿径向划分为 m 个径向圈层，第 i 层第 k 圈层桩周土及桩芯土的内半径分别为 $r_{i,k}$ 和 $r_{ci,k}$。相邻土层间的动力相互作用 Voigt 模型近似模拟，其中第 i 层第 k 圈层桩周土顶部的弹簧及阻尼系数分别为 $k_{i+1,k}$ 和 $\delta_{i+1,k}$，底部的弹簧及阻尼系数分别为 $k_{i,k}$ 和 $\delta_{i,k}$；第 i 层第 k 圈层桩芯土顶部的弹簧及阻尼系数分别为 $k_{ci+1,k}$ 和 $\delta_{ci+1,k}$，底部的

基金项目：国家自然科学基金青年基金项目（51808190）。

弹簧及阻尼系数分别为 $k_{ci,k}$ 和 $\delta_{ci,k}$。桩与桩底土之间的动力相互作用也采用 Voigt 模型模拟，相应的模型参数分别为 k_b 和 δ_b。分析过程中做了如下基本假设：

（1）桩为竖直、弹性的均匀截面空心杆件，振动过程中与桩周土及桩芯土接触良好；

（2）土体顶部为自由边界，且土体沿径向无限延伸，仅考虑土体的竖向位移而忽略其径向位移；

（3）振动过程中，桩土体系满足线弹性及小变形假定，且桩土之间及相邻圈层之间满足力的平衡及位移连续条件。

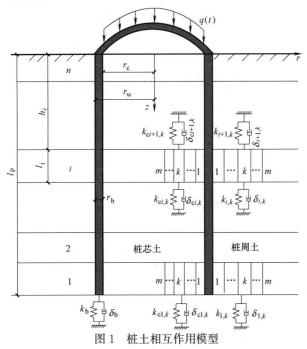

图 1 桩土相互作用模型

Fig. 1 Pile-soil interaction model

轴对称条件下桩周土的振动控制方程为：

$$\left[(\lambda_{i,k}+2G_{i,k})+\mathrm{i}(\lambda'_{i,k}+2G'_{i,k})\right]\frac{\partial^2}{\partial z^2}u_{i,k}+$$

$$(G_{i,k}+\mathrm{i}G'_{i,k})\left(\frac{1}{r}\frac{\partial}{\partial r}+\frac{\partial^2}{\partial r^2}\right)u_{i,k}=\rho_{i,k}\frac{\partial^2}{\partial t^2}u_{i,k}\quad(1)$$

式中：$u_{i,k}=u_{i,k}(r,z,t)$ 为桩周土竖向位移；$\lambda_{i,k}=E_{i,k}\mu_{i,k}/\left[(1+\mu_{i,k})(1-2\mu_{i,k})\right]$ 为 Lame 常数；$G_{i,k}=\rho_{i,k}v_{i,k}^2$ 为土体剪切模量；$E_{i,k}$、$\mu_{i,k}$、$v_{i,k}$ 和 $\rho_{i,k}$ 分别为桩周土弹性模量、泊松比、剪切波速和密度；$\lambda'_{i,k}$ 和 $G'_{i,k}$ 分别表示与 Lame 常数和剪切模量相关的系数；$\mathrm{i}=\sqrt{-1}$。

近似地，桩芯土振动控制方程可表示为：

$$\left[(\lambda_{ci,k}+2G_{ci,k})+\mathrm{i}(\lambda'_{ci,k}+2G'_{ci,k})\right]\frac{\partial^2}{\partial z^2}u_{ci,k}+$$

$$(G_{ci,k}+\mathrm{i}G'_{ci,k})\left(\frac{1}{r}\frac{\partial}{\partial r}+\frac{\partial^2}{\partial r^2}\right)u_{ci,k}=\rho_{ci,k}\frac{\partial^2}{\partial t^2}u_{ci,k}\quad(2)$$

式中，$u_{ci,k}=u_{ci,k}(r,z,t)$ 为桩芯土竖向位移；$\lambda_{ci,k}=E_{ci,k}\mu_{ci,k}/\left[(1+\mu_{ci,k})(1-2\mu_{ci,k})\right]$ 为 Lame 常数；$G_{ci,k}=\rho_{ci,k}v_{ci,k}^2$ 为桩芯土剪切模量；$E_{ci,k}$、$\mu_{ci,k}$、$v_{ci,k}$ 和 $\rho_{ci,k}$ 分别为桩芯土弹性模量、泊松比、剪切波速和密度。

桩的振动控制方程可表示为：

$$E_{pi}A_{pi}\frac{\partial^2}{\partial z^2}u_{pi}-\rho_{pi}A_{pi}\frac{\partial^2}{\partial t^2}u_{pi}-2\pi r_{i,1}f_i-2\pi r_{ci,1}f_{ci}=0$$

$$(3)$$

式中，$u_{pi}=u_{pi}(z,t)$、E_{pi} 和 A_{pi} 分别表示桩的竖向位移、弹性模量和横截面积；$f_i=f_i(r_{i,1},z,t)$ 和 $f_{ci}=f_{ci}(r_{ci,1},z,t)$ 表示桩周土及桩芯土与管桩之间的摩擦力。

2 桩-土体系振动方程求解

2.1 桩周土方程求解

采用与 Yang 等[14] 实心桩桩周土类似的求解方法，并引入局部坐标系，可得到第 i 层第 k 圈层桩周土的位移为：

$$U_{i,k}=\begin{cases}\sum_{j=1}^{\infty}A_{i,kj}K_0(\gamma_{i,kj}r)\cos(\beta_{i,kj}z'-\varphi_{i,kj}) & k=m \\ \sum_{j=1}^{\infty}\left[B_{i,kj}I_0(\gamma_{i,kj}r)+C_{i,kj}K_0(\gamma_{i,kj}r)\right]\cos(\beta_{i,kj}z'-\varphi_{i,kj}) & k=1,2,\cdots,m-1\end{cases}\quad(4)$$

式中：$z'=z-h_i$；$U_{i,k}=U_{i,k}(r,z',s)$ 为 $u_{i,k}$ 的 Laplace 变换形式；$A_{i,kj}$、$B_{i,kj}$ 及 $C_{i,kj}$ 均为待定系数，其中 $B_{i,kj}$ 与 $C_{i,kj}$ 的比例系数，此处定义为 $M_{i,kj}$，可根据相邻圈层间的位移及力的连续条件求得[14]；$I_0(\gamma_{i,kj}r)$ 和 $K_0(\gamma_{i,kj}r)$ 为零阶修正 Bessel 函数；$\gamma_{i,kj}^2=\dfrac{\{\xi_{i,k}^2+\mathrm{i}[\eta_{vi,k}(\xi_{i,k}^2-2)+2\eta_{si,k}]\}\beta_{i,kj}^2-(\omega/v_{i,k})^2}{1+\mathrm{i}\eta_{si,k}}$，$\xi_{i,k}=c_{i,k}/v_{i,k}=\sqrt{2(1-\mu_{i,k})/(1-2\mu_{i,k})}$，$\eta_{si,k}=G'_{i,k}/G_{i,k}$，$\eta_{vi,k}=\lambda'_{i,k}/\lambda_{i,k}$；$\varphi_{i,kj}=\arctan(\overline{K'_{i,k}}/\beta_{i,kj}l_i)$，其

中特征值 $\beta_{i,kj}$ 由下式确定：

$$\tan(\beta_{i,kj}l_i)=(\overline{K_{i,k}}+\overline{K'_{i,k}})\beta_{i,kj}l_i/\left[(\beta_{i,kj}l_i)^2-\overline{K_{i,k}}\ \overline{K'_{i,k}}\right]$$

$$(5)$$

式中：$\overline{K_{i,k}}=(k_{i,k}+\mathrm{i}\omega\delta_{i,k})l_i/E_{i,k}$ 和 $\overline{K'_{i,k}}=(k_{i+1,k}+\mathrm{i}\omega\delta_{i+1,k})l_i/E_{i,k}$ 为第 i 层第 k 圈层桩周土层底部和顶部的无量纲复刚度。

在方程（5）的基础上，可得到相邻圈层间的剪应力为：

$$\tau_{i,k} = \begin{cases} -G_{i,k}(1+\mathrm{i}\eta_{si,k})\sum\limits_{j=1}^{\infty}A_{i,kj}\gamma_{i,kj}K_1(\gamma_{i,kj}r_{i,k})\cos(\beta_{i,kj}z'-\varphi_{i,kj}) & k=m \\ G_{i,k}(1+\mathrm{i}\eta_{si,k})\sum\limits_{j=1}^{\infty}\begin{Bmatrix}[B_{i,kj}\gamma_{i,kj}I_1(\gamma_{i,kj}r_{i,k})-C_{i,kj}\gamma_{i,kj}K_1(\gamma_{i,kj}r_{i,k})]\\ \cos(\beta_{i,kj}z'-\varphi_{i,kj})\end{Bmatrix} & k=1,2,\cdots,m-1 \end{cases} \tag{6}$$

式中：$I_1(\gamma_{i,kj}r_{i,k})$ 和 $K_1(\gamma_{i,kj}r_{i,k})$ 均为一阶修正 Bessel 函数。

2.2 桩芯土方程求解

采用与桩周土类似的求解方法，并根据桩芯土特殊的边界条件，即轴心位置处桩芯土位移为有限值，可得桩芯土位移幅值为：

$$U_{ci,k} = \begin{cases} \sum\limits_{j=1}^{\infty}B_{ci,kj}I_0(\gamma_{ci,kj}r)\cos(\beta_{ci,kj}z'-\varphi_{ci,kj}) & k=m \\ \sum\limits_{j=1}^{\infty}[B_{ci,kj}I_0(\gamma_{ci,kj}r)+C_{ci,kj}K_0(\gamma_{ci,kj}r)]\cos(\beta_{ci,kj}z'-\varphi_{ci,kj}) & k=1,2,\cdots,m-1 \end{cases} \tag{7}$$

式中：$U_{ci,k}$ 为 $u_{ci,k}$ 的 Laplace 变换形式；$\gamma_{ci,kj}^2 = \dfrac{\{\xi_{ci,k}^2+\mathrm{i}[\eta_{cvi,k}(\xi_{ci,k}^2-2)+2\eta_{csi,k}]\}\beta_{ci,kj}^2-(\omega/v_{ci,k})^2}{1+\mathrm{i}\eta_{csi,k}}$；$\varphi_{ci,kj}=\arctan(\overline{K'_{ci,k}}/\beta_{ci,kj}l_i)$，$\tan(\beta_{ci,kj}l_i)=(\overline{K_{ci,k}}+\overline{K'_{ci,k}})\beta_{ci,kj}l_i/[(\beta_{ci,kj}l_i)^2-\overline{K_{ci,k}K'_{ci,k}}]$，$\overline{K_{ci,k}}=(k_{ci,k}+\mathrm{i}\omega\delta_{ci,k})l_i/E_{ci,k}$，$\overline{K'_{ci,k}}=(k_{ci+1,k}+\mathrm{i}\omega\delta_{ci+1,k})l_i/E_{ci,k}$；$A_{ci,kj}$、$B_{ci,kj}$ 和 $C_{ci,kj}$ 均为待定系数。

桩芯土相邻圈层的剪应力可表示为：

$$\tau_{ci,k} = \begin{cases} G_{ci,k}(1+\mathrm{i}\eta_{csi,k})\sum\limits_{j=1}^{\infty}A_{ci,kj}\gamma_{ci,kj}I_1(\gamma_{ci,kj}r_{ci,k})\cos(\beta_{ci,kj}z'-\varphi_{ci,kj}) & k=m \\ G_{ci,k}(1+\mathrm{i}\eta_{csi,k})\sum\limits_{j=1}^{\infty}\begin{Bmatrix}[B_{ci,kj}\gamma_{ci,kj}I_1(\gamma_{ci,kj}r_{ci,k})-C_{ci,kj}\gamma_{ci,kj}K_1(\gamma_{ci,kj}r_{ci,k})]\\ \cos(\beta_{ci,kj}z'-\varphi_{ci,kj})\end{Bmatrix} & k=1,2,\cdots,m-1 \end{cases} \tag{8}$$

根据桩芯土相邻圈层间的连续性条件，可得：

当 $k=m-1$ 时：

$$M_{ci,kj}=\frac{B_{ci,kj}}{C_{ci,kj}}=\frac{\begin{matrix}G_{ci,(m-1)}(1+\mathrm{i}\eta_{csi,(m-1)})\gamma_{ci,(m-1)j}K_1(\gamma_{ci,(m-1)j}r_{ci,m})I_0(\gamma_{ci,mj}r_{ci,m})+\\ G_{ci,m}(1+\mathrm{i}\eta_{csi,m})\gamma_{ci,mj}K_0(\gamma_{ci,(m-1)j}r_{ci,m})I_1(\gamma_{ci,mj}r_{ci,m})\end{matrix}}{\begin{matrix}G_{ci,(m-1)}(1+\mathrm{i}\eta_{csi,(m-1)})\gamma_{ci,(m-1)j}I_1(\gamma_{ci,(m-1)j}r_{ci,m})I_0(\gamma_{ci,mj}r_{ci,m})-\\ G_{ci,m}(1+\mathrm{i}\eta_{csi,m})\gamma_{ci,mj}I_0(\gamma_{ci,mj}r_{ci,m})I_1(\gamma_{ci,mj}r_{ci,m})\end{matrix}} \tag{9}$$

当 $k=1,2,\cdots,m-2$ 时：

$$M_{ci,kj}=\frac{\begin{matrix}G_{ci,k}(1+\mathrm{i}\eta_{csi,k})\gamma_{ci,kj}I_1(\gamma_{ci,kj}r_{ci,(k+1)})\cdot\\ [M_{ci,(k+1)j}I_0(\gamma_{ci,(k+1)j}r_{ci,(k+1)})+K_0(\gamma_{ci,(k+1)j}r_{ci,(k+1)})]-\\ G_{ci,(k+1)}(1+\mathrm{i}\eta_{csi,(k+1)})\gamma_{ci,(k+1)j}I_0(\gamma_{ci,kj}r_{ci,(k+1)})\cdot\\ [M_{ci,(k+1)j}I_1(\gamma_{ci,(k+1)j}r_{ci,(k+1)})-K_1(\gamma_{ci,(k+1)j}r_{ci,(k+1)})]\end{matrix}}{\begin{matrix}G_{ci,k}(1+\mathrm{i}\eta_{csi,k})\gamma_{ci,kj}K_1(\gamma_{ci,kj}r_{ci,(k+1)})\cdot\\ [M_{ci,(k+1)j}I_0(\gamma_{ci,(k+1)j}r_{ci,(k+1)})+K_0(\gamma_{ci,(k+1)j}r_{ci,(k+1)})]+\\ G_{ci,(k+1)}(1+\mathrm{i}\eta_{csi,(k+1)})\gamma_{ci,(k+1)j}K_0(\gamma_{ci,kj}r_{ci,(k+1)})\cdot\\ [M_{ci,(k+1)j}I_1(\gamma_{ci,(k+1)j}r_{ci,(k+1)})-K_1(\gamma_{ci,(k+1)j}r_{ci,(k+1)})]\end{matrix}} \tag{10}$$

2.3 管桩方程求解

对式（3）进行 Laplace 变换，并结合式（6）和式（8）以及桩-土之间的连续性条件，可得

$$c_{pi}^2\frac{\partial^2 U_{pi}}{\partial(z')^2}+\omega^2 U_{pi}+$$

$$\frac{2\pi r_{i,1}G_{i,1}(1+\mathrm{i}\eta_{si,1})}{\rho_{pi}A_{pi}}\sum\limits_{j=1}^{\infty}\begin{Bmatrix}[B_{i,1j}\gamma_{i,1j}I_1(\gamma_{i,1j}r_{i,1})-C_{i,1j}\gamma_{i,1j}K_1(\gamma_{i,1j}r_{i,1})]\\ \cos(\beta_{i,1j}z'-\varphi_{i,1j})\end{Bmatrix}-$$

$$\frac{2\pi r_{ci,1}G_{ci,1}(1+\mathrm{i}\eta_{csi,1})}{\rho_{pi}A_{pi}}\sum\limits_{j=1}^{\infty}\begin{Bmatrix}[B_{ci,1j}\gamma_{ci,1j}I_1(\gamma_{ci,1j}r_{ci,1})-C_{ci,1j}\gamma_{ci,1j}K_1(\gamma_{ci,1j}r_{ci,1})]\\ \cos(\beta_{ci,1j}z'-\varphi_{ci,1j})\end{Bmatrix}=0 \tag{11}$$

式中：U_{pi} 为 u_{pi} 的 Laplace 变换；c_{pi} 为管桩纵波速。

求解方程（11），并近似认为靠近桩身的桩周土及桩芯土扰动程度相同，则管桩位移幅值可表示为：

$$U_{pi} = D_i \left[\cos\left(\frac{\overline{\lambda_i}}{l_i} z'\right) + \sum_{j=1}^{\infty} \kappa'_{ij} \cos(\beta_{Ti,1j} z' - \varphi_{Ti,1j}) \right] +$$
$$D'_i \left[\sin\left(\frac{\overline{\lambda_i}}{l_i} z'\right) - \sum_{j=1}^{\infty} \kappa''_{ij} \cos(\beta_{Ti,1j} z' - \varphi_{Ti,1j}) \right] \tag{12}$$

式中：$\kappa'_{ij} = \kappa_{ij} \left[\dfrac{\sin\left[(\overline{\lambda_i} - \overline{\beta_{Ti,1j}}) + \varphi_{Ti,1j}\right] - \sin(\varphi_{Ti,1j})}{\overline{\lambda_i} - \overline{\beta_{Ti,1j}}} + \dfrac{\sin\left[(\overline{\lambda_i} + \overline{\beta_{Ti,1j}}) - \varphi_{Ti,1j}\right] + \sin(\varphi_{Ti,1j})}{\overline{\lambda_i} + \overline{\beta_{Ti,1j}}} \right]$；$\kappa''_{ij} = \kappa_{ij} \left[\dfrac{\cos\left[(\overline{\lambda_i} + \overline{\beta_{Ti,1j}}) - \varphi_{Ti,1j}\right] - \cos(\varphi_{Ti,1j})}{\overline{\lambda_i} + \overline{\beta_{Ti,1j}}} + \dfrac{\cos\left[(\overline{\lambda_i} - \overline{\beta_{Ti,1j}}) + \varphi_{Ti,1j}\right] - \cos(\varphi_{Ti,1j})}{\overline{\lambda_i} - \overline{\beta_{Ti,1j}}} \right]$；

$\kappa_{ij} = \dfrac{\chi_{ij}}{L_{ij} Y_{ij}}$；$\chi_{ij} = \dfrac{\overline{r_{i,1}} \rho_{i,1} \overline{v_{i,1}}^2 (1 + i\eta_{si,1}) \overline{\gamma_{i,1j}} R_{ij} \left[M_{i,1j} I_1(\gamma_{i,1j} r_{i,1}) - K_1(\gamma_{i,1j} r_{i,1}) \right] - \overline{r_{ci,1}} \rho_{ci,1} \overline{v_{ci,1}}^2 (1 + i\eta_{csi,1}) \overline{\gamma_{ci,1j}} \left[M_{ci,1j} I_1(\gamma_{ci,1j} r_{ci,1}) - K_1(\gamma_{ci,1j} r_{ci,1}) \right]}{(\overline{r_{i,1}}^2 - \overline{r_{ci,1}}^2)\left[-\omega^2 t_i^2 + \overline{\beta_{Ti,1j}}^2 \right]}$；$Y_{ij} = M_{ci,1j} I_0(\gamma_{ci,1j} r_{ci,1}) + K_0$

$(\gamma_{ci,1j} r_{ci,1}) - 2\chi_{ij}$；$L_{ij} = \dfrac{1}{l_i} \int_0^{l_i} \cos^2(\beta_{Ti,1j} z' - \varphi_{Ti,1j}) \mathrm{d}z'$；$R_{ij} = \dfrac{M_{ci,1j} I_0(\gamma_{ci,1j} r_{ci,1}) + K_0(\gamma_{ci,1j} r_{ci,1})}{M_{i,1j} I_0(\gamma_{i,1j} r_{i,1}) + K_0(\gamma_{i,1j} r_{i,1})}$；$\overline{\lambda_i} = \omega t_i$、$\overline{\beta_{Ti,1j}} = \beta_{Ti,1j} l_i$、$\overline{\gamma_{i,1j}} = \gamma_{i,1j} l_i$、$\overline{\gamma_{ci,1j}} = \gamma_{ci,1j} l_i$、$\overline{v_{i,1}} = v_{i,1}/c_{pi}$、$\overline{v_{ci,1}} = v_{ci,1}/c_{pi}$、$\overline{\rho_{i,1}} = \rho_{i,1}/\rho_{pi}$、$\overline{\rho_{ci,1}} = \rho_{ci,1}/\rho_{pi}$、$\overline{r_{i,1}} = r_{i,1}/l_i$ 和 $\overline{r_{ci,1}} = r_{ci,1}/l_i$ 均为无量纲量；$\beta_{Ti,1j} = \beta_{i,1j} = \beta_{ci,1j}$；$\varphi_{Ti,1j} = \varphi_{i,1j} = \varphi_{ci,1j}$。

第 i 段桩顶部的位移阻抗可表示为：

$$Z_{pi} = -\frac{E_{pi} A_{pi}}{l_i} \frac{\dfrac{D_i}{D'_i} \sum\limits_{j=1}^{\infty} \kappa'_{ij} \overline{\beta_{Ti,1j}} \sin\varphi_{Ti,1j} + \overline{\lambda_i} - \sum\limits_{j=1}^{\infty} \kappa''_{ij} \overline{\beta_{Ti,1j}} \sin\varphi_{Ti,1j}}{\dfrac{D_i}{D'_i}\left(1 + \sum\limits_{j=1}^{\infty} \kappa'_{ij} \cos\varphi_{Ti,1j}\right) - \sum\limits_{j=1}^{\infty} \kappa''_{ij} \cos\varphi_{Ti,1j}} \tag{13}$$

式中：$\dfrac{D_i}{D'_i} = \dfrac{\dfrac{Z_{p(i-1)} l_i}{E_{pi} A_{pi}} \left[\sin(\overline{\lambda_i}) - \sum\limits_{j=1}^{\infty} \kappa''_{ij} \cos(\overline{\beta_{Ti,1j}} - \varphi_{Ti,1j}) \right] + \overline{\lambda_i} \cos(\overline{\lambda_i}) + \sum\limits_{j=1}^{\infty} \kappa''_{ij} \overline{\beta_{Ti,1j}} \sin(\overline{\beta_{Ti,1j}} - \varphi_{Ti,1j})}{-\dfrac{Z_{p(i-1)} l_i}{E_{pi} A_{pi}} \left[\cos(\overline{\lambda_i}) + \sum\limits_{j=1}^{\infty} \kappa'_{ij} \cos(\overline{\beta_{Ti,1j}} - \varphi_{Ti,1j}) \right] + \overline{\lambda_i} \sin(\overline{\lambda_i}) + \sum\limits_{j=1}^{\infty} \kappa'_{ij} \overline{\beta_{Ti,1j}} \sin(\overline{\beta_{Ti,1j}} - \varphi_{Ti,1j})}$；$Z_{p(i-1)}$ 为第 $i-1$ 段桩顶部的位移阻抗。

通过进一步的阻抗函数递推，可得到桩顶位移阻抗为：

$$Z_{pn} = -\frac{E_{pn} A_{pn}}{l_n} \frac{\dfrac{D_n}{D'_n} \sum\limits_{j=1}^{\infty} \kappa'_{nj} \overline{\beta_{Tn,1j}} \sin\varphi_{Tn,1j} + \overline{\lambda_n} - \sum\limits_{j=1}^{\infty} \kappa''_{nj} \overline{\beta_{Tn,1j}} \sin\varphi_{Tn,1j}}{\dfrac{D_n}{D'_n}\left(1 + \sum\limits_{j=1}^{\infty} \kappa'_{nj} \cos\varphi_{Tn,1j}\right) - \sum\limits_{j=1}^{\infty} \kappa''_{nj} \cos\varphi_{Tn,1j}} \tag{14}$$

Z_{pn} 可进一步表示为：

$$Z_{pn} = K_p + i \cdot C_p \tag{15}$$

式中：K_p 和 C_p 分别表示桩顶动刚度和动阻尼。

3 模型验证与参数分析

本节首先通过与已有文献的对比验证本文解的合理性，然后通过参数分析的方法，研究大直径管桩的纵向振动特性以及与施工扰动的关系。

3.1 模型验证

在忽略施工扰动效应情况下，本文解可退化为均质土中管桩的振动问题。将退化解与郑长杰等[11] 的解答进行对比，桩的长度、弹性模量、外半径、内半径、密度分别为 10m、25GPa、0.6m、0.4m、2500kg/m³；土的密度和剪切模量分别为 1800kg/m³ 和 15MPa。对比结果如图 2 所示，由图可知，两者吻合较好。

3.2 参数分析

若无特别说明，桩-土参数取值如下：桩的长度、弹性模量、外半径、内半径、密度分别为 10m、25GPa、0.6m、0.4m、2500kg/m³；桩底土的密度和剪切模量分别为 1800kg/m³ 和 15MPa；桩周土及桩芯土的密度为 1800kg/m³，扰动范围为 $r_d = 0.1$m；土层间的支承刚度及阻尼系数分别为 5000N/m³ 和 5000N·s/m³。

土体扰动范围对大直径管桩桩顶复阻抗的影响如图 3 和图 4 所示，剪切模量由未扰动区域的 15MPa 线性增大

（减小）至靠近桩身位置的 20MPa（10MPa）来模拟土体的硬化（软化）。由图 3 可知，随着土体硬化范围的增大，动刚度和动阻尼的幅值均逐渐减小，当硬化范围达到 0.1m 时，其继续增大对桩顶复阻抗的影响可以忽略，意

味着靠近桩身区域的土体对管桩的影响更为明显。图 4 则相反，即管桩复阻抗的幅值会随着土体软化范围的增大而增大，相似的是软化范围的影响也存在一个临界值，超出之后则对桩的振动几乎不再产生影响。

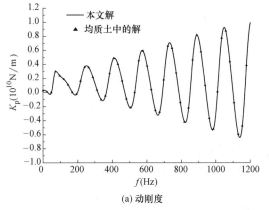
(a) 动刚度

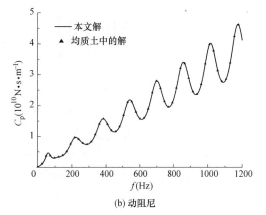
(b) 动阻尼

图 2　与均质土解答的对比

Fig. 2　Comparison with the solution for the homogeneous soil

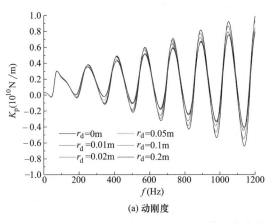
(a) 动刚度

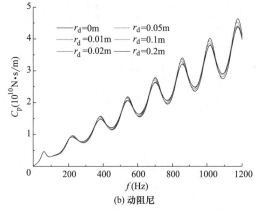
(b) 动阻尼

图 3　土体硬化范围对桩顶复阻抗的影响

Fig. 3　Influence of soil strengthening range on the complex impedance at the pile head

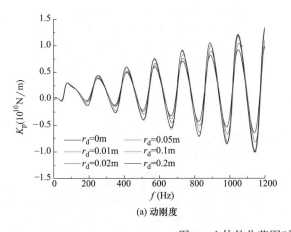
(a) 动刚度

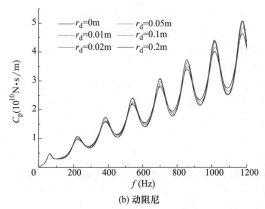
(b) 动阻尼

图 4　土体软化范围对桩顶复阻抗的影响

Fig. 4　Influence of soil weakening range on the complex impedance at the pile head

土体扰动程度对大直径管桩桩顶复阻抗的影响如图 5 和图 6 所示，其中土体扰动程度用 x 表示，$x > 1$ 则表示土体因扰动硬化，$x < 1$ 则表示土体软化。由图 5 可知，

随着土体硬化程度的增大，桩顶动刚度和动阻尼的幅值均逐渐减小，且动刚度所受影响较动阻尼更为显著。图 6 则表明，复阻抗的幅值随土体软化程度的增大而增大。

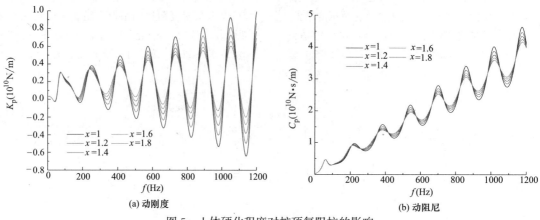

图 5　土体硬化程度对桩顶复阻抗的影响

Fig. 5　Influence of soil strengthening degree on the complex impedance at the pile head

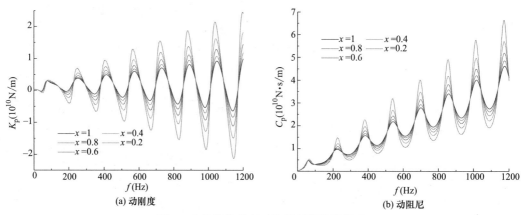

图 6　土体软化程度对桩顶复阻抗的影响

Fig. 6　Influence of soil weakening degree on the complex impedance at the pile head

4　结论

本文建立了同时考虑桩周土及桩芯土成层性和径向非均质性的大直径管桩纵向振动解析解，通过与已有文献的对比验证了解的合理性，参数分析得到如下结论：

（1）随着土体硬化（软化）范围的增大，动刚度和动阻尼的幅值均逐渐减小（增大），且近桩土体的影响较远桩土体更为明显；

（2）随着土体硬化（软化）程度的增大，桩顶动刚度和动阻尼的幅值均逐渐减小（增大），且动刚度所受影响较动阻尼更为显著。

参考文献：

［1］　NOGAMI T, KONAGAI K. Dynamic response of vertically loaded nonlinear pile foundations［J］. Journal of Geotechnical Engineering, 1987, 113：147-160.

［2］　WANG K, WU W, ZHANG Z, et al. Vertical dynamic response of an inhomogeneous viscoelastic pile［J］. Computers and Geotechnics 2010, 37：536-544.

［3］　王宁, 王奎华. 桩底土的成层性对桩体纵向刚度的影响［J］. 岩石力学与工程学报, 2013, 32（5）：1042-1048.（WANG Ning, WANG Kuihua. Influence of layering of stratum under pile tip on pile longitudinal stiffness［J］. Chi-nese Journal of Rock Mechanics and Engineering, 2013, 32（5）：1042-1048.）

［4］　NOGAMIN T, NOVAK M. Soil-pile interaction in vertical vibration［J］. Earthquake Engineering and Structural Dy-namics, 1976, 4：277-293.

［5］　王奎华, 阙仁波, 夏建中. 考虑土体真三维波动效应时桩的振动理论及对近似理论的校核［J］. 岩石力学与工程学报, 2005, 24（8）：1362-1370.（WANG Kuihua, QUE Renbo, XIA Jianzhong. Theory of pile vibration considering true three-dimensional wave effect of soil and its check on the approximate theories［J］. Chinese Journal of Rock Mechan-ics and Engineering, 2005, 24（8）：1362-1370.）

［6］　李强, 王奎华, 谢康和. 饱和土中大直径嵌岩桩纵向振动特性研究［J］. 振动工程学报, 2005, 18（4）：500-505.（Li Qiang, WANG Kuihua, XIE Kanghe. Dynamic response for vertical vibration of large diameter pile in saturated soil. Journal of Vibration Engineering, 2005, 18（4）：500-505.）

［7］　WU Wenbing, WANG Kuihua, ZHANG Zhiqing, et al. Soil-pile interaction in the pile vertical vibration considering true three-dimensional wave effect of soil［J］. International Journal for Numerical and Analytical Methods in Geome-chanics, 2013, 37：2860-2876.

［8］　吴文兵, 蒋国盛, 王奎华, 等. 土塞效应对管桩纵向振动特性的影响研究［J］. 岩土工程学报, 2014, 36（6）：1129-1141.（WU Wenbing, JIANG Guosheng, WANG Kuihua, et al. Influence of soil plug effect on vertical dynamic response of pipe piles [J]. Chinese Journal of Geotechnical Engineering, 2014, 36(6): 1129-1141.)

[9] DING Xuanming, LIU Hanlong, ZHANG Bo. High-frequency interference in low strain integrity testing of large-diameter pipe piles [J]. Science China Technological Sciences, 2011, 54(2): 420-430.

[10] LIU H, JIANG G, EL NAGGAR MH, et al. Influence of soil plug effect on the torsional dynamic response of a pipe pile[J]. Journal of Sound and Vibration, 2017, 410: 231-248.

[11] 郑长杰, 丁选明, 黄旭, 等. 滞回阻尼土中大直径管桩纵向振动响应解析解[J]. 岩石力学与工程学报, 2014, 33 (S1): 3284-3290. （ZHENG Changjie, DING Xuanming, HUANG Xu, et al. Analytical solution of vertical vibration response of large diameter pipe pile in hysteretic damping soil [J]. Chinese Journal of Rock Mechanics and Engineering, 2014, 33(S1): 3284-3290.)

[12] ZHENG C, DING X, SUN Y. Vertical vibration of a pipe pile in viscoelastic Soil considering the three-dimensional wave effect of Soil[J]. International Journal of Geomechnics, 2016, 16: 1-10.

[13] LI Z, WANG K. Vertical dynamic impedance of large-diameter pile considering its transverse inertia effect and construction disturbance effect[J]. Marine Georesources and Geotechnology, 2017, 35(2): 256-265.

[14] YANG DY, WANG KH, ZhANG ZQ, et al. Vertical dynamic response of pile in a radially heterogeneous soil layer [J]. International Journal for Numerical and Analytical Methods in Geomechnics, 2009, 33: 1039-1054.

基于随机场理论的水平受荷大直径单桩计算方法比较

张岳涵[1, 2]，张陈蓉[*1, 2]

（1. 同济大学 地下建筑与工程系，上海 200092；2. 同济大学岩土及地下工程教育部重点实验室，上海 200092）

摘　要：水平受荷单桩基础通常采用 API 规范的 p-y 曲线法来设计，目前普遍认为，API 规范对于大直径的单桩并不适用。本文基于砂土中水平受荷大直径单桩离心模型试验的结果，考虑土体参数的空间变异性，针对大直径单桩水平变形问题，引入随机场理论，采用蒙特卡洛模拟和有限差分计算相结合的方法，分别应用 API 规范 p-y 曲线和双曲线型 p-y 曲线进行模拟计算。系统研究了土体相对密实度的波动距离和变异系数对单桩水平变形的影响，从概率角度比较了两种 p-y 曲线在计算水平受荷大直径单桩变形方面的区别。计算表明：应用 API 规范 p-y 曲线相比双曲线型 p-y 曲线的计算结果更为离散，且随机计算的水平位移均值偏小，工程设计的不安全性有所增加。

关键词：近海风机；大直径桩；砂土；p-y 曲线；随机场；可靠度理论

作者简介：张岳涵（1996—　　），男，硕士研究生，主要从事岩土工程方面的研究。E-mail：zhangyh2896@tongji.edu.cn。

通讯作者：E-mail：zcrong33@tongji.edu.cn。

Comparison of calculation methods for large diameter single pile under lateral load based on random field theory

ZHANG Yue-han[1, 2]，ZHANG Chen-rong[*1, 2]

（1. Department of Geotechnical Engineering，Tongji University，Shanghai 200092，China；2. Key Laboratory of Geotechnical and Underground Engineering of Ministry of Education，Tongji University，Shanghai 200092，China）

Abstract：The p-y curve method of API code is usually used for the design of single pile foundation under horizontal load，but it is not suitable for single pile with large diameter. In this paper，based on the centrifugal model test of large diameter single pile under horizontal load in sand，considering the spatial variability of soil parameters，the random field theory is introduced to analyze the horizontal deformation of a large diameter pile，in which the method of Monte Carlo simulation and finite difference method is used to simulate the calculation with API p-y curve and hyperbolic p-y curve respectively. The influence of fluctuation distance and variation coefficient of soil relative density on horizontal deformation of single pile is studied systematically. From the perspective of probability，the difference between the two p-y curves in calculating the deformation of a large diameter pile under horizontal load is compared. The mean value of horizontal displacement calculated by API p-y curve is smaller than that calculated by hyperbolic p-y curve，which increases the insecurity of engineering design.

Key words：OWT；large diameter pile；sand；p-y curve；random field；reliability theory

0　引言

近海风电技术相比陆上具有诸多优势，如风力资源丰富、减少土地占用等，风力发电正逐渐从陆地转移到海上。但土体取样以及原位测试的成本、技术要求大大提高，导致海上环境中土体参数的不确定性增加。E. H. Vanmarcke[1] 通过引入变异系数和相关距离等空间概念，建立了土体剖面随机场模型，更真实地反映了土体参数的空间特性。

目前，单桩基础的非线性计算通常采用美国石油工程协会（API）的 p-y 曲线法。API 方法[3] 是一种半经验方法，基于桩径小于 1.5 m 桩基的一系列现场试验，对于大直径桩基并不适用。朱斌等[2] 通过离心模型试验研究认为对于水平受荷大直径单桩双曲线型 p-y 曲线更为合理。

本文基于砂土中水平受荷大直径单桩离心模型试验

的结果，考虑砂土参数的空间变异性，着重研究相对密实度的竖向相关距离及变异系数对水平受荷大直径单桩响应的影响规律。结合可靠度理论，比较 API 规范 p-y 曲线和双曲线型 p-y 曲线对水平受荷大直径单桩随机计算结果的影响，对实际工程问题具有一定的指导意义。

1　土体参数变异性与可靠度分析方法

1.1　随机场模型

土体参数的不确定性受大量随机因素的影响，张继周等[4] 的研究结果表明，对数正态分布是大量不确定性因素相乘的极限分布形式，且严格非负，符合土体的天然形成过程，故本文选取对数正态分布作为土体参数的概率分布类型。

土体参数呈现变异性的同时，还存在沿深度方向的自相关性，这种空间分布特征可以通过 Vanmarcke[1] 提

———————————
基金项目：国家自然科学基金项目（51779175）。

出的土体剖面随机场模型描述，变异系数和相关距离是建立随机场模型的关键参数。通常用相关距离 θ_z 描述自相关性的大小，相关距离越大表示土体参数的自相关性越强。对数正态分布随机场符合指数型相关系数函数[4]，相距为 τ_z 的两点间相关系数为：

$$\rho_{\mathrm{ln}}(\tau_z) = \exp\left(-\frac{2\tau_z}{\theta_z}\right) \tag{1}$$

对数正态随机场 Y 可以表示为：

$$Y \sim LN(\mu_{\mathrm{ln}}, \sigma_{\mathrm{ln}}) = \exp(\mu_{\mathrm{ln}} + \sigma_{\mathrm{ln}} X) \tag{2}$$

其中 $X \sim N(0, 1)$，是数学期望为 0，方差为 1 的高斯随机序列。对数正态分布的统计参数 μ_{ln} 和 σ_{ln} 可由土体随机参数的均值 μ 和标准差 σ 求得：

$$\left. \begin{array}{l} \mu_{\mathrm{ln}} = \ln\left(\dfrac{\mu}{\sqrt{1+\delta^2}}\right) \\ \sigma_{\mathrm{ln}} = \sqrt{\ln(1+\delta^2)} \end{array} \right\} \tag{3}$$

1.2 可靠度分析方法

传统的安全系数法不能考虑土体参数的不确定性，本文采用基于可靠度理论的概率设计方法对水平受荷单桩的性能进行评价和分析。

水平受荷单桩正常使用极限状态功能函数为：

$$g(u) = u_{\mathrm{lim}} - u \tag{4}$$

式中，u 为每次随机计算的桩顶水平位移；u_{lim} 为正常使用极限状态的桩顶水平位移限值。

蒙特卡洛模拟是解决岩土工程可靠度问题的一种常用方法，通过生成大量满足随机变量统计特性的随机数，根据功能函数取值为负的频率求得结构的失效概率。当 $g < 0$ 时，即为结构失效，失效概率表达式为：

$$P_{\mathrm{f}} = \frac{N_{\mathrm{f}}}{N} \times 100\% \tag{5}$$

式中，N 为对应工况的随机计算次数；N_{f} 为 N 次计算中 $g < 0$（结构失效）的次数。

2 桩土相互作用模型

单桩模型建模参数依据朱斌等[2] 离心模型试验原型桩选取，桩长 56.75m，埋深 50m，桩径 2.5m，壁厚 0.045m，杨氏弹性模量为 200GPa。选取编号为 S-1 的水平静力荷载试验进行分析，具体参数见表 1。

原型桩及荷载参数 表 1

Parameters of prototype pile and applied load

Table 1

原型桩参数	取值	荷载参数	取值
桩径 D(m)	2.5	水平荷载 V(kN)	4000
壁厚 t(m)	0.045	荷载高度(m)	6.75
埋深 z(m)	50	弯矩 M(N·m)	0
杨氏弹性模量 E(GPa)	200		

水平受荷桩的桩土系统简化为 Winkler 弹性地基梁受力模型，利用一系列弹簧模拟土体的响应，桩土模型简化

及离散如图 1 所示。采用差分方法进行计算求解，土弹簧单元的非线性刚度由 $p\text{-}y$ 曲线定义。

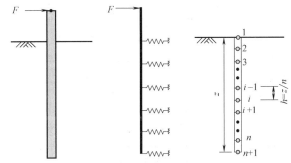

图 1 桩土模型简化及离散

Fig. 1 Simplification and dispersion of soil-pile interaction model

朱斌等[2] 基于离心模型试验结果给出了砂土中大直径水平受荷单桩的双曲线型 $p\text{-}y$ 曲线，其表达式为：

$$p = \frac{y}{\dfrac{1}{k_{\mathrm{ini}}} + \dfrac{y}{p_{\mathrm{u}}}} \tag{6}$$

式中，p_{u} 为桩周土的极限抗力；k_{ini} 为地基反力初始模量。

Zhang 等[5] 对桩周土极限抗力的计算方法做了分析总结，认为 Fleming 等[6] 提出的表达式更为合理：

$$p_{\mathrm{u}} = K_{\mathrm{P}}^2 \gamma' z D \tag{7}$$

其中，K_{P} 为被动土压力系数；γ' 为砂土的有效重度。

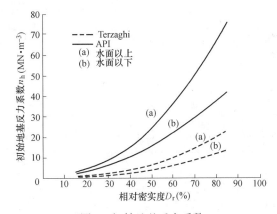

图 2 初始地基反力系数

Fig. 2 Coefficient of initial foundation reaction

离心模型试验表明地基反力初始模量 k_{ini} 与深度 z 的关系是非线性的，表达式如下

$$k_{\mathrm{ini}} = n_{\mathrm{h}} z^{0.7} \tag{8}$$

其中，n_{h} 为初始地基反力系数，与砂土的密实度有关。图 2 为初始地基反力系数建议值，在没有实测数据情况下采用 Terzaghi[7] 建议值，由图可见，对于相对密实度较大的砂土地基，API 规范的建议值明显偏大。

选取相对密实度 D_{r} 为随机参数，其余为确定性参数，得到计算所需的土体参数如表 2 所示。

土体参数	表 2
Parameters of soil	**Table 2**
确定性参数	取值
残余摩擦角 $\varphi_c(°)$	35
黏聚力 c(kPa)	0
泊松比 υ	0.25
有效重度 γ'(kN·m^{-3})	9.17
随机参数	
相对密实度均值	0.5

Bolton[8] 探讨了砂土的强度与剪胀性的关系，认为砂土的峰值内摩擦角 φ_p 与临界内摩擦角 φ_c 的差值与砂土的相对密实度 D_r 以及破坏时的平均有效围压 p_f 有关，定义评估砂土剪胀性的相对剪胀指标 I_R 为：

$$I_R = D_r(10 - \ln p_f) - 1 \quad (9)$$

给出了 φ_p 与 φ_c 的经验公式：

$$\varphi_p = \varphi_c + 3I_R \quad (10)$$

p-y 曲线表达式可表示为单一随机参数的函数。采用协方差矩阵分解法实现土体参数随机场，非本文研究重点，因此不对随机场具体实现过程加以介绍。

3 随机分析

结合随机场理论、有限差分法和蒙特卡洛方法，开展随机分析，选取砂土相对密实度 D_r 为唯一随机参数。参考相关学者对土体参数波动距离和变异系数取值的研究，选取基础工况条件如下：相对密实度竖向波动距离 θ_Z = 2m，水平波动距离 θ_X = ∞，即水平方向土体性质完全相关；变异系数 CoV = 0.21。在此基础上设计随机分析工况共 11 种，分为 MCS-Z 和 MCS-E 两类随机模拟工况组（表 3）。

模拟工况				表 3
Programmes of MC simulations				**Table 3**
编号	变量	参数均值分布类型	自相关函数类型	变异系数	波动距离 θ_Z(m)
Z1					1
Z2					1.5
Z3	θ_Z	对数正态分布	指数型	0.21	2
Z4					2.5
Z5					3
E1				0.11	
E2				0.16	
E3	CoV	对数正态分布	指数型	0.21	2
E4				0.26	
E5				0.31	
E6				0.36	

生成随机场模型，样本如图 3 所示，开展批量蒙特卡洛随机模拟，每种工况分别应用 API 规范 p-y 曲线和双曲线型 p-y 曲线各进行 1000 次模拟计算。

土体参数随机场的每一次实现，土体相对密实度和峰值内摩擦角都是空间非均质的，计算结果也有所差异，

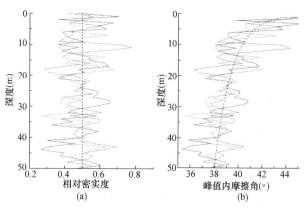

图 3 土体参数随机场样本

Fig. 3 Sample of soil parameters random field

表现为一簇离散的曲线。图 4 给出了基本工况条件下，分别应用两种 p-y 曲线随机计算所得的单桩水平位移曲线（灰色曲线），并与确定性计算（相对密实度取均值且沿深度不变）结果进行比较。应用 API 规范 p-y 曲线计算结果更为离散。

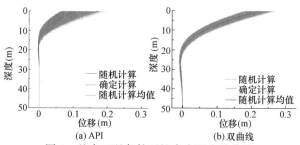

图 4 基本工况条件下桩身水平位移曲线

Fig. 4 Horizontal displacement curve of pile under basic condition

（1）波动距离影响分析

砂土相对密实度竖向波动距离表征土体性质沿深度方向的相关程度。图 5 给出了 MCS-Z 工况组中改变砂土相对密实度波动距离时桩顶水平位移分布数字特征。可以看出，波动距离的变化，对桩顶水平位移的均值影响很小，基本稳定在某一固定值，且该值大于确定性计算解，应用 API 规范 p-y 曲线计算时这种差异更为明显。

单桩水平位移随着波动距离的增大，曲线分布的离散程度也相应增加，桩顶水平位移变异系数增大。主要是因为，当波动距离增大时，土的相关性增强，沿桩出现较大范围高（低）相对密实度区的概率增大，导致单桩水平位移趋于离散。

总的来说，由于 API 规范 p-y 曲线在桩身小变位时的初始刚度明显偏大，导致计算得到的水平位移均值偏小，且随机计算结果相比应用双曲线型 p-y 曲线更为离散，放大工程设计的不安全性。

（2）变异系数影响分析

砂土相对密实度变异系数表征土体性质的变异性。图 6 给出 MCS-E 工况组中改变砂土相对密实度变异系数时桩顶水平位移分布数字特征。不同于波动距离的影响，由于土体参数对数正态分布右偏的影响，随机计算均值

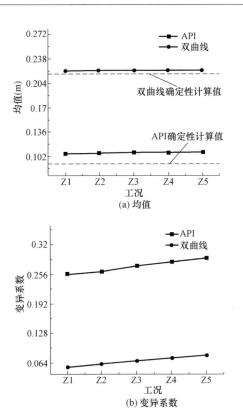

图 5　桩顶水平位移分布数字特征（MCS-Z）

Fig. 5　Numerical characteristics of the maximum horizontal displacement distribution（MCS-Z）

随着土体参数变异系数的增大而增大。

相对密实度变异系数的变化对桩顶水平位移变异系

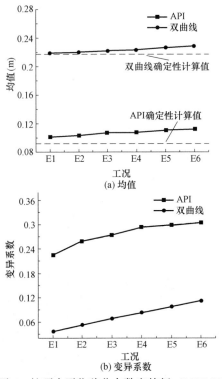

图 6　桩顶水平位移分布数字特征（MCS-E）

Fig. 6　Numerical characteristics of maximum horizontal displacement distribution（MCS-E）

数有显著影响，随着相对密实度变异系数的增大，土体参数分布的离散程度增大，桩顶水平位移的变异系数也明显增大。

4　概率统计及可靠度分析

选取基础工况（$CoV=0.21$，$\theta_Z=2$）条件下的单桩随机计算结果，开展概率统计及可靠度分析。图 7（a）为应用 API 规范 p-y 曲线随机计算，桩顶水平位移的概率分布直方图。其中桩顶位移均值为 0.11m，95%分位数为 0.16m，变异系数为 0.27。此外，从图中可以看出桩顶位移随机计算中值＞均值＞确定性计算值＞众值，即绝对值大于确定性计算值的数据占大多数。

图 7（b）给出了基础工况条件下，应用双曲线型 p-y 曲线计算，桩顶水平位移的概率分布直方图。桩顶位移均值为 0.22m，95%分位数为 0.25m，变异系数为 0.08。不同于应用 API 规范 p-y 曲线计算结果，随机计算均值、中值、众值与确定性计算值相接近，绝对值大于确定性计算值的数据占多数，但随机模拟结果离散性小，近似正态分布或对数正态分布。

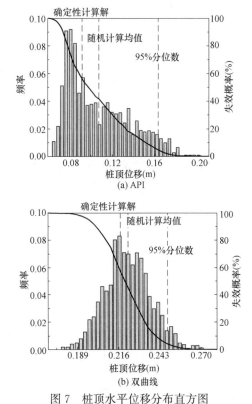

图 7　桩顶水平位移分布直方图

Fig. 7　Histogram of the maximum horizontal displacement distribution

5　结论

本文基于离心模型试验结果，考虑土体参数空间变异性的影响，分别应用 API 规范 p-y 曲线和双曲线型 p-y 曲线进行模拟计算，系统研究了土体相对密实度的波动距离和变异系数对水平受荷单桩可靠度的影响，主要得出以下结论：

（1）土体参数的空间变异性对水平受荷单桩响应影响显著，随机场模型可以在分析水平受荷单桩水平变形问题中有效地考虑土体参数空间变异性的影响。

（2）相对密实度随机场波动距离和变异系数对水平受荷单桩水平位移影响显著，且应用 API 规范 $p\text{-}y$ 曲线随机计算结果更离散，受其影响更明显。

参考文献：

［1］ VANMARCKE E H. Probabilistic modeling of soil profiles ［J］. Journal of the Geotechnical Engineering Division, 1977, 103(11): 1227-1246.

［2］ 朱斌，熊根，刘晋超，等. 砂土中大直径单桩水平受荷离心模型试验［J］. 岩土工程学报，2013(10): 1807-1815.

［3］ AMERICAN PETRALEUM INSTITUTE. Recommended practice for planning, designing and constructing fixed offshore platforms［M］. API Recommended Practice 2A-WSD (RP2A-WSD), 2000, 21st ed.

［4］ 张继周，缪林昌. 岩土参数概率分布类型及其选择标准［J］. 岩石力学与工程学报，2009, 28(S2): 3526-3532.

［5］ ZHANG L, SSLVA F, GRISMALA R. Ultimate lateral resistance to piles in cohesionless soils［J］. Journal of Geotechnical and Geoenvironmental Engineering, 2005, 131（1）: 78-83.

［6］ FLEMING W G K, WELTMAN A J, RANDOLPH M F, et al. Piling engineering［M］. Glasgow and London: Surrey University Press, 1992.

［7］ TERZAGHI K. Evaluation of coefficient of subgrade reaction［J］. Géotechnique, 1955, 5: 297-326.

［8］ BOLTON M D. The strength and dilatancy of sands［J］. Géotechnique, 1986, 36(1): 65-78.

海上风电机组基础形式选择分析及高应变测试技术研究

屈 雷，潘 辉，张永永

（浙江华东测绘与工程安全技术有限公司，浙江杭州 310014）

摘 要：到目前，国外已建成的近海风电场共 30 余个，主要集中在欧洲，总装机容量已超过 3000MW。在建的近海风电场总装机容量也超过 3000MW，其中最大的为英国 London Array（Phase I）风电场，总装机容量 630MW。目前在研究中的可用于海上风机的基础形式主要有：单桩基础、多桩基础、重力式基础、吸力式基础、沉箱基础及浮式基础等，但到目前为止用于实际工程中的仅有三种：单桩基础、多桩基础、重力式基础。针对海上基础承载力检测，静载试验在海上难以实现且代价较高，而高应变检测利用传感器获取打桩时桩侧摩阻力向上传播的压应力波信号和向下传播的拉应力波信号，应用应力波理论分析力和速度时程曲线，采用经验法评判桩身完整性，采用拟合法（CAPWAP 法）估算单桩竖向极限承载力，故高应变法检测成为海上风机基础桩基承载力检测最实用方法。

关键词：海上风电；基础形式；单桩基础；高应变动力测试；一维波动方程；实测曲线拟合法

作者简介：屈雷（1987— ），男，高级工程师，学士，主要从事岩土工程检测与监测方面的工作。E-mail：qu_l@hdec.com。

Analysis on foundation type selection of offshore wind turbine and high strain test technology research

QU Lei[1]，PAN Hui[1]，ZHANG Yong-yong[1]

（Zhejiang East China Surveying and mapping and Engineering Safety Technology Co.，Ltd.，Hangzhou zhejiang 310014）

Abstract：To the present has been completed and put into operation offshore wind farms a total of more than 30，mainly concentrated in Europe，the total installed capacity has more than 3000MW. The total installed capacity of offshore wind farms is over 3000MW，the largest of which is the British London Array（Phase I）wind farm with a total installed capacity of 630MW. At present，the basic types of offshore wind turbines used in the study are：single pile foundation，pile foundation，gravity foundation，suction foundation，caisson foundation and floating foundation and so on，but so far for practical engineering only has three types：a single pile foundation，multi-pile foundation，gravity foundation three. In view of the detection of the bearing capacity of the sea foundation，the static load test is difficult to achieve at sea，so the high strain detection method is called a kind of easy to implement detection technology.

Key words：Offshore wind power；basic type；single pile foundation；high strain dynamic test；one-dimensional wave equation；measured curve fitting method

0 引言

目前，国内海上风机基础尚处于探索阶段。已建成的海上风电项目中，上海东海大桥海上风电场和响水近海试验风电场均采用混凝土高桩承台基础，如东潮间带风电场则采用了混凝土低桩承台、导管架及单桩基础形式，中电投滨海 H1 项目及中广核如东 150MW 海上风电项目全部采用了单桩基础，响水近海 200MW 项目采用单桩基础和混凝土高桩承台基础；在建的江苏东台 200MW 项目全部采用单桩基础，华能如东 300MW 项目采用单桩基础和混凝土高桩承台基础。

混凝土高桩承台基础借鉴了跨海大桥的经验，采用传统的海上施工设备和施工工艺，施工难度较小、大多数海上施工单位都有能力施工；导管架基础则借鉴了海洋石油平台的经验，该基础适用范围较广，在不同的水深、地质条件、单机容量较大的项目中均可采用；单桩基础借鉴的是国外大多风电场采用的风机基础形式。

本文对不同的基础形式进行分析，结合海上高应变检测技术要点，为海上工程桩基选型及测试提供借鉴。

1 风电机组基础

1.1 风电机组基础形式选择

海上风机基础受波浪、流、风等荷载作用，安装设备要求高，工艺复杂。风机基础设计时，影响风机基础选型的因素包括：海床地质条件、离岸距离、水深、海上风、浪、流等荷载作用以及生态环境的影响等。同时，海水环境对基础结构有腐蚀作用，要达到设计年限还必须采取适当的防腐措施。

结合国内外已建海上风电场及类似工程，大致给出了适宜于不同水深条件下的海上风力发电机基础形式见表 1（针对具体的风电场项目，不同基础形式适应的水深情况有所不同，表格仅列举一般情况）。

重力式基础埋深相对较浅，属于浅基础结构，不适用于冲刷性海床、岩性海床、可压缩的淤泥质海床，且施工过程中容易产生倾斜。

桩基础具有承载力高，沉降小且均匀、抗震性能好等特点，能够较好地承受轴向荷载、水平荷载、上拔力及由

海上风力发电机基础选择　　　表 1

水深(m)	基础结构类型		特点
0～10	重力式基础	重力墩座/沉箱	地基要求为岩石或坚硬土层,利用基础自重抵抗倾覆力矩,需压仓物和整理海床,对冲刷较敏感
0～30	大直径单桩基础		直径4～6m,制造简单,无需海床整理,需大型打桩锤,桩顶设置过渡连接件,受海底地质条件和水深的约束
0～50	多桩式/钢管桩	三脚架	管状钢结构组合体,中心竖直立柱提供风机塔架的基本支撑,与塔筒连接。该组合结构可采用垂直或倾斜套管,支撑在钢管桩上
		普通多桩	
		导管架式	
0～20	高桩承台基础		群桩一般为钢管桩,上部承台为现场浇筑钢筋混凝土结构,采用传统工艺,需设置封底混凝土

风机运行产生的振动和动力作用,已在国内外海上、陆上、滩涂区风电场及海港工程中广泛应用,有着成熟的设计与施工经验,并且便于进行承载力检测。

1.2 桩型选择

根据目前国内桩基设计、施工水平和施工经验,桩基主要有钢管桩、高强预应力混凝土管桩（PHC 桩）和灌注桩三类,三种桩型在海上石油平台、大型跨海大桥、港口工程、航标和灯塔基础中均得到较多的应用。基础方案主要为单桩基础和高桩承台基础。

钢管桩在海上工程应用极为广泛,制作工艺成熟,沉桩方便且速度快,抗弯强度高,并可根据工程需要制作超大桩径的钢管桩,缺点是容易受海水腐蚀,造价较高。

预应力混凝土管桩在江浙一带沿海滩涂的大型工程采用较多,预应力管桩制作工艺成熟,沉桩方便且速度快,抵抗海水腐蚀能力强,性价比高,缺点是抗弯能力较差。

灌注桩的施工需在每个风机基础处搭建海上施工平台,海上风电场区域海况复杂,海床地基土中钻孔易坍孔,成孔困难,须进行钢护筒护壁,灌浆施工也具有较高的难度,施工所需设备较多,现浇混凝土工程量大,且混凝土拌制的施工用水较困难,工期相对较长。

由于风机基础上部荷载较大,单桩基础需采用大直径桩基,若采用混凝土桩,无论是桩基结构受力还是目前制桩工艺、沉桩施工能力均难以满足要求,故单桩基础采用钢管桩方案较合适。

高桩承台基础方案桩基可采用钢管桩、预应力混凝土管桩、灌注桩三种桩型,但从结构受力及承受疲劳荷载的情况来看,钢管桩比预应力混凝土管桩、灌注桩具更有更好的适应性。钢管桩具有工序较少、施工控制方

便、工期较短的优点;在桩基自由段较长时比预应力混凝土管桩抗弯、抗疲劳更优。综合上述因素,采用钢管桩为宜。

2　海上风电基础高应变动力测试

2.1　仪器设备

由于海上风电单桩基础直径一般较大,承载力检测要求高,因此基桩高应变动力法检测使用美国 PDI 公司的 PAX-8 型桩基动测分析系统（带无线发射）,该系统由 PAX-8 型桩基动测分析仪和 CAPWAP 分析软件组成。高应变检测系统见图 1。

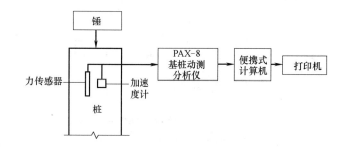

图 1　高应变动力法检测系统示意图

2.2　检测方法

检测包括高应变初打和复打检测,初打检测在沉桩到位后立即检测,采集 50 击左右;复打检测在沉桩完成 14～25d 后进行检测,采集 50 击左右。在钢管桩桩顶以下不小于 2 倍桩径处、对称位置安装 2 组力传感器和 2 组加速度传感器,利用打桩锤锤击桩顶,实测力和加速度值,采用 CASE 法和 CAPWAP 法分析桩侧和桩端土阻力,确定单桩轴向抗压极限承载力;并测定桩身最大锤击力、锤击能量、桩锤效率。实测高应变波形见图 2。

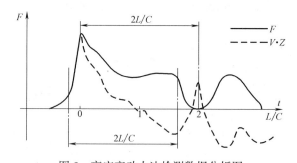

图 2　高应变动力法检测数据分析图

2.3　传感器安装

（1）根据《港口工程桩基动力检测》JTJ 249—2001 的相关规定进行高应变动力法检测。

（2）在基桩顶端以下不小于 2 倍桩径处对称位置用电钻钻孔,每侧钻 4 孔,孔径为 6mm,孔深 25mm,分别

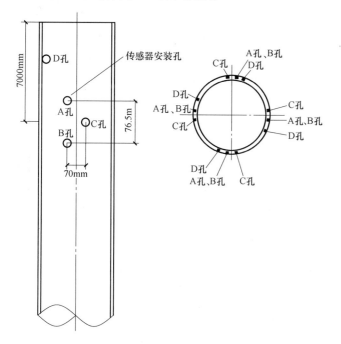

用于安装力和加速度传感器。钻孔布置示意见图3。由于在海上钢管桩需要做防腐处理，检测时打孔一方面会对防腐层造成损坏，另一方面在海上打孔实施难度也较大，故安装孔要在钢管桩加工时同时完成。

图3 单桩钢管桩（直径约6m）传感器安装孔加工位置示意图

说明：

（1）传感器安装在桩顶下7.0m处（桩顶至C孔），共装4组传感器，间隔90°，对称安装。每组应打4个孔（A孔、B孔、C孔、D孔），四个方向4组，共16个孔。

（2）孔直径6mm，孔深25mm，孔相对位置尺寸见图，尺寸绝对误差不应大于0.5mm。

（3）A孔与B孔连线应与桩轴线平行，交角应小于1°。

（4）D孔比A孔高250mm，D孔距A、B孔连线100mm。

（3）在基桩沉桩施工到位后，在钻孔孔位安装力和加速度传感器，检查和调试主机及传感器，设置仪器参数应符合下列规定：

① 根据传感器安装位置的截面积、桩材重度和弹性模量设置相应参数；

② 桩长应取传感器安装位置至桩底间的距离；

③ 桩身应力波波速应设定为5120m/s；

④ 桩材重度应设定为7.85kN/m^3；

⑤ 桩材弹性模量设定值按下式计算：

$$E = \frac{\gamma C^2}{g} \times 10^{-3} \qquad (1)$$

式中：E——桩材的弹性模量（MPa）；

C——桩身应力波波速（m/s）；

γ——桩材重度（kN/m^3）；

g——重力加速度（m/s^3）。

（4）利用沉桩施工到位后50次锤击桩顶，采集桩顶在锤击作用下的力和加速度数据。

2.4 检测数据分析与处理

高应变检测确定单桩承载力可采用CASE法和KAP-WAPC法两种方法，CASE法为经验判别法，KAWAPC为实测曲线拟合法。

（1）从检测结果中，选取锤击能量最大、波形正常的测次进行分析计算。

（2）采用CASE法判定单桩极限承载力可按下式计算：

$$R_c = (1-J_c) \cdot [F(t_1)+Z \cdot V(t_1)]/2 + (1+J_c) \cdot$$
$$[F(t_1+2L/C)-Z \cdot V(t_1+2L/C)]/2 \qquad (2)$$
$$Z = A \cdot E / C \qquad (3)$$

式中：R_c——由凯司法判定的单桩轴向抗压极限承载力（kN）；

J_c——凯司法阻尼系数；

t_1——速度峰值对应的时刻（ms）；

$F(t_1)$——t_1时刻的锤击力（kN）；

$V(t_1)$——t_1时刻的质点运动速度（m/ms）；

Z——桩身截面力学阻抗（kN·ms/m）；

A——桩截面积（m^2）；

L——测点下桩长（m）；

E——桩身混凝土弹性模量（kN/m^2）。

（3）采用KAPWAPC程序对实测力和加速度曲线进行拟合计算，分析单桩轴向抗压极限承载力，结合CASE法分析结果确定单桩轴向抗压极限承载力。

（4）桩身锤击最大压应力计算公式如下：

$$\sigma_p = F_{max}/A \qquad (4)$$

式中：σ_p——最大桩身锤击应力（kPa）；

F_{max}——力传感器测得的最大锤击力（kN）；

A——桩身截面积（m^2）。

（5）桩身传递给桩的能量按下式计算：

$$E_n = \int_0^T FV dt \qquad (5)$$

式中：E_n——桩锤实际传递给桩的能量（kJ）；

T——采用结束的时刻（ms）；

F——某时刻测点处实测的锤击力（kN）；

V——某时刻测点处实测的质点振动速度（m/s）。

3 工程算例

中电投滨海北区H1号100MW海上风电项目海上风电场采用单桩基础，桩型为钢管桩，桩外径$D=6.2m$，桩的入土深度为50.0m，对该桩进行了初打和复打测试，初复打的时间间隔为15d。初打和复打的检测成果详见图4和图5。

从22号桩测试成果可以看出，单桩竖向抗压极限承载力由初打时的14255kN提升至61013kN，初、复打测试间歇时间15d，时间效应系数为4.28。22号桩的复打承载力试验数据与设计承载力基本接近，说明应用高应变对海上大直径钢管桩进行承载力检测可行，检测结果也较为可靠。

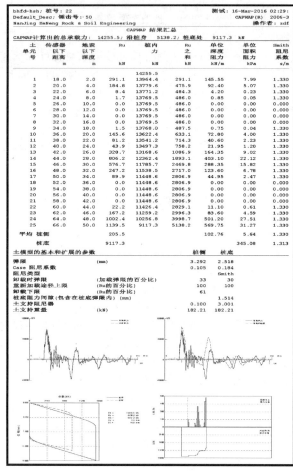

图4 22号桩初打测试拟合分析成果

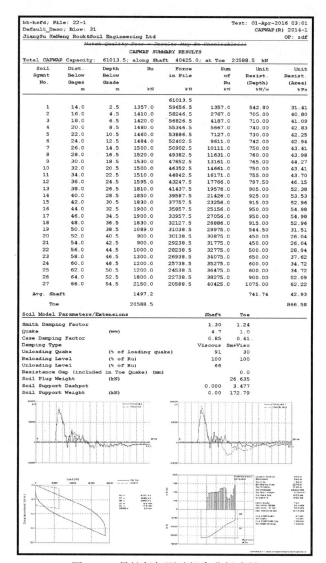

图5 22号桩复打测试拟合分析成果

5 结束语

本文对海上风机机组基础形式选择及桩形选择做了较为系统的分析，指出了不同基础形式和不同桩型的适宜条件和优缺点。此外由于海上施工测试条件限制，一直以来海上桩基基础承载力测试一直是比较困难的，设计人员一直也缺乏海上桩基承载力相关资料，本文通过应用带无线发射功能的 PAX-8 型桩基动测分析仪对海上大直径钢管桩进行高应变测试，得出了较为可靠的承载力数据，为海上大直径钢管桩承载力检测提供了较易实现的方法。本文提供的承载力仅为动测法承载力，如果在有条件的情况下，结合少量现场静载试验资料的基础上进一步对比完善，就能更有力地为海上风电桩基础的设计提供参考。

参考文献：

[1] 中华人民共和国建设部. 基桩高应变动力检测规程：JGJ 106—2003[S]. 北京：中国建筑工业出版社，2004

[2] 中华人民共和国住房和城乡建设部. 建筑桩基技术规范：JGJ 94—2008[S]. 北京：中国建筑工业出版社，2008.

[3] 中华人民共和国交通部. 港口工程桩基动力检测规程：JTJ 249—2001[S]. 北京：人民交通出版社，2002.

[4] 国家电投集团江苏滨海北区海上风电场海上风电场工程初步设计报告[R]. 杭州：华东勘测设计研究院有限公司，2015.

[5] Pile Dynamics Inc. PDA uers manual & CAPWAP uers manual[M]. USA Pile Dynamics Inc，1996.

[6] LESNY K, HINZ P. Design of monopile foundations foroffshore wind energy converters[C]//Contemporary Topics in Deep Foundations. Florida：[s. n.]，2009：512-519.

填土场地不同成孔工艺灌注桩承载力设计及试验对比研究

刘　康[1]，崔同建[2]，魏建贵[2]，姜静宇[2]，宋志坚[2]，康景文[2]

(1. 上海交通大学船舶海洋与建筑工程学院，上海 200240；2. 中国建筑西南勘察设计研究院有限公司，四川 成都 610052)

摘　要： 随着城市化进程推进和建设环境复杂程度变化，对工程基础桩承载力和施工质量的要求越来越高，新的成桩工艺由此得以发展，但因钻孔设备性能不同而衍生出多种工艺，在实际工程中，采用何种设备及工艺，以达到经济与社会效益并存成为桩基工程必须思考的问题。本文基于填土场地条件和基桩静载荷试验结果，通过对常用的旋挖成孔、长螺旋成孔、螺纹钻成孔和螺杆钻成孔等工艺灌注桩的设计计算方法比较，分析各种施工工艺的特征表明，螺杆灌注桩工艺具有挤密桩周岩土体避免塌孔和充分发挥岩土体承载力等优势，适用场地及应用前景广阔。

关键词： 成孔工艺；螺杆桩；压灌桩

作者简介： 刘康（1985—　），男，博士研究生，主要从事岩土工程方面的科研，Email：362150758@qq.com。

Study on bearing capacity design and test comparison of cast-in-place pile with different hole-forming technology in filling site

LIU Kang[1], CUI Tong-jian[2], WEI Jian-gui[2], JIANG Jing-yu[2], SONG Zhi-jian[2], KANG Jing-wen[2]

(1. School of marine and architectural engineering, Shanghai Jiaotong University, Shanghai 200240; 2. China Southwest Geotechnical Investigation & Design institute Co., Ltd., Chengdu Sichuan 610052)

Abstract： With the development of urbanization and the change of complexity of construction environment, the requirements for the bearing capacity and construction quality of engineering foundation piles are higher and higher, and the new pile forming technology has been developed. However, due to the different performance of drilling equipment, a variety of technologies have been derived, In order to achieve the coexistence of economic and social benefits, pile foundation engineering must be considered. Based on the filling site conditions and static load test results of foundation piles, this paper compares the design and calculation methods of commonly used bored piles, such as rotary drilling, long screw drilling, thread drilling and screw drilling, and analyzes the characteristics of various construction technologies. It shows that the technology of screw grouting pile has the advantages of compacting the rock and soil around the pile, avoiding hole collapse and giving full play to the bearing capacity of rock and soil, It has wide application fields and prospects.

Key words： hole forming process; screw pile; pressure filling pile

0　引言

随着城市化进程和桩工机械类型的快速发展，对建设工程中桩基础要求日益增高，既要注重工程安全和造价，以适用可持续发展的环境需求。目前工程实践中，基础工程中的基桩类型，从预制或现浇、取土或挤土两方面，根据其成孔效应可将混凝土桩的成桩方式分类，见表1[1]。

混凝土桩成桩方式　　　　表 1

Construction method of concrete pile

Table 1

成孔效应	预制桩	灌注桩
取土	植桩	旋挖，长螺旋
半挤土	引小孔	强力压灌
挤土	锤击、静压	螺纹，螺杆

其中，"取土灌注"和"挤土预制"是目前最常用的成桩方式，分别以旋挖和静压为代表，其原创技术绝大多数来自国外的发明专利。近年来，国内土木工程师和机械电子工程师，围绕"旋""螺"等成桩方式进行了大量的发明创造和工程实践，研发出的挤土成桩工艺具有借施工噪声小、污染少且工期短、单桩承载力高等，并以其高"挤压"率、适用地质条件广泛、承载能力离散性低、灌注质量和施工效率可稳步提升等显著优势，在国内混凝土桩的成桩方式中逐渐形成三分天下有其一的局势。

压灌工艺主要是指在基桩施工中，通过成孔压灌混凝土并后置钢筋笼、形成混凝土灌注桩。按成孔钻具形状、钻进动力、入岩程度或孔壁形状的不同，常见的压灌桩有长螺旋钻孔压灌桩（外表面光滑，不入岩）、螺纹钻桩压灌桩（螺纹-短螺纹钻具、浅螺纹、无螺纹，浅入岩）以及目前刚刚开始使用的螺杆灌注桩（螺齿-同步工艺、浅螺齿，深入岩），见图1。从长螺旋钻孔压灌桩到螺纹灌注桩再到螺杆灌注桩，其设备性能、施工工艺、控制指

基金项目：中建股份科技研发课题项目（CSCEC-2013-Z-25）。

标等都有很大的差异,所带来的承载性能、经济与社会效益等也大不相同。

(a) 长螺旋压灌桩   (b) 螺纹灌桩

(c) 螺杆灌注桩

图 1　压灌桩工艺比较图片

Fig. 1　Pictures of different pressure grouting pile

鉴于目前实际工程中因对此类桩的区分比较模糊,造成设计人员认识不到位甚至选型不能满足工程需求。本文通过不同工艺的特征、特点等比较,利用某填土场地的基桩不同选型设计计算方法、静载荷试验测试结果,分析不同成桩工艺的差异以及螺杆灌注桩潜在的优势,为工程桩基设计和施工选型提供参考。

1　压灌桩工艺比较

1.1　长螺旋压灌桩

长螺旋钻成孔压灌桩具有振动小、噪声小、不扰民、钻进速度快、施工方便等优点,但主要缺点是桩端或多或少留有虚土,一般适用于在地下水位以上的土层中成孔。近 20 年来,国内外先后将通常的长螺旋钻机只能进行干作业拓展到进行湿作业(地下水位以下成孔成桩),如欧洲的 CFA 工法桩、长螺旋挤压式压灌桩、长螺旋钻成孔全套管护壁法压灌桩;国内的钻孔压浆桩、长螺旋钻孔压灌混凝土桩、钻孔压灌超流态混凝土桩、长螺旋钻孔压灌水泥浆护壁成桩法、长螺旋钻孔中心压灌泥浆护壁成桩法、长螺旋钻孔中心泵压混凝土植入钢筋笼压灌桩成桩法及部分挤土沉管压灌桩等。长螺旋钻孔压灌混凝土后插钢筋笼施工工艺实质上是 CFA 工法桩在国内的具体实施和发展。

长螺旋压灌桩工法是用改装的国产长螺旋钻机钻孔至设计深度后,在钻杆暂不提升的情况下,将坍落度较低的细石混凝土通过泵管由钻杆进行压灌,边压灌混凝土边提升钻杆,并按计量控制钻杆提升高度,直至混凝土达到孔顶为止,起钻后向孔内放入钢筋笼,然后再补灌部分混凝土成桩。

长螺旋压灌桩适用于水位较高、易坍孔、长螺旋钻孔机能够钻进的填土、黏土、粉质黏土、粉细砂、中粗砂及

卵石层等土层及采用特殊的锥螺旋凿岩钻可钻进的岩层。主要为砂性土及卵石、坍孔位置较低地层应谨慎选用。

1.2　螺纹压灌桩

螺纹压灌桩又可分为全螺纹压灌桩或半螺纹压灌,用带有螺纹的钻杆钻进、提升、压灌混凝土、沉入钢筋笼,并在土体中形成螺纹的灌注桩。根据钻进与提钻的方式不同,可分为全取土的无螺纹桩和部分取土、下部反向旋转等螺距提钻的部分螺纹桩。

螺纹压灌桩适用于淤泥质黏土、黏土、粉质黏土、粉土、砂土层和粒径小于 30mm 的卵砾石层及强风化岩等地层,成孔成桩不受地下水的限制;对非均质含碎砖、混凝土块的杂填土层及粒径大于 30 mm 的卵砾石层成孔困难很大。

螺纹桩的施工方法与长螺旋压灌桩施工方法不同之处在于螺纹桩通过挤压方式形成桩孔,长螺旋灌注桩则是采用非挤土钻孔方式形成桩孔。螺纹桩在成孔的同时通过中空钻杆的钻头泵出混凝土直接成桩。螺纹桩在钻杆下降和提升过程中控制钻杆下降速度与旋转速度及提升速度与旋转速度,分别使两者匹配,确保螺纹桩体的形成。挤压成孔、中心压灌混凝土护壁和成桩合三为一,从根本上排除了余土外运、泥浆污染和泥浆处理、桩底无虚土等问题,做到了绿色施工。

1.3　螺杆压灌桩

螺杆压灌桩全称为半螺旋挤孔管内泵压混凝土压灌桩,简称为螺杆桩,是一种可变截面异型压灌桩,但采用同步施工技术时,桩身一般由上、下两部分组成,上部分为等直径圆柱形,与普通的灌注桩相同,下部为带螺齿的桩体,与螺纹压灌桩基本相同,其上下两桩段的长度可根据地基土质情况进行调节,下部螺齿桩身的外径与上部圆柱桩体直径相同。

螺杆压灌桩的施工方式大部分与螺纹压灌桩相同,不同之处在于螺杆桩的成桩程序要满足:(1)下钻,正向非同步技术挤压土体形成圆柱状至直杆段设计标高,随后钻杆采用正向同步技术下钻,即钻杆旋转一圈,钻杆同时下降一个螺距,挤压土体直至桩设计深度;(2)提钻,泵压混凝土同时,钻杆顺着已形成的土体螺齿轨迹,采用反向同步技术提钻,即钻杆反向旋转一圈,钻杆同时上升一个螺距,提升至螺纹段顶标高。泵压混凝土的同时,在直杆段土体内采用直提钻杆或正向非同步技术提钻。提钻阶段中,在提钻同时混凝土泵利用钻杆芯管作为通道,在高压状态下使桩身混凝土分别形成螺纹状桩体及圆柱状桩体。

1.4　浅螺齿挤压灌注桩

浅螺齿挤压灌注桩是采用螺杆成桩设备但不采用同步施工技术,通过钻具护壁以微取土方式旋转挤压土体成孔,而后经钻杆芯管连续泵送混凝土形成桩身,最后采用后插笼工艺而形成的新型高功效的压灌桩。此工艺能够避免采用泥浆护壁冲孔、钻孔灌注桩等取土类型桩会引起因孔壁松弛、泥浆泥皮、孔底沉渣(虚土)、地下水

位高难成孔等问题原状良好土层侧阻力、桩端阻力发挥下降、沉降量过大等现象。

浅螺纹挤压灌注桩具有三大正效应：（1）挤密效应，下钻和提钻过程中，钻具对土体产生合理挤密，有效提高和充分发挥桩侧阻力，保证桩端阻力的发挥，并调整了桩的侧阻力与端承阻力的应力分摊比，在同等条件下缩短了桩长、减小了桩径；（2）护壁效应，钻具对桩周土体有良好护壁作用，不塌孔，不产生泥皮和沉渣；（3）胶结效应，桩端持力层为卵石或裂隙发育岩层时，桩与土体在泵压作用下胶结为整体。

从施工工序、施工方式等方面看，可认为螺纹压灌桩、螺杆压灌桩、浅螺纹挤压灌注桩均是由长螺旋压灌注桩派生出来的。各自的工艺特点比较见表2。

不同工艺压灌桩技术特征比较 表 2

Comparison of technical characteristics of pressure grouting pile with different technology　　Table 2

类型	技术特征	优点	缺点
长螺旋钻孔压灌后插笼桩	①桩端土及虚土经水泥浆渗透、挤密、固结； ②桩周土经水泥浆填充、渗透、挤密及混凝土侧向挤压，提高桩端阻力和桩侧阻力； ③经多种外加剂配制成的混凝土摩擦系数低、流动性好、钢筋笼放入容易； ④钢筋笼植入混凝土中有一定振捣密实作用，钢筋与混凝土的握裹力能够充分保证	①适应性强，不受地下水位的限制； ②不易断桩、缩颈、塌孔等； ③压灌混凝土护壁和成桩合二为一，免除泥浆污染、处理及外运等； ④混凝土从钻头活门压入桩端，桩端沉渣少； ⑤泵送混凝土使桩与周围土结合紧密，无泥皮； ⑥施工程序简化、施工效率高；低噪声、低振动	①遇到粒径大的卵石层或厚流砂层时成孔困难； ②设备种类多，要求作业技术水平较高、配合紧密，施工管理较难； ③大量土方外运； ④小型工程经济性稍差
螺纹压灌桩	①钻杆对桩周土体螺旋状挤压，改善桩间土性能，提高桩侧阻力； ②桩身均形成螺纹段或部分螺纹，使土体抗剪强度、桩侧阻力有较大提高； ③钻头对孔底土有一定挤土作用，泵压混凝土压力使桩端阻力有一定程度提高，与长螺旋压灌桩（直杆压灌桩）相比，单桩极限承载力有比较显著提高	①适用范围广，可用作为普通桩基工程的基桩，更适合用于复合地基； ②无噪声、振动、泥浆污染与排放； ③与普通钻孔压灌桩相比，不存在清底、护壁、塌孔、断桩和缩径等问题； ④与长螺旋压灌桩相比，桩侧阻力和桩端阻力均有提高； ⑤施工简化，施工效率高，缩短工程施工工期	①桩距较小时须采取减小挤土效应措施； ②受力机理较复杂，设计计算及理论分析等待完善； ③不易穿越密实砂卵石层及强度超过3MPa的基岩； ④钢筋笼外径受钻杆直径制约，影响水平承载力
螺杆挤压灌注桩	①通过挤密和成孔同步技术与非同步技术形成上部为圆柱形或等间距浅螺纹圆柱形； ②可消除传统压灌桩桩身和桩端土体松弛效应、泥皮效应和沉渣效应等负效应； ③等螺纹齿与桩土间咬合，提高侧阻力； ④泵送混凝土使桩端无沉渣，确保端阻力	①适用范围广泛，不受地下水影响； ②以钻具护壁，无需泥浆； ③成桩效率高，污染程度低； ④机械化高度智能化，节能减排； ⑤无泥皮和沉渣	①属于挤土桩，桩距较小设计和施工时需采取减小挤土效应的措施； ②受力机理比较复杂，设计计算公式及理论分析等需要进一步完善

2　压灌桩极限承载力比较

2.1　工程条件

某场地地貌单元属浅丘地貌，整体地形起伏较大，两侧地势较高，中部为凹地，部分地段经平场或移位后进行，与原始地貌有一定差异。该项目包含13栋高层住宅、1栋幼儿园及纯地下室，地上18层（53.8m）地下室1层，设计采用桩基础，单位荷重300～550kPa，单柱载荷4500kN/柱。

场地勘探特征和场地平整特征，地基自上而下岩土层的性状如下：

①素填土：湿，松散，主要以泥岩岩块、黏性土回填，存在新回填约1年填土、原有填土，未完成自重固结，层厚0.5～12.5m。

②$_1$粉土：湿—很湿，稍密，含氧化铁、铁锰质及云母碎屑等，主要分布在地势较高处，厚度0.6～9.5m。

②$_2$粉质黏土：可塑，属中等压缩性土，局部含铁锰质结核等。主要分布在中部低洼处，厚度1.3～7.5m。

③$_1$强风化泥岩：矿物成分以黏土矿物为主，泥质结构，钻探取芯多呈碎块状，风化裂隙发育。岩体较破碎，完整性较差，厚度1.1～10.4m。

③$_2$中风化泥岩：泥质结构，中厚层构造，泥质胶结。岩体结构清晰，钻探取芯多呈短柱状、长柱状，锤击易碎。岩芯采取率为80%～90%，岩石质量指标（RQD）为50～60，岩体完整性较好。

场地为地下水贫水区，无地表水。场地内地下水主要为填土层中的上层滞水、其次为基岩层中的裂隙水。水量较小，无统一地下水位。

各地基土层主要物理力学性质指标建议值见表3。其中：q_{pk}、q_{sik}分别为桩的极限端阻力、侧阻力标准值，①素填土负摩阻系数为0.30。

各地基土层主要物理力学性质指标建议值   表 3
Recommended values of main physical and mechanical properties of foundation soil   Table 3

岩土层名称	天然重度 $\gamma(kN/m^3)$	地基承载力特征值 $f_{ak}(kPa)$	压缩模量 $E_s(MPa)$	抗剪强度 黏聚力 $c(kPa)$	抗剪强度 内摩擦角 $\varphi(°)$	单轴抗压强度 泥岩（天然）	旋挖桩 $q_{sik}(kPa)$	旋挖桩 $q_{pk}(kPa)$	螺杆桩 $q_{sik}(kPa)$	螺杆桩 $q_{pk}(kPa)$
①土	18.0			5	10		18		20	
②₁ 粉土	19.0	110	4.5	11	12.5		40		45	
②₂ 粉质黏土	19.5	130	5.5	23	14.2		45		50	
③₁ 强风化泥岩	22.0	300	22	60	25	0.97	90	5000	110	
③₂ 中风化泥岩	23.6	800	100	200	40	4.64	150	7000	150	

2.2 不同成孔工艺基桩承载力设计计算比较

（1）旋挖成孔灌注桩

《建筑桩基技术规范》JGJ 94—2008 中第 5.3.5 条，根据土物理指标与承载力参数之间经验关系确定单桩竖向极限承载力标准值时，宜按下式估算：

$$Q_{uk}=Q_{sk}+Q_{pk}=u\sum q_{sik}l_i+q_{pk}A_p \tag{1}$$

式中，Q_{sk}、Q_{rk} 分别为土的总极限侧阻力、入岩段总极限阻力；q_{sik} 为桩侧第 i 层土极限侧阻力标准值；q_{pk} 为极限端阻力标准值；A_p 为桩端截面面积（m²）；u 为桩身周长（m）。

第 5.3.9 条，桩端置于完整、较完整基岩的嵌岩桩单桩竖向极限承载力标准值，根据岩石单轴抗压强度确定时可按下列公式计算：

$$Q_{uk}=Q_{sk}+Q_{rk}=u\sum q_{sik}l_i+\zeta_r f_{rk}A_p \tag{2}$$

式中，f_{rk} 为岩石饱和单轴抗压强度标准值，黏土岩取天然湿度单轴抗压强度标准值；l_i 为桩周第 i 层土的厚度（m）；ζ_r 为嵌岩段侧阻和端阻综合系数，与嵌岩深径比 h_r/d、岩石软硬程度和成桩工艺有关。

（2）长螺旋钻孔压灌桩

《长螺旋钻孔压灌桩技术标准》JGJ/T 419—2018 中第 4.2.3 条，根据土物理力学指标和承载力参数之间经验关系估算抗压承载力时，单桩抗压极限承载力标准值可按下式计算：

$$Q_{uk}=u\sum q_{sik}l_i+q_{pk}A_p \tag{3}$$

（3）螺纹灌注桩

《螺纹桩技术规程》JGJ/T 379—2016 第 4.3.4 条，初步设计时，螺纹桩单桩竖向极限承载力标准值可按下列公式计算：

$$Q_{uk}=u\sum q_{lwsik}l_i+q_{pk}A_p=u\sum\beta q_{sik}l_i+q_{pk}\pi D^2/4 \tag{4}$$

式中，β 为螺纹桩桩身等效极限侧阻力标准值，相对于干作业钻孔桩极限侧阻力标准值的增强系数；q_{pk} 为螺纹桩极限端阻力标准值（kPa）；l_i 为螺纹桩穿过第 i 层土层厚度（m）；A_p 为螺纹桩外径在桩端的投影面积（m²）；D 为螺纹桩外径（m）。

（4）螺杆灌注桩

《螺杆灌注桩技术规程》T/CECS 780—2020：

第 5.3.2 条，螺杆灌注桩单桩竖向极限承载力标准值初步设计时可按下式估算：

$$Q_{uk}=Q_{sk1}+Q_{sk2}+Q_{pk}=u\sum\alpha q_{sik}l_i+u\sum\beta_{sj}q_{sjk}l_j+q_{pk}A_p \tag{5}$$

式中：Q_{sk1} 为螺杆灌注桩直杆段总极限侧阻力标准值（kN）；Q_{sk2} 为螺杆灌注桩螺纹段总极限侧阻力标准值（kN）；Q_{pk} 为螺杆灌注桩极限端阻力标准值（kN）；u 为桩身周长（m），$u=\pi d$；q_{sik}、q_{sjk} 为直杆段第 i 层土、螺纹段第 j 层土极限侧阻力标准值（kPa）；q_{pk} 为极限端阻力标准值（kPa）；l_i、l_j 为直杆段第 i 层土、螺纹段第 j 层土的厚度（m）；A_p 为螺杆灌注桩直杆段横截面面积（m²）；α_i 为直杆段第 i 层土的极限侧阻力增强系数；β_{sj} 为螺纹段第 j 层土的极限侧阻力增强系数。

第 5.3.4 条，螺杆灌注桩桩端置于完整、较完整基岩的嵌岩桩单桩竖向极限承载力标准值，根据岩石单轴抗压强度确定时，可按下列公式估算：

$$Q_{uk}=Q_{sk}+Q_{rk}=Q_{sk}+\xi_r f_{rk}A_p \tag{6}$$

式中，Q_{sk}、Q_{rk} 分别为土总极限侧阻力标准值、嵌岩段总极限阻力标准值（kN）；f_{rk} 为岩石饱和单轴抗压强度标准值（kPa），泥岩取天然湿度单轴抗压强度标准值；ξ_r 为嵌岩段侧阻和端阻综合系数，嵌岩段侧阻和端阻综合系数。

对比上述各标准设计计算公式可见：①基桩极限承载力构成基本相同，即侧阻力与端阻力之和。②成孔工艺对桩周岩土体产生挤土效果不同，旋挖、长螺旋属于取土桩，不产生挤土效应；螺纹桩属于部分挤土桩，对侧阻力有一定程度提高；螺杆桩属于完全挤土桩，其侧阻和端阻均挤土效应显著。③计算的承载力旋挖桩、长螺旋桩较低，且不能入岩，其承载力最低；螺纹桩可浅表入岩、承载力较高；螺杆桩可深度入岩，其极限承载力最高。

2.3 基桩承载力计算比较

设计要求单桩承载力特征值大于 3300kN（极限值为 6600kN）。为便于比较，选择钻孔位置地层条件计算，桩径 0.6m，端阻力 7000kPa，嵌入中风化深度相同（长螺旋除外），其他参数见表 4。按文献［2-5］分别计算基桩侧阻力、端阻力和极限承载力，其中，螺纹成孔和螺杆成孔侧阻力提高系数分别取 1.3、1.8，端阻提高系数分别取 0、1.3，计算结果见图 2。

试桩设计参数

Design parameters of test pile

表4

Table 4

编号	试验桩长 （m）	场坪填土厚度 （m）	原状填土厚度 （m）	粉土厚度 （m）	粉质黏土厚度 （m）	强风化泥岩厚度 （m）	中风化泥岩厚度 （m）
1-SZ1	22	12.05	0	2.8	0	2.4	4.75
1-SZ2	22.5	9.03	4.7	0	2.2	3.3	3.27
1-SZ3	17.2	8.1	1.5	0	0	4.1	3.5
1-SZ4	21.7	6.1	0	0	1.5	7.5	6.6
1-SZ5	20.1	8.25	1	2	0	6.7	2.15
1-SZ6	17.6	12.24	1.2	0	0	2.6	1.56

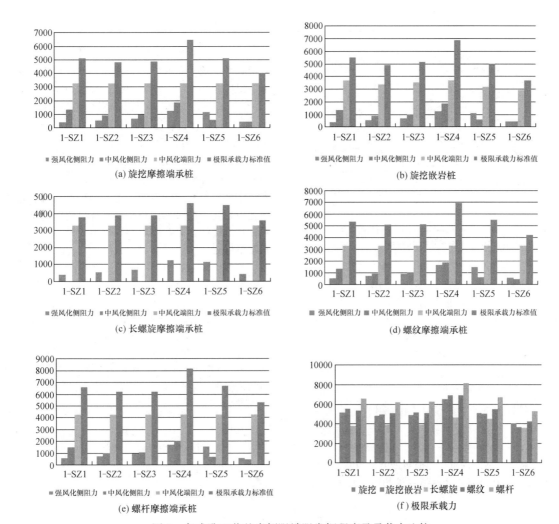

图 2　各成孔工艺基岩侧阻端阻发挥程度及承载力比较

Fig. 2　Comparison of lateral resistance，end resistance and bearing capacity of bedrock in different pore forming processes

由图 2 可见：（1）旋挖桩计算的极限承载力嵌岩桩较常规的摩擦端承桩提高约 20%，其中 1-SZ4 因入岩深度最大，其承载力最高，而其他基桩因入岩深度相近，承载力大小相近，可见对于软岩，入岩深度相近时按嵌岩桩与摩擦端承桩设计计算的极限承载力相差不大；（2）螺杆桩较长螺旋桩的极限承载力提高约 40%、较螺纹桩提高约 25%，除长螺旋不能入岩（中风化）之外，提高原因在于其强挤土效应；（3）在入岩深度相近的情况下，旋挖摩擦端承桩、旋挖嵌岩桩、螺杆桩的极限承载力比较接近，螺杆桩最高，长螺旋桩因不能进入中风化而其极限承载力最低。

2.4　静载试验与计算结果比较

为判断该项目螺杆挤压灌注桩试桩承载力是否满足设计单桩极限承载力 6600kN 要求，对 6 根设计计算基桩进行单桩竖向抗压静载荷试验，试验结果见表 5 和图 3。

从表 5 和图 3 可见，即使试验最大加载至设计要求的 1.25 倍，但仍未达到极限状态，平均沉降量约为 12.5mm，平均回弹率约 30%。依据试验结果反向推测螺杆成孔工艺对桩侧阻力和桩端阻力的提高系数，结合挤压效应对侧阻力影响和端阻力影响机理，通过匹配试算，侧阻力的提高系数可至 2.2，端阻力提高系数可至 1.8；

且螺杆桩极限承载力尚有提升空间。

表5
Table 5

单桩竖向抗压静载试验汇总表

Summary table of vertical compressive static load test of single pile

试桩编号	试桩附近勘探孔位	桩径(mm)	桩长(m)	设计要求桩端入岩深度(m)	试桩最大加载量(kN)	最大沉降量(mm)	最大回弹量(mm)	回弹率(%)
1-SZ1	CK15	600	22	3.6	7476	11.87	3.49	29.4
1-SZ2	46	600	22.5	3.6	7476	13.57	4.97	36.6
1-SZ3	106	600	17.2	3.6	7476	9.77	2.38	24.4
1-SZ4	117	600	17.6	3.6	7476	12.53	4.74	37.8
1-SZ5	135	600	21.7	3.6	7476	11.74	3.82	32.5
1-SZ6	CK14	600	20.1	3.6	7476	16.62	4.84	29.8

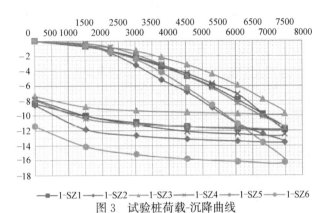

—■—1-SZ1 —■—1-SZ2 —▲—1-SZ3 —✕—1-SZ4 —▲—1-SZ5 —●—1-SZ6

图 3　试验桩荷载-沉降曲线

Fig. 3　Load settlement curve of test pile

根据施工过程、力学性能对比等分析情况可见，螺杆灌注桩在较厚松散杂填土场地可有效成孔，解决传统旋挖和长螺旋成孔工艺垮孔、沉渣等问题的同时，提高了成桩质量和施工效率。

3　结论

螺杆灌注桩技术是桩基工程中具有潜力的工艺之一，通过填土场地基桩不同设计计算方法和现场静载荷试验比较可见：

（1）对于软岩，入岩深度相近时按嵌岩桩与摩擦端承桩的极限承载力相差不大，且与螺杆桩的极限承载力比较接近；

（2）相同场地条件下，旋挖桩、长螺旋桩的计算的极限承载力较低，长螺旋因不能入岩、计算极限承载力最低，螺杆桩因入岩能力强、极限承载力最高；

（3）旋挖桩计算极限承载力较常规摩擦端承桩提高约 20%，螺杆桩较长螺旋桩极限承载力提高约 40%、较螺纹桩提高约 25%；

（4）设计计算和施工及静载荷试验结果表明，对填土场地，螺杆灌注桩由于钻进过程对桩周土和桩端岩土挤密效应显著而提升桩周侧阻力和端阻力，成孔过程中无垮孔和无沉渣确保了桩身质量，其单桩竖向抗压承载力相较其他机械旋成孔压灌桩承载力大幅增加，具有推广和应用价值。

参考文献：

［1］薛江炜，吴坤玲. 带螺牙的桩与"screw pile"的译文辨析［J］. 土工基础，2002，34(5)：593-596.

［2］中华人民共和国住房和城乡建设部. 建筑桩基技术规范：JGJ 94—2008［S］. 北京：中国建筑工业出版社，2008.

［3］中华人民共和国住房和城乡建设部. 长螺旋钻孔压灌桩技术标准：JGJT419—2018［S］. 北京：中国建筑工业出版社，2019.

［4］中华人民共和国住房和城乡建设部. 螺纹桩技术规程：JGJ/T 379—2016［S］. 北京：中国建筑工业出版社，2016.

［5］中国工程建设标准化协会. 螺杆灌注桩技术规程：T/CECS 780-2020［S］. 北京：中国计划出版社，2021.

根键桩抗拔承载特性透明土模型试验研究

冯 晓[1]，黄雪峰[*1, 2, 3]，徐 蔚[1]，袁 俊[4]，张 君[5]，李 涓[5]，梁雪岚[6]，杨森林[7]

（1. 兰州理工大学 土木工程学院，甘肃 兰州 730050；2. 重庆交通大学 土木工程学院，重庆 400074；3. 陆军勤务学院 军事设施工程系，重庆 401311；4. 中国电力工程顾问集团西北电力设计院有限公司，陕西 西安 710075；5. 青海送变电工程有限公司，青海 西宁 810001；6. 国网青海省电力公司建设公司，青海 西宁 810000；7. 国网青海省电力公司，青海 西宁 810008）

摘 要：结合透明土及粒子图像测速（PIV）技术，分别探究了根键在竖向、水平布置间距及长度不同条件下对桩周土体塑性区、位移和抗拔力的影响。试验结果表明：根键竖向间距过小，土体内易出现应力集中，而根键间距过大，则桩周土体主要受侧摩阻力作用，塑性区范围较小，根键竖向布置间距存在最优值，深度越大根键竖向间距最优值越小，浅层根键竖向间距建议取值为 $(1.5 \sim 2.5) d$，深层间距建议取值 $(1 \sim 2) d$，其抗拔力较等截面桩最大可提高 67.7%；根键长度越大，桩周土体塑性区范围越大，且随着深度的增加，抗拔力提高效果越明显，其抗拔力最大可提高 108.6%；根键水平布置间距越小，桩周土体塑性区分布越均匀，浅层根键宽度总占比（根键宽度 $b \times$ 单层根键个数 n/桩顶圆周长度 c）应为 $40\% \sim 50\%$，深层根键宽度总占比应为 $50\% \sim 60\%$，其抗拔力最大可提高 77.6%。

关键词：根键桩；透明土；抗拔承载特性；位移场

作者简介：冯晓（1994— ），男，安徽安庆人，硕士研究生，E-mail：820618156@qq.com。

通讯作者：黄雪峰（1960— ），男，甘肃兰州人，博士，博导，E-mail：hxfen60@163.com。

Experimental study on the uplift bearing capacity of roots pile in transparent soil

FENG Xiao[1]，HUANG Xue-feng[1, 2, 3]，XU Wei[1]，YUAN Jun[4]，ZHANG Jun[5]，LI Juan[5]，LIANG Xue-lan[6]，YANG Sen-lin[7]

（1. School of Civil Engineering, Lanzhou University of Technology, Lanzhou Gansu 730050, China；2. School of Civil Engineering, Chongqing Jiaotong University, Chongqing 400074, China；3. Department of Military Installations Engineering, Army Logistical University of PLA, Chongqing 401311, China；4. Northwest Electric Power Design Institute Co., Ltd. of China Power Engineering Consulting Group, Xi'an Shaanxi 710075, China；5. Qinghai Power Transmission & Transformation Engineering Co., Ltd., Xining Qinghai 810001, China；6. State Grid Qinghai Electric Power Company Construction Company, Xining Qinghai 810000, China；7. State Grid Qinghai Electric Power Company Construction Company, Xining Qinghai 810000, China）

Abstract：combined with transparent soil and particle image velocimetry (PIV) technology, the effects of vertical and horizontal spacing and length of roots on plastic zone, displacement and uplift force of soil around piles were studied. The test results show that: if the vertical spacing between roots is too small, the stress concentration is easy to appear in the soil. If the vertical spacing between roots is too large, the soil around the pile is mainly affected by the lateral friction, the plastic zone is small, and the vertical spacing between roots has the optimal value. The larger the depth is, the smaller the optimal value of vertical spacing between roots is. The recommended value of vertical spacing between shallow roots is $(1.5 \sim 2.5) d$, and that of deep roots is $(1 \sim 2) d$, The maximum uplift capacity of the pile is 67.7% higher than that of the pile with equal cross-section；The larger the length of the roots is, the larger the plastic zone of the soil around the pile is. With the increase of the depth, the more obvious the improvement effect of the uplift force is, and the maximum uplift force can be increased by 108.6%；The smaller the horizontal spacing of the roots, the more uniform the distribution of the plastic zone around the pile. The total proportion of the shallow roots width (root width $b \times$ Number of single-layer roots n / circumference length of equal section c) should be $40\% \sim 50\%$, The total ratio of deep root width should be $50\% \sim 60\%$, and the maximum uplift force can be increased by 77.6%.

Key words：roots pile；transparent soil；uplift bearing characteristics；displacement field

0 引言

根键桩是一种新型截面异形桩，是在传统基础主体结构周边锚固根键（水平构件）而形成，可以视为整体扩大的桩[1]。外伸的根键能有效提高桩-土接触面积，扩大桩周土体的影响范围，充分利用原状土体的天然力学性能，从而改变桩的受力性能，以较小的截面尺寸提供较大

基金项目：国网青海电力公司科技项目，编号 52283820000A。

的承载能力，显著降低工程造价[2]。但由于截面变化较大，桩-土间作用机理更为复杂，破坏模型也异于传统等截面桩。因此，开展根键桩的受力特性研究对根键桩的设计与应用具有重要的指导意义。

2006年殷永高提出了根式基础[3]，并将其成功应用到淮河特大桥桥1号桥23号墩下[2]。龚维明等[3]采用自平衡法测试了根式基础竖向承载性能，结果表明根式基础承载性能明显优于传统沉井基础。殷永高等[4]结合现场试验对根式沉井基础开展数值模拟研究，研究结果表明：不同地质情况及根键布置密度下，根式沉井基础抗拔力的提高均有所差别，合理的根键布置形式对其极限抗拔力的提高效果明显。龚维明等[5]研究了不同持力层下根式基础的承载特性，得出根式基础以砂土和卵石作为持力层时，竖向极限抗拔力分别提高100%和63%，根式基础在加载初期对抗拔力便有所提高，且加载值越大提高效果越明显。

随着数字图像处理技术快速发展并应用到岩土工程领域，White[6]率先通过粒子图像测速技术（particle image velocimetry，以下简称PIV）研究沉桩过程中位移场的变化情况。Q. Ni[7]等结合透明土材料与PIV技术进一步验证了通过透明土试验研究桩周土体位移场的可行性。其原理是利用熔融石英与混合液（正十二烷与15号白油混合而成）在具有相同折射率的情况下，砂粒与混合液界面发生消隐，从而在视觉上呈现透明的状态。在稳定扇形激光的照射下，激光照射区域内的砂粒便再次显形，从而达到桩周位移场的可视化。孔纲强等[8]通过透明土试验研究了极限荷载作用下纵向截面异形桩的桩端及桩侧土体的破坏形式；张敏霞等[9]针对支盘桩桩周土体位移场的变化规律开展了研究；孔纲强[10]、周航等[11]先后利用透明土试验探究了沉桩过程中桩周位移场的变化规律。

大量研究[12-15]证明了透明土材料与PIV技术在桩-土相互作用研究方面的价值。综上可知，在竖向荷载作用下，针对不同根键布置形式的根式基础桩周位移场变化规律的研究相对较少。本文基于透明土材料的可视性及PIV技术开展不同根键布置形式的根式基础上拔试验，动态监测桩周及根键上下土体位移场的变化规律，探究不同根键布置形式的根式基础破坏截面的变化规律以及其影响区的差异。为认识根式基础在竖向荷载作用下的破坏特性提供理论支持，进而为根式基础的设计及应用提供理论依据。

1 模型试验概况

1.1 透明土的制备

试验所用透明土由高纯度熔融石英与孔隙液体混合而成，其中，熔融石英采用粒径0.5～1.0mm，干密度为0.970～1.274 g/cm³，摩擦角约为34°。孔隙液体由正十二烷与15号白油按体积比1：4混合而成，在20℃室温下，其折射率为1.4585，与熔融石英折射率一致。配置完成的透明土如图1所示。

图1 透明土
Fig. 1 Transparent soil

1.2 模型桩的制作

为系统研究根式基础在不同深度条件下，根键竖向、水平布置间距及长度对桩周位移场的影响，选用9种根式基础和1种等截面桩，共10根模型桩进行对比分析。模型桩均选取PLA材料采用3D打印制成，每根桩长均为200mm，其中埋置深度140mm，土面以上设置60mm加载及量测平台，以连接加载装置及百分表。等截面桩直径20mm，根键桩圆柱段直径20mm，根键分为两种：(1) $a=10$mm，$b=5$mm，$c=4$mm；(2) $a=14$mm，$b=5$mm，$c=4$mm（a、b、c分别为根键长度、宽度、高度）。各桩型实物如图2所示。各模型桩具体参数如表1所示。

图2 模型桩实物图
Fig. 2 Physical diagram of model pile

1.3 模型试验装置

本文所采用的模型试验加载装置由光学平台、激光系统、透明土模型槽、滑轮组加载仪、CCD相机、图像信息采集系统所组成，如图3所示。综合考虑本文所研究的桩型尺寸及观测效果，本试验透明土模型槽采用长方体有机玻璃槽，上部开口，横截面尺寸为200mm×200mm，高度250mm。试验过程中，由配有线性转换器的氦氖激光器投射的扇形激光面在透明土内形成可观测的散斑场，保持散斑场与桩身及根键面垂直。采用CCD相机及图像信息采集系统记录散斑场，通过图像处理软件PIVview2CDemo获得桩周土体位移场。CCD相机最大照片输出分辨率可达1920px×1080px。本试验加载方式为滑轮组加载仪配砝码加载，并在模型桩顶端安置百分表，读测桩顶位移，以此记录模型桩上拔过程的Q-s曲线。

| 10 根模型桩参数详表 | | | | 表 1 |
| The parameters of 10 model piles are listed in detail | | | | Table 1 |

桩型	桩长（mm）	变截面层数	根键与地表间距（mm）	每层根键个数
等截面桩	140	0		
根 1 号	140	5	15/45/75/105/135	6/6/6/6/6
根 2 号	140	4	15/75/105/135	6/6/6/6
根 3 号	140	6	15/35/55/75/105/135	6/6/6/6/6/6
根 4 号	140	4	15/45/75/135	6/6/6/6
根 5 号	140	6	15/45/75/95/115/135	6/6/6/6/6/6
根 6 号	140	5	15/45/75/105/135	6/6/6/6/6
根 7 号	140	5	15/45/75/105/135	6/6/6/6/6
根 8 号	140	5	15/45/75/105/135	8/8/6/6/6
根 9 号	140	5	15/45/75/105/135	6/6/6/8/8

1.4 试验过程及工况

各桩采用预埋设置，埋置深度 140mm，顶部预留 60mm 加载及测量平台。埋置过程始终保持桩身竖直且置于模型槽正中，均匀缓慢撒入熔融石英砂。待模型桩埋置完毕，置于真空桶内排出土体气泡，以保证土样的透明度，从而得到更为清晰的散斑场。

预估等截面桩抗拔力约为 10N，根键桩抗拔力约为 15N，各桩均采用逐级加载，每级荷载均为 1N。该级加载完毕且桩顶位移稳定 3min 后即可开始下一级加载，直至桩体位移超过 1mm，或该级位移量超过上一级位移量 5 倍。每次加载前读取百分表示数并使用 CCD 相机记录散斑场图片。使用 PIVview2CDemo 软件处理加载前后图片即可得到该级荷载下的位移场数据，累加各级位移场数据，可得到全过程位移场数据，利用 MATLAB 及 Surfer 软件即可得到位移场矢量图及等值线图。

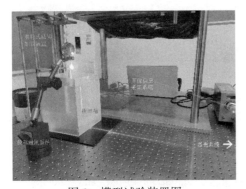

图 3 模型试验装置图

Fig. 3 Diagram of model test device

2 试验结果与分析

2.1 Q-s 曲线对比分析

《建筑桩基检测技术规范》JGJ 106-2014[16] 规定：对于陡变型曲线，取陡升曲线的起点所对应的荷载值为其极限抗拔力。《架空输电线路基础设计技术规程》DL/T 5219—2014[17] 规定极限上拔量应取 25～30mm。本文试验为 1∶100 缩尺模型试验，对于极限上拔量可取 0.25～

0.30mm，为了统一各工况下的衡量标准，综合考虑，本文对于极限上拔荷载的规定如下：

（1）对于陡升曲线起点位移值不超过 0.30mm 的陡变型 Q-s 曲线，取陡升曲线的起点荷载值为极限上拔荷载值。

（2）对于缓变型曲线或陡升曲线起点位移值超过 0.30mm 的陡变型 Q-s 曲线，取位移值为 0.30mm 时所对应的荷载值为极限荷载值。

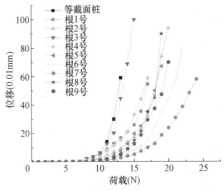

图 4 10 种模型桩荷载位移曲线

Fig. 4 10 kinds of model pile load displacement curves

10 根模型桩的荷载-位移曲线如图 4 所示。其中，等截面桩和根 3 号为陡变型曲线，其余均为缓变型曲线。缓变型曲线采用差值法取 0.30mm 时对应的极限荷载。各试桩极限荷载如表 2 所示。

所有根键桩抗拔力较等截面桩均有不同程度的提高，最大的为根 7 号，提高幅度 108.60%，最小的为根 3 号，提高 20.00%，可见根键的设置对于桩基抗拔力具有提高效果。但由于设置方式的差异，根键抗拔力发挥效果不同，进而导致根键桩极限抗拔力有所不同。抗拔力提高幅度关系为：Ⅱ类根键桩＞Ⅲ类根键桩＞Ⅰ类根键桩。可见，根键外伸长度对于其承载性能影响效果最为明显，这是由于根键长度越大，桩周土体影响半径越大，因此，其抗拔力提高幅度较为明显。

由此可见合理的根键设置对于增大桩基础的安全储备具有良好的效果。其中，等截面桩与根 3 号极限抗拔力最小，极限抗拔力最大的根 7 号为下部根键长度增加，上部根键长度增加的根 6 号极限抗拔力也优于其他桩型极限抗拔力。因此，根键长度的增加对于根键桩极限抗拔力的提升有着显著的效果，但在实际工程中，过长的根键可能

桩号	抗拔力(N)	较等截面桩提高幅度(%)	较根 1 号提高幅度(%)
等截面桩	10.00	—	—
根 1 号	15.42	54.20	—
根 2 号	16.77	67.70	8.75
根 3 号	12.00	20.00	−22.18
根 4 号	14.74	47.40	−4.41
根 5 号	16.46	64.60	6.74
根 6 号	18.52	85.20	20.10
根 7 号	20.86	108.60	35.28
根 8 号	16.63	66.30	7.85
根 9 号	17.06	70.60	10.64

10 根模型桩极限抗拔力 表 2
Ultimate pull-out resistance of 10 model piles Table 2

会导致根键局部发生破坏，从而丧失承载能力。

（1）根键竖向布置间距的影响

图 5 所示为等截面桩、根 1 号、根 2 号、根 3 号、根 4 号、根 5 号的荷载-位移曲线图，根 2 号、根 3 号、根 4 号、根 5 号仅在根 1 号的基础上分别改变了上部和下部根键排列的竖向间距。等截面桩与根 3 号的曲线均为突变型破坏，而其他桩型均为缓变型破坏且极限抗拔力均大于根 3 号与等截面桩。

浅层土体内根键竖向间距增大的根 2 号（间距 $3d$）较等间距的对比桩型根 1 号极限抗拔力增大了 8.75%，而深层土体内根键竖向间距同样增大的根 4 号（间距 $3d$）较根 1 号极限抗拔力减小了 4.41%；浅层土体内根键竖向间距减小的根 3 号（间距 d）较根 1 号极限抗拔力减小了 22.18%，深层土体内根键竖向间距减小的根 5 号（间距 $1d$）较根 1 号极限抗拔力增大了 6.74%。

不同深度土体内根键竖向间距的改变对于其抗拔力的影响并不相同，浅层土体内间距的增大对其抗拔力具有提高效果，而深层土体内间距的增大则反之。这是由于随着深度的增加土体应力逐渐增加，根键对于桩周土体的影响范围逐渐减小。因此，根键竖向间距应随着深度增加逐渐减小，从而最大程度提高桩周土体应力利用率，进而提高根键桩抗拔力。

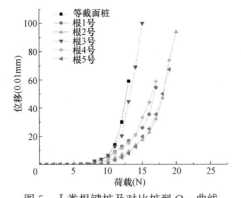

图 5　Ⅰ类根键桩及对比桩型 Q-s 曲线
Fig. 5　Ⅰ class root piles and comparison of pile type Q-s curve

（2）根键长度的影响

图 6 所示为等截面桩、根 1 号、根 6 号、根 7 号的荷载-位移曲线图，根 6 号和根 7 号在根 1 号基础上分别增

加了上部和下部两层根键的长度（根键长度由 $0.5d$ 增加为 $0.7d$）。根 6 号与根 7 号位移增长较为缓慢，这是由于根键长度的增加提高了桩周土体影响半径。根 6 号与根 7 号抗拔力均高于根 1 号，其中根 7 号的极限抗拔力最大。上部两层根键长度增大的根 6 号较等长的根 1 号极限抗拔力提高 20.10%，下部两层根键长度增大的根 7 号较根 1 号极限抗拔力提高 35.28%。根键长度的增加对于根键桩抗拔力的提高有着显著的效果，且深层根键长度的增加对于根键桩抗拔力的提高效果更为显著，后者抗拔力的提高约为前者 1.8 倍。在荷载较低时，根 6 号的位移大于根 7 号，且随着荷载的增加，差值越来越大。因为随着荷载的增加，下部根键对于抗拔力的贡献值逐渐增加。因此，在保证根键本身强度的前提下，根键的长度越大，其抗拔力越大；且随着深度的增加，这种变化更为明显。

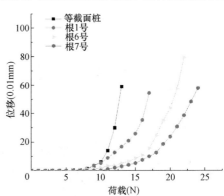

图 6　Ⅱ类根键桩及对比桩型 Q-s 曲线
Fig. 6　Ⅱ class root piles and comparison of pile type Q-s curve

（3）根键水平布置间距的影响

图 7 所示为等截面桩与根键水平布置间距不同的Ⅲ类根键桩荷载-位移曲线图，根 8 号、根 9 号在根 1 号的基础上分别减小了上部和下部两层根键的水平布置间距，由原来的每层 6 根增加到每层 8 根。其中，根 9 号抗拔力最大。上部两层根键水平布置间距减小的根 8 号较等间距的根 1 号极限抗拔力提高 7.85%，下部两层根键间距减小的根 9 号较根 1 号极限抗拔力提高 10.64%，两者抗拔力都略有提高。当荷载较低时，两者位移相近，且均比根 1 号小，随着荷载的增加，根 8 号的位移逐渐大于根 9 号，且差值越来越大。

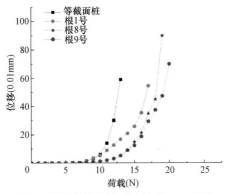

图 7　Ⅲ类根键桩及对比桩型 *Q-s* 曲线

Fig. 7　Ⅲ Class root piles and comparison of pile type *Q-s* curve

由此可知，根键水平布置间距的减小对根键桩极限抗拔力的提高并不明显，但在荷载较低时，间距的减小对根键桩位移的控制具有较好的效果。

2.2　桩周土体位移矢量图分析

（1）根键竖向布置间距的影响

图 8 为上拔荷载为极限荷载，其他工况相同的条件下对比桩型及Ⅰ类根键桩位移矢量图。由图可知，等截面桩位移扩散较小，而其他根键桩位移扩散区域面积明显更大，对比根 1 号、根 2 号、根 4 号可知随着根键竖向布置间距的减小，根键上方土体沿着桩身产生斜向上的位移，根键挤压浅层土体具有一定的范围，当根键竖向间距过

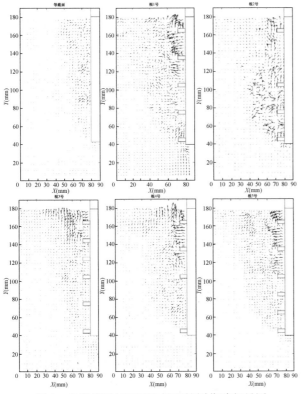

图 8　Ⅰ类根键桩及对比桩型桩周位移矢量图

Fig. 8　Ⅰ Pile displacement vector diagram of type root piles and contrast piles

大时，桩土相互作用与等截面桩相似。根 3 号桩周上层土体产生明显上移，这是由于上层根键竖向间距减小，该区段根键所承担的抗拔力占比增大，通过增大位移影响区域提供反力，因此该桩的破坏特征为浅层土体发生较大位移，而深层土体位移较小未能充分发挥作用。与之相反，根 2 号破坏特征为浅层土体受侧阻力作用，在桩周较小范围内与桩体协同向上，而深层土体受根键压力作用挤压周围土体，并带动更大范围内土体共同作用，从而逐渐达到破坏位移。根 1 号、根 4 号、根 5 号下层土体位移均不大，但根键竖向间距减小的根 5 号桩周上层土体未见明显向上的位移（即局部破坏），可见根 5 号上段所承担荷载比例小于其他两种桩型，达到极限荷载时，桩体带动周围土体协同作用，因此其抗拔力更大。

（2）根键长度的影响

图 9 所示上拔荷载为极限荷载，其他条件相同时Ⅱ类根键桩位移矢量图，对比根 1 号、根 6 号、根 7 号可知根键长度的增加对桩周土体位移的影响十分显著，根 6 号浅层土体受桩体上拔作用而产生的位移增大，其影响区域也有所增加，根 7 号也是如此，其浅层土体局部产生较大竖向位移，是由于根 7 号极限荷载大于其他桩型，浅层根键所受荷载也大于其他桩型，因此发生了局部土体隆起，也意味着根 7 号桩型抗拔力仍有可提升空间。结合根 1 号、根 6 号、根 7 号位移矢量图可知，根键长度的增加能够显著提高桩周土体位移的大小及影响范围，且对浅层土体位移场的影响更为明显，但深层土体所受上覆土体压力更大，因此深层根键长度的增加对于根键桩抗拔力的提高更为明显。

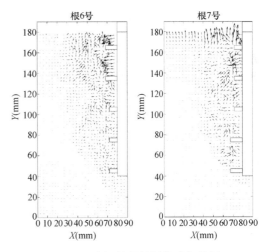

图 9　Ⅱ类根键桩桩周位移矢量图

Fig. 9　Ⅱ Pile displacement vector diagram of class root pile

（3）根键水平布置间距的影响

图 10 为上拔荷载为极限荷载，其他条件相同时Ⅲ类根键桩位移矢量图，Ⅲ类根键桩桩周位移矢量均较大，这是由于Ⅲ类根键桩桩顶竖向位移较大。对比根 8 号和根 9 号，根 8 号在桩体上段（第二层根键处）产生较为密集的竖向位移，而根 9 号在桩体中段（第三层根键处）产生较大的竖向位移，说明根键水平间距的减小对该层土体影

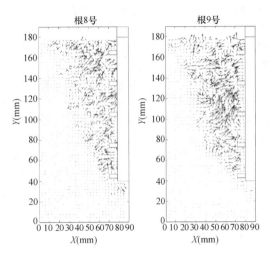

图 10 Ⅲ类根键桩桩周位移矢量图

Fig. 10 Ⅲ pile displacement vector
diagram of class root pile

响较为显著,而深层土体所能提供土抗力更大,因此根 9 号抗拔力高于根 8 号。

2.3 桩周土体等值线图分析

(1) 根键竖向布置间距的影响

图 11 为上拔荷载为极限荷载,其他条件相同时对比桩型及Ⅰ类根键桩位移等值线云图。抗拔桩抗拔力的发挥主要通过桩体带动周围土体协同作用,利用桩身自重及桩周土体应力提供抗拔力。等截面桩通过桩侧与土颗粒摩擦作用将桩身轴力传递至周围土体,侧阻力沿桩身逐渐发挥,桩周位移场较为均匀,但由于其影响区域较小对桩周土体应力的利用率较低,因此其抗拔力较低。而各根键桩由于根键的介入,改变了其荷载传递规律,并增大

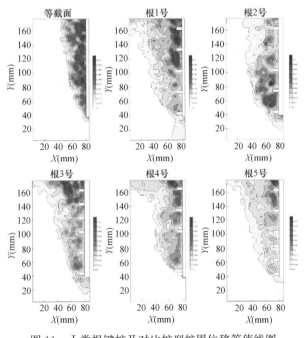

图 11 Ⅰ类根键桩及对比桩型桩周位移等值线图

Fig. 11 Ⅰ class root piles and contour map of
pile displacement around piles

了桩周位移影响区域,对周围土体应力的利用率有所提高,因此其抗拔力有所增加。但由于根键不同布置形式对于桩周土体应力的利用率各异,因此表现出各不相同的位移变化情况,抗拔力也有所不同。根 1 号图像中,大位移主要集中于浅层根键周围;根 2 号浅层土体影响区域减小,大位移集中于下方根键周围;根 3 号大位移集中于浅层根键周围并辐射至更远处土体之中。而根 3 号抗拔力最低,可见,浅层根键竖向间距的减小导致抗拔力降低的主要原因为浅层土体发生较大位移。而浅层土体应力较低,所能提供的土抗力较小,深层土体影响范围较小,因此其抗拔力较低。对比根 1 号、根 4 号、根 5 号,根 5 号桩周位移场整体较为统一,大位移区域较小,其抗拔力为其中最大。可见深层根键竖向间距减小导致抗拔力提高的主要原因为桩身应力均匀传递至周围土体中,土体应力得到充分利用。不同深度处减小根键竖向排列间距对桩周土体位移的影响截然不同,因此若采用统一的间距布置,根键不能充分利用桩周土体抗力。

欲提高根键桩抗拔力应采用间距沿深度递减的根键布置形式,使桩身应力均匀传递到桩周土体,避免土体局部破坏。

(2) 根键长度的影响

图 12 是上拔荷载为极限荷载,其他条件相同时Ⅱ类根键桩位移等值线云图。相较于根 1 号,根 6 号前两层根键处位移强度有所削弱,这意味着浅层根键长度的增加有利于桩身应力均匀传递至周围土体,避免浅层土体局部破坏的发生。根 7 号桩周位移大小均有所增加,且相较于根 1 号,深层土体位移增加尤为明显,这说明其深层土体所提供的土抗力远大于根 1 号。因此,深层根键长度的增加能够提高其周围土体应力的利用率,进而提高其抗拔力。综上所述,根键长度的增加,不论在浅层土体还是深层土体都有利于抗拔力的提高,但作用机理不同,浅层土体内根键长度的增加能够减少浅层土体应力集中造成的局部破坏,而深层根键长度的增加能够增加周围土体利用率,提高土抗力,进而增加其抗拔力。

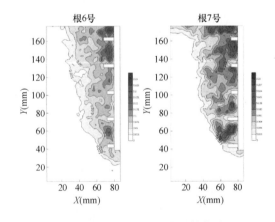

图 12 Ⅱ类根键桩桩周位移等值线图

Fig. 12 Ⅱ class root piles and contour map
of pile displacement around piles

(3) 根键水平布置间距的影响

图 13 是上拔荷载为极限荷载,其他条件相同时Ⅲ类

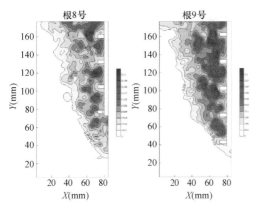

图 13　Ⅲ类根键桩桩周位移等值线图
Fig. 13　Ⅲ class root piles and contour map
of pile displacement around piles

根键桩位移等值线云图。对比根 1 号、根 8 号，根 8 号桩周位移影响区域显著增大，但未连成一片，浅层土体出现位移急剧增大。这说明浅层土体内根键水平间距的减小能够提高荷载传递范围，但未能消除浅层土体的应力集中。因此，浅层土体内根键水平布置间距的减小对抗拔力的提高具有促进作用，但提高程度有限。对比根 1 号、根 9 号可知，根 9 号桩周土体位移增强，区域面积增大，且连成一片。对比图 11 中等截面桩周位移等值线云图可知，根 9 号桩身抗拔力传递均匀，能够充分利用其周围土体应力提高抗拔。且深层土体有强度与面积均较大的位移场，可见其充分利用深层土体应力为试桩提供抗拔力。综上所述，根键水平布置间距的减小有利于抗拔力传递至桩周土体，且随着深度的增加这种提高效果越明显，但根键水平布置间距的减小并不能消除部分土体的应力集中。

3　结论

（1）不同的根键布置形式对抗拔力提高程度有所不同，其中深层根键长度增加对抗拔力的提高效果最明显，较等截面桩极限抗拔力增大 108.6%。

（2）根键的竖向间距存在最优值，根键竖向间距过小，土体受根键挤密作用范围较小，而根键间距过大，则桩周土体主要受侧摩阻力作用，对桩周土体影响范围较小。浅层根键间距过小时还会导致浅层土体内出现应力集中，桩周土体快速破坏，深层根键抗拔力难以充分发挥。深度越大根键竖向间距最优值越小，在本文试验条件下，浅层根键竖向间距建议取值为（1.5~2.5）d，深层根键建议取值为（1~2）d，其抗拔力较等截面桩最大可提高 67.7%。

（3）根键长度的增大能够有效扩大桩土作用范围，进而提高其抗拔力。根键长度的增大有利于桩体上拔时周围土体内应力的均匀传递，减少浅层土体内应力集中，从而避免桩周土体快速破坏。浅层根键长度增大，抗拔力较等截面桩提高 85.2%，而深层根键长度增大，抗拔力提

高 108.6%。因此，在材料允许范围内，提高深层根键长度对抗拔力的提高最为突出。

（4）根键水平布置间距时，桩周土体影响区域相对独立，难以形成贯通的位移影响区，桩周土体内应力传递不均匀，随着根键水平布置间距的减小，独立的影响区相互连接贯通，荷载沿深度均匀传递，桩周土体应力充分利用，从而提高其抗拔力。浅层根键宽度总占比（单层根键宽度和/等截面段周长）应为 40%~50%，深层根键宽度总占比为 50%~60%。其抗拔力最大可提高 70.6%。

参考文献：

[1]　余竹，殷永高，杜宪亭. 池州长江公路大桥根式基础抗拔力试验研究[J]. 桥梁建设，2019，49(04)：13-17.

[2]　龚维明，胡丰，童小东，等. 根式基础竖向承载性能的试验研究[J]. 岩土工程学报，2008，30(12)：1789-1795.

[3]　殷永高. 根式基础及根式锚碇方案构思[J]. 公路，2007(02)：46-49.

[4]　殷永高，孙敦华，龚维明. 根式基础承载特性的试验与数值模拟研究[J]. 土木工程学报，2009，42(12)：162-169.

[5]　龚维明，王磊，殷永高. 厚覆盖土层地区根式基础应用与试验研究[J]. 土木工程学报，2015，48(S2)：69-74.

[6]　White D J, Take W A, M. D. Bolton, et al. A deformation measurement system for geotechnical testing based on digital imaging, close-range photogrammetry, and PIV image analysis. 2001.

[7]　Ni Q, CC Hird, Guymer I. Physical modelling of pile penetration in clay using transparent soil and particle image velocimetry[J]. Géotechnique, 2010, 60(2): 121-132.

[8]　孔纲强，曹兆虎，周航，等. 极限荷载下纵向截面异形桩破坏形式对比模型试验研究[J]. 岩土力学，2015，36(05)：1333-1338.

[9]　张敏霞，崔文杰，徐平，等. 竖向荷载作用下挤扩支盘桩桩周土体位移场变化规律研究[J]. 岩石力学与工程学报，2017，36(S1)：3569-3577.

[10]　孔纲强，曹兆虎，周航，等. 扩大头对楔形桩沉桩位移场影响的透明土模型试验[J]. 应用基础与工程科学学报，2016，24(06)：1248-1255.

[11]　周航，袁井荣，刘汉龙，等. 矩形桩沉桩挤土效应透明土模型试验研究[J]. 岩土力学，2019，40(11)：4429-4438.

[12]　孔纲强，孙学谨，曹兆虎，等. 楔形桩和等截面桩中性点位置可视化对比模型试验[J]. 岩土力学，2015，36(S1)：38-42.

[13]　齐昌广，左殿军，刘干斌，等. 塑料套管混凝土桩挤土效应的非侵入可视化研究[J]. 岩石力学与工程学报，2017，36(09)：2333-2340.

[14]　周东，刘汉龙，仉文岗，等. 被动桩侧土体位移场的透明土模型试验[J]. 岩土力学，2019，40(07)：2686-2694.

[15]　齐昌广，郑金辉，赖文杰，等. 开口管桩挤土效应的源-汇理论分析及透明土试验对比研究[J]. 应用基础与工程科学学报，2020，28(04)：938-952.

[16]　中华人民共和国住房和城乡建设部. 建筑基桩检测技术规范：JGJ 106—2014 [M]. 北京：中国建筑工业出版社，2014.

[17]　国家能源局. 架空输电线路基础设计技术规程：DL/T 5219—2014 [S]. 北京：中国计划出版社，2014.

先张法预应力混凝土竹节管桩抗弯性能试验研究

陈克伟[*1, 2, 4]，明　维[2, 4]，张芳芳[2, 4]，张日红[2, 4]，张旭伟[3]

（1. 上海中淳高科桩业有限公司，上海 201500；2. 宁波中淳高科股份有限公司，浙江 宁波 315000；3. 浙江大学建筑工程学院，浙江 杭州，310058；4. 建材行业混凝土预制桩工程技术中心，浙江 宁波 315000）

摘　要：先张法预应力混凝土竹节管桩的竹节凸起可增加桩与土体的侧阻力，提高承载力，减少沉降，竹节管桩的抗弯性能是工程设计的重要参考指标。通过理论计算得出竹节管桩的抗弯性能，选取大小两种桩型开展竹节管桩开裂弯矩、极限弯矩、破坏特征及裂缝分布等抗弯性能试验研究，结果表明：竹节管桩的抗弯试验可参考《先张法预应力离心混凝土异型桩》GB 31039—2014 进行；竹节管桩采用桩身直径计算抗弯性能较合理，试验值与理论计算值相比，极限弯矩的富余较大；竹节管桩的破坏形式如下：受拉区预应力钢筋首先发生屈服，后受拉区预应力钢筋被拉断，最后受压区混凝土被压碎；试件跨中截面应变分布基本符合平截面假定，竖向裂缝出现后截面中性轴上移，受压区混凝土应变稳定增长。

关键词：竹节管桩；抗弯性能；破坏特征；裂缝分布

作者简介：陈克伟（1990— ），男，工程师，硕士，主要从事建筑材料及预制构件研究。E-mail：chenkewei2010@126.com。

Study of flexural behavior of pretensioned concrete nodular pile

CHEN Ke-wei[* 1, 2, 4]，MING Wei[2, 4]，ZHANG Fang-fang[2, 4]，ZAHNG Ri-hong[2, 4]，ZHANG Xu-wei[3]

（1. Shanghai ZCONE High-tech Pile Industry Holdings Co. Ltd.，Shanghai 201500，China；2. Ningbo ZCONE High-tech Pile Industry Holdings Co. Ltd.，Ningbo Zhejiang 315000，China；3. College of Civil Engineering and Architecture，Zhejiang University，Hangzhou Zhejiang 310058，China；4. China Building Material Industry Precast Concrete Pile Engineering Technology Center，Ningbo Zhejiang 315000，China）

Abstract：The nodular bulge of prestressed high strength nodular concrete pipe pile can increase the lateral resistance between pile and soil，improve the bearing capacity and reduce settlement. The flexural performance of nodular concrete pipe pile is an important reference index for engineering design. Through theoretical calculation，the flexural performance of nodular concrete pipe pile is obtained，and two types of piles are selected to carry out experimental research on the flexural performance of nodular concrete pipe pile，such as cracking moment，ultimate moment，failure characteristics and crack distribution. The results show that the flexural performance experiment of nodular concrete pipe pile can be carried out with reference to *pretensioned prestressed centrifugal concrete special shaped pile* GB 31039—2014；The results show that it is reasonable to use the diameter of the pile body to calculate the flexural performance of nodular concrete pipe pile，and the surplus of the ultimate bending moment between the experimental value and the theoretical value is larger；The failure characteristics of nodular concrete pipe pile are as follows：the prestressed reinforcement in tension zone yields first，the prestressed reinforcement in tension zone is broken，and finally the concrete in compression zone is crushed；The results show that the strain distribution in the midspan section of the specimen basically conforms to the assumption of plane section. After the occurrence of vertical cracks，the neutral axis of the section moves up，and the strain of the concrete in the compression zone increases steadily.

Key words：nodular concrete pipe pile；flexural performance；failure characteristics；fracture distribution

0　前言

先张法预应力混凝土管桩自 20 世纪 90 年代从日本引进国内以来因桩身强度高、单桩竖向承载力高、生产制造和施工效率高、经济性好等特点，在工民建工程、公路工程、水运工程等领域得到广泛应用[1-3]。但传统的圆形管桩因外壁光滑，在沿海软土地区桩与土的侧摩阻力较小，桩与土之间的承载力较低，常通过增加桩长或增加桩数量提高承载力，而桩身本身的强度有较大的富余，导致严重的资源浪费。黄敏等[4-8]研究了一种桩身带有环状凸起的竹节桩，并开展了足尺寸模型试验、现场试验和有限元分析研究，结果表明：与预应力圆管桩相比，其抗压和抗拔承载力提高 20% 以上。本文开发的先张法预应力混凝土竹节管桩（以下简称竹节管桩）桩身带有等间距竹节状凸起，竹节管桩桩身竹节在施工过程中随着土体回溯产生竹节效应，桩土充分结合形成一体，郦亮等[9,10]通过工程现场试验，开展了竹节管桩复合地基的承载变形特性和超静水压力试验研究，结果表明：竹节管桩承载力高，沉降均匀可控。竹节管桩的抗弯性能是工程设计的重要参考指标，本文提出了竹节管桩的抗弯性能计算公式，并通过抗弯性能试验，研究 DT-PHC 400-350（80）AB-8 和 D-PHC 800-750（110）AB-12 两种桩型的竹节管桩开裂弯矩、极限弯矩、破坏特征及裂缝分布，为竹节管桩的设计和工程应用提供重要依据。

1 竹节管桩抗弯性能计算

1.1 竹节管桩几何尺寸和配筋

竹节管桩的结构见图1，与传统的圆形管桩相比，竹

节管桩的竹节外径与圆形管桩外径在相同情况下，竹节管桩材料消耗更少。竹节管桩用于桩基础时保护层厚度大于40mm，编号D-PHC；用于地基处理时保护层厚度大于25mm，编号DT-PHC；用于抗弯试验的两种桩型的几何尺寸和配筋规格，见表1。

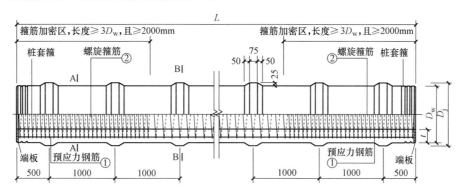

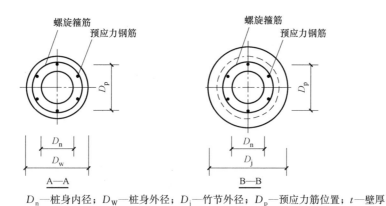

D_n—桩身内径；D_W—桩身外径；D_j—竹节外径；D_p—预应力筋位置；t—壁厚

图1 竹节管桩结构示意图

Fig. 1 Schematic diagram of nodular pile structure

竹节管桩试件几何尺寸和配筋规格 表1

Geometric dimensions and reinforcement specifications of nodular pile Table 1

试件规格	D_j(mm)	D_w(mm)	t(mm)	预应力钢筋	箍筋	σ_{ce} (MPa)
DT-PHC 400-350 (80)AB-8	400	350	80	$8\phi^D$ 9.0	$\phi^b4@$ 50/100	6.34
D-PHC 800-750 (110)AB-12	800	750	110	$18\phi^D$ 10.7	$\phi^b6@$ 45/80	6.17

1.2 开裂弯矩计算

竹节管桩受弯时，裂缝控制等级取二级，竹节管桩桩身开裂弯矩标准值计算公式如下：

$$M_{cr,k} = (\sigma_{ce} + \gamma f_{tk})W_0 \qquad (1)$$

式中：$M_{cr,k}$——桩身开裂弯矩标准值；

σ_{ce}——桩身截面混凝土有效预压应力；

f_{tk}——桩身混凝土抗拉强度标准值；

γ——考虑离心工艺影响及截面抵抗矩塑性影

响的综合系数，C80混凝土取1.90；

W_0——桩身截面弹性抵抗矩，按桩身计算。

1.3 极限弯矩计算

竹节管桩桩身极限弯矩标准值计算公式如下：

$$M_{u,k} = \alpha_1 f_{ck} A(r_1 + r_2)\frac{\sin\pi\alpha}{2\pi} +$$

$$f'_{py}A_p r_p \frac{\sin\pi\alpha}{\pi} + (f_{ptk} - \sigma_{p0})A_p r_p \frac{\sin\pi\alpha_t}{\pi} \qquad (2)$$

$$\alpha = \frac{0.55\sigma_{p0}A_p + 0.45f_{ptk}A_p}{\alpha_1 f_{ck}A + f'_{py}A_p + 0.45(f_{ptk} - \sigma_{p0})A_p} \quad (3)$$

$$\alpha_t = 0.45(1-\alpha) \quad (4)$$

式中：$M_{u,k}$——桩身极限弯矩标准值；

f_{ptk}——预应力钢筋抗拉强度标准值；

f'_{py}——预应力钢筋抗压强度设计值；

A——按桩身外径计算桩身截面面积；

α——受压区混凝土面积和全截面面积之比；

α_t——受拉区纵向预应力钢筋面积与全部预应力钢筋面积之比；

α_1——混凝土矩形应力图的应力值与轴心抗压强度设计值之比，C80 混凝土取 0.94；

f_{ck}——混凝土轴心抗压强度标准值；

σ_{p0}——预应力钢筋有效预压力，即混凝土法向应力等于零时预应力钢筋应力。

1.4 材料力学性能

预应力钢筋采用 35 级延性低松弛预应力混凝土用螺旋槽钢棒，其力学性能见表 2，混凝土的强度指标及弹性模量见表 3。

预应力钢筋的力学性能　表 2
Mechanical properties of prestressed steel bars　Table 2

符号	规定非比例延伸强度 $R_{p0.2}$（MPa）	抗拉强度标准值 f_{ptk}（MPa）	抗拉强度设计值 f_{py}（MPa）	抗压强度设计值 f'_{py}（MPa）	断后伸长率（%）	E_s（MPa）	1000h 松弛值（%）
ϕ^D	≥1280	≥1420	≥1000	≥400	≥7	2.0×10^5	≤2.0

混凝土强度指标及弹性模量（MPa）　表 3
Strength index and elastic modulus of concrete（MPa）　Table 3

混凝土强度等级	抗压强度标准值 f_{ck}	抗压强度设计值 f_c	抗拉强度标准值 f_{tk}	抗拉强度设计值 f_t	弹性模量 E_c
C80	50.20	35.90	3.11	2.22	3.80×10^4

1.5 抗弯性能计算结果

按桩身外径计算，DT-PHC 400-350（80）AB 和 D-PHC 800-750（110）AB 的抗弯性能计算结果见表 4。

竹节管桩抗弯性能计算结果（kN·m）表 4
Flexural performance of nodular pile（kN·m）

Table 4

型号	开裂弯矩标准值 $M_{cr,k}$	极限弯矩标准值 $M_{u,k}$
DT-PHC 400-350（80）AB	48	82
D-PHC 800-750（110）AB	387	621

2 抗弯试验

2.1 试验加载方案

选取 DT-PHC 400-350（80）AB-8 和 D-PHC 800-750（110）AB-12 两种桩型各 1 根进行抗弯试验，加载设备选用 YAW-10000F 型微机控制电液伺服多功能试验机。试验参照《先张法预应力离心混凝土异型桩》GB 31039—2014[11]，跨中纯弯段和支座间距见表 5。

DT-PHC 400-350（80）AB-8 支座支点位于竹节上，

D-PHC 800-750（110）AB-12 支座支点位于桩身上。

竹节管桩试件桩身总长及抗弯加载布置 表 5
Total length of pile body and bending resistance loading arrangement of nodular pile　Table 5

试件规格	桩身长度 L（m）	跨中纯弯段长度（m）	支座间距 B（m）
DT-PHC 400-350（80）AB-8	8.0	1.0	5.0
D-PHC 800-750（110）AB-12	12.0	1.0	7.2

竹节管桩试件纯弯段截面弯矩计算公式为：

$$M = \frac{P}{4}(B-1) + \frac{W}{8}(2B-L) \quad (5)$$

式中：M——竹节管桩试件纯弯段截面弯矩试验值；

P——试验机荷载值；

B——支座间距；

L——试件长度；

W——试件自重。

2.2 试验测试方案

采用 50mm×3mm 型电阻应变片、YHD-100 型位移传感器和 DH3816N 型静态应变测试分析系统对试件进行试验。应变和位移测点布置详见图 2 和图 3。

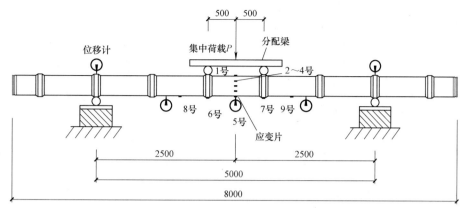

图 2 DT-PHC 400-350（80）AB-8 应变及位移监测

Fig. 2 Strain and displacement monitoring of DT-PHC 400-350（80）AB-8

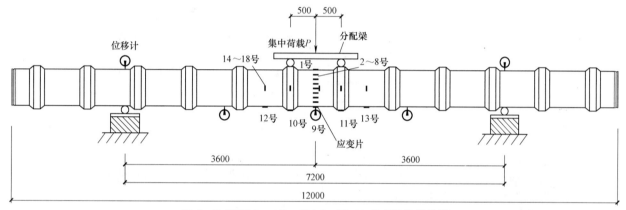

图 3 D-PHC 800-750（110）AB-12 应变及位移监测

Fig. 3 Strain and displacement monitoring of D-PHC 800-750（110）AB-1

2.3 试验结果及分析

（1）抗弯承载力

图 4 为试验测得的试件荷载-跨中挠度曲线。每条曲线中，一个标识点代表一级加载步所对应的试验机荷载值和试件跨中挠度值。表 6 为试验测得的竹节管桩试件的开裂弯矩试验值、极限弯矩试验值和理论公式计算的桩身开裂弯矩计算值、极限弯矩计算值。两根竹节管桩试件的受弯破坏形式均为底部受拉区钢棒拉断，见图 5。DT-PHC 400-350（80）AB-8 竹节管桩试件的开裂弯矩试验值为 50kN·m，较桩身的开裂弯矩计算值 48kN·m 偏大 5%，试件的极限弯矩试验值为 102kN·m，较桩身的极限弯矩计算值 82kN·m 偏大 24%。D-PHC 800-750（110）AB-12 竹节管桩试件的开裂弯矩试验值为 425kN·m，较桩身的开裂弯矩计算值 387kN·m 偏大 10%，试件的极限弯矩试验值为 726kN·m，较桩身的极限弯矩计算值 621kN·m 偏大 17%。试验结果表明参考《先张法预应力离心混凝土异型桩》GB 31039—2014 测试竹节管桩的抗弯性能与理论计算值较一致，竹节管桩抗弯性能采用桩身外径进行计算较合理，且极限弯矩有较大的富余。

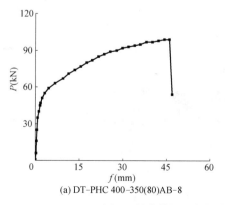

(a) DT-PHC 400-350(80)AB-8

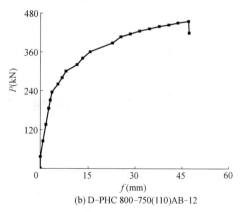

(b) D-PHC 800-750(110)AB-12

图 4 竹节管桩试件抗弯承载力试验荷载-跨中挠度曲线

Fig. 4 Bending capacity test load-mid-span deflection curve of nodular pile

在加载初期，竹节管桩处于弹性变形阶段，荷载与跨中挠度基本呈线性变化。当加载至纯弯段出现第一条竖向裂缝后，试件抵抗变形的刚度开始下降，随着继续加载，试件竖向裂缝数目不断增多，裂缝长度和宽度也不断增大，截面底部预应力钢筋开始屈服。随着荷载继续增大，预应力钢筋达到极限抗拉强度而被拉断，试件承载力急剧下降，不能继续承担荷载，部分受压区混凝土被压碎。

竹节管桩试件抗弯承载力试验与理论计算结果（kN·m）

表 6

Experimental results and theoretical calculation of flexural bearing capacity of nodular pile（kN·m）

Table 6

试件规格	开裂弯矩标准值		极限弯矩标准值	
	理论计算值	试验值	理论计算值	试验值
DT-PHC 400-350(80)AB-8	48	50	82	102
D-PHC 800-750(110)AB-12	387	425	621	726

（2）裂缝分布

D-PHC 400-350（80）AB-8 竹节管桩试件裂缝分布见图 6。试件在跨中弯矩达到 50kN·m 时，在跨中底部出现 1 条竖向裂缝。破坏前试件竖向裂缝最大宽度为 1.50mm，开展高度约 330mm，破坏时桩身裂缝主要分布在跨中两侧—1100～1100mm 范围内，共有 12 条主要裂缝（纯弯段 6 条裂缝），裂缝主要呈竖向开展，有分叉现象。

D-PHC 800-750（110）AB-12 竹节管桩试件裂缝分布见图 7。试件在跨中弯矩达到 425kN·m 时，在纯弯段底部竹节附近出现 2 条竖向裂缝；破坏前试件竖向裂缝最大宽度为 2.34mm，开展高度约 600mm，破坏时桩身裂缝主要分布在跨中两侧—1600～1600mm 范围内，共有 10 条主要裂缝（纯弯段 4 条裂缝），裂缝主要呈竖向开展，有分叉现象。

（3）应变发展

图 8 为竹节管桩试件的荷载-应变曲线。两根竹节管桩试件在跨中裂缝出现前，各测点应变呈线性增长，试件跨中截面应变分布基本符合平截面假定。竖向裂缝出现后截面中性轴上移，受压区混凝土应变稳定增长，部分应变片读数因两侧裂缝开展导致混凝土收缩而减小。桩身中部环向测点应变与水平裂缝开展密切相关。

(a) DT-PHC 400-350(80)AB-8

(b) DT-PHC 800-750(110)AB-12

图 5 竹节管桩试件受弯破坏形式

Fig. 5 Bending failure mode of nodular pile

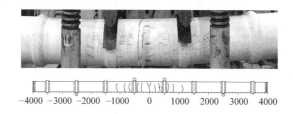

图 6 DT-PHC 400-350（80）AB-8 竹节管桩试件裂缝分布图

Fig. 6 Fracture map of DT-PHC 400-350（80）AB-8 nodular pile

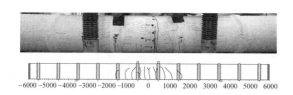

图 7 D-PHC 800-750（110）AB-12 竹节管桩试件裂缝分布图

Fig. 7 Fracture map of D-PHC 800-750（110）AB-12 nodular pile

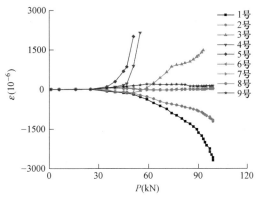

(a) DT-PHC 400-350(80)AB-8竹节管桩轴向应变

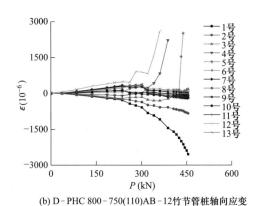

(b) D-PHC 800-750(110)AB-12竹节管桩轴向应变

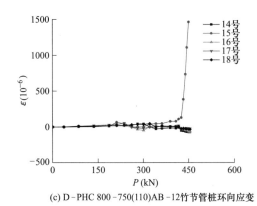

(c) D-PHC 800-750(110)AB-12竹节管桩环向应变

图 8　竹节管桩试件抗弯承载力试验混凝土应变发展

Fig. 8　Flexural bearing capacity test concrete strain development of nodular pile

3　工程应用

浙江象山某光伏项目位于浙江省宁波市象山县高塘岛乡滩涂海域，光伏发电上部结构采用支架上铺太阳能光伏板的工艺，下部结构为透水构筑物，采用桩基础形式。该工程要求单桩的竖向抗压承载力特征值大于 40kN，竖向抗拔承载力特征值大于 30kN，水平力大于 7.5kN。本项目滩涂位于软土地区，使用竹节管桩可提高竖向承载力，采用竹节管桩 DT-PHC 400-350（80）AB-C80，桩长 11～14m，桩身的强度满足竖向承载力及抗弯承载力要求，且竹节管桩的竹节凸起可作为光伏板支架的支撑点。本工程采用竹节管桩取得良好的应用效果，见图 9。

图 9　竹节管桩在光伏工程中应用

Fig. 9　Application of nodular pile in photovoltaic engineering

4　结论

（1）竹节管桩的抗弯性能试验可参考《先张法预应力离心混凝土异型桩》GB 31039—2014 进行检验。

（2）采用桩身外径计算抗弯性能较合理，试验值与理论计算值相比，极限弯矩的富余较大，DT-PHC 400-350（80）AB-8 竹节管桩试件的极限弯矩试验值较桩身的极限弯矩计算值偏大 24%；D-PHC 800-750（110）AB-12 竹节管桩试件的极限弯矩试验值较桩身的极限弯矩计算值偏大 17%。

（3）竹节管桩试件受弯的破坏形式如下：竹节管桩在弯矩作用下，裂缝分布较均匀，产生裂缝后桩身的刚度下降，持续加载，截面底部预应力钢筋首先开始屈服，随后受拉区预应力钢筋被拉断，最后受压区混凝土被压碎。

（4）试件跨中截面应变分布基本符合平截面假定，竖向裂缝出现后截面中性轴上移，受压区混凝土应变稳定增长。

参考文献：

[1]　刘芙蓉. 预应力离心混凝土空心方桩的承载性能研究[D]. 武汉：武汉大学，2012.

[2]　刘小乐. 预应力混凝土管桩抗弯性能研究[D]. 合肥：合肥工业大学，2013.

[3]　黄广龙，颜荣华，陆春其. 水平承载预应力混凝土管桩应用

现状及展望[J]. 建筑结构，2011，41(2)：341-344.

[4] OGURA H，YAMAGATA K，OHSUGI F. Study on bearing capacity of nodular cylinder Pile by Full-Scale Test of Jacked Piles[J]. Journal of Structural and construction engineering，1988，386：66-77.

[5] OGURA H，YAMAGATA K. A Theoretical analysis on load settlement behavior of nodular piles[J]. Journal of Structural and Construction Engineering，1988，393：152-164.

[6] 史玉良. 预制节桩的荷载试验及荷载传递性能分析[J]. 工业建筑，1993，23(7)：3-9.

[7] 黄敏，龚晓南. 带翼板预应力管桩承载性能的模拟分析[J]. 土木工程学报，2005，38(2)：102-105.

[8] 黄敏，龚晓南. 一种带翼板预应力管桩及其性能初步研究[J]. 土木工程学报，2005，38(5)：59-62.

[9] 郦亮，叶俊能，周晔，等. 软土地区竹节桩复合地基承载特性试验研究[J]. 地下空间与工程学报，2020，16(4)：986-992.

[10] 叶俊能，周晔，朱瑶宏，等. 竹节桩复合地基沉桩施工超孔隙水压力研究[J]. 水文地质工程地质，2019，46(1)：104-110.

[11] 中华人民共和国国家质量监督检验检疫总局. 先张法预应力离心混凝土异型桩：GB 31039—2014 [S]. 北京：中国计划出版社，2015.

劲性扩体复合桩设计及工程应用

包 华[1]，刘金波[2]，朱建新[3]，姚锋祥[3,4]，洪俊青[*1]，王 涛[2]

(1. 南通大学，江苏 南通 226019；2. 中国建筑科学研究院有限公司，北京 100013；
3. 江苏劲桩岩土科技有限公司，江苏 南通 226009；4. 江苏劲桩基础工程有限公司，江苏 南通 226009)

摘 要：劲性扩体复合桩是由刚性芯桩和外包水泥土组成的一种组合截面桩型。基于内夯沉管工艺与水泥土搅拌工艺的劲性扩体复合桩，具有更加有效和可靠的内界面强度，保证了芯桩、外包水泥土和扩大底端的协同工作，使桩侧阻力、桩端阻力都得到一定提高，从而较大程度提高桩的承载力。本文重点介绍了该种劲性扩体复合桩的单桩竖向承载力设计及相关参数取值方法。研究表明，劲性扩体复合桩复合段外界面总极限侧阻力调整系数 ξ_s 可取值 $1.7\sim1.9$；总极限端阻力调整系数 ξ_p 可取值 1.0。

关键词：劲性扩体复合桩；单桩竖向承载力；侧阻力；端阻力；调整系数

作者简介：包华（1964— ），男，硕士，教授，从事结构工程及桩基础工程理论与应用方面的研究工作，联系电话：13813621888，E-mail：bao.h@ntu.edu.cn。

通讯作者：洪俊青（1976— ），男，博士，副教授，从事桩基础工程及新型结构理论与应用方面的研究工作，联系电话：13515200991，E-mail：hongjq@ntu.edu.cn。

Design method and engineering application on expanded stiffened deep-cement-mixing pile

BAO Hua[1]，LIU Jin-bo[2]，ZHU Jian-xin[3]，YAO Feng-xiang[3,4]，HONG Jun-qing[*1]，WANG Tao[2]

(1. School of Transportation and Civil Engineering，Nantong University，Nantong Jiangsu 226019，China；
2. China Academy of Building Research，Beijing 100029，China；3. Jiangsu Genuine-Strong Geotechnical Technology Co.，Ltd.，Nantong Jiangsu 226009，China；4. Jiangsu Genuine-Strong foundation Engineering Co.，Ltd.，Nantong Jiangsu 226009，China)

Abstract：The expanded stiffened deep-cement-mixing pile（ESDP）is a type of composite pile with rigid core shaft encased by cemented soil. Based on the inner tube-sinkingcast-in-situ tamping pile process and the soil-cement mixing pile process，the ESDP possesses the more effective and reliable inner interface，ensures the coordination among the core shaft，the encasing cemented soil，and the enlarged base，and enhancesthe shaft resistance and tip resistance of the pile-soil interfacesboth，which bring about the high carrying capacity greatly. The design method and parameter values on the ESDP are discussed in this paper. The results show that the general ultimate shaft resistance，ξ_s，on the composite segment for that ESDP can be estimated as $1.7\sim1.9$，and the general ultimate tip resistance，ξ_p，can be 1.0.

Key words：expanded stiffened deep-cement-mixing pile；vertical carrying capacity for monopole；ultimate shaft resistance；ultimate tip resistance；adjustment factor

0 引言

劲性扩体复合桩是由刚性芯桩和外包水泥土组成的一种组合截面桩型，是我国岩土工程界科技人员借鉴日本的 SMW（Soil Mixing Wall）工法，研发出的不同桩身材料的组合截面桩型，多为混凝土芯桩（或型钢、钢管桩）外包裹水泥土混合料、水泥土砂浆混合料等[1-4]。近30年来，我国各地结合当地的实际情况发展了多种形式的组合截面桩型，如干作业复合灌注桩、劲性复合桩、劲芯复合桩、加芯搅拌桩、劲性搅拌桩、水泥土复合管桩等[7-17]。尽管上述形式桩型在名称、工艺上不同程度的存在差异，但其桩身构造与工作机理接近。其桩身构造为"芯桩-水泥土-桩周土"多材料组合体系；其作用机理为：

在竖向荷载作用下，芯桩承受绝大部分（或全部）竖向荷载，主要考虑利用水泥土抗剪强度传递荷载，发挥水泥土搅拌桩具有远高于传统混凝土桩侧阻力的优势，将竖向荷载传递到桩侧土体。通过设计，同时使水泥土搅拌桩与混凝土桩在极限状态下互相匹配，各自优势性能得到充分发挥，从而获得高于传统桩型的性价比。与传统桩型相比较，同等条件下，劲性扩体复合桩竖向承载力提高45%～80%，节省基础造价可达20%以上。由于其良好的性价比，劲性扩体复合桩在我国沿江、沿海地区得到广泛运用。

水泥土搅拌桩与内夯沉管灌注桩相互结合，形成具备扩体形态和力学特点的一种新型组合截面复合桩型，其本质也是一种劲性扩体复合桩（简称劲扩复合桩或劲扩桩）。劲扩复合桩兼有劲性复合桩和内夯扩底灌注桩的

基金项目：江苏省产学研合作项目（BY2020176）；江苏省技术市场管理办公室备案科技研发项目（苏技认字（2019）06020210）。

优点，并相互补充。根据前文《劲性扩体复合桩单桩抗压承载力试验研究》报告，非取土的施工工艺进一步强化了水泥土搅拌桩的桩侧土的侧阻力，夯扩工艺充分提高了桩端土的端阻力，灌注混凝土芯桩与外包水泥土具有更加有效和可靠的内界面（芯桩-水泥土接合面），保证了芯桩、外包水泥土和扩大底端的协同工作，使桩的侧阻力、端阻力都得到一定提高，从而较大程度提高桩的承载力。相同条件下，与同直径的传统灌注桩相比，劲扩复合桩竖向承载力可提高约1.0倍以上。劲性扩体复合桩具有承载力高、成本低和对环境影响小的优点，是具有很好发展前景的中、短型桩型。

根据劲扩复合桩的芯桩长度 l_{cp} 与水泥土（环）柱体长度 l_{cs} 的关系劲扩复合桩分成短芯桩（$l_{cp} < l_{cs}$）、等芯桩（$l_{cp} \approx l_{cs}$）和长芯桩（$l_{cp} > l_{cs}$），其桩身构造如图1所示。实际工程中，主要采用等芯桩和长芯桩两种形式，具体选型应根据工程地质与水文地质条件、上部结构类型、荷载特征、施工技术条件与环境等因素确定。

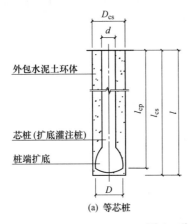

(a) 等芯桩

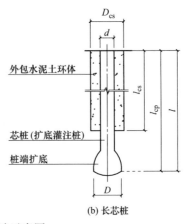

(b) 长芯桩

图1 劲扩复合桩构造示意图

Fig. 1 Details for the ESDP composition

本文根据水泥土搅拌桩与内夯沉管灌注桩组合而成的劲扩复合桩试验研究成果，提出劲扩复合桩设计方法，尽管设计方法的普遍适用性还需要进一步试验证实和完善，但对劲扩复合桩的进一步研究和工程设计具有指导意义和参考价值。

1 竖向抗压承载力分析

1.1 承载力计算公式

劲扩复合桩是"芯桩-水泥土-桩周土"多材料受力体系，其竖向承载力与芯桩、水泥土、桩周土以及与之相关的内界面（芯桩-水泥土）、外界面（水泥土-桩周土）的力学特性有关，其单桩竖向抗压极限承载力标准值 Q_{uk} 可按下式确定：

$$Q_{uk} = \min(Q_{1uk}, Q_{2uk}, Q_{3uk}) \tag{1}$$

式中：

Q_{1uk}——基于外界面强度的极限承载力标准值；

Q_{2uk}——基于内界面强度的极限承载力标准值；

Q_{3uk}——基于桩身材料强度的极限承载力标准值。

鉴于灌注混凝土芯桩与外包水泥土具有有效和可靠的内界面强度，保证了芯桩与外包水泥土整体协同工作，所以本文仅对基于外界面强度的极限承载力标准值计算方法进行分析。

为了与现行行业标准《建筑桩基技术规范》JGJ 94[8]（简称《桩基规范》）规定的桩基分析计算模式统一，便于工程设计时工程师理解与应用，本次分析依然设劲扩复合桩承载力由总侧阻力 Q_{sk} 与总端阻力 Q_{pk} 两部分组

成，其中长芯桩的总侧阻力 Q_{sk} 包括复合段总侧阻力 Q_{csk} 和裸芯段总侧阻力 Q_{psk} 两部分，即 $Q_{sk} = Q_{csk} + Q_{psk}$。

注：复合段，为水泥土柱体与芯桩组合的区段，如图1（b）中 l_{cs} 区段；裸芯段，为芯桩外侧无水泥土，直接与桩侧土接触的区段，如图1（b）中 l_{cs} 区段以下部分。

劲扩复合桩竖向抗压极限承载力标准值可按公式（2）估算：

$$Q_{uk} = Q_{1uk} = Q_{csk} + Q_{psk} + Q_{pk} = \xi_s U_{cs} \sum q_{sik} l_i + u_{cp} \sum q_{sjk} l_j + \xi_p q_{pk} A_p \tag{2}$$

式中：

Q_{uk}——单桩竖向抗压极限承载能力标准值（kN）；

U_{cs}、u_{cp}——分别为水泥土柱体周长、芯桩周长（m）；

q_{sik}、q_{sjk}——分别为复合段桩侧第 i 层土、裸芯段桩侧第 j 层土的极限侧阻力标准值（kPa）；

q_{pk}——桩端土极限端阻力标准值（kPa）；

l_i——复合段桩周第 i 层土的厚度（m）；

l_j——裸芯段桩周第 j 层土的厚度（m），对于扩底桩变截面以上 $2d$ 长度范围不计侧阻力；

A_p——桩端截面面积（m²）；

ξ_s——复合段总极限侧阻力调整系数，可按地区经验取值，如无地区经验时可取1.8±0.1；

ξ_p——总极限端阻力调整系数；按地区经验取值，如无地区经验时可取1.0。

1.2 总极限侧阻力调整系数 ξ_s 取值讨论

劲扩复合桩复合段总极限侧阻力调整系数有两种估算方法：分层调整系数法和统一调整系数法，相关文献[8,10-17]中均有所体现。分层调整系数法，《劲性复合

桩技术规程》JGJ/T 327[10] 采用此法，但由于分土层侧阻力测试技术不够成熟，分土层调整系数法尚缺少足够的试验依据支撑，现有的试验结果不支持文献［10］给出的分层调整系数；统一调整系数法，《水泥土复合管桩基础技术规程》JGJ/T 330[15] 和《劲性搅拌桩技术规程》DB 29-102[17] 采用此法，从江苏、山东和天津等地的试验研究结论来看，各地的统一调整系数具有很好的吻合度。但综合调整系数法不能反映不同岩土的力学特性。尽管两类调整系数法有不完善之处，但其使用方便，在工程实践中仍被广泛采用。

鉴于劲扩复合桩（水泥土搅拌桩与内夯沉管灌注桩组合而成的）试验桩数量有限，同时考虑到较传统灌注桩、预制桩而言，劲扩复合桩工作性能同时受到芯桩与水泥土体直径匹配、芯桩长度、桩周土层条件、桩端承载能力等因素影响，再者从测试技术成熟度考虑，本文采用了综合系数法对水泥土土体与周边土层之间的桩身外界面侧阻调整系数 ξ_s 进行了分析。

取劲扩复合桩的复合段总侧阻力试验值，与按照《桩基规范》中泥浆护壁钻孔灌注桩和预制桩建议的土层侧阻经验系数高限计算的理论值进行了比较，见表1。结果表明，等芯劲扩复合桩试验总侧阻力是泥浆护壁钻孔灌注桩侧阻上限计算的理论总侧阻的2.43～3.32倍，是预制桩的1.63～2.23倍；长芯劲扩复合桩则分别是2.42～2.66倍和1.89～2.08倍。所以复合段总极限侧阻力调整系数取1.8±0.1是安全的，同时建议，有可靠实践经验的地区可按地区经验取值。

单桩总侧阻力比较   表1
Comparison of the total shaft resistance for the monopile   Table 1

单桩号	46	47	49	50
试验极限承载力(kN)	4238	3586	4488	3740
水泥土柱总侧阻力(kN)	1866.4	1695.3	3653.2	2674.8
理论总侧阻力-灌注桩高限(kN)	700.9		1100.7	
与灌注桩理论值比值(kN)	2.66	2.42	3.32	2.43
理论总侧阻力-预制桩高限(kN)	899.0		1636.1	
与预制桩理论值比值(kN)	2.08	1.89	2.23	1.63

1.3 总极限端阻力调整系数 ξ_p 取值讨论

考虑到劲扩复合桩施工工艺中具有夯筑扩底的工艺，芯桩扩底桩的桩端阻力 q_{pk} 取值可依据《建筑桩基技术规范》JGJ 94 中预制桩选取。劲扩复合桩桩端阻力调整系数 ξ_p 一般情况下可以取1.0。不过工程设计中，考虑到桩端承载力的发挥有赖于桩身的沉降变形，因此可以根据桩长情况适当降低端阻力调整系数 ξ_p 取值。

2 工程案例

2.1 工程概况

射阳港经济开发区某项目总建筑面积约54000m²。其中2号厂房地上1～3层，建筑总高度22.65m，框架结构，无地下室。拟建场地处于苏北滨海平原区。该区地貌单元为滨海平原。工程地质勘察范围内场地土共划分为18层。第①层素填土，结构松散，强度低，主要成分为粉土，上部含大量植物根茎，普遍分布；第②层黏质粉土，中压缩性，强度中等偏低，土质不均匀；第③、⑥层淤泥质粉质黏土，流塑，高压缩性，属软土，土质不均匀，普遍分布；第④、⑤c、⑦c层砂质粉土强度中等，中压缩性；第⑤a、⑧层砂质粉土强度中等偏高，中压缩性；第⑦a、⑦b、⑧a、⑧b、⑨、⑪层黏质粉土强度中等偏低，中压缩性；第⑤b、⑦层粉砂，强度中等，中压缩

性；第⑩层粉质黏土，强度中等，中压缩性，土质欠均匀。工程场地无液化。典型地质剖面见图2，土层竖向分布及承载力主要特征值见表2。

2.2 桩基础方案

鉴于2号厂房荷载较大，结合场地条件，单桩极限承载力要求较高。如采用边长为400m×400mm的混凝土预制实心方桩或直径500mm预制管桩，则桩端须达到第⑦、⑦c层粉砂层，单桩极限承载力标准值约在1500kN。由于需要穿透较硬的⑤a粉土层、⑤b粉砂层，以及较厚的⑥淤泥质粉质黏土层，预制桩的施工存在较大困难，且不经济。考虑到拟建场地工程特征，充分利用地面以下5～12m处存在较好的持力层，本工程等芯劲扩复合桩，持力层设在⑤a或⑤b层上，单桩主要设计参数见表3。

根据勘察报告提供的预制桩土层参数，采用公式(2)估算该桩极限承载力，Q_{uk} 估算值为2400～2500kN。其中复合段总桩侧阻力统一调整系数采用1.80，桩端阻力调整系数采用1.0。而实际现场静载试验最大加载分别为3380kN和3640kN，沉降达24mm左右，因预加配重不足而停止加载。图3给出了工程现场静载试验的荷载-位移曲线，曲线呈现出明显的缓降特点，如果继续加载，最大沉降控制在40mm，则承载力还有一定的增加空间，总体上劲扩复合桩表现出良好的承载性能。

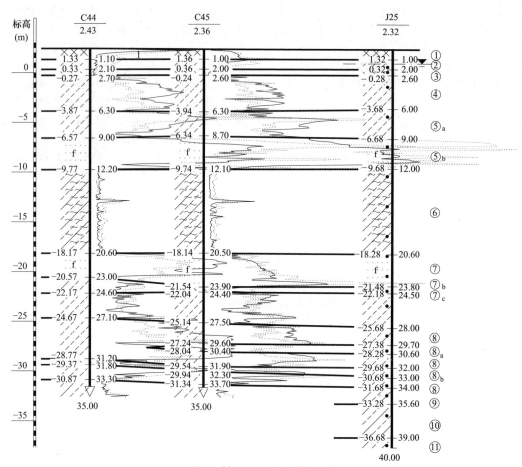

图 2　射阳港项目地质剖面图

Fig. 2　Geological profile in Sheyang port

地基土竖向分布及承载力特征值　　表 2

Vertical distributions and bearing-capacitycharacteristic values for foundation soil　　Table 2

地层序号	岩土名称	土层厚度（m）	按静力触探指标		按标贯指标	按土工试验指标		综合建议值	
			f_{ak}（kPa）	E_{s1-2}（MPa）	f_{ak}（kPa）	f_{ak}（kPa）	E_{s1-2}（MPa）	f_{ak}（kPa）	E_{s1-2}（MPa）
①	填土	0.10～1.80	—	—	—	—	—	—	—
②	黏质粉土	0.50～1.10	95	3.4		91.2	4.02	95	3.5
③	淤泥质粉质黏土	0.40～1.00	65	2.4		60.3	1.94	65	2.2
④	砂质粉土	2.40～4.30	150	7.3	154		7.29	150	7.3
⑤ₐ	砂质粉土	1.50～5.10	190	10.5	195		10.51	190	10.5
⑤_b	粉砂	0.40～3.60	240	16.5	252		14.45	240	15.0
⑤_c	砂质粉土	0.70～3.20	130	5.5	142		5.52	135	5.5
⑥	淤泥质粉质黏土	6.70～10.40	70	2.8		65.4	2.28	70	2.6
⑦ₐ	黏质粉土	1.00～5.60	95	3.6		95.0	4.31	95	3.8
⑦	粉砂	2.10～8.70	190	10.4	170		10.40	185	10.4
⑦_b	黏质粉土	0.50～2.50	115	4.8		109.4	4.87	115	4.8
⑦_c	砂质粉土	0.60～4.00	145	6.2	156		6.93	145	6.5
⑧	砂质粉土	1.40～6.40	170	8.2	164		9.08	170	8.5
⑧ₐ	黏质粉土	0.40～2.50	130	5.1		127.8	5.44	130	5.2
⑧_b	黏质粉土	0.40～2.50	115	4.7		109.2	4.89	115	4.8
⑨	黏质粉土	0.50～2.10	110	4.6		100.3	5.06	110	4.6
⑩	粉质黏土	2.60～3.70	185	9.5		174.3	7.86	180	8.5
⑪	黏质粉土	未钻穿	110	4.5		98.6	5.07	110	4.6

劲扩复合桩型参数　表3
Design parameters for the ESDP　Table 3

桩长 l(m)	7.0
内芯直径 d(mm)	450
水泥土柱体直径 D_{cs}(mm)	1000
扩底直径 D(mm)	900
内芯混凝土等级	C40
水泥土掺量	≥15%(P·O42.5)
内芯施工工艺	钢筋混凝土现浇
扩底施工工艺	夯扩

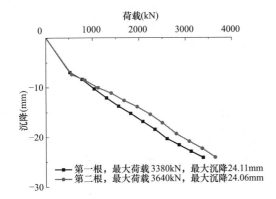

图3　试桩荷载-位移曲线
Fig. 3　Load-displacement for test piles

图4给出试桩开挖现场情景。挖桩过程中挖机操作失误致使第一根试桩在扩底无钢筋处断裂，水泥土体与混凝土内芯界面毛糙，接触良好，具有良好的内界面。第二根试桩起吊过程中钢丝绳将桩身上部水泥土勒坏，但桩体全长总体完整，芯桩完好，扩底饱满。两根试桩沿长度方向呈现桩身直径缓慢逐步增加的趋势；水泥土柱直径普遍超过设计直径50～100mm；桩端扩大底外围直径较设计直径增大大约200mm。根据实测桩身直径和扩大端直径反算试桩极限承载力 Q_{uk} 反算值为3200～3300kN。桩

(a) 试桩开挖挖土　　　(b) 试桩开挖吊桩

(c)第一根试桩断面　　　(d)第二根试桩侧面

图4　试桩现场挖桩
Fig. 4　Excavated test piles

极限承载力实测值与反算值的比值大于1.0，由此推算，复合段总极限侧阻力调整系数 ξ_s 取值1.8、总极限端阻力调整系数 ξ_p 取值1.0是偏于安全的。

由图4(c)可见，下部水泥土柱包裹芯桩的厚度在30～360mm之间不等，桩端扩底部分芯桩与水泥土柱之间同心度有所下降。

3　结论

本文介绍了劲扩复合桩的特性和设计方法，并对总极限侧阻力调整系数 ξ_s 和总极限端阻力调整系数 ξ_p 的取值展开讨论，并结合工程案例静载试验数据，得出如下结论：

(1) 水泥土搅拌桩结合内夯沉管灌注桩工艺的劲扩复合桩桩型成型工艺质量稳定，桩体完整性较好。"水泥土-芯桩"内界面结合面粗糙，保证了芯桩、外包水泥土和扩大底端的协同工作，使桩侧阻力、桩端阻力都得到一定提高，从而较大程度地提高桩的承载力。

(2) 劲扩复合桩的"水泥土-桩侧土"外界面具备优于传统桩型"桩-土"界面的力学特性。对比按《建筑桩基技术规范》JGJ 94经验系数估算的极限承载力值，等芯劲扩复合桩试验总侧阻力是灌注桩经验系数估算值的2.43～3.32倍、是预制桩经验系数估算值的1.63～2.23倍；同比，长芯劲扩复合桩试验总侧阻力是灌注桩经验系数估算值的2.42～2.66倍、是预制桩经验系数估算值的1.89～2.08倍。

(3) 根据试验研究结论和工程案例实测数据，劲扩复合桩其复合段总极限侧阻力调整系数 ξ_s 建议设计取值1.7～1.9是安全的；同样，夯筑扩底的工艺使得桩端土层得以改善，总极限端阻力调整系数 ξ_p 建议设计取值1.0也是可行的。

参考文献：

[1] 任连伟，李建委，肖耀祖. 组合桩研究与技术发展探讨[J]. 水利与建筑工程学报，2010，8(04)：96-100+122.

[2] 高文生，梅国雄，周同和，等. 基础工程技术创新与发展[J]. 土木工程学报，2020，53(06)：97-121.

[3] 李俊才，邓亚光，宋桂华，等. 素混凝土劲性水泥土复合桩承载机制分析[J]. 岩土力学，2009，30(1)：181-185.

[4] 龚晓楠. 桩基础工程手册：第2版[M]. 北京：中国建筑工业出版社，2015.

[5] 刘金砺，刘金波. 水下赶干作业复合灌注桩试验研究[J]. 岩土工程学报，2001，23(5)：536-539.

[6] 刘金波. 干作业复合灌注桩试验研究及理论[D]. 北京：中国建筑科学研究院，2000.

[7] 中华人民共和国住房和城乡建设部. 建筑地基基础设计规范：GB 50007—2011 [S]. 北京：中国建筑工业出版社，2011.

[8] 中华人民共和国住房和城乡建设部. 建筑桩基技术规范：JGJ 94—2008 [S]. 北京：中国建筑工业出版社，2008.

[9] 中华人民共和国住房和城乡建设部. 建筑桩基检测技术规范：JGJ 106—2014 [S]. 北京：中国建筑工业出版社，2014.

[10] 中华人民共和国住房和城乡建设部. 劲性复合桩技术规

程：JGJ/T 327—2014 [S]．北京：中国建筑工业出版社，2014.

[11] 云南省建设厅．加芯搅拌桩技术规程：YB—2007 [S]．昆明：云南科技出版社，2007.

[12] 天津市建设管理委员会．劲性搅拌桩技术规程：DB 29-102—2004 [S]．天津：天津市建设管理委员，2004.

[13] 天津市建设管理委员会．天津市高喷插芯组合桩技术规程：DB/T 29-160—2006 [S]．天津：天津市建设管理委员会，2006.

[14] 江苏省住房和城乡建设厅．劲性复合桩技术规程：DGJ 32/TJ151—2013 [S]．南京：江苏科学技术出版社，2013.

[15] 中华人民共和国住房和城乡建设部．水泥土复合管桩基础技术规程：JGJ/T 330—2014 [S]．北京：中国建筑工业出版社，2014.

[16] 山东省住房和城乡建设厅．水泥土复合混凝土空心桩基础技术规程：DB37/T 5141—2019 [S]．北京：中国建材工业出版社，2019.

[17] 天津市劲性搅拌桩技术规程(2019 征求意见稿)[EB/OL]．https://max.book118.com/html/2019/0619/6104133020002041.shtm，2019-06-19.

径向非均质饱和土体中管桩的扭转振动研究

张智卿

（浙江农林大学风景园林与建筑学院，浙江 杭州 311300）

摘　要：基于 Biot 提出的动力固结理论，采用解析的方法研究了径向非均质饱和土体中端承管桩的扭转振动问题。将径向非均质土体分为内部环形扰动区域和外部半无限大未扰动区域，且内部区域土体的复剪切模量采用抛物线型连续变化模式，并在平面应变条件下建立了桩周饱和土体的控制方程。外部区域土体利用贝塞尔函数的性质进行求解，内部区域土体采用级数展开方法进行求解。利用内外部区域土体的连续条件和边界条件，求解得到了桩土接触面处土体环向位移和剪切应力。进而根据桩土系统的连续和边界条件，得到了桩身转角和桩顶扭转阻抗的解析解。通过算例分析，研究了土体扰动程度、扰动范围、材料阻尼和管桩内径对桩顶扭转阻抗的影响。

关键词：径向非均质性；饱和土；管桩；扭转振动；阻抗

作者简介：张智卿（1982—　），男，副教授，博士，主要从事土-结构相互作用方面的教学和科研。E-mail：zhangzhiqing2000@163.com。

Study on torsional vibration of pipe pile in a radially inhomogeneous saturated soil

ZHANG Zhi-qing

(School of Landscape Architecture，Zhejiang A&F University，Hangzhou Zhejiang 311300，China)

Abstract：Based on the dynamic consolidation theory proposed by Biot, the torsional vibration of end-bearing pipe piles in radially inhomogeneous saturated soil is studied via an analytical method. The radially heterogeneous soil is divided into an inner annular disturbance zone and an outer semi-infinite undisturbed zone, and the complex shear modulus of the inner zone is assumed to continuously change in a parabolic form. The governing equation of the saturated soil around the pile is established under the plane strain assumption. The soil in the outer region is solved by virtue of the property of Bessel function, and the soil in the inner region is solved by the series expansion method. Using the continuity and boundary conditions of the soil in the inner and outer regions, the circumferential displacement and shear stress of the soil at the pile-soil interface are solved. Furthermore, according to the continuity and boundary conditions of the pile-soil system, the analytical solutions corresponding to the rotation angle of the pile body and the torsional impedance at the pile top are obtained. Through the analysis of calculation examples, the effects of soil disturbance degree, disturbance range, material damping and inner diameter of pipe pile on the torsional impedance of the pile top are studied in detail.

Key words：radial heterogeneity；saturated soil；pipe pile；torsional vibration；impedance

0　引言

　　土-结构相互作用问题是一个复杂接触问题，而桩土动力相互作用作为其重要的分支，在桩基抗震、动力机器基础设计以及桩基无损检测等领域有着广泛的应用。在过去的研究中，国内外学者在研究桩基扭转振动特性方面取得了一系列的成果，这些研究大多将桩周土体视为径向均匀弹性或多孔弹性介质[1-3]。然而在实际工程中，不管采用哪一类施工方法，桩进入土体过程中势必会对周围土体产生松弛或者挤密作用，使土体在径向上呈现出不均匀性。由此可见，研究径向非均质土体中桩的动力响应问题在理论和工程实际中均具有重要的意义。

　　早在 1980 年，Novak 等[4] 在平面应变土模型的基础上提出了径向非均质土模型，该模型发展了内部扰动区域和外部半无限大未扰动区域的概念，然而在求解过程中假设内部扰动区域土体质量为零并不符合工程实际情

况。为了解决 Novak 等提出模型的不足，Veletsos 等[5] 进一步考虑了内部扰动区域土体的质量，得到了径向非均质土体纵向及扭转动力阻抗的解析解，但该理论仅能够考虑内部区域土体软化情况。Novak 等[6] 通过理论与试验研究相结合的方法发现，内外部区域分界面处土体材料特性的突变会引起土阻抗曲线产生波动，进而影响计算结果的稳定性。为了消除土阻抗曲线的波动性，Han 等[7] 提出了内部区域土体剪切模量呈抛物线变化条件下土体阻抗的理论解。之后，El Naggar[8] 提出了将内部区域非均质土层离散化的思路，进而可以模拟呈任意形式变形的内部区域土体复剪切模量，并得到了土体阻抗的理论解。基于该离散化的思路，后续学者们[9,10] 提出了复刚度传递的方法细致地研究了桩的纵向振动问题。

　　综上所述，以上研究均将土体视为理想的纯弹性介质。值得注意的是，天然土体大多以饱和两相介质的形式存在。Li 等[11] 基于 Biot 提出的动力固结理论[12]，采用解析的方法研究了内部扰动区域土体复剪切模量呈抛物

────────────

基金项目：浙江农林大学科研发展基金（2020FR052）。

线型变化条件下径向非均质饱和土体中弹性支撑桩的扭转振动特性。然而，内部扰动区域土体复剪切模量呈抛物线型变化时管桩的扭转振动特性尚未见到文献报道，因此，本文基于文献[12]采用解析的方法继续开展径向非均质饱和土体中端承管桩的扭转振动特性研究工作，基于所得解进一步分析了饱和土体径向非均质特征参数和管桩特征参数对桩顶扭转阻抗的影响，显然该研究具有重要的理论意义。

1 管桩扭转振动问题求解

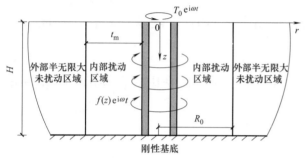

图 1 桩土相互作用动力学模型

Fig. 1 Dynamic model of interaction between pile and soil

1.1 计算简图及基本假设

本文研究的为径向非均质饱和地基中端承管桩的扭转振动特性，桩与地基土体的动力相互作用模型如图 1 所示。管桩桩身完全埋置于土体之中，桩长为 H，内径为 r_I，外径为 r_0，壁厚 $r_b = r_0 - r_I$，桩顶作用谐和扭转荷载 $T_0 e^{i\omega t}$，桩底为刚性基底，管桩视为一维杆件进行力学建模并且忽略桩芯土的作用。地基土体由 2 个同心圆环区域组成，即径向宽度为 t_m 的受扰动土体构成的内部区域和未受扰动土体构成的径向半无限大外部区域，内外部区域交界面距离桩心的水平距离为 R_0。根据已有研究表明[6]，当内外部区域分界面处剪切模量存在显著的突变时，波在不同土层界面上的反射，将造成土体阻抗曲线的波动。因此，内部区域土层复剪切模量 $G_s^*(r)$ 采用 Han 等[7] 提出的抛物线型连续变化（图 2）。

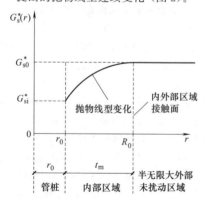

图 2 内部区域土体剪切模量变化简图

Fig. 2 Variation of complex shear modulus in inner zone

内部区域土体复剪切模量，具体可以表示为如下形式：

$$G_s^*(r) = \begin{cases} G_{si}^* & r = r_0 \\ G_{s0}^* f(r) & r_0 \leqslant r \leqslant R_0 \\ G_{s0}^* & r \geqslant R_0 \end{cases} \quad (1)$$

其中，$G_{s0}^* = G_{s0}(1 + iD_{s0})$ 和 $G_{si}^* = G_{si}(1 + iD_{si})$ 分别是外部未扰动区域土体和桩土接触面处土体的复剪切模量；D_{s0} 和 D_{si} 分别表示相应的土阻尼系数；$f(r)$ 为反映内部区域土体复剪切模量抛物线型变化的函数，其函数形式可以表示为：

$$f(r) = 1 - \beta^2 \left(\frac{r - R_0}{r_0}\right)^2 \quad (2)$$

其中，$\beta^2 = [1 - GR(1 + iD_{si})/(1 + iD_{s0})]/(t_m/r_0)^2$；$GR = G_{si}/G_{s0}$，表示内外部区域土体剪切模量比，反映了土体软化或者硬化的程度。对于软化土体而言（即 $GR < 1$），GR 越小，土体的软化程度越大。相反对于硬化土体而言（$GR > 1$），GR 越大，土体的硬化程度越大。

为了后续推导的方便，式（2）可以通过数学变换进一步表示为：

$$f(\xi) = 1 - \beta^2 (\xi_0 - \xi)^2 \quad (3)$$

其中，$\xi = r/r_0$，$\xi_0 = R_0/r_0$。

1.2 桩土体系控制方程

当桩土体系发生谐和扭转振动时，在考虑土体剪切模量连续变化和忽略桩周土体应力、位移分量沿深度变化的条件下，饱和土体的运动方程表示为：

$$G_s^*(r)\left(\frac{\partial^2 u_\theta(r,t)}{\partial r^2} + \frac{1}{r}\frac{\partial u_\theta(r,t)}{\partial r} - \frac{u_\theta(r,t)}{r^2}\right) +$$
$$\frac{dG_s^*(r)}{dr}\left(\frac{\partial u_\theta(r,t)}{\partial r} - \frac{u_\theta(r,t)}{r}\right) = \rho\frac{\partial^2 u_\theta(r,t)}{\partial t^2} + \rho_f\frac{\partial^2 w_\theta(r,t)}{\partial t^2} \quad (4)$$

其中，$u_\theta(r,t)$ 表示固相的环向位移；$w_\theta(r,t)$ 表示液相相对于固相的环向位移；ρ_s 和 ρ_f 分别表示土颗粒和流体的密度；$\rho = (1-n)\rho_s + n\rho_f$，表示土体的密度；$n$ 为孔隙率。

在谐和扭转荷载作用下，考虑到 $u_\theta(r,t) = u_\theta e^{i\omega t}$ 和 $w_\theta(r,t) = w_\theta e^{i\omega t}$，饱和土体中流体的运动方程可以表示为：

$$\frac{\rho_{fi}g}{k_{di}}w_\theta + i\omega\rho_{fi}u_\theta + i\omega\frac{\rho_{fi}}{n_i}w_\theta = 0, (r_0 \leqslant r \leqslant R_0) \quad (5)$$

$$\frac{\rho_{f0}g}{k_{d0}}w_\theta + i\omega\rho_{f0}u_\theta + i\omega\frac{\rho_{f0}}{n_0}w_\theta = 0, (r \geqslant R_0) \quad (6)$$

其中，k_{di} 和 k_{d0} 分别表示扰动和未扰动区域饱和土体水平向的动力渗透系数，并假设流体黏滞性包含在动力渗透系数中；g 为重力加速度；$u_\theta = u_\theta(r)$ 和 $w_\theta = w_\theta(r)$ 分别表示固相环向位移和液相相对环向位移的幅值。

联立式（1）、式（3）、式（4）~式（6），引入 $du_\theta/dr = du_\theta/(r_0 d\xi)$ 可得径向非均质饱和土体扭转振动的控制方程：

$$f(\xi)\frac{d^2 u_\theta}{d\xi^2} + \left[\frac{f(\xi)}{\xi} + \frac{df(\xi)}{d\xi}\right]\frac{du_\theta}{d\xi} -$$

$$\left[\frac{f(\xi)}{\xi^2}+\frac{1}{\xi}\frac{\mathrm{d}f(\xi)}{\mathrm{d}\xi}+\lambda_i^2\right]u_\theta=0,\ (1\leqslant\xi\leqslant\xi_0) \quad (7)$$

$$\xi^2\frac{\mathrm{d}^2u_\theta}{\mathrm{d}\xi^2}+\xi\frac{\mathrm{d}u_\theta}{\mathrm{d}\xi}-(1+\lambda_0^2\xi^2)u_\theta=0,\ (\xi\geqslant\xi_0) \quad (8)$$

式中

$$\lambda_i=\mathrm{i}\omega r_0\left[\frac{1}{G_{s0}^*}\left(\rho_i+\frac{n_i\rho_{fi}\omega}{\mathrm{i}b_i/\rho_{fi}-\omega}\right)\right]^{1/2} \quad (9)$$

$$\lambda_0=\mathrm{i}\omega r_0\left[\frac{1}{G_{s0}^*}\left(\rho_0+\frac{n_0\rho_{f0}\omega}{\mathrm{i}b_0/\rho_{f0}-\omega}\right)\right]^{1/2} \quad (10)$$

式（8）和式（9）中 $b_i=n_i\rho_{fi}g/k_{di}$，$b_0=n_0\rho_{f0}g/k_{d0}$；$\rho_i=(1-n_i)\rho_{si}+n_i\rho_{fi}$ 和 $\rho_0=(1-n_0)\rho_{s0}+n_0\rho_{f0}$ 分别表示扰动和未扰动区域土体的密度；ρ_{si} 和 ρ_{s0} 分别表示扰动和未扰动区域土颗粒的密度；ρ_{fi} 和 ρ_{f0} 分别表示扰动和未扰动区域流体的密度；n_i 和 n_0 分别表示扰动和未扰动区域土体的孔隙率。

为了求解式（7），引入 $x=\beta(\xi_0-\xi)$，通过代数运算后，式（7）可以重新写为：

$$(x^2-1)\frac{\mathrm{d}^2u_\theta}{\mathrm{d}x^2}+\left(\frac{x^2-1}{x-a}+2x\right)\frac{\mathrm{d}u_\theta}{\mathrm{d}x}+$$
$$\left[\frac{1-x^2}{(x-a)^2}-\frac{2x}{x-a}+b\right]u_\theta=0,\ (1\leqslant\xi\leqslant\xi_0) \quad (11)$$

其中，$a=\beta\xi_0$，$b=(\lambda_i/\beta)^2$。

考虑到管桩在桩顶谐和扭转荷载作用下发生强迫振动，略去 $\mathrm{e}^{\mathrm{i}\omega t}$ 项后桩的运动方程可以表示为：

$$G_pI_p\frac{\mathrm{d}^2\phi(z)}{\mathrm{d}z^2}+2\pi r_0^2f(z)=-\omega^2\rho_pI_p\phi(z) \quad (12)$$

式中，ρ_p，I_p 和 G_p 分别表示桩身密度、截面极惯性矩和剪切模量；$I_p=\pi(r_0^4-r_1^4)/2$，其中 r_0 和 r_1 分别表示管桩的外部和内部半径；$f(z)$ 为桩土接触面上环向剪应力的幅值。

桩土和内外部区域土体的连续条件可以表示为：

$$\left.\begin{array}{l}u_\theta(r=R_{0-})=u_\theta(r=R_{0+})\\\tau_{r\theta}(r=R_{0-})=\tau_{r\theta}(r=R_{0+})\end{array}\right\} \quad (13)$$

$$\left.\begin{array}{l}u_\theta(r=r_0)=\phi(z)r_0\\f(z)=\tau_{r\theta}(r=r_0)\end{array}\right\} \quad (14)$$

土体边界条件可以表示为：

$$u_\theta|_{r\to\infty}=0 \quad (15)$$

桩顶和桩底边界条件可以表示为：

$$\left.\begin{array}{l}\dfrac{\mathrm{d}\phi(z=0)}{\mathrm{d}z}=-\dfrac{T_0}{G_pI_p}\\\phi(z=H)=0\end{array}\right\} \quad (16)$$

1.3 桩顶扭转阻抗求解

笔者在过去的研究中[12]，已经利用解析的方法得到土体环向位移和剪切应力的表达式。具体求解过程可以描述为：（1）联合式（8）和式（15），结合贝塞尔函数的性质，得到半无限大未扰动区域土体环向位移和剪应力解；（2）将内部扰动区域土体表示为无穷级数形式，代入式（11）中可以得到内部区域土体响应解；（3）将获得的内外部区域土体响应解代入式（13）中，最终可以得到桩土接触面位置土体环向位移和剪应力：

$$u_\theta(r=r_0)=\sum_{m=0}^{\infty}A_mx_0^m \quad (17)$$

$$\tau_{r\theta}(r=r_0)=-\frac{G_{si}^*}{r_0}\left(\beta\sum_{m=1}^{\infty}A_mmx_0^{m-1}+\sum_{m=0}^{\infty}A_mx_0^m\right) \quad (18)$$

其中，$x_0=(1-G_{si}^*/G_{s0}^*)^{1/2}$，$A_m$ 的表达式详见文献[12]。

根据式（14），将式（17）和式（18）代入式（12）中，可得桩的扭转振动控制方程：

$$\frac{\partial^2\phi(z)}{\partial z^2}+\left[\frac{4r_0^2K_w}{G_p(r_0^4-r_1^4)}+\frac{\rho_p\omega^2}{G_p}\right]\phi(z)=0 \quad (19)$$

式中

$$K_w=-G_{si}^*\left(\frac{\beta\displaystyle\sum_{m=1}^{\infty}A_mmx_0^{m-1}}{\displaystyle\sum_{m=0}^{\infty}A_mx_0^m}+1\right) \quad (20)$$

求解常微分方程（19），可得：

$$\phi(z)=\alpha_1\cos(\gamma z)+\alpha_2\sin(\gamma z) \quad (21)$$

式中

$$\gamma=\left[\frac{4r_0^2K_w}{G_p(r_0^4-r_1^4)}+\frac{\rho_p\omega^2}{G_p}\right]^{1/2} \quad (22)$$

将桩顶和桩底边界条件式（16）代入式（21）中，可得：

$$\left.\begin{array}{l}\alpha_1=T_0\tan(\gamma H)/(G_pI_p\gamma)\\\alpha_2=-T_0/(G_pI_p\gamma)\end{array}\right\} \quad (23)$$

桩顶无量纲扭转阻抗可以表示为：

$$k_T=\frac{3T_0}{16G_{s0}r_0^3\phi(z=0)}=\frac{3\pi\overline{\mu}\gamma(r_0^4-r_1^4)}{32r_0^3\tan(\gamma H)} \quad (24)$$

其中，$\overline{\mu}=G_p/G_{s0}$ 表示桩土模量比。

2 分析计算及讨论

如无其他具体说明，用于本文计算的饱和土和桩身参数均取为：$G_{si}=G_{s0}=20\mathrm{MPa}$，$\rho_{si}=\rho_{s0}=2650\mathrm{kg/m^3}$，$\rho_{fi}=\rho_{f0}=1000\mathrm{kg/m^3}$，$n_i=n_0=0.4$，$k_{di}=k_{d0}=10^{-7}\mathrm{m/s}$，$D_{si}=D_{s0}=0$，$r_0=0.5\mathrm{m}$，$r_1=0.37\mathrm{m}$，$\rho_p=2500\mathrm{kg/m^3}$，$G_p=12.1\mathrm{GPa}$，$H=15\mathrm{m}$，$t_m/r_0=1$。为了反映内部区域土体扰动程度，定义无量纲参数 $GR=G_{si}/G_{s0}$，其代表内外部区域土体剪切模量比，反映了土体软化或者硬化的程度。对于软化土体而言（即 $GR<1$），GR 越小，土体的软化程度越大。相反对于硬化土体而言（$GR>1$），GR 越大，土体的硬化程度越大。根据文献[12]的研究，当 $m=100$ 时数值计算结果具有较好的可靠性和精确性，以下数值算例中取取 $m=100$。过去的研究中，发现内部扰动区域土体剪切模量的减少，对桩基减振有着不利的影响，因此后续研究主要分析内部区域土体软化情况下，土体径向非均质特征参数和管桩的特征参数对桩顶扭转阻抗的影响。

图3反映了内部扰动区域土体软化程度对桩顶扭转阻抗的影响。由图3可见，在动力基础设计关注的低频范围内（0～50Hz），桩顶扭转阻抗的实部和虚部随着土体软化程度的增大而减小，且实部和虚部随着激振频率的增加

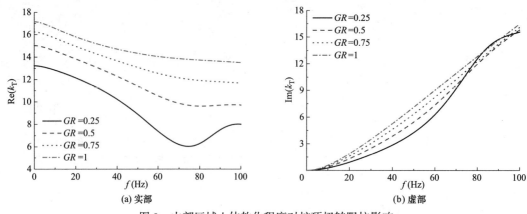

图 3　内部区域土体软化程度对桩顶扭转阻抗影响

Fig. 3　Effect of softening degree of inner zone soil on the torsional impedance at pile top

而分别呈现出逐渐减小和增大的变化规律。然而当 $GR=0.25$ 时，其在频率较高范围内，随着频率进一步的增加，实部和虚部出现了一定的震荡。同时由图 3 可以看出，在动力基础设计关注的低频范围内，内部区域软化土体的实部和虚部均小于对应的均匀介质土体（即 $GR=1$）。

图 4 反映了内部区域土体软化范围对桩顶扭转阻抗的影响，土层其他计算参数为：$GR=0.5$。值得注意的是，土体软化范围通常采用内部区域径向宽度（即 t_m）表示，

具体反映单桩施工过程中受扰动范围的大小。由图 4 可见，在动力机器基础关注的低频范围内，对于软化土体而言，内部区域土体径向宽度越大，桩顶扭转阻抗的实部越小。然而桩顶扭转阻抗的虚部变化规律相对复杂，当频率较低时，虚部随着内部区域径向宽度的增大而呈现出减小的趋势；当频率较高时，虚部随着频率进一步的增大并无明显的变化规律。

图 5 反映了软化土体中管桩内径变化对桩顶扭转阻抗

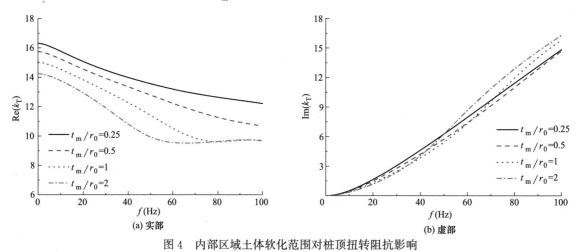

图 4　内部区域土体软化范围对桩顶扭转阻抗影响

Fig. 4　Effect of softening range of the inner zone soil on the torsional impedance at pile top

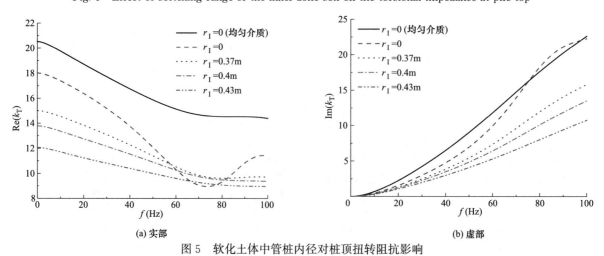

图 5　软化土体中管桩内径对桩顶扭转阻抗影响

Fig. 5　Effect of inner radius of pipe pile in softening soil on the torsional impedance at pile top

的影响，饱和土层其他计算参数取为：$GR=0.5$，$t_m/r_0=1$。$r_I=0.37m$，$0.4m$ 和 $0.43m$ 分别对应于管桩壁厚为 $130mm$，$100mm$ 和 $70mm$；$r_I=0$ 对应于实心桩；$r_I=0$（均匀介质）对应于径向均匀介质中的实心桩。如我们所知，管桩内径大小决定了管桩壁厚，且管桩壁厚越厚其对应的截面极惯性矩越大。由图 5 可见，在动力机器基础设计关注的低频范围内，桩顶扭转阻抗的实部和虚部均随着管桩内径的增大（即壁厚的减小），呈现出显著减小的变化趋势。当频率较大时，实心桩对应扭转阻抗的实部随着频率进一步增大呈现出更大的振荡幅度。这主要是因为，在内部区域土体软化情况下，实心桩表现出和

桩周土更为显著的材料性质的差异，进而实部在频率较高时出现较大的振荡幅度。

图 6 反映了内部区域土体软化情况下，内部区域土体材料阻尼对桩顶扭转阻抗的影响，土层其他计算参数为：$GR=0.5$，$t_m/r_0=1$。由图 6 可见，当激振频率较小时，内部区域土体材料阻尼的变化对桩顶扭转阻抗实部基本没有影响。当激振频率较大时（$20\sim60Hz$），内部区域土体材料阻尼越大，桩顶扭转阻抗实部越小。然而当频率进一步增大，内部区域土体材料阻尼的影响较小。同时由图 6 可以看出，在整个频率范围内，桩顶扭转阻抗的虚部随着土体材料阻尼的增加而增大。

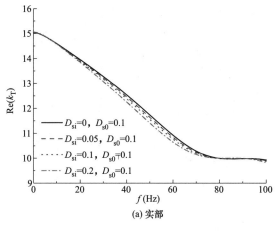

(a) 实部

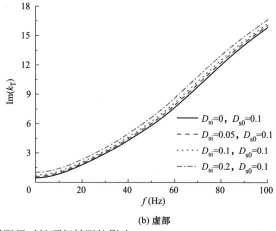

(b) 虚部

图 6 软化土体内部区域材料阻尼对桩顶扭转阻抗影响

Fig. 6 Effect of material damping in the inner zone of softening soil on torsional impedance at pile top

3 结论

本文利用严格的理论推导，得出了径向非均质饱和土体中端承管桩桩顶扭转阻抗的解析解。通过算例分析，对于内部区域软化土体而言，在动力机器基础关注的低频范围内主要得出以下结论：

（1）内部区域土体软化程度越大（即 GR 越小），桩顶扭转阻抗的实部和虚部越小，且其实部和虚部均小于对应的均匀介质土体。

（2）内部区域软化土体径向宽度越大，桩顶扭转阻抗的实部越小，然而桩顶扭转阻抗的虚部变化规律相对复杂。

（3）桩顶扭转阻抗的实部和虚部，均随着管桩内径的增大（即壁厚的减小），呈现出显著减小的变化趋势。

（4）当激振频率较小时，内部区域土体材料阻尼的变化对桩顶扭转阻抗实部基本没有影响。当激振频率较大时，内部区域土体材料阻尼越大，桩顶扭转阻抗实部越小。在整个频率范围内，桩顶扭转阻抗的虚部随着土体材料阻尼的增加而增大。

参考文献：

[1] LIU W M，NOVAK M. Dynamic response of single piles embedded in transversely isotropic layered media[J]. Earthquake engineering and structural dynamics，1994，23(11)：1239-1257.

[2] CHEN G，CAI Y Q，LIU F Y，et al. Dynamic response of a pile in a transversely isotropic saturated soil to transient torsional loading[J]. Computers and Geotechnics，2008，35(2)：165-172.

[3] WU W B，LIU H，EL NAGGAR M H，et al. Torsional dynamic response of a pile embedded in layered soil based on the fictitious soil pile model[J]. Computers and Geotechnics，2016，(80)：190-198.

[4] NOVAK M，SHETA M. Approximate approach to contact problems of piles[C]. Proceedings of the Geotechnical Engineering Division，American Society of Civil Engineering National Convention，Florida，1980：53-79.

[5] VELETSOS A S，DOTSON K W. Impedances of soil layer with disturbed boundary zone[J]. Journal of Geotechnical Engineering，ASCE，1986，112(3)：363-368.

[6] NOVAK M，HAN Y C. Impedances of soil layer with disturbed boundary zone[J]. Journal of Geotechnical Engineering，ASCE，1990，116(6)：1008-1014.

[7] HAN Y C，SABIN G C W. Impedances for radially inhomogeneous viscoelastic soil media[J]. Journal of Engineering Mechanics，1995，121(9)：939-947.

[8] EL NAGGAR M H. Vertical and torsional soil reactions for radially inhomogeneous soil layer[J]. Structural Engineering and Mechanics，2000，10(4)：299-312.

[9] YANG D Y，WANG K H，ZHANG Z Q，et al. Vertical dynamic response of pile in a radially heterogeneous soil layer[J]. International Journal for Numerical and Analytical Methods in Geomechanics，2009，33(8)：1039-1054.

[10] 王奎华，杨冬英，张智卿. 基于复刚度传递多圈层平面应

变模型的桩动力响应研究[J]. 岩石力学与工程学报，2008，27(4)：825-831.

[11] BIOT M A. Theory of propagation of elastic waves in a fluid-saturated porous solid. I：Low-frequency range [J]. Journal of the Acoustical Society of America，1956，28(2)：168-178.

[12] LI X B，XU W H，ZHANG Z Q. Time-harmonic response of an elastic pile in a radially inhomogeneous poroelastic medium [J]. Mathematical Problems in Engineering，2021：Article ID 6667665.

考虑信号衰减及叠加修正的反射波曲线分析方法

吕述晖[*1, 2]，桑登峰[1, 2]

（1. 中交四航工程研究院有限公司，广东 广州 510230；2. 中交交通基础工程环保与安全重点实验室，广东 广州 510230）

摘　要：缺陷反射信号的衰减、多缺陷反射信号的叠加以及缺陷形态是低应变曲线分析中影响缺陷特征识别的关键因素。考虑波动在缺陷界面入射前传播和反射后传播衰减系数的差异以及缺陷反射的叠加干扰，通过完整桩段理论反射波曲线部分拟合受测桩实测反射波曲线及叠加修正获得波动衰减系数，提出了基于实测曲线拟合的完整性系数计算改进方法。同时，基于一维波动理论建立成层土中渐变缺陷桩在桩顶竖向瞬态激励下动态响应模拟方法，为结合完整性系数进一步分析缺陷特征提供方法。最后，结合实测反射波曲线验证了方法的有效性。

关键词：桩；缺陷；完整性系数；反射波曲线；拟合

作者简介：吕述晖（1988—　　），男，高级工程师，博士，主要从事桩基动力学及土工测试技术等方面的科研。E-mail：lshuhui@cccc4.com.

Method for analyzing reflected wave curve considering signal attenuation and superposition

LV Shu-hui[*1, 2]，SANG Deng-feng[1, 2]

（1. CCCC Fourth Harbor Engineering Institute Co., Ltd., Guangzhou Guangdong 510230, China；2. CCCC Key Lab of Environmental Protection&Safety In Foundation Engineering of Transportation, Guangzhou Guangdong 510230, China）

Abstract：Attenuation of defect reflection signal，superposition of multiple defect reflection signals and defect shape are the key factors that affect the recognition of the defect feature when interpreting low-strain curves. In order to consider these factors, a semi-analytic algorithm for simulating transient response of defective pile with gradient defect shape and buried in layered soil is established at first. On this basis, aimprovedmethod for calculating the integrity coefficient with respect to pile defect is put forward. Attenuation coefficient is obtained by fitting the measured reflection wave curve with theoretical curve of intact pile segment. Both the signal superposition effect and difference between theattenuation coefficient of wave propagation from pile head to defect and backare taken into consideration. Finally, the presented method is applied to interpret the field measured low-strain curves and its validity is verified through comparison with the results of more intuitive detection methods.

Key words：pile；low-strain curve；defect；integrity coefficient；attenuation coefficient

0　引言

低应变反射波法是桩基成桩完整性检测最为常用的无损检测方法，其利用桩顶激振后采集的速度反射波曲线识别桩身完整性信息。在有效的检测桩长范围内，通过反射波曲线较容易识别缺陷的存在，但对于缺陷程度则难以准确判断。反射波曲线中缺陷反射脉冲特征（幅值、宽度等）主要取决于激励脉冲特征、土层参数、桩身材料参数、缺陷深度、缺陷特征。一般而言，对比缺陷反射脉冲幅值和桩顶入射脉冲幅值可以一定程度上分析缺陷严重与否。但由于受土层引起波动的衰减以及缺陷特征[1]的影响，通过缺陷反射脉冲幅值的大小容易误判缺陷严重程度。因此，对于有疑问的缺陷，采用有效的方法定量分析缺陷将有利于完整性的准确判断。缺陷程度通常采用完整性系数定量描述，其与缺陷界面处入射波和反射波的比值相关，但仅依据单一的桩顶反射波曲线无法确定这一比值。柴华友等[2]提出基于波动理论拟合实测反射波曲线来分析缺陷程度，该方法理论可行，但由于拟合涉及较多的桩土参数，同时缺陷特征本身复杂多变，实际应用时拟合难度较大且可靠性难以保证。柴华友[3]进一步通过建立应力波衰减系数与缺陷位置及土阻尼因子的关系式，进而由土阻尼因子及实测反射波曲线计算完整性系数。但该方法中土阻尼因子需根据土物理力学参数准确计算，对于低应变受检桩而言难以实现，同时该方法未考虑缺陷特征的影响。

张献民等[4,5]基于波动理论通过正演计算建立桩径变化程度与波幅比（桩顶入射脉冲幅值与缺陷反射脉冲幅值比值）的关系式（相关系数与桩侧土阻尼因子和缺陷位置有关），通过关系式及由邻近完整桩波幅特征反演的土阻尼因子计算缺陷程度。智胜英[6]采用类似建立关系式的方法分析缺陷程度。这类方法未考虑缺陷特征及土层参数复杂变化的影响。陶明江[7]等通过对反射波曲线进行频域分析获得桩土系统的自振频率，进而利用自振频率域桩特征的关系定量分析缺陷，但该方法分析时需要人为确定部分桩土参数，影响结果可靠性。

基金项目：国家重点研发计划专项资助（2017YFC0805303）；广州市珠江科技新星专项资助（201806010164）。

基桩中波动传播的衰减与多方面因素相关,包括桩-土材料参数、缺陷特征参数、激励脉冲参数等,因此仅由土层参数决定波动衰减因子并不合理。本文考虑波动在缺陷界面入射前传播和反射后传播衰减系数的差异以及缺陷反射的叠加干扰,通过完整桩段理论反射波曲线部分拟合受测桩实测反射波曲线及叠加修正获得波动衰减系数,建立基于实测曲线拟合的完整性系数计算方法。同时基于一维波动理论提出成层土中渐变缺陷桩在桩顶竖向瞬态激励下动态响应计算模拟方法,为结合完整性系数进一步分析缺陷特征提供方法。最后,结合实测反射波曲线验证方法的有效性。本文可为完整性系数计算以及缺陷特征的分析提供实用方法。

1 基桩瞬态响应模拟方法

1.1 基桩缺陷简化及模型

针对图1所示的桩土系统,为实现复杂特征缺陷桩瞬态响应的模拟及分析,首先对不同缺陷特征采用下述方法简化建模。

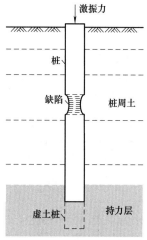

图1 桩土模型示意图

Fig. 1 Geometry of soil-pile system

假设桩身缺陷段长度为 h,其上、下端截面半径分别为 r_T、r_D。将缺陷段沿纵向等间距离散为 N 个薄圆柱体,则第 i 个薄圆柱体的半径 r_i 可表示为($1 \leqslant i \leqslant N$):

(1) 对于线性渐变型缺陷

$$r_i = r_D + i(r_T - r_D)/N \qquad (1)$$

(2) 对于非线性渐变型缺陷,采用抛物线近似

$$r_i = a_1[-(h/2 + |r_D - r_T|/(2a_1 h)) + ih/N]^2 + r_D - a_1[h/2 + |r_D - r_T|/(2a_1 h)]^2 \qquad (2)$$

式中,$a_1 = (-a_2 \pm \sqrt{a_2^2 - (r_D - r_T)^2/4})/(h^2/2)$,$a_2 = |r_D - r_T|/2 - (r_D - a_3)$,$a_3$ 为抛物线峰值或谷值(峰值正负号取负,谷值取正)。

对于线性和非线性渐变复合形式的缺陷,可通过式(1)和式(2)组合的方式简化模拟。

1.2 数学问题建立及求解

根据 Rayleigh-Love 杆理论,采用式(3)所示的 La-

place 域方程描述实心桩的纵向振动行为:

$$A_k(E_{pk} + \delta_{pk} s \rho_{pk} + \nu_{pk}^2 r_k^2 s^2)\frac{\partial^2 W_k}{\partial z^2} - \rho_{pk} A_k s^2 W_k = F_k$$

$$(3)$$

式中,$W_k = W_k(z, s)$ 表示第 k 桩段(离散后任意桩段)的纵向位移;$F_k(z, s)$ 为桩侧摩阻力;E_{pk}、δ_{pk}、ρ_{pk}、ν_{pk}、r_k 分别表示桩段材料的杨氏模量、阻尼系数、质量密度、泊松比以及桩段半径;$A_k = \pi r_k^2$。对于空心桩,忽略横向惯性效应的影响,即 $\nu_{pk} = 0$。桩端土层对桩的动力作用采用虚土桩模型模拟[1]。

桩侧土与桩之间的动力相互作用采用平面应变模型模拟,即桩侧土作用于桩侧的剪切复刚度为

$$F_k(z, s)/W_k = K_k = -2\pi r_k G_k^* \zeta_k K_1(\zeta_k r_k)/K_0(\zeta_k r_k)$$

$$(4)$$

式中,$G_k^* = G_{sk}(1 + j\beta_{sk})$;$K_0$、$K_1$ 分别表示零阶和一阶第二类虚宗量 Bessel 函数。$\zeta_k = s/(v_{sk}\sqrt{1 + j\beta_{sk}})$;$s = j\omega$,$\omega$ 为圆频率,$j = \sqrt{-1}$;$v_{sk} = \sqrt{G_{sk}/\rho_{sk}}$;$v_{sk}$、$G_{sk}$、$\rho_{sk}$、$\beta_{sk}$ 分别表示第 k 桩段侧土的剪切波速、剪切模量、质量密度和阻尼系数。

由式(3)和式(4)可求解得到任一桩段的纵向位移和轴力如下:

$$\begin{bmatrix} W_k \\ Q_k \end{bmatrix} = \begin{bmatrix} \sin(p_k z) & \cos(p_k z) \\ \chi_k p_k \cos(p_k z) & -\chi_k p_k \sin(p_k z) \end{bmatrix} \begin{bmatrix} M_k \\ N_k \end{bmatrix}$$

$$(5)$$

式中,$p_k = [(-\rho_{pk} A_k s^2 + K_k)/(\chi_{1k} + \chi_{2k})]^{0.5}$;$\chi_{1k} = E_{pk} A_k + A_k \delta_{pk} s$;$\chi_{2k} = \rho_{pk} A_k \nu_{pk}^2 r_k^2 s^2$;$[M_k \quad N_k]^{-1}$ 为待求系数。

根据桩段之间的位移连续和轴力平衡条件以及虚土桩底位移为零、桩顶的边界条件,可联立矩阵方程求解系数矩阵。

$$[W_k \quad Q_k]|_{z=z_k} = [W_{k-1} \quad Q_{k-1}]|_{z=z_k} \qquad (6)$$

$$W_k|_{z=0} = 0 \qquad (7)$$

$$Q_k|_{z=L_p+L_s} = Q_0 \qquad (8)$$

式中,L_p、L_s 分别为桩及虚土桩长度;Q_0 为施加于桩顶的轴向脉冲激励力 $q(t) = q_{max}[1 - \cos(\omega_0 t)](0 \leqslant t \leqslant 2\pi/\omega_0)$ 的频域形式:

$$Q_0 = \frac{q_{max}}{2}\left[\frac{s(e^{-2\pi s/\omega_0} - 1)}{\omega_0^2 + s^2} - \frac{1}{s}(e^{-2\pi s/\omega_0} - 1)\right] \qquad (9)$$

2 基桩缺陷分析方法

2.1 完整性系数计算

如图2所示,根据一维弹性杆件波动理论,界面处的反射波峰值 v_R 与入射波峰值 v_I 具有如下关系:

$$v_R/v_I = (1 - \beta)/(1 + \beta) \qquad (10)$$

式中,$\beta = Z_k/Z_{k+1}$,$Z_k = \sqrt{E_{pk}\rho_{pk}} A_k$。

考虑桩身材料阻尼和桩侧土对波动的衰减效应,桩顶入射波峰值 v_I^0 与界面处入射波峰值 v_I 以及界面处反射波峰值 v_R 与桩顶缺陷反射波峰值 v_R^0 分别具有如下关系:

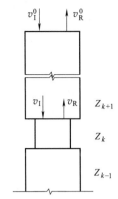

图2　缺陷桩波动传播示意图

Fig.2　Wave propagation of defective pile segment

$$v_I = v_I^0 \varphi \tag{11}$$

$$v_R \phi \psi = v_R^0 \tag{12}$$

则缺陷上界面处的完整性系数可表示为

$$\beta = (\varphi^2 \Psi - \alpha)/(\varphi^2 \Psi + \alpha) \tag{13}$$

式中，$\alpha = v_R^0/v_I^0$。

对于缺陷下界面处，忽略缺陷本身以及缺陷段对应土阻力引起波动能量的衰减，其完整性系数可按下式估算

$$\beta' = Z_{k-1}/Z_k = (1-\alpha')/(1+\alpha') \tag{14}$$

式中，$\alpha' = v_R^1/v_I^0(1+\beta)^2/(4\beta)$，$v_R^1$ 为缺陷下界面在桩顶的反射波峰值。

值得说明的是，对于无明确上、下界面的非线性渐变型缺陷，β、β' 反映了桩身阻抗变化和变化特征耦合的影响。衰减系数 φ 与缺陷界面以上桩土参数、缺陷特征、激振力等均有关联，考虑到实际情况的复杂性，难以对这一关联进行直接的量化表征。而基于第1.2节的半解析方法，可以间接地通过计算桩顶入射波峰值与界面处入射波峰值的比值确定 φ。同样地，通过计算桩顶缺陷反射波峰值与界面处反射波峰值的比值可确定 $\varphi\Psi$。

2.2　Ψ 值的影响因素及修正

$\varphi\Psi$ 的值需要根据桩顶缺陷反射波峰值和缺陷界面处的反射波峰值计算，其中，缺陷界面处的反射波峰值可以根据缺陷界面处的入射波峰值由式（10）计算获得，桩顶缺陷反射波峰值则需要由桩顶反射波曲线确定。对于图3（b）所示的缺陷特征，桩顶缺陷反射波实际为缺陷上下界面反射波的叠加，由此计算的缺陷反射波峰值并非实际的缺陷段上界面或者下界面的反射峰值，因此通过理论计算确定 φ、Ψ 值需基于图3（a）所示的缺陷特征。下面首先通过数值计算分析引起波动衰减的主要桩土参数包括桩身材料阻尼、土阻尼、土剪切波速对 Ψ 值的影响。

计算分析所采用的基本桩土参数如下：（1）桩参数：桩长 20m，纵波波速 4000m/s，材料质量密度 2500 kg/m³，阻尼 0.1MN·s/m³；（2）桩侧土层参数如下：剪切波速 100m/s，质量密度 1800kg/m³，阻尼系数 0.05，泊松比 0.38。桩端土层参数如下：剪切波速 450m/s，其他参数同桩侧土。

图4对比了缺陷程度不同时桩身材料阻尼对 Ψ 值的

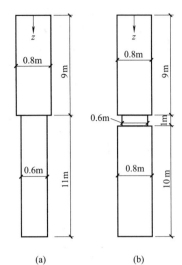

(a)　　　　(b)

图3　计算考虑的两种典型缺陷形式

Fig.3　Two typical defects for comparison

影响。由图可知，桩身材料阻尼对 Ψ 的影响呈现出非线性规律，当桩身材料阻尼减小时，Ψ 趋于稳定值；当桩身材料阻尼增加时，Ψ 趋近于1。

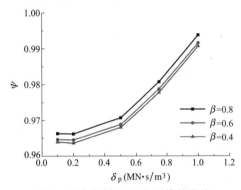

图4　桩身材料阻尼对 Ψ 值的影响

Fig.4　Effect of pile material damping on Ψ

图5对比了缺陷程度不同时桩侧土剪切波速对 Ψ 值的影响。由图可知，随桩侧土剪切波速变化，Ψ 值的变化相对较为显著，且呈现近似线性规律。当桩侧土剪切波速较小时，Ψ 值趋近于1。

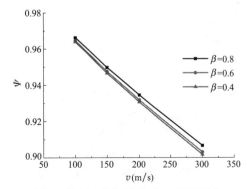

图5　桩侧土剪切波速对 Ψ 值的影响

Fig.5　Effect of shear velocity of pile side soil on Ψ

图6对比了缺陷程度不同时桩侧土阻尼对 Ψ 值的影响。由图可知，随桩侧土阻尼增大，Ψ 值非线性增加，

而当桩侧土阻尼减小时，Ψ 值趋于稳定值。对比而言，桩侧土阻尼变化对 Ψ 值的影响相对较小。

此外，对比图 4～图 6，随缺陷程度增加，即缺陷反射波峰值增加，Ψ 值虽略有增加，但相较而言仍较为接近。

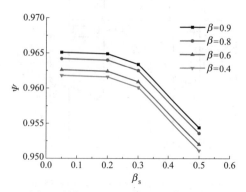

图 6　桩侧土阻尼系数对 Ψ 值的影响

Fig. 6　Effect of damping coefficient of pile side soil on Ψ

上述分析表明，Ψ 值受缺陷界面以上桩土参数的影响规律较为复杂，但缺陷程度对 Ψ 值的影响较小。进一步的试算表明，对于一般的工况，$\Psi>0.8$。

为了考虑入射波和反射波信号的衰减，可以首先拟合缺陷反射前的反射波曲线，得到对应完整桩段桩土参数组合，并在此基础上按实际缺陷起始位置设置模拟缺陷以计算 φ 和 Ψ 值进而修正 β 值的计算结果。以图 3（a）所示缺陷桩为算例，如图 7 所示，理论计算的缺陷桩桩顶速度波曲线代表实测曲线，完整桩桩顶速度波曲线根据实测曲线拟合（拟合缺陷反射前的实测曲线即可），由两者根据式（13）并忽略 Ψ 值影响时（$\Psi=1$）计算的完整性系数为 0.5763，而进行 Ψ 值修正后（$\Psi=0.96$）计算的完整性系数为 0.5631，与实际缺陷完整性系数 0.5625 吻合。

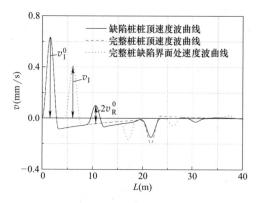

图 7　算例 1 计算速度时程曲线

Fig. 7　Calculated velocity versus time at pile head for Case 1

2.3　信号叠加的影响及修正

图 8 所示的反射波特征常见于灌注桩桩身存在局部扩缩径缺陷的工况。由于缺陷上、下界面产生的反射波发生叠加，视叠加范围及叠加前的脉冲特征不同，会不同程度地影响缺陷反射波峰值的判断。

如图 8 所示，缺陷段上、下界面反射波发生叠加的条件可表示为

$$t_2-t_1<t_0/2 \tag{15}$$

式中，t_0 表示缺陷段上界面反射波时长，$t_0=2\times(t_3-t_1)$；t_1 表示缺陷段上界面反射波初至时刻；t_2 表示缺陷段下界面反射波初至时刻；t_3 表示缺陷段上界面反射波峰值时刻；t_4 表示缺陷段下界面反射波终止时刻；t_5 表示实测缺陷反射波峰值时刻。

由上式可进一步计算发生叠加所需缺陷长度

$$L_{\text{defect}}<Ct_0/4 \tag{16}$$

缺陷段的宽度可按如下式计算：

$$L_{\text{defect}}\approx(t_4-t_1-t_0)\times C/2 \tag{17}$$

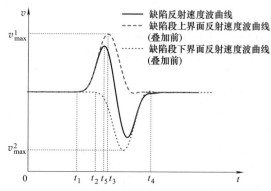

图 8　缺陷上、下界面反射波叠加示意

Fig. 8　Superposition of reflected waves generated by the top and bottom of defect

对于仅考虑几何尺寸变化的缺陷问题，缺陷段上、下界面反射波特征与入射波相似，且脉冲宽度接近（缺陷为较长的渐变缺陷时有所差异，但考虑到叠加限于较小的缺陷宽度，仍可考虑两者近似）。因此，可分别采用式（18）和式（19）所示升余弦函数表示缺陷段上、下界面的反射波，即

$$v_{\text{D}}=0.5v_{\max}^1\{1-\cos[\omega_0(t-t_1)]\} \tag{18}$$

式中，$t\in[t_1,t_1+2\pi/\omega_0]$。

$$v_{\text{U}}=0.5v_{\max}^2\{1-\cos[\omega_0(t-t_2)]\} \tag{19}$$

式中，$t\in[t_2,t_2+2\pi/\omega_0]$。

则二者叠加后的反射波为

$$v=v_{\text{D}}+v_{\text{U}} \tag{20}$$

以此为基础，可采用两种方式拟合实测缺陷反射波曲线从而确定 $v_{\max}^1$：方式 1，采用式（20）拟合桩顶反射波曲线 $[t_2,t_2+t_0]$ 区间的缺陷反射波；方式 2，采用式（18）拟合桩顶反射波曲线中 $[t_1,t_2]$ 区间的缺陷反射波。拟合算法为最小二乘估计。由拟合得到的 $v_{\max}^1$ 计算 β 可在一定程度上消除信号叠加的影响。

图 9 对比了缺陷程度不同时突变型缺陷和非线性渐变型缺陷的反射波特征。由图可知，对应不同程度缺陷的反射波曲线中，缺陷反射的初至时刻 t_1 和峰值时刻 t_5 较为一致，而终止时刻和谷值时刻有所差异。这一差异主要与渐变型缺陷反射波曲线呈现缺陷反射波宽度增加特征以

及桩横向惯性效应导致紧随缺陷反射的振荡有关。

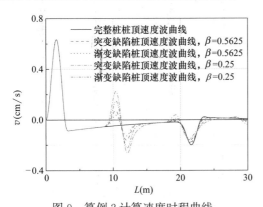

图 9　算例 2 计算速度时程曲线

Fig. 9　Calculated velocity versus time
at pile head for case 2

将图 10 中计算的缺陷桩桩顶反射波曲线视为实测曲线，采用 2.1 节相同的方法计算完整性系数，并进行叠加修正，结果汇总如表 1 所示。表中，斜线左侧和右侧分别对应突变型和渐变型缺陷，而括号内外分别表示采用方式 1 和方式 2 修正的结果。对比可知，叠加修正后计算的完整性系数与实际值更为接近，而突变型缺陷的计算结果相对渐变缺陷更为准确。采用方式 2 的修正结果略优于方式 1。但当 $t_2 - t_1$ 趋向于零，方式 2 拟合所依据的数据点减少，将降低结果的准确性。此外，缺陷反射波曲线可能由于缺陷特征的复杂性以及其他信号的叠加导致信号特征与升余弦脉冲特征存在较大差异，亦将降低拟合的有效性。实际拟合时可根据式（21）分析叠加修正的必要性，γ 值越小，叠加影响越大。同时，应对比拟合与实测结果以分析拟合结果的合理性。

$$\gamma = 2(t_5 - t_1)/t_0 \qquad (21)$$

上述方法仅是提供估算 $v_{\max}^1$ 值的一种方式。对于拟合失效但叠加影响显著的情况，有必要估计 $v_{\max}^1$ 以考虑叠加效应对 β 计算值的影响。

叠加修正前后计算完整性系数 β　表 1

Calculated β considering wave superposition

Table 1

实际完整性系数	计算完整性系数 β	
	叠加修正前	叠加修正后
0.5625	0.62/0.72	0.55(0.57)/0.66
0.25	0.31/0.45	0.22(0.25)/0.36

3　实例分析

1 号桩为高桩码头灌注桩，桩孔采用回旋＋冲孔方式成孔，桩长 40.5m，设计桩径 1.2m，混凝土强度等级 C40，桩顶以下 18.28m 采用直径 1.3m、壁厚 8mm钢护筒护壁，泥面距桩顶 13.38m。桩身材料纵波波速取值为 4000m/s，土层参数根据经验取值，主要土层参数见表 2。

1 号桩土层计算参数　　　　表 2

Soil profile and parameters of pile 1　Table 2

土名	层厚(m)	剪切波速(m·s^{-1})
粉土	3.45	80
细—中砂	1.45	150
黏土质粉砂	10.55	150
全风化胶结砂	5.63	300
全风化胶结砂	4.87	250
细—粗砂	1.17	150

由实测桩顶反射波曲线确定激振力及缺陷特征参数如下：激振力幅值 34.5kN，激振脉冲宽度 1.65ms，缺陷距桩顶 9.0m，结合式（17）确定缺陷段长度约为 1.7m。根据桩土参数计算完整桩桩顶速度波曲线如图 10 所示，由此计算 $\varphi = 0.978$，$\Psi = 1.0$。根据式（21）计算 $\gamma = 0.96$，可知叠加影响较小。根据式（13）计算缺陷上界面完整性系数 $\beta = 0.62$，而根据式（14）估算缺陷下界面完整性系数为 $\beta' = 1.43$。由上、下界面完整系数计算等效的上、下界面桩径分别为 1.02 m、1.08m。由上述分析结果并考虑等效桩径的非线性变化（$a_3 = 0.51$m，$r_T = 0.51$m，$r_D = 0.54$m）计算缺陷桩桩顶反射波曲线如图 10 所示，由图可知，计算缺陷反射波与实测值整体吻合，但缺陷下界面反射峰值计算值略大于实测值（计算方法未考虑缺陷引起额波动能量损耗）。

为进一步查明桩身缺陷，对该桩采用钻芯法检测，4 个钻孔 360° 对称布置且靠近钢筋笼内侧（钢筋笼外径为 1.05m），并配合跨孔超声波检测，检测结果并未发现明显异常。对比邻近基桩检测结果，考虑到缺陷后土阻力影响及桩端附近反射信号仍清晰可见，推测缺陷可能由于钢护筒冲孔过程变形导致桩身缩颈所致。

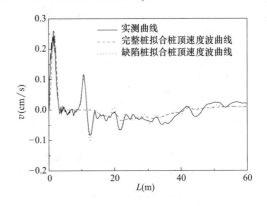

图 10　1 号桩拟合及计算反射波曲线

Fig. 10　Curves of velocity versus
time at pile head for pile 1

2 号灌注桩桩孔采用回旋＋冲孔方式成孔。桩长 65.5m，设计桩径 1.5m，混凝土强度等级 C40，桩顶以下 18.00m 采用直径 1.5m、壁厚 8mm 钢护筒护壁。桩身材料纵波波速取值为 4000m/s，土层参数根据经验取初值，并以实测曲线为基础拟合修正缺陷以上土层的计算参数，主要土层参数见表 3。

2 号桩土层计算参数　　　表 3

Soil profile and parameters of pile 2　　Table 3

土名	层厚(m)	剪切波速(m/s)
中砂	21.24	120
黏质粉土	4.1	80
中砂	4.4	150
黏质粉土	20.3	100
细砂	7.3	150
全风化胶结砂	7.31	250
中风化花岗岩	0.95	500

由实测桩顶反射波曲线确定激振力及缺陷特征参数如下：激振力幅值 53.3kN，激振脉冲宽度 1.3ms，缺陷距桩顶 18.33m，缺陷段长度约为 4.0m。根据桩土参数计算完整桩桩顶速度波曲线如图 11 所示，并计算得到 $\varphi=0.51$，$\Psi=0.85$，$\gamma>1$，不考虑叠加影响。由此计算缺陷上、下界面的完整性系数分别为 3.27、0.31，等效的上、下界面桩径分别为 2.72 m、2.70m。

图 11 分别以等效桩径为基础考虑线性渐变型缺陷（$r_T=1.36m$，$r_D=1.35m$）和抛物线渐变型缺陷（$a_3=1.36m$，$r_T=0.75m$，$r_D=0.75m$）两种情况计算桩顶反射波曲线，对比表明由后者参数计算的反射波曲线与实测曲线吻合较好。

2 号受测桩下钢筋笼前进行了超声波孔径测试，测试结果（图 12）表明护筒底部存在约 2.54m 直径扩径，扩径段长约 4m，该孔径数据与低应变检测分析结果较为一致。

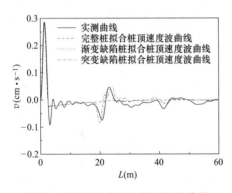

图 11　2 号桩拟合及计算反射波曲线

Fig. 11　Curves of velocity versus time at pile head for pile 2

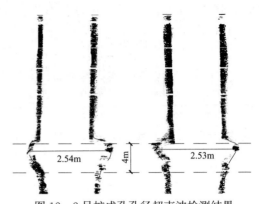

图 12　2 号桩成孔孔径超声波检测结果

Fig. 12　Drilled hole shape of pile 2 Measured by ultrasonic drilling monitor

4　结论

（1）通过拟合缺陷反射前的反射波曲线，得到对应完整桩段桩土参数组合，并在此基础上按实际缺陷起始位置设置模拟缺陷以计算衰减系数，进而修正完整性系数，可以有效考虑入射波和反射波信号的衰减，提高缺陷程度的分析精度。

（2）考虑缺陷上下界面反射波叠加效应，可以更准确确定缺陷长度，利用升余弦函数构建拟合函数拟合叠加后的反射波，可以一定程度上消除叠加干扰，有利于缺陷特征参数的定量获取。

（3）基于本文方法，通过从上至下逐个确定缺陷程度及特征可以进一步分析多缺陷问题。

参考文献：

[1] 吕述晖，戴宇文，娄学谦. 大直径实心桩缺陷瞬态响应分析[J]. 水运工程，2017，10：215-220.

[2] 柴华友. 波动理论在基桩完整性定量分析中的应用[J]. 振动工程学报，1996，9(3)：286-291.

[3] 柴华友. 桩土相互作用对基桩定量分析的影响[J]. 岩土力学，1996，17(4)：41-47.

[4] 张献民. 时间域中基桩缺陷低应变动测的定量分析[J]. 土木工程学报，2004，37(6)：64-69.

[5] 张献民. 低应变基桩缺陷量化分析软件系统[J]. 中国民航大学学报，2009，27(1)：19-22.

[6] 智胜英. 时域内低应变基桩缺陷定量分析方法研究[D]. 天津：天津大学，2008.

[7] 陶明江，张莹，祝龙根. 基桩完整性小应变动力检验的定量分析[J]. 工程勘察，2000，2：64-68.

饱和冻土中基桩竖向振动解析解

李佳星，李 强*，曹 露，舒文丽

（浙江海洋大学土木系，浙江 舟山 316022）

摘 要：本文采用复合固相饱和多孔介质理论研究了弹性基桩在冻结饱和多孔弹性介质中的竖向振动问题。首先建立单层冻结饱和多孔介质中弹性基桩竖向振动的三维轴对称连续体模型，采用积分变换和分离变量法求得基桩竖向振动频域响应的解析解及时域响应的半解析解。通过与饱和土中端承桩竖向振动频域和时域的振动特性进行对比，表明该解可以退化为端承桩在饱和土中竖向振动解，进而分析冻结温度对桩顶竖向振动特性的影响，最后讨论了桩振动引起的土层振动模式。该文对于冻土地区基桩振动研究发展具有重要的价值。

关键词：饱和冻土；基桩；竖向振动；土阻抗；分离变量法

作者简介：李佳星（1996— ），吉林人，男，研究生，主要从事桩基工程领域的科研工作。E-mail：1010710485@qq.com。

通讯作者：E-mail：qiangli1972@163.com。

Analytical solutionof vertical vibration for single pile in saturated frozen porous medium

LI Jia-xing，LI Qiang*，CAO Lu，SHU Wen-li

（Department of Civil Engineering，Zhejiang Ocean University，Zhoushan Zhejiang 316022，China）

Abstract：The vertical vibration of elastic pile embedded in saturated frozen poroelastic media under three-dimensional axisymmetric conditions is studied using the theory of composite solid-phase saturated porous media. Firstly，a continuum model of vertical vibration of end-bearing pile in a single layer of saturated frozen porous media are established. The analytic solution of the dynamic response of the pile in the frequency domain and the semi-analytical solution of the time-domain response are obtained by means of the integral transformation and the separation of variables method. The vertical vibration characteristics of the pile in the frequency domain and time domain are compared with the vertical vibration of the pile in saturated soil. It shows that the solution can degenerate into the vertical vibration solution of the end bearing pile in saturated soil. The effects of the freezing temperature on the vertical dynamic responses at the pile top are analyzed. Finally，the soil vibration model caused by the pile vibration is discussed，and the influence of the waves on soil vibration in the single layer soil is illustrated. This study is of great value for studying the pile vibration in cold regions.

Key words：saturated frozen soil；pile；vertical vibration；soil impedance；variable separation method

0 引言

桩基振动理论是一个古老的课题，它在土木工程领域具有广泛的用途，基桩竖向振动理论对于研究桩的近场地震作用、打桩和基桩检测技术具有重要的理论意义，也是研究打桩工程的环境影响与评价的重要依据。

基桩竖向振动理论问题的解析法主要有三种途径：一种是采用离散模型将土层对桩的作用简化为离散的分布式弹簧模型或黏弹性模型来模拟桩土相互作用，它对于基桩检测具有重要意义[1-3]；第二种途径是以Muki发展的虚拟杆件模型为代表，将桩土耦合振动体系分解为弹性半空间和弹性虚拟桩，采用积分变换法将桩振动转化为较为严格的积分方程求解，取得了丰硕的成果[4-6]；第三种途径以Nogami& Novak等人的近似连续体解析模型为代表[7]，采用分离变量法求解，近年来的一些研究将该方法发展到饱和土中，获得了

饱和土中桩竖向振动解析解，也取得了许多应用成果[9-14]。桩振动问题的理论研究关键在于土层的约束和耦合条件，土层的刚度和阻尼对基桩竖向振动有直接的影响。Gazetas等对桩振动引起的土层中波的传播模式进行了分析，提出了土阻尼的计算方法[15]。李强等对饱和土中桩竖向振动引起的饱和土层振动和波的传播模式进行了研究，建立了竖向振动下桩侧饱和土层阻抗模式[16]。随着近年来桩基在高寒冻土地区广泛应用，研究者开始注意到冻土与基桩的相互作用问题[17]。而冻土中冰的存在使桩土动力相互作用问题相当困难。Leclaire较早建立了冻结多孔介质的动力学模型[18]，预测了波在冻结多孔介质中的传播特性，但目前冻土中桩振动的理论研究还很不充分。

本文基于Leclaire提出的冻结饱和多孔介质波动理论，利用分离变量方法，求解冻结多孔介质中基桩竖向振动解，分析冻结多孔介质参数对基桩竖向振动特性的影响，并建立起桩竖向振动引起的冻土层的振动模式，这对于研究多年冻土地区的基桩工程具有重要

基金项目：浙江省自然科学基金项目（LY15E090008）。

价值。

1 数学模型

研究埋置于冻土层中的单桩动力相互作用问题，取决于桩和冻土介质及其相互作用。本文讨论端承桩问题，桩采用弹性材料分析，而由于冻土是由土颗粒形成骨架，产生孔隙，孔隙中的部分水结冰充填在土骨架形成的孔隙中，出现了两种固体相，另外孔隙中还充有水和气体，组成了复杂的多相体结构，当孔隙中水饱和时，冻土为固相、冰相、液相的三相复合物。由于冰、水、汽之间还存在转化，使得冻土的描述非常复杂。为简化问题，本文中将冻土视为饱和冻结多孔介质，假定冰的形态以分散形式散布于土体孔隙中，采用 LCA 模型来描述[18]。

1.1 基本假设

为简化问题的表述，作出如下基本假设：

（1）桩周土为单层均质、各向同性的冻结饱和弹性介质，根据 LCA 模型，介质由土颗粒、冰和水三相组成，忽略固相与冰相之间的相互作用；底部为基岩，简化为刚性地基，上部为自由表面。

（2）桩为弹性、圆形均质杆，按一维杆件处理；桩长为 H，桩的半径为 a。

（3）桩土体系振动为小变形，桩土之间完全接触，桩土间的荷载传递由固相颗粒和冰所形成的骨架共同承担。

1.2 振动模型

根据上述基本假设，本文将土层简化为单层均质各向同性饱和冻结多孔介质，研究埋置于饱和冻结多孔介质中的端承桩当桩顶受任意激振力作用时，桩与介质的竖向耦合振动的空间轴对称问题。

以位移矢量形式描述的多孔介质理论的统一向量表达式，其控制方程为[19]：

$$\overline{R} \nabla \nabla \cdot \vec{u} - \overline{\mu} \nabla \times \nabla \times \vec{u} = \overline{\rho} \frac{\partial^2 \vec{u}}{\partial t^2} + \overline{A} \frac{\partial \vec{u}}{\partial t} \qquad (1)$$

式中：$\vec{u}$ 为位移场向量，$\vec{u} = \{\vec{u}^{(s)}, \vec{u}^{(f)}, \vec{u}^{(i)}\}^{\mathrm{T}}$，分别表示饱和冻结多孔介质的固相位移、液相位移和冰相位移；饱和冻结多孔介质的各系数记为：

$$\overline{R} = \begin{bmatrix} R_{11} & R_{12} & 0 \\ R_{12} & R_{22} & R_{23} \\ 0 & R_{23} & R_{33} \end{bmatrix}, \overline{\mu} = \begin{bmatrix} \mu_{11} & 0 & 0 \\ 0 & 0 & 0 \\ 0 & 0 & \mu_{33} \end{bmatrix},$$

$$\overline{\rho} = \begin{bmatrix} \rho_{11} & \rho_{12} & 0 \\ \rho_{12} & \rho_{22} & \rho_{23} \\ 0 & \rho_{23} & \rho_{33} \end{bmatrix}, \overline{A} = \begin{bmatrix} b_{11} & -b_{11} & 0 \\ -b_{11} & b_{11}+b_{33} & -b_{33} \\ 0 & -b_{33} & b_{33} \end{bmatrix}$$

$$(2)$$

其中：$R_{11} = K_1 + \dfrac{4}{3}\mu_{11}$，$R_{12} = R_{21} = C_{12}$，$R_{22} = K_2$，

$R_{23} = R_{32} = C_{23}$，$R_{33} = K_3 + \dfrac{4}{3}\mu_{33}$；

ρ_{11} 为土颗粒密度，ρ_{22} 为流体密度，ρ_{33} 为冰的密度，ρ_{12}、ρ_{23}、ρ_{13} 为分别固相与液相、冰相与液相、固

相与冰相相互作用密度；b_{11} 和 b_{33} 分别为土骨架与孔隙流体以及冰骨架与孔隙流体的黏性耦合系数；μ_{11}、μ_{33} 分别为土骨架和冰的剪切模量，μ_{13} 为土骨架和冰的相对剪切模量。

桩简化为一维弹性杆件，其竖向振动控制方程为：

$$E_b \pi a^2 \frac{\mathrm{d}^2 w_b}{\mathrm{d}z^2} - \rho_b \pi a^2 \frac{\mathrm{d}^2 w_b}{\mathrm{d}t^2} = f(z) \qquad (3)$$

式中：$f(z) = -2\pi a (\tau_{zr}^{(s)}(a,z) + \tau_{zr}^{(i)}(a,z))$ 为桩周摩阻力，其中两项剪应力分别是固相和冰相在桩侧的剪应力。

桩土耦合系统满足如下边界条件：

$$\widetilde{\sigma}_z^{(s)} \big|_{z=0} = 0, \widetilde{\sigma}_z^{(i)} \big|_{z=0} = 0, \widetilde{\sigma}^{(f)} \big|_{z=0} = 0 \qquad (4)$$

$$\widetilde{u}_z^{(s)} \big|_{z=\theta} = 0, \widetilde{u}_z^{(i)} \big|_{z=\theta} = 0 \qquad (5)$$

$$\widetilde{u}_r^{(s)} \big|_{r=1} = 0, \widetilde{u}_r^{(i)} \big|_{r=1} = 0, \widetilde{u}_r^{(f)} \big|_{r=1} = 0 \qquad (6)$$

$$f(z) = -2\pi a (\tau_{zr}^{(s)}(1,z) + \tau_{zr}^{(i)}(1,z)) \qquad (7a)$$

$$\overline{u}_z^{(s)}(1,z) = \overline{w}_b(z), \overline{u}_z^{(i)}(1,z) = \overline{w}_b(z) \qquad (7b)$$

$$\overline{w}_b(z) \big|_{z=\theta} = 0, \frac{\partial \widetilde{w}_b}{\partial z} \bigg|_{z=0} = \frac{P(t)}{E_b \pi a^2} \qquad (8)$$

式中：$\theta = H/a$。

同时，桩土体系还应满足初始条件，假定初始时刻桩土体系静止，则有：

$$\vec{u} \big|_{t=0} = 0, \frac{\partial \vec{u}}{\partial t} \bigg|_{t=0} = 0 \qquad (9)$$

$$w_b \big|_{t=0} = 0, \frac{\partial w_b}{\partial t} \bigg|_{t=0} = 0 \qquad (10)$$

上述式（1）～式（10）构成了端承桩与饱和冻结多孔介质动力相互作用的定解方程。

2 桩土耦合动力相互作用解

通过引入矢量 Helmholtz 分解，根据初始条件运用积分变换，按照算子分解理论和分离变量法，并结合边界条件，可以获得冻土层的饱和冻结多孔介质动力问题基本解。于是，无量纲化的桩土接触面剪应力和竖向位移可表示为：

$$\overline{\tau}_{zr}^{(s)} \big|_{\overline{r}=1} = \sum_{n=1}^{\infty} (\eta_{1n} C_1^{(f)} + \eta_{2n} C_3^{(f)}) \cosh(h_n z) \qquad (11)$$

$$\overline{\tau}_{zr}^{(i)} \big|_{\overline{r}=1} = \sum_{n=1}^{\infty} (\eta_{3n} C_1^{(f)} + \eta_{4n} C_3^{(f)}) \cosh(h_n z) \qquad (12)$$

$$\overline{u}_z^{(s)} \big|_{\overline{r}=1} = \sum_{n=1}^{\infty} (\eta_{5n} C_1^{(f)} + \eta_{6n} C_3^{(f)}) \cosh(h_n z) \qquad (13)$$

$$\overline{u}_z^{(i)} \big|_{\overline{r}=1} = \sum_{n=1}^{\infty} (\eta_{7n} C_1^{(f)} + \eta_{8n} C_3^{(f)}) \cosh(h_n z) \qquad (14)$$

式中：$C_1^{(k)}$，$C_2^{(k)}$，$C_3^{(k)}$ 为待定系数；$k = s, f, i$ 分别代表固相、液相和冰相，式中其他参数见附录[19]。

进一步根据无量纲化桩振动方程和边界条件可以解得：

$$\overline{w}_b = \frac{\overline{P}^* e^{\kappa z}}{E_b^* \kappa (1 + e^{2\kappa\theta})} - \frac{\overline{P}^* e^{-\kappa z}}{E_b^* \kappa (1 + e^{-2\kappa\theta})} + \frac{\overline{P}^*}{E_b^* \kappa (1 + e^{2\kappa\theta})}$$

$$\sum_{n=1}^{\infty} \frac{-2T_n E_n}{E_b^* (h_n^2 - \kappa^2)} \cosh(h_n z) - \frac{\overline{P}^*}{E_b^* \kappa (1 + e^{-2\kappa\theta})}$$

$$\sum_{n=1}^{\infty} \frac{-2T_n F_n}{E_b^*(h_n^2 - \kappa^2)} \cosh(h_n z) \qquad (15)$$

式中：$\overline{p}^*(s) = \dfrac{\overline{p}(s)}{\mu_{11}}$，$E_b^* = \dfrac{E_b}{\mu_{11}}$，$h_n = \dfrac{2n-1}{2\theta}\pi i$，$\kappa = \sqrt{\dfrac{\rho_b^*}{E_b^*}\delta}$，$T_n =$

$$\frac{(\eta_{1n} + \eta_{3n})(\eta_{8n} - \eta_{6n}) + (\eta_{2n} + \eta_{4n})(\eta_{5n} - \eta_{7n})}{\left[\eta_{5n} + \dfrac{2(\eta_{1n} + \eta_{3n})}{E_b^*(h_n^2 - \kappa^2)}\right]\left[\eta_{8n} + \dfrac{2(\eta_{2n} + \eta_{4n})}{E_b^*(h_n^2 - \kappa^2)}\right] - \left[\eta_{6n} + \dfrac{2(\eta_{2n} + \eta_{4n})}{E_b^*(h_n^2 - \kappa^2)}\right]\left[\eta_{7n} + \dfrac{2(\eta_{1n} + \eta_{3n})}{E_b^*(h_n^2 - \kappa^2)}\right]},$$

$$E_n = \frac{2}{\theta}\left[\frac{e^{(\kappa+h_n)\theta} - 1}{2(\kappa + h_n)} + \frac{e^{(\kappa-h_n)\theta} - 1}{2(\kappa - h_n)}\right], \quad F_n = -\frac{2}{\theta}\left[\frac{e^{-(\kappa-h_n)\theta} - 1}{2(\kappa - h_n)} + \frac{e^{-(\kappa+h_n)\theta} - 1}{2(\kappa + h_n)}\right], \quad \rho_b^* = \frac{\rho_b}{\rho_{11}}.$$

于是定义桩顶复阻抗为：

$$Z_u(0) = \cfrac{1}{-\cfrac{\tanh(\kappa\theta)}{E_b^*\kappa} + \sum_{n=1}^{\infty} \cfrac{-4}{E_b^*(h_n^2 - \kappa^2)\theta\left[\cfrac{E_b^*(h_n^2 - \kappa^2)(\eta_{5n}\eta_{8n} - \eta_{6n}\eta_{7n}) + 2}{\gamma_n}\right]}} \qquad (16)$$

式中，$\gamma_n = \eta_{1n}\eta_{8n} + \eta_{3n}\eta_{8n} - \eta_{1n}\eta_{6n} - \eta_{3n}\eta_{6n} - \eta_{2n}\eta_{7n} - \eta_{4n}\eta_{7n} + \eta_{2n}\eta_{5n} + \eta_{4n}\eta_{5n}$。

式（16）中分母即为桩顶的位移导纳，考虑到一端自由、一端固定的弹性杆件受任意激振力的位移导纳，于是位移导纳可以化简为：

$$G_u = \frac{2}{\theta}\sum_{n=1}^{\infty}\frac{1}{E_b^*(h_n^2 - \kappa^2) - 2\alpha_n} \qquad (17)$$

式中分母的第二项反映的是土阻抗，定义为无量纲土层复阻抗因子：

$$\alpha_n = -\gamma_n / (\eta_{5n}\eta_{8n} - \eta_{6n}\eta_{7n}) \qquad (18)$$

式中，α_n 表示土层复阻抗因子的第 n 个模态。

令 $s = i\omega$，可得到桩顶复动刚度及速度幅频响应（速度导纳）：

$$k_d(i\omega) = Z_u(i\omega), \quad |H_v(i\omega)| = |i\omega G_u(i\omega)| \qquad (19)$$

当桩顶作用半正弦瞬态力时，采用卷积定理和傅立叶逆变换可以得到桩顶的速度时域响应：

$$V(t) = q(t) * G_v(t) = IFT[Q(i\omega \cdot H_v(i\omega)]$$
$$= \frac{q_{max}}{2\pi}\int_{-\infty}^{\infty}\frac{2\pi T}{4\pi^2 - T^2\omega^2}(1 + e^{-i\omega T/2})H_v(i\omega)e^{i\omega t}d\omega \qquad (20)$$

3　参数与模型检验

3.1　计算参数

桩在冻结饱和多孔介质中的振动受到桩的参数和冻土参数的影响。冻结多孔介质理论模型中的参数非常复杂，各参数之间的内在联系 Leclaire[18] 和 Carcione[20] 在文献中已具体阐明。其中冻结多孔介质的孔隙率和含冰率是相当重要的参数，这里参考 Carcione 文献给出的相关关系。计算参数见表1。

饱和冻土与桩的计算参数　　　　　　　　　　　　　　表1
Material Properties of frozen saturated porous mediumand pile　　　Table 1

土颗粒	$\rho_s = 2.65\text{g/cm}^3$	$K_s = 38.7\text{GPa}$	$\mu_s = 39.6\text{GPa}$	$k_{s0} = 1.07 \times 10^{-11}\text{m}^2$
冰	$\rho_i = 0.92\text{g/cm}^3$	$K_i = 8.58\text{GPa}$	$\mu_i = 3.7\text{GPa}$	$k_{i0} = 5 \times 10^{-4}\text{m}^2$
水	$\rho_w = 1.0\text{g/cm}^3$	$K_w = 2.25\text{GPa}$	$\mu_w = 0\text{GPa}$	$\eta_w = 1.798 \times 10^{-3}\text{Pa}\cdot\text{s}$
土骨架	$K_{sm} = 14.4\text{GPa}$	$\mu_{sm0} = 131\text{MPa}$	$1 - \phi_s = 0.4$	$r_{12} = r_{23} = 0.5$
桩	$\rho_b = 2.5\text{g/cm}^3$	$E_b = 40.0\text{GPa}$	$H = 10\sim20\text{m}$	$a = 0.5\text{m}$

3.2　模型检验

根据前述，冰相的含量对于桩振动信号反射有重要的影响，当未冻水含量接近于孔隙率，即含冰率接近零，冻结多孔介质退化为饱和土，其结果可以与 Biot 多孔介质理论进行比较。这里设桩的长径比为 $\theta = 20$ 计算两种模型下的频域响应曲线和时域反射曲线，如图1所示。桩与冻结多孔介质中的动力相互作用，选取了桩顶复阻抗、速度幅频以及时域反射波信号来研究当桩顶受到外界冲击激励时的动力荷载传递效应。复阻抗因子 k_d/k_0（k_0 为静

刚度）代替桩的动刚度，用等效黏性阻尼 $c_\omega = \text{imag}(k_d)/\omega$ 代替动阻尼。

由图1可见，当含冰率为零时，LCA 模型与 Biot 多孔介质模型基本一致，桩的频域幅频曲线呈共振峰形态，两种模型下共振峰峰值位置完全一致，LCA 模型的共振峰值在高频时略小于 Biot 模型；频域下的桩顶动刚度和动阻尼也与 Biot 模型基本一致；从时域反射波曲线同样可发现两种模型计算结果几乎一致，仅在桩底反射峰值略有差别。对比结果说明两者的动力荷载响应一致，本文的解可以退化到 Biot 饱和多孔介质中桩竖向振动解。

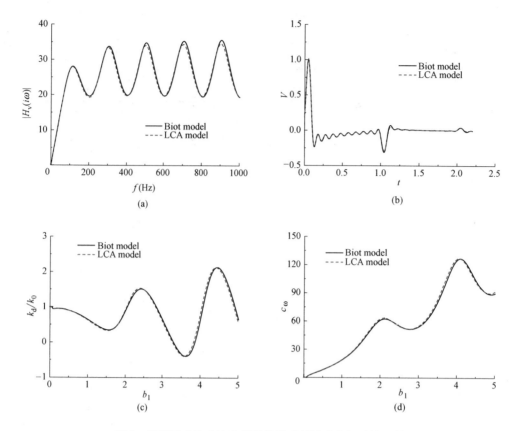

图 1　饱和冻土和未冻土模型的桩顶频域响应与时域反射对比

Fig. 1　Comparisons of dynamic responses of pile top between frozen and unfrozen saturated soil model

4　分析与讨论

4.1　温度的影响

因采用了冻结多孔介质来模拟冻土，参数非常复杂，这里仅选取冻结温度来研究冻土与桩的动力相互作用。温度对冻土中未冻水含量有明显影响，温度越低，未冻水含量越少，含冰率越高。当然，温度对未冻水量的影响还与其他因素有着密切联系，比如土颗粒的粒径、孔隙大小与分布、孔隙水的含盐量等。本文不考虑盐分的影响，分析在相同孔隙分布情况下，温度因素对桩顶振动响应的影响。由图 2 可见，随着温度的降低，桩顶动刚度比的振幅和等效阻尼明显减小。这表明随着温度降低，冰的含量增加，未冻水含量减少，桩侧土的约束增强，桩顶的振动幅度减弱，因此在冻土地区保持冻结对于桩的振动更为有利。

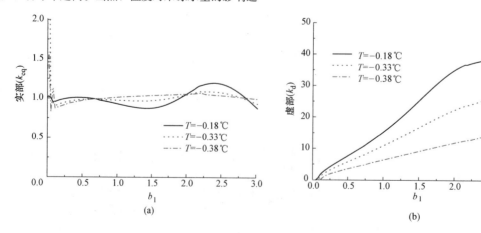

图 2　温度对桩顶动刚度比和等效阻尼的影响

Fig. 2　Effect of temperature on the ratio of dynamic stiffness and the equivalent viscous damping

4.2 土阻尼模式

式（18）确定了饱和土在桩纵向振动激励下产生的复阻抗因子，α_n 的实部和虚部分别代表土层刚度因子和阻尼因子，为研究桩竖向振动引起的饱和冻土的土层复阻抗因子，分析土层振动模式，计算未冻水量接近于零时的阻抗因子并与饱和土中的复阻抗因子进行比较。

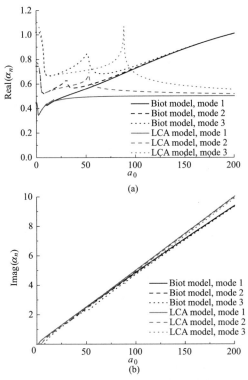

图 3　桩纵向振动引起土层动阻抗因子模态

Fig. 3　Resistance factor of soil caused
by pile vibration

图 3 横轴为无量纲化频率比 $a_0 = \omega/\omega_g$，即激振频率与底部固定土层受垂直入射波的固有频率之比，其中 $\omega_g = v_j(2n-1)\pi/2H$，$n=1, 2, 3, \cdots$，$v_j$ 为土层的 j 型波的波速。图中对 Biot 模型和 LCA 冻土模型分别取土层快纵波波速和第一纵波波速。纵轴为不同阶数模态的实部或虚部，图中选用了前 3 阶模态。由图 3（a）可见，随模态阶数增加，土阻抗因子实部在低频下呈逐级放大，在较高频率渐趋收敛，最终均以一阶模态作为渐近线，而虚部随频率增大近似呈线性增长。每阶模态的土层刚度曲线均出现了两个明显的共振点，第一共振点引起刚度降低，第二共振点引起刚度增加，且随着模态的增加共振峰逐级加大。饱和冻土的复阻抗因子实部与 Biot 饱和土中的复阻抗因子相比，它们在低频时基本一致，但当频率增加时，共振峰明显出现一定差异，最终的收敛值相差较大；由图 3（b）可见，虚部的土阻尼因子与饱和土形态基本一致，但量值上也与饱和土的有明显差异，LCA 模型的阻尼因子大于 Biot 模型，因此在刚度因子上收敛值最终小于 Biot 模型。由图 3（b）还可发现，当频率小于纵波共振频率时，阻尼很小，主要是材料产生的阻尼。频率高于纵波共振频率时，共振波前加剧了剪切方向质点

运动使辐射阻尼激增，并随频率线性增加，并在横波共振点造成较大的振荡。

5　结论

本文首先，建立了端承桩在冻结饱和多孔介质中的竖向振动理论模型，通过解析方法获得了端承桩竖向耦合振动的频域解析解和时域半解析解；通过与 Biot 饱和多孔介质中端承桩竖向振动解比较，发现桩顶频域速度幅频和时域反射以及桩顶刚度和阻尼在土体未冻结时均可以退化为饱和土情况；然后，研究了桩顶复阻抗特性，结果表明，温度是冻结多孔介质中桩振动的重要影响参数，温度越低，土对桩的约束力越强；最后，通过研究桩侧土的复阻抗特性，建立了桩在饱和冻结多孔介质中的土层振动模式，分析了土阻抗因子特性。

参考文献：

[1] GAO L, WANG K H, WU J T, et al. Analytical solution for the dynamic response of a pile with a variable-section interface in low-strain integrity testing[J]. Journal of Sound and Vibration，2017，395：328-340.

[2] WANG K H, WU W B, ZHANG Z Q, et al. Vertical dynamic response of an inhomogeneous viscoelastic pile[J]. Computers and Geotechnics，2010，37：536-544.

[3] GAO L, WANG K H, XIAO S, et al. An analytical solution for excited pile vibrations with variable section impedance in the time domain and its engineering application[J]. Computers and Geotechnics，2016，73：170-178.

[4] RAJAPAKSE R, SHAH A. On the longitudinal harmonic motion of an elastic bar embedded in an elastic half-space[J]. Int J Solids Structures，1987，23(2)：267-285.

[5] ZENG X, RAJAPAKSE R K N D. Rajapakse. Dynamic axial load transfer from elastic bar to poroelastic medium[J]. J Engng Mech，1999，125(9)：1048-1055.

[6] LU J, JENG D. Poroelastic model for pile-soil interaction in a half-space porous medium due to seismic waves[J]. Int. J. Numer. Anal. Meth. Geomech. 2008，32：1-41.

[7] NOGAMI T, NOVAK M. Soil-pile interaction in vertical vibration[J]. Earthq Engng Struct Dyn，1976，4：277-293.

[8] 李强，王奎华，谢康和. 饱和土中端承桩纵向振动特性研究[J]. 力学学报，2004，36(4)：435-442.

[9] 李强. 饱和土中端承桩非完全黏结下的竖向振动特性[J]. 水利学报，2007，38(3)：349-354.

[10] YANG X, PAN Y. Axisymmetrical analytical solution for vertical vibration of end-bearing pile in saturated viscoelastic soil layer[J]. Appl. Math. Mech. 2010，31(2)：193-204.

[11] ZHENG C J, KOURETZIS G P, SLOAN S W, et al. Vertical vibration of an elastic pile embedded in poroelastic soil[J]. Soil Dynamics and Earthquake Engineering，2015，77：177-181.

[12] CUI C Y, MENG K, XU C S, et al. Analytical solution for longitudinal vibration of a floating pile in saturated porous media based on a fictitious saturated soil pile mode[J]. Computers and Geotechnics，2021，131：103942.

[13] ZHANG S P, ZHANG J H, MA Y B, et al. Vertical dy-

namic interactions of poroelastic soils and embedded piles considering the effects of pile-soil radial deformations[J]. Soils and Foundations, 2021, 61: 16-34.

[14] ZHENG C J, GAN S S, KOURETZISK G et al. Vertical vibration of a large diameter pile partially-embedded in poroelastic soil[J]. Soil Dynamics and Earthquake Engineering, 2020, 139: 106211.

[15] GAZATAS G, DOBRY R. Simple radiation damping model for piles and footings[J]. J Engng Mech, 1984, 110(6): 937-956.

[16] 李强, 王奎华, 谢康和. 饱和土中桩振动引起的土阻抗因子分析研究[J]. 岩土工程学报, 2004, 26(5): 679-683.

[17] 李强, 王奎华, 谢康和. 冻融作用下基桩竖向振动动力特性研究[J]. 岩土工程学报, 2006, 28(1): 48-55.

[18] LECLAIRE P. Extension of Biot's theory of wave propagation to frozen porous media[J]. J Acoust Soc Am, 1994, 96(6): 3753-3768.

[19] LI Q, SHU W L, CAO L. Vertical vibration of a single pile embedded in a frozen saturated soil layer[J]. Soil Dyn Earthq Engng, 2019, 122: 185-195.

[20] CARCIONE J M, SERIANI G. Wave Simulation in Frozen Porous Media [J]. J Comput Phys, 2001, 170: 676-695.

注:

$$\eta_{1n}=2[-2g_{11}g_{12}k_1(g_{11})\xi_1-2g_{21}g_{22}k_1(g_{21})\xi_2\alpha_{21}+$$
$$(g_{41}^3-g_{41}g_{42}^2)k_1(g_{41})\zeta_6\alpha_{61}+(g_{51}^3-g_{51}g_{52}^2)k_1(g_{51})\zeta_7\alpha_{71}]$$

$$\eta_{2n}=2[-2g_{31}g_{32}k_1(g_{31})\xi_3-2g_{21}g_{22}k_1(g_{21})\xi_2\alpha_{23}+$$
$$(g_{41}^3-g_{41}g_{42}^2)k_1(g_{41})\zeta_6\alpha_{63}+(g_{51}^3-g_{51}g_{52}^2)k_1(g_{51})\zeta_7\alpha_{73}]$$

$$\eta_{3n}=2[-2\mu_{33}^*g_{11}g_{12}k_1(g_{11})\xi_1'-2\mu_{33}^*g_{21}g_{22}k_1(g_{21})\xi_2'\alpha_{21}+$$
$$\mu_{33}^*(g_{41}^3-g_{41}g_{42}^2)k_1(g_{41})\zeta_6'\alpha_{61}+\mu_{33}^*(g_{51}^3-g_{51}g_{52}^2)k_1(g_{51})$$
$$\zeta_7'\alpha_{71}]$$

$$\eta_{4n}=2[-2\mu_{33}^*g_{31}g_{32}k_1(g_{31})\xi_3'-2\mu_{33}^*g_{21}g_{22}k_1(g_{21})\xi_2'\alpha_{23}+$$
$$\mu_{33}^*(g_{41}^3-g_{41}g_{42}^2)k_1(g_{41})\zeta_6'\alpha_{63}+\mu_{33}^*(g_{51}^3-g_{51}g_{52}^2)k_1(g_{51})$$
$$\zeta_7'\alpha_{73}]$$

$$\eta_{5n}=2[g_{12}k_0(g_{11})\xi_1+g_{22}k_0(g_{21})\xi_2\alpha_{21}-g_{41}^2k_0(g_{41})\zeta_6\alpha_{61}-$$
$$g_{51}^2k_0(g_{51})\zeta_7\alpha_{71}]$$

$$\eta_{6n}=2[g_{32}k_0(g_{31})\xi_3+g_{22}k_0(g_{21})\xi_2\alpha_{23}-g_{41}^2k_0(g_{41})\zeta_6\alpha_{63}-$$
$$g_{51}^2k_0(g_{51})\zeta_7\alpha_{73}]$$

$$\eta_{7n}=2[g_{12}k_0(g_{11})\xi_1'+g_{22}k_0(g_{21})\xi_2'\alpha_{21}-g_{41}^2k_0(g_{41})\zeta_6'\alpha_{61}-$$
$$g_{51}^2k_0(g_{51})\zeta_7'\alpha_{71}]$$

$$\eta_{8n}=2[g_{32}k_0(g_{31})\xi_3'+g_{22}k_0(g_{21})\xi_2'\alpha_{23}-g_{41}^2k_0(g_{41})\zeta_6'\alpha_{63}-$$
$$g_{51}^2k_0(g_{51})\zeta_7'\alpha_{73}]$$

$g_{l1}^2+g_{l2}^2=\beta_l^2$, $l=1,2,3$, $\beta_1^2,\beta_2^2,\beta_3^2$ 可由代数方程组

$$\begin{cases} -(\beta_1^2+\beta_2^2+\beta_3^2)=d_1 \\ \beta_1^2\beta_2^2+\beta_2^2\beta_3^2+\beta_1^2\beta_3^2=d_2 \\ -\beta_1^2\beta_2^2\beta_3^2=d_3 \end{cases}$$

求解得出;$g_{m1}^2+g_{m2}^2=\beta_m^2$, $m=4,5$, $\beta_{4,5}^2=\dfrac{d_4\pm\sqrt{d_4^2-4d_5}}{2}$。

$$\xi_l=-\frac{[R_{12}^*\beta_l^2-(\rho_{12}^*\delta^2-b_{11}^*\delta)]}{[R_{11}^*\beta_l^2-(\delta^2+b_{11}^*\delta)]},$$

$$\xi_l'=-\frac{[R_{23}^*\beta_l^2-(\rho_{23}^*\delta^2-b_{33}^*\delta)]}{[R_{33}^*\beta_l^2-(\rho_{33}^*\delta^2+b_{33}^*\delta)]}, l=1,2,3;$$

$$\zeta_m=\frac{\rho_{12}^*\delta^2-b_{11}^*\delta}{[\beta_m^2-(\delta^2+b_{11}^*\delta)]}, \zeta_m'=\frac{\rho_{23}^*\delta^2-b_{33}^*\delta}{[\mu_{33}^*\beta_m^2-(\rho_{33}^*\delta^2+b_{33}^*\delta)]}, m=4,5,6,7。$$

$$\alpha_{21}=\frac{[\xi_1'(\zeta_6-\zeta_7)-\zeta_6'(\xi_1-\zeta_7)+\zeta_7'(\xi_1-\zeta_6)]g_{11}k_1(g_{11})}{[\xi_2'(\zeta_6-\zeta_7)-\zeta_6'(\xi_2-\zeta_7)+\zeta_7'(\xi_2-\zeta_6)]g_{21}k_1(g_{21})},$$

$$\alpha_{23}=\frac{[\xi_3'(\zeta_6-\zeta_7)-\zeta_6'(\xi_3-\zeta_7)+\zeta_7'(\xi_3-\zeta_6)]g_{31}k_1(g_{31})}{[\xi_2'(\zeta_6-\zeta_7)-\zeta_6'(\xi_2-\zeta_7)+\zeta_7'(\xi_2-\zeta_6)]g_{21}k_1(g_{21})},$$

$$\alpha_{61}=\frac{g_{11}k_1(g_{11})(\xi_1-\zeta_7)+g_{21}k_1(g_{21})(\xi_2-\zeta_7)\alpha_{21}}{g_{41}g_{42}k_1(g_{41})(\zeta_7-\zeta_6)},$$

$$\alpha_{63}=\frac{g_{31}k_1(g_{31})(\xi_3-\zeta_7)+g_{21}k_1(g_{21})(\xi_2-\zeta_7)\alpha_{23}}{g_{41}g_{42}k_1(g_{41})(\zeta_7-\zeta_6)},$$

$$\alpha_{71}=\frac{g_{11}k_1(g_{11})(\xi_1-\zeta_6)+g_{21}k_1(g_{21})(\xi_2-\zeta_6)\alpha_{21}}{g_{51}g_{52}k_1(g_{51})(\zeta_6-\zeta_7)},$$

$$\alpha_{73}=\frac{g_{31}k_1(g_{31})(\xi_3-\zeta_6)+g_{21}k_1(g_{21})(\xi_2-\zeta_6)\alpha_{23}}{g_{51}g_{52}k_1(g_{51})(\zeta_6-\zeta_7)},$$

$K_0(\overline{gr})$分别为第二类虚宗量 Bessel 函数,无量纲化系数为:$R_{ij}^*=R_{ij}/\mu_{11}$, $\mu_{33}^*=\mu_{33}/\mu_{11}$, $\delta=\sqrt{\rho_{11}/\mu_{11}}sa$, $\rho_{ij}^*=\rho_{ij}/\rho_{11}$, $b_{ij}^*=b_{ij}a/\sqrt{\rho_{11}\mu_{11}}$, $\overline{r}=r/a$, $\overline{z}=z/a$。

静钻根植桩在特殊条件下应用浅析

陈洪雨[*1,2]，舒佳明[1,2]，明　维[1,2]，张芳芳[1,2]，张日红[1,2]

（1. 宁波中淳高科股份有限公司，浙江 宁波 315000；2. 建材行业混凝土预制桩工程技术中心，浙江 宁波 315000）

摘　要：静钻根植桩是一种预制桩植入法的桩基类型，在我国部分地区已开始大量工程应用。静钻根植桩通过桩端扩底和注浆，有效提高了桩端、桩侧阻力，尤其是在砂性土质条件下，可大幅度提高单桩竖向承载力。该桩型避免了传统施工预制的挤土效应，对预制桩身没有任何损伤，施工无噪声，也避免了钻孔灌注桩桩周泥皮和桩端沉渣的情况。在上海中船临港柴油机生产基地二期工程的应用中充分体现了静钻根植桩的特色和优势，施工质量稳定可靠，尤其是在对周边环境干扰敏感的生产车间内及深厚砂层地质特殊条件下具有良好的适用性，是一种综合效益十分显著的桩型。

关键词：静钻根植桩；扩底桩；竹节桩；深厚砂层；非挤土桩

作者简介：陈洪雨（1974— ），男，高级工程师，主要从事岩土工程的施工与管理。E-mail：447796@qq.com。

Applications of pre-bored precast concrete pile under special conditions

CHEN Hong-yu[*1,2]，SHU Jia-ming[1,2]，MING Wei[1,2]，ZHANG Fang-fang[1,2]，ZHANG Ri-hong[1,2]

（1. Ningbo ZCONE High-tech Pile Industry Holdings Co.，Ltd.，Ningbo Zhejiang 315000，China；2. China Building Material Industry Precast Concrete Pile Engineering Technology Center，Ningbo Zhejiang 315000，China）

Abstract：Pre-bored precast concrete pile is a type of precast implantation pile foundation，which has been widely used in many areas of China. Pre-bored precast concrete pile can effectively improve the resistance of pile tip and side by expanding bottom and grouting，especially under the sandy soil condition，the bearing capacity of pile tip and side increases significantly. Comparing with traditional precast pile，pre-bored precast concrete pile avoids the squeezing effect，without any damage and noise，which also avoids the situation of mud around pile and pile end sediment. Pre-bored precast concrete pile embodies the features and advantages in the second phase of application of CSSC Lingang Diesel Engine Production Base in Shanghai，which has a stable and reliable construction quality. Pre-bored precast concrete pile has a good applicability，especially under the production workshop surrounding environment interference and sensitive or thick layer geological conditions. Pre-bored precast concrete pile is a type of pile with significant comprehensive benefits.

Key words：static drill pile；enlarged toe pile；nodular pile；deep sand layer；non-squeeze out soil pile

0　引言

目前在软土地区常用的桩型主要有预制桩和钻孔灌注桩，预制桩主要有锤击和静压两种传统沉桩方法，挤土效应明显。锤击法施工会产生噪声及油烟污染，对周边环境造成较大影响。钻孔灌注桩由于现场浇筑混凝土，故其施工质量波动相对较大，且排放的泥浆已经成为社会问题，同时其资源消耗大，与低碳节能的发展趋势相违背。

静钻根植桩是用钻机钻孔后在桩端部进行扩孔，全桩长注入水泥浆与原有土体搅拌成水泥土，将预制桩插入水泥土后通过水泥浆液硬化，使桩与土体形成一体，制成由预制桩、水泥土和土体共同承载的桩基础。该桩型避免了传统预制桩的挤土效应，对预制桩没有任何损伤，施工无噪声，也避免了钻孔灌注桩桩周泥皮和桩端沉渣问题，施工质量稳定、可靠。目前，该桩型已成为埋入式桩的主流桩型，具有广阔的发展前景和空间。

随着城市化的不断推进，改、扩建及原址重建的项目逐渐增多，在桩基施工过程中不能对临近正在生产的车间造成任何干扰是需要解决的一个重要课题，同时在深厚砂层中如何顺利进行桩基施工也是困扰着广大的施工技术人员，静钻根植桩的工艺特点决定了该桩型在特殊条件下具有很好的适用性。

本文结合中船临港柴油机生产基地二期工程对静钻根植桩的应用情况进行综合分析，对设计、施工及验收情况做了简要介绍，为静钻根植桩在类似的工程项目中运用提供施工经验。

1　工程概述

1.1　工程背景

中船临港柴油机生产基地二期工程场地位于上海市南汇区芦潮港与小勒港之间，拟建大件车间设备基础工程主要包括 5 台龙门铣设备基础：其中 5m×17m 两个、5m×14m、6m×24m、6m×17m 各一个。

该设备基础为大型精密造船设备的工程基础，对沉降控制要求极高；成孔时需要进入含水量较大的粉砂层20 m；厂房内相邻一跨内大型高精密船用发动机生产设备正常作业，要求施工无扬尘、低噪声；同时要求无挤土，不能对厂房结构及相邻设备的基础产生不利影响，厂

图 1　中船临港柴油机生产基地二期工程示意图

Fig. 1　Schematic diagram of the second phase project of
CSSC Lingang Diesel Engine Production Base

房可提供设备施工高度仅有 23 m。该工程施工要求高，场地受限，施工难度较大。

其工程如图 1 所示，采用打入桩方案，产生挤土效应，振动和噪声影响正常的生产。采用钻孔灌注桩在进入粉砂层时存在塌孔的隐患，同时没有处理排放泥浆条件，施工进度和质量无法保证。

根据本工程的实际情况结合根植桩的施工工艺，最终选择根植桩作为本工程的基础桩，有效解决了传统预制桩和灌注桩施工中存在的难题。

1.2　地质情况简介

根据该工程的岩土工程勘察报告，厂址区域各岩土层分布见表 1、表 2。

建筑场地土层参数　　表 1

soil parameters of construction sites　Table 1

土层编号	土层名称	c(kPa)	φ(°)	E_s(MPa)	$N_{63.5}$(击)
①$_{2-1b}$	吹填土	11	25.5	7.60	3.9
①$_{2-2}$	灰色黏质粉土	12	25.5	8.10	8.4
②$_3$	灰色砂质粉土	7	27.5	10.74	9.9
④	灰色淤泥质黏土	11	10.5	2.32	—
⑤	灰色黏土	15	13.0	2.94	—
⑥	灰绿—草黄色粉质黏土	39	18.0	6.05	—
⑦$_{1-1}$	草黄色砂质粉土	6	31.0	11.39	18.6
⑦$_{1-2}$	草黄色砂质粉土	5	32.0	11.74	36.4
⑦$_{2-2}$	灰黄色粉砂	2	34.0	13.75	46.9
⑦$_{2-2}$	灰黄色粉砂	2	35.0	15.50	54.5
⑨	灰色粉砂(含砾)	1	36.0	15.79	59.0

注：c、φ 为直剪固结快剪黏聚力和内摩擦力。

各土层桩基设计参数一览表　　表 2

Design parameters of soil layer pile foundation　Table 2

土层编号	土层名称	P_s(MPa)	$N_{63.5}$(击)	预制桩		钻孔灌注桩	
				f_s(kPa)	f_p(kPa)	f_s(kPa)	f_p(kPa)
①$_1$	杂填土	1.11	—	0		0	
②$_{2-1b}$	吹填土	1.37	3.9	15		15	
①$_{2-2}$	灰色黏质粉土	3.09	8.4	6m 以上 15，6m 以上 15		15	
②$_3$	灰色砂质粉土	4.04	9.9	40		30	
④	灰色淤泥质黏土	0.95	—	25		20	
⑤	灰色黏土	1.24	—	40		30	
⑥	草黄色粉质黏土	2.84	—	70		55	
⑦$_{1-1}$	草黄色砂质粉土	9.25	18.6	80		65	
⑦$_{1-2}$	草黄色砂质粉土	13.68	36.4	100		75	
⑦$_{2-2}$	灰黄色粉砂	18.65	46.9	110		90	
⑦$_{2-2}$	灰黄色粉砂	22.84	54.5	120	8000	80	2550
⑨	灰色粉砂(含砾)	25.86	59.0	120		90	

1.3 设计情况简介

（1）桩型选择

本工程设备基础结构荷载大，主要采用 600mm 直径根植桩，桩基持力层为 7 层粉砂层，单桩承载力特征值为 3250kN，桩长 53m，总桩数为 455 根。

结合竖向荷载传递的规律，根植桩桩型设计通常在上部采用等截面的 PHC 桩，在下部采用变截面的竹节桩（PHDC）。竹节桩的使用，增强桩身与水泥土的握裹力，削弱应力集中现象，使得桩身和桩端扩大部分形成整体，共同受力。根据受力特点，上部采用复合配筋先张法预应力混凝土管桩（PRHC），其配置的非预应力钢筋大幅度增加桩的抗弯性能。

本工程采用 53m 桩长，自桩底到桩顶的配桩方式为 PHDC 650-500（110）AB-15 ＋ PHC 600（110）AB-13，13，12（图 2）。根据《ZC 静钻根植桩应用技术标准》T31/QBJ 012—2019[1] 规定钻孔直径比桩直径大 100～150mm，本工程钻孔直径取 750mm。

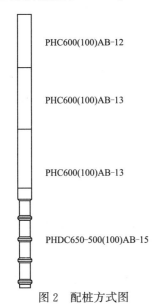

PHC600(100)AB-12

PHC600(100)AB-13

PHC600(100)AB-13

PHDC650-500(100)AB-15

图 2　配桩方式图

Fig. 2　Diagram of pile matching pattern

（2）桩端扩底部位设计

本工程桩端持力层为粉砂层，采用扩底工艺，能够有效提高桩端承载力。钻机钻头部位有可扩展的翼缘，该翼缘在液压系统的控制下可进行扩大，通过钻机钻杆的旋转及移动，形成桩端扩底部位。

根据《ZC 静钻根植桩应用技术标准》T31/QBJ 012—2019 规定扩底直径不大于钻孔直径的 1.5 倍，扩底高度不小于钻孔直径的 3 倍。以直径为 600mm 桩为例，本工程扩底直径要求 1.5 倍的钻孔直径即 1125mm，扩底高度 2700mm（图 3）。

（3）水泥浆用量

扩底操作完成后注入桩端水泥浆和桩周水泥浆，水泥浆用量按照《ZC 静钻根植桩应用技术标准》T31/QBJ 012—2019 中相关条款进行计算，桩端水泥浆注入量为扩底部分体积。桩端水泥浆水灰比为 0.6，注入量为 1m³ 水泥浆的水泥用量为 1090kg。则 1.3 节（2）中示例的扩底

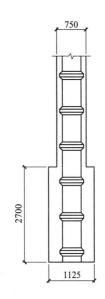

图 3　扩底构造图

Fig. 3　Structural map of spread footing

部位体积为 $3.14 \times (1.125/2)^2 \times 2.7 = 2.68 \mathrm{m}^3$，即为桩端水泥浆的体积，桩端扩大部位水泥用量为 $1090 \times 2.68 = 2921 \mathrm{kg}$。

桩端水泥浆注入完成后注入桩周水泥浆，桩周水泥浆注入量为（钻孔体积－扩底部分体积－桩身体积）×30%。桩周水泥浆的水灰比为 1.0，注入量为 1m³ 水泥浆的原材料水泥用量为 760kg。以 1.3 节（1）所述配桩为例，钻孔体积减去扩底部分体积即为桩周部位钻孔体积 $3.14 \times (0.75/2)^2 \times (53 - 2.7) = 22.21 \mathrm{m}^3$，桩身体积为 $8.78 \mathrm{m}^3$，桩周水泥浆注入体积为 $(22.21 - 8.78) \times 30\% = 4.03 \mathrm{m}^3$，桩周水泥用量为 $760 \times 4.03 = 3063 \mathrm{kg}$。

2　施工技术与难点

2.1　限高空间采取的技术措施

本工程的厂房内净高为 23m，施工设备高度控制在 22.5m，预留 0.5m 的安全距离。为了提高施工效率，需要结合本工程的实际桩长配置钻杆。施工用的钻机设备高度为 3.8m，配置 4m 的固定钻杆和 1.6m 长的钻头，预留钻机顶部到设备顶部的安全距离 1.5m，有效钻杆配置长度小于 22.5－1.6－3.8－4－1.6＝11.5m，则钻杆按照最优配置为 11m。钻孔深度 53m，需要配置 5 节 11m 钻杆和一个钻头，可钻孔深度为 56.6m，能够满足钻孔深度 53m 的需求（图 4）。

吊车选择最大起吊能力为 50t 的履带吊车，主杆长度配置为 21m，满足吊装单节桩长 15m 的需求。

由于单次钻孔深度小（钻孔深度 11m），拼接和拆卸钻杆次数多，植桩过程中需要在桩位孔口内进行预制桩的拼接（常规工艺采用的是预拼接的施工工艺，即在钻孔区域外进行预制桩的拼接，每次沉桩可以沉入预拼接好的 2 节或 3 节桩），使得施工速度有一定程度的降低，为了保证在桩端水泥浆初凝前完成植桩，需要配置一定掺

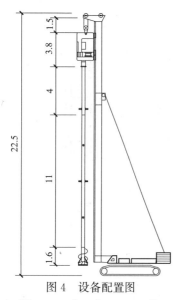

图 4 设备配置图

Fig. 4 Diagram of equipment configuration

量的缓凝剂，经过试验，缓凝 2h 能够满足施工的需求。

2.2 深厚砂层成孔采取措施

本工程需要穿越深厚粉土及大于 20m 的砂层，桩基持力层为 ⑦₂₋₂ 层灰黄色粉砂，层面标高 −46.080∼−47.750m，厚约 19.85m，由长石、石英、云母等矿物颗粒组成，土质较均匀致密，状态密实，中等—低压缩性，平均比贯入阻力 P_s=22.84MPa，平均实测标准贯入击数 N=54.5 击。

该地质条件下，采用锤击或者是静压预制桩无法穿透砂层，采用灌注桩会发生塌孔、埋钻等风险。静钻根植桩利用工艺的自身特点，解决了此类地质条件下的沉桩难题。由于静钻根植桩在钻孔过程中，其本质是对土体进行松动，并没有形成真正意义上的孔，钻孔过程中只是对土体进行松动和分散，只有少量的土在土体松动过程中排出，大部分土体仍留在孔内，由于钻孔过程中加入了一部分的水，水与孔内的土体搅拌后相对密度在 1.4 以上，具有一定的泥浆护壁的效果，保持了孔内外压力的平衡。在水泥浆注浆完成后，由于孔内是水泥浆和土体均匀搅拌的混合物，相对密度在 1.6 以上，护壁效果更佳，也不会存在塌孔的风险。

为了保证在深厚砂层中沉桩的可靠性，采取了如下的措施：

（1）设备改造与完善

常规的静钻根植桩设备钻杆上带有间距为 800mm 的搅拌叶片，搅拌叶片在黏土中效果好，可以充分将黏土分散并搅拌均匀。砂颗粒之间的黏性比较弱，分散及搅拌均匀也相对容易，为尽量减小砂层的扰动，将搅拌叶片的间距调整为 1600mm。

（2）施工工艺完善

为了保证钻孔的钻进需求，在钻孔时需加入一定量的水。正常情况下，加水量为钻孔体积的 40%∼45%，在砂层中钻孔，当水量过多时对成孔是非常不利的，当钻到砂层时，把钻孔水的用量控制在钻孔体积的 30%以内。

为了减少注浆的时间，在扩底时就开始注入桩端水泥浆，桩端水泥浆注入完成后升降钻杆 3 次同时进行搅拌。桩周水泥浆注入时，沿桩身长度每注入 10m 高度水泥浆后，就升降钻杆 1 次进行搅拌，保证水泥浆的均匀性的同时保证桩孔成型完整。

（3）外加剂

钻入砂层后，在注入的水中掺加一定比例的膨润土，掺入比例根据膨润土的特性进行调整，最终掺入膨润土液体的黏度满足 40∼45Pa·s。

采取上面的措施后，没有塌孔及埋钻的情况发生，钻孔及植桩均能顺利完成。

2.3 周边环境影响控制措施

厂房内相邻一跨内大型高精密船用发动机生产设备正常作业，施工期间不能对生产有任何影响，主要采取的措施如下：

（1）减少噪声的措施

静钻根植桩施工期间的噪声主要包括设备发动机的声音、钻杆和护筒摩擦的声音、设备行走时和地面摩擦的声音、挖掘机清理渣土时挖斗抖动的声音。设备操作人员在操作时，动作清晰连续，不能忽然猛加油门。施工地面采用钢板铺平，钻孔定位及钻杆垂直度均能满足要求，这样在保证施工质量的同时，钻杆和护筒之间有较好的同心度，不会因钻杆和护筒摩擦发出噪声。设备在钢板上行走时，把钢板上的石子、碎石清扫干净，避免施工设备的履带对石子碾压发出噪声。对挖掘机操作人员进行交底，不能对挖斗进行剧烈的抖动。

采取上述措施后，施工现场真正做到静悄悄，在距离施工现场 5m 外基本不会听到任何噪声，对发动机生产设备的正常运行没有任何影响。

（2）减少泥浆污染的措施

静钻根植桩施工期间无泥浆，有一定量的渣土排放，为了保证渣土排放不对生产车间造成干扰，采取渣土及时收集、集中处置的方式。在钻孔周围做临时围堰，并用钢板做 2 个 8m³ 土槽，在钻孔机植桩期间，当渣土从孔内溢出时，留置在临时围堰内，采用挖机及时清理到土槽内，土槽装满后运到厂区内渣土临时堆放场地，做到施工区域内干净整洁，无渣土。

（3）减少土体扰动的措施

静钻根植桩为非挤土桩，但考虑到发动机生产期间对周边土体扰动要求精度高，在钻孔期间，钻孔速度保持匀速，避免忽快忽慢，监控渣土排放量并与理论排放量进行比较。由于施工设备比较重，行走道路铺设路基箱或是钢板，分散设备对土体压力的影响，设备行走均匀慢速。

3 竖向抗压静载试验

竖向抗压静载试验按《建筑桩基检测技术规范》JGJ 106—2014[2] 进行，本次竖向抗压静载试验采用井字架堆载混凝土块的反力作为荷载。3 根试桩静载检测结果见图 5 和表 3。

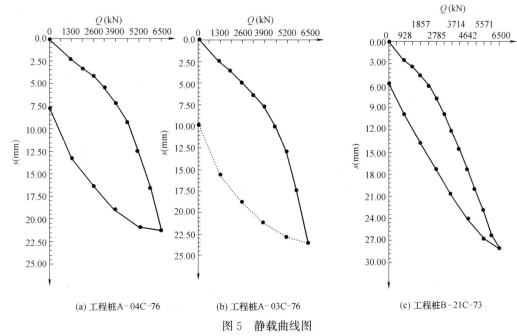

(a) 工程桩A-04C-76　　　　(b) 工程桩A-03C-76　　　　(c) 工程桩B-21C-73

图5　静载曲线图

Fig.5　Diagram of static load

静载检测情况表　　　　　　　　　　　　　　　　表3

Test condition of static load　　　　　　　　　　Table 3

试桩编号	Q_{max} (kN)	s_{max} (mm)	Q_u (kN)	s_u (mm)	s_t (mm)	R (%)
A-04C-76	6500	21.30	>2500	21.30	7.78	63.5
A-03C-76	6500	23.49	>2500	23.49	9.82	58.2
B-21C-73	6500	18.19	>2500	18019	6.22	65.8

注：Q_{max} 为最大加载；s_{max} 为最大变形；Q_u 为极限载荷；s_u 为极限状态变形；s_r 为残余沉降量；R 为回弹率。

从结果来看，在极限荷载为 6500kN 时桩顶累计沉降量分别为 18.19mm、21.3mm、23.49mm，完全卸载后残余沉降量分别为 7.78mm、9.82mm、6.22mm。回调率分别为 63.5%、58.2%、65.8%。可见在最大加载条件下，桩顶部分变形是弹性变形，桩尚未达到极限状态。

4　结论

（1）静钻根植桩在限高空间内通过采取技术措施具有良好的适应性，设备高度降低后，施工更加安全可靠。

（2）在深厚砂层地质条件下，静钻根植桩在钻孔、沉桩方面均能发挥根植桩的优势，不会发生塌孔、埋钻等现象，成桩质量稳定可靠。

（3）静钻根植桩施工无挤土、无噪声，对周边环境影响少，在对周边环境干扰要求高的环境下具有良好的适用性。

（4）静钻根植桩承载力稳定、可靠，理论计算结果与实际检测结果相比，还有一定的安全储备。

参考文献：

[1] 上海市建设协会. ZC静钻根植桩应用技术标准：T31/QBJ 012—2019 [S]. 2019.

[2] 中华人民共和国住房和城乡建设部. 建筑基桩检测技术规范：JGJ 106—2014 [S]. 北京：中国建筑工业出版社，2014.

软土地区堆载与基坑开挖对邻近管桩基础建筑影响分析

张　松[1, 2, 3]

（1. 中国建筑科学研究院有限公司，北京 100013；2. 建筑安全与环境国家重点实验室，北京 100013；3. 国家建筑工程技术研究中心，北京 100013）

摘　要：随着各地城市化进度的加快，邻近建（构）筑物旁进行土方堆载和深基坑开挖变得日益增多，堆载和基坑开挖会对建（构）筑物的桩基础产生附加弯矩和变形，若开挖深度和堆载过大或者堆载距离过近，都会引起桩基础的破坏，进而引起整个建筑物的稳定性破坏。由于在相关规范中并没有对填土引起的建筑物稳定情况的工程措施作出相关规定和说明，开挖和堆载联合作用情况下建筑物桩基础的影响大小以及可能出现桩基破坏形式，是很多人关心的问题，本文通过某项目案例，对类似工程提供借鉴意义。

关键词：堆载；管桩断裂；沉降；原因分析

作者简介：张松（1990—　），男，硕士，国家注册土木工程师（岩土），国家注册一级建造师，从事岩土加固与地基基础事故咨询。E-mail：1223600298@qq.com。

Analysis of the influence of pile loading and foundation pit excavation in soft soil area on neighboring pipe pile foundation buildings

ZHANG Song[1, 2, 3]

（1. China Academy of Building Research，Beijing 100013，China；2. State Key Laboratory of Building Safety and Built Environment，Beijing，100013，China；3. National Engineering Research Center Of Building Technology，Beijing 100013）

Abstract：With the acceleration of urbanization in various places，the amount of earthwork and deep foundation pit excavation beside adjacent buildings (structures) has become more and more frequent. Stacking and excavation of foundation pits affect the pile foundation Additional bending moments and deformations are generated. If the excavation depth and the pile load are too large or the pile load distance is too close，it will cause the destruction of the pile foundation，and then cause the stability of the entire building. Since there are no relevant regulations and instructions on the engineering measures for the stability of the building caused by the filling in the relevant specifications，the magnitude of the impact of the pile foundation of the building under the combined action of excavation and heap loading and the possible form of pile foundation damage are Many people are concerned about issues. This article uses a project case to provide reference for similar projects.

Key words：heap load；pipe pile fracture；settlement；cause analysis

0　引言

云南省昆明市滇池周边，广泛分布着孔隙比大、重度小、软塑状态、强度低、压缩性高、渗透系数低的淤泥、淤泥质土、泥炭质土和泥炭等软土。由于其工程性质特殊，导致建造在地表地上的建（构）筑物都会出现不同程度的不均匀的沉降[1]，使得房屋开裂，为了解决该问题，一般设计单位都采用很长的管桩将结构的荷载传递到下部较好的持力层。如果不能很好地控制桩的长细比，会导致这些管桩变成超长桩，使得管桩更容易被剪切破坏的问题。本文介绍了某项目场地外侧堆载和相邻场地基坑开挖，导致该建筑结构出现大面积开裂和管桩基础剪切破坏的事故，通过事故原因分析，提出了合适的加固处理方法，对类似工程提供借鉴意义。

1　工程地质条件及水文条件

该场地自上而下分布着三层泥炭质土，详见表1，其中建筑结构的底板位于③层泥炭质土中，管桩桩头 2m 范围位置也位于该层泥炭质土中，详见图1。

土层物理力学参数表　　　　表1
Physical and mechanical parameters of soil layer　　　Table. 1

土层名称	孔隙比	液性指数	修正标贯	固快 c	固快 φ	直快 c	直快 φ
②黏土	0.896	0.46	6.4	48.2	9.5	39.7	6.5
③泥炭质土	3.72	0.85	2.3			23.4	2.2
③1黏土	1.195	0.096	2.9			28.9	3.6
④黏土	1.146	0.54	5.2	45.2	8	34.5	5.2
⑤粉土	0.737		8			30.3	11.4

续表

土层名	孔隙比	液性指数	修正标贯	固快 c	固快 φ	直快 c	直快 φ
⑤₁黏土	0.939	0.57				32.1	6.3
⑥泥炭质土	2.288	0.63				24.9	2.6
⑦黏土	0.896	0.54	6.3			40.7	8.5
⑦₁泥炭质土	2.56	0.56				27	3.4
⑧粉土	0.736		14			31.8	11.7

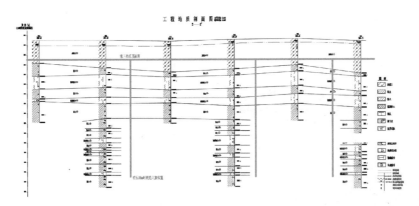

图 1　土层物理力学参数和地层剖面图

Fig. 1　Physical and mechanical parameters of soil layer and stratum section view

桩端持力层为⑧层，桩身长度范围内存在多层泥炭质土层，持力层也揭示有泥炭质土软弱土夹层。其中，桩头和桩顶以下约 5m 可能存在有较厚的泥炭土层。

2　事故发生经过

2014 年项目建成，目前已部分交付使用；2017 年 1 区东北部建筑开始发现裂缝，见图 2；2018 年 5 月该建筑隔壁的基坑开始开挖卸载，并将一部分土方堆放在邻近小区的位置，见图 3 和图 4；2019 年 5～6 月对东部部分建筑进行结构检测鉴定；2019 年 9 月进行补充勘察。

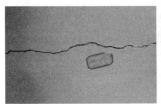

图 2　房屋开裂

Fig. 2　Pictures of house cracking

3　建筑基础形式及开裂异常情况

主楼、裙房、地下室外墙、地下室外架空层基础均采用柱（墙）下桩基础，承台高度为 1m，地下室承台间设置承台梁。基桩为预应力混凝土管桩 PHC-AB-400，桩长 36m，设计承载力特征值 1300kN。设计要求打桩时以桩长控制为主，压桩力控制为辅。

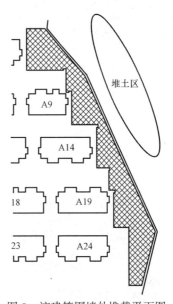

图 3　该建筑围墙外堆载平面图

Fig. 3　The plan view of the stacking outside the wall of the building

图 4　堆载现场图

Fig. 4　Picture of the stacking site

图 5 一区 A14 桩基平面布置图

Fig. 5 The layout plan of A14 pile foundation in area 1

2018 年场地东侧红线曾有堆载。导致东侧边缘住宅楼和周边地库填充墙出现不同程度的开裂、渗水现象。

图 6 场地部分区域建筑外墙明显拉裂

Fig. 6 The external walls of buildings in some areas of the site are obviously cracked

堆土一侧架空层开挖后，基桩桩顶 2m 范围内见多处断裂。从图 7 照片可以看出，该管桩浅部断裂处开裂角度较大，考虑到桩长 36m，下部基桩可能还存在有更深剪切断裂。

 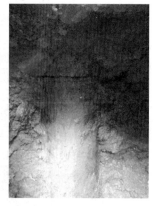

图 7 断桩图

Fig. 7 Pictures of broken pile

4 地下水补充勘察

原地勘建议抗浮水位 1888.0m，设计考虑到填土对水位的升高影响，取 1889.0m，补勘推测的最高水位约 1893.0m。

5 沉降情况

截至最后一次监测（2019 年 9 月 25 日）第 1 区各测点最大累积沉降 28mm，最大累积上浮 12mm。

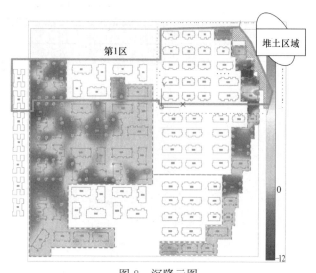

图 8 沉降云图

Fig. 8 Settlement cloud map

主要沉降和不均匀沉降发生在第 1 区东部（即场地东北部，边缘堆土区域），该区域沉降监测对象为东侧 A4、A9、A14、A19、A24（参见图 3）共 5 个建筑。2019 年初以来，部分沉降点曾发生较明显的沉降-上浮的非单调变化。截至最后一次观测（2019 年 9 月 25 日），A14、A19 楼主要以上浮为主，A24 楼主要以沉降为主。

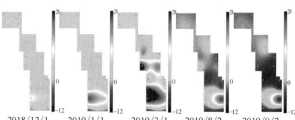

图 9 第一区东北角 A4、A9、A14、A19、A24 沉降云图

Fig. 9 A4, A9, A14, A19, A24 settlement cloud map in the northeast corner of the first area

6 原因分析

（1）东侧建筑受到周边堆载影响，已出现较明显的开裂、渗水现象。其中东北区域场外堆载尚未卸除，已发现架空层基桩断裂、架空层水平移动的情况。该区域建筑观测到明显的不均匀沉降。

（2）2018 年 6 月开始沉降监测以来，监测范围内建筑均有不同程度的上浮现象，以 2019 年 3～8 月发展最为明显。补充勘察揭示地下水位高于原设计抗浮设防水位 2～3m。因此，可能由于因抗浮问题引起建筑开裂的可能。

（3）目前部分建筑周边围墙观察到明显的开裂现象，不排除因地库覆土压缩引起上述现象的可能。

（4）场地地下存在多层泥炭质软弱土层。对桩基础而言，随着地基变形的发展，未来可能引发高承台桩[2]等潜在的长期安全和抗震安全问题。

（5）邻近该建筑的基坑挖开，导致该场地的泥炭质土出现流动，基底出现脱空，结构开裂。

7　加固处理方法及效果

（1）场地外堆载进行卸荷，加强对基础水平和竖向位移的监测；

（2）对桩顶土层脱空情况进行地质雷达扫描检测，对脱空部位采用注浆加固；

（3）对沉降较大且开裂较大的结构，管桩已经被剪切破坏的基础，采用大直径钢管混凝土桩架空基础的处理方法，见图10。

图 10　对结构破坏严重基础外围采用桩基架空

Fig. 10 The pile foundation is used to raise the surrounding of the foundation with severe structural damage

通过上述处理方法后，对于轻微破坏结构，采取卸载和地基脱空区域注浆加固，通过监测数据分析，结构沉降趋势开始收敛；对开裂破坏较严重结构，采用大直径钢管混凝土桩架空基础后，地基的开裂变形逐渐停止，并对开裂和倾斜的上部结构进行纠偏加固；处理完成后该项目建（构）筑物均满足正常使用的要求，取得了良好的效果，如图11所示。

图 11　加固和处理后图片

Fig. 11　Pictures after reinforcement and processing

8　结论

（1）软土地区一定范围内堆载会引起软弱土体产生水平位移，过大的水平力超过了桩基的抗侧能力，导致管桩剪切破坏；

（2）泥炭质土由于重度较低，存在侧向流动可能性，邻近基坑开挖，会导致其侧向挤出，导致底板脱空，引起结构开裂；

（3）抗浮水位的变化，也会引起结构上浮开裂。

参考文献：

[1]　梁迪. 软土地区堆载与基坑开挖对邻近桩基础建筑物稳定性影响分析[D]. 西安：西安建筑科技大学，2011.

[2]　中华人民共和国住房和城乡建设部. 建筑桩基技术规范：JGJ 94—2008[S] 北京：中国建筑工业出版社，2008.

基于静载检测成果的基桩承载力几何可靠性分析

吴兴征

（河北大学 建筑工程学院，河北 保定 071002）

摘　要：特定场地或建筑物下的基桩承载力评估是保证上部结构物安全使用的重要环节。工程师们采用耗时费力的基桩静载试验进行检测，获得其荷载-位移曲线。为充分利用好每根基桩的检测信息，亟需对所有抽检基桩的检测成果进行更为全面的分析。这里采用几何可靠性算法推求基桩的承载力可靠度指标，不仅很好地考虑多根基桩响应曲线间的离散性，而且给出可靠度指标的图形直观示意。结合中国尊大厦超长基桩的检测数据，给出基桩承载力的各项评价指标。

关键词：承载能力；可靠度指标；基桩；荷载-位移曲线

作者简介：吴兴征（1971—　），男，副教授，博士，主要从事岩土、防洪与海岸工程等方面的教学和科研。E-mail：xingzhengwu@163.com。

Geometric reliability analysis of bearing capacity of an individual pile through static load tests

WU Xing-zheng

(College of Civil Engineering and Architecture，Hebei University，Baoding HeBei 071002，China)

Abstract：Evaluation of the bearing capacity of foundation piles under a specific site or building is an important part of ensuring the safe use of superstructures. Generally，time-consuming and laborious static load tests on foundation piles are used to obtain their load-displacement curves. In order to make full use of the test results of each foundation pile，all load-displacement data under the same site or building need to be comprehensively analyzed. In this study，the geometric reliability algorithm is used to derive the reliability index of the bearing capacity of all foundation piles. It not only takes into account the dispersion of the response curves of multiple foundation piles，but also gives an intuitive interpretation of the reliability index. The testing data of the long foundation piles for China Zun Tower building is facilitated，and various evaluation indexes of the foundation pile bearing capacity are presented.

Key words：bearing capacity；reliability index；foundation pile；load-displacement curve

0　引言

单桩静载荷试验是广泛用于确定基桩承载力的最可靠方法之一。无论堆载法或锚桩法，都存在耗时费力的缺点。工程界一直致力于探究将这些来之不易的珍贵测试资料充分应用于桩基安全评估中[1-4]，这是关乎地下工程质量评价的一个重要课题。

同一场地或建筑物下多根同类基桩进行测试得到的荷载-沉降曲线具有明显的离散性[5]，这主要是由于地层的空间变异性所致。为处理不同场地下各种基桩测试曲线间的不确定性，Phoon 和 Kulhawy 于 2008 年采用归一化处理提出概率双曲线模型[6]，并采用一次可靠性法求解基桩承载的可靠度指标。

有别于一次可靠性法，几何可靠性算法[7]也是求解可靠度指标的不确定性算法之一，其核心优点是构建于具有明确物理意义的随机空间中。目前该图解算法已应用于锚固[8]、基桩[8]、防洪堤[7]等构筑物的评价中。针对特定场地[9,10]与特定建筑物[11,12]下的基桩可靠性分析，即大样本集与极少检测数据情况均有涉及，开发了界面友好的软件系统[13]供工程技术人员使用。

这里结合中国尊工程的多根基桩检测数据，进一步展示几何可靠性算法的应用，并对分析中经常碰到的问题进行释疑。

1　几何可靠性算法要点

与常规的可靠性算法无异，几何可靠性算法需要建立抗力（承载能力）和荷载效应（实际施加荷载）间的功能函数（或极限状态方程）。考虑到材料参数的不确定性以及荷载施加的随机性，影响基桩承载性能与响应的主要随机变量需要识别出来。几何可靠性算法在求解实施时，在随机变量的原始物理空间中定义与展示可靠度指标，并通过随机变量等值概率密度构型与极限状态构型之间的几何相交判断来推求可靠度指标。故求解过程低维可视，且概念明晰，易于为工程师们所接受。这里给出几何可靠性算法求解中涉及的几个要点：极限状态构型、等值概率密度构型、构型相交判断等。

基金项目：河北省高等学校科学技术研究重点项目（ZD2018216）；河北省自然科学基金面上项目（E2019201296）；一省一校专项资助（801260201262）。

1.1 基桩极限承载力的确定

确定单桩极限承载力主要有经验参数法、触探法[14]和静载试验法。经验参数法被列入各种行业规范广泛使用，即由估算的桩侧与桩端部摩阻力得到。触探法多需建立比贯入阻力与侧阻力和端阻力的经验关系，进而确定极限承载力值。静载试验法多在重大工程中使用。前两种方法较为类似，这里只讨论经验参数法与静载试验法。

（1）经验参数法

为估算特定场地下基桩的极限承载力 Q_u，可依据该基桩周围土层的侧阻力 q_s 和桩底部的端阻力 q_b 给定。

$$Q_u = \pi D \sum_{i=1}^{n} q_{si} l_i + q_b A_b \qquad (1)$$

式中，D 为设计桩径；l_i 为第 i 层土体中的桩长；q_{si} 为第 i 层土体的极限侧阻力；q_b 为土体的极限端阻力；A_b 为桩底横断面面积；n 为总土层数。

（2）静载试验法

若前述经验参数法不易准确地确定单桩竖向承载力时，可由静载试验给出的荷载-沉降曲线确定。若该曲线为缓变型且采用幂函数进行拟合，给定桩顶沉降量 s 所对应的荷载值可写为

$$Q_{ua} = p_1 s_a^{p_2} \qquad (2)$$

式中：p_1 和 p_2 为基桩荷载（Q）-沉降（s）曲线采用幂函数回归的两个参数，s_a 为事先给定的容许位移值，比如取 40mm。通常静载测试未必加载至容许位移值，极限承载力多由曲线外推得到。

1.2 基桩施加荷载的确定

上部结构传至柱脚的荷载，即施加于基桩上的荷载 Q_{Load}，由上部结构的自重（恒载）以及人员与物体运移、外部风荷载或地震作用等（活载）组成，可写为

$$Q_{Load} = Q_G + Q_L \qquad (3)$$

式中，Q_G 为恒载；Q_L 为活载。

若已知静载检测曲线时，Q_{Load} 可直接由静载试验施加的最大加载值 Q_{max} 除以给定的安全系数（我国技术规范中取为 2）得到。最大加载值 Q_{max} 多由上部结构或者基桩设计工程师根据上部荷载与地质条件等综合考虑后给定。

1.3 参数不确定性

源于土体的空间变异性，图 1 给出静载试验测得的多根荷载（Q）-位移（s）曲线间呈现离散性的示意。在同一荷载量值下，多条曲线的沉降值各不相同，可构成一个样本集，并服从一种概率分布形式。将拟合这些荷载-位移曲线的 p_1 和 p_2 视作随机变量，且二者由同一测试曲线（族）同时获得，故具有相关性。荷载-位移曲线是桩土体系各种因素（各土层侧阻力、端阻力及桩几何形状等）的综合反映。可见，基于检测试验成果的基桩承载不确定性分析只需主要考虑幂函数模型参数（p_1 和 p_2）即可。这实质上将采用经验参数法考虑各个地层侧摩阻力等的多维不确定性问题转化为两个回归参数间的二维问题。

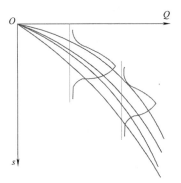

图 1 多根静载检测的荷载-位移曲线

Fig. 1 Load-displacement curves of multiple static tests

1.4 极限状态方程

综合考虑静载试验测得的单桩极限承载力表达式（2），以及上部结构荷载式（3），基桩的极限状态方程可写为：

$$Q_{ua} - Q_{Load} = 0 \qquad (4)$$

鉴于 Q_{ua} 是参数 p_1 和 p_2 的函数，通过变动参数分析[8]，可给出极限状态构型，如图 2 中粗实线所示。显然，式（4）中，若由式（1）中的 Q_u 代替 Q_{ua}，则该式为基于经验参数法的极限状态方程。

假定单根基桩的 Q_{ua} 与 Q_{Load} 均为定值，则该基桩承载力的实际安全系数 $\widetilde{F}_s = Q_{ua}/Q_{Load}$。

1.5 概率密度等值构型的离散化表征

为描述多条基桩响应曲线的离散性，幂函数回归模型参数（p_1 和 p_2）的边缘概率密度分布多假定服从正态分布，且考虑二者具有线性相关系数，则其联合概率密度等值线为椭圆形状。图 2 给出单倍标准差椭圆以及多倍标准差椭圆示意。若某个概率密度等值椭圆恰好与极限状态线相切，则被定义为发散椭圆。在参数 p_1 轴上，该发散椭圆的公切线至均值 μ 的距离为 $\beta\sigma$。在参数 p_2 轴上也可得到类似示意。这里的 β 即为可靠度指标。两个几何

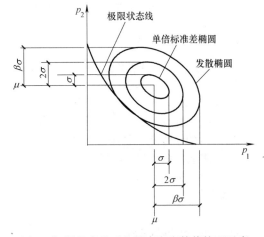

图 2 极限状态构型与概率密度等值构型示意

Fig. 2 Configurations of limit state and probability density contour

构型的相切判断可由某点是否包含在一个多边形内来实现[8]。此外，将概率密度等值离散点坐标代入极限状态方程（4）进行非正值判断可以直接得到切点。

1.6 几何可靠性算法实施步骤

当等值概率密度构型与极限状态构型确定后，构型相交判断可通过直接扩展法或二分求解法[13]确定发散等值概率密度构型。具体求解步骤如下：

（1）确定随机变量和极限状态方程；

（2）确定单倍标准差椭圆；

（3）持续扩展概率密度等值线直至与极限状态线相切，切点即为设计点 D；

（4）由均值点至设计点的连线与单倍标准差椭圆的交点为伪设计点 P；

（5）分别定义距离比 L_D（即设计点 D 与均值点 M）与 L_P（即伪设计点 P 与均值点 M），得到可靠度指标 $\beta = L_D/L_P$，如图 3 所示。

图 4 给出基于静载检测成果的基桩承载力几何可靠性分析流程。检测曲线间的差异性直接体现在回归参数集

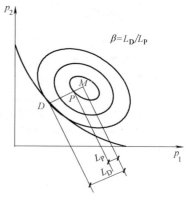

图 3　设计点、距离比与可靠度指标的定义
Fig. 3　Definitions of the design point, distance ratio, and reliability index

的离散性上，并决定了单倍标准差椭圆的大小及发散椭圆的形状，进而直接影响可靠度指标[10]。理想情况下，荷载-位移曲线非常接近，单倍标准差椭圆非常小，这将得到较大的可靠度指标。

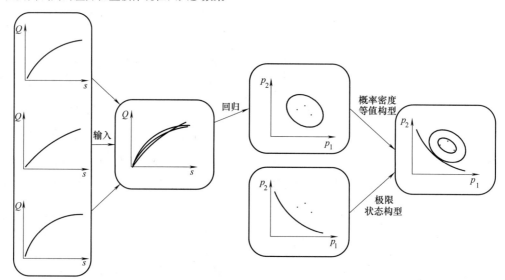

图 4　基桩承载力几何可靠性分析流程
Fig. 4　Procedure of the geometric reliability analysis of bearing capacities for piles

1.7 几何可靠性算法优势

（1）将环境变化（荷载沉降曲线回归参数集）表征与极限状态响应进行解耦，可靠度指标的解译更为简单易懂。

（2）可靠度指标被定义为发散概率密度构型与单倍标准差构型的相对比例关系[7]，比如，轴径比、距离比或体积比等，这使得指标大小在低维问题下直观可视。

（3）可靠度指标的推求过程清晰简明，甚至不需要任何优化求解算法。

2　图解几何可靠性分析工况

通过绘制几何构型来解答几个可靠性分析中可能碰到的问题。

2.1 可靠度指标是比安全系数更为综合的指标

事实上，几何可靠度指标可以清晰地表达两点：其一，均值点是否安全，亦相当于安全系数是否大于1。因为极限状态线通常是安全系数为1的临界线，如图2所示，若均值点位于临界线的安全区域，很显然按照安全系数的定义，由确定性分析方法可求出具体的量值。这也是我们通常表述可靠性法传承了确定性分析方法的理念就在于此。其二，发散椭圆与单倍标准差椭圆的相对关系定义可靠度指标。幂函数回归参数间的离散性决定这些椭圆的大小与形状，这种离散性是确定性安全系数无法表征的。

2.2 安全系数相等但可靠度指标迥异

若有两个建筑物分别进行 3 根基桩的静载检测，并通

过回归（拟合）得到荷载-位移曲线的幂函数回归参数集，如图5所示。其中，左侧图形以空心圆圈示意检测成果，其回归参数间离散性较小，这是由于荷载-位移曲线间差异小所致；而右侧图形以空心矩形示意回归参数间离散性较大。依据变动参数分析[8]构建极限状态线，这些回归参数均具有相同安全系数，即4.0。因而，这两个建筑物各自3根基桩平均安全系数也为4.0。即使这两个建筑物的平均安全系数是相等的，但由于回归参数间离散性不同，它们的单倍标准差明显有别，求得的可靠度指标β会有很大差异。左侧建筑物的β值要大于右侧建筑物的，文献[10]也给出类似的讨论。

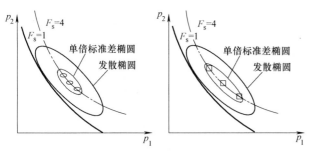

图5 相同安全系数下得到可靠度指标明显差异

Fig. 5 Different reliability index achieved under the same safety factor

2.3 相关系数变化对可靠度指标的影响

由特定场地或特定建筑物下多根基桩检测成果得到的回归参数间具有明显负相关性，其相关系数已在文献[9]中列示。图6示意相关系数分别为-0.7和0.7的情况下单倍标准差椭圆和发散椭圆的构型。若单倍标准差椭圆的大小在这两种情况下保持基本不变（即变量的均值与标准差不变），椭圆的倾向主要取决于相关系数的大小。相关系数为正值时的发散椭圆与负值时的发散椭圆具有明显差异，故可靠度指标会受到相关系数的较大影响。

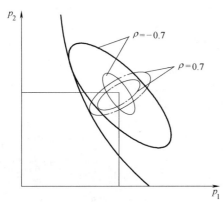

图6 不同相关系数下概率密度等值构型的定义

Fig. 6 Definition for the iso-probability density configurations under different correlation coefficients

2.4 几种极值工况的安全系数

发散椭圆定义概率密度等值线的极大构型。更大的

发散等值构型将会处于失效域，理论上可以导致结构物的破坏。发散椭圆上存在6种极值工况：p_1值最小（$p_1^{\min}$）、p_2值最小（$p_2^{\min}$）、p_1与p_2的均方根$\sqrt{(p_1)^2+(p_2)^2}$最小（简记为$p_{12}^{\min}$）、p_1值最大（$p_1^{\max}$）、p_2值最大（$p_2^{\max}$）、和p_1与p_2的均方根$\sqrt{(p_1)^2+(p_2)^2}$最大（简记为$p_{12}^{\max}$），如图7所示。这几种极值工况下确定性安全系数的大小值得关注。

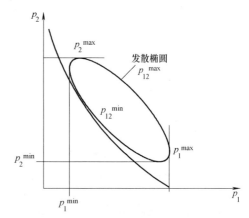

图7 发散概率密度等值构型上的极限工况

Fig. 7 Extreme conditions of the dispersed iso-probability density configuration

3 算例分析

中国尊大厦又名北京中信大楼，2018年竣工，是超过500m高的摩天大楼，其基础形式为桩筏基础。为检测工程桩的施工质量，采用锚桩反力法进行了6根单桩测试，其荷载-位移曲线如图8所示[15]。施加于基桩上的荷载Q_{Load}取为定值，16372kN，即静载检测最大施加荷载（平均值）的一半。

这些钻孔灌注桩桩径为1.2m，有效桩长均设定为44.6m[15]。桩端持力层为卵石和圆砾，各土层平均厚度与摩阻参数如表1所示[16]。

各层土体的层厚与摩阻力 表1

Depth and frictional resistance of soils in each layer

Table 1

场地地层	土层名称	层厚 (m)	极限侧摩阻 q_s (kPa)	极限端摩阻 q_b (kPa)
⑦	黏土	1.83	70	—
⑧	卵石、圆砾	6.90	140	—
⑨	粉质黏土	5.23	75	—
⑩	中砂、细砂	12.50	80	—
⑪	粉质黏土	10.43	75	—
⑫	卵石、圆砾	12.40	160	3000

若将各层土体摩阻特性看作随机变量，假定为正态分布，变异系数取为0.15[3]，则可构建基于经验参数法的高维极限状态方程，采用一次可靠性法[17]可求出该建筑物下基桩的可靠度指标为3.14。

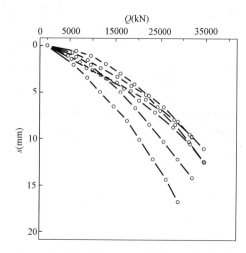

图 8 中国尊大厦基桩的荷载-位移检测曲线

Fig. 8 Load-displacement curve of the
piles of China Zun Tower

若采用几何可靠性算法，依据前述的具体实施步骤可完成各种评估指标的计算。同样地，也可采用作者自行开发的基于静载试验的基桩几何可靠性分析软件 PileBet-aG2.15[13]，可展示这些基桩承载能力的总体评估成果，比如，平均安全系数和可靠度指标。

这 6 根基桩的幂函数回归系数 p_1 和 p_2 如表 2 所示，由各桩的实际安全系数 $\widetilde{F}_s$ 可求得平均安全系数为 4.37。由于检测曲线间的离散性，推求的几何可靠度指标为 2.9，如图 9 所示。在图中，内侧为单倍标准差椭圆，外侧为发散椭圆，左侧粗实线为极限状态线。

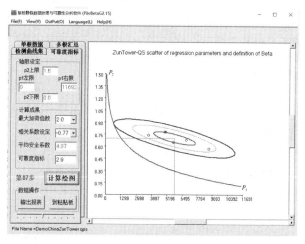

图 9 回归参数的单倍标准差椭圆和发散椭圆

Fig. 9 One standard deviation and dispersed
ellipses of regression parameters

发散概率密度等值椭圆上 6 个极值点工况的实际安全系数如表 3 所示。若安全系数较低，将导致基础失稳等严重后果。若安全系数取值过高，将会造成工程浪费。可以看出，p_1^{min} 工况下得到的 $\widetilde{F}_s$ 值最低，而 p_{12}^{max} 工况下的 $\widetilde{F}_s$ 值最高。

图 10 给出安全系数 $\widetilde{F}_s$ 取不同值（由 1.0 至 8.5，以

0.5 为间隔）时的极限状态线。可以看出，极限状态线随着安全系数的增加逐渐向安全域演化。

幂函数回归系数及各根桩的实际安全系数
表 2

Regression parameters of the power law function
and the factor of safety for each pile

Table 2

ID	p_1	p_2	$\widetilde{F}_s$
1	3625.22	0.74	3.67
2	6838.90	0.68	4.66
3	4998.93	0.78	4.93
4	5281.24	0.77	4.99
5	8797.06	0.57	4.26
6	5726.48	0.65	3.71
均值	5877.97	0.70	4.37
标准差	1770.37	0.08	0.58

各极值工况的实际安全系数
表 3

Safety factors under various extreme conditions

Table 3

工况	$\widetilde{F}_s$
p_1^{min}	1.13
p_2^{min}	3.26
p_{12}^{min}	2.71
p_1^{max}	4.52
p_2^{max}	4.25
p_{12}^{max}	8.47

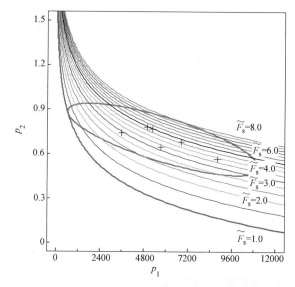

图 10 不同实际安全系数对应的极限状态线

Fig. 10 Limit state curves with different safety factors

4 讨论

案例分析中的 6 根基桩测试样本，对于统计分析可谓数量极其有限，回归参数集假定服从正态分布是无奈之举。限于特定建筑物下的检测数量不足（现行检测技术规范规定单体建筑物检测量为不少于 3 根），难以进行完备的统计分析与可靠性计算，故已有研究成果多集中于特定场地或特定区域[6]。但是，工程师们更为关注特定建筑物下基桩的计算分析[11,12]，本研究为类似工程提供了范例，今后应加强重要建筑物下基桩静载检测成果的收集。

前述式（4）的求解中仅考虑 p_1 和 p_2 的不确定性，这为基桩承载的二维几何可靠性问题。若再将恒载和活载的随机性纳入，式（4）则变为多维可靠性问题。若没有静载试验资料时，将式（1）代入式（4）中，考虑各层土体的侧阻力 q_s 以及端阻力 q_b 的不确定性，该问题的求解属于高维可靠性问题。在原始物理空间中，高维几何构型的表征方法及可靠度指标的求解是值得深入研究的问题。

5 总结

以基桩载荷试验数据为研究对象，采用幂函数对荷载-沉降曲线进行拟合，得到给定允许沉降量值对应的极限承载力。考虑多条检测曲线间的离散性可由幂函数拟合参数的随机性表征，构建了基桩可靠性分析的简化极限状态方程。影响可靠度指标的几个相关因素通过概率密度几何构型的演化得以图解释疑。结合超高层工程桩的静载检测成果，采用几何可靠性算法进行了特定建筑物下基桩承载性能的可靠性评估，给出了平均安全系数和可靠度指标。这里讨论的几何可靠性算法拓展了桩基工程安全评价的可靠性基础理论，也为可靠性设计法融入岩土工程提供了新思路。

参考文献：

[1] 钟亮，林思佐. 单桩竖向承载力可靠度的研究[J]. 建筑科学，1991，(4)：22-29.

[2] 叶军，吴世伟. 单桩承载力可靠度分析中试桩信息的应用[J]. 工程力学，1993，12(4)：62-70.

[3] 张鹏飞，高大钊. 软土地区钻孔灌注桩承载力的可靠度研究[J]. 同济大学学报，1998，26(6)：644-649.

[4] 高文生，王涛，查甫生，等. 桩基工程技术进展[M]. 北京：中国建筑工业出版社，2017.

[5] 吴兴征，王瑞凯，辛军霞，等. 特定场地下土工构筑物荷载变形曲线的概率密度分布[J]. 工程质量，2017，35(9)：41-46.

[6] Phoon KK, Kulhawy FH. Serviceability limit state reliability-based design[P]. In：Reliability-based design in geotechnical engineering：Computations and applications, Taylor and Francis, London, 2008, 344-383.

[7] Wu XZ. Geometric reliability analysis applied to wave overtopping of sea defences[J]. Ocean Engineering, 2015, 109：287-297.

[8] 吴兴征，王瑞凯，辛军霞. 特定场地下土工构筑物的几何可靠性分析[J]. 岩土力学，2020，41(6)：2070-2080.

[9] Wu XZ, Xin JX. Geometric reliability analysis of composite foundations comprising cement-fly ash-gravel piles at site-specific scale[J]. Journal of Testing and Evaluation, 2021, 49(4)：2779-2799.

[10] Wu XZ, Liu H, Wang RK. Determination of geometric reliability index of piles at site-specific scale：Case studies. Proceedings of the Institution of Civil Engineers [J]. Geotechnical Engineering. 2021, 175(1)：1-14.

[11] 吴兴征，王瑞凯，辛军霞. 基于少量检测数据的特定建筑物下基桩简化几何可靠性评估[J]. 岩土力学，2020，41(S2)：482-490.

[12] 吴兴征，刘赫，黄日志. 以住宅小区为例的基桩几何可靠性评估实践[J]. 建筑结构，2021，51(S1)：2091-2098.

[13] 吴兴征. 基桩静载数据处理与可靠性分析软件开发及应用[J]. 工程质量，2021，39(3)：10-16.

[14] 蔡国军，刘松玉，ANAND JP，等. 基于CPTU测试的桩基承载力可靠性分析[J]. 岩土工程学报，2011，33(3)：404-412.

[15] 孙宏伟，常为华，宫贞超，等. 中国尊大厦桩筏协同作用计算与设计分析[J]. 建筑结构，2014，44(20)：109-114.

[16] 王媛，孙宏伟. 北京Z15地块超高层建筑桩筏基础的数值分析[J]. 建筑结构，2013，43(17)：134-139.

[17] Wu XZ. Implementing statistical fitting and reliability analysis for geotechnical engineering problems in R [J]. Georisk：Assessment and Management of Risk for Engineered Systems and Geohazards, 2017, 11(2)：173-188.

增补桩基法加固桥梁桩基的数值模拟

赵 齐[1]，甘 雨[*2]，黄 杰[3]，于增辉[4]，严盛康[4]

（1. 建研地基基础工程有限责任公司，北京 100013；2. 中铁工程装备集团有限公司地下空间设计研究院，河南 郑州 450016；3. 北京爱地地质勘察基础工程公司，北京 100043；4. 河北大学建筑工程学院，河北 保定 071002）

摘 要：近年来，处于边坡段桥梁桩基灾害频发，且边坡段桥梁桩基受力复杂。以某斜坡地段分离式桥梁桩基加固工程为背景，提出抗滑桩支护与增补桩基法结合的加固方案。通过数值模拟分析抗滑桩支护后边坡稳定性、增补基桩对原基桩的影响以及加固效果等。数值模拟结果表明：抗滑桩加固边坡后，边坡安全系数由 1.03 增至 1.45；利用增补桩基法加固后桩基最大偏移量 0.46cm，小于规范要求的 1.22cm。

关键词：边坡滑移；桥梁桩基；位移变形；内力变化；加固方法

作者简介：赵齐（1992— ），男，硕士，主要从事岩土工程相关专业施工。E-mail：15032218008@163.com。

通讯作者：甘雨。E-mail：15032218008@163.com。

Numerical simulation of reinforcement of bridge pile foundation by supplementary pile foundation method

ZHAO Qi[1]，GAN Yu[2]，HUANG Jie[3]，YU Zeng-hui[4]，YAN Sheng-kang[4]

（1. CABR Foundation Engineering Co.，Ltd.，Beijing 100013，China；2. China Railway Engineering Equipment Group Co.，Ltd. Underground Space Design and Research Institute，Zhengzhou Henan 450016，China；3. Beijing Aidi Geologicoal Investigation &. Foundation Construction Company，Beijing 100043，China；4. Construction Engineering College，Hebei University，Baoding Hebei 071002，China）

Abstract：In recent years，the pile foundation disasters of the bridge in the slope section have occurred frequently，and the stress of the pile foundation of the bridge in the slope section is complicated. Based on the reinforcement project of separated bridge pile foundation in a slope section，a reinforcement scheme combining anti-slide pile support and supplementary pile foundation method is proposed. Through numerical simulation，the stability of slope，the influence of additional foundation pile on original foundation pile and the reinforcement effect are analyzed. The numerical simulation results show that the slope safety factor increases from 1.03 to 1.45 after the slope is strengthened by anti-slide piles. The maximum offset of pile foundation reinforced by the supplementary pile foundation method is 0.46cm，which is less than 1.22cm required by the national specification.

Key words：slope slippage；bridge pile foundation；displacement deformation；internal force changes

0 引言

近几年，我国山区高速公路建设速度日益加快，由于我国山区地形与地质情况复杂，往往以架桥的方式跨越这些地形，来避免大量开挖对山区产生的破坏。因此，有些桥梁就不可避免的建在了边坡段。相较常规平地段桥梁桩基，边坡段桥梁桩基的变形特性与受力分析存在很大的区别。

边坡段桥梁桩基不仅直接承担着上部结构传递的荷载，还起着一定的抗滑作用。因此，桥梁桩基、墩台的病害将直接影响着桥梁以及边坡的安全性。因此，国内外学者将理论与实际工程结合，总结了抬桩加固、粘贴加固等桥梁桩基的加固方法[1,2]。朱剑锋[2] 和孙剑平[3] 等，针对具体工程中的桥墩偏移，采用理论分析与数值模拟相结合的方法分析了桥墩偏位产生的原因。杜斌等[4] 采用应力解除与水平加载等方案对倾斜的桥台实施纠偏，使桥梁恢复使用，为相关工程提供了参考。针对弃土引起

的桥墩偏移事故，高文军、许长城[5] 采用先顶升偏位桥墩上的主梁，然后在桥墩顶部施加水平推力将墩柱复位，更换支座，最后对桥墩进行外包混凝土加固。马远刚等[6] 基于有限差分法判断偏移桩基工作机理，提出堆载反压、应力释放孔联合纠偏、开挖卸载、水平顶推等方法进行纠偏加固。陈俊波、朱文盛[7] 根据工程实例，提出以增补桩基法加固桥梁桩基，能够有效地提高桥梁的稳定性。徐越[8] 根据实际桥梁桩基加固工程，以土体与桩基位移为指标分析施工过程对桩基的影响，对受影响较大的基桩进行托换处理，加固后沉降量满足要求。

目前，对桥梁桩基加固技术的研究多为对桩基以及桥墩进行修复、纠偏。然而，山区边坡出现滑移趋势，桥梁桩基变形破坏较为严重时，直接对桥梁桩基与桥墩进行加固，容易影响桥梁桩基加固施工的安全性以及整个桥梁结构的稳定性，因此在这种情况下，需要考虑对边坡进行支护。本文以某斜坡地段分离式桥梁工程为背景，采用有限元数值分析方法，提出边坡防治与桩基加固方法，为相关工程施工与设计提供参考。

1 工程概况

某斜坡地段分离式桥梁，该桥梁全长 510m，桥墩采用桩基础。土层分布上，主要是以碎石土、粉质黏土、中风化泥质粉砂岩为主。该桥梁原始地形为一冲沟，属于山体边坡腰部。该桥建成后，由于弃渣场的超弃超载相当于在坡体腰部实施了加载，山体边坡在重力作用下易向沟底滑移蠕变，同时牵引后方土体蠕变。另外，由于弃渣场地基与堆积物主要为粉砂质的碎石土及岩块碎石，超载后形成的固结沉降及雨季的影响会进一步加剧变形的发展，影响边坡稳定。图1为该桥梁6号墩桩基所在剖面。

该桥墩桩基础外侧发现多条环向裂缝，最大缝宽达8mm；墩桥面伸缩缝挤死，伸缩缝锚固混凝土出现裂缝；支座剪切变形严重等病害，桥梁变形较严重，形成一定安全隐患。对该桥墩承台以下1m进行开挖检查，发现4根基桩的2根均已开裂，影响了整个桥梁的正常运行，需要对桥梁桩基础进行加固。

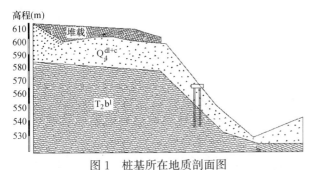

图 1 桩基所在地质剖面图

Fig. 1 Geological profile of pile foundation

2 加固方案的确定

弃渣场区的超弃超载导致的边坡滑移是造成桥梁各病害的主要原因。因此，本次桥梁病害处治设计是以边坡变形体已治理稳定为前提条件。鉴于桥梁现状，加固方案如下所述：

（1）考虑到后续对桥梁桩基加固施工的安全性以及整个桥梁结构的稳定性，需要对边坡进行一定的加固，待边坡稳定性得以提高后再进行后续的纠偏与桩基加固施工。结合现场施工条件，利用抗滑桩支护的方法对边坡进行加固。

（2）由于桥墩桩基偏移已超过位移限值，且在位移监测期内都发生了一定的水平位移和竖向位移，说明部分桥墩桩基处于滑坡变形体内，土体的蠕动会大大降低桩基的竖向承载力，为保证结构安全，利用增补桩基法对桩基进行加固补强。

2.1 抗滑桩支护

目前，边坡加固的方式众多，其中用抗滑桩加固边坡最为常见，而且在边坡防治的过程中，抗滑桩也是最有效的一类防滑支护结构形式。

本节结合现场施工条件，确定设计方案为在边坡段布置单排抗滑桩。抗滑桩的长度为30m，截面尺寸为

3.6m×2.4m，桩心距加固后的承台边缘为10m，桩间距为5m，混凝土弹性模量为25GPa，重度为25kN/m³。

2.2 增补桩基法加固

由于桥梁桩基已经出现受弯破坏，因此需对桩基进行加固。对于常规灾害，如产生的裂缝与混凝土表面缺陷，分别采用压力灌注法与水泥砂浆进行修补，对桥梁桩基的加固则采用增补桩基法。其中新增承台尺寸为9.6m×9.2m×2.5m，新增4根直径为1.2m的桩基，桩长为30m。具体加固设计图如图2所示。

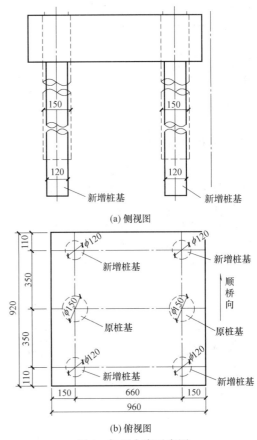

(a) 侧视图

(b) 俯视图

图 2 加固方案示意图

Fig. 2 Schematic diagram of reinforcement scheme

由于新增加的桩基会对旧桩产生影响，加固风险较大，因此采用人工开挖成孔。采取基本对称的方式，降低两侧不平衡推力（具体成孔顺序如图3所示）。

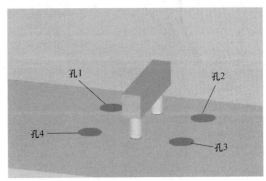

图 3 桩孔开挖示意图

Fig. 3 Schematic diagram of pile hole excavation

3 数值模拟结果分析

对桩基所在剖面建立有限元数值分析模型。对承台与基桩，采用线弹性模型；土层均采用摩尔库仑模型。计算参数见表1。

计算参数　　　　表1
Programmes of the numerical simulations

Table 1

材料名称	弹性模量(kPa)	泊松比	黏聚力(kPa)	内摩擦角(°)	重度(kN/m³)
桩身混凝土	2.5×10^7	0.23	—	—	25
粉质黏土	1.2×10^4	0.35	43	17	20
中风化岩	2×10^6	0.25	2000	22	21
施工废渣	6×10^4	0.30	—	30	22

3.1 桩孔开挖对旧桩的影响

图4、图5分别为开挖过程中旧桩的位移与弯矩变化。如图4所示，从孔1到孔4的开挖过程中，桩身水平位移峰值分别为 0.36mm、0.54mm、2.07mm、3.98mm。总体来看，桩孔开挖对旧桩偏移值影响较小，

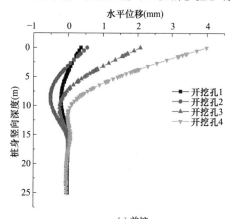

(a) 前桩

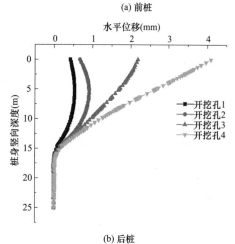

(b) 后桩

图 4　桩孔开挖-桩身水平位移
Fig. 4　Pile hole excavation-horizontal displacement of pile body

可以忽略不计。从图5可以看出，桩孔开挖过程中，前桩弯矩从 109.97kN·m 增至 440.89kN·m；后桩弯矩从 167.48kN·m 增至 379.81kN·m。孔1和孔2距离后桩较近，孔3和孔4距离前桩较近，可以发现，开挖孔1和孔2对后桩的影响大于前桩，孔3和孔4的开挖对前桩的影响较大。其次，对称式开挖的方法能有效减小桩两侧的不平衡推力。综上所述，利用此方法对桩孔进行开挖，对旧桩的影响可以忽略，因此方案是可行的。

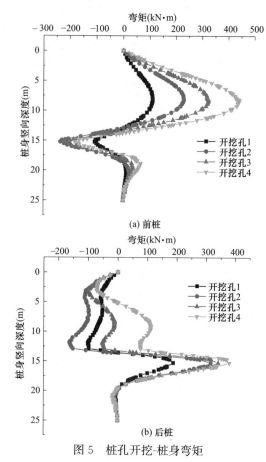

(a) 前桩

(b) 后桩

图 5　桩孔开挖-桩身弯矩
Fig. 5　Pile hole excavation-bending moment of pile body

3.2 抗滑桩支护效果分析

利用强度折减法分析抗滑桩支护后边坡的稳定性。图6、图7分别为加入抗滑桩后边坡变形云图与强度折减下偏应变增量云图。如图6、图7所示，加入抗滑桩后，抗滑桩下方边坡位移减小，起到了缓冲作用。结合强度折

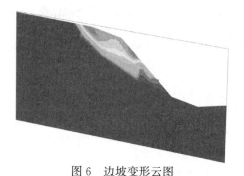

图 6　边坡变形云图
Fig. 6　Cloud map of slope deformation

减法得出支护后边坡的安全系数为 1.45，大于原始工况下的 1.03。因此，说明利用抗滑桩对此边坡进行支护，能够有效提高边坡的安全系数。

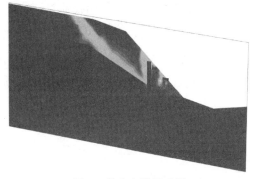

图 7　偏应变增量云图

Fig. 7　Incremental deviated-strain cloud map

图 8 与图 9 为在边坡段布置单排抗滑桩后与原始工况的位移与弯矩的对比。从图 8 可以发现，加入抗滑桩后，前后桩的最大水平位移 3.31cm，而无支护时桩基的最大水平位移为 4.49cm，相比较下水平位移减小了 26.29%。由图 9 可得，加入抗滑桩后，前后桩的最大弯矩分别为 2090.77kN·m、2769.01kN·m；而无支护时前后桩的

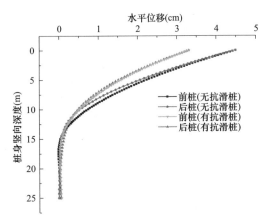

图 8　支护前后桩身位移曲线

Fig. 8　Displacement curve before and after pile support

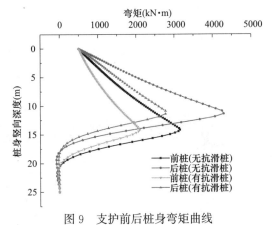

图 9　支护前后桩身弯矩曲线

Fig. 9　Bending moment curve of pile body before and after pile supporting

最大弯矩分别为 3146.06kN·m、4288.84kN·m。因此可以看出，在对桩基进行加固前，对边坡进行抗滑桩方案支护，能够提高安全性。

3.3　增补桩基加固效果分析

对桩基进行加固，加固后的桩身变化如图 10 所示。

新增补的桩基有效地分担了上部结构传递的荷载与边坡下滑推力。其次，新增补的桩基在一定程度上也起到了抗滑桩的效果，对缓解旧桩压力起到了很大作用。桥墩最大偏移量要求不超过 $s = 5 \times \sqrt{跨长}$ （mm）[9]。该桥梁跨长 40m，因此桥墩偏移量限值为 3.16cm，桩顶偏移量限值为 1.22cm。如图 10 所示，加固后桩基最大偏移量为 0.46cm，满足规范要求，说明桩基加固后已基本不再发生偏移，受力情况也得到了优化。

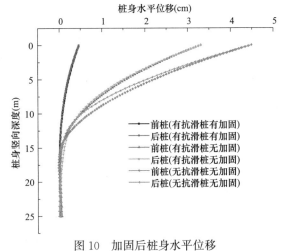

图 10　加固后桩身水平位移

Fig. 10　Horizontal displacement of pile body after reinforcement

4　结论

（1）考虑到后续对桥梁桩基加固施工的安全性以及整个桥梁结构的稳定性，因此在加固前，利用抗滑桩的施工对边坡进行一定的加固，待边坡稳定性得以提高后利用增补桩基法对桩基进行加固。

（2）利用对称式的方法对桩孔进行开挖，可以减小桩孔开挖过程中出现桩两侧的不平衡推力。结果表明：桩孔开挖后，桩身最大水平位移为 3.98mm，利用此方法对桩孔进行开挖对旧桩影响可以忽略，因此方案是可行的。

（3）利用抗滑桩对此边坡进行支护能够有效提高边坡的安全系数，支护后边坡的安全系数为 1.45，大于原始工况下的 1.03。

（4）利用增补桩基法加固后桩基最大偏移量为 0.46cm，小于规范要求的 1.22cm，说明桩基加固后已基本不再发生偏移，受力情况也得到了优化。

参考文献：

[1]　Unjoh S. Seismic Retrofit Of Highway Bridges[J]. Jounal of Japan Association for Eathquake Engineering，2004，4

(3).

[2] 单成林. 粘贴钢板或碳纤维加固受弯构件效果对比试验研究[J]. 应用基础与工程科学学报, 2011, 19(1): 36-43.

[3] 朱剑峰. 桥梁施工中桥墩倾斜的原因及案例分析[J]. 低碳地产, 2016, 2(11): 179, 86-88.

[4] 孙剑平, 唐超. 堆载致桥梁桩基偏移机理分析与纠偏技术研究[J]. 建筑结构, 2020, 50(6): 61-67+33.

[5] 杜斌, 邹勇, 司马军. 武汉盘龙城大桥0号桥台的纠偏分析[J]. 岩石力学与土木工程学报, 2006, 25(2):

4076-4082.

[6] 高文军, 许长城. 某连续梁桥桥墩偏位处治和加固[J]. 公路交通技术, 2012(6): 80-83.

[7] 马远刚, 王艳芬, 陈晨. 堆载作用下桥梁被动桩偏移受力分析及处理措施[J]. 桥梁建设, 2014, 44(4): 22-26.

[8] 陈俊波, 朱文盛. 公路桥梁施工中的桩基加固技术[J]. 交通世界, 2017(25): 102-103+135.

[9] 中华人民共和国交通运输部. 公路养护技术规范: JTG H 10—2009[S]. 北京: 人民交通出版社, 2009.

浅析预制桩接头研究进展

陈海啸[1]， 徐铭蔚[2, 3]

(1. 浙江省建筑设计研究院，浙江 杭州 310006；2. 浙江大学建筑工程学院，浙江 杭州 310058；3. 浙江大学平衡建筑研究中心，浙江 杭州 310028)

摘　要：近年来，随着我国经济建设不断发展、产业结构不断优化，建筑工业化已成为建筑行业发展的新趋势，预制桩作为一种预制构件已成为众多桩基工程的首选。预制桩接头是影响预制桩刚度与强度的关键性构件。本文结合预制桩接头的发展与研究介绍了部分实用型、新型桩接头。

关键词：预制桩；机械连接；焊接连接；组合连接

作者简介：陈海啸(1980—　)，女，高级工程师，硕士，一级注册结构工程师，主要从事高层及大型复杂公共建筑工程的结构设计和研究。E-mail：chenhaixiao@ziad.cn。

Refinement and application of variable particle-size methods in 3D discrete element modelling for large-scale problems

CHEN Hai-xiao[1]，XU Min-wei[2]

(1. Zhejiang Province Institute of Architectural Design and Research，Hangzhou Zhejiang 310006，China；2. College of Civil Engineering and Architecture Zhejiang University，Hangzhou Zhejiang 310058，China ；Zhejiang University Balance Architecture Center，Zhejiang Hangzhou 310028，China)

Abstract：With the continuous development of China's economic construction and the continuous optimization of industrial structure，construction industrialization has become a new trend in the development of the construction industry. As a prefabricated component，precast pile has become the first choice of many pile foundation projects. Precast pile joint is the key component that affects the rigidity and strength of precast pile. Combined with the development and research of precast pile joint，this paper introduces some practical and new pile joints.

Key words：precast pile; mechanical connection; welded connection; combined connection

0　引言

随着我国建筑产业的不断快速发展，建筑工业化已成为我国城乡建设领域绿色发展、低碳循环发展的重要方向。预制桩作为一种预制构件，相较于其他桩型具有可模数化生产、施工质量更易控制等优点。因此，预制桩已成为我国建筑工业化进程中应用最为广泛的桩型。然而受到运输和施工设备条件的限制，桩长一般不超过 12m，否则应分节预制。因此时常需要在施工现场进行多节桩的接桩处理。采用多节桩组成设计桩长后，接头的数量、结构形式与施工质量都将直接或间接影响桩的承载性能与贯入阻力[1]。

为此许多专家学者针对预制桩的接头展开了大量的研究和应用。目前广泛应用的预制桩接头按构造方式可分为机械式和焊接式，本文结合相关研究成果及应用对部分预制桩接头进行了归纳和总结。

1　焊接式接头

焊接式接头是一种传统的连接方式，其制造工艺简单，具有良好的整体性。但同时因其采用现场施工焊接，焊缝质量往往不易控制，连接耗时较久，且易受天气和气温影响进而拖慢工期。

焊接式接头的分类多样灵活按焊接对象可分为钢帽角钢焊接法、端板直接焊接法、环衬焊接法等，亦可按焊接方式分为手工焊、半自动焊和全自动焊[1]。本文仅针对部分实用型焊接接头的应用与研究进行简单介绍。

1.1　三轴试验模拟验证

端板焊接接头主要通过对上下端板进行焊接，将上下桩节连接在一起。该技术是一种相对成熟、工程应用广泛的接桩方法。许多专家学者对其力学性能及适用场景展开了相应的研究。

刘芙蓉等[2] 曾针对预应力混凝土空心方桩的焊接接头进行了抗弯试验的研究，证实试验中的焊接接头强度满足检验值，并提出了焊缝与端板强度是接头性能的决定因素。

李海燕等[3] 对于 PHC 管桩的端板焊接接头进行了抗拔试验，发现抗拔 PHC 管桩破坏形式多为接头处环状焊缝断裂和焊缝周围端板母材撕裂。亦提出了端板焊接连接 PHC 管桩的抗拔能力主要取决于端板材质和焊缝质量。

尽管端板焊接的设计承载力计算结果可以满足规范规定的要求，但其实际应用中诸如焊接时出现的混凝土的热损伤、受限于工人技术焊缝质量难以把控等缺点仍大量存在。对此，有许多专家学者提出了进一步改进和创新的方案。

1.2 碗状焊接接头

史美鹏等[4]介绍了根据海上施工条件所研发的一种碗状焊接接头（图1）。由于传统焊接往往采取端板焊接的焊接方法，焊缝质量不易控制，焊接时焊接点过于接近混凝土，产生的焊接热容易导致混凝土的热损伤。而经测试采用碗状接头焊接时，接头与混凝土交界面处温度为55℃，混凝土边缘温度更是降至35℃，可避免焊接对混凝土产生的直接热损伤。

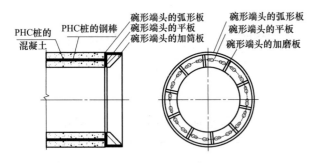

图 1　碗状接头示意图

Fig. 1　Schematic graph of bowl pile joint

尽管试验与实际工程证实碗状焊接接头可以避免混凝土的热损伤，但本身应力集中的现象仍然存在，沉桩时容易出现断桩，理论上的抗弯能力甚至要弱于端板直接焊接。

因此张勇等[5]提出了一种U形改进焊接接头，经试验后证实破坏前其最大弯矩处挠度小于传统端板焊接和原碗状焊接。

王丽莉等[6]也针对台州玉环码头PHC管桩工程应用时原碗状接头所存在的缺陷采取了接头尺寸优化和附加矩形加劲板的措施并进行数值模拟。解决了原碗状接头沉桩时存在的不利问题。

1.3 PHC抗拔管桩改进焊接接头

传统端板焊接连接的PHC管桩在工程中经常被用作抗压桩，但当其作为抗拔桩时焊缝处的实际承载力往往受到质疑。李伟兴等[7]为PHC抗拔桩设计了一种改进型外贴钢板的焊接连接方式（图2）。

李伟兴团队在改进接桩处等间距焊接了8块尺寸相同钢板，并通过试验将其与标准型焊接接头进行比较，总结了改进型接头相对于标准型接头具有以下几点优势：

（1）焊缝受力更均匀。

（2）施焊方便，焊接时间短，焊缝质量更可靠。

（3）提升了PHC桩整体抗拉强度。

试验结果表明该接头为采用焊接连接的PHC抗拔管桩的工程应用提供了一条可行的道路。

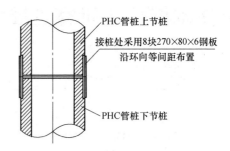

图 2　PHC管桩改进焊接接头示意图

Fig. 2　Schematic graph of modelling with different particle sizes

1.4 复合配筋混凝土预制方桩新型接头

前文提到PHC管桩作为抗拔桩时存在一定的不足与质疑。因此，徐铨彪等[8]研发了复合配筋混凝土预制方桩，并为其设计了一种增强型连接接头（图3）。

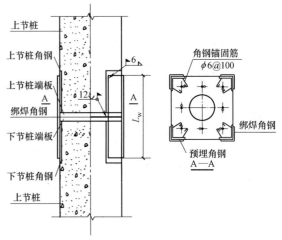

图 3　增强型连接接头示意图

Fig. 3　Schematic graph of reinforced connector

接头的构造方式为：在端板上的预应力筋周围加塞锚固钢筋以加强端板与混凝土之间的连接强度，并在端板4角处预埋角钢。接桩时首先对齐上下桩节，再将端板对焊在一起，最后绑焊4角处的角钢以完成连接。

徐铨彪等对试件进行的抗弯试验结果显示该接头抗弯性能良好，较规范经验公式计算结果有极大提升，且提升幅度超过50%。

2　机械式接头

机械式接头是近来发展迅速的一种预制桩连接接头，其接头种类多样主要有法兰盘螺栓式、啮齿式、卡扣式、弹卡式、抱箍式等。机械式接头较焊接接头的优点主要可分为：

（1）制造可工厂化，模数化，方便大规模生产。

（2）可忽略温度与天气等因素造成的影响。

（3）桩身拼接快速简便。

（4）抗拉性能良好。

但同时传统机械接头又存在如下问题：

（1）对制作工艺和施工精度要求高。

（2）整体性差。

（3）打桩时耗能较大。

为提高机械式接头的施工效率和使用时的可靠性，专家学者针对机械式接头的优缺点进行了一系列的创新与改进。

2.1 法兰盘螺栓式接头

法兰盘螺栓连接式接头属于我国早期使用的管桩拼接方式，主要由法兰盘及螺栓组成。法兰盘通过与桩身混凝土现浇方式固定于上下桩端部，接桩方式为中间添加法兰垫，对正螺栓孔后插入螺栓，并旋紧以固定。

该连接方式对法兰盘制造工艺及现场接桩时的操作、桩身对齐精度的要求过高，且耐腐蚀能力不足。因此随着接桩技术的发展，传统法兰盘螺栓接头已不多见。但有学者根据传统的法兰盘螺栓接头进行了改进在实用性上有了一定突破。

梁槟星等[9]设计了一种单面法兰防腐蚀接头（图4）。接头主要组成部分为普通端板、开口连接法兰、支肋板，通过螺栓将开口法兰与另一节管桩处端板连接。出厂后可在接头处进行化学防腐处理以提升其抗腐蚀能力。

图 4　单面法兰防腐接头

Fig. 4　single side flange anticorrosive joint

梁槟星等在对该接头进行抗弯试验后，根据试验数据得出该接头的抗弯性能可以达到桩身抗弯性能的105%以上，力学性能良好的结论。

2.2 啮合式机械接头

啮合式接头是一种快速连接机械接头（图5）。连接原理为在上桩节端部预埋带啮合齿端的连接销，并于下桩节端部处预埋连接槽，连接槽内壁通过压力弹簧与具有反向圆形啮合齿端的连接块连接。接桩时将上桩节连接销插入下桩节连接槽，通过两反向齿端的机械啮合及压力弹簧的回弹固定连接在一起[10]。

李宏伟、董晓明等[11,12]通过对比发现啮合式接头主要有如下几点优势：

（1）抗锤击能力好，由于啮合式接头具有较好的弹性，对锤击及基岩的不均匀反力有较好的缓冲作用。

（2）插接方便迅速，无需复杂的技术操作。

（3）受力计算简单明确，且各项力学性能指标均满足规范要求。

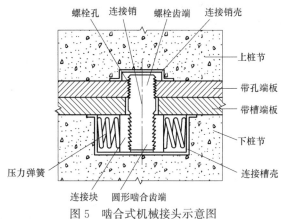

图 5　啮合式机械接头示意图

Fig. 5　schematic graph of meshing mechanical joint

林异度等[13]通过现场应用发现该技术存在如下缺点：

（1）接桩时连接需要一定压力，在软弱土层较厚处不易连接，施工繁琐。

（2）上下桩节对齐的精度和垂直度要求较高，存在倾斜时易造成接桩失败。

（3）经济性存在不足，从造价上对比，每米啮合式连接的花费高于传统焊接连接。

2.3 螺纹式机械接头

螺纹式接头是通过螺纹间的机械咬合力将预埋于上下桩节的连接端盘和螺纹端盘相连接的技术。接头主要由螺母、螺纹端盘、连接端盘和防松嵌块组成（图6）。接桩时需控制垂直度在0.3%以内[14]。

陈义侃等[15]对预应力高强混凝土管桩的螺纹接头进行了抗拉抗弯性能试验。结果表明该接头抗拉抗弯性能满足规范要求，是一项安全高效的连接技术。但其螺纹牙处抗剪抗弯性能低于材料强度，未能充分发挥螺纹式接头的力学性能，可进一步改进。

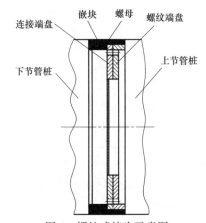

图 6　螺纹式接头示意图

Fig. 6　schematic graph of threaded joint

林基等[16]结合螺纹式接头的应用案例认为该技术应用广泛，操作简便，连接速度快。

同时，李宏伟等[11]也指出螺纹式接头存在如下不足：

（1）在采用锤击时，可能会出现螺母的脱松而导致机械咬合力降低，影响承载力。

（2）由于螺纹螺母外露，必须在制桩时保护螺纹螺母免受混凝土砂浆的污染。繁琐的保护工艺会导致接头的产量下降。

2.4 卡扣式机械接头

传统预制桩连接方式往往依托于端板，而端板的存在会在布料时使混凝土对螺旋筋造成一定的阻力，且张拉钢筋时混凝土与钢筋被拉断会导致端板倾斜。这些缺点严重影响了预制桩的正常生产与连接[18]。

卡扣式接头是一种无端板连接接头，避免了端板存在导致的诸多缺陷，同时又保有了传统机械式接头连接简便快速等优点。该接头主要由涨拉螺母、顶拉螺母、中间插套和插杆组成。插杆位于上桩节，其中间留有钢筋的孔道，通过螺纹与涨拉螺母相连接。顶拉螺母位于下桩节，内部设置压簧，压簧另一端与垫片相连接，确保卡片的平整度（图7）。

当插接头下插时，由于插接头预留有缺口保证卡片能顺利贴合，卡片也存在一定的角度能达到限制位移的作用且越拉越紧。同时压簧向上的反作用力将插接头上顶，由于中间螺母的存在便限制了锥形套的上移，使锥形套将插接头紧固。应力可以通过插杆中的钢筋传递至与插接头相顶紧的压簧中，实现上下桩节间的应力传递[17]。

张芳芳等[18]针对接头的力学性能，进行了一系列抗弯、抗压、抗拉和抗剪的检测试验。证实试件的各项力学性能均满足设计要求。且极限弯矩较较开裂弯矩值增大了17%～72%，表明其具有较好的延性。

齐金良等[19]通过实际工程案例发现卡扣式接头在施工时表现了良好的耐久性。因接头实际应用时置于桩内部，加之接桩时使用密封材料保证其免受外界腐蚀。

目前卡扣式接头因其无需端板、连接快速等优点正被广泛地运用于竹节桩的接桩中。

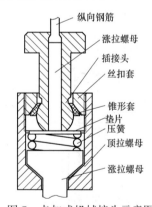

图7 卡扣式机械接头示意图

Fig. 7 schematic graph of snap on mechanical joint

2.5 抱箍式机械接头

抱箍式接头因其出色的抗拉性能和简单的连接方式常常被应用于抗拔预制管桩的连接处。其组成构件较为简单，上下桩节由一套抱箍连接卡相连接（图8）。每套连接卡通常由三个规格相同，且弧度为120°左右的弧形

板所拼接而成。机械卡上排列有一定数量且大小相同的螺栓孔洞。通过采用在侧面的高强螺栓进入螺栓孔将抱箍卡与上下端板连接为一整体。

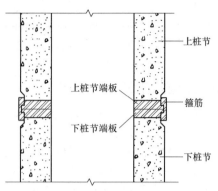

图8 抱箍式机械接头示意图

Fig. 8 schematic graph of hoop type mechanical joint

郭晓露等[20]将抱箍式接头与啮齿式接头的计算承载力和实际应用情况进行了对比。总结了抱箍式接头的几个优点：

（1）抱箍式接头的刻槽端头板比普通端头板厚，而外扣连接的抱箍卡也使得连接处获得了较强的抗腐蚀能力。

（2）抱箍式接头不会破坏原有端板构造，使桩基保有较高的整体性。

（3）不同于其他机械连接，抱箍式接头的安装较为方便简易，接桩时不需要反复旋转上桩以达到对齐插孔的目的。

郭杨等[21]通过对于抱箍式接头的抗拔理论计算提出了抱箍式接头各部分的抗拔承载力均大于桩身其他部分的抗拔承载力的观点。

安增军等[22]通过对抱箍式接头承载性能的数值分析也得出了其各零部件能满足桩身抗拉承载力的结论。但同时也指出了抱箍式接头的主要受力方式依靠端板周圈，受力点远离预应力筋，应力不能直接传递，若端板发生较大变形可能导致土中水进入接头影响其耐久性。而且在承受较大的轴拉或偏拉荷载时会导致六角螺栓的过早屈服，发生较大剪切变形导致抱箍卡局部脱落。故安增军等提出了可将抱箍卡上预留六角螺栓孔改为椭圆孔，以预留一定滑移空间的意见。

2.6 工字形机械接头

工字形接头是一种新型预制桩机械接头（图9），该

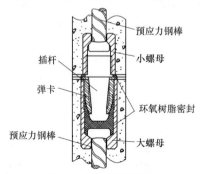

图9 工字形机械接头

Fig. 9 H-shaped mechanical joint

接头由工字形楔子和端板组成，端板形状经过铣槽后与工字形楔子贴合，工字形楔子为其主要承力构件。该接头由戴晓芳等[23]提出并进行了抗弯抗剪的试验及相应的数值模拟，证实工字形接头具有良好的抗弯抗剪能力。

该接头生产和施工时不需要区分上下桩节，有利于预制桩的生产、施工速度的提高。但目前缺乏耐久性测试等试验的进一步研究与具体工程应用，未来还可进一步探讨和深入研究。

2.7 弹卡式机械接头

弹卡式接头是一种新型的无端板机械连接方式，其主要由成桩时预埋于上桩节的小螺母、插杆和预埋于下桩节中的大螺母、弹卡、中间螺母等组成（图10）。使用原理为将在上桩节的插杆插入设于下桩节大螺母中的连接件时，位于连接件上的弯折弹片会被插杆的预开槽挡面限制位移，在上下紧固连接时插杆于连接件内与弯折弹片相互抵接。这种结构设置可以避免上下桩节接桩后可能出现的晃动问题[24]。

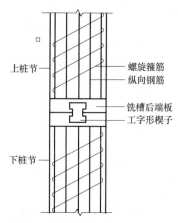

图 10 弹卡式机械接头示意图

Fig. 10 schematic graph of spring clip mechanical joint

周家伟、王云飞等[25,26]对弹卡式接头的相关力学性能进行了试验，发现弹卡式接头的承载能力高于其桩身承载能力，破坏形式为接头附近的预应力钢棒被拉断。单个弹卡式接头的平均抗拉承载力超过了150kN，加入环氧树脂后其承载力能进一步提升8.4%左右，且具有较好的整体性。数值模拟的结果也与试验结果相吻合。证明弹卡式接头作为预制桩的连接部分满足接头不先于桩身破坏的要求。

刘伟扬等[27]进行了通电加速腐蚀试验研究了弹卡式接头受氯离子腐蚀后的性能变化。通过与相同试验条件下的传统焊接连接接头试验后的外观和抗弯性能的对比。可以发现弹卡式接头在氯离子腐蚀后仍然保持着良好的整体外观和与理论计算结果相接近的抗弯承载能力，而焊接式接头则表现为外观锈蚀严重以及力学性能劣化严重。结果证明弹卡式接头具有良好的抗腐蚀能力。

樊华等[28]经过工程应用与相关试验研究也认为弹卡式接头质量可靠，可满足各项规范要求的相应指标，并能应用于实际的工程环境。

2.8 套珠式机械接头

邓剑涛等[29]介绍了一种新型预制桩用套珠式机械接头，对其力学性能进行了一系列研究。该接头主要由插杆、盆式珠架、限位弹簧和滚珠等零部件构成。（图11）工作原理为当位移钢筋销筒的插杆插入钢筋套筒时挤压套筒内的限位弹簧和与其连接的盆式珠架，使得位于周圈的滚珠从珠架推出在恰当的位置进入插杆与套筒之间的沟槽从而组成环状珠带，并通过环状珠带完成插杆与内套的不可逆自锁结构达成上下桩节的快速连接。得益于插杆和套筒内预留的一定空隙，该接头在接桩时具有一定的纠偏能力对于接桩时的精度可有一定的余量。

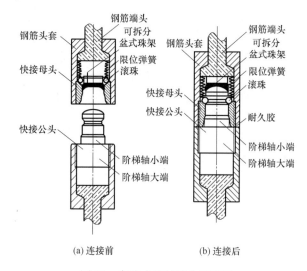

(a) 连接前　　　(b) 连接后

图 11 套珠式机械接头示意图

Fig. 11 schematic graph of bead type mechanical joint

其力学试验结果表明该接头抗拉强度可达610MPa。但部分力学指标及抗腐蚀能力还有待进一步研究和测试。

3 组合型接头

焊接连接和机械连接均是预制桩接桩的常用方式。但通常的焊接连接存在工人技术导致的质量问题，而传统机械连接又存在整体性问题。因此综合这两种接头的特点，研究人员研发出了焊接-机械连接组合型接头，旨在综合两者优势互补不足。

3.1 啮合加焊接组合式接头

王宗成等[30]对于一种结合机械啮合连接和焊接的组合接桩技术进行了PHC管桩接桩的实际应用。该技术通过焊接封闭在机械连接后留有的上下桩节之间的空隙，达到在兼有机械接头优势的同时提升桩接头处的整体性的效果。

王宗成等通过静载试验证实使用该技术连接的PHC管桩承载力满足规范要求同时整体性、封闭性良好。然而现场施工时也存在施工工期过长等问题，有待进一步研究优化。

3.2 抱箍加焊接组合式连接接头

干钢等[31]对一种新型的先张法预应力离心混凝土钢绞线桩进行了研究。根据其结构特点提出了一种抱箍加焊接组合式连接接头（图12）并进行了抗拉力学性能试验。

不同于传统抱箍式机械接头，该接头主要由两个大小相同，弧度为180°的U形抱箍卡组成，通过坡口焊连接于与其相匹配的钢绞线桩端板凹槽处。

干钢等在对其进行抗拉承载试验中，发现抱箍加焊接组合式接头表现出良好的抗拉性能，且其与上下钢绞线桩的连接简单、方便，是一种可靠的连接方式。

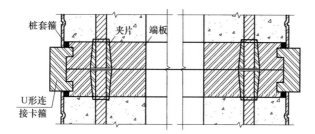

图12 抱箍加焊接组合式接头示意图
Fig. 12 schematic graph of hoop and welding combined joint

4 结论

本文就目前已有的部分预制桩接头进行了简短的介绍。从目前的总结来看我国的桩接头种类与研究有了极大的进展，但仍存在部分问题有待进一步研究：

（1）部分桩接头的力学性能研究存在不足可进一步进行相关试验。

（2）针对各接头的抗腐蚀性试验较少可进一步进行相关试验。

（3）各接头之间的横向对比较少，可进行相关对比试验。

（4）研究中部分接头强度远超过其桩身与端板之间的连接强度，未能充分发挥其力学性能，有进一步改进的空间。

参考文献：

[1] 龚晓南. 桩基工程手册[M]. 第2版. 北京：中国建筑工业出版社，2016.

[2] 刘芙蓉，贾燎，李桢. 预应力混凝土空心方桩焊接接头抗弯试验研究[J]. 武汉理工大学学报，2008（05）：105-108.

[3] 李海燕. PHC桩接头试验研究[C]//冶金建筑研究总院有限公司. 土木工程新材料、新技术及其工程应用交流会论文集（下册）. 北京：工业建筑杂志社，2019.

[4] 史美鹏. PHC桩的新型碗形端头开发及研制[J]. 水运工程，2009（1）：143-148.

[5] 张勇，梁津. 新型U形管桩接头的开发及研制[C]//中国建材工业经济研究会. 混凝土管桩生产技术创新专集. 北京：中国建材工业经济研究会，2013.

[6] 王丽莉，林东. PHC桩碗形端头优化和应用[J]. 中国水运（下半月），2019，19（7）：257-258.

[7] 李伟兴，万月荣，刘庆斌. 世博会主题馆抗拔PHC管桩新型连接的计算分析及试验研究[J]. 建筑结构学报，2010（5）：86-94.

[8] 徐铨彪，陈刚，贺景峰，等. 复合配筋混凝土预制方桩接头抗弯性能试验[J]. 浙江大学学报（工学版），2017（7）：1300-1308.

[9] 梁槟星，何友林，李龙，魏宜龄. PHC管桩单面法兰防腐接头的研究[J]. 混凝土与水泥制品，2012（3）：26-28.

[10] 中国工程建设标准化协会. 混凝土预制桩啮合式机械连接技术规程：T/CECS 516—2018[S]. 北京：中国计划出版社，2018：3-1.

[11] 李宏伟. 浅析预应力高强混凝土抗拔管桩的连接接头方式[J]. 福建建筑，2013（3）：100-102.

[12] 董晓明，钟智谦，郭伟佳，等. 预应力混凝土管桩机械连接技术的研究——探讨基础工程装配式施工[J]. 广东土木与建筑，2019，026（11）：108-110.

[13] 林异度. 预应力混凝土管桩机械快速接头在工程中的应用[J]. 广州建筑，2005（3）：23-25.

[14] 卢达洲. 预应力混凝土管桩螺纹机械快速连接接头技术[J]. 福建建设科技，2005（5）：16-17.

[15] 陈义侃. 预应力高强混凝土管桩螺纹机械连接的设计与试验研究[J]. 福建建设科技，2008（5）：1-4.

[16] 林基. 预应力混凝土管桩机械快速螺纹连接技术及其推广应用[J]. 福建建筑，2011（10）：109-110.

[17] 周兆弟. 多头快速强拉对接扣件及预制件[P]. 浙江：CN101519877，2009-09-02.

[18] 张芳芳，牛志荣，李林，等. 无端板增强型预应力混凝土管桩的快速接头技术[J]. 混凝土与水泥制品，2012（5）：38-41.

[19] 齐金良，周平槐，杨学林，周兆弟. 机械连接竹节桩在沿海软土地基中的应用[J]. 建筑结构，2014，44（01）：73-76.

[20] 郭晓露. 浅析预应力混凝土抗拔管桩的机械连接接头方式[J]. 门窗，2019（4）：107-108，110.

[21] 郭杨，崔伟，陈芳斌，陈巧. 一种抱箍式连接PHC抗拔管桩的计算分析和试验研究[J]. 岩土工程学报，2013，35（S2）：1007-1010.

[22] 安增军，贺武斌，刘佳龙，戴亚. PHC管桩抱箍式机械连接轴拉承载性能数值分析[J]. 混凝土与水泥制品，2021（2）：44-48.

[23] 戴晓芳. 预应力混凝土管桩的一种新型机械连接接头[D]. 杭州：浙江工业大学，2015.

[24] 许顺良. 弹卡式连接件以及连接桩[P]. 浙江：CN204728323U，2015-10-28.

[25] 周家伟，王云飞，龚顺风，等. 弹卡式连接预应力混凝土方桩接头受弯性能研究[J]. 建筑结构，2020，50（13）：121-127，133.

[26] 王云飞，陈刚，徐铨彪，龚顺风，肖志斌，樊华. 弹卡式连接预应力混凝土方桩接头抗拉性能研究[J]. 防灾减灾工程学报，2018，38（6）：1003-1011.

[27] 刘伟扬，龚顺风，徐铨彪，陈刚，刘承斌，樊华. 通电加速锈蚀后弹卡式连接接头预制桩抗弯性能研究[J/OL]. 混

凝土与水泥制品，2021(5)：33-38.

[28] 樊华，蒋元海，商立军，张庐，陈靖. 预应力混凝土方桩弹卡连接方式及应用研究[J]. 混凝土与水泥制品，2020(4)：33-36.

[29] 邓剑涛，袁涛，邓成河. 预制桩用套珠式连接器的研究与应用[J]. 混凝土与水泥制品，2021(3)：40-42.

[30] 王宗成. PHC管桩机械啮合连接结合焊接的组合接桩技术[J]. 福建建设科技，2019(1)：47-49.

[31] 干钢，曾凯，俞晓东，龚顺凤，陈刚，徐铨彪. 先张法预应力离心混凝土钢绞线桩及其机械连接接头的抗拉性能试验研究[J]. 建筑结构，2021，51(3)：115-120＋114.

杭州湾新区十一塘高速公路双荷载箱自平衡测试技术

雷珊珊，张自平，练国平，符　磊，王双双

（浙江欧感机械制造有限公司，浙江 杭州 310010）

摘　要：双荷载箱技术在桩身特定位置放置两个荷载箱，根据特定的加载顺序进行试验，获得试桩极限承载力，可解决单荷载箱发力不足及依赖平衡点准确度的问题。杭州湾新区十一塘高速公路两根长度为 98.5m，桩径分别为 1.6m 及 1.8m 的超长桩运用双荷载箱技术进行测试，试验结果表明：双荷载箱测试可获得试桩极限承载力，且极限值大于地勘报告给出的理论值。

关键词：自平衡静载测试；双荷载箱；极限承载力；Q-s 曲线；工程桩

作者简介：雷珊珊（1993—　），女，硕士，主要从事岩土工程方向工作。E-mail：lshans3@163.com。

Self-balanced test technology for double load cell of eleven tang expressway in Hangzhou bay new area

LEI Shan-shan ，ZHANG Zi-ping, LIAN Guo-ping, FU Lei ，WANG Shuang-shuang

（Zhejiang Ougan Machinery Co.，Ltd.，Hangzhou Zhejiang 310010，China）

Abstract：The dual load box technology places two load boxes at a specific position on the pile body，and tests are performed according to a specific loading sequence to obtain the ultimate bearing capacity of the tested pile，which can solve the problem of insufficient force generated by a single load box and dependence on the accuracy of the balance point. Two super-long piles with a length of 98.5m and pile diameters of 1.6m and 1.8m on the 11th Tang Expressway in Hangzhou Bay New Area were tested using dual load box technology. The test results show that the dual load box test can obtain the ultimate bearing capacity of the test pile The limit value is greater than the theoretical value given in the geological survey report.

Key words：self-balanced static load test；double load cell；ultimate bearing capacity；Q-s curve；engineering pile

0　引言

杭州湾新区十一塘高速公路工程（一期）从起点新区北枢纽互通起，至滨海新城互通止。包括新区北枢纽互通主线桥、杭州湾大道高架桥、滨海新城互通主线桥、新区北枢纽互通 A、B、C、D 匝道桥以及杭州湾跨海大桥拼宽桥、滨海新城互通 A、B、E 匝道、平台接线桥。

该工程的基桩多为超长桩，桩长超过 90m，预估单桩承载力大，使用传统静载荷试验法[1] 进行基桩测试所需的堆载量 2000 多吨，堆载困难且耗资大，因此杭州湾新区十一塘高速公路工程基桩测试采用了自平衡测试法，但因桩长较长，单荷载箱发力有限，为保证基桩承载力完全发挥，该工程采用双荷载箱自平衡测试技术。

1　测试技术

自平衡测试技术是将一种特制的加载装置—自平衡荷载箱，在混凝土浇注之前和钢筋笼连接并一起埋入桩内平衡点，待桩身强度满足后，由加压泵在地面向荷载箱加压，使荷载箱产生上下两个方向的力，并传递到桩身，从而得到桩身承载力，同时自平衡法还可得出桩侧各土层的分层摩阻力及端阻力，用于验证工程地质勘察报告提出的相关数据。

双荷载箱测试技术[2] 是在单荷载箱测试技术的延伸。在桩身特定位置放置荷载箱Ⅰ、荷载箱Ⅱ，将桩体分为 A、B、C 三部分，双荷载箱布置如图 1 所示，令承载力分布为 A＞B、A＋B＞C、B＋C＞A。双荷载箱加载程序如表 1 所示。

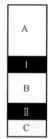

图 1　双荷载箱布置图

Fig. 1　Layout of the double load box

双荷载箱加载程序　　　　表 1

Double load box loading procedure Table 1

双荷载箱加载程序	1	桩身强度满足要求后，先加载下荷载箱Ⅱ，测出 C 段承载力
	2	下荷载箱Ⅱ逐级卸载后，再加载上荷载箱Ⅰ，测出 B 段承载力
	3	B 段破坏后，将下荷载箱Ⅱ保压，使 B 段和 C 段合成一体给 A 段提供反力，然后继续加载上荷载箱Ⅰ，得到 A 段承载力

2 土层及试桩参数

土层参数 表 2
Soil parameters Table 2

层序	土称名称	层厚(m)	层底高程(m)	地基承载力基本容许值 $[f_{a0}]$(kPa)	钻孔桩桩侧土摩阻力标准值 q_{ik}(kPa)
②₂	淤泥质粉质黏土	3.80	0.33	45	15
③₁	粉土	12.00	−11.67	110	30
③₂	淤泥质粉质黏土	28.70	−40.37	60	15
③₃	粉质黏土	13.80	−54.17	120	30
⑤₁	粉质黏土	4.00	−58.17	160	45
⑤₃	细砂	2.60	−60.77	200	55
⑤₁	粉质黏土	0.90	−61.67	160	45
⑤₃	细砂	11.50	−73.17	200	55
⑥₁	粉质黏土	20.70	−93.87	200	60
⑥₃	细砂	6.80	−100.67	300	65
⑦₁	粉质黏土	5.20	−105.87	230	70
⑦₃	中砂	11.00	−116.87	370	70

试桩参数 表 3
Test pile parameters Table 3

桩号	桩型	混凝土强度等级	桩径(m)	桩顶标高(m)	桩底标高(m)	桩长(m)	桩端持力层	预估单桩极限承载力(kN)	上荷载箱位置	下荷载箱位置
SZ1	灌注桩	C35	1.8	3.5	−95.0	98.5	⑥₃	24689.2	距桩端22m	距桩端2m
SZ2	灌注桩	C35	1.6	3.5	−95.0	98.5	⑥₃	21312.0	距桩端22m	距桩端2m

3 加、卸载分级

加载采用慢速维持荷载法，每级加载为最大加载值的 1/10，第一级取分级荷载的 2 倍，卸载分 5 级进行。基桩的加、卸载分级如表 4 所示。

加、卸载分级表 表 4
Adding and unloading classification table Table 4

分级		荷载值(kN)			
		1.8m 桩径		1.6m 桩径	
		荷载箱Ⅰ	荷载箱Ⅱ	荷载箱Ⅰ	荷载箱Ⅱ
加载	第 1 级	2×3400	2×1600	2×3000	2×1200
	第 2 级	2×5100	2×2400	2×4500	2×1800
	第 3 级	2×6800	2×3200	2×6000	2×2400
	第 4 级	2×8500	2×4000	2×7500	2×3000
	第 5 级	2×10200	2×4800	2×9000	2×3600
	第 6 级	2×11900	2×5600	2×10500	2×4200
	第 7 级	2×13600	2×6400	2×12000	2×4800
	第 8 级	2×15300	2×7200	2×13500	2×5400
	第 9 级	2×17000	2×8000	2×15000	2×6000
卸载	第 10 级	2×13600	2×6400	2×12000	2×4800
	第 11 级	2×10200	2×4800	2×9000	2×3600
	第 12 级	2×6800	2×3200	2×6000	2×2400
	第 13 级	2×3400	2×1600	2×3000	2×1200
	第 14 级	0	0	0	0

4 试桩结果

4.1 试桩 SZ1 测试

（1）1阶段下荷载箱试验过程：试验 Q-s 曲线如图 2（a）所示，在加载到第 5 级荷载 5000kN 时，C 段向下位移平均累计为 13.67mm。加载至第 6 级荷载 6000kN 时，下位移明显增大，10min 内下位移平均累计已达 55.34mm，本级平均累计下位移已超前一级位移增量的 5 倍，终止加载，取前一级荷载即第 5 级荷载 5000kN 为 C 段极限加载取值。

（2）2阶段上荷载箱试验过程：此时上荷载箱向下位移量最大限值为 1 阶段时下荷载箱的上下位移的和 55.75mm，试验 Q-s 曲线如图 2（b）所示，Q-s 曲线整体呈缓变型，在加载到第 10 级荷载 9000kN 时，B 段向下位移平均累计为 46.42mm，该级位移增量超过上级位移增量的 2 倍，且平均位移已接近位移限值，虽压力维持稳定，仍取第 10 级荷载 9000kN 为 B 段极限加载取值。

（3）3阶段上荷载箱试验过程：在试验前对桩底做了注浆加固，以保持足够反力。试验 Q-s 曲线如图 2（c）所示，将下荷载箱保压并继续加载上荷载箱，在加载到第 13 级荷载 22100kN 时，A 段上位移平均累计为 16.80mm。继续加载至第 14 级荷载 23800kN 时，上位移平均累计已达 54.59mm，本级平均累计位移已超前一级位移增量的 5 倍，终止加载。取前一级荷载即第 13 级荷载 22100kN 为 A 段极限加载取值。SZ1 桩身轴力见图 3，SZ1 桩身侧摩阻力见图 4。

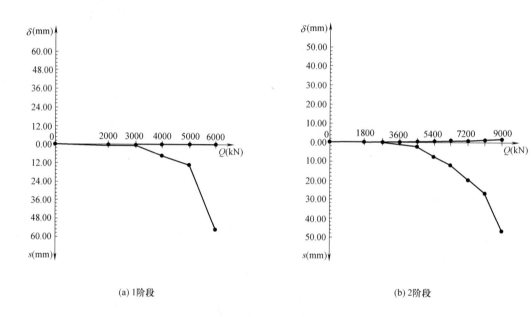

(a) 1阶段

(b) 2阶段

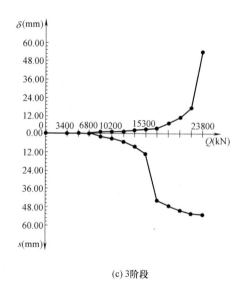

(c) 3阶段

图 2 SZ1 的 Q-s 曲线

Fig. 2 Q-s curve of SZ1

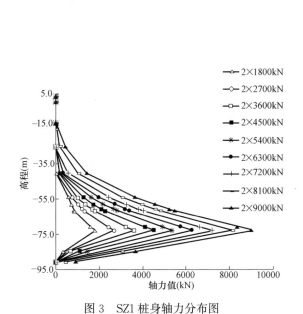

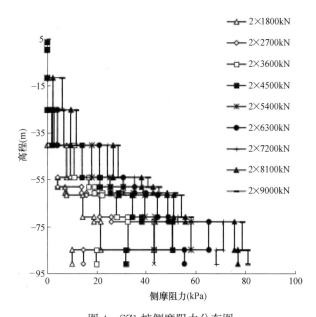

图 3　SZ1 桩身轴力分布图

Fig. 3　SZ1 pile shaft force distribution diagram

图 4　SZ1 桩侧摩阻力分布图

Fig. 4　SZ1 pile side friction distribution diagram

4.2　试桩 SZ2 测试

（1）1 阶段下荷载箱试验过程：试验 Q-s 曲线如图 5（a）所示，在加载到第 5 级荷载 3250kN 时，C 段向下位移平均累计为 5.52mm。加载至第 6 级荷载 3900kN 时，下位移明显增大，10min 内下位移平均累计已达 56.33mm，本级平均累计下位移已超前一级位移增量的 5 倍，终止加载，取前一级荷载即第 5 级荷载 3250kN 为 C 段极限加载取值。

（2）2 阶段上荷载箱试验过程：试验 Q-s 曲线如图 5（b）所示，Q-s 曲线整体呈缓变型，在加载到第 9 级荷载 7200kN 时，B 段向下位移平均累计为 20.73mm，继续加

载至第 10 级荷载 8000kN 时，位移平均累计已达 45.61mm，出现陡变，终止加载。取第 9 级荷载 7200kN 为 B 段注浆前极限加载取值。

（3）3 阶段上荷载箱试验过程：在试验前对桩底做了注浆加固，以保持足够反力。试验 Q-s 曲线如图 5（c）所示，将下荷载箱保压并继续加载上荷载箱，在加载到第 11 级荷载 16500kN 时，A 段上位移平均累计为 12.26mm。继续加载至第 12 级荷载 18000kN 时，上位移平均累计已达 47.31mm，本级平均累计上位移已超前一级位移增量的 5 倍，终止加载。取前一级荷载即第 11 级荷载 16500kN 为 A 段极限加载取值。SZ2 桩身轴力见图 6，SZ2 桩身侧摩阻力见图 7。

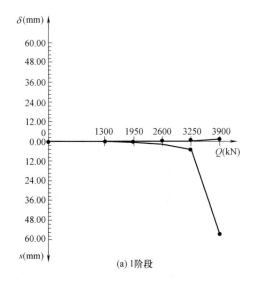

(a) 1 阶段

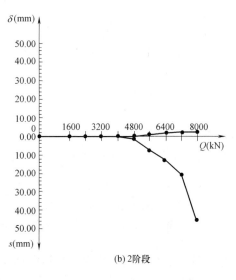

(b) 2 阶段

图 5　SZ2 的 Q-s 曲线（一）

Fig. 5　Q-s curve of SZ2（一）

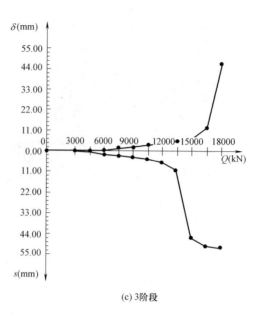

(c) 3阶段

图 5　SZ2 的 *Q-s* 曲线（二）

Fig. 5　*Q-s* curve of SZ2（二）

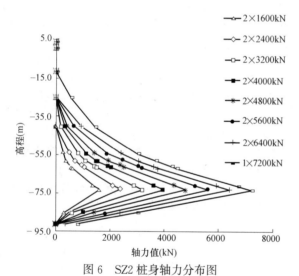

图 6　SZ2 桩身轴力分布图

Fig. 6　SZ2 pile shaft force distribution diagram

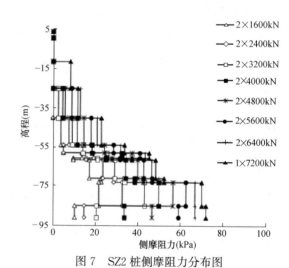

图 7　SZ2 桩侧摩阻力分布图

Fig. 7　SZ2 pile side friction distribution diagram

5 所示，等效转换曲线如图 8、图 9 所示。

5　桩身承载力转换

根据《桩承载力自平衡测试技术规程》DB/T 291—1999[2] 规定，自平衡试桩承载力公式：

$$P = (Q_u - W)/\gamma + Q_l$$

式中　Q_u——上段桩加载极限值（kN）；

　　　　Q_l——下段桩加载极限值（kN）；

　　　　W——荷载箱上部桩自重，若荷载箱处于透水层，取浮自重（kN）；

　　　　γ——修正系数，根据荷载箱上部土的类型确定：黏性土、粉土为 0.8，砂土为 0.7，岩石为 1.0，若有不同土层，取加权平均值。

计算所得抗压极限承载力理论值，与现场试验获得的抗压极限承载力实际值 SZ1、SZ2 的承载力极限值如表

承载力计算结果表　　　表 5

Table of calculation results of bearing capacity

Table 5

桩号	极限加载取值（kN）			抗压极限承载力实际值（kN）	抗压极限承载力理论值（kN）	比值
	C 段	B 段	A 段			
SZ1	5000	9000	22100	36100	30836.0	1.17
SZ2	3250	7200	16500	26950	23264.6	1.15

从按地勘报告求得的理论值和现场试验获得的实测值对比发现，实测值大于理论值，且实测值与理论值的比值接近 1.2，地勘报告的结果偏保守。

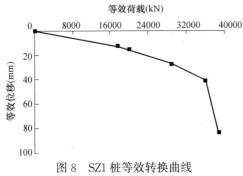

图 8　SZ1桩等效转换曲线

Fig. 8　SZ1 pile equivalent conversion curve

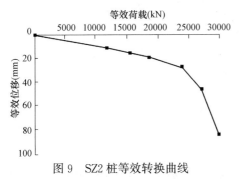

图 9　SZ2桩等效转换曲线

Fig. 9　SZ2 pile equivalent conversion curve

6　总结

随着多年的工程应用及技术革新，自平衡试桩测试技术越发安全可靠，特别适合在高长桩上的使用，但现在广泛使用的单荷载箱因荷载箱最大单向荷载的限制，存在单荷载箱无法满足加载需求的现象，而双荷载箱技术的发展很好地解决了该现象，同时避免了单荷载箱测试时平衡点不准引起的试桩提前破坏问题。

但是双荷载箱同样存在诸如B段测试位移受限、B段及C段破坏后承载力能否满足A段测试、A段位移是否受C段提前破坏的影响、位移等效转换计算等问题，等待进一步讨论。

参考文献：

[1]　中华人民共和国住房和城乡建设部. 建筑地基基础设计规范：GB 50007—2011［S］. 北京：中国建筑工业出版社，2012.

[2]　江苏省建设委员会. 桩承载力自平衡测试技术规程：DB/T 291—1999[S]. 江苏：江苏省工程建设标准设计站，1999.

[3]　龚成中，龚维明，何春林，戴国亮. 双荷载箱技术深长嵌岩桩基承载特性试验研究[J]. 岩土工程学报，2010，32（S2）：501-504.

钻孔灌注桩无法成桩的原因分析及解决方法

唐海明，杨　勇

（天津市勘察设计院有限公司，天津 300191）

摘　要：本文通过对天津市宝坻区一栋15层住宅楼钻孔灌注桩施工过程中出现5颗桩不能正常返浆、3颗桩灌注混凝土后灌注的混凝土产生下沉的问题，从施工工艺、地层情况及场地历史等多方面分析调查研究，最终分析得出出现该种现象的原因是15层住宅楼中心部位原为水塔，水塔下的水井形成的空洞对钻孔灌注桩施工产生了困难，出现无法返浆和浇筑混凝土下沉的情况，最后提出了采用砂浆回填空洞和增长套管穿透粉砂层的施工工艺，最后顺利解决了施工现场出现的困难。

关键词：钻孔灌注桩；粉砂层；砂浆；水塔及水井

作者简介：唐海明（1976—　），男，大学本科，高级工程师，主要从事岩土工程勘察、地基处理、环境保护等工作。E-mail：mingyue0176@163.com。

Cause analysis and solution of bored pile failure

TANG Hai-ming，YANG Yong

（Tianjin Survey Design Institute Group Co.，Ltd.，Tianjin 300191）

Abstract：In this paper，through the construction of Bored Piles in a 15 storey residential building in Baodi District，Tianjin，there are five piles can not return to the slurry normally，and three piles have sunk after pouring concrete. Through the analysis and investigation of construction technology，stratum conditions and site history，it is concluded that the reason for this phenomenon is that the central part of the 15 storey residential building was originally a water tower，The cavity formed by the pumping well makes it difficult for the construction of bored pile，and it is impossible to return the slurry and pour the concrete to sink. Finally，the construction technology of using mortar to backfill the cavity and increasing the casing to penetrate the silty sand layer is proposed，and the difficulties in the construction site are successfully solved.

Key words：bored pile；silt layer；mortar；water tower and well

0　引言

泥浆护壁钻孔灌注桩常用在高层和超高层建筑物的基础中，这是由于钻孔灌注桩受地质条件的限制较小，完成后单桩承载力相对较高；同时，采用后注浆的施工工艺后承载力极限值可以提高 20%～30%，可以减少布桩密度，这对高层和超高层建筑的桩基平面布置非常有利，因此得到设计人员的青睐。但是，泥浆护壁钻孔灌注桩由于施工工艺的原因，以及施工人员水平的层次不同，施工过程中经常出现塌孔、缩孔、扩孔、卡钻、桩身夹泥、钢筋笼上浮、灌注混凝土的导管堵塞或埋管，沉渣过厚，从而导致承载力偏低等常见的问题，也有些工程由于原始场地条件导致钻孔灌注桩施工困难的情况。

1　工程简介[1]

某工程位于天津市宝坻区，主要为高层住宅楼，其中包含20栋15～17层，13栋20层，10栋25层，总建筑面积为20万 m²，该工程所有的高层建筑上部结构均采用框架-剪力墙结构，基础采用钻孔灌注桩桩基础，其中10号楼为15层，设计采用钻孔灌注桩，桩径为600mm，桩长为35.0m左右，在电梯井处桩长为39.0m，设计采用的单桩承载力极限特征值为4000kN。

2　工程地质条件简介[2]

根据勘察资料，该场地埋深约为52.00m 深度范围内，地基土按成因年代可分为以下7个大层：分别是人工填土层（Q_4^{ml}）、全新统上组陆相冲积层（Q_4^{3al}）粉土、黏土层、全新统第Ⅱ陆相沼泽相沉积层（Q_4^{1h}）粉质黏土层、全新统下组陆相冲积层（Q_4^{1al}）厚层的粉砂层、上更新统第五组陆相冲积层（Q_3^{eal}）粉质黏土、薄层粉砂层、上更新统第四组滨海潮汐带沉积层（Q_3^{dmc}）黏土层，其下为黏性土和砂土互层分布，具体的地层情况见本场地地质剖面图1、地基土物理力学性质统计表见表1。

3　钻孔灌注桩施工情况

到 2019 年 1 月 25 日，该工程已经完成了 5 栋高层建筑的钻孔灌注施工，施工情况都非常正常，但施工到 10 号楼的钻孔灌注桩时出现如下 4 种情况：

（1）37 号桩成孔至 15.0m，38 号桩成孔至 9.0m，46 号桩成孔至 10.0m，53 号桩成孔至 15.0m 时均出现了泥浆无法上返，导致成孔设备无法钻进成孔。

（2）52 号桩成孔至 13.0m 时发现泥浆护壁的浆液与 37 号、38 号、46 号联通，因泥浆护壁的浆液无法上返，导致 52 号桩成孔失败。

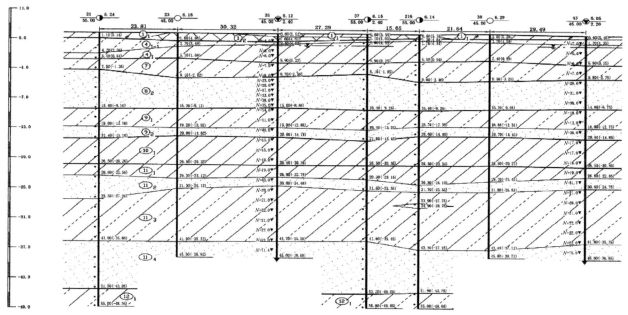

图 1　场地地质剖面图

地基土物理力学性质统计表[1]　　　　　　　　　　　　　　　　　表 1

成因	岩性	含水量 w (%)	重度 γ (kN/m³)	孔隙比 e	塑性指数 I_P	液性指数 I_L	压缩指数 E_{al-2} (1/MPa)	压缩模量 E_{sl-2} (MPa)	直剪快剪 φ (°)	直剪快剪 c (kPa)	固结快剪 φ (°)	固结快剪 c (kPa)
Q^{ml}	人工填土	29.5	18.7	0.892	19.1	0.49	0.46	4.2	5.2	29.3	4.6	28.3
Q_4^{3al}	粉土	23.5	19.6	0.701	9.0	0.43	0.17	10.5	17.9	10.6	13.8	8.8
Q_4^{3al}	黏土	37.0	18.3	1.066	21.7	0.57	0.53	4.0	15.9	14.4	12.7	11.9
Q_4^{1h}	粉质黏土	26.4	19.6	0.759	13.2	0.65	0.36	4.9	6.3	33.8	5.5	32.5
Q_4^{1al}	粉砂	20.2	20.2	0.600			0.11	15.8				
Q_3^{eal}	粉质黏土	26.6	19.7	0.753	13.7	0.59	0.31	5.7				
Q_3^{eal}	粉砂	18.3	20.6	0.542			0.10	16.1				
Q_3^{dmc}	黏土	28.3	19.3	0.803	18.8	0.40	0.31	5.9				
Q_3^{dmc}	粉砂	19.9	20.2	0.592			0.10	16.0				
Q_3^{cal}	黏土为主	23.3	19.2	0.846	41.5	0.45	0.30	6.3				
Q_3^{cal}	粉砂	19.8	20.5	0.573			0.10	16.2				
Q_3^{cal}	粉质黏土	27.0	19.6	0.758	35.8	0.43	0.28	6.7				
Q_3^{cal}	粉砂	20.4	20.2	0.598			0.10	16.7				

（3）对已经成孔完成的 36 号、45 号桩进行了混凝土的回灌，但混凝土灌入完成 1h 后出现下沉，根据现场测量，下沉高度为 5.0m。

（4）对已经成孔完成的 57 号桩进行了混凝土的回灌，但混凝土灌至埋深 12.0m 时混凝土上升速度非常慢。

为了尽快解决 10 号楼钻孔灌注桩施工困难的情况，以免耽误工期，建设单位组织施工的五方责任主体单位进行分析。

4　无法施工原因分析

（1）地层原因

根据该工程的详细勘察报告，10 号楼处勘察单位布置 4 个钻孔，根据 4 个钻孔揭示的地层情况，在 10 号楼处地层显示，埋深 8.5～15.0m 段分布地层为粉砂（地层编号为⑧₂），该层粉砂厚度一般在 6.10～7.30m，呈密实状态为主，该层粉砂若由于施工追求进度，泥浆配比不能满足要求时，就有可能出现桩孔周围出现大范围的空洞，这样贯入混凝土时，必然会导致贯入量增加。另外，桩体成孔时若泥浆配比不合理，土层为含水层时也会出现泥浆无法返回孔口的现象。

（2）10 号楼桩位分布情况[2]

根据出现问题的桩位情况，36 号、37 号、38 号、45号、46 号、52 号、53 号、57 号这 8 个桩位全部集中在

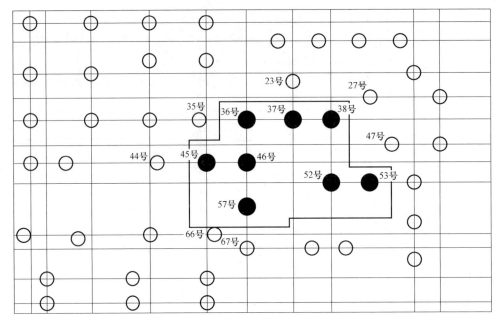

图 2   10 号楼部分桩位图

10 号楼的近中部位置，如图 2 所示框线区域，其他位置的钻孔灌注桩施工比较正常，因此推测这 8 个桩位处场地存在砂土流失，由于施工之前场地没有进行翻槽处理，即使是翻槽，也不可能翻槽处理的太深，因此推测是由于地下障碍物空洞或地下人防空洞引起的无法成孔施工。

（3）水井的发现

由于施工之前，场地内的原有建筑物已经被拆除，为了查找场地内原有建筑物对施工的影响，通过查找原始的地形图，发现在 10 号楼位置[2] 标识有水井，根据对周围居民调查了解，该处原为一座水塔，场地拆迁时也没有注意该处的水塔，水井（水塔）具体位置见图 3。

之后，把这一情况通知施工单位，施工单位通过现场翻槽，在 8 个桩位的中间位置发现废弃的井管，现场水井井管见图 4；根据调查[3]，该水塔下的水井建设于 20 世纪 60 年代中期，为了浇地及生活用水，水塔下水井深为 50.0m 左右，井径为 20cm，水井在 10 号楼的示意位置见图 3。

图 4   现场发现的水井井管

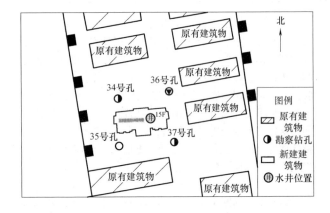

图 3   10 号楼水井（水塔）所在位置图

5   钻孔灌注桩无法施工的原因分析

根据调查，本场地 10 号楼无法施工的原因是因为出现一个废弃的水井，水井上面的水塔已经拆除，水井的滤水管在多年使用过程中遭受腐蚀，由于埋深 8.5～15.0m 段为粉砂层（地层编号为⑧$_2$）含水层，在抽水井抽水时将附近大量的细颗粒泥砂带走，水井多年的抽水导致周围形成空洞。另外，钻孔灌注桩施工时，不可避免地对其进行了扰动，水井周围形成空洞面积逐渐增加，这就是导致钻孔灌注桩循环泥浆直接经过空洞进入废弃的水井里，水井周围的钻孔灌注桩成孔时泥浆无法上返的一个原因；同时，施工时尚不知道水井的存在，所以没能使用长套管，施工时又追求速度，导致水井周围的粉砂层受到扰动，粉砂随水进入水井产生流砂现象，导致水井周围形成空洞增加。

先施工的 36 号、45 号、57 号钻孔灌注桩成孔能顺利完成，说明废弃的水井对其成孔影响有限，后期随着钻孔灌注桩成孔的增多对粉砂层的扰动加剧，空洞发育越来越多，流砂越来越严重，这就导致后期的灌注桩成孔后混凝土贯入完成出现混凝土的下沉或贯入量增加非常多，灌不到桩顶；后期施工的钻孔灌注桩在空洞的影响下，护壁的泥浆无法上返到地面，这就是导致钻孔灌注桩无法继续施工的主要原因。

6 问题的解决

水井周围空洞的存在不仅对施工产生困难，也对后期 10 号楼的桩基承载力及沉降量产生非常大的影响，处理不好会导致 10 号楼产生过大的差异沉降，过大的差异沉降会导致高层建筑开裂等。另外，水井的回填也有益于减少或隔断部地下水对深部地下水的污染，因此，施工现场进行了空洞范围和水井具体深度探摸。

通过探测，水井的探测深度为 30.0m 左右，水井周围的空洞仅在埋深 9.0～13.0m 段粉砂层分布，且大小不一，空洞平面面积为 8.0m×11.0m，现场采用 M1 的水泥砂浆对水井和周围的空洞进行了回填，回填的砂浆量为 350m³ 左右，砂浆凝固 24h 后采用长度不小于 16.0m 的套管重新进行钻孔灌注桩成桩工作，最终顺利地完成了 10 号楼中部 8 个钻孔灌注桩的成桩工作，单桩承载力达到设计所需要的承载力数值。

7 结语

（1）天津地区钻孔灌注桩施工时，土质情况对钻孔灌注桩的施工影响比较大，尤其是遇见粉土、砂土时更是如此。钻孔灌注桩桩身穿越厚层粉土、粉砂时，因钻进速度慢，钻孔施工时间长，易产生塌孔等不良现象，现场施工时往往由于施工单位追求速度而强行加压，不能有效控制钻进速度，所以孔壁坍塌严重，再加上泥浆的配比往往不能满足要求，土质发生变化，泥浆的配合浓度比不能随之发生改变，天津地区尤其在粉（砂）土层中这种情况塌孔非常严重，导到钻孔周围出现大量的空洞，注浆量或充盈系数大幅度增加。

（2）对场地的历史情况、原有地下建筑物情况的了解和调查是十分必要的，例如调查场地内是否具有古井、防空洞、地下障碍物等，如果调查不详细，则会影响施工时的工程进度，增加工程施工的难度甚至无法进行施工；同时，应做好翻槽等处理或调查措施，施工时应做好预案，以免耽误工期。

（3）在有地下障碍物的地方施工的钻孔灌注桩[4]，施工后应做好检测工作，以防由于单桩承载力的不足产生不均匀沉降，对建筑物的安全产生隐患。

参考文献：

[1] 天津市宝坻区某工程 10 号楼桩位平面位置图[Z]. 天津：天津建筑设计院，2019.

[2] 天津宝坻区某工程岩土工程详细勘察报告[Z]. 天津：天津市勘察院，2018.

[3] 吴静顺. 宝坻县志［M］. 天津：天津社会科学院出版社，1995.

[4] 中华人民共和国住房和城乡建设部. 建筑桩基技术规范：JGJ 94—2008 [S]. 北京：中国建筑工业出版社，2008.

[5] 中华人民共和国住房和城乡建设部. 岩土工程勘察规范：GB 50021—2001(2009 年版)[S]. 北京：中国建筑工业出版社，2009.

[6] 天津市城乡建设委员会. 天津市岩土工程技术规范：DB/T 29-20—2017 [S]. 北京：中国建筑工业出版社，2017.

静压桩的沉桩机理初探

林　政

（浙江省建筑设计研究院，浙江　杭州 310006）

摘　要：基于摩尔-库仑屈服准则及土体是理想弹塑性介质的假设，将静压桩沉桩过程模拟为软土地基中圆柱形及球型孔洞的扩张，研究了沉桩过程中桩周土体的水平位移及桩阻力，发现桩周土体的水平位移及桩承载力与土体的各参数基本上呈线性关系。

关键词：孔洞扩张；弹塑性；位移；桩阻力

作者简介：林政（1976— ），男，正高级工程师，博士，主要从事建筑结构设计和研究。E-mail：16506117@qq.com。

0　引言

随着我国大规模经济建设的发展，静压桩是我国东南沿海软土地区常用的桩型，已经成为建筑（构）物基础的重要形式。静压施工能消除振动和噪声对环境的影响，但静压桩是挤土桩，在贯入过程中会引起桩周土体的位移，对周围的建筑物、地铁盾构及地下管线等有严重的影响，甚至危及它们的安全。

目前，大量实际工程中积累的丰富实践经验为静压桩沉桩过程中的挤土机理的理论探讨提供了丰富的素材。国内，胡中雄和侯学渊（1987）将挤土效应模拟成无限土体中圆柱形小孔的扩张，导出了桩周土的塑性范围、应力增量、桩土界面挤压力公式，并据此对在饱和软土中桩的挤土机理进行了分析；边学成（1998）对此问题也进行了研究，利用源-汇理论和弹性半空间中的解得到了桩沉入过程中的桩周土体的隆起、水平位移和孔隙水压力的变化的公式。国外，Vesic（1974）对孔洞扩张问题进行了研究，推导出了圆柱形孔洞和球型孔洞扩张中弹塑性分界面上的位移和压力公式；Cater ＆ Yeung（1986）对孔洞扩张问题也进行了研究，他们推导出了圆柱形孔洞和球型孔洞的径向位移和孔壁极限压力公式。

本文将在 Vesic 和 Cater 的孔洞扩张理论的基础上，研究静压桩沉入过程中桩周土体的水平位移及桩承载力。

1　理论分析

1.1　基本假设

（1）在初始状态下地基中三个方向的主应力相等，并等于土体的自重应力，即 $\sigma_1 = \sigma_2 = \sigma_3 = p_0 = \gamma h$；（2）土服从莫尔-库仑屈服准则；（3）桩身的沉入为圆柱形孔洞扩张而桩尖为球形孔洞的扩张；（4）在弹性区按小应变理论进行分析，而在塑性区按大应变理论分析；（5）圆柱形孔洞扩张是平面应变问题。

1.2　弹性区水平位移

圆柱形孔洞和球形孔洞的分析是类似的[2]，为了简化理论分析的过程，本文通过引进一个常数 k 将圆柱形孔洞和球形孔洞的分析合二为一，其中 k 的取值如下：

$$k = 1 \quad （圆柱形孔洞）$$
$$k = 2 \quad （球形孔洞）$$

孔洞在均布的内压力 p 作用下扩张情况如图1所示。当 p 值增加时，孔洞附近的土体将由弹性状态进入塑性状态。塑性区随 p 值的增加而不断扩大。设孔洞的初始半径为 R_i，扩张以后半径为 R_u，塑性区的最大半径为 R_p，相应的孔内的压力最终值为 p_u。在塑性半径 R_p 以外的土体仍然保持弹性状态。圆柱形孔洞扩张问题是平面应变轴对称问题，采用圆柱极坐标系（r, θ, z），而球形孔洞问题是中心对称问题，采用球坐标系（r, θ, ω）。在这里不考虑塑性区，将该问题看成弹性的孔洞扩张问题，内部压力为 σ_p。

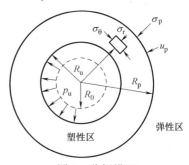

图1　分析模型

根据弹性理论，选取应力函数 Ψ[1] 为：

$$\Psi = A \ln r \quad （圆柱形孔洞） \tag{1}$$

$$\Psi = \frac{A}{r} \quad （球形孔洞） \tag{2}$$

式中，A 为待定常数；r 为半径。

于是，径向应力 σ_r 可以表示为：

$$\sigma_r = \frac{1}{r}\frac{\mathrm{d}\psi}{\mathrm{d}r} = \frac{A}{r^2} \quad （圆柱形孔洞） \tag{3}$$

$$\sigma_r = \frac{\mathrm{d}^2\psi}{\mathrm{d}r^2} = \frac{2A}{r^3} \quad （球形孔洞） \tag{4}$$

根据边界条件，当 $r = R_p(1 - \varepsilon_p)$ 时，$\sigma_r = \sigma_p$，可以确定常数 A：

$$A = R_p^{k+1}(1 - \varepsilon_p)^{k+1}\sigma_p/k \tag{5}$$

由此可以得到弹性区的水平位移

$$u_r = \frac{(1 - \varepsilon_p)^{k+1}\sigma_p}{2kG}\left(\frac{R_p}{r}\right)^k \tag{6}$$

$k = 1$　为圆柱形孔洞；

$k = 2$　为球形孔洞。

式中 ε_{p}——弹塑性分界面上的径向应变[2]，其表达式如下：

$$\varepsilon_{\mathrm{p}}=\frac{\sigma_{\mathrm{p}}-p_0}{2Gk} \qquad (7)$$

其中，σ_{p} 为弹塑性分界面上的径向应力[2]，其表达式如下：

$$\sigma_{\mathrm{p}}=\frac{1+k}{N+k}Np_0 \qquad (8)$$

$$N=\frac{1+\sin\varphi}{1-\sin\varphi} \qquad (9)$$

式中 φ——内摩擦角。

R_{p} 为塑性半径[2]，其表达式为：

$$R_{\mathrm{p}}=\left(\frac{p_{\mathrm{L}}+C\cot\varphi}{\sigma_{\mathrm{p}}+C\cot\varphi}\right)^{1/(1-\beta)}R_{\mathrm{u}} \qquad (10)$$

p_{L}——桩侧表面的极限压力，可以由下式解得：

$$1=T\left(\frac{p_{\mathrm{L}}+C\cot\varphi}{\sigma_{\mathrm{p}}+C\cot\varphi}\right)^{\gamma}-Z\left(\frac{p_{\mathrm{L}}+C\cot\varphi}{\sigma_{\mathrm{p}}+C\cot\varphi}\right) \qquad (11)$$

$$T=\frac{\chi(1+k)k\varepsilon_{\mathrm{p}}}{\alpha+\beta}+\frac{\sigma_{\mathrm{p}}+C\cot\varphi}{2Gk}(1-\varepsilon_{\mathrm{p}})^{k+1}(k+1) \qquad (12)$$

$$Z=\frac{\chi k(k+1)\varepsilon_{\mathrm{p}}}{\alpha+\beta} \qquad (13)$$

$$\gamma=\frac{1+\alpha}{1-\beta} \qquad (14)$$

$$\chi=\frac{k(1-\nu)-k\nu(M+N)+[(k-2)\nu+1]MN}{[(k-1)\nu+1]MN} \qquad (15)$$

$$\beta=1-k\left(\frac{N-1}{N}\right) \qquad (16)$$

$$\alpha=k/M \qquad (17)$$

$$M=\frac{1+\sin\psi}{1-\sin\psi} \qquad (18)$$

其中，ψ 为膨胀角。

$$\sigma_{\mathrm{p}}+C\cot\varphi=\frac{1+k}{N+k}N(p_0+C\cot\varphi) \qquad (19)$$

1.3 单桩阻力

桩侧阻力可以由下式表示：

$$Q_{\mathrm{su}}=\int_0^h \mu u p_{\mathrm{L}}\mathrm{d}l \qquad (20)$$

式中 μ——桩侧表面摩擦系数；

u——桩侧表面周长；

h——桩的入土长度。

端阻力的表达式为：

$$Q_{\mathrm{pu}}=\int_0^{\pi/2}(p_{\mathrm{L}}\cos\theta+\mu p_{\mathrm{L}}\sin\theta)2\pi R_{\mathrm{u}}^2\sin\theta\mathrm{d}\theta \qquad (21)$$

式中 μ——桩侧表面摩擦系数；

R_{u}——桩的半径；

θ——极限压力与竖直方向的夹角。

静压桩的单桩阻力为：

$$\begin{aligned}Q_{\mathrm{u}}&=Q_{\mathrm{su}}+Q_{\mathrm{pu}}\\&=\int_0^h \mu u p_{\mathrm{L}}\mathrm{d}l+\int_0^{\pi/2}(p_{\mathrm{L}}\cos\theta+\mu p_{\mathrm{L}}\sin\theta)2\pi R_{\mathrm{u}}^2\sin\theta\mathrm{d}\theta\end{aligned} \qquad (22)$$

2 参数研究

上一部分已经得出了弹性区的水平位移公式，发现它与土体的多项参数有关，如：摩擦角、膨胀角、剪切模量、深度、泊松比等，下面将分析弹性区位移与土体各参数的关系。

从图2中可以看出，弹性区水平位移随摩擦角的增加而减小，而且两者的关系是线性的，随着其他参数的变化，这条直线也在发生变化，但水平位移和摩擦角始终保持直线关系。

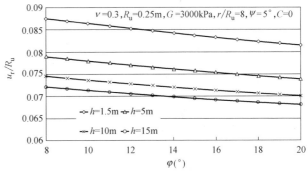

图2 水平位移随摩擦角的变化

从图3中可以看出，水平位移随膨胀角增加而增加，而且二者的关系基本是线性的，随着其他参数的变化，这条直线也在发生变化，当深度较小时，它们的关系并不是理想的直线，但这不影响它在工程中的应用，因此，可以认为弹性区水平位移和摩擦角是直线关系。

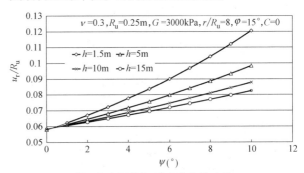

图3 水平位置随膨胀角的变化

从图4中可以看出，弹性区水平位移随深度的增加而减小，但减小的幅度不大，在离孔洞较近的土体的位移的变化较大，离孔洞较近的土体的位移的变化很小，基本没有变化。

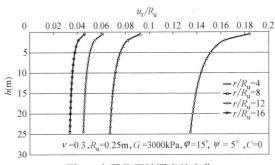

图4 水平位置随深度的变化

从图 5 中可以知道，弹性区水平位移随半径的增加而减小，在离孔洞较近的土体位移较大，变化值也较大；而在离孔洞较远的土体的位移较小，且趋向于一个常值。

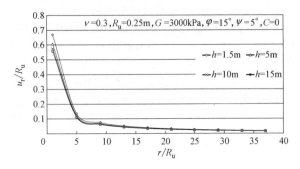

图 5　水平位移随半径的变化

从图 6～图 9 中可以知道极限压力随摩擦角、膨胀角、泊松比及深度的增加而增加，它们之间变化关系基本成线性。虽然在深度较小的土体的极限压力和各参数之间的关系并不是完全线性的，但不影响在工程中的应用，所以可以认为极限压力与上述参数间呈线性关系。

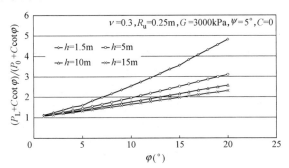

图 6　极限压力随摩擦角的变化

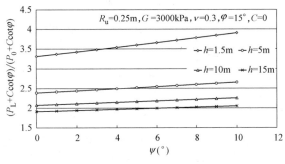

图 7　极限压力随膨胀角的变化

3　工程实例

某综合楼地面以上 19 层，地下室 2 层。基坑开挖深度为 8.5～9.6m，采用预制桩基础，预制桩截面为 450mm×450mm，桩长为 29～30m，由于场地周围复杂，东面是住宅楼，西面是五四河道路，南临湖东路，西南两面到路下面埋设有电缆和天然气气管道，北面是一幢正在建造的住宅楼。地基的土层参数如表 1 所示。

利用上述的土层参数，对 171 号桩引起的桩周土

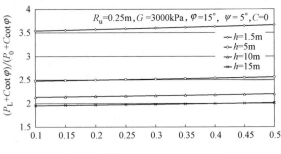

图 8　极限压力随泊松比的变化

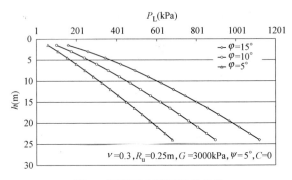

图 9　极限压力随深度的变化

体的水平位移进行了计算，并与监测的实际位移进行了比较。

从实测数据和计算得到的数据的比较来看，在深度不大的土层范围内，实测数据和计算数据的相差较小，而在深度较大的土层中两个数据相差的比较大。这主要是因为实测数据是以最下面的测点的位移为零的，而这个零值对较深土层的水平位移影响比较大，对深度不大的土层的水平位移影响不大。还有另外一个重要的原因就是，理论计算分析中，对于孔洞扩张没有考虑因土体的隆起而引起的体积变化，认为全部的体积变化都是沿径向的，且计算中假设土是均匀的介质，而真正的土是不可能完全均匀的，它有很多的变异性。

地基土层和土性参数　　　表 1

层次	名称	厚度 (m)	压缩模量 E_{s1-2} (MPa)	摩擦角 (°)	黏聚力 (kPa)	天然重度 (kN/m³)	膨胀角 (°)	泊松比
①	杂填土	2	7.5	20	50	18	1	0.2
②	黏土	1	1.52	15.1	50	19	5	0.4
③	淤泥	5	2.01	10	21	16.6	15	0.4
④	淤泥	2	2.96	5	28	16.6	5	0.4
⑤	淤泥	2	2.96	7.7	28	16.6	2	0.4
⑥	淤泥	2	5.68	10	28	16.6	1	0.4
⑦	淤泥	2	5.2	15	37	16.6	1	0.4
⑧	淤泥	2	3.49	12.5	21	16.6	1	0.4
⑨	黏土	8	7.5	20	50	19	0.5	0.2

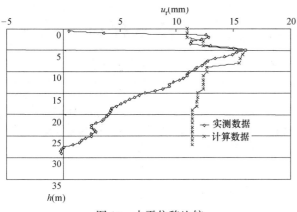

图 10　水平位移比较

4　结论

从对求解过程和实际算例的分析中，我们可以得出如下结论：

（1）静压桩引起的桩周土的水平位移随半径的增加而减小，在离孔洞较近土体的位移变化较大，而在离孔洞较远土体的位移变化很小。静压桩引起的桩周土的水平位移为在同一层土中随着深度的增加变化不大。

（2）静压桩引起的桩周土的水平位移与摩擦角、膨胀角的变化关系是线性的，位移随摩擦角的增加而减小，随膨胀角的增加而增加。

（3）极限压力随摩擦角、膨胀角、泊松比及深度的增加而增加，它们之间变化关系基本呈线性。

（4）本文理论模型能较准确地计算静压桩成桩过程中桩周土位移及桩阻力，对工程有一定的指导意义。

参考文献：

［1］　龚晓南. 土塑性力学［M］. 杭州：浙江大学出版社，1990.

［2］　Carte J P，Brooker，J R，Yeung，S K. Cavity expansion in cohesive frictional soils［J］. Geotechnique，1986，36（2）：349-358.

软土地区超深基坑桩基及围护工程施工若干技术探讨

习跃来， 王艳萍， 周 澄

（浙江省建投交通基础建设集团有限公司，浙江 杭州 310012）

摘 要：软土地区深大基坑的桩基及围护工程施工实践，探讨适宜的施工技术措施，采用不同的施工方法与施工技术，解决复杂环境条件下深大基坑桩基工程与围护工程的有关止水帷幕、周围环境保护、围护结构体系和桩基工程等的施工质量问题。

作者简介：习跃来(1971—)，男，高级工程师，主要从事施工现场工程技术管理工作。E-mail：75296985@qq.com。

Discussion on construction technology of pile foundation and retaining engineering of super deep foundation pit in soft soil area

XI Yue-lai，WANG Yan-ping，ZHOU Cheng

（Zhejiang Infrastructure Construction Group Co.，Ltd.，Hangzhou Zhejiang 310012，China）

Abstract：Based on the construction of pile foundation and structure-defending of deep foundation pit in soft soil area，this paper discusses the appropriate construction technical measures，and adopts different construction methods and technologies to solve construction problems of pile foundation and structure-defending of deep foundation pit under complex environmental conditions，such as water stop curtain，surrounding environmental protection，retaining structure system，pile foundation engineering，etc.

0 引言

随着社会经济的发展，城市建设用地成为制约城市发展的重要因素。在一些城市老城区建设时，向地下要空间已成为不得已的选择。但软土地区深基坑受客观地质条件与拥挤的交通现状、既有建筑等的制约，深基坑桩基与围护工程的施工质量直接关系到工程目的的实现，解决有关施工技术问题有重要的现实与社会意义。

本文结合杭州中心深基坑的工程实践，对复杂环境条件下软土地区的桩基工程与基坑围护工程的有关施工技术与施工方法进行探讨，以期达到软土地区深基坑安全适用、环境保护、经济合理、确保质量的目的。

1 工程概况

1.1 工程总体情况

本工程位于杭州市市心，前身为杭州电车厂旧址，是地铁1、3号线武林广场站上盖综合体。工程西邻武林广场站及浙江省科协大楼，北靠环城北路，东侧为中山北路，南侧现状为2幢5~6层居民楼（浅基础）。工程位置见图1。

规划总用地面积为22566m^2。总建筑面积254453m^2。其中地下1、2层中部主体为商场；地下室东侧地下1层及夹层为自行车库；地下2层北侧和东侧主体为酒店后勤服务区和设备区；地下3~6层主体为机动车库。上部建筑由2栋超高层主楼以及裙楼组成。如图2所示。

图1 工程位置图

图2 建筑BIM建模

1.2 桩基及基坑工程概况

（1）基坑分坑情况及周围环境概况

本工程基坑分为A1、A2、B1、B2、D五个小基坑，基坑之间设置分隔墙。基坑西侧A1坑距离地铁武林广场站外墙最近位置约 3m，A2 坑距离计划施工的地铁 1 号线盾构隧道区间最近约 6.2m；基坑西侧 B2 坑距离杭州科协大厦基坑边线约 12.5m，距离南侧居民小区最近约 11.2m。基坑距北侧 D 坑及 B1 坑环城北路约 7.5m，B1 坑及 B2 坑东侧距中山中路最近约 5.5m。

图 3 分坑施工顺序图

设计要求基坑按 B2→B1→D→A2→A1 的顺序依次施工，即远地铁基坑先施工，近地铁基坑后施工，在远地铁基坑结构超出地面后再施工下一近地铁基坑。

（2）围护设计概况

1）本工程围护结构主要采取地下连续墙形式，整体基坑外周围护采用 1200mm 厚地下连续墙，基坑各分坑间分隔墙为 1000mm 的地下连续墙。

大基坑外周 1200mm 厚地下连续墙兼作地下室外墙，简称"两墙合一"。

2）坑内加固

近地铁 A 和 D 坑基坑底采用 ϕ850@600 三轴水泥搅拌桩满堂加固，基坑边 10m 范围内采用 ϕ800@200 高压旋喷桩进行被动区土体加固，加固范围为 −28.650～−30.850m。

B2 基坑采用裙边加固和 B1 基坑采用扩大的裙边加固，加固采用 ϕ800@1200 高压旋喷桩，加固标高范围为 −6.150～−30.850m。

基坑地下连续墙外侧槽壁与基坑内裙边加固均采用 ϕ850@600 三轴水泥搅拌桩。

详细的围护设计情况见图 4。

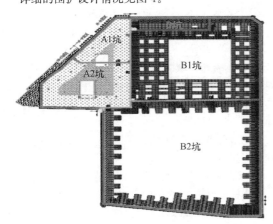

图 4 基坑分坑围护设计图

（3）工程桩设计概况

本工程桩各基坑采用 ϕ1000mm 满堂钻孔灌注桩基础，有效桩长 25m，桩顶标高 −30.5m，空灌高度 30m。桩端持力层进入中风化泥质粉砂岩不小于 1m，采用桩底后注浆。

（4）工程地质情况

地基土层划分表　　表 1

层号	地层名称	顶板高程 (m)	顶板埋深 (m)	层厚 (m)	分布情况
①₁	杂填土	5.61～8.24	0.00	2.50～5.80	全区分布
①₃	淤泥质填土	1.53～3.82	2.50～4.90	0.70～0.90	零星分布
②₁	黏质粉土	2.82～1.31	4.80～3.30	2.40～0.30	局部分布
②₂	粉质黏土	0.74～3.44	2.90～5.60	0.40～2.40	局部分布
④₁	淤泥质黏土	−1.02～2.01	4.00～7.50	3.20～6.80	全区分布
④₂	淤泥质粉质黏土	−6.07～−1.38	8.80～12.20	1.70～6.70	全区分布
④₃	黏质粉土夹淤泥质黏土	−10.61～−6.07	12.40～17.20	1.80～7.20	全区分布
⑥₁	淤泥质粉质黏土	−14.98～−11.67	17.70～21.00	1.80～7.20	全区分布
⑥₂	粉质黏土	−20.45～−13.79	20.00～26.40	0.90～8.70	全区分布
⑦₁	粉质黏土	−25.27～−17.56	24.50～31.60	0.90～6.10	全区分布
⑦₂	粉质黏土	−28.25～−19.26	26.30～34.20	1.50～10.50	全区分布
⑧₂	粉质黏土	−30.68～−23.25	29.60～36.90	0.90～9.90	大部分分布
⑨₁b	含砂粉质黏土	−31.61～−29.27	35.10～37.50	2.30	局部分布
⑫₂	粉砂	−32.62～−29.51	35.90～38.90	0.80～5.20	局部分布
⑫₄	圆砾	−36.11～−29.78	36.70～42.60	1.20～7.20	全区分布
⑫₄夹	中细砂	−36.72～−34.13	40.00～43.50	0.50～2.00	局部分布
⑬₁	粉质黏土	−38.27～−36.13	42.00～45.40	0.50～4.80	全区分布
⑭₂	圆砾	−40.85～−37.82	44.30～47.50	0.40～3.30	个别分布
⑳₁	全风化泥质粉砂岩	−42.03～−36.28	42.20～48.70	0.70～5.30	全区分布
⑳₂	强风化泥质粉砂岩	−43.48～−38.09	44.00～50.50	0.60～10.80	全区分布
⑳₃	中风化泥质粉砂岩	−53.27～−41.68	48.00～59.20	最大揭露厚度大于10.0m	全区分布

2 工程特点及施工重难点

（1）基坑主体基础埋深达到 30m，地下连续墙最深槽底高程为 53.57m，成槽深度 53m，最重地下连续墙筋笼净重 97t，超深地下连续墙的垂直度控制及超重钢筋笼的安装和超深钻孔灌注的垂直度及桩头混凝土质量的保证等，对施工技术和施工机械的配置要求高。

（2）本工程的地下连续墙槽壁开挖位置已用三轴水泥搅拌桩桩于 3 年半前加固，再继续本基坑围护体系施工时，先期施工的加固体成为本工程地下连续墙施工时的障碍，如何确保地下连续墙槽壁的垂直度为本工程的难点。

（3）本工程超深空灌高度的桩顶标高控制和桩基的垂直度控制，保证桩顶部位施工质量和桩位偏差，对施工技术均提出了挑战。

（4）本工程地处杭州市中心，周边环境复杂，周边均为重要建筑物及交通要道，确保施工期间周边道路、地下燃气管线、地铁侧土体位移、周围土体沉降，并确保地铁 1 号线运营安全为本工程的重中之重。且基坑期间施工机械的噪声及废气、交通协调与管理、施工现场的材料及废渣的处置、扬尘等均须严格控制。

3 主要的施工方法与施工技术

3.1 双轮铣 CSM 工法地下墙槽壁偏孔处理

（1）地边墙成槽偏孔原因分析

本工程在进行主体基坑地下墙成槽施工时出现严重偏孔现象，且使用成槽机纠偏极其困难。根据施工情况进行验证基本可断定造成偏孔的主要原因为：

1）主体基坑地下墙槽壁三轴搅拌桩加固于 3 年半前完成，时间长使得加固土体强度达到极高值，且加固体存在不均匀的情况，地下连续墙成槽时因地层软硬不均，导致施工时挖除困难且极易移位。

2）本工程三轴搅拌桩槽壁加固深度 29～32m，三轴水泥搅拌桩其垂直度有一定的偏移，导致地下墙沿着三轴搅拌桩的偏移方向偏孔，导致槽壁偏孔。

3）由于槽壁加固时基本紧贴地下墙施工，上部杂填土和淤泥质土层较松散，水泥浆极易渗入地下墙槽段内局部土层的强度高，成槽机无法正常挖除，最终致使出现偏孔现象。

（2）施工处理方案

采用双轮铣对 1200mm 厚地下墙墙体土层进行预处理，利用其长 3200mm×宽 1200mm 铣头对墙内水泥土进行铣削，充分发挥双轮铣的高削掘性能和精度，然后对扰动的土体掺入水泥进行固化。

本工程双轮铣施工目的为地下墙纠偏处理，在槽壁宽度方向采用 1200mm 厚铣头进行铣削处理，同时在槽壁长度方向幅间搭接为 200mm，采用往复式双孔全套复搅式成桩施工，具体施工顺序见图 5。

1）工艺流程：移机定位→铣削下沉搅拌纠偏、喷泥

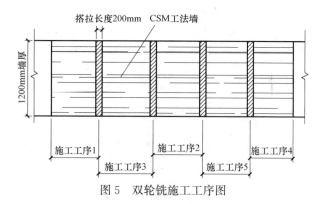

图 5 双轮铣施工工序图

浆→回转提升喷浆→成墙移机→7d 后施工地下墙。

2）双轮铣搅拌墙施工要求

① 每次铣幅长 3200mm，宽 1200mm，搭接 200mm。

② 泥浆采用水和膨润土浆液，膨润土掺入量每方水 70～100kg/m³。

③ 水泥采用 P·O42.5 普通硅酸盐水泥，水灰比 1.5。

④ 水泥掺入量 7%～13%（通过试处理确定）。

⑤ 相邻槽段喷浆工艺的施工时间间隔不大于 10h。

⑥ 水泥浆液应按设计配合比拌制，制备好的浆液不得离析，泵送必须连续，不得中断。下沉速度 1.2～1.4m/min，提升速度 0.28～0.5m/min。应保证施工机械的平整度和机架的垂直度，墙体的垂直度偏差不得超过 1/300。

双轮搅施工参数表　　　表 2

序号	内容	参数	序号	内容	参数
1	铣头	3200mm×1200mm	6	水泥掺量	10%～13%
2	水灰比	1.5	7	成桩垂直度控制	不大于1/300
3	搭接	200mm	8	浆压力	2.0～2.5MPa
4	双轮下沉速度	1.2～1.4m/min	9	双轮提升速度	0.28～0.5m/min
5	气压力	0.5～0.8MPa	10	浆流量	500～640L/min

3）双轮铣 CMS 工法施工工艺要求

① 铣头定位：将双轮铣搅拌钻机的铣头定位于墙体中心线和每幅标线上。偏差控制在±5cm 以内。

② 铣头宽度：采用长 3200mm×宽 1200mm 铣头，需对厚 1200mm 地下墙进入墙内水泥土进行铣削，铣削时需对基坑内全部进行铣削，确保将槽壁内加固体清除干净。

③ 铣削深度：铣削深度 29～32m，同原三轴搅拌桩槽壁加固深度。

④ 垂直的精度：对矩形钻杆的垂直度，采用经纬仪作三支点桩架垂直度的初始零点校准，由支撑凯利杆的三支点辅机的垂直度来控制。操作员通过触摸屏，控制调整铣头的姿态。

⑤ 铣削速度：开动主机掘进搅拌，按规定要求注浆、供气。控制铣进速度约为 1.2～1.4m/min。铣进达到设计深度时，延续 10s 左右对墙底深度以上 2～3 m 范围，重复提升 1 次。提升动力头的提升速度控制在 0.28～0.5m/min；以避免形成真空负压，孔壁坍陷，造成墙体空隙。

⑥ 铣削喷浆：铣削时下沉搅拌、喷泥浆，在提升喷浆时喷水泥浆浆，将扰动的土体加入适量的水泥浆进行固化，对铣削土体水泥掺量 10%～13%，水灰比 1.5。

⑦ 墙体均匀度：为确保墙体质量，应严格控制掘进过程中的注浆均匀性以及由气体升扬置换墙体混合物的沸腾状态。

⑧ 特殊情况处理：供浆必须连续。一旦中断，将铣削头掘进至停供点以下 0.5m（因铣削能力远大于成墙体的强度），待恢复供应时再提升。当因故停机超过 30min，对泵体和输浆管路妥善清洗。

⑨ 施工记录与要求：及时填写现场施工记录，每掘进 1 幅位记录一次在该时刻的浆液相对密度、下沉时间、供浆量、供气压力、垂直度及桩位偏差。

3.2 超深地下连续墙成槽工艺及超重钢筋笼吊装

（1）地下连续墙施工方案

本工程地下连续墙采用"地下连续墙液压抓斗"工法。

1）施工机械：本工程地下墙必须嵌入㉠₃ 层中风化泥质粉砂岩石 0.5m。通过地质勘查报告可知，本工程中风化泥质粉砂岩建议饱和单轴抗压强度为 4MPa，最大实测单轴抗压强度在 10MPa 以下，本工程采用的金泰 SG60 和金泰 SG60A 成槽机进行施工。

2）施工工艺流程

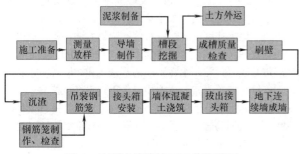

图 6 地下连续墙施工工艺流程图

3）地下连续墙施工工艺要求

① 选用优质膨润土泥浆，比常规泥浆提高一个档次，确保槽段护壁质量。

② 严格控制泥浆回收质量，pH 大于 12 的泥浆必须废弃。

③ 采用先行幅、连接幅、闭合幅施工设计，避免在水下混凝土浇灌时形成二端压力不平衡。从而保证接头箱抽拔无困难，槽段质量能保证。

④ 对分幅进行合理的调整，尤其是部分特殊幅，尽量减少接头数量。

⑤ 在接头箱的位置施工引导孔，以保证槽壁端头的垂直度，减少接头箱起拔过程中的摩擦阻力。在接头箱背部的空隙处用优质黏土回填，以防止混凝土浇灌中发生绕灌，增加接头箱起拔的困难和相邻槽段成槽的困难。

⑥ 严格规定接头箱的起拔时间，混凝土开始浇灌 4 个小时后就要开始顶拔接头箱，但第一次顶拔高度不大于 10cm，顶动后，松开引拔机，任接头箱回落到原处，之后，每间隔 5min 顶起一次，并根据混凝土浇灌上升曲线表和预先留有的混凝土试块判断混凝土是否凝固而确定接头箱逐段拔除的时间。

⑦ 确保接头刷壁质量，采用专用刷壁器进行刷壁，刷壁示意图见图 7。

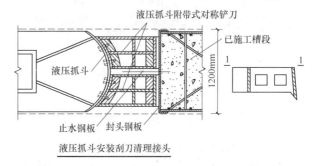

图 7 专用刷壁器刷壁示意图

⑧ 施工过程中严格控制地面的重载，不使土壁受到施工附近荷载作用影响而造成土壁塌方，确保墙身的光洁度。

⑨ 钢筋笼必须在水平的钢筋平台上制作，制作时必须保证有足够的刚度，架设型钢固定，防止起吊变形。必须按设计和规范要求放置保护层垫块，严禁遗漏。

⑩ 混凝土浇灌过程中，两根导管必须始终处于同一高度，以保证混凝土浇灌的均匀性。

（2）地下连续墙钢筋笼吊装施工方案

1）吊装机械

本工程最长钢筋笼 52.07m，最重钢筋笼约 97t，钢筋笼采用整体制作分节吊装方式。将钢筋笼分为 2 节，其中上段钢筋笼重 75t，长 36m；下段钢筋笼重 22t，长 16.07m。350t 主吊车、150t 副吊车可满足起吊要求。

钢筋笼起吊采用一台 350t 履带式起重机和一台 150t 履带式起重机双机抬吊法，互相配合吊装钢筋入槽。起吊钢筋笼时用 350t 履带吊（主吊）和 150t 履带吊（副吊）双机抬吊，将钢筋笼水平吊起，然后升 350t 主吊钩、放 150t 副吊钩，最终由 350t 吊车将钢筋笼凌空吊直，副钢筋笼吊装示意图见图 8。

2）地下连续墙钢筋笼工艺要求

① 钢筋笼必须在水平的钢筋平台上制作，制作时必须保证有足够的刚度，架设型钢固定，防止起吊变形。

② 必须按设计和规范要求放置保护层垫块，严禁遗漏。

③ 吊放钢筋笼时发现槽壁有塌方现象，应立即停止吊放重新成槽清渣后再吊放钢筋笼。

④ 钢筋笼吊装前必须经检查合格，尤其是钢筋笼的钢筋数量、规格、焊接质量、加固措施用筋等符合设计和规范要求。

图 8 地下连续墙钢筋笼双机抬吊图

⑤ 钢筋笼吊装前吊具必须全数检查，机械运行状态良好。

3.3 桩基的垂直度以及长空灌高度的桩顶标高控制

（1）桩基工程施工工艺

桩基采用垂直度控制较好、静态泥浆护壁的旋挖钻机施工。

（2）本工程桩基施工特殊工艺措施

① 本工程采用筏式满堂基础，施工场地极易形成大面积的坍陷，给后期施工带来安全隐患与施工难题。故施工时采用埋设长度 10m 以上的长护筒，既解决群桩施工孔口易坍塌的难题，又能在钻进过程中对钻孔起到更好的导向作用，保证桩孔垂直度。

② 为防止完工钻孔空灌部位塌陷，桩孔全数按要求进行回填，同时为加强已施工区域桩孔的地基支承力，间隔采用 C15 素混凝土将桩孔灌至地面，梅花形布设，回填桩孔。

③ 桩基混凝土控制量采用定尺长度的自脱卸吊筋装置，取代传统的钢筋吊筋，节约钢筋资源，桩顶标高采用自制捞渣筒控制，吊装装置见图 9。

④ 钻孔灌注桩产生的大量泥浆采用压滤机预处理，将泥浆中的土与水分离，减轻泥浆外运的运输压力。本工程地处杭州市中心，外围交通管制严格，交通压力大，且土方相对泥浆的处置接纳地点易于寻找，对处于市中心的本工程来说尤其有现实的意义。

3.4 施工监测

本工程邻近地铁，尤其是 A2 坑距离地铁 1 号线盾构隧道区间最近仅 6.2m；施工作业活动不可避免地对周边环境产生不利影响，保证施工期间地铁的运营安全是本工程施工的重中之重。故施工前编制有针对性的施工监测方案，严密监测施工期间周边情况，尤其是地下水位、深层土体变形和周边建筑、构筑的变形情况和周边道路的安全，确保施工安全。

从本工程的施工中的监测情况来看，深层土体最大变形为 4cm，地铁区间隧道沉降为 0.5mm，地下水位基本保持稳定，所采取的施工措施和施工质量均达到了预

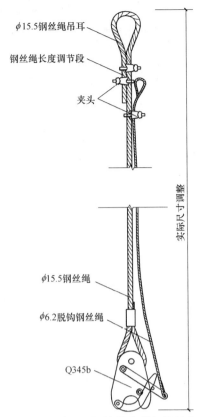

图 9 钻孔灌注桩钢筋笼自脱卸吊筋装置

期目的。

4 结语

本文对杭州中心桩基及围护工程项目，在复杂环境条件下解决深基坑围护施工及桩基施工难题及施工方法进行了探究，可得出以下结论：

（1）地下连续墙成槽垂直度控制的方法，尤其是成片障碍物处理，可采用双轮铣水泥土墙对地下连续墙成槽地层进行改善，控制水泥土墙的水灰比和成墙时间，后续地下连续墙施工垂直等成槽质量能得到很好地控制。

（2）超重地下连续墙钢筋的下放在选择好吊具及吊装机械，超长钢筋笼分节吊装，在孔口进行钢筋笼的对接。

（3）当桩基空灌高度超长时，因普遍采用商品混凝土，桩孔内的混凝土上升情况可能因测量不及时而造成桩顶混凝土超灌高度过长而造成浪费，可采用自脱卸吊筋装置和混凝土捞斗结合，能很好地保证桩顶混凝土强度。

（4）以施工监测为保障手段指导施工，可有效地控制施工过程的风险。

参考文献：

[1] 吉倩. 地下连续墙液压抓斗施工工法[J]. 建筑机械，2012
   （12）；119-121.

[2] 张耀龙，刘光辉，王志辉，华文鑫，高宇澄双轮铣深层搅拌桩（CSM）工法施工技术[J]. 浙江建筑，2016，33（1）；
   36-39.

基于解析法拟合试桩荷载-位移曲线推定评价既有基桩实际承载力的方法与实践

周永明，高　超，戚亚珍，任　涛，徐伟斌

（浙江省建筑设计研究院，浙江 杭州 310006）

摘　要：既有建筑因上部荷载小幅变化导致桩基承载力不足时，为进一步挖掘桩基承载力，需对原有基桩的单桩极限承载力提高幅度进行定量推定。本文通过最小二乘法原理对原有桩基试桩的荷载-位移若干曲线进行拟合推算，抗拔桩采用双曲线型函数模型拟合，承压桩采用叠加型组合函数模型拟合。通过现场持荷再加载载荷试桩实测数据与拟合结果对比表明，根据基桩承载性状类型选取相应的函数模型进行荷载-位移曲线拟合，能较好地描述原有试桩的荷载传递特性，具有较高的精度，采用电子表格软件可快速求解并生成曲线，可为原有基桩实际极限承载力的推定评价和桩基承载力复核提供理论依据。

关键词：既有桩基；荷载传递函数模型；曲线拟合；现场验证

作者简介：周永明(1969—　)，男，正高级工程师，硕士，主要从事建筑结构设计和分析。E-mail：9764zym@sina.com。

Method and practice of evaluating actual bearing capacity of existing foundation pile based on analytical method fitting load-displacement curve of test pile

ZHOU Yong-ming, GAO Chao, QI Ya-zhen, REN Tao, XU Wei-bin

（Zhejiang Prov. Institute of Architectural Design and Research，Hangzhou Zhejiang 310006，China）

Abstract：When the bearing capacity of the existing pile foundation is insufficient due to the small change of the upper load of the existing building，in order to further excavate the bearing capacity of the pile foundation，it is necessary to calculate quantitatively the increase of the ultimate bearing capacity of the original single pile. In this paper，the load-displacement curves of test pile from the original pile foundation are calculated by the least square method. The hyperbolic function model is used to fit the uplift pile，and the superposition combination function model is used to fit the bearing pile. The comparison between the field measured data and the fitting results of the load-bearing reloading test pile shows that the load transfer characteristics of the original test pile can be well described by selecting the corresponding function model to fit the load-displacement curve according to the bearing characteristics of the foundation pile，and it has a high accuracy. Using the spreadsheet software，the curve can be quickly solved and generated，which can provide a theoretical basis for the evaluation of the actual ultimate bearing capacity of the original pile foundation and the review of the pile bearing capacity.

Key words：existing foundation pile；load transfer function model；curve fitting；on-site verification

0　引言

既有建筑加建改造过程中，因上部结构荷载增加，导致桩基竖向设计承载力不足的情况时有发生。在桩基设计承载力略有不足的情况下，若采取补桩等加固方法不仅施工工艺复杂、造价高、工期长，而且对原地下室基础构件损伤较严重，增加渗漏隐患。在大多数工程应用中，考虑试桩经济性，通常利用工程桩作为静载荷试验桩，一般最大加载值取2.0倍单桩设计竖向承载力特征值，未加载至破坏状态，基桩实际承载力仍有一定的挖掘空间，故对缓变型Q-s曲线的单桩实际极限承载力取值还可适当提高，但推定提高的幅度值尚无法作出定量的预测。若能对原有基桩的单桩极限承载力进行定量的预测推定，并加以现场持荷再加载载荷试验进行验证，则可对原有基桩的实际承载力作出有效的评价，从而可确定是否需采取加固补强措施或相应减少桩基加固工程量，以控制桩基补强成本，获得较好的经济效益。本文根据某工程原有试桩实测的荷载-位移若干曲线，基于最小二乘法原理，对原有试桩Q-s曲线进行拟合，定量推定原有单桩实际极限承载力，并结合现场验证，给出评价结果，作为桩基承载力复核依据。

1　基桩荷载传递函数模型形式

利用工程试桩实测的荷载-位移关系曲线，建立荷载传递函数。函数形式一般有双曲线函数、指数函数、叠加型组合函数及幂函数等几种形式。摩擦型基桩的荷载传递函数可表达为双曲线型函数；端承型基桩的荷载传递函数可表达为指数函数；端承摩擦型或摩擦端承型基桩的荷载传递函数可表达为叠加型组合函数[1]。

1.1　双曲线型函数模型

函数方程：

$$Q=Q_{max}s/(s+c) \tag{1}$$

式中，Q，s 为试桩时各级加载值（kN）及相对应的桩顶沉降量（mm）；Q_{max} 为桩的最大加载值（kN）；c 为待定参数，其中 Q_{max} 和 c 均为未知数。

通过变量替换，将式（1）转换为待定参数的线性函数 $y=ax+b$，其中 $y=s/Q$，$x=s$，$a=1/Q_{max}$，$b=c/Q_{max}$。通过最小二乘法原理，确定 a 和 b，进而求得 Q_{max} 和 c，从而得出双曲线函数方程。

1.2 指数型函数模型

函数方程：

$$Q=Q_{max}[1-\exp(-s/\eta)] \quad (2)$$

式中，η 为待定参数，其中 Q_{max} 和 η 均为未知数，其余参数含义同式（1）。

通过积分，替换对数变量，将式（2）转换为待定参数的线性函数：

$$dQ/ds=Q_{max}\exp(-s/\eta)/\eta \quad (3)$$

以增量 Δ 代替微分，两边取对数，则线性函数通过转换可表达为 $y=ax+b$，其中 $y=\ln(\Delta Q/\Delta s)$，$x=s$，$a=-1/\eta$，$b=\ln(Q_{max}/\eta)$。同样通过最小二乘法原理，确定 a 和 b，进而求得 Q_{max} 和 η，从而得出指数型函数方程。

1.3 叠加型组合函数模型

函数方程：

$$Q=KQ_s+(1-K)Q_e \quad (4)$$

式中，Q_s 为双曲线型模型推算结果；Q_e 为指数型模型推算结果；K 为经验系数，根据桩侧阻力分担荷载比例，可取 0.3～0.7。

2 曲线拟合的快速求解方法

根据基桩的承载特性，首先选取相应的荷载传递函数模型，得出函数方程，再进行曲线拟合。

通过 Excel 电子表格软件可快速求解并生成 Q-s 拟合曲线，方法如下：

（1）将各实测点数据 Q_i 和 s_i 输入 Excel 表中，生成 x_i 和 y_i 数值；

（2）令实测点与假定理论曲线点的误差平方和为 $\Delta=\sum[y_i-(ax_i+b)]^2$，由 $\partial\Delta/\partial a=0$，$\partial\Delta/\partial b=0$ 可得 x_i，y_i 与 a，b 之间的关系式，利用 SPSS 函数求解功能，确定 a，b，求得 Q_{max}、c 或 η，给出双曲线型和指数型函数方程式；

（3）利用 Origin 图表绘制功能生成对比曲线图；

（4）当采用叠加型组合函数模型进行 Q-s 曲线拟合时，可通过选取不同 K 值进行逐步逼近拟合，确定 K 值，最后形成拟合曲线图。

上述方法简便、实用，可同时快速处理多条工程试桩曲线，计算效率高。

3 用曲线拟合推定原有试桩实际极限承载力

当既有建筑或在建建筑由于增层改造、结构布置改变、局部增加荷载等因素引起柱（墙）底内力增加，导致原有单桩的桩顶竖向力超过原有单桩承载力特征值但不超过原设计承载力特征值的 1.2 倍时，可利用原工程试桩 Q-s 曲线进行拟合推定原有基桩的实际极限承载力，有条件时可在原有建筑周边地基条件相同的场地根据桩型受力特性选取一组试桩进行现场持荷再加载载荷试验进行验证对比，有地区经验时也可按地区经验进行验证[2]。

抗拔基桩直接采用双曲线型函数模型进行 Q-s 曲线拟合，端承摩擦型或摩擦端承型基桩需采用双曲线型函数模型和指数型函数模型分别进行 Q-s 曲线拟合，然后根据试桩桩侧阻力分担荷载比选取 K 值，再采用叠加型组合函数模型进行拟合修正。

4 工程案例

4.1 工程概况

杭州某与高层建筑连成整体的多层裙楼，地下 3 层，地上 5 层，结构总高度 23m。1 层层高 5.0m，2～5 层层高 4.5m，框架结构，采用直径 700mm 钻孔灌注桩基础，桩基持力层为 ⑨₂ 层圆砾，柱下独立多桩承台，地下室已施工完毕。在即将进行上部结构施工时，因业主要求加建室内外游泳池并对 5 层使用功能进行局部调整：西侧裙房 5 层局部使用功能由办公改为室内泳池（深 1.2m）；4 层增设泳池设备夹层（钢筋混凝土梁板体系）；与主楼相连的裙楼屋面加建室外泳池（深 0.8m）；东侧裙房原小开间办公改为多功能厅。见图 1～图 3。

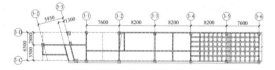

图 1 西侧裙房 5 层结构布置图（局部）

Fig. 1 Structural layout plan of the fifth floor of the west podium（part）

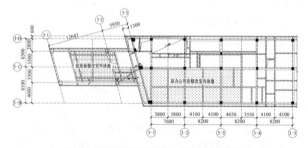

图 2 西侧裙房新增夹层结构布置图

Fig. 2 New layout plan of mezzanine in the west podium

因结构局部加层、加建和 5 层楼面荷载改变，经计算，发现裙楼范围框架柱柱脚内力均有不同程度的增加

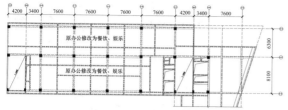

图 3 东侧裙房结构平面布置图（局部）

Fig. 3 Structural layout plan of
east podium（part）

或减少，其中西侧裙楼泳池加建区域标准组合下中柱柱脚轴力最大值较原设计增加了 990kN，东侧裙楼因小开间办公调整为大空间多功能厅，取消了大量室内隔墙，导致恒载下中柱柱脚轴力最大值较原设计减小了 657kN。若按原基桩设计承载力进行复核，发现西侧裙楼局部中柱下桩基竖向抗压承载力不满足要求，且东侧裙楼局部中柱下桩基竖向抗拔承载力不满足要求，需采取补桩或桩侧注浆等加固补强措施，但受施工操作空间、工期等条件限制且涉及损伤原承台底板构件质量，影响防水效果，经分析，利用原试桩实测的荷载-位移曲线，通过拟合试桩 Q-s 曲线，推定预测原有单桩实际极限承载力并结合现场持荷再加载载荷试验验证，研判桩基抗力效应是否满足要求。场地土层特性见表 1。

地基土的物理力学性质　　　表 1

**Physical and mechanical properties
of foundation soil　　Table 1**

土层名称	土层厚度（m）	含水量 w（%）	孔隙比 e	压缩模量 E_s（MPa）	侧摩阻力（kPa）
①杂填土	0.8～3.5				
③₁黏质粉土	1.8～4.6	30.2	0.87	8.5	18
③₂砂质粉土	4.4～7.2	27.0	0.74	7.0	15
⑤砂质粉土夹砂	5.95～10.5	23.6	0.72	14.0	25
⑥淤泥质粉质黏土	4～8.6	42.2	1.22	2.7	8
⑦₁粉质黏土	1.3～10.4	27	0.78	9.5	28
⑦₂粉质黏土混粉细砂	0.9～5.4	25.3	0.73	11.0	30
⑨₁粉细砂	0.7～6.4			15.0	35
⑨₂圆砾	＞7.8			30.0	50

4.2 解析法拟合试桩 Q-s 曲线

（1）承压桩叠加型组合函数模型拟合

原工程承压试桩共 2 根，编号分别为 Z1、Z2。试桩桩径 700mm，桩长 44m，单桩竖向抗压承载力特征值

2600kN，最大加载值 5400kN。Z1、Z2 实测曲线和数值解结果对比见图 4，其中 K 值取 0.7。

由图 4 可见，拟合曲线和实测曲线较接近，各级点位误差值较小，可得出根据试桩桩端与桩侧荷载分担比，确定 K 值，然后选用叠加型组合函数进行试桩荷载-位移曲线拟合，推算结果具有较高精度，能满足实际工程的需要。

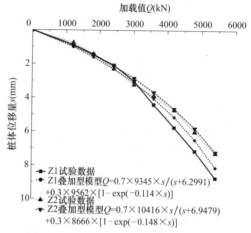

图 4 Z1、Z2 试桩 Q-s 实测曲线和数值解拟合结果对比

Fig. 4 Comparison of Q-s measured curves and
numerical fitting results of Z1 and Z2 test piles

（2）抗拔桩双曲线模型拟合

原工程抗拔试桩共 2 根，编号分别为 Z3、Z4。试桩桩径 700mm，桩长 44.5m，单桩竖向抗拔承载力特征值 1300kN，最大加载值 2700kN。Z3、Z4 实测曲线和数值解结果对比见图 5。

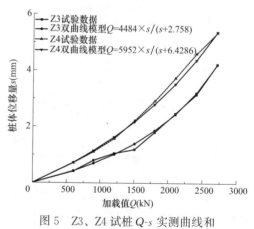

图 5 Z3、Z4 试桩 Q-s 实测曲线和
数值解拟合结果对比

Fig. 5 Comparison of Q-s measured curves
and numerical fitting results of Z3 and Z4 test piles

由图 5 可知，拟合曲线和实测曲线基本接近，各级点位误差值较小，可得出抗拔试桩采用双曲线型函数模型进行试桩荷载-位移曲线拟合，推算结果同样具有较高精度，能满足实际工程的需要。

4.3 现场持荷再加载载荷试验验证

为验证承压桩单桩竖向承载力采用解析法拟合荷载-

位移曲线推定评价原有基桩实际承载力的可靠性，在地下室范围外地质勘探孔附近选取相同地质条件下的场地进行现场持荷再加载载荷试桩，试桩编号为 Z5。

选取原 Z1、Z2 试桩的 Q-s 曲线进行拟合推算并预测其实际竖向抗压极限承载力，经求解，当推算值达到 6480kN 时，Z1 试桩相应的桩顶沉降量为 12.3mm，Z2 试桩相应的桩顶沉降量为 10.8mm 与 Z5 试桩对应的桩顶沉降量实测值 10.4mm 基本相近。Z5 试桩实测数据与拟合推算结果对比，见图 6。

当 Q-s 曲线呈缓变型时，可取桩顶总沉降量 $s=40mm$ 所对应的荷载值作为单桩竖向抗压极限承载力[3]。基于原 Z1、Z2 试桩的 Q-s 曲线拟合，相应推算得出原试桩的单桩竖向抗压极限承载力可达到 8500kN（$s=40mm$）。为留有一定的安全储备，本次单桩抗压极限承载力推定值取 6480kN（较原结果提高 20％）。经复核，可满足改造后柱脚内力增加所需的桩基抗压承载力。

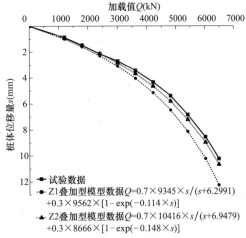

图 6　Z5 试桩 Q-s 实测曲线和数值解拟合结果对比

Fig. 6　Comparison of Q-s measured curves and numerical fitting results of Z5 test piles

同理，对抗拔桩也进行了现场持荷再加载载荷试桩，试桩编号为 Z6。

选取原 Z3、Z4 试桩的 Q-s 曲线进行拟合推算并预测其实际竖向抗拔极限承载力，经求解，当推算值达到 3240kN 时，Z3 试桩相应的桩顶上拔量为 7.2mm，Z4 试桩相应的桩顶上拔量为 7.7mm 与 Z6 试桩对应的桩顶上拔量实测值 6.6mm 基本相近。Z6 试桩实测数据与拟合推算结果对比，见图 7。

取桩顶总上拔变形量 $s=30mm$（按底板允许变形值控制）所对应的荷载值作为单桩竖向抗拔极限承载力。基于原 Z3、Z4 试桩的 Q-s 曲线拟合，相应推算得出原试桩的单桩竖向抗压极限承载力可达到 4100kN（$s=30mm$）。由于既有抗拔桩承载力受裂缝宽度控制，按桩身实配钢筋进行复核计算，本次单桩抗拔极限承载力推定值取 2950kN（较原结果提高 9％）。经复核，大部分柱下抗拔桩可满足改造后柱脚轴力减小所需的桩基抗拔承载力，仅两处柱下桩基抗拔承载力稍不满足计算要求，经比较，采用增加结构配重方法，避免补桩。

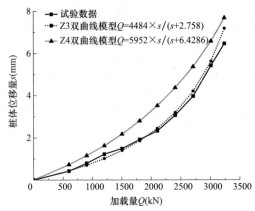

图 7　Z6 试桩 Q-s 实测曲线和数值解拟合结果对比

Fig. 7　Comparison of Q-s measured curves and numerical fitting results of Z5 test piles

5　结论

（1）利用既有工程试桩实测的数据和荷载-位移曲线，根据基桩的承载性状，基于最小二乘法原理，对端承摩擦桩或摩擦端承桩采用叠加型组合函数模型进行曲线拟合，对抗拔桩采用双曲线型函数模型进行曲线拟合，推导得到原有试桩的荷载-位移曲线方程，能较好地反映基桩的荷载-变形特性，拟合误差较小。

（2）通过推导求得的试桩荷载-位移曲线方程，对原有基桩的单桩竖向极限承载力提高幅度进行推定预测，并加以现场持荷再加载载荷试验进行验证，可对原有基桩的实际承载力作出有效的评价，作为桩基竖向承载力复核依据。

（3）实例验证表明，该方法可用于既有建筑或在建建筑因增层、布置改变、荷载增加等原因导致原有桩基荷载效应超过抗力效应的加固改造工程中，为分析桩基加固的必要性和选取基础加固方法提供一种新方法。

（4）为留有安全储备并考虑有待于进一步实践验证，建议推定预测原有基桩竖向承载力提高幅度不宜超过原设计承载力的 20％。

参考文献：

[1]　周永明，翁雁麟，益德清. 卵石层后压浆灌注桩承载力设计及试验分析[J]. 结构工程师，2008，24(4)：85-88.

[2]　中华人民共和国住房和城乡建设部. 既有建筑地基基础加固技术规范：JGJ 123—2012[S]. 北京：中国建筑工业出版社，2012.

[3]　中华人民共和国住房和城乡建设部. 建筑桩基技术规范：JGJ 94—2008[S]. 北京：中国建筑工业出版社，2008.

荷载箱内外注浆工程应用演示和论证性试验

张自平，练国平，符　磊，王双双，雷珊珊

（浙江欧感机械制造有限公司，浙江 杭州 310010）

摘　要：随着自平衡静载试验法在工程桩中的普及应用，试验后对荷载箱部位进行注浆补强的效果也得到了越来越多的关注。传统的荷载箱，由于内部结构复杂，外部结构又难以保证形成连续和通畅的注浆通道，使得试验后注浆经常出现管路堵塞而无法取得预期的效果。为解决此问题，需要对荷载箱内部结构、油管、位移管结构和尺寸设计、注浆料配比等各个方面，进行优化和改进。这里结合杭州西站的工程应用进行了内外注浆现场应用的实践演示和论证性试验，确认了相关技术的可靠性并取得了良好的效果。

关键词：桩基工程检测；自平衡静载测试；荷载箱；内注浆；外注浆；二次注浆；工程桩

作者简介：张自平（1982—　），男，工程师，硕士，主要从事公司新产品新技术的开发研制工作。E-mail：zhangziping@ougan-group.com。

Demonstration test of Post-grouting for inside and outside Load Box

ZHANG Zi-ping，LIAN Guo-ping，FU Lei，WANG Shuang-shuang，LEI Shan-shan

（Zhejiang Ougan Machinery Co.，Ltd.，Hangzhou Zhejiang 310010，China）

Abstract：With the popularization and application of Self-balanced static Load Test method in engineering piles，more and more attention has been paid to the effect of post-grouting reinforcement on the break of the pile at the Load Cell position after the test. Due to the complex internal structure of the traditional Load Cell，it's difficult to ensure the continuous grouting channel，which makes the grouting pipeline often blocked and can not achieve the desired effect. In order to solve this problem，it is necessary to optimize and improve the internal structure of Load Cell，the size of oil pipe and the structure of displacement pipe，and the proportion of grouting material. Combined with the engineering application of Hangzhou West Railway Station，this paper has carried out practical demonstration test of internal and external post-grouting application，confirmed the reliability of relevant technology，and achieved good results.

Key words：test of pile foundation；self-balanced static loading test；load cell；inside post-grouting；outside post-grouting；secondary grouting；engineering pile

0　引言

对于在工程桩上完成的自平衡法试验，由于抗压桩荷载箱埋设在设计桩端标高以上，为确保测试后桩正常使用，施工单位应对抗压桩测试时荷载箱部位产生的缝隙进行注浆处理[1]。

试验时，荷载箱处的混凝土被拉开（缝隙宽度等于卸载后向上向下残余位移之和），但桩身其他部位并未破坏，上下两段桩仍被荷载箱连在一起。试验后，通过位移杆护套管，用压浆泵将不低于桩身强度的水泥浆注入，受检桩仍可作为工程桩使用。原因如下：

（1）注浆不仅填满荷载箱处混凝土的缝隙，使该处桩身强度不低于试验前，而且还相当于桩侧注浆，使荷载箱上下几米范围内桩侧摩阻力适当提高。也就是说，试验后的桩经注浆处理承载力比原来要高。

（2）试验时已将桩底土压实，试验后的桩沉降量要比试验前小很多。

（3）由于荷载箱置于桩的平衡点位置（大都靠近桩底），该处桩身要承受竖向压力，且数值不超过桩的竖向极限抗压承载力的一半。

基金项目：2019 年浙江欧感科技有限公司研发项目（OG1001）。

本文基于杭州西站某工地的内外注浆现场应用案例，对相关技术进行实践演示和论证性试验，供业界用户朋友们参考。

1　前期准备

由于荷载箱内注浆是通过管径较小（仅 $\phi 4 \sim 6mm$）的加载油管来实现的二次注浆，为了确保浆液能够顺利通过油管进入荷载箱内，并通过另一油管传至地面，浆液必须有足够的流动性，这里参考相应规范[2,3]引入了修正流动度的参考指标，具体如下。

（1）浆液流动度定义

单位容器内的定量浆液，在单位时间内，自由垂直通过单位直径和长度的细管流量，与单位容器内浆液总量的比。

（2）测试方法

用 1500mL 的浆液置于定量漏斗（$\phi 225mm$ 高度 220mm），在 5min 时间内，通过直径 $\phi 4mm$ 长度 1000mm 的竖直管，流出的浆液量占比来测算（图 1）。

同时，注浆料抗压强度不低于 42.5MPa。综合上述两个指标，经过反复调配测试，OG-1 强度等级的高强注

图 1　注浆料流动度测试照片

浆料在 0.4 水灰比下，均能达到上述要求。

具体数据（表 1）：流动度 88% 和浆料密度 1.77kg/L。

注浆料流动度数据　　　　　表 1

类别	重量（kg）
1500mL 浆料	2.66
5min 流出浆料	2.35
推算：数据[1] 浆料密度 1.77kg/L，数据[2] 流动度 88%	

2　试验场地

杭州西站某工地现场（图 2～图 4），具体桩号：四分部 SZH-C7，荷载箱型号 SC-1000-850/450-R8（YG180/150-100×2），油管长度 41.5m（内径 ϕ6mm）。

图 2　荷载箱焊接安装

图 3　荷载箱下笼安装

图 4　试验场地

要点 1：荷载箱串接一进一出双油路实现缸内注浆的通道，其中包含 16 个油管接头（最窄部位只有 ϕ4mm）；

要点 2：由于注浆管道的窄小，现场注浆泵的流量控制也很关键，欧感技术人员经过反复试验，将注浆流量选定在 20L/min 以内；

要点 3：前期静载测试的上位移 6.05mm，下位移 27.54mm。

3　试验流程

3.1　内注浆操作

第一步连接管路，进行荷载箱内部排水操作，具体数据：用气泵连接进油管，向荷载箱里面吹气，使内部水分由出油管排出，吹气约 2min 总排出 4.2L 的水。结合理论存水量为 4.75L，推算吹气排水率达到 88%。

另外，注浆初始阶段，出油管仍有水分排出，约 1min 后清水开始变浑浊，接取清水 0.4L。

内注浆前排水数据　　　　　表 2

类别	体积（L）	备　注
荷载箱内存水量	4.75	含 8 个钢套和两根油管内腔
初次吹气排水量	4.2	前期出水量较多，后期成水汽态
注浆起始出水量	0.4	开始注浆接取的清水量，约 1min 时由清水转为浑浊水未继续接取
推算：数据[3] 吹气排水率 88%，数据[4] 总体排水率 98%		

第二步调配注浆料，将进油管与注浆泵的出浆口相连进行内注浆操作，具体数据：

注浆用量：推算理论注浆需求量为 11.2kg（4.75L×1.81kg/L×1.3 这里选取充盈率为 1.3）。

现场使用一袋注浆料调配成 35kg 浆料，注浆结束时，料筒剩余总重量为 10.2kg，另外注浆结束从出油管接满 2 个取料盒（每个料盒体积 3.375L）。

其中，注浆泵上压力表的示数为 1～3MPa，说明小管道的内注浆需要一定的压力驱动。

内注浆注浆料用量数据　　表 3

类别	重量(kg)	备注
注浆料初始量	35	25kg/袋,水灰比 0.4
取料盒注浆料	11.95	6.75L
剩余浆料	10.2	含桶重 0.97kg
理论注浆需求量	10.95	4.75L×1.77kg/L×1.3

推算:数据[5] 实际注浆填充量 13.82kg,约为理论需求量的 1.26 倍

3.2 外注浆操作

第三步更换管路,将注浆泵的出浆管套装到下位移外管上进行外注浆操作,具体数据:

注浆用量:推算桩体断面注浆需求量为 35.7kg (13.2L×1.77kg/L×1.5 这里取充盈系数 1.5),现场内注浆后马上进行了外注浆操作,中间补充了 1 袋注浆料,全部注入完成,下位移管才有浆液溢出。

外注浆注浆料用量数据　　表 4

类别	重量(kg)	备注
注浆料初始量	44.23	25kg/袋,水灰比 0.4
剩余浆料	0	
理论注浆需求量	35.7	13.2L×1.77kg/L×1.5

推算:数据[6] 实际注浆量 44.23kg,约为理论量的 1.24 倍

注意事项:

(1) 关于内外注浆先后次序的选择,应该关注荷载箱内注浆操作中注浆压力的存在(1~3MPa),会出现二次反顶桩体的情况,因此这里建议"先内后外"的操作,可以确保内外断面的有效填充,保证注浆效果。

(2) 受地下水的影响,注浆用量一般会超过预期用量,注浆料需预留充足。

3.3 注浆料强度测试

通过对现场留取的浆料样块,进行 7d 的强度测试,确认其强度指标(48.8MPa)。

图 5　注浆料取样

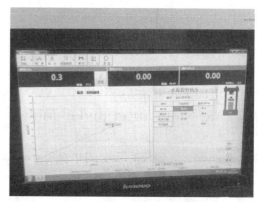

图 6　样块 7d 强度测试报告

4 试验总结

经过本次现场试验,充分论证了荷载箱内外注浆技术的成熟性和实用性,增强了用户和监管部门对自平衡静载测试在工程桩中应用的信心,也会将进一步推动自平衡静载测试技术的健康发展。

参考文献:

[1] 中华人民共和国住房和城乡建设部.建筑基桩自平衡静载试验技术规程:JGJ/T 403—2017[S].北京:中国建筑工业出版社,2017.

[2] 中华人民共和国住房和城乡建设部.钢筋连接用套筒灌浆料:JG/T 408—2019[S].北京:中国建筑工业出版社,2019.

[3] 国家能源局.水工建筑物水泥灌浆施工技术规范:DL/T 5148—2012[S].北京:中国电力出版社,2012.

超高层结构桩基在中、大震下的竖向承载力复核探讨

陈晓东，陈　劲，张泽钦，赵　辉，葛轶舟

（浙江省建筑设计研究院，浙江 杭州 310006）

摘　要：超高层建筑大多为一个区域内的重要甚至标志性建筑，仅对其进行小震作用下的桩基抗震计算和设计显然是不够的，还应进行中、大震作用下桩基承载力的复核。本文在论述超高层结构桩基抗震计算方法现状的基础上，从性能化设计的角度出发，对中、大震下桩基应满足的性能目标进行探讨，提出相应的竖向承载力复核标准，并采用该标准对一典型的148.7m高框架-核心筒结构进行计算复核。结果表明：在低风高烈度区，忽视中、大震下的桩基抗震验算存在安全隐患。

关键词：超高层结构；桩基；竖向承载力；中震；大震；性能化设计；性能目标

作者简介：陈晓东（1980—　），男，浙江杭州人，高工，主要从事结构设计及结构工程、岩土工程方面的研究。E-mail：chenxd419@126.com。

Discussion on the review of vertical bearing capacity of super high-rise buildings' pile foundation under moderate and major earthquakes

CHEN Xiao-dong，CHEN Jin，ZHANG Ze-qin，ZHAO Hui，GE Yi-zhou

（Zhejiang Province Institute of Architectural Design and Research，Hangzhou Zhejiang 310006，China）

Abstract：The super high-rise buildings are mostly the significant or even the landmark buildings in a region. Obviously，it is not enough only to calculate the pile foundation under the small earthquake and design. The bearing capacity of the pile foundation also should be checked under moderate earthquake and major earthquake. Based on the present method of calculation of the pile foundation under seismic design for the super high-rise buildings，this article will discuss the performance objective of the pile foundation under moderate earthquake and major earthquake，from the view of performance-based design，and put forward a checking code . And check the vertical bearing capacity for a 148.7meters high frame-core wall structure in terms of this code. The results show that the structure located in low wind and high seismic intensity area will have potential? hazard if ignore the seismic calculation for the pile foundation under moderate earthquake　and major earthquake.

Key words：super high-rise structure；pile foundation；vertical bearing capacity；moderate earthquake；major earthquake；performance-based design；performance objective

0　引言

作为地震多发国家，从唐山大地震到汶川大地震，我国经受了一次又一次由地震带来的重大经济损失和人员伤亡，与此同时，工程界对地震作用及其危害效应的认识也越来越科学和全面。大量震害研究表明，建筑物因地震而破坏甚至倒塌的原因大致可分为两类：一是上部结构的地震破坏，二是地基基础失效，因此基础的抗震设计作为结构设计中的主要内容之一，越来越受到大家的重视。《建筑地基基础设计规范》GB 50007—2011[1]（简称《地基规范》）、《建筑桩基技术规范》JGJ 94—2008[2]（简称《桩规》）等现行规范中虽然给出了地震作用效应下地基基础承载力的验算公式，但目前仅用于小震（多遇地震）作用下的计算复核，而中震（设防地震）和大震（罕遇地震）作用下是否需要进行抗震复核，按什么标准来复核，规范并没有明确。

超高层建筑大多具有体量大、建筑面积多、人员密度高、为区域内重要建筑甚至标志性建筑等特点，其基础（一般为桩基）的抗震设计仅仅考虑小震作用组合下的柱（墙）底内力显然是不够的，还应进行中震和大震作用下桩基承载能力的复核。

桩基的抗震性能研究一直是学界的研究热点之一，目前研究方向大多集中在强震导致的砂土液化对桩基的影响、超长桩基抗震性能、上部结构-桩-土耦合下的地震数值模拟、振动台试验模拟桩-土地震动力响应等领域，鉴于绝大部分研究成果还未进入规范，考虑工程应用的实用性，本文主要从已有的规范条文及其背后的原理出发，对相关问题加以探讨。

1　超高层结构桩基抗震设计计算方法现状

根据我国目前"小震不坏、中震可修、大震不倒"的基本原则，《建筑抗震设计规范》（2016年版）GB 50011—2010[3]（简称《抗规》）制定了抗震设防的三水准目标，分别对应小震、中震、大震。对于大多数结构，只需进行小震阶段的计算和设计，同时通过概念设计和抗震措施来满足中震和大震下的抗震目标；而对于特别不规则的结构等，则除了小震阶段的设计外，还需针对不同类型的构件进行中震和大震阶段的性能化设计，对薄弱部位采取专门抗震措施，并进行大震下的弹塑性层间变形验算，以实现三水准目标。

《超限高层建筑工程抗震设防专项审查技术要点》（住房城乡建设部建质〔2015〕67号文）（简称《审查要点》）附件1规定了"超限高层"的具体范围，即所谓的高度超限、规则性超限或结构类型超限——对于这些超限高层的上部结构，明确需要进行中震、大震下的结构计算分析和性能化设计。超高层结构往往就属于超限高层结构——即使不属于，考虑到超高层结构的重要性，也宜按超限高层的相关要求来进行抗震设计。

桩基的承载力主要为竖向承载力和水平承载力，考虑到超高层结构一般都存在两层及以上的地下室，地震下桩顶水平力的计算较为复杂，受篇幅所限，本文只关注桩基的竖向承载力。竖向承载力又分为承压和抗拔两个工况，其大小均取决于两方面：一方面是桩周和桩底土体的工程力学性能；另一方面是桩本身的受压和受拉能力。现行规范已给出了小震下桩基竖向承载力验算的要求。

按《桩规》[2]中第5.2.1条，无地震作用参与的荷载效应标准组合下，桩基竖向承载力应满足：

轴心竖向力作用下：

$$N_k \leqslant R \tag{1}$$

偏心竖向力作用下，除满足式（1）外还应满足：

$$N_{k,max} \leqslant 1.2R \tag{2}$$

地震作用参与的荷载效应标准组合下，则应满足：

轴心竖向力作用下：

$$N_{Ek,1} \leqslant 1.25R \tag{3}$$

偏心竖向力作用下，除满足式（3）外还应满足：

$$N_{Ekmax,1} \leqslant 1.5R \tag{4}$$

其中，R为基桩竖向承载力标准值，该承载力可理解为由土体提供；$E_{Ek,1}$为小震作用参与的荷载效应标准组合下的基桩所受平均竖向力，其中下标"1"代表小震，以与下文中的中震和大震（下标"3"）下荷载效应相区分。

对于桩本身的承载能力，《桩规》[2]中第5.8.2条和第5.8.7条分别给出了桩轴心受压和轴心抗拔时的正截面受压、受拉承载力验算公式（《地基规范》[1]中的规定略有不同但类似），可简单概括为：

$$N \leqslant [N] \tag{5}$$

其中，N为荷载（无地震作用参与）效应基本组合下的桩顶轴向压力或轴向拉力设计值；$[N]$为对应的桩身承压或抗拔承载力设计值，其大小在承压时主要取决于成桩工艺系数、桩身混凝土强度和桩身截面面积，抗拔时主要由桩身纵筋的截面面积和抗拉强度决定。

按《抗规》[3]中第5.4.1条和第5.4.2条，地震作用参与的荷载效应基本组合下，桩本身的抗震验算应满足：

$$N_{E,1} \leqslant [N]/\gamma_{RE} \tag{6}$$

其中，N_E为地震作用参与的荷载效应基本组合下桩顶内力设计值；γ_{RE}为构件抗震承载力调整系数，承压桩可按"轴压比不小于0.15的柱"取0.80，抗拔桩可取为0.85，代入式（6）并整理后可得：

对于承压桩：

$$N_{E,1} \leqslant 1.25[N] \tag{7}$$

对于抗拔桩：

$$N_{E,1} \leqslant 1.176[N] \tag{8}$$

分别对比式（3）和式（1），式（4）和式（2），以及式（7）和式（5），可简单概括为：相比非地震荷载组合、小震作用参与的组合下，桩的竖向承压能力可提高1.25倍；竖向抗拔能力提高幅度也与此大致相当。事实上，大量的工程设计实践表明：在具体的桩基设计中，一般小震参与的荷载组合下的桩顶内力往往不起控制作用，就是因为小震下桩的竖向承载力可提高1.25倍，这提高幅度一般远大于桩顶内力无地震组合的提高幅度。

2 中、大震下桩基竖向承载力复核标准

目前对于中震和大震下是否需要进行桩基抗震复核以及按什么标准来复核，规范并没有明确。即使对于超限高层，《审查要点》中虽然对上部结构在中、大震下的抗震性能化设计提出了众多要求，但对于基础，仅要求"高宽比较大时，应注意复核地震下地基基础的承载力和稳定"（《审查要点》第十一条第十款），并无更具体的要求。但考虑到超高层建筑的重要性，显然应该对其基础进行中、大震下的承载力复核。

既然上部结构遵循抗震性能化设计原则，那么桩基的设计也应该遵循该原则。张季超[4]等建议将桩基抗震性能分为4个性能等级，并将桩基的性能目标分为6个等级，给出了不同性能目标的桩基在小、中、大震下分别应满足的要求；杜鹏[5]等针对设防烈度8度区7栋高度为117.6～128.3m的超高层剪力墙结构的桩基，提出抗震性能目标为：小震下不损坏（即小震弹性），中震下轻微损坏（即中震不屈服），大震下可部分受损，但不能失效引起结构倒塌（即大震不破坏），并按此目标进行中、大震下的抗震复核。

笔者认为，在制定抗震性能目标时始终应从"小震不坏、中震可修、大震不倒"的基本原则出发，并考虑桩基相比其他结构构件的特殊性：（1）难监测：桩基深埋在土体内，一旦施工完毕，按现有技术无法实现其后续工作状态的检查和监测；（2）难修理：理论上除了桩头部位可进行修理（因代价高昂，实际上也不具备可操作性）外，其余部位都不可修，实际工程中在基础加固时多采用新打锚杆静压桩局部替代原桩基的形式；（3）工作环境复杂：桩基一般在地下穿越众多土层，每个土层及地下水的侵蚀性不一，尤其在地下水季节性升降的干湿交替区，工作环境较恶劣，对桩基的耐久性不利。以上三个特点意味着一旦发生地震无法直接得知桩基是否有损伤，多数只能从上部结构和地下室的震损情况去大致推测桩基的损伤情况，即使推测得知桩身已损伤也无法确切了解损伤部位、损伤程度等，也无法进行修理，并且即使是轻微的损伤也会对桩基后续使用的耐久性产生无法估量的影响。可见，"中震可修"的目标对于桩基并不现实，应提高为"中震不坏"——这意味着目前所有小震阶段的桩基抗震计算公式（如前文中式（1）～式（8））均可直接沿用，只要将其中的小震下地震效应替换为中震下地震效应即可。

考虑到大震发生的概率极低（据《抗规》[3] 中第 3.10.3 条条文说明，7 度区大震的理论重现期约 1600 年，9 度区约 2400 年），在桩基的抗震复核中维持"大震不倒"的最低目标是合理的。大量的震害研究表明，桩基的破坏主要有以下几类：（1）地震引起的结构惯性力造成桩和承台之间的连接破坏或桩身的剪压、剪弯破坏（多出现在桩身上部以及各节预制桩的接头部位）；（2）地震发生时不同软硬土层的地震反应也不同，导致穿过界面的桩身发生剪切或弯曲破坏；（3）对穿越可液化土层、震陷软土层的桩，地震引发液化、震陷效应，由土体提供的单桩承载力快速下降从而出现不足，整体沉降和不均匀沉降急剧加大；对于长桩，还会导致桩的侧向约束减弱，从而造成桩身压屈；（4）地震引发土坡滑动、挡土墙位移等，流动的土体侧向推挤桩基从而造成桩身弯折、错位等损伤，液化土层的侧向扩展和流滑也会造成类似的破坏。对于低承台桩，前两类破坏一般不至造成上部结构倒塌，而后两类破坏则存在造成上部结构倒塌的可能性，如地震液化效应引起不均匀沉降较大，上部结构就可能倾斜甚至倒塌，土体滑坡也可能使打在坡体上的桩大面积失效从而导致上部结构倒塌。因此将可能出现前两类破坏的桩基划为 A 类桩基，将可能出现后两类破坏的桩基划为 B 类桩基，在大震下对这两类桩基分别给出不同的性能目标要求。

参考《抗规》[3] 中附录 M，对 A 类桩，大震下的性能要求建议为：不严重破坏，大部分功能丧失但不完全失效，仍可支承上部结构不至倒塌，桩反力达单桩极限承载力标准值后基本稳定，超出幅度不大于 10%；对 B 类桩，大震下的性能要求应较 A 类提高，可为：中度破坏，大部分功能受影响无法继续正常使用，仍可支承上部结构，桩反力不大于单桩极限承载力标准值。同时，对 B 类桩还应采取措施减轻或消除对抗震不利的因素，比如采取消除地基液化沉陷的相关措施。

按此性能要求，大震下的单桩竖向承载力复核公式为：

$$N_{Ek,3} \leqslant CQ_{uk} \tag{9}$$

其中，$N_{Ek,3}$ 为大震作用参与的荷载效应标准组合下单桩竖向力；Q_{uk} 为单桩竖向极限承载力特征值；C 为安全系数，对 A 类桩取为 1.1，对 B 类桩取为 1.0。

相应的，大震下桩本身的抗震验算应满足的要求为：

对 A 类桩：

$$N_{Ek,3} \leqslant R_u \tag{10}$$

对 B 类桩：

$$N_{Ek,3} \leqslant R_k \tag{11}$$

其中，R_u 为按材料最小极限强度值计算的桩身承载力，计算时混凝土强度取为立方强度的 0.88 倍，钢筋强度取为屈服强度的 1.25 倍；R_k 为按材料强度标准值计算的桩身承载力（参考《抗规》[3] 第 M.1.2 条）。

如果只考虑 A 类桩在大震下的桩身承压承载力复核，由 $R = \frac{1}{2}Q_{uk}$（《桩规》[2] 第 5.2.2 条），代入式（9），

可得：

$$N_{Ek,3} \leqslant 2.2R \tag{12}$$

由《混凝土结构设计规范》（2015 年版）GB 50010—2010[6]（简称《混凝土规》）中第 4.1.3、第 4.1.4 条文说明，C40 及以下的混凝土的强度 $f_c = (0.88 \times 0.76 / 1.4)f_{cu,k} = 0.543 \times (0.88f_{cu,k})$，可见在成桩工艺系数和桩身截面面积均不变的情况下，分别由混凝土抗压强度设计值和最小极限强度值计算所得的桩身承压承载力设计值 $[N]$ 和 R_u 之间也存在 0.543 倍的关系，即 $[N] = 0.543R_u$，代入式（10）可得：

$$N_{Ek,3} \leqslant 1.842[N] \tag{13}$$

由《地基规范》[1] 中第 3.0.6 条，非地震组合下，$N = 1.35N_k$，代入式（5）可得：

$$N_k \leqslant 0.741[N] \tag{14}$$

对比式（12）和式（1），以及式（13）和式（14），可简单概括为：相比非地震荷载组合，大震作用参与的组合下，由土体提供的桩竖向承压能力可提高 2.2 倍，由桩自身强度提供的桩身承压能力可提高 2.5 倍（1.842/0.741≈2.5）。

3 某超高层框架-核心筒结构桩基竖向承载力的复核

某框架-核心筒结构的超高层建筑，位于 7 度设防区（0.1g），设计地震分组为第一组，场地类别为 III 类，抗震设防分类为丙类。地上结构高度为 148.7m（为 B 级高度高层建筑），其中底部 3 层为商业裙房，层高 5.4m，4～16 层为大开间办公，层高 4.2m，17～36 层为酒店，层高 3.9m。地下为两层整体大地下室，总高 9.6m。基础型式为桩基（A 类桩）。图 1 和图 2 分别为整体结构模型和上部结构的标准层平面。表 1 为该楼在小震下的主要计算指标（为了聚焦抗震问题，假定基本风压为 0.3 kN/m²）。

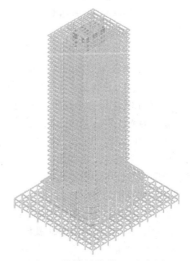

图 1 整体结构模型示意图

Fig.1 Schematic graph of whole structural model

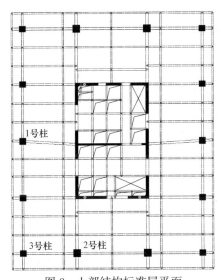

图 2　上部结构标准层平面

Fig. 2 Standard plane ofsuperstructure

主要计算指标（7 度区，小震）　　表 1

Main indicators of calculation（In the seven-degree region，minor earthquake）Table 1

参数		数值
结构总质量(t)		151732.2
自振周期(s)	T_1	3.808
	T_2	3.277
	T_3	2.993
周期比	T_3/T_1	0.786
最小地震剪力系数(%)	X 向	1.52
	Y 向	1.60
地震作用下最大层间位移角	X 向	1/973
	Y 向	1/1458
风荷载下最大层间位移角	X 向	1/2925
	Y 向	1/5362
最大扭转位移比	X 向	1.35
	Y 向	1.34

对该楼分别进行中震、大震下的整体计算（只计算水平地震作用），并对其中 1 号、2 号边柱和 3 号角柱下的桩基竖向承载力进行复核。中震计算时仍采用阵型分解反应谱法，同时考虑中震下已有连梁等部分构件屈服进入弹塑性阶段，阻尼比加大为 6%；大震计算时先用阵型分解反应谱法计算生成配筋（计算时阻尼比加大为 7%），再以该配筋进行弹塑性动力时程分析，分析时采用 SAU-SAGE 2018 软件自动筛选出 3 条地震波（2 条天然波＋1 条人工波），并取 3 条波计算的柱底内力的包络值。进行承载力复核时不直接进行桩基竖向受力和桩基承载力的对比，而采用无地震、中震、大震控制工况下柱底力的比较方式，具体思路为：假定各柱在无地震、小震阶段的承载力设计完全满足规范要求，那么根据前文的分析以及承载力复核标准，如果中震组合下柱底竖向力最大值大于非地震组合下柱底竖向力最大值的 1.25 倍（标准组合和基本组合应分别验算），可认为桩基的竖向承载力设计应由中震组合控制，而原设计只考虑了无地震、小震阶

段，中震下存在安全隐患；同样，如果大震组合下柱底竖向力最大值大于非地震组合下柱底竖向力最大值的 2.2 倍（只需验算标准组合），可认为大震下存在安全隐患。复核结果见表 2。

同时为了进行对比分析，扩展性假定该楼位于 8 度区（$0.2g$），也按上述方法进行了计算复核，复核结果见表 3。需要说明的是：由于该楼分别位于 7、8 度区时其上部结构的抗震等级、墙柱轴压比限值等要求是不一样的，因此对墙、柱、梁截面大小等进行了一定程度的调整；另外因为位于 8 度区时地震作用太大，小震下的层间位移角无法满足规范要求，还在 13 层和 24 层布置了伸臂桁架和外围一圈的环带桁架来加强整体抗侧刚度。

复核结果（7 度区）　　　表 2

Results of the review（In the seven-degree region）

Table 2

柱编号		1 号柱	2 号柱	3 号柱
非地震工况	标准组合 N_{kmax}	43708	58041	41006
	基本组合 N_{max}	57757	76655	54181
最大竖向柱底力(kN) 中震	标准组合 $N_{Ekmax,2}$	50864	65572	49327
	$\dfrac{N_{Ekmax,2}}{1.25N_{kmax}}$	0.931<1 满足	0.904<1 满足	0.962<1 满足
	基本组合 $N_{Emax,2}$	62096	79833	60347
	$\dfrac{N_{Emax,2}}{1.25N_{max}}$	0.860<1 满足	0.833<1 满足	0.891<1 满足
大震	标准组合 $N_{Ekmax,3}$	70133	94784	64488
	$\dfrac{N_{Ekmax,3}}{2.2N_{kmax}}$	0.729<1 满足	0.742<1 满足	0.714<1 满足

注：中、大震下均未出现柱底受拉的情况。

复核结果（8 度区）　　　表 3

Results of the review（In the eight-degree region）

Table 3

柱编号		1 号柱	2 号柱	3 号柱
非地震工况	标准组合 N_{kmax}	44464	59905	44066
	基本组合 N_{max}	58741	79026	58178
最大竖向柱底力(kN) 中震	标准组合 $N_{Ekmax,2}$	70125	77905	68054
	$\dfrac{N_{Ekmax,2}}{1.25N_{kmax}}$	1.262>1 不满足	1.040>1 不满足	1.235>1 不满足
	基本组合 $N_{Emax,2}$	87090	95648	84394
	$\dfrac{N_{Emax,2}}{1.25N_{max}}$	1.186>1 不满足	0.968<1 满足	1.160>1 不满足
大震	标准组合 $N_{Ekmax,3}$	88272	87707	80803
	$\dfrac{N_{Ekmax,3}}{2.2N_{kmax}}$	0.902<1 满足	0.666<1 满足	0.833<1 满足

注：中震下均未出现柱底受拉的情况，而大震下 1 号、3 号柱在最不利工况下均出现了柱底受拉情况。

由表 2、表 3 可知，该超高层结构位于 7 度设防区时，按上文中的性能目标去复核桩基在中、大震下的竖向

承压承载力时，结果均满足要求，而位于 8 度设防区时，在中震下则出现了不满足要求的复核结果；此外位于 8 度区时，在大震下出现了柱底受拉的情况，而仅进行小震设计时肯定不会考虑桩受拉的工况，因而桩身配筋可能不足。由此可见：在低风高地震区，只进行小震阶段的桩基抗震设计而忽视中、大震下的桩基抗震验算存在安全隐患。

4 结论

（1）考虑到超高层建筑的重要性，其桩基的抗震设计不应仅考虑小震作用组合下的柱（墙）底内力，还应进行中震和大震作用下桩基承载能力的复核。

（2）桩基也应遵循抗震性能化设计原则，其性能目标可简化为"中震不坏、大震不倒"。在进行中震下的桩基承载力复核时，目前小震阶段的桩基抗震计算公式均可直接沿用，只要将其中的小震下地震效应替换为中震下地震效应即可；对于大震下的桩基承载力复核，根据桩基可能的破坏类型将其分为 Λ 类桩和 B 类桩，分别给出不同的性能要求及对应的竖向承载力复核公式。

（3）对某 148.7m 框架-核心筒超高层结构进行计算复核，结果表明：在低风高烈度区，只进行小震阶段的桩基抗震设计而忽视中、大震下的桩基抗震验算存在安全隐患。

参考文献：

[1] 中华人民共和国住房和城乡建设部. 建筑地基基础设计规范：GB 50007—2011［S］. 北京：中国建筑工业出版社，2011.

[2] 中华人民共和国住房和城乡建设部. 建筑桩基技术规范：JGJ 94—2008［S］. 北京：中国建筑工业出版社，2008.

[3] 中华人民共和国住房和城乡建设部. 建筑抗震设计规范（2016 年版）：GB 50011—2010［S］. 北京：中国建筑工业出版社，2016.

[4] 张季超，杨永康，王可怡，马旭. 基于性能的桩基设计概念探讨[J]. 岩土工程学报，2011，33(S2)：54-57.

[5] 杜鹏，白宗琨，蒋世林，王欲秋. 高烈度区超高层剪力墙结构桩基性能设计探讨[J]. 建筑结构，2019，49(10)：94-97，102.

[6] 中华人民共和国住房和城乡建设部. 混凝土结构设计规范（2015 年版）：GB 50010—2010［S］. 北京：中国建筑工业出版社，2015.

全套管长螺旋钻孔气压反循环压灌咬合桩施工技术研究

刘江强， 李云祥， 许　旸

（浙江省建投交通基础建设集团有限公司，浙江　杭州　310000）

摘　要：全套管长螺旋钻孔气压反循环压灌咬合桩工法，实现了成孔、护壁、浇筑、清渣一体化，简化了护壁套管、混凝土导管、清孔装置，加快了成桩效益；该工艺由于设备行走灵活、成桩速度快、施工噪声低，对地层适应性强而广泛得到运用，能避免软土、砂土的缩径、塌孔、断桩等施工质量问题，并可成功用于地下水位以下的成桩成孔，因使用无泥浆护壁成孔技术，故避免了泥浆污染问题并降低造价、缩短了工期；并在压灌作用下有效地将周边土体与咬合桩有效的联系在一起，提高了地基承载力。

作者简介：刘江强（1993—　），男，工程师，主要从事施工现场工程技术管理等工作。E-mail：932806349@qq.com。

Construction technology of full set of pipe length helical barometric reverse circulation pressure irrigation of bored secant pile

LIU Jiang-qiang, LI Yun-xiang, XU Yang

（Zhejiang Infrastructure Construction Group Co., Ltd, Hangzhou Zhejiang 310000, China ）

Abstract：The full set of pipe length helical drilling pressure reverse circulation pressure pouring and occluding pile construction method realizes the integration of hole formation, wall protection, pouring and slag removal, simplifies the wall protection casing, concrete conduit and hole cleaning device, and greatly accelerates the pile formation benefit. This process is widely used because of its flexible equipment, fast pile forming speed and low construction noise, and it is highly adaptable to stratum. It can avoid the construction quality problems such as reducing diameter, hole collapse and pile breaking of soft soil and sand soil, solve the problem of mud pollution, reduce the cost, and can be successfully used for pile forming and hole forming below the water table. Under the action of pressure irrigation, the surrounding soil and the occlusal pile are effectively connected together to improve the bearing capacity of the foundation

0　引言

本工程位于浙江省杭州市富阳区。围护结构采用ϕ800@600/ϕ1000@750咬合桩形式；桩身混凝土强度等级，荤桩为C30、素桩为C20；咬合桩设计桩长6.5～22m。基坑开挖深度1.4～15.17m。

工程施工范围主要地质有：①$_0$碎石填土、①$_2$素填土、⑪$_{3b}$含黏性土碎石、㉙$_{a-1}$全风化粉砂岩、㉙$_{a-2}$强风化粉砂岩、㉙$_{a-3a}$中风化上/下段粉砂岩，开挖基底范围均布各类土层。场地地下水主要为空隙潜水、基岩裂隙水，根据对沿线河流水位测量结果，沿线河流水深均在0.2～0.4m，水量较小，河底土层主要为①$_0$碎石填土、①$_1$杂填土、⑪$_{3a}$含黏性土角砾、⑮$_2$含黏性土卵石，属弱透水—中等透水层，故地表河水与地下潜水存在水力联系，相互补给关系随季节变化大。

1　压灌咬合桩施工

1.1　工艺原理

全套管长螺旋钻孔气压反循环压灌咬合桩单桩施工原理：使用双动力头长螺旋钻机成孔，套管与长螺旋钻杆一同对土体进行切割。成孔过程中自空心钻杆向孔内泵送一定的气压，对桩底浮渣进行吹扫，终孔后外接混凝土地泵，再次利用空心钻杆逐级压灌混凝土，混凝土灌注至设计标高后，钢筋混凝土桩体则再借助钢筋笼自重或利用专门振动装置将钢筋笼一次插入混凝土桩体至设计标高，形成钢筋混凝土灌注桩。

1.2　主要施工机具

全套管液压钻、挖掘机、自卸汽车、履带式吊车、拖式混凝土泵、钢筋绕筋机、空压机。

1.3　工艺流程

（1）施工准备

机械采用履带行走，场地必须坚实平整且能满足机械运转、桩身土体堆放、其余施工装备堆放需要场地。桩机因根据施工桩长需要事先调节长螺旋杆件长度及套管长度，注意对高空障碍物进行清理。

（2）导墙施做

根据设计要求，施工导墙，确保成桩空间位置的准确性。提供足够的地基承载力，确保桩机的平稳行驶。

（3）钻机就位

待导墙混凝土有足够的强度后，移动全套管长螺旋钻机，使抱管器中心对应在导墙孔位中心。并通过桩身仪表、吊挂铅垂线、经纬仪测回等方式调整钻机位置，确保套管及长螺旋杆件垂直度。

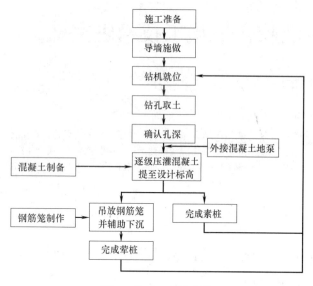

图 1　施工工艺流程图

（4）钻孔取土

全套管长螺旋钻机配备双动力头。内侧动力头连接螺旋钻杆，主管土体切削；外侧动力头连接外侧套管。两者同步反向 360°旋钻，始终保持套管底口超前开挖面。如遇到高空障碍物不便采用全套管，则可分次对接套管及螺旋钻（地面上留 1.2～1.5m，以便于接管），套管和钻杆钻入土中后，检测垂直度，如不合格则进行纠偏，螺旋钻杆继续旋钻，如此重成孔过程中除螺旋杆返土外，利用长螺旋空心杆件外接气泵形成气压反循环系统；向孔内泵入一定的气压，辅助钻头切削土体并清理桩底浮渣；泵入的高压气体使得桩内形成超压环境助力返土；逃逸的气体从套管与土体、长螺旋杆与土体接触面溢出形成空气润滑幕墙，从而防止杆件抱死。

（5）确认孔深

在钻杆顶部固定铅丝线锤，线锤长度与钻杆长度相等，当钻杆钻入土中时，通过测量线锤长度来确定孔深，孔深等于线锤原始长度超去线锤垂直部分长度。下钻过程中，长螺旋桩机数控显示仪和机械挺杆同步显示孔深。浮渣清除完毕后，用铅锤测绳测量确认孔深，确保测绳刻度正确且顺直。

（6）压灌混凝土

气压反循环系统清理桩底虚土并确认孔深后，外接混凝土地泵，再次利用空心钻杆逐级压灌混凝土，同步提取钻杆和套管，直至混凝土灌注到设计标高，混凝土初期灌注时，根据套管在混凝土中的埋置深度适时提升套管，每次提升高度为 0.5m 左右，使埋置深度控制在 2m。混凝土灌注充盈系数不小于 1.0，不大于 1.15。

（7）吊放钢筋笼

钢筋笼吊装安放时对准孔位，并保证垂直、居中。先借助钢筋笼的自重缓慢插入，当依靠自重不能继续插入时，断开振捣器与钢筋笼的连接，开启振动装置，辅助钢筋笼下沉到设计深度，缓慢连续振动拔出钢管。钢筋笼应连续下放，不宜停顿，下放时禁止采用直接脱钩的方法。

2　成桩过程中问题及解决措施

2.1　钢筋笼垂直度问题

问题：下放钢筋笼过程中，钢筋笼插入桩周土体，造成钢筋笼垂直度体态差。

解决措施：（1）在钢筋笼加工工艺上进行设计，将钢筋笼底部弯折段加大内缩角度，使钢筋笼中心更贴近重心；（2）在孔口安装固定导向设备，辅助控制钢筋笼下沉时的垂直度。

2.2　气压反循环过程中文明施工控制

问题：利用中心泵管外接空压机，对桩底沉渣进行清扫，长螺旋返土过程中渣土、扬尘不易控制。

解决措施：利用土工篷布和圆箍形成套筒，延长螺旋杆件布置，可随杆件高度调整，悬挂的土工遮挡材料控制碎石土料掉落的范围，并减少渣土与在空气中暴露的时间，从而达到扬尘的控制。

2.3　长螺旋杆岩面判别

问题：长螺旋取土中，工艺要求无法直接判别地质土层情况，如何根据设计要求对钻杆钻进情况，进行地质判别。

解决办法：（1）结合钻杆贯入度情况；（2）根据机械油压确定。

3　质量控制

（1）桩身混凝土的泵送压灌应连续进行，当钻机移位时，混凝土泵斗内的混凝土应连续搅拌，泵送混凝土时，料斗内混凝土的高度不得低于 400mm。

（2）当气温高于 30℃时，宜在输送泵管上覆盖隔热材料，每隔一段时间应洒水降温。

（3）压灌桩的充盈系数宜为 1.0～1.15。桩顶混凝土超灌高度不宜小于 0.3～0.5m。

（4）钻至设计标高后，应先泵入混凝土并停顿 10～20s，再缓慢提升钻杆和套管。提钻速度应根据土层情况确定，且应与混凝土泵送量相匹配，保证管内有一定高度的混凝土。

（5）施工中检查桩身混合料的配合比、坍落度和提钻杆速度、成孔深度等。提升钻杆的速度必须与泵入混合料的速度相匹配，并且提至最后必须注意钻杆位置、套管深度、混凝土浇筑面三者的关系，防止套管、钻杆拔出后混凝土面下降等情况，满足相应的充盈系数。

4　经济效益分析

本工艺的实施在与普通旋挖钻、搓管机相比成桩速度提高了 1.2～1.8 倍；减少了泥浆的制作和后期处理时间，费用节省 250 万元。所有的措施性机械用具均采用钢制材料，刚度大、耐磨系数高，并可重复加工循环使用。

与沿线标段同类围护结构施工相比，使用此工艺加快了工程进度、节约了材料资源，共节省费用 800 万元。

5　结语

工艺使用前专门邀请专家、设计院对此工艺进行研讨分析，使用过程中不断完善改进相关原材料配比、机械配套设施、文明施工控制措施等情况，使用后对成果进行了检测，所有桩基试验均委托相关检测单位检测，并测定为Ⅰ类桩。该工艺研究不仅填补了长螺旋压灌技术在咬合桩领域的应用，还为相关地质施工提供了专业技术支持，应用及推广前景广阔。

参考文献：

[1]　中华人民共和国住房和城乡建设部. 建筑桩基技术规范：JGJ 94—2008[S]. 北京：中国建筑工业出版社，2008.

[2]　北京土木建筑学会. 地基与基础工程施工技术措施[M]. 北京：经济科学出版社，2005.

[3]　中华人民共和国住房和城乡建设部. 建筑业 10 项新技术（2017 版）[M]. 北京：中国建筑工业出版社，2017.

[4]　苏岩，韩庆忠，周尚宪等. 全回转全套管钻孔施工技术在房建桩基工程中的应用[J]. 建筑施工，2021(1)：10-12.

[5]　何丹勇，陈勇，华锦耀. 全套管式嵌岩型长螺旋钻孔压灌桩施工技术[J]. 建筑机械化，2017(4)：35-38.

井间地震层析成像技术在岩溶区桩基设计优化中应用

潘仙龙[1]，　李建华[1]，　黄　明[2]，　王建历[2]，　郑雷雷[2]

（1. 浙江省地球物理技术应用研究所有限公司，浙江 杭州 310005；2. 浙江省工程物探勘察设计院有限公司，浙江 杭州 310005）

摘　要：在岩溶发育区的工程建设中，一桩一勘及一桩多勘工作经常无法查明地下岩溶的发育及空间分布状态，近年来，随着物探设备的不断更新和计算机技术的快速发展，出现了井间地震CT技术，它借鉴医学CT之原理，利用计算机辅助层析成像技术（Computerized Tomography）来求解工程中的疑难问题，已在工程建设领域中取得了良好的应用效果。文章介绍了井间地震CT技术的基本原理、测试技术及资料处理和成果分析等，并给出了井间地震CT技术在岩溶区桩基设计优化中应用的一个成功案例。

关键词：井间地震层析成像；岩溶区；桩基设计优化

作者简介：潘仙龙（1980—　），男，本科，主要从事岩土工程方面的研究。E-mail：12150558@qq.com。

Application of crosswell seismic tomography in optimization of pile foundation design in karst area

PAN Xian-long [1]，LI Jian-hua [1]，HUANG Ming[2]，WANG Jian-li [2]，ZHENG Lei-lei [2]

（1. Zhejiang Geophysical Technology Application Research Institute Co.，Ltd.，Hangzhou Zhejiang 310005；2. Zhejiang Engineering Geophysical Survey and Design Institute Co.，Ltd.，Hangzhou Zhejiang 31005）

Abstract：The development characteristics of underground karst space can not be accurately identified by means of engineering investigation by one or multiple boreholes，when carrying out engineering construction in Karst Development Area. Crosswell seismic tomography is applied，which the seismic waves are excited and received by two boreholes. By studying the travel time characteristics of seismic wave，the wave velocity imaging between two boreholes can be realized，then the profile is analyzed and interpreted according to geological data，which can avoid the disadvantage of "one hole view" in drilling. Good results have been achieved by using seismic wave tomography in engineering investigation. This paper introduces the basic principle，testing technology，data processing and result analysis of crosswell seismic tomography，and gives a successful case in pile foundation design optimization in Karst Area.

Key words：crosswell seismic tomography；karst area；pile foundation design

0 引言

　　岩溶地区的工程建设中常采用桩基工程进行处理，为了桩基工程的安全，目前常采用一桩一勘的方法进行桩基施工勘察，确保桩端下5～8m范围内基岩无溶洞发育。对多年来的一桩一勘勘察项目的综合分析，发现在岩溶强发育地区采用一桩一勘勘察难以全面、真实反映地下岩溶的发育情况，桩基施工中经常发生施工异常，导致施工工期和施工造价变更。对此，笔者开展了相应的工程物探方法试验，选择了高密度电阻率电法、浅层地震波法、井间地震层析成像法等地面及井中物探的综合探测手段进行试验，根据试验成果结合钻孔验证，表明井间地震层析成像（CT）技术在岩溶地区具有良好的探测效果，探测精度可满足目前桩基施工的精度要求，为桩基优化设计提供必要的技术支撑。

1 基本原理

　　地震波层析成像技术通过对观测到的弹性波各种震相的运动学（走时、射线路径）和动力学（波形、振幅、相位、频率）特征的分析，进而反演地下介质速度分布情况，并逐层剖析绘制其图像的技术，从而确定大地内部的精细结构。该方法通常可用于探测规模小、精度要求高的地下介质精细结构。

　　该方法首先通过相应的观测系统测试钻孔之间地震波在地质体中的传播时间，获取大量的首波走时数据（t_i），然后通过求解大型矩阵方程来获取两孔之间速度剖面图像，根据速度剖面图像直观准确地判定孔间岩体波速分布。

　　设在成像剖面内共测有 N 条射线，首先根据测试精度把剖面分为 M 个单元（图1），采用一发多收的扇形穿透，经过逐点激发，在被测区域内形成密集的射线交叉网络。

　　以射线理论为基础的成像方法归结为求解如下方程：

$$\begin{bmatrix} l_{11} & l_{12} & \cdots & l_{1M} \\ l_{21} & l_{22} & \cdots & l_{2M} \\ \cdots & \cdots & \cdots & \cdots \\ l_{N1} & l_{N2} & \cdots & l_{NM} \end{bmatrix} \begin{bmatrix} S_1 \\ S_2 \\ \cdots \\ S_M \end{bmatrix} = \begin{bmatrix} t_1 \\ t_2 \\ \cdots \\ t_N \end{bmatrix} \tag{1}$$

　　式中，l_{ij} 为第 i 条射线在第 j 个单元内的路径长度；$S_j = 1/V_j$ 为第 j 个单元的慢度值；t_i 为第 i 条射线的走时值。

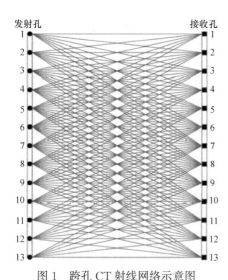

图 1　跨孔 CT 射线网络示意图

Fig. 1　Crosswell tomographic imaging
ray tracing diagram

式（1）中 l_{ij}、t_i 为已知，需要求解 S_j，进而求得 V_j，即波速分布。实际上，井间地震层析成像技术相当于把孔间测得的首波走时，按照地震波传播断面所划分的很小单元进行重新分配（每个单元视为均质体），此过程相当于微分化。

解方程（1）的方法很多，本次 CT 剖面数据处理采用联合迭代法（SIRT），主要由于联合迭代法（SIRT）收敛性好，无论方程组超定还是欠定，都可以使用该方法求解。计算过程如下：

（1）用直射线方法计算各单元平均慢度值 $S^{(0)}$。设某一单元内有 n 条射线通过，l_m 是其中第 m 条通过单元的射线长度，且其射线总长为 L_m，走时为 T_m，则通过单元所用的时间分配 $t_m = T_m \times l_m / L_m$，$n$ 条射线通过单元的总时间分配为 $t_n = \sum_{m=1}^{n} t_m$，总长度 $l_n = \sum_{m=1}^{n} l_m$，则该单元的平均慢度 $S = t_n / l_n$。

（2）用联合迭代算法（SIRT）校正各单元慢度值（S）。设某一单元内共有 n 条射线通过，T'_m、T_m 分别是通过该单元的第 m 条射线的计算走时和实测走时，l_m 是射线通过该单元内的长度。则分配给该单元的走时误差 $\varepsilon_m = (T_m - T'_m) \times l_m / L_m$，$n$ 条射线通过单元内总走时误差为 $l_n = \sum_{m=1}^{n} \varepsilon_m$，总射线长度为 $\sum_{m=1}^{n} l_m$，单元慢度 S 用下式校正：

$$S^{(k+1)} = S_k + \sum_{m=1}^{n} \varepsilon_m / \sum_{m=1}^{n} L_m \qquad (2)$$

计算时可根据测区性质加一限制条件，使 $(1/V_{max}) < S^{(k+1)} < (1/V_{min})$ 提高计算精度。

（3）重复步骤（2）并用平均相对误差 $\sigma = (\sum_{m=1}^{} |T_m - T'_m| / T_m) / n \times 100\%$ 来判断其收敛程度，当 σ 很小或不在减小时即可停止计算，这时所得图像即为井间地震 CT 成像结果。

井间地震 CT 技术的应用条件主要为：①被探测目标

体与周边介质存在波速差异；②成像区域周边至少两侧应具备钻孔；③被探测目标体应位于扫描断面的中部，其规模大小与扫描范围具有可比性；④异常体轮廓可由成像单元组合构成。

2　工程实例

2.1　项目概况

项目位于杭州市余杭区南湖科创中心片区，建设用地面积约 228077m²，拟建总建筑面积为 490500.10m²，地上建筑各单体 3～5 层，建筑高度 13～24m，设一层地下室，开挖深度 6.0m。本项目主要功能暂定包括园区办公楼、访客中心及地下车库；典型柱底轴力标准值最大约为 7000kN。

该项目在详勘阶段发现岩溶发育，钻孔见洞率为 26.35%。桩基施工前期，项目实施了一桩一勘及一桩多勘的工作，根据钻孔资料及基岩面数据处理后的影像资料（图2），在勘察范围内查明 6 条断裂，断裂控制着场地岩溶发育的范围及深度。根据岩溶发育程度将场地划分为 3 个区，岩溶强发育区见洞率为 98%，占场地面积 20.13%；岩溶中等发育区见洞率为 12%，占场地面积 28.29%；岩溶弱发育区见洞率为 1%，占场地面积 51.57%，一桩多勘共完成 119 个桩，同一桩底完整持力层顶底面差值 0.05～20.87m，其中差值大于 1m 的桩数占 86%。由于岩溶发育的复杂性，一桩一勘及一桩多勘工作仍无法查明地下岩溶的发育及分布状态，无法为设计和施工提供可靠的地质依据，为查明岩溶的发育情况，在该场地开展了井间地震 CT 工作。

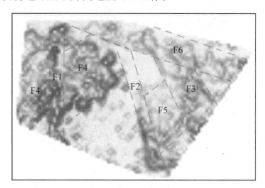

图 2　基岩面影像及断裂分布图

Fig. 2　Sections of bedrock surface and
fracture distribution map

本次共布置井间地震 CT 剖面 360 对（图3），采用网格状布置，CT 钻孔间距为 18m；钻孔中均内置 PVC 套管。为了保证井间地震 CT 的效果，确定 CT 钻孔终孔深度为进入完整基岩至少 10m，且孔深不小于 45m，最大深度不超过 60m。

2.2　测试技术及资料处理

岩溶多发育于风化的灰岩地层中，经侵蚀后，其内常充填有碎石、黏土等介质，相较于完整基岩来讲，其本身

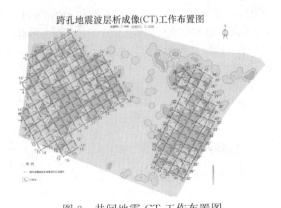

图 3　井间地震 CT 工作布置图

Fig. 3　Working arrangement of crosswell seismic tomography

具有低密度、低波速特征。因此岩溶与围岩一般存在较明显的波阻抗差异。工区地层除第四系外，以砂岩、灰岩及霏细岩为主。不同岩性纵、横波速度见表 1。

工作区主要岩石纵、横波速度　表 1

Longitudinal and shear wave velocity of main rocks in working area　Table1

岩石	纵波速度 V_p(m/s)	横波速度 V_s(m/s)
第四系(含强风化)	450～2200	80～500
砂岩	2400～3100	＞500
灰岩	3200～6500	＞500
霏细岩	4000～5500	＞500
岩溶	1800～2800	100～500
破碎带	1800～2800	—

　　根据井间地震 CT 的方法原理及本次工程任务分析，本场区内溶洞和破碎带属于异常地质体。根据钻探揭露，本场区溶洞一般以软塑—流塑状粉质黏土夹碎石充填，个别为空洞无充填物，相对围岩介质波速相对较低。反演波速剖面图中低速体为探测异常，岩溶发育区产生的低速异常与围岩存在波速差异，这为工区应用井间地震 CT 勘探寻找岩溶及破碎带提供了良好的地球物理前提。

　　本次试验采用 SSP 山地地震信号采集系统，根据现场比对试验，数据采集采用一次激发 32 道检波器接收，采样间隔 20μs，采样时长 60ms；激发震源为电火花振源，激发点距 1.0m，接收点距 0.5～1.0m，激发电压 7000V，激发能量 30000J；现场按照"7"字形或"丁"字形、一发多收的工作方式进行数据采集；数据处理按照图 4 流程进行，共完成了 49 条测线，360 对 CT 剖面，圈定了岩溶发育范围，提交了岩溶分布推断成果图。

　　针对实际工程大量数据的快速分析、处理，归纳总结了数据处理步骤：

　　(1) 抽道集：根据野外施工班报表，将每对跨孔 CT 的原始数据重排成共激发点道集。

　　(2) 初至时间拾取：在全部共激发点道集中拾取各接收点的初至时间。

　　(3) 初至时间检查：抽道成共接收点道集，对全部共

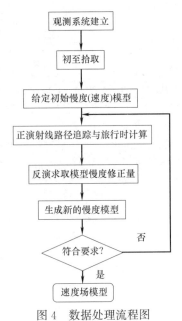

图 4　数据处理流程图

Fig. 4　Data processing flowchart

接收点道集进行初至检查，如遇拾取错误的道集，则回到共激发点道集进行改正。

　　(4) 射线平均波速计算：初步计算各射线的平均波速，发现平均波速偏离正常范围的，分析原因。

　　(5) 速度模型预测：根据钻孔揭露的地质资料，作出初步预测速度模型。

　　(6) 观测系统建立：根据野外原始记录表，在软件中设置每一个炮点和接收检波器的空间坐标，并导入拾取的初至时间，为数据反演做准备。

　　(7) 跨孔地震波层析成像反演：利用常用的跨孔地震波层析成像软件进行反演。

　　(8) 波速剖面图绘制：以 200m/s 速度间隔进行色阶划分，绘制波速剖面图。

　　(9) 二次成图：根据单剖面数据进行数据拼接，同一条测线的数据进行二次成图。

　　(10) 综合工程地质解释剖面图绘制：根据钻孔资料、物探成果图进行分析，综合解释。

2.3　成果分析

　　井间地震 CT 依据各剖面速度异常特征进行地质解释、推断，解释依据为：

　　(1) 基岩波速与岩石破碎程度关系密切，岩石节理裂隙越发育，破碎程度越高，地震波速会明显降低，因此断面图上低速异常与断裂破碎带或节理、裂隙发育有关，地震波速的高低反映破碎程度或节理、裂隙发育程度。

　　(2) 地震波速变化较缓，反映地下介质较均匀或连续；若在高波速背景出现相对低速异常，则说明岩体破碎或岩溶发育；浅部低速异常一般为第四系土层引起。

　　(3) 相同岩性，其风化程度不同地震波速有差异，一般地，风化程度越高地震波速越低。

　　(4) 结合工作区跨孔地震波速成果，第四系土层速度一般为 1500～2200m/s，溶洞发育区波速一般为 2200～2600m/s，岩溶次发育区波速一般为 2800～3200m/s，完

整基岩波速一般为 3200～6000m/s。本次工作设定地震波速大于 3200m/s 的推断为完整基岩，地震波速 2200～2800m/s 的基岩推断为岩溶发育区或断裂构造。

选取场地典型剖面进行解析：

（1）完整基岩下发育岩溶情况

图 5 为场地 39 号跨孔地震波层析成像剖面图，该剖面范围内地震波速度介于 1600～6000m/s，自左往右钻孔分别为 ZCT18、ZCT32、ZCT46、ZCT58 和 ZCT69，该综合剖面为单对剖面数据经过二次成图而成。由速度展布特征可知，完整基岩区在 ZCT32 附近存在不连续，根据地震波速度及钻孔资料揭露，推测该处发育岩溶，岩溶发育往 ZCT32-ZCT46 剖面深部延伸，而 ZCT32 及 ZCT46 钻孔深部近在 ZCT32 标高－37.04m 以下见薄层岩溶发育。为验证 ZCT32-ZCT46 深部低速异常，在两钻孔中间布置 YZ-1 钻孔进行验证。YZ-1 钻孔显示在 36.9m 进入完整基岩，与跨孔地震波层析成像剖面中完整基岩区顶部深度（36.4m）基本吻合，而钻至 46.3m 遇溶洞，与物探剖面中显示深度（45.8m）也较为吻合。ZCT32 至 ZCT69 间标高－23～－33m 间约 10m 范围内基岩较为完整，完整基岩面起伏较小，与钻孔资料基本吻合。

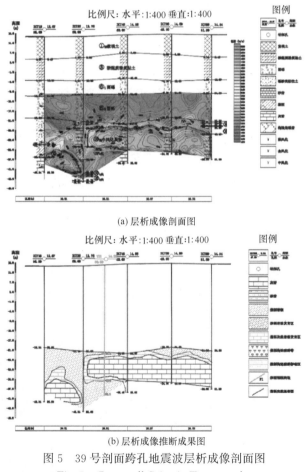

(a) 层析成像剖面图

(b) 层析成像推断成果图

图 5　39 号剖面跨孔地震波层析成像剖面图

Fig. 5　Crosswell Seismic Tomography
Profile of Section 39

（2）地质构造划分

图 6 为工区西侧 19 号剖面（ZCT148～ZCT115）跨

孔地震波层析成像剖面图，地震波速度范围为 2000～3800m/s，剖面范围内整体呈现低速特征，基岩波速与圆砾层波速接近，推测基岩破碎，ZCT137-ZCT126 钻孔间在测试范围内未见完整基岩，ZCT137 与 ZCT126 钻孔附近完整基岩面陡立，该低波速区域与地质资料 F1 断层所在位置吻合，从剖面图上分析，该 F1 断层倾角近直立。

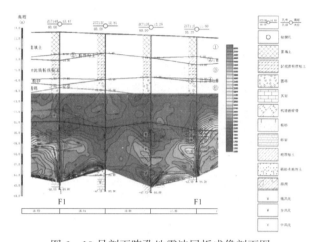

图 6　19 号剖面跨孔地震波层析成像剖面图

Fig. 6　Crosswell Seismic Tomography
Profile of Section 19

（3）圈定完整基岩面范围

图 7 为场地 ZCT34～ZCT38 跨孔地震波层析成像剖面图，该剖面以地震波速 3200m/s 为界线，上下呈现明显不同的地震波速分布特征，推断地震波速 3200m/s 为完整基岩面界线。

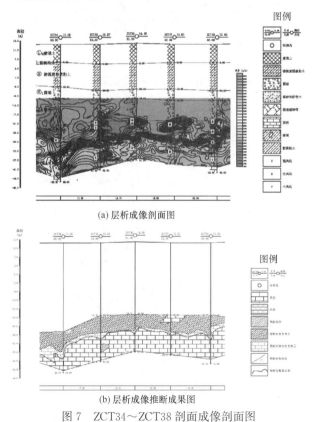

(a) 层析成像剖面图

(b) 层析成像推断成果图

图 7　ZCT34～ZCT38 剖面成像剖面图

Fig. 7　Imaging Profile of ZCT34 ～ZCT38

根据上述分析解释原则，对项目跨孔地震波层析成像（CT）的 360 对孔反演的波速图像进行相应的地球物理及地质解释，并形成相应的跨孔地震波层析成像剖面图像及对应的地质解释图，经过统计分析、数据、图像处理形成了完整基岩面等值线图（图 8）和三维地下溶洞发育分布图（图 9）。

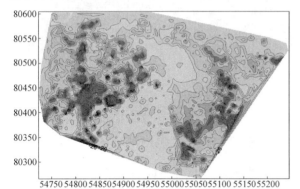

图 8　中风化基岩埋深等值线图

Fig. 8　Contours of buried depth of
medium weathered bedrock

图 9　三维地下溶洞发育分布图

Fig. 9　Three-dimensional distribution
map of underground karst

根据本次场地跨孔地震波层析成像（CT）探测结果，结合场地地质钻探成果，经统计后将地震波低速异常分为推断溶洞、推断岩溶发育区、推断次级岩溶发育区与构造破碎带。根据工程桩基施工特性，划分出对桩基施工产生较大影响的区域，主要为探测深度范围内未见完整基岩及完整基岩面下方存在溶洞的区域，根据各剖面的异常数据，共圈定对桩基施工不利区范围约 11000m² ，其平面分布位置见图 10，该范围的基桩不适合采用基岩作为桩基持力层。本次探测成果为下一步桩基设计、施工方案的优化提供了充足的依据。

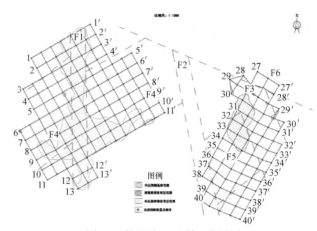

图 10　桩基施工不利区范围图

Fig. 10　Scope map of unfavorable zone
in pile foundation construction

3　结束语

本次井间地震 CT 技术在复杂岩溶区探测取得了良好的应用效果，基本解决了一桩多勘无法解决的地下空间连通性问题，查明了岩溶溶蚀分布范围，提供了完整基岩面的空间分布状态；同时圈定了桩基施工不利的场地平面位置，面积为 11000m² ，有效指导了 1000 根基桩施工方案的调整，优化了项目桩基工程的设计方案，保障了项目桩基质量。

理论与实践证明，井间地震 CT 技术在探测岩体构造破碎带、溶蚀发育区及溶洞等地质现象时能够发挥重要作用，具有数据采集快速、探测精度高等优点，而且以三维空间效果形象地揭示地下地质体的空间展布规律，具有良好的应用效果。

参考文献：

[1]　中华人民共和国水利部. 水利水电工程物探规程：SL 326—2005[S]北京：中国水利水电出版社，2005.

[2]　杨文采，李幼铭. 应用地震层析成像[M]. 北京：地质出版社，1993.

[3]　刘康和. 地震波 CT 及其应用[J]. 水利水电工程设计，2010，29(2)：44-46.

[4]　张宁. 地震波 CT 技术在煤矿采空区探测中的应用[J]. 河北工程大学学报(自然科学版)，2008，25(3)：95-97.

基于 CPT 的海洋桩设计方法评价与应用

杜文博[1, 2]，黄　斌[*3]

(1. 中国电建集团华东勘测设计研究院有限公司，浙江 杭州 311122；2. 浙江华东建设工程有限公司，浙江 杭州 310014；3. 武汉大学土木建筑工程学院，湖北 武汉 430070)

摘　要：海洋工程中，取土较困难，且土样易扰动，基于 CPT 的设计方法逐渐成为主推方法。本文重点介绍了目前海洋桩基工程中，国际上应用较广的基于 CPT 的竖向受荷设计方法，比较了不同设计方法在考虑侧阻疲劳退化、桩受荷的方向性、开口桩土塞或土芯的承载力贡献、设计参数确定方面的区别。基于现场试桩数据库，评价了黏土中各种桩基设计方法的准确性与可靠性；针对我国东海典型地层，对某一海上风电场的大直径钢管桩进行了分析与论证，对各种桩基设计方法进行了计算值与实测值的比较，并进行可靠性评价；针对海洋大直径钢管桩竖向受荷工况，给出了设计方法及参数确定的合理性建议。

关键词：海洋桩；竖向荷载；承载力；静力触探

作者简介：杜文博(1980—)，男，高级工程师，硕士，主要从事海洋岩土工程、海洋地质的勘察和科研。E-mail：du_wb@hdec.com。

Evaluation and application of CPT-based design method for offshore pile

DU Wen-bo [1,2]，HUANG Bin[3]

(1. Powerchina Huadong Engineering Corporation Limited，Hangzhou Zhejiang 311122，China；2. Zhejiang Huangdong Construction Engineering Co.，Ltd.，Hangzhou Zhejiang 310014，China；3. School of Civil Engineering Wuhan University，Wuhan HuBei 430070，China)

Abstract：In offshore engineering，it's difficult to obtain undisturbed samples. CPT-based design method of pile has become recommending method. In this paper focusing on offshore pile foundation engineering，the internationally used CPT-based design methods are introduced. Various design methods are compared in respect of friction fatigue，pile loading direction，and the plug ratio of open-ended pile in capacity contribution，and the determination of design parameters. Based on the on-site test piles database，the accuracy and reliability of various pile design methods in the clay are evaluated. For the typical stratum in the China East Sea，the monopiles of an offshore wind farm are analyzed. The calculated capacities of monopiles with different methods are compared with the measured value，and the reliability of methods are evaluated. At last according to the vertical loading condition of the offshore monopile，reasonable suggestions for the current design methods and parameters determination are given.

Key words：offshore pile；vertical load；bearing capacity；CPT

0 引言

目前海洋工程中桩基的竖向承载力国际上比较流行的方法，要么建立在静力触探锥尖阻力的经验公式上，要么直接跟土性参数建立关系，如无侧限抗压强度、屈服应力、灵敏度、内摩擦角等。竖向抗压、抗拔承载力的确定方法主要包括 API 法[1]、DNV 法[2]、ICP 法[3]、Fugro 法[4,5]、NGI 法[6]、UWA 法[7,8] 等。由于海洋土难以获得无扰动的原位样，岩土工程中通常采用原位测试来获得原位土体强度参数或直接用来进行桩基承载力计算。静力触探（CPT）作为现场勘察和岩土工程设计的原位试验，已经得到了广泛的研究和应用。基于 CPT 的桩基设计方法已逐渐替代基于室内试验或全经验的设计方法，成为海洋桩基础的国际首选方法，且普遍认为 CPT 获得的锥尖阻力较侧壁摩阻力更可靠，是设计的主要依据。

我国的 CPTU 桩基设计方法主要针对陆上桩基础，同时采用锥尖阻力与侧壁摩阻力进行设计，但没有考虑预制桩的打入法、静压法之间的区别及对承载力的影响，没有考虑桩的施工效应引起的侧阻疲劳退化，在承载力设计中通常假定某一固定深度处的单位极限侧阻力值是固定不变的，与桩的贯入深度无关，这在一定程度上降低了承载力设计的精度。而且在涉海工程中也未对陆上桩基设计规范进行可靠性评价，存在一定的设计应用风险。

Fellenius[9] 指出所有基于 CPTU 的桩基设计方法都是针对特定的区域，基本一致的地质条件下建立的，也就是说每种方法都基于有限的桩与土，如果超出该范围，方法不一定适用。帝国理工 Jardine[10] 与西澳大学 Lehane[11] 分别建立了各自的桩基数据库，并不断地更新。国外土体的结构性与超固结比与我国存在区别，且国外桩基承载力破坏标准与我国现有规范是不同的，目前国外尚未形成较成熟的基于 CPT 的黏性土中桩基设计规范，盲目地套用国外标准会带来设计应用风险。本论文主要介绍砂土、黏土中基于 CPT 的桩基设计方法，基于数据

基金项目：湖北省自然科学基金(2019CFB488)；中电建集团科技项目(DJ-ZDXM-2014-17)。

库与方法的本质对其进行客观评价，结合国内工程勘察设计的技术水平，分析各设计方法的适用性，并结合海洋大直径钢管桩现场测试对不同的方法进一步验证，为制定适用于我国海洋土质条件的桩基设计方法提供依据。

1 砂土中桩设计方法

适用于砂土的 API-00、Fugro-05、ICP-05、UWA-05、统一 CPT 法，其中除 API-00 法外，其他方法均基于 CPT 的测试结果。统一 CPT 法[8] 是由西澳大学、挪威岩土所、帝国理工、辉固、BP、代尔夫特理工、挪威船级社等联合提出的，已成为新版 API 的砂土中打入桩首选推荐方法，本论文仅介绍该方法。

（1）侧阻

单位面积侧阻可按下式计算：

$$\tau_f = \sigma'_{rf} \tan\delta_{cv} = \frac{f}{f_c}(\sigma'_{rc} + \Delta\sigma'_{rd})\tan29° \tag{1}$$

式中，τ_f 为单位面积侧阻；σ'_{rf} 为桩达极限承载力时的桩侧法向有效应力；σ'_{rc} 为桩施工结束与应力调整平衡后的桩侧法向有效应力；$\Delta\sigma'_{rd}$ 为由于荷载应力路径（剪胀）引起的桩侧法向有效应力变化量；桩受压时 f/f_c 为1、受拉时为0.75。

桩施工结束与应力调整平衡后，桩侧法向有效应力可按下式计算：

$$\sigma'_{rc} = \frac{q_c}{44} \cdot A_{re}^{0.3} \left[\max\left(\frac{h}{D}, 1\right)\right]^{-0.4} \tag{2}$$

式中，q_c 为静力触探锥尖阻力；A_{re} 为有效面积，$A_{re} = 1 - PLR \cdot (D_i/D)^2$，$PLR$ 为土塞率，可以近似估算 $PLR \approx \tanh[0.3(D_i/d_{CPT})^{0.5}]$，$d_{CPT} = 35.7mm$；$h$ 为计算点的桩端以上距离；D 为管桩外径；D_i 为管桩内径。

由于荷载应力路径（剪胀）引起的桩侧法向有效应力变化量可以通过下式估算：

$$\Delta\sigma'_{rd} = \left(\frac{q_c}{10}\right)\left(\frac{q_c}{\sigma'_v}\right)^{-0.33}\left(\frac{d_{CPT}}{D}\right) \tag{3}$$

（2）端阻

单位面积端阻可按下式计算：

$$q_{b0.1} = \overline{q_c}(0.12 + 0.38 \cdot A_{re}) \tag{4}$$

式中，$q_{b0.1}$ 为单位面积端阻；$\overline{q_c}$ 为桩端 $\pm1.5D$ 范围的平均锥尖阻力，且在该范围的锥尖阻力没有太大变化。

2 黏土中桩设计方法

适用于黏土的方法包括 API-00、Fugro-96、NGI-05、ICP-05、UWA-13、Fugro-10 法，其中 API-00、Fugro-96、NGI-05 均基于黏土的不排水强度；ICP-05 法的端阻是基于 CPT 的测试结果，且 CPT 的锥尖阻力是未经孔压修正的，但计算侧阻时参数复杂，包括屈服应力比、灵敏度与界面摩擦角等，该方法在实际工程应用中试验要求高，在方法推广普及方面存在一定的难度；UWA-13、Fugro-10 是基于 CPTU 的测试结果，CPT 的锥尖阻力是经孔压修正的。因此，在对这些方法进行评价时，应充分考虑修正前后的计算结果的区别。

2.1 Fugro-10 法[5]

（1）侧阻

单位面积侧阻可按下列公式计算：

$$\tau_f = k_s \cdot q_n \tag{5}$$

$$k_s = \min\left[0.16 \cdot \left(\frac{h}{uL}\right)^{-0.3} \cdot \left(\frac{q_n}{\sigma'_{v0}}\right)^{-0.4}, 0.08\right] \tag{6}$$

式中，τ_f 为单位面积侧阻；q_n 为埋深 z 处静力触探净锥尖阻力，$q_n = q_t - \sigma_{v0}$，σ_{v0} 为埋深 z 处的竖向总应力；σ'_{v0} 为埋深 z 处的竖向有效应力；h 为相对于桩端的深度距离；uL 为单位长度，等于 1.0m。

（2）端阻

单位面积端阻可按下列公式计算：

$$q_b = 0.7q_{n,avg} \tag{7}$$

$$q_{rb} = \min[0.7q_{n,avg} - u_b, 100(kPa)] \tag{8}$$

式中，q_b 为桩受压时单位面积端阻；$q_{n,avg}$ 为桩端 $\pm1.5D$ 范围的静力触探平均净锥尖阻力；q_{rb} 为桩受拉时单位面积端阻；u_b 为桩端静水压力（kPa）。

2.2 UWA-13 法[7]

（1）侧阻

单位面积侧阻可按下式计算：

$$\tau_f = 0.055 \cdot q_t \cdot \left[\max\left(\frac{h}{R^*}, 1\right)\right]^{-0.2} \tag{9}$$

式中，τ_f 为单位面积侧阻；q_t 为埋深 z 处静力触探锥尖阻力，采用的是经孔压修正的锥尖阻力；h 为相对于桩端的深度距离；R^* 为等效半径，$R^* = (R^2 - R_i^2)^{0.5}$，对于闭口桩 $R^* = R$；R 为管桩外径；R_i 为管桩内径。

（2）端阻

单位面积端阻参考了 ICP-05 法，并采用开口桩形成土塞时的单位侧阻计算模式，可按下列公式计算：

闭口桩，加载不排水时

$$q_b = 0.8 \cdot \overline{q_t} \tag{10}$$

闭口桩，加载排水时

$$q_b = 1.3 \cdot \overline{q_t} \tag{11}$$

开口桩，加载不排水时

$$q_b = 0.4 \cdot \overline{q_t} \tag{12}$$

开口桩，加载排水时

$$q_b = 0.65 \cdot \overline{q_t} \tag{13}$$

式中，q_b 为单位面积端阻；$\overline{q_t}$ 为桩端 $\pm1.5D$ 范围的静力触探平均锥尖阻力，采用的是经孔压修正的锥尖阻力；q_t 为桩端锥尖阻力，采用的是经孔压修正的锥尖阻力。

UWA-13 法忽略了桩受拉时的反向端阻或端部吸力作用。

3 土塞率评价

Xu 等[12] 统计砂土中的开口桩的土塞情况，提出砂土中的土塞率与桩内径的经验关系式（14），Lehane

等[11] 对黏土中的开口桩进行了论证，表明砂土的土塞率公式也适用于黏土。

$$PLR = \min[(D_i/1.5)^{0.2}, 1] \qquad (14)$$

Lehane 等[8] 对砂土提出新的土塞率经验公式：

$$PLR = \tanh[0.3(D_i/d_{CPT})^{0.5}] \qquad (15)$$

式中，PLR 为土塞率；d_{CPT} 为标准静力触探直径，为 35.7mm；D_i 为管桩内径。

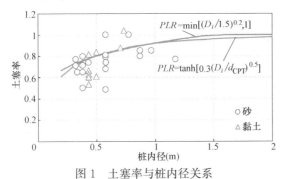

图 1　土塞率与桩内径关系

Fig. 1　Relationship between soil plug ratio
and pile inner diameter

将黏土、砂土的土塞率与桩径关系绘制在一起，如图 1 所示。可见，黏土与砂土中的土塞规律没有明显的区别，也就是说土塞与土性关系不大，仅与桩内径有关；式（14）与式（15）在反映土塞随桩径变化趋势上极为接近，尤其是桩径 0.4～1.2m 范围，在小直径桩方面，式（15）更接近实际情况。

对于大直径管桩，在打入过程中土塞完全闭塞的可能性不大[13-15]。钢管桩典型的桩径与壁厚比为 30～60，对于桩径大于 1.5m 的海洋桩，按式（14）与式（15）计算得到的土塞率均大于 0.96，因此可认为直径大于 1.5m 的大直径桩，其开口管内为土芯，没有形成土塞或土塞率为 1。

4　桩设计方法评价

砂土中的桩设计方法国际上已趋于一致，形成了统一 CPT 法，而黏土中的设计方法还未达成一致，因此，本论文主要对黏土中桩设计方法进行评价。对不同的设计方法进行大量数据库考题后，其可靠性统计分析结果如表 1 所示。工程案例共 49 个，桩径范围为 0.2～1.5m。不同设计方法的统计评价如表 1 所示。总体来看，相对砂土中的桩设计方法，黏土的桩承载力计算结果变异系数更大，这是由于黏土中桩的设计参数更多、更复杂，不同方法的设计参数区别大；在基于 CPT 的设计方法中，UWA-13 法的变异系数较 Fugro-10 法小。

黏土中桩承载力不同设计方法评价[11]　表 1

Evaluation of pile design methods in clay　Table 1

方法	Q_c/Q_m（加权算术统计）			Q_c/Q_m（几何统计）		
	μ_w	σ_w	CoV_w	μ_w	σ_w	CoV_w
API-00	0.73	0.29	0.40	0.68	1.47	0.47
Fugro-10	1.17	0.69	0.59	1.01	1.72	0.72
UWA-13	0.99	0.48	0.49	0.89	1.58	0.58

注：Q_c/Q_m 为承载力计算值与实测值之比；μ_w 为平均值；σ_w 为标准差，CoV_w 为变异系数。

开口桩设计方法比较如表 2 所示。在处理管桩土塞方面，统一 CPT 法认为大直径钢管桩为土芯，没有在计算中直接提出内侧阻的计算方法，而是将内侧阻等效为端阻的形式来计算，即将桩的总承载力等于桩外侧阻与总端阻（对应的端阻面积为外径圆面积）之和，采用的单位面积端阻是考虑了土芯端阻折减的一个加权平均端阻，其本质是认为土芯的单位面积端阻为管桩环形面积的单位面积端阻的 24%。

API-00 法认为总承载力等于外侧阻、内侧阻与环形面积端阻之和，且内侧阻的计算与外侧阻的计算采用的单位面积侧阻是相同的；UWA-13 法与 Fugro-10 法均未在计算中直接提出内侧阻的计算方法，而是将内侧阻等效为端阻的形式来计算，即将桩的总承载力等于桩外侧阻与总端阻（对应的端阻面积为外径圆面积）之和。

其中 UWA-13 法的单位面积端阻的计算采用了形成土塞的开口桩端阻计算模式，其单位面积端阻为 ICP-05 法的 40%，也就是 UWA-13 法是通过内侧阻的等效端阻的超估来补偿桩端环形端阻的低估。

White 与 Bolton[16] 定义桩侧水平有效应力（相应的抗剪强度）随贯入深度增加而衰减的现象为侧阻疲劳退化。Randolph[17] 在第 43 届朗肯讲座中指出，砂土与黏土中预制桩侧阻均随桩身打入或贯入深度的增加而减小。基于 CPT 的设计方法均考虑了侧阻疲劳退化，而 API 方法未考虑疲劳效应。

开口桩设计方法比较　表 2

Comparison of open-ended pile design methods　Table 2

方法	适用土层	侧阻疲劳退化	承载力
API-00	砂土黏土	否	如果 $Q_{b,plug} < Q_{s,inner}$，发生土塞，$Q_{total} = Q_{s,outer} + Q_{b,plug} + Q_{b,annulus}$；如果 $Q_{b,plug} \geq Q_{s,inner}$，未发生土塞，$Q_{total} = Q_{s,outer} + Q_{s,inner} + Q_{b,annulus}$
统一 CPT	砂土	是	不管是否发生土塞，$Q_{total} = Q_{s,outer} + Q_{b,plug} + Q_{b,annulus}$
Fugro-10	黏土	是	不管是否发生土塞，$Q_{total} = Q_{s,outer} + Q_{b,plug} + Q_{b,annulus}$
UWA-13	黏土	是	认为总发生土塞，$Q_{total} = Q_{s,outer} + Q_{b,plug} + Q_{b,annulus}$

注：$Q_{b,plug}$、$Q_{b,annulus}$ 分别为土塞、环形面积的端阻；$Q_{s,inner}$、$Q_{s,outer}$ 分别为内、外侧阻；Q_{total} 为总承载力。

在砂土中桩受上拔荷载时，统一 CPT 法采用了 0.75 的折减系数进行侧阻计算，不考虑桩端阻。在黏土中桩受上拔荷载时，所有方法均不考虑对侧阻进行折减；Fugro-10 法提出桩受拉时单位面积端阻，而 UWA-13 法均不考虑桩受拉时的端阻；API-00 法未明确提出受拉时端阻的计算。

因此，黏土中大直径钢管桩竖向受荷设计时，建议采用基于 CPT 的 UWA-13 法与 Fugro-10 法进行侧阻计算；

在无CPT试验资料时，可采用基于s_u的API-00法进行侧阻计算，但s_u的室内试验确定必须考虑土样的SHAN-SEP法[18]处理。

5 海上风电场工程大直径钢管桩现场试验验证

5.1 大直径钢管桩现场试验

在某海上风电场工程中开展了大直径钢管桩现场试验。场地离岸约20km，总场区内海底地形变化较小，水深为8~12m。试桩区的地质条件相对较均匀，综合区域地质资料，勘探深度内均为第四系沉积物，上部为全新世滨海相沉积的淤泥、淤泥质粉质黏土、黏土，下部为上更新世河口—滨海相沉积的粉质黏土、粉砂。场地地层分布如图2所示。

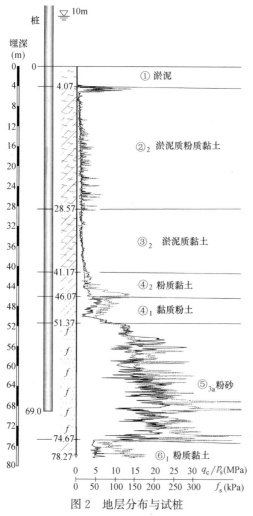

图2 地层分布与试桩

Fig.2 Distribution of stratum and test piles

桩径1.8m，总桩长93m，壁厚20~40mm，采用IHC S800液压锤进行打桩，沉桩过程均未出现溜桩，桩入泥深度为69m。沉桩结束后，桩内外泥面标高为：桩内土塞/芯标高为−8.05m，桩外泥面标高为−9.50m，可见，土塞/芯较泥面要略高，直径1.8m的钢管桩土塞率为1.0，为土芯模式，与式（14）和式（15）的评价结果

一致。试验在打桩后44d后进行，采用慢速维持荷载法进行竖向抗压静载试验，然后休止25d后对同一根试桩采用慢速维持荷载法进行竖向抗压静载试验。

桩轴向抗压与抗拔静载试验曲线对比如图3所示。可见，单桩轴向抗压试验做到桩周土体破坏，轴向抗压极限承载力为22MN；单桩轴向抗拔试验也做到桩周土体破坏，单桩轴向抗拔极限承载力为18.7MN。桩顶位移较小时，抗压与抗拔试验曲线比较接近，抗压曲线略高于抗拔曲线；随着桩顶位移逐渐增大，抗压曲线与抗拔曲线的差别越来越大，位移达到40mm后，均达到极限状态，抗压与抗拔的区别也最大，这是由于随着桩的位移增大桩抗压时端阻的贡献也逐渐增大，而抗拔时端阻可以忽略不计；此外，埋深51.4~74.7m均为粉砂，此范围内桩受拉时的侧阻也存在24%的折减。

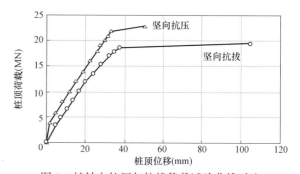

图3 桩轴向抗压与抗拔静载试验曲线对比

Fig.3 Comparison between axial compression and tension load-displacement curves

5.2 桩基设计计算参数

静力触探锥尖阻力成果如图4所示。可见，埋深5~40m的黏土的锥尖阻力随深度呈线性增长关系，为较均匀的土层；桩端埋深69m，位于持力层粉砂中。

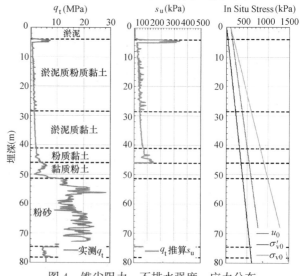

图4 锥尖阻力、不排水强度、应力分布

Fig.4 Profiles of tip resistance, shaft friction and in situ stress

基于CPT的设计方法的主要参数比较简单，另一类方法是基于不排水强度s_u的设计方法，且不排水强度为

原状样强度，在海洋工程中原状样的获取是有困难的，当然采用 SHANSEP 法[18]来确定原状样不排水强度是一种较好的途径，但对于高灵敏度、结构性较强的黏土，要获得其原状样不排水强度非常困难。因此，本论文采用基于 CPT 的经验方法来确定黏土的不排水强度，如式（16）所示。

$$s_u = (q_t - \sigma_{v0})/N_k \qquad (16)$$

N_k 的变化范围在 12～25，一般通过原位十字板试验或取高质量的样品进行室内不排水强度试验来进行确定。在缺乏资料时，可以取 $N_k = 15$。采用 $N_k = 15$，计算得到 9.5～10.5m 埋深的不排水强度为 39kPa；采用 $N_k = 21$，计算得到 9.5～10.5m 埋深的不排水强度为 28kPa，如图 4 所示。根据文献 [19]，利用 SHANSEP 法得到 10m 埋深原状样的不排水强度为 $40.9 \times 68.5/100 = 28.0$kPa；因此，采用 $N_k = 21$ 进行不排水强度的估算。直接对所取试样进行三轴不排水强度试验，得到的 4～28.6m 深度范围淤泥质粉质黏土不排水强度为 10～23kPa，平均为 17kPa，明显强度偏低，为 SHANSEP 法得到的强度的 61%。Ladd 和 Lambe[20]得出，取土扰动使得土样的不排水强度与原位应力下的固结不排水强度不相等，前者仅为后者的 40%～79%。

5.3 不同设计方法分析

不同设计方法抗压承载力计算结果与实测结果比较如表 3 所示，不同设计方法抗拔承载力计算结果与实测结果比较如表 4 所示。可知：

（1）所有设计方法在计算抗压承载力方面，均偏安全，计算值为实测值的 78.6%～94.5%；但在计算抗拔承载力方面，基于不排水强度的方法较实测值要偏高 17.0%，而基于 CPT 的设计方法较实测值偏低 8.8%～12.9%。

（2）基于不排水强度的 API-00 法计算的抗拔承载力实测值偏高，这是由于本论文的不排水强度是通过 CPT 数据估算的，采用的计算参数 N_k 仅通过 10m 深度的原状样的 SHANSEP 法确定，而实际上 N_k 是与土性与深度相关的。

（3）基于 CPT 的 UWA-13 法与 Fugro-10 法，在抗压与抗拔承载力计算上都偏安全；UWA-13 法计算的抗压承载力为实测值的 80.8%，Fugro-10 法为 78.6%；UWA-13 法计算的抗拔承载力为实测值的 91.2%，Fugro-10 法为 87.1%；从本工程案例看，UWA-13 法较 Fugro-10 法略优。

不同设计方法抗压承载力计算结果
与实测结果比较　　　　　表 3
Comparison of measured results and calculated
results of compressive capacity of different design methods
Table 3

方法	总侧阻 Q_s（MN）	总端阻 Q_b（MN）	承载力 Q_t（MN）	计算值/实测值（%）
现场实测	NA	NA	26.6	NA
API-00 法	18.1	7.0	25.1	94.5
Fugro-10 法	13.9	7.0	20.9	78.6
UWA-13 法	14.5	7.0	21.4	80.8

注：现场实测的抗压承载力考虑了桩与桩内土芯/塞的有效重量（4.6MN）；砂土中的侧阻、端阻均采用统一 CPT 法。

不同设计方法抗拔承载力计算结果
与实测结果比较　　　　　表 4
Comparison of measured results and calculated results
of tension capacity of different design methods
Table 4

方法	总侧阻 Q_s（MN）	总端阻 Q_b（MN）	承载力 Q_t（MN）	计算值/实测值（%）
现场实测	NA	0	14.2	NA
API-00 法	16.6	0	16.6	117.0
Fugro-10 法	12.3	0	12.3	87.1
UWA-13 法	12.9	0	12.9	91.2

注：现场实测的抗拔承载力扣除了桩与桩内土芯/塞的有效重量（4.6MN）；砂土中的侧阻均采用统一 CPT 法；均不考虑抗拔时端阻。

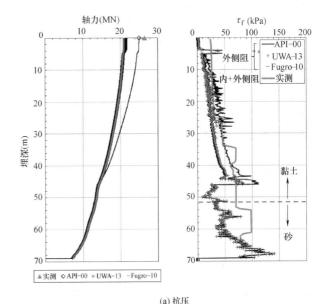

(a) 抗压

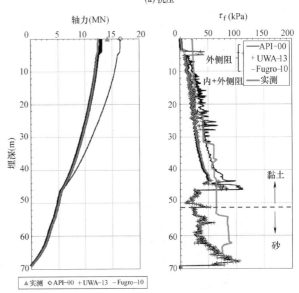

(b) 抗拔

图 5　极限承载时轴力与侧阻随深度的分布
Fig. 5 Distribution of axial force and shaft
friction with depth at ultimate load

不同设计方法计算得到的极限抗压、抗拔承载时荷载传递性状与侧阻随深度的分布如图 5 所示。可见，API-00 法计算的侧阻最大，UWA-13 与 Fugro-10 法非常接近，所有方法计算得到的侧阻随深度的变化趋势基本一致。

现场通过分布式光纤传感器进行桩身应变的监测，获得的侧阻包含了外侧阻与内侧阻，且无法区分这两部分；而各设计方法计算得到的侧阻仅仅为外侧阻。因此，对于计算结果较可靠的 UWA-13 与 Fugro-10 法，明显地，实测的总侧阻要比计算的外侧阻要大，尤其是 52m 以下的砂土中，充分表明砂土中的内侧阻贡献较显著，相对而言，黏土中的内侧阻贡献较小，说明管桩的土芯的内侧阻主要发挥在中下部的砂土中，这增加了内侧阻计算的复杂性，因此各设计方法采取等效端阻的形式来计算土塞/土芯的端阻是一种值得推广的方法。

当桩极限抗压时，实测桩端环形面积所受端阻为 1.5MN，单位面积端阻为 9.0MPa，而桩端 $\pm 1.5D$ 范围的平均锥尖阻力为 18.9MPa，因此 $q_{b, annulus}/q_c$ 为 0.48；当桩极限抗拔时，环形桩端所受端阻为 0kN。这与统一 CPT 法端阻的计算是一致的。

6 结论

本论文介绍了国外目前比较流行的基于 CPT 的海洋桩竖向受荷设计方法，与基于 s_u 的 API 方法进行比较，并通过桩基数据库与工程案例对其进行评价。主要结论如下：

(1) 对于砂土中的大直径钢管桩，推荐采用统一 CPT 法；对于黏土，推荐基于 CPT 的 UWA-13 法与 Fugro-10 法；海洋工程中取黏土原状样确定不排水强度是较困难的，其不同土层、不同深度范围的强度参数，可通过 SHANSEP 法来确定。

(2) 通过海洋大直径钢管桩工程案例分析得到，基于 CPT 的 UWA-13 法与 Fugro-10 法，在抗压与抗拔承载力计算上都偏安全，且均考虑了侧阻疲劳退化，UWA-13 法较 Fugro-10 法略优。

(3) 直径 1.5m 以上的大直径钢管桩往往体现为土芯模式，可将内侧阻等效为端阻的形式来计算，土芯采用的单位面积端阻为管桩环形面积的单位面积端阻进行折减，对于砂土折减系数为 24%，对于黏土折减系数约为 40%。

参考文献：

[1] API. API RP 2A-WSD: Recommended Practice for Planning, Designing and Constructing Fixed Offshore Platform-Working Stress Design, 21st Edition [S]. Washington, DC: API Publishing Services, 2000.

[2] DNVGL. DNVGL-ST-0126 - Support structure for wind turbines[S]. Oslo: Det Norske Veritas. 2016.

[3] Jardine R, Chow F, Overy R, et al. ICP design methods for driven piles in sands and clays[M]. London: Thomas Telford, 2005.

[4] Kolk H J, der Velde E. A reliable method to determine friction capacity of piles driven into clays [C]//Offshore Technology Conference. Offshore Technology Conference, 1996.

[5] Van Dijk B F J, Kolk H J. CPT-based design method for axial capacity of offshore piles in clays[C]//Proceedings of the International Symposium on Frontiers in Offshore Geotechnics II. Edited by S. Gourvenec and D. White. Taylor & Francis Group, London. 2010: 555-560.

[6] Karlsrud K, Clausen C J F, Aas P M. Bearing capacity of driven piles in clay, the NGI approach[C]//Proc. Int. Symp. on Frontiers in Offshore Geotechnics. 2005, 1: 775-782.

[7] Lehane B M, Li Y, Williams R. Shaft capacity of displacement piles in clay using the cone penetration test[J]. Journal of Geotechnical and Geoenvironmental Engineering, 2013, 139(2): 253-266.

[8] Lehane, B., Liu, Z., Bittar, E., Nadim, F., Lacasse, S., Jardine, R. J., ... & Morgan, N. (2020). A new CPT-based axial pile capacity design method for driven piles in sand. In Proceedings of the 4th International Symposium on Frontiers in Offshore Geotechnics, Austin, Texas, USA. American Society of Civil Engineers.

[9] Fellenius B H. Basics of foundation design, electronic edition[M]. 2020.

[10] Yang Z, Jardine R, Guo W, et al. A comprehensive database of tests on axially loaded piles driven in sand[M]. Academic Press, 2016.

[11] Lehane B M, Lim J K, Carotenuto P, et al. Characteristics of unified databases for driven piles[C]//Proceedings of the 8th International Conference on Offshore Site Investigations and Geotechnics (OSIG 2017), London, UK. Edited by MDJ Sayer, G. Griffiths, and LJ Ayling. Society for Underwater Technology. 2017, 1: 162-191.

[12] Xu X, Lehane B, Schneider J. Evaluation of end-bearing capacity of open-ended piles driven in sand from CPT data [C]//Evaluation of end-bearing capacity of open-ended piles driven in sand from CPT data. CRC Press/Balkema, 2005: 725-731.

[13] 李飒, 韩志强, 杨清侠, 等. 海洋平台大直径超长桩成桩机理研究[J]. 工程力学, 2010, 27(8): 241-245.

[14] 詹永祥, 姚海林, 董启朋, 等. 砂土中开口管桩沉桩过程的颗粒流模拟研究 [J]. 岩土力学, 2013, 34(1): 283-289.

[15] 刘润, 郭绍曾, 周龙, 等. 大直径钢管桩土塞效应的拟静力判断方法[J]. 地震工程学报, 2017, 39(1): 20-27.

[16] White D J, Bolton M D. Observing friction fatigue on a jacked pile [J]. Centrifuge and constitutive modelling: Two extremes, 2002: 347-354.

[17] Randolph M F. Science and empiricism in pile foundation design[J]. Géotechnique, 2003, 53(10): 847-876.

[18] Ladd C C, Foott R. New design procedure for stability of soft clays[J]. Journal of Geotechnical Engineering Division, ASCE, 1974, vol 100, GT7, 763-786.

[19] 杜文博, 黄斌, 汪明元, 等. 盐度对海洋黏土力学特性影响与扰动预固结试验[J]. 人民长江, 2020, 51(9): 193-197.

[20] Lambe T W, Whitman R V. Soil mechanics SI version [M]. John Wiley & Sons, 1969.

近海堆填区跨河构筑物桩基础失效原因分析

黄林伟[1]， 董　跃[1]， 徐芫蕾[2]， 樊有芳[1]

（1. 浙江省建设工程质量检验站有限公司，浙江 杭州 310012；2. 浙江省建筑科学设计研究院有限公司，浙江 杭州 310012）

摘　要：本文以某近海堆填区跨河桁架桩基础为研究对象，该桁架在河道开挖过程中出现了桩基础严重侧倾，桁架桥曲屈破坏；为查明该构筑物桩基础失效原因，笔者开展了对周边环境条件调查，桁架桩基础和河道边坡基础的工程质量检测研究；根据调查检测研究成果并结合工程技术资料进行了复核验算，从勘察、设计和施工等多角度进行了综合研究分析，得出了构筑物桩基础失效原因。

关键词：近海堆填区；深厚软土；桩侧负摩阻；桩基抗压承载力；边坡失稳；基础侧倾

作者简介：黄林伟（1982—　　），男，高级工程师，主要从事岩土工程检测咨询工作。Email：47168238@qq.com。

Analysis on causes of failure about pile foundation of the river-crossing structure in offshore landfill

HUANG Lin-wei[1]，DONG Yue[1]，XU Yuan-lei[2]，FAN You-fang[1]

（1. Zhejiang Construction Engineering Quality Inspection Station Co.，Ltd.，Hangzhou Zhejiang 310012，China　2. Zhejiang Academy of Building Research & Design Co.，Ltd.，Hangzhou Zhejiang 310012，China）

Abstract：This paper takes the cross river truss pile foundation of an offshore landfill area as the research object. During the course of river excavation，the truss has serious lateral inclination of pile foundation and bending failure of truss bridge. In order to find out the failure reason of pile foundation of the structure，the author has carried out the investigation on surrounding environment conditions，the engineering quality inspection of truss pile foundation and river slope foundation；according to the research results and conclusion The paper reviews and checks the engineering technical data，and makes a comprehensive study and analysis from the survey，design and construction，and obtains the failure reason of the pile foundation of the structure.

Key words：offshore landfill；deep soft soil；pile-side negative friction；compressive bearing capacity of pile foundation；slope instability；foundation inclination

0　引言

近年来，随着我国经济的不断发展和城市化进程的持续推进，利用滨海地区分布广泛的滩涂，采用堆填或吹填造陆的方法，可以有效地解决土地资源紧张的状况，促进本地经济社会的可持续健康发展。围海造陆的迅速发展，堆填或吹填场地及其上建筑物的施工技术也得到了很大的进步，但在滩涂场地采用堆填施工，堆填层下卧的软弱层性质差，具有"三高三低"[1,2]的基本特性即高含水率，高孔隙比、高压缩性和低强度，低渗透性和低固结系数，是一种典型的欠固结土，极易发生工后沉降，对堆填场地上的建（构）筑物的安全构成极大地威胁。

桩基础作为一种传统的地基处理方法已经广泛运用于土木工程建设中，可有效改善在堆填场地上进行工程建设中吹填土对建（构）筑物的不利影响。但是由于堆填场地土属欠固结土，堆填层及下卧软弱层仍会发生沉降变形，导致桩体会出现负摩阻力，引起桩基变形增大、承载力降低和产生不均匀沉降[3-7]。

采用水泥搅拌桩对软弱土层边坡进行加固处理是一种普遍有效的方法，在考虑安全和经济的条件下需根据土层物理力学参数、计算分析和工程经验选取合适的置换率，以满足边坡施工期和服役期安全、稳定系数达到规范要求的标准[8]。

本文以某近海堆填区跨河桁架桩基础为研究对象，该桁架在河道开挖过程中出现了桩基础严重侧倾，桁架曲屈破坏；为查明该桩基础失效原因，笔者开展了对周边环境条件调查，桁架桩基础和河道边坡基础的工程质量检测研究；根据调查检测研究成果并结合工程技术资料进行了复核验算，从勘察、设计和施工等多角度进行了综合研究分析，得出了构筑物桩基础失效原因。以期可为今后近海堆填区的工程活动提供技术参考。

1　工程概况

本案例为浙江沿海某电厂至周边各类工业园区集中供热管线工程；该工程中某桁架桥为供热管线跨河桁架，桁架桥呈南北走向，于 2017 年 12 月施工完成；河道为新开挖河道，2019 年 8 月当河道施工至桁架桥附近时，桁架桩基础发生了严重倾覆，桁架桥曲屈破坏。

1.1　工程地质概况

本案例场地位于浙江沿海城市，东临海域；地貌单元主要为海积平原和侵蚀剥蚀丘陵；地貌形态有海积平原、潮间带、孤丘等；海积平原平坦，为大面积沿海围填区，地表水系发育。在勘探范围内，根据地基土的成因类型及工程地质特征，可划分出 7 个工程地质层和 8 个亚层，各岩土层分布情况及其主要物理力学指标如表 1 所示。

各岩土层物理力学指标概况表　表 1

层号	岩土名称	层厚 (m)	压缩模量 E(MPa)	预制桩（极限标准值）侧阻 q_s(kPa)	预制桩（极限标准值）端阻 q_p(kPa)
地表	杂填土	0.4～6.8	—	15	—
①	黏土	0.5～7.5	2.0	15	—
②	淤泥	>15.0～20.0	1.7	11	—
③	淤泥质粉质黏土	2.0～16.7	1.8	22	500
④	黏土	2.1～23.9	2.0	30	—
⑤	粉质黏土混碎石	0.5～6.5	18.0	50	1400
⑥₁	强风化凝灰岩	2.0～4.0		220	
⑥₂	中风化凝灰岩	>5.0			

1.2　设计概况

桁架基础设计如下：桁架桥南北两侧基础均采用 12 桩承台，桩型为 PC AB 500 100-15、9b，桩长 24m，桩顶标高 1.9m（黄海高程），单桩竖向抗压承载力特征值 200kN，基础平面尺寸 5.0m×7.0m，基础厚度 500mm，桁架基础参数如图 1 所示。

为保障河道边坡稳定，桁架桥附近河道边坡设计如下：在河道开挖平台高程 1.3m 处，7.8m 范围内布置桩径 600mm、桩长 16m、间距 1.3m（梅花形布置）的水泥搅拌桩，设计要求 90d 水泥土强度≥1.2MPa。河岸采用干砌毛块石挡墙，设计参数如图 2 所示。

1.3　施工概况

2017 年 12 月，桁架桥施工完成，运行正常；2018 年 10 月，在靠近桁架基础的东南侧开始铺设施工便道；2018 年 12 月，河道局部开挖，弃土堆放于桁架基础西南侧；2019 年 8 月河道开挖至桁架桥附近时，桁架南侧基础发生严重倾覆，桁架桥曲屈破坏。

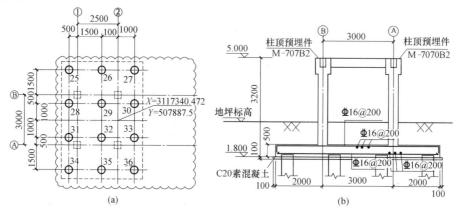

图 1　桁架桩位图及承台图

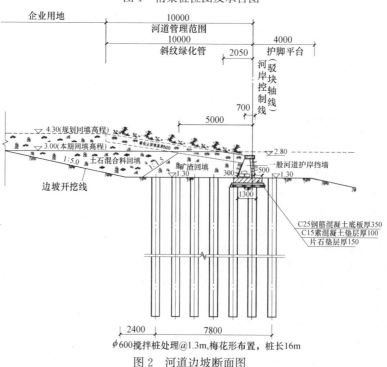

图 2　河道边坡断面图

2　构筑物及其周边环境调查检测

2.1　周边环境调查检测

采用实地调查和 GPS 坐标测量，对桁架基础坐标和基础周边场地现状、场地标高、地表开裂情况及相对位置关系进行了调查、检测，调查检测结果如下：

（1）坐标测量结果如图 3 所示，桁架基础向垂直河道方向整体移动约 1.0m。

（2）设计基础顶面标高为 2.3m，桁架基础角点 C1 上抬 0.493m，角点 C2 下沉 0.506m，角点 C3 下沉 1.194m，角点 C4 下沉 0.207m；其中角点 C3 下沉最大。

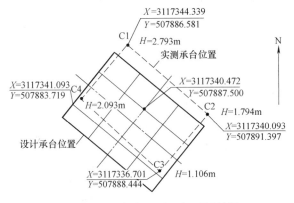

图 3　倾覆处桁架基础坐标测量结果

（3）距桁架基础 25～30m 企业用地的地表标高高于河道设计时的规划回填标高，最大高差约 1.1m（图 4 中 P4 点高程）。

（4）河道边坡地表存在多道弧形裂缝，裂缝位置距离桁架基础西南 15～30m，坡顶最大裂缝宽度可达 37cm。

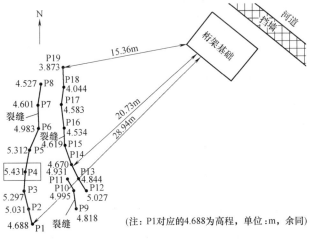

（注：P1 对应的 4.688 为高程，单位：m，余同）

图 4　桁架基础南侧地表主要裂缝及其相对位置关系图

2.2　桁架基础检测

采用开挖量测法、低应变法、磁测井法等，对桁架基础尺寸、配筋、管桩与基础连接情况、管桩桩身完整性和桩长、桩周土层分布进行了检测、复核，检测、复核结果如下：

（1）桁架基础尺寸、配筋基本满足设计要求。

（2）管桩与基础连接钢筋偏少，不满足设计要求。

（3）桁架基础下 12 根预应力混凝土管桩均在距桩顶以下 6.05～7.16m 处断裂，存在严重缺陷，为 IV 类桩，典型低应变曲线如图 5 所示。

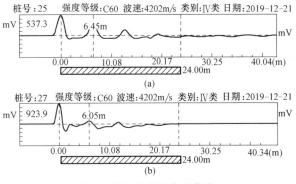

图 5　低应变测试典型曲线

（4）桁架基础下的 2 根预应力混凝土管桩桩长抽检结果为桩长偏差在 0～0.40m 之间，推测桩长与设计桩长未见明显不符，管桩深度-磁场垂直分量（H-Z）曲线如图 6 所示。

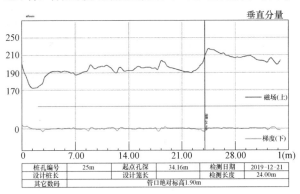

图 6　磁测井法 H-Z 曲线图

（5）钻探揭示 2 根预应力混凝土管桩桩周和桩端土层均为淤泥，与原勘察报告揭示的土层基本相符。

2.3　河道边坡地基检测

采用开挖量测法、钻芯法对加固河道边坡地基的水泥搅拌桩的桩径、桩长、水泥土强度和均匀性进行检测，检测结果如下：

（1）抽检的 2 根水泥搅拌桩桩头周长分别为 2.05m 和 2.00m，换算桩径分别为 653mm 和 637mm，桩径满足设计要求。

（2）抽检的 2 根水泥搅拌桩桩长如下，Z1 桩桩长为 1.0m，Z2 桩桩长为 1.6m，下部均为淤泥，2 根水泥搅拌桩的搅拌深度均不满足设计要求。

（3）仅 Z1 桩桩头部分水泥土强度 >1.2MPa，Z1 桩中下部和 Z2 桩水泥土强度均不满足设计要求。

3　桩基失效原因分析

3.1　桩身抗压承载力分析

由勘察报告可知，桁架南侧基础附近 SZ3 勘察孔揭示的回填土厚度3.4m，淤泥层厚度26.2m，淤泥质粉质黏土厚度5.4m，场地为大面积沿海围填区，故桩基设计应考虑负摩阻力的影响。

根据设计施工图和勘察报告，对桁架基础预应力混凝土管桩的单桩竖向抗压承载力进行验算，验算结果可知：

（1）当不考虑负摩阻力时，单桩竖向抗压承载力特征值约200kN，与设计值相符。

（2）考虑负摩阻力时，单桩竖向抗压承载力特征值约100kN，仅为设计值的50%，抗压承载力不足；再考虑负摩阻力引起的单桩下拉荷载约175kN后，抗压承载力严重不足，桩基沉降进一步增大。

3.2 河道边坡稳定分析

根据河道设计图和现场检测结果，对开挖后的河道边坡稳定性进行验算，验算结果可知：

（1）考虑水泥搅拌桩作用时，河道边坡整体稳定安全系数为1.47＞1.30，满足规范要求。

（2）不考虑水泥搅拌桩的作用时，边坡圆弧滑动面如图7所示；计算所得滑面后缘与桁架的距离以及滑面切过管桩的位置均与前文检测结果基本一致；此时河道边坡整体稳定安全系数为1.18＜1.30，不能满足规范要求。

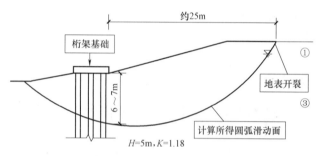

图7 不考虑水泥搅拌桩时的边坡圆弧滑动示意图

3.3 桩基失效原因分析

桁架桩基础严重倾覆的主要原因如下：

（1）由于桁架基础所处场地为大面积沿海围填区，桁架基础设计时未充分考虑桩侧负摩阻力对桩基承载力和沉降的影响，当考虑负摩阻力时管桩单桩竖向抗压承载力特征值远低于设计值；故在后续河道施工荷载影响下桁架基础加速出现了不均匀沉降，且施工荷载较大侧的管桩沉降最大，如前述桁架基础角点C3最大下沉约1.2m。

（2）桁架基础施工时管桩桩头与基础连接不满足设计要求，降低了桁架基础抗倾覆能力。

（3）河道护岸边坡地基处理的水泥搅拌桩施工质量不满足河道设计要求，且未严格控制边坡坡顶堆载，坡顶堆土标高超设计标高约1.0m，导致河道边坡稳定性降低，出现了边坡坡顶地表开裂、边坡滑移等现象，从而导致桁架基础管桩被剪断，其抗压承载力迅速降低。

4 结论

（1）由于桁架基础所处场地为大面积沿海围填区，桁架桩基础设计时未充分考虑桩侧负摩阻力对桩基承载力和沉降的影响，当考虑负摩阻力时管桩单桩竖向抗压承载力特征值远低于设计值；桁架基础施工时管桩桩头与基础连接不满足设计要求，降低了桁架基础抗倾覆能力。

（2）河道护岸边坡地基处理的水泥搅拌桩施工质量不满足河道设计要求，且未严格控制边坡坡顶堆载，导致河道边坡稳定性降低，出现了边坡坡顶地表开裂、边坡滑移等现象，从而导致桁架基础管桩被剪断，其抗压承载力迅速降低。

（3）近海堆填场地，堆填层下卧的软弱层性质差，具有"三高三低"的基本特性，在工程勘察、设计和施工中应特别重视该类场地的特性。勘察应探明不良地质作用，设计应充分考虑复杂工程地质条件的不利因素，施工应严格按图施工，切不可偷工减料，酿成事故，应引以为戒。

参考文献：

[1] 徐佳敏，黄林伟. 近海堆填场地桩基工程沉降原因分析[J]. 城市住宅，2019，3(3)：111-113.

[2] 刘长军. 近海吹填地质条件下基桩负摩阻力研究及病害处理[J]. 中国水运，2017，17(7)：361-362.

[3] 黄挺，龚维明，戴国亮等. 桩基负摩阻力时间效应试验研究[J]. 岩土力学，2013，34(10)：2841-2846.

[4] Cheong M T，Mott MacDonald. Negative skin friction development on large pile groups for Wembley Stadium[J]. Ground Engineering，2007，40(11)：33-37.

[5] 肖俊华，袁聚云，赵锡宏. 桩基负摩擦力的试验模拟和计算应用[M]北京：科学出版社，2009.

[6] Poulos H G. A Practical Design Approach for Piles with Negative Friction [J]. Geotechnical Engineering，2010，161：19-27.

[7] 赵明华，雷勇，刘晓明. 基于剪切位移法的基桩负摩阻力计算[J]. 湖南大学学报(自然科学版)，2008，35(7)：1-6.

[8] 陈一冰，王保田. 长江下游某人工河道软土边坡加固方案对比[J]. 河北工程大学学报(自然科学版)，2018，2(6)：35-38.

桩身完整性类别自动识别方法的研究与应用

陈卫红[*1]，　管　钧[1]，　张建龙[2]，　薛忠军[2]

（1. 北京智博联科技股份有限公司，北京 100088；2. 北京市道路工程质量监督站，北京 100076）

摘　要：本文首先简单介绍了基桩完整性类别判定的现状，提出了基于支持向量机的完整性自动识别方法及 4 种（共 13 个）具有可行性的特征向量，然后利用软件从若干基桩的检测数据中提取特征参量，构建训练及预测数据样本，针对不同数量的训练数据样本、不同寻找最优参数的方法、不同核函数的训练与预测对比分析，得到一种最优情况下的模型文件，最后使用其对模型桩及工程桩进行桩身完整性类别的识别验证，说明桩身完整性类别自动识别方法在超声透射法基桩完整性检测中应用的可行性。

关键词：支持向量机；特征参量；完整性类别；自动识别

作者简介：陈卫红（1974— ），男，硕士，主要从事工程质量无损检测方法及设备等方面的研究。E-mail：2851528887@qq.com。

research and application of automatic recognition method for pile integrity based on support vector machine

CHEN Wei-hong[1]，GUAN Jun[1]，ZHANG Jian-long[2]，XUE Zhong-jun[2]

（1. Beijing ZBL Science and Technology Co.，Ltd.，Beijing 100088，China；2. Beijing Road Engineering Quality Supervision Station，Beijing 100076，China）

Abstract：Firstly，this paper briefly introduces the status quo of pile integrity classification，presents an automatic integrity recognition method based on support vector machine and four feasible feature vectors，and then extracts feature parameters from some pile testing data by software to construct training and prediction data samples. The same number of training data samples，different methods to find the optimal parameters，different kernel function training and prediction comparison analysis，get an optimal case of the model file，and finally use it to model piles and engineering piles to identify and verify the integrity of the pile classification. The results show that the pile integrity classification automatic identification method is feasible in the application of ultrasonic transmission method in pile integrity testing.

Key words：SVM；feature parameter；pile integrity classification；automatic recognition

0　引言

随着我国基础建设的蓬勃发展，桩基础在公路及铁路桥梁、港口码头、海上采油平台、高层建筑、重型厂房以及核电站等工程中大量采用。但由于桩基础属于地下隐蔽工程，往往会因为施工工艺不成熟、地质条件复杂、施工队伍水平差、质量控制不严等因素的影响，导致桩基施工过程中出现缩颈、扩径、裂纹、夹泥、沉渣甚至断桩等质量问题，从而影响到桩基的承载力和上部结构的安全性。因此，在桩基施工完成后，对其桩身完整性进行检测成为必然，由于超声透射法具有便捷、迅速、缺陷反映灵敏度高、缺陷检测范围广等优点，从而被广泛用于桩身完整性的检测。

目前，在现行的各种行业及地方桩基完整性检测规程中，超声透射法都根据各测点信号物理量（首波声时、幅度和频率、波形）的变化，利用数理统计的方法并结合个人的经验对缺陷位置、缺陷程度进行定性判断，然后根据规程中所列的桩身完整性类别特征，结合个人经验对桩身完整性类别进行判定。这种方法受人的经验因素影响很大，其判断的准确性对检测人员的水平依赖很大，而

且也不利于检测的自动化、智能化，显然已不适应现代工程检测需要。

因此，对于超声透射法检测基桩完整性的数据，依据现行的行业或地方的基桩完整性检测规程，对桩身完整性类别进行自动识别具有重要意义。在北京市交通行业科技项目"桥梁桩基检测自动识别技术研究及应用"研发过程中，我们提出了一种基于支持向量机的桩身完整性类别自动识别方法，并对其进行了研究与应用。

1　研究现状

利用超声透射法对基桩完整性进行检测之后，必须对其完整性类别进行判定，并告知相关单位按照判定结果进行相应的处置。现行的各种行业和地方检测规程中，都将桩身完整性类别分为四类（表1）；对于Ⅰ、Ⅱ类桩，是可以正常使用的；对于Ⅲ类桩，是需要进行加固等处理并复测或经设计验算后再判定是否可使用；对于Ⅳ类桩，是无法正常使用的，需要破除后重新灌注或者补新桩。如果桩身完整性类别判断错误，将高级别判为低级别，则会造成一定程度的浪费；将低级别判为高级别，则会造成安全隐患，可能会导致上部结构沉降或失稳，所以提高桩身

基金项目：北京市交通行业科技项目——桥梁桩基检测自动识别技术研究及应用（项目编号：2017-03-005-ZLJDZ）。

完整性类别判定的准确程度具有重要意义。

桩身完整性类别划分　　　表 1

Classification of pile integrity　　Table 1

桩身完整性类别	特征
Ⅰ	桩身完整,可正常使用
Ⅱ	桩身基本完整,有轻度缺陷,不影响正常使用
Ⅲ	桩身有明显缺陷,对桩身结构承载力有影响
Ⅳ	桩身有严重缺陷,对桩身结构承载力有严重影响

现行的各种行业和地方检测规程中,对于被测桩的桩身完整性类别判定,一般根据各剖面的可疑缺陷区的分布、可疑缺陷区域测点的声参量偏离正常值的程度和接收波形变化情况,结合桩型、地质情况、成桩工艺等因素,按照桩身完整性的特征和分类标准进行综合性评判。

对于不同的行业或地方的基桩检测规程,对桩身完整性类别进行判定的特征有所不同,但也有相同之处,由于篇幅所限,在此仅列出《公路工程基桩检测技术规程》JTG/T 3512—2020 中的桩身完整性判定表,见表 2。

桩身完整性判定表　　　表 2

Determination of pile integrity　　Table 2

完整性类别	测点的声参量和波形特征
Ⅰ	(1)所有测点声学参数正常,接收波形正常。 (2)个别测点的多个声参量轻微异常,但此类测点离散,在深度上未形成一定的区域;接收波形基本正常或个别测点波形轻微畸变。 (3)多个测点的个别声参量轻微异常,其他声参量正常,但空间分布范围小;接收波形基本正常或个别测点波形轻微畸变
Ⅱ	(1)一个或多个剖面上多个测点的多个声参量轻微异常,在深度和径向形成较小的区域;多个测点接收波形存在明显畸变;其中,个别测点的声速低于低限值。 (2)一个或多个剖面上多个测点的个别声参量明显异常,其他声参量轻微异常,在深度和径向形成较小的区域,多个测点的接收波形存在明显畸变;其中,个别测点的声速低于低限值
Ⅲ	(1)某一深度范围内,一个或多个剖面上多个测点的多个声参量明显异常,在深度或径向形成较大的区域;多个测点接收波形存在严重畸变或个别测点无法检测到首波;其中,多个测点的声速低于低限值。 (2)一个或多个剖面上多个测点的个别声参量异常严重,其他声参量明显异常,在深度或径向形成较大的区域;多个测点接收波形存在严重畸变或个别测点无法检测到首波;其中,多个测点的声速低于低限值
Ⅳ	某一深度范围内,多个剖面上的多个测点的个别或多个声参量异常严重,在深度或经向形成很大区域;波形严重畸变或无法检测到首波,较多测点的声速低于低限值

从上表中所列特征来看,大多使用"轻微异常""明显异常""严重异常"等"模糊语言",每个人对其理解可能都不一样,从而对同一根桩得到的完整性类别判定就有可能存在差异,特别是对于Ⅱ、Ⅲ类桩,很有可能造成误判。

为了能够更加科学、准确地对桩身完整性分类,通过查阅相关的文献资料,结合超声透射法检测桩基完整性的特点,采用机器学习方法进行模式的识别。通过对目前应用比较广泛的三种机器学习方法:BP 网络、支持向量机(SVM)及深度学习(Deep Learing)的原理、优劣等进行了解与分析,最终决定在本项目中使用支持向量机技术。

2　支持向量机

SVM(Support Vector Machines)方法是 20 世纪 90 年代初 Vapnik 等人根据统计学理论提出的一种新的机器学习方法,它以结构风险最小化原则为理论基础,通过适当地选择函数子集及该子集中的判别函数,使学习机器的实际风险达到最小,保证了通过有限训练样本得到的小误差分类器,对独立测试集的测试误差仍然较小。

支持向量机的基本思想是:首先,在线性可分情况下,在原空间寻找两类样本的最优分类超平面。在线性不可分的情况下,加入了松弛变量进行分析,通过使用非线性映射将低维输入空间的样本映射到高维属性空间使其变为线性情况,从而使得在高维属性空间采用线性算法对样本的非线性进行分析成为可能,并在该特征空间中寻找最优分类超平面。其次,它通过使用结构风险最小化原理在属性空间构建最优分类超平面,使得分类器得到全局最优,并在整个样本空间的期望风险以某个概率满足一定上界。

其突出的优点表现在:(1)基于统计学理论中结构风险最小化原则和 VC 维理论,具有良好的泛化能力,即由有限的训练样本得到的小的误差能够保证使独立的测试集仍保持小的误差。(2)支持向量机的求解问题对应的是一个凸优化问题,因此局部最优解一定是全局最优解。(3)核函数的成功应用,将非线性问题转化为线性问题求解。(4)分类间隔的最大化,使得支持向量机算法具有较好的鲁棒性。由于 SVM 自身的突出优势,被越来越多的研究人员作为强有力的学习工具,以解决模式识别、回归估计等领域的难题。

基于统计学理论的支持向量机(SVM)是一种有坚实理论基础的新颖的小样本学习方法,被认为是目前解决小样本分类问题的最佳方法,可以不像神经网络的结构设计需要依赖于设计者的经验知识和先验知识。与神经网络相比,支持向量机方法具有更坚实的数学理论基础,可以有效地解决有限样本条件下的高维数据模型构建问题,并具有泛化能力强、收敛到全局最优、维数不敏感等优点。本项目的目标——对桩身完整性类别进行自动识别,考虑到Ⅱ、Ⅲ、Ⅳ类桩的数据样本非常少,属于小样本,所以决定在本项目中使用支持向量机技术。

3 桩身完整性类别识别

3.1 特征参量的提取

被测桩的桩身完整性类别根据各剖面的可疑缺陷区的分布、可疑缺陷区域测点的声参量偏离正常值的程度和接收波形变化情况，结合桩型、地质情况、成桩工艺等因素，可按照桩身完整性的特征和分类标准进行综合性评判。

通过对各行业及地方现行的基桩检测规程中的桩身完整性类别判定特征进行分析、归纳、总结，提取出以下几个可行的特征参量，用于桩身完整性类别的自动识别。

（1）桩型

对于竖向抗压桩，按抗压桩的荷载传递机理可分为：摩擦桩、端承桩、摩擦端承桩、端承摩擦桩。对于不同类型的桩，出现缺陷的位置不同时，可能对其承载力的影响不同，所以在判定桩身完整性类别时应综合考虑。用数字 0、1、2、3 分别代表上述四种类型的桩。

（2）缺陷径向分布

以最大径向分布（百分数）$D_{x,i}$ 来表征，也就是异常程度指数为 1、2、3 的连续测点所在剖面数与总剖面数之比，从而得到三个特征参量：$D_{p,1}$、$D_{p,2}$、$D_{p,3}$。

（3）缺陷的深度位置

对于摩擦桩来说，缺陷所在的深度位置如果较深，则可以不判或轻判；否则应重判。以缺陷所在深度与桩长之比 $H_{p,i}$ 来表征，也就是异常程度值为 1、2、3 的最大连续测点所在位置与桩长之比，从而得到三个特征参量：$H_{p,1}$、$H_{p,2}$、$H_{p,3}$。

（4）缺陷的轴向（深度）分布

用下面两个特征参量来表征：

① 异常程度值为 1、2、3 的最大连续测点深度 ΔH_i：分别对所有剖面异常程度值为 1、1～2、1～3 的测点进行统计，得到最大连续测点深度，从而得到三个特征参量：ΔH_1、ΔH_2、ΔH_3。

② 异常程度值为 1、2、3 的连续测点总深度 $H_{t,i}$：分别对所有剖面异常程度值为 1、1～2、1～3 的测点进行统计，得到多段连续测点深度之和，从而得到三个特征参量：$H_{t,1}$、$H_{t,2}$、$H_{t,3}$。

对基地的 10 根模型桩及收集到的Ⅲ、Ⅳ类缺陷桩、实际工程中随机抽取的Ⅰ、Ⅱ类桩，共 200 根桩进行特征参量提取，最后得到参量文件 Grade.txt，包含 400 组样本数据。

手动编辑特征参量文件，对 200 根桩的桩身完整性类别进行人工识别，然后将识别结果（1、2、3、4 分别对应Ⅰ类、Ⅱ类、Ⅲ类、Ⅳ类）加到每组数据的最前面。得到参量文件格式如下：

类别 1：桩型；2：ΔH_1；3：$H_{p,1}$；4：$D_{p,1}$；5：$H_{t,1}$；6：ΔH_2；7：$H_{p,2}$；8：$D_{p,2}$；9：$H_{t,2}$；10：ΔH_3；11：$H_{p,3}$；12：$D_{p,3}$；13：$H_{t,3}$。

人工标记完成后，得到Ⅰ类、Ⅱ类、Ⅲ类、Ⅳ类桩的样本数量分别为 207、55、97、41。

3.2 训练与预测

样本数据准备好之后，接下来进行训练与预测。使用不同数量的训练及测试数据样本，得到的预测效果也会不同；相同数量的训练及测试样本，如果使用不同的方法寻找最优参数，或者使用不同的核函数，得到的预测效果也会不同；为此，需要对上述各种情况进行训练与预测，然后对预测的效果进行对比，从而筛选出一种寻找最优参数的方法及最优的核函数。

将样本数据中不同数量的数据提取出来作为训练和预测数据，利用不同的寻找最优参数的方法，得到最优惩罚因子及核函数的 γ 值，然后分别使用多项式核函数、径向基核函数进行训练与预测，得到不同的训练与预测结果，详见表 3。

训练及预测结果对比表　表 3

Comparison of training and prediction results

Table 3

样本总数	400	400	400	400	400	400	400
训练样本	150	200	225	250	275	300	325
测试样本	250	200	175	150	125	100	75
训练与预测准确率（%）							
easy 训练	80.0	80.0	79.5	80.0	83.6	83.0	82.2
easy 预测	80.0	74.5	79.4	81.3	86.4	83.0	86.7
平均值	80.0	77.3	79.5	80.7	85.0	83.0	84.4
差值绝对值	0.00	5.50	0.13	1.33	2.76	0.00	4.51
grid 训练	78.0	80.0	79.5	81.2	80.7	82.3	83.1
多项式预测	71.2	56.0	81.1	66.7	82.4	74.0	76.0
径向基预测	76.8	79.0	79.4	78.0	83.2	86.0	81.3
平均值	77.4	79.5	79.5	79.6	82.0	84.2	82.2
差值绝对值	1.20	1.00	0.13	3.20	2.47	3.67	1.74

通过对表中的训练及预测结果进行比较，可以发现：

（1）在多个不同数量的训练及预测样本情况下，使用多项式核函数进行训练及预测得到的准确率大部分低于使用径向基核函数进行训练及预测得到的准确率，也就是说，径向基核函数更适合于对样本进行训练及预测。

（2）在多个不同数量的训练及预测样本情况下，使用 easy.py 进行训练与验证得到的准确率与使用 grid.py 及径向基核函数进行训练与验证得到的准确率相近，大多数情况下，前者要略胜一筹。也就是说，使用 easy.py 及径向基核函数进行训练与验证要稍优。

（3）在多个不同数量的训练及预测样本情况下，使用 easy.py 及径向基核函数进行训练与预测得到的准确率均在 74%～96% 之间，准确率偏低，可能与样本数量太少，特别是Ⅲ、Ⅳ类桩的样本数太少有关。

（4）通过观察不同情况下训练与验证的准确率平均值、差值的绝对值可以发现，第 5 种情况下平均值较大且差值的绝对值较小，是最优的一种情况。

4 SVM 桩身完整性类别识别在桩基检测中应用

在 MFC 程序中，使用训练得到的模型文件 PileGrade. model，调用 LibSVM 中的相关函数对基桩的完整性等级进行自动分类。

首先由人工对基地 10 根模型桩及收集到的Ⅲ、Ⅳ类缺陷桩、实际工程中随机抽取的Ⅰ、Ⅱ类桩（共 200 根）进行完整性分类，然后利用程序对其进行自动识别，分类结果见表 4，表中正确率是将自动识别的桩基数除以人工分类的桩基总数。从表中可以看出，对于Ⅰ类、Ⅳ类桩的自动识别结果与人工分类结果比较接近，也就是正确率较高，达到 96% 以上，而对于Ⅱ类、Ⅲ类桩的自动识别结果与人工分类结果相差较大，正确率较低。

完整性分类结果表　　　　表 4

Integrity classification results　　Table 4

	Ⅰ类	Ⅱ类	Ⅲ类	Ⅳ类
人工分类	109	23	49	19
自动识别	105	18	44	19
正确率(%)	96.3	78.3	89.8	100.0

为了提高完整性分类的准确率，必须收集更多的缺陷桩基检测数据，然后再进行特征的提取、标记，获得更多的训练及验证的数据样本，不断地完善模型文件。

受篇幅所限，以下仅分别列出桩身完整性自动识别为Ⅰ、Ⅱ、Ⅲ、Ⅳ类桩各一根的曲线图。

（1）Ⅰ类桩

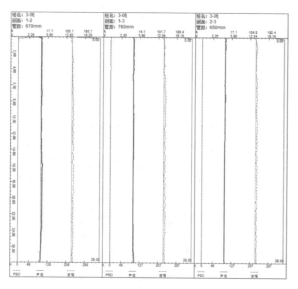

图 1　Ⅰ类桩曲线图

Fig. 1　Curve diagram of class Ⅰ pile

图 1 所示桩的所有剖面的所有测点的声速、幅度均大于临界值，异常程度指数值均为零，桩身不存在缺陷，故判为Ⅰ类桩。

（2）Ⅱ类桩

图 2 所示桩的部分剖面的个别测点的声速、幅度低于临界值，异常程度指数值为 1 或 2，桩身个别测点存在轻微或明显缺陷，但由于测点数少且不连续，故判为Ⅱ类桩。

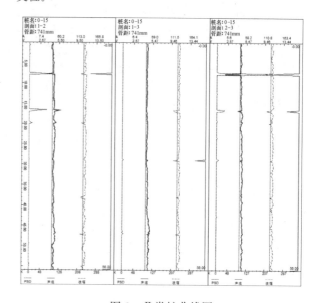

图 2　Ⅱ类桩曲线图

Fig. 2　Curve diagram of class Ⅱ pile

（3）Ⅲ类桩

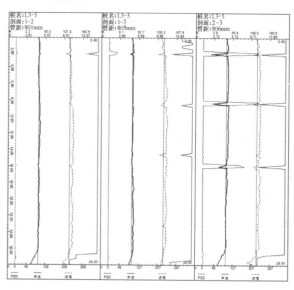

图 3　Ⅲ类桩曲线图

Fig. 3　Curve diagram of class Ⅲ pile

图 3 所示桩的 1-2、2-3 剖面桩底 1m 以内测点的声速、幅度均低于临界值、异常程度指数为 3，1-3 剖面桩底 0.6m 以内测点声速、幅度均低于临界值、异常程度指数为 2，桩底沉渣过厚，故判为Ⅲ类桩。

（4）Ⅳ类桩

图 4 所示桩的所有剖面均在多个高度位置出现声速、幅度明显低于临界值，异常程度指数值为 3 的连续测点，桩身存在严重缺陷，故判为Ⅳ类桩。

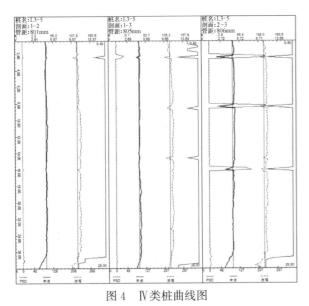

图 4　Ⅳ类桩曲线图

Fig. 4　Curve diagram of class IV pile

5　结论

本文提出了一种使用支持向量机（SVM）分类器对声波透射法检测桩基完整性类别进行自动识别的方法。现行的各种行业或地方的检测规范中，除了广东省的《建筑地基基础检测规范》DBJ/T 15-60 能够自动判定桩身完整性类别之外，其他规范均是根据波速、波幅、波形等参量的特征进行人为地判断。

通过对现行各种行业及地方基桩检测规程中的桩身完整性类别判定特征进行分析、归纳、总结，提取出了 4 种（桩型、缺陷径向分布、缺陷的深度位置及缺陷的轴向分布）共 13 个可行的特征参量，用于桩身完整性类别的自动识别。

通过对 200 根桩身完整性类别不同的桩基的 13 个特征参量进行提取与标识，获得了 400 组数据样本，然后针对不同数量的训练及验证数据样本、不同的寻找最优参数的方法、不同的核函数进行了训练与验证对比分析，最终得出在训练样本数量为 275 时，使用径向基核函数进行训练与验证得到的效果最优。后面利用训练得到的模型文件，编制了相应的桩身完整性类别自动识别软件，对 10 根模型桩及 190 根工程桩的检测数据进行桩身完整性类别识别验证，得到每根桩的完整性类别，识别的结果与人工判断结果基本吻合，能够在实际工程检测中应用推广。

参考文献：

[1]　中华人民共和国住房和城乡建设部. 建筑基桩检测技术规范：JGJ 106—2014［S］. 北京：中国建筑工业出版社，2014.

[2]　李子兵. 基于小波和支持向量机的基桩缺陷识别［M］. 长沙：长沙理工大学，2012.

[3]　中华人民共和国交通运输部. 公路工程基桩检测技术规程：JTG/T 3512—2020［S］. 北京：人民交通出版社，2020.

[4]　国家铁路局. 铁路工程基桩检测技术规程：TB 10218—2019［S］. 北京：中国铁道出版社，2019.

法国标准单桩轴向抗压承载力计算方法介绍

朱建民[1]， 卞 佳[2]， 谢礼飞[1]， 龚维明[3]

(1. 南京东大自平衡桩基检测有限公司，江苏 南京 211164；2. 中交路桥建设有限公司，北京 100027；3. 东南大学 土木工程学院，江苏 南京 211189)

摘 要：在欧洲标准 EN 1997-1 与法国国家附录 NF EN 1997-1/NA 的基础上，法国标准 NF P 94-262 对桩基础设计的内容进行了补充和扩展。NF P 94-262 的单桩轴向抗压承载力计算有基于静载试验和岩土试验的 2 类方法。基于静载试验的方法与 EN 1997-1 一致，但在 NDPs 处根据法国的具体情况给出了相应规定。基于岩土试验的方法包含旁压试验、静力触探试验 2 种原位测试手段，其计算模型又分桩模型、地层模型 2 种。桩模型以各探孔处计算得到的桩承载力为核心，按 EN 1997-1 的相关系数法或 EN 1990 的统计法进行设计。地层模型以地层承载力为核心，将桩周岩土分层并对试验成果进行处理，得出各地层的承载力参数后再计算单桩承载力。

关键词：抗压承载力；静载试验；旁压试验；静力触探试验；桩模型；地层模型；法国标准

作者简介：朱建民(1980—)，男，博士，高级工程师，主要从事桩基础的测试研究工作。E-mail：zhujianmin@ddzph.com。

Introduction to the calculation method of axial compressive bearing capacity of single pile in French standard

ZHU Jian-min[1]， BIAN Jia[2]， XIE Li-fei[1]， GONG Wei-ming[3]

(1. Nanjing Dongda Bi-directional Pile Test，Co.，Ltd.，Nanjing Jiangsu 211164，China；2. Road & Bridge International Co.，Ltd.，Beijing 100027，China；3. School of Civil Engineering，Southeast University，Nanjing Jiangsu 211189，China)

Abstract：On the basis of the European standard EN 1997-1 and the French national annex NF EN 1997-1/NA，the pile foundation design method is complemented and expanded in the French standard NF P 94-262. In NF P 94-262，there are two types of calculation methods of axial compressive bearing capacity of single pile：the method based on static load tests，and the method based on ground test results. The method based on static load tests is consistent with EN 1997-1，but choices are made for NDPs according to the specific conditions of France. The method based on ground test results includes two in-situ tests：the pressuremeter test and the cone penetration test，and the calculation model is divided into two types：the pile model and the ground model. The pile model focuses on the pile bearing capacity calculated for each test profile，and its design method can follow the correlation factor method of EN 1997-1 or the statistical method of EN 1990. The ground model focuses on the bearing capacity of each stratum：the strata around the pile are divided into layers，and the ground test results are processed for each layer to derive its bearing capacity，and finally the bearing capacity of single pile is calculated.

Key words：compressive bearing capacity；static load tests；PMT；CPT；pile model；ground model；French standard

0 引言

进行桩基设计时，单桩抗压承载力的确定是重要一环。目前，桩承载力的计算方法多种多样，其大类包括理论公式法、经验公式法、半理论半经验法、载荷试验法等。因为岩土工程具有区域性的特点，故各地采用的计算方法也不尽相同。

法国标准虽与欧洲标准整体一致，但其桩承载力计算方法仍保留了一定特色。由于历史的原因，法国标准在非洲地区也有较多应用。本文对法国标准中桩周岩土控制的单桩轴向抗压承载力计算方法进行介绍，以供从事桩基设计的同仁参考。

1 标准构成与桩承载力计算方法

1.1 标准构成

《Eurocode 7：Geotechnical design - Part 1：General rules》EN 1997-1 是欧洲统一的岩土工程设计标准，在全球范围内具有较大的影响力；EN 1997-1 由各成员发布后成为该国国家标准，如法国 NF EN 1997-1、英国 BS EN 1997-1 等；各国家标准的内容是相同的[1,2]。

EN 1997-1 虽为统一标准，但欧洲各地的岩土条件、设计习惯等存在差异，目前仍难实现绝对的统一，故 EN 1997-1 的部分条款预留了变通接口，各成员可根据自身情况作出具体规定；此部分内容即为国家确定参数（Nationally Determined Parameters，NDPs），以国家附录（National Annex，NA）的形式给出，如法国 NF EN 1997-1/NA、英国 NA to BS EN 1997-1 等；各国家附录的内容是不同的[1-4]。

从应用层面来看，EN 1997-1 及国家附录提供了原则性的指导，但仅靠此两者有时仍难进行设计计算，还需要一些辅助性的材料；这类材料通常也以国家标准的形式给出，如法国 NF P 94-262、英国 BS 8004 等；此类标准是与 EN 1997-1 及国家附录不矛盾的、补充性的，并且各个国家不同[1-7]。

按法国标准进行桩基础设计时，NF EN 1997-1/NA 提供的信息尚不够充分，NF P 94-262 则给出了全面、详细的规定；故本文以 NF P 94-262 为主进行讨论，同时兼顾 EN 1997-1 与 NF EN 1997-1/NA。

1.2 桩承载力计算方法

对于桩周岩土控制的轴向抗压承载力，EN 1997-1 给出了 5 类计算方法：静载试验、岩土试验、基桩动力冲击试验、打桩公式、打桩波动方程分析；目前，NF P 94-262 实际上仅支持前 2 类方法，舍弃了后 3 类动测法[5,6,8,9]。

2 基于静载试验的方法

本法先开展试桩静载试验，以试验结果作为设计计算的依据。NF P 94-262 所列基于静载试验的桩承载力计算方法与 EN 1997-1 一致，但在 NDPs 处根据自身情况给出了相应规定。

另外需要说明的是，欧洲标准的桩承载力术语与我国惯用术语不能一一对应，如"characteristic value"，直译时为"特征值"，但其内涵为"极限值"（具有一定保证率），又对应于我国的"标准值"。故为避免混淆，本文暂用极限值、设计值表述相关内容，其含义可自明且不会引起误解。

2.1 试验标准

静载试验应满足 EN 1997-1 的相关要求，并按 EN ISO 22477-1 执行。

EN ISO 22477-1 是通用抗压静载试验标准，既包含了堆载法、锚桩法等桩顶加载法，也包含了自平衡法（Bi-directional load testing）[9,10]。

2.2 各试桩承载力实测值

由静载试验得到各试桩的抗压极限承载力，记为承载力实测值 $R_{c;m}$。

2.3 单桩承载力极限值

根据各试桩的 $R_{c;m}$，按式（1）计算单桩承载力极限值 $R_{c;k}$：

$$R_{c;k} = \text{Min}\left\{\frac{(R_{c;m})_{mean}}{\xi_1} ; \frac{(R_{c;m})_{min}}{\xi_2}\right\} \tag{1}$$

式中，ξ_1、ξ_2 为相关系数，分别对应于 $R_{c;m}$ 的平均值、最小值。

ξ_1、ξ_2 为 NDPs 项。NF P 94-262 对 EN 1997-1 的相关系数进行了修改，按式（2）计算：

$$\xi_i = 1 + (\xi_i' - 1)\sqrt{\frac{S}{S_{ref}}} \tag{2}$$

式中，ξ_i' 为基本系数，取 EN 1997-1 对应的相关系数值；S 为研究场地的勘察面积，地层须均匀；S_{ref} 为基准面积，取 2500m^2[5,6,11]。

式（2）是 NF P 94-262 的一大特色。按 EN 1997-1，相关系数仅取决于试桩或勘探点的数量；NF P 94-262 则

另外考虑了与基础范围对应的勘察面积。有关式（2）及 ξ_1、ξ_2，详见参考文献[5，6，8，11]。

$R_{c;k}$ 也可按式（3）确定：

$$R_{c;k} = R_{b;k} + R_{s;k} \tag{3}$$

式中，$R_{b;k}$、$R_{s;k}$ 分别为桩端、桩侧承载力极限值。

NF P 94-262 未给出 $R_{b;k}$、$R_{s;k}$ 的确定方法。按 EN 1997-1，可由静载试验结果直接得出（derived directly）$R_{b;k}$、$R_{s;k}$[8]。实际上，进行桩身内力测试直接得到的是端阻、侧阻实测值，本文暂记为 $R_{b;m}$、$R_{s;m}$（与 $R_{c;m}$ 对应）；此实测值还需进行转换，才能得出具有一定保证率的极限值 $R_{b;k}$、$R_{s;k}$。在工程实践中，多参照式（1）将 $R_{b;m}$、$R_{s;m}$ 转换为 $R_{b;k}$、$R_{s;k}$（可借助典型端承桩或摩擦桩来理解），但式（3）的计算结果一般要小于式（1）。

2.4 单桩承载力设计值

按式（4）或式（5）计算单桩承载力设计值 $R_{c;d}$：

$$R_{c;d} = \frac{R_{c;k}}{\gamma_t} \tag{4}$$

$$R_{c;d} = \frac{R_{b;k}}{\gamma_b} + \frac{R_{s;k}}{\gamma_s} \tag{5}$$

式中，γ_b、γ_s、γ_t 分别为桩端、桩侧、总承载力的分项系数。

欧洲标准统一采用了以概率理论为基础、以分项系数表达的极限状态设计法，但在 EN 1997-1 编制时，各成员未能就分项系数施加于作用或作用效应（A）、岩土材料强度（M）、岩土抗力（R）的问题达成一致；为兼容各地设计习惯，EN 1997-1 提供了 3 类设计途径（Design Approach，DA）供各成员选择，即分项系数为 NDPs 项[1,2,9]。

法国标准采用 DA2 进行桩基础设计，相应的分项系数组合为 $A1$"$+$"$M1$"$+$"$R2$（数值大小与 EN 1997-1 相同）。对 DA2 而言，分项系数施加于作用或作用效应、岩土抗力，而不施加于岩土材料强度（即该分项系数等于 1）[3,5,6,9]。

由此可知，式（4）和式（5）的 γ_b、γ_s、γ_t 为岩土抗力分项系数，详见参考文献[5]、[6]、[9]。

3 基于岩土试验的方法

由岩土试验计算桩承载力，应先开展原位测试或室内试验，取得相应成果后，再按照一定方法进行计算。EN 1997-1 提供了原则性的指导；NF P 94-262 则详细给出了基于旁压试验（PMT）、静力触探试验（CPT/CP-TU/CPTM）2 种原位测试的方法，但其旁压试验仅限于 Ménard 旁压试验（MPM）。

3.1 试验标准

旁压试验、静力触探试验应满足 EN 1997-1、EN 1997-2 的相关要求，并分别按 EN ISO 22476-4（MPM）、EN ISO 22476-1（CPT/CPTU）和 EN ISO 22476-12（CPTM）执行。

3.2 试验成果

由旁压试验得到深度 z 处的净极限压力 $p_l^*(z)$，或者由静力触探试验得到深度 z 处的实测锥尖阻力 $q_c(z)$。其中，$p_l^*(z)$ 的含义是极限压力减去水平总应力[12,13]。

3.3 基桩单位面积极限端阻力、侧阻力

根据 $p_l^*(z)$ 或 $q_c(z)$，借助经验性的图表或关系式，可以得出基桩单位面积极限端阻力 q_b、深度 z 处的单位面积极限侧阻力 $q_s(z)$，具体方法见参考文献 [5]、[6]、[14]、[15]。此过程中如下三点较有特色：

（1）适用桩型多样。NF P 94-262 的旁压试验、静力触探试验成果可用于各种类型桩基础的承载力计算；我国则很少采用旁压试验确定桩承载力，静力触探试验也以预制桩居多。

（2）承载力与桩型相关。NF P 94-262 计算 q_b、$q_s(z)$ 时，要同时考虑岩土类别和桩基类型，并将常用桩型分成了 8 大类、20 个子类，其内容比我国相应规范丰富、详尽，见参考文献 [5]、[6]、[16]。

（3）端阻由计算确定，不设上限值；侧阻由计算和上限值共同确定。对于端阻（灌注桩），我国公路桥梁规范设有上限值，其他地区如日本、美国，甚至同样在欧洲也有类似规定[17,18]；对于侧阻（灌注桩），我国规范一般直接提供固定大小的数值，不涉及计算。

3.4 单桩承载力极限值

（1）计算模型分类

NF P 94-262 的计算模型分为桩模型、地层模型 2 种，这也是法国标准的特色之一。

桩模型与前文基于静载试验的方法有些相似，可类比理解为：在各探孔处布桩，由相应 q_b、$q_s(z)$ 计算各桩的承载力计算值 $R_{c;cal}$，再将其转换为具有一定保证率的单桩承载力极限值 $R_{c;k}$；转换方法又分两种，一是 EN 1997-1 的相关系数法，二是 EN 1990 的统计法[5,6,19]。

地层模型是以地层为单位并将各探孔横向拆分，得出各地层的承载力参数后再计算桩承载力，这与我国的设计习惯较为类似，即：对每一地层中的各探孔试验成果进行处理，得到具有一定保证率的代表性参数；进而由此获取桩端持力层和桩侧岩土层的承载力；最后求解单桩承载力极限值 $R_{c;k}$[5,6,19]。

（2）桩模型

1）各探孔处桩承载力计算值

根据各探孔处的 q_b、$q_s(z)$，按式（6）～式（8）计算与各探孔对应的桩承载力计算值 $R_{c;cal}$：

$$R_{c;cal} = R_{b;cal} + R_{s;cal} \tag{6}$$

$$R_{b;cal} = A_b q_b \tag{7}$$

$$R_{s;cal} = P_s \int q_s(z) dz \tag{8}$$

式中，$R_{b;cal}$、$R_{s;cal}$ 分别为桩端、桩侧承载力计算值；A_b、P_s 分别为桩端面积、桩身周长。

对于 H 型钢桩、开口钢管桩和钢板桩，法国标准已

将桩身截面对承载力的影响计入了 q_b、$q_s(z)$，故 A_b、P_s 均按全尺寸计算[5,6,16,20]。

2）单桩承载力极限值

单桩承载力极限值 $R_{c;k}$ 有如下 2 种计算方法。

① 按 EN 1997-1 计算

$$R_{c;k} = \frac{1}{\gamma_{R;d1}} \mathrm{Min}\left\{ \frac{(R_{c;cal})_{mean}}{\xi_3} ; \frac{(R_{c;cal})_{min}}{\xi_4} \right\} \tag{9}$$

式中，$\gamma_{R;d1}$ 为模型系数，与岩土类别、桩基类型、试验类型（旁压或静力触探）相关，见参考文献 [5]、[6]、[19]、[21]；ξ_3、ξ_4 为相关系数，见参考文献 [5]、[6]、[11]。

式（9）遵循的是 EN 1997-1 之 7.6.2.3（5）P，但该条款并没有模型系数项；严格来说，NF P 94-262 增加 $\gamma_{R;d1}$ 的做法是有欠妥的。现式（9）的 ξ_3、ξ_4 为 NDPs 项，故更可取的做法是将 $\gamma_{R;d1}$ 并入 ξ_3、ξ_4。

② 按 EN 1990 计算

当探孔数量不少于 3 个时，可按式（10）计算 $R_{c;k}$：

$$R_{c;k} = \frac{R_{c;rep}}{\gamma_{R;d1}} \tag{10}$$

式中，$R_{c;rep}$ 为单桩承载力代表值，由 $R_{c;cal}$ 按 EN 1990 附录 D 确定（对数-正态分布）[5,6,19]。

式（10）利用 EN 1990 确定 characteristic value（对应我国"标准值"）的一般性原则来计算单桩承载力极限值，EN 1997-1 之 2.4.5.2 也有相关规定。

（3）地层模型

1）试验成果代表值

将桩周岩土分层，以每一地层中各钻孔的 $p_l^*(z)$ 或 $q_c(z)$ 为基础数据，按 EN 1997-1 中 2.4.5.2 的要求或 EN 1990 中附录 D 的方法，得出该地层的试验成果代表值 $p_{l;rep}^*(z)$ 或 $q_{c;rep}(z)$[19]。

2）单位面积端阻力、侧阻力代表值

按前文 3.3 节的方法，由 $p_{l;rep}^*(z)$ 或 $q_{c;rep}(z)$ 得出桩端持力层的单位面积端阻力代表值 $q_{b;rep}$、桩侧土层 i 的单位面积侧阻力代表值 $q_{s;i;rep}$[19]。

3）单位面积端阻力、侧阻力极限值

按式（11）、式（12）计算桩端持力层的单位面积端阻力极限值 $q_{b;k}$、桩侧土层 i 的单位面积侧阻力极限值 $q_{s;i;k}$：

$$q_{b;k} = \frac{q_{b;rep}}{\gamma_{R;d1} \gamma_{R;d2}} \tag{11}$$

$$q_{s;i;k} = \frac{q_{s;i;rep}}{\gamma_{R;d1} \gamma_{R;d2}} \tag{12}$$

式中，$\gamma_{R;d2}$ 为模型系数，见参考文献 [5]、[6]、[19]、[21]。

式（11）、式（12）遵循的是 EN 1997-1 中 7.6.2.3（8），该条款的模型系数为 NDPs 项；现 NF P 94-262 给出了 2 个模型系数 $\gamma_{R;d1}$、$\gamma_{R;d2}$，其实可以合并成 1 个。

4）单桩承载力极限值

按式（13）～式（15）计算单桩承载力极限值 $R_{c;k}$：

$$R_{c;k} = R_{b;k} + R_{s;k} \tag{13}$$

$$R_{b;k} = A_b q_{b;k} \tag{14}$$

$$R_{s;k} = \sum_i A_{s;i} q_{s;i;k} \tag{15}$$

式中，A_{si} 为桩侧第 i 层土对应的桩周面积。

（4）计算模型的选择

进行桩基础设计时，应根据具体项目条件尽早决定使用桩模型还是地层模型，而不是同时采用 2 种模型计算，再视结果的保守程度进行取舍[5,6,19]。

3.5 单桩承载力设计值

同前文 2.4 节。

4 结论

本文以法国标准 NF P 94-262 为主，结合欧洲标准 EN 1997-1 与法国国家附录 NF EN 1997-1/NA，对法国标准中单桩轴向抗压承载力的计算方法进行了介绍和讨论：

（1）常用的计算方法有 2 类：基于静载试验的方法、基于岩土试验的方法。

（2）法国标准基于静载试验的方法与欧洲标准 EN 1997-1 一致，但在 NDPs 处根据自身情况给出了具体规定，其相关系数考虑了与基础范围对应的勘察面积，分项系数采用 DA2 组合。

（3）法国标准的岩土试验主要指旁压试验和静力触探试验，且前者仅限于 Ménard 旁压试验；将试验成果转换为承载力参数时，其经验图表或关系式中包含了细分的岩土类别、桩基类型等。

（4）法国标准基于岩土试验的方法，其计算模型分为桩模型、地层模型 2 种。桩模型以各探孔处计算得到的桩承载力为核心，可按 EN 1997-1 的相关系数法或 EN 1990 的统计法进行设计。地层模型以地层承载力为核心，由岩土试验成果得出各地层的承载力参数后再计算单桩承载力。

参考文献：

[1] FRANK R，BAUDUIN C，DRISCOLL R，et al. Designers' Guide to EN 1997-1 Eurocode 7：Geotechnical design-General rules[M]. London：Tomas Telford，2004：1-9.

[2] BOND A，HARRIS A. Decoding Eurocode 7[M]. London：Taylor and Francis，2008：7-21.

[3] NF EN 1997-1/NA. Eurocode 7 - Calcul géotechnique-Partie 1：Règles générales-Annexe Nationale à la NF EN 1997-1：2005[S]. 2018.

[4] NA＋A1：2014 to BS EN 1997-1：2004＋A1：2013. UK National Annex to Eurocode 7：Geotechnical design-Part 1：General rules[S]. 2014.

[5] NF P 94-262. Justification des ouvrages géotechniques-Normes d'application nationale de l'Eurocode 7-Fondations profondes[S]. 2012.

[6] NF P 94-262/A1. Justification des ouvrages géotechniques-Normes d'application nationale de l'Eurocode 7-Fondations profondes-Amendement 1[S]. 2018.

[7] BS 8004：2015. Code of practice for foundations[S]. 2015.

[8] BS EN 1997-1：2004＋A1：2013. Eurocode 7：Geotechnical design – Part 1：General rules[S]. 2014.

[9] 朱建民，卞佳. 法国标准之基桩轴向载荷试验及单桩抗压承载力的确定[EB/OL]. [2021-02-27]. www. ddzph. com/download.

[10] 朱建民，殷开成，龚维明，等. 中美欧自平衡静载试验标准若干问题探讨[J]. 岩土力学，2020，41（10）：3491-3499.

[11] 朱建民. 法国标准的单桩轴向承载力相关系数[EB/OL]. [2021-02-27]. www. ddzph. com/download.

[12] 弗巴居兰，耶弗杰塞格尔，德赫薛义德. 旁压仪和基础工程[M]. 卢世深，赵振明，蒋栋，等译. 北京：人民交通出版社，1984：123-125.

[13] Fascicule N° 62-Titre V. Règles techniques de conception et de calcul des fondations des ouvrages de Génie civil [S]. 1993.

[14] 朱建民. 法国标准由旁压试验确定基桩单位面积极限端阻力和侧阻力[EB/OL]. [2021-02-27]. www. ddzph. com/download.

[15] 朱建民. 法国标准由静力触探试验确定基桩单位面积极限端阻力和侧阻力[EB/OL]. [2021-02-27]. www. ddzph. com/download.

[16] 朱建民. 法国标准的桩基分类与桩身截面尺寸[EB/OL]. [2021-02-27]. www. ddzph. com/download.

[17] 朱建民. 由旁压试验确定单桩抗压承载力之中国、欧洲标准[EB/OL]. [2021-02-27]. www. ddzph. com/download.

[18] 朱建民. 中外规范基于静力触探试验的单桩抗压承载力计算[EB/OL]. [2021-02-27]. www. ddzph. com/download.

[19] 朱建民，卞佳. 由旁压试验确定单桩抗压承载力之法国标准[EB/OL]. [2021-02-27]. www. ddzph. com/download.

[20] Cerema. Eurocode 7 Application aux fondations profondes (NF P94-262)[M]. Mayenne：Jouve，2014：25，28.

[21] 朱建民. 由静力触探试验确定单桩抗压承载力之法国标准[EB/OL]. [2021-02-27]. www. ddzph. com/download.

桥桩施工对盾构隧道影响的现场试验研究

刘尊景[1]，杨　敏[2]，周奇辉[1]，杨　桦[3]，陈春红[1]

(1. 中国电建集团华东勘测设计研究院有限公司，浙江 杭州 311122；2. 同济大学地下建筑与工程系，上海 200092；3. 浙江省建科建筑设计院有限公司，浙江 杭州 310000)

摘　要：地上高架和地下隧道在城市中往往沿着主干道"相伴而行"，当在已建盾构隧道旁侧新设高架桥桩时，桩基施工过程中盾构隧道的保护问题越来越受到广泛关注。本文依托杭州风情大道改建工程，开展了现场试验研究，重点分析了钢护筒在减少桥桩施工影响中所发挥的作用。本文在总结影响规律的基础上提出了针对性的控制措施，为后续同类工程的实施提供了参考。

关键词：桥桩；盾构隧道；影响；钢护筒；现场试验；土塞高度

作者简介：刘尊景(1986—　)，男，高级工程师，主要从事岩土工程、隧道工程方面的设计、咨询工作。E-mail：zunjingliu@yeah.net。

Influence analysis and control measures of pile foundation construction on metro shield tunnel

LIU Zun-jing[1]，YANG Min[2]，ZHOU Qi-hui[1]，YANG Hua[3]，CHEN Chun-hong[1]

(1. PowerChina Huadong Engineering Corporation Limited，Hangzhou Zhejiang 311122，China；2. Department of Geotechnical Engineering，Tongji University，Shanghai，200092，China；3. Zhejiang construction science and Technology Architectural Design Institute Co.，Ltd.，Hangzhou Zhejiang 311122，China)

Abstract：Overhead and underground tunnels are often "accompanied" along the main road in the city. When viaduct piles are newly built beside the existing shield tunnel，the protection of shield tunnel in the process of pile foundation construction has attracted more and more attention. Based on the reconstruction project of Hangzhou Fengqing Avenue，this paper carried out field test research. This paper focuses on the role of steel casing in reducing the impact of bridge pile construction. On the basis of summarizing the influence law，this paper puts forward the targeted control measures，which provides a reference for the implementation of similar projects in the future.

Key words：bridge pile；shield tunnel；influence；steel casing；field test；height of soil plug

0　引言

城市交通一直以来是衡量城市居民幸福指数的重要参数，地上高架桥和地下隧道成为解决城市交通问题最有效的两种方式。

地上高架和地下隧道往往沿着城市主干道"相伴而行"。地上高架桥建设过程中少不了下部的大直径桩基，地下隧道建设越来越多地采用盾构法施工。当在已建盾构隧道旁侧新设高架桥桩时，桩基施工过程中盾构隧道的保护问题越来越受到广泛关注[1]。

国内外学者在理论分析、数值分析等方面做了大量研究，但考虑到成本、安全等多方面问题，现场试验较为缺乏。本文依托杭州风情大道改建工程，开展了现场试验研究，重点分析了钢护筒在减少桥桩施工影响中所发挥的作用。通过分析现场试验数据，在总结影响规律的基础上提出了针对性的控制措施，为后续同类工程的实施提供了参考。

1　工程背景

风情大道为杭州"四纵五横"快速路网的重要组成部分，约有 600 余根大直径桩基进入地铁盾构隧道的控制保护区，桥桩与盾构隧道的最小净距为 5.0m。风情大道邻近已运营地铁盾构隧道状态欠佳，保护要求较高（隧道水平变形、沉降变形、收敛变形报警值均为 3.0mm)[2]。

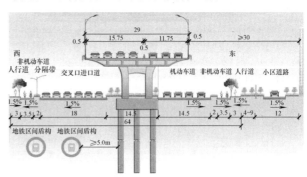

图 1　桥桩与隧道相对关系

Fig. 1　Relative relationship between bridge pile and tunnel

本项目深度 0～7.3m 为素填土和黏质粉土，深度 7.3～26.5m 范围为淤泥质粉质黏土，深度 26.5～36.3m 范围为粉质黏土，深度 36.3～51.1m 为含承压水细砂和圆砾层[3]。土层参数见表 1。

<table>
<tr><td colspan="8">土层参数   表1</td></tr>
<tr><td colspan="8">Soil parameters   Table 1</td></tr>
</table>

编号	名称	性状	重度 γ (kg/cm³)	E_s (MPa)	c (kPa)	φ (°)	地基承载力(kPa)
①₁	素填土	松散	(18)	3.0	5	8	—
②₂	黏质粉土	稍密	(19)	8.0	10	30	100
③	淤泥质粉质黏土	流塑	17.4	2.5	12	8	60
⑤	淤泥质粉质黏土夹粉土	软塑	17.6	3.0	15	10	70
⑥₁	粉质黏土	软塑	18.5	4.0	25	14	100
⑥₂	细砂	中密	19.7	10	4	27	200
⑦₁	圆砾	密实	19.9	(12)	(6)	(32)	350
⑦₂	含砂粉质黏土	硬可塑	20.0	(6)	(10)	(23)	250
⑧₂	强风化泥质粉砂岩	强风化	20.1	(5)	(15)	(20)	500
⑧₃	中等风化泥质粉砂岩	软岩	22.0	(80)	(100)	(35)	1200

本项目邻近的盾构隧道外径为 6.2m，衬砌采用直线环＋转弯环进行错缝拼装，壁厚 350mm，环宽 1.2m，C50 混凝土，环向管片间用 12 个 M30 螺栓连接，纵向衬砌环间用 16 个 M30 螺栓连接。试验位置隧道顶埋深约16.3m，属于深埋隧道[4]。

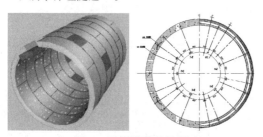

图2　盾构隧道结构图

Fig. 2　Structural drawing of shield tunnel

2　试验目的

通过调研前期隧道周边桩基工程，单桩施工对隧道的影响往往达 10～15mm。风情大道改建工程实施过程中旁侧盾构隧道的保护成为工程是否可行的关键因素。为研究桥桩施工对隧道的影响程度，以及用于验证钢护筒保护措施的有效性，选取典型位置进行现场试验研究。

3　试验方案

试验选取 3 根桥桩（直径 1.5m，深度 70.0m），试验桩仅作为试验用，后期不作为工程桩。试验桩与盾构隧道净距分别为：5m、12m 和 20m。为减少桩基施工对盾构隧道的影响，3 根试验桩分别采用不同的保护措施[5]。

试验桩直径为 1.5m，钢护筒内径为 1.7m，壁厚为30mm。试验结束后，钢护筒均不拔出（钢套筒拔除对隧道影响很大）。试验桩施工过程中，对隧道的水平变形和

竖向沉降进行监测。

<table>
<tr><td colspan="3">试验设计方案   表2</td></tr>
<tr><td colspan="3">Experimental design scheme   Table 2</td></tr>
</table>

编号	与隧道净距	钢护筒
试验桩-1	5.0m	全长设置
试验桩-2	12.0m	进入隧道底以下6.2m
试验桩-3	20.0m	不设钢护筒

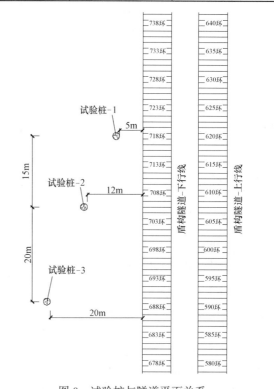

图3　试验桩与隧道平面关系

Fig. 3　Plane relationship between test pile and tunnel

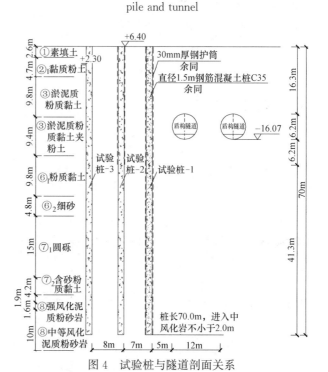

图4　试验桩与隧道剖面关系

Fig. 4　Section relationship between test pile and tunnel

隧道埋深 16.3m，试验桩-1 采用的护筒贯穿整根桩基；试验桩-2 采用的钢护筒进入隧道底以下 6.2m（即 1.0D，D 为隧道外径）；试验桩-3 不采用钢护筒。对于试验桩-1，施工工序为"打设钢护筒→边旋挖取土/冲抓取土，边打设钢护筒→下方钢筋笼→浇筑混凝土"；对于试验桩-2，施工工序为"打设钢护筒→旋挖取土/冲抓取土→下方钢筋笼→浇筑混凝土"；对于试验桩-3，施工工序为"浅部护筒→旋挖取土→下方钢筋笼→浇筑混凝土"。

4 试验过程[6]

土塞高度是控制桩基施工对周边影响的关键参数。土塞高度为钢护筒下压深度与钢护筒内取土深度的差值，即：

$$h = H_1 - H_2$$

其中，h 为土塞高度；H_1 为钢护筒下压深度；H_2 为开挖取土深度。

试验顺序为试验桩-1→试验桩-2→试验桩-3。前一个试验桩施工完成且隧道监测数据稳定后再进行后一个试验桩的施工。

通过试验发现，下方钢筋笼和浇筑混凝土对周边环境的影响极小，故本文主要重点分析打设钢护筒和取土两个控制阶段。

图 5 试验桩-1

Fig. 5 Field test photos of pile-1

4.1 试验桩-1

试验桩-1 钢护筒采用分节焊接，共 9 节。其中第 1～7 节钢护筒单节长度为 8.8m，第 8 节钢护筒长度为 6.3m，第 9 节钢护筒长度为 3.0m。不同地层地基承载力不同，所需要的下压力和扭矩不同，下压施工时间也不尽相同，见图 6。

钢护筒下压和挖土总用时 46.87h（不含用于钢护筒焊、休息等中间暂停时间）。土塞高度随时间变化见图 7。试验桩-1 在进入中分化岩之前，始终保持土塞高度 $h \geq 3.0$m。

4.2 试验桩-2

试验桩-2 钢护筒原设计长度为 28.0m，通过试验桩-1 实施过程中隧道的变形情况，考虑到桩基施工影响是沿着一定角度向侧上方传递的，钢护筒进入隧道底 1D（D 为隧道外径）是远远不够的。

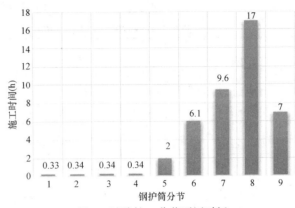

图 6 试验桩-1 分节下压时间

Fig. 6 Section pressing time of pile-1

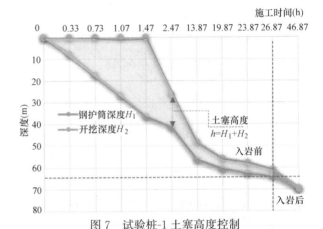

图 7 试验桩-1 土塞高度控制

Fig. 7 Soil plug height control of of pile-1

图 8 试验桩-2

Fig. 8 Field test photos of pile-2

对于试验桩-2，按照影响传递角为 45°，钢护筒长度应满足 $H \geq 38.2$m，如此，才能确保钢护筒以下的挖土不会对隧道造成影响。叠加考虑承压水等不利因素，后期钢护筒长度调整为 48.8m。

钢护筒同样采用分节焊接，共 5 节。其中第 1～4 节钢护筒单节长度为 8.8m，第 5 节钢护筒长度为 13.6m。不同地层地基承载力不同，所需要的下压力和扭矩不同，下压施工时间也不尽相同，见图 10。

钢套筒下压完成后采用旋挖机进行挖土作业，挖至 30m 深度后进入含承压水的圆砾层。因套筒内泥浆相对密度不足和液面较低，出现套筒内承压水突涌现象。随即

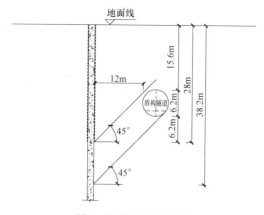

图 9　钢护筒长度确定

Fig. 9　Calculation of steel casing length

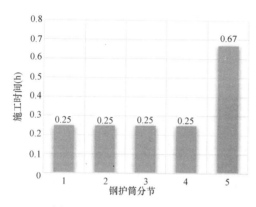

图 10　试验桩-2 分节下压时间

Fig. 10　Section pressing time of pile-2

采用应急方案增加泥浆相对密度，同时提高套筒内液面高度，最终涌水未造成影响。

钢护筒下压共用 1.67h，挖土作业总用时 7.67h（不含用于钢护筒焊、休息等中间暂停时间）。土塞高度随时间变化见图 11。

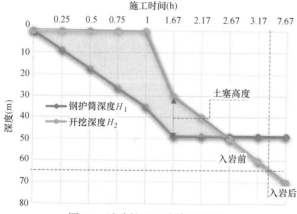

图 11　试验桩-2 土塞高度控制

Fig. 11　Soil plug height control of of pile-2

4.3　试验桩-3

试验桩-3 距离盾构隧道 20m，无钢护筒，采用常规浅层护筒（2m）后旋挖取土。

图 12　试验桩-3

Fig. 12　Field test photos of pile-3

5　监测数据[7]

本试验中下行线距离试验桩距离较近，受影响较大，故本文主要分析试验桩施工对隧道下行线的影响。一方面分析隧道不同位置的时间变形规律，同时分析典型隧道位置（选取距离试验桩最近的管环）沿着钢护筒打设深度的变形规律；另一方面，分析试验完成数据稳定后隧道的空间变形规律。

5.1　试验桩-1

通过图 13 可知，隧道水平变形规律如下：

（1）第一阶段：钢护筒前 5 节下压过程中，受钢护筒挤土效应影响，隧道水平变形为远离桩基，最大变形达到 1.4mm。

（2）第二阶段：第 6～8 节钢护筒下压过程中，随着开始开挖冲抓取土，隧道水平变形由远离桩基变为向桩基侧变形，最大变形由 1.4mm 变为 0.5mm。

（3）第三阶段：第 9 节钢护筒下压过程中，隧道变形趋于稳定，受外部作业影响很小。

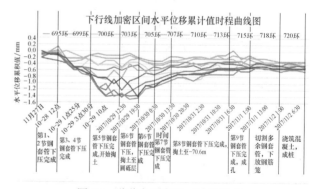

图 13　隧道水平变形（试验桩-1）

Fig. 13　Tunnel horizontal deformation（pile-1）

通过图 14 可知，隧道竖向沉降变形规律如下：

（1）第一阶段：钢护筒前 5 节下压过程中，隧道竖向变形不明显。

（2）第二阶段：第 6～8 节钢护筒下压过程中，随着开始开挖取土，隧道竖向沉降不断加大，最大变形达到 1.7mm。

（3）第三阶段：第9节钢护筒下压过程中，隧道变形趋于稳定，受外部作业影响很小。

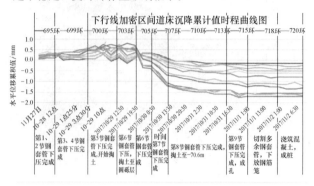

图 14　隧道竖向变形（试验桩-1）

Fig. 14　Tunnel vertical deformation（pile-1）

通过图15～图17可知，试验桩施工过程中，隧道水平变形可控制在 1.5mm，隧道竖向沉降可控制在 1.9mm。通过试验桩施工引起隧道的变形槽可知：距离盾构隧道 5m 的桩基作业影响隧道的范围为 15～18m。

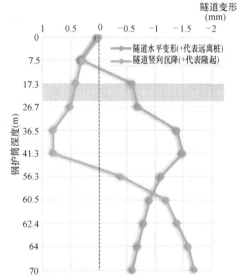

图 15　隧道典型位置变形随钢护筒深度变形（试验桩-1）

Fig. 15　The deformation of typical position of tunnel changes with the depth of steel casing（pile-1）

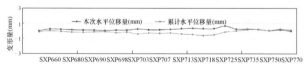

图 16　试桩完成数据稳定后隧道水平变形（试验桩-1）

Fig. 16　Horizontal deformation of tunnel after data stabilization after pile test（pile-1）

5.2　试验桩-2

通过图18可知，隧道水平变形规律如下：

（1）第一阶段：钢护筒下压过程中，受钢护筒挤土效应影响，隧道水平变形为远离桩基，最大变形达到 0.8mm。

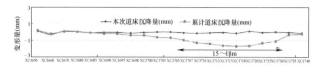

图 17　试桩完成数据稳定后隧道竖向变形（试验桩-1）

Fig. 17　Vertical deformation of tunnel after data stabilization after pile test（pile-1）

（2）第二阶段：钢护筒下压完成，随着开挖旋挖取土，隧道水平变形进一步向远离桩基方向变形，最大变形由 0.8mm 变为 1.6mm。试验桩-2 与试验桩-1 变形趋势不同，分析是由于取土方式不同引起。

（3）第三阶段：取土至 40m 深度后，隧道变形趋于稳定，受外部作业影响很小。

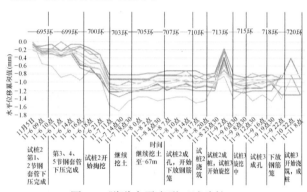

图 18　隧道水平变形（试验桩-2）

Fig. 18　Tunnel horizontal deformation（pile-2）

通过图 19 可知，隧道水平变形一致很小，可认为试验桩-2 施工对隧道水平变形的影响很小。

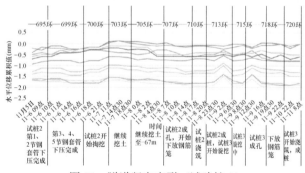

图 19　隧道竖向变形（试验桩-2）

Fig. 19　Tunnel vertical deformation（pile-2）

通过图20～图22可知，试验桩施工过程中，隧道水平变形可控制在 1.2mm，隧道竖向沉降可控制在 1.5mm。通过试验桩施工引起隧道的变形槽可知：距离盾构隧道 12m 的桩基作业影响隧道的范围同样为 15～18m。

5.3　试验桩-3

由图17、图18可知，试验桩-3 施工过程中隧道变形上下波动，水平变形在-0.4～0mm 之间波动，竖向沉降在 -0.1～0.1mm 之间波动。试验桩-3 对隧道基本无影响。

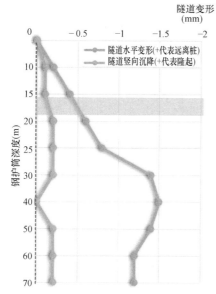

图 20 隧道典型位置变形随钢护筒深度变形（试验桩-2）
Fig. 20 The deformation of typical position of tunnel changes with the depth of steel casing（pile-2）

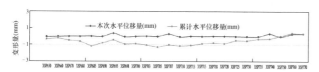

图 21 试桩完成数据稳定后隧道水平变形（试验桩-2）
Fig. 21 Horizontal deformation of tunnel after data stabilization after pile test（pile-2）

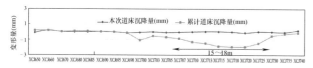

图 22 试桩完成数据稳定后隧道竖向变形（试验桩-2）
Fig. 22 Vertical deformation of tunnel after data stabilization after pile test（pile-2）

6 结论

本文依托杭州风情大道改建工程，通过开展现场试验，重点分析了钢护筒在减少桥桩施工影响中所发挥的作用。主要得出以下结论：

（1）与隧道净距为 5m 桥桩采用全长钢护筒，净距为 12m 桥桩采用半长钢护筒，距离 20m 不采用钢护筒的试验方案可行，整个试验过程中隧道的水平和竖向变形控制在 2.0mm。

（2）采用全长钢护筒时（试验桩-1），第 9 节钢护筒已进入岩层，意义不大，可取消。

（3）采用半长钢护筒时，进入隧道底以下 1D（D 为隧道外径）是远远不够的。桩基施工影响是沿着一定角度向侧上方传递的，应通过计算确定钢护筒长度。

（4）距离盾构隧道 5m、12m 的桩基作业，影响隧道的范围同样为 15～18m。

（5）钢套筒压入阶段，受挤土效应影响，隧道水平将向远离桩基一侧变形。取土阶段，采用冲抓取土时，隧道水平向桩基一侧变形；采用旋挖取土时，隧道向远离桩基一侧变形。一般来说，采用冲抓取土要比采用旋挖取土对隧道的影响大。

参考文献：

[1] 刘尊景，周奇辉，楼永良. 基坑施工对邻近地铁的影响及保护措施[J]. 现代隧道技术，2018，55(3).

[2] 风情大道改建工程（金城路—湘湖路）项目资料. 杭州萧山城市建设投资集团有限公司.

[3] 风情大道改建工程（金城路—湘湖路）地勘资料. 浙江省地矿勘察院，2017.

[4] 杭州地铁1号线竣工图资料. 杭州市地铁集团有限公司.

[5] 风情大道改建工程（金城路—湘湖路）施工对既有轨道交通设施影响安全预评估. 中国电建集团华东勘测设计研究院有限公司，2017.

[6] 风情大道改建工程（金城路—湘湖路）项目桩基试桩施工总结报告. 浙江交工集团股份有限公司，2017.

[7] 风情大道改建工程（金城路—湘湖路）项目试桩阶段监测总结报告. 中国电建华东勘测设计研究院有限公司，2017.

复杂工程场地异型预制桩智能施工装备研发与应用

郭　杨[1,2]，　罗万友[3]，　范正峰[3]，　陈小川[1,2]，　乐腾胜[1,2]，　解　锐[3]

(1. 安徽省建筑科学研究设计院，安徽 合肥 230031；2. 绿色建筑与装配式建造安徽省重点实验室，安徽 合肥 230031；3. 安徽恒坤地基基础工程有限责任公司 安徽 合肥 230601)

摘　要： 针对传统打桩机械设备无法在中小型湖泊、水库、蓄水池、河道（岸）、淤泥沼泽地等复杂环境条件下进行异型预制桩施工的难题，研发了一种能在复杂工程场地行走施工的新型智能化施工装备——新型水陆两用自行式打桩机。该桩机主要由液压行走机构、塔架、夹持装置、移动定位系统、控制系统、桩锤等六个部分组成，核心部件包括实现装备在复杂工程场地移动行走的液压行走系统，行走时的控制精度可达 3mm；对多种类型预制桩进行夹持的多功能夹持装置及导向装置，预制桩施工时垂直度偏差不超过 0.4%；对预制桩进行精准定位的移动定位系统，桩位定位精度达 3mm。工程实践结果表明：新型水陆两用自行式打桩机具备操作简便、定位准确等优势，真正实现了桩基施工装备在复杂环境条件下的行走施工，有效降低了工程造价，提高了施工效率。

关键词： 复杂工程场地；水上光伏；河道治理；异型预制桩；施工装备

通讯作者： E-mail：xiaochuan186@126.com。

Development and application of intelligent construction equipment for special shaped precast pile in complex engineering site

GUO Yang[1,2]，LUO Wan-you[3]，FAN Zheng-feng[3]，CHEN Xiao-chuan[1,2]，YUE Teng-sheng[1,2]，Xie Rui[2]

(1. Anhui Institute of Building Research & Design，Hefei Anhui 230031，China；2. Anhui Province Key Laboratory of Green Building and Assembly Construction，Hefei Anhui 230031，China；3. Anhui Hengkun Foundation Engineering Co.，Ltd.，Hefei Anhui 230601，China)

Abstract： Aiming at the problem that the traditional piling machinery and equipment cannot carry out the construction of special-shaped precast pile construction under the complex environmental conditions such as small and medium-sized lakes，reservoirs，rivers，mud swamps. In this paper，a new intelligent construction equipment-New amphibious self-propelled pile driver is developed to carry out pile foundation construction in complex engineering sites. The pile driver is mainly composed of six parts：hydraulic driving systems，tower，clamping device，mobile positioning system，control system，and pile hammer. The core components include the hydraulic walking system to realize the mobile walking of equipment in complex engineering sites，and the control precision can reach 3mm；the multifunctional clamping device and guiding device to clamp various types of precast piles，and the control precision can reach 3mm during the construction of precast piles. The deviation of perpendicularity is not more than 0.4%；the mobile positioning system for accurate positioning of precast piles can achieve the positioning accuracy of 3mm. The engineering application results show that the pile driver has the advantages of simple operation and accurate positioning，which truly realizes the walking construction of pile foundation construction equipment under complex environmental conditions，effectively reduces the engineering cost and improves the construction efficiency.

Key words： complex engineering site；water photovoltaic；rivers treatment；precast pile；construction equipment

0　引言

随着我国城市化建设的快速发展，桩基础应用领域不断扩大，传统的灌注桩基础造价高、施工周期长、施工易造成环境污染，不符合绿色施工的要求。预制桩具有工厂化生产、造价低、工期短、施工环保的特点，符合建筑绿色化、工业化的发展方向，自 2000 年以来在我国广东、浙江、安徽等 25 个省市得到了极大的推广应用[1,2]。但在工程实践中，传统混凝土预制桩（管桩、方桩）存在抗拔、抗水平承载力低等不足，易给建设工程埋下质量安全隐患。

与传统预制桩相比，预应力混凝土异型桩承载力高，适用范围广，近年来已被推广应用至各类复杂环境条件中[3,4]。预应力混凝土异型桩是指桩身截面外轮廓为非圆形、非正方形或纵向变截面的先张预应力混凝土预制桩，包括预应力混凝土异型管桩（图 1a）、预应力混凝土异型方桩（图 1b）、预应力混凝土八角桩（图 1c）、预应力混凝土 T 形桩和预应力混凝土 H 形桩（图 1d）等。

异型预制桩一般采用锤击法或顶压法施工，目前常见的施工机械设备主要包括静力压桩机（图 2a）、锤击打桩机（图 2b）和海上打桩船（图 2c）[5,6]。对于近海岸、河道、淤泥沼泽地等复杂环境条件下的桩基工程，海上打桩船由于吨位限制无法直接进入场地进行施工；若采用静力压桩机、锤击打桩机进行施工，施工前需进行围堰抽水和场地地基加固处理，施工成本高且污染严重，施工质

基金项目：住房和城乡建设部科学技术计划项目(2017-K5-013)；安徽省建设行业科学技术计划项目(2018YF-010)。

(a) 异型管桩

(b) 异型方桩

(c) 八角桩

(d) H形桩

图 1 预应力混凝土异型桩

Fig. 1 Construction of temporary roads

量难以保证,严重影响项目的建设工期[7,8]。

(a) 静力压桩机

(b) 锤击打桩机

(c) 打桩船

图 2 异型预制桩施工机械设备

Fig. 2 Construction of temporary roads

为了解决异型预制桩在复杂环境条件下的施工难题,研发了一种能在复杂工程场地进行异型预制桩施工的智能装备——新型水陆两用自行式打桩机。该打桩机主要由液压行走机构、塔架、夹持装置、移动定位系统、控制系统和桩锤六个部分组成,核心部件包括实现装备在复杂工程场地移动行走的液压行走系统;对多种类型异型预制桩进行夹持的多功能夹持装置;对异型预制桩进行精准定位的移动定位系统。该打桩机具备操作简便、定位准确等优势,真正实现了桩基施工装备在复杂环境条件下的行走施工,有效降低了工程造价,提高了施工效率,为异型预制桩在复杂环境条件下的应用奠定了设备基础。

1 打桩机结构组成及技术参数

1.1 整体结构组成

水陆两用自行式打桩机的整体三维模型图及实景图分别如图3和图4所示。关键部分包括:(1)行走机构,可以实现打桩机在水域、陆地、沼泽等复杂工程场地的移动;(2)夹持装置,可以实现对多种类型预制桩的夹持;(3)移动定位系统,可有效对预制桩的坐标进行精准定位,实现预制桩快速精准打入。通过上述多个组成部件的

相互配合,能实现水陆两用自行式打桩机在水域、陆地以及沼泽地等复杂工程场地的快速精准打桩。

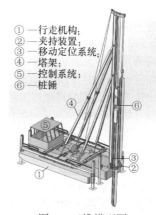

①—行走机构;
②—夹持装置;
③—移动定位系统;
④—塔架;
⑤—控制系统;
⑥—桩锤

图 3 三维模型图

Fig. 3 3D model

图 4 实景图

Fig. 4 Practicality picture

1.2 主要技术参数

新型水陆两用自行式打桩机可完成异型方桩、六角桩、H形桩等多类异型预制桩的桩基施工,其主要技术参数如表1所示。

水陆两用自行式打桩机技术参数 表 1

Parameters of amphibious self-propelled pile driver

Table 1

项目	技术参数
额定压桩力	2000kN
纵向行走行程	3.8m
横向行走行程	3.8m
工作水深	0~4.5m(可根据需要调整)
定位精度	3mm
施工桩型	异型管桩(方桩)、H形桩等
主卷扬	5t×2(液压锤及桩帽的提升)
副卷扬	3t(预制桩的起吊)
外形尺寸	12m×10.5m×20m(长×宽×高)
总重量	100t
总功率	150kW

1.3 核心部位结构组成

（1）液压行走系统

研发了一种能在复杂环境条件下移动行走的液压行走系统，该系统的控制精度可达 3mm。液压行走系统由主底座以及主底座两侧设置的副底座组成，机架设置在主底座上，主底座和副底座均为浮箱结构。主底座及副底座通过 4 根导向杆连接，4 根导向杆均为钢梁结构，主底座、副底座分别与导向杆构成滑动导向配合。主底座下方 4 个端点处设置有用于对其进行支撑定位的 4 个主脚撑，副底座 4 个端点处设置有用于对其进行支撑定位的 4 个副脚撑（图 5）。通过 8 根液压脚撑和 4 根液压导向杆的相互配合来实现打桩机在复杂工程场地的纵横向交替行走，通过 8 根液压脚撑和主（副）底座提供的浮力来支撑桩机结构完成异型预制桩施工。

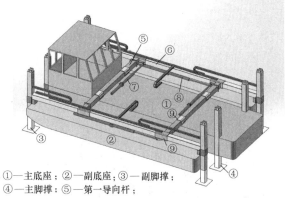

①—主底座；②—副底座；③—副脚撑；
④—主脚撑；⑤—第一导向杆；
⑥—第二导向杆；⑦—第一液压缸；⑧—第二液压缸；⑨—滑套

图 5　液压行走系统模型图

Fig. 5　3D model of hydraulic driving systems

整个液压行走系统共设有四个调节机构，均采用液压控制系统，由打桩机的总控制系统分别对其进行调配，四个调节机构设计的基本原则如下。

①第一调节机构：主要用于调节主（副）底座沿第一导向杆滑动。第一导向杆上设有滑套，滑套与主底座固定连接，同时第一液压缸缸体一端与主底座固定连接，另一端通过活塞杆与第二导向杆固定连接。通过控制第一液压缸活塞杆的伸缩，可以实现主（副）底座沿第一导向杆的自由滑动。

②第二调节机构：主要用于调节主（副）底座沿第二导向杆滑动。第一导向杆的两端分别设有滑套，滑套与第一导向杆固定连接，第二液压缸体一端与副底座固定连接，另一端通过活塞杆与滑套固定连接，通过控制第二液压缸活塞杆的伸缩，可以实现主（副）底座沿第二导向杆方向的自由滑动。

③第三调节机构：主要用于调节主脚撑进行抬升和下落动作。第三液压缸缸体一端与主底座固定连接，另一端通过活塞杆与主脚撑固定连接，通过控制第三液压缸活塞杆的伸缩，可以实现主脚撑的抬升与下落动作。

④第四调节机构：主要用于调节副脚撑进行抬升和下落动作。第四液压缸缸体一端与副底座相连，另一端通过活塞杆与副脚撑固定连接，通过控制第四液压缸活塞杆的伸缩，可以实现副脚撑的抬升与下落动作。

（2）夹持装置及导向装置

传统打桩机的夹具无法适应异型预制桩截面多变的特性[9-11]，针对此难题，研发了可对不同尺寸管桩、异型方桩以及 H 形桩进行夹持的夹持装置及导向装置，工程实践表明：采用夹持装置与导向装置配合施工后的预制桩垂直度偏差小于 0.4%。

① 管桩夹持装置及导向装置

管桩夹持装置升降式的安装在打桩机机架上，包括半圆形相向布置的两个夹套，由驱动机构驱使移动，夹套闭合时围合构成用于夹持固定管桩顶端的圆形夹腔，两夹套的内侧壁上分别设置有弧形板，弧形板分别与夹套构成可拆卸式连接配合（图 6a）。通过更换不同厚度的弧形板，从而实现对不同直径异型预制管桩的夹持。弧形板和夹套之间分别通过弧形装配条、弧形装配槽构成滑动导向配合连接，弧形板和夹套之间通过可拆卸式的螺栓组件进行锁紧。夹套的下侧还设置有导向管，导向管的直径由上至下逐渐增大。夹持装置下方的主底座上设置有供预制桩通过的空缺部，该空缺部处设置用于对预制桩下落进行导向的导向装置，导向装置包括三个水平布置的导辊，三个导辊分别转动安装在主底座上设置的三个伸缩臂上，三个导辊互成 120° 夹角布置（图 6b），导辊围合时实现对管桩沉桩过程的导向。

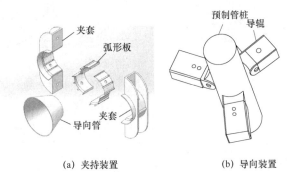

(a) 夹持装置　　　　　　(b) 导向装置

图 6　管桩夹持装置与导向装置

Fig. 6　Pipe pile clamping apparatus and guide apparatus

② 异型方桩、H 形桩夹持装置及导向装置

异型方桩、H 形桩夹持装置升降式的安装在打桩机机架上，夹持装置下方有对开口向下的预制桩桩头夹持口，夹持口由活动夹壁与固定夹壁围合构成，其中活动夹壁与调节组件相连接，调节组件由油缸组成，油缸的活塞杆与活动夹壁铰接连接，通过调节组件调节活动夹壁进行转动从而实现夹持口大小的调节。夹持口内部还设有定位组件，定位组件的横截面外轮廓尺寸由上至下逐渐减小（图 7），用于对桩位进行精准定位。

H 形桩导向装置可拆卸式安装在打桩机上，与夹持装置配合使用，使得预制桩桩身在压入地下之后能够与已施工完成的预制桩按照预设排布轨迹顺延状排布（图 8）。

（3）异型预制桩移动定位系统

异型预制桩在水上光伏工程、河流护岸工程等领域应用时，河岸线蜿蜒曲折，施工时不仅要保证桩位中心定

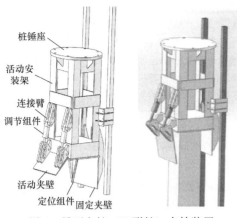

图 7　异型方桩（H 形桩）夹持装置

Fig. 7　Special shaped square pile
（H-type pile）clamping apparatus

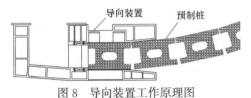

图 8　导向装置工作原理图

Fig. 8　Principle diagram of guide apparatus

位坐标的准确，还应保证定位角度的精确[12-14]。为了解决此难题，研发了一套移动定位系统，可有效地对异型预制桩的坐标和朝向进行定位，使得异型预制桩能够按照预设的状态打入地面，实现复杂环境下的快速施工。

移动定位系统设置有输入单元、定位分析单元、显示单元。输入单元用于输入预设打桩点的定位参数信息；定位分析单元用于实时定位打桩机上实际打桩点的定位参数信息并将打桩机上实际打桩点的定位参数信息与预设打桩点的定位参数信息进行比对计算出打桩机的行走信号；显示单元用于显示行走信号。通过上述三个单元的协调配合，打桩机按照行走信号进行行走调整，使得打桩状态下打桩机上实际打桩点的定位参数信息与预设打桩点的定位参数信息相一致。

2　异型预制桩施工流程及工艺原理

2.1　总体施工流程

针对水陆两用自行式打桩机自身的结构特点，研制了一套异型预制桩施工工艺流程（图 9），将异型预制桩在复杂场地的施工流程标准化，提高打桩机的运行效率，降低施工成本。目前，该施工工法已获批安徽省省级工法（编号：AHGF60-16）。

与传统打桩机相比，新型水陆两用自行式打桩机真正实现了桩机在复杂工程场地的行走，显著提升了异型预制桩的施工效率。

2.2　移动定位系统工作流程

运用移动定位系统进行精准打桩的操作步骤见图 10。

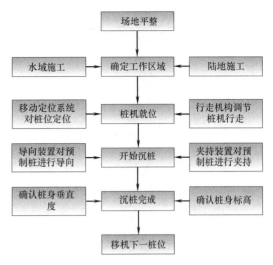

图 9　打桩机总体工作流程

Fig. 9　Working process of pile driver

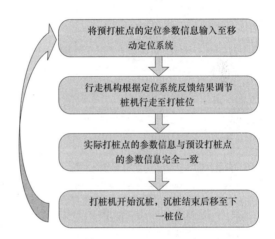

图 10　移动定位系统工作流程

Fig. 10　Workflow of mobile positioning system

（1）根据施工图纸计算出各预设打桩点的定位参数信息（包括该桩位坐标信息和桩位的朝向信息），将预设打桩点的定位参数信息输入至移动定位系统。

（2）移动定位通过比对下一预设打桩点的定位参数信息与打桩机上当前的坐标信息分析得出打桩机的行走信号。

（3）打桩机根据行走信号行走至预定打桩点，当打桩机上实际打桩点的定位参数信息与预设打桩点的定位参数信息一致时，打桩机开始进行施工。

以 H 形预制桩为例，说明移动定位系统的工作流程。如图 11 所示，假设方向 a 为基准方向（方向 a 可以自由确定，这里选用正北方向），预制桩的排列方向为 b，方向 a 与方向 b 之间的夹角为 θ，预制桩从基准方向 a 转动 θ 角度后朝向与 b 一致。通过上述手段，可以将 H 形桩的位置信息分解为桩位中心点坐标和转角 θ。将预设打桩点处的中心点坐标和转角 θ 输入至移动定位设备上，当实际打桩点的中心坐标、转角 θ 和预设打桩点的中心坐标、转角 θ 相一致或者在误差允许范围内时，打桩机开始进行打桩。

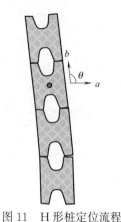

图 11　H形桩定位流程

Fig. 11　Positioning process of H-pile

2.3　液压行走系统工作流程

行走系统接收到移动定位系统发出的指令后，会根据指令进行行走。以打桩机沿第一方向行走为例（图12），具体介绍行走机构的控制方法。

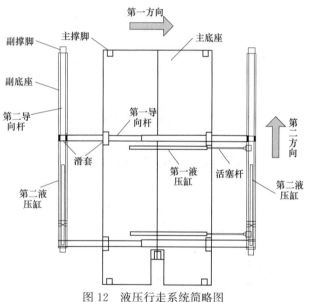

图 12　液压行走系统简略图

Fig. 12　Structure sketches of hydraulic driving systems

（1）打桩作业时，主、副脚撑均落下对主底座、副底座进行支撑，打桩结束后，第四调节机构调节副脚撑抬起，第一调节机构调节副底座沿第一导向杆向第一方向滑动。

（2）副底座移动到位后第四调节机构调节副脚撑落下，对副底座进行支撑和定位；此时启动第三调节机构调节主脚撑抬起，第一调节机构调节主底座沿第一导向杆向第一方向滑动。

（3）主底座移动到位后，第三调节机构调节主脚撑落下对主底座进行支撑定位，打桩机开始打桩作业。

2.4　多功能夹持装置及导向装置工作流程

（1）管桩夹持装置及导向装置

首先，根据预制管桩的直径选择合适厚度的弧形板与夹套连接，然后，桩机的吊挂装置将预制管桩吊起，调节夹持装置与预制管桩相靠近移动，使得预制管桩的桩头完全落至导向管中；其次，调节活动夹套和固定夹套进行闭合以实现对预制管桩夹持；最后，夹持装置夹紧管桩后向下移动，通过伸缩臂使得三个导辊打开，对预制桩下压的过程进行导向（图13a）。

（2）异型方桩、H形桩夹持装置及导向装置

首先，通过桩机吊挂装置将预制桩吊起，将夹持装置的夹持口调节至最大状态；然后，调节夹持装置与预制桩相靠近移动，使得预制桩的桩头完全落至夹持口内；最后，调节夹持口至最小状态对预制桩进行夹紧。预制桩的桩头落入夹持口内时通过导向装置对预制桩进行导向校正（图13b）。

(a) 管桩　　　　　(b) 异型方桩、H形桩

图 13　夹持装置及导向装置施工实景

Fig. 13　Construction of clamping device and guiding device

3　工程应用案例

目前，新型水陆两用自行式打桩机已在河道护岸工程（图14a）、河道景观工程、水上光伏（图14b）等多类复杂环境领域推广应用。其中，代表性工程包括京杭大运河通扬线航整治工程、扬州市横沟河综合整治工程、泗洪光伏发电应用领跑基地工程等，取得了广泛的社会效益与经济效益。

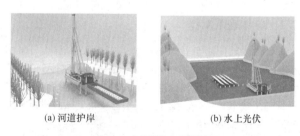

(a) 河道护岸　　　　　(b) 水上光伏

图 14　打桩机应用场景

Fig. 14　Application scenarios of pile driver

（1）京杭大运河通扬线航整治工程

京杭大运河通扬线航道整治工程高邮段的护岸六角预制桩由水陆两用自行式打桩机施工完成（图15）。

图 15　现场施工实景（六角桩）

Fig. 15　Scene of construction（hexagonal pile）

（2）扬州市横沟河综合整治工程

横沟河综合整治工程的异型方桩由水陆两用自行式打桩机施工完成（图16）。

图 16　现场施工实景（异型方桩）

Fig. 16　Scene of construction（special shaped square pile）

（3）浙东运河余姚段护岸桩工程

浙东运河余姚段河道整治的护岸 H 形预制桩由水陆两用自行式打桩机施工完成（图17）。

图 17　现场施工实景（H 形桩）

Fig. 17　Scene of construction（special shaped square pile）

（4）泗洪水上光伏发电应用领跑基地工程

泗洪水上光伏发电应用领跑基地项目的预制混凝凝土管桩由水陆两用自行式打桩机施工完成（图18）。

图 18　现场施工实景（管桩）

Fig. 18　Scene of construction（pipe pile）

4　结束语

本文介绍了一种能在复杂工程场地进行异型预制桩施工的智能装备——新型水陆两用自行式打桩机。通过介绍其工作原理及工程应用实例，得出的主要结论如下：

（1）异型预制桩是指桩身截面外轮廓为非圆形、非正方形或纵向变截面的先张预应力混凝土预制桩，与传统预制桩相比，异型预制桩承载力高，单位工程造价低，适用范围广，在复杂环境条件下应用前景广阔。

（2）新型水陆两用自行式打桩机有效解决了传统打桩机无法在中小型湖泊、水库、蓄水池、河道（岸）、淤泥沼泽地等复杂环境条件下行走施工的技术难题。目前已被推广应用至安徽、江苏、福建、河北等地区的水上光伏发电、河流护岸工程中，取得了显著的社会效益和经济效益。

（3）新型水陆两用自行式打桩机采用了自主研发的液压行走机构，通过八根液压脚撑、四根液压导向杆及主（副）浮箱的相互配合来实现打桩机在复杂工程场地的纵横向交替行走及施工，控制精度达 3mm；采用了自主研发的夹持装置及导向装置，实现了打桩机对多类型异型预制桩夹持的功能，桩施工垂直度偏差不超过 0.4%；采用了自主研发的移动定位系统，实现了对异型预制桩点位及角度的精准定位，定位精确度可达 3mm。

参考文献：

[1]　吕恒柱. 混凝土预制桩工程事故处理及思考[J]. 工业建筑，2018，48(6)：178-184.

[2]　张耀东. 预制桩沉桩施工对临近综合管廊的影响[J]. 公路，2018，63(5)：228-232.

[3]　刘训良. 复杂地质条件下混凝土预制桩的沉桩问题分析与研究[J]. 四川建筑科学研究，2010，36(6)：118-120.

[4]　刘胜，陈云. 天津港 30 万吨级原油码头工程外海大型墩台施工工艺[J]. 中国港湾建设，2013，(6)：64-67.

[5]　郭传新. 我国桩工机械行业的发展回顾与展望[J]. 建筑机械化，2015，(3)：29-31，40.

[6]　刘旭，陈勇，陈哲，等. 文莱淡布隆沼泽地高架桥移动钢平台设计[J]. 世界桥梁，2015，48(6)：11-15.

[7]　梅波. 广深沿江高速公路机场特大桥深水承台吊箱围堰施工方案[J]. 公路，2013，(3)：104-106.

[8]　刘训良. 复杂地质条件下混凝土预制桩的沉桩问题分析与研究[J]. 四川建筑科学研究，2010，36(6)：118-120.

[9]　匡红杰，朱群芳，徐祥源. 先张法预应力混凝土异型桩的发展概况调研[J]. 混凝土与水泥制品，2012，(12)：27-30.

[10]　张红武. 黄河下游河道与滩区治理示范工程板桩组合技术研究[J]. 人民黄河，2020，42(9)：59-65，140.

[11]　闫彭彭. 预制波浪桩在堤防加固工程中的应用[J]. 水科学与工程技术，2020，(1)：60-62.

[12]　李景玉，李伟，刘文彦. 钢板止水桩围堰施工方法[J]. 油气田地面工程，2013，32(8)：88-89.

[13]　耿新林，张祚森，王志峰，等. 陆上沉设护岸板桩工艺设计与施工[J]. 中国港湾建设，2013，(4)：7-10.

[14]　付明，赵辉，袁俊年，等. U 型混凝土板桩在天生河泵站工程中的应用[J]. 人民长江，2014，(16)：85-87，90.

PRC 管桩在土壤修复基坑工程中的应用

李玉龙[1,2]，　任永结[1,2]，　刘　磊[1,2]

（1. 天津市勘察设计院集团有限公司，天津 300191；2. 天津市博川岩土工程有限公司，天津 300350）

摘　要：通过某基坑工程实例，在多种支护方案比选的基础上，分析了 PRC 管桩在污染场地修复基坑支护中的优势。同时，采用双轴搅拌桩内插 PRC 管桩的 PCMW 工法形式，规避了 PRC 管桩施工过程中的挤土和振动对邻近铁路线的影响。文中介绍了基坑支护设计相关参数、施工流程和操作要点，对类似工程具有一定的参考价值。

关键词：土壤修复；基坑支护；PRC 管桩；搅拌桩；PCMW 工法

作者简介：李玉龙（1987— ），男，高级工程师，主要从事地基处理和基坑工程设计、施工等方面工作。E-mail：liyulong031205@163.com。

Study on application of PRC pipe pile in soil remediation engineering

LI Yu-long[1,2]，REN Yong-jie[1,2]，LIU Lei[1,2]

（1. Tianjin Survey Design Institute Group Co.，Ltd.，Tianjin 300191，China；2. Tianjin Bochuan Geotechnical Engineering Co.，Ltd.，Tianjin 300353，China）

Abstract：Through an example of a foundation pit project，based on the comparison and selection of multiple support schemes，the advantages of PRC pipe piles in the restoration of foundation pits in contaminated sites are analyzed. At the same time，the PCMW construction method in which the PRC pipe pile is inserted into the biaxial mixing pile is adopted to avoid the impact of soil squeezing and vibration on the adjacent railway line during the construction of the PRC pipe pile. The paper introduces the relevant parameters，construction process and operation points of foundation pit support design，which has certain reference value for similar projects.

Key words：soil remediation；foundation pit support；PRC pipe pile；mixing pile；PCMW method

0　引言

随着城市建设的不断发展，基坑工程越来越多，且呈现深、大、难、杂等特点，支护形式也是层出不穷、百家争鸣[1,2]。虽然支护形式纷繁复杂，但总体呈现的趋势是经济环保、可靠便捷。PRC 管桩在承继 PHC 管桩优良工程特性的基础上，通过配置非预应力钢筋，以增强管桩的抗水平承载能力，从而扩展了预制管桩在基坑支护工程中的应用空间[3-5]。

本文以某化工厂污染场地修复过程中的基坑工程为例，介绍了搅拌桩内插 PRC 管桩在土壤修复基坑中的支护设计、施工流程及要点，相关经验可为类似项目提供参考。

1　工程概况

该场地最早为农田，1997 年建为化肥厂，主要生产产品为碳酸铵，2009 年停产，2010 年厂区拆除后场地空闲至今。根据规划，该地块未来的土地利用方式为居住用地。根据污染场地调查和风险评估报告，场地的污染物以无机污染物为主，分别为氨氮和砷，其中氨氮污染区域采用的处理方案为异地常温解析，即需要将污染土壤清挖至场内搭建的负压大棚内，通过翻抛等作业增大污染土壤与空气的接触，并利用抽气系统，使吸附于土壤中的污

染物在浓度梯度的驱动下挥发，从而使土壤得以修复。

场调报告及修复方案显示，该地块内氨氮污染区域 3 号基坑开挖深度为 9.0m。

2　场地地质条件

依据勘察报告，该场地埋深 23.00m 深度范围内，地基土按成因年代可分为以下 5 层，按力学性质可进一步划分为 7 个亚层，详见表 1。

土层物理力学性质　　　　表 1

Physical and mechanical properties of soil layer

Table 1

编号	岩性	厚度(m)	重度 γ	直剪快剪		直剪固结快剪	
				c	φ	c	φ
①₁	杂填土	4.9	18	—	—	8	12
②	粉土	1.2	19.1	—	—	9.5	19.2
③₁	粉土	3.1	19.4	11.7	15.8	9.7	19.1
③₂	粉质黏土	2.4	18.7	16.7	12.9	18.5	13.7
④	粉质黏土	3.5	19.0	16.9	12.9	17.2	14.9
⑤₁	粉质黏土	4.6	19.3	14.3	14.8	17.6	15.4
⑤₂	粉质黏土	3.3	19.4	14.5	14.9	18.4	15.5

拟建场地浅层地下水属潜水类型，主要由大气降水

补给,以蒸发形式排泄,水位随季节有所变化,年变幅一般为 0.50~1.00m,各土层渗透系数介于 10^{-6}~10^{-7} cm/s 数量级,静止水位埋深约 3.5m。

3 基坑支护方案设计

3.1 方案比选

经梳理,基坑设计基本条件如下:

(1) 基坑开挖面积约 800m²,开挖深度 9.0m;

(2) 土体含有氨氮污染,支护施工过程中应采取防止二次污染措施;

(3) 基坑南侧距离南侧铁路线约 10.0m,工作面狭小且应考虑对铁路的影响,其余三侧均为空地,且无地下管线。

支护形式对比　　　　　表 2
Comparison of support forms　　Table 2

支护形式	有利因素	不利因素
灌注桩	桩参数灵活可调,适用性强	造价高,泥浆处理受限
SMW 工法	施工便捷,工期短造价低	造价受租赁期影响大,南侧三轴工作面不足
预应力管桩(PHC)	施工便捷,无二次污染	PHC 管桩抗力不足,常规施工扰动对铁路有影响

经过以上分析,SMW 工法由于基坑南侧三轴设备工作面不足,且 H 型钢拔除后对铁路变形的影响较大而不宜采用;灌注桩工艺造价高,且会产生建筑泥浆,而污染场地的建筑泥浆外运受限较多故不宜采用;采用普通 PHC 管桩,桩径应不小于 800mm,一是桩重、施工难度较大,二是施工产生的挤土和振动不利于铁路线的保护。

因此,采用 PRC 管桩,既可以在减小桩径的情况下提供足够的抗弯性能[6],又可以实现管桩在常规双轴搅拌桩(常用桩径 700mm)下的内插,形成 PCMW 工法[7],解决管桩沉桩难题。

3.2 支护设计

经过设计分析与考量,具体支护方案如下:

(1) 东西北三侧上部 3.0m 深度范围内土体退台卸荷,南侧邻近铁路线一侧冠梁以上土体采用扶壁墙挡土;

(2) 支护桩采用在 PHC600B110-13 的 14φ12.6 预应力筋基础上间隔加配 14 根 14mm 三级螺纹钢筋的 PRC 管桩,桩间距 800mm;

(3) 止水帷幕采用 φA700@1000,有效桩长 14m 的双轴搅拌桩前后两排布置,排与排搭接 100mm,水泥掺入比 18%,水灰比 1.0,全程复搅复喷,确保搅拌均匀和搭接严密;

(4) 为减小施工挤土和振动,便于沉桩,故采用 PRC 管桩内插搅拌桩形式,支护剖面详见图 1;

(5) 基坑降水采用大口井坑内降水,孔径 800mm,井径 500mm;

(6) 支撑体系采用环形内支撑形式,详见图 2;

(7) PRC 管桩与冠梁的连接采用植笼灌芯工艺,具体做法详见图 3。

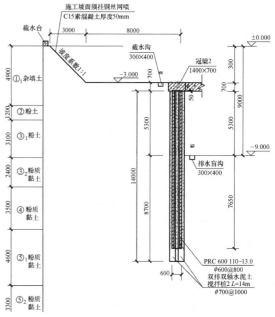

图 1　基坑支护北侧剖面图
Fig. 1　North section of foundation pit support

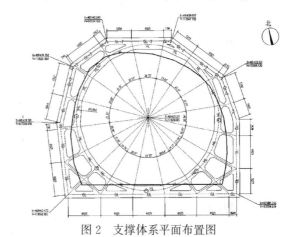

图 2　支撑体系平面布置图
Fig. 2　Plane layout of support system

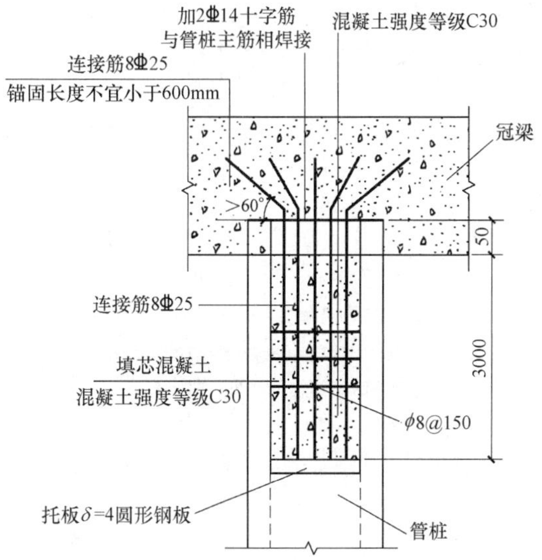

图 3　支护桩与冠梁连接
Fig. 3　Connection diagram of supporting
pile and crown beam

4 内插施工方案及要点

4.1 实施流程

主要施工流程如图 4 所示。

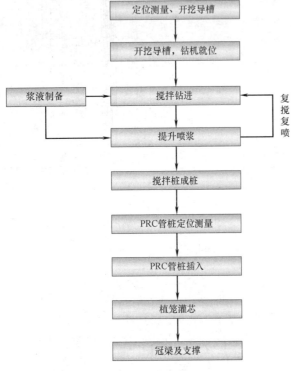

图 4 主要施工流程图

Fig. 4 Main construction process

4.2 施工要点

为确保相关技术工艺的顺利实施，施工中应注意的要点如下：

（1）双轴搅拌桩水灰比一般为 0.45～0.60，但为便于 PRC 管桩的顺利插入，本次将水灰比提升至 1.0，且全程复搅复喷。

（2）为实现 PRC 管桩的安全起吊和顺利插入，配置的相关装置主要有：起吊抱箍 1 套，送桩器 1 套，钢板桩打桩机 1 台，25t 汽车吊 1 台。

（3）PRC 管桩两端管芯采用薄铁盖板进行封口，以防止水泥土塞满管芯不利于后期植笼灌芯。

（4）使用双瓣式抱箍，方便 PRC 管桩起吊和竖直调整；沉桩过程中，打拔桩机和吊车应协调工作，沉桩缓慢时，可由打桩机施加向下荷载，通过送桩器助沉。

（5）沉桩过程中应加强桩身垂直度控制，可采用两台全站仪进行实施监控、并随时调整。

（6）为达到最佳内插效果，搅拌桩施工完毕 4h 内应完成 PRC 管桩的插入。

（7）冠梁制作前，将桩顶盖板去除，并安插芯笼后浇灌混凝土，养护期过后将连接筋外劈，如图 5 所示。

图 5 现场施工及配套装置

Fig. 5 Site construction and supporting equipment

5 实施效果

本基坑开挖和回填全过程进行支护桩深层水平位移、桩顶沉降量、地表沉降、铁路线轨道位移及沉降以及地下水位监测，监测数据显示各项技术指标均正常，且基坑无渗漏情况发生。

6 结论

（1）本文以某污染场地基坑支护设计施工为例，基于场地实际情况分析了支护方案的选型，并认为预应力混凝土管桩，尤其是混合配筋的预应力混凝土管桩具有较强的适用性。

（2）采用双轴搅拌桩内插 PRC 管桩的 PCMW 工法，完美的规避了沉桩挤土和振动对邻近铁路线的不利影响。

（3）制定和总结了多项施工措施，确保了工程的顺利实施，为类似工程提供了一定的参考。

参考文献：

[1] 易喆. 软土基坑双排桩支护结构优化分析[J]. 水利与建筑工程学报，2020，18(01)：70-73+97.

[2] 刘志军，朱明星，王胜平，周红星. 软土地区某地下综合管廊工程基坑设计优化分析[J]. 水利与建筑工程学报，2018，16(05)：172-175+180.

[3] 杨玉贵. PRC 管桩在珠三角地区某软土基坑工程中的应用研究[D]. 衡阳：南华大学，2016.

[4] 蔡磊，梁世德，顾明，顾银和. 预制高性能混合配筋预应力混凝土管桩在某深基坑支护中的应用[J]. 工程勘察，2018，46(12)：25-29.

[5] 杜琳. 基坑支护用新型混合配筋预应力管桩试验及理论研究[D]. 郑州：郑州大学，2012.

[6] 王新玲，冯香玲. 混合配筋新型预应力混凝土管桩抗弯性能研究[J]. 施工技术，2012，41(16)：118-122.

[7] 李玉龙，杨金瑞，王磊，王欣华. PCMW 工法在天津软土地区基坑支护的应用分析[J]. 水利水电技术，2019，50(S1)：60-65.

海上风电基础试桩分析

陈新奎[1]， 徐福建[1]， 文 洋[1]， 戴国亮[2]

（1. 南京东大自平衡桩基检测有限公司，江苏 南京 211164；2. 东南大学土木工程学院，江苏 南京 210096）

摘 要：某海上风电项目试桩，进行了桩端、桩侧组合压浆。采用自平衡法测试了试桩的承载力，通过在桩身埋设应变计，测试了桩侧摩阻力和桩端承载力。结果证明桩身压浆可有效提高桩基承载力，减少桩基上拔量。通过钻芯法和CT法，检验了桩端、桩侧压浆增强范围，并与桩径建立了联系。桩底压浆使得桩端以下一定范围及桩侧土层强度和刚度提高，改善了桩土接触面的受力特性，从而提高基桩的总极限承载力。

关键词：海上风电；压浆；基桩检测；自平衡法；钻芯法；跨孔超声波CT法

作者简介：陈新奎(1991—)，男，工程师，主要从事桩基检测工作。E-mail：chenxinkui@ddzph.com。

Analysis of Trial Pile of Offshore Wind Power Foundation

CHEN Xin-kui[1]， XU Fu-jian[1]， WEN Yang[1]， DAI Guo-liang[2]

(1. Nanjing Dongda Bi-directional Pile Test Co.，Ltd.，Nanjing Jiangshu 211164，China；2. School of Civil Engineering，Southeast University，Nanjing Jiangshu 210096，China)

Abstract：A test pile of an offshore wind power project was carried out with pile end and pile side grouting. The bearing capacity of the test pile was tested by the self-balancing method. The pile side friction resistance and pile tip bearing capacity were tested by embedding strain gauges in the pile body. The results prove that the pile body grouting can effectively increase the bearing capacity of the pile foundation and reduce the amount of uplift of the pile foundation. The pile end and pile side grouting reinforcement range were tested through the core drilling method and the CT method，and a connection was established with the pile diameter. The pile bottom grouting increases the strength and rigidity of the soil layer below the pile end and the pile side，and improves the stress characteristics of the pile-soil interface，thereby increasing the total ultimate bearing capacity of the pile foundation.

Key words：offshore wind power；grouting；pile test；self-balanced method；core drilling；trans-hole ultrasound CT method

0 引言

自2010年我国第一个海上风电场——上海东海海上风力发电厂建成之后，国内海上风电项目成井喷式发展。我国沿海省份海上风电资源丰富且电力消耗量大，发展海上风电是我国能源结构转型的重要战略支撑[1]。国内海上风电场应用较多的是单桩基础和高桩承台基础[2]，并进行试桩验证地勘参数及施工工艺。

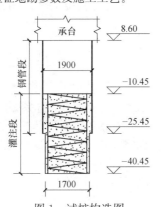

图1 试桩构造图

Fig. 1 Structural drawing of test pile

拟建的某海上风电场采用高桩承台基础，施工完工

程桩后，在承台中心位置施作一直桩作为试桩。试桩钢管桩段直径为1.9m，壁厚为28mm；灌注桩段直径为1.7m，长30m。试桩构造如图1所示。

试桩进行桩侧、桩端组合压浆。试桩的压浆量根据桩径、桩长、桩端桩侧土层性质等因素综合考虑。

桩端布置4根竖向压浆管，可由声测管兼做，桩端压浆管管底安装双层单向阀，阀底应超出钢筋笼底部50mm埋入桩端土中，便于后期开塞和压浆。

桩侧布置2道环向压浆管（一使用、一备用），如图2所示。桩侧环管上沿四周均匀布置4个单向压浆阀，环管有三通与桩侧竖向压浆管相连，桩侧竖向压浆管为外

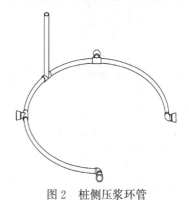

图2 桩侧压浆环管

Fig. 2 Pile side grouting ring pipe

417

径 38mm、壁厚 3mm 黑铁管。压浆管布置于钢筋笼内侧，与钢筋笼采用钢丝绑扎固定。

桩端压浆压力控制在 1.6～2.3MPa。桩侧压浆压力控制在 1.3～2.0MPa，这与相近行业规范中的规定十分接近[3]。

在施工后，保持试桩与搭设的平台相互独立（图 3），对试桩进行双荷载箱压浆前后自平衡法、钻芯法以及跨孔超声波 CT 法检测。

图 3　海上风电试桩与平台

Fig. 3　Offshore wind power test pile and platform

1　自平衡法检测

1.1　基本原理

自平衡法自 1997 年提出，已经有 20 多年的发展。该法是将荷载箱埋入桩中，依靠荷载箱上部桩身的摩擦力和自重之和与下部桩身的摩擦力和桩端阻力之和相平衡（即自平衡）来维持稳定，根据向上和向下的曲线判断桩承载力，且向上和向下可分别判定承载力。自平衡测试示意图如图 4 所示。

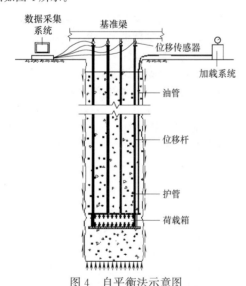

图 4　自平衡法示意图

Fig. 4　Schematic diagram of self-balancing method

自平衡法在国内外已经应用数百个项目中，有充分经验积累[4]。目前国内已有住建部规程《建筑基桩自平

衡静载试验技术规程》JGJ/T 403—2017[5] 及《基桩静载试验　自平衡法》JT/T 738—2009[6] 两部规程。文[7] 中也对比了针对我国标准 JGJ/T 403—2017、美国标准 ASTM D8169/D8169M-18、欧洲标准 ISO 22477-1：2018 中自平衡静载试验标准的差异之处，我国位移稳定标准明显严于欧美标准，侧面反映了我国自平衡法测试技术的准确度。

1.2　双荷载箱设计

在试桩中安放上、下 2 个荷载箱，将桩身分成 3 部分，在桩身压浆前后分别进行测试。测试顺序如下：

（1）先进行下荷载箱测试，主要目的是测试桩端阻力和下段桩侧阻力，然后进行上荷载箱测试，预计首先测试出中段桩承载力，然后关闭下荷载箱，下段桩可以提供反力，继续加载，测试出上段桩承载力。

（2）荷载箱位置确定依据：把桩分成上中下三部分，满足如下条件：

$$Q_下 \leqslant Q_上 + Q_中 \quad Q_中 \leqslant Q_上 \quad Q_下 + Q_中 \geqslant Q_上$$

（3）测试完成后进行桩身压浆，压浆后龄期达到相关要求后进行压浆后的测试。

（4）压浆后，先进行上荷载箱测试，再进行下荷载箱测试。

1.3　平衡点计算

根据地勘资料，场地浅部以残积土为主，下部由全风化花岗岩渐变为碎块状强风化花岗岩。地勘参数及桩周各土层厚度如图 5 所示，桩基入土深度共 32.5m，其中桩端碎块状强风化花岗岩 $q_{pk}=2800$kPa。

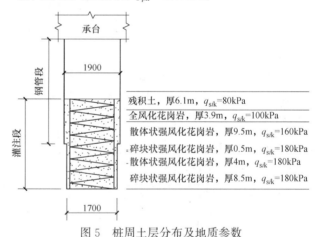

图 5　桩周土层分布及地质参数

Fig. 5　Distribution of soil layers and geological parameters

依据基桩施工工艺、地层分布情况及室内土工试验，假设荷载箱埋于某一地层中，计算基桩上下段桩侧摩阻力、桩端阻力及上段桩自重，通过试算找出试桩荷载箱"平衡点"。按照《建筑桩基技术规范》JGJ 94—2008[8] 计算试桩的极限承载力。计算所得压浆前后的承载力数据列于表 1 中。承载力计算公式如下。

压浆前：

$$Q_{uk}=Q_{sk}+Q_{pk}=u\sum\psi_{si}q_{sik}l_i+\psi_p q_{pk}A_p \quad (1)$$

压浆后：

$$Q_{uk} = Q_{sk} + Q_{gsk} + Q_{gpk}$$
$$= u\sum\psi_{si}q_{sik}l_i + u\sum\psi_{si}\beta_{si}q_{sik}l_{gi} + \psi_p\beta_p q_{pk}A_p \quad (2)$$

式中各符号意义见规范。

极限承载力计算　　　　表 1

Calculation of ultimate bearing capacity

Table 1

层名	q_{ik} (kPa)	层厚 l_i (m)	压浆前 $\psi_{si}q_{ik}l_i$	压浆后 $\psi_{si}\beta_{si}q_{ik}l_i$
⑧残积土	80	2.5	168	1.0×168=168
⑧残积土	80	3.6	242	1.0×242=242
⑨₁全风化花岗岩	100	3.9	328	1.0×328=382
⑨₂散体状强风化花岗岩	160	9.5	1279	1.0×1279=1279
⑨₃碎块状强风化花岗岩	180	0.5	67	1.0×67=67
⑨₃t散体状强风化花岗岩	180	4	540	1.6×540=863
⑨₃碎块状强风化花岗岩	180	8.5	1147	1.6×1147=1835
$\sum$		32.5	3771	4783
$u\sum\psi_{si}q_{ik}l_i$ (kN)			20245	23351
q_{pk} (kPa)			2800	2800
$A_p q_{pk}$ (kN)			4763	10480
$P = u\sum q_{ik}l_i + 2A_p q_r$ (kN)			25008	36129

试桩压浆前的极限承载力为 25008kN，压浆后的极限承载力为 36129kN。经试算，试桩平衡点位置见表 2。

平衡点计算　　　　表 2

Balance point calculation　　Table 2

试桩分段	长度(m)	承载力(kN) 压浆前	承载力(kN) 压浆后
上段	20.5	11599	11815
中段	7.5	5407	8652
下段	4.5	8011	15678

1.4　检测结果

受检桩极限承载力按下式计算：

抗压：

$$Q_u = \frac{Q_{uu} - W}{\gamma_1} + Q_{um} + Q_{ud} \quad (3)$$

抗拔：

$$P_u = Q_{uu} \quad (4)$$

式中，Q_u 为单桩竖向抗压承载力极限值；Q_{uu}、Q_{um}、Q_{ud} 分别为上段桩、中段桩、下段桩的极限加载值 (kN)；W 为上段桩的自重与附加重量之和 (kN)；γ 为桩的修正系数，根据荷载箱上部土的类型确定：黏性土、粉土 $\gamma=0.8$；砂土 $\gamma=0.7$；岩石 $\gamma=1$，若上部有不同类型的土层，γ 取加权平均值；P_u 为试桩的单桩抗拔极限承载力。

根据测试结果，将试桩的抗压和抗拔承载力计算分别列于表 3 和表 4 中。其中抗压承载力计算时，为保守起见，修正系数取为 1.0，下荷载箱距离桩端 4.5m，抗拔承载力取下荷载箱向上的加载值。

试桩抗压极限承载力表　　表 3

Ultimate compressive bearing capacity

Table 3

试桩状态	极限加载值(kN)			扣除桩重 (kN)	γ	Q_u (kN)
	Q_{uu}	Q_{um}	Q_{ud}			
压浆前	12000	12000	16000	703＋383（上段混凝土桩＋钢管桩）	1.0	38914
压浆后	16000	16000	16000	703＋255＋383（上段＋中段＋钢管桩）	1.0	46659

试桩抗拔极限承载力表　　表 4

Ultimate uplift capacity　　Table 4

试桩状态	设计抗拔承载力(kN)	下荷载箱加载值(kN)	最大上拔量(mm)	实测抗拔承载力(kN)
压浆前	13500	16000	9.36	大于16000
压浆后	13500	16000	3.86	大于16000

根据试验结果，试桩压浆前抗极限压承载力为 38914kN，压浆后承载力为 46695kN，桩基整体承载力提高了 20%。压浆前后最大上拔量分别为 9.36mm 和 3.86mm，上拔量减少了 60%。由于海上风电基础多是以桩基抗拔控制，由此可见桩身压浆对于控制桩基上拔有较大作用。

自平衡试验开始后，荷载箱产生的荷载沿着桩身轴向传递，桩身结构完好时，则在各级荷载作用下混凝土产生的应变量等于钢筋产生的应变量，通过预先埋置在桩体内的钢筋计可以量测到各钢筋计在每级荷载作用下产生的应力和应变，便可推出相应桩截面的应力应变关系，那么相应桩截面微分单元内的应变量亦可求。由此便可获得各级荷载作用下各桩截面的桩身轴力及轴力、摩阻力随荷载和深度变化的传递规律。

$$\varepsilon_c = \varepsilon_s \quad (5)$$
$$\sigma_c = \varepsilon_c E_c \quad (6)$$
$$\sigma_s = \varepsilon_s E_s \quad (7)$$
$$P_z = \sigma_s A_s + \sigma_c A_c \quad (8)$$

式中，ε_c、ε_s 分别为混凝土和钢筋的应变量；E_c、E_s 为混凝土和钢筋的弹性模量；σ_c、σ_s 为桩身截面混凝土和钢筋产的应力值；A_c、A_s 为桩身截面混凝土和纵向钢筋的净面积；P_z 为桩身某截面的轴向力。

桩侧土层侧摩阻力和桩端土层承载力分别列于表 5 和表 6 中。值得一提的是，因荷载箱加载能力有限，压浆后桩端承载力未完全发挥（位移很小），故桩端土层承载力按荷载箱最大加载值取值。

桩侧土层摩阻力表　　　表 5
Side friction of pile side soil layer　Table 5

土层	地勘值（kPa）	摩阻力测试值(kPa)		备注
		压浆前	压浆后	
⑨₂ 散体状强风化花岗岩	120～140	222	300	上段桩
⑨₃ₜ 散体状强风化花岗岩	160～180	230	380	中段桩
⑨₃ 碎块状强风化花岗岩	160～180	235	390	
⑨₃ 碎块状强风化花岗岩	160～180	250	390	下段桩

桩端土层承载力表　　　表 6
Bearing capacity of pile tip soil　Table 6

土层	地勘值(kPa)	测试值(kPa)
⑨₃碎块状强风化花岗岩	2500～2800	3422

2　钻芯法检测

2.1　取芯目的

钻芯法可用于检测混凝土灌注桩的桩长、桩身混凝土强度、桩底沉渣厚度和桩身完整性[9]。本项目中采用钻芯法进行两项检测内容，一是钻取桩端底部土样以检验桩端压浆扩散效果，二是在桩侧钻孔查明桩基受桩侧后压浆影响的增强范围段。

2.2　取芯布置

对试验桩进行压浆后取芯检测，压浆完成且浆液强度达到要求后对桩端、桩侧同时取芯。桩端通过声测管 A、声测管 B 进行桩端取芯，而桩侧在桩周距离钢护筒 30cm、35cm 处分别钻取桩侧 A、桩侧 B 两孔进行桩侧取芯，取芯孔布置如图 6 所示。其中，对桩侧进行全孔取芯，桩端部分取芯，取芯范围为 49.10～51.30m，长度 2.2m。

图 6　取芯布置图
Fig. 6　Coring arrangement

2.3　取芯结果

桩端取芯：上部 0.8m，碎裂状强风化花岗岩，取样松散、局部为块状，灰白色，有水泥浆渗入，局部水泥浓度较高；下部 1.4m，碎裂状强风化花岗岩，局部呈碎块

状，碎块块径变化大，灰白色，无水泥浆液，无刺激性味道。

图 7　桩端取芯（声测管 A）
Fig. 7　Pile end coring（acoustic tube A）

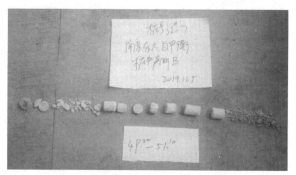

图 8　桩端取芯（声测管 B）
Fig. 8　Pile end coring（acoustic tube B）

图 9　桩侧取芯（A、B）
Fig. 9　Pile side core（A and B）

通过声测管 A 取芯，得到桩端以下 0.8m 范围内渗入了水泥浆液，约为 0.47D（D 为灌注桩桩径），声测管 B 取芯在桩端至桩端以下 0.9m 范围内含有水泥浆液（约为 0.53D），由此该项目桩端压浆可影响桩端以下范围约为 0.5D。

桩侧 A 孔取出的芯样在 38.7～48.7m 范围内含有水泥浆液，且在 44.70～46.70m 范围内水泥浆液浓度较高，浆液上返、下渗影响桩基的范围约为 5.88D；桩侧 B 孔在 40.3～48.3m 范围内发现水泥浆液，影响桩基的范围约为 4.71D，则该项目桩侧压浆上返、下渗对桩基影响的范围约为 5.3D。

3 跨孔超声波 CT 法检测

跨孔弹性波 CT 法观测系统利用现有详勘钻孔下入 PVC 管，以一个钻孔为发射孔，另一个钻孔为接收孔。在发射孔按 0.5m 间距设置激发点，在接收孔按 0.5m 间距设置接收点，保证每一个激发点，在接收孔中进行全孔接收。目前该法已在岩溶勘探[10]等领域充分应用。

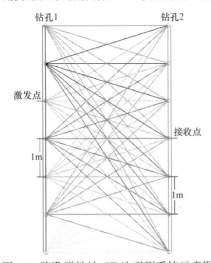

图 10 跨孔弹性波 CT 法观测系统示意图

Fig. 10 Schematic diagram of cross-hole elastic wave CT observation system

根据波动理论，在充满液体的钻孔中，任何扰动，都会产生沿钻孔轴向传播的管波（司通莱波）。管波在孔液和孔壁外一定范围内传播。管波在传播过程中，在存在波阻抗差异（波阻抗 Z 为介质的弹性波波速 V 与介质密度 ρ 的乘积）的界面处发生透射和反射。

根据现有观测系统，反射管波的同相轴为视速度稳定的倾斜波组。当岩土层中不存在波阻抗差异界面或界面两侧波阻抗差异不大时，管波时间剖面中只有与（平行于钻孔轴线的）空间轴平行的直达波组，无明显的反射波组（剖面中的倾斜波组）。当岩土层中存在明显的波阻抗差异界面时，管波扫描剖面（时间剖面）中除存在明显的直达波组外，还存在明显的反射波组，即剖面中的倾斜波组。在剖面中存在明显的倾斜反射波组的位置，必定存在波阻抗差异界面。

根据管波探测法理论研究成果和工程实践成果，管波探测法可准确分辨波阻抗差异界面，具有非常高的垂向探测精度。

3.1 检测目的

由于工程地质情况复杂，部分机位风化层较厚，钢管桩很有可能无法达到设计标高，加长灌注桩又存在斜桩出钢管桩桩底成孔段太长，存在塌孔、长钻等施工风险问题，故需要采取后压浆灌注桩提高桩基承载力。

为查明后压浆灌注桩的压浆效果，现采用以跨孔弹性波 CT 法为主，管波探测法为辅的方式对改风机 4 号、

6 号及 7 号桩进行探测，以查明压浆效果。检测剖面如图 11 所示。

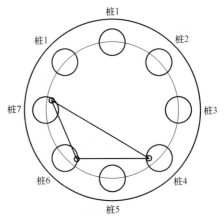

图 11 跨孔弹性波 CT 法剖面及管波
探测法平面位置图

Fig. 11 Cross-hole elastic wave CT method section and tube wave detection method plane position diagram

3.2 数据采集

详细对比探测剖面的钻孔资料后，每条探测剖面选择基岩比较完整的钻孔作为发射孔，另一孔为接收孔。将发射电缆放入发射孔底部（记录发射深度），同时将第 1 条 12 道接收电缆放入接收孔直至第 1 道检波器至钻孔底部，此过程中电缆线要保持直线状态，并记录下深度。第 2 条电缆的第 1 道检波器放置上一条电缆深度加 1m 为止。仪器开机设置工作参数后，仪器进入采集状态，随后开始激发，地震仪采集信号后进行再次叠加，直至记录达到优良以上记录为止。记录完成后，将发射电缆往上提 1m，然后开始激发，地震仪采集信号达到优良记录。循环此操作过程直至发射电缆至孔口位置，本剖面探测完成。

管波探测法采用收发集成一体化探头，收发探头间距 0.6m，采用 0.1m 为步距，从孔底按照 0.1m 采集一个数据，直至孔口。野外数据采集过程中，对采集的管波信号进行实时监控，所采集的波形要求初至清晰、波形正常，发现波形畸变即进行重复观测，两次观测相对误差小于 2%。

3.3 CT 法结果

跨孔弹性波 CT 法的主要受目标体的纵波波速影响，纵波波速差异越大，地质解释越可靠。本次的压浆加固段主要位于强风化花岗岩岩体内，考虑到压浆的实际情况，当岩土层存在较多裂隙时，其压浆浆液存在沿裂隙加固桩侧周边土体，从而整体提高对应岩土层的波速的情况。

（1）4～7 号剖面和 4～6 号剖面

在未受压浆影响范围段强风化岩波速为 1800m/s 左右，受压浆影响范围段强风化岩波速为 2000m/s 左右。

（2）6～7 号剖面

受桩身混凝土的影响，该剖面总体波速偏高。在未受压浆影响范围段的强风化岩波速为 2200m/s 左右，受压

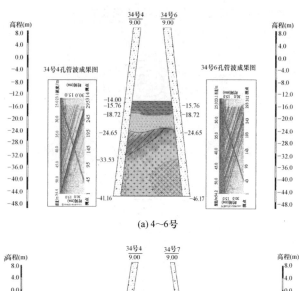

(a) 4～6号

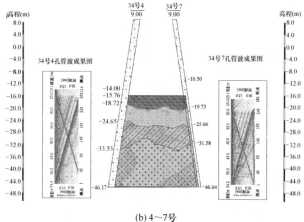

(b) 4～7号

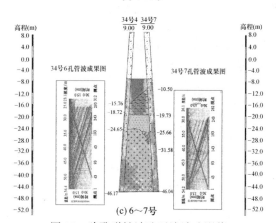

(c) 6～7号

图 12 跨孔弹性波法反演波速影像

Fig. 12 Inversion of wave velocity image by cross-hole elastic wave method

颜色
反演波速(km/s) 1.5 1.6 1.7 1.8 1.9 2.0 2.1 2.2 2.3 2.4 2.5 2.6 2.7 2.8 2.9 3.0

图 13 波速影响色谱

Fig. 13 Wave speed affects chromatogram

浆影响范围段强风化岩波速为 2900m/s 左右。

4 号桩、6 号桩、7 号桩在桩侧 12m 范围内存在相对较高波速区。

4 结论

本文介绍了海上风点桩基础（灌注桩）的多种检测方法，根据检测过程及检测结果，得出以下结论：

（1）在自平衡法双荷载箱测试中，需要根据上、下荷载箱的测试顺序，合理调整扣除重量 W 的计算，否则结果会有较大误差。

（2）压浆后桩侧土层摩擦力及桩端土的承载力都有较大提高，增强效果十分明显。

（3）桩身压浆后桩基总承载力有显著提高，且压浆后桩身上拔量有较大减少，桩身压浆对于桩基抗压、抗拔承载力都有巨大作用，可在类似项目中推广使用。

（4）桩端桩侧组合压浆效果显著，水泥浆液下渗、上返对桩基影响范围较明显，并且使桩端以下一定范围及桩侧土层强度和刚度提高，改善了桩土接触面的受力特性，从而提高桩基的总极限承载力。

（5）跨孔弹性波 CT 法能较好地反映压浆范围，不适合检测桩身缺陷；管波探测法能较好地检测桩身完整性，对压浆效果反映不明显。两种方法相互配合，可以较好地检测桩身完整性和后压浆效果。

参考文献：

[1] 刘吉臻，马利飞，王庆华，等. 海上风电支撑我国能源转型发展的思考[J]. 中国工程科学，2021，23(1)：149-159.

[2] 姜春娟. 近海简易风电基础结构设计研究[D]. 大连：大连理工大学，2017.

[3] 中国工程建设标准化协会. 公路桥梁灌注桩后压浆技术规程：T/CECS G：D67-01—2018[S]. 北京：人民交通出版社，2019.

[4] 龚维明，戴国亮. 桩承载力自平衡测试技术研究与应用[M]. 第 2 版. 中国建筑工业出版社，2016.

[5] 中华人民共和国住房和城乡建设部. 建筑基桩自平衡静载试验技术规程：JGJ/T 403—2017[S]. 北京：中国建筑工业出版社，2017.

[6] 中华人民共和国交通运输部. 基桩静载试验自平衡法：JT/T 739—2009[S]. 北京：人民交通出版社，2009.

[7] 朱建民，殷开成，龚维明，谢礼飞. 中美欧自平衡静载试验标准若干问题探讨[J]. 岩土力学，2020，41(10)：3491-3499.

[8] 中华人民共和国建设部. 建筑桩基技术规范：JGJ 94—2008[S]. 北京：中国建筑工业出版社，2008.

[9] 中华人民共和国交通运输部. 水运工程基桩试验检测技术规范：JTS 240—2020[S]. 北京：人民交通出版社，2020.

[10] 俞仁泉，赵鹏辉，廖顺. 跨孔电阻率 CT 法在岩溶精确勘探中的应用研究[J]. 灾害学，2019，34(S1)：142-145.

复杂地层中大直径、大深度旋挖桩混凝土灌注质量控制

房江锋，张思祺，李　静，黄　勇，罗理斌，罗　芳

（深圳宏业基岩土科技股份有限公司，深圳 518029）

摘　要：在地质条件复杂的深厚填海区域，大直径、大深度的旋挖钻孔灌注桩水下混凝土灌注施工难度大，需要综合考虑混凝土质量、料斗容量、导管直径、导管埋置深度、孔底沉渣、泥浆相对密度、灌注标高等多方面因素。本文结合工程实例，就大直径、大深度旋挖桩施工过程中水下混凝土灌注施工过程的质量控制进行了综合阐述，为同类工程提供了施工经验。

关键词：灌注桩；水下混凝土；灌注施工；质量控制

作者简介：房江锋（1984— 　 ），男，陕西西安人，高级工程师，主要从事深基坑设计及施工工作。E-mail：fangjf@foxmail.com.

Quality control of concrete pouring of large diameter and large depth cast-in-place piles

FANG Jiang-feng, ZHANG Si-qi, LI Jing, HUANG Yong, LUO Li-bin, LUO Fang

（Shenzhen Hongyeji Geotechnical Co., Ltd., Shenzhen 518029，China）

Abstract：In the deep backfill area of sea area with complex geological conditions, it is difficult to pour underwater concrete with large diameter and deep rotary bored pile, so it is necessary to comprehensively consider the factors such as concrete quality, hopper capacity, conduit diameter, conduit embedding depth, hole bottom sediment, mud specific gravity, Perfusion elevation, etc. Combined with engineering examples, this paper comprehensively expounds the quality control of underwater concrete pouring construction process in the construction process of large diameter and deep rotary excavation piles, and provides construction experience for similar projects

Key words：cast-in-placepiles；under water concrete；pouring of concrete；quality control

0 引言

随着我国生产力和桩工设备技术的大力发展，在地质条件复杂的深厚填海区域，大直径、大深度的旋挖钻孔灌注桩应用越来越广泛。灌注桩水下混凝土灌注是桩基质量控制的关键工序。目前，建筑桩基中使用水下混凝土时多采用商品混凝土，经罐车送至施工现场后，进行水下灌注。常用方法有导管法、泵压法、柔性管法等[1,2]，其中导管法是将密封连接的钢管作为水下混凝土的灌注通道，其底部埋在混凝土拌合物内，在落差压力作用下，形成连续密实的混凝土桩身。导管法施工具有整体性好、浇筑速度快等优点，在工程中应用最为广泛。

高咏友[1]采用数值模拟方法对水下灌注过程中桩身混凝土的流动过程进行了模拟，将混凝土上升的方式分为活塞式和翻卷式，其中翻卷式易裹入浮浆，严重影响桩身混凝土质量，因此水下混凝土灌注过程中要确保混凝土以活塞式上升。付祖良[2]研究了导管埋深对混凝土浇筑的影响规律，导管埋入已浇筑混凝土内越深，混凝土向四周均匀扩散的效果越好，混凝土会更密实，表面也更平坦。但当导管埋入过深时，混凝土在导管内流动不畅，不仅对浇筑速度有影响，而且易造成堵管事故。李博[3]等采用PFC软件对水下混凝土灌注封底效果进行模拟，得出水下混凝土灌注过程中导管的扩散半径对灌注面积的影响，单导管的扩散半径可达到3m范围。李先栋[4]等研究了导管直径对水下混凝土浇筑的影响研究，合理采用大直径导管对控制浇筑质量、保证浇筑进度是非常有利的。

本文就水下混凝土灌注施工等各环节质量控制展开分析、探讨，并提出相应的质量控制措施建议，可为同类工程提供相关参考。

1 工程概况

1.1 地质条件

项目场地位于深圳市深圳湾填海区，所在位置填海前原始地貌为滨海滩涂。根据钻探揭露，场地内地层自上而下依次为：人工填土层（Q_4^{ml}）、第四系全新统海陆交互沉积层（Q_4^{mc}）、第四系上更新统冲洪积层（Q_3^{al+pl}）、第四系残积土层（Q^{el}），下伏基岩为燕山四期粗中粒黑云母花岗岩（$\eta\beta_5^5 K_1$），其中填石层揭露厚度最大约 14.9m。

1.2 桩基设计概况

根据桩基工程手册[5]，综合桩基施工及承载变形特性等因素，将桩长 $L \geqslant 50$m 且长径比 $L/D \geqslant 50$ 的桩定义为超深工程桩。

本项目桩基础工程共有工程桩 1057 根，桩径为 3m，成孔深度为 45.6～95.5m，在现状地面成孔作业，空桩深约 25m。其中桩长 $L \geqslant 50$m 且长径比 $L/D \geqslant 50$ 的桩共施

工 959 根，超深桩占比约为 90.73%。最深的工程桩桩长为 95.5m。

2 混凝土灌注准备工作

2.1 导管

（1）导管选型

导管是灌注水下混凝土的重要工具，其直径应根据桩长、桩径和每小时需通过的混凝土量计算确定，常用导管内径一般为 200～350mm，壁厚不小于 3mm，光滑、顺直、无局部凹凸、无穿孔及裂纹，长度一般控制在 2～4m，采用丝扣或卡口连接。针对本项目桩径大、深度大的特点，导管选用内径 300mm、壁厚 6mm 的灌注导管。

（2）导管水密性试验

根据《公路桥涵施工技术规范》JTG/T 3650[6]，导管使用前应进行水密承压和接头抗拉试验，严禁采用压气试压。进行水密试验的水压应不小于孔内水深 1.3 倍的压力，亦应不小于导管壁和焊缝可能承受灌注混凝土时最大内压力 p 的 1.3 倍，p 可按式（1）计算：

$$p = \gamma_c h_c - \gamma_w h_w \tag{1}$$

式中：p——导管可能受到的最大内压力（kPa）；

γ_c——混凝土拌合物的重度（取 24kN/m³）；

h_c——导管内混凝土柱最大高度（m），以导管全长或预计的最大高度计；

γ_w——孔内泥浆的重度（kN/m³）；

h_w——孔内泥浆的深度（m）。

按照最深孔深 95.5m 考虑，则 $p = 1.3 \times (24.0 \times 95.5 - 10 \times 95.5) = 1738.1$kPa。

2.2 灌注料斗

（1）首灌混凝土量

首批灌注混凝土的数量应能满足导管首次埋置深度所需的混凝土数量，可按式（2）和图 1 计算：

$$V = \frac{1}{4}\pi D^2(H_1 + H_2) + \frac{1}{4}\pi d^2 h_c \tag{2}$$

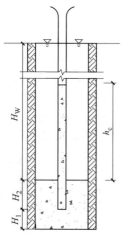

图 1 首次灌注混凝土用量计算简图

Fig. 1 The calculation diagram of the amount of first pouring concrete

式中：D——桩孔桩径（m）；

d——导管内径（m）；

H_1——桩孔底至导管底端间距（m）；

H_2——导管初次埋置深度（m）。

（2）灌注料斗选型

灌注料斗即为储放灌注首批混凝土时所必需储量的容器（图2）。一般采用 5～6mm 厚钢板焊制，为使混凝土拌合物能迅速流进导管，料斗底部常做成斜坡，出口设置底盖。料斗容量应使首批灌注下去的混凝土满足导管初次埋置深度的需要，故其容量大小需根据设计和施工要求验算而定。

(a) 首灌料斗　　　　　(b) 后续灌注料斗

图 2 灌料斗

Fig. 2 The hopper

经计算，本项目首灌料斗容积不小于 8m³，同时加工专用的灌注平台，1 台混凝土罐车同步浇筑，保证混凝土初灌量满足设计要求；首灌完成后，更换普通小料斗进行后续灌注。

2.3 隔水塞

使用比较广泛的隔水球主要有球胆、混凝土和砂浆等。运用球胆时，球外径一定要比导管内径小 2～3cm，这样不仅方便隔离导管内的泥浆和混凝土，同时还能够让混凝土顺利的沿着导管内壁进行流动，不会发生堵管现象。

2.4 灌注标高测量

"灌无忧"是一款专注于解决灌注桩施工中超灌管理问题的专业物联云平台，通过探头采集混凝土信号，可以有效控制在超深空桩施工工况下桩顶混凝土灌注标高。

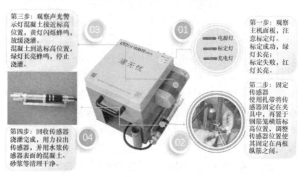

图 3 灌无忧工作原理图

Fig. 3 Perfusion without worry working principle diagram

3 水下混凝土灌注控制

3.1 混凝土进场检测

（1）混凝土到场后，首先检查入场报验资料（含配合比及原材料检验资料）和出厂小票，以确定工程名称、浇筑部位及混凝土强度等级等信息准确无误，同时还应检查出厂时间和到达时间等，发现有不符合要求的项目，现场应予以拒收。

（2）混凝土进场后，管理人员应及时对拌合物工作性能进行检测，检查坍落度、流动性、黏聚性、保水性等是否满足设计和施工要求，并填写检测记录。

3.2 灌注控制

（1）灌注准备

① 准备好导管和料斗，确保吊装设备安全牢固，将导管下放至距离孔底 300～500mm。

② 灌注前，应对孔底沉渣厚度进行测量，如沉渣厚度超标，采用气举反循环清孔，用优质泥浆置换孔底泥浆，同时使沉渣悬浮于泥浆中，然后立即灌注首批水下混凝土。

③ 卸料前，混凝土罐车应高速搅拌 60s，以确保混凝土的匀质性良好。

（2）灌注控制

① 各项工作准备完毕后，安装隔水塞及料斗底盖，按要求放足首批混凝土，拔栓灌注。将首批混凝土灌入孔底后，立即测探孔内混凝土面高度，计算出导管埋置深度，如符合要求，即可正常灌注。如发现导管内大量进水，表明混凝土封底失效，应按规定及时进行处理。

② 灌注应紧凑、连续进行，灌注速度宜控制为 0.6～1.0m³/min，严禁中途长时间停工或中断作业，每根桩的灌注时间应按首批混凝土的初凝时间控制。

③ 灌注过程中，应安排专人观测管内混凝土下降和孔内水位升降情况，及时多点测量孔内混凝土面高度，正确指挥混凝土下料、导管提升和拆除。导管提升过程中应保持垂直、平缓；导管埋深应控制在 2～6m，防止埋管过深造成堵管、不易拔管或导管被拔出混凝土面形成泥心、断桩等事故。拔出的导管应逐级拆卸，并用清水将导管内壁清洗干净。

④ 灌注过程中，应适时牵引振动导管，以便混凝土快速下落，避免导管中的混凝土因停滞而发生堵管现象。

⑤ 当首灌混凝土面接近或初进入钢筋笼时，应缓慢灌注混凝土，以减小混凝土从导管底出来时对钢筋笼的冲击和顶托力；当钢筋笼埋入混凝土面 4～5m 后，可适当提升导管，以增加钢筋笼在导管口以下的埋置深度，从而增加混凝土对钢筋笼的握裹力，以防止钢筋笼被混凝土顶托上升。

⑥ 临近灌注结束时，导管内混凝土柱高度减小，孔内泥浆稠度逐渐增大，导管内外压差降低，出现混凝土顶升困难。此时，应不断在孔内加水稀释泥浆，使灌注工作顺利进行，并提高料斗和导管增加灌注高度，增大落差，

以确保混凝土的密实度。

⑦ 为保证桩顶混凝土质量，在桩顶设计标高超灌高度（一般 800～1000mm）处绑扎"灌无忧"探头，用以探测混凝土灌注高度，同时，结合人工取样验证的方法，确保桩顶混凝土灌注质量满足设计要求。

4 常见事故的预防及处理

4.1 孔底沉渣过厚

清孔完成后，应及时灌注混凝土。如受混凝土供应不及时等因素影响，导致灌注延后时，灌注前应再次测量孔底沉渣。如不符合要求，应进行再次清孔，保证孔底沉渣厚度满足设计要求。清孔应选用优质泥浆，泥浆应具有良好的黏度，可以将细小的渣土颗粒悬浮于泥浆中，不易在孔底产生沉淀。

4.2 导管进水

（1）当首灌混凝土储量不足，导管底口与孔底间距过大，混凝土无法充分封底和埋管时，导致泥水进入导管。此时应立即将导管拔出，将散落在孔底的混凝土经搅拌后用清底钻头清除；必要时，应提出钢筋笼复钻清渣后，再进行重新灌注。

（2）当导管接头密封不严、导管焊缝脱焊或导管提升过猛，使管口脱出混凝土面时，会造成泥水进入导管。此时在灌注前应将进入导管的水和沉淀土吸出后才能继续灌注混凝土。

4.3 塌孔

在灌注过程中，如遇孔壁漏水不能保持原有静水压力或受机械振动等，桩内水（泥浆）位忽然急速上升溢出，随即骤降并冒出气泡，即可判定为塌孔。

此时，应在查明原因后采取相应的措施，如保持或加大水头、排除振动等，防止继续塌孔。如不继续塌孔，清理孔内渣土后可恢复正常灌注；如塌孔仍不停止且坍塌部位较深，则应将导管和钢筋笼拔出，用黏土掺砂砾回填，待回填土密实后，重新施工。

4.4 桩身夹泥、断桩

桩身夹泥、断桩，大多是因导管进水、塌孔等引起的次生事故；同时，如清孔不彻底，或灌注时间过长，首批混凝土已初凝失去流动性，而续灌的混凝土冲破顶层而上升，也会在两层混凝土中夹有渣土，甚至全断面夹有渣土而形成断桩。

当已发生或估计可能发生夹泥断桩时，应采用专用钻机钻芯取样，做深入的探测检查，再按设计要求进行相应的整改处理。

4.5 钢筋笼浮笼

钢筋笼浮笼，一般是由于导管提升钩挂或混凝土下落时反冲顶托力大于钢筋笼自重所致。为防止出现钢筋笼上升问题，应采取以下措施：

（1）严格控制灌注混凝土时的泥浆相对密度，控制在 1～1.1 为宜。相对密度过大，对钢筋笼所产生的浮力增大，同时还会在混凝土面上形成较厚的浮浆，混凝土面上升时，浮浆裹着钢筋笼向上浮。

（2）防止顶层混凝土进入钢筋笼时混凝土的流动性过小，拌制混凝土时可适当掺加外加剂增大其流动性。同时，严格控制混凝土供应、灌注施工的时间，尽量缩短灌注时间。

（3）在满足设计要求的前提下，可适当减少钢筋笼下端的箍筋数量，减少混凝土的向上顶托力。

（4）在笼底增设 1～2 道加强环形筋，并以适当数量的牵引筋牢固地焊接于钢筋笼的底部，有效克服钢筋笼的上浮。

5 效果评价

经统计，本项目的超深工程桩充盈系数均大于 1.0，满足设计要求。充盈系数处于 1.0～1.15 之间的高达 97.91%。按照上述方法对灌注过程进行控制，有效地保证了灌注质量。

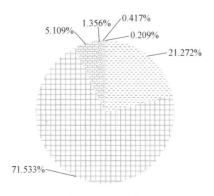

图 4　充盈系数统计结果

Fig. 4　Statistical results of filling coefficient

6 结论

桩基础水下混凝土灌注作业施工难度非常大，其工艺特点决定了灌注施工必须一次性成功，否则将会造成严重的质量隐患，后期处理费用高昂。本项目实践过程中，以下经验可供同类项目参考：

（1）首灌混凝土有效封底是大直径桩灌注成败的关键因素，应结合项目特点，选择容量合适的料斗；

（2）对于混凝土方量大灌注桩，首灌混凝土掺入外加剂增加流动性，可降低长时间灌注过程中由于混凝土初凝造成质量事故；

（3）超深空桩水下灌注施工过程中，采用"灌无忧"设备可有效控制混凝土灌注标高，防止灌注不足或超灌过大等质量缺陷。

参考文献：

[1] 高咏友. 桩基水下混凝土灌注过程的有限元模拟及研究[D]. 兰州：兰州交通大学，2014.

[2] 付祖良. 钻孔灌注桩水下混凝土灌注技术研究与应用[D]. 武汉：华中科技大学，2006.

[3] 李博. 导管法水下混凝土灌注厚度的颗粒流模拟[J]. 建筑科学与工程学报，2020(37)：118-126.

[4] 李先栋. 导管直径对水下混凝土浇筑的影响研究[J]. 工程设备与材料，2020(5)：139-140.

[5] 龚晓南. 桩基工程手册[M]. 第 2 版. 北京：中国建筑工业出版社，2016.

[6] 中华人民共和国交通运输部. 公路桥涵施工技术规范：JTG/T 3650—2020[S]. 北京：人民交通出版社，2020.

[7] 中华人民共和国住房和城乡建设部. 建筑桩基技术规范：JGJ 94—2008[S]. 北京：中国建筑工业出版社，2008

微型钢筋混凝土桩在既有建筑物地基加固和顶升工程中的应用

姚智全[1,2,3]，　吴渤昕[1,2,3]，　曹光栩[*,1,2,3]，　滑鹏林[1,2,3]

（1. 建筑安全与环境国家重点实验室，北京 100013；2. 国家建筑工程技术研究中心，北京 100013；3. 建研地基基础工程有限责任公司，北京 100013）

摘　要：微型桩是既有建筑物地基加固中常用的桩型之一，常用的微型桩有钢筋混凝土灌注桩和钢管桩两种。本文通过对应用微型钢筋混凝土灌注桩的某一建筑物加固顶升工程实例进行介绍和分析，得出以下结论：微型钢筋混凝土灌注桩由于采用勘察钻机成孔能进入较好土层，夯底后可提供较高的桩端承载力；施工时不需要建筑物提供反力，避免了对多层建筑物的二次伤害，但在顶升时应设计好传力构件，而且如采用油压千斤顶进行顶升，须做好防卸荷措施。

关键词：微型钢筋混凝土灌注桩；地基加固；建筑物顶升

作者简介：姚智全(1968—　)，男，硕士，高级工程师，主要从事岩土工程方面的设计、咨询和科研工作。E-mail：yao1221@sina.com。

通讯作者：曹光栩(1982—)男，博士，高级工程师，主要从事岩土工程方面的设计、咨询和科研工作。E-mail：cgx06@foxmail.com。

Application of micro reinforced concrete pile in foundation reinforcement and jacking of existing buildings

YAO Zhi-quan[1,2,3], WU Bo-xin[1,2,3], CAO Guang-xu[1,2,3], HUA Peng-lin[1,2,3]

(1. State Key Laboratory of Building Safety and Built Environment, Beijing 100013, China; 2. National Engineering Research Center Of Building Technology, Beijing 100013, China; 3. CABR Foundation Engineering Co., Ltd., Beijing 100013, China)

Abstract：Micro pile is one of the commonly used pile types in foundation reinforcement of existing buildings, there are two kinds of micro piles: micro reinforced concrete cast-in-place pile and micro steel pipe pile. In this paper, the application of micro reinforced concrete piles in a building reinforcement jacking project is introduced and analyzed, and the following conclusions are drawn: because the micro reinforced concrete cast-in-place pile can enter into the better soil layer by using the survey rig, it can provide higher pile end bearing capacity after ramming the pile base; Otherwise micro reinforced concrete pile does not need the reaction force from the building during the construction, so it can avoid the secondary damage to the multi-storey building. However, the force transfer components should be designed well during the jacking, and the anti-unloading measures must be taken while the hydraulic jack is used for jacking,

Key words：micro reinforced concrete cast in place pile; foundation reinforcement; building jacking

0　引言

随着国家大力推进城镇化，建筑业迎来了又一次建设高峰。建筑工程数量的剧增，不可避免地产生了部分建筑物在实施过程中出现质量问题的现象，有部分是因为勘察原因，有部分是因为设计原因，更多的是因为施工原因导致建筑物出现了较大的不均匀沉降[1-2]，甚至发生了因沉降无法有效、及时控制而不得不对建筑物进行爆破拆除的事件。当然，更多的情况是对建筑物进行了结构、地基基础的加固及纠倾，使该建筑物满足了正常使用条件。

本文对某一采用微型钢筋混凝土灌注桩的建筑物加固顶升工程实例进行了详细地介绍和分析，希望对其他类似加固和顶升工程提供有益的借鉴。

1　工程实例

1.1　工程概况

某新建居民楼，位于山东省烟台市磁山风景区，地块北临三亚路，东靠西昌路。本项目为 2015 年建设，地上五层，采用异形柱框架剪力墙结构，柱下独立基础加防水板。建筑结构安全等级二级，地基基础设计等级丙级，标准冻深 0.5m，建筑一层室内地坪标高±0.000＝65.900m（采用 1956 年黄海高程系），基础底标高为 61.8m，基础、基础拉梁混凝土强度等级均为 C30，各柱下独基截面尺寸不一，基础外墙长 48m，宽 13.2m。基础持力层为②层岩屑素填土，地基承载力特征值 170kPa。由于现场该处原始地形标高为 54.15～55.53m，低于设计基础底标高，故回填后采用强夯进行地基处理，基底最大回填土层厚度约 8m。该处强夯分两个波次进行，每波次为两遍点夯，一遍普夯。点夯夯击能根据处理深度的不同分为 4000/3000kN·m，普夯夯击能均为 1000 kN·m。

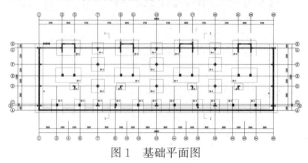

图 1　基础平面图

Fig. 1　Building foundation plan

1.2　地质情况

①层黏性素填土：褐色，松散，该层为基坑回填土，主要为黏性土。

②₁层岩屑素填土：浅黄色，松散，主要成分为全风化状的片岩碎屑及残积土组成，性状类似粉土，固体粗颗粒极少，遇水易软化，性质较差。

②层岩屑素填土：浅黄色，稍密－中密，主要成分为全风化至强风化的片岩碎屑，砂土状至角砾状，固体粗颗粒相对较多，该层夯实效果较好，但仍具遇水软化的特点。

③层黏性素填土：褐色，软塑至可塑状态，主要成分为粉质黏土，含水量较高，接近饱和状态，土体较软，力学性质差。

④₁层角砾素填土：褐色，稍密－中密，该层主要成分为含少量黏性土的角砾，夯实效果较好。

④层黏性素填土：褐色，可塑至硬塑状态，主要成分为含角砾粉质黏土，局部土质较纯，该层含水量较低，土体稍硬，力学性质一般。

⑤层冲填土：灰色，中密－密实状态，该层为原始土，强夯后密实度有所提高。

⑥层全风化大理岩及⑦层强风化大理岩。

场地地下水为潜水，原始地面以下 0.2～0.3m 初见地下水。

1.3　沉降发展情况及处置方案

进场后的现场实测结果表明该楼西北角较东南角梁顶标高低 222mm，西北角较西南角低 76.7mm。楼体内部出现多处裂缝，尤其是在西侧一单元房间内出现向西倾斜的贯穿裂缝，裂缝长度 2.7m，裂缝宽度 6mm。据建筑结构特点及现场情况判定出现此现象均为建筑物独立基础不均匀沉降所致。

通过外业钻探与动探数据对比分析，结合已搜集的资料，初步查明基础不均匀沉降产生的主要原因为基底强夯填料中，黏性土含量过高，造成地基土层的夯击密实效果较差。尤其是基底以下的③层黏性素填土，其动探测试击数多为 1～2 击，工程性质很差，属接近饱和状态的软弱土。主体结构施工过程中，随着地基中的附加应力不断提高，该层的固结沉降量远大于其他土层，是本次发生过大沉降变形的主要贡献者。

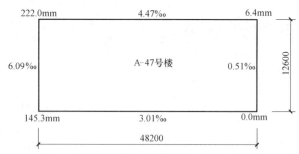

图 2　顶层梁顶标高实测数据（以东南角梁顶标高为正负零，向下为正）

Fig. 2　Measured data of the top beam elevation of the top floor (take the top beam elevation of the southeast corner as positive or negative zero, and the bottom as positive)

另外，主楼北侧基坑未及时回填平整，长时间降雨造成主楼北侧多处形成积水坑，积水渗入地基土后，一方面对②₁层岩屑素填土产生了软化作用，使其强度降低，压缩性提高，另一方面渗入③层黏性素填土中令其含水量增高，两方面形成的最终结果使地基土产生了湿陷变形，从而加剧了地基的不均匀沉降。

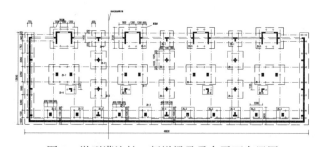

图 3　微型灌注桩、新增梁及承台平面布置图

Fig. 3　Plan of micro cast in place pile，new beam and bearing platform

本次加固设计对微型钢筋混凝土灌注桩、微型钢管桩等两种方案进行了比选，在满足同样的条件下，微型钢筋混凝土灌注桩不仅能进入较硬的风化岩层，而且性价比较高，施工过程安全。

最终加固方案选用微型钢筋混凝土灌注桩方案，根据勘察报告所给的参数，微型钢筋混凝土灌注桩桩端进入⑥层全风化大理岩，有效桩长不小于 14.7m，桩身混凝土强度等级 C25，钢筋笼主筋采用 3 根直径 16mm 的钢筋，箍筋直径 6.5mm，箍筋间距 200mm，单桩承载力特征值 240kN。

建筑物纠倾一般有三种方法[3-5]，即顶升、迫降或二者结合。本工程由于沉降较大的区域范围相对较小，故采用顶升方案，利用微型桩先对原有建筑物基础进行托换，而后进行顶升。

根据建筑沉降测量记录，该建筑物⑦轴及以西部分沉降较为明显，此区域作为顶升区域。施工主要顺序为：（1）施工微型钢筋混凝土灌注桩；（2）为保证顶升过程中结构的整体性，在独立基础上植筋并浇筑基础连梁；（3）将顶升区域的钢筋混凝土灌注桩作为顶升基础，在⑦轴及以西区域的 62 根钢筋混凝土灌注桩顶部，架设

500kN、行程200mm千斤顶，利用千斤顶的顶升力结合监测数据对建筑物进行顶升纠偏。

1.4 加固施工过程

2016年10月15日开始测放工程桩桩位点，于2016年11月10日开始桩基施工，2016年11月17日桩基施工结束，2016年12月16日顶升施工结束。

为了保证单桩承载力满足设计要求，在SH-30地质钻机钻孔到位后，采用干硬性混凝土进行夯底，确保桩端没有虚土。顶升前，对每一个顶升区的微型钢筋混凝土灌注桩进行预压，使钢筋混凝土灌注桩本身沉降基本完成，在顶升时准确掌握每根桩的实际承载能力。

对顶升过程用到的设备仪器进行校验，保证顶升时设备仪器处于可靠状态，并能反映顶升的实际情况。

为减小顶升阻力和整体刚度，把混凝土防水底板和周围承台、梁断开，同时顶升区域和隔壁单元的一楼山墙断开。

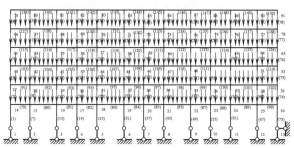

图 4 结构分析模型图

Fig. 4 Structure analysis model diagram

为确定合理的顶升量，本工程采用清华大学土木工程系结构力学求解器研制组研制的结构力学求解器（SM Solver）进行结构模拟计算。分别对该楼西北角顶升30mm、50mm、100mm和200mm四种工况进行了模拟分析。通过对比分析各种工况的计算结果可以看出，若最大顶升量由30mm增加至200mm，结构最大轴力变化不大，结构最大剪力和最大弯矩均有较大幅度的增加。剪力及弯矩的大幅增大，容易造成结构的二次破坏，影响建筑物的正常使用及结构安全。

不同最大顶升量下的结构最大内力表 表 1

Maximum internal force table of structure under different maximum jacking distance Table 1

最大顶升量(mm)	最大轴力(kN)	最大剪力(kN)		最大弯矩(kN·m)	
200	1281.30	256.40	219.20	362.71	338.49
100	1145.02	171.15	167.00	210.36	212.72
50	1076.88	128.52	140.90	134.18	149.84
30	1049.61	111.47	130.46	103.71	124.69

当最大顶升量为30mm时，可基本满足规范[6]中建筑物整体倾斜不大于4‰的要求；最大顶升量100mm以上时，结构的内力增长较大，考虑到后期变形协调等因素，本次加固最大顶升量拟定为40～80mm。

顶升前编制了详细的顶升方案及应急预案。按照方

案在顶升时，每个千斤顶由专人负责，统一编号，根据计算的每个千斤顶的顶升量进行不同的操作，同时在顶升过程中采取了预防卸荷措施（图5），防止千斤顶突然发生事故时，该位置瞬间卸荷。

图 5 传力及防卸荷措施布置图

Fig. 5 Layout drawing of force transmission and anti-unloading device

在顶升施工过程中，各测量数据基本按照事先预算的情形在发展，整个顶升过程有序、可控。最终最大顶升量确定在60mm（图6）。

图 6 最大顶升量测量照片

Fig. 6 Photo of maximum jacking measurement

原计划顶升工期为3d，实际施工时根据实时监控数据以及结构耐受程度加快了顶升速度，仅一天半就完成了总的顶升量，可见建筑物顶升时可根据实际建筑物变形情况加快进度，按预案调整顶升速度，一步到位。

1.5 加固顶升后测量数据

顶升后持续进行了建筑物的沉降观测，监测周期最后45d测量数据表明，该楼变形最大位置处的累计沉降变形值为−1.5mm，平均变形速率最大大约−0.03mm/d，满足规范要求的沉降稳定标准[6]。顶升后整个建筑物沉降比较均匀，未出现差异沉降扩大的趋势，顶升加固前原沉降最大的西北角监测点，其变形速率比东南角原变形小的位置还要小，说明顶升和加固取得了成功。

截至2021年6月建筑物已经交付使用了4年多，经

过回访，目前建筑物使用一切正常。

2　本加固顶升工程总结

（1）与静压钢管桩相比，微型灌注桩施工无需结构提供反力，并且桩端可进入较硬土层（本项目为强风化岩层），在本身自重荷载不太大的既有多层建筑物加固、顶升工程中的应用是可行、合理、性价比较好的。但微型钢筋混凝土灌注桩相对于微型钢管桩在顶升连接装置上设计要更为复杂，需设置新的传力机构。

（2）顶升时要充分考虑建筑物结构刚度的影响，本工程实际顶升时约有三分之一的千斤顶压力值一度降为零，其他千斤顶压力值则超过预估值，这一点应引起注意，设计时微型钢筋混凝土灌注桩的承载力要留下足够的富余量。

（3）采用油压千斤顶顶升时，可能会出现供油系统故障，千斤顶突然卸荷的情况，在施工过程中要有预防卸荷措施。本项目顶升过程中曾经有千斤顶出现过此种现象，但由于承压钢板附近设置了四根卸荷预防拉筋，确保了建筑物顶升过程的安全，主体结构没有受大的影响。

3　结语

微型钢筋混凝土灌注桩和微型钢管桩是目前建筑物加固和纠偏的常用桩型，比选时应因地制宜，根据现场条件和建筑物情况选择最优桩型。本工程加固对象为自身荷载不太大的多层建筑物，选用勘察钻机成孔的微型灌注桩方案，无需建筑物提供反力，避免了对建筑物的二次伤害，且桩端能进入较硬的风化岩层，方案整体合理可行，达到了经济效益和社会效益双赢。

参考文献：

[1]　肖同刚，赵树德. 某七层框架结构房屋顶升纠偏加固设计[J]. 建筑结构，2006，36(11)：13-15.

[2]　温晓贵，魏纲. 某软土地基上倾斜建筑物的纠倾与加固实例[J]. 土木工程学报，2004，37(8)：61-65.

[3]　王栋. 常用建筑物纠偏方法的分类与讨论[J]. 科技情报开发与经济，2009，19(26)：207-208.

[4]　周志道. 锚杆静压桩地基加固新技术的现状与展望[J]. 地基处理，2002，13(4)：16-22.

[5]　徐醒华，付兆明，伍锦湛. 锚杆静压桩在建筑物基础加固中的应用[J]. 建筑结构，2004，34(12)：22-23.

[6]　中华人民共和国住房和城乡建设部. 建筑地基基础设计规范：GB 50007—2011 [S]. 北京：中国建筑工业出版社，2012

桩基工程质量鉴定探讨

钱 华 张建卫

（浙江有色地球物理技术应用研究院有限公司，浙江 绍兴 312000）

摘 要：近年来，随着房地产行业的蓬勃发展，房地产项目遍地开花，涌现了很多大型项目，2019 年至今，随着房地产巨头的纷纷涌进，绍兴市镜湖新区、袍江、滨海新城等地均发生了翻天覆地的变化。房地产属于典型的资金密集型产业，具有投资大、风险高、周期长、供应链长、地域性突出等特点。在项目建设过程中，地产开发公司均会合理控制工程造价，重视工程预算的审核管理；保证工程质量和人员安全的前提下控制施工周期，尽量缩短资金在生产阶段停留的时间，提高资金使用效率，而随着土地审批、征地、规划、质监手续程序严格管理，经常造成土地许可证办理延误。我公司受房地产公司的委托，对该部分先期施工的首开区基桩进行了桩基工程质量司法鉴定。本文通过我公司完成的检测鉴定案例，分析探讨桩基工程质量鉴定的技术措施。

关键词：桩基工程；质量；检测；鉴定；程序

作者简介：钱华（1966— ），男，主要从桩基检测方面的研究。E-mail：781744506@qq.com。

Discussion on quality appraisal of pile foundation engineering

QIAN Hua，ZHANG Jian-wei

(Zhejiang nonferrous Geophysical Technology Application Research Institute Co.，Ltd.，Shaoxing Zhejiang，312000)

Abstract：in recent years，with the vigorous development of the real estate industry，real estate projects are blooming everywhere，and many large-scale projects have emerged. Since 2019，with the influx of real estate giants，great changes have taken place in Jinghu new area，Paojiang，Binhai New City and other areas of Shaoxing City. Real estate is a typical capital intensive industry，which has the characteristics of large investment，high risk，long cycle，long supply chain and outstanding regionality. In the process of project construction，real estate development companies will reasonably control the project cost and pay attention to the audit management of project budget；Under the premise of ensuring the project quality and personnel safety，the construction period should be controlled，the time of funds staying in the production stage should be shortened as far as possible，and the use efficiency of funds should be improved. With the strict management of land approval，land acquisition，planning，and quality supervision procedures，the land license processing is often delayed. Entrusted by the real estate company，our company has carried out the judicial appraisal on the quality of the pile foundation project in the first development area. This paper analyzes and discusses the technical measures of pile foundation engineering quality appraisal through the inspection and appraisal cases completed by our company.

Key words：pile foundation engineering；quality；detection；identification；program

0 引言

对已施工桩基但仍未办好施工许可证的房产项目，行政主管部门还未介入，此时行政主管部门（质监站）对先期的资料未监督，故需要对工程质量进行检测鉴定。参照《混凝土结构现场检测技术标准》GB/T 50784—2013 第 3.1.2 条，当遇到下列情况之一时，应进行工程质量的检测：

（1）涉及结构工程质量的试块、试件以及有关材料检验数量不足；

（2）对结构实体质量的抽测检测结果达不到设计或施工验收规范要求；

（3）对结构实体质量有争议；

（4）发生工程质量事故，需要分析事故原因；

（5）相关标准规定进行的工程质量第三方检测；

（6）相关行政主管部门要求进行的工程质量第三方检测。

通过对已完成的桩基工程检测，对相关的工程资料进行审查及分析评定，最终判定桩基工程质量是否满足设计图纸及现行规范的要求，完善工程验收资料。参考下列规范条款：

（1）《建筑工程施工质量验收统一标准》GB 50300—2013 第 5.0.6 条，当建筑工程施工质量不符合要求时，应按下列规定进行处理：经有资质的检测鉴定机构检测鉴定能够达到设计要求的检验批，应予以验收。

（2）《混凝土结构工程施工质量验收规范》GB 50204—2015 第 10.2.2 条，当混凝土结构施工质量不符合要求时，应按下列规定进行处理：经有资质的检测机构按国家现行有关标准检测鉴定达到设计要求的检验批，应予以验收。

一般桩基鉴定单位须具备地基基础检测资质、建设工程材料见证取样检测资质、工程结构检测资质、建设部门房鉴备案表及省高院司法鉴定名录。

1 桩基工程质量鉴定依据

桩基工程质量鉴定根据桩型特点选择相应的现行规

范（依据）：

(1)《建筑工程施工质量验收统一标准》GB 50300—2013；

(2)《混凝土结构现场检测技术标准》GB/T 50784—2013；

(3)《建筑基桩检测技术规范》JGJ 106—2014；

(4)《建筑地基基础工程施工质量验收标准》GB 50202—2018；

(5)《混凝土结构工程施工质量验收规范》GB 50204—2015；

(6)《建筑地基基础设计规范》GB 50007—2011；

(7)《建筑桩基技术规范》JGJ 94—2008；

(8)《先张法预应力混凝土管桩》GB 13476—2009；

(9)《基桩钢筋笼长度磁测井法探测技术规程》DB 33/T 1094—2013；

(10)《回弹法检测混凝土抗压强度技术规程》JGJ/T 23—2011；

(11) 甲方提供的有关设计图纸及相关资料。

2 桩基工程质量鉴定程序

(1) 鉴定单位接收业主委托，了解工程现况，收集相关资料；

(2) 根据鉴定目的，编制检测鉴定方案，公司内部进行审核审批；

(3) 将编制好的鉴定方案提交业主、设计、监理、勘察、施工等五方认可；尤其是重要检测项目的桩位选取，充分考虑五方单位尤其是设计单位的意见，形成五方单位确认单；

(4) 检测鉴定方案进行专家评审，如此时业主单位已在办理质监手续，可与主管质监站进行沟通；

(5) 根据专家评审意见，对方案进行完善并出具回复单；

(6) 收集需要分析的资料；严格按照方案内容进行检测，如检测数据出现异常情况，及时与五方单位沟通，必要时须增加检测数量；

(7) 根据检测结果及收集的相关工程资料，根据规范及设计文件进行评定，编制并提交检测鉴定报告。

3 桩基工程质量检测验证项目

根据《建筑地基基础工程施工质量验收规范》GB 50202—2018 规定，一般桩基的检验标准分为主控项目和一般项目。目前各地区房地产主管部门对具体的检测项目及数量要求存在差异。但主控项目基本相同，承载力检测在规范规定数量上一般要求加倍检测，桩身完整性检测一般100％检测。如部分项目已不具备检测条件，可根据具体情况更改检验方法及数量。

桩基质量检验标准主控项目应重点验证，如桩基承载力与桩身完整性情况，如地下室已开挖，可适当回填或通过在基坑内铺设路基板、厚钢板等措施搭建静荷载设备平台。如地下室及主体结构已完成，现场不具备静载荷或低应变法测试条件，静载荷试验（根据原检测报告）宜增加在周边同条件的桩基上进行。桩身完整性可采用旁孔透射波法测试或钢筋笼长度磁测法测试来验证。一般项目，有条件检验时，检测数量上不得少于按规范要求的最小样本数量。

4 桩基工程质量鉴定相关资料

根据工程采用的桩型及进度状况，一般进行分析所需要的资料有：

(1) 设计图纸及变更文件，设计文件审查情况报告书；

(2) 原材料质量证明文件和抽样检验报告；

(3) 预拌混凝土的质量证明文件；

(4) 混凝土、灌浆料的性能检验报告；

(5) 钢筋接头的试验报告；

(6) 预制构件的质量证明文件和安装验收记录；

(7) 预应力筋用锚具、连接器的质量证明文件和抽样检验报告；

(8) 预应力筋安装、张拉的检验记录；

(9) 钢筋套筒灌浆连接及预应力孔道灌浆记录；

(10) 隐蔽工程验收记录；

(11) 混凝土试件的试验报告；

(12) 分项工程验收记录；

(13) 结构实体检验记录；

(14) 工程的重大质量问题的处理方案和验收记录；

(15) 场地岩土工程勘察报告；

(16) 桩位（编号）图、桩基施工记录、监理记录、桩位复核记录；

(17) 基桩检测报告（含检测单位的资质证书）；

(18) 其他必要的文件和记录。

5 桩基工程质量鉴定实例

5.1 概况

(1) 工程概况

越城区袍江某项目，位于绍兴市越城区，其中首开区为 13 号楼、16 号楼、17 号楼、18 号楼、19 号楼、21 号楼（框架结构，高 23 层）及地下室（1 层）。主楼均采用桩径为 φ650mm 钻孔灌注桩，桩身混凝土强度为水下 C35，主筋为 12 根 φ14，箍筋为 φ6@250，加强箍 φ12@2000，以 ⑩₃ 中风化凝灰岩为持力层，桩端全截面进入持力层最小深度为 1.0D，地下室基桩采用 PC500AB (100) -15，15，10，10 型预应力管桩。基桩具体概况见表 1。

桩基概况表　　　　　　表 1

Overview of pile foundation　　Table 1

序号	项目名称	桩型	桩数（根）	桩径（mm）	有效桩长（m）	设计单桩竖向抗压特征值(kN)	备注
1	13 号楼	钻孔灌注桩	66	650	55～61	2800	
2	16 号楼		75		55～61	2800	
3	17 号楼		66		55～61	2800	
4	18 号楼		62		55～61	2800	
5	19 号楼		83		55～61	2800	
6	21 号楼		81		55～61	2800	
7	地下室	预应力管桩	854	500	50	1100	抗拔特征值 110kN
合计			1287	其中主楼钻孔灌注桩 433 根，地下室管桩约 854 根			

（2）建筑物平面位置图

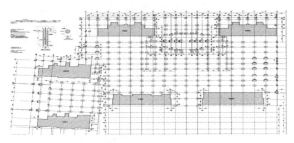

图 1　建筑物平面位置图

Fig. 1　Building location plan

（3）桩位图

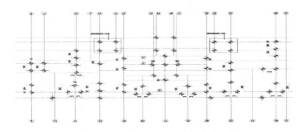

图 2　13 号楼桩位图（其余楼略）

Fig. 2　Pile location of building

13 (others omitted)

5.2　桩基工程检测鉴定目的、方法

（1）桩基工程检测鉴定目的

鉴定该项目基桩是否满足设计图纸及现行规范的要求。

（2）桩基工程检测鉴定采用方法

根据《建筑地基基础工程施工质量验收标准》GB 50202—2018 规定要求，结合该项目现况和相关设计资料情况，检测、检查分析方法见表 2 和表 3。

主楼钻孔灌注桩质量检测、检查分析方法

表 2

Quality inspection and inspection analysis method of bored pile in main building

Table 2

项序		检查项目	检测、检查采用方法	抽检数量
主控项目	1	承载力	单桩竖向抗压、抗拔载试验	规范要求增加一倍
	2	孔深	查施工、监理（验收）记录	全数
	3	桩身完整性	低应变法	100%
	4	混凝土强度	①核查 28d 试块强度报告；②浅部钻芯法	钻芯数量（各抽检 50 根）
	5	嵌岩深度	①核查施工、监理（验收）记录；②钻孔土层核验	土层核验各抽检 1 孔
一般项目	1	垂直度	核查施工、监理（验收）记录	全数
	2	孔径	①核查施工、监理（验收）记录；②浅部截面用钢尺量	各抽检 50 根
	3	桩位	全站仪＋用钢尺量	100%
	4	泥浆指标	核查施工、监理（验收）记录	全数
	5	泥浆面标高	核查施工、监理（验收）记录	全数
	6	钢筋笼质量	主筋间距	①核查施工、监理（验收）记录；②顶部实测	各抽检抽测 50 根
			长度	①核查施工、监理（验收）记录；②磁测法	各抽检磁测法 18 根
			钢筋材质检验	①查进场质保资料；②查复检报告	全部
			箍筋间距	核查施工、监理（验收）记录	全数
			笼直径	①查施工、监理（验收）记录；②顶部实测（含保护层厚度）	各抽检抽测 50 根
	7	沉渣厚度	端承桩	①查施工、监理（验收）记录；②整桩取芯法（由于长径比较大，整桩取芯困难较大，如偏出桩外，仅对有芯样段评价）	整桩取芯法 6 根
			摩擦桩		
	8	混凝土坍落度	核查施工、监理（验收）记录	全数
	9	钢筋笼安装深度	①核查施工、监理（验收）记录；②用钢尺量	各抽检 50 根
	10	混凝土充盈系数	核查施工、监理（验收）记录	全数
	11	桩顶标高	水准测量	100%

（地下室）静压预制桩质量检测、检查分析方法

表 3

Quality inspection, inspection and analysis methods of static pressure precast pile（basement）

Table 3

项序		检查项目	检查方法	抽检要求
主控项目	1	承载力	静载试验	规范要求增加一倍
	2	桩身完整性	低应变法	100%
一般项目	1	成品桩质量	①查产品合格证；②查管桩抗弯报告；③桩身强度、截面尺寸、配筋保护层	①全部产品合格证、抗弯报告；②桩身强度、截面尺寸、保护层抽检50根
	2	桩位	①查桩位偏差记录；②全站仪或用钢尺量	100%
	3	电焊条质量	查产品合格证	
	4	接桩：焊缝质量	查施工、监理（验收）记录	全数
		电焊结束停歇时间		
		上下节平面偏差100%		
		节点弯曲矢高		
	5	终压标准	①查现场实测或沉桩记录；②桩长磁测法；③土层持力层核验	桩长磁测法5根、持力层核验
	6	桩顶标高	①查施工监理记录；②水准测量	100%
	7	垂直度	查施工监理记录（经纬仪测量）	全数
	8	混凝土灌芯	查灌注量	全数

5.3 桩基工程质量检测鉴定项目与数量

（1）基桩承载力检测

采用静载法进行检测承载力，每幢楼同类型基桩在规范规定数量上，按照增加1倍数量进行了竖向抗压静载试验，本次共拟抽检数量抗压试验总数定为54根，抽样方法宜根据设计重要性、地质差异性、施工异常、及桩身完整性等情况由设计、监理、地勘等单位共同抽取。

图 3 静载桩架

Fig. 3 Static load pile frame

图 4 基坑内施工

Fig. 4 Construction in foundation pit

具体检测数量如表4所示。

基桩抗压承载力检测数量表 表 4

Test quantity of compressive bearing capacity of foundation pile Table 4

序号	项目名称	桩径（mm）	桩数（根）	规范检测数量（根）	100%扩检数量（根）	单桩竖向抗压最大加载量（kN）	备注
1	13号楼	650	66	3	3	5600	钻孔桩
2	16号楼		75	3	3	5600	
3	17号楼		66	3	3	5600	
4	18号楼		62	3	3	5600	
5	19号楼		83	3	3	5600	
6	21号楼		81	3	3	5600	
7	地下室	500	854	9	9	2200	管桩
	合计			54			

基桩抗拔承载力检测数量表 表 5

Test quantity of uplift bearing capacity of foundation pile

Table 5

项目名称	桩径（mm）	桩数（根）	规范检测数量（根）	100%扩检数量（根）	设计抗拔承载力极限值（kN）	备注
地下室	500	854	9	9	220kN	管桩
合计			18			

（2）基桩桩身完整性检测

本项目基桩桩身完整性检测为主控项目，采用了低应变法检测，进行了全数桩身完整性检测。检测数量约为1287根。

（3）（灌注桩）钻芯法检测

钻芯法可检测混凝土灌注桩的桩长、桩身混凝土强度、桩底沉渣厚度和桩身完整性，判定鉴别桩底持力层岩土性状，验证施工记录桩长是否真实。基桩钻芯法抽检龄期及数量：

① 龄期：当采用钻芯法检测时，受检桩的混凝土龄期达到28d或预留同条件养护试块强度达到设计强度。

② 数量：由于本项目为辅助检测且对构件有损伤，因此检测数量定为6根（6幢主楼各1根），每根桩取4组芯样（72块芯样）做试压，抽检方法为随机抽取。

由于主楼基桩长径比较大，钻芯时钻芯孔容易偏出桩外。若出现钻芯孔偏出桩外的情况，仅对钻取芯样部分进行评价，并下放PVC管，进行磁测验证桩长，并钻取对桩底土样，验证桩底持力层情况。

（4）（浅部）桩身混凝土强度检测

本项目采用浅部钻芯法检测浅部混凝土强度，采用的轻便钻芯机具有足够的刚度，操作灵活、固定和移动方便，并配备水冷却系统。一般采用金刚石钻头，钻头胎体不得有肉眼可见的裂缝，缺边少角、倾斜和变形，钻头胎体对岩芯管钢体的同心偏差不得大于0.3mm，径向跳动不得大于1.5mm。抽检数量根据《混凝土结构现场检测技术标准》GB/T 50784—2013中的最小样本容量表要求，为50根。

图5　桩身浅部钻芯

Fig.5　core drilling in shallow part of pile body

本项目地下室部位预制桩采用浅部回弹法，在校核《出厂合格证书及进场检测报告》基础上，浅部回弹法抽检数量根据《混凝土结构现场检测技术标准》GB/T 50784—2013中的最小样本容量表要求，按检测类别B（适用于结构质量或性能的检测）规定，预制桩浅部回弹法为80根，另钻芯法检测6个芯样，进行抗压强度检测结果的比对与修正，抽检方法均为随机抽取。

检验批最小样本容量表　　　表6

minimum sample size of inspection lot

Table 6

检验批的容量	检验类别的样本最小容量			检验批的容量	检验类别的样本最小容量		
	A	B	C		A	B	C
2~8	2	2	3	91~150	8	20	32
9~15	2	3	5	151~280	13	32	50
16~25	3	5	8	281~500	20	50	80
26~50	5	8	13	501~1200	32	80	125
51~90	5	13	20				

注：1　检测类别A适用于施工质量的检测，检测类别B适用于结构质量或性能的检测，检测类别C适用于结构质量或性能的严格检测或复检；

2　无特别说明时，样本单位为构件。

（5）桩身（浅部）配筋、保护层、桩截面尺寸检测

本项目采用钢筋检测仪或钢尺对桩身浅部进行钢筋分布及保护层测试，利用钢尺对桩截面尺寸进行量测，在校核《出厂合格证书及进场检测报告（钢材）》基础上，检测数量根据《混凝土结构现场检测技术标准》GB/T 50784—2013中的最小样本容量表要求，按检测类别B（适用于结构质量或性能的检测）规定，计为130根（主楼50根、地下室80根）。可利用桩头截除后采用观测法各游标卡尺进行检测（核验）。

（6）桩位偏差、桩顶标高检测

本项目在校核《技术复核（桩位复核记录表）》基础上，桩位偏差利用全站仪放基准轴线后钢尺实量，桩顶标高采用水准仪进行实测，检测数量根据《建筑地基基础工程施工质量验收标准》GB 50202—2018中的要求，全数量测，数量为1287根。

（7）钢筋笼长度（桩长）磁法检测

由于该工程采用低应变法检测桩基完整性时，未检测出明显桩底反射。故采用钢筋笼长度（桩长）磁法检测桩长情况。检测抽检比例为总桩数1%，且不少于3根，桩总数50根内检测2根，因此，首开区抽检27根（钻孔桩每幢楼3根计18根，地下室管桩9根），抽检方法为随机抽取。

检测方法在桩外测（不大于50cm）打孔，孔底超过桩底3~5m，利用RS-RBMT钢筋笼长度磁法测试仪，通过测量桩基内部或附近钢筋笼磁场强度变化，准确判定桩底深度。磁场感应器参数：外径为42mm；量程为±2G；精度＜2mG。

（8）地质土层（持力层）核验

利用工程钻机，在桩附近取样鉴别进入持力层深度是否符合设计要求。

根据勘察报告，结合区域地质资料，进行工程地质层划分。

根据地质资料，本项目地层基本平稳，仅局部层顶标高变化较大，6幢主楼均以⑩₃层中风化基岩为持力层，桩端全截面进入持力层深度不小于1.0D；地下室以⑧₂层作持力层，桩端全截面进入持力层深度不小于2.0m，且中风化基岩上部均为强风化基岩。

地质土层（持力层）核验数量，主楼钻孔桩每幢楼核验1孔，地下室管桩部位核验2孔，计8孔。深度为设计桩端下3.0~5.0m。

（9）相关技术资料综合分析评定

综合现场调查、查勘及检测结果和委托方提供的所有技术资料，由鉴定组依据国家现行相关技术规范及设计要求进行综合分析评价。

5.4　主要检测仪器

5.5　检测鉴定提供的成果

（1）《基桩静载检测报告》7份；

（2）《基桩低应变法检测报告》7份；

（3）《基桩钢筋笼长度（桩长）磁测法检测报告》1份；

主要检测仪器一览表　　表7
list of main testing instruments　Table 7

设备名称	设备型号	设备编号	数量	设备用途
全自动基桩静载仪	RS-JYC	200703-1053C 201804-5904C 201804-5905C 200703-1050C	4	竖向抗压承载力检测 竖向抗拔承载力检测
位移传感器	RS-W550	7174、7175、7176、7177 66552、66553、66554、661287 66557、66558、661287、66560 7091、7092、7093、7094	16	位移检测
千斤顶测力系统	500T	YQ08429921	2	竖向抗压承载力检测
千斤顶测力系统	630T	YQ08429921	1	竖向抗压承载力检测
千斤顶测力系统	100T	YQ08429921	1	竖向抗拔承载力检测
百分表	50mm	4071139、7030003、4071173、4071216	4	位移检测（备用）
基桩动测仪	RS1616K(S)	Ks110207	1	检测基桩完整性
全站仪	TS09	1396985	1	桩位偏差
混凝土钢筋检测仪	ZBL-R630	R30509017	1	钢筋及保护层
手持式激光测距仪	PD-40	148110011	1	检测尺寸、距离
钢尺	1000mm	QG025	1	检测尺寸、距离
回弹仪	ZBL-S210	S10705020	1	检测混凝土强度
磁法仪	RS-RBMT	MT20120515	1	桩长（钢筋笼长）
工程钻机	XY-1	—	2	取芯、土层核验

（4）《基桩混凝土强度检测报告》（含混凝土芯样试压报告）1份；

（5）《首开区桩基工程质鉴定报告》1份。

检测鉴定结论：根据现场检测结果和委托方提供的相关技术资料，依据国家现行相关技术规范，结合设计要求进行综合分析评价，判定桩基施工质量满足设计图纸和现行规范要求。

6 总结

（1）桩基工程质量鉴定，检测鉴定方案需进行专家评审，并获得参建五方单位的认可。

（2）检测方法与检测数量的确定，主要考虑主控项目、一般项目，并结合桩基工程的现况条件。

（3）受鉴定的桩基工程资料的核查宜与检测的数据（结果）进行对照，当出现不符合设计要求时须取得设计单位的联系单。

（4）主要的检测项目（如静载试验、低应变法、声波透射法、磁测法、取芯法等）应单独出具检测报告，并加盖计量章及资质章，另外一些次要检测项目或检查项目（如桩径、保护层、桩位偏差、土层核验等）可直接包含在鉴定报告。最终应有明确鉴定结论。

参考文献：

[1] 中华人民共和国住房和城乡建设部. 建筑基桩检测技术规范：JGJ 106—2014［S］. 北京：中国建筑工业出版社，2014.

[2] 中华人民共和国住房和城乡建设部. 建筑工程施工质量验收统一标准：GB 50300—2013［S］. 北京：中国建筑工业出版社，2014.

[3] 中华人民共和国住房和城乡建设部. 建筑桩基技术规范：JGJ 94—2008［S］. 北京：中国建筑工业出版社，2008.

[4] 中华人民共和国住房和城乡建设部. 混凝土结构现场检测技术标准：GB/T 50784—2013［S］. 北京：中国建筑工业出版社，2013.

[5] 中华人民共和国住房和城乡建设部. 建筑地基基础工程施工质量验收规范：GB 50202—2018［S］. 北京：中国建筑工业出版社，2018.

昆明软土地区劲性复合桩桩身内力传递规律试验研究

张　松[1,2,3]，　郭　鹏[1,2,3]，　余再西[1,2,3]，　徐石龙[1,2,3]，　李荣玉[1,2,3]

（1. 中国建筑科学研究院有限公司，北京 100013；2. 建研地基基础工程有限责任公司西南分公司，云南 昆明 650000；
3. 国家建筑工程技术研究中心，北京 100013）

摘　要：劲性复合桩是一种新型组合桩，由预应力高强混凝土管桩与水泥土搅拌桩组成。预制管桩以其高强度为复合桩提供材料强度，水泥桩可以改变地基土的性质，使桩身轴力快速衰减，从而减小桩基沉降和提高承载力，该桩型在软土地区具有施工快，造价低，适用能力强等优点而日益受到关注。本文以大型现场试验，研究劲性复合桩桩身内力的传递规律。结果表明劲性复合桩侧阻力明显提高的桩段和地层类型的关联性较弱；由于芯桩插入过程存在挤土效应，使得桩侧摩阻力与钻孔灌注桩相比有明显的提高，从而使其承载力也有大幅度的提升；昆明软土地区的常规水泥土搅拌桩的强度低刚度小，短芯桩预制桩桩端以下水泥桩的侧阻力和端阻力不能像灌注桩一样得到充分发挥，即昆明软土地区劲性复合桩不宜做短芯桩。

关键词：劲性复合桩；试验研究；内力分布；沉降

作者简介：张松（1990— ），男，硕士，国家注册土木工程师（岩土），国家注册一级建造师，从事岩土加固与地基基础事故咨询。
E-mail：1223600298@qq.com。

Experimental study on internal force transmission law of rigid composite pile in Kunming soft soil area

ZHANG Song[1,2,3]，GUO Peng[1,2,3]，YU Zai-xi[1,2,3]，XU Shi-long[1,2,3]，LI Rong-yu[1,2,3]

（1. China Academy of Building Research Foundation Research Institute，Beijing 100013，China；2. Southwest Branch of CABR Foundation Engineering Co.，Ltd.，Kunming Yunan 650000，China；3. National Engineering Research Center of Building Technology，Beijing 100013）

Abstract：The rigid composite pile is a new type of composite pile，which consists of a prestressed high-strength concrete pipe pile and a cement-soil mixing pile. Prefabricated pipe piles provide material strength for composite piles due to their high strength. Cement piles can change the properties of the foundation soil and quickly attenuate the axial force of the pile，thereby reducing the settlement of the pile foundation and increasing the bearing capacity. This type of pile has The advantages of fast construction，low cost and strong adaptability have attracted increasing attention. In this paper，large-scale field tests are used to study the internal force transmission law of rigid composite piles. The results show that the pile section with significantly increased side resistance of the rigid composite pile has a weak correlation with the type of stratum；Due to the soil squeezing effect in the process of core pile insertion，the lateral friction of pile is significantly increased compared with that of bored pile，and its bearing capacity is also greatly improved；Conventional soil-cement mixing piles in Kunming soft soil area have low strength and low stiffness，and the lateral resistance and end resistance of cement piles below the tip of precast short-core pile cannot be fully exerted as that of cast-in-place pile，that is to say，rigid composite piles in Kunming soft soil area should not be used as short-core piles.

Key words：rigid composite pile；experimental study；internal force distribution；settlement

0　引言

云南省昆明市滇池周边，广泛分布着含水率高、结构性强、强度低、压缩性高、渗透系数低的淤泥、淤泥质土，泥炭质土和泥炭等软土。由于其工程性质特殊，必须采取相应的措施来改善其工程特性，以满足工程建设需求。软土基础工程中一般采用地基处理和桩基础两类措施来满足工程建设需求。各类地基处理方法均有其适用范围和局限性。

采用砂石桩、水泥搅拌桩、粉喷桩或管桩等单一桩型难以同时达到技术可行、质量可靠、经济合理等多方面的要求。工程实践中迫切希望找到一种更好的桩型，能综合各自单一桩型的优点，实现桩身强度和桩周（端）土承载力的良好匹配。

水泥土搅拌桩一般作为地基处理桩型，通过水泥和泥炭质土以及一些外加剂均匀搅拌来改善软土的性质，从而改善土的物理力学指标，为工程桩提高极限侧摩阻力；管桩作为刚性桩，满足桩基的工程材料强度，两种桩结合可以充分发挥各自的优点，从而达到最理想的经济效益。

复合桩是一种适用于软土地区较为经济有效的新桩型，它综合了二种或三种单元桩型的优点，能根据土质条件、上部结构要求、加固目的，有针对性地、灵活地采取多种组合方式，调整各种桩的桩径、桩长、掺灰量、强度、级配、搅拌和复打次数等，使复合桩充分发挥出桩周软土摩阻力和桩底端阻力，且能显著提高桩间土体强度和对承载的参与度，满足不同的设计要求。

目前国内学者通过劲性桩载荷试验 $Q\text{-}s$ 曲线，劲性复合桩的破坏模式可分为急进破坏与渐进破坏[1]。在受力上，具有较高强度与刚度的混凝土芯桩承担了大量的荷载，并通过接触面传递给水泥土外芯再传递给桩周土[2-4]。混凝土芯桩与水泥土外芯之间接触面的剪切强度与水泥土的无侧限抗压强度基本上呈线性增长的关系，其通常具有足够的强度以保证荷载能够在芯桩与外芯之间有效传递[5,6]。由于劲性复合桩承载力高，沉降小以及造价低等优点而日益受到关注。

上述研究较多地将重心放在芯桩上，而很少关注水泥土外芯对于桩侧摩阻力提高的作用以及芯桩以下水泥土段的作用。本文借助现场大型足尺试验对该方面内容进行了探究。

1 试验概况

试验场地位于昆明市晋宁区古滇片区，场地土层分布较复杂，场地中部存在 6～8m 的软弱土层，土层物理力学参数和场地地层剖面图见图1。地下水位在地表以下 2.0m。本次试验共设置 6 颗试桩，具体试验参数见表1。

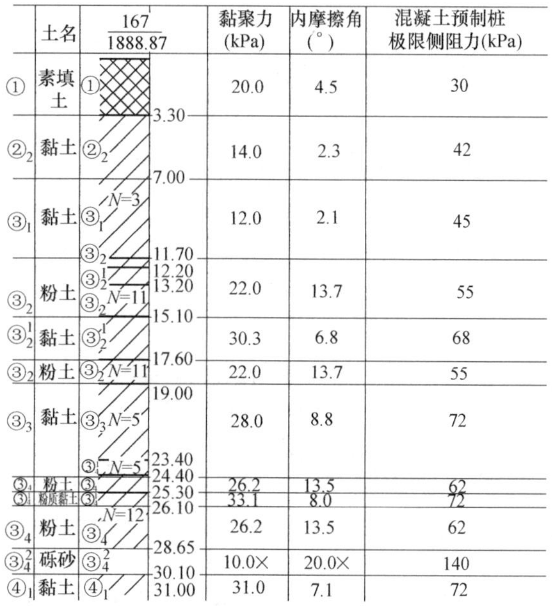

图 1 土层物理力学参数和地层剖面图

Fig. 1 Soil physical and mechanical parameters and stratum profile

2 试验装置与试验方法

试验采用混凝土配重块作为反力装置，千斤顶分级加载。用慢速维持荷载法试验，荷载分级为预估极限荷载值的 1/10。自加载起的第一个小时内，按时间间隔 5、15、30、45、60min 测读桩顶沉降量，以后每隔 30min 测读一次，直至 1h 内沉降量不超过 0.1mm，并且连续出现两次，则认为沉降稳定并开始加下级荷载。当某级荷载下沉降量超过前级荷载沉降量增量的 2 倍，且 24h 内不稳

定；沉降量大于前一级荷载作用下的沉降量的 5 倍，且桩顶总沉降量超过 40mm，便终止加载。应变计均于每级荷载沉降稳定后测读一次。

试验桩参数 Test pile parameters					表 1 Table 1
桩号	外芯水泥土桩直径 (mm)	外芯长度(m)	内芯预应力管桩桩型	内芯长度(m)	承载力特征值 (kN)	建议堆载量和千斤顶量程 (kN)
SZ1	800	20	PHC 500 AB 100	20	2100	6200
SZ2	800	20	PHC 500 AB 100	18	2100	6200
SZ3	800	20	PHC 500 AB 100	18	2100	6200
SZ4	1000	24	PHC 600 AB 110	24	3000	8500
SZ5	1000	24	PHC 600 AB 110	22	3000	8500
SZ6	1000	24	PHC 600 AB 110	22	3000	8500

3 测试内容与元件

（1）桩基础四个角点放置 4 个位移传感器，加载试验采用高精度油压千斤顶，根据预估极限荷载分别采用不同吨位的千斤顶，采用自动加载补荷系统-JCQ503A 采集位移。

（2）沿桩身不同深度（桩顶下 1.5m、之后每间隔 2m、桩端以上 0.5m）布设 JTM-V1000 振弦式钢筋计。本次试验钢筋计预先固定在管桩内芯钢筋笼主筋的相应位置上，上端电焊固定，下端为自由端，以避免钢筋笼起吊、下放过程中产生过大应力。数据线外引部分长度不小于 5m。钢筋计数据线分两股沿桩侧理顺引出，在接近桩顶处用钢管保护，并从桩头侧面引出，数据线末端设有编号，并做好防水处理，避免雨水浸蚀和阳光曝晒。采用振弦式采集仪读取数据。

4 试验结果与分析

4.1 荷载-沉降曲线

根据现场载荷试验结果绘制 $Q\text{-}s$ 曲线如图2所示。

4.2 芯桩桩身应力分布

根据现场实测数据结果绘制桩身内力曲线如图3～图8所示。

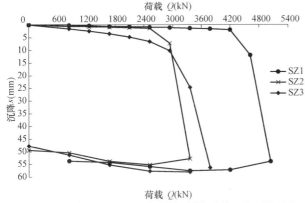

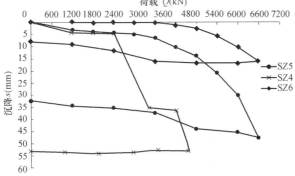

图 2 荷载-沉降（Q-s）曲线

Fig. 2 Q-s curves

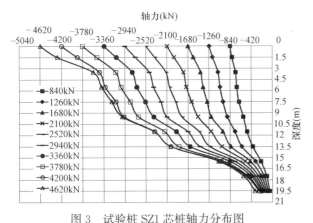

图 3 试验桩 SZ1 芯桩轴力分布图

Fig. 3 Axial force distribution diagram of test pile SZ1 core pile

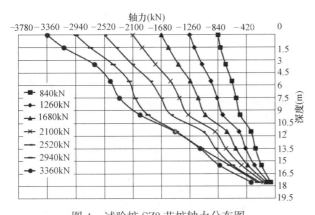

图 4 试验桩 SZ2 芯桩轴力分布图

Fig. 4 Axial force distribution diagram of test pile SZ2 core pile

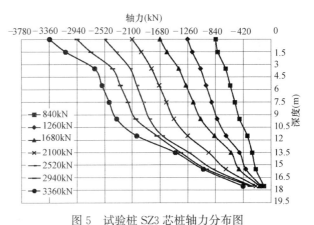

图 5 试验桩 SZ3 芯桩轴力分布图

Fig. 5 Axial force distribution diagram of test pile SZ3 core pile

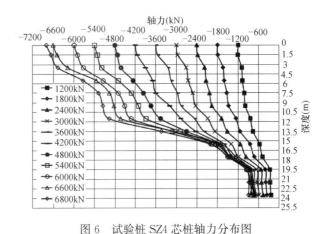

图 6 试验桩 SZ4 芯桩轴力分布图

Fig. 6 Axial force distribution diagram of test pile SZ4 core pile

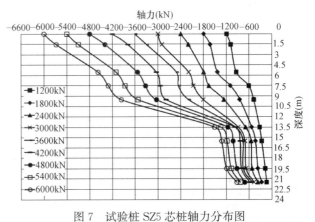

图 7 试验桩 SZ5 芯桩轴力分布图

Fig. 7 Axial force distribution diagram of test pile SZ5 core pile

4.3 桩侧阻力分析

根据上述曲线，假设混凝土芯桩-水泥土界面在某一深度处的剪应力能完全向外传递给同等深度的水泥土-地基土界面。根据最大载荷下，由桩轴力分布推算的桩侧阻力分布特征与勘察资料对照见图 9。其中，虚线为勘察报

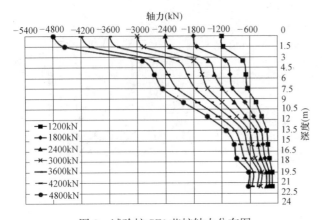

图 8 试验桩 SZ6 芯桩轴力分布图

Fig. 8 Axial force distribution diagram of test pile SZ6 core pile

告提供的各地层长螺旋桩侧阻力标准值（参考长螺旋灌注桩参数），实线为根据轴力监测结果的桩侧阻力推算值。

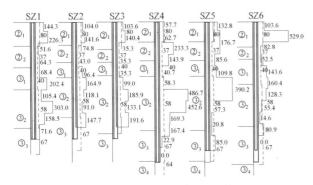

图 9 实测桩侧阻力与勘察报告侧阻力标准值对比

Fig. 9 Comparison of the measured pile side resistance and the standard value of the survey report

可以看出，侧阻力在位于管桩桩端附近的③₃层发挥较小，但水泥土桩与地基土体界面的侧摩阻力总体水平在 6 台试验中普遍都超过了勘察报告给出的参考值，说明对于埋深较浅的地层，水泥土搅拌桩与地基土体间的界面摩阻力要大于同等直径的混凝土桩与地基土体间的摩阻力。定量对比见表 2。

桩侧阻力对比　　　表 2

Pile side resistance comparison　Table 2

检测桩	最后一级实测总侧阻力(kN)	计算同直径灌注桩总侧阻力标准值(kN)	比值
SZ1	4328.3	2813.0	153.9%
SZ2	3118.0	2607.2	119.6%
SZ3	3083.5	2661.4	115.9%
SZ4	5901.3	4203.7	140.4%
SZ5	5133.8	3802.8	135.0%
SZ6	4153.0	3839.1	108.2%

说明：对 SZ4～SZ6 同直径灌注桩总侧阻力标准值的计算时考虑了大直径尺寸效应。

可见，由桩身轴力监测结果实测的总桩侧摩阻力与计算的同直径灌注桩总侧阻力标准值的比值最大值约 1.5 倍。对比试验还可以发现此场地等芯桩的承载力较短芯桩承载力高，其侧阻力的发挥比率也比同直径的其他试验桩有明显提高。

相比勘察报告给出的侧阻力标准值的分布规律，根据实测数据推算的侧阻力分布在局部侧阻力表现很高。侧阻力明显提高的桩段地层的关联性较弱，如不考虑传感器测量误差，则推测可能是因为搅拌过程造成水泥土桩直径沿深度分布不均匀、局部存在扩径而使侧阻力明显提高导致。由于芯桩插入过程存在挤土效应，使得桩侧摩阻力与钻孔灌注桩相比有明显的提高，从而使其承载力也有大幅度的提升。

4.4 桩端阻力分析

对于检测桩的桩端阻力，SZ1 和 SZ4 内芯与外芯一样长为等芯桩，其余桩内芯比外芯短为短芯桩。

SZ1 和 SZ4 为等芯桩，桩端持力层为原状地层，其桩端承载力由持力层土体提供。实测值与勘察报告参考值比较见表 3。

天然地层作为管桩桩端持力层的端阻力对比

　　　表 3

Comparison of end resistance of natural stratum as the end bearing layer of pipe pile　Table 3

检测桩	实测管桩桩端阻力(kN)	持力层	计算桩端阻力标准值(kN)	比值
SZ1	291.8	③₃黏土	157.1	185.7%
SZ4	898.8	③₄粉土	339.3	264.9%

可见，对于管桩桩端直接落在天然地层上的试验，实测桩端阻力明显高于根据勘察报告中桩端阻力标准值的推算结果，原因为管桩采用静压法施工，压桩过程中压密了桩端土体，使其承载力得到提高。

对于 SZ2、SZ3、SZ5、SZ6 等短芯桩，验算超钻部分水泥土对管桩桩端压力的承载能力（超钻 2m 的侧阻力以及端阻力之和），见表 4。

超钻水泥土柱的竖向承载力计算　　表 4

Calculation of vertical bearing capacity of over-drilled cement-soil columns　　Table 4

检测桩	实测管桩桩端阻力(kN)	超钻水泥土桩承载力(kN)	比值	水泥土桩桩端持力层
SZ2	242.0	738.9	32.8%	③₃黏土
SZ3	276.5	714.9	38.7%	③₃黏土
SZ5	937.3	1292.2	72.5%	③₄粉土
SZ6	647.0	996.8	64.9%	③₃黏土

说明：对 SZ5～SZ6 超钻部分水泥土搅拌桩侧阻力和端阻力标准值的计算考虑了大直径尺寸效应。

可见，在最大载荷下，水泥土桩进行 2m 超钻的试验桩，其根据勘察报告提供的侧阻力和端阻力标准值计算得到的超钻段水泥土桩的承载力明显大于实测超钻段水泥土桩发挥的承载力，其中 SZ2 和 SZ3 该特征最为显著。考虑到在最大载荷条件下，桩端也已经有较大的竖向位移，因此可排除桩端阻力未充分发挥的可能。此现象说明此类场地的短芯桩预制桩桩端以下的水泥桩的侧阻力和端阻力不能像灌注桩一样得到充分发挥，其与软土地区水泥土的强度低和刚度小有直接关系，即软土地区不宜做短芯桩。

5 结论

本文基于劲性复合桩现场载荷试验的数据及分析，得到以下结论：

（1）在昆明软土地区由于地层多而复杂，劲性复合桩侧阻力明显提高的桩段和地层的关联性较弱，如不考虑传感器测量误差，则推测可能是因为搅拌过程造成水泥土桩直径沿深度分布不均匀、局部存在扩径而使侧阻力明显提高导致。

（2）由于芯桩插入过程存在挤土效应，使得桩侧摩阻力与钻孔灌注桩相比有明显的提高，从而使其承载力也有大幅度的提升。

（3）昆明软土地区的常规水泥土搅拌桩的强度低、刚度小，短芯桩预制桩桩端以下水泥桩的侧阻力和端阻力不能像灌注桩一样得到充分发挥，即昆明软土地区劲性复合桩不宜用短芯桩。

参考文献：

[1] 陈颖辉，许晶菁，杨坤华，等. 加芯搅拌桩单桩承载力的分析[J]. 昆明理工大学学报（理工版），2006，31（4）：58-64.

[2] 董平，陈征宙，秦然. 混凝土芯水泥土搅拌桩在软土地基中的应用[J]. 岩土工程学报，2002，24（2）：204-207.

[3] 吴迈，窦远明，王恩远. 水泥土组合桩荷载传递试验研究[J]. 岩土工程学报，2004，26（3）：432-434.

[4] Jamsawang Pittaya，Bergado Dennes T，Voottipruex Panich. Field behaviour of stiffened deep cement mixing piles[J]. Proceedings of the Institution of Civil Engineers：Ground Improvement，2011，164（1）：33-49.

[5] Tanchaisawat T，Suriyavanagul P，Jamsawang P（2008）Stiffened deep cement mixing（SDCM）pile：Laboratory investigation. C International Conference on Concrete Construction，London.

[6] 吴迈，赵欣，窦远明，等. 水泥土组合桩室内试验研究[J]. 工业建筑，2004，34（11）：45-48.

标准贯入试验锤击能量的试验研究

张　南[1,2]，刘振韬[2]，季　鹏[2]

（1. 中国联合工程有限公司，浙江 杭州 310052；2. 东南大学，江苏 南京 211189）

摘　要：标准贯入试验是国际上广泛使用的一种原位测试方法，可根据标准贯入试验锤击数 N 值对土壤特性进行评估。标贯击数 N 值不仅取决于土壤特性，还取决于锤击过程中传递到钻杆的能量。目前，欧美学者普遍认为由于落锤系统类型的不同导致传输给钻杆的锤击能量上的变异性是导致 N 值变动的最主要因素。本研究选择江苏某试验场地进行原位试验，通过波动测试得到相应的应变、加速度、力、速度、能量、贯入度时程曲线及数据，对应力波和能量在钻杆中的传播规律进行分析，并测定国内落锤系统的能量传递效率。波动试验实测锤击能量传递效率大部分在 74.5%～84.5% 之间，实测能量平均值为 0.3723 kJ，能量传递效率平均值为 78.7%，能量传递效率标准差 SD 为 3.82，能量传递效率变异系数 CV 为 4.9%。能量传递效率平均值 78.7% 可以作为中国常用标准贯入仪器锤击系统的能量传递效率。

关键词：标准贯入试验；波动测试；能量效率

作者简介：张南（1994—　　），男，硕士，主要从事地下结构设计及原位测试技术的研究，E-mail：13851851356@163.com。

Study on energy measurement in standard penetration test

ZHANG Nan[1,2]，LIU Zhen-tao[2]，JI Peng[2]

（1. China United Engineering Corporation Limited，Hangzhou Zhejiang 310052，China；2. Southeast University，Nanjing Jiangsu 211189，China）

Abstract：Standard penetration test (SPT)is a widely used in situ test method in the world，which can evaluate soil properties according to the blow counts (N-value). The N-value depends not only on soil properties，but on the energy transferred to the drill pipe during hammering. At present，European and American scholars generally believe that the variation of hammer energy transmitted to the drill pipe due to the different types of drop hammer system is the main factor leading to the variation of N-value. In this study，an in-situ test was implemented at a test site in Jiangsu Province. The corresponding time history curves and data of strain，acceleration，force，velocity，energy and penetration degree were obtained through the stress wave test. The propagation law of stress wave and energy in drill pipe was analyzed，and the energy transfer efficiency of domestic SPT system was measured. In the stress wave test，most of the measured hammer energy efficiency is between 74.5% and 84.5%，the measured average value of energy is 0.3723 kJ，the average value of energy efficiency is 78.7%，the standard deviation (SD)of energy efficiency is 3.82，and the coefficient of variation (CV)of energy transfer efficiency is 4.9%. The average energy efficiency of 78.7% can be used as the energy efficiency of domestic SPT system.

Key words：SPT；stress wave test；energy efficiency

0　引言

标准贯入试验（SPT）用质量为 63.5kg 的重锤按照规定的落距（76cm）自由下落，将标准规格的贯入器打入地层，根据贯入器贯入一定深度得到的锤击数来判定土层的性质[1]。标准贯入试验是国际上广泛使用的一种原位测试方法，该方法试验设备简单，容易操作，成本低，适用土层广泛，能取土样，并且在不同地区积累了丰富的工程数据。随着近年来国家"一带一路"倡议的推进，中国企业越来越多的走出国门，在这些国际工程中，中国企业常需要按照欧美常用规范进行勘察、设计及施工[2]。因此，需要将国内勘察方法与国际接轨，并进一步促进国内标准贯入试验的定量化研究。

对 SPT 系统的锤击能量的定量化研究始于 20 世纪 70 年代，Schmertmann 和 Palacios[3] 于 1979 年通过试验对不同标准贯入试验系统进行了测试，提出落锤的能量效率比 E_R 的概念，并得出能量效率比 E_R 与标准贯入试验锤击数 N 值成反比的结论。该研究表明美国安全锤的能量效率比 E_R 接近 60%，故 Seed[4] 和 Skempton[5] 均建议将 60% 作为比较各种标准贯入试验落锤系统能量效率比的基准，60% 的基准能量效率比也被国际上广泛采用[3]。所以，目前较为常用的锤击能量修正后的标贯击数为：

$$N_{60}=\frac{E_R}{60}\times N \tag{1}$$

式中，N 为实测标准贯入试验锤击数。

目前，欧美学者普遍认为由于落锤系统类型的不同导致传输给钻杆的锤击能量上的变异性是导致 N 值变动的最主要因素[6-10]，而各国的落锤系统差别很大。如中美落锤系统的主要区别在于重锤形式，不同形式的重锤对应力波传播和能量传递的影响程度各不相同[11]；中英落锤系统的主要区别在于锤垫质量的不同，不同的锤垫质量也会对应力波传播和能量传递造成影响[12]。

本文旨在促进国内勘察定量化水平的提高，对标准贯入试验进行波动测试，分析应力波和能量在标准贯入试验系统中的传播规律，并测定国内落锤系统实际传递到钻杆的能量，借鉴国外在标准贯入试验定量化研究的经验，希望最大程度地降低标准贯入数 N 值的差异性，确定中国常用标准贯入仪器锤击系统的能量传递效率 E_R，推进国内外标准贯入试验的统一。

1 标准贯入试验的定量化研究方法

影响标准贯入试验锤击数 N 值的主要因素是落锤系统真实传递给钻杆甚至贯入器的能量，由于贯入器处测试的难度，标准贯入试验的定量化研究主要集中在锤垫下方钻杆处锤击能量的测定方面。对于能量的测定主要通过在钻杆中安装应变传感器和加速度传感器进行波动测试，进而通过计算得到真实传递的能量，然后根据测得的能量对不同标准贯入试验设备得到的锤击数 N 值进行能量修正。锤击能量的测定基于一维波动理论，主要可分为两种方法：力-平方法（Force Square Method，F^2M）和力-速度法（Force Velocity Method，FVM）。

1.1 力-平方法测定锤击能量

力-平方法是由 Schmertmann 和 Palacios[3] 在 1977 年提出的一种标准贯入试验能量测定方法，其思路是在钻杆某处安装应变传感器（测力计），根据测得的应力时程曲线来计算锤击能量。根据功能原理，锤击能量 E 即为作用在该质点的总功 W，即：

$$E = W = \int_0^{\Delta t} F_r(t)v(t)\mathrm{d}t \tag{2}$$

力-平方法假设钻杆的横截面相同，即无反射波干扰，则：

$$F_r(t) = A_r \times \sigma(t) \tag{3}$$

式中，A_r 为钻杆测量处的截面面积；$\sigma(t)$ 为钻杆测量处的应力。

钻杆材料为具有线弹性性质的钢材，根据线弹性假设：

$$\sigma(t) = \rho_r \times c_r \times v(t) = \frac{E_r v(t)}{c} \tag{4}$$

式中，ρ_r 为钻杆的密度；c_r 为弹性波在钻杆内的传播速度；E_r 为钻杆材料的弹性模量。

将式（4）代入式（3），得：

$$v(t) = \frac{F_r(t) \times c_r}{A_r} \tag{5}$$

再将式（5）代入式（2），得能量 E_i 为：

$$E_i = \int_0^{\Delta t} F_r(t)v(t)\mathrm{d}t = \frac{c_r}{A_r E_r} \int_0^{\Delta t} F_r(t)^2 \mathrm{d}t \tag{6}$$

标准贯入试验钻杆为有限长杆，当锤击产生的应力波沿钻杆向下传播到贯入器尖端时，该处产生的反射波沿钻杆向上传播，当反射波到达应变传感器位置处，与持续输入的压缩波叠合抵消。此时，力和速度将不再呈比例关系，力-平方法选择此时的能量为锤击能量。Δt 为锤击产生的第一压力波从测点位置开始传至贯入器底部再次反射回钻杆所需要的时间，即：

$$\Delta t = 2L'/c_r \tag{7}$$

式中，L' 为测点位置到贯入器尖端的距离。

1.2 力-速度法

力-速度法由 Abou-matar 和 Goble[13] 于 1997 年提出，锤击能量直接由钻杆测量处的 $F_r(t)$ 与 $v(t)$ 对时间积分得到：

$$E = \int_0^{\max} F_r(t)v(t)\mathrm{d}t \tag{8}$$

式中，max 为能量累积到最大能量时对应的时间。

力-速度法与力-平方法的不同之处在于，力-速度法需要增加加速度传感器测得钻杆测点位置的加速度 $a(t)$，然后由式（9）积分得到该处的速度 $v(t)$。

$$v(t) = \int a(t)\mathrm{d}t \tag{9}$$

力-平方法需假设钻杆为等截面，即要求力和速度成比例，而力-速度法无需此假设，并可以追踪整个锤击过程的能量传递情况。

2 原位标准贯入试验的波动测试

本研究选择江苏某试验场地进行原位试验，通过波动测试得到数据，分析应力波和能量在钻杆中的传播规律，对比力-平方法和力-速度法两种能量计算方法，统计得到重锤实际传递给钻杆的能量和能量效率。

2.1 波动测试仪器设备

试验选用高应变基桩检测仪进行测试，检测仪器和配套传感器图片见图1和图2。

图 1 高应变基桩检测仪

Fig. 1 Pile driving analyzer

(a) 应变传感器　　　　(b) 加速度传感器

图 2 配套应变传感器和加速度传感器

Fig. 2 Strain sensor and acceleration sensor

该设备的数据采集模块采用 24 bit 的高精度 AD 分辨率，采样频率分为 10 kHz、20 kHz、30 kHz 和 40 kHz 四档可调，采样长度 1024 点、2048 点和 4096 点可选。在进行标准贯入试验波动测试过程中，采样频率选择 40 kHz，采样长度选择 4096 点，采样时长为 100 ms。

应变传感器的两侧带保护，性能更加稳定可靠。加速度传感器为美国原装进口，加速度最大量程可达 5000g。应变传感器和加速度传感器主要参数见表1和表2。

试验选用应变传感器技术参数表　　　　表 1

Technical parameters table of strain sensor of pile driving analyzer selected in the experiment　　Table 1

测量范围(με)	灵敏度(mV/V)	质量(g)	温度范围(℃)	外形尺寸(mm)
2000	3.37	90	−30~80	115×37×11

试验选用加速度传感器技术参数表　　　　表 2

Technical parameters of acceleration sensor of pile driving analyzer selected in the experiment　　Table 2

灵敏度(Pc/g)	频率范围(kHz)	质量(g)	温度范围(℃)	外形尺寸(mm)
1.02	0.5~10	100	−54~+120	80×27×25

图 3　波动测试设备选型的现场测试图片

Fig. 3　Field test pictures of stress wave test in equipment selection

2.2　试验场地地质情况

试验场地地基土分布有 4 大层，第①大层是杂填土、素填土、塘埂土或耕植土；第②大层是粉质黏土，俗称硬壳层；第③大层是软弱土层，具有一定的沉积规律，主要是粉土、淤质黏土、淤质粉质黏土；第④大层是硬质土层，以可塑或硬塑的黏土、粉质黏土为主，夹有薄层黏质粉土。

根据场地勘察报告和钻孔资料，在勘察深度范围内（最大深度为56m）均为第四系晚更新统和全新统河湖相沉积的黏性土，土体整体比较均匀，适合本文试验的开展。

2.3　标贯试验波动测试流程

本文在标准贯入试验锤击过程中进行波动测试，将安装有应变传感器和加速度传感器的钻杆放置在锤垫下方，测量出锤垫下方的应变时程曲线和加速度时程曲线，从而得到相应的力时程曲线和速度时程曲线，最后通过力-速度法得到落锤系统真实传递给钻杆的锤击能量。

为本文试验顺利地进行，提前准备好试验需要的仪器，包括标准贯入仪、高应变基桩检测仪（配有合适的应变传感器和加速度传感器）、已进行钻孔加工的钻杆、标准贯入试验重锤提升所需的钢支架和卷扬机等。

原位试验操作步骤及要点如下：

（1）利用吊机将钢支架吊至试验位置，并保持稳定，安装好满足提升要求的卷扬机，将引导钢绞线的滑轮固定在支架顶部，连接电源。

（2）确定钻孔位置，确保落锤中心与钻孔中心位于同一竖直线上。在锤击过程中，保证落锤与钻杆的竖直，避免因偏心而造成落锤与导向杆的不必要摩擦以及重锤与锤垫接触过程中的偏心，影响试验数据的采集。

（3）将安装感器的钻杆连接在锤垫和标准贯入仪器下钻杆之间，钻孔位于锤垫下30cm处，并尽量保持钻孔位置高于地面0.6m左右。

（4）将应变传感器及加速度传感器安装到钻杆上并固定好，连接高应变采集仪器。

（5）打开高应变采集仪器，依次设置好工程参数、桩参数和传感器参数，选择合适的触发电压，调整并确认传感器已准备就绪，等待锤击。

（6）指挥操作人员使用卷扬机提升落锤，然后自动下落，敲击锤垫，在触发后100ms之后终止数据采集程序，保存数据。

（7）再次指挥钻探操作人员提升落锤敲击锤垫，重复第6步操作，直至本次标准贯入试验结束，并记录好试验深度、杆长、标贯击数等数据。

（8）拆掉传感器和导线，整理好仪器，将标准贯入器取出清理干净，然后重新放置回钻孔，进行下一深度的标准贯入试验。原位试验见图4。

图 4　标准贯入试验和波动测试试验图片

Fig. 4　Field test pictures of standard penetration test and stress wave test

3 试验结果分析

3.1 数据整理

本文共进行了 2 个钻孔的试验，每个钻孔的试验深度为 10m，试验土层主要在第 2 层粉质黏土上进行。标准贯入试验共计 21 次，标贯击数共计 189 击，通过安装在锤垫正下方的应变和加速度传感器，采集到 172 组锤击信号。

利用高应变基桩检测仪分析软件（图 5）对采集到的数据进行分析，可得到相应的应变、加速度、力、速度、能量、贯入度时程曲线及数据。

图 5 高应变基桩检测仪分析软件

Fig. 5 Analysis software of pile driving analyzer

通过对以上数据的对比分析，首先验证采集仪器和数据的有效性，筛选出有效的锤击数据。

验证步骤如下：

（1）力-速度法和力-平方法计算的力时程曲线对比

力时程曲线可通过应变传感器测得的应变信号积分得到，同样，速度时程曲线可通过加速度传感器测得的加速度信号积分得到。

力数据还可以由速度数据通过式（10）计算得到。

$$F(t)=\frac{A\times E}{c}\times v(t)=Z\times v(t) \quad (10)$$

式中，A 为钻杆横截面的面积（$6.79\times10^{-4}\ \mathrm{m^2}$）；$E$ 为钻杆的弹性模量（206840MPa）；c 为理论波速 [$c=$

$(E/\rho)^{0.5}=5120\mathrm{m/s}$]；$\rho$ 为钻杆的密度（7850kg/m³）；v 为实测波速；Z 为钻杆波阻抗。

F 与 ZV 时程曲线在初始时刻（t_i）和拉伸波到达测点位置的时刻（t_i+2L'/c）之间成比例，L' 为传感器测点位置到贯入器尖端的长度。

（2）计算位移与实测贯入度对比

计算位移可由速度曲线通过 $u=\int_0^\infty v\mathrm{d}t$ 得到，通过与标贯试验实测位移对比，判断是否一致。

（3）钻杆两侧加速度时程曲线对比

通过对比钻杆两侧的加速度时程曲线是否一致，可判断锤击是否产生偏心效应。

经以上 3 个步骤验证，对测得的锤击数据进行筛选，共得到有效击数 44 击。

3.2 数据分析

（1）应力波和能量传递规律

选取典型锤击数据，对锤击应力波和能量传递过程中的特征进行具体分析。图 6 为杆长（传感器测点位置到贯入器尖端）7.55m 的锤击数据，包括加速度、速度、力、贯入度和能量的时程曲线。

① 加速度及速度

观察加速度时程曲线，加速度记录显示，在重锤自由下落撞击锤垫的瞬间，加速度迅速上升，达到最大值，然后逐渐恢复到零。可以注意到，对应于安装在钻杆两侧的两个加速度传感器的信号在冲击期间基本一致。这表明在锤击过程中基本没有偏心效应。图 6（a）为典型的加速度时程曲线。

对所有测得的有效锤击最大加速度进行汇总，部分锤击最大加速度可达 25000m/s²，大部分最大加速度为 8500～12500m/s²，加速度传感器量程满足要求。对所有加速度时程曲线进行分析，加速度值为 −5000～5000 m/s² 占主要部分。速度时程曲线可通过加速度时程曲线积分得到，锤击最大速度可达 3.0m/s 左右。图 6（b）为典型的速度时程曲线。

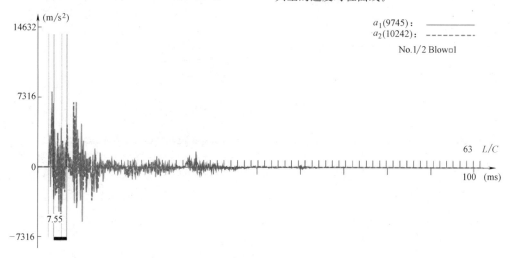

(a) 加速度时程曲线

图 6 典型锤击数据（深度为 7.1 m，杆长为 7.55 m）（一）

Fig. 6 Typical hammering data (7.1 m depth, 7.55 m rod length)

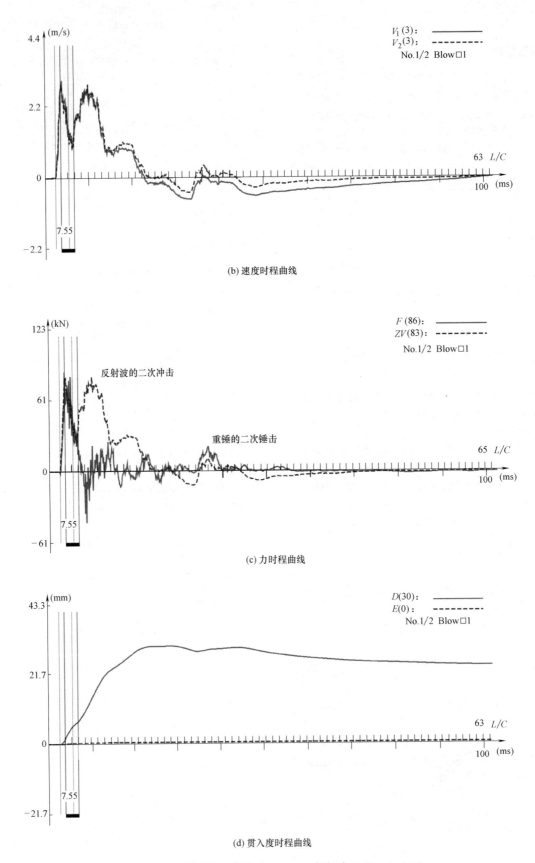

(b) 速度时程曲线

(c) 力时程曲线

(d) 贯入度时程曲线

图 6 典型锤击数据（深度为 7.1 m，杆长为 7.55 m）（二）

Fig. 6 Typical hammering data (depth is 7.1m, rod length is 7.55m)

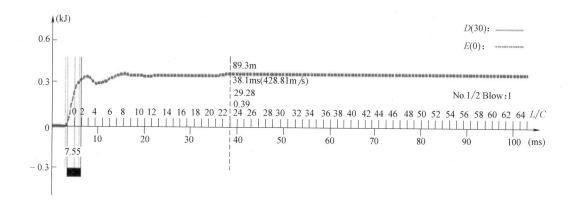

(e) 能量时程曲线

图 6　典型锤击数据（深度为 7.1 m，杆长为 7.55 m）（三）

Fig. 6　Typical hammering data (depth is 7.1m, rod length is 7.55m)

② 力

对所有测得的锤击力时程曲线进行分析，力时程曲线可通过应变时程曲线计算得到，力的最大值可达 100kN，应变传感器量程满足要求，力值为 $-50 \sim 50$kN 占主要部分。图 6（c）为典型的力时程曲线。

③ 应力波和能量传播

从力时程曲线和 ZV 时程曲线可以看出，在重锤自由下落撞击锤垫的瞬间，产生应变和加速度信号，继而获得力数据和 ZV 数据。落锤的冲击产生第一压缩波，该压缩波沿钻杆向下传播到达贯入器尖端，贯入器在压缩波的作用下向下移动。到达贯入器尖端的一部分能量用于引起土层贯入，另一部分能量作为辐射阻尼消散到土壤中。贯入器尖端的向下运动根据土壤阻力以拉伸波（或者如果土壤阻力足够高，则以压缩波）的形式反射回杆上。在标准贯入试验的第一次打击中，贯入器的尖端应该是自由的（尖端阻力非常低），这种情况尤其明显。

这种贯入器尖端的向下运动会产生相应的拉伸波，并且拉伸波沿钻杆向上反射，返回到测点位置，然后继续向上到达锤垫。测点位置压缩波初始峰值和反射的拉伸波之间的时间间隔为 $2L'/c$，其中 L' 为测点位置到贯入器尖端的距离，c 为应力波在钻杆中的传播速度，c 在钢中的传播速度为 5120m/s。在图 6（c），杆长为 7.55m，时间间隔 $2L'/c$ 为 3.04s，波速为 4970m/s。应力波在钻杆中的传播速度与波速理论值基本一致，实测数据普遍稍小于理论值，因为在原型试验中，钻杆之间有接头，接头松紧、螺纹之间淤泥等都会影响波速。因此现场测得的波速与理论波速之间会有一定偏差，测试结果与一维波动理论吻合。

从力时程曲线及 ZV 时程曲线可以看出，力和速度的时程历程非常相似。在信号触发后，力和速度迅速增加到最大值，在初始峰值之后，力和速度平稳减小至零。在反射波反射回测点位置之前，F 和 ZV 时程曲线基本重合。在压缩波初始峰值后 $2L'/c$ 时，拉伸波到达测点位置，F 和 ZV 时程曲线分离。分离后，由于惯性钻杆继续向下，ZV 时程曲线仍为正值，而 F 时程曲线在拉伸波的影响范围内，转为负值。当从锤击点到贯入器尖端的钻杆长度较短时，从钻杆底部返回的初始拉伸波在全部压缩力从锤成功传递到钻杆之前开始到达钻杆顶部，会抵消部分压缩波，导致传递的能量减少，即产生了杆长效应。

④ 力-速度法与力-平方法对比

从钻杆底部返回的拉伸波到达钻杆顶部时通常导致重锤和钻杆之间的物理分离，然后这种拉伸波作为压缩波沿着杆再次反射回来产生二次冲击。重锤分离后在重力作用下会下落一小段距离，并在某个时间点重新接触钻杆的顶部，提供二次锤击，每次撞击都会增加传递到钻杆系统的能量。从图 6（e）的能量时程曲线可以看出，随后的二次冲击和二次撞击会对总能量产生贡献，在本试验中约为 6%。从图 6（d）的贯入度时程曲线可以看出，随后的二次冲击和二次撞击会对总贯入度产生贡献，不可以忽略，此结论在 Changho Lee[14] 的研究中也得到了证实。所以，计算全部传递到杆上的实际能量应考虑随后的冲击，相较于力-平方法，力-速度法测得的能量更能真实地反映落锤系统传递给钻杆的能量。

⑤ 贯入度

从图 6（d）贯入度时程曲线可以看出，通过测到的加速度积分得到的位移与实际贯入度一致。从曲线中可以看出，贯入度首先达到峰值，然后后会有部分减少，说明钻杆有一定上移，可能是钻孔内泥浆和贯入器底部土体的反弹造成的。

⑥ 钻杆接头的影响

从图 7 局部力-时程曲线可以发现，即使在拉伸波反射回测点位置之前，力和速度之间的比例也不完全一致。这种现象可能与阻抗的变化（如散的接头、横截面积的突然变化等）有关。阻抗的变化将导致能量反射，破坏第一次冲击的传递，并进一步破坏初始时间周期内 F 和 ZV 的比例假设。例如，钻杆中的松散接头会破坏初始压缩传递并导致拉伸反射，如果使用力-平方法，在这种特殊情况下，能量将被低估。类似地，接头处的横截面积在连接部位增加，那么这些会产生部分压缩反射，继而分解通过杆的初始压缩波。在这种情况下，如果使用力-平方法，能量可能会被稍微高估。而力-速度法不要求这种比例关系，只要能获得精确的加速度数据，就能精确得到这些情况下真实的能量传递。随着加速度计的改进，现在也开始有可能跟踪这些影响（接头松动和接头阻抗变化等），并分析这些因素对能量传递的影响。

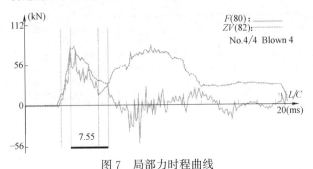

图7 局部力时程曲线

Fig. 7 Local time history curve of force

（2）锤击能量

经过筛选，共得到有效锤击数据 44 个，根据实测锤击能量 E_{mea}，通过式（11）得到相应的能量传递效率 E_R：

$$E_R = \frac{E_{mea}}{E_{theo}} \quad (11)$$

式中，E_{mea} 为实测最大能量；E_{theo} 为理论锤击能量。

理论锤击能量 E_{theo} 等于重锤的势能，可通过式（12）得到：

$$E_{theo} = mgh = 0.473 \text{kJ} \quad (12)$$

式中，m 为重锤质量 63.5kg；h 为落距 76cm。

对实测锤击能量 E_{mea} 和能量传递效率 E_R 进行统计，统计结果见表3。

实测锤击能量及能量传递效率 表3

Measured hammering energy and energy efficiency

Table 3

实测锤击能量 E (kJ)	能量传递效率 E_R (%)	实测锤击能量 E (kJ)	能量传递效率 E_R (%)
0.3810	80.5	0.3749	79.3
0.3740	79.1	0.3807	80.5
0.3746	79.2	0.3887	82.2
0.4085	86.4	0.3678	77.8
0.3841	81.2	0.3705	78.3
0.3899	82.4	0.3913	82.7
0.3430	72.5	0.3860	81.6
0.3904	82.5	0.3685	77.9
0.3916	82.8	0.3787	80.1
0.3731	78.9	0.3603	76.2
0.3657	77.3	0.3687	77.9
0.3899	82.4	0.3541	74.9
0.3571	75.5	0.3555	75.2
0.3374	71.3	0.3599	76.1
0.3618	76.5	0.3235	68.4
0.3923	82.9	0.3982	84.2
0.3813	80.6	0.3792	80.2
0.3922	82.9	0.3608	76.3
0.3758	79.5	0.3970	83.9
0.3716	78.6	0.3445	72.8
0.3324	70.3	0.3719	78.6
0.3637	76.9	0.3696	78.1

实测锤击能量传递效率 E_R 分布图见图8。

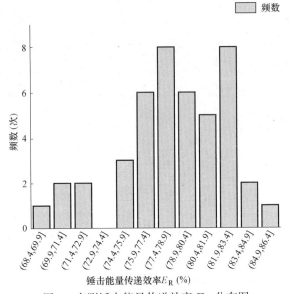

图8 实测锤击能量传递效率 E_R 分布图

Fig. 8 Distribution diagram of measured hammering energy efficiency E_R

实测锤击能量传递效率大部分在 $74.5\% \sim 84.5\%$ 之间，实测能量平均值为 0.3723 kJ，能量传递效率平均值为 78.7%，能量传递效率标准差 SD 为 3.82，能量传递效率变异系数 CV 为 4.9%。考虑到标准贯入试验的影响因素较多，本试验得到的数据误差在合理范围。78.7% 可以作为中国常用标准贯入仪器锤击系统的能量传递效率。

4 结论

本文选择江苏某试验场地进行原型试验及波动测试，试验深度范围内主要为均匀的粉质黏土。标准贯入试验共计 21 次，标贯击数共计 189 击，采集到 172 组锤击信号，筛选出 44 组有效锤击数据。对采集到的波动测试数据进行分析，可得到相应的应变、加速度、力、速度、能量、贯入度时程曲线及数据。对以上锤击数据进行分析，得到以下结论：

（1）从实测力（F）时程曲线及 ZV 时程曲线可以看出，落锤的冲击产生压缩波，该压缩波沿钻杆向下传播到达贯入器尖端，贯入器在压缩波的作用下向下移动并产生相应的拉伸波，然后拉伸波沿钻杆向上反射。当从锤击点到贯入器尖端的钻杆长度较短时，从钻杆底部返回的初始拉伸波在全部压缩力从重锤成功传递到钻杆之前开始到达钻杆顶部，会抵消部分压缩波，导致传递的能量减少。

（2）在反射波反射回测点位置之前，F 和 ZV 时程曲线基本重合，但在此之后，这种比例关系破坏。反射的拉伸波的到达通常导致重锤和钻杆之间的物理分离，然后这种拉伸波作为压缩波沿着钻杆再次反射回来。重锤分离后由于重力作用重新下落，并在某个时间点重新接触钻杆顶部，提供二次锤击。反射波的二次冲击及重锤的二次锤击都会增加传递到钻杆的能量，计算全部传递到杆上的实际能量应该考虑随后的冲击。所以，相比于力-平方法，力-速度法能够更精确的得到落锤系统传递的所有能量。

（3）在拉伸波反射回测点位置之前，力和速度之间的比例也不完全一致。这种现象可能是由于阻抗的变化，例如，松散的接头、横截面积的突然变化等。

（4）场地原位试验实测锤击能量传递效率大部分在74.5%～84.5%之间，实测能量平均值为0.3723kJ，能量传递效率平均值为78.7%，能量传递效率标准差 SD 为3.82，能量传递效率变异系数 CV 为4.9%。能量传递效率平均值78.7%可以作为中国常用标准贯入仪器锤击系统的能量传递效率。

参考文献：

[1] 《工程地质手册》编委会. 工程地质手册[M]. 第5版. 北京：中国建筑工业出版社，2018：206-223.

[2] 周贻鑫. 中、美、欧岩土工程勘察规范对比研究[D]. 南京：东南大学，2015.

[3] Schmertmann J H, Palacios A. Energy dynamics of SPT [J]. Journal of the Geotechnical Engineering. 1979，105 (8)：909-926.

[4] Seed H B, Idriss M, Arango I. Evaluation of Liquefaction Potential Using Field Performance Data[J]. Journal of the Geotechnical Engineering. 1983，109(3)：458-482.

[5] Skempton A W. Standard penetration test procedures and the effects in sands of overburden pressure, relative density, particle size, ageing and overconsolidation[J]. Geotech-nique. 1986，36(3)：411-412.

[6] 卢坤玉，李兆焱，袁晓铭，等. 国内外标准贯入测试影响因素研究[J]. 地震研究. 2020，43(03)：582-591.

[7] Lee C, An S, Lee W. Real-time monitoring of SPT donut hammer motion and SPT energy transfer ratio using digital line-scan camera and pile driving analyzer[J]. Acta Geotech-nica. 2014，9(6)：959-968.

[8] Yokel F Y. Energy Transfer Mechanism in SPT[J]. Jour-nal of Geotechnical Engineering. 1989，115（9）：1331-1336.

[9] Sy A. Energy Measurements and Correlations of the Stand-ard Penetration Test (SPT) and the Becker Penetration Test (BPT)[D]. University of British Columbia，1993.

[10] Tsai J, Liou Y, Liu F, et al. Effect of Hammer Shape on Energy Transfer Measurement in the Standard Penetration Test[J]. Soils and Foundations. 2004，44(3)：103-114.

[11] Matsumoto T, Phan L T, Oshima A, et al. Measure-ments of driving energy in SPT and various dynamic cone penetration tests[J]. Soils and Foundations. 2015，55 (1)：201-212.

[12] 廖先斌，祝刘文，温俊，等. 不同锤垫质量对标贯锤击能量的影响[C]//2016年全国工程勘察学术大会. 2016.

[13] Abou-Matar H, Goble G G. SPT Dynamic Analysis and Measurements[J]. Journal of Geotechnical and Geoenvir-onmental Engineering. 1997，123(10)：921-928.

[14] Lee C, Lee J, An S, et al. Effect of Secondary Impacts on SPT Rod Energy and Sampler Penetration[J]. Journal of Geotechnical and Geoenvironmental Engineering. 2010，136(3)：522-526.

基于变形控制的既有建筑微型桩加固实例

张　寒[*1, 2,3]，李焕君[1, 2,3]，郭金雪[1, 2,3]，毛安琪[1, 2,3]

（1. 建筑安全与环境国家重点实验室，北京 100013；2. 中国建筑科学研究院地基基础研究所，北京 100013；

3. 国家建筑工程技术研究中心，北京 100013）

摘　要：城市中相邻建（构）筑物同时建设情况常有出现，设计施工时如不充分考虑建设先后顺序将会影响工程结构的安全性，应及时查明原因及现状，选择适当方法对地基基础进行修复加固。加固设计中遵循以变形控制为主，承载力验算为辅的设计原则。文章针对某建筑物建设过程中发生倾斜的现象，通过地基检测、土工试验及监测数据的分析，阐述了周边深基坑后开挖导致建筑物地基侧限消失，同时基坑开挖面渗水过程中地基受扰动明显是造成建筑物整体倾斜的原因，基于变形控制原则并考虑了场地环境条件，提出了增设微型桩与原 CFG 桩形成长短双桩型复合地基配合建筑物周边注浆封堵的加固措施。

关键词：既有建筑；微型桩；变形控制

作者简介：张寒（1989—　），男，工程师，主要从事岩土工程及地下结构工程的设计咨询工作和科研。E-mail：249008917@qq.com。

Micro-pile method for existing buildings based on deformation control

ZHANG Han[* 1, 2, 3]，LI Huan-jun[1, 2, 3]，GUO Jin-xue[1, 2, 3]，MAO An-qi[1, 2, 3]

（1. State Key Laboratory of Building Safety and Built Environment，Beijing 100013，China；2. Institute of Foundation Engineering，China Academy of Building Research，Beijing 100013，China；3. National Research Center for Building Engineering Technology，Beijing 100013，China）

Abstract：Adjacent buildings are often constructed at the same time in urban areas. If the design and construction sequence is not fully considered，the structural safety of the project will be affected. ，the cause and current situation should be ascertained in time，before determining of appropriate treatment method. Improvement design should follow the principle of focusing on deformation control and supplemented by capacity check. Aiming at the during the construction，the article explained that the surrounding excavation and groundwater seepage resulted in the tilt of building according to the analysis of the stratum of the site and the detection results and monitoring data. Based on the principle of deformation control and environmental conditions，it is proposed to add micro-pile and the original CFG pile to form a long and short double-pile composite foundation to cooperate with the grouting seal around the building as improvement measures.

Key words：existing building；micro-pile；deformation control

0　引言

城市中相邻建（构）筑物同时建设情况常有出现，由于未充分考虑建设先后顺序，导致建筑地基受扰动造成的上部结构倾斜或开裂[1]，当影响到结构的安全使用时，需要对地基基础进行加固处理。

加固工程有别于常规工程的承载力控制设计，其一般具有明确的沉降变形要求，加固的效果也是由沉降或差异沉降是否得到控制作为评判。常用的地基基础方法有注浆加固法、增大基础底面积法和微型桩托换加固法等[2]，其中，微型桩加固法因其受力明确、施工简单、工期短且加固费用低，在地基基础加固中被广泛应用。本文对北京某住宅楼倾斜进行了原因分析，结合现场环境与地质条件，提出了基于变形控制的微型桩加固方法，保证了该建筑物的正常使用功能。

1　工程概况

北京某住宅楼地上 28 层，地下 3 层，结构类型为装配整体式剪力墙结构，基础类型为筏形基础，厚度 1.1m。基底标高为 15.650m（−15.850m），基底为④层黏土层，采用 CFG 桩复合地基方案，褥垫层厚度 250mm，矩形补桩，桩径 500mm，间距 1.45～1.6m，桩长 22.5m，持力层为⑦层细中砂。

根据场地的岩土工程勘察报告，该场地基底下的土层自上而下为：④层黏土，很湿，可塑；④$_1$ 层粉质黏土，湿—很湿，可塑—坚硬；④$_2$ 层黏质粉土—砂质粉土，中密—密实，稍湿—湿；④$_3$ 层粉细砂，中密—密实，饱和；⑤$_2$ 层黏质粉土—砂质粉土，密实，稍湿—湿；⑤$_3$ 层粉质黏土，很湿，可塑—硬塑；⑥层粉质黏土，很湿，可塑—硬塑；⑥$_2$ 层黏质粉土，密实，稍湿—湿；⑦层细中砂，密实，饱和。典型地质剖面见图 1。

基金项目：建研地基基础工程有限责任公司青年基金项目。

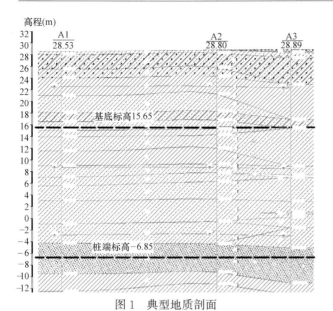

图 1 典型地质剖面

Fig. 1 Geological Profile

建筑物东侧紧邻在建地铁附属结构，水平距离约7m，基底高差约6.33m，支护形式采用隔离桩及土钉，建筑物与周边地铁附属结构关系见图2。

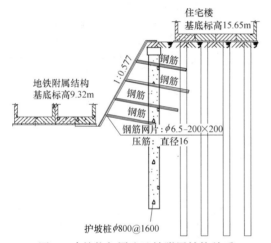

图 2 建筑物与周边地铁附属结构关系

Fig. 2 Surrounding Environment

住宅楼施工至地上6层时，地铁附属结构基坑开挖，建筑物东侧监测点发现建筑物沉降达到25mm，与西侧相邻监测点倾斜率达到1‰，监测数据见图3。同时，基坑施工过程中，发现护坡后出现明显空洞且有严重渗水现象，水量较大且水质浑浊。该建筑物因此暂时停工。

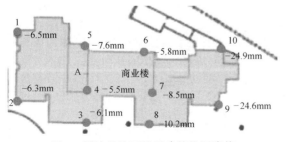

图 3 周边基坑开挖后建筑物沉降值

Fig. 3 Settlement after Excavation

2 原因分析

2.1 地基基础检测

为了查明东侧出现较大沉降的原因，对该建筑物进行了地基检测工作。

首先对地下土体空洞进行探地雷达检测。检测结果显示，在检测范围内，建筑物基底下表现出地下空洞及地基土松散的特征。

由于筏板厚度较厚且钢筋对雷达信号具有干扰性，因此对筏板开洞进行进一步确认。开洞前需要确认CFG桩位置，避免对桩身破坏选择桩间位置开洞，同时采用钢筋扫描仪定位基础钢筋，尽量减少对原基础钢筋的破坏。开洞后下放摄像仪，发现基底混凝土垫层与复合地基砂石褥垫层存在明显脱开现象（图4）。

图 4 基底混凝土垫层与复合地基砂石褥垫层脱开

Fig. 4 Separation of concrete and Gravel Cushion

开洞检测后，钻机钻进进行原位试验并取土进行室内土工试验。钻孔深度达到基坑开挖深度下1m。对比检测试验与原勘察试验结果，发现④层、④₁层、④₂层压缩模量平均下降13%～23%，④₂层、④₃层标贯击数平均下降30%～50%。

2.2 原因分析

根据检测结果和监测数据，可以发现该建筑物出现倾斜原因有二：一是因为东侧基坑在建筑物已施工至6层后才开挖，而支护结构设计时并没有验算这种工况，开挖导致原复合地基侧限消失，可能造成临近开挖侧的地基土出现侧向位移，继而其上部结构发生沉降；二是基坑开挖面渗水过程中带走部分土颗粒，导致建筑底与基坑底之间桩间土受扰动明显，地基土物理力学性质指标下降明显。

根据现场检测结果，部分桩间土存在流失现象，即可

地基物理力学指标对比表   表 1

Comparison of Physical and Mechanical Indexes of Foundation   Table 1

土层代号	土层名称	压缩模量								标准贯入	
		zPz+100(MPa)		zPz+200(MPa)		zPz+300(MPa)		zPz+400(MPa)		N(击)	
		检测	原勘	检测	原勘	检测	原勘	检测	原勘	检测	原勘
④	黏土	4.88	6.02	5.68	6.86	6.47	8.19	4.23	8.95		
④₁	粉质黏土	4.87	7.65	5.66	8.75	6.72	10.64	8.55	11.46		
④₂	黏质粉土—砂质粉土	9.51	15.33	10.8	17	12.44	20.4	10.15	21.63	12	18
④₃	粉细砂									17	37

能存在仅桩发挥作用，而桩间土未发挥作用的可能性，若仅桩发挥作用，则该部分所能承担的承载力小于实际地基反力，不能满足承载力要求，且桩间土的流失也会导致桩不能完全发挥其承载力，甚至出现桩顶应力集中，基础失稳的情况。因此，需采取加固桩间土的措施，使 CFG 桩复合地基的桩及桩间土均能发挥其作用，达到设计要求。

采用原勘和检测的压缩模量分别计算建筑物西侧和东侧最终变形量如下：沉降计算经验系数 $\psi_s = 0.2$，最终沉降分别为 $s_w = \psi_s \times s'_w = 42\text{mm}$，$s_e = \psi_s \times s'_e = 52\text{mm}$。计算结果说明，如果不采取地基基础加固措施，后期建设过程中，西侧与东侧的差异沉降将进一步加大，超过设计要求的 2‰。

建筑物东西侧沉降计算对比   表 2

Comparison of Settlement Calculations on the East and West Sides of Building   Table 2

z(m)	ζE_{si}(MPa)		$P_0(z_i \cdot a_i - z_{i-1} \cdot a_{i-1})/E_{si}$		$\sum s_i$(mm)	
	原勘	检测	原勘	检测	原勘	检测
0.86	29.98	17.64	9.84	16.72	9.84	16.72
3.86	33.13	18.1	30.96	56.67	40.80	73.39
7.86	64.36	36	20.57	36.78	61.37	110.17
8.36	35.7	35.7	4.45	4.45	65.82	114.62
9.86	52.74	52.74	8.82	8.82	74.64	123.44
11.36	76.96	76.96	5.8	5.8	80.44	129.24
13.36	52.74	52.74	10.68	10.68	91.12	139.92
14.56	94.64	94.64	3.38	3.38	94.50	143.30
15.86	61.48	61.48	5.39	5.39	99.90	148.70
17.86	54.1	54.1	8.87	8.87	108.77	157.57
19.86	58.49	58.49	7.61	7.61	116.37	165.17
22.5	113.57	113.57	4.73	4.73	121.10	169.90
25.36	30		17.42	17.42	138.53	187.32
26.86	19.33		13.03	13.03	151.55	200.35
28.86	16.35		19.21	19.21	170.76	219.56
31.46	31.2		11.99	11.99	182.75	231.55
36.86	27.74		24.2	24.2	206.95	255.75
37.36	30		1.86	1.86	208.81	257.61

3 加固设计

3.1 设计原则

加固工作开展前，建筑物东侧地铁附属结构基坑已完成回填，恢复了侧限。加固工作的重点为如何修复原复合地基。建筑物东侧地基受扰动程度人，西侧未受明显扰动，因此提高东侧地基刚度即可保证恢复施工后建筑物倾斜不会继续发展。

常规的复合地基设计思路为先按承载力设计，再验算沉降是否满足设计要求。按沉降控制设计理论以正常使用极限状态的沉降量作为控制条件，正常使用极限状态的承载力作为验算条件[3]。其思路为先按沉降控制要求进行设计然后验算地基承载力是否满足要求。这点在加固项目中尤其重要，相比于受扰动后地基承载力的补强，控制建筑物后期沉降，保证建筑物倾斜不发展才是主要目的。

3.2 方案比选

基于上述设计原则，提出以下两种方案进行比选。

方案一：受扰动范围内地基注浆法，即通过注浆管把浆液注入地层中，浆液以填充、渗透、挤密等方式，将原来松散的土粒或裂隙胶结成整体。浆液注入的过程中，会产生超孔隙水压力，孔隙水压力的消散使土体发生固结，导致土体的沉降和位移，因此该方法施工过程中土体加固效应与土体扰动效应是同时发展的。另外，基坑开挖过程中发现的渗水现象，也可能导致浆液无法达到均匀加固的效果。由于浆液注入地层的不均匀性，目前的检测方法实际上难以定量和直接反映注浆加固效果，标准贯入、动力触探、静力触探等检测手段只能反映出取样点的效果，增加检测数量还需要大量破坏既有基础结构，一般无法实施。

方案二：微型桩。增设微型桩与 CFG 桩组成长短双桩型复合地基，短桩加固浅层受扰动土层。这种方案的优点是加固效果可控，传力直接。施工时，首先在建筑物外围设置一道注浆孔，注入水泥浆消除渗水隐患。由于既有建筑空间局促，微型桩沉桩采用锚杆静压的施工方式，在压桩过程中实时掌控桩受力情况。沉桩到位后，桩顶注入水泥砂浆对褥垫层进行修复，最后对筏板进行防水和结构加固。

3.3 设计计算

增设的微型桩与原 CFG 桩组成双桩型复合地基，按照《建筑地基处理技术规范》JGJ 79—2012[4] 多桩型复合地基进行设计计算。设计时首先确定变形目标，为了保证倾斜不继续发展，东侧加固后最终沉降 s 应与西侧最终沉降 s_w 相同为 42mm。初步选择微型桩加固范围为基底下 10m，采用分层总和法计算最终变形量：

$$s = \psi_s s' = \psi_s \sum_{i=1}^{n} \frac{p_0}{E_{si}}(z_i \bar{\alpha}_i - z_{i-1} \bar{\alpha}_{i-1})$$

加固后建筑物最终沉降计算 表3

Calculation of The Final Settlement after

Improvement   **Table 3**

z(m)	ζE_{si}(MPa)	$p_0(z_i \bar{a}_i - z_{i-1} \bar{a}_{i-1})/E_{si}$	$\sum s_i$(mm)
0.86	27.21	10.84	10.843
3.86	27.87	36.8	47.639
7.86	53.88	24.57	72.212
8.36	41.65	3.82	76.028
9.86	61.52	7.56	83.589
11.36	89.79	4.97	88.558
13.36	61.52	9.16	97.713
14.56	110.42	2.9	100.612
15.86	71.73	4.62	105.235
17.86	63.11	7.6	112.839
19.86	68.24	6.52	119.358
22.5	132.5	4.05	123.41
25.36	30	17.42	140.834
26.86	19.33	13.03	153.863
28.86	16.35	19.21	173.069
31.46	31.2	11.99	185.062
36.86	27.74	24.2	209.257
37.36	30	1.86	211.121

经过多次试算得到目标结果见表3，沉降计算经验系数 $\psi_s = 0.2$，最终沉降 $s = \psi_s \times s' = 42.2$mm，此时基底下 10m 内压缩模量提高系数 ζ 约等于 4.97。

等比例计算所需复合地基承载力特征值：

$$f_{spk} = 120 \times 4.97 = 596 \text{kPa}$$

选择粉土作为微型桩持力层，桩长 10.5m，布置在 CFG 桩桩间，间距仍为 1.5m/1.6m。CFG 桩置换率 $m_1 = 0.082$，微型桩置换率 $m_2 = 0.0058$。综合建设成本选择几种适用钢管尺寸进行试算，最终选择钢管桩径 180mm，微型桩单桩抗压承载力特征值为 200kN。加固后复合地基承载力特征值为：

$$\begin{aligned}f_{spk} &= \lambda_1 m_1 \frac{R_{a1}}{A_{p1}} + \lambda_2 m_2 \frac{R_{a2}}{A_{p2}} + \beta(1-m_1-m_2)f_{sk}\\ &= 0.90 \times 0.082 \times \frac{1100}{0.1963} + 1.0 \times 0.0058 \times \frac{200}{0.014}\\ &\quad + 0.9 \times (1-0.082-0.0058) \times 120\\ &= 414 + 83 + 99 = 596\text{kPa} > 530\text{kPa}\end{aligned}$$

承载力计算结果既满足了变形控制所需的承载力目标，也满足了原设计的复合地基承载力要求 530 kPa。计算过程中可以看出，在变形控制的目标下，复合地基承载力特征值相比设计要求富裕较多，如果按照承载力控制进行优化设计，减少桩径、桩长或桩数，则无法保证后期建筑物沉降，达不到加固的目的。

3.4 加固效果

加固施工过程中进行沉降的加密监测，变形结果显示加固施工过程中未出现倾斜加剧的情况，该住宅楼满足复工的要求。后期建设过程中仍然保持连续的沉降观测直至封顶。沉降-时间曲线见图5，封顶后 10 号点累积沉降 35.6mm，6 号点累积沉降 14.3mm，倾斜率 0.96‰，加固完成后各点变形较为均匀，倾斜未加剧，加固达到了预期的效果。

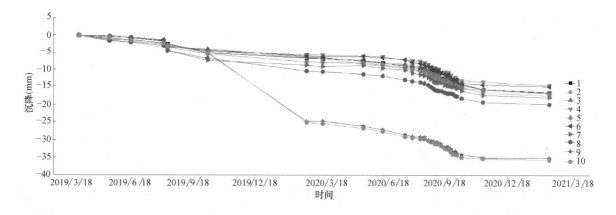

图 5 沉降-时间曲线

Fig. 5 Settlement/Date Curve

4 结论

（1）相邻建（构）筑物同时建设时，应充分沟通考虑建设先后顺序对建筑物的影响，先施工埋深浅的建筑物，后开挖深基坑的情况如果不在设计验算工况内，将会导致建筑物出现倾斜甚至破坏的情况。

（2）建筑物纠偏止倾加固工程不同于常规地基基础设

计，一般以建筑物对地基沉降量或差异沉降的控制要求为主控，再验算承载力是否满足要求。沉降控制能满足要求时，承载力一般也能满足要求，即沉降控制比承载力控制更为严格。

（3）微型桩结合既有 CFG 桩形成长短双桩型复合地基作为桩不与基础连接的加固方法，设计方法明确，对于修复浅层受扰动地基效果良好，同时配合建筑物周边的注浆封堵，有效解决了渗水问题。

参考文献：

[1] 刘金波，张寒，张雪婵，等. 施工顺序对地基基础质量和安全的影响[J]. 施工技术，2017，46(05)：144-149.

[2] 中华人民共和国住房和城乡建设部. 既有建筑地基基础加固技术规范：JGJ 123—2012 [S]. 北京：中国建筑工业出版社，2012.

[3] 龚晓南，杨仲轩. 岩土工程变形控制设计理论与实践[J]. 岩土力学，2018，39(S2)：273.

[4] 中华人民共和国住房和城乡建设部. 建筑地基处理技术规范：JGJ 79—2012 [S]. 北京：中国建筑工业出版社，2012.

基于联合冲洗复合灌浆的灌注桩缺陷处理方法

邢占清[1, 2]，符 平[1, 2]，黄立维[1, 2]，裴晓龙[1]

(1. 中国水利水电科学研究院，北京 100038；2. 北京中水科工程集团有限公司，北京 100048)

摘 要：灌注桩易产生裂缝、离析、沉渣等缺陷，影响上部建筑的稳定和长期安全运行。本文针对现有方法缺陷处理不彻底、质量不高的问题开展研究，首先基于综合确定缺陷形状及位置，针对每处缺陷精细灌浆加固的处理思路，开发了专用冲洗设备，提出了孔隙、裂缝、沉渣等不同缺陷对应的冲洗方法及工艺；进而根据灌浆渗透充填理论形成了水泥基稳定性浆液、高渗透性环氧浆液复合灌浆的方法；最后结合两个工程实例介绍了该法的实施情况，验证了高质量处理的可行性和有效性。

关键词：联合冲洗；复合灌浆；灌注桩；缺陷处理

作者简介：邢占清（1981— ），男，正高级工程师，博士，主要从事地基处理方面的研究。E-mail：xingzhq@ iwhr. com。

Defect treatment method of Cast-in-place Pile based on combined flushing and composite grouting

XING Zhan-qing[1, 2]，FU Ping[1, 2]，HUANG Li-wei[1, 2]，PEI Xiao-long[1]

(1. China Institute of Water Resources and Hydropower Research，Beijing 100038，China；2. Beijing IWHR Corporation，Beijing 100048，China)

Abstract：Cracks，segregation，sediment and other defects are easy to form in Cast-in-place Pile，which affect the stability and long-term safe operation of the structure. Aiming at the problem that the existing methods can't get the best effect of Cast-in-place Pile after reinforcement，the research is carried out. Based on the idea of comprehensively determining the character and location of defects and fine grouting reinforcement for each defect，the special flushing equipment is developed，and the flushing methods and processes for large pores，small cracks，sediment and other defects are proposed. According to the theory of grouting infiltration filling，the composite grouting method of cement-based stable grout and high permeability epoxy grout is formed. Combined with two engineering examples，the implementation process of the method is introduced，and the feasibility and effectiveness of high-quality treatment are verified.

Key words：combined flushing；composite grouting；cast-in-place pile；defect treatment

0 引言

随着我国经济的高速发展，交通、港口、民建以及电力等工程建设如火如荼地进行，灌注桩由于其承载力高、沉降小而被广泛采用[1]。然而，灌注桩易受地质、水文及施工条件等影响，常出现缺陷，不利于建筑物的稳定和长期安全运行。现阶段国内外灌注桩缺陷主要处理方法有：重新成桩、补加新桩、套箍或套筒加固、静压注浆、高压旋喷注浆等。重新成桩需清除废桩，冲击钻冲桩时工期长、易卡锤、易损坏钢护筒，风险较大，国内超长大直径桩处理案例极少；爆破除桩时本桩位无法再成桩，冲击波影响邻桩，且同样要利用冲击钻冲孔清渣。补加新桩时常受场地限制难以实施，尤其是桥梁承台下超大直径桩。套箍或套筒加固适于缺陷深度小于 5m 的桩，但地质条件不良、开挖易坍塌或地下水位高于缺陷时该法不适用。静压注浆是用浆液结石体包裹缺陷处的泥砂、松散混凝土等，加固质量受限。高压喷射注浆切割桩周缺陷体，浆液混合切割物后固结，固结体抗压强度、与桩体粘结强度相对较低，且骨料阻挡的缺陷部位、离析骨料夹泥砂处或缺陷不连续时处理效果较差。

近年来，灌注桩缺陷处理研究多集中于钻孔灌注材料补强方面，王中文认为可通过压注混凝土处理钻孔灌注桩深层缺陷[2]；陈秋南采用先灌细石混凝土、后高压喷射注浆的方法对某大桥桩胶结差的部位进行了加固处理[3]；胡新发在端承桩质量及缺陷桩加固效果检测的基础上，认为桩身强度要求高时宜采用复合注浆法处理桩身缺陷，单液注浆必须慎重[4]；为解决岩溶地基桩基缺陷问题，杜海龙提出了采用低坍落度塑性混凝土对缺陷桩进行加固处理的可控压密注浆技术，对土洞、岩体临空面、溶洞、破碎带或软弱夹层置换并挤密周边地层，以形成连续、有效桩径的加固体，从而改善桩基缺陷[5]；陈世荣采用补强材料对桩底缺陷进行了加固注浆，解决了桩底较厚沉渣问题[6]。但是，目前的处理方法仍存在以下问题：浆液结石体包裹泥砂；孔隙、裂缝内的泥砂等沉积物无法清除，浆液难以进入；受泥砂等影响，浆液固结体与桩粘结强度较低；缺陷处有流水时灌注物易被冲散，难以有效灌注。总的来看，缺陷处理质量不高。

为此，工程界亟待一种高质量的灌注桩缺陷处理方法，以使处理后的桩绝大多数能成为Ⅰ类桩。在静压注浆、高压旋喷注浆处理桩基缺陷研究成果的基础上，本文对联合冲洗复合灌浆的桩基缺陷处理方法开展了系统研究。首先，通过缺陷特征分析提出了不同缺陷高质量处理需要重点考虑的因素；进一步，分析了不同缺陷对桩基承载特性的影响，明确了高质量缺陷处理的标准和质量要求；最后，研制冲洗设备、开发灌浆材料，形成了基于联合冲洗复合灌浆的高质量缺陷处理方法。

1 高质量缺陷处理需考虑因素

1.1 不同缺陷特征

灌注桩缺陷主要为截面缺陷及强度缺陷，可概括为裂缝、离析、缩径、沉渣、浮浆及断裂等类型，位置及严重程度可用缺陷深度及竖向、径向尺寸来表征。

裂缝常位于接缝、浇灌界面等位置，或因受力产生于别处，体积小、常被泥砂等充填。离析表现为松散、蜂窝、空洞等，竖向长度较大，有一定的过渡带，多充填或裹夹泥砂。缩径常伴随混凝土性能改变，桩周岩土体向桩径向侵占，且侵占来的岩土体通常较为密实。沉渣多为泥砂或混凝土离析物，厚度不等，易引起沉降超标。断桩易产生错位，只能重新成桩或补加新桩，灌浆法不能彻底处理解决。本文针对裂缝、离析、缩径、沉渣、浮浆高质量处理开展研究。

1.2 缺陷处理条件及预期质量

裂缝、离析、缩径、沉渣、浮浆对桩承载性能的影响较为明显，同样荷载桩会承受更大的应力，相对应的变形也会增大。不仅对桩自身可靠性产生影响，也会对上部建筑的安全性、耐久性有较大危害。

缺陷是否需要处理及处理后所要达到的预期质量，理论上应根据缺陷对承载性能的影响进行确定，但目前仅能给出定性评价或特定条件下单缺陷的定量分析。如：Sarhan、O'Neill 认为桩身孔洞缺陷面积占桩截面积 15%时，桩的竖向承载力约下降 10%[7,8]；王成华认为泥皮使单桩竖向极限承载力降幅在正常桩极限承载力的 15%范围内，摩擦桩降幅较高[9]；对抗拔、抗弯及抗震性能的影响更为显著。相对于单缺陷，多缺陷对桩承载性能影响更为复杂。

目前对缺陷桩的处理和利用大多凭借经验，缺乏合适的理论依据。根据经验，桩有缺陷时，处理前宜通过多手段进行综合评估，达到以下条件之一时需进行处理：（1）单缺陷面积占桩截面积 15% 及以上；（2）有多个缺陷；（3）存在缩径、裂缝、离析等缺陷的抗拔桩；（4）存在桩底沉渣、对沉降较为敏感的桩。

从工程角度来说，缺陷处理时应从充填物及裹夹物清除程度、缺陷充填固结程度、固结体与原桩体粘结程度等方面提出处理质量要求。缺陷处理较为隐蔽，目前无合适的评价指标及检验方法。考虑现有基桩完整性检测技术对缺陷的判断以定性为主，缺陷类型、大小、严重程度无法准确描述，甚至很多缺陷有可能无法发现，缺陷处理应高标准、严要求，尽量做到将充填及裹夹的泥砂、侵占桩体的异物完全清除、孔洞等较大尺寸腔体用与桩体混凝土相近材料密实充填、裂缝等微细缺陷用高渗透材料

与原桩体牢靠粘结，以使处理后的桩成为Ⅰ类桩。

1.3 高质量缺陷处理技术要求

为达到高质量处理效果，根据不同缺陷特征提出以下缺陷处理基本技术要求：（1）尽量完全清除缺陷处异物体，如裹夹的泥砂、裂缝内异物、混凝土离析松散体等；（2）填充孔、洞等缺陷的固结物不收缩或微膨胀；（3）缺陷应完全处理，特殊条件下剩余缺陷面积占桩截面积不宜大于 3%～5%；（4）缺陷充填体抗压强度、抗拉强度宜大于桩体对应强度的 5%；（5）处理材料应与原桩体有效紧密粘结，粘结界面抗拉强度不低于桩体混凝土抗拉强度。

对于缩径缺陷，桩周外侧缩径部位通常会被泥砂包裹，泥砂密实度随深度及成桩结束放置时间增加。清除包裹泥砂时，宜适当扩大；清除后宜在较短时间内进行灌浆处理；处理浆液宜为浓浆，减少渗透、增强挤密效果。

对于泥皮缺陷，宜根据确定的泥皮深度范围形成冲洗渗流场，以增强泥皮清除效果。采用稀浆加强土体渗透，形成浆桩粘结、浆土粘结，根据桩土作用机理，参考桩基设计规范，黏性土、粉土、粉细砂层粘结力应大于 20kPa、中砂层粘结力大于 50kPa。

对桩底沉渣，应以降低桩基沉降为控制指标，浆液结石体弹性模量不宜低于桩体等效弹性模量，结石体不收缩，结石体与桩底间孔隙完全密实充填。

对于地下水（尤其承压、流动状态）、涌砂、涌泥等因素下形成的缺陷，桩体灌注时混凝土中的水泥可能会被冲散或冲净，有时泥砂会涌入混凝土内部、骨料无法胶结，形成空洞或包裹泥砂，这种条件处理较为困难[3]，宜采用抗水流冲散型浆液、压力闭浆时间适当延长等措施，不宜采用纯水泥浆。

2 风水联合冲洗

2.1 缺陷位置及性状综合确定

目前灌注桩缺陷检测技术基本成熟，常用方法有：低应变法、声波透射法、钻孔取芯法等。低应变法对桩身缺陷程度仅做定性判定，不同类型缺陷信号均反映为桩身阻抗减小，缺陷性质较难区分。声波透射法实测信号与诸多因素有关，缺陷精确判定还需结合钻孔取芯、施工工艺和施工记录等资料。钻孔取芯法可根据芯样的表观质量和试件强度进行评价。但是，钻取的芯样是合理评价的基础，在工程实践中由于钻进工艺和工人操作水平的影响，钻取的芯样常不能代表客观的成桩质量，比如钻具取芯时对混凝土的扰动、循环液的冲洗、钻具压力及提取芯样时的振捣作用等，对于一些蜂窝麻面严重的芯样会造成损坏从而形成芯样松散的假象，导致对缺陷的误判[10]。桩身混凝土某段芯样的破碎也并不能代表该段桩身有问题，可能是钻取过程中的机械破坏。桩身存在水平裂缝，且在没有其他检测方法结果作为先验条件时，单从芯样判断很难准确识别，极易将水平裂缝误认为是机械、钻具或搬动原因造成的芯样断口，导致漏判，而结合孔内成

像、声波透射则能有效避免这一情况发生。

综上所述，低应变、声波透射、钻孔取芯均对桩身缺陷可能存在不准确定性，对缺陷形式、严重程度的评定也离工程处理需求相差甚远[11]。因此，发现缺陷加固时，宜采用多手段联合检测。为此，笔者集成了一套随冲洗综合检测设备，可结合声波透射、钻孔取芯综合评判。孔内冲洗的同时可对孔内水位、水压、流速进行监测，分析桩身与外部的连通性、桩身不同检测孔之间的连通性；冲洗前或冲洗后可进行360°成像观测。结合孔内水位、水压、流速等测量结果，开发了图像识别模块，可对孔壁孔洞、裂缝、均匀性分析判定。引入了如式（1）的缺陷分布估算模型，可分析多缺陷出现概率，使缺陷类型、位置、影响程度等的判定结果更加准确、科学[12]。

$$p(N=n)=\frac{[\lambda(1-F(x))L]^{n}\exp[-\lambda(1-F(x))L]}{n!}$$
(1)

式中，$p(N=n)$ 为桩长 L 中有 n 个尺寸大于 x 的缺陷的概率；$n=0$，1，2，…，k；λ 为缺陷平均出现率（个/m）；$F(x)=\int_{x_1}^{x}f(x)\mathrm{d}x$，$x_1$ 为 x 的下限值。

2.2 冲洗设备及参数

缺陷高质量处理的关键在于：缺陷处杂质的清除，尤其是夹层或裂缝内的泥砂等；缺陷部位的有效充填；以及浆液固结体与原桩的可靠粘结。为有效清除缺陷异物，根据工程经验开发了一套可搭载综合检测设备的风水联合冲洗装置，主要参数见表1。

开发的联合冲洗装置主要参数表　表1
Parameter of developed combined
flushing device　　　　Table 1

适应深度（m）	最大水压（MPa）	冲洗水最大流量（L/min）	最大风压（MPa）	冲洗风最大排量（m³/min）
<50	40	90	1.2	10

缺陷确认时可利用取芯检测孔，或在冲洗前钻孔，一般布设2个孔，径向180°成对设置。

利用可加卸的钢杆将冲洗头缓慢放入孔底，向孔内缓慢注清水，替换孔内污水；再把对侧孔注满清水。缓慢抽排对侧孔内的水，同时以 2r/min 的速度转动冲洗头、以 10cm/min 的速度向上提升。对提升过程中采集到的水压、流速、图像等资料进行分析，确认缺陷数量及每处缺陷的性状及位置。

联合冲洗的目的是清除缺陷内杂质，冲洗质量直接影响加固效果。冲洗质量受缺陷类型、缺陷范围、缺陷性状、缺陷内杂质，以及压力消散、冲洗距离等因素影响。冲洗压力太大时可能破坏桩身混凝土，经消散后作用于桩身的水压不宜大于桩基混凝土的抗拉强度。经压力消散规律及缺陷充填物破坏规律分析，结合工程经验，形成的联合冲洗参数见表2。

桩径小于1.5m时，水压宜取小值；桩径大于2.5m时，水压宜取大值。桩内钻孔深度小于10m时，风压宜取小值；桩内钻孔深度为30~50m时，风压宜取大值。

缺陷形状较为规整时，竖向移动速度、转动速度宜取大值；缺陷水平面内形状复杂或不连续时竖向移动速度、转动速度宜取小值。

推荐的联合冲洗参数表　　　表2
Parameter of recommended
combined flushing　　　Table 2

缺陷类型	水压（MPa）	风压（MPa）	竖向移速（cm/min）	转速（r/min）
空洞、孔隙	20~30	0.8~1.2	10~20	5~10
裂缝	30~40	0.5~0.8	3~5	2~5
沉渣	5~10	0.8~1.2	5~10	10~15

缺陷位置深度超过50m时，需分析钻孔内松散物、泥砂等特性，适当提高风压或采用短间歇定时通风的方式进行排渣，并对冲洗效果进行分析确认。

2.3 风水联合冲洗

基于开发的图像识别模块，对孔洞、裂缝、沉渣等缺陷识别后进行联合冲洗。冲洗钻孔作灌浆加固孔，根据桩径成对设置，见图1。成对冲洗完成后，两孔同时灌浆，两孔连通性不好时也可分开灌浆。灌注完成待凝后，再钻进剩余孔成对冲洗。

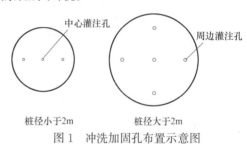

图 1　冲洗加固孔布置示意图
Fig. 1　Schematic graph of flushing reinforcement hole layout

同一孔内自上而下逐个对缺陷冲洗，竖向冲洗范围上下分别进入完整桩20~30cm。冲洗时观察对向180°孔内有无冒泡、漏气、喷水等情况。若对孔冒泡，可能有裂缝等连通性缺陷，冲洗的同时抽排对孔；若对孔喷水，则存在较为连通的缺陷，可在冲洗期间择时将冲洗孔孔口封闭，以达到缺陷杂质从对孔排出的目的。按设计参数完成缺陷冲洗后，按相同的方法冲洗对向180°孔。

若桩径大于4m，且缺陷充填密实泥砂，为保证冲洗效果，也可在桩中间成孔，周边孔冲洗时中间孔强制抽排。

3　复合灌浆

3.1　灌浆作用及原则

冲洗时，高压水切割、冲击，压力风将夹泥、沉渣及松散粉屑带离缺陷位置，缺陷变为可灌空间。通过钻孔向冲洗干净的缺陷部位灌注合适的浆液，压力作用下浆液克服各种阻力进入缺陷处清洗完成的孔洞、孔隙、裂缝内；或压力作用下浆液向桩周泥皮、桩底沉渣位置附近的土体渗透、挤压。使原来松散的半胶结混凝土重新胶结，使原来充填水、泥砂等的孔洞、裂缝等形成满足性能要求的结石体，使泥皮位置桩周侧摩阻力增加，使沉渣位置端承力得到提高。

水泥基浆液灌注充填桩中较大的孔隙缺陷，同时封堵桩身外围的较大透水通道，改善桩体的均质性，最大限度地降低环氧浆液的使用成本。但是，水泥基浆液仅能起到充填作用，裂缝、微细孔隙和离析分层缺陷水泥基浆液难以解决。高渗透性环氧浆液具优异的排水性、渗透性、水下粘结性及较高的力学强度，压力条件下较长时间灌注可有效进入细微缺陷，且在有水或潮湿条件下与原桩具有较高的粘结强度，从而为缺陷部位粘结、微细裂缝的补强加固提供保障。

3.2 灌浆材料

（1）水泥基稳定性浆液。常规低水灰比浆液中加增粘剂、稳定剂、减水剂，浆液不沉淀、不析水，灌浆过程中可保持水灰比及性能稳定。压力下固结体孔隙少、密度大、强度高、抗侵蚀能力强。适于桩基缺陷加固的典型水泥基稳定性浆液性能见表3。

典型稳定性水泥基浆液性能表　表3
Parameter of typical stable cement based grout　Table 3

水灰比	初凝时间(min)	析水率	塑性屈服强度(Pa)	塑性黏度(MPa·s)	结石体1d抗压强度(MPa)
1∶1	60	3%	380	8	1.2
0.7∶1	45	1%	420	12	1.5
0.5∶1	30	0%	470	18	2.1

（2）高渗透性环氧浆液。憎水、渗透性好，压力作用下浆液黏度增长慢，可注入细微裂缝，固结体强度高，潮湿条件下粘结强度高，可有效提高缺陷桩水平承载特性和动力特性、抗疲劳特性。适于桩基缺陷加固的典型高渗透性环氧浆液性能见表4。

典型高渗透性环氧浆液性能表　表4
Parameter of typical high permeability epoxy slurry　Table 4

初始黏度(c_p)	黏度达100c_p所用时间(min)	相对密度	固结体7d抗压强度(MPa)	固结体28d抗压强度(MPa)
6	210	1.02	25	55

3.3 灌浆

灌浆原则：先周边孔灌注水泥基稳定性浆液，后中间孔灌注高渗透性环氧浆液；逐孔分段静压灌注，逐渐升压；压力闭浆，降低桩周水土影响。

灌注水泥基稳定性浆液时，先灌注最下端缺陷，180°对向孔同时灌注。在缺陷顶部上方50cm处均设灌浆塞，灌浆管穿过灌浆塞至缺陷部位；灌注其中一个孔，对孔灌

浆管排出原浆时双孔同时灌注，对孔灌浆管无浆液排出时持续观察。灌注压力达设计压力后，保持设计压力闭浆30min；若对孔未出浆，闭浆后灌注对孔，并压力闭浆30min。闭浆产生的压滤作用可使浆液结石体密实、早强，28d抗压强度得到明显提高[13]，如图2所示。压滤作用利于结石体密实充填且不收缩。

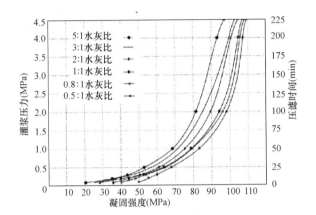

图2　不同水灰比浆液的压滤强度
Fig. 2　Compressive strength of stone of some water cement ratio slurry in pressure filtration experiment

将两个灌浆塞上移，由下至上逐个灌注缺陷。然后，成对施钻，联合冲洗，灌注剩余周边孔。

周边孔水泥基稳定性浆液灌注完成后，中间孔分段卡塞、自下而上分段灌注环氧浆液，为避免桩基微裂隙、细裂缝检测遗漏而未得到修复，灌浆段长不宜大于3m，每段灌注时间不小于30min。

水泥基稳定性浆液1∶1水灰比开灌，视进浆量及压力逐级变浆为0.7∶1、0.5∶1水灰比。如无压、注浆量大则变换为水灰比0.5∶1水灰比，并降压或加入速凝剂快速封堵，待凝后扫孔重复灌注。

水泥基稳定性浆液设计压力宜为2～3MPa，高渗透性环氧浆液设计压力宜为0.5～1MPa。

4　工程案例

4.1　工程案例1

重庆某轨道交通复线大桥桥塔基础采用24根C35水下混凝土灌注桩，桩径3m，桩长26m。桩基位于江中，江水位高于桩底15～20m，沉井止水后干作业钻孔后灌注，灌注桩穿素填土、泥岩、砂岩，桩底位于弱风化砂岩。

桩基施工完成后，声波透射法检测发现21根桩存在缺陷，随后采用钻孔取芯、孔内成像等方法复检，确认缺陷大多为桩底沉砂、断桩、混凝土夹砂，综合判定Ⅲ类桩18根、Ⅱ类桩3根。典型缺陷如图3所示。分析原因，主要是由于钻孔孔口低于江面，水头差较大，施工时采用的护壁及浇筑工艺不佳，泥砂沿岩体裂隙进入钻孔内，在孔底沉积或裹挟于桩身。

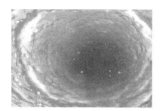

图 3　典型夹泥裂缝成像图

Fig. 3　Imaging map of typical mud inclusion cracks

每处缺陷联合冲洗用时 20～40min，单桩灌入水泥基稳定性材料 0.3～0.8t，环氧浆液 0.2～0.4t。待凝 14d 后，甲方委托两家专业检测机构采用声波透射法平行检测，同时抽取 5 根桩钻孔取芯、孔内成像检测，检测结果确认处理后的 21 根桩均为Ⅰ类桩。

4.2　工程案例 2

遵义市某项目高层住宅采用框架-剪力墙结构，11 号楼、14 号楼设桩径为 1.00m、1.20m、1.50m 三种灌注桩，桩长 5～7m，桩基混凝土标号均为 C30。工程场地岩溶发育，岩层比较破碎且岩体存在裂缝，地下水位较高。成桩后，低应变法检测结果显示所检基桩为Ⅱ类、Ⅲ类桩，钻孔取芯、孔内成像复核大部分桩桩底有沉渣、桩底附近桩身多数夹泥砂。

图 4　冲洗后的桩底缺陷

Fig. 4　Photo of defects at pile bottom after flushing

图 5　经孔口洗出的缺陷填充物

Fig. 5　Photo of defect filler washed out through drilled hole

风水联合冲洗每根桩用时 30～60min，单桩灌入水泥基稳定性材料 0.2～0.5t，灌入环氧浆液 0.1～0.2t。处理完成待凝 14d 后，甲方委托专业检测机构进行了低应变检测，以及钻孔取芯、芯样抗压、孔内成像等检测，确认经处理的 31 根桩缺陷部位缺陷体、沉渣均被浆液固结体置换，固结体强度大于 35MPa，判定为Ⅰ类桩。

以上工程案例表明，基于风水联合冲洗、复合灌浆的桩基缺陷处理方法可有效清除缺陷填充物及桩底沉渣，粗砂或离析的混凝土骨料可与浆液结合形成结石体，并与桩身混凝土紧密结合，高渗透性环氧浆液可有效充填粘结裂缝类缺陷，整体处理质量高，处理后的灌注桩桩身完整性可达Ⅰ类。

5　结论

根据灌注桩常见缺陷特征，基于缺陷性状、位置综合探测、针对每处缺陷精细灌浆加固的思路，开发了专用冲洗设备、缺陷图像识别软件，提出了不同缺陷类型冲洗、灌浆参数，最终建立了一套基于联合冲洗、复合灌浆的高质量缺陷处理方法，并进行了工程验证。通过研究，可以得到如下结论：

（1）基于声波透射、钻孔取芯、孔内成像的综合判定方法可较好地确定较大的空洞孔隙、较细的裂缝及桩底沉渣等缺陷。

（2）混凝土离析松散体、孔底沉渣、缺陷处夹裹及裂缝内充填泥砂等的清除是高质量缺陷处理的先决条件。针对不同的缺陷类型，采用合适的工艺参数，风水联合冲洗可将缺陷部位清理干净，能为高质量灌浆加固提供前提。

（3）工程实践表明，风水联合冲洗后水泥基稳定性浆液充填、环氧浆液渗透的复合灌浆方法可对错位断桩除外的缺陷进行高质量处理，尤其是桩体混凝土离析、裂缝及桩底沉渣等情况，可保证处理后的桩大多数成为Ⅰ类桩。

（4）基于联合冲洗复合灌浆桩基缺陷处理方法适于 50m 深度范围内的缺陷处理，大于该深度时应根据地质、水文条件及缺陷特性进行综合分析。

参考文献：

[1]　王奎华，肖偲，吴君涛，等. 饱和土中大直径缺陷桩振动特性研究[J]. 岩石力学与工程学报. 2018，37(7)：1722-1730.

[2]　王中文，陈儒发. 钻孔灌注桩超深度缺陷压注混凝土处理技术与应用[J]. 岩土工程学报，2011，33(S2)：198-204.

[3]　陈秋南，张永兴. 桥梁桩基础缺陷复合检测及其加固新方法[J]. 岩石力学与工程学报，2004，23(20)：3518-3522.

[4]　胡新发，柳建新. 山地和岩溶地区端承桩质量检测与加固技术研究[J]. 岩土力学，2011，32(S2)：686-692.

[5]　杜海龙，贺茉莉，罗小斌，等. 岩溶地区某广场钻孔灌注桩基础补强加固设计与新技术[J]. 中国岩溶，2019，38(4)：600-606.

[6]　陈世荣. 注浆加固对冲孔灌注桩补强效果分析[J]. 建筑监督检测与造价. 2020，13(4)：31-34.

[7]　SARHAN H A, O'NEILL M W, HASSAN K M. Flexural performance of drilled shafts with minor flaws in stiff clay [J]. Journal of Geotechnical and Geoen-vironmental Engineering, 2002，128(12)：974-985.

[8]　O'NEILL M W, TABSH S W, SARHAN H A. Response of drilled shafts with minor flaws to axial and lateral loads [J]. Engineering Structures, 2003，25(1)：47-56.

[9]　王成华，李全辉，张美娜，等. 几种缺陷单桩竖向承载性状的现场模型试验研究[J]. 岩土力学，2014，35(11)：3207-3213.

[10]　温振斌. 提高长灌注桩钻芯法检测钻孔成功率方法研究[J]. 建筑监督检测与造价，2016，9(2)：30-35.

[11]　赖称平. 高清数字钻孔摄像技术在桩基检测中的应用[J]. 广东土木与建筑，2015，22(2)：32-34.

[12]　李典庆，吴帅兵，周创兵. 基于贝叶斯理论的灌注桩多个缺陷统计特性分析[J]. 岩土力学，2008，29(9)：2492-2496.

[13]　陈文夫，邢占清，王克祥，等. 压滤作用对水泥浆液结石强度影响研究[J]. 水利水电技术，2021，52(5)：196-202.

珊瑚礁灰岩钻孔灌注桩承载特性试验研究

乔建伟[1,2]，郑建国[1,2]，夏玉云[1,2]，唐国艺[1,2]，张 炜[2,3]，祝俊华[4]

（1. 机械工业勘察设计研究院有限公司，陕西 西安 710043；2. 陕西省特殊岩土性质与处理重点实验室，陕西 西安 710043；3. 中国成套工程有限公司，北京，100044；4. 华东交通大学土木建筑学院，江苏 南昌 330013）

摘 要：礁灰岩是珊瑚岛礁的主体部分，钻孔灌注桩是岛礁工程建设和海洋开发中最常用的深基础之一。为揭示礁灰岩地区钻孔灌注桩的承载特性，在印度尼西亚珊瑚礁地区开展了冲击钻孔和旋挖钻孔灌注桩的现场静载试验，对比分析了冲击钻孔和旋挖钻孔灌注桩的承载特性。结果表明，冲击钻孔灌注桩的施工周期和充盈系数分别是旋挖钻孔灌注桩的 24 倍和 1.09 倍；冲击钻孔灌注桩承载特性表现为摩擦端承桩特性，旋挖钻孔灌注桩表现为摩擦桩特性；旋挖钻孔灌注的承载特性优于冲击钻孔灌注桩，其竖向极限承载力是冲击钻孔灌注桩的 2.85 倍，其桩周地层极限侧摩阻力是冲击成孔灌注桩的 8.03 倍。冲击成孔过程中在孔周形成的泥皮是造成冲击钻孔灌注桩桩周地层极限侧摩阻力降低和单桩抗压极限承载力降低的主要原因。研究结果对珊瑚礁灰岩地区桩基工程具有指导意义。

关键词：珊瑚礁灰岩；钻孔灌注桩；静载试验；竖向极限承载力；侧摩阻力

作者简介：乔建伟（1990— ），男，工程师，博士，主要从事特殊岩土工程性质与地基处理技术的研究工作。E-mail：15029207728@163.com

Experimental study on bearing characteristics of bored piles in coral reef limestone

QIAO Jian-wei[1,2], ZHENG Jian-guo[1,2], XIA Yu-yun[1,2], TANG Guo-yi[1,2], ZHANG Wei[2,3], ZHU Jun-hua[4]

(1. China JK Institute of Engineering and Design, Xi'an Shaanxi 710043, China; 2. Shaanxi Key Laboratory for the Property and Treatment of Special Soil and Rock, Xi'an Shaanxi 710043, China; 3. China National Complete Engineering Corporation, Beijing 100044, China; 4. East China Jiaotong University, Nanchang Jiangsu 330013, China)

Abstract: Reef limestone is the main part of coral reef. Bored pile is one of the most commonly used deep foundations in reef engineering construction and marine development. In order to reveal the bearing characteristics of bored piles in reef limestone area, field static load test of impact drilling filling pile (hereinafter referred to as IDFP) and rotary excavation bored pile (hereinafter referred to as REBP) were carried out in coral reef area of Indonesia, and the bearing characteristics of IDFP and REBP were compared and analyzed. The results show that the construction period and fullness coefficient of IDFP are 24 times and 1.09 times of REBP, respectively. The bearing characteristics of the IDFP is friction end bearing piles, while the REBP are friction piles. The bearing capacity of REBP is better than that of IDFP. The ultimate vertical bearing capacity of REBP is 2.85 times of that of IDFP, and the ultimate skin friction of stratum around the pile is 8.03 times of that of IDFP. The mud skin formed around the hole in the process of impact drilling is the main reason for the reduction of the ultimate lateral friction and the ultimate bearing capacity of single pile. The research results have guiding significance for pile foundation engineering in coral reef limestone area.

Key words: coral reef limestone; bored pile; field static load test; ultimate vertical bearing capacity; skin friction

0 引言

珊瑚礁是造礁石珊瑚死亡后遗骸经过漫长的地质沉积作用、生物破坏、海洋动力等共同作用形成的特殊岩土体，包括上部松散的珊瑚砂和下部胶结程度较好的礁灰岩，广泛分布在南纬 30°与北纬 30°之间的热带海洋区域，尤以东南亚地区最为典型和发育[1-4]。礁灰岩是珊瑚岛礁的主体部分，其碳酸钙（CaCO$_3$）含量高达 96% 以上，因此将其称为礁灰岩[5-8]。由于礁灰岩独特的成因环境、物质组成和结构特征，使其具有不同于一般陆相沉积岩石的物理力学特性和工程地质特性[9-10]。

与钙质土相比，目前礁灰岩物理力学特性和工程地质特性的研究尚处于起步探索阶段。国内外学者主要对其物理力学特征的研究主要集中在矿物成分、微观结构、孔隙率、密度、含水率、渗透系数、波速特性、单轴抗压强度、应力应变特征等[11-16]；对其工程性质特性的研究集中在天然地基承载力[17,18]，但对礁灰岩桩基承载特性的应用研究还较少。部分学者开展了一些礁灰岩地区的现场试桩试验，刘军科[19] 通过原位静载试验和数值模拟，得出珊瑚礁灌注桩侧摩阻力可达 275kPa；肖向阳等[20] 根据试桩试验测定桩基的极限侧阻力，结果表明礁灰岩桩基可达到的实测最大侧阻力比地质勘探所提供结果大 5~7 倍；卢超健等[21] 对礁灰岩地层桩的侧摩阻力

基金项目：CMEC 科技孵化项目（CMEC-KJFH-2018-02），科技部对发展中国家援助项目（KY201502002），国家自然基金项目（41807243），江西省交通运输厅重点工程科技项目（2019C0010，2019C0011）。

进行测试,结果表明礁灰岩桩侧残余摩阻力较高,平均为1091.2kPa。由于现场试桩成本高、操作较复杂,刘海峰等[22]开展了不同结构礁灰岩镶嵌桩的模型试验,分别研究礁灰岩层围压和强度对桩侧摩阻力的影响规律,估算了不同礁灰岩嵌岩桩的极限侧摩阻力标准值。综上,尽管一些学者对礁灰岩地区桩基承载特性开展了一定研究,但针对不同施工工艺下钻孔灌注桩承载特性的研究还较少,现有研究成果还很难指导礁灰岩地区的桩基施工。鉴于此,本文结合印度尼西亚某电站项目,通过冲击钻孔灌注桩和旋挖钻孔灌注桩的现场静载试验,并埋设钢筋应力计,对比分析了冲击钻孔灌注桩和旋挖钻孔灌注桩的承载特性,研究结果对珊瑚礁灰岩地区桩基工程具有一定的指导和借鉴意义。

1 试验场地地层特征

试验场地位于印度尼西亚爪哇岛,钻探揭示试验场地深度50m以内地层可划分4层(图1),分别为①黏土层、②灰泥混珊瑚礁碎块、③块状礁灰岩、④柱状礁灰岩,各地层基本特征如表1所示。从表1可知②灰泥混珊瑚礁碎块和③块状礁灰岩的最小标贯击数分别为2击和1击,表明其局部可能存在孔洞或洞穴。②灰泥混珊瑚礁碎块的标贯击数变化范围为3~64击,剪切波速变化范围为238~652m/s;③块状礁灰岩的标贯击数变化范围为1~65击,剪切波速变化范围为611~908m/s;④柱状礁灰岩的标贯击数变化范围为4~300击,剪切波速变化范围

为764~955m/s;因此,试验场地下伏礁灰岩(②、③、④层)标贯击数和剪切波速的变化范围较大,表明试验场地礁灰岩的密实程度和软硬程度差别较大。

试验场地地层基本特征　　表1

Basic characteristics of stratum in test site

Table 1

层号	厚度(m)	标贯击数(击)	剪切波速(m/s)
①	0.5~3.1	5~15	301~405
②	9.9~19.5	3~64	238~652
③	10.5~22.5	1~65	611~908
④	≥14.5	4~300	764~955

2 试验方案概况

2.1 试验桩布置

试验场地布设6根试验钻孔灌注桩和16根锚桩,其中冲击钻机成孔3根,编号为A1、A2、A3;旋挖钻机成孔3根,编号为B1、B2、B3;冲击钻机成孔,泥浆泵导入泥浆正循环式清孔,导管水下混凝土灌注工艺,泥浆为现场冲击自动造浆现场;旋挖钻机钻进过程中不需要泥浆护壁,现场施工典型照片如图2所示,每根试验桩施工过程中记录灌浆量。试桩桩长31.5m,桩顶与地面持平,桩径800mm(图1),试桩桩身混凝土强度等级为C35,

地层序号	地层名称	厚度(m)	深度(m)	柱状图图例	地层描述	桩长 31.5m
①	黏土	1.8	1.8		棕红色、可塑	
②	灰泥混珊瑚礁钙质结核	16.2	18.0		白色—灰白色,局部黄色。半成岩,岩芯由大量灰泥和珊瑚礁钙质结核组成,未固结。灰泥为灰绿色,软塑。钙质结核含有大量蜂窝状溶蚀孔洞,粒径不均匀,最大粒径超过10cm	
③	块状珊瑚礁灰岩	13.5	32.5		灰白色,中细粒结构,岩芯呈碎块状,含大量蜂窝状溶蚀孔洞和生物化石	
④	柱状珊瑚礁灰岩	17.5	50		灰白色,岩芯呈短柱状,局部含有碎块状和散粒状,单个最长柱状岩芯约28cm,岩芯断面稍致密,可见少量珊瑚贝类化石,内孔隙发育,少量溶蚀孔洞,局部充填灰泥	

图1　试验场地地层柱状图

Fig.1　Strata histogram of the test site

(a) 冲击钻孔灌注桩施工图

(b) 旋挖钻孔灌注桩施工图

图2　钻孔灌注桩施工图

Fig.2　Construction picture of bored pile

主筋采用 12ϕ19。每根试桩周围布设 4 根锚桩，按《建筑基桩检测技术规范》JGJ 106—2014，锚桩与试桩的间距设置为 3.2m，如图 3 所示。冲击钻孔灌注桩锚桩采用冲击钻机成孔，桩长设置为 25m；旋挖钻孔灌注桩锚桩采用旋挖钻机成孔，桩长设置为 31.5m。

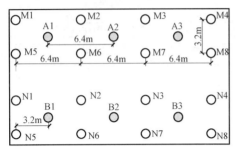

图 3　试桩与锚桩平面布置图

Fig. 3　Plan layout of test pile and anchor pile

2.2　单桩竖向抗压静载试验

试验采用慢速维持荷载法，冲击钻孔灌注桩试验每级荷载增量 500kN，首级加载为 1000kN，每级沉降稳定后施加下一级荷载。旋挖钻孔灌注桩试验每级荷载增量 1400kN，首级加载 2800kN，加载至 11200kN 时，每级荷载增量减为 700kN，每级沉降稳定后施加下一级荷载。每组试验均加载至单桩破坏或无法施加下一级荷载，则试验结束并分级卸载，卸载时，测试每级荷载下桩顶的残余沉降量。在桩顶下布设 4 根位移传感器测试桩顶竖向位移，在 4 根锚桩上各安装 1 个位移传感器以测试锚桩上拔量。

试验采用锚桩横梁反力装置，其由主梁、次梁、钢帽、锚桩和焊接钢筋井字架组成。加载装置由油压千斤顶、油管、油泵和自动加载仪组成。试验加载方法、加载稳定判定标准和终止加载条件严格按《建筑基桩检测技术规范》JGJ 106—2014 执行。

2.3　桩身应力测试

桩身应力测试采用钢筋应力计法，应力测试采用 GJ-16 型钢筋应力计，通过量测荷载作用下按地层埋设并焊接在钢筋笼主筋上的钢筋计的频率，依据提前建立的频率与应力的关系，计算钢筋应力，再将钢筋应力通过计算换算为混凝土桩截面的轴力。冲击钻孔灌注桩分别在桩顶以下 1m、6m、11m、19m、30.5m 处布设钢筋应力计，旋挖钻孔灌注桩在桩顶以下间隔 3m 布设钢筋应力计，每根桩布设 10 个。试验过程中，钢筋应力计测试与静载试验同步进行，静载试验加荷前测试钢筋应力计初始读数，每级荷载加荷后及桩顶沉降相对稳定后分别测试钢筋应力计读数。

按公式（1）根据钢筋应力计算桩身轴向力：

$$N_i = \frac{\sigma_i}{E_s} E_i A_i \qquad (1)$$

式中：N_i——桩身第 i 断面处轴力（kN）；

　　　σ_i——第 i 断面处钢筋应力（kPa）；

　　　E_s——钢筋的变形模量（GPa）；

　　　E_i——第 i 断面处桩身综合变形模量（GPa）；

　　　A_i——第 i 断面处桩的截面积（m^2）。

根据桩身轴力发挥曲线，按公式（2）和公式（3）分别计算桩侧摩阻力 q_{si} 和端阻力 q_p：

$$q_{si} = \frac{N_i - N_{i+1}}{u_i l_i} \qquad (2)$$

$$q_p = \frac{N_n}{A_p} \qquad (3)$$

式中：q_{si}——桩侧摩阻力（kPa）；

　　　q_p——桩端阻力（kPa）；

　　　u——桩身周长（m）；

　　　N_n——桩端的轴力（kN）；

　　　l_i——第 i 断面与第 $i+1$ 断面之间的桩长（m）；

　　　i——$i=1,2,\cdots,n$，并自桩顶以下从小到大排列。

3　试验结果与分析

3.1　试验桩的施工周期和充盈系数

试验期间统计冲击成孔的施工时间约为 4d，而旋挖成孔的施工时间约为 4h，因此旋挖成孔的施工效率约为冲击成孔施工效率的 24 倍。统计冲击钻孔灌注桩和旋挖钻孔灌注桩的充盈系数如表 2 所示。从表 2 可知，冲击钻孔灌注桩充盈系数分布范围为 1.26～1.45，平均值为 1.37；旋挖钻孔灌注桩充盈系数分布范围为 1.17～1.42，平均值为 1.26；因此，相同桩长和桩径情况下，冲击钻孔灌注桩的灌浆量约为旋挖钻孔灌注桩的 1.09 倍。

试桩充盈系数统计表　　　　表 2

Fullness coefficient of test piles　　Table 2

桩号	理论灌注量	实际灌注量	充盈系数
A1	15.83	20.0	1.26
A2	15.83	22.0	1.39
A3	15.83	23.0	1.45
B1	15.83	18.5	1.17
B2	15.83	19.0	1.20
B3	15.83	22.5	1.42

3.2　单桩竖向承载力

（1）冲击钻孔灌注桩

抗压静载试验的 3 根试桩均因试验过程中锚桩上拔量过大，不宜继续加压而终止试验。绘制 3 根冲击钻孔灌注桩静载试验 Q-s 曲线如图 4 所示。由图 4 可知，3 根试桩 Q-s 曲线均为缓变型曲线，A1 试桩加载至破坏，竖向抗压极限承载力为 5000kN，对应的沉降量为 34mm；A2 试桩和 A3 试桩均未出现明显破坏点，取沉降量 40mm 对应的荷载为竖向抗压极限承载力，分别为 4958kN 和 4524kN。因此，单桩竖向极限承载力平均值为 4827kN，极差为 476kN，小于平均值的 30%，取冲击钻孔灌注桩竖向极限承载力为 4827kN，单桩竖向承载力特征值为

2414kN；3 根试桩极限承载力对应的沉降量平均值为 38mm。

此外，3 根试桩桩顶最大沉降量均大于 40mm，且最大回弹量基本相同。A1 试桩最大沉降量为 52.34mm，最大回弹量为 11.59mm，回弹率为 16.1%；A2 试桩最大沉降量为 40.83mm，最大回弹量为 11.50mm，回弹率为 28.2%；A3 试桩最大沉降量为 50.95mm；最大回弹量为 12.48mm，回弹率为 24.5%。因此，3 根试桩的回弹率均较小，表明桩土体系已大大超出弹性工作范围。

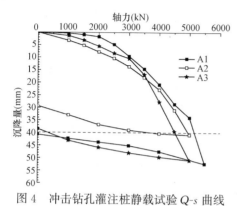

图 4　冲击钻孔灌注桩静载试验 Q-s 曲线

Fig. 4　Static load test Q-s curve of impact drilling filling pile

（2）旋挖钻孔灌注桩

绘制 3 根旋挖钻孔灌注桩静载试验 Q-s 曲线如图 5 所示。由图 5 可知，3 根试桩 Q-s 曲线均为缓变型曲线，未出现明显的陡降段，表明试桩均未破坏。由于现场试验条件所限和锚筋拉断，3 根试桩最大加载量分别为 14000kN、14000kN、13300kN，对应的最终沉降量分别为 17.65mm、13.89mm、12.88mm，取 3 根试桩竖向极限承载力分别为 14000kN、14000kN 和 13300kN，平均值为 13766kN，极差为 700kN，小于平均值的 30%，抗压极限承载力对应的沉降量平均值为 14.81mm。因此取旋挖钻孔灌注桩单桩竖向极限承载力为 13766kN，单桩竖向承载力特征值为 6883kN。

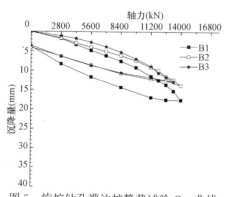

图 5　旋挖钻孔灌注桩静载试验 Q-s 曲线

Fig. 5　Static load test Q-s curve of rotary excavation bored pile

此外，B1 试桩的最大沉降量为 17.65mm，最大回弹量为 13.80mm，回弹率为 78.2%；B2 试桩的最大沉降量为 13.89mm，最大回弹量为 9.80mm，回弹率为 70.6%；

B3 试桩的最大沉降量为 12.88mm，最大回弹量为 9.27mm，回弹率为 72.0%。因此，3 根试桩回弹率较大，均大于 70%，表明试桩刚超出弹性工作范围，进一步证明桩土未进入破坏阶段。

3.3　桩身轴力特征与侧摩阻力分析

（1）冲击钻孔灌注桩

绘制试桩不同荷载下桩身轴力随深度分布曲线如图 6 所示。从图 6 可知，各试桩桩端阻力随桩顶荷载增加而增加，极限荷载下，3 根试桩（A1、A2、A3）对应的桩端阻力分别为 3141kN、2818kN 和 2396kN，所占承载力的比例分别为 62.8%、53.0% 和 56.8%，均大于 50%，表现为摩擦端承桩。

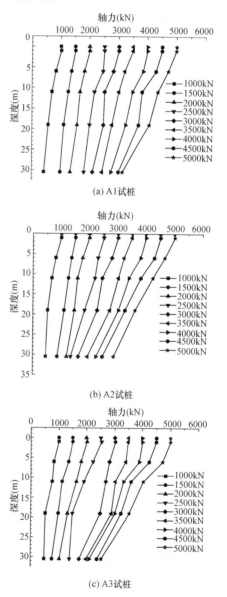

（a）A1 试桩

（b）A2 试桩

（c）A3 试桩

图 6　冲击钻孔灌注桩桩身轴力随深度变化曲线

Fig. 6　Curve of axial force variation with depth of impact drilling filling pile

根据轴力计算②灰泥混珊瑚礁碎块和③块状礁灰岩的极限侧摩阻力，结果如表 3 所示。从表 3 可知，②灰泥

冲击钻孔灌注桩侧摩阻力计算表　表 3

Skin friction of impact drilling

filling pile　　　　　Table 3

地层编号	桩号	极限侧摩阻力 （kPa）	极限侧摩阻力 平均值 （kPa）
②灰泥混珊瑚 礁碎块	A1	27.9	32.8
	A2	32.0	
	A3	38.5	
③块状礁灰岩	A1	61.3	39.3
	A2	32.0	
	A3	24.5	

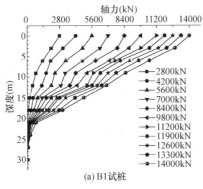

(a) B1 试桩

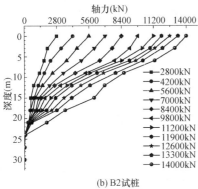

(b) B2 试桩

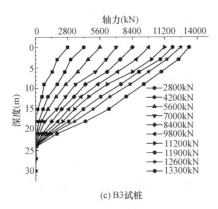

(c) B3 试桩

图 7　旋挖钻孔灌注桩桩身轴力随
深度变化曲线

Fig. 7　Curve of axial force variation with
depth of rotary excavation bored pile

混珊瑚礁碎块极限侧摩阻力变化范围为 27.9～38.5kPa，平均值为 32.8kPa，方差为 4.4kPa，变异系数为 0.133；③块状礁灰岩极限侧摩阻力变化范围为 24.5～61.3kPa，平均值为 39.3kPa，方差为 15.9kPa，变异系数为 0.404。此外，考虑到桩周地层主要为②灰泥混珊瑚礁碎块和③块状礁灰岩，根据桩端极限承载力，计算 3 根试桩全桩长平均极限侧摩阻力分别为 24.3kPa、32.2kPa 和 28.0kPa，平均值为 28.2kPa。

（2）旋挖钻孔灌注桩

绘制试桩不同荷载下桩身轴力随深度分布曲线如图 7 所示。从图 7 可知，桩身轴力曲线大致呈线性分布，桩身轴力随深度增加而线性减小，表现出摩擦桩特征，当桩顶荷载较小时，仅基桩上部产生轴向压缩使桩土产生相对位移，进而产生桩侧摩阻力，随荷载增加，竖向荷载克服侧摩阻力沿桩身向下传递。最大加压荷载下，桩身 24m 处轴力基本降为 0，表明该深度以下桩侧摩阻力和桩端阻力均未发挥，进一步说明试桩未达到破坏状态。

根据轴力计算②灰泥混珊瑚礁碎块和③块状礁灰岩的极限侧摩阻力，结果如表 4 所示。从表 4 可知，②灰泥混珊瑚礁碎块极限侧摩阻力变化范围为 200.5～335.6kPa，平均值为 220.5kPa，方差为 14.8kPa，变异系数为 0.067；③块状礁灰岩极限侧摩阻力变化范围为 292.7～327.6kPa，平均值为 307.3kPa，方差为 14.8kPa，变异系数为 0.048。此外，考虑到桩周地层主要为②灰泥混珊瑚礁碎块和③块状礁灰岩，计算 3 根试桩 21m 深度内的平均极限侧摩阻力分别为 233.8kPa、228.9kPa 和 216.8kPa，平均值为 226.5kPa。

冲击钻孔灌注桩侧摩阻力计算表　表 4

Skin friction of rotary excavation

bored pile　　　　　Table 4

地层编号	桩号	极限侧摩阻力 （kPa）	极限侧摩阻力 平均值 （kPa）
②灰泥混珊瑚 礁碎块	A1	235.6	220.5
	A2	225.4	
	A3	200.5	
③块状礁灰岩	A1	301.7	307.3
	A2	292.7	
	A3	327.6	

3.4　冲击钻孔与旋挖钻孔灌注桩对比分析

统计相同桩长、桩径下冲击钻孔灌注桩与旋挖钻孔灌注桩承载特性，结果见表 5。从表 5 可知，旋挖钻孔灌注桩抗压极限承载力和抗压承载力特征值均是冲击钻孔灌注桩的 2.85 倍，而对应的桩顶沉降量，旋挖钻孔灌注桩仅为冲击钻孔灌注桩的 0.39 倍。旋挖钻孔灌注桩在②灰泥混珊瑚礁碎块、③块状礁灰岩以及全桩长范围内的极限侧摩阻力分别是冲击钻孔灌注桩的 6.72、7.82 和 8.03 倍。

冲击钻孔与旋挖钻孔灌注桩承载特性对比 表5 Bearing characteristics of impact drilling filling pile and rotary excavation bored pile Table 5		
名称	冲击钻孔灌注桩	旋挖钻孔灌注桩
极限抗压承载力(kN)	4827	13766
抗压承载力特征值(kN)	2414	6833
极限承载力对应桩顶沉降(mm)	38	14.81
②灰泥混珊瑚礁碎块极限侧摩阻力(kPa)	32.8	220.5
③块状礁灰岩极限侧摩阻力(kPa)	39.3	307.3
桩周平均极限侧摩阻力(kPa)	28.2	226.5

综上，旋挖钻孔灌注桩的施工周期和充盈系数均小于冲击钻孔灌注桩，但旋挖钻孔灌注桩的承载特性均优于冲击钻孔灌注桩。现场开挖冲击钻孔灌注桩发现桩周存在较厚泥皮(图8)，厚度一般为5～10mm，因此可以推测冲击钻孔灌注桩承载特性低于旋挖钻孔灌注桩的原因主要是冲击成孔过程中在孔周产生了过厚的泥皮，其大大降低了桩周地层的侧摩阻力，从而使桩基抗压承载力降低，桩顶沉降量增加。

图8 冲击钻孔灌注桩桩周泥皮典型照片
Fig.8 Typical photo of mud skin around impact drilling filling pile

4 结论

本文通过现场静载试验，研究了珊瑚礁灰岩地区冲击钻孔灌注桩和旋挖钻孔灌注桩的承载特性，得到以下4点结论：

(1) 冲击钻孔灌注桩的成孔时间约为4d，充盈系数为1.37；旋挖钻孔灌注桩的成孔时间约为4h，充盈系数约为1.26；桩长、桩径相同时，冲击钻孔灌注桩的施工时间和充盈系数分别是旋挖钻孔灌注桩的24倍和1.09倍。

(2) 冲击钻孔灌注桩桩端阻力随桩顶荷载增加而增加，表现为摩擦端承桩特性；旋挖钻孔灌注桩桩身轴力随荷载增加逐渐向下传递，表现为摩擦桩特性。

(3) 旋挖钻孔灌注桩的承载特性明显优于冲击钻孔灌注桩，其极限抗压承载力、单桩抗压承载力特征值是冲击钻孔灌注桩的2.85倍，其桩长范围内极限侧摩阻力平均值是冲击钻孔灌注桩的8.03倍。

(4) 造成冲击钻孔灌注桩承载特性较差的原因是冲击成孔过程中在孔周形成了较厚泥皮，其大大降低了桩周地层的侧摩阻力。

参考文献：

[1] 中国科学院南沙综合科学考察队. 南沙群岛永暑礁第四纪珊瑚礁地质[M]. 北京：海洋出版社，1992.

[2] 孙宗勋，黄鼎成. 珊瑚礁工程地质研究进展[J]. 地球科学进展，1999，14(6)：577-581.

[3] ISMAIL M A, JOER H A, RANDOLPH M F. Sample preparation technique for Artificially cemented soils[J]. Geotech Test J., 2000, 23(2)：171-177.

[4] 夏玉云，乔建伟，刘争宏，等. 振动碾压对吹填珊瑚砂地基工程特性影响的试验研究[J]. 地基处理，2020，2(4)：277-284.

[5] 汪稔，宋朝景，赵焕庭，等. 南沙群岛珊瑚礁工程地质[M]. 北京：科学出版社，1997.

[6] 朱袁智，沙庆安，郭丽芬. 南沙群岛永暑岛礁新生代珊瑚礁地质[M]. 北京：科学出版社，1997.

[7] 杨永康，丁学武，冯春燕等. 西沙群岛珊瑚礁灰岩物理力学特性试验研究[J]. 广州大学学报(自然科学版)，2016，15(5)：78-83.

[8] 夏玉云，乔建伟，张炜，等. 马尔代夫吹填珊瑚砂地基现场试验研究[J]. 工程勘察，2021，1：19-24.

[9] 王新志，汪稔，孟庆山，等. 南沙群岛珊瑚礁礁灰岩力学特性研究[J]. 岩石力学与工程学报，2008，27(11)：2221-2226.

[10] 钟毓，汪稔，李琦，等. 珊瑚礁灰岩物性特征及工程性质研究进展[J]. 科技导报，2020，38(20)：57-70.

[11] Gischler E, Dietrich S, Harris D, et al. A comparative-study of modern carbonate mud in reefs and carbonateplat-forms: Mostly biogenic, some precipitated[J]. Sedi-mentary Geology, 2013, 292：36-55.

[12] 唐国艺，郑建国. 东南亚礁灰岩的工程特性[J]. 工程勘察，2015，43(6)：6-10.

[13] 朱长歧，周斌，刘海峰. 天然胶结钙质土强度及微观结构研究[J]. 岩土力学，2014，35(6)：1655-1663.

[14] 孙宗勋，卢博. 南沙群岛珊瑚礁灰岩弹性波性质的研究[J]. 工程地质学报，1999，7(2)：79-84.

[15] ZHU C Q, LIU H F, ZHOU B. Micro-structures and the basic engineering properties of beach calcarenites in South China Sea[J]. Ocean Engineering, 2016, 114：224-235.

[16] 杨永康，丁学武，冯春燕，等. 西沙群岛珊瑚礁灰岩物理力学特性试验研究[J]. 广州大学学报(自然科学版)，2016，15(5)：78-83.

[17] 白晓宇，张明义，李明怀，等. 珊瑚礁地基的工程性状研究[J]. 工程勘察，2010，38(11)：21-25，31.

[18] 刘志伟，李灿，胡昕. 珊瑚礁礁灰岩工程特性测试研究[J]. 工程勘察，2012，40(9)：17-21.

[19] 刘军科. 珊瑚礁灰岩地层钻孔灌注桩桩侧摩阻力研究[J]. 中外公路，2020，40(3)：10-15.

[20] 肖向阳，张荣，彭登峰. 马尔代夫珊瑚礁岩土工程特性研究[J]. 铁道勘察，2018，44(2)：69-73.

[21] 卢超健，罗辉. 马累-机场岛跨海大桥建设场地工程地质特性及评价[J]. 工程建设与设计，2016，5：71-74.

[22] 刘海峰，朱长歧，孟庆山，等. 礁灰岩嵌岩桩的模型试验[J]. 岩土力学，2018，39(5)：1581-1588.

粉土场地中预制桩基础的优化设计

钱 磊[1]，沈 金[2]，干 钢[2]，金振奋[2]，王 俊[2]，王成志[2]

(1. 浙江精创建设工程施工图审查中心，浙江 杭州 310028；2. 浙江大学建筑设计研究院有限公司，浙江 杭州 310028)

摘 要：基于某湾区典型粉土场地的工程地质条件，根据土层原位测试及桩基静载试桩成果合理调整桩基设计参数，以提高桩基竖向承载力，最终确定合理的桩基方案。实践表明，经过优化的桩基方案，不仅受力合理，土层承载力利用较充分，而且节省投资和施工工期，效益显著，对同类地质条件下类似的桩基础设计具有参考价值。

关键词：粉土；预制桩；桩基优化；静力触探

作者简介：钱磊(1974—)，男，注册土木(岩土)工程师、国家一级注册结构工程师、高级工程师，主要从事岩土工程和结构工程的设计与审查。E-mail: 85392014@qq.com。

Optimal Design of Precast Pile Foundation in Silt Field

QIAN Lei[1], SHEN Jin[2], GAN Gang[2], JIN Zhen-feng[2], WANG Cheng-zhi[2]

(1. Zhejiang Jingchuang Construction Engineering Construction Drawing Review Center, Hangzhou Zhejiang 310028, China;
2. Zhejiang University Architectural Design and Research Institute Co., Ltd., Hangzhou Zhejiang 310028, China)

Abstract: Based on the engineering geological conditions of the typical silt site in a bay area, the design parameters of pile foundation are adjusted reasonably according to the results of in-situ test of soil layer and static load test of pile foundation, so as to improve the vertical bearing capacity of pile foundation. The practice shows that the optimized pile foundation scheme not only has reasonable stress and full utilization of soil bearing capacity, but also saves investment and shortens construction period, and has remarkable benefits. It has reference value for similar pile foundation design at the similar kind of geological conditions.

Key words: silt field; precast pile; optimal design of pile; CPT

0 引言

某湾区三个中小学项目，主要建筑均为地上 3～6 层的多层建筑，均采用钢筋混凝土框架结构，项目的功能、性质、荷载以及结构形式均较为接近，项目建设场地距离较近，且土层分布及土层性质较相似。

项目场地上部为全新世河漫滩相沉积地层，中部为更新世海陆交互相沉积地层，下部为晚更新世陆相沉积地层，第四纪覆盖层厚度一般为 100～150m，基底主要为白垩纪泥质粉砂岩，场地地貌属典型的河湖相沉积及海相沉积的冲积平原。场地土层的共同特点为埋深 20m 范围分布有较厚的中密—密实的黏质—粉质粉土层，适合作为中等荷载的建筑的桩基持力层，其下为淤泥质土、粉质黏土层及黏土层。

如何合理、充分发挥浅层粉土层承载力，是该类场地上中等荷载多层建筑结构桩基设计的关键。

下文以项目一中有代表性的综合楼和办公楼的桩基设计过程为例，介绍了典型粉土场地上预制桩桩基选型优化的具体过程。

1 桩型分析与选择

按该项目勘察报告地质剖面揭示，场地上部分布为典型的冲海积粉土及淤泥质土层，下部分布为粉质黏土层及黏土层。场地主要土层地基土物理力学性质设计参数指标见表 1，典型地质剖面见图 1。

地基土物理力学性质设计参数指标　表 1

Design parameter index of physical and mechanical properties of foundation soil　Table 1

土层号	土层名称	土层厚度 (m)	标贯值	预制桩		钻孔灌注桩	
				侧阻力特征值 q_{sk} (kPa)	端阻力特征值 q_{pa} (kPa)	端阻力特征值 q_{sk} (kPa)	端阻力特征值 q_{pa} (kPa)
②	黏质粉土	0.8～1.5	10.9	10	9		
③₁	黏质粉土	4.1～4.7	12.9	15	14		
③₂	黏质粉土	7.5～8.0	22.6	20	18	450	900
③₃	粉质黏土夹粉土	1.5～2.5	18.5	18	16	400	800
③₄	淤泥质粉质黏土	1.5～3.2		12	11		
④₁	淤泥质粉质黏土	9.1～10.1		10	9		
④₂	粉质黏土	13.3～14.3		14	13		
⑥	粉质黏土	2.3～13.9		23	21	380	850
⑦	黏土	2.0～8.4		26	23	420	950

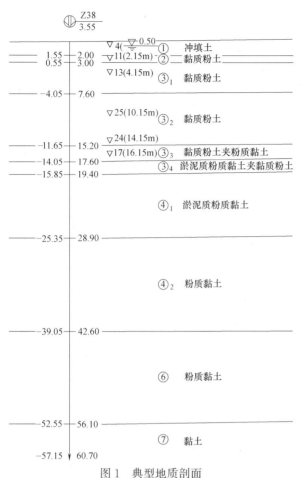

图 1　典型地质剖面

Fig. 1　Typical geological profile

根据实际情况和场地的工程地质条件，本工程中可选择的桩型有钻孔灌注桩、预制混凝土桩及沉管灌注桩。

钻孔灌注桩属于非挤土桩，它所能提供的单位面积侧阻力较预制桩要小，为预制桩的 80%～90%，而单位面积端阻力则更小，一般仅为预制桩的 30%～60%。钻孔桩只有进入端阻力较大的岩土层如圆砾层、中风化层以上的岩层时，才能利用其桩身强度的潜力，而本场地无此类岩土层。而且钻孔灌注桩桩底沉渣不易控制，在软土地基中容易产生夹泥、缩颈现象，钻孔泥浆护壁置换出来的废泥浆污染环境。钻孔灌注桩的工程质量主要取决于施工工艺和施工操作人员的施工水平，与预制桩相比，施工工期长，其保证工程质量的难度较大，需要采取可靠的方法检查桩身质量以消除隐患。

预制混凝土桩单位面积所提供的侧阻力和端阻力较灌注桩高，其长度和断面可在一定的范围内根据需要选择，施工制造的质量易于保证，耐久性好，尤其是其中的预应力混凝土管桩，质量稳定可靠，有较高的强度和刚度，抗裂和抗弯性能好，耐冲击，而且工业化程度较高，可按施工进度快慢及时运桩，施工速度快，可缩短施工工期，在工程实践中得到了广泛的应用。但预制桩的接头是其薄弱部位，且桩长受持力层影响较大，持力层不均匀时，桩长分区较多，有时会出现接桩或截桩情况。

沉管灌注桩造价低，单方造价约为预制桩的 40%，钻孔桩的 60%，施工时桩长可以调整，比较适合持力层

有起伏变化的情况。但是由于其直径较小，受长细比限制，桩长也较短，单桩所能提供的承载力较小，成桩质量不稳定，施工现场干扰因素多，而且施工噪声较大，属于挤土桩，对环境有一定影响，目前主要用于荷载较小建筑。

根据桩基承载力的要求，结合建筑场地周边环境条件和持力层分布情况、持力层桩基设计参数以及柱底荷载情况，并结合场地施工条件、项目施工工期要求，对上述三种桩型进行技术经济综合比较分析后，决定采用预制桩基础。

2　桩基优化与调整

2.1　长桩和短桩方案选择

根据建筑物上部荷载对单桩承载力的要求，按地勘报告提供的承载力指标估算，有如下两种布桩方案：

方案一为短桩方案，采用第③₂层黏质粉土层作为预制桩桩基持力层，桩长约 12m，600mm 直径的管桩单桩竖向承载力特征值约 500kN，工程桩数量为 1169 根。

方案二为长桩方案，采用第⑥层粉质黏土层作为预制桩桩基持力层，桩长约 44m，600mm 直径的管桩单桩竖向承载力特征值约 1400kN，工程桩数量为 373 根。

按柱下荷载进行试布桩时发现，按方案一短桩方案布桩的话，由于桩基承载力特征值较低，导致布桩系数太大，且无法满足工程桩桩间距的要求，因此初步决定采用第二种布桩方案，即长桩方案。

2.2　粉土层设计参数分析

进行工程桩试桩时发现，无论是采用锤击法还是静压法沉桩，沉桩都比较困难，尤其是在桩底穿越③₂层黏质粉土层时，沉桩异常困难，多次出现桩头、桩身破坏的情况，除非采用引孔方式，否则桩身较难穿越上部粉土层。

分析其原因，认为场地上部分布着土层土性较好、厚度较大的黏质粉土层，但其桩基设计参数指标偏低，按其估算的单桩承载力较低。按地勘报告，③₂层黏质粉土层的孔隙比 $e=0.777$，标贯击数 $N=22.6$，属于中密偏密实，地勘报告按密实度（第一指标）及标贯击数 N（第三指标），根据浙江省标准《建筑地基基础规范》DB33/T 1136—2017 中附录 L 确定该土层的桩基侧阻力及端阻力特征值，由于本项目勘察时原位测试未采用静力触探，无法取得附录 L 中要求的第二指标 q_c（静力触探试验的锥尖阻力）。

根据当地以往工程的经验，该黏质粉土层桩端承载能力相当大，临近工程类似粉土层的静力触探试验表明，该粉土层的 q_c 值约为 10MPa，接近中密粉砂土的 q_c 指标，其土层桩基侧阻力及端阻力特征值参数也应接近中密粉砂土。

目前动力触探试验及静力触探试验是作为确定地基土层岩土设计参数的两种主要原位测试手段。

动力触探试验分为标贯试验和圆锥动力触探试验。

标贯试验与圆锥动力触探最大的区别是探头不同，即标贯试验的探头不是圆锥形，是空心圆柱形，即标准贯入器。

而静力触探是把一定规格的圆锥形探头借助机械匀速压入土中，并测定探头阻力，可以在一定程度上模拟打桩的实际过程。

相对来说，标贯试验比静力触探对土层的扰动较大，尤其是对粉土扰动更大。因为粉土属于低塑性土，一般70％以上的粒组是粉粒和细、极细砂粒，其比表面积不大，而毛细现象活跃，其结构性均较差，极易受扰动失水而不能真实反映其力学性状。

建议对于有易扰动的粉土层的项目，采用静力触探作为其主要原位测试手段为宜。

2.3 短桩静载试验

为进一步确定该粉土层的土层桩基设计参数，为设计提供桩基设计依据，建议业主以③₂层黏质粉土层为持力层，将桩长减短，按短桩方案进行静载试桩，以确定单桩竖向承载力及上部土层的桩基设计参数。

现场按短桩方案进行了 3 根静载试桩，桩基采用③₂层黏质粉土层为持力层，桩长约 12m，采用 600mm 直径的管桩。

静载试桩的结果表明，单桩承载力特征值均在 800kN以上，典型静载试桩 Q-s 曲线如图 2 所示。

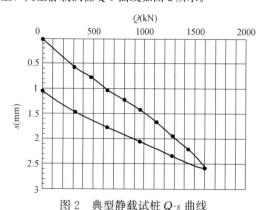

图 2　典型静载试桩 Q-s 曲线

Fig. 2　Typical static load test of pile Q-s curve

以目前的静载试验结果来看，该类场地粉土层有较大的承载力，按规范推荐表的桩基参数取值可适当提高。

2.4 粉土层桩基参数优化

经多次沟通讨论，勘察单位根据静载试桩结果，并考虑粉土层的实际情况，修正了预制桩短桩相关土层承载力参数表，取值对比见表 2。

按修正后的参数表计算的桩基承载力基本上与静载试桩结果相吻合。

2.5 桩基方案优化

按此桩基设计参数计算，以③₂层黏质粉土层为持力层，采用直径 600mm 的管桩，桩长 12m，其单桩竖向承载力特征值为 800kN，为原长桩方案设计承载力特征值的60％左右，为原短桩方案设计承载力的 1.6 倍。

桩基承载力参数表（修正）　表 2

Parameter table of bearing capacity of pile foundation（Revised）　Table 2

土层号	土层名称	预制桩（修正前）		预制桩（修正后）	
		侧阻力特征值	端阻力特征值	侧阻力特征值	端阻力特征值
		q_{sk} (kPa)	q_{pa} (kPa)	q_{sk} (kPa)	q_{pa} (kPa)
②	黏质粉土	10		10	
③₁	黏质粉土	15		17	
③₂	黏质粉土	20	900	25	1400

桩基方案优化比较　表 3

Comparison of pile foundation optimization schemes　Table 3

桩基方案（ϕ600）	承载力特征值	持力层	桩长 (m)	桩数	总桩长 (m)
原短桩方案	500kN	③₂层黏质粉土层	12	1169	14028
原长桩方案	1400kN	⑥层粉质黏土层	44	373	16412
现短桩方案	800kN	③₂层黏质粉土层	12	735	8820

按此短桩方案布桩，总桩数为 735 根，桩数比原长桩方案增加了约 1 倍，是原短桩方案的 62.8％。但是由于充分利用了上部粉土层桩基承载力，设计桩长比原长桩方案减少了 73％，仅此一栋楼，总的桩长还比原长桩方案减少了一半左右（表 3）。

整个校区的建筑均按此短桩方案布桩，节省下来的桩长非常可观。而且由于该方案只采用了单节桩，省去了接桩环节，极大地缩短了桩基施工工期，避免了因接桩带来的桩基施工质量问题。

2.6 粉土层短桩方案的应用

该湾区另外两个中小学校项目桩基设计参照该项目的成功经验，前期与业主和勘察单位进行充分沟通，对土层同时采用标贯试验以及静力触探试验进行原位测试，综合静力触探试验结果与标贯试验结果，并结合桩基静载试桩结果，对规范推荐的粉土层的桩基设计参数建议值合理提高，并最终确定粉土层桩基土层设计参数。

上述项目的桩基持力层均采用该粉土层，桩长为12～14m，桩基承载力特征值为 800～850kN，后期桩基的承载力检测以及沉降观测记录均满足设计和规范的要求，取得良好的经济效益并获得好评。

3　结论

（1）根据场地浅层粉土层的特点，以粉土层作为持力层的预制桩短桩方案是该类场地多层建筑的理想桩基方案。

（2）通过合理优化粉土层桩基设计参数，以充分发挥其土层桩基承载力是该类场地短桩方案设计的关键。

（3）分析研究表明，经过合理优化的桩基方案，不仅受力合理，承载力利用较充分，而且节省投资和缩短工期，对同类地质条件下类似建筑的桩基础设计具有参考价值。

（4）桩基方案的选择非常重要，对桩基工程的质量及造价起着决定性作用。桩基方案的选型往往取决于工程地质条件、建筑物的荷载条件、结构平面布置情况、施工技术与环境条件以及综合经济分析。

（5）桩基方案确定后，还可根据实际情况（如原位测试成果、静载试桩结果）调整确定相关设计参数，对桩基进行合理优化，最大限度的发挥土层的承载力，在力保安全的前提下降低桩基造价。

参考文献：

[1] 浙江省住房和城乡建设厅. 建筑地基基础设计规范：DB33/T 1136—2017[S]. 2017.

[2] 陈仲颐，叶书麟. 基础工程学[M]. 北京：中国建筑工业出版社，1990.

[3] 钱七虎. 岩土工程师手册[M]. 北京：人民交通出版社，2010.

[4] 林本海，李业茂. 粉土工程性质的探讨[C]// 中国土木工程学会第八届土力学及岩土工程学术会议论文集，1999.

预应力混凝土实心方桩承载特性和经济性分析

曹　宇，董卫青，孙柏锋

（云南省设计院集团有限公司，云南 昆明 650228）

摘　要：本文结合工程实际，详细研究了预应力混凝土实心方桩的承载力计算、适用性、经济性，指出了预应力混凝土实心方桩的应用范围、设计方法和注意事项，对预应力混凝土实心方桩的设计和推广应用具有重要参考价值。

关键词：预应力混凝土实心方桩；单桩承载力；经济性分析

作者简介：曹宇(1986—　)，男，高级工程师，硕士。E-mail：69688255@qq.com。

Bearing characteristics and economic analysis of presstressed concrete solid square piles

CAO Yu, DONG Wei-qing , SUN Bai-feng

（Yunnan Design Institute Group Co.，Ltd.，Kunming Yunnan 650228，China）

Abstract：Combined with the engineering practice，this paper studies the bearing capacity calculation，applicability and economy of prestressed concrete solid square pile in detail，and points out the application scope，design method and matters needing attention of prestressed concrete solid square pile，which has important reference value for the design and popularization of prestressed concrete solid square pile.

Key words：presstressed concrete solid square piles；capacity of single pile；economic analysis

0　引言

预制桩可在工厂标准化生产，具有桩身质量好、造价低、施工速度快、环境污染小等优点，符合生态、绿色、环保的要求，因此在建筑工程中广泛应用。

预应力混凝土管桩是各种预制桩中成本较低的桩型，在工程中广泛应用。但其存在水平抗剪承载力低、抗震性能差等缺点，在高烈度区不宜使用。而当桩长较长、桩基竖向承载力较高时，其承载力变为桩身强度控制，使竖向承载力不能有效发挥。

常规的预制实心方桩为满足桩身吊装、运输等要求，桩身配筋偏大，成本高但抗压强度偏低，工程应用较少。

采用先张法制作的预应力混凝土实心方桩（图1）是近年来开发出来的一种新型桩型，一般采用 C60（PC）或 C80（PHC）甚至更高强度混凝土制作，保持了预应力管桩的优点，并大大提高了其桩身的抗压、抗剪强度，其延性和抗裂性能好，对各种地质条件具有较好的适应性，并具有较好的经济性。

本文结合工程实际应用，对预应力混凝土实心方桩的承载特性和经济性以及其工程应用的相关问题进行分析。

图1　预应力实心方桩图

Fig.1　presstressed concrete solid square piles

1　工程概况

某住宅项目拟建于云南省昆明市西山区，距离滇池约 2km，共包含 7 栋 26～34 层高层建筑及其他附属用房，总建筑面积 235948.16m²，高层住宅均采用剪力墙结构。本地区抗震设防烈度为 8 度，基本地震加速度 0.2g，设计地震分组为第三组，建筑场地类别为Ⅲ类。

项目各建筑单体情况表　　　　表 1

Summary of each building number Table 1

序号	单体栋号	结构形式	地下层数	地上层数
1	1 号、2 号	剪力墙	2 层	34 层
2	3 号	剪力墙	3 层	34 层
3	4 号	剪力墙	3 层	33 层
4	5 号	剪力墙	2 层	33 层
5	7 号	剪力墙	2 层	26 层
6	8 号	剪力墙	2 层	30 层

2　工程地质情况

在本次勘察 95.9m 的最大勘探深度范围内，主要土层为黏土、粉土、泥炭质土等间隔分布，大部分为中高压缩性土层，20m 深度范围内存在③$_2$ 层粉土、③$_3^1$ 层粉土和③$_4$ 层粉土，经判别属轻微液化，埋藏较深。

典型地质剖面层厚及桩基设计参数表　表 2

Soil thickness of typical geological section and design

parameters of pile foundation　Table 2

土层编号	土层名称	层厚 (m)	q_{sik} (kPa)	q_{spk} (kPa)
①$_1$	素填土	4.9		
②$_1$	黏土	1.9	80	
③$_1$	泥炭质土	1.7	40	
③$_1^1$	黏土	2.4	68	
③$_3$	黏土	4.5	85	
③$_4$	粉土	3.5	65	
④$_1$	黏土	4.4	85	
④$_1^1$	粉土	1	60	
④$_1$	黏土	4.2	85	
④$_2$	粉土	4.5	60	3000
⑤$_1$	泥炭质土	1.5	40	
⑤$_2$	黏土	2.1	85	
⑤$_3$	粉土	5.4	65	4300
⑤$_3^1$	粉质黏土	1.2	60	
⑤$_3$	粉土	5.6	65	4300

3　桩基选型分析

3.1　不同桩型承载力比较

本项目抗震设防烈度为 8 度，存在较深厚的液化土层，穿越液化土层深度达 12m 左右。

根据地质情况和荷载要求，桩顶标高自然地坪下 9～13m，其中第③$_5$ 粉土层力学性质较好，压缩性较低，可作为良好的桩端持力层，有效桩长可取 25～30m（地面下

35～40m），设计按有效桩长 28m 进行分析和试桩。

当地较为成熟的桩型为长螺旋钻孔灌注桩、预应力混凝土管桩、旋挖成孔灌注桩，也可生产预应力空心方桩及预应力实心方桩。按工期要求，需在地面打桩，能施工此深度的长螺旋钻孔灌注桩机设备很少，不能满足要求，不再考虑。

因此桩基选型需将预应力混凝土管桩、旋挖成孔灌注桩、预应力混凝土空心方桩及预应力混凝土实心方桩进行对比（表 3）。

不同桩型桩身承载力表　　　表 3

bearing capacity of different

pile types　　Table 3

桩型	桩径 (mm)	型号	混凝土强度等级	桩身强度设计值 (kN)	抗剪承载力 (kN)
预应力管桩	400	AB-125	C80	2288	164
预应力管桩	500	AB-125	C80	3701	273
预应力空心方桩	400	AB400(250)	C80	3000	137
预应力空心方桩	450	B450(250)	C80	3897	228
预应力实心方桩	400	SHC-AB	C80	4020	313
预应力实心方桩	450	SHC-B	C80	5090	398
旋挖成孔灌注桩	800	B-	C30	5032	449

以上所述各桩型的工作条件系数取值如下：

（1）预应力混凝土管桩参数按图集《预应力混凝土管桩》10G409，工作条件系数取 0.7；

（2）预应力混凝土空心方桩参数按图集《预应力混凝土空心方桩》08SG360，工作条件系数取 0.85（按扣除混凝土预加应力计算）；

（3）旋挖成孔灌注桩参数按图集《钢筋混凝土灌注桩》10SG813，工作条件系数取 0.7；

（4）预应力混凝土实心方桩参数按云南省工程建设标准《预应力混凝土实心方桩应用技术规程》DBJ 53/T-90—2018，工作条件系数取 0.7。

根据表 4 可以看出，不同预应力桩均采用 C80 高强混凝土，因其截面积不同及桩身承载力计算方法有所不同，其抗压强度和桩身抗剪承载力有所差异。其中管桩和空心方桩的桩身抗压强度和抗剪强度相对较低。

直径 500mm 的预应力管桩承载力大致与边长 400mm 的预应力实心或空心方桩相同，价格也大致相同，但该型号的预应力空心方桩的抗压强度和抗剪强度明显弱于预应力管桩；而该型号预应力实心方桩的抗压、抗剪强度分别为 500mm 直径预应力管桩的 1.09 倍和 1.15 倍。

边长为 400mm×400mm 的预应力实心方桩的单桩极限承载力标准值是直径 400mm 管桩的 4000/3000＝1.33 倍，其桩身抗压强度是同直径管桩的 4020/2280＝1.76 倍，其桩身抗剪强度是同直径管桩的 313/164＝1.191 倍。因按规范边长和直径相同的方桩与管桩的最小桩距相同，因此相同的布桩密度时，采用预应力混凝土实心方桩可大幅提高单位面积桩基的承载力及桩身的抗压、抗剪承载力。

不同桩型单桩极限承载力标准值对比 表 4

Comparison of standard values of ultimate bearing capacity of single pile of different pile types Table 4

桩型	桩径或边长（mm）	桩长（m）	单桩极限承载力标准值（kN）
预应力管桩	400	28	3000
预应力管桩	500	28	3900
预应力空心方桩	400	28	4000
预应力空心方桩	450	28	4500
旋挖成孔灌注桩	800	28	6000
预应力实心方桩	400	28	4000
预应力实心方桩	450	28	4500

3.2 不同桩型经济性比较

为综合比较不同桩型的经济性，以 1 号楼为例采用不同桩型进行详细布桩，并统计出所需桩数，从而得出桩基总费用。

1 号楼不同桩型经济性比较 表 5

Economic comparison of different pile types of No. 1 building Table 5

桩型	所需桩数（根）	总费用（万元）	单位承载力费用（元/kN）
预应力管桩	327	205.35	2.40
预应力空心方桩	326	201.55	2.35
旋挖成孔灌注桩	220	369.60	4.31
预应力实心方桩	289	186.11	2.17

注：1. 预应力管桩及预应力空心方桩含液化土层以上填芯费用。各种预制桩按出厂价加打桩费用及其相关费用计算。

2. 从表 5 可以看出，不同预应力桩取得每千牛承载力所需费用接近。预应力实心方桩因其桩身强度发挥充足，无需填芯，其费用最低。旋挖成孔灌注桩直径较大，以摩阻力为主的摩擦型桩采用大直径桩效率低，经济性较差。

3.3 桩基选型结论

综合上述承载力和经济性分析结果，采用预应力实心方桩可取得较高的承载力，且费用最低，并可确保其抗压、抗剪承载力和抗震性能，因此本项目高层建筑及超高层建筑采用了预应力实心方桩。

预应力管桩和预应力空心方桩经济性接近，但其抗震性能较差，不适宜用于高烈度和存在液化土地区。

旋挖成孔钻孔灌注桩可用于本项目，但效率较低，所需费用较高，不推荐。

4 单桩承载力检测

为验证基桩的单桩抗压承载力，工程分别对边长为

450mm 的预应力混凝土实心方桩和直径 500mm 的预应力管桩进行了静载试验。试桩为在地面打桩和检测，有效桩长需扣除基础底板以上部分。

单桩静载试验结果如表 6 和表 7 所示。

预应力混凝土实心方桩静载试验结果 表 6

Static load test results of prestressed concrete solid square pileconcrete solid square pile Table 6

试桩编号	桩长（m）	最大加载量（kN）	最终沉降量（mm）	备注
1 号	40	7480	29.35	极限破坏
2 号	38.2	8160	25.21	极限破坏
3 号	35	8160	28.00	未破坏
4 号	38	7480	25.29	未破坏
5 号	38	7480	22.64	未破坏
6 号	38	6800	22.38	极限破坏
7 号	38	7480	21.68	未破坏

注：经检测 6 号桩桩身存在缺陷，结果异常剔除。

预应力混凝土管桩静载试验结果 表 7

Static load test results of prestressed concrete pipe pile Table 7

试桩编号	桩长（m）	最大加载量（kN）	最终沉降量（mm）	备注
1 号	38	4900	21.36	未破坏
2 号	38	4900	21.28	未破坏
3 号	38	4900	21.60	未破坏
4 号	38	4900	20.86	未破坏
5 号	38	4900	16.36	未破坏

根据检测结果，边长为 450mm 的预应力实心方桩，其极限承载力标准值为 7480kN，为理论计算值的 1.66 倍；直径为 500mm 的预应力管桩，其最大加载量为 4900kN，为理论计算值的 1.25 倍。预应力混凝土实心方桩的承载力发挥比预应力管桩更好。

5 预应力管桩的适用性分析

根据现场试验和工程实践表明，预应力混凝土实心方桩基础有如下特点：

（1）预应力实心方桩主要适用于人工填土、软土、黏性土、粉土、粗砂、细砂、中砂为覆盖层的地区，持力层一般选为粗砂、砾砂、风化岩、粉土层等。对于存在较厚液化土层的场地，管桩需要通过填芯并在填芯中配筋才能满足设计要求，施工难度大，造价高。预应力实心方桩每千牛承载力造价要低于预应力混凝土管桩，意味着同样设计承载力下方桩具有明显优势。

（2）预应力混凝土实心方桩具有预应力管桩的优点，且桩身质量稳定性好，并具有桩身抗压强度和抗剪强度高、延性好的特点，所需承台小，造价低，可普遍适用于各种地质情况和各种设防烈度的建筑。特别适用于单桩承载力较高的情况，以及抗震要求高的高烈度区及重要建筑。

（3）与管桩相比，相同间距和尺寸的情况下，预应力

混凝土实心方桩具有更大的桩侧周长，能够提供更高承载力，可有效挖掘土层潜力，适应更高建筑和更重的荷载要求。本项目原方案有多栋 42 层的超高层住宅，经多方案比选唯有应力混凝土实心方桩及大直径超长旋挖成孔灌注桩方案可满足要求，但旋挖成孔灌注桩费用明显偏高，采用预应力混凝土实心方桩能够较好满足要求且经济性较好。后来方案改为 34 层、高度 100m 以下，通过方案比选，预应力混凝土实心方桩仍具有较好的经济性。

另外，根据工程施工情况显示，边长为 450mm 的预应力混凝土实心方桩的挤土效应明显大于直径 500mm 的预应力管桩，设计施工时应特别引起注意。施工时采取针对性技术措施减小挤土效应的方法，减小沉桩时挤土效应对周边建（构）筑物、道路、地下管线的影响。如合理的打桩顺序、开挖防挤（震）沟、引孔等措施，在饱和土中打桩时，还应采取减小孔隙水压力的措施。

6 预应力混凝土实心桩的桩身抗压承载力探讨

预应力混凝土实心方桩的单桩竖向承载力及桩身强度的计算公式与其余预制方桩基本相同。但对于工作条件系数的取值，不同标准规定区别较大。

《建筑桩基技术规范》JGJ 94—2008[1] 第 5.8.3 条："基桩成桩工艺系数 ψ_c 应按下列规定取值：1 混凝土预制桩、预应力混凝土空心桩：$\psi_c = 0.85$；……"对预制桩的取值依据未做详细解释。

《建筑地基基础设计规范》GB 50007—2011[3] 第 8.5.11 条规定："工作条件系数 φ_c 对非预应力预制桩取 0.75，预应力桩取 0.55～0.65，灌注桩取 0.6～0.8（水下灌注桩、长桩或混凝土强度等级高于 C35 时用低值）。"其条文说明解释：鉴于桩身强度计算中并未考虑荷载偏心、弯矩作用、瞬时荷载的影响等因素，因此，桩身强度设计必须留有一定富裕。在确定工作条件系数时考虑了承台下的土质情况，抗震设防等级、桩长、混凝土浇筑方法、混凝土强度等级以及桩型等因素。本次修订中适当提高了灌注桩的工作条件系数，补充了预应力混凝土管柱工作条件系数。考虑到高强度离心混凝土的延性差、加之沉桩中对桩身混凝土的损坏、加工过程中已对桩身施加轴向预应力等因素，结合日本、广东省的经验，将工作条件系数规定为 0.55～0.65。

根据这一解释，对预应力桩工作条件系数取 0.55～0.65 主要针对预应力管桩。从近年工程经验看，预应力管桩桩身的质量问题相对突出，取较低的值是合理的，对预应力管桩若按《建筑桩基技术规范》JGJ 94—2008 取 0.85 则明显偏大，安全度偏低。

图集《预应力管桩》10G409 则综合考虑沉桩工艺影响和混凝土残留预压应力影响，取 0.7。

云南省工程建设标准《预应力混凝土实心方桩应用技术规程》DBJ 53/T-90—2018 编制时，考虑到预应力实心方桩比用离心法制作的预应力管桩强度均匀、缺陷少的特点，并考虑了不同强度混凝土残留预压应力的影响，C60 混凝土取 0.65；C80 混凝土取 0.70。比《建筑地基基础设计规范》GB 50007—2011 略有提高，综合兼顾了经济性和安全性。

影响桩身承载力的因素较多，应考虑桩身制作水平影响，也应考虑施工水平及工程地质情况、工程重要性等因素，设计时应按实际区别对待，必要时应留一定安全储备。

7 结语

与其他桩型相比，预应力混凝土实心方桩具有预应力管桩的众多优点，并比预应力管桩提高了桩身的抗压、抗剪性能，其较高的承载力基本弥补了比预应力管桩增加的造价，其经济性与预应力管桩基本持平甚至更优。

预应力方桩具有侧阻较大的特点，可发挥较高的承载力，可适用于承载力要求高、需要提高单桩承载力的建筑；其具有良好延性和抗震性能，可广泛适用于高烈度区。

另外，该桩型存在较为明显的挤土效应，设计和施工时应注意采取必要技术措施。

参考文献：

[1] 中华人民共和国住房和城乡建设部. 建筑桩基技术规范：JGJ 94—2008[S]. 北京：中国建筑工业出版社，2008.

[2] 云南省住房和城乡建设厅. 预应力混凝土实心方桩应用技术规程：DBJ 53/T-90—2018[S]. 云南：云南科技出版社，2018.

[3] 中华人民共和国住房和城乡建设部. 建筑地基基础设计规范：GB 50007—2011[S]. 北京：中国建筑工业出版社，2012.

矩形截面桩低应变法测试研究

陶　俊[*1]，　郭　杨[1]，　柯宅邦[1]，　刘华瑄[2]，　乐腾胜[1]

（1. 安徽省建筑科学研究设计院 绿色建筑与装配式建造安徽省重点实验室，安徽 合肥 230031；2. 安徽省地质矿产勘查局 313 地质队，安徽 六安 237010）

摘　要： 文章根据三维桩土动力学模型，得到矩形截面桩桩土系统振动的定解问题。利用交错网格时域有限差分方法将定解问题进行离散，通过数值计算得到桩顶振动速度曲线，绘制矩形截面桩桩顶不同时刻的三维波场图，直观地反映了应力波在桩身中的传播规律，探讨桩顶不同拾振位置对振动速度曲线的影响，得出最佳拾振位置，对工程实践具有一定的指导意义。

关键词： 矩形截面桩；低应变法；三维波动理论

作者简介： 陶俊（1990—　　），男，汉族，湖北监利人，工程师。E-mail：taojun5516@126.com。

Study on Low Strain Test of Rectangular Section Piles

TAO Jun[1]，GUO Yang[1]，KE Zhai-bang[1]，LIU Hua-xuan[2]，YUE Teng-sheng[1]

（1. Anhui Institute of Building Research and Design，Anhui Key Laboratory of Green Building and Assembly Construction，Hefei AnHui 230031；2. 313 Geological Team，Anhui Bureau of Geology and Mineral Exploration and Development，Lu′an AnHui，237010）

Abstract： A real three-dimensional dynamics model of soil-system is established. The definite solution of soil-system with rectangular section piles is inferred. The staggered grid finite difference method is used to prepare the correspond procedures，and numerical calculation is carried out to obtain the vibration velocity at pile top. The three-dimensional wave snapshots of the pile top with rectangular section at different times are drawn，to reflect the transmitting theory of the stress wave in the rectangular section pile. The influence of different position of pile top on vibration velocity curve is discussed. The best vibration pickup position is obtained，and can be a reference in engineering practice.

Key words： rectangular section pile；low-strain integrity testing；three-dimensional wave theory

0　引言

近年来，桩基普遍应用于各种建筑结构中，在检测桩身完整性方面应用最多的方法是低应变反射波法，其理论基础为一维弹性杆纵波理论[1,2]。随着高层建筑和大型桥梁等工程建设的需要，大直径超长桩的应用越来越广，此时桩径过大难以满足一维理论，因此，把桩视为三维体，运用三维波动理论指导桩基低应变反射波检测工作更加符合实际情况。卢志堂利用交错网格有限差分法求解三维弹性波动方程，得出了圆形截面桩和管桩在瞬态竖向激振力作用下的动力响应，给出了桩顶不同位置的速度时程图[3,4]。李浩通过交错网格差分法开展了三维桩土条件下承台-桩低应变动测研究[5]。刘华瑄通过将变步长交错网格有限差分方法引入到三维桩土模型的数值计算中，得到了应力波在正方形截面桩中的传播特点。然而，矩形截面桩比圆形截面桩在基坑支护、挡土墙、边坡治理中得以更广泛的应用，在桩身体积相等的条件下，矩形截面桩比大直径桩或方桩具有更多的桩表面积，因而可以发挥更高的桩侧摩阻力，提高了桩的承载力。本文应用三维波动理论，分析应力波在矩形截面桩中的传播规律，探讨桩顶不同拾振位置对振动速度曲线的影响，得出最佳拾振位置，对矩形截面桩低应变法的检测，可供工程实践参考。

基金项目： 安徽省建设行业科学技术计划项目（项目编号：2018YF-010）。

1　低应变动测的三维波动理论

将桩与桩周土、桩底土视为各向同性线弹性体，桩土不分离，并不计体力，运用直角坐标系下的弹性波动方程求解矩形截面的动力响应，三维桩土模型如图1所示。

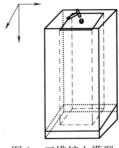

图 1　三维桩土模型

Fig. 1　Three-dimensional pile-soil model

基本方程如下：

$$\rho \frac{\partial v_x}{\partial t} = \frac{\partial \sigma_x}{\partial x} + \frac{\partial \tau_{yx}}{\partial x} + \frac{\partial \tau_{zx}}{\partial z} \tag{1}$$

$$\rho \frac{\partial v_y}{\partial t} = \frac{\partial \tau_{xy}}{\partial x} + \frac{\partial \sigma_y}{\partial y} + \frac{\partial \tau_{zy}}{\partial z} \tag{2}$$

$$\rho\frac{\partial v_z}{\partial t}=\frac{\partial \tau_{xz}}{\partial x}+\frac{\partial \tau_{yz}}{\partial y}+\frac{\partial \sigma_z}{\partial z} \quad (3)$$

$$\frac{\partial \sigma_x}{\partial t}=\lambda\left(\frac{\partial v_y}{\partial y}+\frac{\partial v_z}{\partial z}\right)+(\lambda+2\mu)\frac{\partial v_x}{\partial x} \quad (4)$$

$$\frac{\partial \sigma_y}{\partial t}=\lambda\left(\frac{\partial v_x}{\partial x}+\frac{\partial v_z}{\partial z}\right)+(\lambda+2\mu)\frac{\partial v_y}{\partial y} \quad (5)$$

$$\frac{\partial \sigma_z}{\partial t}=\lambda\left(\frac{\partial v_x}{\partial x}+\frac{\partial v_y}{\partial y}\right)+(\lambda+2\mu)\frac{\partial v_z}{\partial z} \quad (6)$$

$$\frac{\partial \tau_{yz}}{\partial t}=\mu\left(\frac{\partial v_y}{\partial z}+\frac{\partial v_z}{\partial y}\right) \quad (7)$$

$$\frac{\partial \tau_{zx}}{\partial t}=\mu\left(\frac{\partial v_x}{\partial z}+\frac{\partial v_z}{\partial x}\right) \quad (8)$$

$$\frac{\partial \tau_{xy}}{\partial t}=\mu\left(\frac{\partial v_y}{\partial x}+\frac{\partial v_x}{\partial y}\right) \quad (9)$$

其中，ρ 为弹性体的密度，λ、μ 为弹性体的拉梅系数；v_x、v_y、v_z 为质点在各方向上的速度分量；σ_x、σ_y、σ_z、τ_{xy}、τ_{yz}、τ_{zx} 为应力分量。

对于材料参数不连续的界面，通过调整网格使速度和剪应力的采样点刚好在界面上，计算点上与速度和剪应力对应的材料参数值可以用如下等效值来表示：

$$\rho=(\rho_1+\rho_2)/2 \quad (10)$$

$$\mu=\frac{4}{1/\mu_1+1/\mu_2+1/\mu_3+1/\mu_4} \quad (11)$$

其中，ρ_1、ρ_2 分别为计算点邻近 2 个采样点的质量密度；μ_1、μ_2、μ_3、μ_4 分别为计算点临近 4 个采样点的剪切模量。

吸收边界：采用二阶 Higdon 吸收边界条件消除计算区边界产生的反射波[3]。

初始条件：由于在激振力作用前，桩土系统处于静止状态，所以初始时刻，桩土质点的速度分量和应力分量均为零。

边界条件：桩基受到竖向激振力 $p(t)$，作用半径为 r_0，激振力 $p(t)$ 用升余弦脉冲函数表示，其形式如式 (12) 所示。

$$p(t)=\begin{cases}\frac{I}{t_0}\left(1-\cos\frac{2\pi}{t_0}t\right),0\leqslant t\leqslant t_0\\0,\text{其他}\end{cases} \quad (12)$$

将以上各式进行离散，利用交错网格有限差分法编制相应程序进行数值计算，分析应力波在矩形截面桩中的传播。

数值模拟算例中计算基本参数如下：

桩及桩周土设置：桩密度 $\rho=2450\text{kg/m}^3$，桩长 $L=6.6\text{m}$，弹性模量 $E=3.2\times10^{10}\text{N/m}^2$，泊松比 $\nu=0.28$，桩截面 $a\cdot b=1.0\text{m}\times0.8\text{m}$；桩周土密度、剪切波速及泊松比：$\rho_s=1950\text{kg/m}^3$，$v_s=100\text{m/s}$，$v_b=0.35$；桩底土密度、剪切波速及泊松比：$\rho_b=2150\text{kg/m}^3$，$v_{sb}=150\text{m/s}$，$v_{sb}=0.32$。

激振参数：作用时间 $t_0=1.0\text{ms}$，激振力冲量 $I=1\text{N·s}$。

通过数值计算得到桩身各点在不同时刻的振动速度和受力状态。

2 不同拾振点研究

考虑不同拾振点对速度响应曲线的影响，在桩顶中心激振，拾振点分别放置于桩顶中心（A 点）、长边方向中轴线上距 A 点 $1/4a$ 处（B 点）、短边中点处（C 点）、

短边方向中轴线上距 A 点 $1/4b$ 处（D 点）、长边中点处（E 点），不同拾振点示意图如图 2 所示。

得到不同拾振点的桩顶振动速度曲线对比如图 3 所

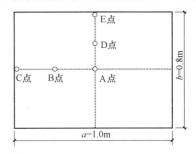

图 2　桩顶不同拾振点示意图

Fig. 2　Schematic of different pick-up points on pile top

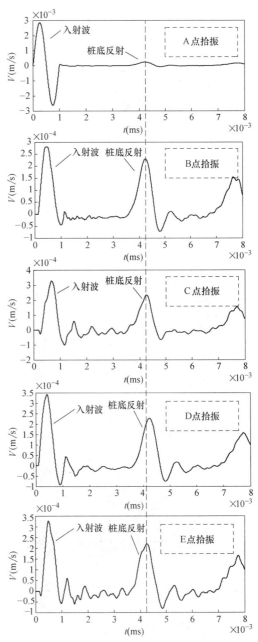

图 3　不同拾振点的桩顶振动速度曲线对比

Fig. 3　Comparison of time-domain vibration velocity curves of pile top between different pick-up points

示。可以看出，拾振点 A 距离中心激振点最近，在入射波后出现与入射波反向信号的幅值最大。从图中还可以看出，不同拾振位置的速度曲线在入射波后均出现了小幅震荡信号，此为三维效应的干扰，在 B 点拾振，曲线最平缓，说明速度曲线受到的干扰最小。

3 矩形截面桩低应变动测的三维波场研究

为了分析应力波在桩顶的传播，根据上述数值计算编制程序，使用 MATLAB 绘制了数值模拟桩顶自由表面不同时刻的三维网格图，如图 4 所示。

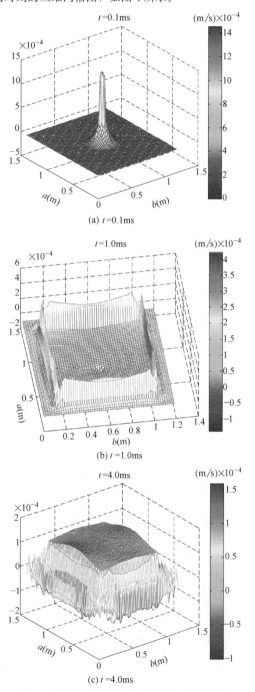

(a) $t=0.1$ms

(b) $t=1.0$ms

(c) $t=4.0$ms

图 4 桩顶自由表面振动速度的三维网格图

Fig. 4　3D grid diagram of vibration velocity of free surface of pile top

图 4 给出了 $t=0.1$ms、1.0ms、4.0ms 时刻时，桩顶振动速度的三维网格图。在桩顶面，当中心受到纵向激振力的作用后，应力波以面波的形式从桩顶中心向外传播，如图 4（a）所示，此时桩顶中心处质点振动速度最大。从图 4（b）看到，应力波传播到桩边，在桩土交界面处产生了反射与透射。从图 4（c）可以看出，当 $t=4.0$ms 时，桩顶表面质点的振动速度达到最大，这是应力波传播到桩底后反射到了桩顶。

为了对应力波在桩身中传播的路径和规律进行直观地研究，分别考虑不同纵向线的波场图（A 点、B 点和 D 点位置如上述所示）。不同纵向线示意图如图 5 所示。

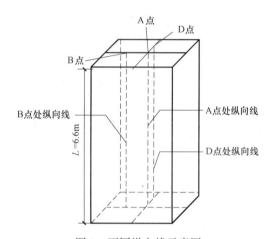

图 5　不同纵向线示意图

Fig. 5　Diagram of different longitudinal lines

在桩顶中心敲击时，不同纵向线的波场图如图 6 所示。从图中可以看出，在桩顶敲击后，均能清晰地看到应力波在桩身中的传播，到达桩底反射后再次传播到桩顶，经计算，图中时距曲线的斜率数值上接近杆波波速 $c=\sqrt{E/\rho}$。从图中还可以直观地看出 B 点处纵向线上各点，波的干扰相对较小。

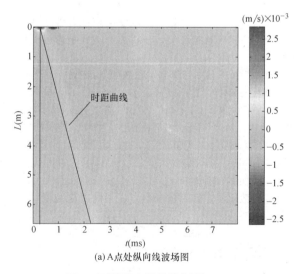

(a) A 点处纵向线波场图

图 6　不同纵向线的波场图（一）

Fig. 6　The chart of velocity wave field snapshot of different longitudinal lines

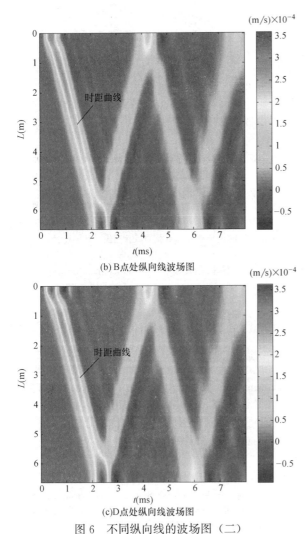

(b)B点处纵向线波场图

(c)D点处纵向线波场图

图 6 不同纵向线的波场图（二）

Fig. 6 The chart of velocity wave field snapshot
of different longitudinal lines

4 工程实例验证

选取安庆市某工地边坡治理工程的 102 号桩，钻孔灌注桩，桩长 6.6m，桩身截面 800mm×1000mm，桩身混凝土设计强度等级为 C30。场地地基土层自上而下依次为：①层淤泥（Q_4^{al}），黑色，灰黑色，流塑，含腐殖质，层厚 0.5～2.0m；②层淤泥质黏土（Q_4^{al}），黑色、灰黑色，流塑—软塑，含腐殖质，具腥臭味，局部夹粉土、粉砂，层厚 0.50～6.90m；③层粉质黏土（Q_4^{al}），黄褐色、灰褐色，软塑，含铁锰质氧化物结核，层厚 0.60～4.70m；④层粉细砂（Q_4^{al}），灰褐色，稍密、饱和，主要由长石、石英、云母等组成，局部夹薄层粉土，层厚 3.10～16.50m。得到实测曲线与理论曲线对比如图 7 所示。

图 7 中，实测曲线上的信号能与数值模拟所得理论曲线较好吻合，说明了本文根据三维桩土动力学模型得出数值解的正确性。

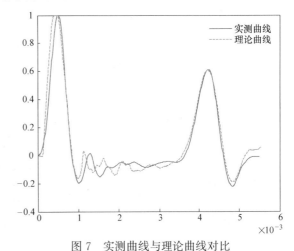

图 7 实测曲线与理论曲线对比

Fig. 7 Comparison of theoretical curve with
measured curve

5 结论

（1）文章直观地给出了应力波在矩形截面桩桩顶和桩身中的传播，由不同纵向线的波场图可知，时距曲线可以反映杆波在桩中传播经桩底反射再次传播到桩顶。

（2）桩顶不同位置拾振点对振动速度曲线影响较大，在长边方向中轴线上距中心点 1/4 长边处采样，可以减小三维干扰对低应变测试的影响。

（3）本文数值模拟分析了单一尺寸的矩形截面，对不同尺寸的矩形截面桩还需作进一步分析。

参考文献：

[1] 陈凡，徐天平，陈久照，等. 基桩质量检测技术[M]. 北京：中国建筑工业出版社，2003.

[2] 刘东甲. 不均匀土中多缺陷桩的轴向动力响应[J]. 岩土工程学报，2000，22(4)：391-395.

[3] 卢志堂. 大直径桩低应变测试的理论及试验研究[D]. 合肥：合肥工业大学，2011.

[4] LU Zhitang, WANG Zhiliang, LIU Dongjia. Study on low-strain integrity testing of pipe-pile using the elastodynamic finite integration technique [J]. International journal for numerical and analytical methods in geomechanics，2013，37：536-550.

[5] 李浩. 承台-桩低应变动测研究[D]. 合肥：合肥工业大学，2012.

海上打入钢管桩自平衡法试验研究

娄学谦[1,2,3]，　胡利文[1,2,3]，　许伟群[4]

(1. 中交四航工程研究院有限公司，广东 广州 510230；2. 中交交通基础工程环保与安全重点实验室，广东 广州 510230；3. 南方海洋科学与工程广东省实验室(珠海)，广东 珠海 519082；4. 中交四航局第三工程有限公司，广东 湛江 524009)

摘　要：本文介绍了钢管桩预装荷载箱法自平衡法试验原理及新型荷载箱。该新型荷载箱结构设计布局紧凑，内部通道孔径大，既能可靠抵抗打桩过程中的压、拉、弯等作用力，又能极大程度上改善现有方法土塞形成造成的无法沉桩或挤土硬化效应过大使得结果失真等弊端。应用该方法时，将专用荷载箱(管节)焊接在钢管桩预估自平衡点处随桩一起打入，结合采用 GRLWEAP 打桩分析功能、高应变法全程动测、实时土塞测试，对打桩参数进行控制和调整，从而实现试验桩顺利沉桩的目的。该方法成功应用于越南薄寮三期和朔庄一期海上风电场项目，获得了直径 1.4 m 的超长大直径钢管桩承载特性和桩侧桩端阻力发挥规律，达到了预期的测试效果和经济效益。结果表明，改方法与现有钢管桩自平衡法相比，对土的影响更小，可靠度更高，为类似土层和直径的超长钢管桩承载力试验提供了新的途径。

关键词：开口钢管桩；自平衡法试验；预装荷载箱；沉桩控制；承载力

作者简介：娄学谦(1987—)，男，高级工程师，硕士，主要从事港口及海洋工程的桩基科研、设计、施工检测工作。E-mail：491259353@qq.com。

Experimental study on self-balanced loading test of driven steel pipe pile at sea

LOU Xue-qian[1,2,3]，　HU Li-wen[1,2,3]，　XU Wei-qun[4]

(1. CCCC Fourth Harbor Engineering Institute Co., Ltd., Guangzhou Guangdong 510230, China；2. CCCC Key Lab of Environmental Protection & Safety in Foundation Engineering of Transportation，Guangzhou Guangdong 510230, China；3. Southern Marine Science and Engineering Guangdong Laboratory (Zhuhai)，Guangdong Zhuhai 519082, China；4. The third Engineering company of CCCC Fourth Harbor Engineering Co., Ltd., Guangdong Zhanjiang 524009, China)

Abstract：This paper introduces the test principle of self-balanced method of steel pipe pile with pre-installed load cell method and a new type of load cell. The structure layout of the new load cell is hes-cling and the inner channel aperture is large，which can not only reliably resist the pressure，tension and bending forces in the process of piling，but also greatly improve the disadvantages of the existing methods，such as the failure of piling to the design elevation caused by the formation of soil plug or the distortion of the result caused by the excessive hardening effect of soil squeezing. In the application of this method，the special load cell (pipe segment) is welded to the self-equilibrium point of the steel pipe pile and driven together with the pile. Combined with the driving analysis function of GRLWEAP，the whole process dynamic measurement of high strain method and the real-time plug test，the driving parameters are controlled and adjusted，to realize the purpose of the test pile sinking smoothly. The method has been successfully applied to the wind turbine foundation of Bac Lieu wind power plant-phase Ⅲ project and Soc Trang wind power plant- phase I project，the bearing characteristics，lateral friction resistance and base resistance of the super-long and large-diameter steel pipe pile with a diameter of 1.4m are obtained，and the expected testing effect and economic benefit are achieved. The results show that，compared with the existing self-balancing method，this test method has less influence on soil and higher reliability，which provides a new way for the bearing capacity test of super-long steel pipe piles with similar soil layers and diameters.

Key words：opened steel pipe pile；self-balanced test；pre-installed load cell；pile driving control；bearing capacity

0 引言

随着海上风电，钻井平台等海洋工程迅速发展。钢管桩作为海洋工程中主要的基础形式，得到了广泛应用[1]。而如何快速、准确地评估基桩的承载性能成为制约海洋工程工期的关键问题。传统的锚桩法或堆载法桩基静载试验，都是采用加载设备在桩顶施加荷载，无法满足海上桩基础不断向大型化和高承载力发展的需要，传统静载法其费用高、安全风险大、耗时长等诸多弊端越来越突出。自平衡试桩法起源于美国西北大学 Osterber 教授的发明，由于其具有高吨位的加载能力且测试周期短，近年来在国内大型工程中开始应用[2]。

目前，自平衡试验方法多数用于灌注桩，用于混凝土预制桩和钢管桩的案例相对较少。现有文献中钢管桩自平衡试验按荷载箱的安装方法不同可分为两类：第 1 类钢管桩自平衡试验荷载箱与上下段钢管桩焊接成整体，然后打入土层中[3-7]；第 2 类钢管桩自平衡试验首先在上下段钢管桩之间焊接专用荷载箱安装接头，钢管桩打入土层中后，将钢管桩中的土芯清至荷载箱安装位置以下一定深度，然后安装荷载箱[8-12]。两类方法各具优缺点，表现为：(1) 由于荷载箱一般需安装至钢管桩下部桩段，采用第 1 类试验方法时荷载箱可能增加桩内土芯的闭塞程度，导致沉桩困难；打桩过程桩身动应力较大，若控制不

基金项目：广州市珠江科技新星专项资助 (201806010164)；广州市珠江科技新星专项资助 (201906010023)。

当也可能导致荷载箱损坏甚至在荷载箱接头处断桩，一旦发生断桩，极可能造成滑桩溜锤事故，综合风险极高，技术难度非常大；（2）第 2 类钢管桩自平衡试验虽然克服了第 1 类试验方法的不足，但清空土芯、水下安装荷载箱增加的时间和成本较为显著，这对于海上施工动辄每天数十万的成本消耗，工期增加是难以接受的。相比较而言，如能克服第 1 类方案弊端，确保安全，能更广泛的适用不同的土层条件和荷载箱埋设深度，开发和推广价值优势明显。

为了解决此问题，笔者发明了一种专用于钢管桩自平衡测试法的荷载箱（管节）及试验方法，结合采用 GRLWEAP 打桩分析功能、高应变全程动测应力监控、实时土塞测试技术指导打桩参数控制和调整，成功将第 1 类钢管桩自平衡试验应用于海上风电大直径钢管桩承载力测试。本文将详细介绍这种方法的应用，以期对类似工程开展有所裨益。

1 预装荷载箱法工艺

1.1 原理

预装荷载箱法钢管桩自平衡法是在沉桩前，在桩身平衡点位置预先将一种特制的加载装置——荷载箱（管节）和钢管桩焊接成一体，同时将位移杆（丝）、高压油管、应变传感器等设置在钢管桩内壁引至桩顶，并采用锤击法沉桩。沉桩后将位移杆（丝）、高压油管、应变传感器等引至操作平台，试验前，通过机械法或液压法预先拆除上下管节的纵向连接装置，使荷载箱顶和箱底在试验时可被推开。试验加载时，随着荷载箱顶板和底板被千斤顶推开，桩周土体的侧阻力和端阻力被调动。试验过程由钢管桩上部桩身的摩阻力与钢管桩下部桩的摩阻力及端阻力互为反力来维持加载。根据向上、向下 $Q\text{-}s$ 曲线以及等效转换曲线确定基桩承载力，见图 1、图 2[7]。专用荷载箱（管节）原理见图 3，其结构设计布局紧凑，能可靠抵抗打桩过程中的压、拉、弯等各种力，并设计专门的土塞通道、位移测杆及光缆通道，实物见图 4。

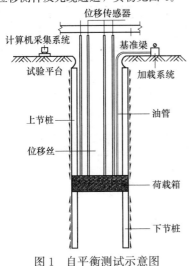

图 1 自平衡测试示意图

Fig. 1 Sketch of tests in self-balanced

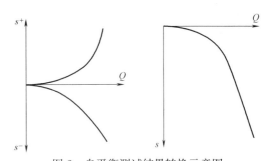

图 2 自平衡测试结果转换示意图

Fig. 2 Conversion of the results of self-balanced pile test

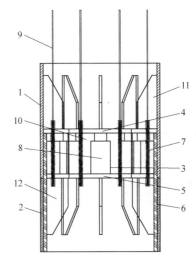

图 3 钢管桩自平衡试验专用荷载箱管节

Fig. 3 Load cell pipe joint for self-balancing test of steel pipe pile

1—上钢管节；2—下钢管节；3—可控制变形荷载箱体；4—顶板；5—底板；6—外护筒；7—锁紧螺杆；8—千斤顶；9—位移测杆；10—内护筒；11—上支撑肋板；12—下支撑肋板

图 4 专用荷载箱管节实物

Fig. 4 Real object of special load cell pipe joint

1.2 设备安装及沉桩

钢管桩作为打入桩，事先把荷载箱安装于钢管桩中再进行沉桩施工，可以节约费用、缩短周期、减小排污。根据自平衡试验要求，先焊接荷载箱专用管节，沉桩完成后，拆除管节的纵向连接装置，使得荷载箱上下管节在加压时可以自由分开。

主要的施工工艺流程为：安装荷载箱专用管节→安装纵向连接装置（锁紧螺杆/加强板）→吊运→稳桩→纵向连接装置拆除（切除部分加强板）→沉桩（及打桩监控）→吊装操作平台→纵向连接装置拆除（拧开锁紧螺杆/加压顶断强板）→等待休止期→自平衡试验。

纵向连接装置拆除：纵向连接装置为可拆卸的锁紧螺杆（图 3），可在操作平台上自桩顶拧开；也可为外加强板，可在稳桩后沿上下桩节接触面采用等离子焊切割，只留少许，待沉桩完成后，通过荷载箱施压顶断。

2 工程应用

2.1 工程与地质概况

越南薄辽三期和朔庄一期海上风电项目为中国企业在越南总承包的第一个海上风电项目，工程位于越南东南部海域。

风机基础形式采用高桩混凝土承台，每个风机设置一个基础，共 57 个基础。每个风机设置 6 根直径 1.40m 的钢管桩，采用 6：1 的斜桩，设计桩长 62.3mm，桩顶设计高程＋7.7m，桩底设计高程－62.3m。6 根桩在承台底面沿以承台中心为圆心、半径为 4.50m 的圆周均匀布置。钢管桩管材为 Q355B，上段管壁厚 25mm，下段管壁厚 20mm，桩端 2m 壁厚 25mm。靠船构件桩距桩顶 9050mm、非靠船构件距桩顶 6000mm 的桩身内填灌 C45 微膨胀混凝土。

本工程风机基础承受巨大的风机倾覆力矩和波浪、水流荷载，风机设备对基础的承载和变形有很高的要求。因此，本工程桩基础直径大、入土深度大、承载力要求高。为确保工程设计和施工的安全可靠，需要在工程实施前在工程海域进行桩基承载力试验。对其中两根直桩 1 号和 2 号进行自平衡测试，1 号试桩参考钻孔为 ZK27，2 号试桩参考钻孔为 ZK10，根据岩土勘察报告 ZK27、ZK10 钻孔岩土层物理力学性质指标见表 1 和表 2。

ZK27 钻孔土层分布及物理力学性质 表 1
Soil layer distributions and physical and mechanical properties of borehole ZK27　Table 1

土层编号	土层描述	层顶高程 (m)	相对密实度 D_r	有效重度 γ' (kN/m³)	S_u (kPa)	内摩擦角 φ' (°)	桩-土内摩擦角 δ (°)	预估侧阻 (kPa)	预估端阻 (kPa)	抗拔承载力系数 λ
①	灰色—灰黑色有机黏土，很软	−5.35		5.78	15			15	—	0.7
③₃	黄褐色、高液限黏土，硬—很硬	−18.85		9.42	94			94	—	0.75
④₁	粉质砂，中密	−24.65	60	11.29		30	25	82	—	0.6
④ₐ	黏质砂，松散—中密	−32.25	20	8.19		28	23	63	—	0.6
⑤₂	高液限黏土，硬	−35.35		7.99	60			60	—	0.75
⑤₄	高液限黏土，很硬—坚硬	−41.95		8.98	120			120	1080	0.75
⑤ₐ	含砾粉质砂土，密实	−50.05	65	9.85		36	31	81	10000	0.65
⑤₄	高液限黏土，很硬—坚硬	−53.15		10.42	110			110	900	0.75
	高液限黏土，坚硬	−55.25		9.78	130			130	810	0.8
⑦₁	低液限黏土，硬	−58.35		9.49	90			90	810	0.75
⑦₂	高液限黏土，很硬	−62.85		10.16	120			120	1080	0.75
⑧₂	粉土质砂，密实	−79.15	70	10.27	—	39	34	96	10000	0.7

ZK10 钻孔土层分布及物理力学性质 表 2
Soil layer distributions and physical and mechanical properties of borehole ZK10　Table 2

土层编号	土层描述	层顶高程 (m)	相对密实度 D_r	有效重度 γ' (kN/m³)	S_u (kPa)	内摩擦角 φ' (°)	桩-土内摩擦角 δ (°)	预估侧阻 (kPa)	预估端阻 (kPa)	抗拔承载力系数 λ
①	有机黏土，很软	−2.75		6.65	11			8	—	0.70
		−11.75		5.96	15			15	—	0.70
②	黏土质砂，松散	−18.55	11	8.41	—	20	15	24	—	0.50
③	高液限黏土，硬—很硬	−20.25		9.06	80			53	—	0.75
		−25.75		9.51	100			68	—	0.75
④₁	黏土质砂，中密	−29.55	52	9.03		31	26	85	5000	0.60
	粉土质砂，中密	−33.75	59	10.27		33	28	90	7000	0.60
⑤₂	低液限黏土，很硬	−35.85		9.88	110			86	990	0.75

续表

土层编号	土层描述	层顶高程(m)	相对密实度 D_r	有效重度 γ' (kN/m³)	S_u (kPa)	内摩擦角 φ' (°)	桩-土内摩擦角 δ (°)	预估侧阻 (kPa)	预估端阻 (kPa)	抗拔承载力系数 λ
⑤₃	高液限黏土,坚硬	−38.25	—	10.04	130	—	—	100	1170	0.80
	砂质低液限黏土,坚硬	−43.25	—	11.35	125	—	—	104	1125	0.80
	低液限黏土,很硬	−45.75	—	9.89	105	—	—	101	945	0.75
⑥₁	黏土质砂,中密	−50.75	50	10.08	—	31	26	84	6000	0.65
⑦₁	含砂低液限黏土,硬—很硬	−52.75	—	10.02	80	—	—	80	720	0.75
⑦d	粉土质砂,很密实	−55.95	86	10.57	—	38	33	107	12000	0.70
⑦₁	低液限黏土,很硬	−57.75	—	9.16	115	—	—	115	1035	0.75
		−61.75	—	9.33	120	—	—	120	1080	0.75

2.2 试桩方案

根据业主要求,需先试打 2 根试验桩进行自平衡法静载试验,以评价桩的实际承载能力。同时,试验采用布里渊频域分析技术(Brillouin Optical Frequency Domain Analysis,简称 BOFDA)进行桩身应变测量,进而经过转换获得桩身轴力分布规律、桩侧摩阻力特征。根据业主代表要求,荷载箱处最大加载值计算方式参考美国 ASTM 标准[13],取等效桩顶试验荷载的一半。试验加载流程依据《建筑基桩自平衡静载试验技术规程》JGJ/T 403—2017[14] 进行,每根桩安装 8 根位移测杆,其中 2 根用于量测荷载箱顶板的向上位移,2 根量测荷载箱底板的向下位移,2 根量测桩顶向上位移,2 根量测桩端向下位移。沿桩身均布 4 根分布式光纤用于测试桩身应变,每条均为回路。荷载箱安装位置依据表 1 和表 2 土层参数计算,试桩概况见表 3。分布式光纤安装见图 5,荷载箱管节内部土塞通道见图 6。

自平衡试验桩参数 表 3
Parameters of self-balancing testing pile
Table 3

桩号	桩径 (m)	桩长 (m)	荷载箱距桩底 (m)	荷载箱内径 (m)	桩端持力层	桩顶抗压荷载设计值 (kN)	荷载箱加载值 (kN)
1 号	1.4	71	15.75	0.86	⑦₁ 层	19500	9750
2 号	1.4	71	15.95	0.86	⑦₁ 层	18150	907.5

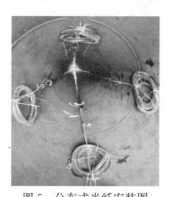

图 5 分布式光纤安装图
Fig. 5 Installation diagram of distributed fiber

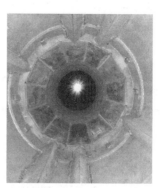

图 6 荷载箱管节内部土塞通道
Fig. 6 Internal earth plug passage of load cell pipe joint

3 沉桩策划与控制

安装有荷载箱的试验桩如何安全、顺利沉桩,是本次试验成败的关键。本文提出通过可打性分析、高应变全程动测、土塞监控等相结合的方法进行沉桩控制。采用此方法,1 号试桩顺利打入至设计桩端高程。2 号试桩沉桩至桩端高程至 −41.30m 时,1.2m 跳高下贯入度 16.7mm,因遇异常情况而暂停锤击;6h 后继续锤击,1.2m 跳高下贯入度只有 5~10mm,最终在桩端高程至 −56.45m 时,1.2m 跳高下贯入度 2.3mm,各方研究决定停锤。

3.1 可打性分析

本次试验桩位水深较浅,采用打桩船施工,因桩船的吃水深度限值,能开展打桩施工的时间短暂,必须保证桩与打桩设备匹配,锤击参数合理,以便在有限的作用窗口期内将桩顺利地贯入到设计深度,并不损坏荷载箱。因此预先进行动力沉桩的可打性分析对于试验桩施工以及本次试验能否顺利开展具有十分重要的意义。

在海上打桩过程中,根据土塞是否与桩内壁发生相对运动,将土塞分成闭塞和不闭塞 2 种状态,在闭塞状态下,土塞所起到的作用完全同闭口桩那样,桩端土体不能继续涌入管内,土塞效应的正确判断直接影响到桩的可打性分析正确与否[15]。

根据 V. N. Vijayvergiya 和 J. A. Focht[16] 的研究成果，及 MICHAEL T，JOHN W[17] 所著的《桩基设计施工实践》：(1) 本工程 1.4 m 大直径钢管桩锤击沉桩时，桩端黏土层中土体会继续涌入桩管内，不会形成处于闭塞状态的土塞；(2) 桩端位于砂土层时，绝对刚性土塞判断指标为：① $D_{inner} < 0.02 (D_r - 30)$，$D_r$ 为土的相对密度（无量纲），D_{inner} 为桩端的内径（m）；② 宜同时满足 $D_{inner}/D_{CPT} < 0.083 q_c/P_a$；$D_{CPT}$ 为静力触探锥尖直径，为 0.038m；q_c 为锥尖阻力（kPa），按钻孔资料取值；P_a 为绝对大气压（kPa），取值为 100；计算两项指标，均不满足，因此不会形成处于闭塞状态的土塞。

本工程的工程桩为开口钢管桩，而试验桩因在桩身安装有荷载箱，使得试验桩既不同于桩端闭口桩，也不同于普通开口桩，可以将荷载箱上下段桩分别按其要穿过的土层评估，因为荷载箱安装高程未穿越密实砂层，试验桩也可以按不闭塞进行可打性分析。

YC40 液压冲击锤性能参数　　表 4
Performance parameters of YC40 hydraulic impact hammer
Table 4

最大打击能量 (kN·m)	最大行程时打击频率 (次/min)	锤重 (t)	最大下落高度 (m)	工作压力 (bar)
680	23	40	1.70	250

依据施工方案，采用 YC40 冲击锤沉桩，冲击锤的参数如表 4 所示。可打性分析采用 GRLWEAP 打桩分析功能进行，打桩分析结果见表 5，预估 YC40 锤可顺利将试验桩沉至设计高程，沉桩可行，但 1 号试验桩在入土 47.3m 左右时沉桩贯入度明显降低，2 号试验桩在入土 54.1m 左右时沉桩贯入度明显降低，此深度附近需要连续锤击，必要时提高冲击跳高，停顿时间不能过长（根据经验，建议不要超过 1～2h），避免土体恢复后无法继续沉桩。

GRLWEAP 打桩分析结果　　表 5
Results of GRLWEAP pile driving analysis
Table 5

试桩编号	参考钻孔	停锤跳高 (m)	停锤贯入度 (mm/击)	总锤击数	最大压应力 (MPa)	最大拉应力 (MPa)	初打承载力 (kN)	初打侧阻力 (kN)	初打端阻力 (kN)	入土深度 (m)
1 号	ZK27	1.0	9.84	2696	200.5	−46.7	10615	10115.9	498.8	57.8
		1.2	6.66	1911	200.5	−46.7	12065	7642.5	4422.4	47.3
2 号	ZK10	1.2	11.22	1938	204.0	−110.7	10602.5	10103.8	498.8	60.4
		1.2	4.55	1381	204.0	−110.7	13881.7	8353.8	5527.9	54.1

3.2　高应变全程动测

为进一步验证和调整沉桩参数，试验桩沉桩施工时进行高应变全程动测，以实时监控桩身应力，避免拉压应力过大，导致荷载箱受损。其中 2 号桩因施工作用期处于每月的低潮期，水深太浅，作业时间太短，未能开展全程动测。1 号桩高应变全程动测采用美国 PDI 公司生产的

PAX 型打桩分析仪（PDA），结果见图 7，可见沉桩过程中，拉压应力等各项指标均未超过限值。

3.3　土塞测试

钢管桩沉桩过程中及沉桩后，测定桩内外泥面高程差，结果表明，土塞并未形成，沉桩过程中土塞高度与桩的入土深度的关系见图 8，沉桩完成后测得结果见表 6。

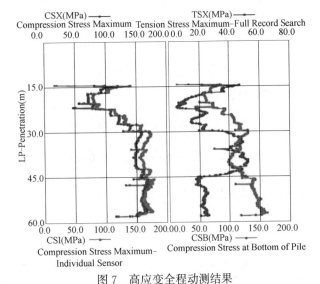

图 7　高应变全程动测结果

Fig. 7　Dynamic measurement results of the whole process

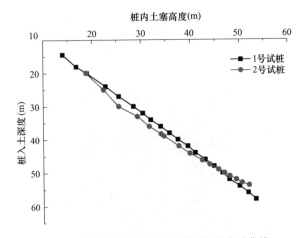

图 8　2 根试桩贯入深度与土塞高度关系曲线

Fig. 8　Relation curve between penetration depth and soil plug height of 2 tested piles

沉桩完成后土塞测试结果　　表6

Test results of soil plug after pile driving

Table 6

桩号	原泥面标高(m)	桩内泥面标高(m)	高差(m)
1号试桩	-5.35	-9.94	4.59
27-1	-5.35	-4.73	-0.62
27-3	-5.35	-5.02	-0.33
27-6	-5.35	-4.80	-0.55
2号试桩	-2.75	-4.50	1.75
10-1	-2.75	-2.95	0.2
10-2	-2.75	-2.95	0.2

4　试验结果及分析

本次试验主要是为了测试1号和2号试桩的单桩抗压、抗拔极限承载力及土体分层侧阻、端阻力和桩身的应力及变形情况。试桩采用慢速维持加载法进行分级加载，每级加载值为预估极限承载力的1/10，第1级加载为荷载分级的2倍，当加载至预期最大试验荷载时，若试桩未发生破坏，则继续加载直至试桩达到破坏标准或达到加载设备最大加载能力。为便于研究，汇总试验桩及同位置的工程桩动测结果见表7。

试验桩及部分工程桩资料与动测结果　　表7

Data and dynamic test results of test piles and some engineering piles

Table 7

序号	地质钻孔	桩号	桩长(m)	设计桩端高程(m)	停锤桩端高程(m)	停锤贯入度(mm/击)	动测时桩端高程(m)	锤芯下落高度(m)	动测贯入度(mm/击)	承载力设计极限值(kN)	动测承载力(kN)	动测侧阻力(kN)	动测端阻力(kN)	初测/复测休止期
1	ZK27	1号	71	-63.30	-63.30	11.1	-63.25	1.0	11.1	19500	9619	7773	1846	初测
							-63.25	1.6	0.5	19500	20014	17857	2156	65d
2	ZK27	27-2	71	-62.77	-62.77	17.6	-62.75	1.2	17.6	19500	9407	8740	667	初测
							-62.75	1.7	2.0	19500	22585	20487	2098	92d
3	ZK27	27-6	71	-62.77	-62.77	25.0	-63.15	1.2	25.0	19500	8792	8315	477	初测
							-63.15	1.6	1.0	19500	16539	14565	1974	37d
4	ZK10	2号	71	-63.30	-63.30	2.3	-56.45	1.0	2.3	18150	16688	11239	5449	初测
							-56.45	1.6	0.1	18150	22805	16615	6190	34d
5	ZK10	10-2	71	-63.30	-63.15	9.3	-63.15	1.3	9.3	18150	11651	11084	567	初测
6	ZK10	10-3	71	-63.30	-63.15	6.7	-63.05	1.4	7.4	18150	12603	11837	766	初测
							-63.05	1.6	1.1	18150	18913	17221	1692	40d

4.1　Q-s 曲线分析

2根试桩的 Q-s 曲线通过静载测试系统直接得到，如图9所示。

图9（a）为1号桩的 Q-s 曲线。可以看出，各级荷载下，向上和向下位移增加量均较小，最大加载级下上面板位移和下面板位移分别只有12.12mm和8.81mm，加载过程中，1号试桩大部分阶段呈现为弹性状态，未发生破坏，加载达到设备的加载能力而终止。

图9（b）为2号桩的 Q-s 曲线。可以看出，前8级荷载下，向上位移增加量较小，第8级荷载下只有1.6mm的位移，前8级荷载下累计位移也只有5.62mm。在第8级荷载后，向上位移陡然增加至81.76mm，上部桩承载力达到极限，而向下 Q-s 曲线的变化特征与向上不同，位移量始终较小，没有发生突变，向下位移始终小于向上位移。上述情况说明在加载过程中，2号试桩大部分阶段呈现为弹性状态，在第8级荷载后，可以认为是上部桩侧位移过大导致上节桩不能稳定承载，上下桩处于"不平衡"状态，桩土承载力发生突变性破坏，因此时荷载无法稳定，终止加载，开始卸载。

导致1号和2号桩 Q-s 曲线差异的内外在因素考虑为3点：（1）两根桩所处的地质条件有差异，桩端持力层不同；（2）2号桩沉桩因特殊情况，导致未能沉桩至设计高程，荷载箱埋设位置与理论计算位置有差异，上下段桩极限承载力有较大差异；（3）两根桩所处的地质条件有差异，且桩端地层受施工的扰动情况有差别。

图10为等效转换曲线，1号试桩在最大荷载27642.5kN下，桩顶位移值为66.1mm，2号试桩在最大荷载18151.8kN下，桩端位移值为37.4mm。从转换后的曲线来看，总体上两根试桩承载能力仍未充分发挥。

4.2　桩身轴力传递规律

本试验采用布里渊频域分析技术（BOFDA）进行桩身应变测量，并假设光纤与桩壁应变协调，根据材料力学弹性变形公式，计算出桩身轴力。1号和2号试桩桩身轴力沿桩身传递规律如图11所示，由于加载方式的不同，桩身轴力呈现中部大两端小的折线形分布，在荷载箱处轴力最大，向上、向下则逐渐衰减，曲线斜率绝对值的大小反映了轴力衰减程度的大小，这与桩周土特性有关，桩顶处轴力为0，最深处的应变采集点距离桩底较近，可将此处的桩身轴力近似作为桩端力，桩端力较小，桩呈现为摩擦型桩特性。

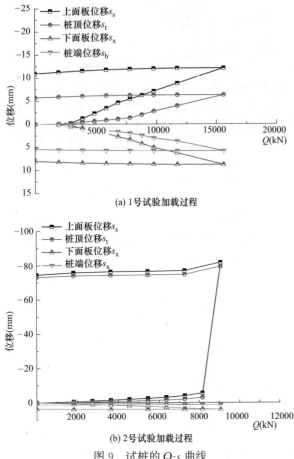

(a) 1号试验加载过程

(b) 2号试验加载过程

图 9　试桩的 $Q\text{-}s$ 曲线

Fig. 9　$Q\text{-}s$ curves of tested pile

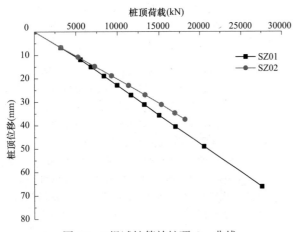

图 10　2根试桩等效桩顶 $Q\text{-}s$ 曲线

Fig. 10　Equivalent $Q\text{-}s$ curve of 2 testing piles head

4.3　桩身侧摩阻力发挥特性分析

沿桩身各土层侧摩阻力分布见图 12，实测得 2 根试验桩最大加载时侧摩阻力值分别见表 8 和表 9。可以看出，随着荷载箱荷载水平的增加，每层土的摩阻力逐渐增加，且桩身离荷载箱（加载处）近的土层侧摩阻力发挥作用较快，离荷载箱远的土层摩阻力发挥较慢。

1 号试桩荷载箱节管张开面高程 −47.55m，处于土层⑤₄ 高液限黏土中，该土层提供了较高的侧摩阻力，分

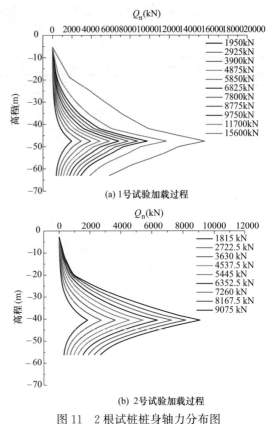

(a) 1号试验加载过程

(b) 2号试验加载过程

图 11　2根试桩桩身轴力分布图

Fig. 11　Axial force distributions in testing piles of 2 testing piles

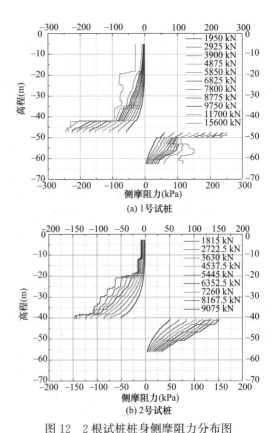

(a) 1号试桩

(b) 2号试桩

图 12　2根试桩桩身侧摩阻力分布图

Fig. 12　Lateral friction resistance distributions of 2 testing piles

1 号桩桩周侧摩阻力测试值　表 8

Test values of shaft friction of 1 pile　Table 8

土层编号	土层描述	层顶高程(m)	f_s(kPa)
①	灰色-灰黑色有机黏土,很软	−5.35	−29.9
③₃	黄褐色、高液限黏土,硬—很硬	−18.85	−77.1
④₁	粉土质砂,中密	−24.65	−72.6
④ₐ	黏土质砂,松散—中密	−32.25	−73.8
⑤₂	高液限黏土,硬	−35.35	−93.3
⑤₄	高液限黏土,很硬—坚硬	−41.95	−230.4
		−47.55	245.1
⑤ₐ	含砾粉土质砂,密实	−50.05	110.9
⑤₄	高液限黏土,很硬—坚硬	−53.15	134.0
	高液限黏土,坚硬	−55.25	146.0
⑦₁	低液限黏土,硬	−58.35	110.8

2 号桩桩周侧摩阻力测试值　表 9

Test values of shaft friction of 2 pile　Table 9

土层编号	土层描述	层顶高程(m)	f_s(kPa)
①	有机黏土,很软	−2.75	−8.7
		−11.75	−16.1
②	黏土质砂,松散	−18.55	−26.8
③	高液限黏土,硬—很硬	−20.25	−61.2
		−25.75	−83.1
④₁	黏土质砂,中密	−29.55	−89.6
	粉土质砂,中密	−33.75	−98.8
⑤₂	低液限黏土,很硬	−35.85	−113.9
⑤₃	高液限黏土,坚硬	−38.25	−141.4
		−40.52	143.9
	砂质低液限黏土,坚硬	−43.25	124.8
	低液限黏土,很硬	−45.75	96.5
⑥₁	黏土质砂,中密	−50.75	60.6
⑦₁	含砂低液限黏土,硬—很硬	−52.75	43.3
⑦ₔ	粉土质砂,很密实	−55.95	33.1

析原因是荷载箱内喇叭口造成的挤压所致,最后加载级作用下,上段桩上部和下段桩下部侧摩阻力增长幅度较大,显示其接近极限状态。2 号试桩桩身上部土层桩侧摩阻力发挥规律与 1 号试桩近似,桩身下部侧摩阻力还未充分发挥。各土层的侧摩阻力基本均大于勘察报告中的预估值,可能的原因有:(1) 沉桩施工造成挤土效应,桩身内部安装的荷载箱可能进一步增大了对部分土层的挤土效应,桩侧摩阻力发生硬化效应;(2) 勘察报告对土层侧摩阻力预估偏低;(3) 荷载箱附近管节,因荷载箱支撑板等结构存在,侧阻力测试结果包含了部分"端承效果",造成局部计算结果较大。将自平衡试验桩侧摩阻力与高应变动测得出的桩侧摩阻力对比,认为本次桩侧摩阻力发生硬化效应的程度是可以接受的,勘察报告中对土层侧摩阻力的预估值有一定低估。

5　结论与建议

(1) 本次试桩桩端承担的荷载均较小,桩表现为明显的摩擦型桩特性,与设计结果一致。

(2) 土塞测试显示,沉桩过程中,桩内土塞并未形成,土顺利通过了荷载箱内孔,虽在一定程度上增加桩侧摩阻力的硬化效应,但总体上这种硬化效应控制在了可接受的范围内。今后可继续积累相关参数,提出对该试验方法的修正公式。

(3) 预装有荷载箱的钢管桩安全沉桩施工,是本次试验的关键工艺之一。文中提出结合采用 GRLWEAP 打桩分析功能、高应变全程动测监控、实时土塞测试,进而指导打桩参数控制和调整,为自平衡试验桩沉桩施工提供了保障。

(4) 基于开发的预装荷载箱(管节),自平衡法在海上风电钢管桩承载力测试中成功应用,取得了显著的经济效益,可为以后类似工程大直径钢管桩轴向承载力试验提供参考。

参考文献:

[1] 胡兴昊,王幸,娄学谦,等. 海上复杂地质条件下大直径钢管桩时效性试验研究[J]. 海洋工程,2019,37(1):93-99.

[2] 穆保岗,肖强,龚维明. 自平衡法和锚桩法在高铁工程中的对比试验分析[J]. 解放军理工大学学报(自然科学版),2012,13(4):414 - 418.

[3] 霍少磊,朱小军,龚维明. 钢管斜桩自平衡法静载试验研究[J]. 施工技术,2014,43(1):23-25.

[4] 董钿. 岩基海床风机基础钢管桩承载力试验方法选择[J]. 能源与环境,2017(4):93-95.

[5] 王磊,戴国亮. 自平衡测试法在港口码头工程中的应用研究[J]. 中国水运,2017,17(12):168-170.

[6] 徐江,龚维明,张琦,等. 大口径钢管斜桩竖向承载特性数值模拟与现场试验研究[J]. 岩土力学,2017,38(8):2334-2440.

[7] 朱建民,戴国亮. 困难条件下桩基承载力自平衡测试技术[J]. 武汉大学学报(工学版),2017,50(S1):428-431.

[8] 姚丽章,匡翠萍,徐明磊. 自平衡法测试钢管桩承载力的可靠性探讨[J]. 华南港工,2008(2):70-74.

[9] 李君,吕黄,杨喜雄. 自平衡法在大直径钢管桩中的应用与浅析[J]. 华南港工,2009(1):26-29.

[10] 谭荣东. 自平衡法在大直径钢管桩中的应用与浅析[J]. 广东土木与建筑,2012(1):63-64.

[11] 张开华,龚维明,戴国亮,等. 一种新型的水上大口径钢管桩自平衡法试验[J]. 水运工程,2013(6):149-154.

[12] 戴国亮,龚维明,王磊,等. 自平衡法在电建工程桩基中的应用[J]. 武汉大学学报(工学版),2017,50(S):407-412.

[13] ASTM D8169/D8169M-18. Standard Test Methods for Deep Foundations Under Bi-Directional Static Axial Compressive Load[S]. West Conshohocken:ASMT,2018.

[14] 中华人民共和国住房和城乡建设部. 建筑基桩自平衡静载试验技术规程:JGJ/T 403—2017[S]. 北京:中国建筑工业出版社,2017.

[15] 闫澍旺,董伟,刘润,等. 海洋采油平台打桩工程中土塞效应研究[J]. 岩石力学与工程学报,2009,28(4):703-709.

[16] VIJAYVERGIYA V N,FOCHT J A. A new way to predict capacity of pile in clay[C]// Proceedings of the 4th Offshore Technology Conference. Houston:[s. n.],1972:60-67.

[17] MICHAEL T,JOHN W. Pile design and construction practice[M]. 6th ed. Lodon:CRC Press,2014.

静钻根植桩承载性能试验与数值分析

王树良

（中国铁建大桥工程局集团有限公司，天津 300300）

摘　要：静钻根植桩作为一种绿色环保新型桩基，克服了常规预应力混凝土管桩施工过程中产生的挤土效应。静钻根植桩首先预钻孔及在桩端扩底，在桩孔内注入水泥浆搅拌形成水泥土，再依靠预制桩的自重植入水泥土中。桩侧水泥土的存在既提升了水泥土与桩周土体连接强度，同时有利于桩侧摩阻力的发挥。桩端水泥土固化后提升了桩端阻力。基于现场实测试验分析，静钻根植桩在竖向荷载作用下，其荷载沉降曲线呈缓变型，在高荷载水平下，桩身压缩量不可忽略。采用 ABAQUS 有限元计算对工程试装进行了对比分析，计算结果与实测吻合较好。在此基础上，主要分析了水泥土性质对静钻根植桩承载特性的影响，分析结果表明，影响静钻根植桩承载特性的主要因素为场地土体性质，在分析其竖向沉降特性时，应考虑桩体的塑性压缩变形。相关结论为今后相关工程应用提供一定的理论基础。

关键词：静钻根植桩；水泥土；承载特性；有限元

作者简介：王树良（1979—　　），男，高级工程师，从事桩基工程与地铁车站设计、施工。E-mail：3073467307@qq.com。

Analysis on bearing capacity test and numerical calculation of static drill rooted pile

WANG Shu-liang

（China railway construction bridge engineering bureau group Co.，Ltd.，Tianjin，300300，China）

Abstract：As a new type of green environmental protection pile foundation，static drill rooted pile overcomes the soil squeezing effect in the construction process of conventional prestressed concrete pipe pile. The static drill rooted pile is first pre-drilled and bottom enlarged at the pile end，then the cement slurry is injected into the pile hole to form the cement soil. The self weight of the precast pile is implanted into the cement soil. The existence of cement soil at the pile side not only improves the connection strength between cement soil and soil around the pile，but also is conducive to the exertion of pile side friction. The resistance of pile end is increased after the cement soil is solidified. Based on the field test analysis，the load settlement curve of the static drill rooted pile under vertical load shows a slow deformation，and the pile compression can not be ignored under high load level. ABAQUS finite element method is used to analyze the engineering trial assembly，and the calculated results are in good agreement with the measured data. On this basis，this paper mainly analyzes the influence of the properties of cement soil on the bearing characteristics of static drilling embedded pile. On the above analysis results，the influence of the properties of cement soil on the bearing characteristics of the static drill rooted pile is analyzed. The results show that the main factor affecting the bearing characteristics of the static drill rooted pile is the site soil properties. In the process of analyzing vertical settlements of the static drill rooted pile，the compression deformation of the pile should be considered. The relevant conclusions provide a theoretical basis for the application of related projects in the future. On the basis of calculation and analysis，it proposes the calculation formula of the bearing capacity improvement coefficient of static drilling Embedded Pile under the same site conditions，which provides a certain theoretical basis for future related engineering applications.

Key words：static drill rooted pile；cement soil；bearing characteristics；finite element

　　预应力管桩是当前广泛使用的一种桩基形式，其具有造价低、应用广泛、成桩质量高、质量检测方便等优点。但施工过程中，由于静压或者锤击产生时常产生严重的挤土效应，致使其成桩质量难以得到有效保证，在工程使用中易出现承载力不足等问题[1]。为了提高普通预制管桩的承载力，带肋竹节桩得到发展，王忠瑾等[2]分析了带肋竹节桩抗压承载力与竹节数、桩土模量比、肋径比、摩擦系数等参数的关系，虽然带肋竹节桩承载力有所增加，但其依然产生较大的挤土效应。张日红等[3]研发了静钻根植施工工艺，并在工程中逐步得到应用，静钻根植桩采用预钻孔及桩端扩底后在桩孔内注入一定水灰比的水泥浆形成水泥土，再植入高强预应力混凝土管桩与竹节桩的方法，解决了传统预制桩施工的挤土问题，并改善了高强度预制桩的亲土性，提高了桩基的侧摩阻力并提高了端承力。龚晓南等[4]通过现场试验得到了抗压桩与抗拔桩的荷载位移曲线，并分析了桩侧与桩端阻力的

相互影响。王奎华等[5]针对静钻根植桩中竹节的存在，研究了该新型桩基的纵向振动特性，建立了对应的动力特性分析理论，揭示了该新型桩基的动力特性。周佳锦等[6-9]开展系列试验和理论研究，在分析静钻根植桩承载特性影响因素的基础上，提出了一个竹节桩承载力估算公式，并用工程实际验证了计算公式的合理性。钱铮[10]开展了静钻根植桩的水平承载特性试验研究，试验结果表明静钻根植桩变形复原能力强于钻孔灌注桩，同时指出弹性阶段钻孔灌注桩的水平承载性能优于静钻根植桩，为提高水平承载能力不宜单纯扩大静钻根植桩的桩径。王忠瑾等[11]、李富远等[12]将静钻根植桩作为地热能源交换的载体，研究该新型桩基在热力耦合作用下的承载特性。

　　综上所述，静钻根植桩作为一种新型的基桩形式，因其施工对周围环境影响较小，质量容易控制，且承载力较高得到广泛使用。静钻根植工法施工工艺集成了预制桩、

灌注桩、水泥土搅拌桩的优点，施工质量得到了极大的保证[3-6]。因其施工质量有保证，具有无泥浆外排，绿色环保，施工方便高效，其施工工艺如图1所示。

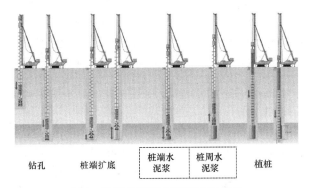

图1 静钻根植桩施工流程示意图

Fig. 1 Illustration of pipe pile with rib

本文基于两个工程实测试桩，分析静钻根植桩在竖向荷载作用下的承载性状。工程一中3根试桩在竖向荷载作用下，测试了其荷载-沉降曲线；工程二与工程一的场地完全不同，同样测试了3根试桩在竖向荷载作用下的荷载-沉降特性。上述工程实测荷载-沉降曲线表明，静钻根植桩在竖向荷载作用下，其沉降曲线呈缓变型；实测结果分析表明，在高荷载水平下，桩身压缩变形量较大，在设计和使用过程中应该注意。

在工程实测分析的基础上，采用ABAQUS有限元计

算软件，建立了合理的分析计算模型；模型计算结果与实测结果吻合较好。在此基础上，主要分析了水泥土的存在对静钻根植桩承载特性的影响。在计算分析的基础上，探讨了影响该新型桩基承载力的主要因素，为今后静钻根植桩在后续实际工程中的应用提供一定的参考。

1 工程一现场静载荷试验

工程一位于宁波市鄞州区，为测试静钻根植桩在该场地的承载性状，进行了现场静载荷试验测试。场地土层分布情况见表1，试桩参数见表2。静载荷试验采用堆载提供反力，加载方式采用慢速维持荷载法，具体操作如下：

（1）加载：每次加载后测读时间为：5min、15min、30min、45min、60min，以后每隔30min测读一次，直至桩顶沉降量达到相对稳定标准，进行下一级加载。

（2）卸载：每级卸载后测读1h，按5min、15min、30min、60min进行测读，即可卸下一级荷载。荷载卸至零时的测读时间为：5min、15min、30min、60min、180min。

S1三根试桩加载至8640kN，S1-1累计沉降39.48mm，试桩的Q-s曲线呈缓变型，单桩极限承载力不小于8640kN；S1-2累计沉降31.47mm，沉降稳定，试桩的Q-s曲线没有出现明显陡降；S1-3累计沉降28.22mm，沉降稳定。试桩荷载-沉降曲线详如图2所示，由图可知，该工程场地3根试桩在竖向荷载作用下，荷载-沉降曲线呈缓变型。

工程1场地土层分布情况及相关参数　　　　　　　　　　　表1

Distribution of soil strata in project 2 and corresponding parameters　　　Table 1

层号	土层名称	层厚(m)	桩侧极限摩阻力标准值 q_{sa}(kPa)	桩端极限摩阻力标准值 q_{pa}(kPa)	f_{ak}(kPa)
①₁	黏土	0.70～1.50	15	—	65
①₂	淤泥质黏土	0.8～1.90	5	—	50
②₁	淤泥	8.50～12.30	5	—	50
②₂	淤泥质黏土	1.20～3.60	10	—	55
③	粉质黏土	7.20～10.20	18	—	65
④₁	淤泥质黏土	5.70～6.90	14	—	60
④₂	淤泥质黏土	2.20～6.70	14	—	60
⑥₁	黏土	0.90～6.70	26	600	100
⑥₂	黏土	11.70～15.10	30	800	140
⑦₁	含黏性圆砾	2.20～6.10	50	3500	280
⑦₂	粉质黏土	1.50～5.30	32	1200	180
⑧₁	粉砂	1.20～5.20	32	2000	200
⑧₂	中砂	2.90～7.50	46	2600	250
⑨	粉质黏土	8.10～11.40	36	1800	200

工程1场地土分布情况　　　　　　　　　　　表2

Distribution of soil strata in project 1　　　Table 2

桩类型	编号	桩直径 mm	桩长(m)	桩型参数
静钻根植桩	S2-1	600	61	PHC600 AB(110)C80-16,15,15,15
	S2-2	600	61	PHC600 AB(110)C80-16,15,15,15
	S2-3	600	60	PHC600 AB(110)C80-15,15,15,15

3根试桩在施加预加最大荷载作用下未进入破坏状态,单桩极限承载力不小于8640kN。

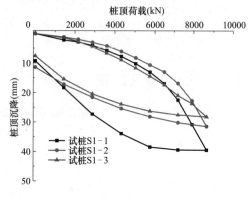

图2 工程1实测桩顶荷载-桩顶位移对比曲线

Fig. 2 Comparison curve of pile top load-displacement in project 1

2 工程二现场静载荷试验

该工程位于宁波市东部新城,设计采用桩径为800mm的静钻根植桩,混凝土强度等级为C80,为了解单桩竖向抗压极限承载力是否满足设计要求,对项目3根静钻根植桩进行了现场静载荷试验。静载荷试验采用堆载提供反力,加载方式采用慢速维持荷载法,具体步骤与工程一试桩加载方式相同。试桩参数见表3,场地土层分布情况见表4。

试桩S2-1与S2-2加载至11600kN,S2-1累计沉降49.36mm,试桩的Q-s曲线呈缓变型,单桩极限承载力不小于10697kN;S2-2在竖向加载至11600kN,因为桩头出现损坏,致使桩头沉降突增,达到100mm之多,在10633kN荷载下,桩顶沉降38.73mm,沉降稳定,单桩极限承载力不小于10633kN。

工程二场地土层分布情况及相关参数 表3

Distribution of soil strata in project 2 and corresponding parameters Table 3

层号	土层名称	层厚(m)	桩侧极限摩阻力标准值 q_{sa}(kPa)	桩端极限摩阻力标准值 q_{pa}(kPa)	f_{ak}(kPa)
①₁	黏土	0.30～1.90	15	—	75
①₂	黏土	0.80～3.60	12	—	60
②₁	淤泥	5.20～10.00	5	—	45
②₂	淤泥质粉质黏土	0.70～4.60	8	—	50
③₁	含黏土粉砂	2.70～6.30	18	—	90
③₂	粉质黏土	3.70～10.20	11	—	65
③₃	淤泥质黏土	0.60～6.60	10	—	55
④₁	黏土	1.10～6.40	28	—	200
④₂	粉质黏土	3.20～12.10	23	—	150
④₃	砂质黏土	1.90～10.20	25	500	160
⑥₁	粉质黏土	1.50～5.20	18	700	100
⑥₂	黏土	7.20～15.00	22	1500	110
⑥₃	粉质黏土	0.60～4.40	27	750	140
⑥₄	粉砂	0.80～5.60	35	2600	180
⑦	粉砂	2.10～8.80	26	1500	240
⑧₁	粉质黏土	0.80～3.40	42	1800	250
⑧₂	砂质粉土	10.70	40	1700	260
⑧₃	粉砂	0.90～4.60	46	2600	280
⑨	砾砂	0.20～13.10	70	4600	420

工程二场地土分布情况 表4

Distribution of soil strata in project 2 Table 4

桩类型	编号	桩直径(mm)	桩长(m)	桩型参数
静钻根植桩	S3-1	800	73	
	S3-2	800	73	PHC800 AB(110)C80-13,15,15,15,15
	S3-3	800	73	

S2-3 试桩加载至 11570kN，累计沉降 62.91mm，其前一级荷载 9881kN，对应的沉降为 40.00mm 沉降稳定，该试桩极限承载力不小于 9981kN。

试桩荷载-沉降曲线详见图 3 所示，由图 3 可知，该工程场地 3 根试桩在极限竖向荷载作用范围内，荷载-沉降曲线呈缓变型，试桩 S2-1 与 S2-2 荷载-沉降曲线呈缓变型，试桩 S2-3 荷载-沉降曲线呈陡降型。

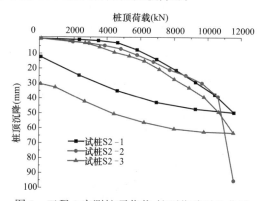

图 3 工程 2 实测桩顶荷载-桩顶位移对比曲线

Fig. 3 Comparison curve of pile top load-displacement in project 2

对比分析工程一与工程二的 6 根试桩可得到如下结论：

（1）静钻根植桩在竖向荷载作用下，荷载-沉降曲线呈缓变型。

（2）在竖向极限承载力范围内，随着桩顶荷载的增加，沉降呈非线性增长，除试桩 S2-2 因试桩桩头出现损坏外，其余 5 根试桩均未发生突增陡降现象。

（3）由上述试桩荷载-沉降曲线分析可知，在高荷载水平下，桩身压缩变形应引起重视，在相关设计中应予以重视。

3 三维有限元模型的建立

3.1 基本假定

（1）预应力管桩采用混凝土损伤塑性模型；

（2）土体视为连续的弹塑性体，采用摩尔-库仑模型，考虑材料非线性；

（3）水泥土视为连续的弹塑性体，采用摩尔-库仑模型，考虑材料非线性；

（4）桩-水泥土之间不考虑滑动位移；

（5）水泥土-周围土体接触界面摩擦类型为摩尔-库仑摩擦；

（6）不考虑桩体存在对地基土的原有特性的影响；

（7）不考虑地下水浮力的影响。

3.2 模型尺寸及边界条件

土体宽度取 80m，深度取 100m，桩长取 55m，桩径取值 0.60m，钻孔直径取 0.75m，基桩模量 30GPa，土体模量 10～30MPa，内摩擦角 10°～30°，黏聚力 10～30kPa。根据已有研究成果[9,10]，水泥土弹性模量

取 150～300MPa。

根据已有的研究成果[13-15]，基桩承载范围内，桩周土体发生塑性变形的部分为紧挨着桩身的局部土体，当基桩长细比超过较大时，在计算桩基沉降时应考虑桩身非线性压缩变形[13,14]；在高荷载水平下，桩体混凝土应考虑其塑性变形，相关参数取值参照文献[16]。

计算模型示意图及局部网格划分见图 4。

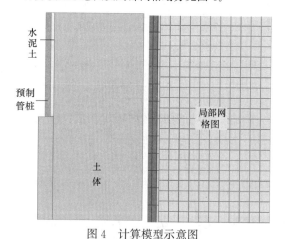

图 4 计算模型示意图

Fig. 4 Illustration of calculation model

3.3 模型合理性验证

为验证模型的合理性，采用文献[17,18] 中的工程实例，土体模量取 30MPa，桩体模量取 30GPa，水泥土模量取 150MPa，桩体混凝土损伤塑性参数见表 5。

桩体混凝土损伤塑性参数　　表 5

Concrete damaged plasticity parameters

Table 5

膨胀角 φ	偏心率 ε	f_{b0}/f_{c0}	不变应力比 k	黏性参数 μ
40	0.1	1.16	0.667	0.0003

计算与实测计算结果分析见图 5，由图 5 可知，桩顶荷载-沉降曲线对比结果较吻合，桩身轴力分布对比分析结果整体上趋势一致，当桩顶荷载为 8800kN 时候，拟合误差最大，但差值小于桩顶荷载的 15%，模型建立可视为合理。

3.4 影响因素及计算结果及分析

图 6 为不同水泥土模量时，桩顶荷载-沉降曲线。由图 6 分析可知，当水泥土模量在一定范围内变化时，水泥土模量对其竖向荷载影响不大。

图 7 为不同桩周土体模量时，桩顶荷载-沉降曲线。由图 7 分析可知，随着桩周土体模量的增大，相同桩顶荷载下，桩顶沉降减小，桩基承载力随土体模量的增大而增大。

图 8 为不同桩体分析模型时，桩顶荷载-沉降曲线。由图 8 分析可知，在分析静钻根植桩沉降特性时，应考虑桩体的塑性变形；当视桩体为弹性体时，计算结果误差较大，考虑桩体塑性变形时候，桩顶荷载-沉降拟合较好。

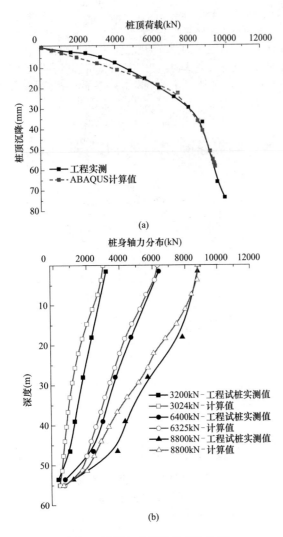

(a)

(b)

图 5　计算与实测结果对比分析

Fig. 5　Comparative analysis of calculated and measured results

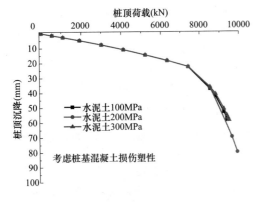

图 6　不同水泥土模量的 *Q-s* 曲线

Fig. 6　*Q-s* curve with different cement soil modulus

结合前述静载荷试验分析结果，对比图 8 中计算结果分析可知，在实际工程应用中，桩体的非线性塑性变形需重视。

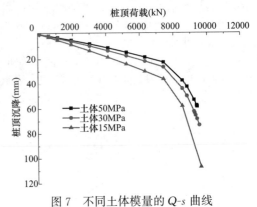

图 7　不同土体模量的 *Q-s* 曲线

Fig. 7　*Q-s* curve with different modulus

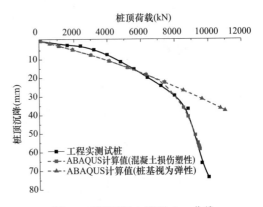

图 8　不同混凝土模型 *Q-s* 曲线

Fig. 8 *Q-s* curve with different concrete models

4　结论

（1）静钻根植桩作为一种绿色环保新型桩基，其施工质量能得到较好的保障。

（2）静钻根植桩在竖向荷载作用下，其荷载-沉降曲线呈缓变型，在极限竖向承载力范围内，随桩顶荷载的增长，沉降呈非线性增大。

（3）静钻根植桩在高荷载水平作用下，其竖向沉降变形分析中，桩体的塑性压缩变形不可忽略。

（4）影响静钻根植桩承载特性的各种因素中，场地土层性状是最重要的因素；在一定范围内，水泥土模量对其承载特性不明显。

参考文献：

[1]　高文生，刘金砺，赵晓光，等. 关于预应力混凝土管桩工程应用中的几点认识[J]. 岩土力学. 2015(S2)：610-616.

[2]　王忠瑾，方鹏飞，谢新宇，等. 带肋竹节桩竖向抗压承载力影响因素分析[J]. 岩土力学. 2018, 39(S2)：381-388.

[3]　张日红，吴磊磊，孔清华. 静钻根植桩基础研究与实践[J]. 岩土工程学报. 2013, 35(S2)：1200-1203.

[4]　龚晓南，解才，周佳锦，等. 静钻根植竹节桩抗压与抗拔对比研究[J]. 上海交通大学学报. 2018, 52(11)：1467-1474.

[5]　王奎华，李振亚，吕述晖，等. 静钻根植竹节桩纵向振动特性及应用研究[J]. 浙江大学学报（工学版）. 2015, 49

（3）：522-530.

[6] 周佳锦，龚晓南，王奎华等，静钻根植竹节桩抗压承载性能[J]．浙江大学学报（工学版），2014（5）：835-842.

[7] Zhou J，Wang K，Gong X，et al．Bearing capacity and load transfer mechanism of a static drill rooted nodular pile in soft soil areas[J]．Journal of Zhejiang University．A．Science．2013，14（10）：705-719.

[8] Zhou J，Gong X，Wang K，et al．A field study on the behavior of static drill rooted nodular piles with caps under compression[J]．Journal of Zhejiang University．A．Science．2015，16（12）：951-963.

[9] 周佳锦．静钻根植竹节化承载及沉降化能试验研究与有限元模拟[D]．杭州：浙江大学，2016.

[10] 钱铮．静钻根植承载性能的试验研究以及数值分析[D]．浙江大学，2015.

[11] 王忠瑾，张日红，王奎华，等．能源载体条件下静钻根植桩承载特性[J]．浙江大学学报（工学版），2019，53（1）：11-18.

[12] 李富远，王忠瑾，谢新宇，等．静钻根植能源桩承载特性模型试验研究[J]．岩土力学，2020，41（10）：3307-3316.

[13] Wang Z，Xie X，Wang J．A new nonlinear method for vertical settlement prediction of a single pile and pile groups in layered soils[J]．Computers and geotechnics．2012，45：118-126.

[14] 谢新宇，王忠瑾，王金昌，等．考虑桩土非线性的超长桩沉降计算方法[J]．中南大学学报，2013，44（11）：4464-4671.

[15] 王涛，刘金砺．桩-土-桩相互作用影响的试验研究[J]．岩土工程学报，2008，30（1）：100-105.

[16] 熊进刚，丁利，田钦．混凝土损伤塑性模型参数计算方法及试验验证[J]．南昌大学学报（工科版），2019 41（1）：21-26.

[17] 王卫东，凌造，吴江斌，等．上海地区静钻根植桩承载特性现场试验研究[J]．建筑结构学报，2019，40（2）：238-245.

[18] Zhong-jin Wang，Ri-hong Zhang，Xin-yu Xie，Peng-fei Fang．Field Tests and Simplified Calculation Method for Static Drill Rooted Nodular Pile．Advances in Civil Engineering Volume 2019，Article ID 5841840，https：//doi.org/10．1155/2019/5841840.

旋挖成孔工艺在川南长江古河道桩基施工中的应用

邓　宇[1]，　孟宝华[1]，　王中仁[2]，　灌千元[2]，　黄承涛[2]

（1. 中冶成都勘察研究总院有限公司，四川 成都 610023；2. 四川省南成建筑工程有限公司，四川 成都 610041）

摘　要：旋挖成孔灌注桩以其适用范围广、施工速度快等优点在工程领域中得到广泛应用，但也因其沉渣难以控制、在淤泥及深厚软弱土层地区施工不便等因素使其发展受到制约。根据宜宾科技馆桩基工程实例，作者首先分析了湿法作业下旋挖成孔灌注桩泥浆护壁及长护筒工艺的施工技术要点，进而提出采用孔口围堰及永临分离式钢护筒保证成桩质量，最后，对桩端沉渣控制、混凝土超方等工程问题的处理提出建议措施，对今后类似工程的施工起到一定的借鉴意义。

关键词：灌注桩；旋挖成孔；长护筒；湿法作业；泥浆护壁

作者简介：邓宇（1980—　），男，汉族，高级工程师，硕士，注册土木工程师（岩土），主要从事岩土工程设计与施工管理工作，四川省成都市锦江区工业总部基地三色路199号中冶成工大厦A区15层。E-mail：19043247@qq.com。

Practice of rotary drilling technology on pile foundation at the Yangtze River fossil course in the south of Sichuan

DENG Yu[1]，MENG Bao-hua[1]，Wang zhong-ren GUAN Qian-yuan[2]，HUANG Cheng-tao[2]

（1. Chengdu Surveying Geotechnical Research Institute Co., Ltd. of MCC, Chengdu Si Chuan 610023, China；
2. Sichuan Nancheng Construction Engineering Co., Ltd., Chengdu Si Chuan 610041, China）

Abstract：There are quite a lot of advantages in rotary holing bored piles, which has been widely used in engineering fields for its better adaptability and speedy. It is sediment that could hardly be controlled and inconvenience of construction in areas of silt and deep soft soil that limited the development of it. Based on pile foundation project of Yibin Science and Technology Museum, main technical of rotary holing bored piles with slurry-supported and long just liners under wet working method were first analyzed, then orifice cofferdam and permanent and temporary just liners were raised to guarantee the quality of pile. Finally, controlling methods such as bottom sediment and excessive? pumping? concrete were proposed, which may be helpful to the similar projects in the future.

Key words：bored piles；rotary drilling；long just liners；wed operation ；slurry-supported

0　引言

旋挖成孔作为灌注桩中的一种施工工艺，自20世纪80年代后期被引入国内后，越来越广泛地被应用到桩基工程中，与其他成孔方式相比，其在施工效率、施工质量及环境保护等方面均有一定的优势[1,2]。

泥浆护壁成孔工艺在沿海地区，诸如滨海及珠三角地区应用广泛[3,4]；在四川砂卵石地层的应用也较为普遍[5,6]。但在川南长江古河道地区，淤泥及细砂互层，且软土深厚，该工艺在此地区的成功实践较少。

鉴于此，基于宜宾市科技研究中心（一期）科技馆桩基工程实例，结合长护筒及泥浆护壁工艺的成功运用，在总结施工技术及要点的基础上，就上述工艺运用过程中常见问题与处理措施进行了初步分析，供相关工程或技术人员参考。

1　工程概况及工程地质条件

1.1　工程概况

宜宾市科技研究中心科技馆项目（以下简称项目）位于宜宾市主城区东北方向龙头山西南侧，宜宾大学城和科技创新城核心区域，距离岷江与金沙江的交汇处约7km，北侧距离河流（白沙堰）约50m，距离长江约800m，位于长江古河道区域。科技馆设计基础形式为泥浆护壁钻孔灌注桩，设计桩身直径为0.8m、1.0m、1.2m三种，平均桩长约38m，共计217根桩。桩端持力层为中风化泥岩/砂岩，桩端全截面进入持力层深度均$\geqslant$3D（D为桩径），基桩桩长$H\geqslant$6m，桩身混凝土强度等级为C35。钢筋主筋为ϕ18～20（HRB400级），箍筋ϕ8（HRB400级），加劲箍采用ϕ16～18（HRB400级）@2000。设计单桩竖向承载力特征值3550～4665kN。

基金项目：中冶成都勘察研究总院有限公司科研课题（ZYCK2020-002）。

1.2 场地工程地质条件

根据工程详勘报告，河水位标高约305.0m，近年最高水位为306.5m，场地地下水位303.1m，桩顶设计标高约302.7m，场地工程地质条件如表1所示。

各土层主要物理力学性质指标 表1

Main mechanical properties of different layers of soil Table 1

层号	地层岩性	层厚 （m）	E_s （MPa）	C （kPa）	φ （°）	q_{sik} （kPa）	q_{pk} （kPa）	f_{ak} （kPa）
①₁	素填土	0.0～4.8	—	—	—	15	—	—
②	淤泥	2.0～15.7	1.02	3.00	3.00	14	—	60
③₁	粉砂	0.0～8.0	2.98	4.00	25.20	20	—	90
③₂	细砂	3.3～12.2	3.26	3.00	22.46	22	—	100
④₁	松散卵石	1.8～11.8	20.0	3.00	27.00	65	—	160
④₂	圆砾	1.9～3.7	16.0	3.00	29.00	80	—	140
④₃	稍密卵石	0.0～6.8	25.0	3.00	31.00	100	—	280
⑤₁	碎石	0.0～10.6	16.0	3.00	29.00	80	—	140
⑤₂	块石	0.0～10.2	25.0	3.50	33.00	130	—	280
⑥₁	强风化泥岩	2.7～8.9	22.0	—	—	120	—	260
⑥₂	中风化泥岩	未钻穿	不考虑压缩	230	32.0	—	$f_{rb}=3.8MPa$	760

2 成孔方案优化选择

对流砂、可塑—流塑状淤泥等层厚较厚或埋深比较深的地段，采用冲击成孔效率低下，混凝土严重超方，部分桩混凝土浇筑高度达不到设计桩顶标高，浇筑混凝土面在现有场地地面以下5.0～8.0m的位置，连续浇筑混凝土而混凝土面未有上升迹象，且孔内泥浆也未有往孔外返出，同时因浇筑时间过长，表层混凝土失去流动性产生"抱管"现象而终止了混凝土浇筑，形成了混凝土欠浇

的情况，部分孔发生串孔、缩颈等情况。为此，参建各方召开了专题会，针对以上问题进行了分析讨论，认为出现上述情况的原因是：自现有地表以下到17m，局部地方达到29m地段，地层属于淤泥、粉细砂，局部夹杂泥炭质土，很湿—饱和，流塑状态，压缩性高，桩孔内混凝土面上升到一定高度后，混凝土自重作用对桩孔周边淤泥、泥炭质土产生侧向挤压，引起混凝土超方甚至混凝土浇筑面达不到设计桩顶标高等情况。专题会上经过分析讨论，提出如下处理措施：

处理措施	页岩冲击填筑	高压旋喷地基加固	跟管	
			旋挖加泥浆护壁跟管	冲击钻跟管
措施概述	冲击钻进成孔过程中不断投放块石入孔，使投入的块石被冲击锤头冲击挤压至孔壁淤泥、泥炭质土中（有部分块石会被钻头击碎）	在基桩孔周边均匀布置高压旋喷注浆孔，通过高压旋喷工艺加固桩周土体使其固结硬化，而后进行桩基施工	采用75t履带式起重机，电动液压高频振动锤将护筒（10mm厚度）跟进至基岩面，然后旋挖钻进成孔，膨润土泥浆护壁，成孔结束后，安放钢筋笼，浇筑水下混凝土成桩，成桩后不拔出钢护筒	用冲击钻施打设计直径的桩孔至基岩面，然后用挖机振动锤跟管（一节或多节）至基岩面，而后冲击钻孔、清孔至设计要求的深度，然后安放钢筋笼、浇筑水下混凝土成桩，成桩后不拔出钢护筒（8mm厚度）

对于以上处理措施，从技术、质量、造价、工期等方面进行了分析研究，最后形成了采用"旋挖加泥浆护壁跟管"的处理方案。且旋挖成孔总体采用连续钻孔，局部桩间距小于5m的桩采取跳桩施工。

3 泥浆护壁及长护筒工艺施工技术要点

其施工流程为：场地平整、钻机就位→桩位放线→泥浆制备→旋挖钻进→护筒埋设→成孔检测→一次清孔→钢筋笼制作与下放→导管安放→二次清孔→水下混凝土浇筑→拆卸浇筑导管→拔出长护筒。相关主要工序施工要点如下。

3.1 泥浆制备

通过成都类似项目经验，本工程试桩阶段采用Neptune化学泥浆护壁，孔内直接造浆。泥浆相对密度1.16～1.26，含砂率≤15%。化学泥浆用量指标如下：

泥浆用量及黏度分别如下：淤泥及粉细砂地层0.3～0.7kg/m³，25～32Pa·s；圆砾地层0.6～1.0kg/m³，27～38Pa·s；卵石、块石地层0.7～1.1kg/m³，37～46Pa·s。本工程泥浆用量换算为质量比为0.03%～0.10%。

在护筒内先进行泥浆配制，护筒内配制用量为平均用量的1.5～2.0倍；钻至护筒底部以下3m后，加量按照平均用量添加即可。钻孔至设计孔深3～5m时，可停

止添加化学注浆。结合成本及工期考虑，通过改进泥浆护壁工艺，选用以膨润土为主的泥浆护壁技术，并结合实际工程及水文地质情况进行改进。添加 CNC 羧甲基（纤维素钠盐）用以增加泥浆的黏性，防止护壁局部剥落；同时添加 Na_2CO_3 碱类、木质素族分解剂以减缓泥浆变质及改善已变质的泥浆。本工程采用的泥浆控制项目及指标如表 2 所示。

膨润土泥浆控制指标　　　表 2
Mud Control Index of Bentonite　Table 2

项目	泥浆相对密度	黏度(Pa·s)	含砂率	泥浆控制指标
土层	1.10～1.20	25～32	<25%	灌注混凝土前,孔底 500mm 以内泥浆相对密度应小于 1.25;含砂率<8%;黏度<28s
卵石、块石	1.15～1.25	27～38		

3.2 埋设长护筒

长护筒埋设具体步骤如下：
（1）用旋挖钻机旋挖一个深度为 1.0～2.0m 的孔；
（2）用机械振动锤将护筒夹持至孔内；
（3）跟进长护筒应由人工配合机械振动锤完成，护筒埋设前先根据桩位引出四角控制桩，控制桩用 $\phi8$ 钢筋制作，打入土中至少 30cm。以其为起点，从 4 个方向测量其与长护筒的垂直距离，依据测得数据调整长护筒的平面位置，确保护筒中心和桩中心重合一致；
（4）用吊垂线的方式测长护筒的垂直度，指派专人测量并指挥振动锤操作人员进行相应的偏差调整；
（5）长护筒定位准确，垂直度调整正确后开启振动锤高频振动，将长护筒振（插）入土；
（6）长护筒埋设完成后，现场技术人员应及时测量护筒标高；
（7）混凝土浇筑必须连续作业，余料不足一根桩时，严禁浇筑，以防止断桩，并与长护筒拔除密切配合，避免无法拔除的情况；
（8）钢护筒采用振动锤配合履带吊进行拔除，配备 75t 履带吊，钢护筒拆除应在灌注混凝土初凝前，灌注完成后 1h 内必须拔出；
（9）对采用振动锤工艺施工的桩，钢筋接头一律采用焊接或机械连接，严禁使用绑扎搭接，避免因振动产生的钢筋笼下沉。
长护筒施工工艺如图 1 所示。

图 1　机械振动锤跟管施工
Fig. 1　Mechanical vibration hammer and pipe construction

3.3 水下混凝土浇筑

水下混凝土浇筑是一道关键性的工序，其施工质量将严重影响灌注桩的质量，因此在施工中应注意以下几点。
（1）混凝土浇筑必须连续作业，余料不足一根桩时，严禁浇筑，以防止断桩及吊车窝工，并于长护筒拔除密切配合，避免长护筒无法拔除的情况。
（2）浇筑过程中应有专人指挥，以防导管提升过猛或导管埋入过深，造成断桩或周转长护筒无法拔出。
累计施工 58d，完成科技馆全部桩基。施工完毕后，根据现行《建筑桩基技术规范》JGJ 94—2008、《建筑基桩检测技术规范》JGJ 106—2014 及西南地区的检测技术规范、文件要求对桩进行检验。
根据全数检测 217 根桩的低应变法试验及抽样检测 22 根桩的声波透射法试验、3 根桩的单桩竖向抗压静载荷试验的结果：
钻孔灌注桩桩身基本完整，均为Ⅰ、Ⅱ类桩。
经检测得出的三种桩型钻孔灌注桩单桩竖向抗压承载力特征值均大于设计承载力特征值，满足设计要求。
桩承载力检测图及施工完成后效果图见图 2 及图 3。

图 2　静载试验堆载图
Fig. 2　Heaped load in static test

图 3　桩施工完成效果图
Fig. 3　Picture when foundations were completed

4　施工常见问题及处理措施

4.1　桩顶标高偏差处理

由于工程采用水下混凝土浇筑，串孔、塌孔等不可预见性因素多，对串孔严重的桩及超深超预期长度的桩，钢筋笼标高存在低于设计标高的情况，经参建各方及专家意见，采用接桩方式进行处理，为确保接桩质量，采用木模板，上部调整为方桩，接头率小于 50%。

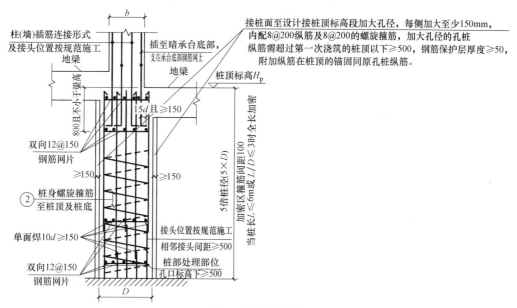

图 4　接桩大样图

Fig. 4　Pile extension detail

具体施工工序流程为：桩位测放→挖机开挖至接桩部位→人工剔除浮浆、安放模板→清底→校正、接长钢筋笼→接桩前进行桩身完整性检测→模板以外回填土方→浇筑混凝土（提高一个等级）成桩→拆除模板。

图 5　接桩效果图

Fig. 5　Effect drawing of pile extension

4.2　孔口围堰及混凝土超方控制

在实际湿法施工过程中，由于水位高及配置泥浆，现场作业环境变差，因此，应及时抽回水以保证后续作业。

由于孔深较大，钻杆提起后泥浆面下降一般达 3～4m，造成钻孔过程中泥浆面频繁波动，本项目地下水位约在桩顶附近，泥浆面频繁波动造成钻孔内外侧的压力失衡，严重时钻孔上部扩径、坍塌。因此，在孔口设置围堰缓存泥浆，围堰的容积以钻杆提出后孔内泥浆面不低于护筒溢浆口为准，以减少钻孔上部孔壁坍塌现象，减免泥浆散排而产生的环境问题。再通过围堰与泥浆池之间的浆液循环，保证泥浆的有效循环及排放，做到集中外运，最大限度解决泥浆所产生的对环境的不利影响。

在塌孔率减少的情况下，作业效率有较大提升，成桩根数由每天的平均 3 根提升至平均 4 根，每天施工的桩都能及时浇筑，减少了当天成孔后垮孔及二次成孔情况。

由于工程采用水下混凝土浇筑，串孔、塌孔等不可预见性因素多，给混凝土方量控制增加了一定难度。根据本工程及相关工程经验，可主要通过以下方面进行控制。

（1）加强质量控制，对泥浆的指标检测，控制土层变化在钻进中的影响，减少或防止意外情况的发生。

（2）控制旋挖机转速及提升速度。严格控制每回次钻进深度，避免发生埋钻事故，同时回转斗升降速度宜保持在 0.7～0.9m/s，减免因提升或下降过快而引起孔壁坍塌，造成超方。

（3）应控制好最后一次灌注量，保证凿除浮浆后桩顶混凝土强度的同时计算好超灌量，减免因此而产生的超方及补方。

4.3　永临分离式钢护筒及沉渣控制

复杂地层，单纯一种成桩工艺很难适应现场实际，查阅相关文献[8-14]，结合现场实际，在采用周转长护筒及一次性长护筒的基础上，个别桩基采用了永临分离式刚护筒工艺。

桩基施工中遇到深厚软弱下卧层，成桩困难，缩颈严重。采取各种护壁措施效果均不理想。若采用钢护筒跟进，则拔出困难，且护筒拔出后影响软弱土层段桩身质量不能保障，严重的可能造成缩颈、断桩等工程质量事故。鉴于本工程地质条件，结合项目特征提出一种永临结合分离式钢护筒护壁工艺，很好地解决个孔的成桩问题，保证桩身质量。

旋挖桩桩端沉渣控制一直是旋挖成孔的技术瓶颈。经对相关文献分析[3,7]及本工程现场调研，提出以下沉渣控制措施，力求多措并举降低沉渣厚度，最大限度地减免沉渣对基桩承载力的不利影响。

（1）混凝土浇筑方式采用隔水塞，使沉渣及浮浆从料斗以外返出。

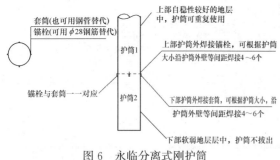

图 6　永临分离式刚护筒

Fig. 6　Permanent and temporary just liners

（2）可结合后注浆技术对沉渣及泥皮进行固结。

（3）用平底钻进行清孔，同时浇筑混凝土前进行二次清孔。

（4）化学泥浆护壁属于临时性护壁措施，尽量做好各工序之间搭接，缩短施工时间，成孔后待灌时间一般不超过 2.5h，防止因等待时间过长引起的沉渣。

5　结论

本文通过对旋挖成孔灌注桩结合泥浆护壁及长护筒施工工艺成功运用的经验总结，在分析该项技术及施工中相关问题的基础上，对其在工程中的应用及进一步完善提出了部分对策和建议。

（1）泥浆护壁作为一种配合旋挖成孔的施工工艺，可有效地解决垮孔及桩缩颈等质量通病，保证成桩质量及效率。

（2）对长护筒无法拔出的地段，采用永临分离式钢护筒，在保证桩基质量及成孔效率的同时，可节约因一次性护筒埋设而产生的工程费用。

（3）在做好孔口围堰及泥浆池的情况下，泥浆护壁成孔工艺可减小对环境的影响，可成孔深度大，在保证连续作业的情况下，可有效减免砂层、淤泥地块的垮孔概率。

（4）随着旋挖成孔工艺应用范围逐步向工程桩领域延伸，以及其在房屋建筑、市政基础设施建设中的广泛使用，该技术与其他工艺的综合运用已成为一种趋势，如何在发挥其特点的基础上，融合其他工艺，推进技术创新，将成为日后工程技术人员关注的课题。

参考文献：

[1]　周红军. 我国旋挖钻进技术及设备的应用与发展[J]. 探矿工程（岩土钻掘工程），2003（2）：11-14，17.

[2]　周红军. 旋挖钻进技术适用性的初步研究[J]. 探矿工程（岩土钻掘工程），2009，36（8）：39-45.

[3]　李友东，王国辉. 滨海复杂地层超深旋挖钻孔灌注桩质量问题改进技术[J]. 探矿工程（岩土钻掘工程），2016，43（11）：80-83.

[4]　肖博法，陆耀辉. 珠三角地区软土地质中的超深超大直径钻孔灌注桩施工技术[J]. 建筑施工，2019，41（1）：47-48.

[5]　孟宝华，邓宇，徐俊. 旋挖成孔灌注桩后注浆工艺在成都京东方桩基工程中的应用[J]. 探矿工程（岩土钻掘工程），2016，43（11）：84-87.

[6]　邓夷明，高峰. 泥浆护壁技术在宜宾地区桩基施工中的应用[J]. 四川建筑，2018，38（3）：240-243.

[7]　焦文秀. 泥浆护壁成孔灌注桩后注浆技术正确应用研究[J]. 探矿工程（岩土钻掘工程），2018，45（7）：87-89.

[8]　王秋林，刘化图等. 旋挖钻机施工钻孔桩泥浆护壁和可重复利用全护筒施工工艺比较[J]. 公路，2016（9）：56-57.

[9]　刘建钊，史魏. 复杂地质旋挖组合成桩工艺[J]. 施工技术，2014，43（S）：19-22.

[10]　崔炳辰，雷斌，王涛，李波，李先圳. 深厚软弱地层长螺旋跟管、旋挖钻成孔灌注桩施工技术[J]. 施工技术，2020，49（19）：23-26.

[11]　马琼锋，朱虎，李送根，等. 特殊地层钢护筒拔除技术[J]. 公路，2020，38（4）：142-144.

[12]　许绮炎. 液压振动沉管原状取土灌注桩施工工艺研究[J]. 施工技术，2020，49（13）：81-87.

[13]　雷斌，夏海林，叶坤. 淤泥填石层长护筒、冲抓、旋挖钻孔桩配套施工技术[J]. 岩土工程学报，2013，5（S2）：1184-1187.

[14]　刘勇，李翠芝. 旋挖钻机在岩溶地区干作业成孔方法与质量控制[J]. 探矿工程（岩土钻掘工程），2020，47（1）：81-85.

大直径超深灌注桩成桩孔口平台施工技术

黄 凯*，雷 斌

（深圳市工勘岩土集团有限公司，深圳 518057）

摘 要：直径超过 2m、桩深 60m 以上的灌注柱，其吊装钢筋笼、灌注桩身混凝土对护筒的持续施压，易造成孔口护筒沉降、变形，严重时导致孔口垮塌，造成质量事故；针对该问题，研制提出一种新型孔口作业平台，通过架设于桩孔护筒外侧，将成孔后的钢筋笼安放、桩身混凝土灌注等工序的施工作业与孔口护筒分离，全部集成在孔口作业平台上完成，平台不与护筒接触，确保了孔口护筒和孔壁的稳定，取得了显著的应用成效。

关键词：大直径超深灌注桩；孔口独立作业平台；钢筋笼移动式插销固定；施工技术

作者简介：黄凯（1989— ），男，工程师，国家一级注册建造师，主要从事岩土工程施工项目管理及相关技术创新研发工作。E-mail：429007173@qq.com。

Construction Technology of Pile Forming Orifice Platform for Large Diameter and Super Deep Bored Pile

HUANG Kai* , LEI Bin

(Shenzhen Gongkan Geotechnical Group Co. , Ltd. , Shenzhen 518057, China)

Abstract：For the cast-in-place column with a diameter of more than 2 metres and a pile depth of more than 60 metres, the continuous pressure on the pile casing caused by the hoisting of reinforcement cage and cast-in-place pile body concrete is easy to cause the settlement and deformation of the pile casing at the orifice, and even the collapse of the orifice in serious cases, resulting in quality accidents. In view of this problem, a new type of orifice operation platform is developed and put forward. By erecting on the outer side of pile hole casing, the construction operations of reinforcement cage placement and pile body concrete pouring are separated from the orifice casing, and all are integrated on the orifice operation platform. The platform does not contact with the casing, which ensures the stability of the orifice casing and hole wall, and achieves remarkable application results.

Key words：large diameter and super deep bored pile; orifice independent operation platform; reinforcement cage movable bolt fixation; construction technology

0 引言

在灌注桩施工过程中，孔口护筒起到钻孔定位、稳定孔壁的作用；通常在实际施工过程中，钢筋笼吊放对接、就位后固定等均挂于孔口护筒上完成；灌注桩身混凝土时，孔口灌注架直接搁置于护筒顶端进行作业。对于直径超过 2m、桩深 60m 以上的灌注柱，其桩身钢筋笼重达数十吨，灌注混凝土时初灌体积大、灌注料斗及混凝土重达十余吨；在成桩过程中，桩身钢筋笼、灌注桩身混凝土对护筒的持续施压，易造成孔口护筒沉降、变形，严重时导致孔口垮塌，造成质量事故，这些问题给大直径灌注桩施工带来了巨大的质量和安全隐患。

本文所述施工技术通过采用一种新型孔口作业平台，使得在钻进终孔后的钢筋笼安放、混凝土灌注工具安放等工序操作不与孔口护筒发生直接接触，完全避免了成桩操作对孔口护筒和钻孔的影响，取得了显著的应用成效。通过工程实例，表明了该施工技术的有效性。

1 工程概况

1.1 工程位置及规模

某项目位于深圳市南山区，项目总用地面积 10438.70m²，拟建 4 层高商业附属楼及高约 249.8m、共 55 层的超甲级写字楼，总建筑面积为 140300m²；地下室为 4 层、局部 5 层，基坑深度 19～27m。

1.2 工程地质条件

根据钻探揭露，场地内自上而下的地层有人工填土层（Q^{ml}）、第四系海积层（Q^{m}）及残积层（Q^{el}），基岩为燕山期（γ_5^3）粗粒花岗岩。

经详细勘察，场地内地下水根据其赋存介质和埋藏条件不同可分为：（1）存在于人工填土层中的上层滞水，随季节变化较大，整体为弱含水、弱透水地层；（2）存在于基岩强、中风化层中的裂隙水，其含水量及透水性主要受地层裂隙发育程度控制，总体上为弱含水、弱透水层，埋藏较深。场地内其余各地层属弱含水、弱透水性地层或相对隔水层。

场地内地下水主要接受大气降水渗入补给，测得钻孔综合稳定水位埋深 0.10～3.50m，标高 0.980～4.660m。

1.3 现场施工应用情况

我司承担了该项目桩基础施工，2015 年 10 月开始施工，由于该项目工程桩最大成孔深度约 136m，属超深桩基，质量控制难度极大，且该片区属填海区域，场地表层局部区域为人工杂填土，其余区域为淤泥，淤泥层厚度达 11.5m，需埋设深长钢护筒才能满足其质量要求。为了确保灌注桩成桩质量，避免成桩工序对孔口护筒及钻孔的影响，研究采用成桩孔口作业平台进行施工，在现场工序管理、生产增效、成本控制等方面起到显著的作用，并通过设置插销对钢筋笼进行孔口限位，有效防止了浮笼问题，大大地降低施工难度，取得了良好的应用效果，得到参建单位的一致好评。

2 大直径超深灌注桩成桩孔口平台

2.1 工艺原理

（1）孔口作业平台结构

孔口作业平台由下而上分为 4 个部分：4 个圆形马凳、定位平台、灌注作业板、孔口灌注架。孔口作业平台三维示意图见图 1，实物图见图 2。

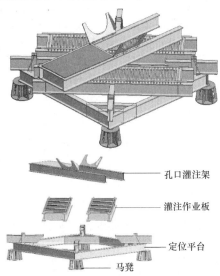

图 1 孔口作业平台三维示意图

Fig. 1 Three dimensional schematic diagram of orifice operation platform

图 2 施工现场孔口作业平台

Fig. 2 Construction site orifice operation platform

1）马凳

① 孔口作业平台配置 4 个圆形马凳，分别布设于平台的 4 个角，马凳由钢管和钢板或型钢焊制而成。

② 由于孔口护筒埋设后一般高出地面 300mm，马凳的高度设计为 350mm，见图 3。

图 3 孔口作业平台马凳

Fig. 3 Cushion block of orifice operation platform

③ 马凳对整个作业平台起到找平、支承和垫高等作用，确保平台稳固，并使平台高出孔口护筒，便于后续工序操作。

④ 对于特殊松散或软弱地层，可在马凳下方放置一个垫块，如钢板、路基板等。

2）定位平台

① 定位平台是整个孔口作业平台的主要部分，由正方形框架和固定钢筋笼插销两部分组成，见图 4。

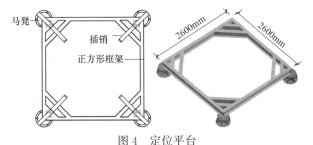

图 4 定位平台

Fig. 4 Positioning platform

② 定位平台由工字钢焊接而成，工字钢选用 20a 型，规格尺寸为 200mm×100mm×7mm（腰高×腿宽×腰厚）；四角设斜梁与主框架形成供钢筋笼、混凝土灌注导管安放的孔口，为便于施工人员在定位平台上进行施工操作，正方形框架四角斜梁位置可焊接钢板，为施工人员提供足够的操作空间。

③ 孔口作业平台设有插销结构，除完成钢筋笼孔口接长临时固定外，还可以利用移动式插销将钢筋笼吊筋准确定位，既控制了钢筋笼安装定位标高，又防止了出现钢筋笼上浮问题；固定钢筋笼插销设置于平台四个方位角上，由门架和移动式插销组成；门架焊接在平台角上，用于固定插销；插销是可以活动的工字钢件，由 20a 工字钢加工制成，其利用门架固定下入桩孔的钢筋笼；插销的尖形头部设专门的凸体，用于防止插销固定后钢筋笼滑脱。定位平台固定插销、门架见图 5、图 6。

3）灌注作业架

① 钢筋笼就位后，在定位平台上铺设两块灌注作业

板，再安放孔口灌注架，形成桩身混凝土灌注作业平台。

图 5　固定插销和门架示意图
Fig. 5　Schematic diagram of fixed bolt
and portal frame

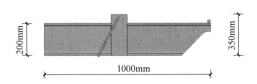

图 6　定位平台固定插销示意图
Fig. 6　Schematic diagram of fixed pin of
positioning platform

② 灌注作业板采用工字钢和螺纹钢筋焊接而成，可用于支撑孔口灌注架，同时又为施工人员提供作业空间。

4）孔口灌注架

① 孔口灌注架横跨于灌注作业板上，灌注架上设有两块矩形卡板，两卡板通过折页轴铰接于孔口架上。

② 卡板中间均开设半圆，两卡板对接形成圆形通孔，通孔直径与导管直径一致，用于安放混凝土灌注导管，通孔中心与护筒中心一致。孔口灌注架形状和尺寸见图 7。

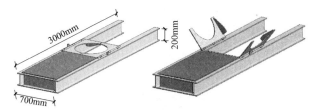

图 7　孔口灌注架示意图
Fig. 7　Schematic diagram of
orifice filling frame

（2）孔口作业平台施工原理

1）独立的施工作业平台

本文所述的孔口作业平台，是一个比护筒直径大约 30cm、正方形的、独立的作业平台，其架设在孔口护筒的外侧，将成孔后的钢筋笼安放、桩身混凝土灌注等工序的施工作业与孔口护筒分离、全部集成在孔口作业平台上完成，平台不与护筒接触，确保了孔口护筒和孔壁的稳定（图 8）。

2）孔口作业平台桩位中心点定位原理

① 孔口作业平台为正方形框架，其与底部的马凳共同架设。

② 孔口作业平台架设就位时，其正方形的中心点与钻孔的十字交叉中心点及孔口护筒中心点重合，确保后续的工序操作精确定位。

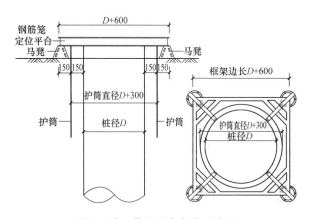

图 8　孔口作业平台定位示意图
Fig. 8　Positioning diagram of orifice
operation platform

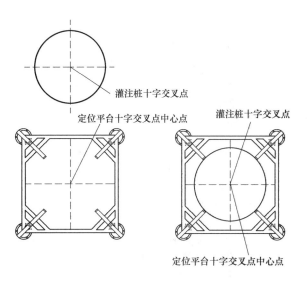

图 9　灌注桩与定位平台安放效果示意图
Fig. 9　Schematic diagram of placement effect of cast-in-
place pile and positioning platform

3）孔口作业平台钢筋笼定位原理

钢筋笼吊装入孔时，以作业平台为中心点，通过现场量测控制钢筋笼的中心点与作业平台中心点重合，以确保钢筋笼的准确定位和钢筋笼保护层厚度满足设计要求（图 10）。

图 10　钢筋笼插销固定钢筋笼
Fig. 10　Cage bolt fixing cage

2.2 工艺流程

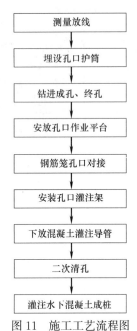

测量放线
↓
埋设孔口护筒
↓
钻进成孔、终孔
↓
安放孔口作业平台
↓
钢筋笼孔口对接
↓
安装孔口灌注架
↓
下放混凝土灌注导管
↓
二次清孔
↓
灌注水下混凝土成桩

图 11　施工工艺流程图

Fig. 11　Construction Technology process

2.3 操作要点

（1）测量放线

1）场地平整夯实，根据桩位平面图坐标、高程控制点标高等进行轴位放线。

2）测量确定灌注桩桩位中心点，做好标识。

（2）埋设孔口护筒

1）根据桩定位点拉十字交叉线，安放 4 个控制桩，以 4 个控制桩为基准埋设钢护筒。

2）旋挖钻机按护筒直径 $\phi 2300\mathrm{mm}$ 钻进，至护筒深度 2.5m，将护筒吊放至孔内扶正，护筒与孔壁间隙回填压实。

3）护筒高出地面 300mm，并利用 4 个控制桩复核护筒中心点。

（3）钻进成孔、终孔

1）在桩位复核正确、护筒埋设符合要求后，旋挖钻机移机就位开始钻进，直至钻孔至设计标高。

2）土层钻进采用旋挖筒钻，入岩则改用截齿钻斗取芯钻进。

3）钻进时，调配好泥浆，保持优质泥浆护壁。

4）钻孔至设计桩底标高后，对成孔的桩径、孔深、垂直度等进行检查，并使用旋挖捞渣钻头进行第一次清孔。

（4）安放孔口作业平台

1）安放孔口作业平台前，将护筒口场地平整、压实，将 4 个马凳按平台位置布设。

2）平台吊放时，平台正方形框架的中心点保持与桩孔 4 个交叉中心点重合，并调整好马凳的位置，采用水平尺将定位平台找平。

3）调节平台水平时，可适当采取垫衬方木、钢板等

措施，保持平台平稳，具体见图 12。

图 12　平台马凳垫方木找平

Fig. 12　Leveling of platform block square timber

（5）钢筋笼孔口对接

1）钢筋笼按设计图纸制作，由于为超深桩，钢筋笼采用分节制作，每节长度 12m；制作时，采用自动弯箍施工工艺，加快制作进度，保证制作质量；钢筋笼采用机械连接，制作时完成预对接并做好标志；制作完成、自检合格后，报监理工程师进行隐蔽验收。

2）吊放钢筋笼前，将定位平台的插销插入固定门架，并让出孔口位置，具体操作见图 13，插销就位见图 14。

图 13　定位平台插销插入

Fig. 13　Positioning platform pin insertion

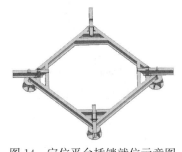

图 14　定位平台插销就位示意图

Fig. 14　Schematic diagram of positioning platform pin in place

3）采用吊车将钢筋笼分段吊入桩孔，在入孔口满足搭接的位置，由工人移动平台的 4 个插销，插入钢筋笼主筋之间（图 15），使最上面一圈箍筋抵接于插销上，勾挂起孔内钢筋笼整体，完成钢筋笼在孔口处就位（图 16），并按平台中心点调节钢筋笼位置。

4）在孔口确认钢筋笼垂直入孔后，吊放另一节钢筋笼，并在孔口进行对接，对接采用机械连接，工人使用长臂扳手将丝扣拧紧到位，保证搭接长度。

图 15 移动插销插入钢筋笼主筋之间

Fig. 15 The movable bolt is inserted between the main
bars of the reinforcement cage

图 16 钢筋笼孔口插销固定就位

Fig. 16 The bolt of the hole of the reinforcement
cage is fixed in place

5）由于钢筋笼顶标高位于基坑底位置，最后一节钢筋笼采用吊筋就位；起吊时，吊筋采用两根与主筋参数相同的钢筋对称焊接，并设置两个吊耳，吊耳为两个吊环（图17），一个在吊车起吊时使用，另一个在孔口挂插销时使用。

图 17 吊筋吊耳
Fig. 17 Lifting lug

（6）安装孔口灌注架

1）钢筋笼吊放完毕后，将灌注作业板、孔口灌注架依次、交错叠放铺设在定位平台上（图18），形成灌注平台；灌注作业板采用斜角铺设，尽可能在孔口形成大的作业面，满足后续桩身混凝土灌注操作空间要求。

2）孔口灌注架居中摆放，避免导管碰挂钢筋笼，或灌注起拔导管时钢筋笼勾卡。

（7）下放混凝土灌注导管

灌注平台安装完毕后，打开卡板，采用吊车将导管分段下放入桩孔内，通过卡板的闭合对导管进行限位，以便

在孔口位置处将上下段导管进行对接操作，使导管接长下放至设计深度。

(a) 马凳、定位平台就位

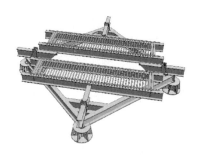

(b) 灌注作业板铺设就位

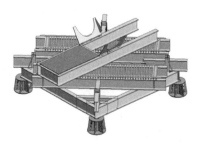

(c) 孔口灌注架铺设就位

图 18 孔口作业平台架设顺序示意图

Fig. 18 Schematic diagram of erection sequence
of orifice operation platform

图 19 灌注作业板、孔口灌注架铺设

Fig. 19 Laying of pouring operation board
and orifice pouring frame

（8）二次清孔

由于深孔作业时间长，孔底沉渣多，在灌注混凝土前进行二次清孔。二次清孔采用潜水电泵反循环清孔，将泵与灌注导管连接，随导管下至孔底直接抽吸孔底沉渣，排入泥浆净化器分离。

（9）灌注水下混凝土成桩

1）灌注采用混凝土罐车直接上料，当灌注料斗即将装满，采用吊车将斗内盖板上提，随即开始桩身混凝土初灌，罐车持续向灌注料斗内输送混凝土。

2）灌注过程中，准确监测并记录灌注全过程，定期测量导管埋管深度、孔内混凝土面上升高度，及时拔管、卸管，保持导管埋深 2～4m。

2.4 工艺特点

（1）安全性高

本文所述的孔口作业平台采用框架式设计、工字钢结构，自身稳定性好、承重能力强，安全性高。

（2）质量可靠

孔口作业平台正方形结构可通过 4 个马凳准确调平，平台就位时其中心点与钻孔中心点重合，可确保后续钢筋笼准确就位，也能够准确控制混凝土灌注导管中心位置，确保灌注成桩质量。

（3）制作简便

孔口作业平台采用标准的工字钢焊接，插销、灌注作业板、孔口灌注架等制作简单，可现场根据桩基设计参数进行制作，满足各种超大、超深桩使用。

（4）操作高效快捷

孔口作业平台整体设计质量轻，通过吊车就位便捷；钢筋笼安放入孔时，通过操作工人手动移动设置在平台 4 个角的插销，可精准控制钢筋笼中心位置，操作简便，固定效果好；同时，操作平台铺设成套的灌注板，为操作人员提供了安全、可靠的作业平台，施工人员还可在该作业平台上进行混凝土灌注标高监测，大大提升操作效率。

（5）降低施工成本

孔口作业平台将钢筋笼吊装入孔和桩身混凝土浇灌两个工序所需的施工操作集成在一个平台上完成，减少了工序转换时烦琐的吊装工作量，缩短施工工期，平台制作成本低，具有较高的经济性。

3 结论

大直径超深灌注桩成桩孔口平台施工技术，提出设

计制作一种新型孔口作业平台，通过架设于桩孔护筒外侧，将成孔后的钢筋笼安放、桩身混凝土灌注等工序的施工作业与孔口护筒分离、全部集成在孔口作业平台上完成，平台不与护筒接触，确保了孔口护筒和孔壁的稳定，取得了良好的效果。

（1）孔口作业平台由 4 个圆形马凳、定位平台、灌注作业板、孔口灌注架 4 个部分组成；平台就位时，其中心点与钻孔中心点的十字交叉点重合，可使钢筋笼准确就位，也可以准确控制混凝土灌注导管的中心位置，确保灌注成桩质量。

（2）马凳对整个作业平台起找平、支承和垫高等作用，确保平台稳固，并使平台高出孔口护筒，便于后续工序操作。

（3）定位平台设有可移动式插销，承担钢筋笼的安放、对接和定位固定，既可准确控制钢筋笼的中心位置，又可以有效防止钢筋笼上浮。

（4）灌注作业板不仅可用于支撑孔口灌注架，同时也为施工人员提供了作业空间。

参考文献：

[1] 深圳市路桥建设集团有限公司. 一种桩基施工平台：201820410421.5 [P]. 2018-11-16.

[2] 中国核工业第五建设有限公司. 一种旋挖成孔灌注桩操作平台：201821453917.7 [P]. 2019-07-09.

[3] 北京市第三建筑工程有限公司. 用于钻孔灌注桩多节钢筋笼直螺纹对接安装的操作平台：201820764603.2 [P]. 2018-12-25.

[4] 中建一局集团第三建筑有限公司. 一种用于浇筑灌注桩混凝土的施工平台：201920504976.0 [P]. 2019-12-20.

[5] 中建三局第二建设工程有限责任公司. 用于灌注桩或钢管混凝土柱混凝土浇筑施工的操作平台：201220129041.7 [P]. 2012-11-21.

[6] 中交二航局第四工程有限公司, 中交第二航务工程局有限公司. 一种适用于灌注桩钢筋笼及导管定位的工具平台：201710609800.7 [P]. 2017-09-19.

灌注桩设计中钢筋笼加劲箍选型的研究

房江锋，　郭秋苹，　赵鑫波，　张领帅

（深圳宏业基岩土科技股份有限公司，深圳 518029）

摘　要：加劲箍是控制大直径灌注桩钢筋笼径向变形和保证吊装安全的重要手段，现行规范中虽然对加劲箍的直径和间距给出了范围要求，但是对于如何根据钢筋笼直径、配筋数量等因素综合选取加劲箍直径和间距并未给出明确意见。基于此，本文采用结构力学求解器对大直径钢筋笼进行了对比计算，对增大加劲箍直径、减小加劲箍间距等不同的控制手段进行了对比分析，给出了 1.2m 直径钢筋笼的加劲箍选型范围，可为灌注桩钢筋笼设计及施工提供参考。

关键词：大直径钢筋笼；径向变形控制；加劲箍；结构力学求解器

作者简介：房江锋（1984—　），男，陕西西安人，高级工程师，主要从事深基坑设计及施工工作。E-mail：fangjf@ foxmail. co。

Study on the selection of stiffening hoop in the design of cast-in-place piles

FANG Jiang-feng， GUO Qiu-ping， ZHAO Xin-bo， ZHANG Ling-shuai

（Shenzhen Hongyeji Geotechnical Co.， Ltd.， Shenzhen 518029，CHINA）

Abstract：Stiffening hoop is an important means to control the large-diameter cast-in-place pile radial deformation and ensure the safety of hoisting， Although the scope of stiffening hoop diameter and spacing is required in the code， there is no clear opinion on how to choose the diameter and spacing of stiffening hoop according to different reinforcement cages， reinforcement ratio and other factors. Based on this， this paper uses structural mechanics solver to compare the large diameter reinforcement cage， compare and analyze the different control means such as increasing the diameter and reducing the spacing of the stiffening hoop. Finally， the applicable range of different diameter stiffening hoop for 1. 2m diameter reinforcement cage is given， which can provide reference for the design and construction of the reinforcement cage.

Key words：large diameter reinforcement cage； radial deformation control； stiffening hoop； structural mechanics solver

0　引言

随着旋挖设备技术的大力发展，大直径旋挖钻孔灌注桩在地质条件复杂地区的深基坑支护工程中的运用越来越广泛，由于支护桩桩身受到很大的弯矩，使其钢筋笼具有直径大、配筋量大、自重大、制作精度要求高等特点。工程中常采用设置加劲箍的方法来控制钢筋笼的径向变形及吊装的安全，规范中对加劲箍直径的要求为 12～25mm。员利军[1]、张贤方[3] 对钻孔灌注桩钢筋笼的质量控制方法及吊装施工技术进行了研究。张细敏[2]、杨智涵[4] 通过模拟超长大直径钻孔灌注桩钢筋笼制作过程中各个工序的受力状态及变形情况，对钢筋笼的制作与安放质量的控制提出了建议。但已有研究工作及实际设计工作中，对于钢筋笼直径、纵筋数量、纵筋直径等不同的钢筋笼，加劲箍大小该如何选取，并未给出具体说明及参考依据。本文结合实际工程案例，采用结构力学求解器，对前述各因素对钢筋笼径向变形的影响进行了计算分析。通过系统计算和数据分析，本文对调整加劲箍直径和加劲箍间距两种控制钢筋笼径向变形的方法进行了比较。同时，经过计算分析，给出了直径为 1.2m 的支护桩型的钢筋笼加劲箍的适用范围。

1　关于灌注桩钢筋笼设计的规范要求

1.1　规范要求及设计现状

《建筑桩基技术规范》JGJ 94—2008 第 4.4.1 条第 4 款："当钢筋笼长度超过 4m 时，应每隔 2m 设一道直径不小于 12mm 的焊接加劲箍筋"。

《大直径扩底灌注桩技术规程》JGJ/T 225—2010 第 5.1.2 条："当钢筋笼长度超过 4m 时，每隔 2m 宜设一道直径为 18mm 至 25mm 的加劲箍筋"。

《钢筋混凝土灌注桩》10SG813 图集中，推荐的加劲箍直径为 12～16mm。

《建筑基坑支护技术规程》JGJ 120—2012 第 4.3 节 "排桩设计" 中要求："沿桩身配置的加强箍筋应满足钢筋笼起吊安装要求，宜选用 HPB300、HRB400 钢筋，其间距宜取 1000～2000mm"，未给出加劲箍建议直径。

《建筑基坑支护结构构造》11SG814 图集中第 4.4.13 条："钢筋笼应设置加强箍筋，加强箍筋应焊接封闭，直径不宜小于 12mm，间距不宜大于 2m"。

综上可知，对于灌注桩钢筋笼加劲箍的选型，规范中推荐直径范围为 12～25mm，实际工程设计中，为考虑工程造价，往往忽略了钢筋笼加工和吊运过程中变形控制的要求，给出的加劲箍直径一般偏小。

1.2 钢筋笼变形控制要求

根据《混凝土结构工程施工质量验收规范》GB 50204—2015和设计要求，钢筋笼径向变形容许偏差为 −10～10mm。现场施工时，钢筋笼制作完成放在地面后，径向即产生超限变形，截面呈椭圆形，如图1所示。

图1 钢筋笼变形

Fig. 1 Deformation of reinforcement cage

2 结构力学求解器及建模

2.1 结构力学求解器简介

结构力学求解器（SM Solver—Structural Mechanics Solver，以下简称为"求解器"）是清华大学袁驷教授主持研发的结构力学分析计算软件，能够求解经典结构力学课程中所涉及的杆系结构的几何组成、静定、超静定、位移、内力、影响线、包络图、自由振动、弹性稳定、极限荷载等问题。结构分析结果可以以三种方式显示：数值、图形和动画。这些显示方式能够让用户全方位地认识和理解分析结果，尤其是图形和动画显示方式能够让用户直观地认识结构的各种性质。

2.2 计算模型

钢筋笼放置于地面时，纵筋在自重作用下将荷载传递到相邻两个加劲箍上。因此，每个加劲箍承受长2m（加劲箍间距2m）的纵筋重量。为简化计算，建模时对3个加劲箍的钢筋笼进行建模，则中间一个加劲箍需要承受重量的纵筋长度也为2m，与实际相符。

计算模型如图1、图2所示，利用结构计算软件进行计算，下面利用结构力学求解器进行编程并求解，在软件中输入的INP文件如下。

变量定义，pi＝atan(1)*4，dt＝2*pi/N

结点，1，-2R，0

结点，2，-2R*cos(dt)，2R*sin(dt)

结点，3，-2R*cos(2*dt)，2R*sin(2*dt)

结点，4，-2R*cos(3*dt)，2R*sin(3*dt)

结点，5，-2R*cos(4*dt)，2R*sin(4*dt)

结点，6，-2R*cos(5*dt)，2R*sin(5*dt)

结点，7，-2R*cos(6*dt)，2R*sin(6*dt)

结点，8，-2R*cos(7*dt)，2R*sin(7*dt)

……

结点，N，2R*cos(dt)，−2R*sin(dt)

单元，1，2，1，1，1，1，1，1

单元，2，3，1，1，1，1，1，1

单元，3，4，1，1，1，1，1，1

单元，4，5，1，1，1，1，1，1

单元，5，6，1，1，1，1，1，1

单元，6，7，1，1，1，1，1，1

单元，7，8，1，1，1，1，1，1

单元，8，9，1，1，1，1，1，1

……

单元，N，1，1，1，1，1，1，1

结点支承，N_1，3，0，0，0

结点支承，N_2，3，0，0，0

结点荷载，1，1，P，−90

结点荷载，2，1，P，−90

结点荷载，3，1，P，−90

结点荷载，4，1，P，−90

结点荷载，5，1，P，−90

结点荷载，6，1，P，−90

结点荷载，7，1，P，−90

结点荷载，8，1，P，−90

……

结点荷载，N，1，P，−90

单元材料性质，1，N，EA，EI，0，0，−1

其中，N为钢筋笼主筋数量，R为钢筋笼半径，P为等效节点荷载，E为材料的弹性模量，A为钢筋截面面积，I为截面的惯性矩。

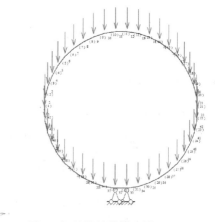

图2 钢筋笼计算断面模型

Fig. 2 Calculation section model of steel cage

3 工程案例

3.1 工程概况

本工程场地为填海造陆形成，基坑开挖范围内主要分布的地层为人工填土层（Q^{ml}）、第四系全新统海陆交互相沉积淤泥质黏土层（Q_4^{mc}）、第四系上更新统冲洪积黏土和砾砂层（Q_3^{al+pl}）、第四系残积砂质黏性土层（Q^{el}）。基坑开挖深度约18m，设置两道内支撑结构，桩径1.2m，采用旋挖钻孔灌注工艺施工，支护桩配筋情况见表1，钢筋笼材料参数见表2。

支护桩规格及配筋　　　　　　　　表1

Supporting pile specifications and reinforcement

Table 1

剖面	桩径(mm)	纵筋	加劲箍	螺旋箍
1-1	1 200	30 ⊈ 32		
2-2	1 200	30 ⊈ 32		
3-3	1 200	31 ⊈ 28	⊈ 18@2000	φ10@230
4-4	1 200	42 ⊈ 32		
5-5	1 200	32 ⊈ 32		

钢筋笼材料参数　　　　　　表2

Material parameters of steel cage　Table 2

钢筋种类	模型种类	弹性模量(kN·m⁻²)	泊松比	重度(kN·m⁻³)	直径(mm)
纵筋	各向同性-弹性	2×10^8	0.3	78.5	28/32
加劲箍	各向同性-弹性	2×10^8	0.3	78.5	18

3.2 加劲箍直径对钢筋笼径向变形的控制分析

选取配筋量最大的4-4剖面钢筋笼进行计算分析，从钢筋笼在自重作用下的变形（图3）可以看出：当纵筋为42⊈32，加劲箍为⊈18@2000时，钢筋笼在自重作用下最大径向变形产生在加劲箍的顶端，变形量为64.6mm。

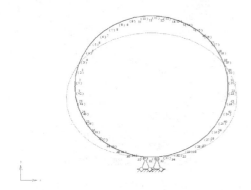

图3　直径1.2m钢筋笼（加劲箍⊈18）变形示意图

Fig. 3　Schematic diagram of deformation of 1.2m diameter steel cage (stiffener ⊈ 18)

计算结果表明，在原设计配筋的情况下，钢筋笼在自重作用下会产生超限变形，所以原设计采用的加劲箍不能满足钢筋笼径向变形的要求。通过调整加劲箍直径和间距，再计算钢筋笼径向变形，计算结果见表3和图4。由计算结果可知，当采用⊈25@1200或⊈28@1800加劲箍时钢筋笼径向变形可满足规范要求。施工期间按照计算结果，对该剖面钢筋笼的加劲箍直径和间距进行调整，综合考虑施工难度和效率，选取⊈28@1800加劲箍进行施工，钢筋笼径向变形得到了显著控制。

不同加劲箍直径和间距时钢筋笼的径向变形　　表3

Radial deformation of the steel cage with different stiffener diameters and spacing　Table 3

加劲箍间距(m)	加劲箍直径(mm)				
	18.0	20.0	22.0	25.0	28.0
	钢筋笼径向变形(mm)				
2.0	64.6	42.4	28.9	17.4	11.0
1.8	58.1	38.1	26.0	15.6	9.9
1.5	48.4	31.8	21.7	13.0	8.3
1.2	38.7	25.4	17.4	10.4	6.6
1.0	32.3	21.2	14.5	8.7	5.5

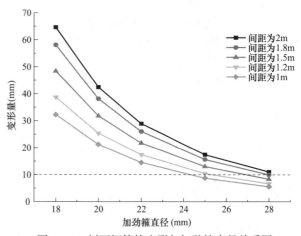

图4　4-4剖面钢筋笼变形与加劲箍直径关系图

Fig. 4　The relationship between the deformation of the 4-4 section steel cage and the diameter of the stiffener

3.3 加劲箍间距对钢筋笼径向变形的控制分析

除了加劲箍直径以外，加劲箍间距也会对钢筋笼径向变形产生影响，通过调整加劲箍间距进行计算，计算结果详见表3。

为对比分析调整加劲箍直径和间距对径向变形影响的规律，定义ρ为钢筋笼单位长度加劲箍的面积，即：ρ=加劲箍面积/加劲箍负荷长度。对于4-4剖面钢筋笼，当加劲箍间距为2m时，通过增加加劲箍直径，使ρ值增大；同时，当加劲箍直径为25mm时，减小加劲箍间距，使ρ值增大。由此绘制径向变形与ρ值的变化曲线，对比两种控制方法的优劣。

对于4-4剖面钢筋笼，当加劲箍直径为20mm、间距为2m时，单位长度加劲箍面积ρ=157.1mm²/m，钢筋笼径向变形量为42.4mm，为图5中A点；保持加劲箍直径不变，调整间距，增加ρ值，当加劲箍间距减小至1m时，单位长度加劲箍面积a=314.2mm²/m，钢筋笼径向变形量为21.2mm，为图中B点位置。

当加劲箍间距为2m，直径为18mm时，单位长度加劲箍面积ρ=127.25mm²/m，钢筋笼径向变形量为64.6mm，为图5中C点；保持加劲箍间距不变，调整加劲箍直径，增加ρ值，当加劲箍直径增大至28mm时，单位长度加劲箍面积a=307.9mm²/m，钢筋笼径向变形量为11.0mm，为图中D点位置。

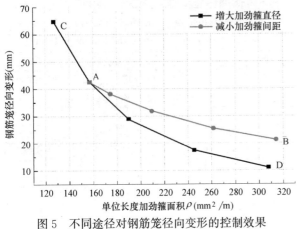

图 5 不同途径对钢筋笼径向变形的控制效果

Fig. 5 Different ways to control the radial deformation of the steel cage

分析图 5 结果，并结合现场施工难度及工效，相比于减小加劲箍间距，增大加劲箍直径是更为高效、经济的控制手段。

3.4 直径为 1.2m 的灌注桩钢筋笼加劲箍选配建议

现阶段采用桩锚和咬合桩支护的深基坑越来越多，深基坑的支护桩承受较大的弯矩，设计配筋率偏高。但是一般设计中少有考虑钢筋笼加工过程、成品堆放、吊运过程中的变形控制指标，因此，按照规范建议的加劲箍选型范围要求，选配的加劲箍偏小。本文对 1.2m 直径的钢筋笼，采用结构力学求解器计算出不同纵筋数量、不同纵筋直径和不同加劲箍直径情况下，1.2m 直径钢筋笼的径向变形。计算中，考虑到现场施工难度及工效，加劲箍间距按照常用的 2.0m 选用。根据计算结果，绘制出钢筋笼径向变形随着纵筋直径、数量和加劲箍直径变化的关系曲线（图 6）。

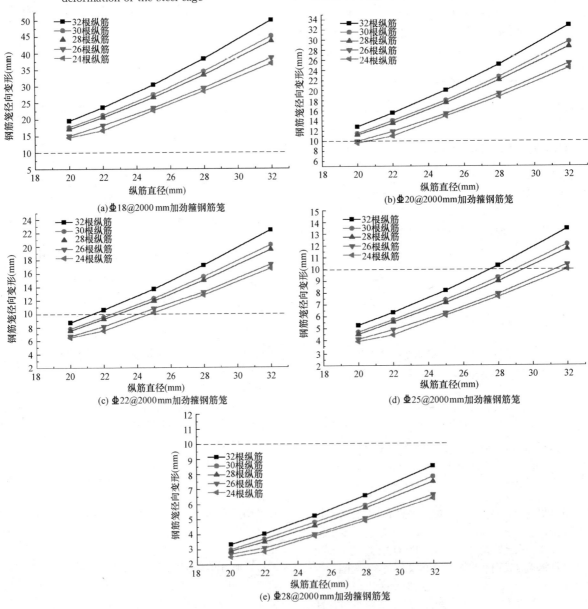

图 6 钢筋笼变形与纵筋数量、直径以及加劲箍直径的关系

Fig. 6 The relationship between the deformation of the steel cage and the number and diameter of the longitudinal reinforcement and the diameter of the stiffening hoop

对计算结果进行分析总结，得出对于 1.2m 直径钢筋笼，常用直径加劲箍的适用情况统计结果见表 4。

直径 1.2m 钢筋笼的加劲箍选用表　表 4
Selection table of stiffeners for 1.2m diameter steel cage
Table 4

加劲箍直径（mm）	纵筋直径（mm）				
	20	22	25	28	32
18	≤26 根	≤24 根	不适用	不适用	
20					
22	≤32 根		≤26 根	不适用	
25	适用任何数量				≤26 根
28	适用任何数量				

4　结论

（1）采用结构力学求解器对大直径钢筋笼变形计算，得出原设计配置的加劲箍偏小，不能满足规范径向变形的要求。通过计算，除 4-4 剖面选配 Φ28@1800，其他剖面选配 Φ25@2000 型加劲箍，可有效控制钢筋笼径向变形。

（2）通过减小加劲箍间距的方式也可以控制钢筋笼径向变形，但其对钢筋笼径向变形的控制效果不如增大加劲箍直径明显；同时会增加加劲箍数量，增加现场焊接的工作量，加大施工的难度，降低工效。

（3）本文通过计算分析，给出了直径 1.2m 钢筋笼的不同直径加劲箍的适用范围，可为同类工程设计及施工中的加劲箍选配提供参考。

（4）本文仅分析了钢筋笼在静力状态下钢筋笼的变形规律，后续应加强在动力吊装工况下加劲箍选型对吊装安全的研究分析工作。

参考文献：

[1] 员利军. 大直径超长桩基钢筋笼制作及吊装施工技术[J]. 科技与创新，2017(20)：160-161.

[2] 张细敏. 超长大直径钻孔桩钢筋笼施工质量控制研究[J]. 铁道工程学报，2017，34(4)：41-45.

[3] 张贤方. 钻孔灌注桩钢筋笼施工技术分析研究[J]. 施工技术[J]. 2019，46(4)：56-57.

[4] 杨智涵. 超长大直径桩基钢筋笼的制作与吊装优化[D]. 长沙：长沙理工大学，2017.

注浆挤扩钻孔灌注桩原理及工程应用

胡玉银[1]， 陈建兰[1]， 阳吉宝[2]

（1. 世茂集团控股有限公司，上海 200122；2. 上海市政工程设计研究总院（集团）有限公司，上海 200092）

摘　要：钻孔灌注桩成孔过程中，一方面会扰动孔壁土体，使其软化；另一方面采用泥浆护壁，在孔壁形成软弱泥皮，使其硬化。因此钻孔灌注桩与桩周土体结合并不紧密，桩周土体承载力没有充分发挥，桩基承载效率不高，桩身强度存在较大富余。为进一步提高钻孔灌注桩的承载效率，开发了注浆挤扩钻孔灌注桩及其施工工艺，通过理论研究、工艺试验和工程试验，解决了注浆挤扩钻孔灌注桩设计与施工的关键技术问题，成功实现了工程应用。试验研究和工程应用表明，注浆挤扩钻孔灌注桩具有地层适应性强、施工工艺简单、设备简易、质量易控、环境友好和成本低廉等优点，具有良好的推广应用前景。

关键词：钻孔灌注桩；施工工艺；注浆挤扩；设计；施工

作者简介：胡玉银（1964—），男，教授级高级工程师，主要从事土木工程施工技术研究。E-mail：yuyin-hu@shimaogroup.com。

Development and application of extruded and enlarged pile by slip casting

HU Yu-yin[1]， CHEN Jian-lan[1]， YANG Ji-bao[2]

（1. ShimaoGroup Holdings Limited，Shanghai 200122，China；2. Shanghai Municipal Engineering Design Institute（Group）Co.，Ltd.，Shanghai 200092，China）

Abstract：The construction of cast-in-situ bored pile weakens soil around hole wall，and also produces slurry skin on hole wall with shaft wall protection. So the combination between pile and soil is very weak and the bearing capacity of soil is not made use. The bearing capacity efficiency of cast-in-situ bored pile is very low. In order to further improve the bearing capacity efficiency of cast-in-situ bored pile，extruded and enlarged cast-in-situ bored pile by slip casting was developed，which successfully achieved engineering application through theory research，technological test and engineering test to solve the technicalproblem of its design and construction. Experimental study and engineering application indicate thatextruded and enlarged cast-in-situ bored pile by slip casting has a good prospect of widespread application with its advantages，such as strong adaptability to strata，simple construction procedure，simply construction equipment，easy to controlconstruction quality，environmental friendliness，low cost and so on.

Key words：cast-in-situ bored pile；construction method；extruded and enlarged by slip casting；design；construction

0　引言

　　钻孔灌注桩施工工艺简单、施工设备简易、造价比较低、没有挤土效应，因而得到广泛应用，是工程应用最为广泛的桩型。但是，钻孔灌注桩成孔过程中，一方面扰动孔壁土体，使其软化，另一方面常常需要泥浆护壁而在孔壁形成软弱泥皮。这样弱化了桩与土的结合，导致桩周土体承载力没有充分发挥，桩基承载效率比较低，桩身强度富余比较大。为此，工程技术人员开发了改善桩土结合面以及桩侧和桩底土体力学性质的后注浆技术。桩基后注浆技术自 1958 年发明并成功应用于工程实践以来，一直是桩基技术研究的热点，产生了丰富的研究成果[1-3]。目前工程中常用的后注浆技术多为开式后注浆，即在成桩结束后，将具有固化性能的化学浆液通过注浆装置注入桩侧或桩底土层孔隙中，以改善桩土结合面以及桩侧和桩底土体的物理力学性质。后注浆法具有施工工艺简单、施工设备简易的优点。但是不论是渗透注浆还是劈裂注浆，浆液一旦出了注浆器就不受约束，极易沿着泥皮等渗流通道向压力小的地方溢出，而不是渗透进入需要加固的土体部位，加固效果离散性比较大，可靠性比较低，工

程中只能有限度地采用后注浆法提高桩基承载力，经济效益不明显，因此严重制约了后注浆法的推广应用。

图 1　注浆挤扩钻孔灌注桩

Fig. 1　Schematic diagram of extruded and enlarged cast-in-situ bored pile by slip casting

　　本文针对现有钻孔灌注桩施工工艺的不足，发明了注浆挤扩钻孔灌注桩及其施工工艺，研究了注浆挤扩钻孔灌注桩设计与施工技术，成功应用于深圳坪山世茂中

心二期和绍兴世茂云樾府等 8 个项目。工程应用表明，注浆挤扩钻孔灌注桩具有地层适应性强、工艺简单、设备简易、质量可靠、环境友好和成本低廉等优点，具有良好的推广应用前景。

1 注浆挤扩工艺原理

1.1 注浆挤扩工艺原理

钻孔灌注桩注浆挤扩成型工艺是基于土体可塑性和压缩性比较大的力学特性，将高流动性的水泥浆注入预先布置在桩下部的束浆袋中，束浆袋在高压水泥浆作用下不断挤扩桩周土体，水泥浆硬化后即在桩底周围形成水泥浆扩大段，如图 2 所示。

(a) 注浆挤扩前　　(b) 注浆挤扩后

图 2　工艺原理图

Fig. 2　Schematic diagram of construction process

注浆挤扩钻孔灌注桩施工总体工艺流程如下：
（1）利用传统钻孔工艺成孔、一次清孔；
（2）钢筋笼制作，底笼安装束浆袋和注浆管；
（3）将钢筋笼、束浆袋和注浆管下放到钻孔中；
（4）下放混凝土导管，二次清孔后灌注混凝土；
（5）混凝土灌注完成后，养护不少于 24h；
（6）注浆挤扩，桩端形成硬化水泥浆体挤扩段。

1.2 注浆挤扩力学机理

注浆挤扩的过程是土体在注浆压力作用下圆柱孔扩张的过程，可以采用弹塑性力学的圆柱孔扩张理论来予以解释。挤扩钻孔灌注桩的注浆成型力学机理为：（1）在注浆压力作用下，束浆袋周围的土体先是发生弹性变形，束浆袋扩张；（2）当注浆压力达到一临界值时，束浆袋周围的土体由弹性变形状态转入塑性变形状态；（3）随着注浆压力的进一步升高，塑性区逐步扩大，同时束浆袋也相应扩张；（4）注浆停止以后，注浆压力不再升高，束浆袋不再扩张；（5）束浆袋中浆液固化以后就在桩周形成突出物——挤扩段，原来的等截面桩也就演变为变截面桩——挤扩桩。

1.3 注浆成型工艺参数

（1）注浆压力

注浆压力可以通过旁压试验法确定，旁压试验成果中的临塑压力 p_f 可作为注浆压力下限，极限压力 p_1 可作为注浆压力上限。上海地区旁压试验已在许多勘察工程中采用，旁压试验孔深一般在 $50 \sim 60m$，最大深度达

135m，取得了丰富的旁压试验成果。顾国荣、陈晖以及杨石飞、顾国荣、董建国等收集整理了上海地区 30 多项工程旁压试验资料，得到上海地区旁压试验统计结果，如表 1 所示[4,5]。从表 1 可以看出，上海各主要土层旁压试验的临塑压力一般在 1.0MPa 以下，只有 ⑨2 层土的旁压试验的临塑压力超过 2.0MPa。

上海地区旁压试验统计结果　　表 1

Statistical results of pressuremeter test in Shanghai

Table 1

层序	土名	p_0(kPa)	p_f(kPa)	p_1(kPa)
⑤1	褐灰色粉质黏土夹黏土	220	360	620
⑤2	灰色粉性土-粉砂	270	455	830
⑤3	灰色粉质黏土	288	410	810
⑥	暗绿色粉质黏土	290	620	1260
⑦1	草黄色砂质粉土	360	1000	2100
⑦2	青灰色粉细砂	520	1700	3600
⑦3	青灰色砂质粉土	670	1500	3000
⑧1	灰色黏性土	490	700	1350
⑧2	灰色黏性土夹粉砂	570	880	1580
⑨1	青灰色粉砂夹粉质黏土	740	1520	3200
⑨2	灰白色中细砂(含砾)	880	2200	4450

（2）注浆速度

挤扩桩注浆成型应当平稳进行，适当控制注浆速度。注浆速度过低，注浆时间就长，施工效率势必不高；但是注浆速度过高，水泥浆进入束浆袋以后来不及扩散，就容易造成束浆袋因压力迅速升高而破坏。因此在注浆设备选择时，应当选择排量在 75L/min 以下的小型高压注浆泵。

2 施工技术

2.1 注浆系统设计与制作

挤扩桩注浆系统由制浆机、储浆桶、注浆泵、注浆管和注浆器组成，如图 3 所示。注浆挤扩桩的注浆系统与桩基后注浆的注浆系统相同。

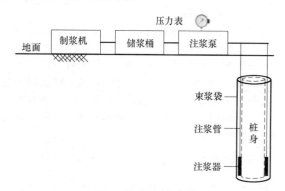

图 3　注浆挤扩系统

Fig. 3　System for slip-casting

（1）注浆泵

注浆泵用于灌注水泥浆，是注浆系统的关键设备。为确保注浆顺利进行，且在较短时间内完成，注浆泵必须具备两大性能：一是具有较高的工作压力，额定工作压力必须大于 10MPa，以便注浆挤扩桩基周边土体；二是具有较大的理论排量，额定理论排量一般应大于 50L/min，以便单根桩基挤扩注浆能够在 1h 内完成。

（2）注浆管

注浆管采用黑铁管，内径为 25mm，壁厚≥2.8mm。

（3）注浆器

注浆器要在高水压环境工作，因此必须能够承受 1MPa 以上静水压力，并且具有止回功能，防止水、土和混凝土进入注浆器，造成注浆器堵塞。注浆器采用黑铁管（规格与注浆管相同）制作，首先在管壁开出梅花形浆孔，出浆孔直径为 8mm，总面积大于注浆管内截面面积；然后，用硬橡胶管紧密包裹黑铁管，防止水、土和混凝土渗入。

2.2 束浆装置设计与制作

（1）束浆装置设计

束浆装置为圆柱形，直径一般为钻孔灌注桩钢筋笼直径＋300mm，高度根据承载力估算确定，多为 6.0～7.0m。束浆袋为双层密闭防水帆布袋，除留有一个注浆管插入袖管外，其余全部缝纫密封。水泥浆通过注浆管注入后，全部留存束浆袋中。

（2）束浆装置制作

束浆袋采用涤纶防水帆布制作，基布由涤纶长丝编织而成。涂层为聚氯乙烯，涂层厚度为 240g/m^2。束浆袋采用热熔或缝纫连接，连接强度大于母材强度。①热熔连接，拼接宽度不小于 3.5cm；②缝纫连接，双针双线，缝纫线为 600D 尼龙高强线。

2.3 注浆材料设计与制备

（1）注浆材料设计

① 原材料。水泥宜采用普通硅酸盐水泥，水泥强度等级不应低于 42.5 级。水泥的质量应符合国家的相关规范标准，应有出厂质量证明书并复试合格。

② 配合比。为保证高压注浆顺利，控制注浆阻力，水泥浆的水灰比取 0.55，1t 水泥和 0.55t 水配制 0.872m^3 水泥浆，水泥浆密度为 1.755g/cm^3，因此可以根据注浆挤扩桩注浆体积换算所需水泥和水的用量，也可以通过测试水泥浆密度控制水泥浆水灰比。

（2）注浆材料制备

首先按照设计要求的注浆体积和水灰比，通过计算确定单根桩注浆所需的水泥和水的用量；然后根据注浆总体安排和制浆机的容量，确定一次制浆所需水泥和水的用量；其次，水泥和水准确称量后，投入制浆机中搅拌，搅拌时间不短于 3min；最后水泥浆经过 3mm×3mm 滤网过滤后储存于储浆桶中，防止水泥浆中有水泥颗粒堵塞注浆管和注浆器。

2.4 注浆挤扩施工与管理

（1）束浆袋安装

首先将钢筋笼架立在支架上；然后将束浆袋套装在钢筋笼上，束浆袋下端距钢筋笼底 50cm；最后用 14 号钢丝将束浆袋两端固定在钢筋笼加强箍上。为保证束浆袋各向均衡扩张，束浆袋应当分散收束，严禁集中收束。为防止束浆袋散开影响钢筋笼下放，中间每隔 1.0m 用细钢丝或胶带将束浆袋绑扎在钢筋笼上。

（2）注浆管安装

注浆管底端缠裹生胶带后安装注浆器，然后通过袖管插入束浆袋底部，并用 16 号钢丝将袖管扎牢、密封，防止束浆袋漏浆。注浆管的连接为螺纹连接，接头部位缠绕止水胶带，接头应用管钳拧紧，保证注浆管密封，防止注浆管漏浆。注浆管应随钢筋笼同时下放，注浆管与钢筋笼的固定采用钢丝绑扎，绑扎间距要求为 2m。

（3）挤扩注浆施工

钻孔灌注桩混凝土灌注完成 24h 后开始挤扩注浆。注浆以注浆量控制为主，注浆压力控制为辅。为防止注浆压力过大，损坏束浆袋，注浆宜分 3 次进行，每次注浆量为总注浆量的 1/3，中间间隔 15～20min；如中途压力达到 1.5MPa 时，应暂停注浆，待 15～20min 后，再次注浆，直至设计注浆量压注完成。

3 工程应用

3.1 应用概况

自 2009 年发明注浆挤扩工艺以来，注浆挤扩钻孔灌注桩的开发得到了许多建设单位的支持和帮助，2012 年和 2013 年先后在上海大唐盛世花园四期和上海虹桥万科中心进行了工程试验，取得了圆满成功，验证了注浆挤扩钻孔灌注桩技术可行性和经济合理性。自 2018 年首先成功应用于深圳坪山世茂中心以来，至今已在 8 个工程中推广应用（表 2），产生了良好的经济效益，共计节约成本超过 2000 万元。

注浆挤扩钻孔灌注桩应用案例一览表　表 2

Application case list of extruded and enlarged cast-in-situ bored pile by slip casting　Table 2

序号	工程名称	应用范围	桩基规格	桩基类型
1	深圳坪山世茂中心	4F 地下室	φ800	抗拔
2	绍兴世茂云樾府	26F 主楼	φ700	抗压
3	温州旭辉世茂招商鹿宸印	2F 地下室	φ700	抗拔兼抗压
4	温州世茂璀璨瓯江	2F 地下室	φ700	抗拔兼抗压
5	温州美的旭辉城	2F 地下室	φ700	抗拔兼抗压
6	常熟世茂世纪中心 4 幢	2F 地下室	φ650	抗拔兼抗压
7	绍兴世茂美的云筑	2F 地下室	φ600	抗拔兼抗压
8	世茂桐乡世御酒店	27F 主楼 2F 地下室	φ700	抗压、抗拔

3.2 应用案例 1——深圳坪山世茂中心

（1）工程概况

深圳坪山世茂中心项目为集公寓、办公和大型商业为一体的综合性建筑群体，包括 1 栋高层公寓、商业裙楼和1栋62层、约302m高的超高层塔楼。商业裙楼占地面积约为22000m²，地下4层，地上2~4层，抗浮要求非常高。

（2）地质概况

按其沉积年代、成因类型及其物理力学性质的差异，场地内地层自上而下分为5层，各土层的主要物理力学参数详见表3。

土层的主要物理力学参数　　　表3

Physical and mechanical parameters of soil stratum

Table 3

土层名称	天然密度 (kN/m³)	标准贯入试验修正标准值 N	固结快剪		承载力特征值 f_{ak}(kPa)
			黏聚力 c(kPa)	内摩擦角 φ(°)	
①₁ 素填土	18.6	—	12	12	80
⑤₁ 粉质黏土	18.7	10.1	20	15	120
⑥ 砾砂	19.4	15.4	0	35	220
⑦ 粉质黏土	19.9	19.5	24	24	180
⑨ 粉质黏土	19.5	—	22	10	80

根据国家和地方规范，对于旋挖和冲孔灌注桩，场地各岩土层桩基础力学参数建议值如表4所示。

桩基础力学参数建议值　　　表4

Mechanical parameters of pile foudation

Table 4

土层名称	岩土状态	桩侧阻力特征值 q_{sa}(kPa)	桩端阻力特征值 q_{pa}(kPa)	抗拔系数 λ
①素填土	松散	—	—	—
⑤₁ 粉质黏土	可塑	20	—	0.50
⑥砾砂	中密	50	1200	0.50
⑦粉质黏土	可塑—硬塑	30	700	0.55
⑨粉质黏土	软塑—可塑	10	—	0.40

（3）试桩设计

设计最初选择普通钻孔灌注桩作为地下室抗拔桩，桩径为800mm，有效桩长25m，桩端持力层为⑦粉质黏土，抗拔承载力特征值预估为1050kN。在深圳市专家和设计单位支持下，进行了注浆挤扩钻孔灌注桩作为地下室抗拔桩的探索。注浆挤扩钻孔灌注桩桩径为800mm，有效桩长为18m，桩端持力层为⑦粉质黏土，注浆挤扩段主要处于⑦粉质黏土中，长度为6.0m，外径为1000mm，抗拔承载力特征值预估为2000kN。为此进行了两种桩型各3根设计试桩。为准确获得桩基的抗拔承载力，采用双套管将基础底板底以上桩身与周围土体隔离。

（4）试桩结果

6根试桩的静载试验结果详见表5、表6和图4、图5。虽然试桩都没有达到承载力极限，但是对比可以发现，注浆挤扩钻孔灌注桩较传统钻孔灌注桩承载性能更为优异，具有承载潜力大、上拔变形小的优点。注浆挤扩钻孔灌注桩试桩ZJSZ1加载至6000kN仍然没有发生破坏，只是上拔量比较大，达到43mm，卸荷回弹率只有35.18%，说明试验荷载已经接近桩基承载力极限。注浆挤扩钻孔灌注桩试桩ZJSZ2加载至5600kN，因为天降大雨，地基发生破坏而终止加载，桩基上拔量最小，只有6.44mm，卸荷回弹率达到86.80%，说明桩基仍然处于弹性变形阶段，该试桩存在较大承载潜力。注浆挤扩钻孔灌注桩试桩ZJSZ3加载至4800kN，因为钢筋出现断裂而终止加载，桩基上拔量非常小，只有9.25mm，卸荷回弹率比较高，达到87.35%，说明桩基仍然处于弹性变形阶段，具有较大承载潜力。

普通钻孔灌注桩静载试验结果　　　表5

Static load test results of cast-in-situ bored pile

Table 5

桩号	最大试验荷载 (kN)	最大上拔量 (mm)	回弹率 (%)	承载力极限值 (kN)
SBZ1	4800	57.65	37.57	4500
SBZ2	3600	15.00	75.53	3600
SBZ3	3600	14.90	62.62	3600

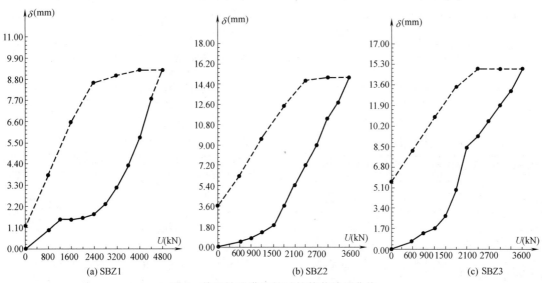

图4　普通钻孔灌注桩试桩静载检测曲线

Fig.4　Static load test curve of cast-in-situ bored pile

注浆挤扩钻孔灌注桩静载试验结果 表6

Static load test results ofextruded and enlarged cast-in-situ bored pile by slip casting Table 6

桩号	最大试验荷载 (kN)	最大上拔量 (mm)	回弹率 (%)	承载力极限值 (kN)
ZJSZ1	6000	43.01	35.18	≥6000
ZJSZ2	5600	6.44	86.80	≥5600
ZJSZ3	4800	9.25	87.35	≥4800

(5)应用情况

根据试桩结果并通过专家论证，设计最终采用注浆挤扩钻孔灌注桩作为地下室抗拔桩。为慎重考虑，在试桩基础上有效桩长增加了2.0m。因此实际使用的注浆挤扩钻孔灌注桩有效桩长为20m，桩径为800mm，挤扩段直径为1000mm，长度为6.0m，单桩抗拔承载力特征值取2200kN。在建设、监理和施工单位共同努力下，2020年1月8日注浆挤扩钻孔灌注桩施工完成，2021年2月4日顺利通过深圳市建设工程质量检测中心的检测验收。

为确保万无一失，根据专家和设计意见，本项目注浆挤扩钻孔灌注桩静载检测比例由规范规定的1.0%提高到1.5%，即10根，其中地面检测7.0根（ZJSZ4-10），坑底随机抽检3根（ZJBZ1），检测结果如表7所示。检测结果表明，注浆挤扩钻孔灌注桩承载力满足设计要求的承载力特征值2200kN，且具有较大的富余量，因为在单桩竖向抗拔承载力检测值作用下，桩基上拔量都在20mm以内，且卸载后回弹率超过60%。

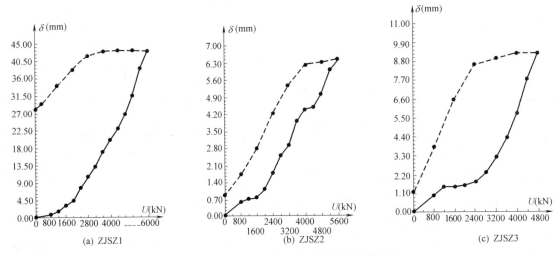

(a) ZJSZ1 (b) ZJSZ2 (c) ZJSZ3

图5 注浆挤扩钻孔灌注桩试桩静载检测曲线

Fig. 5 Static load test curve of extruded and enlarged cast-in-situ bored pile by slip casting

注浆挤扩钻孔灌注桩静载检测结果（工程桩） 表7

Static load test results of extruded and enlarged cast-in-situ bored pile by slip casting（pile engineering） Table 7

序号	桩号	最大试验荷载 (kN)	最大上拔量 (mm)	卸载后残余上拔量 (mm)	卸载后回弹率 (%)	单桩竖向抗拔承载力检测值 (kN)
1	ZJBZ1-537号	4400	6.62	0.16	97.58	4400
2	ZJBZ1-560号	4400	8.92	3.15	64.69	4400
3	ZJBZ1-562号	4400	11.67	3.19	72.66	4400
4	ZJSZ4-297号	4650	5.7	1.46	74.30	4650
5	ZJSZ5-211号	4650	10.46	3.95	62.24	4650
6	ZJSZ6-322号	4650	16.41	4.16	74.65	4650
7	ZJSZ7-150号	4650	14.90	4.09	72.55	4650
8	ZJSZ8-34号	4650	16.51	6.17	62.63	4650
9	ZJSZ9-604号	4650	13.88	4.20	69.74	4650
10	ZJSZ10-546号	4650	13.06	2.99	77.11	4650

注浆挤扩钻孔灌注桩在深圳坪山世茂中心应用产生了良好的经济效益和社会效益。地下室抗拔桩数量由普通钻孔灌注桩的1313根减少到注浆挤扩钻孔灌注桩的659根，桩长由25.0m缩短到20.0m。节约成本1120万元，缩短工期约30d，减少泥浆排放约7000m³。

3.3 应用案例2——绍兴世茂云樾府

(1)工程概况

本工程（绍兴滨海［2018］J2（IV-E-6-13）地块）位于绍兴滨海新城海东路与新城大道交叉口西北角，建设用地面积90449.7m²，总建筑面积280000m²，由17幢26层、2幢27层高层住宅、2幢2层商业用房组成，设1层地下室。

(2)地质概况

按其沉积年代、成因类型及其物理力学性质的差异，场地内地层自上而下依次分为8层，各土层主要力学指标详见表8。

根据国家和地方规范，结合场地地层特征及地区经验，综合分析确定本场地各层地基土桩侧阻力特征值q_{sa}及桩端阻力特征值q_{pa}建议值，详见表9。

土层的主要物理力学参数　表8

Physical and mechanical parameters of soil stratum

Table 8

土层名称	天然密度 (kN/m³)	标准贯入试验实测平均值 N	动力触探实测平均值 $N_{63.5}$	固结快剪 黏聚力 c(kPa)	内摩擦角 φ(°)	承载力特征值建议值 f_{ak}(kPa)
①素填土	18.3	—	—	14.2	21.1	
②₁粉质黏土	18.4	4.6	—	14.4	21.2	90
②₂粉质黏土	18.5	6.1	—	9.7	27.0	110
③淤泥质	17.4	—	—	12.1	8.1	70
④₁a砂质	18.6	12.0	—	7.3	28.7	140
④₁b粉砂	—	18.3	—	—	—	170
④₂粉质黏土	18.6	11.2	—	21.8	16.1	140
⑤₁粉质黏土	18.0	6.7	—	16.8	13.0	120
⑤₂粉质黏土	19.2	11.9	—	26.9	17.4	170
⑥₁粗砂	—	20.6	—	—	—	240
⑥₂砾砂	—	—	23.8	—	—	260
⑦粉质黏土	19.4	15.1	—	29.1	18.2	190
⑧₁砾砂	—	—	19.6	—	—	280
⑧₂粉质黏土	19.3	17.9	—	30.2	18.4	200
⑧₃圆砾	—	—	29.4	0	45	360

桩基础力学参数建议值表　表9

Mechanical parameters of pile foudation

Table 9

土层名称	岩土状态	桩侧阻力特征值 q_{sa}(kPa)	桩端阻力特征值 q_{pa}(kPa)	抗拔系数 λ
①素填土	松软—松散	—	—	—
②₁粉质黏土	软塑	11	—	0.7
②₂粉质黏土	稍密	13	—	0.7
③淤泥质粉质黏土	流塑	6	—	0.8
④₁a砂质粉土	稍密	18	—	0.6
④₁b粉砂	稍密	23	700	0.6
④₂粉质黏土	软可塑	18	—	0.8
⑤₁粉质黏土	软塑	16	—	0.8
⑤₂粉质黏土	软可塑	24	—	0.8
⑥₁粗砂	稍密—中密	32	900	0.6
⑥₂砾砂	中密	34	1200	0.6
⑦粉质黏土	硬可塑	27	600	0.8
⑧₁砾砂	中密	36	1300	0.6
⑧₂粉质黏土	硬可塑	29	650	0.8
⑧₃圆砾	中密	45	1500	0.65

（3）试桩设计

项目一期采用普通钻孔灌注桩作为主楼承压桩，前期进行了2根设计试桩，桩径为700mm，桩长为55.70～57.80m，桩端持力层为⑧₁砾砂，进入持力层不少于1.05m。项目二期进行了3根注浆挤扩钻孔灌注桩的设计试桩，桩径为700mm，有效桩长为56～57.35m，桩端持力层及入持力层深度同普通钻孔灌注桩。注浆挤扩段主要处于⑥₁粗砂、⑦粉质黏土和⑧₁砾砂中，长度为7.0m，外径为900mm。

（4）试验结果

普通钻孔灌注桩的静载试验结果如表10所示，加载至5750kN时，试桩发生地基破坏，单桩竖向抗压承载力极限值为5500kN，对应的沉降量分别为27.36mm和24.67mm，与根据地质勘察报告计算承载力相差不大。3根注浆挤扩钻孔灌注桩试桩的静载试验结果详见表11。3根试桩都达到了承载力极限，其中试桩1和试桩2先采用800kN荷载分级加载至8000kN后，然后采用400kN荷载分级，加载至9600kN试桩破坏，抗压承载力极限值为9200kN；试桩3一直采用800kN荷载分级加载至9600kN试桩破坏，抗压承载力极限值为8800kN。因此，3根试桩抗压承载力极限值差异不大，都在9200kN左右，较普通钻孔灌注桩的抗压承载力提高67.3%。

普通钻孔灌注桩静载试验结果　表10

Static load test results of cast-in-situ bored pile

Table 10

桩号	最大试验荷载 (kN)	最大沉降量 (mm)	承载力极限值 (kN)	承载力极限值对应沉降量 (mm)
试桩1	5750	93.72	5500	27.36
试桩2	5750	85.76	5500	24.67

注浆挤扩钻孔灌注桩静载试验成果　表11

Static load test results of extruded and enlarged cast-in-situ bored pile by slip casting　Table 11

桩号	最大试验荷载 (kN)	最大沉降量 (mm)	承载力极限值 (kN)	承载力极限值对应沉降量 (mm)
试桩1	9600	>80 破坏	9200	32.73
试桩2	9600	>80 破坏	9200	35.86
试桩3	9600	>80 破坏	8800	32.80

（5）应用情况

注浆挤扩钻孔灌注桩的优异承载性能得到专家和设计单位的认可，注浆挤扩钻孔灌注桩成功应用于本项目二期工程7栋26层主楼中。单桩抗压承载力特征值按3850kN设计，较试桩极限承载力富余度比较大。桩基总数由普通钻孔灌注桩的683根减少至458根，桩数减少约33%，节约成本558万元，经济效益非常显著。

4　结论

工程应用表明，注浆挤扩钻孔灌注桩不但技术先进，而且经济合理。与机械扩底成型工艺相比，注浆挤扩成型工艺具有显著的优点：（1）土层适应性强。不仅适用于易成型的硬土层，也适用于软土层。（2）工艺简单。桩身施工完成后，将额定的高压水泥浆注入束浆袋中即可在桩身底部形成挤扩段。（3）设备简易。注浆挤扩成型施工主要设备为常规注浆泵，该设备来源广、投入少。（4）质量可靠。注浆挤扩成型工艺环节少，只要控制束浆袋制作和水泥浆注入质量，施工质量就有保障。（5）成本低廉。施工设备投入少，束浆袋、黑铁管等施工用材多为常规建筑材料，成本低廉。因此，注浆挤扩钻孔灌注桩具有良好的应用前景。

参考文献：

[1] 万志辉. 大直径后压浆桩承载力提高机理及基于沉降控制的设计方法研究[D]. 南京：东南大学，2019.

[2] 沈保汉. 后注浆桩技术(1)——后注浆桩技术的产生与发展[J]. 工业建筑，2011，(5)：64 - 66.

[3] 刘金砺，祝经成. 泥浆护壁灌注桩后注浆技术及其应用[J]. 建筑科学，1996，(2)：13 - 18.

[4] 顾国荣，陈晖. 旁压试验成果应用[J]. 上海地质，1996，60(4)：20-30.

[5] 杨石飞，顾国荣，董建国. 旁压试验确定上海软土地区的单桩承载力[J]. 上海地质，2002，84(4)：41-46.

深圳地区花岗岩类地层灌注桩抗压静载试验数据分析

杨　立[1]，李承宗[1]，肖　兵[2]，黄建辉[1]，张国彬[1]

（1. 深圳市建设工程质量检测中心，深圳 518052；2. 深圳市建设工程质量安全检测鉴定学会，深圳 518052）

摘　要：本文收集了 2016～2020 年间在深圳市花岗岩、混合花岗岩地层中实测的单桩竖向抗压静载试验数据。将其中最常见的 3 种桩径（ϕ800mm、ϕ1000mm、ϕ1200mm）、3 种桩端持力层风化程度（强、中、微风化）共 259 组数据分成 7 类，分类别呈现了各单桩承载力和对应沉降分布范围、单个工程各桩平均后的承载力和沉降、达到极限状态的单桩承载力和沉降。给出了按承载力区段划分的分布频数。经过适当的筛选，统计计算出了承载力均值和标准值，作为经验值可供设计、施工等参考。

关键词：灌注桩；静载试验；承载力；经验值

作者简介：杨立（1965—　），男，硕士，教授级高级工程师，主要从事岩土工程试验研究等工作。E-mail：1085710101@qq.com。

Data analysis of the compressive static load test of the cast-in-place pile in granitic strata in Shenzhen area

YANG Li[1]，LI Cheng-zong[1]，XIAO Bing[2]，HUANG Jianhui[1]，ZHANG Guobin[1]

（1. Shenzhen Construction Testing Center，Shenzhen 518052；2. Shenzhen Construction Quality and Safety Testing and Appraisal Association，Shenzhen 518052）

Abstract：The data of vertical compressive static load test of single pile in granitic or mixed granitic strata in Shenzhen area between 2016 and 2020 are collected. The 253 sets data which are about three most common pile diameters (d800, d1000, and d1200) and three weathering degree of the bearing layer at the pile end (strong, medium and slightly weathered) are divided into seven categories. The distribution range of bearing capacity and settlement of each pile, the averaging bearing capacity and settlement of each pile for a project, and the ultimate bearing capacity and settlement of single pile have been presented. The frequency distribution by the bearing capacity is given. After proper screening, the average value and standard value of bearing capacity are calculated, which can be used as empirical values for reference of design and construction.

Key words：cast-in-place pile；static load test；bearing capacity；empirical value

0　引言

国内桩基设计多采用经验参数法[1,2]，该法源于长期、大量试验数据的总结，地域性明显、时效性强。随着工艺工法不断改进、施工条件变化、桩长和直径不断增大、时空效应等复杂因素，既往的经验参数会滞后于现实岩土及施工条件，需要不断更新才能适应新的实际。

就深圳的灌注桩而言，具体表现在施工工艺经历了由人工挖孔向冲（钻）孔再向旋挖工艺的转变，而且桩径在不断加大、桩端入岩深度在不断加深，相应的承载力要求不断提高。尽管从国家到地方各层级的规范要求施工前应进行静载试验[3,4]，但由于试验费用和工期原因真正做到的很少，同时进行内力测试的试验桩更少。就数量稀少的试验桩而言，还由于各方对试验桩结果的不同预期，致使部分试验桩不能很好地代表实际。赵江等[5]通过贝叶斯理论对区域荷载试验数据更新，获得新场地内模型偏差系数的概率分布，提出了一种有限数据条件下的桩基础承载力可靠度设计方法。万志辉[6]等于收集的 139个工程中的 716 根试桩静载试验数据，以统计分析为基础，对大直径后压浆桩承载力和沉降的实用计算方法进行了研究。如果一切从实际出发，不论先期的各种因素，以大量验收灌注桩静载试验结果为样本，将更加真实地反映实际情况。这也是本文的初衷。

深圳市的地基条件特点是，基岩埋深浅，普遍采用端承型桩。由于结构上多采用柱下单桩，桩径、桩位布置灵活。也有个别区域如填海场地基岩埋置很深，只能采用更大直径的摩擦型桩。深圳自 1999 年推出国内首本集 5 大方法为一体的桩基检测规范以来，经历了 3 次修订。每次修订都在适应本市单体建筑朝超高、大体量、深埋置方向发展的需要。各版对单桩承载力检测的要求在不断提高，但规定静载试验的荷载界限主要是考虑本市各检测单位的试验能力、进退场难易程度、检测总造价和工期等。也考虑了深圳基岩浅、端承桩多设置在中、微风化岩的情形，即由桩身强度控制的嵌岩端承桩用钻芯法验收更适宜。现行版桩基检测规范在平衡各因素的基础上规定仅对桩端持力层是强风化岩且单桩承载力特征值小于 10000kN 的桩应采用静载法验收。为检查规范执行效果，有必要对试验情况加以总结，同时也可以为再次修订提供依据。这也是本文的另外一个目的。

1　试验概况

本文样本来自我中心 2016～2020 年间灌注桩静载试验的全部数据，总体情况见表 1。涉及的工程项目 2016 年有 21 个，2017 年 36 个，2018 年 28 个，2019 年 33 个，2020 年暂时收集了 25 个。

全部项目中最小桩径 $\phi600\text{mm}$、最大 $\phi2500\text{mm}$；工艺以旋挖居多，冲（钻）孔占比较少，挖孔桩数量逐年减少直至不被采用。

桩端持力层岩性多数是花岗岩、混合花岗岩、混合岩、砂岩、灰岩，其他还有泥岩、角砾岩、碎裂岩等。桩端岩土层风化程度是全风化的很少，是残基土的更少。本文仅就数量最多的花岗岩类持力层的试验数据加以总结。

各工艺灌注桩情况汇总表　　　　表 1

Summary of cast-in-place piles using different technology　　　　Table 1

年度	工艺	数量（根）	达到极限数量（根）	达到极限比率（%）	桩径（mm）	桩端岩土层	设计承载力特征值（kN）
16	旋挖	80	21	26	800～1400	全、强、中风化岩	1600～8000
	冲钻	7	0	0	600～1000	全、强、中风化岩	1000～2000
	挖孔	14	2	14	1200～1600	强风化岩	3000～8500
	小计	101	23	23	—	—	—
17	旋挖	121	17	14	795～1600	强、中风化岩	860～10000
	冲钻	39	20	51	600～1600	残积土、全、强风化岩	625～15000
	挖孔	20	1	5	1200～1400	强风化岩	3170～8610
	小计	180	38	21	—	—	—
18	旋挖	120	8	7	795～1500	全、强、中风化岩	750～8900
	冲钻	11	4	36	600～1200	强、微风化岩	1600～5500
	挖孔	15	1	7	1200～1300	强风化岩	1697～7600
	小计	146	13	9	—	—	—
19	旋挖	122	2	2	800～1500	全、强、中风化岩	2000～15000
	冲钻	34	3	9	800～1500	全、强、微风化岩	831～15000
	挖孔	0	0	0			
	小计	156	5	3	—	—	—
20	旋挖	89	7	8	800～1400	残积土、全、强、中、微风化岩	1500～10000
	冲钻	11	1	9	800～2500	残积土、全、强、中、微风化岩	1100～17500
	挖孔	0	0	0			
	小计	100	8	8	—	—	—
总计		683	87	13	—	—	—

由表 1 可见，施工工艺在变化；抗压试验的最大加载量在不断加大；要求试验的桩不局限于本市规范的下限，桩端持力层是中、微风化岩也有静载试验的需求。同时也能看出有不少达到极限状态（含嵌岩桩）。这些情况提示我们，以往仅靠钻芯法验证沉渣和持力层性状的方式不够完备，对嵌岩桩承载力的直接法验证是不可或缺的。

由于本文收集的试验数量可观（特别是持力层在强风化岩上的），下面将按持力层风化程度（强、中、微风化）、桩径（$\phi800\text{mm}$、$\phi1000\text{mm}$、$\phi1200\text{mm}$）类别分别统计介绍。还由于有些场地的验收试验数量较大，为了避免其场地同一规格桩数量较多影响整体分布，又将同一场地（单位工程）里的桩长、承载力检测值及其对应的桩顶沉降数据进行平均作为该场地（单位工程）代表值。

需要说明的是：（1）受检桩绝大多数是正常验收的工程桩，个别是试验桩。（2）工程桩最大试验荷载是设计单桩抗压承载力特征值的 2 倍。达到极限的多是按桩顶最大沉降量超过 $0.05d$ 判定的，个别是因 $Q\text{-}s$ 曲线出现突变判定的。（3）深圳规范将最大试验荷载称为承载力检测值，对于达到极限状态的，该值即极限承载力。（4）深圳很少采用后注浆工艺，本文数据不包括后注浆工艺的桩。（5）能收集到全部设计施工资料的工程数量少，多数桩的桩侧各岩土层厚度不明，没条件进行较为细致的分析统计，仅做粗略地统计分析。（6）本文未包含扩底桩。（7）本文未包含挖孔桩。

2　强风化试验情况

2.1　$\phi800(\phi900)$

由于深圳地方桩基检测规范的特点，对桩端持力层风化程度是强风化的桩做静载试验的数量最多。强风化花岗岩和混合花岗岩总体情况见图1~图3。共有99根桩的数据，91根桩径是$\phi 800$，8根是$\phi 900$。

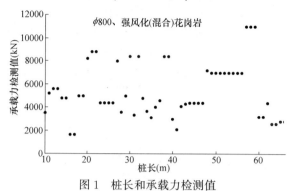

图1　桩长和承载力检测值

Fig. 1　Pile length and Test values of bearing capacity

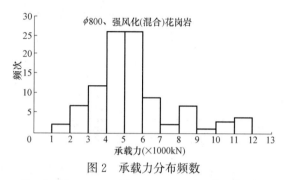

图2　承载力分布频数

Fig. 2　Frequency of bearing capacity distribution

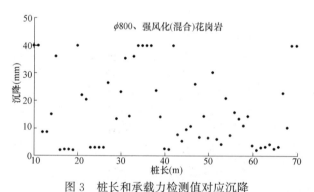

图3　桩长和承载力检测值对应沉降

Fig. 3　Pile length and Settlements corresponding to the test values of bearing capacity

将同一场地各桩的桩长、承载力、沉降平均作为该场地的代表值。考虑深度效应，以桩长30m为界，各承载力区间分布的频次情况如图4和图5所示。

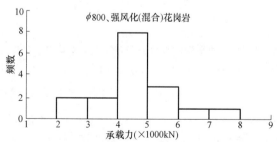

图4　按场地平均的承载力分布频数（平均桩长≤30m）

Fig. 4　Frequency of bearing capacity distribution by site average (average pile length≤30m)

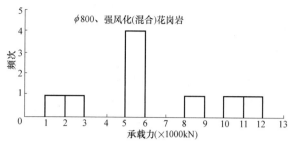

图5　按场地平均的承载力分布频数（平均桩长＞30m）

Fig. 5　Frequency of bearing capacity distribution by site average (average pile length＞30m)

如图4所示平均桩长≤30m的共17个工程，承载力分布近似于正态分布，承载力检测值多数在4000~5000kN。

统计计算之前，先对数据进行筛选，剔除异常低（高）者。（1）最低均值2600kN的工程有2根桩，最大荷载下的平均沉降仅3.6mm，设计安全，不参与统计。（2）次低3000kN的，最大荷载下的沉降仅2.8mm，不参与统计。（3）第三低的3600kN的项目有3根桩，最大荷载下的平均沉降仅2.9mm，不参与统计。

采用《岩土工程勘察规范》GB 50021—2001中统计修正系数公式（1）和标准值公式（2）计算。

$$\gamma_s = 1 - \left\{ \frac{1.704}{\sqrt{n}} + \frac{4.678}{n^2} \right\} \delta \tag{1}$$

$$\phi_k = \gamma_s \phi_m \tag{2}$$

参加统计的范围值3967~8000kN，平均值5149kN，标准差1028kN，变异系数0.1996，修正系数γ_s=0.9043，标准值为4657kN。

平均桩长＞30m共9个工程，分布见图5。较多工程分布在5000~6000kN。由于数据离散不宜统计计算，仅具体说明如下：（1）最低的是某个轨道交通项目的2根桩，平均桩长35m、承载力检测值均为1662kN、平均沉降仅有2.2mm，设计安全。（2）次低的是某项目的1根桩，最大荷载3000kN时沉降2.5mm，设计安全。（3）最高的达到11406kN，是同一项目的5根$\phi 900$mm桩的平均，平均桩长45.3m、平均沉降24.1mm，其中有1根桩在9029kN时达到沉降控制值45mm而判为极限，其余4根的检测值均是12000kN。（4）次高11000kN的来自同一项目的2根桩平均，桩长均为40m。

该批99根桩，达到极限状态的就有29根，承载力分布见图6和图7，极限承载力随桩长呈线性增加的规律明显。除去5根试验桩外，其余全是工程桩，亦即验收检测时有26%的满足不了验收要求，提示我们在设计阶段应

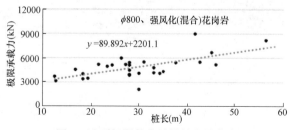

图6　达到极限状态的桩长和承载力

Fig. 6　Pile length and bearing capacity up to limit state

足够重视。除了异常低的 2100kN 和最高的 9029kN（桩长 42m）和次高的 8230kN（桩长 56m）外，极限承载力大体在 3000～6000kN 范围的占比 86%。全部极限值的平均是 4860kN。

如图 7 所示达到极限状态桩分布频次和图 2 所示全部桩分布频次相似，说明受检桩达到极限状态的比率在各承载力区间是基本均匀的，并非荷载越高破坏的比例就越大。

极限状态下的桩顶沉降分布见图 8。多数桩的 $Q\text{-}s$ 曲线呈缓变特征，是按桩顶沉降达到 $0.05d$ 即 40mm（45mm）判定的极限。但有 3 根（极限承载力分别是 2100kN、4320kN 和 4480kN）是在不大于 7mm 的变形后、下级出现 5 倍的突变。据已有资料分析，原因是桩端沉渣过厚、桩端土软化，发生刺入破坏所致，是施工原因引起的。这进一步证实了正常的大直径灌注桩变形规律，即 $Q\text{-}s$ 曲线呈缓变特征。

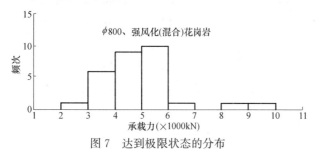

图 7　达到极限状态的分布

Fig. 7　Distribution up to the limit state

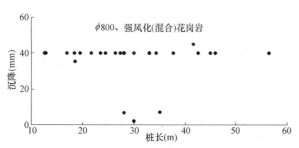

图 8　达到极限状态的桩长和沉降

Fig. 8　Pile length and settlement up to the limit state

2.2　$\phi 1000$

桩径 $\phi 1000$ 的 84 根桩总体情况见图 9 和图 10。

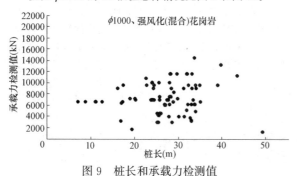

图 9　桩长和承载力检测值

Fig. 9　Pile length and test values of bearing capacity

平均桩长≤30m 的共 23 个工程，按场地平均的承载力分布见图 11，承载力检测值多数在 6000～7000kN 区

间。承载力低（1720kN、3000kN、3000kN、3200kN、4000kN），平均沉降小（均小于 4mm）的工程有 5 个，设计安全不参与统计。参加统计的范围值 4200～10000kN，平均值 6944kN，标准差 1471kN，变异系数 0.2118。修正系数 $\gamma_s = 0.9119$，标准值为 6332kN。

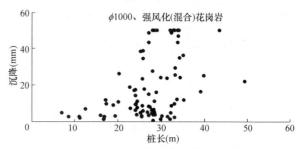

图 10　桩长和承载力检测值对应沉降

Fig. 10　Pile length and Settlement corresponding to the test values of bearing capacity

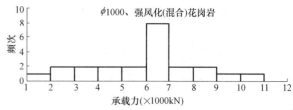

图 11　按场地平均后的承载力分布频数（平均桩长≤30m）

Fig. 11　Frequency of bearing capacity distribution by site average（average pile length≤30m）

平均桩长>30m 仅有 6 个工程，分布见图 12。由于数据离散不宜统计计算标准值，仅说明如下：（1）平均承载力检测值最低 4438kN 的，来自某轨道交通工程的 3 根桩，均缓变至控制沉降而到极限。（2）最高 15231kN 的来自某工程的 3 根试验桩，其中 2 根加载到了极限，1 根加载到了最大荷载。（3）6 个工程各自平均桩长范围在 30～38m。（4）除去最低和最高工程外，剩余 4 个工程承载力平均值是 8686kN。

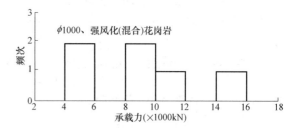

图 12　按场地平均的承载力分布频数（平均桩长>30m）

Fig. 12　Frequency of bearing capacity distribution by site average（average pile length>30m）

该批 85 根桩中有 11 根达到了极限状态，承载力和对应的沉降见图 13、图 14。扣除 2 根试验桩，工程桩不满足验收检测要求的比例是 11%。全部极限值的平均是 6732kN，除可能是施工偏差导致异常的（如桩长 49m 承载力 1260kN）外，大部分集中在 3354～14460kN。最高

的两根桩是 44m 长的 11283kN、34m 长的 14460kN，是来自同一工程的试验桩，值得一提的是该场地的第 3 根试验桩（长 38m），加载至 19950kN 时桩顶沉降仅为 22mm；从该场地桩侧钻孔柱状图可知，该场地强风化层很厚、标贯击数高（80～92 击），桩端进入强风化层深（21～30m）。

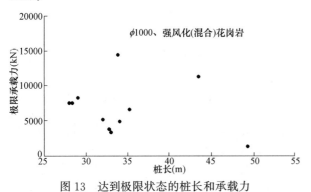

图 13　达到极限状态的桩长和承载力

Fig. 13　Pile length and bearing capacity up to limit state

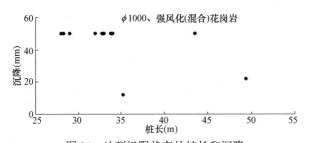

图 14　达到极限状态的桩长和沉降

Fig. 14　Pile length and settlement up to limit state

2.3　ϕ1200

桩径 ϕ1200 的有 37 根，分布见图 15 和图 16。承载力检测值分布范围很宽。

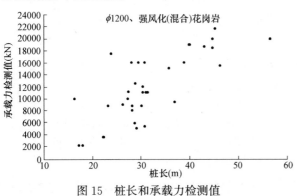

图 15　桩长和承载力检测值

Fig. 15　Pile length and Test values of bearing capacity

同样将同一场地的单位工程里的数据平均，以桩长 30m 为界，承载力分布的频次情况如图 17 和图 18 所示。

平均桩长≤30m 的承载力检测值范围在 8000～10000kN 的稍多（有 3 个项目）。

图 17 分布中：（1）均值 2200kN 的是个市政项目的 2 根桩，沉降均值是 6mm，不参加统计。（2）次低的 3575kN 是来自一轨道交通工程的 2 根桩，虽然均达到了按

变形控制的极限，但承载力明显偏低，可能因桩端岩土层未达到设计要求所致，不参与统计。（3）最高 17000kN 达到按变形控制的极限，施工资料显示属于异常高，也不参与统计。剩余数据统计结果：范围值 6935～11140kN，平均值 9409kN，标准差 1566kN，变异系数 0.1664，修正系数 γ_s＝0.8626，标准值为 8117kN。

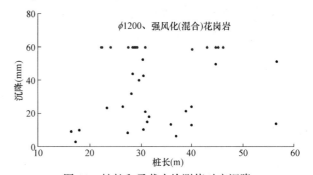

图 16　桩长和承载力检测值对应沉降

Fig. 16　Pile length and Settlement corresponding to the test values of bearing capacity

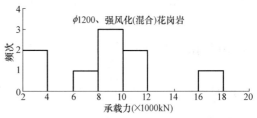

图 17　按场地平均的承载力分布频数（平均桩长≤30m）

Fig. 17　Frequency of bearing capacity distribution by site average（average pile length≤30m）

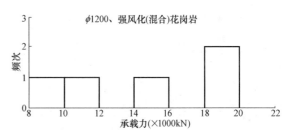

图 18　按场地平均的承载力分布频数（平均桩长＞30m）

Fig. 18　Frequency of bearing capacity distribution by site average（average pile length＞30m）

平均桩长＞30m 的承载力检测值范围在 18000～20000kN 的稍多（有 2 个项目）。因数据太少，不适合统计计算，仅做说明如下：（1）最高 20175kN 的来自同一场地的 2 根试验桩，$Q\text{-}s$ 曲线缓变，是按沉降量 60mm 确定的极限值。（2）次高的 18722kN 来自某轨道交通工程 5 根桩的平均，桩长 45～55m，最大荷载时 2 根的沉降 60mm、2 根 50mm、1 根 14mm，基本发挥到极限，故承载力检测值高。（3）最低的 9400kN 的 1 根桩的沉降仅 6mm，显然安全裕量还很高。（4）可以推测 ϕ1200 桩长在 30～40m 的承载力检测值在 11000～16000kN 之间的可能性较大。

37 根桩里有 13 根桩达到极限状态，如图 19 所示。

它们来自 8 个场地，其中 2 根是同一场地的试验桩，验收检测达到极限的比例是 31%。$Q\text{-}s$ 曲线全部呈缓变特征，均取桩顶沉降 60mm 时的试验荷载为极限承载力。桩长超过 40m 的 4 根桩来自两个项目的试验桩，承载力范围 15490~21650kN，特点是桩长较长、桩侧强风化土层厚（约 20m）、标贯击数高（83~95 击）。其余 31m 以下的 9 根来自 6 个工程，承载力范围 3550~17464kN。异常低的 3500kN 和 3600kN 桩，不排除施工偏差原因。

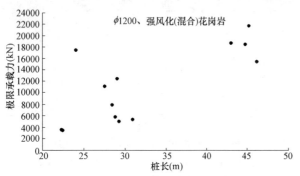

图 19　达到极限状态的桩长和承载力

Fig. 19　Pile length and bearing capacity up to limit state

3　中风化试验情况

3.1　ϕ800

桩径 ϕ800、持力层是中风化（混合）花岗岩的有 15 根，其承载力检测值和沉降见图 20 和图 21。

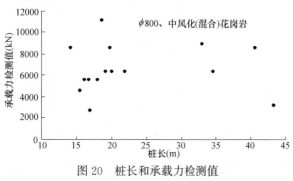

图 20　桩长和承载力检测值

Fig. 20　Pile length and Test values of bearing capacity

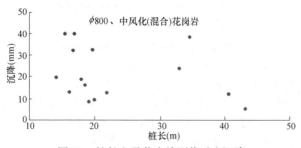

图 21　桩长和承载力检测值对应沉降

Fig. 21　Pile length and test value of bearing capacity corresponding to settlement

因为桩数量少，考虑又是嵌岩工况，不再按 30m 为界划分。分布频次见图 22。

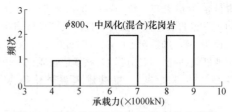

图 22　按场地平均后的承载力分布频数

Fig. 22　Frequency of bearing capacity distribution after averaging by site

该批桩中有 5 根达到极限状态，如图 23 和图 24 所示。它们来自 3 个场地。其中 3 根是同一场地的试验桩，2 根是验收工程桩。5 根中有 3 根 $Q\text{-}s$ 曲线是缓变型、按沉降 $0.05d$ 控制。另外 2 根是突变型，而且还是试验桩，判定的极限承载力为 3200kN、11200kN，而同批的第 3 根试验桩 $Q\text{-}s$ 曲线呈缓变型，在 6400kN 荷载下沉降达到 40mm 而判定为极限承载力，同一场地如此离散是因为最低的 1 根桩端可能没到达中风化岩层。

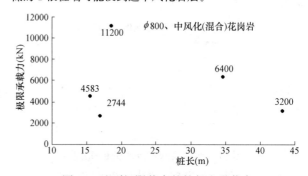

图 23　达到极限状态的桩长和承载力

Fig. 23　Pile length and bearing capacity up to the limit state

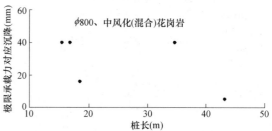

图 24　达到极限状态的桩长和沉降

Fig. 24　Pile length and settlement up to the limit state

由于按项目平均后样本数量太少，只好按单桩做统计。因沉降超标而达到极限的 2744kN 的桩属于异常、承载力 3200kN 的桩持力层异常，不参与统计。对剩余的 13 根桩进行统计，范围值 4583~11200kN，平均值 7153kN，标准差 1875kN，变异系数 0.2621。修正系数 $\gamma_s =$ 0.8689，标准值为 6214kN。

3.2　ϕ1000

桩径 ϕ1000 持力层是中风化（混合）花岗岩的有 13 根，其承载力和沉降见图 25 和图 26。

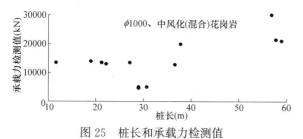

图 25　桩长和承载力检测值

Fig. 25　Pile length and test values of bearing capacity

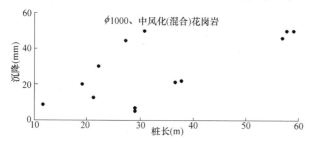

图 26　桩长和承载力检测值对应沉降

Fig. 26　Pile length and Settlement corresponding to the test values of bearing capacity

　　按场地平均后的承载力分布频数见图 27。①最高的是平均后 24162kN 的项目，是 3 根长度约 60m 的试验桩平均所得，有 2 根达到极限，极限承载力是 21039kN 和 21448kN，未到极限的 1 根也接近极限（最大荷载为 30000kN，对应沉降 46mm）。该场地分布除了 2m 厚软土外，其余土层是填石、黏土、中砂、残积土、风化岩层，其中残积土及全、强风化层厚有 40m，嵌岩深度 1.1～1.7m，所以才会有如此高的承载力。②最低的是平均后 5000kN 的，来自一个市政项目，由 2 根桩平均而得，沉降分别是 5mm 和 7mm，设计偏保守。

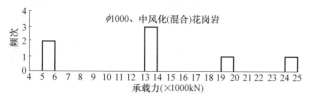

图 27　按场地平均后的承载力分布频数

Fig. 27　Frequency of bearing capacity distribution by site average

　　达到极限的共 3 根桩见图 28，来自 2 个工程，Q-s 曲线呈缓变特征，极限承载力判定全部是由沉降 50mm 控制。①桩长是 31m 的极限承载力仅有 5208kN，应该是施工偏差原因。②另 2 根前面已叙述，是平均后 24162 kN 的项目中的。

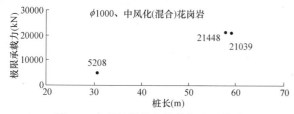

图 28　达到极限状态的桩长和承载力

Fig. 28　Pile length and bearing capacity up to limit state

　　由于按项目平均后样本数量少，就按单桩做统计。①单桩 5208kN 的因沉降超而达到极限，属于异常不参与统计。②单桩 4800kN、5200kN 的属于前述平均 5000kN 的项目，不参与统计。③单桩 21039kN、21448kN 和 30000kN 的因场地原因且桩长很长致承载力太高不参与统计。对剩余 4 个项目的 7 根桩进行统计，参加统计的范围值 13000 ～ 19950kN，平均值 14421kN，标准差 2459kN，变异系数 0.1705。修正系数 γ_s = 0.8739，标准值为 12603kN。

3.3　φ1200

　　桩径 φ1200 持力层是中风化（混合）花岗岩的有 5 根，来自 5 个场地。其承载力和沉降见图 29 和图 30。

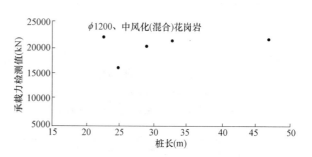

图 29　桩长和承载力检测值

Fig. 29　Pile length and Test values of bearing capacity

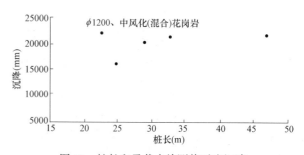

图 30　桩长和承载力检测值对应沉降

Fig. 30　Pile length and Settlement corresponding to the test values of bearing capacity

　　全部 5 根桩均未达到极限。参加统计的范围值 13000～19900kN，平均值 17860kN，标准差 2805kN，变异系数 0.1571。修正系数 γ_s = 0.8509，标准值为 15198kN。

4　微风化试验情况

　　持力层是微风化花岗岩、二长花岗岩的试验数据仅有 6 根，来自 3 个工程。试验数据见表 2。可以推断 φ800 的极限承载力应高于 10000kN、φ1000 应高于 14000kN。φ1200 的由于施工原因致使原设计是中风化岩持力层的超钻至微风化岩持力层里，试验荷载仍按原设计承载力取值，最大沉降 12mm，残余沉降仅 3mm。由于该批桩总体沉降都不大，说明按现规范设计、现工艺施工的微风化岩持力层的桩是安全的。

微风化花岗岩持力层的试验数据　　表2

Test data of slightly weathered granitic bearing layer

Table 2

桩径(mm)	桩长(m)	承载力检测值(kN)	沉降(mm)
800	18	10000	13
800	9	10000	6
1000	23	14000	21
1000	18	14000	31
1000	16	14000	11
1200	43	12000	12

5　小结

根据以上按工程平均后数据的简单统计，大体可以给出强、中风化（混合）花岗岩持力层中的3种桩径、桩长在三十多米内的承载力检测值的经验值，见表3。

承载力检测值的经验值　　表3

Empirical values of bearing capacity test

Table 3

风化程度	桩径(mm)	承载力低值(kN)	承载力高值(kN)	承载力均值(kN)	承载力标准值(kN)	变异系数
强风化	800	3967	8000	5149	4657	0.1996
	1000	4200	10000	6944	6332	0.2118
	1200	6935	11140	9409	8117	0.1664
中风化	800	4583	11200	7153	6214	0.2621
	1000	13000	19950	14421	12603	0.1705
	1200	13000	19900	17860	15198	0.1571

需要说明的是作为验收试验获得的数据，多数是未达到极限状态的。部分桩在最大试验荷载下的沉降仅有几毫米，说明设计安全裕量高，对实际工程而言其经济性差、参考价值有限。达到极限状态的数据，可以指导设计合理利用岩土抗力，但也存在施工出现偏差致使极限承载力异常低的现象。设计时取高还是就低，需要综合考虑岩土抗力条件和施工可能出现的偏差等因素，本着质量、安全、经济原则寻求平衡。

6　结论

（1）花岗岩类地层中使用泥浆护壁灌注桩宜坚持先试后用原则。重大工程试桩数量应满足规范要求，试桩位置和施工机具要代表实际。

（2）大直径灌注桩静载试验的 Q-s 曲线正常是缓变型，否则很可能是施工环节出现偏差所致。

（3）强风化花岗岩中静载试验达到极限的概率偏高。除了需要精细化施工外，在设计阶段就需重视，在安全、质量和造价之间寻求平衡。

（4）本文提供的经验值可在初步设计时参考。由于大多数数据是非极限状态所得，该经验值还有提升的空间。

参考文献：

［1］　中华人民共和国住房和城乡建设部. 建筑桩基技术规范：JGJ 94—2008［S］. 北京：中国建筑工业出版社，2008.

［2］　深圳市住房和建设局. 地基基础勘察设计规范：SJG 01—2010［S］. 深圳，2010.

［3］　中华人民共和国住房和城乡建设部. 建筑基桩检测技术规范：JGJ 106—2014［S］. 北京：中国建筑工业出版社，2014.

［4］　深圳市住房和建设局. 深圳市建筑基桩检测规程. SJG 09—2015［S］. 北京：中国建筑工业出版社，2015.

［5］　赵江，杨同军，胡金政，张洁. 有限试验数据下的桩基础承载力可靠度设计［J］. 工程勘察，2020(7)：18-25.

［6］　万志辉，戴国亮，高鲁超，龚维明. 大直径后压浆灌注桩承载力和沉降的实用计算方法研究［J］. 岩土力学，2020，41(8)：2746-2755.

［7］　杨立等. 深圳地区灌注桩抗拔性状分析［J］. 广东土木与建筑，2017(1)：34-37.

淤泥质地层中全护筒长螺旋灌注桩的应用实践

林西伟[1]，　郭　雨[2]，　刘永鑫[1]，　徐梁超[1]

（1. 青岛业高建设工程有限公司，山东 青岛 266022；2. 山东平祥建筑工程有限公司，山东 济南 251400）

摘　要：灌注桩作为支护体系重要的受力构件，对支护工程的成败起决定作用。淤泥质地层中，因淤泥自稳性状差，成孔过程中不断挤压长螺旋桩机叶片，致使桩机钻进摩阻力增大，无法按照设计意图实现。利用限制螺旋叶片接触面积、降低钻进摩阻力的原理，通过预打设全长钢护筒，起到了限制螺旋叶片接触面积、降低钻机摩阻力作用，快速经济的解决了这一难题，为淤泥质地层中灌注桩的施工技术提供了宝贵的实践经验。

关键词：淤泥质地层；全长钢护筒；长螺旋；灌注桩；高频振动

作者简介：林西伟（1988— ），男，总工程师，本科，主要从事岩土工程勘察、设计、施工、监测和地基处理工程。E-mail：linxiwei1218@126.com。

Application practice of long screw grouting pile with full retainer in muddy formation

LIN Xi-wei[1], GUO Yu[2], LIU Yong-xin[1], XU Liang-chao[1]

(1. Qingdao Yegao Construction Engineering Co. ，Ltd. ，Qingdao Shandong 266022；2. Shandong Pingxiang Construction Engineering Co. ，Ltd. ，Jinan Shandong 251400)

Abstract：As an important stress member of support system, cast-in-place piles play a decisive role in the success of support engineering. In muddy stratum, because of poor self-stability of mud, the blades of screw pile machine are continuously squeezed during hole-forming, which results in increased friction resistance during drilling and can not be achieved according to design intent. By using the principle of limiting contact area of helical blades and reducing drilling friction, and presetting the full-length steel shield, the problem is solved quickly and economically, which provides valuable practical experience for the construction technology of cast-in-place piles in silty strata.

Key words：muddy stratum；full length steel casing；long spiral；cast-in-place pile；high frequency vibration

0　引言

在淤泥质地层中，基坑支护工程的灌注桩，一般采用泥浆护壁旋挖法或者螺旋钻孔法施工。但是当淤泥地层呈现流塑状态时，泥浆护壁法无法形成有效的护壁，会造成孔内缩颈、坍塌等问题。在采用螺旋钻孔法钻进过程中，受到周围流塑状态的淤泥挤压，形成巨大的摩阻力，致使钻机无法进尺，周边地表出现塌陷、裂缝等现象。

桩锚支护体系中，灌注桩作为超前支护措施和主要受力构件，对基坑支护的成败起到了决定性作用。因此，对于淤泥质地层中灌注桩成孔方法的选择至关重要。

1　工程概况

本项目位于某市高新区宝源路以西、河东路以南。拟建二层地下室，地下室周长约 1020m，基底标高 $-4.56\sim -3.11m$，最大开挖深度约 7.6m，基底位于淤泥质土层需超挖 1m 厚度淤泥质土并换填粗颗粒土，考虑开挖工况最大开挖深度 9.6m。设计基坑安全等级二级，基坑边坡整体采用灌注桩＋预应力锚杆支护体系，基坑支护结构主要有灌注桩、高压旋喷桩、锚杆、喷护面层等。

灌注桩主要穿过地层依次：素填土、淤泥质粉质黏土、粉质黏土、粗砾砂等地层。

2　工程地质条件

根据填土填料成分、物理力学性质的不同，划分为 3 个亚层，分别描述如下：

①$_1$ 层粗颗粒杂填土：

杂色，稍湿，松散—稍密。以近期堆填的建筑垃圾为主，含砖块尼龙带，局部见块石，粒径 $3\sim 40cm$，含少量黏性土。

①$_2$ 层黏性土素填土：

褐色—黄褐色，稍湿—饱和，以软塑—可塑状态的黏性土为主，局部含淤泥，夹中细砂及碎石砖块少量，碎石砖块粒径 $1\sim 10cm$。

①$_3$ 层淤泥填土：

灰褐色—灰黑色，稍湿—饱和。以流塑状态的淤泥为主，含松散淤泥质砂，偶含贝壳碎屑，底部见有块石，粒径 $5\sim 15cm$。

⑥层淤泥质粉质黏土：

灰黑色—灰色，流塑—软塑，手捏有滑腻感，局部相变为粉土、粉细砂，切面较光滑，干强度低，见贝壳碎片，含少量有机质。地基承载力特征值 $f_{ak}=50kPa$，压缩模量 $E_{s1-2}=1.8\sim3.6MPa$。

⑥₁ 层含淤泥粉细砂：

灰黑色—灰色，松散，饱和。见贝壳，有腥臭味，以长石、石英为主，局部相变为粉土，淤泥含量 10%～20%。地基承载力特征值 $f_{ak}=80kPa$，变形模量 $E_0=5.0MPa$。

⑦层粉质黏土：

黄色—黄褐色，可塑，切面稍有光泽，韧性一般，偶见铁锰氧化物结核，局部相变为粉土。

⑨层中细砂：

棕色—黄褐色，饱和，中密—密实，以长石、石英为主，分选中等—好，级配一般，含黏性土 5%～15%，局部相变为粉土。

⑨₁ 层黏土：

黄色—黄褐色，可塑—硬塑，切面有光泽，韧性高，局部含姜石 5%～10%，粒径 1～3cm，局部黏粒含量偏高，相变为黏土，见条带状高岭土。

3 出现的问题

按照设计文件要求，正式施工前，需要根据地层条件进行灌注桩成孔工艺试验。设计灌注桩桩径 800mm，桩长约 12.0m，现浇 C30 商品混凝土。依据设计文件和本地区的工程经验，我们选用了 110kW 双动力头长螺旋桩机进行工艺试验。在试验至桩深 6～7m 位置处，发现灌注桩无法进尺，周边地面围绕正在成孔的位置也开始出现塌陷、环向裂缝现象。多次更换试桩位置后，依旧出现上述类似问题，工艺试验宣告失败。比较换成泥浆护壁旋挖法，依旧无法解决流塑状态的淤泥问题。大型设备进出场费用高昂，本着节约的原则，需要采用一种简便的方案解决该类问题。

4 原因分析技处理方案设计思路

经技术人员现场分析研究，发现长螺旋桩机无法正常进尺的原因在于周边流塑状态的淤泥质土无法自稳，不断涌向已成的空孔内，随着钻杆不断进尺，螺旋叶片接触面越来越大，产生的摩阻力也随之增大，致使钻机无法正常进尺。由于流塑状态淤泥质土不断向空孔内补给，造成周边地面出现不同程度的塌陷、环向裂缝。

技术人员利用限制螺旋叶片接触面积、降低钻进摩阻力的原理，预先打设全长钢护筒作为通道，限制淤泥质土与螺旋叶片的接触面积，可以有效降低摩阻力。通过预打设全长护筒降低摩阻力的方法，能够达到灌注桩按照设计文件顺利施工的目的。

5 处理工艺及要点

5.1 工艺流程

平整场地→桩位放样→桩位放样复测验收→组装设备→预打设全长钢护筒→全护筒验收→长螺旋桩机组装→钻孔机就位→全护筒内钻至设计深度停止钻进→边提升钻杆边用混凝土泵经由内腔向孔内泵注超流态混凝土→提出钻杆放入钢筋笼→成桩→桩头处理。

图 1 预打设全长钢护筒图

Fig. 1 Preset full-length steel barrel

图 2 护筒内灌注桩成孔图

Fig. 2 Bore-forming diagram of cast-in-place piles in protective tube

5.2 技术要点

（1）场地抄平、放线：场地正式施工前，必须进行机械整平、压实场地，高差不大于 ±50mm。全护筒桩位放样，放样过程中误差控制≤10mm。由于全护筒的桩位及垂直度决定了灌注桩及止水帷幕的成败，因此，应当特别注重全护筒的桩位偏差和垂直度偏差控制。通过施工前、过程中、施工完毕后复测桩位及垂度偏差，综合三次控制，桩位累积偏差≤10mm，垂直度累积偏差≤1/100。

（2）预打设全长钢护筒：设计全长钢护筒采用 Q235 级钢材制成，长度 12.0m，内径 900mm，壁厚 12mm。采用挖掘机液压振动锤利用其高频振动，以高加速度振动全护筒，将机械产生的垂直振动传给护筒，导致护筒周围的土体结构因振动发生变化，强度降低。护筒周围土体液化，减少护筒内外侧与土体的摩擦阻力，然后以挖机下压力、振动液压锤与护筒自重将桩沉入土中至设计标高。

（3）制作钢筋笼。

（4）灌注桩成孔灌注：利用限制螺旋叶片接触面积、

降低钻进摩阻力的原理进行灌注桩成孔。在全长护筒内进行成孔，以全长护筒作为护壁，减少土体与螺旋片接触面积，可以达到顺利成孔的目的。

开钻时，钻头对准桩位点后，启动钻机下钻，下钻速度要平稳，严防钻进中钻机倾斜错位；钻机就位前对桩位进行复测，施工时钻头对准桩位点，稳固钻机，通过水平尺及垂球双向控制螺旋钻头中心与钻杆垂直度，确保钻机在施工中平正，钻杆下端距地面 100～200mm，对准桩位，压入土中，使桩中心偏差不大于规范和设计要求的 10mm。钻至设计标高后，进行混凝土灌注。

（5）安放钢筋笼。

（6）全护筒拔除：振动锤产生强迫振动，破坏护筒与周围土体间的粘结力，依靠附加的起吊力克服拔桩阻力将桩拔出。拔护筒时，先用振动锤将锁口振活以减小与土的粘结，然后边振边拔。全护筒的拔除时间宜为混凝土浇筑完毕初凝前，目的：①终凝后的混凝土与钢护筒产生巨大粘结力和摩阻力，拔除护筒异常困难，极有可能会出现全护筒无法拔除的现象；②终凝后拔除全护筒过程中，液压振动锤高频振动会损伤桩身混凝土，产生环向裂缝；③护筒占用部分体积，拔除应当及时进行补灌混凝土，防止桩头标高回落至设计标高以下。

6 实施效果

通过采用限制淤泥质土接触面积、降低摩阻力的原理，利用预打设全护筒作为限制淤泥质土接触面积、降低螺旋叶片摩阻力措施，使得长螺旋灌注桩顺利实施，顺利地完成了本项目的基坑支护工程，保证了基坑工程的正常运行及周边环境的安全，受到了建设单位、监理单位及相关政府职能部门一致好评。

青岛市建筑材料研究所有限公司
地基基础检测报告
161561340641
鲁建检字第 02066 号
共 47 页 第 1 页 JCS/BG-02.0001

委托单位	青岛茂章置业有限公司	报告编号	25DADJ20200174
样品名称	混凝土灌注桩	规格型号	Φ=800mm
工程名称	青岛金茂智慧新城 C7 地块项目	样品编号	低应变：D1# ～D132#
建设单位	青岛方虔置业有限公司	工程地点	青岛市高新区
设计单位	青岛腾远设计事务所有限公司 天津华汇工程建筑设计有限公司	检测地点	工程现场
勘察单位	青岛市勘察测绘研究院	检测类别	委托检测
监理单位	山东琴港工程建设监理有限责任公司	委托日期	2020.06.19
施工单位	中建三局第三建设工程有限责任公司	检测日期	2020.06.19-2020.06.29
实验室地址	高新区检测部：青岛市高新区红岛嘉苑 26 号	联系方式	0532-87838815
检测项目	低应变法检测桩身完整性	抽 样 人	委托单位
抽样数量	低应变：132 根	抽样基数	659 根
检测依据	设计资料、《建筑基桩检测技术规范》JGJ106-2014、《建筑基坑支护技术规程》JGJ120-2012		

检测结论

低应变动力检测：

根据《建筑基桩检测技术规范》JGJ106-2014 判断：所测 132 根桩，除 1 根桩为 II 类桩（轻微缺陷桩），其余 131 根桩均为 I 类桩（完整桩）。

具体检测数据及图表详见报告。

检测单位检测专用章（盖章）

签发日期：2020 年 10 月 29 日

检测说明 /

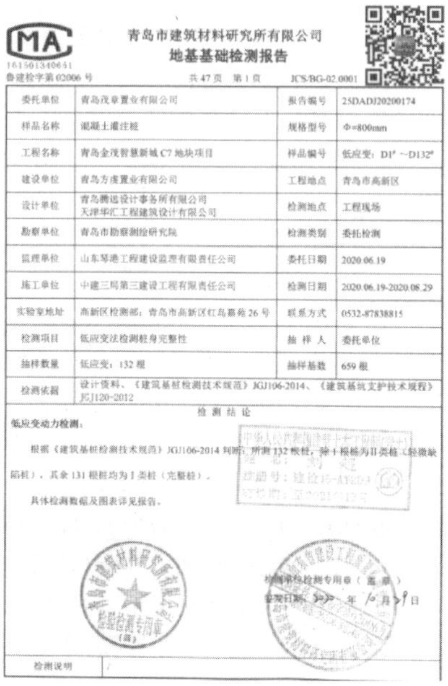

图 3 灌注桩低应变检测报告

Fig. 3 Low strain test report of cast-in-place piles

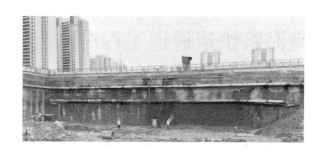

图 4 灌注桩施工完毕效果图

Fig. 4 Effect drawing of cast-in-place pile after completion of construction

7 总结与体会

本基坑工程作为淤泥质基坑的典型代表，采用限制螺旋叶片接触面积、降低钻机摩阻力原理成功地解决本地区淤泥质地层中灌注桩成孔困难问题，取得了良好的施工效果。总结如下可供借鉴的经验：

（1）针对该类地层的基坑工程，在正式施工前，结合本地区的类似工程施工经验，必须进行试桩工艺，确定该工艺是否能够满足施工要求。

（2）通过借鉴全回转全套管成孔工艺，利用钢板桩施工机械预先打设全长护筒，解决因淤泥质土与螺旋叶片产生的巨大摩阻力，然后再用长螺旋工艺顺利施工灌注桩。几种工艺巧妙的结合，使得棘手问题迎刃而解，但是不单单是几种工艺的拼凑，需要技术人员丰富的施工经验与大量的试验数据相结合才能产生良好的效果。

（3）本次灌注桩成功的实施是秉承“限制螺旋叶片接触面积、降低钻机摩阻力作用”的结果，为后期灌注桩工艺创新提供了一种方法。

该地层中灌注桩工艺的成功实施，为后续类似工程的建设提供了可靠的决策依据和技术指标，同时，我们应当总结经验，做到施工安全、合理，避免造成不必要的经济损失。

参考文献：

[1] 中华人民共和国住房和城乡建设部. 建筑桩基技术规范：JGJ 94—2008[S]. 北京：中国建筑工业出版社，2008.

[2] 中华人民共和国住房和城乡建设部. 建筑基桩检测技术规范：JGJ 106—2014 [S]. 北京：中国建筑工业出版社，2014.

[3] 中华人民共和国住房和城乡建设部. 建筑地基处理技术规范：JGJ 79—2012 [S]. 北京：中国建筑工业出版社，2013.

陇海路快速通道工程对既有铁路桩基影响的有限元分析

梁志荣[1]，　罗玉珊[1*]，　李忠诚[2]

（1. 上海申元岩土工程有限公司，上海 200011；2. 上海山南勘测设计有限公司，上海 200120）

摘　要：本文以陇海路快速通道工程为例，通过建立三维有限元模型，研究了下穿道路施工及运营过程中既有高铁桩基内力变形及周边土体变形的分布趋势，讨论分析了道路施工及挡墙形式对高铁桥墩的变形影响。结果表明，28 号桩轴力增加 5.94kN，墩顶沉降为 −0.66mm，水平最大变形为 1.29mm，都在可以控制的范围之内。U 形槽较 L 形挡墙相比能减少墩顶和承台基础面的水平位移。

关键词：道路；高铁桩基；有限元分析；变形特征；影响情况

作者简介：梁志荣（1966—），男，浙江上虞人，教授级高级工程师，主要从岩土工程、地下工程等领域的设计与科研工作。E-mail：llq009@vip.sina.com。

通讯作者简介：罗玉珊（1987—　），女，河南新乡人，博士，主要从事加筋结构、基坑工程、边坡加固等岩土工程方面研究。邮箱：shaluoyushan@126.com。

Finite element analysis of the influence of Longhai Road Expressway Project on existing railway pile foundation

LIANG Zhi-rong[1]，LUO Yu-shan[1*]，LI Zhong-cheng[2]

（1. Shanghai Shen Yuan Geotechnical Engineering Co. Ltd，Shanghai，200011，P. R. China；2. Shanghai Shannan Investigation & Design Co.，Ltd.，Shanghai，200120，P. R. China ）

Abstract：Taking Longhai Road expressway project as an example，with the establishment of three-dimensional finite element model，the distribution internal force & deformation of existing high-speed railway pile foundation and surrounding soil deformation were studied during the construction and operation of underpass road，and the influence of new road construction and retaining wall type on the deformation of high-speed railway pier were discussed and analyzed. The results show that the axial force of pile NO. 28 increased by 5.94kN，the settlement of pier top uplifted 0.66mm，and the maximum horizontal deformation was 1.29mm. Compared with L-shaped retaining wall，U-shaped retaining wall can reduce the horizontal displacement of pier top and bearing platform foundation.

Key words：road；high speed railway pile foundation；finite element analysis；deformation characteristics；influence

0　引言

随着城市建设和高铁的进一步发展，城市市政道路往往要跨越高铁线路，这势必对高铁桩基造成一定的影响。高速铁路桥梁无砟轨道对沉降及承载力有着严格的要求，为保证高速铁路桥梁的安全，需对下穿高速铁路桥梁的新建公路所采取的结构形式进行深入研究，尽可能消除其对高速铁路桥梁的附加影响。

本文以陇海路快速通道工程为例，通过三维有限元模拟分析，讨论了道路工程施工对邻近高铁桩基的影响，分析了全过程施工中桥墩轴力及摩阻力的变化趋势以及土体的变形，以期能为相似项目的设计和施工提供参考。

1　工程概况及地质条件

1.1　工程概况

陇海路快速通道是郑州市中心城区东西向城市快速

连接通道，规划为高架快速系统＋地面道路双系统形式，高架层与地面层均下穿既有铁路桥梁。

新建道路规划设计为道路红线宽65m，横断面布置形式为：4m 人行道＋4m 非机动车道＋9.5m（侧分带）＋12m 行车道＋6m 中分带＋8m 行车道＋8.5m 侧分带＋8m 辅道＋4m 人行道（图1）。

1.2　铁路概况

郑西线跨陇海铁路特大桥 28～31 号桥墩间桥跨为 4-32m 简支箱梁，圆端型空心桥墩。地面标高为 87.6～88.47m，梁底标高为 99.98～101.01m，桥下现状净空高约为 12.5m。桥墩中心距离为 32.8m，顺桥向宽度为 3.0m，横桥向宽度为 8.0m。4 个桥墩均采用 10 根 ϕ1.0m 钻孔桩基础，承台尺寸为 7.5m（顺桥向）×12.0m（横桥向）×2.5m（厚），承台底至地面埋深 3.0m，桩长 45.5～50.5m。桩底持力层均为硬塑粉质黏土，为摩擦桩。

基金项目：上海市科学技术委员会项目基金-20QB1400600，华东建筑集团科研项目（18-1 类 0081-地）。

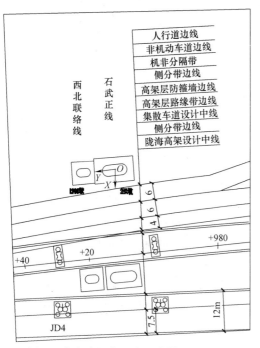

图 1 陇海路下穿石武正线模型平面图

Fig. 1 Plan of Longhai Road underpass Shiwu main line

1.3 工程地质条件

据地质调查及勘探揭露,拟建场地本次勘探深度范围内主要地层为第四系全新统人工堆积层(Q_4^{me})填筑土、素填土,第四系全新统冲积层(Q_4^{al})粉土、粉质黏土,第四系上更新统洪冲积层(Q_3^{pl+al})细砂、粉土、粉质黏土及黏土。根据勘察报告,与计算相关的土体及结构的计算参数如表1所示。

土体物理力学特性表　　　　　　表 1

Physico-mechanical parameters of soil

Table 1

地层编号	厚度(m)	岩土名称	天然密度(g/cm³)	压缩模量(MPa)	黏聚力 c(kPa)	内摩擦角 φ(°)	泊松比
①₄₋₁	6.5	粉土	1.99	6.95	19.00	23.51	0.25
①₂₋₂	6	粉质黏土	1.94	4.31	16.93	17.62	0.3
①₄₋₃	3	粉土	2.07	21.37	25.62	23.71	0.23
②₆₋₄	10	细砂	2.10	54.70	8.00	50.00	0.2
②₂₋₃	19	粉质黏土	2.00	17.16	46.52	15.66	0.25
②₄₋₄	5	粉土	2.08	16.05	26.00	26.41	0.23
②₆₋₄	20.5	细砂	2.10	54.70	8.00	50.00	0.2

2 有限元模型

2.1 模型建立

根据下穿高速道路设计方案,确定新建道路对高铁桥梁的可能产生的影响范围进行平面的切分。模型选取

82m×64m×70m的三维空间做分析元,取主道的一半进行对称分析,主道宽度为2×7.5m,辅道的宽度为9m。由于高铁的轴线与道路轴线的夹角可以近似为90°,故模型中的坐标轴定义如下:

X 轴:由高铁29号墩中心指向28号墩中心;

Y 轴:符合右手螺旋法则,垂直于 X 轴方向;

Z 轴:垂直向下,原点在29号墩的墩顶中心。

在所分析区域内,改建道路在石武正线28号、29号、30号高铁桥墩之间穿过。根据道路设计方案,确定三维计算区域(图2~图4)。

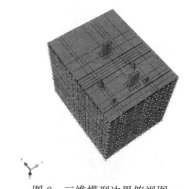

图 2 三维模型边界俯视图

Fig. 2 Top view of 3D model boundary

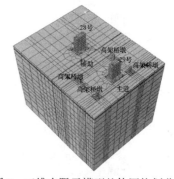

图 3 三维有限元模型整体网格划分图

Fig. 3 Overall mesh of 3D finite element model

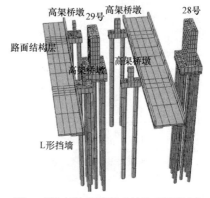

图 4 三维有限元模型中结构层网格图

Fig. 4 Structural mesh of 3D finite element model

2.2 模型网格及模拟工况

根据计算区域及研究问题的需要,为了研究桩的作用,高铁及桩的部位单元网格划分较密,其他部位逐渐变

疏。桩、土各界面采用接触面单元，以模拟桩－土之间的粘结、滑移、脱离，且认为分析过程中桩－土间的摩擦系数不变。土层计算参数见表1。用 Sweep 法和 Advancing front 算法划分网格，整个路堤的单元形状都为 Hex 和 Hex-D，模型网格划分共得到 15045 个单元，15043 个节点。模型中，土体采用 C3D8R 单元模拟。

初始地应力场由有限元程序直接求得，计算中主要考虑土体自重（图5），并考虑高铁桥墩及桩基一起进行地应力平衡，为初始工况。而后计算中模拟了下穿道路（高架桥、机动车道及非机动车道下穿高铁桥）开挖施工的过程（施工工况），并在施工完成后模拟了高速公路通行期间的运营工况（考虑均布荷载 20kPa），以全面分析其对既有高铁桥梁的影响。

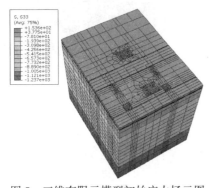

图 5　三维有限元模型初始应力场云图

Fig. 5　Initial stress field cloud of 3D finite element model

3　计算结果分析

3.1　各计算工况下 28 号桥墩桩身轴力和摩阻力的变化

据数值分析，单桩选取高铁 28 号墩中心桩位分析（限于篇幅且考虑 28 号桥墩受力分析明晰）。各工况下桩身轴力、摩阻力及摩阻力变化值分别为图6～图8。可见施工期桩身轴力减少，桩身轴力随着深度的增加逐渐减少；施工期桩侧摩阻力最大值为 12.9kPa；施工期的桩侧摩阻力变化值中，桩身 35m 深度以上摩阻力增加，增加值在 0.17～0.40kPa 区间内；在 35m 以下桩侧摩阻力减少，变化值在 0.25～0.67kPa，相对桩基承载力来比较，变化值不影响桩基承载力。

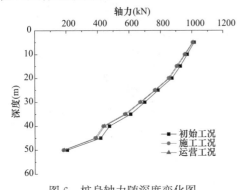

图 6　桩身轴力随深度变化图

Fig. 6　Variation of pile axial force with depth

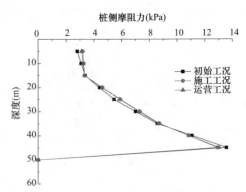

图 7　桩身摩阻力随深度变化图

Fig. 7　Variation of pile side friction with depth

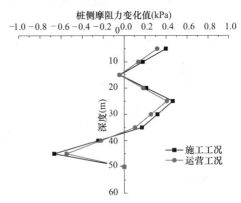

图 8　桩身摩阻力变化值随深度变化图

Fig. 8　Increment of pile side friction with depth

运营工况桩身轴力增大，但较初始工况仍然减少，没有出现负摩阻力；运营期的桩侧摩阻力变化值中，桩身 35m 以上桩侧摩阻力增加；在 35m 以下桩侧摩阻力减少，减少的数值在 0.22～0.55kPa，变化值很小，可认为不影响桩基承载力。

3.2　高铁桥墩 28 号墩身变形分析

下穿道路对桥墩上部结构的影响主要表现为墩身的竖向和水平向的变形。根据三维数值分析，选取高铁 28 号墩，具体分析下穿道路施工、运营对高铁桥墩的影响（其中竖向变形正数代表下沉）。

由图9（a）可知，28 号桥墩的墩顶水平位移较小，且运营期增加较少，不会对高铁的运营产生影响，如施工期 X 向的水平位移为 1.90mm，运营期为 1.29mm；由图 9（b）可知，墩身的竖向位移随墩身长度的变化几乎没有影响，墩顶的运营期的竖向位移和墩底的竖向位移均为 0.66mm，方向竖直向上，出现隆起，与下穿道路引起的荷载减小有关。

以 28 号桥墩基础顶面为例：（1）高铁基础面 1-1 截面与陇海路轴线垂直（参见图10），运营 1-1 期截面的 X 向的水平变形为 0.18mm，Y 向的水平变形为 -0.03mm，随着离陇海路距离的增加竖向变形隆起量显著减小，这主要是由受道路荷载的减少引起的，竖向变形为 -0.35～ -0.99mm；（2）高铁基础面 2-2 截面与陇海路轴线平行，而由于高铁基础面形状的不规则，导致水平位移和竖向位移只有不甚显著的变化（图11），其中运营期 X 向水平

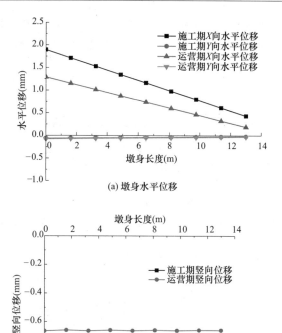

图 9　墩身水平及竖向位移随墩身长度变化图

Fig. 9　Variation of horizontal and vertical displacement of pier with length

位移为 0.19mm，Y 向水平位移为 -0.03mm，Z 向竖向位移为 $-0.65 \sim -0.69$mm（表现为向上隆起）。

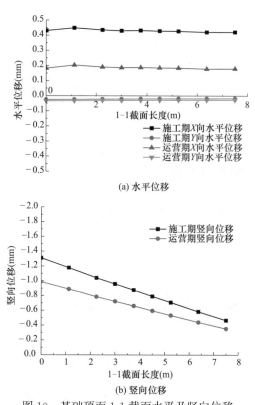

图 10　基础顶面 1-1 截面水平及竖向位移

Fig. 10　Horizontal and vertical displacement of section 1-1 on top of foundation

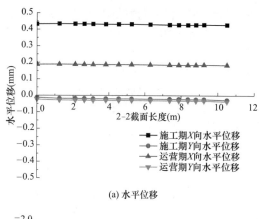

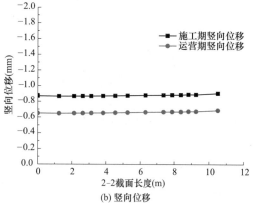

图 11　基础顶面 2-2 截面水平及竖向位移

Fig. 11　Horizontal and vertical displacement of section 2-2 on top of foundation

3.3　各计算工况下土体变形分析

图 12 为运营期工况竖向变形和水平变形云图。在对

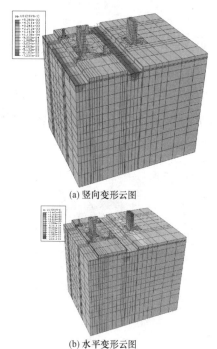

图 12　运营期工况竖向及水平变形云图

Fig. 12　Cloud of vertical and horizontal deformation in operation period

研究高铁地面变形分析时，均选取局部坐标系 X、Y、Z。所选区域为两桩之间的底面，由 29 号基础边指向 137 号基础边。

由图 13 和图 14 分析可得：（1）主道的最大水平变形

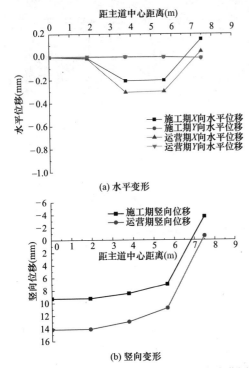

图 13　主道地面水平及竖向变形随距离变化图

Fig. 13　Variation of ground horizontal and vertical deformation of main road with distance

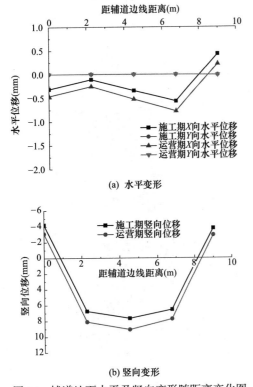

图 14　辅道地面水平及竖向变形随距离变化图

Fig. 14　Variation of ground horizontal and vertical deformation of subsidiary road with distance subsidiary

为 -0.31mm，而辅道为 -0.78mm，这主要是由于道路基坑的开挖施工引起的；（2）主道和辅道的竖向沉降最大都发生在道路中心，主道为 14.15mm，辅道为 9.06mm，主道和辅道的竖向变形均出现部分的隆起，主道的隆起值最大为 0.64mm，辅道为 2.90mm。

3.4　L 形挡墙与 U 形槽对墩身变形影响对比

本次模型计算分别对 L 形挡墙和 U 形槽式挡墙道路结构下穿道路分别做了验算（考虑挡墙高度 4.0m，基坑挖深 3.5m），以分析其对高铁桥墩（28 号）的影响。由图 15 可知：U 形槽较 L 形挡墙相比能显著减少高铁桥墩的隆起量。运营期 L 形挡墙时墩顶的竖向隆起量为 0.45mm，U 形槽时仅为 0.35mm；U 形槽挡墙较 L 形挡墙能减少墩顶和承台基础面的水平位移。

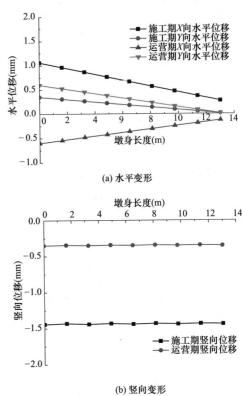

图 15　U 形槽工况墩身水平及竖向位移变化图

Fig. 15　Variation of horizontal and vertical displacement of pier with U-shaped retaining wall

4　结论

本文以陇海路快速通道工程为例，通过建立三维有限元模型，有效分析了陇海通道下穿道路施工、运营及挡墙形式等对既有高铁桥梁的影响，主要结果及建议如下：

（1）由数值分析，28 号桩轴力增加 5.94kN，29 号桩轴力增加 30.6kN，考虑到桩的安全系数以及桩的承载力比此变化值对桩基承载力的影响可以不计，对桩端产生一定附加应力，但影响桩基础的沉降变形很小。

（2）根据数值分析，28 号墩的墩顶沉降为 -0.66mm（向上隆起），水平最大变形为 1.29mm；29 号墩的墩顶沉降为-0.45mm，水平最大变形为0.68mm。

（3）保持原有道路地面的标高，如在施工期间下穿道路在距离高铁线左右各50m范围内不增加道路填土造成的施工荷载，可减少施工工况条件对高铁基础的沉降影响。

（4）关于下穿道路支挡结构，U形槽挡墙较L形挡墙能减少墩顶和承台基础面的水平位移。

（5）在施工过程中，由于地质条件、荷载条件、材料性质、施工技术和外界其他因素的复杂影响，实际情况和理论上常常有出入。因此在理论分析指导下有计划地对高速铁路进行第三方监测，能够保证安全，减少不必要的损失。

参考文献：

[1] Randolph M F. The Response of Flexible piles to lateral Loading[J]. Geotechnique, 1981, 31(2): 247-259.

[2] CHARLES W W Ng, TERENCE L Y Y, JONATHAN H M L, etal. Side resistance of large diameter bored piles socketed into decomposed rock[J]. Journal of Geotechnical and Geoenvironmental Engineering, ASCE, 2001, 127(8): 642-657.

[3] 陈福全，杨敏. 地面堆载作用下邻近桩基性状的数值分析[J]. 岩土工程学报，2005(11): 1286-1290.

[4] 李耐振，闫伟. 德大线下穿京沪高速铁路设计方案研究[J]. 铁道标准设计，2011(5): 25-27.

[5] 程雄志. 地铁盾构下穿高速铁路情况下的路基加固与轨面控制[J]. 施工技术，2013(2): 89-94.

静钻根植桩在杭州市滨江区的应用与承载力试验研究

陈 洁*， 陆海浪， 洪灵正

（浙江易和岩土工程有限公司，浙江 宁波 315000）

摘 要：静钻根植竹节桩是近几年发展起来的一种绿色环保新型组合桩型，率先在宁波、上海等地有了一些初步的工程应用，为了更深入了解静钻根植桩的承载力性能，以杭州市滨江区的服装设计软件开发及高端服装样衣智造基地项目为依托，通过现场的竖向抗拔试验、竖向抗压静载荷试验、低应变动力检测系统全面地分析了杭州市滨江区静钻根植桩的适用效果与成桩质量。通过系统性的试验表明，静钻根植桩在杭州市滨江区的地质条件下实用性好，具有较高的施工效率，竖向抗压承载力和抗拔承载力均能符合基础的承载力要求。桩身施工过程及施工后在土体内的状态完整且良好，静钻根植桩与周围水泥土胶结良好。研究结果为后续在杭州市滨江区的静钻根植桩工程提供研究参考。

关键词：静钻根植桩；静载荷试验；低应变动力检测

作者简介：陈洁(1995—)，女，硕士研究生，主要从事岩土工程方面的研究。E-mail：chenj330@163.com。

Application and bearing capacity test of static drill rooted nodular pile in Binjiang District of Hangzhou

CHEN Jie*， LU Hai-lang, HONG Ling-zheng

（Zhejiang Yihe Geotechnical Engineering Corporation Limited，Ningbo Zhejiang 315000，China）

Abstract：Static drill rooted nodular pile is a kind of new type of green environmental protection type composite pilesis developed in recent years. It have some preliminary engineering application pioneered in ningbo，Shanghai and other places. In order to understand the static drill rooted nodular pile more deeply in bearing capacity performance，the article based on the project of fashion design software development and high-end fashion sample intelligent manufacturing base，grounding in Binjiang District of Hangzhou，through the vertical pull-out test，the vertical compressive static load test and the low strain dynamic testing systematically and comprehensively analyzes the application effect and quality of static drill rooted nodular pile in Binjiang District of Hangzhou city. The systematic tests show that the static drill rooted nodular pile has good practicability and high construction efficiency under the geological conditions of Binjiang District，Hangzhou. The vertical compressive bearing capacity and the uplift bearing capacity can meet the requirements of the foundation. Pile construction process and its state in soil after construction is complete and good. Besides，static drill rooted nodular pile and surrounding cement soil cemented well. The research results can provide reference for the subsequent static drill rooted nodular pile planting project in Binjiang district of Hangzhou.

Key words：static drill rooted nodular pile; static load test; low strain dynamic testing

0 引言

静钻根植桩的施工使用螺杆桩桩机的螺旋钻钻至设计深度并进行扩底，然后将预制的根植桩植入到充满水泥浆的钻孔中形成新型复合桩基[1]。因其排出的泥浆量少，且对周边环境没有挤土的效应，被认为是一种绿色环保的桩基础[2,3]。施工工艺如图1所示，首先埋设钢护筒进行桩基定位，防止周围落石，引导钻机的钻进方向，保证桩身的垂直。再进行钻机定位，根据现场的地质情况选择合适的钻孔速度，在钻进的过程中，根据实际情况注水或膨润土混合液，对孔壁进行修整和适当的保护。钻至设计深度且桩孔修整完毕以后，液压控制钻头部分的扩大翼，按照设计的扩大尺寸分次进行扩底，整个过程进行实时监控跟踪。底部扩大完成后，将在桩端注入水泥砂浆，为确保水泥砂浆在桩端全部注入，在注浆过程中多次提升钻杆。完成桩端水泥浆的注入以

后，移除钻杆，注入并不断搅拌桩身水泥浆。待钻杆全部拔出后，开始植桩，根植桩的植入可依靠自身的重力，因其不可控性，整个植桩过程应全程实时监控以确保植入桩的垂直度，确保桩植入至设计深度。静钻根植桩的施工工艺充分发挥了桩的优势，主要体现在预先钻孔消除挤土效应，桩周水泥浆固化后提高桩侧摩阻力，使桩身强度大大提升，底部的扩孔处理使得静钻根植桩的桩端承载力提高。因此，相较于传统的混凝土灌注桩或预制桩，静钻根植桩所适用的土层广泛，成桩深度深，具有很高的推广价值[4]。

静钻根植桩于2010年从日本引进应用于实际工程，随着工程的展开，对于静钻根植桩的理论研究也不断深入。日本学者Horiguchi和Karkee[5]研究静钻根植桩在不同地质情况下的静载荷试验，将水泥土和静钻根植桩桩身视为一体，提出了新的承载力公式，其承载力针对桩周水泥土和土之间的作用力与桩承载力；国内学者杭明升等[6]于2012年首次在国内提出桥梁工程中对静钻

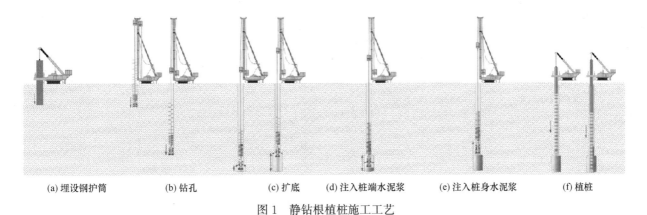

(a) 埋设钢护筒　　　(b) 钻孔　　　(c) 扩底　　　(d) 注入桩端水泥浆　　　(e) 注入桩身水泥浆　　　(f) 植桩

图 1　静钻根植桩施工工艺

Fig. 1　Construction technology of static drill rooted nodular pile

根植桩的使用情况；龚晓南[8]、周佳锦等[7]、钱铮等[9] 对静钻根植桩深入开展了研究，通过模型试验、数值分析等方法，分析了抗压、抗拔、水平受荷等力学状态下的静钻根植桩，为其应用于实际工程做出了参考。

本文以杭州市滨江区的服装设计软件开发及高端服装样衣智造基地项目为依托，基于竖向静载试验、低应变动力响应测试，系统全面地分析了杭州市滨江区静钻根植桩的成桩效果。研究所得结论为工程应用和理论研究提供了参考意义。

1　工程地质情况

1.1　地质条件

服装设计软件开发及高端服装样衣智造基地项目位于杭州市滨江区。主楼地上 24、26 层，高度约 99m，为高层建筑，荷载大，建筑物对不均匀沉降、倾斜度敏感度要求高，地下室 2 层。

场地属冲海积平原，存在液化土和软土，属建筑抗震不利地段；场地岩土种类较多，均匀性较差，性质变化较大。根据勘察揭示的地层，考虑岩土层的岩性及物理力学性质等因素，钻探揭露岩土层主要由黏性土和粉土组成，属于杭州典型地层。地下水位线浅，水位标高处于不断变化状态。场地地基土物理力学指标设计参数见表 1。

1.2　试桩概况

本次试桩施工了 21 根静钻根植桩，分别为竖向抗拔试验试桩 6 根和竖向抗压静载荷试验试桩 15 根。试桩详情见表 2。试验范围内的土层分布如图 2 所示。

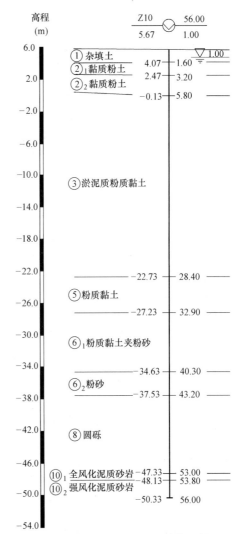

图 2　试验范围内的土层分布示例

Fig. 2　Example of soil distribution in the test area

场地地基土物理力学指标设计参数　　　　　　　　　　　　表 1

Design parameters for physical and mechanical indexes of site foundation soil　　　Table 1

层号	土层名称	含水量 w_0 (%)	土的重度 γ (kN/m³)	黏聚力 c (kPa)	内摩擦角 φ (°)	静探贯入阻力 (MPa)
①	杂填土	—	—	—	—	3.29
②$_1$	黏质粉土	31.3	18.20	11.9	23.5	3.46
②$_2$	黏质粉土	34.1	17.72	13.8	17.8	1.96

续表

层号	土层名称	含水量 w_0（%）	土的重度 γ（kN/m³）	黏聚力 c（kPa）	内摩擦角 φ（°）	静探贯入阻力（MPa）
③	淤泥质粉质黏土	43.0	17.08	14.3	11.2	0.88
⑤	粉质黏土	34.1	17.65	17.4	14.5	1.61
⑥₁	粉质黏土夹粉砂	28.6	18.43	18.9	20.1	6.04
⑥₂	粉砂	—	—	—	—	11.73
⑧	圆砾	—	—	—	—	29.39
⑩₁	全风化泥质砂岩	—	—	—	—	—
⑩₂	强风化泥质砂岩	—	—	—	—	—

2 静载荷试验

2.1 试验方法

本次试验采用慢速维持荷载法，按行业标准《建筑桩基检测技术规范》JGJ 106—2014 及其相关规范中试验标准和方法进行单桩竖向抗压静载试验以及单桩竖向抗拔试验，确定了单桩竖向极限承载力和桩顶在各级荷载下的变形。

竖向抗压静载荷试验过程中的基本要点如下：

（1）试验的加载分段进行，每一阶段的加载量相同，为最大荷载或者预估承载力的 1/10，特别注意首次施加的荷载量采取分级的两倍。

（2）卸载的过程也要分阶段等量卸载，每一阶段的卸载量是加载时分级荷载的两倍。

（3）在加载和卸载的过程中，作用于桩的荷载应是均匀、连续、无冲击的，每一阶段作用的荷载变化范围在分级荷载的 ±10% 之内。

（4）慢速维持荷载法试验应符合下列规定：

① 测读桩顶沉降应在施加荷载后的第 5min、15min、30min、45min、60min，测读完一轮沉降之后按每 30min 测读一次。

② 当每 1 小时之内的沉降量在 0.1mm 之内，并连续出现两次时，则表明桩身沉降达到相对稳定状态（计算时取荷载施加后的第 30min 开始，1.5h 内每 30min 的沉降值）。

③ 当桩顶沉降速率达到相对稳定标准时，再施加下一级荷载。

④ 卸载过程中，将每一阶段的荷载维持 1h，维持过程中每隔 15min、30min、60min 测读一次桩身的沉降量再卸载下一级荷载。荷载清零后，继续测读 3h 内的第 15min、30min 后的残余沉降量，之后每 30min 测读一次。

（5）当抗压静载荷试验进行到如下描述的状态时，终止加载。

① 加载至某一级荷载时，测读到的桩身沉降量大于上一级加载沉降量的 5 倍且沉降总量超过 40mm。

② 加载至某一级荷载时，测读到的沉降量变为上一级加载时沉降量的 2 倍，且经过 24h 后沉降未达到稳定的标准。

③ 已达到设计要求的最大加载量。当被试验的工程桩作锚桩时，锚桩上拔量已达到允许值。

④ 当沉降与荷载量的变化相比较缓慢时，沉降量达到 60～80mm；如若桩端承载力并未完全发挥时，累计沉降量加载至 80mm 以上。

竖向抗拔静载荷试验过程中的基本要点如下：

（1）试验的加载分段进行，每一阶段的加载量相同为最大荷载或者预估承载力的 1/10，特别注意首次施加的荷载量采取分级的两倍。

（2）卸载的过程也要分阶段等量卸载，每一阶段的卸载量是加载时分级荷载的两倍。

（3）在加载和卸载的过程中，作用于桩的荷载应是均匀、连续、无冲击的，每一阶段作用的荷载变化范围在分级荷载的 ±10% 之内。

（4）慢速维持荷载法试验应符合下列规定：

① 测读桩顶上应在施加荷载后的第 5min、15min、30min、45min、60min，测读完一轮沉降之后按每 30min 测读一次。

抗压承载力、抗拔承载力试桩详情　表 2

Details of pile test for compressive bearing capacity and uplift bearing capacity　Table 2

加载类型	序号	桩号	桩长（m）	孔径（mm）	设计最大承载力（kN）
竖向抗压静载荷试验	1-1	地下室 118	46	650	4200
	1-2	地下室 319	46	650	4200
	1-3	地下室 73	46	750	4850
	1-4	地下室 269	45	750	4850
	1-5	地下室 32	45	650	4200
	1-6	地下室 343	45	750	4850
	1-7	B-111	45	750	8000
	1-8	B-4	45	750	8000
	1-9	C-70	45	750	8000
	1-10	C-27	45	750	8000
	1-11	C-99	45	750	8000
	1-12	B-138	45	750	8000
	1-13	A-135	45	750	8000
	1-14	A-111	45	750	8000
	1-15	A-77	45	750	8000
竖向抗拔试验	2-1	地下室 330	46	650	1700
	2-2	地下室 141	46	650	1700
	2-3	地下室 192	46	750	2000
	2-4	地下室 61	45	750	2000
	2-5	地下室 22	46	650	1700
	2-6	地下室 340	45	750	2000

② 当每 1h 之内的沉降量在 0.1mm 之内，并连续出现两次时，则表明桩身沉降达到相对稳定状态（计算时取荷载施加后的第 30min 开始，1.5h 内每 30min 的上拔值）。

③ 当桩顶上拔速率达到相对稳定标准时，再施加下一级载荷。

④ 卸载过程中，将每一阶段的荷载维持 1h，维持过程中每隔 15min、30min、60min 测读一次桩身的上拔值再卸载下一级荷载。荷载清零后，继续测读 3h 内的第 15min、30min 后的残余上拔量，之后每 30min 测读一次。

（5）在单桩竖向抗拔承载力试验中出现如下情况时即可终止施加荷载。

① 加载至某一级荷载时，测读到的上拔量是上一级荷载作用时的 5 倍。

② 按桩顶上拔量控制，当累计桩顶上拔量超过 100mm 时。

③ 以钢筋抗拔强度为标准，某根钢筋被拉断或者钢筋应力达到钢筋的强度设计值。

④ 对于验收抽样检测的工程桩，达到设计要求的最大上拔荷载值。

2.2 试验结果

试桩施工完毕后的 43～45d 后进行静钻根植桩的静载试验。对本工程竖向抗压静载荷试验的 15 根桩进行分析，得到了如图 3 所示的试验 Q-s 曲线图。当对静钻根植桩施

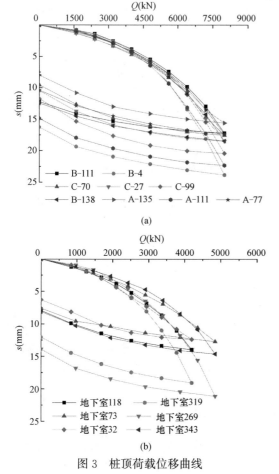

(a)

(b)

图 3　桩顶荷载位移曲线

Fig. 3　Load displacement curve at pile top

加前几级的荷载加载时，桩身的沉降量与荷载值呈现出近似线性变化，随后当荷载逐步增大时，Q-s 曲线的斜率也逐步增大。从整体看，单桩竖向抗压静载试验的 Q-s 曲线均匀圆滑，各级沉降均匀。卸载回弹曲线也比较平稳。其中，B-4、A-111、地下室 269 号桩的残余位移较大，分别达到了 16.26mm、14.86mm、13.91mm，说明这些静钻根植桩所处的软土地层中回弹力较低。本次所做 15 根工程桩的竖向抗压静载荷试验终止加载条件满足设计要求的最大加载量。

对本工程竖向抗拔试验的 6 根静钻根植桩进行分析，得到了如图 4 所示的 U-δ 曲线。从图中分析可知，当桩受到较小的上拔荷载时，桩身立刻产生相应的上拔值，呈现出线性变化，但随着根植桩受到的上拔力不断增大，U-δ 曲线的斜率也跟着变大。从整体上看，试验试桩的 U-δ 曲线均比较圆滑，变化呈规律性。本次所做 6 根工程桩的试验终止加载条件满足设计要求的最大上拔荷载值。

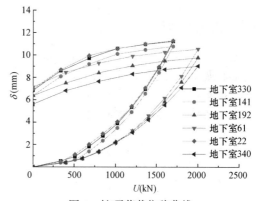

图 4　桩顶荷载位移曲线

Fig. 4　Load displacement curve at pile top

3　桩基低应变动力检测

3.1　低应变动力原理

低应变反射波法用于检测完工后埋设于地下的静钻根植桩，确保桩身的完整性。利用反射波能量获得反射曲线信号，该方法假定桩为一根均匀各向同性的一维弹性体[10]。设经过桩身混凝土时速度波的波速为 C，桩身存在缺陷的尺寸为 L'，则：

$$C = 2L/\Delta T \tag{1}$$

$$L' = 1/2C_m \Delta t \tag{2}$$

式中，L 为测点下桩长（m）；ΔT 为速度波传递过程中的第一个波峰与经过桩底后的反射波波峰之间的时间差（ms）；Δt 为速度波传递过程中的第一个波峰与到达桩身缺陷处反射的波峰之间的时间差（ms）；C_m 为速度波传递过程中的平均波速（m/s）。

根据波动理论，弹性波在桩身内轴向传播的基本规律如下：

$$\delta_R = F \cdot \delta_x \tag{3}$$

$$U_R = -F \cdot u_x \tag{4}$$

$$F = (Z_2 - Z_1)/(Z_1 - Z_2) \tag{5}$$

式中，δ_R 为检验反射波的应力；δ_x 为检验入射波应力；U_R 为检验反射波质点运动的速率；u_x 为检验入射波的质点振动速率；F 为反射系数，反应桩身的完整性；Z_1 和 Z_2 为反射界面两侧介质的广义波阻抗（假设弹性波从 Z_1 介质进入 Z_2 介质）。

由上述可知，桩身缺陷由反射波相位特征所决定，具体判断桩身质量由反射系数 F 可得：当 $F=0$ 时，桩身完整；当 $F>0$ 时，桩身有扩径、嵌岩缺陷；当 $F<0$ 时，存在桩侧水泥土不均匀的缺陷。

3.2 实际成桩效果

依据检测结果，本次所测的 109 根工程桩中，108 根桩身完整良好的桩划为 I 类桩；1 根桩身检验得到的反射系数小于 0，存在轻微缺陷，为 II 类桩。总体来看，静钻根植桩桩身的成桩质量较高，在黏性土和粉土地区静钻根植桩的整体施工工艺和成桩效果可靠且稳定。

4 施工工效分析

静钻根植桩的施工经历了钻孔、注浆和植桩，所以其总施工时长为各施工步骤的总和，包括钻孔时间、桩端注浆时间、桩周注浆时间、预制桩植入时间。从单根桩的平均施工时间来看，静钻根植桩的施工速度比传统的混凝土灌注桩和预制桩更快，工作效率也更加高。

按照本次工程的施工记录计算，每日施工 16h，竖向抗压试桩每天可施工 2.92 根（123.93m/d），竖向抗拔试桩每天可施工 2.47 根（112.84m/d）。

静钻根植桩已经在宁波区域有相当数量的工程应用，在杭州地区相对较少。查阅资料显示，针对某些典型地质土条件，静钻根植桩的施工速度在宁波地区更高一些。随着对静钻根植桩深入研究和施工经验积累，在杭州地区的施工工效还会有进一步提高。

5 结论

本文以杭州滨江区服装设计软件开发及高端服装样衣智造基地项目为依托，结合项目试桩静载荷试验和桩基低应变动力检测，系统分析了杭州滨江区静钻根植桩的应用情况。主要得到如下结论：

（1）通过竖向抗压静载荷试验和竖向抗拔试验所呈现出的结果表明，静钻根植桩在杭州市的应用符合设计及规范要求，具有可靠的竖向抗压承载力和抗拔承载力；

（2）在杭州市滨江区进行静钻根植桩施工，施工得到的成桩质量较高，在黏性土和粉土地区静钻根植桩的整体施工工艺和成桩效果可靠且稳定；

（3）在杭州市滨江区黏性土和粉土地层中，静钻根植桩的施工效率较高，孔径 650mm/750mm、桩长 45m/46m 的抗压试桩组每天施工 2.92 根，孔径 650mm/750mm、桩长 45m/46m 的抗拔试桩组每天施工 2.47 根。

参考文献：

[1] 邢军，陈振东，吴磊磊，等. 静钻根植桩抗压荷载传递机理试验研究[J]. 建筑工程技术与设计，2016，000（002）：817-819.

[2] 龚晓南，解才，邵佳函，等. 静钻根植竹节桩抗压与抗拔承载特性分析[J]. 工程科学与技术，2018，50（05）：102-109.

[3] 王忠瑾，张日红，王奎华，等. 能源载体条件下静钻根植桩承载特性[J]. 浙江大学学报（工学版），2019，53（01）：16-23＋55.

[4] 张日红，吴磊磊，孔清华. 静钻根植桩基础研究与实践[J]. 岩土工程学报，2013，35（S2）：1200-1203.

[5] HORIGUCHI T, KARKEE M B. Load tests on bored PHC nodular piles in different ground conditions and the bearing capacity based on simple soil parameters Proceedings of Technical Report of Japanese Architectural Society，1995，1：89-94.

[6] 杭明升，郭淑霞. 静钻根植桩在桥梁工程中的应用研究[J]. 交通建设与管理，2012（05）：88-89.

[7] ZHOU J J, GONG X N, WANG K H, et al. Testing and modeling the behavior of pre-bored grouting planted piles under compression and tension[J]. Acta Geotechnica，2017.

[8] 龚晓南，解才，周佳锦，等. 静钻根植竹节桩抗压与抗拔对比研究简[J]. 上海交通大学学报，2018（11）：1467-1474.

[9] 钱铮. 静钻根植桩承载性能的试验研究以及数值分析[D]. 杭州：浙江大学，2015.

[10] 解才. 静钻根植竹节桩抗压与抗拔承载特性数值模拟研究[D]. 杭州：浙江大学，2018.

复杂地质条件下变桩长设计及施工的可行性分析

费黄根， 王立东

（江苏建院营造股份有限公司，江苏 苏州 215000）

摘　要：本文对苏州市某建设项目桩基设计及施工中出现的相关问题和后期桩基优化方案进行了分析，结合施工资料及检测资料验证了精准的勘察资料对基础设计的重要性以及复杂地质条件下桩基工程优化的可行性和必要性。对类似工程桩基工程设计及施工有一定的参考意义。

关键词：桩基工程优化；变桩长设计；复杂地质条件；勘察重要性

作者简介：费黄根(1975—)，男，从事岩土工程勘察、桩基工程施工。E-mail：553496372@qq.com。

Feasibility analysis of variable pile length design and construction under complex geological conditions

FEI Huang-gen, WANG Li-dong

(Jiangsu Jianyuan Construction Co. ，Ltd. ，Suzhou Jiangsu 215000，China)

Abstract：This paper analyzes the related problems in pile foundation design and construction of a construction project in Suzhou city and the pile foundation optimization scheme in the later stage. Combined with construction data and testing data，the importance of accurate Geotechnical investigation survey data for foundation design and the feasibility and necessity of pile foundation engineering optimization under complex geological conditions are verified. It has certain reference significance to similar project pile foundation engineering design and construction.

Key words：optimal design of pile foundation engineering；engineering design of long pile foundation with variable pile；complex geological condition；the importance of accurate Geotechnical investigation survey data

0　引言

预制桩作为建设工程中常用的深基础方案，其有着材料用量少、施工快捷及工程可靠性高的特点，在工业与民用建筑中广泛使用。但预制桩也存在较多的不可预知问题，本文以苏州市工业园区某建设工地为例就岩土工程勘察、桩基设计等重要性、合理性以及变桩长设计和施工的可行性作出分析。

1　概况

拟建项目位于苏州市工业园区。主要拟建物包括：1栋6F质检研发办公楼、1栋3F口服固体制剂生产楼、1栋3F综合仓库、1栋3F无菌制剂生产楼、1栋4F公用工程楼等，场地内局部设一层地下车库。各拟建建筑物均采用框架结构，柱网间距一般为 8.4m×8.4m～6.5m×12.2m，其中拟建共用工程楼单柱荷载为 8000kN/柱，其余拟建建筑物单柱荷载在 12000～15000kN/柱之间。项目拟建建筑平面布置及勘察方案见图1。

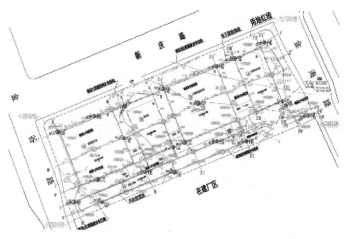

图1　拟建建筑平面布置及勘察方案

Fig. 1　Plan layout and survey scheme of the proposed building

2 地质条件

根据岩土工程勘察报告中所揭露的地层资料，拟建

场地内主要地层分布及性质情况见表1。

拟建场地典型地质剖面及典型静力触探曲线见图2～图4。

地基土分布规律及性质一览表　　　　　　表 1

Distribution law and properties of foundation soil　　　Table 1

层号	土层名称	层顶标高 (m)	层厚 (m)	平均层厚 (m)	e、I_L、w	N (击)	p_s (MPa)	c_k (kPa)	φ_k (°)
①₁	素填土	3.56～2.32	0.9～4.2	2.96	$e=0.859$ $I_L=0.62$	—	—	—	—
①₂	浜底淤泥	1.98～−1.40	0.4～2.5	1.18	—	—	—	—	—
④₁	黏土	0.77～−2.20	2.3～5.4	3.85	$e=0.725$ $I_L=0.31$		1.37	46.2	14.8
④₂	粉质黏土	−3.70～−5.22	3.0～6.0	4.57	$e=0.832$ $I_L=0.55$		1.26	31.6	14.2
④₃	粉质黏土	−7.91～−9.92	1.1～3.6	1.98	$e=0.867$ $I_L=0.72$		0.86	23.1	15.3
⑤	粉质黏土夹黏质粉土	−10.27～−11.75	2.2～5.7	3.7	$e=0.897$ $I_L=0.87$		1.77	15.5	15.7
⑥₁	粉质黏土	−12.57～−15.99	7.8～12.4	9.15	$e=0.952$ $I_L=0.84$		1.22	22.5	13.4
⑥₂	粉质黏土	−22.70～−25.85	0.9～11.5	4.84	$e=0.855$ $I_L=0.64$		1.68	28.7	14.2
⑦	砂质粉土夹粉质黏土	−24.97～−27.20	0.8～3.2	2.17	$e=0.828$ $w=29.3\%$		8.79	10.1	18.8
⑧	粉质黏土	−22.32～−35.12	1.0～9.4	3.78	$e=0.723$ $I_L=0.36$		2.04	42.4	16.1
⑨₁	砂质粉土夹粉质黏土	−23.92～−31.62	1.1～8.5	5.32	$e=0.840$ $w=30.2\%$	30.0	6.46	3.9	24.3
⑨₂	粉砂	−29.99～−38.50	0.9～6.8	4.58	$e=0.782$ $w=28.4\%$	41.6	9.52	2.3	25.7
⑨₃	粉砂	−35.49～−39.70	5.3～12.0	8.63	$e=0.812$ $w=29.3\%$	41.9	13.14	2.5	27.0
⑩	粉质黏土	−42.98～−50.40	6.3～12.5	7.6	$e=0.780$ $I_L=0.49$		2.73	31.6	14.6
⑪	砂质粉土	−55.65～−56.55	未钻穿	未钻穿	$e=0.774$ $w=27.8\%$	—	8.99	6.2	24.9

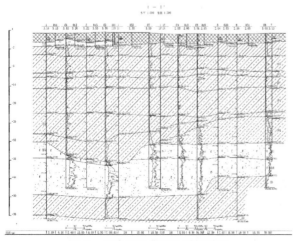

图 2　拟建场地典型地质剖面图

Fig. 2　Typical geological section of the proposed site

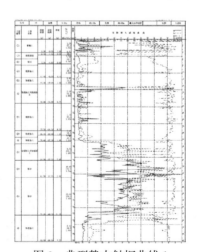

图 3　典型静力触探曲线 1

Fig. 3　Typical CPT curve 1

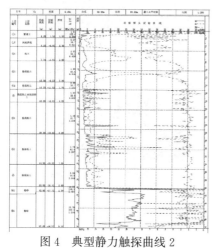

图 4　典型静力触探曲线 2

Fig. 4　Typical CPT curve 2

根据勘察揭露的地层分布规律，拟建场地内地基土层分布有如下特点：

（1）浅层地基土分布稳定，但普遍土质相对软弱、工程性质较差，虽存在土质尚可的第④₁层黏土层，但本区填土较厚，该层埋深相对较深、层厚相对较薄。

（2）深部地基土层分布起伏较大，但土质较好、层厚较厚、工程性质优。深部地基土主要以粉土、粉砂构成，呈密实状态。

（3）在拟建区域东西向上，场地内深部粉土、粉砂层

分布呈碗口状，受古河道切割，场地中部区域第⑨₁层砂质粉土夹粉质黏土和第⑨₂层粉砂多缺失或层厚变薄，该深度上取而代之为软塑—可塑状态的黏性土。

3　原桩基础方案合理性分析

本工程各拟建建筑物荷载均相对较大，浅部地基土层较为软弱，工程性质不佳，不宜采用天然地基方案。根据地质条件分析，勘察单位建议根据各拟建区域地层具体分布情况选择不同的桩基持力层、不同的桩端入土深度。考虑到经济性，建议优先采用预制桩变桩长设计方案，以第⑨₂层粉砂或第⑨₃层粉砂作为桩基持力层，桩端入土标高为−34.0～−41.0m，以桩端进入持力层2～3m控制，既满足建筑物对承载力的要求，又避免施工困难；若确需进入第⑨₃层粉砂较深，则建议采用灌注桩方案。

根据原桩基工程施工图，本工程各拟建建筑物均采用 PHC-600（130）AB-C80 型桩作为抗压桩，采用 PHA-600-AB-130 型桩作为抗拔桩，各拟建建筑物及地下车库均采用同一桩长，桩长为38.0m（桩顶入土深度为6.0m，桩端标高约为−40.9m，检测桩桩长为44.0m）。原桩基工程设计方案见表2。由于本工程桩基设计等级为丙级，因此，并未进行设计试桩。在无准确的相关沉桩参数的情况下，此桩基设计方案即为桩基工程施工方案。

原桩基工程设计施工方案一览表　　　　　表 2

List of design and construction schemes of original pile foundation engineering　　Table 2

桩型	桩顶相对标高（m）	有效桩长（m）	单桩竖向极限承载力标准值(kN)		桩端持力层
			抗压	抗拔	
PHC-600(130)AB-C80	−6.50	38.0	≥5350		⑨₃层
PHC-600(130)AB-C80	−0.600	44.0	≥5600		⑨₃层
PHA 600 AB 130	−6.500	38.0	≥5350	≥1060	⑨₃层
PHA 600 AB 130	−0.600	44.0	≥5600	≥1060	⑨₃层

对比岩土工程勘察报告、桩基工程设计文件可知，勘察单位从现场地层分布情况出发，针对具体建筑物及地层分布情况，有针对性地建议了较为可行的桩基础方案。该桩基础建议在确保承载力满足设计要求的情况下，也考虑到了由于进入密实状态砂层过深而导致的沉桩困难问题。原桩基工程设计文件根据拟建场地最不利的地层分布情况进行了验算，确保了承载力及沉降满足要求，但并未考虑桩基工程沉桩施工的可行性问题，原设计方案存在缺陷。

4　原桩基施工难题及桩基优化方案

该项目桩基工程沉桩施工于2021年1月18日开工，根据施工组织方案，施工单位拟自东向西逐步推进沉桩施工。施工伊始便出现了基桩无法沉桩至设计标高的情况，欠送深度为7.6m（1月18日施工记录见图5），桩端停留在第⑨₂层粉砂中，由于基桩尚在夹具中，桩机无法移动，因此，对于基桩出露地表的部分，施工单位采取了

截桩处理（处理结果见图7）。结合1月18日施工情况，施工单位于1月19日在场地内沿拟建场地东西方向选择4个桩位，再次进行沉桩施工，沉桩情况与1月18日基本类似，仅1根基桩沉桩至设计标高，其余3根基桩均存在欠送的情况（1月19日施工记录见图6）。（相关参建单位于1月20日组织召开会议处理基桩沉桩施工问题），会议主要形成了如下结论及处理意见：（1）基桩沉桩结果与岩土工程勘察报告中相关分析基本相符。勘察单位指出在场地中部偏西位置，第⑨₁、⑨₂层缺失区域，沉桩基本无困难，可以顺利沉桩至设计标高。以此为基准向两侧渐远则沉桩难度越大，欠送桩长越长。（2）沉桩施工设备选择基本合适，配重较为合理。（3）建议补充进行设计试桩，就部分欠送的工程桩进行静载测试，以确定其单桩承载力是否满足设计要求，并以此作为桩基工程设计依据。（4）设计单位结合岩土工程勘察报告，优化各拟建建筑物的桩基方案，按变桩长方案设计，且该设计方案应由勘察单位、设计单位两方共同确认其可行性。

图 5　施工记录 1

Fig. 5　Construction Record 1

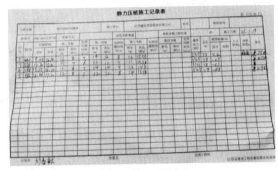

图 6　施工记录 2

Fig. 6　Construction Record 2

图 7　基桩截桩情况

Fig. 7　Foundation pile truncation

根据处理意见，设计单位汇同勘察单位选择 4 根具有代表性的基桩进行静载检测（其中 3 根为欠送基桩，1 根为根据地层分布情况另行施工），各试桩桩型均为 PHC-600（130）AB-C80 型桩，桩长为 37.0m、38.0m，桩端均落在第⑨₂ 层粉砂中。

根据静载测试成果，在以第⑨₂ 层粉砂作为桩基持力层的情况下，各试桩单桩极限承载力标准值均能满足设计要求，设计可采用第⑨₂ 层粉砂作为桩基持力层进行桩基设计。试桩成果见表 3、图 9。

试桩成果一览表　　　　　　　　　　　　　　　　　　　表 3
List of pile test results　　　　　　　　　　　　　　Table 3

序号	桩号	桩型	最大加载量（kN）	相应位移量（mm）	极限承载力（kN）	相应位移量（mm）	极限承载力算术平均值（kN）	极限承载力统计值（kN）
1	382 号	PHC-600(130) AB-C80	5600	27.05	5600	27.05	5600	5600
2	440 号		5600	29.92	5600	29.92		
3	576 号		5600	32.04	5600	32.04		
4	试桩 1		5600	31.98	5600	31.98		

根据试桩及勘察成果，设计单位制定了新的桩基工程设计方案，新方案以试桩成果作为依据，在场地东部第⑨₂ 层粉砂稳定分布区域，采用统一桩长方案，桩长统一为 32.0m，以第⑨₂ 层粉砂作为桩基持力层，桩端进入持力层 2～3m。在场地中部第⑨₂ 层粉砂缺失区域，则采用原设计方案，桩长为 38m，场地西部则根据勘察资料，按承台设计，各承台区域桩长以进入第⑨₂ 层粉砂或第⑨₃ 层粉砂 2m 为控制，桩长为 30.0～35.0m 不等（部分变桩长方案设计图见图 10）。

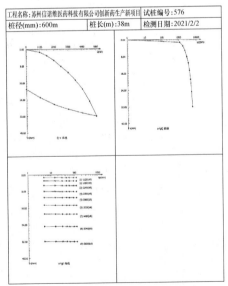

图 8　典型单桩竖向抗压静载试验曲线图

Fig. 8　Test curve of single pile under vertical static compression

5　优化桩基方案施工情况及静载试验成果

施工单位根据优化设计方案进行了沉桩施工，施工过程中未再次出现基桩欠送的情况，各基桩均能沉桩至设计标高，由于桩端进入持力层深度及桩身范围内地层分布的不同，故沉桩阻力有差异。

本工程验证试桩根据桩长、桩型的不同共计选择了 14 根基桩进行静载试验（其中抗压桩 10 根，抗拔桩 4 根），经过检测，该项目工程桩单桩极限承载力标准值均

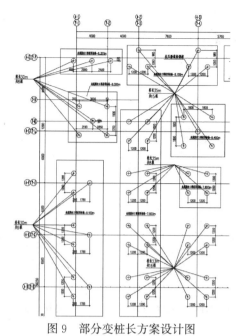

图 9 部分变桩长方案设计图

Fig. 9 Scheme design of variable pile length

满足设计要求。

6 优化方案经济效益

根据该项目原桩基工程设计文件，在未进行分区布桩、变桩长设计时，全工程均采用同一桩长、同一桩型，项目基桩总工程量约为 31702m，经优化设计后，桩基施工单位共计完成工程量约为 30180m，结合桩材单价，本次优化后节省桩材总费用约为 53 万元。此外，桩基优化后，还节省了桩基施工费用、截桩费用等，综合节省费用在 100 万元以上，并且避免了因截桩导致的桩身破坏、预应力丧失等不良情况，确保了桩身质量。

7 结论

（1）在地质条件复杂，地基土层起伏较大的情况下，选择变桩长设计方案是既有利于工程安全又节省工程造价的有效方案。

（2）一般情况下，桩基工程设计方案中预制桩基在密实砂层中沉桩不宜过深。

（3）桩基工程设计方案不可仅从基础数据出发确定基础方案，还应结合勘察资料、施工可行性等方面综合确定。

（4）准确的勘察资料是设计的基础文件，可有效指导项目基础方案的设计及基础施工。在工程建设中，精准的勘察施工是节省工程造价的必要条件。

8 结束语

随着工程技术的不断发展，如何在大地制定的先决条件下制定出适合项目的安全、经济及快捷的基础施工方案，成为建设从业者应该思考的问题，单一且简单的设计方案也必将成为过往，工程应具有多样性、可变性。为建设单位制定安全、合理且节省的工程方案也是建设从业者的使命。

参考文献：

[1] 《工程地质手册》编写委员会. 工程地质手册[M]. 第 3 版. 北京：中国建筑工业出版社，1992.

[2] 张雁，刘金波. 桩基手册[M]. 北京：中国建筑工业出版社，2009.

盾构开挖对邻近建筑物单桩的影响分析

尹佳琪[1]，贾小伟[2]，刘　洋[1]，马思琪[1]，范庆来[*1]

（1. 鲁东大学，山东 烟台 264025；2. 郑州亚新房地产开发有限公司，河南 郑州 450000）

摘　要：为了评价盾构开挖过程对邻近原有桩基和周围土层的变形受力影响，考虑盾构刀盘开挖面的土仓压力、注浆层、盾构机表面和土层间的摩擦力等施工参数，基于 ABAQUS 中生死单元技术模拟砂土地层中盾构开挖过程，研究不同施工阶段对邻近桩基变形和内力的影响，并进一步采用单因素控制法讨论等代层不同硬化程度对邻近桩基的影响规律。研究结果表明：盾构穿越桩基区域时，桩身靠近隧道区域位移和弯矩值变化较大；等代层硬化程度对轴力基本没有影响，当硬化程度达到 100% 时，对 X 方向位移和 Z 方向弯矩峰值处有影响。

关键词：盾构施工；单元生死；桩基变形；桩身内力；等代层

作者简介：尹佳琪（1998— ），女，在读硕士研究生。E-mail：yinjiaqild@163.com

通讯作者：范庆来（1977— ），男，博士后，教授，主要从事海洋岩土工程、海洋结构安全评价等方向的研究。E-mail：fanqinglai@ldu.edu.cn

Analysis and of influence of shield tunneling excavation on single pile of adjacent buildings

YIN Jia-qi[1]，JIA Xiao-wei[2]，LIU Yang[1]，MA Si-qi[1]，FAN Qing-lai[1]

（1. Ludong University，Yantai Shandong 264025，China；2. Zhengzhou Yaxin Real Estate Development Co.，Ltd，Zhengzhou Henan 450000，China）

Abstract：In order to evaluate the influence of the shield excavation process on the deformation of the adjacent original pile foundation and surrounding soil layer，the construction parameters such as the pressure of the soil bin on the excavation surface of the shield cutter head，the grouting layer，the friction between the surface of the shield machine and the soil layer are considered，Based on the life-and-death unit technology in ABAQUS to simulate the shield excavation process in sandy soil，study the influence of different construction stages on the deformation and internal forces of adjacent pile foundation. And further use the single factor control method to discuss the influence law of the different hardening degrees of the isomorphic layer on the adjacent pile foundation. The research results show that when the shield passes through the pile foundation area，the displacement and bending moment of the pile body near the tunnel area change greatly；the degree of hardening of the isomorphic layer basically has no effect on the axial force. When the degree of hardening reaches 100%，the X-direction displacement and there is a change at the peak of the bending moment in the Z-direction

Key words：shield construction；unit life and death；pile foundation deformation；pile shaft internal fore；the isomorphic layer

0　引言

盾构法以安全快速、适用广泛等优点在城市地铁建设中得到广泛运用。在地铁盾构开挖时不可避免会扰动周围土层，使原有平衡被打破，邻近桩基周围土体应力状态也发生改变，导致建筑物桩基产生不同方位偏移变形，势必影响到地表构筑物，从而加速地表构筑物损坏，干扰周边安全环境。故开展关于地铁盾构掘进过程中邻近桩基的安全研究尤为重要。

目前，国内外许多学者进行了大量研究，取得了许多成果。在解析解分析方面，Chen 等[1] 提出"两阶段分析法"，并编写边界元程序把获得的自由位移场加到桩基上分析。Zhang 等[2] 在桩基纵向和横向耦合的条件下，提出探讨桩顶荷载的两阶段分析法。熊巨华等[3] 利用两阶段分析法与荷载传递法演算了盾构开挖对邻近桩基的干

扰，得到合适的弹塑性解。在模型试验方面，Loganathan 和 Poulos[4] 用相似理论建立 1：100 模型，模拟多组隧道位于土层不同位置施工对周边桩基造成的干扰，得出结论：桩底在洞室中心附近处，桩体内力变化很大；桩底距离洞室中心较远，则桩体轴向发生很大变形。Chiang 和 Lee[5] 使用离心模型试验分析盾构洞室切挖进程，得出桩长与隧道埋深的比值和上部的荷载对桩身轴力和弯矩都有很大的影响；桩身的侧摩阻力在隧道轴线 1.5 倍隧道直径位置以上，受地层损失率影响很大。Meguid 与 Mattar[6] 经过试验分析得出黏性土内洞室切挖对邻近桩基的干扰状况。在数值计算方面，Lee 和 Jacobsz[7] 利用 Flac3D 研究模拟隧道施工过程，得出在隧道中心线 0.6 倍隧道直径的范围时，有桩和无桩的地面沉降不同，在 1.2～2.4 倍隧道直径的区域内则差异不大。Lee[8] 通过三维有限元模型研究在附近有桩基条件下的隧道施工过程，结果表明 B 法、弹性分析等方法高估了桩轴力。王

基金项目：山东省自然科学基金资助项目（ZR2019MEE010）；烟台市科技创新发展计划项目（2021XDHZ071）。

丽、郑刚和柳厚祥等人[9, 10]也分别基于数值模拟，研究了不同土体参数、桩长、桩隧间距等因素对邻近桩基的影响。本文利用 ABAQUS 有限元软件，选取隧道附近一根单桩作为对象，研究盾构掘进对邻近建筑物桩基的力学响应的影响，着重考虑了数值模型中等代层不同硬化程度对所考虑问题产生的影响。

1 有限元数值建模

国内外学者将盾构机开挖的过程看成以特定的掘进步长为单元来逐渐掘进施工过程，研究宏观的平衡状态[11]，整个过程可认为是施工荷载和盾构刚度的转移。在 ABAQUS 中，将盾构开挖看成一个不连续的过程，使用 ABAQUS 中生死单元技术杀死材料来模拟开挖刀盘朝前开挖，同时切挖设备单元、预制管片与预留空隙体单元被激活来仿真盾构隧道开挖进程。

用 ABAQUS 建立三维实体单元模型。依据尺寸效应[12]，选取地层的尺寸为 X 轴横向 60m，Y 轴竖向40m，Z 轴隧道方向 80m。沿 Y 轴竖向地层分为三层，从上至下依次是素填土厚度 8m，中砂厚度 20m，黏土厚度 12m。模型中桩长取 30m，直径 0.85m，桩基埋深 27m，露出地面 3m。洞室 $D=6$m，埋深 $h=15$m，桩隧中心线间距 7.5m。

模型顶部为自由边界、底部为固定边界，侧面设置法向约束限制变形。盾壳 8m，预制实体管片宽度 2m，掘进步长设置为 2m，一共推进 27 环。为了避免边界的影响，假定开挖区边界前 4m 已经开挖完成，最终盾构机头到达64m 处。

划分网格各部件单元采用 C3D8R，整个有限元网格为 103430 个单元和 138292 个节点。桩位于隧道侧向的网格划分示意图与桩隧位置如图 1 所示。模型中土体与盾壳、土体与等代层、等代层与衬砌之间采用绑定约束，接触类型为 Tie。桩-土之间选择接触面力学作用，法向选择Hard contact，切向设置摩擦系数，根据前人经验[13]，设第一层土与桩摩擦系数为 0.2，第二层两者之间摩擦系数为 0.5，数值分析中采用 Penalty 摩擦模型。

土体选择 Mohr-Coulomb 本构模型；不考虑地下水的影响，盾壳、桩基和等代层采用线弹性模型分析。衬砌管片由 C50 预制混凝土管片拼装。考虑到衬砌的结构刚度折减 15%[14,15]，模型通过降低材料参数完成。盾尾注浆体等效为均质、等深度等代层，深度为 15cm[16]。各实体构件参数如表 1、表 2 所示。

盾构施工的实质是应力释放的过程，为了更好地模拟盾构施工过程，采用模量软化法实现对弹性模量的折减。在土层应力释放第一过程通过常变量改变砂土的弹性模量降低砂土层 15% 的应力释放率，第二过程释放剩下的应力[17]，折减后土体的材料参数取值为 27.2MPa。考虑土体自重，达到平衡后进行数值计算。桩顶端部视作自由端[18-20]，桩顶荷载为竖向力 $Q=2000$kN。注浆压力为0.05MPa[15]，并假定等代层激活后有一定强度等级，土仓压力选取为 0.18MPa[21]，土层与盾构机表面摩擦力设置为 18kPa。

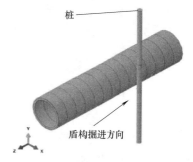

(a) 桩隧位置关系图

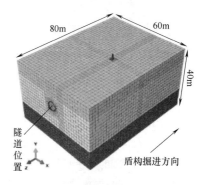

(b) 网格划分示意图

图 1 有限元模型

Fig. 1 Finite element model

土层参数表 表 1

Soil parameters table Table 1

材料名称	密度 ρ (kg/m³)	弹性模量 E (MPa)	泊松比 ν	内摩擦角 φ (°)	黏聚力 c (kPa)
素填土	1880	13.7	0.37	18.3	13.3
砂土	1950	32	0.31	24	4
黏土	1960	20.2	0.35	21	30

构件力学参数表 表 2

Mechanical parameters of components

Table 2

材料名称	密度 ρ (kg/m³)	弹性模量 E (MPa)	泊松比 ν	尺寸 (m×m)
盾壳	7500	210000	0.3	0.3×8
衬砌	2400	30000	0.23	0.3×1
等代层	2000	25	0.3	0.15×1
桩基	2400	23500	0.25	0.82×4

2 数值计算结果分析

2.1 桩身变形

图 2 表示盾构分别开挖至 12m、16m、24m、32m、40m、48m、56m、64m 时 X 方向上的桩基位移图。开挖至12～16m 处，桩顶处出现峰值，开挖至 32m 及之后，桩身位移峰值移动到桩基中部偏下区域，且开挖距离越远桩身位移越大；开挖全程桩端部受影响较小。盾构开挖至 48m、56m、64m 处，桩基中部向远离隧道方向移动，上部和下部出现靠近隧道方向的移动，下部移动距离较小。

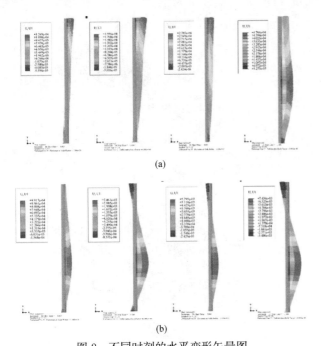

(a)

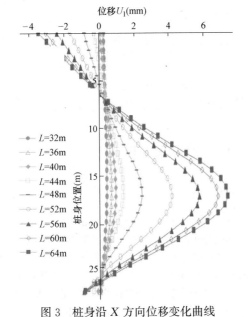

(b)

图 2　不同时刻的水平变形矢量图

Fig. 2　Horizontal deformation vector diagram of at different time

图 3 为盾构施工桩身 X 方向上位移变化曲线图。从图中可看到，盾构开挖至 32m、36m 时桩身有向远离隧道侧移动的趋势，变形较小。盾构达到桩基位置（40m）时桩端开始出现靠近隧道一侧移动；开挖 44m 以后，桩身上部（7m）位移向隧道偏移，这是由于桩顶为自由端无约束作用。7m 埋深以下，由于桩基刚度大，桩身中下部向远离隧道一侧移动，桩端出现靠近隧道一侧微小移动。开挖至 64m 时桩身在洞室中心埋深附近（17m）达到峰值 7.4mm；随盾构开挖的不断前进，桩身变形不断增大，并且不同开挖时刻最大位移均出现在埋深 17m 处。时间上，盾构开挖从 40m（桩基位置）到 60m 对桩身影响较大，空间上，桩身靠近洞室中心埋深（17m）处影响最大。

位移 U_1(mm)

图 3　桩身沿 X 方向位移变化曲线

Fig. 3　Displacement curve of pile along X direction

图 4 为切挖进程内桩身沿 Y 方向的位移曲线图。随着掘进不断前进，桩体竖向位移逐步减小；同一时刻位移随埋深的增加不断减小。盾构开挖至 56m 处，位移开始稳定，桩身位移曲线基本重合，盾构开挖对邻近桩基的竖向位移影响较规律。

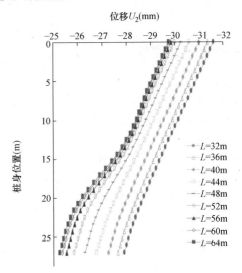

位移 U_2(mm)

图 4　桩身沿 Y 方向位移变化曲线

Fig. 4　Displacement curve of pile along Y direction

图 5 表示的是桩沿 Z 方向的位移变化情况。施工过程中，桩基整体出现与盾构掘进相反方向的移动。盾构开挖 32~48m 区间内，桩身位移随盾构掘进而增大；48m、52m 处，位移曲线基本重合；盾构开挖 52~64m 之间，随盾构机的远离，位移逐渐减小。盾构开挖 48m 处，即盾尾恰好处在桩基位置，此时在桩身靠近洞室中心埋深（17m）处取到最大位移值 4.6mm。

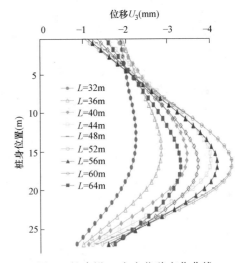

位移 U_3(mm)

图 5　桩身沿 Z 方向位移变化曲线

Fig. 5　Displacement curve of pile along Z direction

2.2　桩基内力

（1）轴力分析

盾构开挖不同时刻桩身轴力的变化如图 6 所示。桩身轴力在隧道中心埋深处变化较大，发生在桩基中部区域；

随切挖设备前进，桩基轴力基本一致；在盾构开挖至40m（桩基位置）之前，桩身轴力变化曲线基本重合，说明在盾构达到桩基之前，盾构开挖对桩基轴力影响不大；盾构开挖至40～56m之间，桩身中部区域轴力逐渐增大，桩靠近洞室中心处，受到施工干扰，桩轴力变动较大；在盾构开挖到56m之后，桩身轴力变化曲线基本重合，说明盾构远离桩基之后，桩基轴力基本不受干扰[22]。

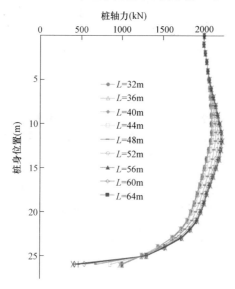

图 6　桩身轴力变化曲线

Fig. 6　Variation curve of pile axial force

（2）弯矩分析

桩身 Z 方向弯矩变化如图7所示，在12～23m区域，出现主要大弯矩，远离隧道一侧受拉，桩基上部、下部均

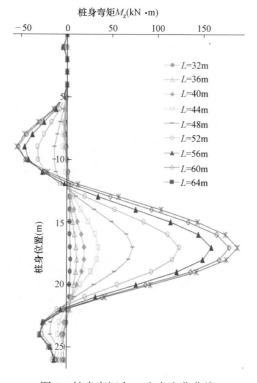

图 7　桩身弯矩在 Z 方向变化曲线

Fig. 7　Curve of pile bending moment in Z direction

出现反方向次要小弯矩。隧道从开挖至完成，桩基 M_z 随着盾构施工前进逐步增大。36～60m 之间，即掘进设备经过桩基时，桩身 M_z 增大较快，此时受盾构施工干扰最大，初步开挖与开挖结束阶段受影响较小。盾构开挖至64m处，此时，桩身各部分所受弯矩均达到最值：上部9m处，靠近隧道一侧受拉 M_z＝54.7kN·m；洞室中央附近即桩身17m处远离隧道一侧受拉 M_z＝187.1kN·m；桩端部靠近隧道一侧受拉 M_z＝29.2kN·m。

3　等代层硬化程度的影响分析

为了研究盾尾注浆液体随时间变化的硬化程度对桩基的影响，对等代层弹性模量进行不同程度折减来模拟不同硬化程度，依次将等代层的弹性模量折减为25%、50%、75%、100%，分成四组，进行变形与受力的对比分析，详细物理参数如表3所示，其中 T 代表不同硬化次数。

等代层硬化物理参数表　　　　表 3

Physical parameters of isomorphic layer hardening

Table 3

T	Field1	密度 ρ (kg/m³)	弹性模量 E (MPa)	泊松比 ν
1	1	2000	6.25	0.45
2	2	2000	12.5	0.4
3	3	2000	18.75	0.35
4	4	2000	25	0.3

3.1　桩身位移对比分析

图8为等代层不同硬化程度下盾构开挖至52m处对桩身 X 方向的位移对比图示，在 T＝1、2、3时，桩身位移基本无变化，在洞室中心埋深处，桩身位移到达峰值

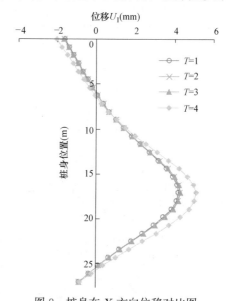

图 8　桩身在 X 方向位移对比图

Fig. 8　Comparison of pile shaft displacement in X direction

4.3mm；当 $T=4$ 时，整体桩身位移变大，最大位移仍出现在洞室中心埋深处为5.1mm。说明当等代层硬化程度仅在达到100%时，桩身位移受影响。

3.2 桩身内力对比分析

（1）桩基轴力对比分析

图9是盾构开挖至52m时不同等代层桩轴力变化对比图示，对比 $T=1$ 至 $T=4$，桩轴力变化趋势基本重合，表明桩轴力变化不受等代层硬化程度的影响。

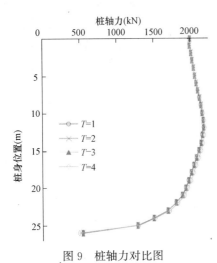

图9　桩轴力对比图

Fig. 9　Comparison of pile axial force

（2）桩身弯矩对比分析

图10是盾构开挖至52m处，等代层不同硬化程度下桩身 M 在 Z 方向上的变化曲线。在 Z 方向上，$T=1$、2、3时，弯矩曲线基本重合，$T=4$ 时，桩身 Z 方向弯矩在桩身靠近隧道洞室中央埋深处有变大趋势，等代层硬化程度仅在达到100%时，对其有影响。

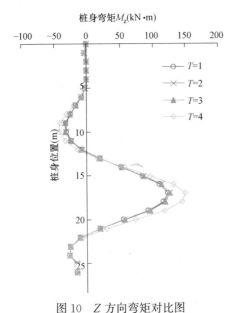

图10　Z 方向弯矩对比图

Fig. 10　Comparison diagram of bending moment in Z direction

4　结论

本文基于某地铁盾构施工工程案例，在砂土地质中，考虑桩土接触机理作用、盾构表面与土体间的接触作用、盾尾注浆作用以及盾构刀盘前土层的扰动等因素，利用ABAQUS建模，采用单元生死技术，研究盾构开挖对邻近桩基的影响，进一步分析等代层硬化程度对桩基变形与受力的影响规律。

（1）桩身 X 方向位移随着盾构的开挖不断增大，上部与端部位移向靠近隧道一侧移动，中下部向远离隧道侧移动。Y 方向的位移随着盾构开挖而逐渐减小。Z 方向位移先增大后减小。

（2）随盾构掘进桩轴力在桩身中部逐渐增大，其他部分影响较小。同一时刻，桩身最大弯矩出现在桩身中下部，在切挖洞室中心埋深处弯矩出现峰值；随着隧道掘进，Z 方向弯矩逐步增大。

（3）采用单因素控制法，分析等代层不同硬化程度的影响。随着等代层不断硬化，轴力受影响很小，当硬化程度达到100%时，X 方向位移和 Z 方向弯矩峰值处变化较大。

参考文献：

[1] Chen, L T, Poulos, H G. and Loganathan, N. Pile responses caused by tunneling[J]. Journal of Geotechnical and Geoenvironmental Engineering, 1999, 3, 125(3)：207-215.

[2] Zhang R, Zheng J, Pu H, et al. Analysis of excavation-induced responses of loaded pile foundations consider unloading effect[J]. Tunnelling and Underground Space Technology, 2011, 26(2)：320-335.

[3] 熊巨华，王远，刘侃，等. 隧道开挖对邻近单桩竖向受力特性影响[J]. 岩土力学，2013(2)：475-482.

[4] Loganathan N, Poulos H G. Analytical prediction for tunneling-induced ground movements in clays[J]. Journal of Geotechnical and Geoenvironmental Engineering, 1998, 124(9)：846-856.

[5] Chiang K H, Lee C J. Responses of single piles to tunneling. induced soil movements in sandy ground[J]. Canadian Geotechnical Journal, 2007, 44(10)：1224-1241.

[6] Meguid M A, Mattar J. Investigation of tunnel. soil-pile interaction in cohesive soils[J]. Journal of geotechnical and geoenvironmental engineering, 2009, 1 35(7)：973-979.

[7] Lee C J, Jacobsz S W. The influence of tunnelling on adjacent piled Foundations[J]. Tunnelling and Underground Space Technology, 2006, 2l(3)：430-435.

[8] Lee C J. Numerical analysis of the interface shear transfer mechanism of a single pile to tunnelling in weathered residual soil[J]. Computers and Geotechnics, 2012, 42：193-203.

[9] 柳厚祥，方风华，李宁，等. 地铁隧道施工诱发桩基变形的数值仿真分析[J]. 中南大学学报(自然科学版)，2007(4)：771-777.

[10] 王丽，郑刚. 盾构法开挖隧道对桩基础影响的有限元分析[J]. 岩土力学，2011(S1)：704-712.

[11] 沈建奇. 盾构掘进过程数值模拟方法研究及应用[D]. 上海：上海交通大学，2009.

[12] 王国才，马达君，杨阳，等. 软土地层中地铁盾构施工引起

地表沉降的三维有限元分析[J]. 岩土工程学报，2011，8，33(1)：266-270.

[13] 许宏发，王斌. 桩土接触面力学参数取值研究[J]. 河海大学学报：自然科学版，2001，29(B12)：54-56.

[14] 曲兆宇. 砂卵石地层中隧道盾构法施工数值分析[D]. 北京：北京交通大学，2012.

[15] 姜忻良，崔奕，李园，等. 天津地铁盾构施工地层变形实测及动态模拟[J]. 岩土力学，2005，(10)：91-95.

[16] 张云，殷宗泽，徐永福. 盾构法隧道引起的地表变形分析[J]. 岩石力学与工程学报，2002，(03)：388-392.

[17] Chou，W. I.，Bobet，A. Predictions of ground deformations in shallow tunnels inclay[J]. Tunnelling and Underground Space Technology，2002，17(1)：3-19.

[18] 王敏强，陈胜宏. 盾构推进隧道结构三维非线性有限元仿真[J]. 岩土力学与工程学报，2002，21(2)：228-232.

[19] 杨晓杰，邓飞皇，聂雯，等. 地铁隧道近距穿越施工对桩基承载力的影响研究[J]. 岩土力学与工程学报，2006，25(6)：1290-1295.

[20] 杨剑高，高玉峰，程永锋，等. 受侧向土体位移斜桩的特性[J]. 防灾减灾工程学报，2008，28(4)：506-512.

[21] 王净伟，杨信之，阮波. 盾构隧道施工对既有建筑物基桩影响的数值模拟[J]. 铁道科学与工程学报，2014(4)：73-79.

[22] 贾小伟. 盾构地铁开挖对临近建筑物桩基影响的数值分析[D]. 烟台：鲁东大学，2018.

盾构开挖对邻近建筑物单桩与双桩的变形影响分析对比

部泽鹏[1]，　贾小伟[2]，　李浩杰[1]，　张兴瑞[1]，　范庆来[*1]

（1. 鲁东大学，山东 烟台 264025；2. 郑州亚新房地产开发有限公司，河南 郑州 450000）

摘　要：当进行隧道开挖时，由于土体开挖导致地层扰动，致使土体产生的附加应力对周围建筑物桩基产生破坏，本文利用 ABAQUS 有限元软件三维建模，研究了地铁隧道盾构开挖对邻近地层的影响和桩基的变形机理。对单双桩模拟前进行了简化，不探究承台的功能，仅计算了单双桩作用下受力分析，考虑了土体自重、注浆压力、土仓压力、土层与盾构机表面的摩擦等施工参数的影响，对比研究了单桩和双桩桩身变形机理和内力变化。研究结果表明，在盾构开挖至某个位置处，单桩桩身受到的影响比双桩各桩身受到的影响大，桩基侧摩阻力和轴力变化都很小，其相同位置时，单桩弯矩比双桩中第一根桩大，第一根桩比第二根桩变化大，说明距离盾构刀盘远反而受干扰比较大。

关键词：盾构施工；数值模拟；桩基变形；桩身内力

作者简介：部泽鹏（1997—　），女，在读硕士研究生，主要从事岩土工程方面的研究，E-mail：buzepeng1997@163.com。

通讯作者：范庆来（1977—　），男，博士后，教授，主要从事海洋岩土工程方向的研究，E-mail：fanqinglai@ldu.edu.cn。

Analysis and comparison of influence of shield tunneling excavation on deformation of single pile and double piles of adjacent buildings

BU Ze-peng[1]　JIA Xiao-wei[2]　LI Hao-jie[1]　ZHANG Xing-rui[1]　FAN Qing-lai[*1]

（1. Ludong University，Yantai Shandong 264025，China；2. Zhengzhou Yaxin Real Estate Development Co.，Ltd.，Zhengzhou Henan 450000，China）

Abstract：When the tunnel is excavated，the soil will cause the disturbance of the stratum，resulting in the additional stress of the soil，which will destroy the pile foundation of the surrounding buildings. In this paper，ABAQUS finite element software is used to study the influence of shield excavation on adjacent strata and the deformation mechanism of pile foundation. The single and double piles are simplified before the simulation. It does not explore the function of the cap，but only calculates the stress analysis under the action of the single and double piles. The influence of construction parameters such as geostatic stress，grouting pressure，soil bin pressure and friction between soil layer and shield machine tunneling surface are considered. And studing the deformation mechanism and the internal force change of the single pile and doubles piles. The results indicate that when the shield tunneling reaches 52m，the influence of single pile body is greater than that of the double piles，and the change of side friction and axial force of piles are very small. In the same location，the bending moment of single pile is greater than that of No. 1 pile，and the variation of No. 1 pile is greater than that of No. 2 pile. It shows that the farther away from the cutter head，the greater the interference.

Key words：shield construction；numerical simulation；pile foundation deformation；pile shaft internal fore

0　引言

为缓解交通压力、节约地上空间、充分利用地下空间，城市轨道交通的建设变得尤为重要，越来越多的城市开始建设自己的城市地铁网络[1]，截至 2020 年 12 月 31 日，全国（不含港澳台）共有 44 个城市开通运营城市轨道交通线路 233 条，运营线路长度总计 7545.5km。随着城市轨道交通的繁荣，隧道穿过邻近已有建筑物的情况越来越多。地铁隧道施工经常要穿过已有复杂的地下工程[2]，不可避免会对周围土体和邻近建筑物造成影响，由于盾构法具有噪声小、速度快、施工劳动强度低、能够很好地控制变形等特点，选择盾构法施工比其他工法更加有优势[3]。在城市大环境中高层、超高层建筑物鳞次栉比，高架桥、高架铁路等构筑物数不胜数，并且它们大

部分的基础形式是桩基础，盾构施工穿越建筑物桩基时对周围土体产生扰动，使周边土层变化发生应力重分布，从而影响附近地表沉降变形和附近原有结构物桩基的沉降、侧移、桩体受力和弯矩等，进而影响桩基的变形以及桩基的承载性能，不仅会威胁结构物的正常使用，而且会对建筑物周边地面的行车安全产生威胁。因此，研究盾构开挖过程对邻近原有桩基和周围土层的变形影响具有重要的工程意义。

目前城市当中大多数结构物都采用桩基础，并且是以群桩的形式支撑着结构物上部所传下来的荷载[4]。群桩是由 2 根桩及以上组成的桩基，在群桩中桩基的受力特性与单桩的受力特性有非常明显的区别，群桩受到上部结构物竖向荷载的情况下，由于群桩中承台也承担了一部分荷载，从而提高了群桩的桩基承载性能，但是在实际情况中群桩是由承台-桩基-土三者之间的相互作用来承担上部传递的

基金项目：山东省自然科学基金资助项目（ZR2019MEE010）；烟台市科技创新发展计划项目（2021XDHZ071）。

荷载，这使得多桩受力分析比单桩烦琐。考虑到用数值模拟计算不易收敛，且仅研究双桩，所以对双桩模拟前进行简化，不探究承台的功能，仅做双桩作用下的受力分析。本文利用 ABAQUS 有限元软件三维建模，对比研究单桩、双桩中的 1 号桩和 2 号桩桩身变形机理和内力变化。

1 模型的建立

依据有限元中的弹塑性理论和尺寸效应，选取的数值模拟尺寸为：X 轴横向 60m，Y 轴竖向 40m，沿 Z 轴隧道方向 80m。沿 Y 轴竖向地层分为三层，从上至下依次是素填土厚度为 8m，中砂厚度为 20m，黏土厚度为 12m，并假定各个层次岩土体为均质、各向同性、各地层和地表为水平状态，洞室 $D=6$m，埋深 $h=15$m。

桩模型顶部为自由边界、底部为固定边界、侧面设置法向约束限制变形。孙钧等人的研究说明不同的开挖步长对数值模拟影响比较小[5]，所以为了简化分析，将盾壳设置成 8m，预制实体管片的宽度是 2m，掘进步长 2m，一共推进 27 环，为 54m，为了避免边界的影响，假定开挖区边界前 4m 已经开挖完成，最终盾构机头到达 64m 的地方。

(a) 单桩与隧道相对位置关系图

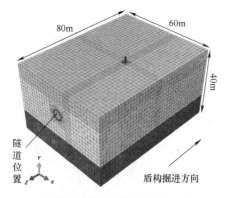

(b) 单桩位于隧道侧向的网格划分示意图

图 1 单桩位于隧道旁网格划分模型与位置关系图

Fig. 1 Relationship between grid model and location of single pile beside tunnel

单桩与隧道位置关系及网格划分模型如图 1 所示，模型中桩长取 30m，直径是 0.85m，桩基埋深 27m，露出地面 3m，桩隧中心的直线间距是 7.5m。用 ABAQUS 建立三维实体单元模型，划分网格各部件单元采用 C3D8R。整个有限元网格为 103430 个单元和 138292 个节点。

如图 2 所示，是双桩位于隧道旁网格划分模型与位置关系图，1 号桩位与单桩位置相同，2 号桩和 1 号桩沿 Z 轴方向上中心间距为 4m。用 ABAQUS 建立三维模型，整个模型所采用的单元类型与单桩数值模拟所采用的都是实体单元，各个部件都选取线性减缩积分单元 C3D8R 的方式来划分网格。

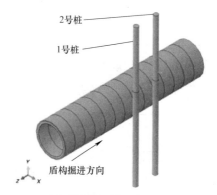

(a) 双桩与隧道的相对位置关系图

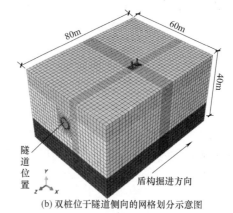

(b) 双桩位于隧道侧向的网格划分示意图

图 2 双桩位于隧道旁网格划分模型与位置关系图

Fig. 2 Relationship between grid model and location of double piles beside tunnel

不考虑地下水的影响，盾壳、桩基和等代层采用线弹性模型分析，衬砌管片由 C50 预制混凝土管片拼装。考虑衬砌的结构刚度折减 15%，通过降低材料参数完成。盾尾注浆体等效为均质、等深度等代层，深度为 15cm。

如表 1、表 2 所示，表 1 是有限元模型中图层参数表，表 2 是各实体构件的参数表，模型中的土体与盾壳、土体与等代层、等代层与衬砌之间采用绑定约束，接触类型为 Tie。而仿真中桩-土之间采用接触面力学作用，法向选择 Hard contact，切向通过摩擦系数来计算，根据前人经验[6] 本论文中第一层土与桩摩擦系数为 0.2，第二层两者之间的摩擦系数为 0.5，数值分析中采用 Penalty 摩擦模型，土层将选择 Mohr-Coulomb 本构。

本文将模拟图层应力释放的过程分为两个过程，第一过程通过常变量改变砂土的弹性模量降低砂层 15% 的应力释放率，第二过程释放剩下的应力，折减后土体的材料参数取值为 27.2MPa。考虑土体自重应力,地应力平衡后进行数值计算,桩顶荷载为竖向力 $Q = 2000kN$,注浆压力是 0.05MPa[7],土仓压力选取为 0.18MPa[8],土层与盾构机表面的摩擦力设置为 18kPa[9]。

有限元模型中土层参数表　　表 1
Parameters of soil layer　　Table 1

材料名称	密度 ρ (kg/m³)	弹性模量 E (MPa)	泊松比 ν	内摩擦角 φ (°)	黏聚力 c (kPa)
素填土	1880	13.7	0.37	18.3	13.3
砂土	1950	32	0.31	24	4
黏土	1960	20.2	0.35	21	30

构件力学参数表　　表 2
Mechanical parameters of components
Table 2

材料名称	密度 ρ (kg/m³)	弹性模量 E (MPa)	泊松比 ν	尺寸 (m)
盾壳	7500	210000	0.3	0.38
衬砌	2400	30000	0.23	0.31
等代层	2000	25	0.3	0.151
桩基	2400	23500	0.25	0.824

2　单、双桩变形影响分析对比

2.1　桩身位移对比分析

图 3 和图 4 分别表示是单桩和双桩中 1 号桩、2 号桩在盾构刀盘到达 52m 位置处,桩身沿 X 轴、Y 轴方向上的位移。

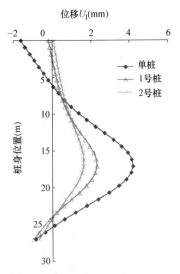

图 3　桩 X 轴方向位移 U_1 对比

Fig. 3　Comparison of displacement U_1 in X-axis direction

由图 3 可知,在桩身埋深 17m 处,单桩与 1 号、2 号桩沿 X 轴的位移 U_1 都达到最大值,分别为 4.2mm、2.3mm、1.6mm;单桩桩身在 X 轴向的位移要比双桩中

单桩位移大,说明盾构开挖对双桩的影响比单桩小;单桩的位移要比双桩相同位置处 1 号桩的位移大,单桩顶部受到影响也比双桩大,单桩上部最大位移量为 1.6mm,而桩端三者移动量基本相同;在桩身埋深 10m 以上,2 号桩身位移比 1 号桩位移大,在埋深 10m 以下,两者相反。

由图 4 可知,桩沿 Y 轴方向的位移 U_2 随着埋深逐渐变小,最大移动量和最小移动量分别出现在桩顶和桩端部位;1 号桩沿 Y 轴方向的位移量 U_2 比相同位置处单桩的位移量大,2 号桩基沿 Y 轴竖向位移又比 1 号桩位移量大,说明在刀盘达到 52m 位置处时,盾构已经先后经过 1 号桩和 2 号桩,离刀盘较近的 2 号桩受到盾构影响 Y 轴方向位移量大,2 号桩顶部呈现峰值为 31.4mm,桩端最小竖向位移为 27.5mm。

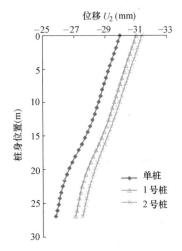

图 4　桩 Y 轴方向 U_2 位移对比

Fig. 4　Comparison of displacement U_2 in Y-axis direction

图 5 表示盾构沿着 Z 轴方向桩基的位移变化分布,在桩基埋深 16m 位置,桩身位移最大,单桩为 4.5mm、1 号桩为 4.2mm、2 号桩为 4.1mm,以桩身埋深 16m 为界,桩基在 Z 轴方向上的位移 U_3 沿着桩基埋深先增大后逐渐变小。在桩基埋深 12m 以上的位置,单桩位移量比双桩相同位置处 1 号位移量小,而在埋深 12m 以下,单桩位移比 1 号桩大;在双桩中,1 号桩和 2 号桩的桩身位移相差不大,比较稳定。从整体上看,盾构开挖对单桩在 Z 轴方向上的位移影响比双桩大。

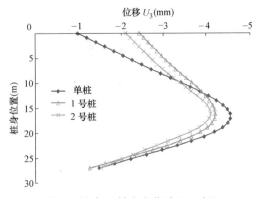

图 5　桩身 Z 轴方向位移 U_3 对比

Fig. 5　Comparison of displacement U_3 in Z-axis direction

2.2 桩身内力对比分析

（1）桩身侧摩阻力对比分析

图6和图7分别表示盾构开挖至52m位置处，近侧和远侧桩身侧摩阻力曲线；由两图可以得出实体混凝土桩表面阻力变化曲线几乎一致，其在埋深10m之前，表面侧摩阻力很小，基本不受施工影响，在埋深10m以下，混凝土桩侧摩阻力才逐步变大。

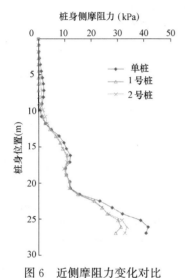

桩身侧摩阻力（kPa）

图 6 　近侧摩阻力变化对比

Fig. 6 　Comparison of near side friction

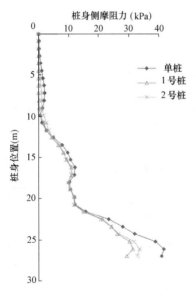

桩身侧摩阻力（kPa）

图 7 　远侧摩阻力变化对比

Fig. 7 　Comparison of far side friction

由图6可知，1号桩和2号桩侧摩阻力曲线基本一致，仅在桩端处有所差异，显示说明盾构施工对双桩侧摩阻力的变动基本无干扰。桩端处，单桩侧摩阻力值比同位置处1号桩的侧摩阻力值大，单桩端部近侧摩阻力为40.9kPa，说明盾构施工对单桩桩端的影响比双桩桩端的影响大。

图7表明，远侧摩阻力变化规律与近侧摩阻力变化基本一致，但近侧实体桩侧摩阻力要比远侧值大，单桩端部

远侧摩阻力为35.2kPa，说明盾构施工对靠近开挖洞室一边的桩身侧摩阻力影响更大。

（2）桩身轴力对比分析

图8表示的是盾构开挖至52m位置处，单桩和双桩中1号桩及2号桩轴力变化曲线。

由图8可知，桩身轴力随着桩基埋深先增大后逐渐减小，单桩底部最小值为546.8kN；三者轴力变化曲线基本一致，表明，盾构开挖至52m位置处，对单桩或者双桩轴力的变化影响很小。

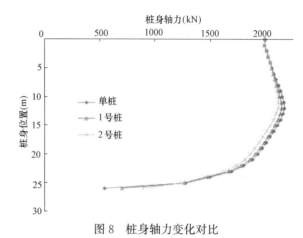

桩身轴力（kN）

图 8 　桩身轴力变化对比

Fig. 8 　Comparison of axial force variation

（3）桩身弯矩对比分析

图9和图10分别表示为盾构开挖至52m位置处，单桩和双桩弯矩在 X 轴和 Z 轴方向上的曲线示意图，两图都呈S形，整体上，Z 方向上弯矩比 X 方向值大。

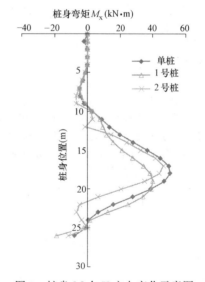

桩身弯矩 M_x（kN·m）

图 9 　桩身 M 在 X 方向变化示意图

Fig. 9 　Change of bending moment in X-axis direction

由图9可知，单桩弯距和相同位置处1号桩的弯矩相比，在桩基埋深11m以上部分，单桩和1号桩的弯矩曲线基本重合；埋深11～20m之间，单桩弯矩比1号桩弯矩大，在埋深18m位置时，单桩 M_x 出现峰值是50.6kN·m，此时1号桩 M_x 峰值出现在埋深19m附近，值是35.0kN·m；埋深20m以下，1号桩弯矩又比单桩大。双桩在桩身埋深7m以

上部分，1号和2号桩的曲线重合；在埋深17m位置处2号桩弯矩为46.3kN·m，比1号桩的最大值大，说明桩基距离盾构刀盘近，则受到的影响大[11]。

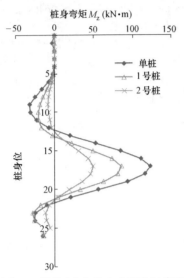

桩身弯矩 M_z (kN·m)

图10 桩身 M 在 Z 方向变化示意图

Fig. 10 Change of bending moment in Z-axis direction

由图10可知，三者弯矩达到峰值位置都在桩基埋深17m位置处，分别为123.5kN·m、85.7 kN·m、49.1kN·m；1号桩弯矩比2号桩弯矩大，说明此时桩基距离盾构刀盘远，反而受到的影响大。在桩基埋深5m以上部分，三者弯矩基本没有变化，当埋深在14～21m时，以17m为界，桩基弯矩先逐渐增大后逐渐减小，且在埋深17m处单桩弯矩比同位置处的1号桩基弯矩大，1号桩弯矩比2号桩大；在埋深22m以下，1号桩桩端弯矩比2号桩大，1号桩 M_z 峰值是28.8 kN·m。

3 结论

本文对于砂土地层，考虑桩土相互作用、掌子面的机仓液压、盾构表面与土体间的接触作用、盾尾注浆作用以及盾构刀盘前土层的扰动等因素，利用 ABAQUS 建模，采用单元生死技术，研究盾构开挖对邻近单桩和双桩的影响，通过比较，得到以下规律。

（1）对于本文算例，在桩基埋深17m处，三者沿 X 轴方向的位移都能达到最大，且单桩桩身位移比双桩中单桩位移大，说明盾构开挖对双桩的影响要比单桩小；桩基 Y 向位移伴随着埋深值增大而逐步降低；桩沿 Z 轴方向位移 U_3 先增大后减小，桩顶和桩端沿着 Z 轴方向上位移量很小。

（2）桩侧摩阻力以及轴力对单桩与双桩干扰比较小。

（3）桩身弯矩在 X 轴和 Z 轴方向上变化曲线都呈 S 形，Z 轴方向上弯矩比 X 轴方向上弯矩大。三者 Z 轴弯矩 M_z 最大值都出现在桩身埋深63%位置处。

参考文献：

[1] 习仲伟. 我国交通隧道工程及施工技术发展[J]. 北京工业大学学报，2005，31(2)：141-146.

[2] 刘成宇. 土力学[M]. 北京：中国铁道出版社，2005.

[3] 赵宏华，陈国兴. 盾构施工对不同刚度桩体影响的数值分析[J]. 防灾减灾工程学报，2011(1)：23-29.

[4] Tham K S, Deutscher M S. Tunneling Under Woodleigh Worker' Quarters on Contract 705[C]//Zhao J, Shirlaw J N, Krishnan R. Tunnels and Underground Structures. Rotterdam：Balkema A A，2000：241-248.

[5] 孙钧，刘洪洲. 交叠隧道盾构法施工土体变形的三维数值模拟[J]. 同济大学学报（自然科学版），2002(4)：379-385.

[6] 许宏发，王斌. 桩土接触面力学参数取值研究[J]. 河海大学学报：自然科学版，2001，29(B12)：54-56.

[7] 姜忻良，崔奕，李园，等. 天津地铁盾构施工地层变形实测及动态模拟[J]. 岩土力学，2005(10)：91-95.

[8] 王净伟，杨信之，阮波. 盾构隧道施工对既有建筑物基桩影响的数值模拟[J]. 铁道科学与工程学报，2014(4)：73-79.

[9] 张志强，何川. 深圳地铁隧道邻接桩基施工力学行为研究[J]. 岩土工程学报，2003(2)：204-207.

[10] Migliazza M, Chiorboil M, Giani G P. Comparison of analytical method, 3D finite element model with experimental subsidence measurements resulting from the extension of the Milan underground[J]. Computers and geotechnics, 2009，36(3)：113-124.

[11] 贾小伟. 盾构地铁开挖对邻近建筑物桩基影响的数值分析[D]. 山东：鲁东大学，2018.

天津某工程后注浆灌注桩承载力分析

王欣华

（天津市勘察设计院集团有限公司，天津 300191）

摘　要：灌注桩通过开敞式后注浆工艺对桩底及桩周一定范围的土体进行加固，大幅度提高承载力。在不同性质土层中的注浆机理不同，注浆加固桩周土体的范围和效果也不同，本文通过实例分析，建议估算后注浆灌注桩承载力应考虑注浆加固的土层性质，妥善考虑加固段范围，不可一概而论。

关键词：后注浆；承载力；注浆机理

作者简介：王欣华（1971—　），男，正高级工程师，学士，主要从事主要从事工程勘察、地基处理等岩土工程工作。E-mail：670434279@qq.com。

Analysis of Bearing Capacity of Post-grouting Pile in a Project in Tianjin

Wang Xin-hua

(Tianjin Survey and Design Institute Group Co., Ltd., Tianjin, 300191 China)

Abstract：Piles through the open type of pile after grouting process of pile bottom and a range of soil to reinforce, greatly improve the bearing capacity, in the different nature of the soil layer grouting mechanism, grouting reinforcement scope and effect of different also, in this paper, through case analysis, suggested to estimate grouting pile bearing capacity should be considered after grouting reinforcement of soil properties, properly consider the reinforcement range, cannot treat as the same.

Key words：after grouting; the bearing capacity; grouting mechanism

0　引言

灌注桩后注浆把桩工技术与土体加固技术有机结合起来，通过在灌注桩内设置专用注浆导管对桩端及桩侧实施后注浆，不但对桩底沉渣进行加固处理，而且对桩端持力层和桩侧部分土体也进行了加固，消除桩侧泥皮对承载力的影响，从而大幅度提高基桩承载力能力，减小沉降量。后注浆属于深层注浆，不同土层内的注浆机理不同，土颗粒尺寸及渗透性较大的土层中一般发生渗入注浆，注浆压力较低；对于细颗粒组成的土层注浆以劈裂注浆为主，发生劈裂前注浆压力较高。粗颗粒土层注浆往往先渗入注浆，随着土层中空隙被浆液填充，逐渐转化为劈裂注浆。《建筑桩基技术规范》JGJ 94—2008 规定，对于泥浆护壁成孔灌注桩，当为单一桩端后注浆时，竖向增强段为桩端以上 12m 左右。

1　某试桩项目概况

1.1　试桩场地地质条件

试桩场地地处华北平原，桩长范围土层由新近冲积层、全新统海相沉积及陆相冲积层形成的粉质黏土、粉土组成。各土层物理力学性质指标列于表1，渗透系数及渗透性列于表2。

地层物理力学指标　　　　　表 1

Stratum physical and mechanical indexes　　Table 1

地层编号	岩性	含水量 $W(\%)$	重度 $r(kN/m^3)$	厚度 (m)	孔隙比 e	塑性指数 I_p	液性指数 I_l	压塑模量 $E_{s1-2}(MPa)$	灌注桩侧摩阻 $q_{sik}(kPa)$	灌注桩端阻 $q_{pk}(kPa)$	地层描述
①₂	素填土	25.9	19.2	1.4	0.80	14.1	0.63	5.1			褐色，可塑状态，含植物根系
③₁	粉质黏土	24.1	19.1	4.4	0.86	15.0	0.67	4.9	26		褐黄色，无层理，夹粉土透镜体
④₁	粉质黏土	29.4	18.8	1.2	0.91	15.3	0.75	4.6	36		灰黄色，无层理，局部夹粉土透镜体
⑥₁	粉质黏土	32.0	18.80	4.8	0.93	15.5	0.78	4.7	34		灰色，有层理，含贝壳，局部夹粉土、淤泥质黏土透镜体

续表

地层编号	岩性	含水量 W(%)	重度 r(kN/m³)	厚度 (m)	孔隙比 e	塑性指数 I_p	液性指数 I_l	压塑模量 E_{sl-2}(MPa)	灌注桩侧摩阻 q_{sik}(kPa)	灌注桩端阻 q_{pk}(kPa)	地层描述
⑥₃	粉土	21.2	19.9	8.9	0.63	6.1	0.68	15.1	60	900	灰色,无层理,中密-密状态
⑧₁	粉质黏土	27.3	19.4	2.8	0.79	13.9	0.67	5.3	50		灰黄色,无层理
⑧₂	粉土	21.5	19.9	3.5	0.64	6.3	0.66	12.9	60	900	灰黄色,密实状态,无层理
⑩₁	粉质黏土	29.6	19.2	10.0	0.84	15.7	0.62	5.4	56	550	灰黄色,无层理,含贝壳

地基土渗透系数及渗透性表　　表 2
Table of permeability coefficient and permeability
of foundation soil　　Table 2

地层编号	岩性	垂直渗透系数 k_V(cm/s)	水平渗透系数 k_H(cm/s)	渗透性
①₂	素填土	1.00×10^{-7}	1.00×10^{-7}	极微透水
③₁	粉质黏土	1.60×10^{-7}	4.92×10^{-7}	极微透水
④₁	粉质黏土	2.38×10^{-8}	3.06×10^{-8}	极微透水
⑥₁	粉质黏土	2.65×10^{-6}	1.51×10^{-5}	弱透水
⑥₃	粉土	4.71×10^{-4}	5.34×10^{-4}	中等透水

1.2　试桩及承载力

试桩采用泥浆护壁灌注桩,桩径为 φ600mm,S1 试桩桩长为 18m,持力层位于⑥₃粉土层,S2 试桩桩长为 25m,持力层位于⑧₂粉土层,试桩数量各 3 根,灌注桩施工 2d 后进行桩端注浆,注浆水泥采用 P·O42.5 普通硅酸盐水泥,每根桩水泥用量为 1.2t,水灰比为 0.6~0.7。注浆 28d 后进行静载荷试验,试验结果列于表 3。S1-1~S1-3 号试桩极限承载力平均值为 3060kN,S2-1~S2-3 号试桩极限承载力平均值为 3150kN。S2 试桩桩长比 S1 试桩增加 7m,但承载力却只提高了不到 3%。

试桩静载荷数据　　表 3
Static load data of test pile　　Table 3

试桩编号	桩长 (m)	桩端入持力层深度(m)	最终加载 (kN)	最终沉降 (mm)	极限承载力 (kN)	极限沉降量 (mm)
S1-1	18	6.2	3510	44.49	3240	24.43
S1-2	18	6.2	3240	43.19	2970	21.72
S1-3	18	6.2	3240	43.22	2970	15.99
S2-1	25	1.5	3240	44.96	2970	12.69
S2-2	25	1.5	3510	45.03	3240	19.50
S2-3	25	1.5	3510	43.58	3240	16.75

2　试桩承载力分析

在场地地层条件一致,施工工艺相同的条件下,桩径相同桩长相差 38% 的两组试桩静载荷试验结果却仅相差不到 3%。

2.1　从承载力发挥机理分析

有关研究文献表明:当桩端进入持力层深度大于某一深度后,极限端阻力基本保持恒定不变,该深度为端阻力的临界深度,临界深度一般为 5~12d(d 为桩径)。S1 试桩以⑥₃层粉土为持力层,桩端进入该层深度为 6.2m,约为 10d,S2 试桩以⑧₂层粉土为持力层,桩端进入该层深度为 1.5m,约为 2.5d。S1 试桩由于桩端进入持力层的深度达到临界深度,其桩端阻力可以较充分发挥,而 S2 试桩由于桩端进入持力层未达到临界深度,

其桩端阻力不能发挥到最大。因此,S1 试桩由于桩端设置较为合理,相比 S2 试桩更能使桩土之间的阻力得到较为充分地发挥。

2.2　从后注浆机理分析

试验和实践表明:对渗透系数大于 10^{-4}~10^{-5} cm/s 的砂性土,浆液具有良好的可注性,以渗透注浆为主,而渗透性较弱的黏性土以劈裂注浆为主。渗透注浆是浆液在一定压力下渗入土体孔隙,浆液在土体中比较均匀扩散,土体加固强度较高,而劈裂注浆则是高压浆液克服土体最小主应力面或软弱结构面上的初始应力或抗拉强度,发生劈裂并沿劈裂面注浆,多形成浆脉,对提高桩端及桩侧承载力作用较小。现行《建筑桩基技术规范》JGJ 94-2008 中黏性土较砂性土的后注浆侧阻力和端阻力增强系数取值均低,也说明了这一点。

⑥₃粉土层垂直和水平渗透系数分别为 4.71×

10^{-4}cm/s 和 5.34×10^{-4}cm/s，满足渗透注浆的要求。⑧₂粉土层为第一承压水，其渗透性也满足渗透注浆的要求。但上覆粉质黏土层渗透性较弱，对浆液向上渗入形成一定的阻隔作用，高压之下水泥浆液易沿层间或薄弱面发生劈裂注浆，形成浆脉扩散，致使灌注桩后注浆增强效果较差。根据《建筑桩基技术规范》JGJ 94—2008 后注浆单桩极限承载力标准值估算公式（1），而对持力层以上黏性土层不考虑后注浆增强作用，分别估算两种桩长承载力，计算结果列于表 4 及表 5。

$$Q_{uk} = Q_{sk} + Q_{gsk} + Q_{gpk}$$
$$= u\sum q_{sjk} \cdot l_j + u\sum \beta_{si} q_{sik} \cdot l_{gi} + \beta_p q_{pk} \cdot A_p \quad (1)$$

式中：β_{si}、β_p——分别为侧阻力、端阻力增强系数。

u——桩身周长；

l_j——非竖向增强段第 j 层土厚度；

l_{gi}——竖向增强段内第 i 层土厚度；

A_p——桩端面积；

q_{sjk}——桩侧阻力；

q_{pk}——桩端阻力。

S1（桩长 18m）试桩承载力估算 表 4

Estimation of bearing capacity of S1（18m pile length）test pile Table 4

土层编号	岩性	厚度 $l_j(l_{gi})$(m)	侧阻力 q_{sik}(kPa)	β_{si}	桩侧承载力 (kN)	端阻力 q_{pk}(kPa)	β_p	桩端承载力 (kN)
①₂	素填土	1.4		1	0			
③₁	粉质黏土	4.4	26	1	114.4			
④₁	粉质黏土	1.2	36	1	43.2			
⑥₁	粉质黏土	4.8	34	1	163.2			
⑥₃	粉土	6.2	60	2	744	900	2.8	712

S2（桩长 25m）试桩承载力估算 表 5

Estimation of bearing capacity of S2（25m pile length）test pile Table 5

土层编号	岩性	土层厚度 (m)	侧阻力 q_{sik}(kPa)	β_{si}	桩侧承载力 (kN)	端阻力 q_{pk}(kPa)	β_p	桩端承载力 (kN)
①₂	素填土	1.4						
③₁	粉质黏土	4.4	26	1	114.4			
④₁	粉质黏土	1.2	36	1	43.2			
⑥₁	粉质黏土	4.8	34	1	163.2			
⑥₃	粉土	8.9	60	1	534			
⑧₁	粉质黏土	2.8	50	1	140			
⑧₂	粉 土	1.5	60	2	180	900	2.8	712

经计算，S1 试桩单桩极限承载力标准值估算为2718kN，比静载荷试验承载力平均值低 11% 左右；S2 单桩极限承载力标准值估算为2925kN，比静载荷试验承载力平均值低 7% 左右，与S2-1 试桩结果（2970 kN）十分接近。

综上分析，由于 S1 试桩桩端进入持力层深度基本达到临界深度，因此桩端阻力实际发挥更为充分，试桩承载力比估算值更高一些，两组试桩承载力估算与实测值基本相符。由于桩端为可注性较好的粉土，其上为渗透性较弱的黏性土，于桩端注浆时，浆液首先以渗入注浆为主，随着浆液向上扩散至上覆黏性土层，渗透性很小的黏性土层对浆液向上渗入具有阻隔作用，浆液在更高的压力作用下可能沿着层间薄弱部位劈裂形成通道，呈浆脉远离桩体，减弱了水泥浆液对桩侧阻力的增强效果。灌注桩仅设置桩端注浆时，当桩端土层为可注性或渗透性较好的土层，而上覆土层为可注性或渗透性较差的土层时，估算承载力应考虑上覆黏性土层对浆液的阻隔效应，降低黏性土层桩侧注浆增强系数的取值。

3 结束语

灌注桩后注浆可有效加固桩底沉渣和土体，提高桩端承载力减小基础沉降。在可注性良好的土层中注浆以渗透为主，可有效提高基桩承载力，在可注性较差的黏性土中多形成劈裂注浆，浆液多沿土层薄弱部位劈裂形成通道，对土层总体加固效果较差。因此，桩端注浆部位应选择在可注性好（孔隙大，渗透性强）的土层中，桩侧注浆点选择在可注性良好土层的底部，并避开下部软弱层，对易形成浆液劈裂注浆的黏性土层可于层间单独设置注浆点以期沿桩周泥皮形成劈裂通道，加固及消除桩周泥皮影响。

参考文献：

[1] 刘金砺，高文生，邱明兵. 建筑桩基技术规范应用手册[M]. 北京：中国建筑工业出版社，2010.

[2] 中华人民共和国建设部. 建筑桩基技术规范：JGJ 94—2008[S]. 北京：中国建筑工业出版社，2008.

[3] 张雁，刘金波. 桩基手册[M]. 北京：中国建筑工业出版社，2009.